2025 KCS 7차개정판 규정적용

건설재료시험기사 필독서

토목분야 베스트셀러

최고의 합격률

필답형+작업형

건설재료시험기사

산업기사 3주완성 실기

고길용 · 한웅규 · 홍성협 · 전지현 · 김지우 공저

2025 건설재료시험기사 실기 대비

- 한국산업표준(KS) 최신 규격적용
- 작업형 실기 변경내용 전과정 반영
- 2024년 실기 필답형 복원문제수록

KS규격적용 현행적용 KDS규정 적용

학원 : www.inup.co.kr
출판 : www.bestbook.co.kr

한솔아카데미 HANSOL ACADEMY

건설재료시험기사

무조건 합격하기

有備無患

시작이 빠르면 합격도 빠릅니다.

❶ **신분증** 지참은 반드시 필수입니다.

❷ **계산기**(SOLVE기능) 지참은 필수입니다.

❸ [**년도별 · 회별**] 표시로 출제빈도를 알 수 있습니다.

1단계 핵심이론 마스터

- Pick Remember 핵심정리와 핵심문제를 서로 연계하여 이해하며 마스터합니다.
- 처음에는 완벽하게 하지말고 문제위주로 핵심정리(이론)를 이해하면 됩니다.

↓

2단계 핵심문제 스피드 마스터

- Pick Remember 핵심정리를 오가며 핵심문제를 집중적이고 반복적으로 학습하며 문제해결 능력을 마스터합니다.
- Pick Remember 핵심정리를 오가며 핵심문제를 많이 반복할수록 시험에 유리합니다.

↓

3단계 과년도 실전 마스터

- 13개년 과년도 문제를 실전처럼 수시로 실전테스트 합니다.
- 까다로운 계산문제와 다답형 문제는 수시로 풀어봅니다.
- ☑☑☑ 체크된 문제는 반드시 확인하고 확인하셔야 합니다.

↓

4단계 작업형 실기

- 교재를 통해 수없이 반복 학습을 하셔야 합니다.
- 시중 유튜브를 통해 완벽하게 이해하시면 도움이 됩니다.
- 특히 "모래 치환법에 의한 흙의 밀도시험"은 시험방법과 계산방법을 통달하셔야만 시험장에서 만점을 받을 수 있습니다.

머리말

내가 삶을 사는데
내가 선택하지 않고
내가 시도하지 않으면
아무것도 이루어 낼 수 없다.

건설분야의 대표적인 품질관리인 건설재료시험기사
건설재료시험기사 산업기사 자격증을 취득하기 위해서는 1차 관문인 필기시험을 거쳐 2차 관문인 필답형 필기와 작업형 실기를 통과해야만 라이선스(license)를 취득할 수 있습니다.
꾸준히 라이선스(license)에 도전하십시오. 그리고 한솔아카데미와 함께하십시오.
반드시 계획했던 모든 꿈을 이루실겁니다.

손을 게을리
놀리는 자는 가난하게 되고
손을 부지런히
놀리는 자는 부유하게 된다.

이 책은 현행 시행되는 한국산업인력공단 국가기술자격검정에 의한 건설재료시험기사 실기, 그동안 출제되었던 기출문제를 현재의 한국산업표준(KS)와 SI 국제단위, KCS 콘크리트표준 시방서, KDS 국가건설기준 규정에 맞게 정리하였습니다. 집필 중의 오류, 문제 복원 중 SI단위 변환 시 오류가 있다면 신속히 보완하여 더욱 좋은 책으로 거듭날 수 있도록 항상 조언을 부탁드립니다.

이 책의 특징

첫째, 필수적이고 핵심적인 내용을 1단계(필답형 핵심정리), 2단계(13개년 과년도 문제해설), 3단계(작업형 실기)로 분류하여 단시간 내에 숙지하도록 하였습니다.
둘째, 필답형 실기(토질분야, 건설재료분야 : 60점), 작업형 실기(채점기준에 맞는 작업순서 : 40점)를 동시에 완주하도록 하였습니다.
셋째, 모든 문제를 연도별, 회별로 표시하여 문제의 출제빈도를 알 수 있고 출제의 방향을 이해하도록 하였습니다.

한 권의 책이 나올 수 있도록 최선을 다해 도와주신 여러 교수님, 대학교 동문·후배님, 그리고 문제 복원을 위해 도움주시는 독자님들께 진심으로 감사드립니다.
또한 한솔아카데미 편집부 여러분, 이 책의 얼굴을 예쁘게 디자인 해주신 강수정 실장님, 까다로운 주문도 이해하고 묵묵히 편집을 하여 주신 안주현 부장님, 언제나 가교역할을 해 주시는 최상식 이사님, 항상 큰 그림을 그려 주시는 이종권 사장님, 사랑받는 수험서로 출판될 수 있도록 아낌없이 지원해 주신 한병천 대표이사님께 감사드립니다.

저자 일동 드림

책의 구성

01 Pick Remember 핵심정리

- 문제풀이 과정에 앞서 핵심요점을 제시하여 학습길잡이 역할을 하였다.
- 반드시 이론을 숙지하여 문제 해결의 요지를 납득할 수 있도록 기출문제로 자가진단을 하도록 하였다.

02 추가적인 보충설명

- 알아두기 코너에는 를 두어 보충설명을 하여 사전 학습관리를 하도록 하였다.
- 를 두어 오류를 범하지 않도록 광범위한 방식으로 문제 해결 능력을 기르도록 하였다.

03 핵심 기출문제

- 1984년 이후 출제되었던 대부분의 문제로 구성하여 실전에 대한 감각을 자연스럽고 확실하게 터득할 수 있도록 하였다.
- 산출근거를 요구하는 문제는 먼저 공식을 제시하여 답안 작성법을 익히도록 하였다.

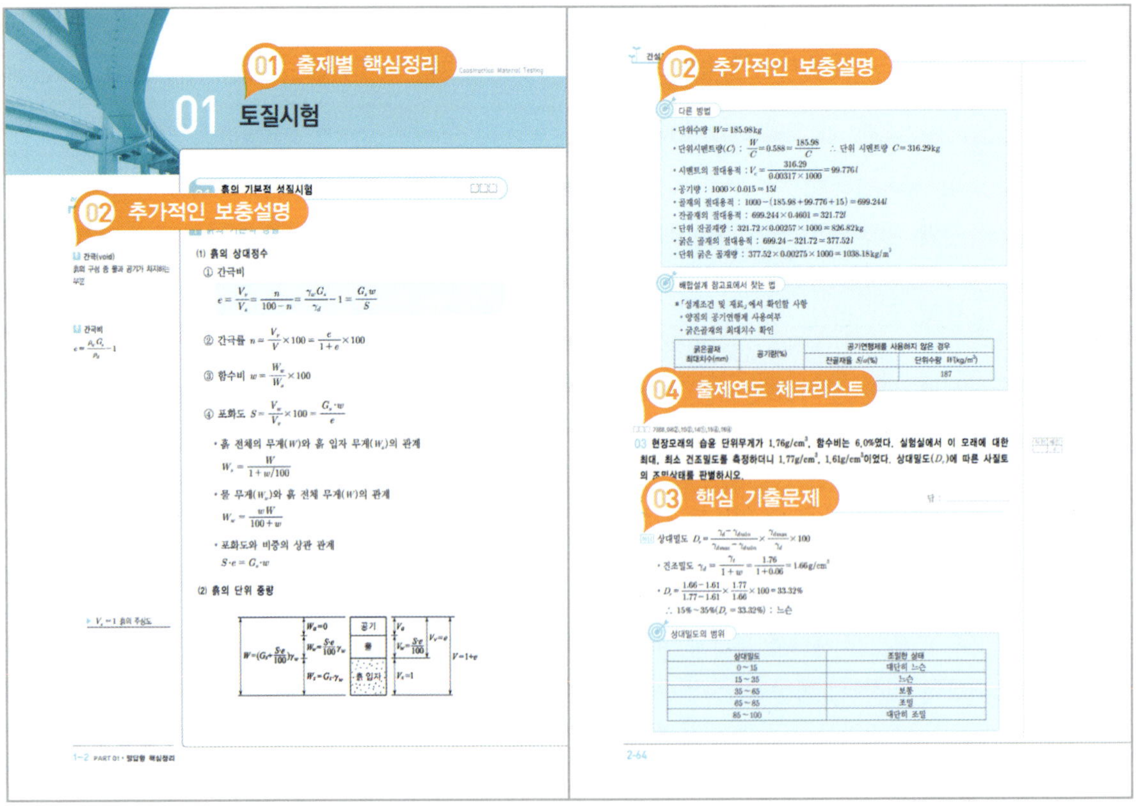

04 출제연도 체크리스트

- 문제마다 □□□를 두어 체크업을 하도록 하여 다시 한 번 문제를 확인할 수 있도록 하였다.
- 시험일에 임박해서는 ✔✔□된 문제만 확인하여 좋은 결과를 얻을 수 있도록 하였다.

05 13개년 과년도 문제

- 과년도 출제문제(토질분야, 건설재료분야로 세분화)를 통해 실전 감각을 익히도록 하였다.
- 과년도 출제문제를 반복하는 동안 연상법에 의해 자연스럽게 시험장에서도 답안 작성이 되도록 하였다.

06 작업형 실기문제

- 작업단계별로 특징을 숙지할 수 있도록 칼라사진을 넣고 자세한 부연 설명을 하였다.
- 시험결과 작성되는 성과표를 완벽하게 작성할 수 있도록 하였다.

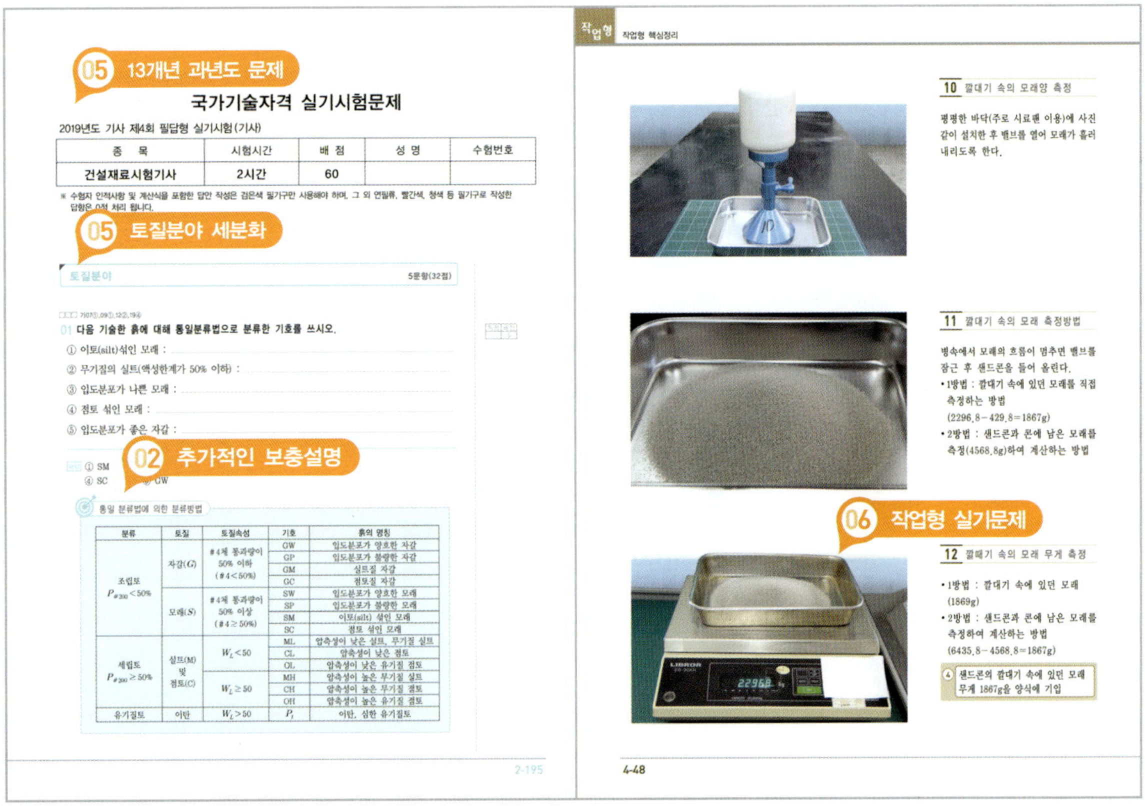

2025년 대비 학습플랜

건설재료시험기사 실기 3주완성

6단계 완전학습 커리큘럼

년도별 출제빈도표시

출제빈도를 참작하면 문제의
중요도를 알 수 있다.

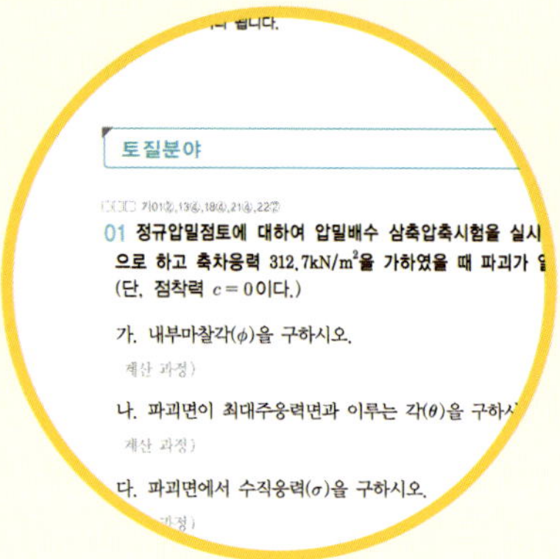

2단계 핵심 기출문제

1단계의 이론학습을
문제풀이에 연상법을 적용

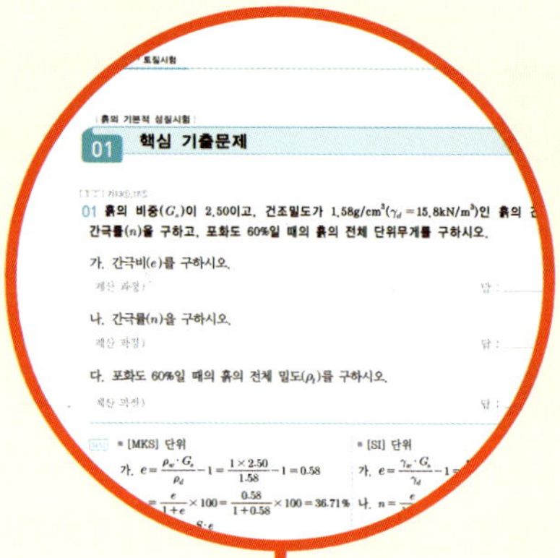

1 년도별 출제빈도표시 → 2 1단계 필답형 핵심정리 → 3 2단계 핵심 기출문제

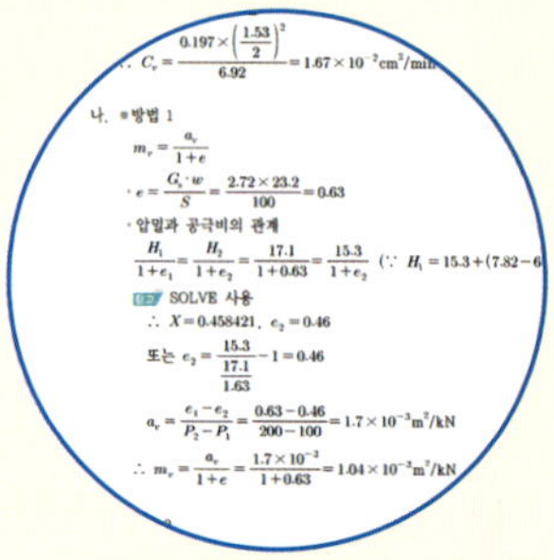

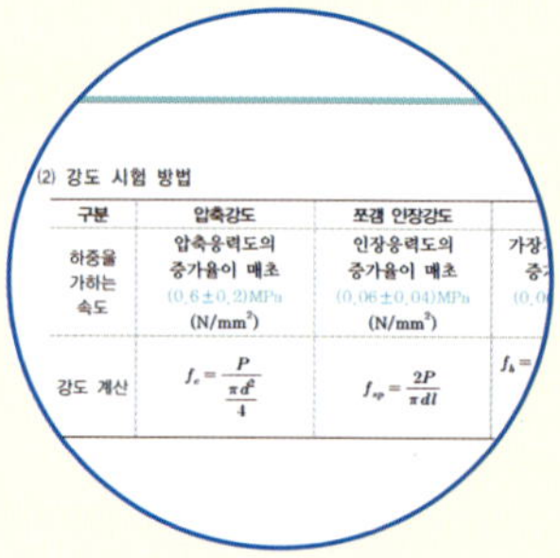

계산기(SOLVE기능)

[계산기 f_x 570 ES]를 활용하여
SOLVE 사용법을 수록하였다.

1단계 필답형 핵심정리

Pick Remember
필답형 핵심정리

2023년 출제기준 반영

2023년 변경된 출제기준에
맞춰 전과목 반영
(압축강도(0.6±0.2)MPa/sec)

한솔아카데미에서 제공하는

교재 학습플랜 길잡이

200% 학습법

3단계 전과목 마스터

1단계 이론과 2단계 문제의 종합편인
전과목을 총체적으로 실전문제 마스터

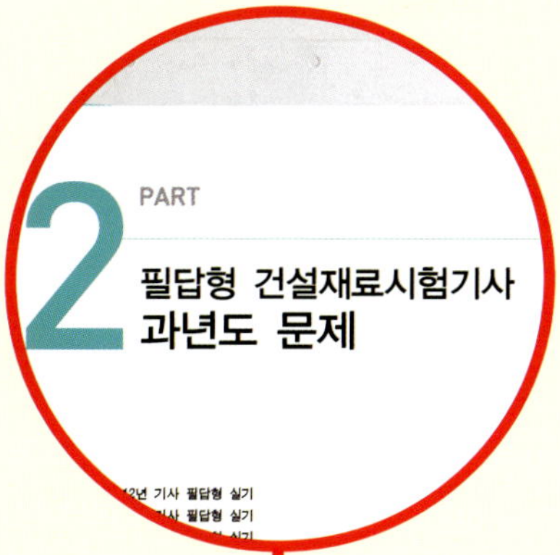

홈페이지

www.bestbook.co.kr
자료실을 통해 오류제보 및 정오표 확인

4 3단계 전과목 마스터 **5** 한국산업표준 규격적용 **6** 홈페이지

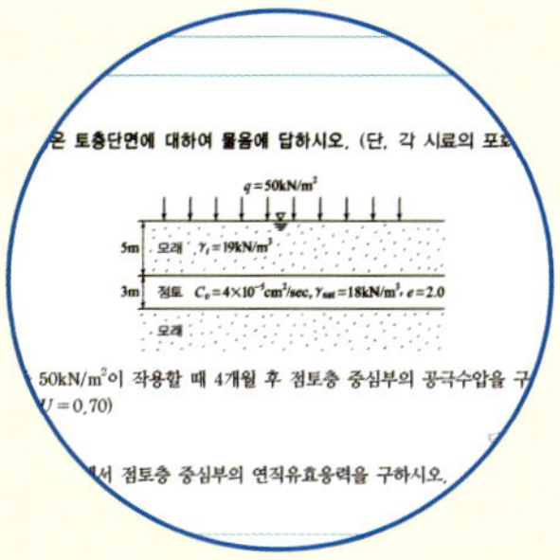

SI단위 적용

국제단위 변환규정
SI단위 적용

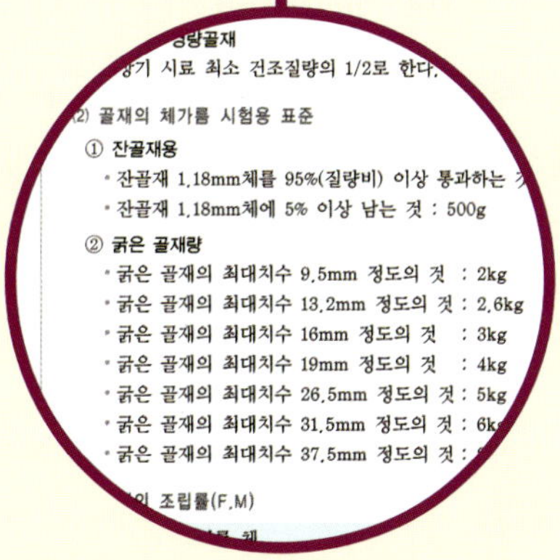

한국산업표준(KS) 규격적용

최근에 개정된
KS 규격 적용

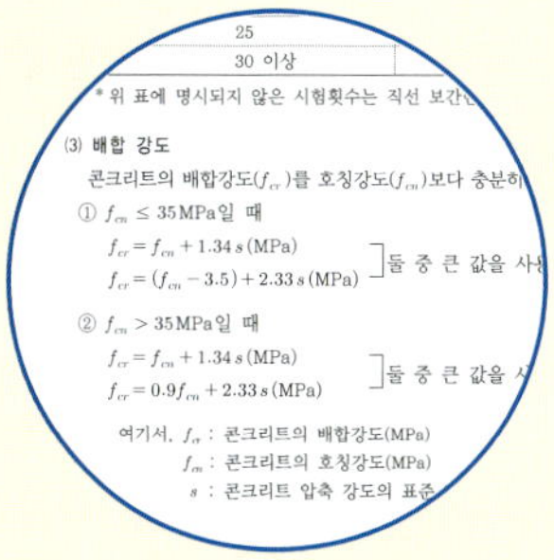

KCS 규정 적용

콘크리트 표준시방서
시방코드 KCS 적용
(호칭 강도)

수험자 유의사항

시험전 반드시 준비 사항

① 신분증(주민등록증, 운전면허증, 여권, 모바일 신분증 등)을 반드시 소지해야만 시험에 응시할 수 있다.

② 기사, 산업기사 등급은 허용된 기종의 공학용계산기만 사용가능합니다.

연번	제조사	허용기종군	[예] FX-570 ES PLUS
1	카시오(CASIO)	FX-901 ~ 999	
2	카시오(CASIO)	FX-501 ~ 599	
3	카시오(CASIO)	FX-301 ~ 399	
4	카시오(CASIO)	FX-80 ~ 120	
5	샤프(SHARP)	FL-501 ~ 599	
6	샤프(SHARP)	EL-5100, EL-5230, EL-5250, EL-5500	
7	유니원(UNIONE)	UC-600E, UC-400M, UC-800X	
8	캐논(Canon)	F-715SG, F-788SG, F-792SGA	
9	모닝글로리(MORNING GLORY)	ECS-101	

※ 상기 기종은 변경될 수 있음을 알려드립니다.

답안 작성 (필기구)

① 문제순서가 아닌 정확히 아는 문제부터 풀어 간다.

② 흑색의 필기구만 사용한다.

③ 그 외 연필류, 빨간색, 청색 등 필기구로 작성한 답항은 0점 처리 됩니다.

계산과정과 답란

① 답란에는 문제와 관련이 없는 불필요한 낙서나 특이한 기록사항 등을 기재하여서는 안 된다.

② 부정의 목적으로 특이한 표식을 하였다고 판단될 경우에는 모든 문항이 0점 처리된다.

③ 답안을 정정할 때에는 반드시 정정부분을 두 줄(═)로 그어 표시하여야 한다.

예 $V = \frac{W_{sand}}{\rho_s} = \frac{1480}{1.65} = \sout{986.97\text{cm}^3} = 896.97\text{cm}^3$

④ 계산문제는 반드시 「계산과정」, 「답」란에 계산과정과 답을 정확히 기재하여야 한다. 계산과정이 틀리거나 없는 경우 0점 처리된다.

- 계산과정에서 연필류를 사용한 경우 0점 처리되므로 반드시 흑색으로만 덧씌우고 연필자국은 반드시 없앤다.

⑤ 개별문제에서 소수 처리에 대한 요구사항이 있을 경우 그 요구사항에 따라야 한다.

- 소수 일곱 번째 자리까지 최종 결과값(답)을 요구하는 경우 소수 여덟 번째 자리에서 반올림하여 소수 일곱 번째 자리까지 구하면 더 정확한 값을 얻는다.(투수계수의 경우)

⑥ 계산문제는 최종 결과값(답)의 소수 셋째자리에서 반올림하여 둘째자리까지 구한다.

• 이런 경우 중간계산은 소수 둘째자리까지 계산하거나, 더 정확한 계산을 위해서 셋째자리까지 구하여 최종값에서만 둘째자리까지 구하면 된다.

예 $P_0 = \gamma_t h_1 + \gamma_{\text{sub(sand)}} h_2 + \gamma_{\text{subclay}} \times \dfrac{h_3}{2}$

$= 17.94 \times 2 + 10 \times 8 + 4.25 \times \dfrac{6}{2} = 128.63\text{kN/m}^2$

$\therefore \Delta H = \dfrac{C_c H}{1+e} \log \dfrac{P_0 + \Delta P}{P_0} = \dfrac{0.8 \times 600}{1+3} \log \dfrac{128.63+2}{128.63} = 0.80\text{cm}$

⑦ 답에 단위가 없거나 단위가 틀려도 오답으로 처리된다.

예
• 계산 과정) $a_v = \dfrac{e_1 - e_2}{P_2 - P_1} = \dfrac{0.63 - 0.46}{20 - 10} = 0.017$ 답 : 0.17(오답)

• 계산 과정) $a_v = \dfrac{e_1 - e_2}{P_2 - P_1} = \dfrac{0.63 - 0.46}{2 - 1} = 0.017\text{kN/m}^2$ 답 : 0.017kN/m^2(오답)

• 계산 과정) $a_v = \dfrac{e_1 - e_2}{P_2 - P_1} = \dfrac{0.63 - 0.46}{20 - 10} = 0.017\text{m}^2/\text{kN}$ 답 : $0.017\text{m}^2/\text{kN}$(정답)

다답형(항목수) 기재

① 요구한 가짓수만큼만 기재순으로 기재한다.

• 3가지를 요구하면 3가지만 기재한다.

예 ① ________ ② ________ ③ ________

• 4가지를 요구하면 4가지만 기재한다.

예 ① ________ ② ________ ③ ________ ④ ________

② 단일 답을 요구하는 경우는 한 가지 답만 기재하며, 정답과 오답이 함께 기재되어 있을 경우 오답으로 처리된다.

예 황산나트륨, 염화바륨

③ 한 문제에서 소문제로 파생되는 문제나 가짓수를 요구하는 문제는 대부분의 경우 부분 배점을 적용한다.

• 3가지를 요구한 경우 한 가지 또는 두 가지라도 답을 알면 반드시 기재하여 부분 배점을 받아야 한다.

예 ① CBR시험 ② 평판재하시험 ③ 들밀도시험 ④ ________

CONTENTS

PART 1 Pick Remember 필답형 핵심정리

CHAPTER 01 | 토질시험

CHAPTER 02 | 건설재료시험

PART 2 필답형 건설재료시험기사 과년도 문제

PART 3 필답형 건설재료시험산업기사 과년도 문제

CONTENTS

PART 4 작업형 핵심정리

국제단위계 변환규정

응력 또는 압력(단위면적당 하중)

- $1\text{kgf/cm}^2 = 9.8\text{N/cm}^2 = 10\text{N/cm}^2 = 0.1\text{N/mm}^2$
  $= 0.1\text{MPa} = 100\text{kPa} = 100\text{kN/m}^2$
- $1\text{kN/mm}^2 = 1\text{GPa} = 1000\text{N/mm}^2 = 1000\text{MPa}$
- $1\text{kgf/cm}^2 = 9.8\text{N/m}^2 = 10\text{N/m}^2 = 10\text{Pa(pascal)}$
- $1\text{tf/m}^2 = 9.8\text{kN/m}^2 = 10\text{kN/m}^2 = 10\text{kPa}$
- 탄성계수
  $E = 2.1\times10^5\text{kg/cm}^2 \Rightarrow E = 2.1\times10^4\text{MPa}$
  $E = 2.1\times10^4\text{MPa} = 21\times10^3\text{N/mm}^2$
  $E = 21\times10^3\text{MPa} = 21\text{kN/mm}^2 = 21\text{GPa}$

단위 부피당 하중(단위중량)

- $1\text{kgf/cm}^3 = 9.8\text{N/cm}^3 = 10\text{N/cm}^3$
- $1\text{kgf/m}^3 = 9.8\text{N/m}^3 = 10\text{N/m}^3$
- $1\text{tf/m}^3 = 9.8\text{kN/m}^2 = 10\text{kN/m}^3$
- $1\text{t/m}^3 = 1\text{g/cm}^3 = 9.8\text{kN/m}^3 = 10\text{kN/m}^3$
- 물의 단위중량 $\gamma_w = 9.8\text{kN/m}^3 = 9.81\text{kN/m}^3$
- 물의 밀도 $\rho_w = 1\text{g/cm}^3 = 1000\text{kg/m}^3$

[계산기 f_x570 ES] SOLVE사용법

1 $\dfrac{H_1}{1+e_1} = \dfrac{H_2}{1+e_2} = \dfrac{17.1}{1+0.63} = \dfrac{15.3}{1+e_2}$

먼저 $\dfrac{17.1}{1+0.63}$ ☞ ALPHA ☞ SOLVE = ☞

$\dfrac{17.1}{1+0.63} = \dfrac{15.3}{1+ALPHA\ X}$

SHIFT ☞ SOLVE ☞ = ☞ 잠시 기다리면

$X = 0.458421 \quad \therefore\ e_2 = 0.46$

2 $97.03 = 35.16\tan^2\left(45° + \dfrac{\phi}{2}\right)$

먼저 97.03 ☞ ALPHA ☞ SOLVE = ☞

$97.03 = 35.16\tan^2\left(45° + \dfrac{ALPHA\ X}{2}\right)$

SHIFT ☞ SOLVE ☞ = ☞ 잠시 기다리면

$X = 27.90704 \quad \therefore\ \phi = 27.91°$

출제기준

중직무분야	토목	자격종목	건설재료시험기사 건설재료시험산업기사	적용기간	2023.1.1 ~ 2025.12.31

- 직무내용 : 건설공사를 수행함에 있어서 품질을 확보하고 이를 향상시켜 합리적·경제적·내구적인 구조물을 만들어 냄으로써, 건설공사 품질에 대한 신뢰성을 확보하고 수행하는 직무이다.
- 수행준거 : 1. 토질 및 기초에 대한 이론적인 지식을 바탕으로 토질 및 기초시험을 수행하고 결과를 판정할 수 있다.
  2. 콘크리트용 재료 및 각종 콘크리트에 대한 이론적 지식을 바탕으로 콘크리트 관련 실험을 수행하고 결과를 판정할 수 있다.
  3. 아스팔트 및 아스팔트 혼합물에 대한 이론적인 지식을 바탕으로 관련 시험을 수행하고 결과를 판정할 수 있다.

실기검정방법	복합형	시험시간	필답형 : 2시간 작업형 : 3시간 정도

실기과목명	주요항목	세부항목
토질 및 건설재료시험	1. 토질 및 기초시험	1. 토성시험 이해하기 2. 압밀시험하기 3. 흙의 전단강도시험하기 4. 다짐 및 현장밀도 시험하기 5. 노상토 지지력비 시험하기 6. 토공관리시험하기 7. 평판재하시험하기 8. 표준관입시험하기 9. 말뚝재하시험하기
	2. 콘크리트 재료 및 콘크리트 시험	1. 시멘트 시험하기 2. 골재 시험하기 3. 콘크리트 시험하기
	3. 아스팔트 및 아스팔트 혼합물 시험	1. 아스팔트 시험하기 2. 아스팔트 혼합물 시험하기

PART 1

Pick Remember
필답형 핵심정리

01 토질시험

01 흙의 기본적 성질시험 □□□

1 흙의 기본적 성질

(1) 흙의 상대정수

① 간극비

$$e=\frac{V_v}{V_s}=\frac{n}{100-n}=\frac{\gamma_w G_s}{\gamma_d}-1=\frac{G_s w}{S}$$

② 간극률 $n=\frac{V_v}{V}\times 100=\frac{e}{1+e}\times 100$

③ 함수비 $w=\frac{W_w}{W_s}\times 100$

④ 포화도 $S=\frac{V_w}{V_v}\times 100=\frac{G_s \cdot w}{e}$

- 흙 전체의 무게(W)와 흙 입자 무게(W_s)의 관계

$$W_s=\frac{W}{1+w/100}$$

- 물 무게(W_w)와 흙 전체 무게(W)의 관계

$$W_w=\frac{wW}{100+w}$$

- 포화도와 비중의 상관 관계

$$S\cdot e=G_s\cdot w$$

(2) 흙의 단위 중량

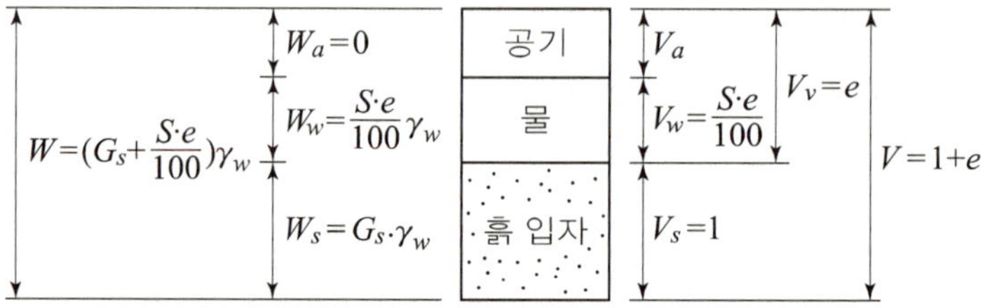

더 알아두기

간극(void)
흙의 구성 중 물과 공기가 차지하는 부분

간극비
$e=\frac{\rho_w G_s}{\rho_d}-1$

▶ $V_s=1$ 흙의 주상도

① 습윤 단위 중량(습윤밀도)

$$\gamma_t = \frac{W}{V} = \frac{W_s + W_w}{V_s + V_v} = \frac{G_s + \frac{S \cdot e}{100}}{1+e}\gamma_w, \quad \rho_t = \frac{G_s + \frac{S \cdot e}{100}}{1+e}\rho_w$$

② 건조 단위 중량(건조밀도)

$$\gamma_d = \frac{W_s}{V} = \frac{\gamma_t}{1+w} = \frac{G_s}{1+e}\gamma_w, \quad \rho_d = \frac{\rho_t}{1+w} = \frac{G_s}{1+e}\rho_w$$

③ 포화 단위 중량(포화밀도)

$$\gamma_{sat} = \frac{G_s + e}{1+e}\gamma_w, \quad \rho_{sat} = \frac{G_s + e}{1+e}\rho_w$$

④ 수중 단위 중량(수중밀도)

$$\gamma_{sub} = \gamma_{sat} - \gamma_w = \frac{G_s + e}{1+e}\gamma_w - \gamma_w = \frac{G_s - 1}{1+e}\gamma_w, \quad \rho_{sub} = \frac{G_s - 1}{1+e}\rho_w$$

밀도
- ρ

물의 밀도
- $\rho_w = 1\text{g/cm}^3$

단위 중량
- γ

물의 단위중량
- $\gamma_w = 9.81\text{kN/m}^3$

2 흙의 애터버그 한계시험

애터버그 한계란 스웨덴의 토질학자인 Atterberg에 의해 제안된 것으로 세립토의 판별분류 및 공학적 성질을 판단하는데 이용된다.

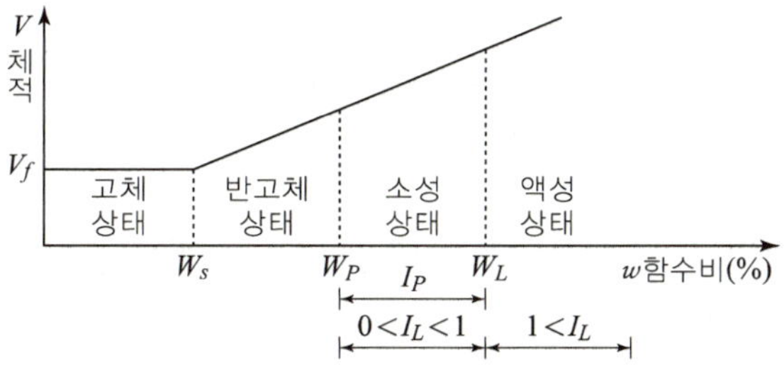

- 액성 상태 : $1 < I_L$이면 현장의 흙은 액체 상태를 의미
- 소성 상태 : $0 < I_L < 1$이면 현장의 흙은 소성 상태를 의미
- 고체 상태 : $I_L < 0$이면 현장의 흙은 고체 상태를 의미

소성상태
$W_P < w_n < W_L$

(1) 액성한계(W_L, LL)

① No.40체 통과된 시료

② 액체상태에서 소성상태로 변할 때의 함수비

③ 양쪽의 인공사면이 중앙부분에서 약 13mm 정도 합쳐지고 타격횟수가 25회 해당부분의 함수비를 액한성한계라 한다.

액성한계(W_L)
소성을 나타내는 최대의 함수량

■ 유동곡선 작도

용기번호	1	2	3	4	5
함수비 w(%)	20	25	30.6	39.5	46.7
타격횟수 N	58	43	31	18	12

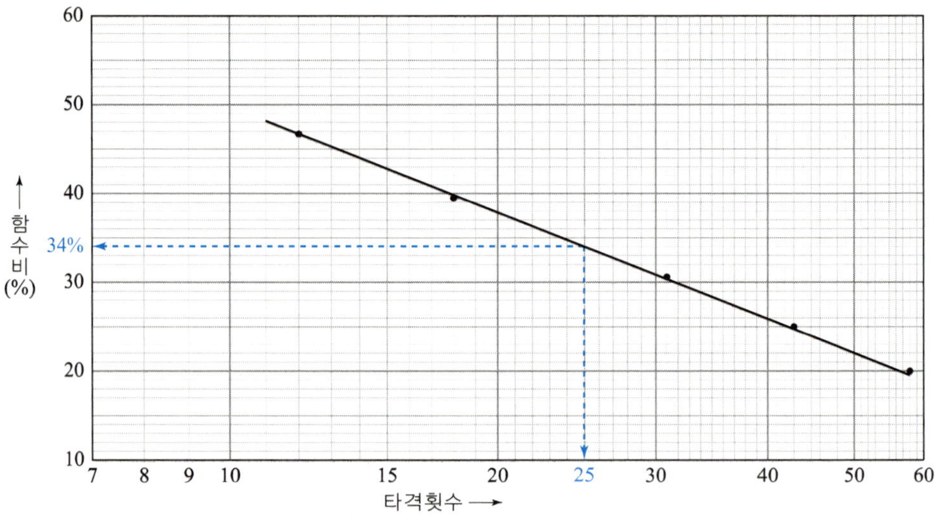

∴ 액성한계 $W_L = 34\%$

(2) 소성한계(W_P)

① No.40체 통과된 시료

② 흙이 소성상태에서 반고체 상태로 옮겨지는 한계

③ 잘 반죽된 흙덩어리를 우유빛 유리 위에 놓고 손바닥으로 밀어 균일하게 지름 3mm정도의 국수모양일 때의 함수비

(3) 수축한계

반고체 상태에서 고체상태로 변할 때의 함수비로 수은을 사용하여 노건조 시료의 체적(V_o)을 구한다.

① **수축한계**

$$w_s = w - \left(\frac{(V - V_o)\gamma_w}{W_o} \right) \times 100 = \left(\frac{1}{R} - \frac{1}{G_s} \right) \times 100$$

② **수축비**

$$R = \frac{W_o}{V_o \gamma_w} = \frac{W_o}{V_o \rho_w}$$

③ **흙입자의 비중**

$$G_s = \frac{1}{\dfrac{1}{R} - \dfrac{w_s}{100}}$$

④ **체적변화**

$$C = \frac{V_1 - V_o}{V_o} \times 100 = R(w_1 - w_s)$$

소성한계(W_P)
소성을 나타내는 최소의 함수비

수축한계
건조시켜도 더 이상 체적의 감소가 일어나지 않는 최대 함수비

수은을 사용하는 이유
수은은 응집력이 강하기 때문에 부피(용적)값이 정확하게 측정되기 때문에 사용한다.(부피 측정)

밀도와 단위 중량
- 물의 밀도
  $\rho_w = 1\text{g/cm}^3$
- 물의 단위 중량
  $\gamma_w = 9.81\text{kN/cm}^3$

체적변화 C
어떤 함수비 w_1 으로부터 수축한계 w_s 까지 함수량을 감안한 때의 체적의 변화량($V_1 - V_o$)을 흙의 건조체적 V_o 의 %로 나타낸 것

⑤ 선수축

$$L_s = 100\left(1 - \sqrt[3]{\frac{100}{C+100}}\right)$$

여기서, w : 습윤 시료의 함수비(%) 또는 자연함수비
V : 습윤 시료의 체적(cm^3)
W_o : 노건조 시료의 중량(g)
V_o : 노건조 시료의 체적(cm^3)
G_s : 흙의 비중
γ_w : 물의 단위 중량(kN/m^3)
ρ_w : 물의 밀도(g/cm^3)

(4) 연경도 지수

① 소성지수(I_P, PI : plasticity index)

$$I_P = W_L - W_p$$

② 액성 지수(I_L, LI : liguidity index)

$$I_L = \frac{w_n - W_P}{I_P} = \frac{w_n - W_P}{W_L - W_P}$$

③ 수축지수(I_S, SI : shrinkage index)

$$I_S = W_P - W_S$$

④ 연경 지수(I_C : consistency index)

$$I_C = \frac{W_L - w_n}{I_P} = \frac{W_L - w_n}{W_L - W_P}$$

⑤ 유동 지수(I_f : flow index)

$$I_f = \frac{w_1 - w_2}{\log N_2 - \log N_1}$$

⑥ 터프니스 지수(I_t : toughness index)

$$I_t = \frac{I_P}{I_f} = \frac{W_L - W_P}{I_f}$$

여기서, W_L : 액성한계(%)
W_P : 소성한계(%)
w_1 : 타격 횟수 N_1일 때의 함수비
w_2 : 타격 횟수 N_2일 때의 함수비
w_n : 자연 함수비(%)

활성도

$$A = \frac{\text{소성지수}(I_P)}{2\mu\text{m 이하의 점토 함유량}}$$

- $A < 0.75$: 비활성 점토
- $0.75 < A < 1.25$: 보통 점토
- $1.25 < A$: 활성 점토
- $2\mu m = 0.002mm$

3 흙입자의 밀도

(1) 시험 방법

① 피크노미터의 질량 m_f(g)를 측정한다.

② 피크노미터에 증류수를 채우고 전 질량 m_a'(g)와 피크노미터 안의 수온 T'(℃)를 측정한다.

③ 시료를 피크노미터에 넣고 다시 증류수를 가하여 그 전량이 피크노미터 용량의 2/3가 되도록 한다.

④ 끓이는 기구를 사용하여 시료를 가열한다. 가끔 피크노미터를 흔들어 기포가 빠져 나오는 것을 돕는다. 기포를 충분히 제거한 후에 시료를 거의 실온이 될 때까지 방치한다.

⑤ 피크노미터에 증류수를 가하여 채우고 전 질량 m_b(g)와 내용물의 온도 T(℃)를 측정한다.

⑥ 피크노미터의 내용물의 전량을 꺼내어 (110 ± 5)℃에서 일정 질량이 될 때까지 노 건조한다. 그 후 데시케이터 안에서 거의 실온이 될 때까지 식혀서 노 건조 시료의 질량 m_s(g)를 측정한다.

• 노 건조 시료에 대한 시험에서는, 이 순서는 이미 ③에서 종료되어 있으므로 반복할 필요는 없다.

(2) 계산 방법

① 온도 T℃에서 증류수를 채운 피크노미터의 질량은 다음 식에 따라 산출한다.

$$m_a = \frac{\rho_w(T)}{\rho_w(T')}(m'_a - m_f) + m_f$$

여기서, m_a : 온도 T℃에서 증류수를 채운 피크노미터의 질량(g)
m_a' : 온도 T'℃에서 증류수를 채운 피크노미터의 질량(g)
T' : m_a'를 측정하였을 때 피크노미터의 내용물의 온도(℃)
m_f : 피크노미터의 질량(g)
$\rho_w(T)$: T℃에서 증류수의 밀도로 표1에 나타내는 값(g/cm^3)
$\rho_w(T')$: T'℃에서 증류수의 밀도로 표1에 나타내는 값(g/cm^3)

② 흙 입자의 밀도

$$\rho_s = \frac{m_s}{m_s + (m_a - m_b)}\rho_w(T)$$

여기서, ρ_s : 흙 입자의 밀도(g/cm^3)
m_s : 노 건조 시료의 질량(g)
m_b : 온도 T℃의 증류수와 시료를 채운 피크노미터의 질량(g)
T : m_b를 측정하였을 때 피크노미터의 내용물의 온도(℃)

흙입자의 밀도
• 단위(g/cm^3) 있음

흙입자의 비중
• 무단위(단위 없음)

③ 15℃로 환산한 흙 입자의 비중

$$G_s = \frac{\rho_w(T)}{\rho_w(15℃)}\rho_s = \frac{T℃\text{에서 증류수의 밀도}}{15℃\text{에서 증류수의 밀도}} \times \rho_s$$

■ 증류수의 밀도

온도 T℃	증류수의 밀도 g/㎤									
	0.0	0.1	0.2	0.3	0.4	0.5	0.6	0.7	0.8	0.9
4	0.999 97	0.999 97	0.999 97	0.999 97	0.999 97	0.999 97	0.999 97	0.999 97	0.999 97	0.999 97
5	0.999 96	0.999 96	0.999 96	0.999 96	0.999 96	0.999 95	0.999 95	0.999 95	0.999 95	0.999 94
6	0.999 94	0.999 94	0.999 93	0.999 93	0.999 93	0.999 92	0.999 92	0.999 91	0.999 91	0.999 91
7	0.999 90	0.999 90	0.999 89	0.999 89	0.999 88	0.999 88	0.999 87	0.999 87	0.999 86	0.999 85
8	0.999 85	0.999 84	0.999 84	0.999 83	0.999 82	0.999 82	0.999 81	0.999 80	0.999 79	0.999 79
9	0.999 78	0.999 77	0.999 76	0.999 76	0.999 75	0.999 74	0.999 73	0.999 72	0.999 72	0.999 71
10	0.999 70	0.999 69	0.999 68	0.999 67	0.999 66	0.999 65	0.999 64	0.999 63	0.999 62	0.999 61
11	0.999 61	0.999 59	0.999 58	0.999 57	0.999 56	0.999 55	0.999 54	0.999 53	0.999 52	0.999 51
12	0.999 49	0.999 48	0.999 47	0.999 46	0.999 46	0.999 44	0.999 43	0.999 41	0.999 40	0.999 39
13	0.999 38	0.999 36	0.999 36	0.999 34	0.999 32	0.999 31	0.999 30	0.999 28	0.999 27	0.999 26
14	0.999 24	0.999 23	0.999 21	0.999 20	0.999 19	0.999 17	0.999 16	0.999 14	0.999 13	0.999 11
15	0.999 10	0.999 08	0.999 07	0.999 05	0.999 04	0.999 02	0.999 02	0.998 99	0.998 97	0.998 96
16	0.998 94	0.998 92	0.998 91	0.998 89	0.998 88	0.998 86	0.998 84	0.998 82	0.998 81	0.998 79
17	0.998 77	0.998 76	0.998 74	0.998 72	0.998 70	0.998 68	0.998 67	0.998 65	0.998 63	0.998 61
18	0.998 60	0.998 57	0.998 56	0.998 54	0.998 52	0.998 50	0.998 48	0.998 46	0.998 44	0.998 42
19	0.998 41	0.998 38	0.998 36	0.998 34	0.998 32	0.998 30	0.998 28	0.998 26	0.998 24	0.998 22
20	0.998 20	0.998 18	0.998 16	0.998 14	0.998 12	0.998 10	0.998 08	0.998 05	0.998 03	0.998 01
21	0.997 99	0.997 97	0.997 95	0.997 92	0.997 90	0.997 88	0.997 86	0.997 84	0.997 81	0.997 79
22	0.997 77	0.997 75	0.997 72	0.997 70	0.997 68	0.997 65	0.997 63	0.997 61	0.997 58	0.997 56
23	0.997 54	0.997 51	0.997 49	0.997 46	0.997 44	0.997 42	0.997 39	0.997 37	0.997 34	0.997 32
24	0.997 30	0.997 27	0.997 24	0.997 22	0.997 19	0.997 17	0.997 14	0.997 12	0.997 09	0.997 07
25	0.997 04	0.997 02	0.996 99	0.996 97	0.996 94	0.996 91	0.996 89	0.996 86	0.996 83	0.996 81
26	0.996 78	0.996 76	0.996 73	0.996 70	0.996 67	0.996 65	0.996 62	0.996 59	0.996 57	0.996 54
27	0.996 51	0.996 48	0.996 46	0.996 43	0.996 40	0.996 37	0.996 34	0.996 32	0.996 29	0.996 26
28	0.996 23	0.996 20	0.996 17	0.996 15	0.996 12	0.996 09	0.996 06	0.996 03	0.996 00	0.995 97
29	0.995 94	0.995 91	0.995 88	0.995 85	0.995 83	0.995 80	0.995 77	0.995 74	0.995 71	0.995 68
30	0.995 65	0.995 62	0.995 58	0.995 55	0.995 52	0.995 49	0.995 46	0.995 43	0.995 40	0.995 37
31	0.995 34	0.995 31	0.995 28	0.995 25	0.995 21	0.995 18	0.995 15	0.995 12	0.995 09	0.995 06
32	0.995 03	0.994 99	0.994 96	0.994 93	0.994 90	0.994 86	0.994 83	0.994 80	0.994 77	0.994 73
33	0.994 70	0.994 67	0.994 64	0.994 60	0.994 57	0.994 54	0.994 50	0.994 47	0.994 44	0.994 40
34	0.994 37	0.994 34	0.994 30	0.994 27	0.994 23	0.994 20	0.994 17	0.994 13	0.994 10	0.994 06
35	0.994 03	0.994 00	0.993 96	0.993 93	0.993 89	0.993 86	0.993 82	0.993 79	0.993 75	0.993 72
36	0.993 68	0.993 65	0.993 61	0.993 58	0.993 54	0.993 51	0.993 47	0.993 43	0.993 40	0.993 36
37	0.993 33	0.993 29	0.993 25	0.993 22	0.993 18	0.993 15	0.993 11	0.993 07	0.993 04	0.993 00
38	0.992 96	0.992 93	0.992 89	0.992 85	0.992 82	0.992 78	0.992 74	0.992 70	0.992 67	0.992 63
39	0.992 59	0.992 55	0.992 52	0.992 48	0.992 44	0.992 40	0.992 37	0.992 33	0.992 29	0.992 25

양입도

종류	균등계수
흙일 때	$c_u > 10$
모래일 때	$c_u > 6$
자갈일 때	$c_u > 4$

4 흙의 분류

(1) 입도 분포의 판정

① 유효입경 D_{10} : 가적 통과율 10%에 해당하는 입경

② 균등계수(uniformity coefficient ; C_u)
입도 분포의 양부를 수량적으로 나타내기 위한 것

$$C_u = \frac{D_{60}}{D_{10}}$$

($C_u > 10$: 양입도, $C_u < 4$: 빈입도)

여기서, D_{60} : 통과백분율 60%에 대응하는 입경
D_{10} : 통과백분율 10%에 대응하는 입경

③ 곡률계수(coefficent of curveature ; C_g)

$$C_g = \frac{D_{30}^2}{D_{10} \times D_{60}}$$

(입도 분포가 좋은 조건 : $1 < C_g < 3$)

여기서, D_{30} : 통과 백분율 30%에 대응하는 입경

5 통일 분류법

(1) 통일 분류법의 분류 방법

분류	토질	토질속성	기호	흙의 명칭
조립토 $P_{\#200} < 50\%$	자갈(G)	#4체 통과량이 50% 이하 ($\#4 < 50\%$)	GW	입도분포가 양호한 자갈
			GP	입도분포가 불량한 자갈
			GM	실트질 자갈
			GC	점토질 자갈
	모래(S)	#4체 통과량이 50% 이상 ($\#4 \geq 50\%$)	SW	입도분포가 양호한 모래
			SP	입도분포가 불량한 모래
			SM	이토(silt) 섞인 모래
			SC	점토 섞인 모래
세립토 $P_{\#200} \geq 50\%$	실트(M) 및 점토(C)	$W_L < 50$	ML	액성한계가 50% 이하이며, 소성이 작은 무기질의 실트 흙
			CL	압축성이 낮은 점토
			OL	압축성이 낮은 유기질 점토
		$W_L \geq 50$	MH	압축성이 높은 무기질 실트
			CH	압축성이 높은 무기질 점토
			OH	압축성이 높은 유기질 점토
유기질토	이탄	$W_L > 50$	P_t	이탄 및 그 외의 유기질이 극히 많은 흙

(2) 통일분류법의 분류기준

① GW와 GP조건

- 조립토 No.200(0.075mm)체 통과율이 50% 미만
- 자갈 No.4(4.76mm)체 통과율이 50% 미만
  - $C_u > 4$, C_g가 1~3이면 : GW
  - GW조건 이외는 GP

② SW와 SP조건

- 조립토 No.200체 통과율이 50% 미만
- 모래 No.4체 통과율이 50% 이상
  - $C_u > 6$, C_g가 1~3이면 : SW
  - SW조건 이외는 SP

(3) 통일분류법과 AASHTO분류법의 차이점

① 모래, 자갈 입경 구분이 서로 다르다.

- 통일분류법 : NO.4(4.76mm)로 구분
- AASHTO분류법 : NO.10(2.00mm)로 구분

② 두 가지 분류법에서는 모두 입도분포와 소성을 고려하여 흙을 분류하고 있다.

③ 유기질 흙에 대한 분류는 통일분류법에는 있으나 AASHTO분류법에는 없다.

④ No.200체를 기준으로 조립토와 세립토를 구분하고 있으나 두 방법의 통과율에 있어서는 서로 다르다.

- 통일분류법 : NO.200(0.075mm) 통과율 50% 기준
- AASHTO분류법 : NO.200(0.075mm) 통과율 35% 기준

(4) AASHTO분류법의 군지수(Group index. G.I)

$$GI = 0.2a + 0.005ac + 0.01bd$$

- a = No.200체 통과율 − 35(0~40)
- b = No.200체 통과율 − 15(0~40)
- c = 액성한계 − 40(0~20)
- d = 소성지수 − 10(0~20)
- GI값이 음(−)의 값이면 0으로 한다.
- GI값은 가장 가까운 정수로 반올림한다.

| 흙의 기본적 성질시험 |

01 핵심 기출문제 □□□

□□□ 기13①,17①

01 흙의 비중(G_s)이 2.50이고, 건조밀도가 1.58g/cm^3(γ_d =15.8kN/m^3)인 흙의 간극비(e)와 간극률(n)을 구하고, 포화도 60%일 때의 흙의 전체 단위 무게를 구하시오.

득점	배점
	6

가. 간극비(e)를 구하시오.

계산 과정) 답 : ____________

나. 간극률(n)을 구하시오.

계산 과정) 답 : ____________

다. 포화도 60%일 때의 흙의 전체 밀도(ρ_t)를 구하시오.

계산 과정) 답 : ____________

해답 ■ [MKS] 단위

가. $e=\frac{\rho_w \cdot G_s}{\rho_d}-1=\frac{1\times 2.50}{1.58}-1=0.58$

나. $n=\frac{e}{1+e}\times 100=\frac{0.58}{1+0.58}\times 100=36.71\%$

다. $\rho_t=\frac{G_s+\frac{S\cdot e}{100}}{1+e}\rho_w$

$=\frac{2.50+\frac{60\times 0.58}{100}}{1+0.58}\times 1=1.80\text{g/cm}^3$

■ [SI] 단위

가. $e=\frac{\gamma_w \cdot G_s}{\gamma_d}-1=\frac{9.81\times 2.50}{15.8}-1=0.55$

나. $n=\frac{e}{1+e}\times 100=\frac{0.55}{1+0.55}\times 100=35.48\%$

다. $\gamma_t=\frac{G_s+\frac{S\cdot e}{100}}{1+e}\gamma_w$

$=\frac{2.50+\frac{60\times 0.55}{100}}{1+0.55}\times 9.81=17.91\text{kN/m}^3$

□□□ 기10④,17①

02 어느 포화점토(G_s =2.72)의 애터버그 한계(Atterberg Limit)시험 결과 액성한계가 50%이고 소성지수는 14%였다. 다음 물음에 답하시오.

득점	배점
	4

가. 이 점토의 소성한계를 구하시오.

계산 과정) 답 : ____________

나. 이 점토의 함수비가 40%일 때의 연경도는 무슨 상태인가?

계산 과정) 답 : ____________

해답 가. 소성지수=액성한계−소성한계

∴ 소성한계=액성한계−소성지수=50−14=36%

나. $W_P=36\% < w_n=40\% < W_L=50\%$ ∴ 소성상태

득점	배점
	10

□□□ 기85,09②,10②,15②, 산11②,13④

03 다음은 자연상태의 함수비가 29%인 점성토 시료를 채취하여 애터버그 한계시험을 행한 성과표를 나타낸 것이다. 아래 표의 빈칸을 채우고, 유동곡선을 그리고 물음에 답하시오.
(단, 소수점 이하 둘째자리에서 반올림하시오.)

【액성한계시험】

용기번호	1	2	3	4	5
습윤시료+용기 무게(g)	70	75	74	70	76
건조시료+용기 무게(g)	60	62	59	53	55
용기 무게(g)	10	10	10	10	10
건조시료 무게(g)					
물의 무게(g)					
함수비 W(%)					
타격횟수 N	58	43	31	18	12

【소성한계시험】

용기번호	1	2	3	4
습윤시료+용기 무게(g)	26	29.5	28.5	27.7
건조시료+용기 무게(g)	23	26	24.5	24.1
용기 무게(g)	10	10	10	10
건조시료 무게(g)				
물의 무게(g)				
함수비 W(%)				

가. 유동곡선을 그리고 액성한계를 구하시오.

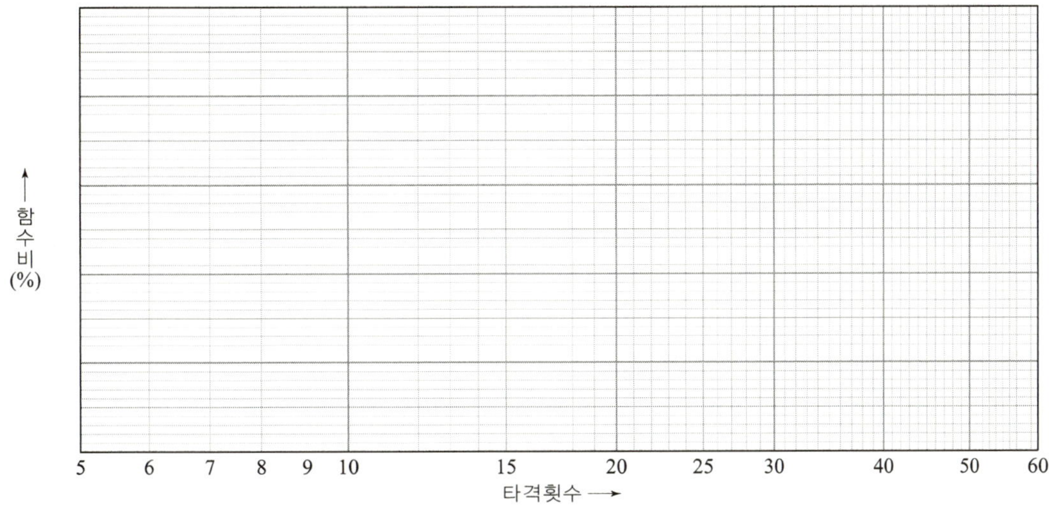

【답】 액성한계 :

나. 소성한계를 구하시오.

계산 과정) 답 : ____________

다. 소성지수를 구하시오.

계산 과정) 답 : ____________

라. 액성지수를 구하시오.

계산 과정) 답 : ____________

마. 컨시스턴시지수를 구하시오.

계산 과정) 답 : ____________

해답

【액성한계시험】

용기번호	1	2	3	4	5
습윤시료+용기 무게(g)	70	75	74	70	76
건조시료+용기 무게(g)	60	62	59	53	55
용기 무게(g)	10	10	10	10	10
건조시료 무게(g)	50	52	49	43	45
물의 무게(g)	10	13	15	17	21
함수비 W(%)	20	25	30.6	39.5	46.7
타격횟수 N	58	43	31	18	12

【소성한계시험】

용기번호	1	2	3	4
습윤시료+용기 무게(g)	26	29.5	28.5	27.7
건조시료+용기 무게(g)	23	26	24.5	24.1
용기 무게(g)	10	10	10	10
건조시료 무게(g)	13	16	14.5	14.1
물의 무게(g)	3	3.5	4.0	3.6
함수비 W(%)	23.1	21.9	27.6	25.5

가.

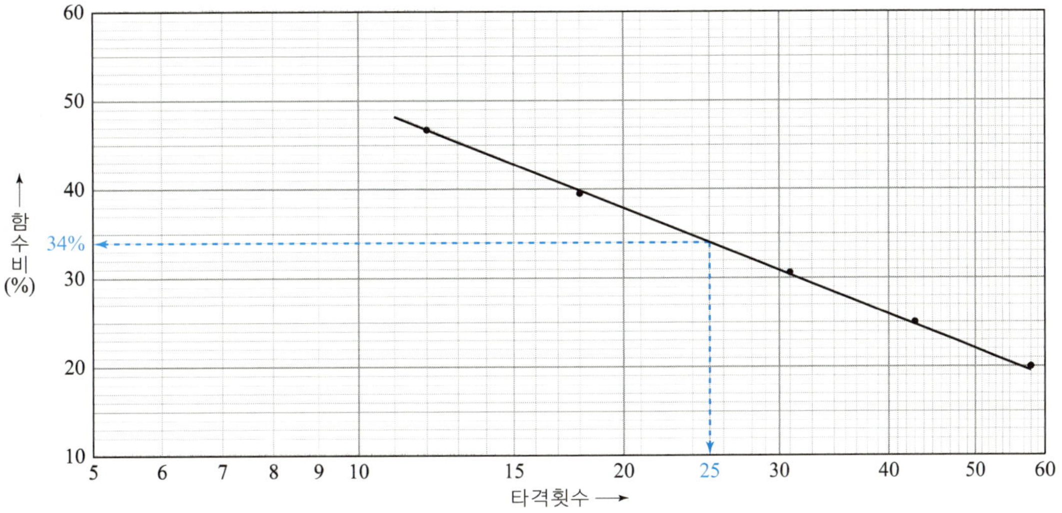

【답】 액성한계 : 34%

나. 소성한계 $W_P = \dfrac{23.1 + 21.9 + 27.6 + 25.5}{4} = 24.5\%$

다. 소성지수 = 액성한계 − 소성한계 = $34 - 24.5 = 9.5\%$

라. 액성지수 $I_L = \dfrac{w_n - W_P}{W_L - W_P} = \dfrac{29 - 24.5}{34 - 24.5} = 0.47$

마. 컨시스턴시 $I_c = \dfrac{W_L - w_n}{W_L - W_P} = \dfrac{34 - 29}{34 - 24.5} = 0.53$

□□□ 산98④,09②,11①,12④,13②,14①,17④

04 어떤 점토에 대하여 수축한계 시험결과 습윤시료의 부피 $V = 21.0\text{cm}^3$, 노건조시료의 무게 $W_o = 26.36\text{g}$, 노건조시료의 부피 $V_o = 16.34\text{cm}^3$, 습윤시료의 함수비 $w = 41.28\%$, 소성한계 $W_P = 33.4\%$, 액성한계 $W_L = 46.2\%$일 때 다음 물음에 답하시오.

득점	배점
	10

가. 수축한계를 구하시오.

계산 과정) 답 :

나. 수축지수를 구하시오.

계산 과정) 답 :

다. 수축비를 구하시오.

계산 과정) 답 :

라. 체적수축률을 구하시오.

계산 과정) 답 :

마. 흙입자의 비중을 구하시오.

계산 과정) 답 :

해답 가. $w_s = w - \dfrac{(V-V_o)\rho_w}{W_o} \times 100$

$= 41.28 - \dfrac{(21.0-16.34)\times 1}{26.36} \times 100 = 23.60\%$

나. $I_s = W_P - w_s = 33.4 - 23.60 = 9.8\%$

다. $R = \dfrac{W_o}{V_o \rho_w} = \dfrac{26.36}{16.34 \times 1} = 1.61$

라. $C = \dfrac{V-V_o}{V_o} \times 100 = \dfrac{21.0-16.34}{16.34} \times 100 = 28.52\%$

마. $G_s = \dfrac{1}{\dfrac{1}{R} - \dfrac{w_s}{100}} = \dfrac{1}{\dfrac{1}{1.61} - \dfrac{23.60}{100}} = 2.60$

□□□ 기86②,88④,92①, 산91④,93②,98④

05 흙의 밀도 시험결과 다음과 같은 결과를 얻었다. 물음에 답하시오.

득점	배점
	8

비중병의 질량 m_f(g)	42.85
(비중병+시료)의 질량(g)	66.89
시료의 질량 m_s(g)	①
(비중병+증류수)의 질량 m_a'(g)	140.55
(비중병+증류수)질량 측정시 온도 T'℃	23℃
T'℃ 에서 증류수의 밀도 $\rho_w(T')$(g/cm³)	②
(비중병+증류수+시료)의 질량 m_b(g)	155.42
(비중병+증류수+시료)의 질량 측정시 온도 T℃	27℃
T℃ 에서 증류수의 밀도 $\rho_w(T)$(g/cm³)	③
(비중병+증류수)질량의 환산질량(g)	④
흙의 밀도(g/cm³)	⑤

① 시료의 질량을 계산하시오.

계산 과정) 답 : ________

② T'℃ 에서 증류수의 밀도를 기록하시오.

③ T℃ 에서 증류수의 밀도를 기록하시오.

④ (비중병+증류수)질량의 환산질량를 계산하시오.

계산 과정) 답 : ________

⑤ 흙의 밀도를 계산하시오.

계산 과정) 답 : ________

해답 ① 시료의 무게 : 66.89 − 42.85 = 24.04

④ (비중병+증류수)질량을 T℃로 환산한 질량

$$m_a = \frac{\rho_w(T)}{\rho_w(T')}(m'_a - m_f) + m_f$$

$$= \frac{0.99651}{0.99754}(140.55 - 42.85) + 42.85 = 140.45\,\mathrm{g}$$

⑤ 흙의 밀도

$$\rho_s = \frac{m_s}{m_s + (m_a - m_b)}\rho_w(T)$$

$$= \frac{24.04}{24.04 + (140.45 - 155.42)} \times 0.99651$$

$$= 2.64\mathrm{g/cm^3}$$

비중병의 질량 m_f(g)	42.85
(비중병+시료)의 질량(g)	66.89
시료의 질량 m_s(g)	24.04
(비중병+증류수)의 질량 m_a'(g)	140.55
(비중병+증류수)질량 측정시 온도 T'℃	23℃
T'℃에서 증류수의 밀도 $\rho_w(T')$(g/cm³)	0.99754
(비중병+증류수+시료)의 질량 m_b(g)	155.42
(비중병+증류수+시료)의 질량 측정시 온도 T℃	27℃
T℃에서 증류수의 밀도 $\rho_w(T)$(g/cm³)	0.99651
(비중병+증류수)질량의 환산질량(g)	140.45
흙의 밀도(g/cm³)	2.64

참고 15℃로 환산한 흙입자의 비중

$$G_s = \frac{T℃\text{에서 증류수의 밀도}}{15℃\text{에서 증류수의 밀도}} \times \rho_s = \frac{0.99651}{0.99910} \times 2.64 = 2.63[\text{무단위}]$$

□□□ 기97②,06④,07④,12④,16②

06 어느 현장 대표흙의 0.074mm(No.200)체 통과율이 60%이고, 이 흙의 액성한계와 소성한계가 각각 50%와 30%이었다. 이 흙의 군지수(GI)를 구하시오.

득점	배점
	3

계산 과정) 답 : ______________

해답 GI = 0.2a + 0.005ac + 0.01bd

- a = No.200체 통과율 − 35 = 60 − 35 = 25(0~40의 정수)
- b = No.200체 통과율 − 15 = 60 − 15 = 45(0~40의 정수)
  ∴ b = 40
- c = 액성한계 − 40 = 50 − 40 = 10(0~20의 정수)
- d = 소성지수 − 10 = (50 − 30) − 10 = 10(0~20의 정수)

∴ GI = 0.2 × 25 + 0.005 × 25 × 10 + 0.01 × 40 × 10 = 10.25
= 10 (∵ GI값은 가장 가까운 정수로 반올림한다.)

02 투수시험

1 투수계수

(1) 간극비와 투수계수의 관계

① $K_1 : K_2 = \dfrac{e_1^3}{1+e_1} : \dfrac{e_2^3}{1+e_2} \fallingdotseq e_1^2 : e_2^2$

② $K_2 = K_1 \times \left(\dfrac{e_2}{e_1}\right)^2$

(2) 점성계수와의 관계

$K_{15} : K_T = \mu_T : \mu_{15}$

$\therefore\ K_{15} = K_T\left(\dfrac{\mu_T}{\mu_{15}}\right)$

여기서, K_T : T℃의 투수계수

μ_T : T℃의 점성계수

(3) 유출속도와 침투속도

$V = Ki = K\dfrac{h}{L}$

$V_s = \dfrac{V}{n}$

(4) 유량

$Q = VA = KiA = K\dfrac{\Delta h}{L}A$

2 실내 투수시험

투수계수 측정법	투수계수 범위(cm/sec)	적용 시료
정수위 투수시험법	$K > 10^{-2}$	투수성이 큰 사질토
변수위 투수시험법	$K = 10^{-1} \sim 10^{-3}$	광범위한 시료
압밀시험	$K = 10^{-7}$ 이하	투수성이 낮은 불투성 점토

(1) 정수위 투수시험

$K = \dfrac{QL}{hA(t_2 - t_1)} = \dfrac{Q \cdot L}{h \cdot A \cdot t}$

(2) 변수위 투수시험

$K = 2.3\dfrac{a \cdot L}{A \cdot t}\log\dfrac{H_1}{H_2}$

여기서, K : 투수계수(cm/sec)
t : 투수시간(sec)
t_1 : 초기시간(시각)
t_2 : 종결시간(시각)
H_1 : t_1일 때 수위
H_2 : t_2일 때 수위
Q : t시간의 투수량(cm^3)
L : 시료의 길이(cm)
A : 시료의 단면적(cm^2)
h : 수두차(cm)
i : 동수경사

3 침투유량

(1) 등방성 흙($N_f = N_d$)

$$Q = KH\frac{N_f}{N_d}$$

(2) 이등방성 흙($N_f \neq N_d$)

$$Q = \sqrt{K_h K_v} \cdot H \cdot \frac{N_f}{N_d}$$

여기서, Q : 단위 폭당 제체의 침투유량(cm^3/sec)
K : 투수 계수(cm/sec)
H : 상하류의 수두차(cm)
N_f : 유로의 수
N_d : 등수두면의 수

4 유효응력과 분사현상

(1) 유효응력

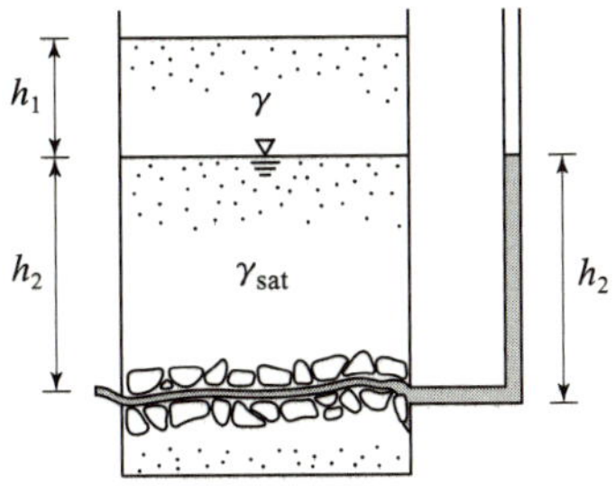

① 전 응력 $\sigma = h_1 \cdot \gamma + h_2 \cdot \gamma_{sat}$

② 간극 수압 $u = \gamma_w \cdot h_2$

③ 유효 응력 $\bar{\sigma} = \sigma - u$

$$= (h_1 \cdot \gamma + h_2 \cdot \gamma_{sat}) - h_2 \cdot \gamma_w$$
$$= h_1 \cdot \gamma + h_2(\gamma_{sat} - \gamma_w)$$
$$= h_1 \cdot \gamma + h_2 \cdot \gamma_{sub}$$

한계 동수 경사

$$i_{cr} = \frac{\rho_{sub}}{\rho_w} = \frac{\rho_{sat} - \rho_w}{\rho_w}$$

(2) 분사현상

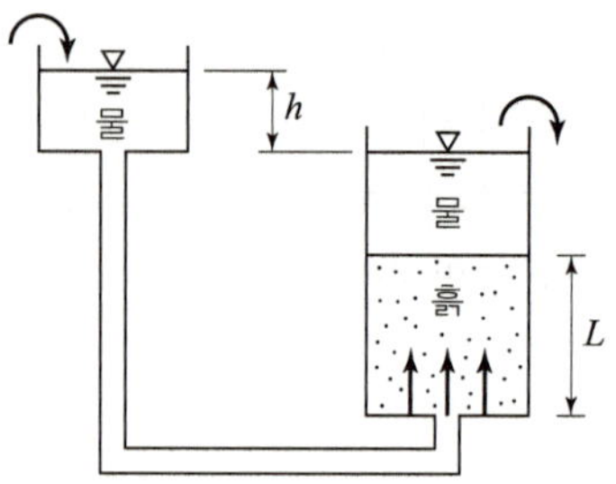

① 한계 동수 경사 : $i_{cr} = \dfrac{\gamma_{sub}}{\gamma_w} = \dfrac{\gamma_{sat} - \gamma_w}{\gamma_w} = \dfrac{G_s - 1}{1+e}$

② 동수 경사 : $i = \dfrac{h}{L}$

③ 분사 현상의 조건

- 분사 현상이 일어나는 조건 : $i > \dfrac{G_s - 1}{1+e}$
- 분사 현상이 일어나지 않는 조건 : $i < \dfrac{G_s - 1}{1+e}$
- 안전율 : $F_s = \dfrac{i_{cr}}{i} = \dfrac{\dfrac{G_s - 1}{1+e}}{\dfrac{h}{L}}$

| 투수시험 |

02 핵심 기출문제 □□□

□□□ 기05④,08①,10④,14②

01 정수위 투수시험 결과 시료의 길이 25cm, 시료의 직경 12.5cm, 수두차 76cm, 투수시간 3분, 투수량 650cm³일 때 투수계수를 구하시오.

득점	배점
	3

계산 과정)　　　　　　　　　　　　　　　　답 : ____________

해답 $k=\dfrac{Q\cdot L}{A\cdot h\cdot t}$

- $A=\dfrac{\pi d^2}{4}=\dfrac{\pi\times 12.5^2}{4}=122.72\text{cm}^2$
- $t=3\times 60=180\text{sec}$

$\therefore\ k=\dfrac{650\times 25}{122.72\times 76\times 180}=9.68\times 10^{-3}\text{cm/sec}$

□□□ 기95,03④,04②,08④,10①,18②,22①,23④

02 점토질 시료를 변수위투수시험을 수행하여 다음과 같은 시험값을 얻었다. 이 점토의 15℃에서 투수계수를 구하시오.

득점	배점
	4

【시험 결과 값】

- 스탠드 파이프 안지름 : 4.3mm
- 측정개시 시각 : t_1 =09:00
- 시료 지름 : 50mm
- 측정완료시각 : t_2 =10:40
- 시료 길이 : 20.0cm
- t_1에서 수위 : 30cm
- t_2에서 수위 : 15cm

해답 $K=2.3\dfrac{a\times L}{A\times t}\log\dfrac{h_1}{h_2}$

- $a=\dfrac{\pi d^2}{4}=\dfrac{\pi\times 0.43^2}{4}=0.145\text{cm}^2$
- $A=\dfrac{\pi d^2}{4}=\dfrac{\pi\times 5^2}{4}=19.635\text{cm}^2$
- $t=(10:40-09:00)\times 60=6000\text{sec}$ (∵ 1시간40분은 100분)

$\therefore\ K=2.3\dfrac{0.145\times 20}{19.635\times 6000}\log\dfrac{30}{15}$

$=1.70\times 10^{-5}\text{cm/sec}$

□□□ 산92①,93②,10①,14②

03 정수위 투수시험 결과 시료의 길이 25cm, 시료의 단면적 750cm², 수두차 45cm, 투수시간 20초, 투수량 3200cm³, 시험 시 수온은 12℃일 때 다음 물음에 답하시오.

득점	배점
	9

【투수계수에 대한 T℃의 보정계수 μ_T/μ_{15}】

T ℃	0	1	2	3	4	5	6	7	8	9
0	1.567	1.513	1.460	1.414	1.369	1.327	1.286	1.248	1.211	1.177
10	1.144	1.113	1.082	1.053	1.026	1.000	0.975	0.950	0.926	0.903
20	0.881	0.859	0.839	0.819	0.800	0.782	0.764	0.747	0.730	0.714
30	0.699	0.684	0.670	0.656	0.643	0.630	0.617	0.604	0.593	0.582
40	0.571	0.561	0.550	0.540	0.531	0.521	0.513	0.504	0.496	0.487

가. 12℃ 온도에서의 투수계수를 구하시오.

계산 과정) 답 : ________

나. 15℃ 온도에서의 투수속도를 구하시오.

계산 과정) 답 : ________

다. $e=0.42$일 때 15℃의 실제침투 속도를 구하시오.

계산 과정) 답 : ________

해답 가. $k_{12}=\dfrac{Q\cdot L}{A\cdot h\cdot t}=\dfrac{3200\times25}{750\times45\times20}=0.119\text{cm/sec}$

나. $k_{15}=k_T\cdot\dfrac{\mu_T}{\mu_{15}}=k_{12}\dfrac{\mu_{12}}{\mu_{15}}=0.119\times\dfrac{1.082}{1}=0.129\text{cm/sec}$

$\therefore\ V=ki=k_{15}\dfrac{h}{L}=0.129\times\dfrac{45}{25}=0.232\text{cm/sec}$

다. $V_s=\dfrac{V}{n}$

• $n=\dfrac{e}{1+e}\times100=\dfrac{0.42}{1+0.42}\times100=29.58\%$

$\therefore\ V_s=\dfrac{0.232}{0.2958}=0.784\text{cm/sec}$

□□□ 산13④,16①

04 수평방향 투수계수가 0.4cm/sec, 연직방향 투수계수가 0.1cm/sec이었다. 1일 침투유량을 구하시오. (단, 상류면과 하류면의 수두 차 : 15m, 유로의 수 : 5, 등압면 수 : 12이었다.)

득점	배점
	4

계산 과정) 답 : ________

해답 $Q=KH\dfrac{N_f}{N_d}$

$=\sqrt{0.4\times0.1}\times1500\times\dfrac{5}{12}\times100=12500\text{cm}^3/\text{sec}=1080\text{m}^3/\text{day}$

□□□ 기02④,13④

05 시료의 길이 20cm, 시료의 지름이 10cm인 시료에 정수위 투수시험 결과 수온이 25℃이었고, 경과시간 2분, 유출량 140cc, 수두차가 30cm이었다. 다음 물음에 답하시오.

득점	배점
	8

가. 수온 25℃의 투수계수를 구하시오.

계산 과정) 답 : ______

나. 표준온도에서의 투수계수를 구하시오.

(단, $\dfrac{\mu_{25}}{\mu_{15}}=0.782$이다.)

계산 과정) 답 : ______

다. 위 공시체의 공극비를 측정한 결과 $e=1$이었다. 이 시료를 다져서 공극비가 0.5가 되었다면 다진 후 이 시료의 투수계수를 구하시오.

계산 과정) 답 : ______

라. 만약 $e=0.6$이었다면 공시체 내부의 침투유속(V_s)을 구하시오.

계산 과정) 답 : ______

해답 가. $k_{25}=\dfrac{Q\cdot L}{h\cdot A\cdot t}$

$$=\frac{140\times20}{30\times\dfrac{\pi\times10^2}{4}\times2\times60}=9.90\times10^{-3}\text{cm/sec}$$

나. $k_{15}=k_{25}\times\dfrac{\mu_{25}}{\mu_{15}}$

$$=9.90\times10^{-3}\times0.782=7.742\times10^{-3}\text{cm/sec}$$

다. $k_1:k_2=\dfrac{e_1^3}{1+e_1}:\dfrac{e_2^3}{1+e_2}$ 에서

• $\dfrac{e_1^3}{1+e_1}=\dfrac{1^3}{1+1}=0.5$, $\dfrac{e_2^3}{1+e_2}=\dfrac{0.5^3}{1+0.5}=0.083$

$$\therefore\ k_2=k_1\frac{\dfrac{e_2^3}{1+e_2}}{\dfrac{e_1^3}{1+e_1}}=9.90\times10^{-3}\times\frac{0.083}{0.5}=1.643\times10^{-3}\text{cm/sec}$$

라. $V_s=\dfrac{V}{n}$

• $n=\dfrac{e}{1+e}\times100=\dfrac{0.6}{1+0.6}\times100=37.5\%$

$$V=k\cdot i=k\cdot\frac{h}{L}=9.90\times10^{-3}\times\frac{30}{20}=0.0149\text{cm/sec}$$

$$\therefore\ V_s=\frac{0.0149}{0.375}=0.0397\text{cm/sec}$$

03 흙의 전단강도시험

1 Mohr-Coulomb 파괴포락선

(1) 전단강도

$\tau = \bar{\sigma}\tan\phi + c$

여기서, $\bar{\sigma}$: 유효수직응력
c : 흙의 점착력
ϕ : 흙의 내부 마찰각

(2) 파괴면에 작용하는 수직응력과 전단응력

① 수직응력

$$\sigma_f = \frac{\sigma_1 + \sigma_3}{2} + \frac{\sigma_1 - \sigma_3}{2}\cos 2\theta$$

최대수직응력은 $\theta = 45°$ 일 때 발생한다.

② 전단응력

$$\tau_f = \frac{\sigma_1 - \sigma_3}{2}\sin 2\theta$$

여기서, θ : 파괴면이 최대주응력과 이루는 각

③ 최대전단력 : $\theta = 45°$ 일 때

$$\tau_{max} = \frac{1}{2}(\sigma_1 - \sigma_3)$$

2 직접전단시험

(1) 전단강도

① 전단응력 $\tau = \dfrac{S}{A}$

② 수직응력 $\sigma = \dfrac{P}{A}$

(2) 전단응력-수직응력 곡선

가로축에 수직응력(σ), 세로축에 전단응력(τ)을 취하여 도시화 한다.

■ 전단응력-수직응력 곡선

공시체	1	2	3	4
수직응력(MPa)	0.4	0.8	1.2	1.6
전단응력(MPa)	0.4	0.58	0.74	0.92

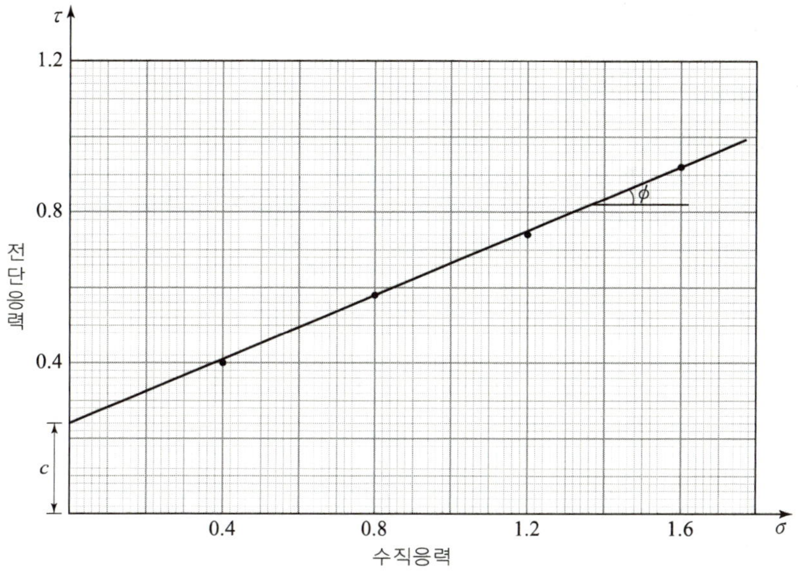

① 점착력 : $c = 0.24\,\text{MPa}$

② 내부마찰각 : $\phi = \tan^{-1}\dfrac{\text{전단응력}(\tau)}{\text{수직응력}(\sigma)} = \tan^{-1}\dfrac{0.92-0.4}{1.6-0.4} = 23.43°$

3 흙의 일축압축시험

(1) 최대 주응력면과 파괴면이 이루는 각

① $\theta = 45° + \dfrac{\phi}{2}$

② 내부 마찰각 $\phi = 2\theta - 90°$

(2) 일축압축강도

① 일축압축강도 $q_u = 2c\tan\left(45° + \dfrac{\phi}{2}\right)$

② 점착력 $c = \dfrac{\sigma_1}{2\tan\left(45° + \dfrac{\phi}{2}\right)} = \dfrac{q_u}{2\tan\left(45° + \dfrac{\phi}{2}\right)}$

(3) 일축압축 시험시의 압축응력

보정단면적 $A_o = \dfrac{A}{1-\epsilon}$

$$\sigma = \frac{P}{A_o} = \frac{P}{\dfrac{A}{1-\dfrac{\Delta h}{h}}} = \frac{P}{\dfrac{A}{1-\epsilon}} = \frac{P(1-\epsilon)}{A}$$

$P = K \times R(\text{kg})$

여기서, K : 검력계의 교정계수

R : 압축변형율이 ϵ가 되었을 때의 검력계 읽음($\frac{1}{100}$mm)

단위
1N/mm^2
= 1MPa
= 1000kPa

■ 압축응력-변형률 관계도

변형률(%) $\epsilon = \frac{\Delta H}{H} \times 100$	압축응력 $\sigma = \frac{P}{A}$ (kPa)
0	0
0.25	9.3
0.75	45.4
1.25	93.3
1.75	129.5
2.25	152.8
2.75	166.6
3.25	173.1
3.75	174.2
4.25	172.7
5.00	167.4
6.00	156.0

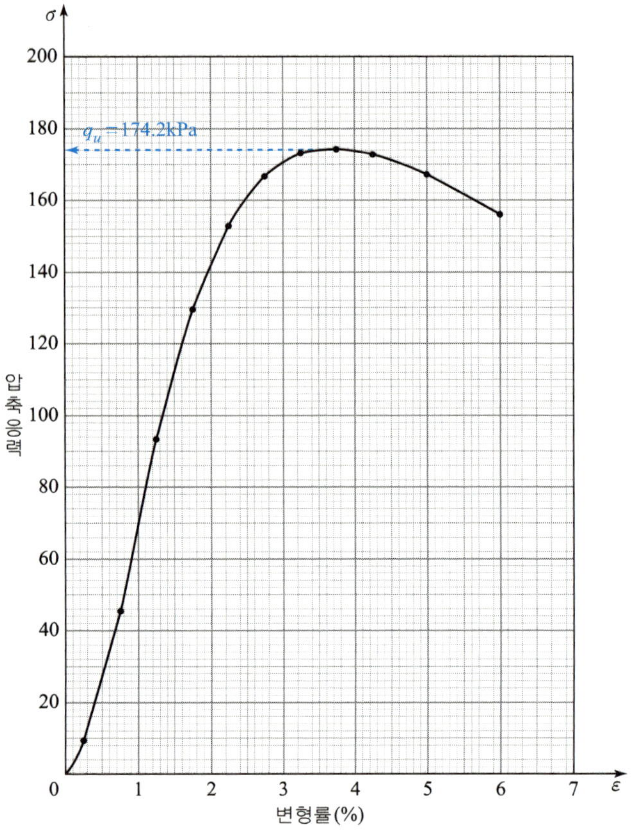

(4) 예민비

▶ 일축압축시료의 예민비 결정방법

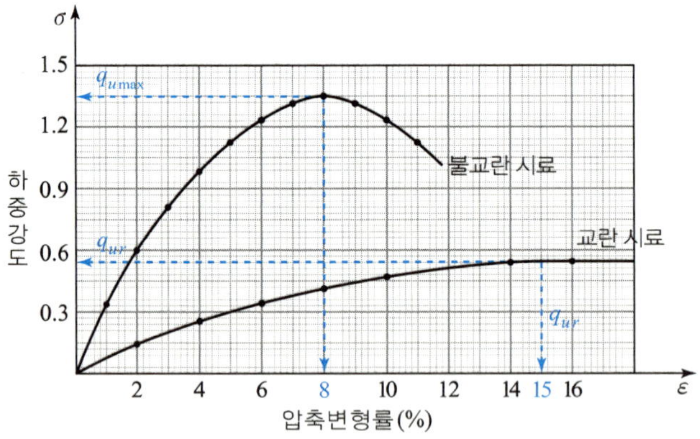

$$S_t = \frac{q_u}{q_{ur}}$$

여기서, S_t : 예민비

q_u : 불교란 시료의 일축압축강도

q_{ur} : 교란 시료의 일축압축강도

예민비	판 정
$S_t \le 1$	비예민 점토
$1 < S_t < 8$	예민성 점토
$8 \le S_t \le 64$	급속 점토
$64 < S_t$	초예민성 점토

(5) 변형계수

$$E_{50}(\text{kg/cm}^2) = \frac{q_u}{2\,\epsilon_{50}}$$

여기서, ϵ_{50} : $\frac{q_u}{2}$ 에 대응하는 변형도

4 삼축압축시험

(1) 배수조건에 따른 3축압축시험의 종류

① 비압밀비배수전단시험(UU-test)
점토지반에 급속히 성토시공을 할 때의 안정검토

② 압밀비배수전단시험(CU-test)
급속히 성토시공을 할 때의 안정검토 또는 이미 안정된 성토제방에 추가로 급속히 성토시공을 할 때의 안정검토

③ 압밀배수전단시험(CD-test)
사질지반의 안정검토, 점토지반의 장기 안정검토

(2) 최대 주응력면과 파괴면이 이루는 각

$$\theta = 45° + \frac{\phi}{2}$$

(3) 축차응력

$$\sigma = \sigma_1 - \sigma_3 = \frac{P}{A_o} = \frac{P}{\left(\frac{A}{1-\frac{\Delta l}{l}}\right)} = \frac{P}{\frac{A}{1-\epsilon}} = \frac{P}{A}(1-\epsilon)$$

여기서, $\sigma_1 - \sigma_3$: 축차 응력
σ_1 : 파괴시 최대 주응력
σ_3 : 파괴시 최소 주응력
P : 환산하중([K(교정계수)×다이얼게지 읽음])
ϵ : 변형률$\left(\frac{\Delta l}{l}\right)$
A_o : 환산단면적$\left(A_o = \frac{A}{1-\epsilon}\right)$
A : 시료의 단면적
l : 시료의 최초 높이

(4) Mohr의 응력 작도법

최대 주응력 σ_1

σ_1 =축차 응력+최소 주응력

$= (\sigma_1 - \sigma_3) + \sigma_3$

공시체 NO.	$\sigma_3' = \sigma_3 - u$	$\sigma_1' = \sigma_{1max} - \sigma_3'$
1	0.992	1.642
2	1.495	2.315
3	1.992	2.972

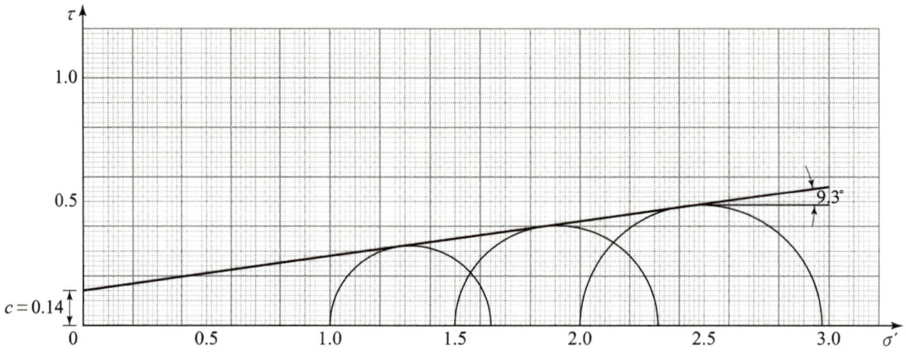

- 점착력 $c = 0.14\text{MPa}$
- 내부마찰각 $\phi = 9.3°$ (각도기 사용 측정값)

5 전단시험의 종류

전단시험은 흙의 강도 정수(c, ϕ)를 구하는데 목적이 있다.

구분	종류	측정
실내시험	직접전단시험	점착력, 내부마찰각
	단순전단시험	전단강도
	일축압축시험	일축압축강도, 예민비, 흙의 변형계수
	삼축압축시험	점착력, 내부 마찰각, 간극수압
현장시험	베인전단시험	연약지반의 점착력
	원추관입시험	콘 지지력
	표준관입시험	N치

| 흙의 전단강도시험 |

03 핵심 기출문제 □□□

□□□ 기01②,04④,06①,08②,10①,12④,13①,23② 산00②,12①,14④,17④

01 교란되지 않은 시료에 대한 일축압축 시험결과가 아래와 같으며, 파괴면과 수평면이 이루는 각도는 60° 이다. 다음 물음에 답하시오.

(단, 시험체의 크기는 평균직경 3.5cm, 단면적 962mm^2, 길이 80mm이다.)

득점	배점
	10

압축량 ΔH(1/100mm)	압축력 P(N)	압축량 ΔH(1/100mm)	압축력 P(N)
0	0	220	164.7
20	9.0	260	172.0
60	44.0	300	174.0
100	90.8	340	173.4
140	126.7	400	169.2
180	150.3	480	159.6

가. 응력과 변형률 관계를 계산하여 표를 채우시오.

압축력 P(N)	$\Delta H(\frac{1}{100}$mm)	변형률(%)	$1-\epsilon$	A(mm^2)	압축응력(kPa)
0	0				
9.0	20				
44.0	60				
90.8	100				
126.7	140				
150.3	180				
164.7	220				
172.0	260				
174.0	300				
173.4	340				
169.2	400				
159.6	480				

나. 압축응력(kPa)과 변형률(%)과의 관계도를 그리고 일축압축강도를 구하시오.

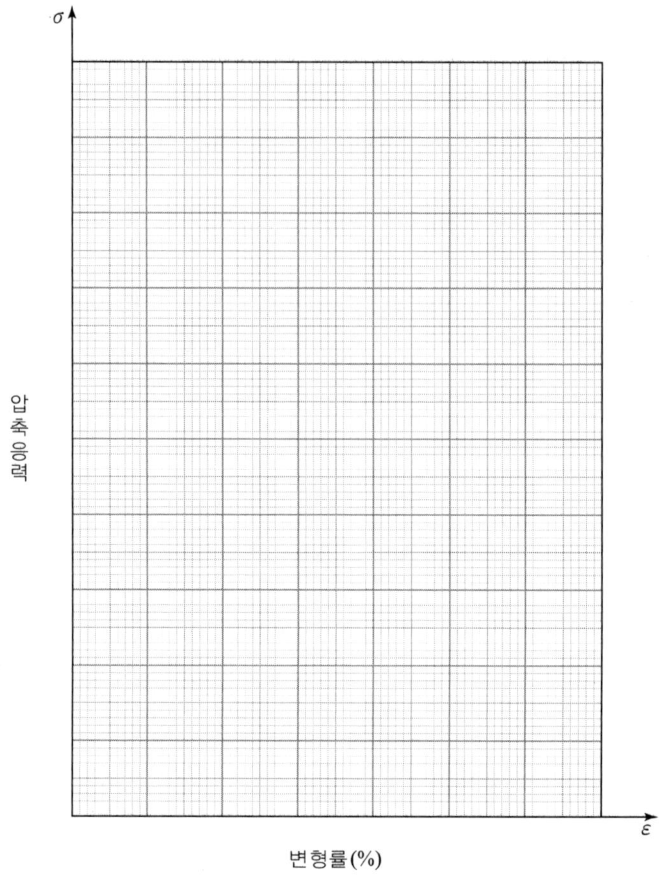

【답】 일축압축강도 :

다. 점착력을 구하시오.

계산 과정) 답 : ______

라. 같은 시료를 되비빔하여 시험을 한 결과 파괴압축응력은 14kPa이었다. 예민비를 구하시오.

계산 과정) 답 : ______

해답 가.

압축력 P(N)	$\Delta H(\frac{1}{100}$mm)	변형률(%) $\epsilon = \frac{\Delta H}{H} \times 100$	$1-\epsilon$	A(mm^2)	$\sigma = \frac{P}{A}$(kPa)
0	0	0	0	0	0
9.0	20	0.25	0.998	963.9	9.3
44.0	60	0.75	0.993	968.8	45.4
90.8	100	1.25	0.988	973.7	93.3
126.7	140	1.75	0.983	978.6	129.5
150.3	180	2.25	0.978	983.6	152.8
164.7	220	2.75	0.973	988.7	166.6
172.0	260	3.25	0.968	993.8	173.1
174.0	300	3.75	0.963	999.0	174.2
173.4	340	4.25	0.958	1004.2	172.7
169.2	400	5.00	0.950	1012.6	167.1
159.6	480	6.00	0.940	1023.4	156.0

변형률 $\epsilon = \frac{\Delta H}{H} = \frac{\Delta H}{80}$

$1-\epsilon = 1 - \frac{\epsilon}{100}$

보정단면적 $A = \frac{A_o}{1-\epsilon} = \frac{9.62}{1-\epsilon}$

수직응력 $\sigma = \frac{P}{A} \times 1000(\text{kPa})$

단위

1N/mm^2

= 1MPa

= 1000kPa

나. 【답】 일축압축강도 : 174.2kPa

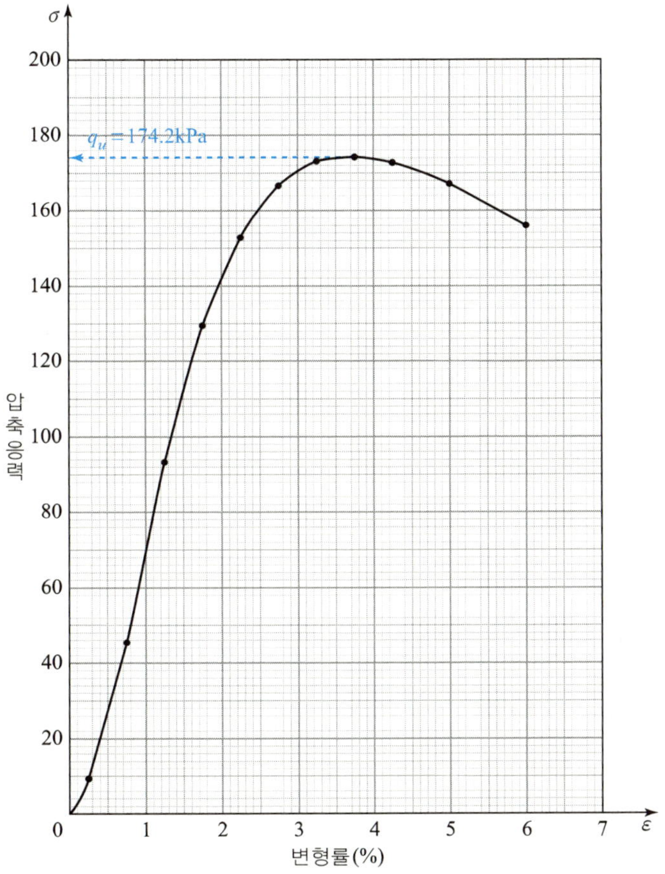

다. $c=\dfrac{q_u}{2\tan\left(45°+\dfrac{\phi}{2}\right)}$

• $\phi=2\theta-90°=2\times60°-90°=30°$

$\therefore\ c=\dfrac{174.2}{2\tan\left(45°+\dfrac{30°}{2}\right)}=50.29\text{kPa}$

라. $S_t=\dfrac{q_u}{q_{ur}}=\dfrac{174.2}{14}=12.44$

□□□ 기01②,10②,13④,15①,18④,20③,21④,23④

02 정규압밀점토에 대하여 압밀배수 삼축압축시험을 실시하였다. 시험결과 구속압력을 280kN/m² 으로 하고 축차응력 280kN/m²을 가하였을 때 파괴가 일어났다. 아래 물음에 답하시오.
(단, 점착력 $c=0$이다.)

득점	배점
	8

가. 내부마찰각(ϕ)을 구하시오.

계산 과정) 답 : ____________

나. 파괴면이 최대주응력면과 이루는 각(θ)을 구하시오.

계산 과정) 답 : ____________

다. 파괴면에서 수직응력(σ)을 구하시오.

계산 과정) 답 : ____________

라. 파괴면에서 전단응력(τ)을 구하시오.

계산 과정) 답 : ____________

해답 가. $\sin\phi=\dfrac{\sigma_1-\sigma_3}{\sigma_1+\sigma_3}$

• $\sigma_1=\sigma_3+\Delta\sigma=280+280=560\text{kN/m}^2$

• $\sigma_3=280\text{kN/m}^2$

$\therefore\ \phi=\sin^{-1}\dfrac{\sigma_1-\sigma_3}{\sigma_1+\sigma_3}=\sin^{-1}\dfrac{560-280}{560+280}=19°28'16''$

나. $\theta=45°+\dfrac{\phi}{2}$에서

$=45°+\dfrac{19°28'16''}{2}=54°44'8''$

다. $\sigma=\dfrac{\sigma_1+\sigma_3}{2}+\dfrac{\sigma_1-\sigma_3}{2}\cos2\theta$

$=\dfrac{560+280}{2}+\dfrac{560-280}{2}\cos(2\times54°44'8'')=373.33\text{kN/m}^2$

라. $\tau=\dfrac{\sigma_1-\sigma_3}{2}\sin2\theta$

$=\dfrac{560-280}{2}\sin(2\times54°44'8'')=132.0\text{kN/m}^2$

□□□ 기85,88,08②,11①

03 어떤 토질에 대한 직접 전단시험의 결과 단면적이 $625mm^2$, 수직하중 600N 작용시 최대전단하중이 250N이었으며 수직하중 1250N을 가했을 때 최대전단하중이 500N이었다. 내부마찰각과 점착력을 구하시오.

득점	배점
	6

가. 내부마찰각(ϕ)을 구하시오.

계산 과정)　　　　　　　　　　답 : ______

나. 점착력(c)을 구하시오.

계산 과정)　　　　　　　　　　답 : ______

해답 가. $\tau = c + \sigma\tan\phi$

- $\tau = \dfrac{S}{A} = \dfrac{250}{625} = 0.4\text{N/mm}^2$
- $\sigma = \dfrac{P}{A} = \dfrac{600}{625} = 0.96\text{N/mm}^2$

$4 = c + 0.96\tan\phi$ ……………… (1)

- $\tau = \dfrac{S}{A} = \dfrac{500}{625} = 0.8\text{N/mm}^2$
- $\sigma = \dfrac{P}{A} = \dfrac{1250}{625} = 2\text{N/mm}^2$

$8 = c + 2\tan\phi$ ……………… (2)

(2)식 − (1)식

$4 = 1.04\tan\phi$

∴ 내부마찰각 $\phi = \tan^{-1}\dfrac{0.4}{1.04} = 21.04°$

나. (1)식에서

$0.4 = c + 0.96\tan 21.04°$

∴ 점착력 $c = 0.4 - 0.96\tan 21.04° = 0.031\text{N/mm}^2 = 31\text{kN/m}^2$

참고 SOLVE 사용

□□□ 산10④,15①

04 배수조건에 따른 3축압축시험의 종류를 3가지만 쓰시오.

득점	배점
	6

① ______　② ______　③ ______

해답 ① 비압밀비배수전단시험(UU−test)

② 압밀비배수전단시험(CU−test)

③ 압밀배수전단시험(CD−test)

04 흙의 압밀시험

1 Terzaghi의 1차 압밀 가정

① 흙은 균질하고 완전히 포화되어 있다.
② 흙 입자와 물의 압축성은 무시한다.
③ 압축과 물의 흐름은 1차적으로만 발생한다.
④ 물의 흐름은 Darcy법칙에 따르며, 투수 계수와 체적 변화는 일정하다.
⑤ 흙의 성질은 흙이 받는 압력의 크기에 상관없이 일정하다.
⑥ 압력-공극비의 관계는 이상적으로 직선화된다.
⑦ 유효 응력이 증가하면 압축토층의 간극비는 유효 응력의 증가에 반비례해서 감소한다.

2 압밀특성

(1) 압축계수

$$a_v = \frac{e_1 - e_2}{P_1 - P_2}$$

(2) 체적변화계수

$$m_v = \frac{1}{1+e_1}\frac{e_1 - e_2}{P_2 - P_1} = \frac{a_v}{1+e_1}$$

(3) 투수계수

$$k = C_v\, m_v \gamma_w = C_v \frac{a_v}{1+e_1}\gamma_w = C_v m_v \rho_w = C_v \frac{a_v}{1+e_1}\rho_w$$

3 압밀계수

(1) $\sqrt{t}$ 방법

$$C_v = \frac{T_{90} \cdot H^2}{t_{90}} = \frac{0.848H^2}{t_{90}}$$

(2) $\log t$ 방법

$$C_v = \frac{T_{50} \cdot H^2}{t_{50}} = \frac{0.197H^2}{t_{50}}$$

(3) $\sqrt{t}$ 법에 의한 압밀계수 산출과정

① 세로축에 변위계의 눈금 d(mm)를 산술눈금으로, 가로축에 경과 시간 t(mm)을 제곱근으로 잡아서 $d-\sqrt{t}$ 곡선을 그린다.

② $d-\sqrt{t}$ 곡선의 초기의 부분에 나타나는 직선부를 연장하여 $t=0$에 해당하는 점을 초기 보정점으로 하여 이 점의 변위계의 눈금을 d_0(mm)으로 한다.

③ 초기의 보정점을 지나고 초기직선의 가로거리를 1.15배의 가로 거리를 가진 직선을 그린다.

④ $d-\sqrt{t}$ 곡선과의 이루는 교점을 압밀도 90%의 점으로 하고 이 점의 변위계의 눈금 d_{90}(mm) 및 시간 t_{90}(min)를 구한다.

⑤ $d_{100}=\dfrac{10}{9}(d_{90}-d_0)+d_0$를 산출한다.

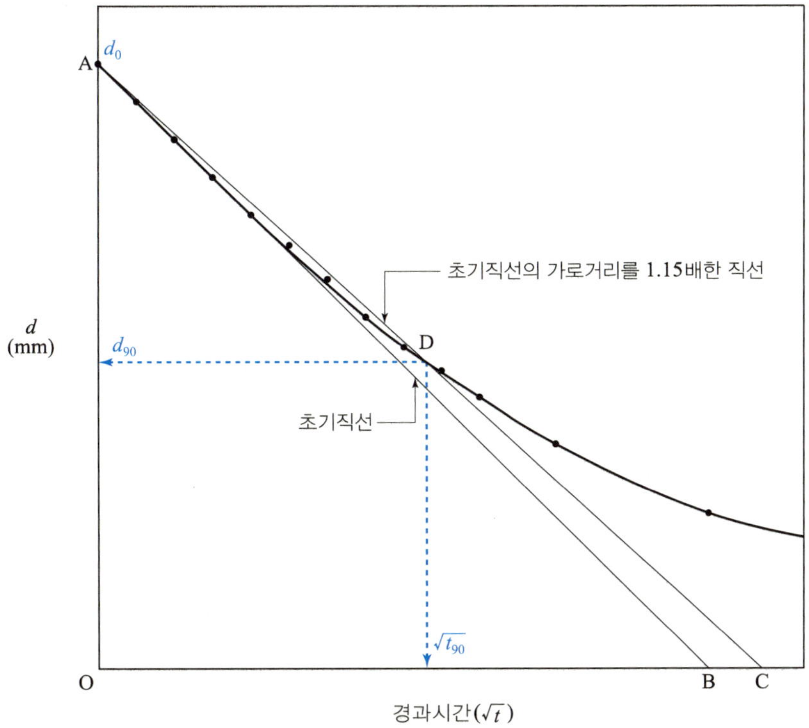

(4) $\sqrt{t}$ 법을 이용하여 시간－압밀량 곡선의 작도

경과시간(min)	$\sqrt{t}$	압밀량(min)	경과시간(min)	$\sqrt{t}$	압밀량(min)
0.00	0	－	12.25	3.5	2.08
0.25	0.5	1.48	16.00	4.0	2.15
1.00	1.0	1.58	20.25	4.5	2.21
2.25	1.5	1.68	25.00	5.0	2.25
4.00	2.0	1.78	36.00	6.0	2.30
6.25	2.5	1.88	64.00	8.0	2.35
9.00	3.0	1.98	121.00	11.0	2.40

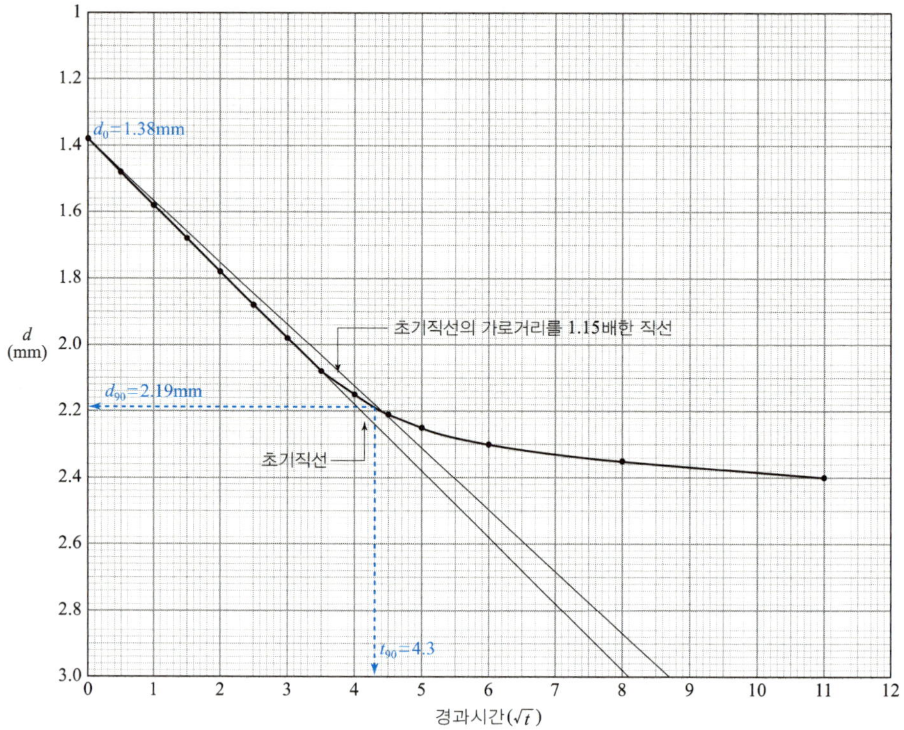

4 $e-\log P$ 곡선

(1) 압축지수

$$C_c = \frac{e_1 - e_2}{\log P_2 - \log P_1}$$

(2) 액성한계에 의한 C_c값의 추정

액성한계
W_L, LL

Terzaghi와 Peck(1967)과 Skempto(1953)의 경험식

① 불교란 시료 : $C_c = 0.009(W_L - 10)$

② 교란 시료 : $C_c = 0.007(W_L - 10)$

(3) 선행압밀하중(P_c)의 결정법

① $e-\log P$ 곡선에서 외견상 곡률이 최대인 점 T를 결정한다.

② 점 T에서 수평인 TO와 접선 TN을 긋는다.

③ 점O와 N이 이루는 각의 2등분선 TM을 긋는다.

④ $e-\log P$ 곡선의 하부 직선부분인 FH의 연장선 HE와 이등분선 TM과 의 교점 D를 구한다.

⑤ 점 D에서 수직선을 내려 $\log P$축과 만나는 점이 선행압밀하중(P_c)이다.

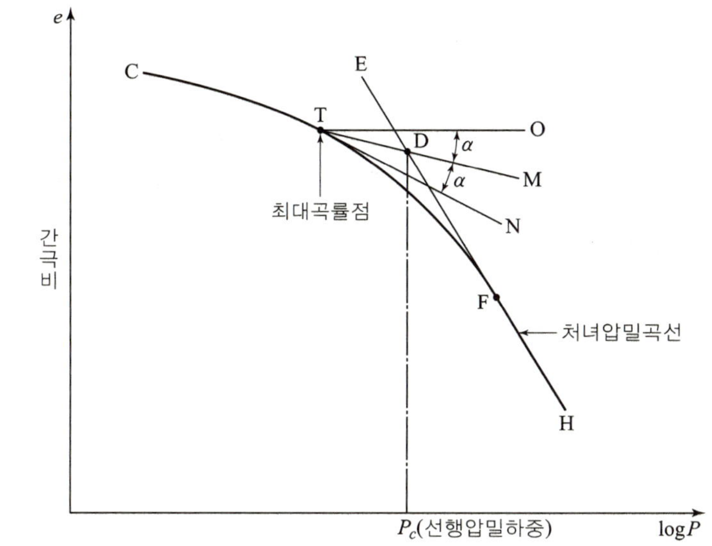

(4) $e-\log P$ 곡선 작도법

하중 P (kN/m^2)	10	20	40	80	160	320	640	160	20
간극비 e	1.71	1.68	1.61	1.53	1.33	1.08	0.81	0.90	1.01

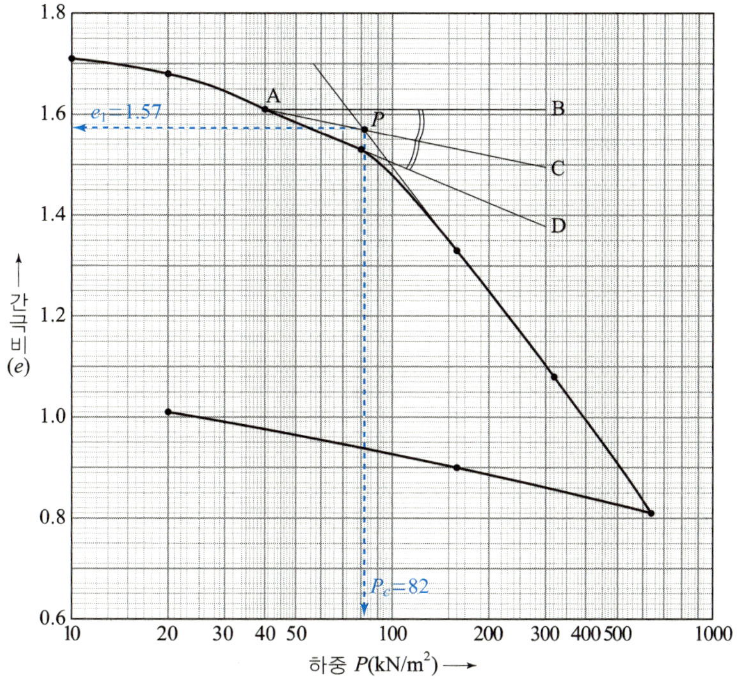

선행압밀하중
(preconsolidation pressure)
시료가 과거에 받았던 최대 유효상재하중

(5) 점토지반의 이력상태 분류

① 정규 압밀 점토 : 선행압밀하중과 유효상재하중이 동일한 응력상태에 있는 흙. 즉 OCR = 1

② 과압밀 점토 : 과거에 지금보다도 큰 하중을 받았던 상태로 선행압밀하중이 현재의 유효상재하중보다 더 큰 값을 보일 때의 흙. 즉 OCR > 1

(6) 과압밀비(OCR)

$$\mathrm{OCR} = \frac{\text{선행압밀하중}(P_c)}{\text{유효상재하중}(P_o)}$$

① OCR < 1 : 압밀이 진행 중인 점토

② OCR = 1 : 정규압밀 점토

③ OCR > 1 : 과압밀점토

5 압밀침하량

(1) 1차 압밀침하량

$$\Delta H = m_v \cdot \Delta P \cdot H = \frac{C_c \cdot H}{1+e_1} \log \frac{P_2}{P_1} = \frac{C_c \cdot H}{1+e_1} \log \frac{P_1 + \Delta P}{P_1}$$

(2) 과압밀 점토

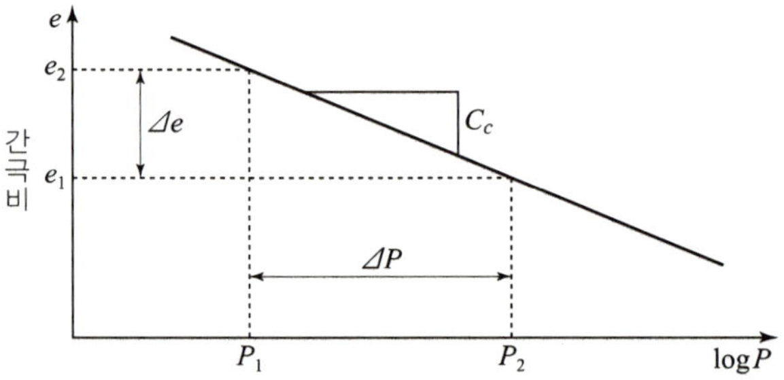

① $P_1 < P_c < P_1 + \Delta P$

$$\Delta H = \frac{C_s \cdot H}{1+e_1} \log \frac{P_c}{P_1} + \frac{C_c \cdot H}{1+e_1} \log \frac{P_1 + \Delta P}{P_c}$$

② $P_1 + \Delta P < P_c$

$$\Delta H = \frac{C_s \cdot H}{1+e_1} \log \frac{P_2}{P_1} = \frac{C_s \cdot H}{1+e_1} \log \frac{P_1 + \Delta P}{P_1}$$

| 흙의 압밀시험 |

04 핵심 기출문제 □□□

□□□ 기92②,09①,11①,14①,17④,20④,23②

01 다음 그림과 같은 지층위에 성토로 인한 등분포하중 $q=40\text{kN/m}^2$이 작용할 때 다음 물음에 답하시오. (단, 점토층은 정규압밀점토이며, 소수점 이하 넷째자리에서 반올림하시오.)

득점	배점
	8

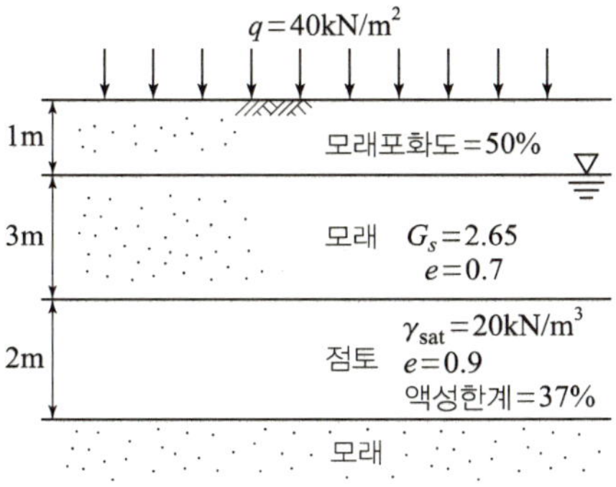

가. 지하수 아래에 있는 모래의 수중 단위 중량(γ_{sub})을 구하시오.

계산 과정) 답 : ________

나. Skempton공식에 의한 점토지반의 압축지수를 구하시오.

(단, 흐트러지지 않은 시료임)

계산 과정) 답 : ________

다. 성토로 인한 점토지반의 압밀침하량(ΔH)을 구하시오.

계산 과정) 답 : ________

해답 가. $\gamma_{\text{sub}} = \dfrac{G_s-1}{1+e}\gamma_w = \dfrac{2.65-1}{1+0.7}\times 9.81 = 9.52\text{kN/m}^3$

나. $C_c = 0.009(W_L-10) = 0.009(37-10) = 0.243$(∴ 불교란 시료)

다. $\Delta H = \dfrac{C_c H}{1+e_0}\log\dfrac{P_o+\Delta P}{P_o}$

• 지하수위 위의 모래층 밀도 $\gamma_t = \dfrac{G_s+\dfrac{S\cdot e}{100}}{1+e}\gamma_w = \dfrac{2.65+\dfrac{50\times 0.7}{100}}{1+0.7}\times 9.81 = 17.31\text{kN/m}^3$

• 유효상재압력 $P_o = \gamma_t H_1 + \gamma_{\text{sub}} H_2 + \gamma_{\text{sub}}\dfrac{H_3}{2}$

$= 17.31\times 1 + 9.52\times 3 + (20-9.81)\times\dfrac{2}{2} = 56.06\text{kN/m}^2$

$\therefore \Delta H = \dfrac{0.243\times 2}{1+0.9}\log\dfrac{56.06+40}{56.06} = 0.05983\text{m} = 5.98\text{cm}$

물의 단위 중량
$\gamma_w = 9.81\text{kN/m}^3$

□□□ 기13①,15④

02 압밀에 대한 아래의 물음에 답하시오.

득점	배점
	12

가. 정규압밀점토와 과압밀점토에 대한 아래의 사항을 간단히 설명하시오.

ㅇ정규 압밀 점토 :

ㅇ과압밀 점토 :

ㅇ과압밀비 :

나. 압축지수 C_c에 대한 아래의 사항을 간단히 설명하시오.

① 압밀시험결과로부터 압축지수(C_c)를 구하는 방법을 설명하시오.
(단, 그래프를 그리고, 수식으로 제시할 것)

ㅇ

② 액성한계를 기준으로 하여 압축지수를 구하는 경험식(Terzaghi와 Peck의 식)에 대하여 간단히 쓰시오.

ㅇ

해답 가. • 정규 압밀 점토 : 선행압밀하중과 유효상재하중이 동일한 응력상태에 있는 흙. 즉 OCR = 1

• 과압밀 점토 : 과거에 지금보다도 큰 하중을 받았던 상태로 선행압밀하중이 현재의 유효상재하중보다 더 큰 값을 보일 때의 흙. 즉 OCR > 1

• 과압밀비 : $OCR = \dfrac{\text{선행 압밀 하중}(P_c)}{\text{유효 상재 하중}(P_o)}$

나. ① $e-\log P$ 곡선 작도 순서

• $e-\log P$ 곡선에서 외견상 최대곡률점 a를 결정한다.
• 수평선 ab를 긋는다.
• 점 a에서의 접선 ac를 긋는다.
• 각 $\angle bac$의 이등분선 ad를 긋는다.
• $e-\log P$ 곡선의 직선 부분 gh를 연장하여 ad와의 교점을 f라 한다.
• 점 f에서 수선을 내려 $\log P$ 눈금과 만난점을 선행 압밀하중(P_c)이라 한다.
• 압축지수 $C_c = \dfrac{e_1 - e_2}{\log P_2 - \log P_1}$

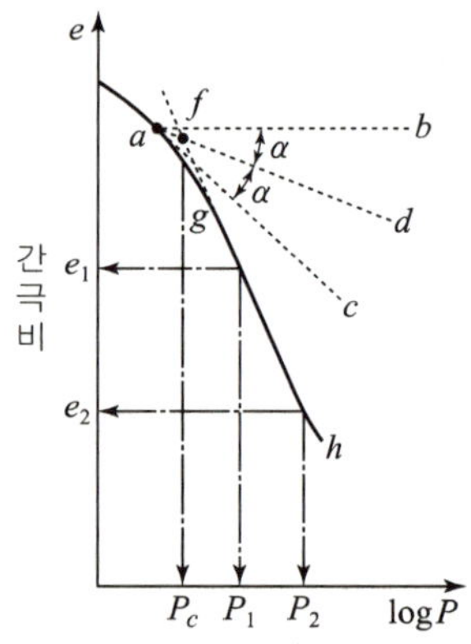

② $C_c = 0.009(W_L - 10)$, W_L : 액성한계

□□□ 산11①,15①

03 상하면이 모래층 사이에 끼인 두께 8m의 점토가 있다. 이 점토의 압밀계수 $C_v = 2.12 \times 10^{-3}\text{cm}^2/\text{sec}$로 보고 압밀도 50%의 압밀이 일어나는데 소요되는 일수를 구하시오.

득점	배점
	4

계산 과정)　　　　　　답 :

해답 $t_{50} = \dfrac{T_v H^2}{C_v}$

$= \dfrac{0.197 \times \left(\dfrac{800}{2}\right)^2}{2.12 \times 10^{-3} \times (60 \times 60 \times 24)} = 172$일

□□□ 기08④,12②,16②,23①

04 1차원 압밀이론을 전개하기 위한 Terzaghi가 설정한 가정을 표의 내용과 같이 4가지만 쓰시오.

득점	배점
	4

흙은 균질하고 완전히 포화되어 있다.

① ____________ ② ____________

③ ____________ ④ ____________

해답 ① 흙 입자와 물의 압축성은 무시한다.
② 압축과 물의 흐름은 1차적으로만 발생한다.
③ 물의 흐름은 Darcy법칙에 따르며, 투수 계수와 체적 변화는 일정하다.
④ 흙의 성질은 흙이 받는 압력의 크기에 상관없이 일정하다.
⑤ 압력-공극비의 관계는 이상적으로 직선화된다.
⑥ 유효 응력이 증가하면 압축토층의 간극비는 유효 응력의 증가에 반비례해서 감소한다.

□□□ 기10①,14②,16①

05 압밀시험결과에서 선행압밀하중을 결정하는 방법을 $e-\log P$ 압밀곡선에서 산출하는 과정을 작도하여 단계별로 간단히 설명하시오.

득점	배점
	6

○

해답 ① $e-\log P$곡선에서 외견상 곡률 최대인 점 T를 결정한다.
② 점 T에서 수평인 TO와 접선 TN을 긋는다.
③ 점O와 N이 이루는 각의 2등분선 TM을 긋는다.
④ $e-\log P$곡선의 하부 직선부분인 FH의 연장선 HE와 이등분선 TM과의 교점 D를 구한다.
⑤ 점 D에서 수직선을 내려 $\log P$축과 만나는 점이 선행압밀하중(P_c)이다.

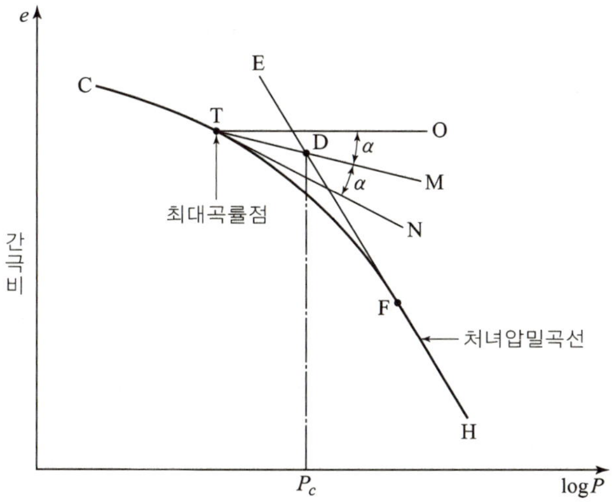

□□□ 기08②,10④,12②,16②④,20②, 24③

06 두께 2m의 점토층에서 시료를 채취하여 압밀시험한 결과 하중강도를 120kN/m²에서 240kN/m²로 증가시키니 공극비는 1.96에서 1.78으로 감소하였다. 다음 물음에 답하시오.

득점	배점
	6

가. 압축계수(a_v)를 구하시오. (단, 계산결과는 □.□□ $\times 10^{□}$ 로 표현하시오.)

계산 과정) 답 : ____________

나. 체적 변화계수(m_v)를 구하시오. (단, 계산결과는 □.□□ $\times 10^{□}$ 로 표현하시오.)

계산 과정) 답 : ____________

다. 최종 압밀 침하량(ΔH)를 구하시오.

계산 과정) 답 : ____________

해답 가. $a_v = \dfrac{e_1 - e_2}{P_2 - P_1} = \dfrac{1.96 - 1.78}{240 - 120} = 1.50 \times 10^{-3}\text{m}^2/\text{kN}$

나. $m_v = \dfrac{a_v}{1+e} = \dfrac{1.50 \times 10^{-3}}{1+1.96} = 5.07 \times 10^{-4}\text{m}^2/\text{kN}$

다. $\Delta H = m_v \cdot \Delta P \cdot H = 5.07 \times 10^{-4} \times (240 - 120) \times 2 = 0.1217\text{m} = 12.17\text{cm}$

또는 $\Delta H = \dfrac{e_1 - e_2}{1+e_1} H = \dfrac{1.96 - 1.78}{1+1.96} \times 200 = 12.16\text{cm}$

□□□ 산89④,09②,11④,18①

07 점토질 흙의 시험결과 간극비가 1.5, 액성한계가 50%이며, 점토층의 두께가 4m일 때, 이 점토층의 유효한 재하압력이 13t/m²(130kN/m²)에서 17t/m²(170kN/m²)로 증가하는 경우 다음 물음에 답하시오.

득점	배점
	6

가. 압축지수(C_c)를 구하시오

(단, 흐트러지지 않은 시료로서 Terzaghi와 peck 공식을 사용하시오.)

계산 과정) 답 : ____________

나. 압밀침하량(ΔH)을 구하시오.

계산 과정) 답 : ____________

해답

■ [MKS] 단위

가. $C_c = 0.009(W_L - 10)$

$= 0.009(50 - 10) = 0.36$

나. $\Delta H = \dfrac{C_c H}{1+e} \log \dfrac{P + \Delta P}{P} = \dfrac{C_c H}{1+e} \log \dfrac{P_2}{P_1}$

$= \dfrac{0.36 \times 400}{1+1.5} \log \dfrac{17}{13} = 6.71\text{cm}$

■ [SI] 단위

가. $C_c = 0.009(W_L - 10)$

$= 0.009(50 - 10) = 0.36$

나. $\Delta H = \dfrac{C_c H}{1+e} \log \dfrac{P + \Delta P}{P} = \dfrac{C_c H}{1+e} \log \dfrac{P_2}{P_1}$

$= \dfrac{0.36 \times 400}{1+1.5} \log \dfrac{170}{130} = 6.71\text{cm}$

□□□ 기02②,07④,14①,18①

08 포화점토에 대한 임의 하중단계에서 측정된 시간－압밀량의 관계는 다음 표와 같다. 각 물음에 답하시오.

득점	배점
	10

경과시간(min)	압밀량(mm)	경과시간(min)	압밀량(mm)
0.00	－	12.25	2.08
0.25	1.48	16.00	2.15
1.00	1.58	20.25	2.21
2.25	1.68	25.00	2.25
4.00	1.78	36.00	2.30
6.25	1.88	64.00	2.35
9.00	1.98	121.00	2.40

가. $\sqrt{t}$ 법을 이용하여 시간－압밀량의 관계도를 그리시오.

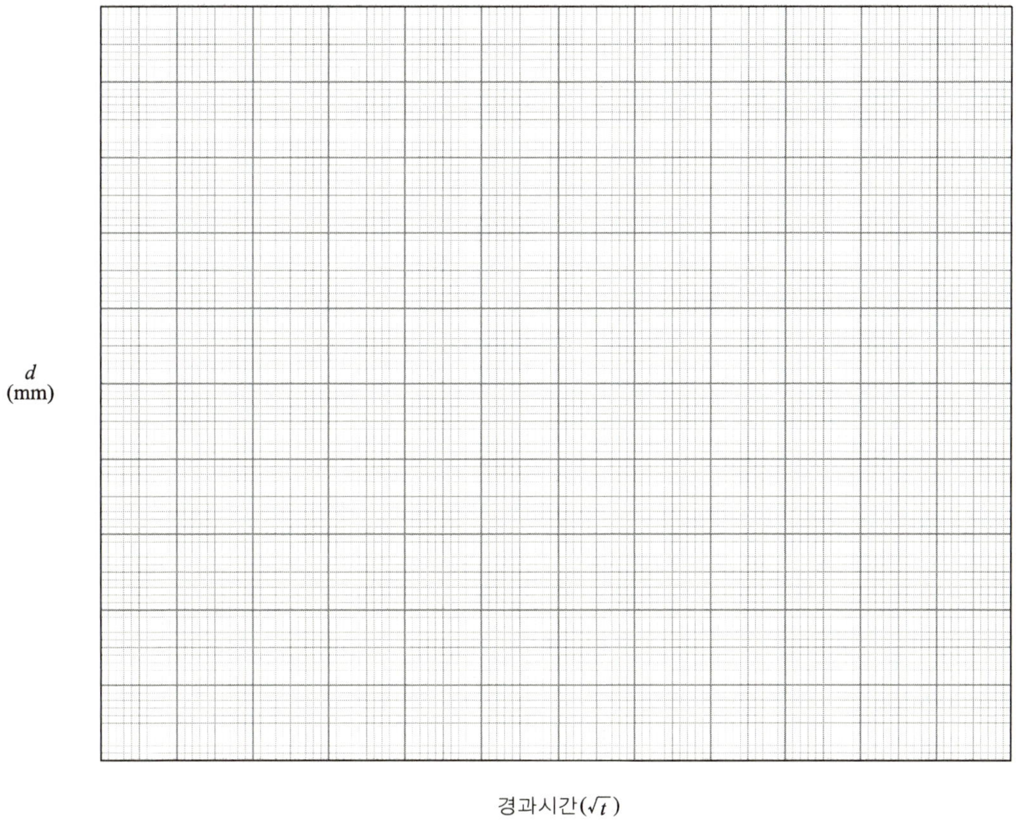

나. 초기 보정치 d_o와 압밀도 90%에 도달되는 시간 t_{90} 및 압밀침하량 d_{90}을 구하시오.

계산 과정)

【답】 d_s : ______________, t_{90} : ______________, d_{90} : ______________

다. 1차 압밀침하량(Δd)을 계산하시오.

계산 과정) 답 : ______________

해답 가.

경과시간(min)	$\sqrt{t}$	압밀량(mm)	경과시간(min)	$\sqrt{t}$	압밀량(mm)
0.00	0	–	12.25	3.5	2.08
0.25	0.5	1.48	16.00	4.0	2.15
1.00	1.0	1.58	20.25	4.5	2.21
2.25	1.5	1.68	25.00	5.0	2.25
4.00	2.0	1.78	36.00	6.0	2.30
6.25	2.5	1.88	64.00	8.0	2.35
9.00	3.0	1.98	121.00	11.0	2.40

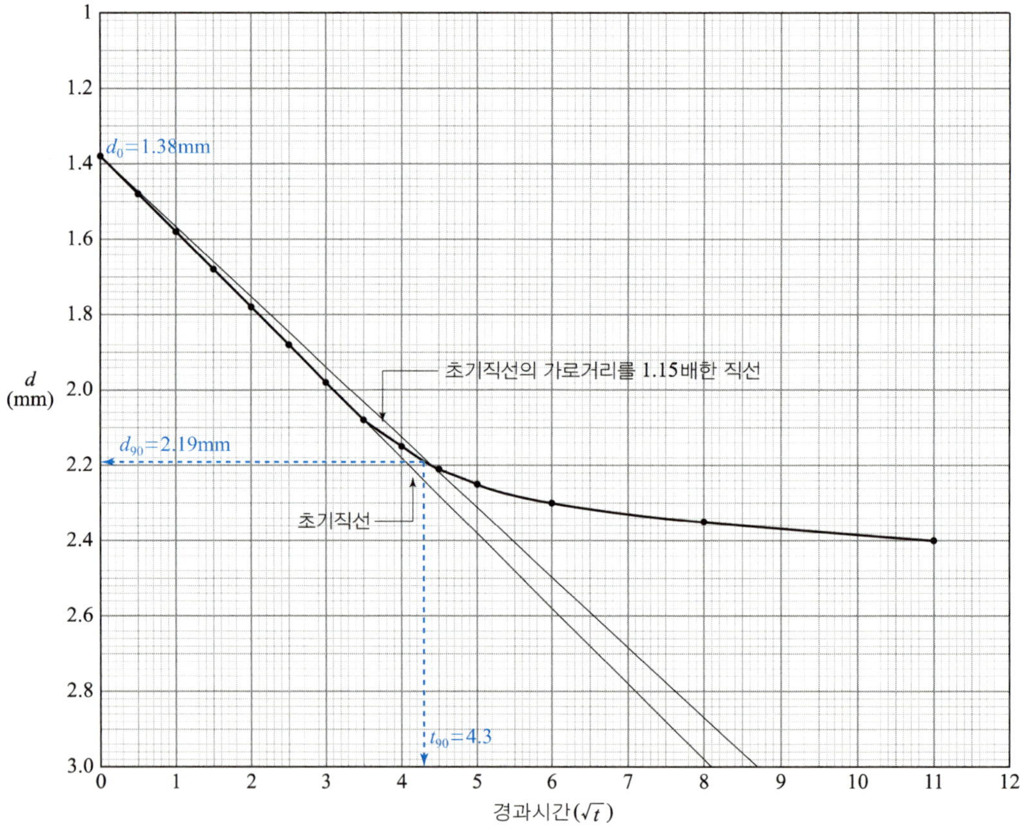

나. $t_{90} = 4.3^2 = 18.49\text{min}$

【답】 d_o : 1.38mm, t_{90} : 18.49min, d_{90} : 2.19mm

다. $d_{100} = \frac{10}{9}(d_{90} - d_o) + d_o$

$= \frac{10}{9}(2.19 - 1.38) + 1.38 = 2.28\text{mm}$

$\therefore \Delta H = \frac{d_{100} - d_o}{10} = \frac{2.28 - 1.38}{10} = 0.09\text{cm}$

□□□ 기90②,12②,15①,17②

득점 | 배점 12

09 그림과 같은 지반에서 점토층의 중간에서 시료채취를 하여 압밀시험한 결과가 아래 표와 같다. 다음 물음에 답하시오. (단, 물의 단위 중량 $\gamma_w = 9.81\text{kN/m}^3$)

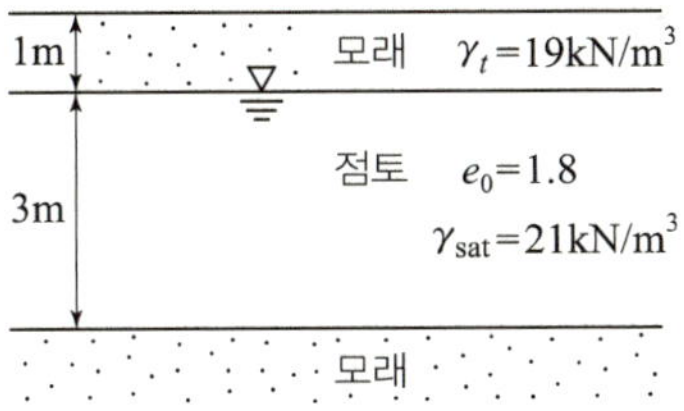

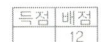

하중 P(kN/m²)	10	20	40	80	160	320	640	160	20
간극비 e	1.71	1.68	1.61	1.53	1.33	1.08	0.81	0.90	1.01

가. 아래의 그래프를 이용하여 이 지반의 과압밀비(OCR)를 구하시오.

(단, 선행압밀압력을 구하기 위한 과정을 반드시 그래프상에 나타내시오.)

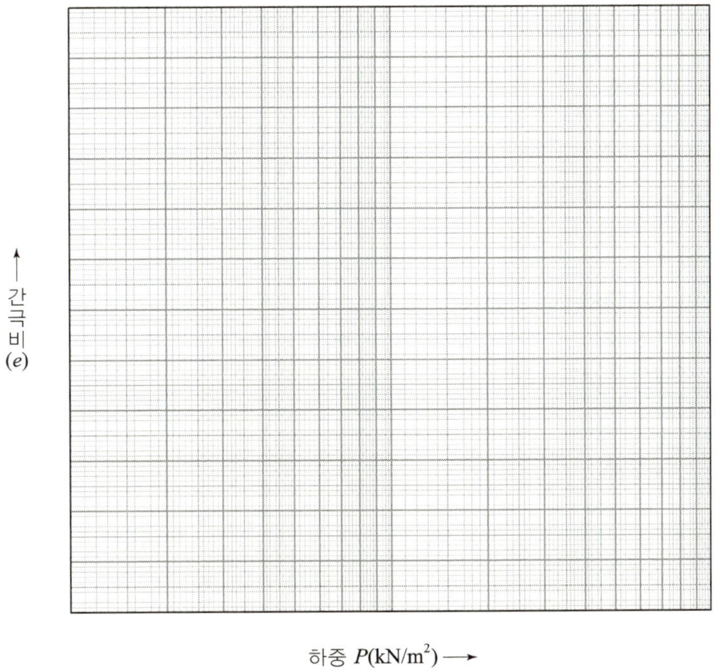

계산 과정) 　　　　　　　　　　　　　　　　　답 : ________________

나. 위 그림과 같은 지반위에 넓은 지역에 걸쳐 $\gamma_t = 20\text{kN/m}^3$인 흙을 3.0m 높이로 성토할 경우 점토지반의 압밀 침하량을 구하시오.

계산 과정) 　　　　　　　　　　　　　　　　　답 : ________________

해답 가.

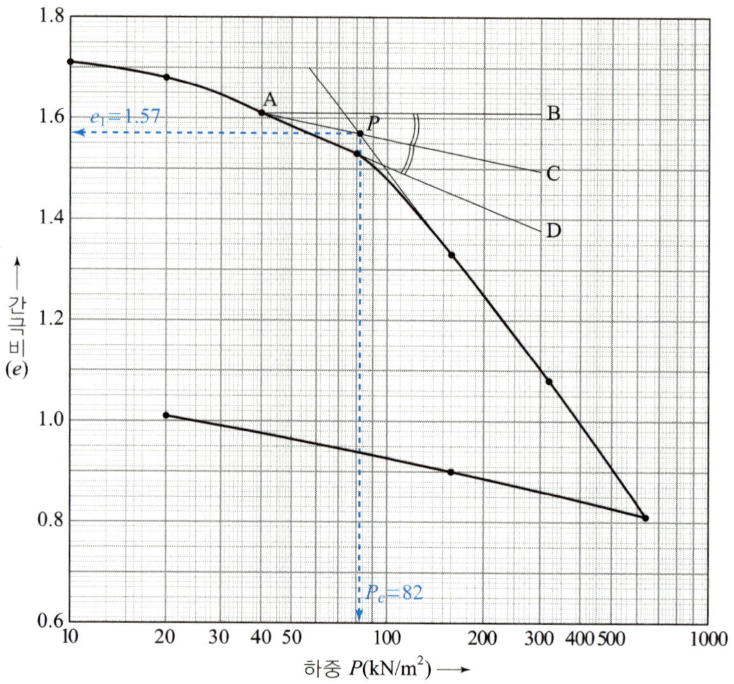

• $P_o = h_1\gamma_1 + h_2\gamma_{sub} = 19 \times 1 + (21 - 9.81) \times \dfrac{3}{2} = 35.785\,kN/m^2$

• $P_c = 82\,kN/m^2$(그래프에서 구함)

$\therefore\ OCR = \dfrac{\text{선행압축압력}(P_c)}{\text{유효상재하중}(P_o)} = \dfrac{82}{35.785} = 2.29$

나. • $\Delta P = 20 \times 3 = 60\,kN/m^2$

• $P_o + \Delta P = 35.785 + 60 = 95.785\,kN/m^2$

$\therefore\ P_o + \Delta P = 95.785 > P_c = 82$

$$\Delta H = \frac{C_s H}{1+e_0}\log\frac{P_c}{P_o} + \frac{C_c H}{1+e_0}\log\frac{P_o + \Delta P}{P_c}$$

• $C_c = \dfrac{e_1 - e_2}{\log\dfrac{P_2}{P_1}} = \dfrac{1.57 - 0.81}{\log\dfrac{640}{82}} = 0.85$

($\because$ 저점 $P = 640\,kN/m^2$일 때 $e = 0.81$)

• $C_s = \dfrac{1}{5}C_c = \dfrac{1}{5} \times 0.85 = 0.17$

$\therefore\ \Delta H = \dfrac{0.17 \times 3}{1+1.8}\log\dfrac{82}{35.785} + \dfrac{0.85 \times 3}{1+1.8}\log\dfrac{35.785+60}{82}$

$= 0.0656 + 0.0615 = 0.1271\,m = 12.71\,cm$

□□□ 기14④,17①,23④

10 압밀시험결과에서 압밀계수를 구하는 방법 중 $\sqrt{t}$ 법에 의한 압밀계수 산출과정을 시간–압축량 곡선을 작도하여 단계별로 간단히 설명하시오.

득점	배점
	6

○

해답 ① 세로축에 변위계의 눈금 d(mm)를 산술눈금으로, 가로축에 경과 시간 t(mm)을 제곱근으로 잡아서 $d-\sqrt{t}$ 곡선을 그린다.

② $d-\sqrt{t}$ 곡선의 초기의 부분에 나타나는 직선부를 연장하여 $t=0$에 해당하는 점을 초기 보정점으로 하여 이 점의 변위계의 눈금을 d_0(mm)으로 한다.

③ 초기의 보정점을 지나고 초기직선의 가로거리를 1.15배의 가로 거리를 가진 직선을 그린다.

④ $d-\sqrt{t}$ 곡선과의 이루는 교점을 압밀도 90%의 점으로 하고 이 점의 변위계의 눈금 d_{90}(mm) 및 시간t_{90}(min)를 구한다.

⑤ $d_{100}=\dfrac{10}{9}(d_{90}-d_0)+d_0$를 산출한다.

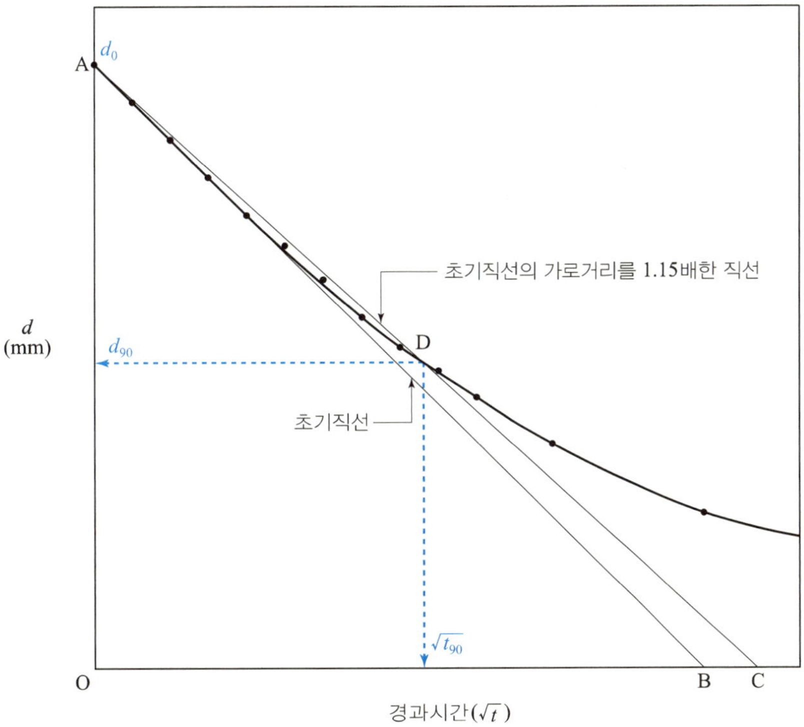

05 흙의 다짐 및 실내 CBR시험

1 흙의 다짐시험

(1) 시험결과의 계산

① $\rho_t = \dfrac{W}{V}$ ② $\rho_d = \dfrac{\rho_t}{1+w}$

③ $e_{min} = \dfrac{\rho_w \cdot G_s}{\rho_{dmax}} - 1$ ④ $n_{min} = \dfrac{e_{min}}{1+e_{min}} \times 100$

⑤ $\rho_{dsat} = \dfrac{G_s\,\rho_w}{1+\dfrac{w\,G_s}{S}} = \dfrac{\rho_w}{\dfrac{1}{G_s}+\dfrac{w}{S}}$: 영공기 간극곡선

(2) 곡선 및 영공기 간극곡선 작도법

구분	1	2	3	4	5
건조밀도(g/cm^3)	1.65	1.75	1.83	1.85	1.74
함수비(%)	12.08	12.99	14.35	17.05	19.50
영공기 간극상태의 건조밀도(g/cm^3)	2.06	2.03	1.97	1.87	1.79

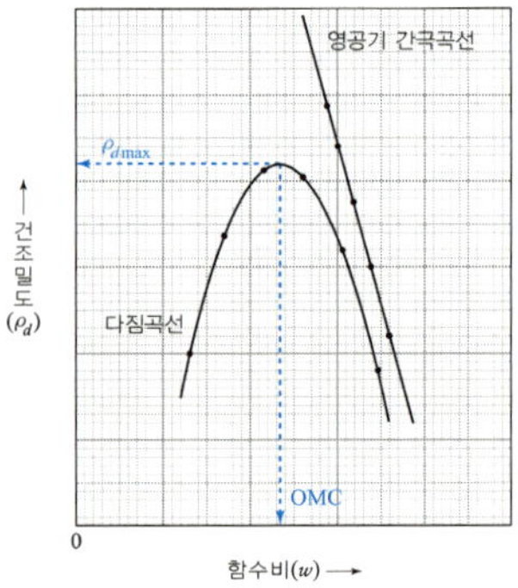

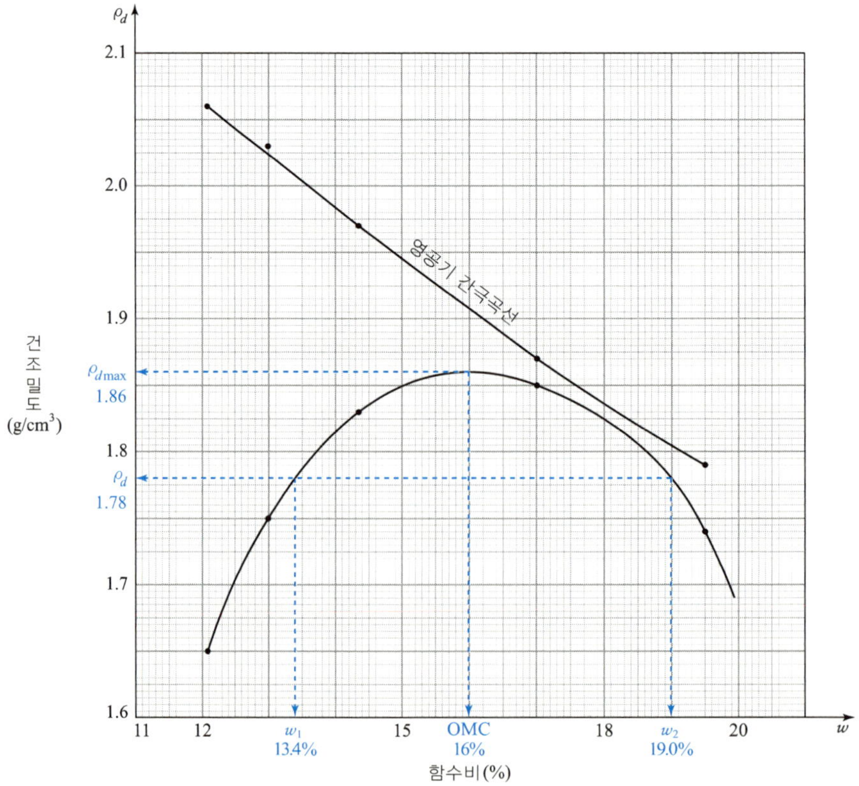

(3) 다짐도

일반적으로 현장시방서는 95%의 다짐도를 원하며, 다짐도를 알면 시공(현장)함수비의 범위를 정할 수 있다.

$$C_d = \frac{\gamma_d(\rho_d)}{\gamma_{d\max}(\rho_{d\max})} \times 100$$

여기서, $\gamma_d(\rho_d)$: 다짐 후의 현장 건조 단위 무게(밀도)

$\gamma_{d\max}(\rho_{d\max})$: 실험실의 다짐 최대 건조 무게(밀도)

(4) 상대밀도

흙의 다짐 정도를 나타내는 양으로 상대밀도가 있다.

$$D_r = \frac{e_{\max} - e}{e_{\max} - e_{\min}} \times 100(\%)$$

$$= \frac{\gamma_{d\max}}{\gamma_d} \cdot \frac{\gamma_d - \gamma_{d\min}}{\gamma_{d\max} - \gamma_{d\min}} \times 100(\%) = \frac{\rho_{d\max}}{\rho_d} \cdot \frac{\rho_d - \rho_{d\min}}{\rho_{d\max} - \rho_{d\min}} \times 100$$

여기서, D_r : 상대밀도

$e_{\max}$: 가장 느슨한 상태의 공극비

$e_{\min}$: 가장 조밀한 상태의 공극비

e : 자연 상태의 공극비

$\gamma_{d\max}(\rho_{d\max})$: 가장 조밀한 상태에서의 건조단위무게(건조밀도)

$\gamma_{d\min}(\rho_{d\min})$: 가장 느슨한 상태에서의 건조단위무게(건조밀도)

$\gamma_d(\rho_d)$: 자연 상태의 건조단위무게(건조밀도)

■ 상대밀도의 범위

상대밀도	조밀한 상태
0 ~ 15	대단히 느슨
15 ~ 35	느슨
35 ~ 65	보통
65 ~ 85	조밀
85 ~ 100	대단히 조밀

(5) 다짐 에너지

$$E_c = \frac{W_R \cdot H \cdot N_B \cdot N_L}{V}$$

여기서, W_R : 래머의 무게

H : 낙하높이

N_B : 1층에 대한 낙하 횟수

N_L : 다짐 층수

V : 몰드 부피

2 실내 CBR 시험

(1) 팽창비

$$\gamma_e = \frac{\text{다이얼 게이지의 최종 읽음값} - \text{다이얼 게이지의 최초 읽음값}}{\text{공시체의 최초의 높이}} \times 100$$

$$\gamma_d{}' = \frac{\gamma_d}{1 + \frac{\gamma_e}{100}}$$

$$w' = \left(\frac{\gamma_t{}'}{\gamma_d{}'} - 1\right) \times 100$$

여기서 γ_e : 팽창비

$\gamma_d{}'$: 흡수팽창 시험후의 단위 건조질량

γ_d : 공시체의 최초의 단위건조질량

$\gamma_t{}'$: 흡수팽창시험 후의 질량과 체적에서 구한 단위습윤질량

(2) 하중강도-관입량 곡선

$$\text{CBR} = \frac{\text{시험단위강도}}{\text{표준단위강도}} \times 100(\%) = \frac{\text{시험하중}}{\text{표준하중}} \times 100(\%)$$

■ 표준하중강도 및 표준하중의 값

관입량(mm)	표준하중강도(kg/cm^2)	표준하중(kg)
2.5	70 (6.9MN/m^2)	1370 (13.4kN)
5.0	105 (10.3MN/m^2)	2030 (19.9kN)

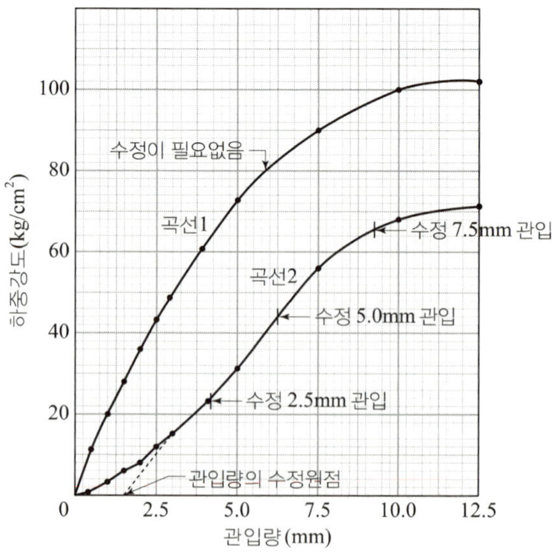

(3) 수정 CBR의 결정

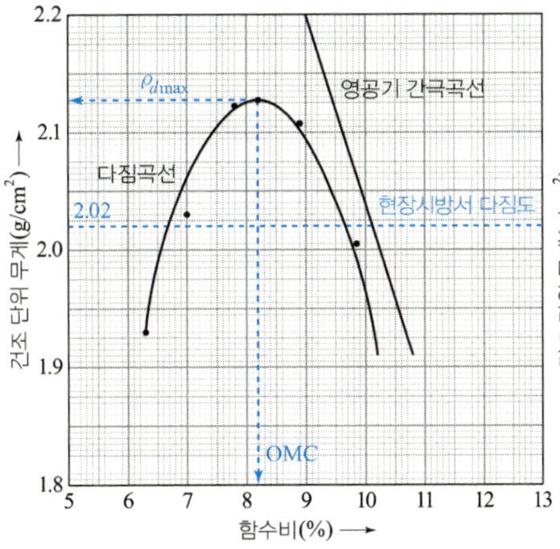

건조 단위 무게-함수비 관계

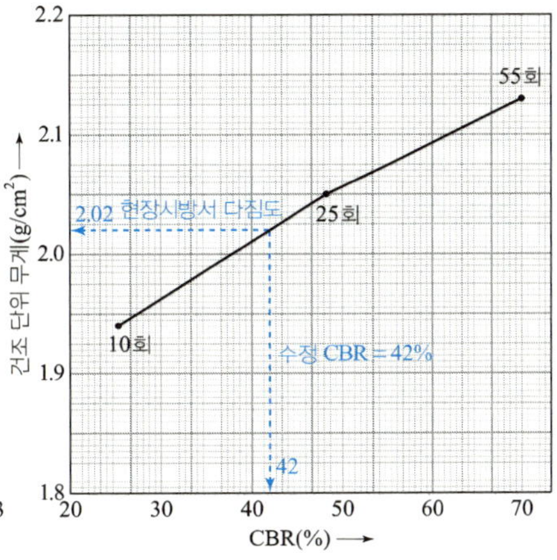

건조 단위 무게-CBR

(4) 노상의 동일 구간에서의 설계 CBR의 결정

① $\text{평균CBR} = \dfrac{\sum \text{CBR값}}{n}$

② $\text{설계CBR} = \text{평균CBR} - \dfrac{\text{CBR}_{max} - \text{CBR}_{min}}{d_2}$

③ 설계CBR은 소수점 이하는 절삭한다.

■ 설계 CBR의 계산에 사용되는 계수

개수 n	2	3	4	5	6	7	8	9	10 이상
d_2	1.41	1.91	2.24	2.48	2.67	2.83	2.96	3.08	3.18

(5) 노상의 깊이 방향에 토질이 다른 층에서 설계 CBR의 결정

$$\text{CBR}_m = \left(\frac{h_1 \text{CBR}_1^{1/3} + h_2 \text{CBR}_2^{1/3} + \cdots + h_n \text{CBR}^{1/3}}{100} \right)^3$$

여기서, CBR_m : 각지지점의 CBR

h_i : 각각 층의 두께(cm)

CBR_i : 각각층의 CBR값

| 흙의 다짐 및 실내 CBR시험 |

05 핵심 기출문제 □□□

□□□ 기01②,10④,11①,13④

득점	배점
	12

01 어떤 도로지반에서의 다짐시험한 결과이다. 다음 물음에 답하시오.
(단, 몰드의 체적은 1000cm^3)

구분	1	2	3	4	5
(몰드+밑판+젖은 흙)무게(g)	5493	5625	5733	5807	5730
(몰드+밑판)무게(g)	3646	3646	3646	3646	3646
젖은흙 무게(g)					
습윤밀도(g/cm^3)					
건조밀도(g/cm^3)					
함수비(%)	12.08	12.99	14.35	17.05	19.50

가. 표의 젖은 흙 무게, 습윤밀도, 건조밀도를 구하여 표의 빈칸을 채우시오.

계산 과정)　　　　　　　　　　　　　　　　답 : ____________

나. 다짐곡선을 작도하여 최적함수비와 최대건조밀도를 구하시오.

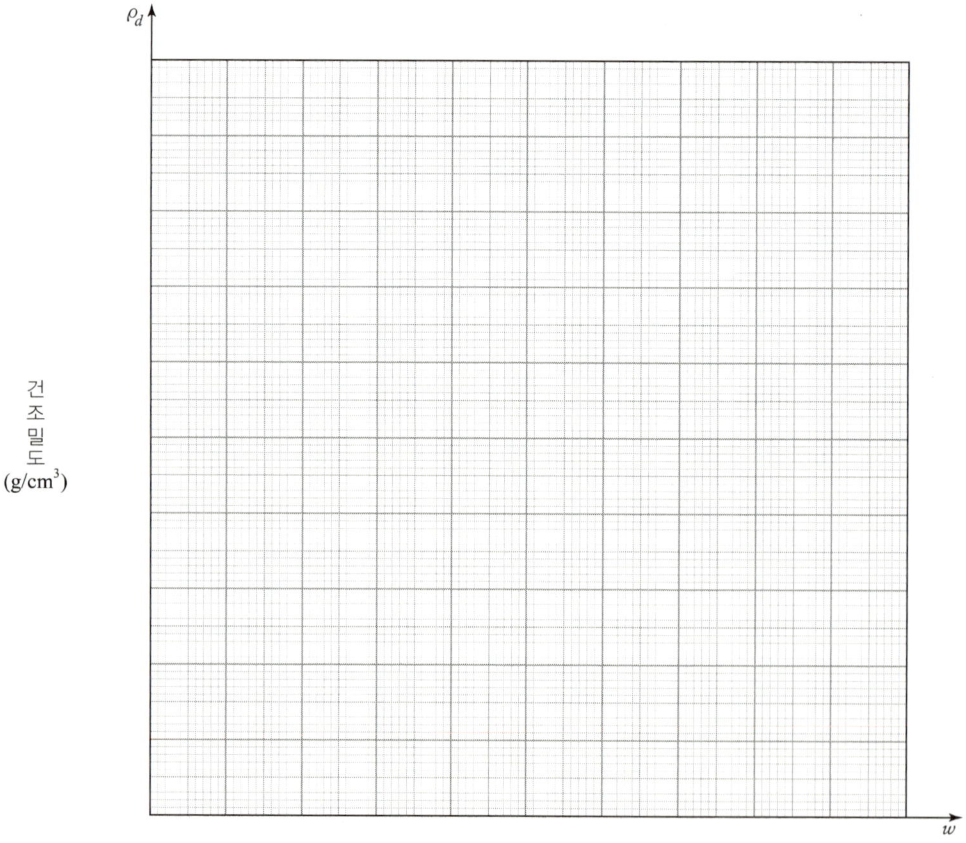

【답】 최적함수비 : ____________, 최대건조밀도 : ____________

다. 흙의 비중이 2.75일 때 영공기 간극곡선을 모눈종이에 작도하시오.

계산 과정) 답 : ____________

라. 이 흙을 이용하여 토공작업을 할 때 현장시방서가 95%의 다짐도를 원한다면 시공(현장)함수비의 범위를 구하시오.

계산 과정) 답 : ____________

해답 가.

구분	1	2	3	4	5
(몰드+밑판+젖은 흙)무게(g)	5493	5625	5733	5807	5730
(몰드+밑판)무게(g)	3646	3646	3646	3646	3646
젖은흙 무게(g)	1847	1979	2087	2161	2084
습윤밀도(g/cm^3)	1.847	1.979	2.087	2.161	2.084
건조밀도(g/cm^3)	1.65	1.75	1.83	1.85	1.74
함수비(%)	12.08	12.99	14.35	17.05	19.50

나.

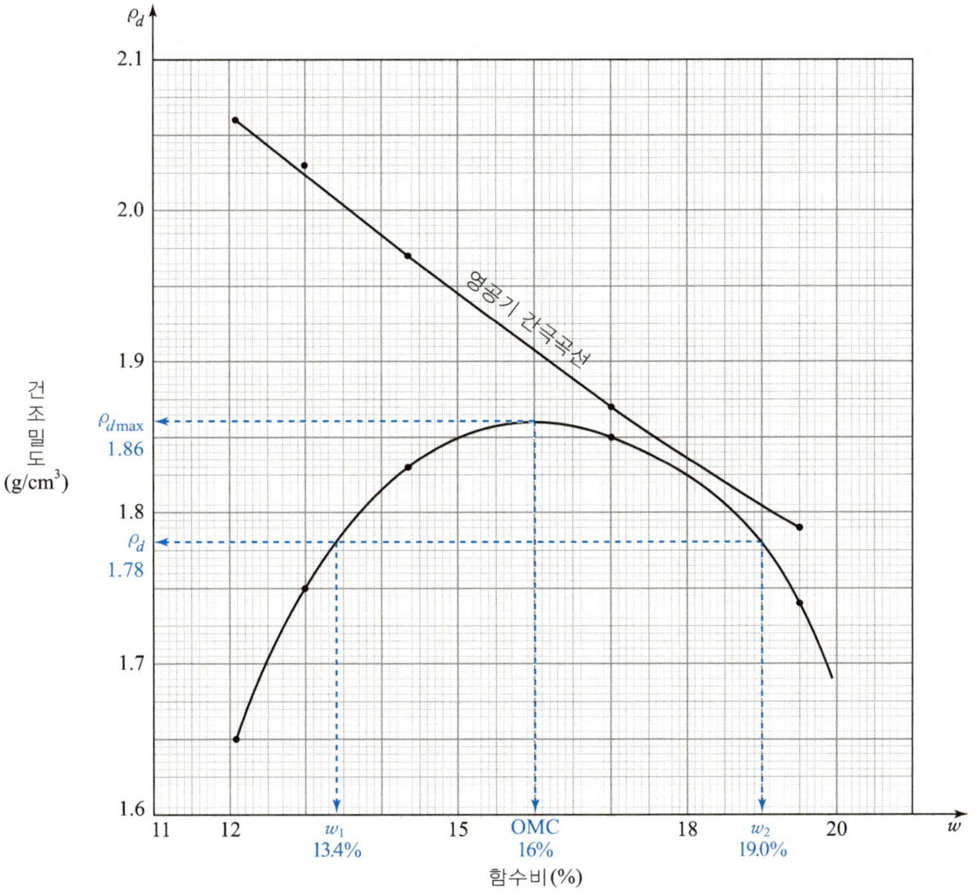

【답】 최적함수비 : 16%, 최대건조밀도 : 1.86g/cm^3

다. $\rho_d = \dfrac{\rho_w}{\dfrac{1}{G_s} + \dfrac{w}{S}}$

측정번호	1	2	3	4	5
함수비(%)	12.08	12.99	14.35	17.05	19.50
영공기 간극상태의 건조밀도(g/cm³)	2.06	2.03	1.97	1.87	1.79

1. $\rho_d = \dfrac{1}{\dfrac{1}{2.75} + \dfrac{12.08}{100}} = 2.06$
2. $\rho_d = \dfrac{1}{\dfrac{1}{2.75} + \dfrac{12.99}{100}} = 2.03$
3. $\rho_d = \dfrac{1}{\dfrac{1}{2.75} + \dfrac{14.35}{100}} = 1.97$
4. $\rho_d = \dfrac{1}{\dfrac{1}{2.75} + \dfrac{17.05}{100}} = 1.87$
5. $\rho_d = \dfrac{1}{\dfrac{1}{2.75} + \dfrac{19.50}{100}} = 1.79$

라. $\rho_d = 1.87 \times \dfrac{95}{100} = 1.78\,\text{g/cm}^3$

$\therefore\ w_1 \sim w_2 = 13.4\% \sim 19.0\%$

□□□ 기00②,02②,04④,16②

02 다음은 도로의 동일 포장 두께 예정 구간의 6지점에서 CBR를 측정하여 각 지점의 CBR은 다음과 같다. 물음에 답하시오.

득점	배점
	7

【각 지점의 설계 CBR 값】

측점지점	1	2	3	4	5	6
CBR값	7.6	6.7	9.3	5.3	6.5	8.4

【설계 CBR 계산용 계수】

n	2	3	4	5	6	7	8	9	10 이상
d_2	1.41	1.91	2.24	2.48	2.67	2.83	2.96	3.08	3.18

가. 각 지점의 CBR 평균값을 구하시오.

계산 과정) 답 : ______

나. 설계 CBR값을 결정하시오.

계산 과정) 답 : ______

해답 가. 평균 CBR $= \dfrac{\Sigma \text{CBR값}}{n} = \dfrac{7.6+6.7+9.3+5.3+6.5+8.4}{6} = 7.30$

나. 설계 CBR = 평균 CBR $- \dfrac{\text{CBR}_{max} - \text{CBR}_{min}}{d_2}$

$= 7.3 - \dfrac{9.3-5.3}{2.67} = 5.8\quad \therefore\ 5$

□□□ 기88,08②,10②,14①,15④,16④

03 현장모래의 습윤 밀도가 $1.76g/cm^3$, 함수비는 6.0%였다. 실험실에서 이 모래에 대한 최대, 최소 건조밀도를 측정하더니 $1.77g/cm^3$, $1.61g/cm^3$이었다. 상대밀도(D_r)에 따른 사질토의 조밀상태를 판별하시오.

득점	배점
	4

계산 과정) 답 : ____________

해답 상대밀도 $D_r = \dfrac{\rho_d - \rho_{d\min}}{\rho_{d\max} - \rho_{d\min}} \times \dfrac{\rho_{d\max}}{\rho_d} \times 100$

- 건조밀도 $\rho_d = \dfrac{\rho_t}{1+w} = \dfrac{1.76}{1+0.06} = 1.66g/cm^3$
- $D_r = \dfrac{1.66-1.61}{1.77-1.61} \times \dfrac{1.77}{1.66} \times 100 = 33.32\%$

$\therefore$ 15%~35%($D_r = 33.32\%$) : 느슨

□□□ 기85,08④,12②

04 현장 도로 토공사에서 들밀도(모래 치환법)에 의한 현장 밀도 시험을 하였다. 그 결과 파낸 구멍의 체적이 $1500cm^3$이고 흙의 무게가 3500g으로 나타났다. 실험실에서 구한 최대건조밀도가 $\rho_{d\max} = 2.2g/cm^3$이고 현장의 다짐도가 95%일 경우 현장 흙의 함수비를 구하시오.

득점	배점
	4

계산 과정) 답 : ____________

해답 $\rho_d = \dfrac{\rho_t}{1+w}$에서 $w = \left(\dfrac{\rho_t}{\rho_d} - 1\right) \times 100$

- $\rho_t = \dfrac{W}{V} = \dfrac{3500}{1500} = 2.33g/cm^3$
- $C_d = \dfrac{\rho_d}{\rho_{d\max}} \times 100$에서 $\rho_d = \dfrac{C_d \cdot \rho_{d\max}}{100} = \dfrac{95 \times 2.2}{100} = 2.09g/cm^3$

$\therefore w = \left(\dfrac{2.33}{2.09} - 1\right) \times 100 = 11.48\%$

06 현장시험

1 모래치환법

(1) 시험구멍의 부피계산

① $\rho_s = \dfrac{W_1 - W_2}{V_1} = \dfrac{W_{sand}}{V_1}$

② $V = \dfrac{W_s}{\rho_s}$

여기서, ρ_s : 모래의 밀도(g/cm^3)
W_1 : 샌드콘의 밸브까지 채운 모래의 무게(g)
W_2 : 샌드콘의 무게(g)
W_{sand} : 샌드콘에 채워진 모래만의 무게(g)
V_c : 샌드콘의 부피(cm^3)
V : 시험 구멍의 부피(cm^3)
W_s : 시험 구멍에 채워진 모래의 무게(cm^3)

(2) 현장 흙의 단위 무게 측정

① 습윤밀도 $\rho_t = \dfrac{W}{V}$

② 함수비 $w = \dfrac{\text{물의 무게}}{\text{건조토의 무게}} \times 100 = \dfrac{W_w}{W_s} \times 100$

③ 건조밀도 $\rho_d = \dfrac{\rho_t}{1+w}$

④ 공극비 $e = \dfrac{\rho_w G_s}{\rho_d} - 1$ $\left(\because\ \rho_d = \dfrac{G_s}{1+e}\rho_w\right)$

⑤ 포화도 $S = \dfrac{G_s \cdot w}{e}$ $(\because\ S \cdot e = G_s \cdot w)$

⑥ 다짐도 $C_d = \dfrac{\rho_d}{\rho_{d\max}} \times 100$

여기서, W : 시험구멍속의 흙 무게(g)
V : 시험 구멍의 부피(cm^3)
G_s : 흙비중
ρ_w : 물의 밀도(g/cm^3)
$\rho_{d\max}$: 실험실에서 구한 최대건도밀도(g/cm^3)

(3) 기타 들밀도 시험

① 고무막법
② 코어 절삭법
③ 방사선 밀도기에 의한 방법(γ선 산란형 밀도계)
④ Truck scale에 의한 방법

2 평판재하시험Plate Bearing Test

(1) 시험목적

현장에서 강성의 재하판을 사용하여 하중을 가하고 하중과 변위와의 관계에서 기초지반의 지지력이나 지지력계수 또는 노상, 노반의 지지력계수를 구하는데 목적이 있다.

(2) 지지력 계수 K

① 재하판의 두께가 25mm 이상을 가진 직경 또는 한 면의 길이가 각각 300mm, 400mm, 750mm인 원형 또는 정방형의 강판을 표준으로 한다.

② 하중강도 – 침하량 곡선에서 K값을 결정

- $K_{30} = \dfrac{P}{S}$
- $K_{30} = 2.2K_{75} = 1.3K_{40}$
- $K_{40} = 1.7K_{75} = \dfrac{1}{1.3}K_{30}$
- $K_{75} = \dfrac{1}{2.2}K_{30} = \dfrac{1}{1.7}K_{40}$

여기서, P : 침하량이 y일 때의 하중강도(kN/m^2)
y : 침하량(mm)
K_{30} : 지름이 300mm인 재하판을 사용하여 구해진 지지력계수
K_{40} : 지름이 400mm인 재하판을 사용하여 구해진 지지력계수
K_{75} : 지름이 750mm인 재하판을 사용하여 구해진 지지력계수

(3) 하중강도–침하량 곡선 작도법

하중강도(kN/m^2)	35	70	105	140	175
침하량(mm)	0.70	1.50	2.00	2.70	3.25

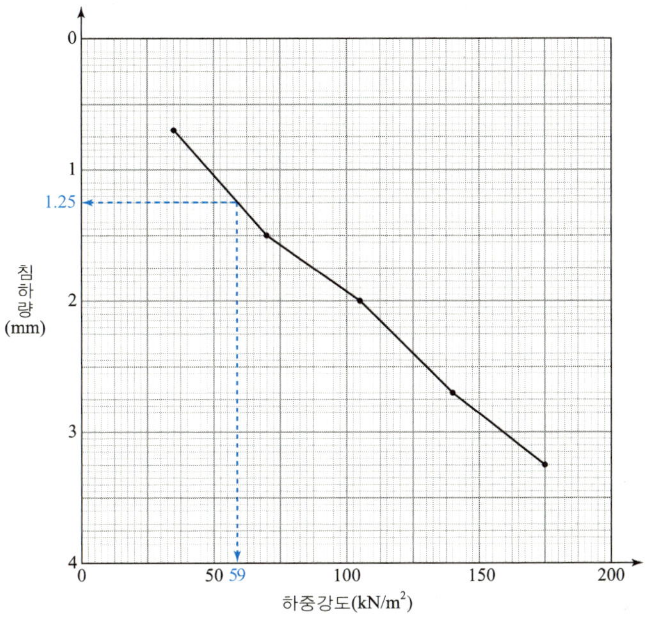

공내재하시험
시추공의 공내면을 가압하여 그 때의 공벽면 변형량을 측정하여 지반의 강도 및 변형 특성을 조사하는 시험

(4) 평판재하시험의 순서

① 지반을 수평하게 고르고 필요하면 얇게 모래를 깐다.

② 이 위에 시험에 사용하는 지름의 재하판을 설치하지만, 보다 작은 지름의 재하판이 남아 있는 경우에는 이것들도 중심을 맞추어 순서대로 쌓아 올린다.

③ 재하판 위에 잭을 놓고 지지력 장치와 조합하여 소요반력을 얻을 수 있도록 한다. 그때 지지력 장치의 지지점은 재하판의 바깥쪽 끝에서 1m 이상 떨어져 배치한다.

④ 침하량 측정장치를 재하판 및 지지력 장치의 지지점에서 1m 이상 떨어져 배치하고, 재하판의 정확한 침하량을 측정할 수 있도록 변위계를 부착한다.

⑤ 재하판을 안정시키기 위하여 미리 하중강도 $35kN/m^2$ 상당의 하중을 가하고 나서, 하중을 0으로 제거하여 변위계의 눈금을 읽고 침하의 원점으로 한다.

⑥ 하중강도가 $35kN/m^2$씩 되도록 하중을 단계적으로 증가해 나가고, 하중을 올릴 때마다 그 하중에 의한 침하의 진행이 멈추는 것을 기다려 하중계와 변위계의 눈금을 읽는다. 이때 침하진행의 정지기준은 1분간의 침하량이 그 하중강도에 의한 그 단계에서 침하량의 1% 이하가 되면, 침하의 진행이 정지된 것으로 본다.

(5) 평판재하시험의 끝나는 조건

① 침하량이 15mm에 달할 때

② 하중강도가 그 지반의 항복점을 넘을 때

③ 하중강도가 현장에서 예상되는 최대 접지압력을 초과할 때

(6) 평판재하시험의 결과를 이용시 고려사항

① 시험한 지점의 토질종단을 알아야 한다.

② 지하수위의 변동사항을 알아야 한다.

③ scale effect를 고려해야 한다.

④ 부등침하를 고려하여야 한다.

⑤ 예민비를 고려하여야 한다.

⑥ 실험상의 문제점을 검토하여야 한다.

(7) 항복하중 결정방법

① $\log P - \log s$ 곡선법

② $P - s$ 곡선법

③ $s - \log t$ 곡선법

④ $P - ds/d(\log t)$ 곡선법

(8) 공내재하시험의 목적

시추공의 공벽면을 가압하여 그 때의 공벽면 변형량을 측정하여 지반의 강도 및 변형 특성을 조사하는 시험

3 표준관입시험Standard Penetration Test

(1) 표준관입시험의 정의

질량 (63.5±0.5)kg의 해머를 (760±10)mm 높이에서 자유낙하시키고 보링로드 머리부에 부착한 노킹블록을 타격하여 보링로드 앞 끝에 부착한 표준관입시험용 샘플러를 지반에 300mm박아 넣는데 필요한 타격횟수

(2) 모래의 내부마찰각과 N의 관계(Dunham공식)

• 입자가 둥글고 입도 분포가 균등(불량)한 모래	$\phi=\sqrt{12N}+15$
• 입자가 둥글고 입도 분포가 양호한 모래 • 입자가 모나고 입도 분포가 균등(불량)한 모래	$\phi=\sqrt{12N}+20$
• 입자가 모나고 입도 분포가 양호한 모래	$\phi=\sqrt{12N}+25$

(3) Sounding의 종류

구분	종류	적용 토질
정적 사운딩	단관 원추관시험	연약한 토질
	화란식 원추관입시험	큰 자갈 이외의 일반적 흙
	이스키 미터	연약한 점토
	베인시험	연약한 점토, 예민한 점토
동적 사운딩	동적 원추관시험	큰 자갈, 조밀한 모래, 자갈 이외의 흙에 사용
	표준관입시험	사질토에 적합하고 점성토시험도 가능

사운딩(sounding)
로드의 끝에 설치된 저항체를 땅 속에 삽입하여 회전, 인발 등의 저항에서 토층의 성질을 탐사하는 것

4 베인전단시험Vane Test

$$C=\frac{M_{max}}{\pi D^2\left(\frac{H}{2}+\frac{D}{6}\right)}$$

여기서, C : 점착력(비배수 전단강도)
D : vane의 직경
H : vane의 높이
M_{max} : 최대 회전 저항 모멘트

| 현장시험 |

06 핵심 기출문제 □□□

□□□ 산87,12②,15①④,16②④

01 도로공사 현장에서 모래치환법으로 현장 흙의 단위무게시험을 실시하여 아래와 같은 결과를 얻었다. 다음 물음에 답하시오.

득점	배점
	12

【시험 결과】

- 시험구멍에서 파낸 흙의 무게 : 1697g
- 시험구멍에서 파낸 흙의 함수비 : 8.7%
- 시험구멍에 채워진 표준모래의 무게 : 1466g
- 시험구멍에 사용한 표준모래의 밀도 : 1.62g/cm^3
- 실내 시험에서 구한 흙의 최대 건조 밀도 : 1.95g/cm^3
- 현장 흙의 비중 : 2.75

가. 시험 구멍의 부피를 구하시오.

계산 과정) 답 : ______

나. 현장 흙의 습윤 밀도를 구하시오.

계산 과정) 답 : ______

다. 현장 흙의 건조 밀도를 구하시오.

계산 과정) 답 : ______

라. 현장 흙의 간극비를 구하시오.

계산 과정) 답 : ______

마. 현장 흙의 포화도를 구하시오.

계산 과정) 답 : ______

바. 다짐도를 구하시오.

계산 과정) 답 : ______

해답 가. $V=\dfrac{W_{sand}}{\rho_s}=\dfrac{1466}{1.62}=904.94\text{cm}^3$

나. $\rho_t=\dfrac{W}{V}$

$=\dfrac{1697}{904.94}=1.88\text{g/cm}^3$

다. $\rho_d = \dfrac{\rho_t}{1+w} = \dfrac{1.88}{1+0.087} = 1.73\text{g/cm}^3$

라. $e = \dfrac{\rho_w G_s}{\rho_d} = \dfrac{1 \times 2.75}{1.73} - 1 = 0.59$

$\left(\because\ \text{건조밀도 } \rho_d = \dfrac{G_s}{1+e}\rho_w \text{에서}\right)$

마. $S = \dfrac{G_s w}{e} = \dfrac{2.75 \times 8.7}{0.59} = 40.55\%$

바. $C_d = \dfrac{\rho_d}{\rho_{d\max}} \times 100 = \dfrac{1.73}{1.95} \times 100 = 88.72\%$

□□□ 기90,14①,16④,21②

02 어떤 현장흙의 실내다짐 시험결과 최적함수비(W_{opt})가 24%, 최대건조밀도 1.71g/cm³, 비중(G_s)이 2.65였다. 이 흙으로 이루어진 지반에서 현장다짐을 수행한 후 함수비시험과 모래치환법에 의한 흙의 단위중량시험을 실시하였더니 함수비가 23%, 전체밀도가 1.97g/cm³이었다. 다음 물음에 답하시오.

득점	배점
	6

가. 현장건조밀도를 구하시오.

계산 과정) 답 : ______

나. 상대다짐도를 구하시오.

계산 과정) 답 : ______

다. 현장흙의 다짐 후 공기함유율($A = V_a / V$)를 구하시오.

계산 과정) 답 : ______

해답 가. $\rho_d = \dfrac{\rho_t}{1+w} = \dfrac{1.97}{1+0.23} = 1.60\text{g/cm}^3$

나. $R = \dfrac{\rho_d}{\rho_{d\max}} \times 100 = \dfrac{1.60}{1.71} \times 100 = 93.57\%$

다. $A = \dfrac{V_a}{V} = \dfrac{V_v - V_w}{V_s + V_v} = \dfrac{e - \dfrac{S \cdot e}{100}}{1+e}$

• $e = \dfrac{\rho_w \cdot G_s}{\rho_d} - 1 = \dfrac{1 \times 2.65}{1.60} - 1 = 0.66$

• $S = \dfrac{G_s \cdot w}{e} = \dfrac{2.65 \times 23}{0.66} = 92.35\%$

$\therefore\ A = \dfrac{e - \dfrac{S \cdot e}{100}}{1+e} = \dfrac{0.66 - \dfrac{92.35 \times 0.66}{100}}{1+0.66} = 0.03$

• 다짐 시험 결과

$W_{opt} = 24\%$
$\rho_{d\max} = 1.71\text{g/cm}^3$
$G_s = 2.65$

• 현장 다짐 결과

$w = 23\%$
$\rho_t = 1.97\text{g/cm}^3$

□□□ 기12①,14②,15④,19①,20④,21④

03 모래 치환법에 의한 현장 흙의 단위 무게시험 결과가 아래의 표와 같을 때 다음 물음에 답하시오.

득점	배점
	6

- 시험구멍에서 파낸 흙의 무게 : 3527g (35.27N)
- 시험 전, 샌드콘+모래의 무게 : 6000g (60N)
- 시험 후, 샌드콘+모래의 무게 : 2840g (28.4N)
- 모래의 건조밀도 : 1.6g/cm^3 (γ_s =16kN/m^3)
- 현장 흙의 실내 토질 시험 결과, 함수비 : 10%
- 흙의 비중 : 2.72
- 최대 건조밀도 : 1.65g/cm^3 ($\gamma_{d\max}$ =16.5kN/m^3)

가. 현장 흙의 건조밀도를 구하시오.

계산 과정) 답 : ______

나. 간극비와 간극율을 구하시오.

계산 과정)

【답】 간극비 : ______, 간극율 : ______

다. 상대 다짐도를 구하시오.

계산 과정) 답 : ______

해답 ■ [MKS] 단위

가. $\rho_d = \dfrac{\rho_t}{1+w}$

- $V = \dfrac{W_{\text{sand}}}{\rho_s} = \dfrac{(6000-2840)}{1.6} = 1975\,\text{cm}^3$
- $\rho_t = \dfrac{W}{V} = \dfrac{3527}{1975} = 1.79\,\text{g/cm}^3$

$\therefore\ \rho_d = \dfrac{\rho_t}{1+w} = \dfrac{1.79}{1+0.10} = 1.63\,\text{g/cm}^3$

나. $e = \dfrac{\rho_w G_s}{\rho_d} - 1 = \dfrac{1\times 2.72}{1.63} - 1 = 0.67$

$n = \dfrac{e}{1+e}\times 100$

$= \dfrac{0.67}{1+0.67}\times 100 = 40.12\%$

다. $R = \dfrac{\rho_d}{\rho_{d\max}}\times 100 = \dfrac{1.63}{1.65}\times 100 = 98.79\%$

■ [SI] 단위

가. $\gamma_d = \dfrac{\gamma_t}{1+w}$

- $V = \dfrac{W_{\text{sand}}}{\gamma_s} = \dfrac{(60\times 10^{-3} - 28.4\times 10^{-3})}{16}$

$= 1.975\times 10^{-3}\text{m}^3$

- $\gamma_t = \dfrac{W}{V} = \dfrac{35.27\times 10^{-3}}{1.975\times 10^{-3}} = 17.86\,\text{kN/m}^3$

$\therefore\ \gamma_d = \dfrac{\gamma_t}{1+w} = \dfrac{17.86}{1+0.10} = 16.24\,\text{kN/m}^3$

나. $e = \dfrac{\gamma_w G_s}{\gamma_d} - 1 = \dfrac{9.80\times 2.72}{16.24} - 1 = 0.64$

$n = \dfrac{e}{1+e}\times 100$

$= \dfrac{0.64}{1+0.64}\times 100 = 39.02\%$

다. $R = \dfrac{\gamma_d}{\gamma_{d\max}}\times 100 = \dfrac{16.24}{16.5}\times 100 = 98.42\%$

□□□ 기14①

04 공내 재하시험에 대하여 간단히 설명하시오.

득점	배점
	5

○

해답 시추공의 공벽면을 가압하여 그 때의 공벽면 변형량을 측정하여 지반의 강도 및 변형 특성을 조사하는 시험

□□□ 산09①,14①

05 콘크리트 포장을 하기 위하여 지름 300mm 재하판으로 평판재하시험을 실시한 결과가 아래의 표와 같을 때 다음 물음에 답하시오.

득점	배점
	12

하중강도(kN/m²)	35	70	105	140	175	비고
침하량(mm)	0.70	1.50	2.00	2.70	3.25	하중강도 175 이상은 생략

가. 하중강도-침하량 곡선을 그려서 지지력계수 K_{30}를 구하시오.

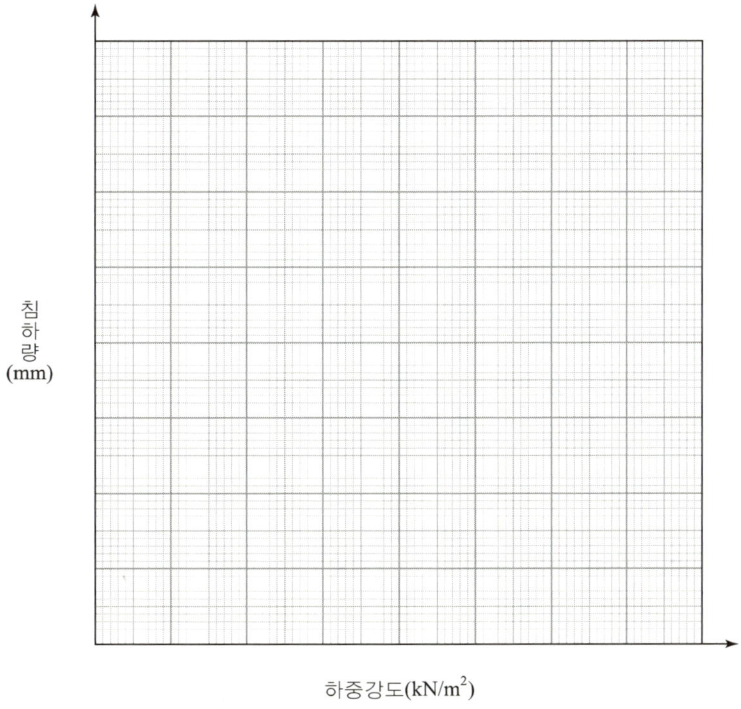

나. "가"에서 산출한 지지력계수 K_{30}을 이용하여 K_{40}, K_{75}값을 추정하시오.

계산과정)

【답】 K_{40} : ______________, K_{75} : ______________

다. 평판재하시험에서 시험을 멈추는 조건을 2가지만 쓰시오.

① ______________ ② ______________

해답 가.

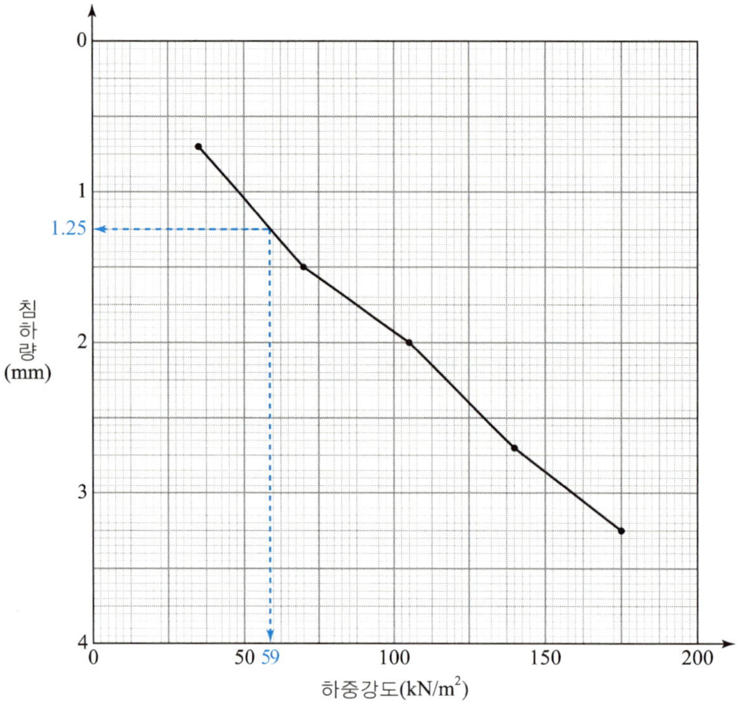

$$K_{30} = \frac{P}{S} = \frac{59}{1.25 \times \frac{1}{1000}} = 47200\,\text{kN/m}^3 = 47.20\,\text{MN/m}^3$$

(∵ 침하량 $y = 1.25\text{mm}$일 때 하중강도(q)이다.)

나. $K_{40} = \frac{1}{1.3} \times K_{30} = \frac{1}{1.3} \times 47.20 = 36.31\,\text{MN/m}^3$

$K_{75} = \frac{1}{2.2} K_{30} = \frac{1}{2.2} \times 47.20 = 21.46\,\text{MN/m}^3$

• $1\text{MN} = 10^3\text{kN}$

다. ① 침하량이 15mm에 달할 때
② 하중강도가 그 지반의 항복점을 넘을 때
③ 하중강도가 예상되는 최대 접지압력을 초과할 때

□□□ 기16②,18①②,19①

06 평판재하시험(KS F 2310) 방법에 대해 다음 물음에 답하시오.

득점	배점
	9

가. 재하판의 규격 3가지를 쓰시오.

① ______ ② ______ ③ ______

나. 평판재하시험을 끝마치는 조건 3가지를 쓰시오.

① ______ ② ______ ③ ______

다. 항복하중 결정방법 3가지를 쓰시오.

① ______ ② ______ ③ ______

해답 가. ① 직경 300mm 강재원판(두께 25mm 이상)
② 직경 460mm 강재원판(두께 25mm 이상)
③ 직경 750mm 강재원판(두께 25mm 이상)
나. ① 침하량이 15mm에 달할 때
② 하중강도가 그 지반의 항복점을 넘을 때
③ 하중강도가 현장에서 예상되는 최대 접지압력을 초과할 때
다. ① $\log P - \log s$ 곡선법
② $P-s$ 곡선법
③ $s-\log t$ 곡선법
④ $P-ds/d(\log t)$ 곡선법

□□□ 기85,09①,10②,11④,15①, 산11①

07 어떤 점토질지반에서 Vane시험을 행한 결과가 다음과 같을 때 이 지반의 점착력을 구하시오.
(단, Vane 날개의 높이 $H=125\text{mm}$, 몸체의 전폭 $D=63\text{mm}$, 회전모멘트 $21.7\text{N}\cdot\text{m}$)

득점	배점
	4

계산 과정) 답 :

해답

$$C=\frac{M_{max}}{\pi D^2\left(\frac{H}{2}+\frac{D}{6}\right)}$$

$$=\frac{21.7\times10^3}{\pi\times63^2\left(\frac{125}{2}+\frac{63}{6}\right)}=0.024\text{N/mm}^2=0.024\text{MPa}=24\text{kN/m}^2$$

□□□ 기09④,12②

08 그림과 같은 지반에서 지반강도정수를 파악하기 위해 깊이별로 아래 표와 같이 총 6회의 표준관입시험(SPT)를 실시하였다. 사질토지반의 강도정수 ϕ를 Dunham공식을 사용하여 추정하시오. (단, 사질토는 둥근입자로 양호한 입도인 경우)

득점	배점
	4

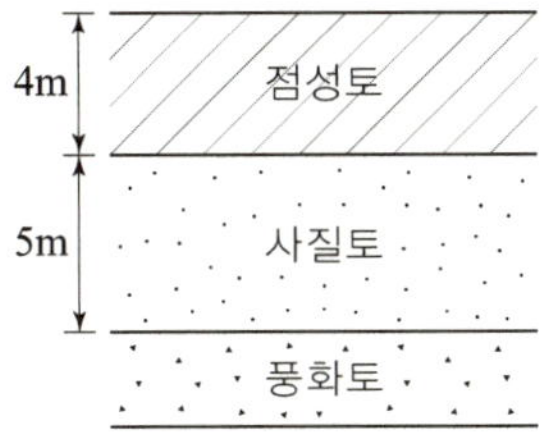

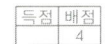

깊이(m)	N치
2	4
3.5	8
5	11
6.5	7
8	14
10	26

해답 $\phi=\sqrt{12N}+20°$

$$\overline{N}=\frac{\Sigma\text{깊이}\times N\text{치}}{\Sigma\text{깊이}}$$

$$=\frac{2\times4+3.5\times8+5\times11+6.5\times7+8\times14+10\times26}{2+3.5+5+6.5+8+10}=15$$

$$\therefore\ \phi=\sqrt{12\times15}+20°=33.42°$$

02 건설재료시험

알아두기

01 골재시험

1 골재의 체가름시험

(1) 시료의 질량

① 굵은골재 : 골재의 최대치수(mm)의 0.2배를 kg으로 표시한 양으로 한다.

② 잔골재

- 1.18mm체를 95% 이상 통과하는 것에 대한 최소건조질량을 100g으로 한다.
- 1.18mm체 5%(질량비) 이상 남는 것에 대한 최소건조중량을 500g으로 한다.

③ 구조용 경량골재

- 상기 시료 최소 건조질량의 1/2로 한다.

(2) 골재의 체가름 시험용 표준

① 잔골재용

- 잔골재 1.18mm체를 95%(질량비) 이상 통과하는 것 : 100g
- 잔골재 1.18mm체에 5% 이상 남는 것 : 500g

② 굵은 골재량

- 굵은 골재의 최대치수 9.5mm 정도의 것 : 2kg
- 굵은 골재의 최대치수 13.2mm 정도의 것 : 2.6kg
- 굵은 골재의 최대치수 16mm 정도의 것 : 3kg
- 굵은 골재의 최대치수 19mm 정도의 것 : 4kg
- 굵은 골재의 최대치수 26.5mm 정도의 것 : 5kg
- 굵은 골재의 최대치수 31.5mm 정도의 것 : 6kg
- 굵은 골재의 최대치수 37.5mm 정도의 것 : 8kg

(3) 골재의 조립률(F.M)

① 골재의 조립률 체

75mm, 40mm, 20mm, 10mm, 5mm, 2.5mm, 1.2mm, 0.6mm, 0.3mm, 0.15mm의 10개 체를 사용한다.

② $\text{조립률(F.M)} = \dfrac{\Sigma \text{각 체에 잔류한 중량백분율(\%)}}{100}$

③ 일반적으로 잔골재의 조립률은 2.3~3.1, 굵은 골재는 6~8이 되면 입도가 좋은 편이다.

④ 잔골재의 조립률이 콘크리트 배합을 정할 때 가정한 잔골재의 조립률에 비하여 ±0.20 이상의 변화를 나타내었을 때는 배합을 변경해야 한다고 규정하고 있다.

• 혼합 골재의 조립률

$$F_a = \frac{m}{m+n}F_s + \frac{n}{m+n}F_g$$

여기서, $m:n$; 잔골재와 굵은 골재의 질량비

F_s : 잔골재 조립률

F_g : 굵은 골재 조립률

(4) 골재의 체가름시험 결과표

체의 호칭치수(mm)	남은 양(g)	잔류율(%)	가적잔류율(%)	가적 통과율(%)
계				

① 잔류율 $= \frac{\text{각 체에 남아있는 시료의 무게}}{\text{전체 시료의 무게}} \times 100$

② 가적 잔류율 $= \Sigma$ 잔류시료의 무게비의 누계

③ 가적 통과율 $= 100 -$ 가적 잔류율

(5) 골재의 체가름 곡선 작도법

체의 크기(mm)	NO.4 4.75	NO.10 2.0	NO.20 0.85	NO.40 0.425	NO.60 0.25	NO.140 0.15	NO.200 0.075
가적통과율(%)	99	97	88	52	29	11	1

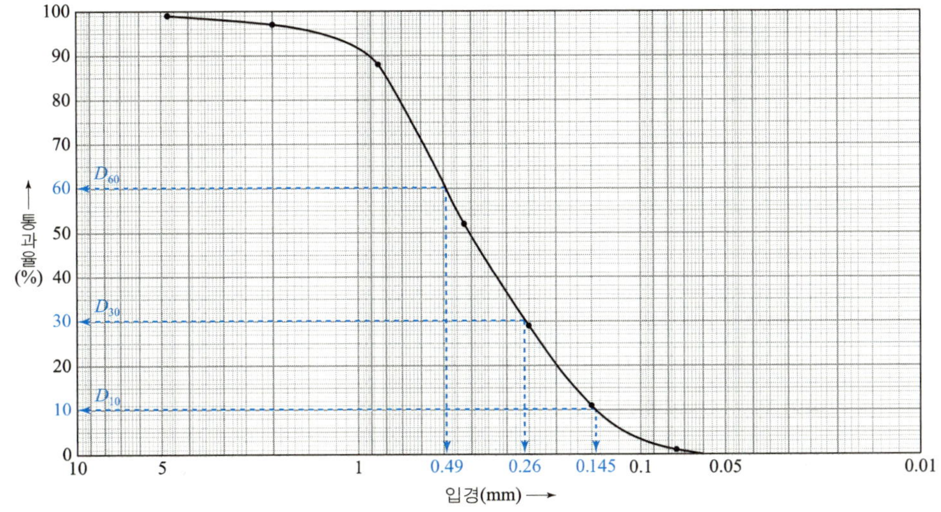

주의점

D_{10} =0.145mm

D_{30} =0.26mm

D_{60} =0.49mm

(6) 굵은골재의 최대치수

굵은 골재의 최대치수란 질량비로 90% 이상을 통과시키는 체 중에서 최소 치수인 체의 호칭치수로 나타낸 굵은 골재의 치수를 말한다.

(7) 균등계수와 곡률계수

① 균등계수

$$C_u = \frac{D_{60}}{D_{10}},\quad C_u = 4 \sim 6$$

$C_u < 4$이면 입도 균등(입도 불량)

$C_u > 10$이면 입도 양호(자갈은 4 이상, 모래는 6 이상)

② 곡률계수

$$C_g = \frac{(D_{30})^2}{D_{10} \times D_{60}},\quad C_g = 1 \sim 3(\text{입도 양호})$$

입도분포판정

- 입도분포양호
  통일분류법에서 균등계수(C_u)와 곡률계수(C_g)의 값이 모두 만족
- 입도분포불량
  균등계수와 곡률계수 중 어느 한 가지라도 만족하지 못하면 입도분포불량

2 골재 밀도 및 흡수량 시험

(1) 굵은골재 밀도 및 흡수량 시험

① 표면 건조 포화 상태의 시료 밀도

$$D_s = \frac{B}{B-C} \times \rho_w$$

② 절대건조상태의 시료 밀도

$$D_d = \frac{A}{B-C} \times \rho_w$$

③ 겉보기 밀도(진밀도)

$$D_A = \frac{A}{A-C} \times \rho_w$$

④ 흡수율

$$Q = \frac{B-A}{A} \times 100$$

여기서, A : 절대건조상태의 질량(g)
B : 표면건조포화상태의 질량(g)
C : 시료의 수중질량(g)
ρ_w : 시험온도에서의 물의 밀도(g/cm³)

⑤ 평균 밀도

$$D = \frac{1}{\frac{P_1}{100D_1} + \frac{P_2}{100D_2} + \cdots + \frac{P_n}{100Dn}}$$

여기서, D : 평균밀도
$D_1, D_2, \cdots D_n$: 각 무더기의 밀도(g/cm³)
$P_1, P_2, \cdots P_n$: 원시료에 대한 각 무더기의 질량배분율(%)

굵은골재의 표면수율

$$H = \frac{m_1 - m_3}{m_3} \times 100$$

- m_1 : 시료의 무게
- m_3 : 시료의 표면건조 포화상태 무게

⑥ 2회 시험의 평균값을 잔골재의 밀도 및 흡수율 값으로 한다.

⑦ 정밀도 : 시험값은 평균값과의 차이가 밀도의 경우 $0.01g/cm^3$ 이하, 흡수율의 경우는 0.03% 이하이어야 한다.

(2) 잔골재 밀도 및 흡수량 시험

① 표면 건조 포화 상태의 밀도

$$d_s = \frac{m}{B+m-C} \times \rho_w$$

표면건조포화 상태의 잔골재 500g 이상 채취하고, 그 질량(m)을 0.1g까지 측정

② 절대 건조 상태의 밀도

$$d_d = \frac{A}{B+m-C} \times \rho_w$$

③ 상대 겉보기 밀도(진밀도)

$$d_A = \frac{A}{B+A-C} \times \rho_w$$

④ 흡수율

$$Q = \frac{m-A}{A} \times 100$$

여기서, A : 절대건조상태의 질량(g)
B : 눈금까지 물을 채운 플라스크의 질량(g)
C : 시료와 물을 검정선까지 채운 플라스크의 질량(g)
m : 표면건조포화상태 시료의 질량(g)
ρ_m : 시험온도에서의 물의 밀도(g/cm^3)

⑤ 2회 시험의 평균값을 잔골재의 밀도 및 흡수율 값으로 한다.

⑥ 정밀도 : 시험값은 평균값과의 차이가 밀도의 경우 $0.01g/cm^3$ 이하, 흡수율의 경우는 0.05% 이하이어야 한다.

3 골재의 단위 용적질량시험

(1) 용기의 다짐회수

굵은 골재의 최대치수	용적(L)	1층 다짐회수	안높이/안지름
5mm(잔골재) 이하	1～2	20	0.8～1.5
10mm 이하	2～3	20	
10mm 초과 40mm 이하	10	30	
40mm 초과 80mm 이하	30	50	

(2) 시료를 채우는 방법

① 봉 다지기에 의한 경우

② 충격에 의하는 경우

- 굵은 골재의 치수가 커서 봉 다지기가 곤란한 경우
- 시료를 손상할 염려가 있는 경우

(3) 골재의 실적률

① 골재의 단위 용적질량

$$T = \frac{m_1}{V}$$

② 골재의 실적률과 공극률

- 실적률 $G = \frac{T}{d_D} \times 100$: 골재의 건조밀도 사용
- 실적률 $G = \frac{T}{d_S}(100 + Q)$: 골재의 흡수율이 있는 경우
- 공극률 = 100 − 실적률

여기서, V : 용기의 용적(L)
m_1 : 용기 안의 시료의 질량(kg)
d_D : 골재의 절건밀도(kg/L)
d_S : 골재의 표건밀도(kg/L)
Q : 골재의 흡수율(%)

4 골재의 안정성 시험

(1) 시험의 목적

골재의 부서짐 작용에 대한 저항성을 시험하는 것으로 골재의 내구성을 알기 위한 시험이다.

(2) 시험용 용액(시약)

① 황산나트륨 포화용액(황산 소듐 : Na_2SO_4)
② 염화바륨($BaCl_2$)

■ 손실 무게비의 한도

시험 용액	손실 무게비(%)	
	잔 골재	굵은 골재
황산나트륨	10 이하	12 이하

5 굵은 골재의 마모 시험

(1) 시험의 목적

로스앤젤레스 시험기에 의한 마모시험은 철구를 사용하여 굵은 골재의 닳음에 대한 저항을 측정하는 것이다.

(2) 마모감량

$$R = \frac{m_1 - m_2}{m_1} \times 100(\%)$$

여기서, m_1 : 시험전의 시료의 질량(g)

m_2 : 시험 후 1.7mm체에 남은 시료의 질량(g)

■ 콘크리트용 골재 마모감량의 한도(%)

골재의 종류	마모 감량의 한도
콘크리트용 천연골재·부순골재	40% 이하
일반 콘크리트용 골재	35% 이하

6 콘크리트용 모래에 포함되어 있는 유기불순물 시험

(1) 시험의 목적

콘크리트에 사용되는 모래 중에 함유되어 있는 유기화합물의 해로운 양을 결정에 대해 규정하는데 있다.

(2) 식별용 표준색용액 만드는 방법

식별용 용액은 10%의 알코올 용액으로 2% 탄닌산 용액을 만들고, 그 2.5mL를 3%의 수산화나트륨 용액 97.5mL에 가하여 유리병에 넣어 마개를 닫고 잘 흔든다.

(3) 결과의 판정

① 시험용액의 색깔이 표준색 용액보다 연할 때에는 그 모래는 합격으로 한다.

② 시험용액의 색깔이 표준색 용액보다 진할 때에는 그 모래는 유기불순물 영향 시험할 필요가 있다.

7 골재의 품질기준

(1) 골재의 물리적 성질

구분		기호	절대 건조 밀도 g/cm³	흡수율 %	안정성 %	마모율 %	입자 모양 판정 실적률 %
천연 골재	굵은 골재	NG	2.5 이상	3.0 이하	12 이하	40 이하	
	잔골재	NS	2.5 이상	3.0 이하	10 이하		
부순 골재	굵은 골재	CG	2.5 이상	3.0 이하	12 이하	40 이하	55 이상
	잔골재	CS	2.5 이상	3.0 이하	10 이하		53 이상

(2) 잔골재의 유해물 함유량 한도(질량 백분율)

종 류	천연잔골재
• 점토 덩어리	1.0%
• 0.08mm체 통과량 – 콘크리트의 표면이 마모작용을 받는 경우 – 기타의 경우	 3.0% 5.0%
• 석탄, 갈탄 등으로 밀도 $2.0g/cm^3$의 액체에 뜨는 것 – 콘크리트의 외관이 중요한 경우 – 기타의 경우	 0.5% 1.0%
• 염화물(NaCl 환산량)	0.04%

(3) 굵은 골재의 유해물 함유량 한도(질량 백분율)

종 류	천연 굵은 골재
• 점토 덩어리	0.25% 1)
• 연한 석편	5.0% 1)
• 0.08mm체 통과량	1.0%
• 석탄, 갈탄 등으로 밀도 $2.0g/cm^3$의 액체에 뜨는 것 – 콘크리트의 외관이 중요한 경우 – 기타의 경우	 0.5% 1.0%

주 1) 점토 덩어리와 역한 석편의 합이 5%를 넘으면 안된다.

| 골재시험 |

01 핵심 기출문제 □□□

□□□ 기84,91,98④,02①,11④,15④

득점	배점
	12

01 400g의 시료로 흙의 체분석 시험의 결과가 다음 표와 같다. 아래 결과표의 빈칸을 채우고 다음 물음에 답하시오.

체눈 크기(mm)	체에 남아있는 무게(g)	잔류율(%)	가적잔류율(%)	통과율(%)
4.75	4			
2.0	8			
0.85	36			
0.425	144			
0.25	92			
0.15	72			
0.075	40			
pan	4			
총무게	400			

가. 입도분포 곡선을 그리시오.

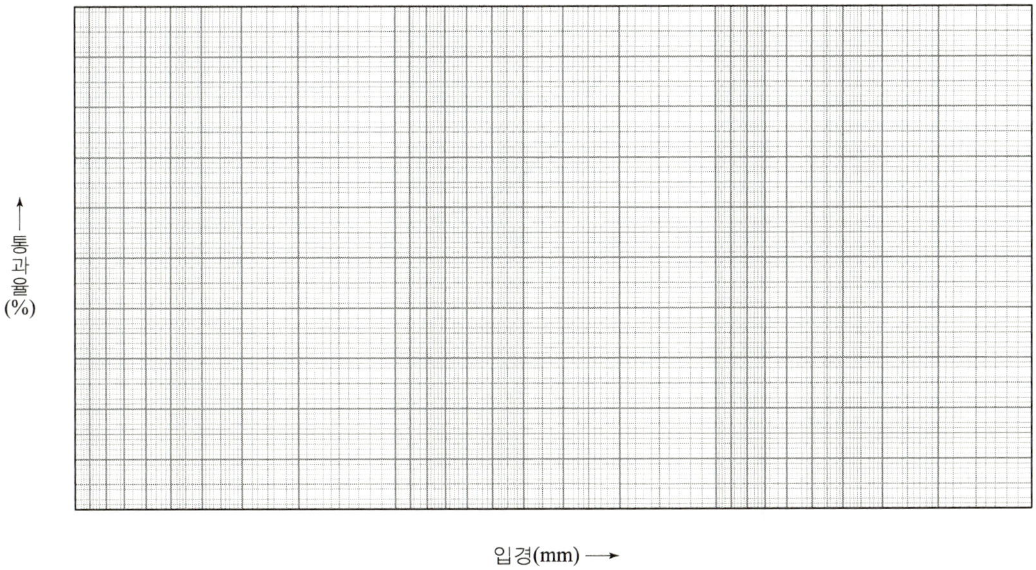

나. 균등계수(C_u)와 곡률계수(C_g)를 구하고 입도분포가 양호한지 불량한지 판정하시오.

○균등계수(C_u) :

○곡률계수(C_g) :

○판 정 :

해답

체눈 크기(mm)	체에 남아있는 무게(g)	잔류율(%)	가적잔류율(%)	가적통과율(%)
4.75	4	1	1	99
2.0	8	2	3	97
0.85	36	9	12	88
0.425	144	36	48	52
0.25	92	23	71	29
0.15	72	18	89	11
0.075	40	10	99	1
pan	4	1	100	0
총무게	400	100		

가. 입도분포곡선

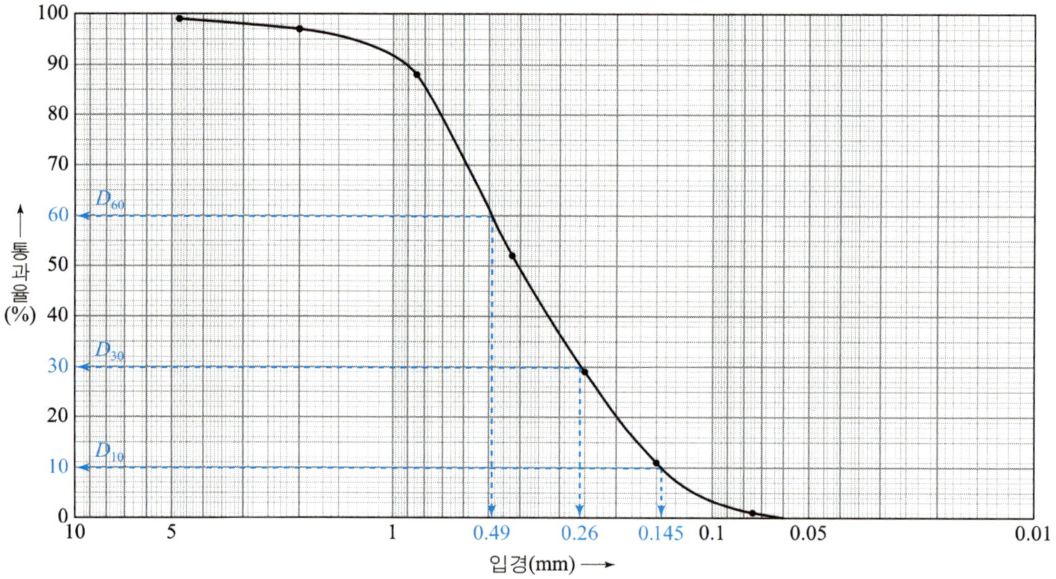

나. $D_{10}=0.145\text{mm}$, $D_{30}=0.26\text{mm}$, $D_{60}=0.49\text{mm}$

① $C_u=\dfrac{D_{60}}{D_{10}}=\dfrac{0.49}{0.145}=3.38$

② $C_g=\dfrac{(D_{30})^2}{D_{10}\times D_{60}}=\dfrac{0.26^2}{0.145\times 0.49}=0.95$

③ 판정 : $C_u=3.38<6$: 불량

$C_g=0.95<1\sim3$: 양호

∴ SP (입도분포가 불량한 흙)

□□□ 기10④,13④,16④

02 다음은 굵은골재의 체가름 분석결과이다. 다음 물음에 답하시오.

득점	배점
	4

체크기(mm)	75	40	20	10	5	2.5	1.2
잔류율(%)	0	5	24	48	19	4	0

가. 굵은골재의 최대치수에 대한 정의를 설명하고, 위 결과를 보고 굵은골재의 최대치수를 구하시오.

① 정의 :

② 굵은골재의 최대치수 :

나. 조립률(F.M)을 구하시오.

계산 과정) 답 : ______

해답 가. ① 질량비로 90% 이상을 통과시키는 체 중에서 최소치수의 체눈 호칭치수로 나타낸다.

② 40mm

체크기(mm)	75	40	20	10	5	2.5	1.2	0.6	0.3	0.15
잔류율(%)	0	5	24	48	19	4	0	0	0	0
가적 잔류율(%)	0	5	29	77	96	100	100	100	100	100
가적 통과율(%)	100	95	71	23	4	0	0	0	0	0

나. $\text{조립률(F.M)} = \dfrac{\Sigma \text{각 체에 잔류한 중량백분율(\%)}}{100}$

$$= \frac{0+5+29+77+96+100\times 5}{100} = \frac{707}{100} = 7.07$$

□□□ 기08③,09①,10①

03 No.200(0.075mm)체 통과율 30% No.4체 통과율 60%, $D_{10}=0.086\text{mm}$, $D_{30}=0.524\text{mm}$, $D_{60}=1.258\text{mm}$일 때 통일분류법으로 분류하시오.

득점	배점
	4

계산 과정) 답 : ______

해답 통일 분류법에 의한 흙의 분류 방법

- 1단계 : No.200체 통과량 < 50%(G나 S 조건)
- 2단계 : No.4체 통과량 > 50%(S조건)
- 3단계 : SW($C_u > 6$, $1 < C_g < 3$)이면 SW 아니면 SP

• 균등계수 $C_u = \dfrac{D_{60}}{D_{10}} = \dfrac{1.258}{0.086} = 14.63 > 6$: 입도 양호(W)

• 곡률계수 $C_g = \dfrac{{D_{30}}^2}{D_{10}\times D_{60}} = \dfrac{0.524^2}{0.086\times 1.258} = 2.54$: $1 < C_g < 3$: 입도 양호(W)

∴ SW

□□□ 기09④, 산13④,17②

04 콘크리트표준시방서에는 콘크리트용 잔골재의 유해물 함유량 한도를 규정하고 있다. 이 규정하고 있는 유해물의 종류를 3가지만 쓰시오.

득점	배점
	3

① ② ③

해답 ① 점토 덩어리
② 0.08mm체 통과량
③ 염화물
④ 석탄 갈탄 등으로 밀도 2.0g/cm^{3}의 액체에 뜨는 것

□□□ 기12④,13②,17①,18②

05 골재의 체가름시험(KS F 2502)에 대한 아래의 물음에 답하시오.

득점	배점
	10

가. 굵은골재에 대해 시험하는 경우 시료 최소 건조질량의 기준에 대하여 간단히 설명하시오.
○

나. 잔골재에 대해 시험하는 경우 시료 최소 건조질량의 기준에 대하여 간단히 설명하시오.
○

다. 구조용 경량골재를 사용하는 경우 시료 최소 건조질량의 기준에 대하여 간단히 설명하시오.
○

라. 굵은골재 15000kg에 대한 체가름 시험결과가 아래 표와 같을 때 표의 빈칸을 채우고 굵은 골재의 조립률을 구하시오.

체(mm)	잔류량(%)	잔류율(%)	누적잔류율(%)
75	0		
50	0		
40	450		
30	1650		
25	2400		
20	2250		
15	4350		
10	2250		
5	1650		
2.5	0		

계산 과정) 답 :

해답 가. 골재의 최대치수(mm)의 0.2배를 kg으로 표시한 양으로 한다.
나. 1.18mm체를 95% 이상 통과하는 것에 대한 최소 건조질량을 100g으로 하고 1.18mm체 5%(질량비) 이상 남는 것에 대한 최소건조질량을 500g으로 한다.
다. 가. 나의 시료 최소 건조질량의 1/2로 한다.
라.

체(mm)	잔류량(%)	잔류율(%)	누적잔류율(%)
75	0	0	0
50	0	0	0
40	450	3	3
30	1650	11	14
25	2400	16	30
20	2250	15	45
15	4350	29	74
10	2250	15	89
5	1650	11	100
2.5	0	0	100
계	15000	100	

$$조립률(F.M) = \frac{\Sigma 각\ 체에\ 잔류한\ 중량백분율(\%)}{100}$$
$$= \frac{0+3+45+89+100\times 6}{100} = 7.37$$

□□□ 기14④,15②,17①,18①

06 골재의 단위 용적질량 및 실적률 시험(KS F 2505)에 대한 아래의 물음에 답하시오.

득점	배점
	10

가. 시료를 용기에 채울 때 봉 다지기에 의한 방법을 사용하고, 굵은골재의 최대치수가 10mm를 초과 40mm 이하인 시료를 사용하는 경우 필요한 용기의 용적과 1층당 다짐횟수를 쓰시오.

【답】 용적 : ______________________, 다짐회수 : ______________________

나. 시료를 용기에 채우는 방법은 봉 다지기에 의한 방법과 충격에 의한 방법이 있으며, 일반적으로 봉 다지기에 의한 방법을 사용한다. 충격에 의한 방법을 사용하여야 하는 경우를 2가지만 쓰시오.

① ______________________ ② ______________________

다. 굵은 골재를 사용하며, 용기의 용적이 30L, 용기 안 시료의 건조질량이 45.0kg이었다. 이 골재의 흡수율이 1.8%이고 표면건조포화상태의 밀도가 2.60kg/L 라면 공극률을 구하시오.

계산 과정) 답 : ______________________

해답 가. 용적 : 10L, 다짐회수 : 30

나. ① 굵은 골재의 치수가 봉 다지기가 곤란한 경우

② 시료를 손상할 염려가 있는 경우

다. 골재의 실적률 $G=\frac{T}{d_s}(100+Q)$

• $T=\frac{m_1}{V}=\frac{45.0}{30}=1.5\text{kg/L}$

• $G=\frac{1.5}{2.60}(100+1.8)=58.73\%$

∴ 공극률 = 100 − 실적률 = 100 − 58.73 = 41.27%

□□□ 기88,03④,07④,08④,09②,11④,13①

07 시험온도 20℃에서 굵은골재의 밀도 및 흡수율 시험 결과 아래와 같다. 물음에 답하시오.

득점	배점
	8

표건상태의 시료질량(g)	1000
절건상태의 시료질량(g)	989.5
시료의 수중질량(g)	615.4
시험온도에서 물의 밀도(g/cm³)	0.9970

가. 표면 건조 포화 상태의 시료 밀도를 구하시오.

계산 과정) 답 :

나. 절건 건조상태의 시료 밀도를 구하시오.

계산 과정) 답 :

다. 겉보기 밀도(진밀도)를 구하시오.

계산 과정) 답 :

라. 흡수율을 구하시오.

계산 과정) 답 :

해답 가. $D_s=\frac{B}{B-C}\times\rho_w=\frac{1000}{1000-615.4}\times0.9970=2.59\text{g/cm}^3$

나. $D_d=\frac{A}{B-C}\times\rho_w=\frac{989.5}{1000-615.4}\times0.9970=2.57\text{g/cm}^3$

다. $D_A=\frac{A}{A-C}\times\rho_w=\frac{989.5}{989.5-614.5}\times0.9970=2.63\text{g/cm}^3$

라. $Q=\frac{B-A}{A}\times100=\frac{1000-989.5}{989.5}\times100=1.06\%$

□□□ 산08①,08②,09②,10④,12②,14②④,17②

08 잔골재에 대한 밀도 및 흡수율 시험 결과가 아래 표와 같을 때 다음 물음에 답하시오.

(단, 시험온도에서의 물의 밀도는 $1.0g/cm^3$이다.)

득점	배점
	8

물을 채운 플라스크 질량(g)	600
표면 건조포화 상태 시료 질량(g)	500
시료와 물을 채운 플라스크 질량(g)	911
절대 건조 상태 시료 질량(g)	480

가. 표면 건조 포화 상태의 밀도를 구하시오.

계산 과정) 답 : ______

나. 절대 건조 상태의 밀도를 구하시오.

계산 과정) 답 : ______

다. 상대 겉보기 밀도(진밀도)를 구하시오.

계산 과정) 답 : ______

라. 흡수율을 구하시오.

계산 과정) 답 : ______

해답 가. $d_s = \dfrac{m}{B+m-C} \times \rho_w = \dfrac{500}{600+500-911} \times 1 = 2.65g/cm^3$

나. $d_d = \dfrac{A}{B+m-C} \times \rho_w = \dfrac{480}{600+500-911} \times 1 = 2.54g/cm^3$

다. $d_A = \dfrac{A}{B+A-C} \times \rho_w = \dfrac{480}{600+480-911} \times 1 = 2.84g/cm^3$

라. $Q = \dfrac{m-A}{A} \times 100 = \dfrac{500-480}{480} \times 100 = 4.17\%$

□□□ 기09④,12②,15④

09 골재의 안정성 시험(KS F 2507)에 대한 아래의 물음에 답하시오.

득점	배점
	4

가. 안정성 시험의 목적을 간단히 설명하시오.

○

나. 안정성 시험에 사용하는 시험용 용액(시약)을 2가지 쓰시오.

① ______ ② ______

해답 가. 기상작용에 의한 골재의 균열 또는 파괴에 대한 저항성 정도를 측정하는 시험이다.

나. ① 황산나트륨(황산소듐) ② 염화바륨

시멘트의 질량
- 포틀랜드 시멘트는 약 64g
- 0.05g까지 측정
- 광유의 온도차가 0.2℃ 이내

플라스크의 눈금차
0mL에서 1mL 사이 눈금선

02 시멘트 및 콘크리트 시험

1 시멘트 시험

(1) 시멘트 밀도시험

① **광유** : 온도(20±1)℃에서 밀도 0.73Mg/m^3 이상인 완전히 탈수된 등유나 나프타를 사용한다.

② **밀도** : $\dfrac{\text{시멘트의 질량(g)}}{\text{르샤틀리에 플라스크의 눈금차(mL)}}$

③ **정밀도와 편차** : 동일 시험자가 동일 재료에 대하여 2회 측정한 결과가 ±0.03Mg/m^3 이내이어야 한다.

(2) 시멘트의 응결시험 방법

① 비카침에 의한 방법
② 길모아 침에 의한 방법

(3) 시멘트 분말도 측정 시험법

① 표준체 45μm에 의한 방법
② 비표면적을 구하는 블레인 방법

2 굳지 않은 콘크리트 시험

(1) 시멘트의 강도시험 방법(KSL ISO 679)

① **모르타르의 제작방법**
- 질량에 의한 비율로 표준사와 물 1 : 3의 비율로 한다.
- $\dfrac{\text{물}}{\text{시멘트}}$=0.5이다.

② **공시체의 제작**
- 공시체는 40×40×160mm의 각주
- 공시체는 24시간 습윤양생 후 탈형하여 강도시험을 할 때까지 수중양생한다.

(2) 콘크리트의 반죽질기시험 방법

① 슬럼프시험(slump test)
② 흐름시험(flow test)
③ 구관입시험(ball penetration test)
④ 리몰딩시험(remolding test)
⑤ 비비시험(Vee-Bee test)
⑥ 다짐계수시험(compacting factor test)

3 콘크리트의 공기량 시험

(1) 공기량 시험방법

① **공기실 압력법** : 워싱턴형 공기량 측정기를 사용하며, 보일(Boyle)의 법칙에 의하여 공기실에 일정한 압력을 콘크리트에 주었을 때 공기량으로 인하여 법칙에 저하하는 것으로부터 공기량을 구하는 것이다.

② **무게법** : 공기량이 전혀 없는 것으로 하여 시방배합에서 계산한 콘크리트의 단위무게와 실제로 측정한 단위무게와의 차이로 공기량을 구하는 것이다.

③ **부피법** : 콘크리트 속의 공기량을 물로 치환하여 치환한 물의 부피로부터 공기량을 구하는 것이다.

(2) 공기량 측정 용기

① 물을 붓고 시험하는 주수법은 적어도 5L로 한다.

② 물을 붓지 않고 시험하는 무주수법은 7L로 한다.

(3) 골재 수정계수의 측정

$$m_f = \frac{V_C}{V_B} \times m_f{}'$$

$$m_c = \frac{V_C}{V_B} \times m_c{}'$$

여기서, m_f : 용적 V_c의 콘크리트 시료 중의 잔골재의 질량(kg)

m_c : 용적 V_c의 콘크리트 시료 중의 굵은골재의 질량(kg)

V_B : 1배치의 콘크리트의 완성 용적(L)

V_c : 콘크리트 시료의 용적(L)(용기 용적과 같다.)

$m_f{}'$: 1배치에 사용하는 잔골재의 질량(kg)

$m_c{}'$: 1배치에 사용하는 굵은골재의 질량(kg)

(4) 시료의 공기량

$$A = A_1 - G$$

여기서, A : 콘크리트의 공기량(%)

A_1 : 콘크리트의 겉보기 공기량(%)

G : 골재 수정계수

4 콘크리트의 블리딩 시험

(1) 블리딩량 $B_q = \frac{V}{A}(\mathrm{cm^3/cm^2})$

여기서, V : 마지막까지 누계한 블리딩에 따른 물의 양($\mathrm{cm^3}$)

A : 콘크리트 윗면의 면적($\mathrm{cm^2}$)

(2) **블리딩률** $B_r = \frac{B}{W_s} \times 100(\%)$

$$W_s = \frac{W}{C} \times S$$

여기서, B : 최종까지 누계한 블리딩에 따른 물의 질량
W_s : 시료중의 물의 중량(kg)
W : 콘크리트의 단위 수량(kg/m^3)
C : 콘크리트의 단위 용적질량(kg/m^3)
S : 시료의 질량(kg)

5 굳은 콘크리트 시험

(1) 콘크리트의 강도시험용 공시체 제작 방법

구분	압축강도	쪼갬 인장강도	휨강도
공시체의 치수	• 공시체는 지름의 2배의 높이를 가진 원기둥 • 그 지름은 굵은골재 최대치수의 3배 이상, 100mm 이상	• 공시체는 원기둥 모양 • 그 지름은 굵은 골재 최대치수의 4배 이상, 150mm 이상 • 공시체의 길이는 공시체의 지름 이상, 2배 이하	• 공시체는 단면이 정사각형인 각주 • 그 한변 길이는 굵은 골재의 최대 치수의 4배 이상, 100mm 이상으로 함 • 공시체의 길이는 3배보다 80mm 이상 긴 것
콘크리트를 채우는 방법	• 콘크리트는 2층 이상으로 거의 동일한 두께로 나눠서 채움 • 각 층의 두께는 160mm를 초과해서는 안 됨	• 콘크리트는 2층 이상으로 거의 동일한 두께로 나눠서 채움 • 각 층의 두께는 160mm를 초과해서는 안 됨	• 다짐봉을 이용하는 경우 2층 이상의 거의 같은 층으로 나누어 채움 • 진동기를 이용하는 경우는 1층 또는 2층 이상의 거의 같은 층으로 나누어 채움
공시체의 모양 치수의 허용차	• 지름은 0.5% 이내, 높이는 5% 이내 • 공시체의 재하면은 평면도의 지름이 0.05% 이내 • 재하면과 모선 사이의 각도는 90°±0.5°	• 공시체의 정밀도는 지름의 0.5% 이내 • 모선의 직선도는 지름의 0.1% 이내	• 지름은 0.5% 이내, 높이는 5% 이내 • 공시체의 재하면은 평면도는 지름이 0.05% 이내 • 재하면과 모선 사이의 각도는 90°±0.5°
다짐봉 사용	• 각 층은 적어도 1000mm^{2}에 1회의 비율로 다짐		
몰드의 제거 및 양생	• 몰드를 떼는 시기는 콘크리트 채우기가 끝나고 나서 16시간 이상 3일 이내 • 공시체의 양생온도는 (20±2)℃로 한다. • 공시체는 몰드를 뗀 후 강도시험을 할 때까지 습윤상태에서 양생을 하여야 한다.		

(2) 강도시험 방법

구분	압축강도	쪼갬 인장강도	휨강도
하중을 가하는 속도	압축응력도의 증가율이 매초 (0.6±0.2)MPa (N/mm^2)	인장응력도의 증가율이 매초 (0.06±0.04)MPa (N/mm^2)	가장자리 응력도의 증가율이 매초 (0.06±0.04)MPa (N/mm^2)
강도 계산	$f_c = \dfrac{P}{\dfrac{\pi d^2}{4}}$	$f_{sp} = \dfrac{2P}{\pi dl}$	$f_b = \dfrac{Pl}{bh^2}$ (4점재하법) $f_b = \dfrac{3Pl}{2bh^2}$ (중앙점)

| 시멘트 및 콘크리트 시험 |

02 핵심 기출문제 □□□

□□□ 기15①②④,22②

01 시멘트 비중시험(KS L 5110)에 대한 아래 물음에 답하시오.

득점	배점
	6

가. 시험용으로 사용하는 광유의 품질에 대하여 간단히 설명하시오.

○

나. 투입한 시멘트의 질량이 64g이고, 시멘트 투입 후 르샤틀리에 플라스크의 눈금차가 20.4mL였다면, 이 시멘트의 밀도를 구하시오.

계산 과정) 답 : ________

다. 시멘트 밀도시험의 정밀도 및 편차에 대한 아래 표의 설명에서 (   )를 채우시오.

동일 시험자가 동일 재료에 대하여 (①)회 측정한 결과가 (②) 이내이어야 한다.

① ________ ② ________

해답 가. 온도(20±1)℃에서 밀도 0.73Mg/m^3 이상인 완전히 탈수된 등유나 나프타를 사용한다.

나. $\text{시멘트 밀도} = \dfrac{\text{시멘트의 질량(g)}}{\text{르샤틀리에 플라스크의 눈금차(mL)}}$

$= \dfrac{64}{20.4} = 3.14(\text{Mg/m}^3)$

다. ① : 2

② : ±0.03

□□□ 기12①,14②,17②

02 시멘트의 강도시험 방법(KSL ISO 679)에 대해 물음에 답하시오.

득점	배점
	6

가. 시멘트 모르타르의 압축강도 및 휨강도의 공시체의 형상과 치수를 쓰시오.

○

나. 공시체인 모르타르를 제작할 때 시멘트 질량이 1일 때 잔골재 및 물의 비율을 쓰시오.

【답】 잔골재 : ________, 물 : ________

다. 공시체를 틀에 넣은 후 강도시험을 할 때까지의 양생방법을 간단히 쓰시오.

○

해답 가. 40×40×160mm의 각주

나. 잔골재 : 3, 물 : 0.5

다. 공시체는 24시간 이후의 시험을 위해서는 제조 후 20~24시간 사이에 탈형하여 수중양생 한다.

□□□ 산13①,17①

03 동일 시험자가 동일재료로 2회 측정한 시멘트 밀도 시험 결과가 아래의 표와 같다. 이 시멘트의 비중을 구하고 적합여부를 판별하시오.

득점	배점
	6

측정횟수	1회	2회
처음의 광유의 읽음값(mL)	0.4	0.4
시료의 질량(g)	64.1	64.2
시료를 넣은 광유의 읽음값(mL)	20.7	21.1

계산 과정) 답 : ____________

해답
• 시멘트 밀도 $= \dfrac{\text{시멘트의 질량(g)}}{\text{르샤틀리에 플라스크 눈금차(mL)}}$

$= \dfrac{64.1}{20.7-0.4} = 3.16(\text{Mg/m}^3)$

$= \dfrac{64.2}{21.1-0.4} = 3.10(\text{Mg/m}^3)$

• 밀도차 $= 3.16-3.10 = 0.06 > 0.03$
• 불합격
• 이유 : 동일 시험자가 동일 재료에 대하여 2회 측정한 결과가 $\pm 0.03(\text{Mg/m}^3)$ 보다 크므로

□□□ 산10②,15①

04 콘크리트용으로 사용하는 부순 굵은골재에 있어서 요구되는 물리적 성질에 대한 품질기준을 적으시오.

득점	배점
	5

가. 절대건조밀도(g/cm^3) : ____________

나. 흡수율(%) : ____________

다. 안정성(%) : ____________

라. 마모율(%) : ____________

마. 입자모양 판정 실적률 : ____________

해답

시험 항목	부순 굵은 골재
절대건조밀도(g/cm^3)	2.50 이상
흡수율(%)	3.0 이하
안정성(%)	12 이하
마모율(%)	40 이하
입자모양 판정 실적률(%)	53 이상

□□□ 기13④

05 콘크리트의 워커빌리티는 반죽질기에 좌우되는 경우가 많으므로 일반적으로 반죽질기를 측정하여 그 결과에 따라 워커빌리티의 정도를 판단한다. 콘크리트의 반죽질기를 평가하는 시험방법을 4가지를 쓰시오.

득점	배점
	4

① ______ ② ______

③ ______ ④ ______

해답 ① 슬럼프시험(slump test)
② 흐름시험(flow test)
③ 구관입시험(ball penetration tesst)
④ 리몰딩시험(remolding test)
⑤ 비비시험(Vee－Bee test)
⑥ 다짐계수시험(compacting factor test)

□□□ 기86,06②,07②,08②,11④,19②

06 블리딩 측정용기의 안지름 25cm, 안높이 28cm인 측정 용기에 콘크리트를 타설한 후 콘크리트 블리딩 시험 결과는 다음과 같다. 이 콘크리트의 블리딩량과 블리딩률을 구하시오.

득점	배점
	4

【시험 결과】

• 블리딩 물의 양 : 54mL
• 시료의 블리딩 물의 총무게 : 76g
• 시료와 용기의 무게 : 39.22kg
• 용기의 무게 : 10.80kg
• 콘크리트 $1m^3$에 사용된 재료의 총 무게 : 2276kg
• 콘크리트 $1m^3$에 사용된 물의 총무게 : 167kg

가. 블리딩량을 구하시오.

계산 과정) 답 : ______

나. 블리딩률을 구하시오.

계산 과정) 답 : ______

해답 가. $B_q = \dfrac{V}{A} = \dfrac{54}{\dfrac{\pi \times 25^2}{4}} = 0.11\,\text{mL/cm}^2$

나. $B_r = \dfrac{B}{W_s} \times 100$

• $W_s = \dfrac{W}{C} \times S = \dfrac{167}{2276} \times (39.22 - 10.80) = 2.09\,\text{kg}$

$\therefore\ B_r = \dfrac{76}{2.09 \times 1000} \times 100 = 3.64\%$

□□□ 산88④,10②,11④

07 시멘트 시험에 대한 물음에 답하시오.

득점	배점
	6

가. 시멘트 밀도시험에 사용하는 병의 이름을 쓰시오.

○

나. 시멘트 응결시간 측정 시험법을 2가지 쓰시오.

① ②

다. 시멘트 분말도 측정 시험법을 2가지 쓰시오.

① ②

해답 가. 르샤틀리에 플라스크
나. ① 비카침에 의한 방법
② 길모아 침에 의한 방법
다. ① 표준체 45μm 에 의한 방법
② 블레인 공기투과장치에 의한 방법

□□□ 기09②,14①,17④

08 굳은 콘크리트의 시험에 대한 다음 물음에 답하시오.

득점	배점
	6

가. 콘크리트의 압축강도시험(KS F 2405)에서 공시체에 하중을 가하는 속도에 대해 설명하시오.

○

나. 콘크리트의 휨강도시험(KS F 2408)에서 공시체에 하중을 가하는 속도에 대해 설명하시오.

○

다. 콘크리트의 강도시험용 공시체 제작방법(KS F 2403)에서 공시체 몰드를 떼어내는 시기 및 공시체의 양생온도 범위에 대해 쓰시오.

① 몰드를 떼어내는 시기 :

② 공시체의 양생온도 범위 :

해답 가. 압축 응력도의 증가율이 매초 (0.6±0.2)MPa이 되도록 한다.
나. 가장자리 응력도의 증가율이 매초 (0.06±0.040)MPa이 되도록 한다.
다. ① 콘크리트 채우기가 끝나고 나서 16시간 이상 3일 이내
② 공시체의 양생온도는 (20±2)℃로 한다.

□□□ 산14①,16④

09 아래 표의 조건과 같을 때 압력법에 의한 굳지 않은 콘크리트의 공기량 시험에서 골재수 정계수 결정을 위해 사용해야 하는 잔골재와 굵은골재의 질량을 구하시오.

득점	배점
	4

- 1배치의 콘크리트 용적 : $1m^3$
- 콘크리트 시료의 용적 : 10L
- 1배치에 사용된 잔골재 질량 : 900kg
- 1배치에 사용된 굵은골재 질량 : 1100kg

계산과정)

【답】 잔골재 질량 : ______, 굵은골재 질량 : ______

해답 • 잔골재 질량 $m_f = \frac{V_C}{V_B} \times m_f' = \frac{10}{1000} \times 900 = 9\text{kg}$

• 굵은골재 질량 $m_c = \frac{V_C}{V_B} \times m_c' = \frac{10}{1000} \times 1100 = 11\text{kg}$

□□□ 산91④,08①,09④,13①,15②,17④

10 경화한 콘크리트의 강도시험을 실시하였다. 다음 물음에 대한 답하시오.

득점	배점
	6

가. 쪼갬 인장시험은 직경 100mm, 높이 200mm인 공시체를 사용하였으며, 최대 쪼갬인장하중은 50.24kN으로 나타났다. 콘크리트의 쪼갬인장 강도를 계산하시오.

계산 과정) 답 : ______

나. 지간은 450mm, 파괴 단면 높이 150mm, 파괴단면 너비 150mm, 최대하중이 27kN일 때 공시체를 지간방향 중심선의 4점 사이에서 파괴되었을 때 휨강도를 구하시오.

계산 과정) 답 : ______

해답 가. $f_{sp} = \frac{2P}{\pi dl} = \frac{2 \times 50.24 \times 10^3}{\pi \times 100 \times 200} = 1.60\text{N/mm}^2 = 1.60\text{MPa}$

나. $f_b = \frac{Pl}{bh^2} = \frac{27 \times 10^3 \times 450}{150 \times 150^2} = 3.6\text{N/mm}^2 = 3.6\text{MPa}$

03 배합강도 및 배합설계

1 콘크리트의 배합강도

(1) 표준편차의 설정

콘크리트 압축강도의 표준편차는 실제 사용한 콘크리트의 30회 이상의 시험실적으로부터 결정하는 것을 원칙으로 한다.

$$s = \sqrt{\frac{\Sigma(x_i - \bar{x})^2}{(n-1)}}$$

여기서, s : 표준편차(MPa)

x_i : 개개의 시험값

$\bar{x}$: n개의 강도시험결과 평균 시험값

n : 연속 강도시험횟수

(2) 수정표준편차의 결정

압축강도의 시험횟수가 29회 이하이고 15회 이상인 경우는 그것으로 계산한 표준편차에 보정계수를 곱한 값을 표준편차로 사용할 수 있다.

■ 시험횟수가 29회 이하일 때 표준편차의 보정계수

시험횟수	표준편차의 보정계수
15	1.16
20	1.08
25	1.03
30 이상	1.00

* 위 표에 명시되지 않은 시험횟수는 직선 보간한다.

(3) 배합 강도

콘크리트의 배합강도(f_{cr})를 호칭강도(f_{cn})보다 충분히 크게 정하여야 한다.

① $f_{cn} \leq 35\text{MPa}$일 때

$f_{cr} = f_{cn} + 1.34s$ (MPa)

$f_{cr} = (f_{cn} - 3.5) + 2.33s$ (MPa)

둘 중 큰 값을 사용

② $f_{cn} > 35\text{MPa}$일 때

$f_{cr} = f_{cn} + 1.34s$ (MPa)

$f_{cr} = 0.9f_{cn} + 2.33s$ (MPa)

둘 중 큰 값을 사용

여기서, f_{cr} : 콘크리트의 배합강도(MPa)

f_{cn} : 콘크리트의 호칭강도(MPa)

s : 콘크리트 압축 강도의 표준 편차(MPa)

호칭강도(f_{cn})

레디믹스트 콘크리트 주문 시 KS F 4009의 규정에 따라 사용되는 콘크리트 강도로서, 구조물 설계에서 사용되는 설계기준 압축강도나 배합 설계 시 사용되는 배합강도와는 구분되며, 기온, 온도, 습도, 양생 등 시공적인 영향에 따른 보정값을 고려하여 주문한 강도

품질기준강도(f_{cq})
콘크리트 부재의 설계에서 기준으로 한 압축강도를 말하며, 일반적으로 재령 28일의 압축강도를 기준으로 한다.

배합설계 참고표에서 찾는 법
「설계조건 및 재료」에서 확인할 사항
- 양질의 공기연행제 사용여부
- 굵은골재의 최대치수 확인

(4) 압축강도의 시험회수가 14 이하이거나 기록이 없는 경우의 배합강도

콘크리트 압축강도의 표준편차를 알지 못할 때, 또는 압축강도의 시험횟수가 14회 이하인 경우 콘크리트의 배합강도는 다음 표와 같이 정한다.

호칭 강도 f_{cn}(MPa)	배합강도 f_{cr}(MPa)
21 미만	$f_{cn}+7$
21 이상 35 이하	$f_{cn}+8.5$
35 초과	$1.1f_{cn}+5.0$

※ 현장배치플랜트인 경우는 호칭강도(f_{cn})를 대신해 품질기준강도(f_{cq})를 사용할 수 있다.

2 잔골재율과 단위 수량 조정

(1) 잔골재율

$$S/a = \frac{S}{S+G} \times 100$$

여기서, S : 잔골재의 절대부피
G : 굵은 골재의 절대부피

(2) 단위 수량

① 콘크리트의 단위 굵은 골재용적, 잔골재율 및 단위 수량의 대략값

굵은 골재 최대 치수 (mm)	단위 굵은 골재 용적 (%)	공기연행제를 사용하지 않은 콘크리트			공기연행 콘크리트				
		갇힌 공기 (%)	잔골 재율 S/a(%)	단위 수량 (kg)	공기량 (%)	양질의 공기연행제를 사용한 경우		양질의 공기연행 감수제를 사용한 경우	
						잔골재율 S/a(%)	단위 수량 W(kg/m³)	잔골재율 S/a(%)	단위 수량 W(kg/m³)
15	58	2.5	53	202	7.0	47	180	48	170
20	62	2.0	49	197	6.0	44	175	45	165
25	67	1.5	45	187	5.0	42	170	43	160
40	72	1.2	40	177	4.5	39	165	40	155

주1) 이 표의 값은 보통의 입도를 가진 잔골재(조립률 2.8 정도)와 부순 돌을 사용한 물-결합재비 55% 정도, 슬럼프 80mm 정도의 콘크리트에 대한 것이다.

주2) 사용재료 또는 콘크리트의 품질이 1)의 조건과 다를 경우에는 위 표의 값을 다음 표에 따라 보정한다.

② 배합수 및 잔골재율의 보정방법

구 분	s/a의 보정	W의 보정(kg)
잔골재의 조립률이 0.1 만큼 클(작을) 때마다	0.5만큼 크게(작게) 한다.	보정하지 않는다.
슬럼프 값이 10mm만큼 클(작을) 때마다	보정하지 않는다.	1.2% 만큼 크게(작게) 한다.
공기량이 1%만큼 클(작을) 때마다	0.5~1.0(0.75)만큼 작게(크게) 한다.	3%만큼 작게(크게) 한다.
물-결합재비가 0.05 클(작을) 때마다	1만큼 크게(작게) 한다.	보정하지 않는다.
S/a가 1% 클(작을) 때마다	보정하지 않는다.	1.5kg만큼 크게(작게) 한다.
자갈을 사용할 경우	3~5만큼 작게 한다.	9~15kg만큼 작게 한다.
부순 모래를 사용할 경우	2~3만큼 크게 한다.	6~9만큼 크게 한다.

※주) 단위 굵은 골재 용적에 의하는 경우에는 잔골재의 조립률이 0.1만큼 커질(작아질) 때마다 단위 굵은 골재용적을 1%만큼 작게(크게) 한다.

■ 배합표

굵은골재 최대치수 (mm)	슬럼프 (mm)	공기량 (%)	W/B (%)	잔골재율 (S/a) (%)	단위량(kg/m³)				혼화제 단위량 (g/m³)
					물 (W)	시멘트 (C)	잔골재 (S)	굵은골재 (G)	

3 시방배합

① 단위 시멘트량$=\dfrac{\text{단위 수량}}{\text{물}-\text{결합재}(W/B)}$

② 시멘트의 절대용적(l)

$$V_c=\frac{\text{단위 시멘트량(kg)}}{\text{시멘트밀도}\times 1000}$$

③ 단위 골재량의 절대 부피(m^3)

$$V_a=1-\left(\frac{\text{단위 수량}}{1000}+\frac{\text{단위 시멘트량}}{\text{시멘트의 밀도}\times 1000}+\frac{\text{단위 혼화재량}}{\text{혼화재의 밀도}\times 1000}+\frac{\text{공기량}}{100}\right)$$

④ 단위 잔 골재량의 절대 부피(V_G)

$=$단위 골재량의 절대 부피(V_a)$\times$잔 골재율(S/a)

⑤ 단위 잔 골재량(S)
=단위 잔골재량의 절대 부피(V_G)×잔골재의 밀도×1000

⑥ 단위 굵은 골재량의 절대부피(m^3)
=단위 골재량의 절대부피(V_a)−단위 잔골재량의 절대 부피(V_G)

⑦ 단위 굵은 골재량(G)
=단위 굵은 골재의 절대 부피(V_G)×굵은골재의 밀도×1000

4 현장배합

(1) 시방배합을 현장배합으로 고칠 경우의 고려사항

① 골재의 함수 상태
② 잔골재 중에서 5mm체 남는 굵은골재량
③ 굵은 골재 중에서 5mm체를 통과하는 잔골재량
④ 혼화제를 희석시킨 희석수량

(2) 현장배합의 결정

① 입도 보정 골재량

- 잔골재량 : $x = \dfrac{100S - b(S+G)}{100-(a+b)}$
- 굵은 골재량 : $y = \dfrac{100G - a(S+G)}{100-(a+b)}$

여기서, x : 실제 계량할 단위 잔골재량(kg/m^3)
y : 실제 계량할 단위 굵은 골재량(kg/m^3)
S : 시방 배합의 단위 잔골재량(kg)
G : 시방 배합의 단위 굵은 골재량(kg)
a : 잔골재속의 5mm체에 남는 양(%)
b : 굵은 골재 속의 5mm체를 통과하는 양(%)

② 표면수에 대한 보정
골재의 함수 상태에 따라 시방배합의 물 양과 골재량을 보정한다.

- 잔골재의 표면수량 : $W_S = X \cdot \dfrac{c}{100}$
- 굵은 잔골재의 표면수량 : $W_G = Y \cdot \dfrac{d}{100}$

여기서, W_S : 실제 계량할 단위 잔 골재의 표면수량(kg)
W_G : 실제 계량할 단위 굵은 골재의 표면수량(kg)
c : 현장 잔골재의 표면 수량(%)
d : 현장 굵은 골재의 표면 수량(%)
W : 시방 배합의 단위 수량(kg)

③ 현장배합량

- 단위 수량 : $W' = W - (W_S + W_G)$
- 단위 잔골재량 : $x' = x + W_S$
- 단위 굵은골재량 : $y' = y + W_G$

여기서, W' : 실제 계량해야 할 단위 수량(kg/m^3)
x' : 실제 계량해야 할 단위 잔골재량(kg/m^3)
y' : 실제 계량해야 할 단위 굵은골재량(kg/m^3)

| 배합강도 및 배합설계 |

03 핵심 기출문제 □□□

□□□ 기13①,15④

01 콘크리트의 압축강도 측정결과가 16회로 아래의 표와 같을 때 다음 물음에 답하시오.

득점	배점
	6

【압축강도 측정결과(MPa)】

36, 40, 45, 44, 43, 45, 43, 42, 46, 44, 43, 42, 45, 38, 37, 39

가. 배합강도를 결정하기 위한 압축강도의 표준편차(s)를 구하시오.

(단, 시험횟수 15회일 때 보정계수 1.16, 20회일 때 보정계수 1.08이다.)

계산 과정) 답 : ______

나. 호칭강도가 40MPa일 때 콘크리트의 배합강도를 구하시오.

계산 과정) 답 : ______

해답 가. 표준편차 $s=\sqrt{\dfrac{\Sigma(x_i-\bar{x})^2}{(n-1)}}$

• 압축강도 합계

$\Sigma x_i = 36+40+45+44+43+45+43+42+46+44+43+42+45+38+37+39$

$=672\text{MPa}$

• 압축강도 평균값

$\bar{x}=\dfrac{\Sigma x_i}{n}=\dfrac{672}{16}=42\text{MPa}$

• 표준편차 합

$\Sigma(x_i-\bar{x})^2=(36-42)^2+(40-42)^2+(45-42)^2+(44-42)^2+(43-42)^2$
$+(45-42)^2+(43-42)^2+(42-42)^2+(46-42)^2+(44-42)^2$
$+(43-42)^2+(42-42)^2+(45-42)^2+(38-42)^2+(37-42)^2$
$+(39-42)^2$
$=54+30+51+9=144\text{MPa}$

∴ 표준표차 $s=\sqrt{\dfrac{144}{(16-1)}}=3.10\text{MPa}$

• 직선보간의 표준편차

표준편차 보정계수$=1.16-\dfrac{1.16-1.08}{20-15}\times(16-15)=1.144\text{MPa}$

∴ 보정된 표준편차 $s=3.10\times1.144=3.55\text{MPa}$

나. $f_{cn}=40\text{MPa}>35\text{MPa}$인 경우 두 값 중 큰 값

• $f_{cr}=f_{cn}+1.34s \;=40+1.34\times3.55=44.76\text{MPaMPa}$

• $f_{cr}=0.9f_{cn}+2.33s=0.9\times40+2.33\times3.55=44.27\text{MPa}$

∴ 배합강도 $f_{cr}=44.76\text{MPa}$

□□□ 기10②,16②

02 콘크리트 품질기준강도(f_{cq})가 40MPa이고, 23회 이상의 충분한 압축 강도시험을 거쳐 2.0MPa의 표준편차를 얻었다. 이 콘크리트의 배합강도(f_{cr})를 구하시오.

득점	배점
	4

계산 과정)

답 :

해답 ■ 시험횟수 23회일 때 표준편차

• 시험횟수가 29회 이하일 때 표준편차의 보정계수

시험횟수	표준편차의 보정계수
15	1.16
20	1.08
25	1.03
30 이상	1.00

직선보간 표준편차 $= 2.0\left(1.08 - \dfrac{1.08-1.03}{25-20} \times (23-20)\right) = 2.1\,\text{MPa}$

• f_{cq}=40a>35MPa일 때

• $f_{cr} = f_{cq} + 1.34s\,(\text{MPa}) = 40 + 1.34 \times 2.1 = 42.81\,\text{MPa}$

• $f_{cr} = 0.9 f_{cq} + 2.33s\,(\text{MPa}) = 0.9 \times 40 + 2.33 \times 2.1 = 40.89\,\text{MPa}$

∴ 배합강도 $f_{cr} = 42.81\,\text{MPa}$(큰 값)

□□□ 산15①

03 시방배합으로 단위 수량 162kg/m³, 단위 시멘트량 300kg/m³, 단위 잔골재량 710kg/m³, 단위 굵은 골재량 1260kg/m³을 산출한 콘크리트의 배합을 현장골재의 입도 및 표면수를 고려하여 현장배합으로 수정한 잔골재와 굵은 골재의 양을 구하시오.

(단, 현장골재 상태 : 잔골재가 5mm체에 남는 양 2%, 잔골재의 표면수 5%
굵은골재가 5mm체를 통과하는 양 6%, 굵은골재의 표면수 1%)

득점	배점
	6

계산 과정)

【답】 단위 잔골재량 : ______, 단위 굵은 골재량 : ______

해답 ■ 입도에 의한 조정

$S = 710\text{kg},\ G = 1260\text{kg},\ a = 2\%,\ b = 6\%$

$$X = \frac{100S - b(S+G)}{100-(a+b)} = \frac{100 \times 710 - 6(710+1260)}{100-(2+6)} = 643.26\,\text{kg/m}^3$$

$$Y = \frac{100G - a(S+G)}{100-(a+b)} = \frac{100 \times 1260 - 2(710+1260)}{100-(2+6)} = 1326.74\,\text{kg/m}^3$$

■ 표면수에 의한 조정

잔골재의 표면수 $= 643.26 \times \dfrac{5}{100} = 32.16\,\text{kg/m}^3$

굵은골재의 표면수 $= 1326.74 \times \dfrac{1}{100} = 13.27\,\text{kg/m}^3$

■ 현장 배합량

• 단위 수량 : $162 - (32.16 + 13.27) = 116.57\,\text{kg/m}^3$

• 단위 잔골재량 : $643.26 + 32.16 = 675.42\,\text{kg/m}^3$

• 단위 굵은재량 : $1326.74 + 13.27 = 1340.01\,\text{kg/m}^3$

【답】 단위 잔골재량 : 675.42kg/m³, 단위 굵은 골재량 : 1340.01kg/m³

□□□ 기11④,13①,15①④,17①

04 콘크리트의 압축 강도시험결과가 아래의 표와 같을 때 배합설계에 적용할 표준편차를 구하고, 호칭강도가 40MPa일 때 콘크리트의 배합강도를 계산하시오.

득점	배점
	6

【압축강도 측정결과(MPa)】

42	43	35	42	46	41	45
35	35	46	43	42	45	43
37	44	35	45	41	40	36

가. 아래의 표를 이용하여 배합설계에 적용할 표준편차를 구하시오.

【시험횟수가 29회 이하일 때 표준편차의 보정계수】

시험 횟수	표준편차의 보정계수	비고
15	1.16	이 표에 명시되지 않은 시험횟수에 대해서는 직선보간한다.
20	1.08	
25	1.03	
30 이상	1.00	

계산 과정) 답 : ____________

나. 배합강도를 구하시오.

계산 과정) 답 : ____________

해답 가. 표준편차 $s=\sqrt{\dfrac{\Sigma(x_i-\bar{x})^2}{(n-1)}}$

• 압축강도 합계

42	43	35	42	46	41	45	294
35	35	46	43	42	45	43	289
37	44	35	45	41	40	36	278

$\Sigma x_i = 294+289+278=861\,\text{MPa}$

• 압축강도 평균값

$\bar{x}=\dfrac{\Sigma x_i}{n}=\dfrac{861}{21}=41\,\text{MPa}$

• 표준편차 합 $\Sigma(x_i-\bar{x})^2$

$(42-41)^2+(43-41)^2+(35-41)^2+(42-41)^2+(46-41)^2+(41-41)^2+(45-41)^2$
$+(35-41)^2+(35-41)^2+(46-41)^2+(43-41)^2+(42-41)^2+(45-41)^2+(43-41)^2$
$+(37-41)^2+(44-41)^2+(35-41)^2+(45-41)^2+(41-41)^2+(40-41)^2+(36-41)^2$
$=83+122+103=308\,\text{MPa}$

∴ 표준편차 $s=\sqrt{\dfrac{308}{21-1}}=3.92\,\text{MPa}$

- 직선보간의 보정계수$=1.08-\dfrac{1.08-1.03}{25-20}\times(21-20)=1.07$
- 수정표준편차 $s=3.92\times1.07=4.19\text{MPa}$

나. $f_{cn}=40\text{MPa}>35\text{MPa}$인 경우 두 값 중 큰 값

- $f_{cr}=f_{cn}+1.34s=40+1.34\times4.19=45.74\text{MPa}$
- $f_{cr}=0.9f_{cn}+2.33s=0.9\times40+2.33\times4.19=45.76\text{MPa}$

∴ 배합강도 $f_{cr}=45.76\text{MPa}$

□□□ 기11②,12④,14④

05 콘크리트의 배합강도를 결정하는 방법에 대하여 아래 물음에 답하시오.

득점	배점
	10

가. 압축 강도시험 횟수가 30회 이상일 때 배합강도를 결정하는 방법을 설명하시오. (단, 호칭강도에 따라 두 가지로 구분하여 설명하시오.)

○

나. 압축 강도시험 횟수가 29회 이하이고 15회 이상인 경우 배합강도를 결정하는 방법을 설명하시오.

○

다. 콘크리트의 압축강도의 표준편차를 알지 못할 때, 또는 압축강도의 시험 횟수가 14회 이하인 경우 배합강도를 결정하는 방법을 설명하시오.

○

해답 가. • $f_{cn}\leq35\text{MPa}$인 경우

$f_{cr}=f_{cn}+1.34s$
$f_{cr}=(f_{cn}-3.5)+2.33s$
] 두 값 중 큰 값

• $f_{cn}>35\text{MPa}$인 경우

$f_{cr}=f_{cn}+1.34s$
$f_{cr}=0.9f_{cn}+2.33s$
] 두 값 중 큰 값

나. 계산된 표준편차에 보정계수를 곱한 표준편차(s) 값으로 하여 배합강도를 결정한다.

시험횟수	표준편차의 보정계수
15	1.16
20	1.08
25	1.03
30 이상	1.00

다.

호칭강도 f_{cn}(MPa)	배합강도 f_{cr}(MPa)
21 미만	$f_{cn}+7$
21 이상 35 이하	$f_{cn}+8.5$
35 초과	$1.1f_{cn}+5.0$

□□□ 기02④,04④,10④,12④,14①,15②,16②

득점	배점
	10

06 다음 표의 설계조건 및 재료, 참고표를 이용하여 콘크리트를 배합설계 하여 배합표를 완성하시오.

【시험 결과】

- 물-결합재비는 50%
- 굵은골재는 최대치수 40mm의 부순돌을 사용한다.
- 양질의 공기연행제(AE제)를 사용하며, 그 사용량은 시멘트 질량의 0.03%로 한다.
- 목표로 하는 슬럼프는 120mm, 공기량은 5.0%로 한다.
- 사용하는 시멘트는 보통포틀랜드시멘트로서, 밀도는 3.15g/cm^{3}이다.
- 잔골재의 표건밀도는 2.6g/cm^{3}이고, 조립률은 2.86이다.
- 굵은골재의 표건밀도는 2.65g/cm^{3}이다.

【배합설계 참고표】

굵은 골재 최대 치수 (mm)	단위 굵은 골재 용적 (%)	공기연행제를 사용하지 않은 콘크리트			공기 연행 콘크리트				
						양질의 공기연행제를 사용한 경우		양질의 공기연행 감수제를 사용한 경우	
		갇힌 공기 (%)	잔골재율 S/a(%)	단위 수량 (kg)	공기량 (%)	잔골재율 S/a(%)	단위 수량 W(kg/m^3)	잔골재율 S/a(%)	단위 수량 W(kg/m^3)
15	58	2.5	53	202	7.0	47	180	48	170
20	62	2.0	49	197	6.0	44	175	45	165
25	67	1.5	45	187	5.0	42	170	43	160
40	72	1.2	40	177	4.5	39	165	40	155

주 1) 이 표의 값은 보통의 입도를 가진 잔골재(조립률 2.8 정도)와 부순돌을 사용한 물－결합재비 55% 정도, 슬럼프 80mm 정도의 콘크리트에 대한 것이다.

2) 사용재료 또는 콘크리트의 품질이 주 1)의 조건과 다를 경우에는 위의 표의 값을 아래 표에 따라 보정한다.

구 분	S/a의 보정(%)	W의 보정(kg)
잔골재의 조립률이 0.1 만큼 클(작을) 때마다	0.5 만큼 크게(작게) 한다.	보정하지 않는다.
슬럼프값이 10mm 만큼 클(작을) 때마다	보정하지 않는다.	1.2 만큼 크게(작게) 한다.
공기량이 1% 만큼 클(작을) 때마다	0.75 만큼 작게(크게) 한다.	3% 만큼 작게(크게) 한다.
물-결합재비가 0.05클(작을) 때마다	1 만큼 크게(작게) 한다.	보정하지 않는다.
S/a가 1% 클(작을)때마다	보정하지 않는다.	1.5kg 만큼 크게(작게)한다.

비고 : 단위 굵은 골재용적에 의하는 경우에는 모래의 조립률이 0.1 만큼 커질(작아질)때마다 단위 굵은 골재용적을 1% 만큼 작게(크게) 한다.

계산과정)

【답】 배합표

굵은 골재 최대치수 (mm)	슬럼프 (mm)	공기량 (%)	W/B (%)	잔골재율 (S/a)(%)	단위량(kg/m³)				혼화제 단위량 (g/m³)
					물 (W)	시멘트 (C)	잔골재 (S)	굵은 골재 (G)	
40	120	5.0	50						

해답

보정항목	배합 참고표	설계조건	잔골재율(S/a) 보정	단위 수량(W)의 보정
굵은골재의 치수 40mm일 때			$S/a=39\%$	$W=165\text{kg}$
모래의 조립률	2.80	2.86(↑)	$\frac{2.86-2.80}{0.10}\times 0.5=+0.3(\uparrow)$	보정하지 않는다.
슬럼프값	80mm	120mm(↑)	보정하지 않는다.	$\frac{120-80}{10}\times 1.2=4.8\%(\uparrow)$
공기량	4.5	5.0(↑)	$\frac{5-4.5}{1}\times(-0.75)$ $=-0.375\%(\downarrow)$	$\frac{5-4.5}{1}\times(-3)$ $=-1.5\%(\downarrow)$
W/B	55%	50%(↓)	$\frac{0.55-0.50}{0.05}\times(-1)$ $=-1.0\%(\downarrow)$	보정하지 않는다.
S/a	39%	37.93%(↓)	보정하지 않는다.	$\frac{39-37.93}{1}\times(-1.5)$ $=-1.605\text{kg}(\downarrow)$
보정값			$S/a=39+0.3-0.375-1.0$ $=37.93\%$	$165\left(1+\frac{4.8}{100}-\frac{1.5}{100}\right)$ $-1.605=168.84\text{kg}$

- 단위 수량 $W=168.84\text{kg}$
- 단위 시멘트량 C : $\frac{W}{B}=0.50$, $C=\frac{168.84}{0.50}=337.68$ $\therefore C=337.68\text{kg}$
- 공기연행(AE)제 : $337.68\times\frac{0.03}{100}=0.101304\text{kg}=101.30\text{g/m}^3$
- 단위골재량의 절대체적

$$V_a=1-\left(\frac{\text{단위수량}}{1000}+\frac{\text{단위 시멘트}}{\text{시멘트밀도}\times 1000}+\frac{\text{공기량}}{100}\right)$$
$$=1-\left(\frac{168.84}{1000}+\frac{337.68}{3.15\times 1000}+\frac{5.0}{100}\right)=0.674\text{m}^3$$

- 단위 잔골재량

$S=V_a\times S/a\times$잔골재 밀도$\times 1000$

$=0.674\times 0.3793\times 2.6\times 1000=664.69\text{kg/m}^3$

- 단위 굵은골재량

$G=V_g\times(1-S/a)\times$굵은골재 밀도$\times 1000$

$=0.674\times(1-0.3793)\times 2.65\times 1000=1108.63\text{kg/m}^3$

∴ 배합표

굵은 골재의 최대치수(mm)	슬럼프 (mm)	W/B (%)	잔골재율 S/a(%)	단위량(kg/m³)				혼화제 g/m³
				물	시멘트	잔골재	굵은 골재	
40	120	50	37.93	168.84	337.68	664.69	1108.63	101.30

□□□ 산08④,12①,13④,15②

07 콘크리트의 시방배합으로 각 재료의 단위량과 현장골재의 상태가 다음과 같을 때, 현장배합으로서의 각 재료량을 구하시오.

득점	배점
	9

【시방배합표】

물(kg/m^3)	시멘트(kg/m^3)	잔골재(kg/m^3)	굵은골재(kg/m^3)
180	320	621	1339

【현장골재의 상태】

종류	5mm체에 남는 양	5mm체에 통과량	표면수량
잔골재	10%	90%	3%
굵은골재	96%	4%	1%

계산 과정)

【답】단위 잔골재량 : ______________, 단위 굵은 골재량 : ______________

단위 수량 : ______________

해답 ■ 입도에 의한 조정

• $S=621\text{kg},\ \ G=1339\text{kg},\ \ a=10\%,\ \ b=4\%$

• $X=\dfrac{100S-b(S+G)}{100-(a+b)}=\dfrac{100\times621-4(621+1339)}{100-(10+4)}=630.93\text{kg/m}^3$

• $Y=\dfrac{100G-a(S+G)}{100-(a+b)}=\dfrac{100\times1339-10(621+1339)}{100-(10+4)}=1329.07\text{kg/m}^3$

■ 표면수에 의한 조정

잔골재의 표면수$=630.93\times\dfrac{3}{100}=18.93\text{kg}$

굵은골재의 표면수$=1329.07\times\dfrac{1}{100}=13.29\text{kg}$

■ 현장 배합량

• 단위 수량 : $180-(18.93+13.29)=147.78\text{kg/m}^3$

• 단위 잔골재량 : $630.93+18.93=649.86\text{kg/m}^3$

• 단위 굵은재량 : $1329.07+13.29=1342.36\text{kg/m}^3$

【답】단위 수량 : 147.78kg/m^3, 단위 잔골재량 : 649.86kg/m^3

단위 굵은 골재량 : 1342.36kg/m^3

□□□ 기88,93,06②,08④,10①,13④,14①,17④

08 콘크리트 $1m^3$를 만드는데 필요한 단위 잔골재량 및 단위 굵은골재량을 구하시오.

(단, 단위 시멘트량 : $220kg/m^3$, 물-결합재비 : 55%, 잔골재율(S/a) : 34%, 시멘트밀도 : $3.15g/cm^3$, 잔골재의 표건밀도 : $2.65g/cm^3$, 굵은골재의 표건밀도 : $2.70g/cm^3$, 공기량 : 2%)

득점	배점
	4

계산 과정)　　　　　　　　　　　　　　　　　　　　답 : ______

【답】 단위 잔골재량 : ______, 단위 굵은 골재량 : ______

해답
- 물-결합재비에서 $\dfrac{W}{B}=55\%$에서

  단위 수량 $W=0.55\times 220=121\,\text{kg/m}^3$
- 단위 골재의 절대 체적

$$V=1-\left(\frac{\text{단위수량}}{1000}+\frac{\text{단위 시멘트량}}{\text{시멘트 밀도}\times 100}+\frac{\text{공기량}}{100}\right)$$

$$=1-\left(\frac{121}{1000}+\frac{220}{3.15\times 1000}+\frac{2}{100}\right)=0.789\text{m}^3$$

- 단위 잔골재량=단위골재의 절대 체적×잔골재율×잔골재의 밀도×1000

  $=0.789\times 0.34\times 2.65\times 1000=710.89\text{kg/m}^3$
- 단위 굵은 골재량=단위 굵은골재의 절대체적×굵은 골재 밀도×1000

  $=0.789\times(1-0.34)\times 2.70\times 1000=1406.00\text{kg/m}^3$

04 콘크리트 비파괴시험 □□□

1 비파괴시험 반발경도법

(1) 종류

① 슈미트 해머법
② 낙하식 해머법
③ 스프링 해머법
④ 회전식 해머법

(2) 슈미트 햄머법

① 스프링의 복원력을 이용하여 타격봉이 콘크리트의 표면에 충격을 주었을 때, 그 반발 경도로 압축 강도를 추정하는 것이다.

② 슈미트 햄머의 종류

기종	적용 콘크리트	비고
N형	보통 콘크리트	직독식
NR형	보통 콘크리트	자지기록식
L형	경량 콘크리트	직독식
LR형	경량콘크리트	자지기록식
P형	저강도콘크리트	전자식
M형	매스콘크리트	직독신

(3) 평가방법

① 측정자료의 처리 및 보정

- 계산에서 시험값 20개의 평균으로부터 오차가 20% 이상이 되는 경우의 시험값은 버리고 나머지 시험값의 평균을 구하며 이 때 범위를 벗어나는 시험값이 4개 이상인 경우에는 전체 시험값을 버린다.
- 1개소의 측정은 30mm 이상의 간격으로 20개의 시험값을 취한다.

② 보정반발경도의 보정방법

- 타격 각도에 대한 보정
- 콘크리트 건습에 대한 보정
- 압축응력에 대한 보정
- 재령에 대한 보정

2 기타 콘크리트 구조물의 검사법

(1) 철근 배근 조사를 위한 비파괴 검사법

① 전자 유도법

② 전자파 레이더법

(2) 구조물의 철근 부식량 조사하는 비파괴시험방법

① **자연 전위법** : 대기 중에 있는 콘크리트구조물의 철근 등 강재가 부식 환경에 있는지의 여부

② **분극 저항법** : 콘크리트 구조물 중 철근의 부식속도에 관계하는 정보를 측정

③ **전기 저항법** : 대기 중에 있는 콘크리트구조물을 대상으로 철근 등의 강재를 감싼 콘크리트의 부식환경 인지상황에 관하여 진단하는 방법

(3) 초음파전달 속도법에 의한 균열깊이 측정법

① Tc－To법 : 수신자와 발신자를 균열의 중심으로 등간격 X로 배치한 경우의 전파시간 Tc와 균열이 없는 부근 2X에서의 전파시간 To로부터 균열깊이를 추정하는 방법이다.

② BS : 균열부분을 중심으로 발진자와 수진자를 일정간격으로 설치하고, 각각 전파시간을 구하는 방식이다.

③ T법 : 수진자를 순차적으로 이동시켜 균열에 의한 초음파 전파시간 지체를 나타낸 그래프싱으로부터 데이터를 읽는 방법이다.

| 콘크리트 비파괴시험 |

04 핵심 기출문제 □□□

□□□ 기12②,14②,16④

01 철근 콘크리트 구조물의 비파괴검사에 이용하는 방법에 대해 다음 물음에 답하시오.

득점	배점
	8

가. 철근 배근 조사를 위한 비파괴 검사법을 2가지만 쓰시오.

① ______________ ② ______________

나. 기존 콘크리트 구조물의 철근 부식을 평가하는 방법을 2가지만 쓰시오.

① ______________ ② ______________

해답 가. ① 전자 유도법 ② 전자파 레이더법
나. ① 자연 전위법 ② 분극 저항법 ③ 전기 저항법

□□□ 기10①,14①,17④

02 초음파 전달속도를 이용한 비파괴 검사법으로 콘크리트 균열깊이 측정에 이용되고 있는 검사방법을 4가지만 쓰시오.

득점	배점
	4

① ______________ ② ______________

③ ______________ ④ ______________

해답 ① T법 ② $T_c - T_o$법
③ BS법 ④ R-S법
⑤ 레슬리(Leslie)법

□□□ 산17①

03 경화된 콘크리트 면에 장비를 이용하여 타격에너지를 가하여 콘크리트 면의 반발경도를 측정하고 반발경도와 콘크리트 압축강도와의 관계를 이용하여 압축강도를 추정하는 비파괴시험 반발경도법 4가지는 무엇인가 쓰시오.

득점	배점
	4

① ______________ ② ______________

③ ______________ ④ ______________

해답 ① 슈미트 해머법 ② 낙하식 해머법
③ 스프링 해머법 ④ 회전식 해머법

□□□ 기04②,05④,07①,09④,11①,17②

득점	배점
	9

04 경화된 콘크리트 면에 타격에너지를 가하여 콘크리트 면의 반발경도를 측정하는 슈미트해머 (schmidt hammer)법에 대해 다음 물음에 답하시오.

가. 슈미트 해머법의 시험원리를 간단히 설명하시오.

○

나. 적용 콘크리트에 따른 슈미트 해머의 종류를 3가지만 쓰시오.

① ② ③

다. 타격점 간격 및 측점수를 쓰시오.

① 타격점 간격 :

② 측점수 :

라. 보정반발경도의 보정방법을 3가지만 쓰시오.

① ② ③

해답 가. 경화된 콘크리트의 표면을 스프링 힘으로 타격한 후 반발경도로부터 콘크리트의 압축강도를 추정하는 시험법

나. ① 보통 콘크리트 : N형
② 경량 콘크리트 : L형
③ 매스 콘크리트 : M형
④ 저강도 콘크리트 : P형

다. • 타격 간격 : 가로, 세로 3cm
• 측점수 : 20점 이상

라. ① 타격 각도에 대한 보정
② 콘크리트 건습에 대한 보정
③ 압축응력에 대한 보정
④ 재령에 대한 보정

아스팔트 침입도 시험의 정의
규정된 온도, 하중 및 시간의 조건에서 침이 시료 속에 수직으로 들어간 길이(0.01mm)를 측정

05 아스팔트시험

1 아스팔트의 침입도 시험

(1) 침입도의 시험목적

아스팔트의 굳기 정도를 측정하여 그 아스팔트를 분류함으로써 사용 목적으로 선정하기 위한 것

(2) 표준 침입도

① **침입도의 규정** : 규정된 온도(25±0.1℃), 하중(100g) 및 시간(5초)의 조건에서 표준침이 시료 중에 수직으로 침입한 길이 $\frac{1}{10}$mm(0.1mm)를 1로 나타낸다.

- $\text{침입도} = \frac{\text{관입량(mm)}}{0.1}$

② 침입도는 침이 시료 속으로 들어간 깊이를 0.1mm단위로 나타낸다.

③ 침이 들어간 깊이를 다이얼 게이지의 눈금으로 0.5mm까지 읽는다.

④ 시험결과는 같은 시료에 대해 3회 이상 시험한 값의 평균값을 정수로 한다.

▶ 침입도 시험

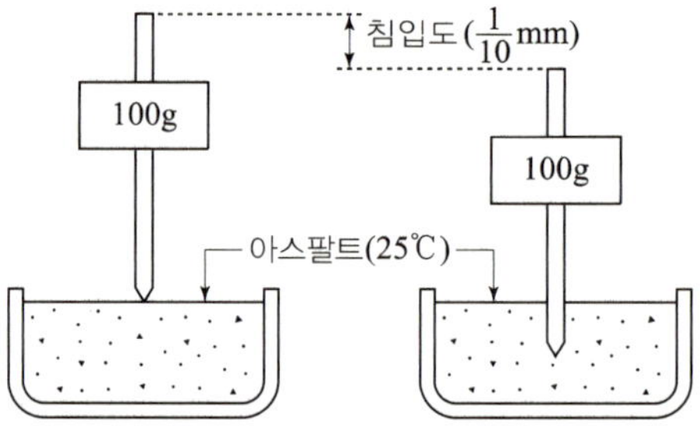

(3) 정밀도

① 반복성 : 동일한 실험실에서 동일인이 동일한 시험기로 시간을 달리하여 동일 시료를 2회 시험했을 때 시험 결과의 차이는 얼마의 허용치를 넘어서는 안된다.

- 허용치= 0.02Am + 2

  여기서, Am : 시험결과의 평균치

② 재현성 : 서로 다른 실험실에서 서로 다른 사람이 다른 시험기로 동일 시료를 각각 1회씩 시험한 결과의 차이는 얼마의 허용치를 넘어서는 안된다.

- 허용치= 0.04Ap + 4

  여기서, Ap : 시험결과의 평균치

2 아스팔트 신도시험

(1) 신도

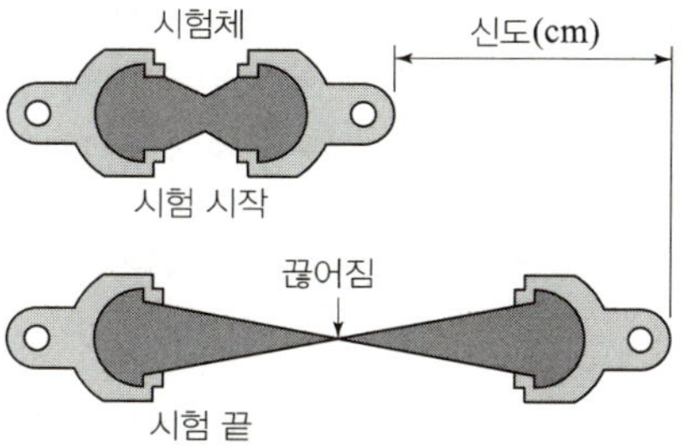

① 시험 목적 : 아스팔트의 연성(늘어나는 정도)을 알기 위해서이다.
② 규정된 몰드에 넣은 역청재료를 규정된 온도와 속도로 잡아당겨서 시료가 끊어질 때까지의 늘어난 길이를 신도라 하며, 단위는 cm이다.
③ 5±0.25cm/min의 속도로 잡아당겨 끊어졌을 때의 눈금을 0.5cm단위로 읽고 기록한다.
④ 시료의 최소의 단면적은 $1cm^2$를 표준으로 한다.
⑤ 3회 측정값의 평균을 1cm의 단위로 끝맺음한 것을 신도라 한다.

▶ 신도 시험

아스팔트 신도 시험의 정의
시료를 두 끝을 규정 온도 및 속도로 잡아당겼을 때에 시료가 끊어질 때까지 늘어난 길이(cm)

(2) 별도의 규정이 없을 때

① 시험 온도 : 25±0.5℃
② 인장 속도 : 5±0.25cm/min
③ 저온에서 시험할 때
- 온도 : 4℃, 속도 : 1cm/min

3 아스팔트의 인화점과 연소점 시험

(1) 시험목적

아스팔트 사용의 용이성을 위하여 가열하여 묽게하여야 하며, 이때 가열온도가 너무 높거나 가열방법이 적당치 않으면 인화성 가스로 화재발생의 위험이 있으므로 인화점과 연소점을 파악하여 관리하게 된다.
① **인화점** : 시험불꽃 통과시 시료의 증기에 인화하는 최저온도
② **연소점** : 시료가 적어도 5초간 연소를 계속하는 최저온도

(2) 인화점과 연소점

① 아스팔트를 가열할 때 표면에서 인화성 가스가 발생하여 불이 붙기가 쉬우므로 아스팔트의 인화점을 알기 위하여 시험을 한다.
② 시료를 가열하면서 시험 불꽃을 대었을 때, 시료의 증기에 불이 붙는 최저 온도를 말한다.
③ 연소점은 인화점을 측정한 다음, 계속 가열하여 시료가 적어도 5초 동안 연소를 계속한 최저 온도를 말한다.
④ 인화점 시험에서 시료를 가열하여 시료의 온도가 매분 14℃~17℃ 비율로 올라가도록 가열기를 조정한다.

⑤ 시료의 온도가 예상 인화점 이하 28℃의 온도가 되면 온도계의 눈금이 2℃ 올라갈 때마다 시험 불꽃을 약 1초간 움직인다.

⑥ 시험의 정밀도는 시험자와 장치가 같을 때, 2회 시험결과의 차가 인화점에서는 8℃, 연소점에서는 6℃ 이하이어야 한다.

⑦ 연소점은 항상 인화점보다 높으나 그 차는 25℃ ~ 60℃

(3) 인화점 시험방법

① **클리브랜드 개방식시험** : 인화점 80℃ 이상의 윤활유, 아스팔트 등의 인화점, 연소점 측정에 사용

② **태그 개방식 시험** : 태그 기구를 사용하여 인화점이 −17.8℃에서 168℃ 사이에 있는 휘발성 재료의 인화점 및 연소점을 측정하는 방법

▶ 인화점 시험

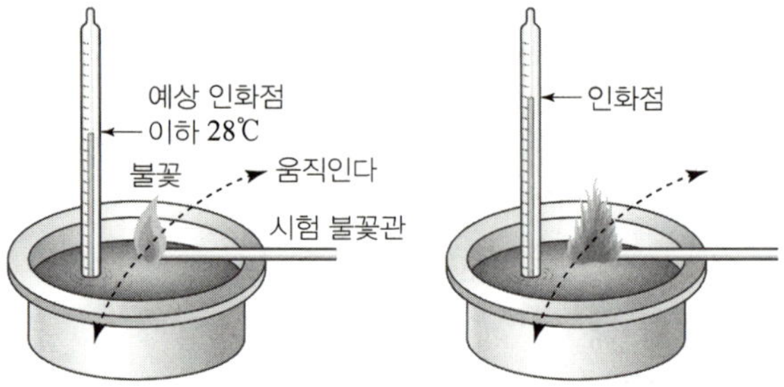

4 아스팔트의 점도시험

(1) 점도

① **시험 목적** : 아스팔트를 뿌리거나 또는 혼합할 때 아스팔트가 필요한 점성을 가지고 있는지 알기 위한 시험이다.

② **앵글러(engler) 점도시험**

일정한 온도(25℃)에서 일정한 양의 시료(50mL)가 점도계에서 유출하는 시간과 증류수가 같은 방법으로 유출하는 시간의 비로 점토를 나타낸다.

$$\text{앵글러도}\ \eta = \frac{t_s}{t_w} = \frac{\text{시료의 유출시간(초)}}{\text{증류수의 유출시간(초)}}$$

③ **세이볼트(saybolt) 점도시험**

시료가 60mL 유출될 때의 시간(초)으로 하며, 200초 이하의 값인 경우에는 0.1초의 자리까지 나타내고 200초 이상인 경우에는 1.0초의 자리까지 나타낸다.

(2) 점도를 측정하는 방법

① 앵글러(engler) 점도시험방법
② 세이볼트(saybolt) 점도시험방법
③ 레드우드(redwood) 점도시험방법
④ 스토머(stomer) 점도시험방법

5 마샬 안정도 시험

(1) 아스팔트 혼화물

① 실측밀도$=\dfrac{\text{공기중 질량(g)}}{\text{용적(cm}^3\text{)}}$

② 이론최대밀도

$$D=\frac{100}{\dfrac{E}{F}+\dfrac{K(100-E)}{100}}$$

여기서, E : 아스팔트 혼합률, F : 아스팔트 밀도

$K=\dfrac{\text{골재의 배합비}(B)}{\text{골재의 밀도}(C)}$

③ 용적률 $V_a=\dfrac{\text{아스팔트 혼합률}\times\text{평균실측밀도}}{\text{아스팔트 밀도}}$

④ 공극률 $V_v=\left(1-\dfrac{\text{평균실측밀도}}{\text{이론최대밀도}}\right)\times 100$

⑤ 포화도 $S=\dfrac{\text{용적률}}{\text{용적률+공극률}}\times 100$

(2) 역청 함유율

$$\text{역청 함유율}=\frac{W_1-(W_2+W_3+W_4+W_5)}{W_1-W_2}\times 100$$

여기서, W_1 : 시료의 질량
W_2 : 시료중의 수분의 질량
W_3 : 추출된 골재의 질량
W_4 : 추출액 중의 세립 골재분의 질량
W_5 : 필터링의 질량

6 아스팔트 혼합물의 증발감량 시험방법

(1) 적용범위

아스팔트 혼합물의 증발감량을 측정하는 방법에 대하여 규정한다.

(2) 시험방법의 개요

시료를 163℃의 항온 공기 중탕 속에 5시간 유지한 후 시료의 무게 변화량을 측정하고, 가열 전 시료의 무게에 대한 백분율을 증발 무게 변화율이라 한다.

(3) 증발 무게 변화율

증발 무게 변화율은 다음 식에 따라 계산한다. 증발후의 무게가 증가된 경우에는 수치 앞에 (+), 감소하는 경우에는 (–)부호를 기입한다.

$$V = \frac{W - W_s}{W_s} \times 100$$

여기서, V : 증발 무게 변화율(%)
W_s : 시료 채취량(g)
W : 증발 후의 시료의 무게(g)

(4) 정밀도

① 반복성 : 동일 시험실에서 동일인이 동일 시험기로 동일 시료를 2회 시험했을 때 시험결과의 차는 허용차를 초과해서는 안된다.
② 재현성 : 서로 다른 두 시험실에서 사람과 장치가 다를 때 동일 시료를 각각 1회씩 시험하여 구한 시험결과의 차는 허용차를 초과해서는 안된다.

증발 무게 변화율(%)	반복성의 허용차(%)	재현성의 허용차(%)
0.50 이하	0.10	0.20
0.50 초과 1.0 이하	0.20	0.40
1.0를 초과하는 것	0.3 또는 평균값의 10% (어느 쪽이든 큰 쪽을 택한다.)	0.60 또는 평균값의 20% (어느 쪽이든 큰 쪽을 택한다.)

| 아스팔트시험 |

05 핵심 기출문제 □□□

□□□ 기91②,97①,12④,16①,19④

01 아스팔트 신도시험에 대해 다음 물음에 답하시오.

득점 | 배점 6

가. 아스팔트 신도시험의 목적을 간단히 설명하시오.

○

나. 별도의 규정이 없을 때의 온도와 속도를 설명하시오.

【답】 시험온도 : ____________, 인장속도 : ____________

다. 저온에서 시험할 때의 온도와 속도를 설명하시오.

【답】 시험온도 : ____________, 인장속도 : ____________

해답 가. 아스팔트의 연성을 알기 위해서
나. • 시험온도 : 25±0.5℃
• 인장속도 : 5±0.25cm/min
다. • 시험온도 : 4℃
• 인장속도 : 1cm/min

□□□ 산87,95,11②,15①,16④

02 아스팔트 시험에 대한 아래의 물음에 답하시오.

득점 | 배점 6

가. 시료의 온도 25℃, 100g의 하중을 5초 동안 가하는 것을 표준 시험조건으로 하는 시험명을 쓰시오.

○

나. 아스팔트의 연화점은 시료가 강구와 함께 시료대에서 몇 cm 떨어진 밑판에 닿는 순간의 온도를 말하는지 쓰시오.

○

다. 아스팔트 신도시험에서 별도의 규정이 없는 경우 시험온도와 인장속도를 설명하시오.

① 시험온도 : ____________, ② 인장속도 : ____________

해답 가. 아스팔트 침입도 시험
나. 2.54cm
다. ① 25±0.5℃
② 5±0.25cm/min

□□□ 기93②,14①

03 아스팔트 침입도 시험에서 표준침의 관입량이 1.2cm로 나왔다. 침입도는 얼마인가?

득점	배점
	4

계산 과정)　　　　　　　　　　　　　　　　　　　　답 : ____________

해답 침입도 $= \dfrac{관입량(mm)}{0.1} = \dfrac{12}{0.1} = 120$

□□□ 기91②,97①,12④,13②,16①

04 아스팔트 시험에 대한 다음 물음에 답하시오.

득점	배점
	4

가. 아스팔트 신도시험에서의 별도의 규정이 없는 경우 시험온도와 인장속도를 쓰시오.

① 시험온도 : ____________　　② 인장속도 : ____________

나. 앵글러 점도계를 사용한 아스팔트의 점도시험에서 앵글러 점도 값은 어떻게 규정되는지 간단히 설명하시오.

○

해답 가. ① 시험온도 : 25±0.5℃

② 인장속도 : 5±0.25cm/min

나. 앵글러 점도 $\eta = \dfrac{시료의\ 유출시간(초)}{증류수의\ 유출시간(초)}$

□□□ 기11①,12②,14④,15④

05 역청 포장용 혼합물로부터 역청의 정량추출 시험을 하여 아래와 같은 결과를 얻었다. 역청 함유율(%)을 계산하시오.

득점	배점
	4

【시험 결과】

- 시료의 무게 $W_1 = 2230g$
- 시료 중의 수분의 무게 $W_2 = 110g$
- 추출된 골재의 무게 $W_3 = 1857.4g$
- 추출액 중의 세립 골재분의 무게 $W_4 = 93.0g$

계산 과정)　　　　　　　　　　　　　　　　　　　　답 : ____________

해답 역청 함유율 $= \dfrac{W_1 - (W_2 + W_3 + W_4 + W_5)}{W_1 - W_2} \times 100$

$= \dfrac{2230 - (110 + 1857.4 + 93.0)}{2230 - 110} \times 100$

$= 8\%$

□□□ 기88,92,94,02,05,06,11②,13①,14②,17①,18②

06 3개의 공시체를 가지고 마샬 안정도 시험을 실시한 결과 다음과 같다. 아래 물음에 답하시오.
(단, 아스팔트의 밀도는 $1.02g/cm^3$, 혼합되는 골재의 평균밀도는 $2.712g/cm^3$이다.)

득점	배점
	10

공시체 번호	아스팔트혼합율(%)	두께(cm)	질량(g)		용적(cm^3)
			공기중	수중	
1	4.5	6.29	1151	665	486
2	4.5	6.30	1159	674	485
3	4.5	6.31	1162	675	487

가. 아스팔트 혼합물의 실측밀도 및 이론 최대밀도를 구하시오.
(단, 소수점 넷째자리에서 반올림하시오.)

계산 과정) 답 : ____________

공시체 번호	실측밀도(g/cm^3)
1	
2	
3	
평균	

【답】 이론최대밀도 : ____________

나. 아스팔트 혼합물의 용적률, 공극률, 포화도를 구하시오.
(단, 소수점 넷째자리에서 반올림하시오.)

계산 과정)

【답】 용적률 : ____________, 공극률 : ____________, 포화도 : ____________

해답 가. ▪ $\text{실측밀도}=\dfrac{\text{공기중 질량(g)}}{\text{용적}(cm^3)}$

공시체 번호	실측밀도(g/cm^3)
1	$\dfrac{1151}{486}=2.368g/cm^3$
2	$\dfrac{1159}{485}=2.390g/cm^3$
3	$\dfrac{1162}{487}=2.386g/cm^3$
평균	$\dfrac{2.368+2.390+2.386}{3}=2.381g/cm^3$

▪ 이론최대밀도 $D=\dfrac{100}{\dfrac{E}{F}+\dfrac{K(100-E)}{100}}$

• $\dfrac{\text{아스팔트 혼합율}(E)}{\text{아스팔트 밀도}(F)}=\dfrac{4.5}{1.02}=4.412cm^3/g$

• $K = \dfrac{\text{골재의 배합비}(B)}{\text{골재의 밀도}(C)} = \dfrac{100}{2.712} = 36.873\text{cm}^3/\text{g}$

$\therefore$ 이론최대밀도 $D = \dfrac{100}{4.412 + \dfrac{36.873(100-4.5)}{100}} = 2.524\text{g/cm}^3$

나. • 용적율

$V_a = \dfrac{\text{아스팔트 혼합율} \times \text{평균실측밀도}}{\text{아스팔트 비중}} = \dfrac{4.5 \times 2.381}{1.02} = 10.524\%$

• 공극율 $V_v = \left(1 - \dfrac{\text{평균실측밀도}}{\text{이론최대밀도}}\right) \times 100$

$= \left(1 - \dfrac{2.381}{2.524}\right) \times 100 = 5.666\%$

• 포화도

$S = \dfrac{\text{용적률}}{\text{용적률} + \text{공극률}} \times 100 = \dfrac{10.524}{10.524 + 5.666} \times 100 = 64.960\%$

□□□ 기11④,15②

07 아스팔트 혼합물의 마샬(Marshall)안정도 시험에 대해 다음 물음에 답하시오.

득점	배점
	6

가. 아스팔트 혼합물의 안정도의 정의를 간단히 설명하시오.

○

나. 마샬안정도 시험의 목적을 간단히 쓰시오.

○

다. 아스팔트 안정처리 기층의 마샬안정도 시험기준치를 쓰시오.

○

해답 가. 아스팔트의 변형에 대한 저항성을 혼합물의 안정도라 한다.
나. 아스팔트 혼합물의 합리적인 배합설계와 혼합물의 소성유동에 대한 저항성을 측정
다. 350kg 이상

□□□ 산11①④,15①④,16②

08 아스팔트 시험에 대한 아래의 물음에 답하시오.

득점	배점
	7

가. 저온에서 시험할 때 아스팔트 신도시험의 표준 시험온도 및 인장속도를 쓰시오.

【답】 시험온도 : ______________, 인장속도 : ______________

나. 역청재료의 점도를 측정하는 시험방법을 3가지만 쓰시오.

① ______________ ② ______________ ③ ______________

해답 가. 시험온도 : 4℃, 인장속도 : 1cm/min
나. ① 앵글러(engler) 점도시험방법 ② 세이볼트(saybolt) 점도시험방법
③ 레드우드(redwood) 점도시험방법 ④ 스토머(stomer) 점도시험방법

2 PART

필답형 건설재료시험기사 과년도 문제

성명	
수험 번호	
감독 확인	

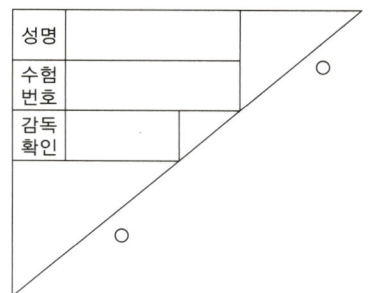

과년도 문제를 풀기 전 숙지 사항

연습도 실전처럼!!!

* 수험자 유의사항

1. 시험장 입실시 반드시 **신분증**(주민등록증, 운전면허증, 여권, 모바일 신분증, 한국산업인력공단 발행 자격증 등)을 지참하여야 한다.
2. 계산기는 『**공학용 계산기 기종 허용군**』 내에서 준비하여 사용한다.
3. 시험 중에는 핸드폰 및 스마트워치 등을 지참하거나 사용할 수 없다.
4. 시험문제 내용과 관련된 메모지 사용 등은 부정행위자로 처리된다.
   - 당해시험을 중지하거나 무효처리된다.
   - 3년간 국가 기술자격 검정에 응시자격이 정지된다.

** 채점사항

1. 수험자 인적사항 및 계산식을 포함한 답안 작성은 **검은색** 필기구만 사용해야 하며, 그 외 연필류, 빨간색, 청색 등 필기구로 작성한 답항은 0점 처리된다.
2. 답안과 관련 없는 특수한 표시를 하거나 특정임을 암시하는 경우 답안지 전체를 0점 처리된다.
3. 계산문제는 반드시 『**계산과정과 답란**』에 기재하여야 한다.
   - 계산과정이 틀리거나 없는 경우 0점 처리된다.
   - 정답도 반드시 답란에 기재하여야 한다.
4. 답에 단위가 없으면 오답으로 처리된다.
   - 문제에서 단위가 주어진 경우는 제외
5. 계산문제의 소수점처리는 최종결과값에서 요구사항을 따르면 된다.
   - 소수점 처리에 따라 최종답에서 오차범위 내에서 상이할 수 있다.
6. 문제에서 요구하는 가지 수(항수)는 요구하는 대로, 3가지를 요구하면 3가지만, 4가지를 요구하면 4가지만 기재하면 된다.
7. 단답형은 여러 가지를 기재해도 한 가지로 보며, 오답과 정답이 함께 기재되어 있으면 오답으로 처리된다.
8. 답안 정정 시에는 두 줄(=)로 긋고 기재해야 한다.
9. 수험자 유의사항 미준수로 인해 발생되는 채점상의 불이익은 본인에게 책임이 있다.
10. 답안지 및 채점기준표는 절대로 공개하지 않는다.

국가기술자격 실기시험문제

2012년도 기사 제1회 필답형 실기시험(기사)

종 목	시험시간	배 점	성 명	수험번호
건설재료시험기사	2시간	60		

※ 수험자 인적사항 및 계산식을 포함한 답안 작성은 검은색 필기구만 사용해야 하며, 그 외 연필류, 빨간색, 청색 등 필기구로 작성한 답항은 0점 처리 됩니다.

토질분야 5문항(32점)

□□□ 기12①

01 **포화점토의 압밀 비배수 삼축압축시험을 하여 다음과 같은 결과를 얻었다. 유효응력에 의한 내부마찰각과 점착력을 구하시오.**

득점	배점
	8

공시체 No.	액압 σ_3(MPa)	최대축방향응력 σ_{1max}(MPa)	파괴시의 간극수압 u(MPa)
1	1.0	0.650	0.008
2	1.5	0.820	0.005
3	2.0	0.980	0.008

가. Mohr의 응력을 그리시오.

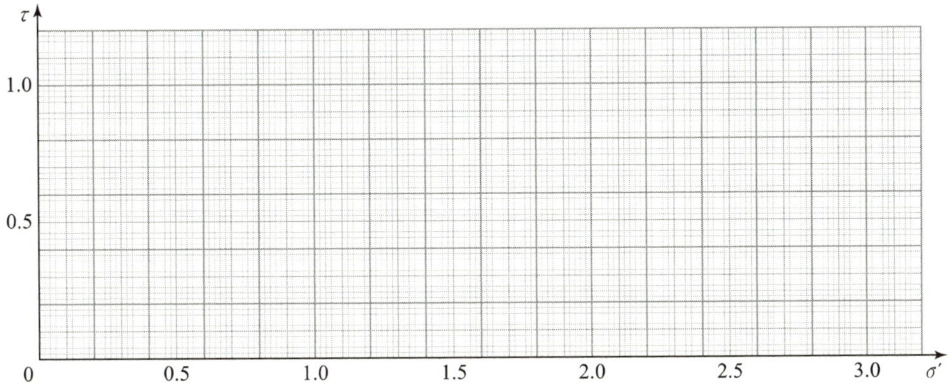

나. 유효응력에 대한 내부마찰각과 점착력을 구하시오.

【답】 내부 마찰각 : ______________________, 점착력 : ______________________

해답 가. 유효응력=전응력−간극수압

공시체 No.	$\sigma_3{}' = \sigma_3 - u$	$\sigma_1{}' = \sigma_{1max} + \sigma_3{}'$
1	0.992	1.642
2	1.495	2.315
3	1.992	2.972

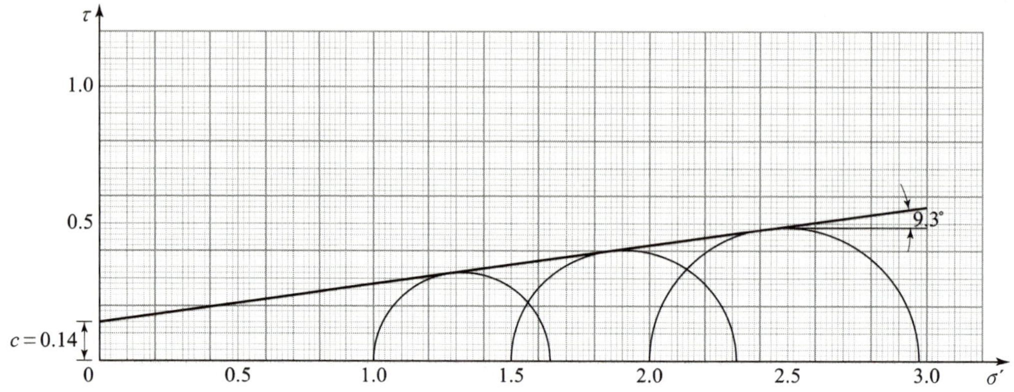

나. 내부마찰각 $\phi = 9.3°$

점착력 $c = 0.14\text{MPa}$

□□□ 기08③,09①,11①,12①,17②,19①

02 어떤 흙의 입도분석 시험 결과가 다음과 같을 때 통일 분류법에 따라 이 흙을 분류하시오.

득점	배점
	4

【시험 결과】

$D_{10}=0.15\text{mm}$, $D_{30}=0.34\text{mm}$, $D_{60}=0.45\text{mm}$

No.4(4.76mm)체 통과율=58.1%, No.200(0.075mm)체 통과율=4.34%

계산 과정) 답 : ____________

해답 통일 분류법에 의한 흙의 분류 방법

- 1단계 : 조건(No.200체 통과량<50%(G나 S)
- 2단계 : (No.4체 통과량>50%)조건 ∴ S
- 3단계 : SW($C_u>6$, $1<C_g<3$) 이면 SW 아니면 SP

• 균등계수 $C_u = \dfrac{D_{60}}{D_{10}} = \dfrac{0.45}{0.15} = 3 < 6$: 입도 불량(P)

• 곡률계수 $C_g = \dfrac{D_{30}{}^2}{D_{10} \times D_{60}} = \dfrac{0.34^2}{0.15 \times 0.45} = 1.7$: $1 < C_g < 3$: 입도 양호(W)

∴ SP

□□□ 기02②,12①,18②, 21②

득점	배점
	6

03 그림과 같은 지반인 넓은 면적에 걸쳐서 20kN/m²의 성토를 하려고 한다. 모래층 중의 지하수위가 정수압분포로 일정하게 유지되는 경우 다음 물음에 답하시오.
(단, 지표면으로부터 2.0m 깊이까지의 모래의 포화밀도 50% 가정한다.)

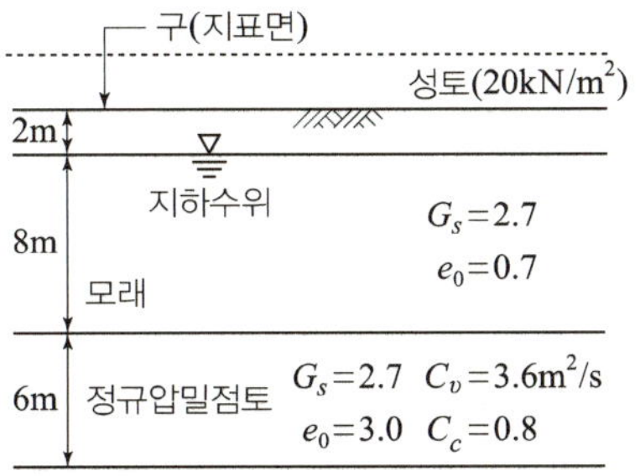

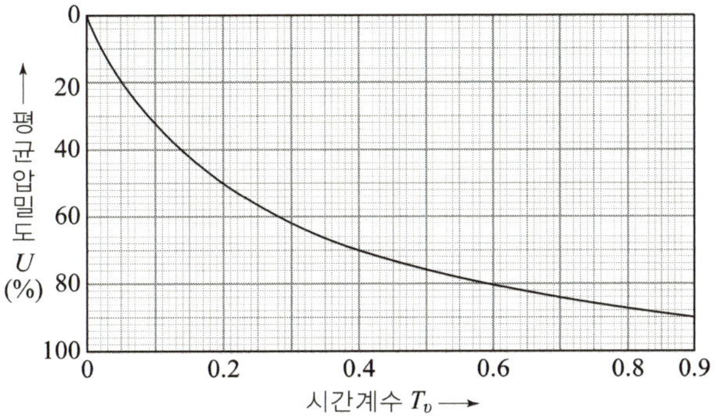

가. 점토층의 최종 압밀침하량을 구하시오.

계산 과정) 답 : ______

나. 시간계수 T_v와 압밀도 U와의 관계가 그래프와 같을 때 점토층의 6개월 후의 압밀침하량을 구하시오. (단, 시간계수 T_v =0.2이다.)

계산 과정) 답 : ______

해답 가. $\Delta H = \dfrac{C_c H}{1+e} \log \dfrac{P_0 + \Delta P}{P_0}$

■ 지표에서 2m까지의 습윤단위중량

$$\gamma_t = \frac{G_s + \dfrac{Se}{100}}{1+e}\gamma_w = \frac{2.7 + \dfrac{50 \times 0.7}{100}}{1+0.7} \times 9.81 = 17.60\text{kN/m}^3$$

■ 수중단위중량

• 모래 : $\gamma_{sub} = \dfrac{G_s - 1}{1+e}\gamma_w = \dfrac{2.7-1}{1+0.7} \times 9.81 = 9.81\text{kN/m}^3$

• 점토 : $\gamma_{sub} = \dfrac{G_s - 1}{1+e}\gamma_w = \dfrac{2.7-1}{1+3.0} \times 9.81 = 4.17\text{kN/m}^3$

■ 점토층 중앙의 유효응력

$$P_0 = \gamma_t h_1 + \gamma_{sub(sand)} h_2 + \gamma_{subclay} \times \frac{h_3}{2}$$

$$= 17.60 \times 2 + 9.81 \times 8 + 4.17 \times \frac{6}{2} = 126.19\text{kN/m}^2$$

$$\therefore \Delta H = \frac{0.8 \times 600}{1+3} \log \frac{126.19 + 20}{126.19} = 7.67\text{cm}$$

나. $\Delta H_t = U \cdot \Delta H = 0.5 \times 7.67 = 3.84\text{cm}$

□□□ 기09②, 12①, 14④, 15④, 19①, 24③

04 모래 치환법에 의한 현장 흙의 단위 무게시험 결과가 아래의 표와 같을 때 다음 물음에 답하시오.

득점	배점
	8

- 시험구멍에서 파낸 흙의 무게 : 3527g
- 시험 전, 샌드콘＋모래의 무게 : 6000g
- 시험 후, 샌드콘＋모래의 무게 : 2840g
- 모래의 건조밀도 : 1.60g/cm³
- 현장 흙의 실내 토질 시험 결과 함수비 : 10%
- 흙의 비중 : 2.72
- 최대 건조밀도 : 1.65g/cm³

가. 현장 흙의 건조밀도를 구하시오.

계산 과정)　　　　　　　　　　　　　　　　　　　　답 : ____________

나. 간극비와 간극율을 구하시오.

계산 과정)　　　　　　　　　　　　　　　　　　　　답 : ____________

【답】 간극비 : ______________________, 간극율 : ______________________

다. 상대 다짐도를 구하시오.

계산 과정)　　　　　　　　　　　　　　　　　　　　답 : ____________

해답 가. $\rho_d = \dfrac{\rho_t}{1+w}$

- $V = \dfrac{W_{\text{sand}}}{\rho_s} = \dfrac{(6000-2840)}{1.60} = 1975\,\text{cm}^3$
- $\rho_t = \dfrac{W}{V} = \dfrac{3527}{1975} = 1.79\,\text{g/cm}^3$

$\therefore\ \rho_d = \dfrac{\rho_t}{1+w} = \dfrac{1.79}{1+0.10} = 1.63\,\text{g/cm}^3$

나. $e = \dfrac{\rho_w G_s}{\rho_d} - 1 = \dfrac{1\times 2.72}{1.63} - 1 = 0.67$

$n = \dfrac{e}{1+e}\times 100 = \dfrac{0.67}{1+0.67}\times 100 = 40.12\%$

다. $R = \dfrac{\rho_d}{\rho_{d\max}}\times 100 = \dfrac{1.63}{1.65}\times 100 = 98.79\%$

□□□ 기04②,12①,16①,19②

05 아래 그림과 같은 흙의 구성도에서 조건을 이용하여 물음에 답하시오.

득점	배점
	6

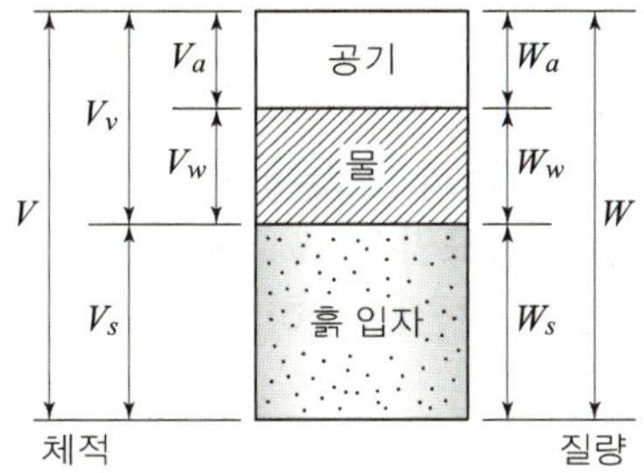

【조건】
- 흙의 비중 $G_s = 2.65$
- 체적 $V = 100\text{cm}^3$
- 함수비 $w = 12\%$
- 습윤밀도 $\rho_t = 1.85\text{g/cm}^3$

가. 흙입자(W_s)와 물(W_w)의 질량을 구하시오.

계산 과정)

【답】 흙입자 질량 : ____________, 물의 질량 : ____________

나. 흙입자(V_s)와 물의 부피(V_w)를 구하시오.

계산 과정)

【답】 흙입자 부피 : ____________, 물의 부피 : ____________

해답 가. $\rho_t = \dfrac{W}{V}$에서

- $W = V \cdot \rho_t = 100 \times 1.85 = 185\text{g}$

∴ 흙입자 질량 $W_s = \dfrac{W}{1+w} = \dfrac{185}{1+0.12} = 165.18\text{g}$

∴ 물의 질량 $W_w = \dfrac{w\,W}{100+w} = \dfrac{12 \times 185}{100+12} = 19.82\text{g}$

나. $G_s = \dfrac{W_s}{V_s \rho_w}$에서

∴ 흙입자의 부피 $V_s = \dfrac{W_s}{G_s \rho_w} = \dfrac{165.18}{2.65 \times 1} = 62.33\text{cm}^3$

∴ 물의 부피 $V_w = \dfrac{W_w}{\rho_w} = \dfrac{19.82}{1} = 19.82\text{cm}^3$

건설재료분야

5문항(28점)

□□□ 기08①,09①,11①,12①,13①,15①,18②, 20③,23①

06 콘크리트의 시방 배합 결과 단위 시멘트량 320kg/m³, 단위 수량 165kg/m³, 단위 잔골재량 705.4kg/m³, 단위 굵은 골재량 1134.6kg/m³이었다. 현장배합을 위한 검사 결과 잔골재 속의 5mm체에 남은 양 1%, 굵은골재 속의 5mm체를 통과하는 양 4%, 잔골재의 표면수 1%, 굵은 골재의 표면수 3%일 때 현장 배합량의 단위 잔골재량, 단위 굵은 골재량, 단위 수량을 구하시오.

득점	배점
	6

계산 과정)

【답】단위 수량 : ______, 단위 잔골재량 :______, 단위 굵은 골재량 : ______

해답 ■ 입도에 의한 조정

$S=705.4\text{kg},\ G=1134.6\text{kg},\ a=1\%,\ b=4\%$

$$X=\frac{100S-b(S+G)}{100-(a+b)}=\frac{100\times 705.4-4(705.4+1134.6)}{100-(1+4)}=665.05\text{kg/m}^3$$

$$Y=\frac{100G-a(S+G)}{100-(a+b)}=\frac{100\times 1134.6-1(705.4+1134.6)}{100-(1+4)}=1174.95\text{kg/m}^3$$

■ 표면수에 의한 조정

잔골재의 표면수 $=665.05\times\frac{1}{100}=6.65\text{kg}$

굵은골재의 표면수 $=1174.95\times\frac{3}{100}=35.25\text{kg}$

■ 현장 배합량

- 단위 수량 : $165-(6.65+35.25)=123.10\text{kg/m}^3$
- 단위 잔골재량 : $665.05+6.65=671.70\text{kg/m}^3$
- 단위 굵은재량 : $1174.95+35.25=1210.20\text{kg/m}^3$

【답】단위 수량 : 123.10kg/m³, 단위 잔골재량 : 671.70kg/m³
단위 굵은 골재량 : 1210.20kg/m³

□□□ 기12①,14②,17②

07 시멘트의 강도시험 방법(KSL ISO 679)에 대해 물음에 답하시오.

득점	배점
	6

가. 시멘트 모르타르의 압축강도 및 휨강도의 공시체의 형상과 치수를 쓰시오.

○

나. 공시체인 모르타르를 제작할 때 시멘트 질량이 1일 때 잔골재 및 물의 비율을 쓰시오.

【답】잔골재 : ______, 물 : ______

다. 공시체를 틀에 넣은 후 강도시험을 할 때까지의 양생방법을 간단히 쓰시오.

○

해답 가. $40\times40\times160\text{mm}$의 각주

나. 잔골재 : 3, 물 : 0.5

다. 공시체는 24시간 이후의 시험을 위해서는 제조 후 20~24시간 사이에 탈형하여 수중양생 한다.

□□□ 기12①

08 **콘크리트용 굵은 골재(KS F 2526)는 규정에 적합한 골재를 사용하여야 한다. 굵은 골재의 물리적 성질과 유해물 함유량의 허용값에 대한 아래 표의 빈 칸을 채우시오.**

득점	배점
	6

시험 항목	기준
절대건조밀도(g/cm^3)	
흡수율(%)	
안정성(%)	
마모율(%)	
연한 석편(%)	
0.08mm통과율(%)	

해답

시험 항목	기준
절대건조밀도(g/cm^3)	2.50 이상
흡수율(%)	3.0 이하
안정성(%)	12 이하
마모율(%)	40 이하
연한 석편(%)	5.0 이하
0.08mm통과율(%)	1.0 이하

골재의 유해물 함유량과 물리적 성질

■ 골재의 유해 물질 함유량의 허용값(단위 : %)

구분		기호	점토 덩어리	연한 석편	0.8mm체 통과량	석탄 및 갈탄	염화물 (NaCl 환산량)
천연 골재	굵은 골재	NG	0.25 이하	5.0 이하	1.0 이하	0.5 이하 1.0 이하	
	잔골재	NS	1.00 이하		3.0 이하 5.0 이하	0.5 이하 1.0 이하	0.04 이하

■ 골재의 물리적 성질

구분		기호	절대 건조 밀도 g/cm^3	흡수율 %	안정성 %	마모율 %	입자 모양 판정 실적률 %
천연 골재	굵은 골재	NG	2.5 이상	3.0 이하	12 이하	40 이하	
	잔골재	NS	2.5 이상	3.0 이하	10 이하		
부순 골재	굵은 골재	CG	2.5 이상	3.0 이하	12 이하	40 이하	55 이상
	잔골재	CS	2.5 이상	3.0 이하	10 이하		53 이상

□□□ 기12①

09 콘크리트용 골재의 체가름 시험을 실시하여 다음과 같은 값을 구하였다. 아래 물음에 답하시오.

득점	배점
	6

가. 표의 빈칸을 완성하시오. (단, 소수점 첫째자리에서 반올림하시오.)

체의 크기(mm)	잔류량(g)	잔류율(%)	누적 잔류율(%)
75	0		
65	0		
50	0		
40	500		
30	3000		
25	2000		
20	3000		
15	1500		
10	2500		
5	2200		
2.5	300		

나. 조립률(F.M)을 구하시오.

계산 과정) 답 : ________

다. 굵은골재의 최대치수를 구하시오.

○

해답 가.

체의 크기(mm)	잔류량(g)	잔류율(%)	누적 잔류율(%)	가적통과량(%)
75	0	0	0	100
65	0	0	0	100
50	0	0	0	100
40	500	3	3	97
30	3000	20	23	77
25	2000	13	36	64
20	3000	20	56	44
15	1500	10	66	34
10	2500	17	83	17
5	2200	15	98	2
2.5	300	2	100	0
계	15000	100		

나. $F.M = \frac{3+56+83+98+100\times5}{100} = 7.4$

다. 40mm(∵ 질량비로 90% 이상 통과시키는 체 중에서 최소치수)

골재의 조립률(F.M)과 굵은골재의 최대치수

■ 조립률(fineness modulus)은 골재의 크기를 개략적으로 나타내는 방법이다.

- 75mm, 40mm, 20mm, 10mm, 5mm, 2.5mm, 1.2mm, 0.6mm, 0.3mm, 0.15mm의 10개 체를 사용한다.
- 조립률(F.M)= $\frac{\Sigma \text{각 체에 잔류한 중량백분율}(\%)}{100}$
- 일반적으로 잔골재의 조립률은 2.3～3.1, 굵은 골재는 6～8이 되면 입도가 좋은 편이다.
- 잔골재의 조립률이 콘크리트 배합을 정할 때 가정한 잔골재의 조립률에 비하여 ±0.20 이상의 변화를 나타내었을 때는 배합을 변경해야 한다고 규정하고 있다.

■ 혼합 골재의 조립률

$$F_a = \frac{m}{m+n}F_s + \frac{n}{m+n}F_g$$

여기서, m : n ; 잔골재와 굵은 골재의 질량비

F_s : 잔골재 조립률

F_g : 굵은 골재 조립률

■ 굵은골재의 최대치수

질량비로 90% 이상을 통과시키는 체 중에서 최소 치수인 체의 호칭치수로 나타낸 굵은 골재의 치수

□□□ 기05,12①

10 콘크리트 압축강도를 30회 측정하였을 때 표준편차가 3.0MPa이었다. 호칭강도 f_{cn} =24MPa일 때, 콘크리트의 배합강도 f_{cr}를 구하시오.

득점	배점
	4

계산 과정)　　　　　　　　　　　　　　　　답 : ____________

해답
- $f_{cn} \le 35$MPa일 때
- $f_{cr} = f_{cn} + 1.34s\,(\text{MPa}) = 24 + 1.34\times3.0 = 28.02$MPa
- $f_{cr} = (f_{cn} - 3.5) + 2.33\,s\,(\text{MPa}) = (24-3.5) + 2.33\times3 = 27.49$MPa

∴ 배합강도 f_{cr} = 28.02MPa(큰 값)

국가기술자격 실기시험문제

2012년도 기사 제2회 필답형 실기시험(기사)

종 목	시험시간	배 점	성 명	수험번호
건설재료시험기사	**2시간**	**60**		

※ 수험자 인적사항 및 계산식을 포함한 답안 작성은 검은색 필기구만 사용해야 하며, 그 외 연필류, 빨간색, 청색 등 필기구로 작성한 답항은 0점 처리 됩니다.

토질분야

5문항(29점)

□□□ 기07①,09①,12②,19④

01 다음 기술한 흙에 대해 통일분류법으로 분류한 기호를 쓰시오.

득점	배점
	5

① 이토(silt)섞인 모래 :

② 무기질의 실트(액성한계가 50% 이하) :

③ 입도분포가 나쁜 모래 :

④ 점토 섞인 모래 :

⑤ 입도분포가 좋은 자갈 :

해답 ① SM ② ML ③ SP
④ SC ⑤ GW

통일 분류법에 의한 분류방법

분류	토질	토질속성	기호	흙의 명칭
조립토 $P_{\#200} < 50\%$	자갈(G)	#4체 통과량이 50% 이하 (#4<50%)	GW	입도분포가 양호한 자갈
			GP	입도분포가 불량한 자갈
			GM	실트질 자갈
			GC	점토질 자갈
	모래(S)	#4체 통과량이 50% 이상 (#4≥50%)	SW	입도분포가 양호한 모래
			SP	입도분포가 불량한 모래
			SM	이토(silt) 섞인 모래
			SC	점토 섞인 모래
세립토 $P_{\#200} \geq 50\%$	실트(M) 및 점토(C)	$W_L < 50$	ML	압축성이 낮은 실트, 무기질 실트
			CL	압축성이 낮은 점토
			OL	압축성이 낮은 유기질 점토
		$W_L \geq 50$	MH	압축성이 높은 무기질 실트
			CH	압축성이 높은 무기질 점토
			OH	압축성이 높은 유기질 점토
유기질토	이탄	$W_L > 50$	P_t	이탄, 심한 유기질토

□□□ 기08④,12②,16②,23①

02 **1차원 압밀이론을 전개하기 위한 Terzaghi가 설정한 가정을 표의 내용과 같이 4가지만 쓰시오.**

득점	배점
	4

흙은 균질하고 완전히 포화되어 있다.

① ______________ ② ______________

③ ______________ ④ ______________

해답 ① 흙 입자와 물의 압축성은 무시한다.
② 압축과 물의 흐름은 1차적으로만 발생한다.
③ 물의 흐름은 Darcy법칙에 따르며, 투수 계수와 체적 변화는 일정하다.
④ 흙의 성질은 흙이 받는 압력의 크기에 상관없이 일정하다.
⑤ 압력－공극비의 관계는 이상적으로 직선화된다.
⑥ 유효 응력이 증가하면 압축토층의 간극비는 유효 응력의 증가에 반비례해서 감소한다.

□□□ 기09④,12②

03 **다음 그림과 같은 지반에서 지반강도정수를 파악하기 위해 깊이별로 아래 표와 같이 총 6회의 표준관입시험(SPT)를 실시하였다. 사질토지반의 강도정수 ϕ를 Dunham공식을 사용하여 추정하시오.** (단, 사질토는 둥근입자로 불량한 입도인 경우이다.)

득점	배점
	4

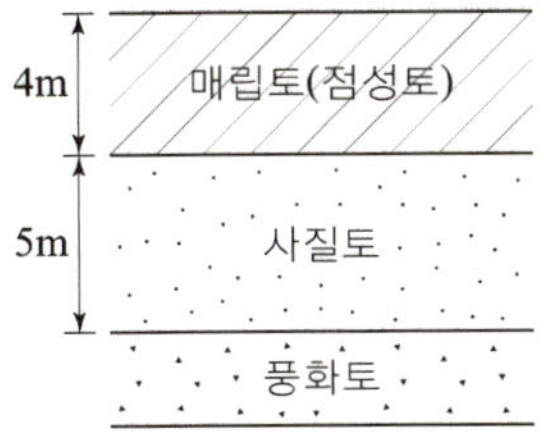

깊이(m)	N치
2	4
3.5	8
5	11
6.5	7
8	14
10	26

해답 $\phi = \sqrt{12N} + 15°$

$$\overline{N} = \frac{\Sigma 깊이 \times N치}{\Sigma 깊이}$$

$$= \frac{2\times4+3.5\times8+5\times11+6.5\times7+8\times14+10\times26}{2+3.5+5+6.5+8+10} = 15$$

$$\therefore\ \phi = \sqrt{12\times15} + 15° = 28.42°$$

모래의 내부마찰각과 N의 관계(Dunham공식)

• 입자가 둥글고 입도 분포가 균등(불량)한 모래	$\phi = \sqrt{12N}+15$
• 입자가 둥글고 입도 분포가 양호한 모래 • 입자가 모나고 입도 분포가 균등(불량)한 모래	$\phi = \sqrt{12N}+20$
• 입자가 모나고 입도 분포가 양호한 모래	$\phi = \sqrt{12N}+25$

□□□ 기90②,12②,15①,17②,19④

04 그림과 같은 지반에서 점토층의 중간에서 시료채취를 하여 압밀시험한 결과가 아래 표와 같다. 다음 물음에 답하시오. (단, 물의 단위중량 $\gamma_w = 9.81\text{kN/m}^3$)

득점	배점
	12

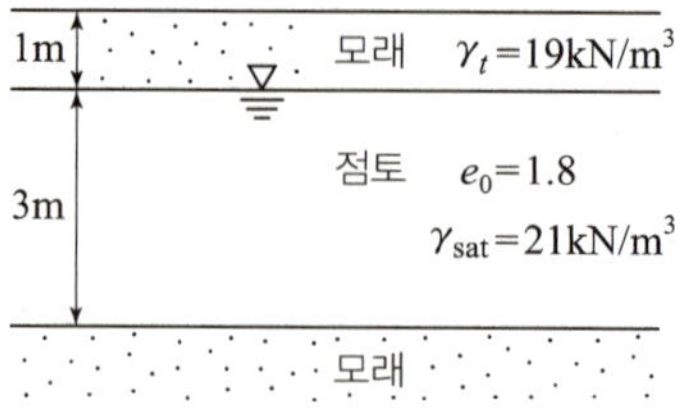

하중 P(kN/m²)	10	20	40	80	160	320	640	160	20
간극비 e	1.71	1.68	1.61	1.53	1.33	1.08	0.81	0.90	1.01

가. 아래의 그래프를 이용하여 이 지반의 과압밀비(OCR)를 구하시오.
(단, 선행압밀압력을 구하기 위한 과정을 반드시 그래프상에 나타내시오.)

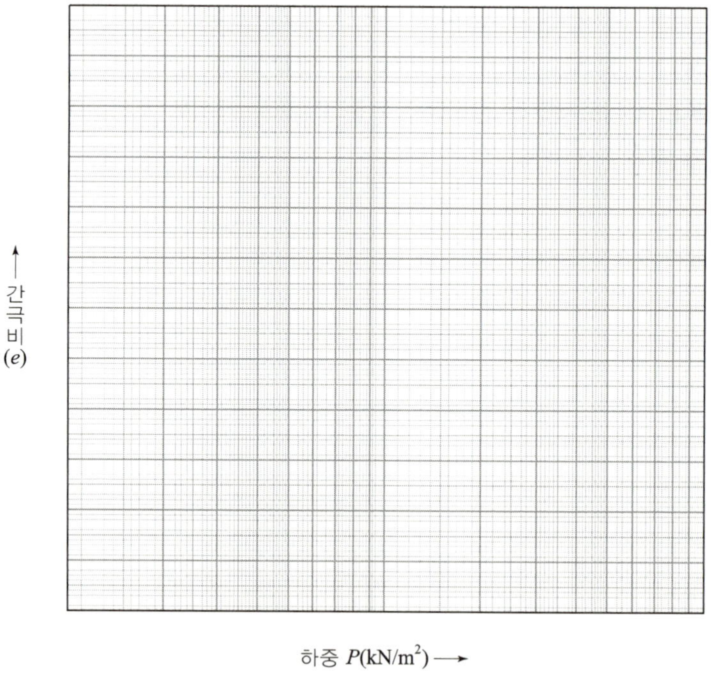

계산 과정)

답 :

나. 위 그림과 같은 지반위에 넓은 지역에 걸쳐 $\gamma_t = 20\text{kN/m}^3$인 흙을 3.0m 높이로 성토할 경우 점토지반의 압밀 침하량을 구하시오.

계산 과정)

답 :

해답 가.

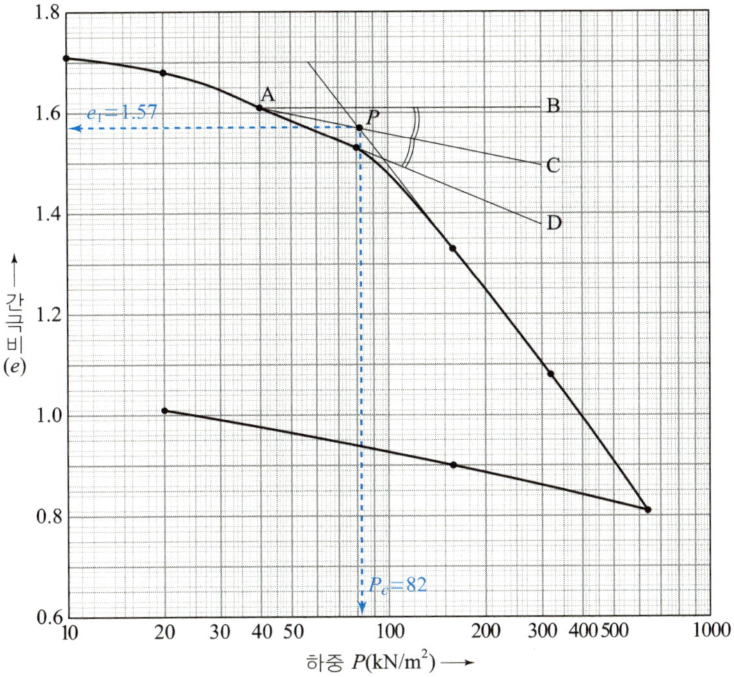

- $P_o = h_1\gamma_1 + h_2\gamma_{\text{sub}} = 19\times 1 + (21-9.81)\times \dfrac{3}{2} = 35.785\,\text{kN/m}^2$
- $P_c = 82\,\text{kN/m}^2$(그래프에서 구함)

$\therefore\ OCR = \dfrac{\text{선행압축압력}(P_c)}{\text{유효상재하중}(P_o)} = \dfrac{82}{35.785} = 2.29$

나. • $\Delta P = 20\times 3 = 60\,\text{kN/m}^2$

- $P_o + \Delta P = 35.785 + 60 = 95.785\,\text{kN/m}^2$

$\therefore\ P_o + \Delta P = 95.785 > P_c = 82$

$$\Delta H = \frac{C_s H}{1+e_0}\log\frac{P_c}{P_o} + \frac{C_c H}{1+e_0}\log\frac{P_o+\Delta P}{P_c}$$

- $C_c = \dfrac{e_1 - e_2}{\log\dfrac{P_2}{P_1}} = \dfrac{1.57-0.81}{\log\dfrac{640}{82}} = 0.85$

($\because$ 저점 $P = 640\,\text{kN/m}^2$일 때 $e = 0.81$)

- $C_s = \dfrac{1}{5}C_c = \dfrac{1}{5}\times 0.85 = 0.17$

$\therefore\ \Delta H = \dfrac{0.17\times 3}{1+1.8}\log\dfrac{82}{35.785} + \dfrac{0.85\times 3}{1+1.8}\log\dfrac{35.785+60}{82}$

$= 0.0656 + 0.0615 = 0.1271\,\text{m} = 12.71\,\text{cm}$

□□□ 기85,08④,12②,19④,20②

05 현장 도로 토공사에서 들밀도(모래 치환법)에 의한 현장 밀도 시험을 하였다. 그 결과 파낸 구멍의 체적이 $1500cm^3$이고 흙의 무게가 3500g으로 나타났다. 실험실에서 구한 최대건조밀도가 $\rho_{dmax}=2.2g/cm^3$이고 현장의 다짐도가 95%일 경우 현장 흙의 함수비를 구하시오.

득점	배점
	4

계산 과정)　　　　답 : ______

해답 $\rho_d = \dfrac{\rho_t}{1+w}$ 에서 $w = \left(\dfrac{\rho_t}{\rho_d} - 1\right) \times 100$

- $\rho_t = \dfrac{W}{V} = \dfrac{3500}{1500} = 2.33g/cm^3$
- $C_d = \dfrac{\rho_d}{\rho_{dmax}} \times 100$ 에서 $\rho_d = \dfrac{C_d \cdot \rho_{dmax}}{100} = \dfrac{95 \times 2.2}{100} = 2.09g/cm^3$

$\therefore\ w = \left(\dfrac{2.33}{2.09} - 1\right) \times 100 = 11.48\%$

건설재료분야

5문항(31점)

□□□ 기12②,16①, 20③

06 콘크리트용 모래에 포함되어 있는 유기불순물 시험에서 식별용 표준색용액 만드는 방법을 쓰시오.

득점	배점
	4

○

해답 식별용 용액은 10%의 알코올 용액으로 2% 탄닌산 용액을 만들고, 그 2.5mL를 3%의 수산화나트륨 용액 97.5mL에 가하여 유리병에 넣어 마개를 닫고 잘 흔든다.

□□□ 기09④,12②,15④, 20③

07 골재의 안정성 시험(KS F 2507)에 대한 아래의 물음에 답하시오.

득점	배점
	4

가. 안정성 시험의 목적을 간단히 설명하시오.

○

나. 안정성 시험에 사용하는 시험용 용액(시약)을 2가지만 쓰시오.

① ______　② ______

해답 가. 골재의 부서짐 작용에 대한 저항성을 시험하는 것으로 골재의 내구성을 알기위한 시험이다.
나. ① 황산나트륨 포화용액(황산소듐)
② 염화바륨

□□□ 기11①,12②,14④,15④,18④,20②,23④

08 역청 포장용 혼합물로부터 역청의 정량추출 시험을 하여 다음과 같은 시험결과를 얻었다. 역청 함유율(%)을 계산하시오.

득점	배점
	3

【시험 결과】

- 시료의 무게 $W_1 = 2230\text{g}$
- 시료 중의 수분의 무게 $W_2 = 110\text{g}$
- 추출된 골재의 무게 $W_3 = 1857.4\text{g}$
- 추출액 중의 세립 골재분의 무게 $W_4 = 93.0\text{g}$

계산 과정)

답 : ____________

해답 역청 함유율 $= \dfrac{\text{아스팔트의 질량}}{\text{시료의 질량}} \times 100$

$$= \frac{W_1 - (W_2 + W_3 + W_4 + W_5)}{W_1 - W_2} \times 100$$

$$= \frac{2230 - (110 + 1857.4 + 93.0)}{2230 - 110} \times 100$$

$$= 8\%$$

□□□ 기10①,12②,20③,24③

09 콘크리트 배합강도의 결정에 대한 다음 물음에 답하시오.

득점	배점
	8

가. 압축강도의 시험 횟수가 14회 이하이거나 기록이 없는 경우 호칭강도에 따른 배합강도를 나타내는 다음 표의 빈 칸을 채우시오.

호칭강도 f_{cn}(MPa)	배합강도 f_{cr}(MPa)
21 미만	$f_{cn} + 7$
21 이상 35 이하	①
35 초과	②

나. 압축강도의 시험횟수가 29회 이하일 때 표준편차의 보정계수에 대한 다음 표의 빈 칸을 채우시오.

시험횟수	표준편차의 보정계수
15	①
20	②
25	③
30 이상	1.00

다. 30회 이상의 콘크리트 압축 강도시험으로부터 구한 표준편차는 4.5MPa이고, 호칭강도(f_{cn})가 40MPa인 고강도 콘크리트의 배합강도를 구하시오.

계산 과정)　　　　　　　　　　　　　　　　　　　　답 : ____________

해답 가. ① $f_{cn}+8.5$　　② $1.1f_{cn}+5.0$

나. ① 1.16　　② 1.08　　③ 1.03

다. $f_{cn}=40\text{MPa}>35\text{MPa}$일 때 두 값 중 큰 값

- $f_{cr}=f_{cn}+1.34s=40+1.34\times4.5=46.03\text{MPa}$
- $f_{cr}=0.9f_{cn}+2.33s=0.9\times40+2.33\times4.5=46.49\text{MPa}$

∴ 배합강도 $f_{cr}=46.49\text{MPa}$

배합강도 결정

■ 압축강도의 시험회수가 14 이하이거나 기록이 없는 경우의 배합강도

호칭강도 f_{cn}(MPa)	배합강도 f_{cr}(MPa)
21 미만	$f_{cn}+7$
21 이상 35 이하	$f_{cn}+8.5$
35 초과	$1.1f_{cn}+5.0$

■ 배합 강도

① $f_{cn}\le35\text{MPa}$일 때

$f_{cr}=f_{cn}+1.34s$ (MPa)
$f_{cr}=(f_{cn}-3.5)+2.33s$ (MPa)
] 두 값 중 큰 값

② $f_{cn}>35\text{MPa}$일 때

$f_{cr}=f_{cn}+1.34s$ (MPa)
$f_{cr}=0.9f_{cn}+2.33s$ (MPa)
] 두 값 중 큰 값

□□□ 기12②,14②

10 콘크리트용 골재의 체가름 시험에 대한 아래의 물음에 답하시오.

득점	배점
	12

가. 아래의 각 경우에 필요한 시료의 최소 건조질량을 구하시오.

① 1.18mm체를 95% 이상 통과하는 잔골재를 사용하여 체가름 시험할 경우 시료의 최소 건조질량을 쓰시오.

○

② 굵은 골재의 최대 치수가 20mm 정도인 것을 사용하여 체가름 시험할 경우 시료의 최소 건조질량을 쓰시오.

○

나. 콘크리트를 굵은 골재 10kg으로 체가름 시험을 실시한 아래의 결과표를 완성하고, 조립률 및 굵은 골재의 최대치수를 구하시오.

체의 규격(mm)	굵은 골재		
	질량(g)	잔류율(%)	누적잔류율(%)
75	0		
60	0		
50	100		
40	400		
30	2200		
25	1300		
20	2000		
15	1300		
13	1200		
10	1000		
5	500		
2.5	0		

계산과정)

【답】 조립률 : ______________, 굵은 골재 최대 치수 : ______________

! 주의점
*
조립률계산
체번호

해답 가. ① 100g ② 4kg

나.

체의 규격(mm)	질량(g)	잔류율(%)	누적잔류율(%)	가적 통과율(%)
75	0	0.0	0.0*	100
60	0	0.0	0.0	100
50	100	1.0	1.0	99
40	400	4.0	5.0*	95
30	2200	22.0	27.0	73
25	1300	13.0	40.0	60
20	2000	20.0	60.0*	40
15	1300	13.0	73.0	27
13	1200	12.0	85.0	15
10	1000	10.0	95.0*	5
5	500	5.0	100.0*	0
2.5	0	0.0	100.0*	0
1.2	0	0.0	100.0*	0
0.6	0	0.0	100.0*	0
0.3	0	0.0	100.0*	0
0.15	0	0.0	100.0*	0
계	10000	100.0		

■ $\text{조립률} = \dfrac{\Sigma \text{각 체에 잔류한 중량백분율(\%)}}{100}$

$$= \frac{0+5+60+95+100\times 6}{100} = 7.60$$

【답】 조립률 : 7.60, 굵은 골재 최대 치수 : 40mm

골재의 체가름시험

■ 골재의 체가름 시험용 양을 표준

▶ 잔골재용

- 잔골재 1.18mm체를 95%(질량비) 이상 통과하는 것 : 100g
- 잔골재 1.18mm체에 5% 이상 남는 것 : 500g

■ 굵은 골재량

- 굵은 골재의 최대치수 9.5mm 정도의 것 : 2kg
- 굵은 골재의 최대치수 13.2mm 정도의 것 : 2.6kg
- 굵은 골재의 최대치수 16mm 정도의 것 : 3kg
- 굵은 골재의 최대치수 19mm 정도의 것 : 4kg
- 굵은 골재의 최대치수 26.5mm 정도의 것 : 5kg
- 굵은 골재의 최대치수 31.5mm 정도의 것 : 6kg
- 굵은 골재의 최대치수 37.5mm 정도인 것 : 8kg
- 굵은 골재의 최대치수 53mm 정도인 것 : 10kg
- 굵은 골재의 최대치수 63mm 정도인 것 : 12kg
- 굵은 골재의 최대치수 75mm 정도인 것 : 16kg
- 굵은 골재의 최대치수 106mm 정도인 것 : 20kg

■ 굵은 골재의 최대치수란 질량비로 90% 이상을 통과시키는 체 중에서 최소 치수인 체의 호칭 치수로 나타낸 굵은 골재의 치수

국가기술자격 실기시험문제

2012년도 기사 제4회 필답형 실기시험(기사)

종 목	시험시간	배 점	성 명	수험번호
건설재료시험기사	**2시간**	**60**		

※ 수험자 인적사항 및 계산식을 포함한 답안 작성은 검은색 필기구만 사용해야 하며, 그 외 연필류, 빨간색, 청색 등 필기구로 작성한 답항은 0점 처리 됩니다.

토질분야

4문항(24점)

□□□ 기87,96,98,12④,16④

득점	배점
	6

01 **도로 토공현장에서 모래치환법에 의한 흙의 밀도시험을 하였다. 파낸 구덩이의 체적이 1980cm³에서 파낸 흙의 무게가 3420g이었다. 이 흙의 토질시험결과 함수비 10%, 비중 2.7, 최대건조밀도 1.65g/cm³이었다. 아래의 물음에 답하시오.**

가. 현장건조밀도를 구하시오.

계산 과정) 답 : ______

나. 간극비 및 간극률을 구하시오.

계산 과정)

【답】 공극비 : ______, 공극률 : ______

다. 이 흙의 다짐도를 구하시오.

계산 과정) 답 : ______

해답 가. $\rho_d = \dfrac{\rho_t}{1+w}$

- $\rho_t = \dfrac{W}{V} = \dfrac{3420}{1980} = 1.727\text{g/cm}^3$

$\therefore\ \rho_d = \dfrac{\rho_t}{1+w} = \dfrac{1.727}{1+0.10} = 1.57\text{g/cm}^3$

나. $\rho_d = \dfrac{G_s}{1+e}\rho_w$

$e = \dfrac{G_s \cdot \rho_w}{\rho_d} - 1 = \dfrac{2.7\times 1}{1.57} - 1 = 0.720$

$n = \dfrac{e}{1+e}\times 100 = \dfrac{0.720}{1+0.720}\times 100 = 41.86\%$

다. $C_d = \dfrac{\rho_d}{\rho_{d\max}}\times 100 = \dfrac{1.57}{1.65}\times 100 = 95.15\%$

□□□ 기01②,04④,06①,08②,10①,12④,13①,23② 산00②,12①,14④,17④

득점	배점
	9

02 교란되지 않은 시료에 대한 일축압축 시험결과가 아래와 같으며, 파괴면과 수평면이 이루는 각도는 60° 이다. 다음 물음에 답하시오.

(단, 시험체의 크기는 평균직경 3.5cm, 단면적 962mm^2, 길이 80mm이다.)

압축량 ΔH(1/100mm)	압축력 P(N)	압축량 ΔH(1/100mm)	압축력 P(N)
0	0	220	164.7
20	9.0	260	172.0
60	44.0	300	174.0
100	90.8	340	173.4
140	126.7	400	169.2
180	150.3	480	159.6

가. 압축응력(kPa)과 변형률(%)과의 관계도를 그리고 일축압축강도를 구하시오.

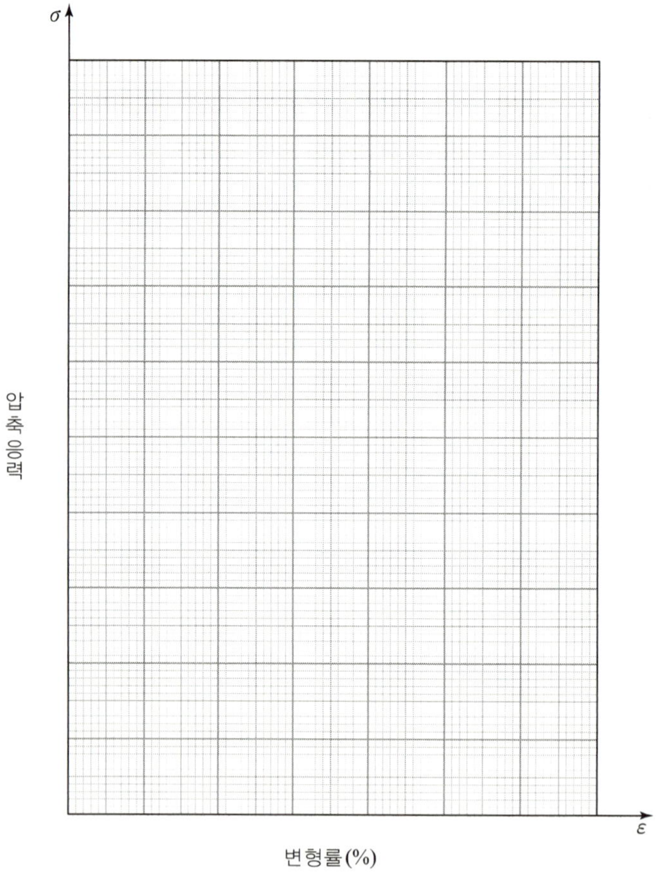

【답】 일축압축강도 :

나. 점착력을 구하시오.

계산 과정) 답 :

다. 같은 시료를 되비빔하여 시험을 한 결과 파괴압축응력은 14kPa이었다. 예민비를 구하시오.

계산 과정) 답 :

해답 가.

압축력 P(N)	ΔH $(\frac{1}{100}$ mm)	변형률(%) $\epsilon = \frac{\Delta H}{H} \times 100$	$1-\epsilon$	A(mm²)	$\sigma = \frac{P}{A}$ (kPa)
0	0	0	0	0	0
9.0	20	0.25	0.998	963.9	9.3
44.0	60	0.75	0.993	968.8	45.4
90.8	100	1.25	0.988	973.7	93.3
126.7	140	1.75	0.983	978.6	129.5
150.3	180	2.25	0.978	983.6	152.8
164.7	220	2.75	0.973	988.7	166.6
172.0	260	3.25	0.968	993.8	173.1
174.0	300	3.75	0.963	999.0	174.2
173.4	340	4.25	0.958	1004.2	172.7
169.2	400	5.00	0.950	1012.6	167.1
159.6	480	6.00	0.940	1023.4	156.0

- 변형률 $\epsilon = \frac{\Delta H}{H} = \frac{\Delta H}{80\text{mm}}$
- $1-\epsilon = 1-\frac{\epsilon}{100}$
- 보정단면적 $A = \frac{A_o}{1-\epsilon} = \frac{962\text{mm}^2}{1-\epsilon}$
- 수직응력 $\sigma = \frac{P}{A} \times 1000(\text{kPa})$

단위
1N/mm²
= 1MPa
= 1000kPa

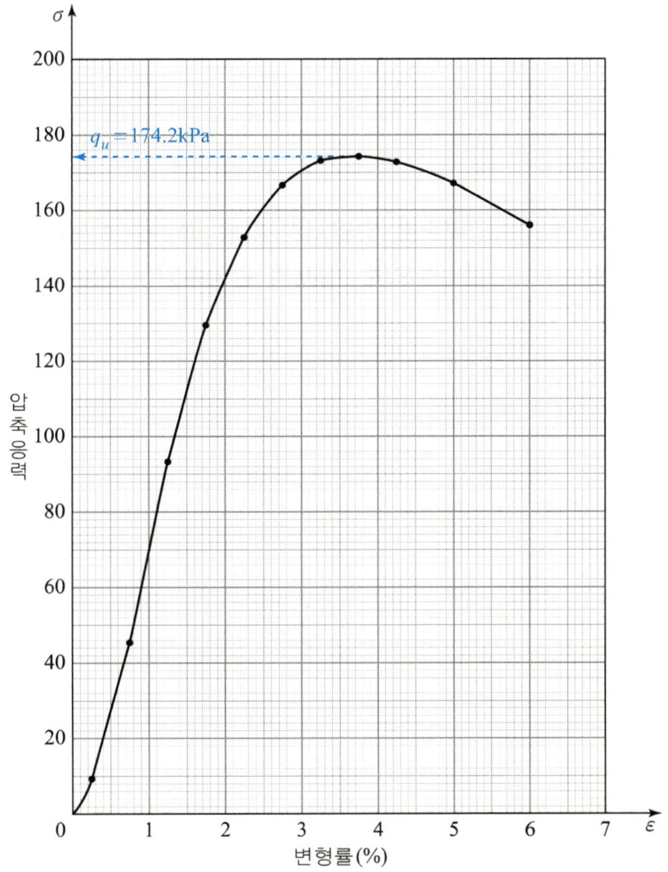

【답】 일축압축강도 : 174.2kPa

나. $c = \frac{q_u}{2\tan\left(45° + \frac{\phi}{2}\right)}$

- $\phi = 2\theta - 90° = 2 \times 60° - 90° = 30°$

$$\therefore\ c=\frac{174.2}{2\tan\left(45°+\frac{30°}{2}\right)}=50.29\text{kPa}$$

다. $S_t=\dfrac{q_u}{q_{ur}}=\dfrac{174.2}{14}=12.44$

□□□ 기97②,06④,07④,12④,16②,19④

03 **어느 현장 대표흙의 0.075mm(No.200)체 통과율이 60%이고, 이 흙의 액성한계와 소성한계가 각각 50%와 30%이었다. 이 흙의 군지수(GI)를 구하시오.**

득점	배점
	3

계산 과정)　　　　　　　　　　　　　　　　　　답 : ________

해답 GI = 0.2a + 0.005ac + 0.01bd

- a = No.200체 통과율 − 35 = 60 − 35 = 25(0∼40의 정수)
- b = No.200체 통과율 − 15 = 60 − 15 = 45(0∼40의 정수)

$\therefore\ b=40$

- c = 액성한계 − 40 = 50 − 40 = 10(0∼20의 정수)
- d = 소성지수 − 10 = (50 − 30) − 10 = 10(0∼20의 정수)

$\therefore$ GI = 0.2 × 25 + 0.005 × 25 × 10 + 0.01 × 40 × 10 = 10.25

　= 10 (∵ GI값은 가장 가까운 정수로 반올림한다.)

□□□ 기85,01②,11②,12④

04 **포화된 모래 시료에 대해 400kN/m^{2}의 구속압력으로 압밀시킨 다음 배수를 허용하지 않고 축차응력을 증가시켜 축차응력 340kN/m^{2}에 파괴되었으며, 이때의 간극수압은 270kN/m^{2}라면 전응력과 유효응력으로 전단 저항각을 구하시오.**

득점	배점
	6

가. 전응력에 의한 전단 저항각을 구하시오.

계산 과정)　　　　　　　　　　　　　　　　　　답 : ________

나. 유효응력에 의한 전단 저항각을 구하시오.

계산 과정)　　　　　　　　　　　　　　　　　　답 : ________

해답 가. $\sin\phi=\dfrac{\sigma_1-\sigma_3}{\sigma_1+\sigma_3}$ 에서

- 최소주응력 $\sigma_3=400\text{kN/m}^2$
- 최대주응력 $\sigma_1=\sigma_3+\Delta\sigma=400+340=740\text{kN/m}^2$

$$\therefore\ \phi=\sin^{-1}\frac{\sigma_1-\sigma_3}{\sigma_1+\sigma_3}=\sin^{-1}\left(\frac{740-400}{740+400}\right)=17.35°$$

나. $\sin\phi=\dfrac{\sigma_1'-\sigma_3'}{\sigma_1'+\sigma_3'}$

- $\sigma_3'=\sigma_3-\Delta u=400-270=130\text{kN/m}^2$
- $\sigma_1'=\sigma_1-\Delta u=740-270=470\text{kN/m}^2$

$$\therefore\ \phi=\sin^{-1}\frac{\sigma_1'-\sigma_3'}{\sigma_1'+\sigma_3'}=\sin^{-1}\left(\frac{470-130}{470+130}\right)=34.52°$$

건설재료분야

4문항(36점)

□□□ 기11②,12④,14④,17④,20③,21④,23④

05 콘크리트의 배합강도를 결정하는 방법에 대하여 아래 물음에 답하시오.

득점	배점
	10

가. 압축 강도시험 횟수가 30회 이상일 때 배합강도를 결정하는 방법을 설명하시오.(단, 호칭강도에 따라 두 가지로 구분하여 설명하시오.)

○

나. 압축 강도시험 횟수가 29회 이하이고 15회 이상인 경우 배합강도를 결정하는 방법을 설명하시오.

○

다. 콘크리트의 압축강도의 표준편차를 알지 못할 때, 또는 압축강도의 시험 횟수가 14회 이하인 경우 배합강도를 결정하는 방법을 설명하시오.

○

해답 가. • $f_{cn} \leq 35\text{MPa}$인 경우

$f_{cr} = f_{cn} + 1.34s$

$f_{cr} = (f_{cn} - 3.5) + 2.33s$

] 두 값 중 큰 값

• $f_{cn} > 35\text{MPa}$인 경우

$f_{cr} = f_{cn} + 1.34s$

$f_{cr} = 0.9f_{cn} + 2.33s$

] 두 값 중 큰 값

나. 계산된 표준편차에 보정계수를 곱한 표준편차(s) 값으로 하여 배합강도를 결정한다.

시험횟수	표준편차의 보정계수
15	1.16
20	1.08
25	1.03
30 이상	1.00

다.

호칭강도 f_{cn}(MPa)	배합강도 f_{cr}(MPa)
21 미만	$f_{cn} + 7$
21 이상 35 이하	$f_{cn} + 8.5$
35 초과	$1.1f_{cn} + 5.0$

□□□ 기02④,04④,10②,12④,15①,16①,18④,19②,23④

득점	배점
	10

06 골재의 최대치수 25mm의 부순돌을 사용하며, 슬럼프 120mm, 물-결합재비 58.8%의 콘크리트 $1m^3$를 만들기 위하여 잔골재율(S/a), 단위 수량(W)를 보정하고 단위 시멘트량(C), 단위 굵은 골재량(G)를 구하시오.

(단, 갇힌 공기량 1.5%, 시멘트의 밀도 $3.17g/cm^3$, 잔골재의 표건밀도는 $2.57g/cm^3$, 잔골재 조립률 2.85, 굵은 골재의 표건밀도 $2.75g/cm^3$, 공기연행제 및 혼화재는 사용하지 않는다.)

【배합설계 참고표】

굵은 골재 최대치수 (mm)	단위 굵은 골재 용적 (%)	공기연행제를 사용하지 않은 콘크리트			공기 연행 콘크리트				
		갇힌 공기 (%)	잔골재율 S/a(%)	단위 수량 (kg)	공기량 (%)	양질의 공기연행제를 사용한 경우		양질의 공기연행 감수제를 사용한 경우	
						잔골재율 S/a(%)	단위 수량 $W(kg/m^3)$	잔골재율 S/a(%)	단위 수량 $W(kg/m^3)$
15	58	2.5	53	202	7.0	47	180	48	170
20	62	2.0	49	197	6.0	44	175	45	165
25	67	1.5	45	187	5.0	42	170	43	160
40	72	1.2	40	177	4.5	39	165	40	155

주 1) 이 표의 값은 보통의 입도를 가진 잔골재(조립률 2.8 정도)와 부순돌을 사용한 물-결합재비 55% 정도, 슬럼프 80mm 정도의 콘크리트에 대한 것이다.

2) 사용재료 또는 콘크리트의 품질이 주 1)의 조건과 다를 경우에는 위의 표의 값을 아래 표에 따라 보정한다.

구 분	S/a의 보정(%)	W의 보정(kg)
잔골재의 조립률이 0.1 만큼 클(작을) 때마다	0.5 만큼 크게(작게) 한다.	보정하지 않는다.
슬럼프값이 10mm 만큼 클(작을) 때마다	보정하지 않는다.	1.2 만큼 크게(작게) 한다.
공기량이 1% 만큼 클(작을) 때마다	0.5～1.0 만큼 작게(크게) 한다.	3% 만큼 작게(크게) 한다.
물-결합재비가 0.05클(작을) 때마다	1 만큼 크게(작게) 한다.	보정하지 않는다.
자갈을 사용할 경우	3～5만큼 크게 한다.	9～15kg 만큼 크게 한다.
부순모래를 사용할 경우	2～3만큼 크게 한다.	6～9kg 만큼 크게 한다.

비고 : 단위 굵은 골재용적에 의하는 경우에는 모래의 조립률이 0.1 만큼 커질(작아질) 때마다 단위 굵은 골재용적을 1% 만큼 작게(크게) 한다.

가. 잔골재율과 단위 수량을 보정하시오.

계산 과정)

답 : ____________

【답】잔골재율 : ____________, 단위 수량 : ____________

나. 단위 시멘트량을 구하시오.

계산 과정) 답 :

다. 단위 잔골재량을 구하시오.

계산 과정) 답 :

라. 단위 굵은 골재량을 구하시오.

계산 과정) 답 :

해답 가.

보정항목	배합 참고표	설계조건	잔골재율(S/a) 보정	단위 수량(W)의 보정
굵은골재의 치수 25mm일 때			$S/a=45\%$	$W=187$kg
모래의 조립률	2.80	2.85(↑)	$\frac{2.85-2.80}{0.10}\times 0.5=+0.25(\uparrow)$	보정하지 않는다.
슬럼프값	80mm	120mm(↑)	보정하지 않는다.	$\frac{120-80}{10}\times 1.2=4.8\%(\uparrow)$
공기량	1.5	1.5	$\frac{1.5-1.5}{1}\times 0.75=0\%$	$\frac{1.5-1.5}{1}\times 3=0\%$
W/C	55%	58.8%(↑)	$\frac{0.588-0.55}{0.05}\times 1$ $=+0.76\%(\uparrow)$	보정하지 않는다.
보정값			$S/a=45+0.25+0.76$ $=46.01\%$	$187\left(1+\frac{4.8}{100}+0\right)$ $=195.98$kg

- 잔골재율 $S/a=46.01\%$
- 단위 수량 $W=195.98\text{kg/m}^3$

나. $\frac{W}{B}=0.588$, $C=\frac{195.98}{0.588}=333.30$ ∴ $C=333.30\text{kg/m}^3$

다. • 단위골재량의 절대체적

$$V_a=1-\left(\frac{\text{단위수량}}{1000}+\frac{\text{단위 시멘트}}{\text{시멘트비중}\times 1000}+\frac{\text{공기량}}{100}\right)$$

$$=1-\left(\frac{195.98}{1000}+\frac{333.30}{3.17\times 1000}+\frac{1.5}{100}\right)=0.684\text{m}^3$$

• 단위 잔골재량

$$S=V_a\times S/a\times \text{잔골재밀도}\times 1000$$

$$=0.684\times 0.4601\times 2.57\times 1000=808.80\text{kg/m}^3$$

라. • 단위 굵은골재량

$$G=V_g\times(1-S/a)\times \text{굵은골재 밀도}\times 1000$$

$$=0.684\times(1-0.4601)\times 2.75\times 1000=1015.55\text{kg/m}^3$$

∴ 배합표

굵은골재의 최대치수(mm)	슬럼프 (mm)	W/B (%)	잔골재율 S/a (%)	단위량(kg/m³)			
				물	시멘트	잔골재	굵은골재
25	120	58.8	46.01	195.98	333.30	808.80	1015.55

다른 방법

- 단위 수량 $W=195.98\text{kg}$
- 단위 시멘트량(C) : $\frac{W}{B}=0.588$, $C=\frac{195.98}{0.588}=333.30$ ∴ 단위 시멘트량 $C=333.30\text{kg}$
- 시멘트의 절대용적 : $V_c=\frac{333.30}{0.00317\times1000}=105.142l$ (∵ 0.00317g/mm³일 때)
- 공기량 : $1000\times0.015=15l$
- 골재의 절대용적 : $1000-(195.98+105.142+15)=683.88l$
- 잔골재의 절대용적 : $683.33\times0.4601=314.65l$
- 단위 잔골재량 : $314.65\times0.00257\times1000=808.65\text{kg}$
- 굵은 골재의 절대용적 : $683.88-314.65=369.23l$ (∵ 0.00257g/mm³일 때)
- 단위 굵은 골재량 : $369.23\times0.00275\times1000=1015.38\text{kg/m}^3$ (∵ 0.00275g/mm³일 때)

□□□ 기12④,13②,16①,17①,18②

07 골재의 체가름시험(KS F 2502)에 대한 아래의 물음에 답하시오.

득점	배점
	12

가. 굵은골재에 대해 시험하는 경우 시료 최소 건조질량의 기준에 대하여 간단히 설명하시오.

○

나. 잔골재에 대해 시험하는 경우 시료 최소 건조질량의 기준에 대하여 간단히 설명하시오.

○

다. 구조용 경량골재를 사용하는 경우 시료 최소 건조질량의 기준에 대하여 간단히 설명하시오.

○

라. 굵은골재 15000g에 대한 체가름 시험결과가 아래 표와 같을 때 표의 빈칸을 채우고 굵은 골재의 조립률을 구하시오.

체(mm)	잔류량(%)	잔류율(%)	누적잔류율(%)
75	0		
50	0		
40	450		
30	1650		
25	2400		
20	2250		
15	4350		
10	2250		
5	1650		
2.5	0		

계산 과정)

답 : ____________

해답 가. 골재의 최대치수(mm)의 0.2배를 kg으로 표시한 양으로 한다.

나. 1.18mm체를 95% 이상 통과하는 것에 대한 최소 건조질량을 100g으로 하고, 1.18mm체 5%(질량비) 이상 남는 것에 대한 최소건조질량을 500g으로 한다.

다. 가,나의 시료 최소 건조질량의 1/2로 한다.

라.

체(mm)	잔류량(%)	잔류율(%)	누적잔류율(%)
75	0	0	0*
50	0	0	0
40	450	3	3*
30	1650	11	14
25	2400	16	30
20	2250	15	45*
15	4350	29	74
10	2250	15	89*
5	1650	11	100*
2.5	0	0	100*
계	15000	100	

$$조립률(F.M) = \frac{\Sigma 각\ 체에\ 잔류한\ 중량백분율(\%)}{100}$$

$$= \frac{0+3+45+89+100\times 6}{100} = 7.37$$

【답】 : 7.37

! 주의점

*

조립률계산

체번호

골재의 조립률(F.M)

■ 조립률(fineness modulus)은 골재의 크기를 개략적으로 나타내는 방법이다.

• 75mm, 40mm, 20mm, 10mm, 5mm, 2.5mm, 1.2mm, 0.6mm, 0.3mm, 0.15mm의 10개 체를 사용한다.

• $조립률(F.M) = \frac{\Sigma 각\ 체에\ 잔류한\ 중량백분율(\%)}{100}$

□□□ 기91②,97①,12④,13②,16①,19②

08 아스팔트 시험에 대한 다음 물음에 답하시오.

득점	배점
	4

가. 아스팔트 신도시험에서의 별도의 규정이 없는 경우 시험온도와 인장속도를 쓰시오.

① 시험온도 : ______________ ② 인장속도 : ______________

나. 앵글러 점도계를 사용한 아스팔트의 점도시험에서 앵글러 점도 값은 어떻게 규정되는지 간단히 설명하시오.

○

해답 가. ① 시험온도 : 25±0.5℃

② 인장속도 : 5±0.25cm/min

나. $앵글러\ 점도\ \eta = \frac{시료의\ 유출시간(초)}{증류수의\ 유출시간(초)}$

국가기술자격 실기시험문제

2013년도 기사 제1회 필답형 실기시험(기사)

종 목	시험시간	배 점	성 명	수험번호
건설재료시험기사	**2시간**	**60**		

※ 수험자 인적사항 및 계산식을 포함한 답안 작성은 검은색 필기구만 사용해야 하며, 그 외 연필류, 빨간색, 청색 등 필기구로 작성한 답항은 0점 처리 됩니다.

토질분야 3문항(28점)

□□□ 기13①,15④

01 압밀에 대한 아래의 물음에 답하시오.

득점	배점
	12

가. 정규압밀점토와 과압밀점토에 대한 아래의 사항을 간단히 설명하시오.

○ 정규 압밀 점토 :

○ 과압밀 점토 :

○ 과압밀비 :

나. 압축지수 C_c에 대한 아래의 사항을 간단히 설명하시오.

① 압밀시험결과로부터 압축지수(C_c)를 구하는 방법을 설명하시오.

(단, 그래프를 그리고, 수식으로 제시할 것)

○

② 액성한계를 기준으로 하여 압축지수를 구하는 경험식(Terzaghi와 Peck의 식)에 대하여 간단히 쓰시오.

○

해답 가. • 정규 압밀 점토 : 선행압밀하중과 유효상재하중이 동일한 응력상태에 있는 흙 즉, OCR = 1

• 과압밀 점토 : 과거에 지금보다도 큰 하중을 받았던 상태로 선행압밀하중이 현재의 유효상재하중보다 더 큰 값을 보일 때의 흙. 즉 OCR > 1

• 과압밀비 : $\text{OCR} = \dfrac{\text{선행 압밀 하중}(P_c)}{\text{유효 상재 하중}(P_o)}$

나. ① $e-\log P$ 곡선 작도 순서

- $e-\log P$ 곡선에서 외견상 최대곡률점 a를 결정한다.
- 수평선 ab를 긋는다.
- 점 a에서의 접선 ac를 긋는다.
- 각 $\angle bac$의 이등분선 ad를 긋는다.
- $e-\log P$ 곡선의 직선 부분 gh를 연장하여 ad와의 교점을 f라 한다.
- 점 f에서 수선을 내려 $\log P$ 눈금과 만난점을 선행 압밀하중(P_c)이라 한다.
- 압축지수 $C_c=\dfrac{e_1-e_2}{\log P_2-\log P_1}$

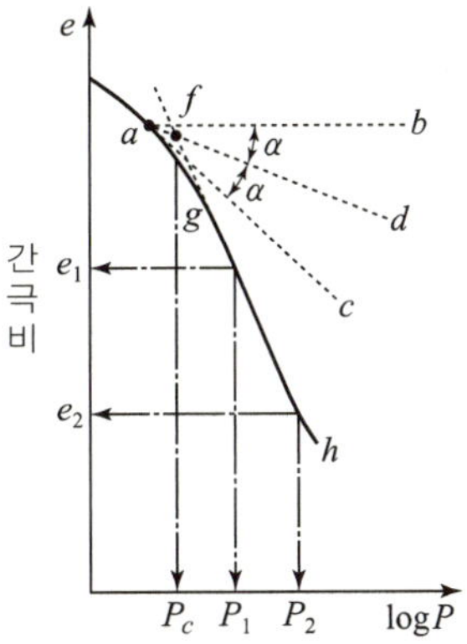

② $C_c=0.009(W_L-10)$, W_L : 액성한계

□□□ 기13①,17①

02 흙의 비중(G_s)이 2.50이고, 건조단위무게가 15.8kN/m^{3}인 흙의 간극비(e)와 간극률(n)을 구하고, 포화도 60%일 때의 흙의 전체 단위무게를 구하시오.

득점	배점
	6

가. 간극비(e)를 구하시오.

계산 과정) 답 :

나. 간극률(n)을 구하시오.

계산 과정) 답 :

다. 포화도 60%일 때의 흙의 전체 단위무게(γ_t)를 구하시오.

계산 과정) 답 :

해답 가. $e=\dfrac{\gamma_w\cdot G_s}{\gamma_d}-1=\dfrac{9.81\times2.50}{15.8}-1=0.55$

나. $n=\dfrac{e}{1+e}\times100=\dfrac{0.55}{1+0.55}\times100=35.48\%$

다. $\gamma_t=\dfrac{G_s+\dfrac{S\cdot e}{100}}{1+e}\gamma_w=\dfrac{2.50+\dfrac{60\times0.55}{100}}{1+0.55}\times9.81=17.91\text{kN/m}^3$

□□□ 기01②,04④,06①,08②,10①,12④,13①,23② 산00②,12①,14④,17④

03 교란되지 않은 시료에 대한 일축압축 시험결과가 아래와 같으며, 파괴면과 수평면이 이루는 각도는 60° 이다. 다음 물음에 답하시오.

(단, 시험체의 크기는 평균직경 3.5cm, 단면적 962mm^2, 길이 80mm이다.)

득점	배점
	10

압축량 ΔH(1/100mm)	압축력 P(N)	압축량 ΔH(1/100mm)	압축력 P(N)
0	0	220	164.7
20	9.0	260	172.0
60	44.0	300	174.0
100	90.8	340	173.4
140	126.7	400	169.2
180	150.3	480	159.6

가. 응력과 변형률 관계를 계산하여 표를 채우시오.

압축력 P(N)	$\Delta H(\frac{1}{100}$mm)	변형률(%)	$1-\epsilon$	A(mm^2)	압축응력(kPa)
0	0				
9.0	20				
44.0	60				
90.8	100				
126.7	140				
150.3	180				
164.7	220				
172.0	260				
174.0	300				
173.4	340				
169.2	400				
159.6	480				

나. 압축응력(kPa)과 변형률(%)과의 관계도를 그리고 일축압축강도를 구하시오.

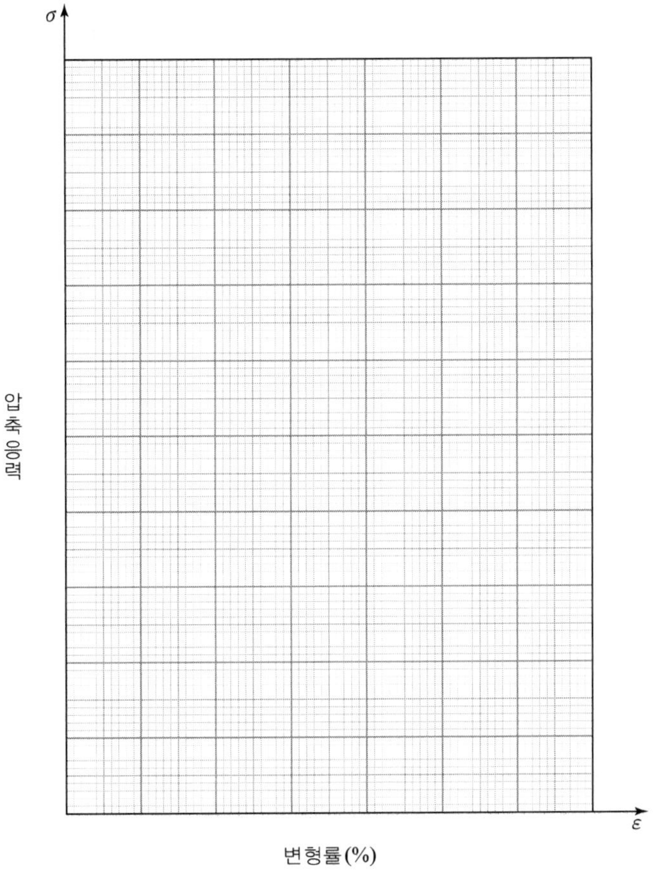

【답】 일축압축강도 :

다. 점착력을 구하시오.

계산 과정)

답 :

라. 같은 시료를 되비빔하여 시험을 한 결과 파괴압축응력은 14kPa이었다. 예민비를 구하시오.

계산 과정)

답 :

해답 가.

압축력 P(N)	$\Delta H(\frac{1}{100}\text{mm})$	변형률(%) $\epsilon=\frac{\Delta H}{H}\times 100$	$1-\epsilon$	$A(\text{mm}^2)$	압축응력 $\sigma=\frac{P}{A}$(kPa)
0	0	0	0	0	0
9.0	20	0.25	0.998	963.9	9.3
44.0	60	0.75	0.993	968.8	45.4
90.8	100	1.25	0.988	973.7	93.3
126.7	140	1.75	0.983	978.6	129.5
150.3	180	2.25	0.978	983.6	152.8
164.7	220	2.75	0.973	988.7	166.6
172.0	260	3.25	0.968	993.8	173.1
174.0	300	3.75	0.963	999.0	174.2
173.4	340	4.25	0.958	1004.2	172.7
169.2	400	5.00	0.950	1012.6	167.1
159.6	480	6.00	0.940	1023.4	156.0

변형률 $\epsilon=\frac{\Delta H}{H}=\frac{\Delta H}{80}$

보정단면적 $A=\frac{A_o}{1-\epsilon}=\frac{962}{1-\epsilon}(\text{mm}^2)$

수직응력 $\sigma=\frac{P}{A}\times 1000(\text{kPa})$

> 단위
> 1N/mm²
> = 1MPa
> = 1000kPa

나.

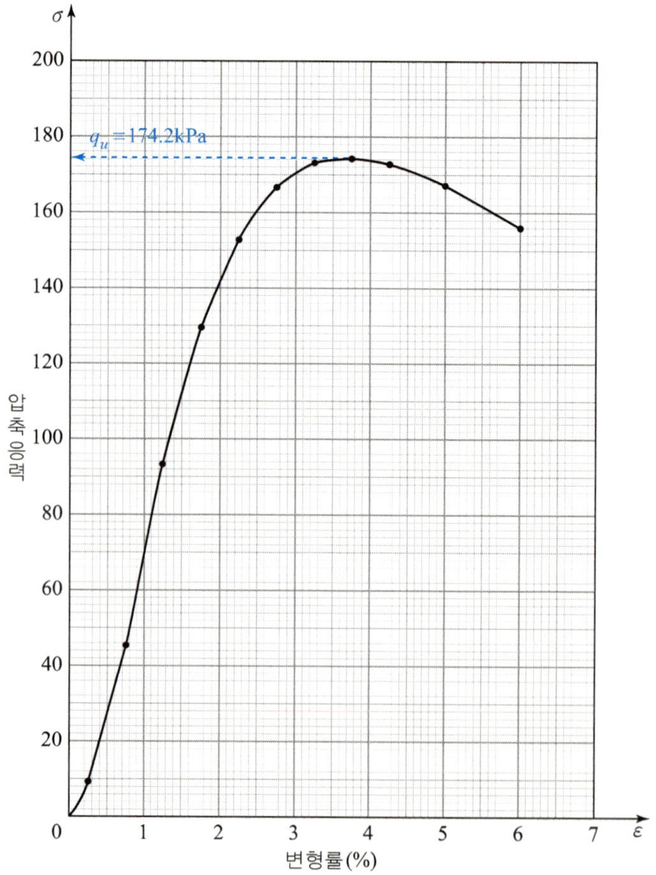

【답】 일축압축강도 : 174.2kPa

다. $c = \dfrac{q_u}{2\tan\left(45° + \dfrac{\phi}{2}\right)}$

• $\phi = 2\theta - 90° = 2 \times 60° - 90° = 30°$

$\therefore\ c = \dfrac{174.2}{2\tan\left(45° + \dfrac{30°}{2}\right)} = 50.29\,\text{kPa}$

라. $S_t = \dfrac{q_u}{q_{ur}} = \dfrac{174.2}{14} = 12.44$

건설재료분야

5문항(32점)

□□□ 기13①

04 잔골재의 체가름 시험결과에 대한 아래 물음에 답하시오.

득점	배점
	4

가. 아래의 체가름 결과표를 완성하시오.

체번호	각 체에 남은 양		각 체에 남은 양의 누계	
	g	%	g	%
5mm	25			
2.5mm	37			
1.2mm	68			
0.6mm	213			
0.3mm	118			
0.15mm	35			
PAN	4			

나. 조립률(F.M)을 구하시오.

계산 과정)

답 : ______

해답 가.

체번호	각 체에 남은 양		각 체에 남은 양의 누계	
	g	%	g	%
5mm	25	5.0	25	5.0
2.5mm	37	7.4	62	12.4
1.2mm	68	13.6	130	26.0
0.6mm	213	42.6	343	68.6
0.3mm	118	23.6	461	92.2
0.15mm	35	7.0	496	99.2
PAN	4	0.8	500	100
합계	500	100		

나. 조립률(F.M) $= \dfrac{\Sigma \text{각 체에 잔류한 중량백분율(\%)}}{100}$

$= \dfrac{5.0+12.4+26.0+68.6+92.2+99.2}{100} = 3.03$

골재의 조립률(F.M)

- 조립률(fineness modulus)은 골재의 크기를 개략적으로 나타내는 방법이다.
  - 75mm, 40mm, 20mm, 10mm, 5mm, 2.5mm, 1.2mm, 0.6mm, 0.3mm, 0.15mm의 10개 체를 사용한다.
  - 조립률(F.M) $= \dfrac{\Sigma \text{각 체에 잔류한 중량백분율(\%)}}{100}$
  - 일반적으로 잔골재의 조립률은 2.3~3.1, 굵은 골재는 6~8이 되면 입도가 좋은 편이다.
  - 잔골재의 조립률이 콘크리트 배합을 정할 때 가정한 잔골재의 조립률에 비하여 ±0.20 이상의 변화를 나타내었을 때는 배합을 변경해야 한다고 규정하고 있다.
- 혼합 골재의 조립률

$$F_a = \frac{m}{m+n}F_s + \frac{n}{m+n}F_g$$

여기서, m : n ; 잔골재와 굵은 골재의 질량비

F_s : 잔골재 조립률

F_g : 굵은 골재 조립률

□□□ 기11①,12①,13①,15①,18②,21④,23①②

05 시방배합으로 단위 수량 162kg/m³, 단위 시멘트량 300kg/m³, 단위 잔골재량 710kg/m³, 단위 굵은 골재량 1260kg/m³을 산출한 콘크리트의 배합을 현장골재의 입도 및 표면수를 고려하여 현장배합으로 수정한 잔골재와 굵은 골재의 양을 구하시오.

(단, 현장골재 상태 : 잔골재가 5mm체에 남는 양 2%, 잔골재의 표면수 5%
굵은골재가 5mm체를 통과하는 양 6%, 굵은골재의 표면수 1%)

득점	배점
	6

계산 과정)

【답】 단위 잔골재량 : 단위 굵은골재량 :

해답
- 입도에 의한 조정

$S=710\text{kg},\ G=1260\text{kg},\ a=2\%,\ b=6\%$

$$X=\frac{100S-b(S+G)}{100-(a+b)}=\frac{100\times710-6(710+1260)}{100-(2+6)}=643.26\text{kg/m}^3$$

$$Y=\frac{100G-a(S+G)}{100-(a+b)}=\frac{100\times1260-2(710+1260)}{100-(2+6)}=1326.74\text{kg/m}^3$$

- 표면수에 의한 조정

잔골재의 표면수 $=643.26\times\dfrac{5}{100}=32.16\text{kg/m}^3$

굵은골재의 표면수 $=1326.74\times\dfrac{1}{100}=13.27\text{kg/m}^3$

- 현장 배합량
  - 단위 수량 : $162-(32.16+13.27)=116.57\text{kg/m}^3$
  - 단위 잔골재량 : $643.26+32.16=675.42\text{kg/m}^3$
  - 단위 굵은골재량 : $1326.74+13.27=1340.01\text{kg/m}^3$

【답】 단위 잔골재량 : 675.42kg/m³, 단위 굵은골재량 : 1340.01kg/m³

□□□ 기88,92,94,02,05,06,11②,13①,14②,17①,18②,19①, 21④

06 3개의 공시체를 가지고 마샬 안정도 시험을 실시한 결과 다음과 같다. 아래 물음에 답하시오. (단, 아스팔트의 밀도는 1.02g/cm³, 혼합되는 골재의 평균밀도는 2.712g/cm³이다.)

득점	배점
	10

공시체 번호	아스팔트 혼합율(%)	두께(cm)	질량(g)		용적(cm³)
			공기중	수중	
1	4.5	6.29	1151	665	486
2	4.5	6.30	1159	674	485
3	4.5	6.31	1162	675	487

가. 아스팔트 혼합물의 실측밀도 및 이론 최대밀도를 구하시오.
(단, 소수점 넷째자리에서 반올림하시오.)

공시체 번호	실측밀도(g/cm³)
1	
2	
3	
평균	

계산 과정)

【답】 이론최대밀도 :

나. 아스팔트 혼합물의 용적률, 공극률, 포화도를 구하시오.
(단, 소수점 넷째자리에서 반올림하시오.)

계산 과정)

【답】 용적률 : ________________, 공극률 : ________________, 포화도 : ________________

해답 가. ■ 실측밀도 $= \dfrac{\text{공기중 질량(g)}}{\text{용적(cm}^3)}$

공시체 번호	실측밀도(g/cm³)
1	$\dfrac{1151}{486} = 2.368\,\text{g/cm}^3$
2	$\dfrac{1159}{485} = 2.390\,\text{g/cm}^3$
3	$\dfrac{1162}{487} = 2.386\,\text{g/cm}^3$
평균	$\dfrac{2.368+2.390+2.386}{3} = 2.381\,\text{g/cm}^3$

■ 이론최대밀도 $D = \dfrac{100}{\dfrac{E}{F} + \dfrac{K(100-E)}{100}}$

• $\dfrac{\text{아스팔트 혼합율}(E)}{\text{아스팔트 밀도}(F)} = \dfrac{4.5}{1.02} = 4.412$

- $K = \dfrac{\text{골재의 배합비}(B)}{\text{골재의 밀도}(C)} = \dfrac{100}{2.712} = 36.873$

∴ 이론최대밀도 $D = \dfrac{100}{4.412 + \dfrac{36.873(100-4.5)}{100}} = 2.524\text{g/cm}^3$

나. • 용적율

$V_a = \dfrac{\text{아스팔트 혼합율} \times \text{평균 실측밀도}}{\text{아스팔트비중}} = \dfrac{4.5 \times 2.381}{1.02} = 10.504\%$

- 공극률 $V_v = \left(1 - \dfrac{\text{평균실측밀도}}{\text{이론최대밀도}}\right) \times 100$

$= \left(1 - \dfrac{2.381}{2.524}\right) \times 100 = 5.666\%$

- 포화도

$S = \dfrac{\text{용적률}}{\text{용적률} + \text{공극률}} \times 100 = \dfrac{10.504}{10.504 + 5.666} \times 100 = 64.960\%$

□□□ 기88,03④,07④,08④,09②,11④,13①, 21①

07 시험온도 20℃에서 굵은골재의 밀도 및 흡수율 시험 결과 아래와 같다. 물음에 답하시오.

득점	배점
	8

표건상태의 시료 질량(g)	1000
절건상태의 시료 질량(g)	989.5
시료의 수중 질량(g)	615.4
시험온도에서 물의 밀도(g/cm³)	0.9970

가. 표면 건조 포화 상태의 시료 밀도를 구하시오.

계산 과정) 답 : ____________

나. 절건 건조상태의 시료 밀도를 구하시오.

계산 과정) 답 : ____________

다. 겉보기 밀도(진밀도)를 구하시오.

계산 과정) 답 : ____________

라. 흡수율을 구하시오.

계산 과정) 답 : ____________

해답 가. $D_s = \dfrac{B}{B-C} \times \rho_w = \dfrac{1000}{1000-615.4} \times 0.9970 = 2.59\text{g/cm}^3$

나. $D_d = \dfrac{A}{B-C} \times \rho_w = \dfrac{989.5}{1000-615.4} \times 0.9970 = 2.57\text{g/cm}^3$

다. $D_A = \dfrac{A}{A-C} \times \rho_w = \dfrac{989.5}{989.5-615.4} \times 0.9970 = 2.64\text{g/cm}^3$

라. $Q = \dfrac{B-A}{A} \times 100 = \dfrac{1000-989.5}{989.5} \times 100 = 1.06\%$

□□□ 기13①,15④,18①

08 콘크리트의 압축강도 측정결과가 16회로 아래의 표와 같을 때 다음 물음에 답하시오.

득점	배점
	4

【압축강도 측정결과(MPa)】

36, 40, 45, 44, 43, 45, 43, 42, 46, 44, 43, 42, 45, 38, 37, 39

가. 배합강도를 결정하기 위한 압축강도의 표준편차(s)를 구하시오.

(단, 시험횟수 15회일 때 보정계수 1.16, 20회일 때 보정계수 1.08이다.)

계산 과정) 답 : ______

나. 호칭강도(f_{cn})가 40MPa일 때 콘크리트의 배합강도를 구하시오.

계산 과정) 답 : ______

해답 가. 표준편차 $s=\sqrt{\dfrac{\Sigma(x_i-\bar{x})^2}{(n-1)}}$

- 압축강도 합계

$\Sigma x_i = 36+40+45+44+43+45+43+42+46+44+43+42+45+38+37+39$

$= 672\text{MPa}$

- 압축강도 평균값

$\bar{x}=\dfrac{\Sigma x_i}{n}=\dfrac{672}{16}=42\text{MPa}$

- 표준편차 합

$\Sigma(x_i-\bar{x})^2=(36-42)^2+(40-42)^2+(45-42)^2+(44-42)^2+(43-42)^2$

$+(45-42)^2+(43-42)^2+(42-42)^2+(46-42)^2+(44-42)^2$

$+(43-42)^2+(42-42)^2+(45-42)^2+(38-42)^2+(37-42)^2+(39-42)^2$

$=54+30+60=144\text{MPa}$

∴ 표준표차 $s=\sqrt{\dfrac{144}{(16-1)}}=3.10\text{MPa}$

- 표준편차의 보정계수

$1.16-\dfrac{1.16-1.08}{20-15}\times(16-15)=1.144$

∴ 보정된 표준편차 $=3.10\times1.144=3.55\text{MPa}$

나. $f_{cn}=40\text{MPa}>35\text{MPa}$인 경우 두 값 중 큰 값

- $f_{cr}=f_{cn}+1.34s=40+1.34\times3.55=44.76\text{MPa}$
- $f_{cr}=0.9f_{cn}+2.33s=0.9\times40+2.33\times3.55=44.27\text{MPa}$

∴ 배합강도 $f_{cr}=44.76\text{MPa}$

국가기술자격 실기시험문제

2013년도 기사 제2회 필답형 실기시험(기사)

종 목	시험시간	배 점	성 명	수험번호
건설재료시험기사	2시간	60		

※ 수험자 인적사항 및 계산식을 포함한 답안 작성은 검은색 필기구만 사용해야 하며, 그 외 연필류, 빨간색, 청색 등 필기구로 작성한 답항은 0점 처리 됩니다.

토질분야

3문항(30점)

□□□ 기84,91,98④,02①,09②,11④,13②,15④

01 400g의 시료로 흙의 체분석 시험 결과가 다음 표와 같다. 아래 결과표의 빈칸을 채우고 다음 물음에 답하시오.

득점	배점
	12

체눈 크기(mm)	체에 남아있는 무게(g)	잔류율(%)	가적잔류율(%)
4.75	4		
2.0	8		
0.85	36		
0.425	144		
0.25	92		
0.15	72		
0.075	40		
pan	4		
총무게	400		

가. 입도분포 곡선을 그리시오.

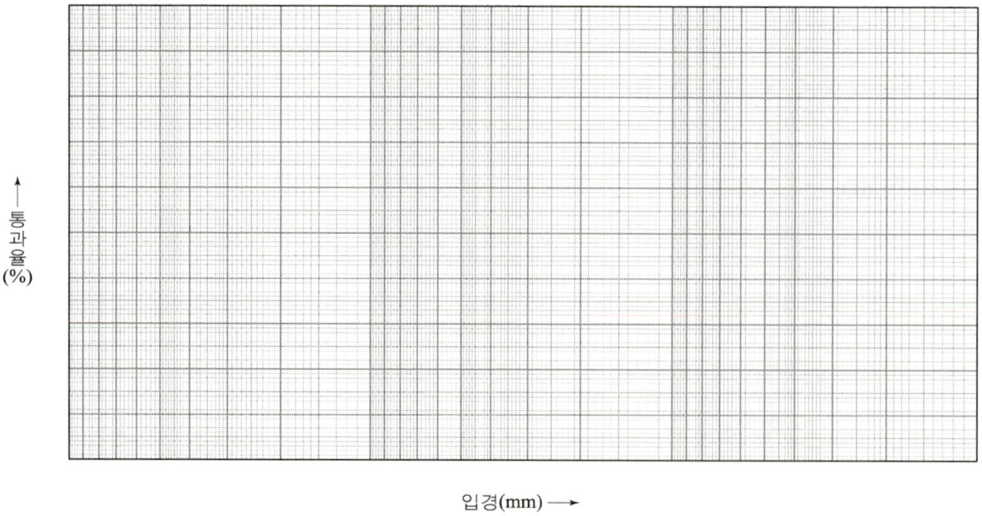

나. 균등계수(C_u)와 곡률계수(C_g)를 구하고 입도분포가 양호한지 불량한지 판정하시오.

① 균등계수(C_u) :

② 곡률계수(C_g) :

③ 판 정 :

해답

체눈 크기(mm)	체에 남아있는 무게(g)	잔류률(%)	가적잔류률(%)	가적통과율(%)
4.75	4	1	1	99
2.0	8	2	3	97
0.85	36	9	12	88
0.425	144	36	48	52
0.25	92	23	71	29
0.15	72	18	89	11
0.075	40	10	99	1
pan	4	1	100	0
총무게	400	100		

가. 입도분포곡선

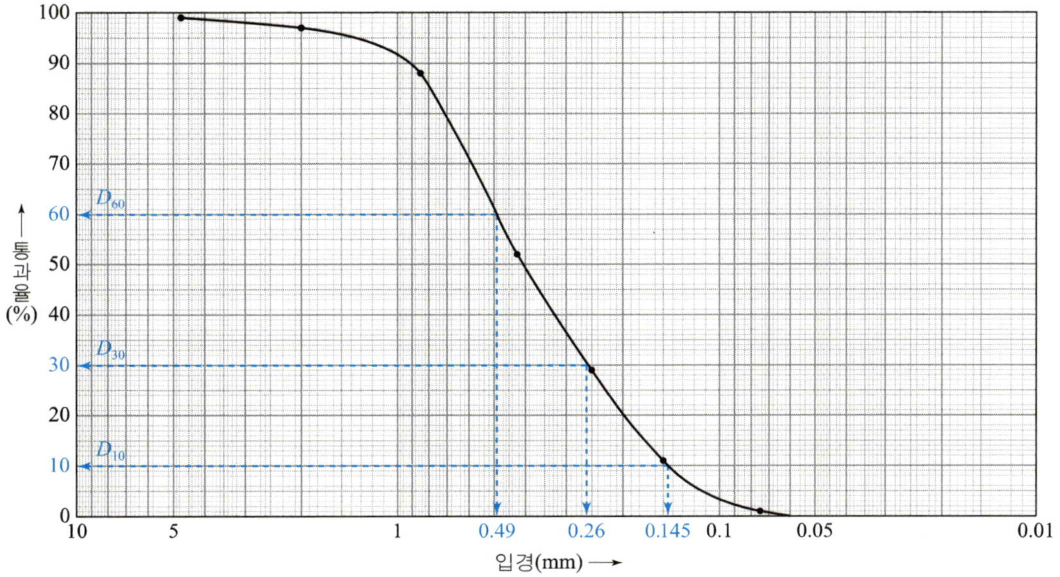

나. $D_{10} = 0.145\,\text{mm}$, $D_{30} = 0.26\,\text{mm}$, $D_{60} = 0.49\,\text{mm}$

① $C_u = \dfrac{D_{60}}{D_{10}} = \dfrac{0.49}{0.145} = 3.38$

② $C_g = \dfrac{(D_{30})^2}{D_{10} \times D_{60}} = \dfrac{0.26^2}{0.145 \times 0.49} = 0.95$

③ 판정 : $C_u = 3.38 < 6$: 불량

$C_g = 0.95 < 1 \sim 3$: 불량

∴ SP (입도분포가 불량한 흙)

□□□ 기94,10④,13②,16①,19②

득점	배점
	12

02 흙 비중이 2.65인 점토재료에 대하여 압밀시험을 실시하였다. 하중이 64kN/m²에서 128kN/m²로 변하는 동안의 시험결과가 다음과 같은 때 다음 물음에 답하시오.
(단, 배수조건은 양면배수이다.)

압밀응력 P(kN/m²)	공극비(e)	평균시료높이(cm)	t_{50}[log$t$](sec)	t_{90}[$\sqrt{t}$](sec)
64	1.148	1.384	79	342
128	0.951			

가. 압밀계수를 구하시오. (단, 계산결과는 □.□□×10$^{□}$로 표현하시오.)

① log$t$ 법 :

② $\sqrt{t}$:

나. 압축계수를 구하시오. (단, 계산결과는 □.□□×10$^{□}$로 표현하시오.)

계산 과정) 답 : ____________

다. 체적변화계수를 구하시오. (단, 계산결과는 □.□□×10$^{□}$로 표현하시오.)

계산 과정) 답 : ____________

라. 압축지수를 구하시오. (단, 소수점 넷째자리에서 반올림)

계산 과정) 답 : ____________

마. $\sqrt{t}$ 법에 의해 투수계수를 구하시오. (단, 계산결과는 □.□□×10$^{□}$로 표현하시오.)

계산 과정) 답 : ____________

해답 가. ① log$t$ 법 : $C_v = \dfrac{0.197H^2}{t_{50}} = \dfrac{0.197\times\left(\dfrac{1.384}{2}\right)^2}{79} = 1.19\times10^{-3}\text{cm}^2/\text{sec} = 1.19\times10^{-7}\text{m}^2/\text{sec}$

② $\sqrt{t}$: $C_v = \dfrac{0.848H^2}{t_{90}} = \dfrac{0.848\times\left(\dfrac{1.384}{2}\right)^2}{342} = 1.19\times10^{-3}\text{cm}^2/\text{sec} = 1.19\times10^{-7}\text{m}^2/\text{sec}$

나. $a_v = \dfrac{e_1 - e_2}{P_2 - P_1} = \dfrac{1.148 - 0.951}{128 - 64} = 3.08\times10^{-3}\text{m}^2/\text{kN}$

다. $m_v = \dfrac{a_v}{1+e} = \dfrac{3.08\times10^{-3}}{1+1.148} = 1.43\times10^{-3}\text{m}^2/\text{kN}$

라. $C_c = \dfrac{e_1 - e_2}{\log\dfrac{P_2}{P_1}} = \dfrac{1.148 - 0.951}{\log\dfrac{128}{64}} = 0.654$

마. $K = C_v \cdot m_v \cdot \gamma_w$

$= 1.19\times10^{-7}\times1.43\times10^{-3}\times9.81$

$= 1.67\times10^{-9}\text{m/sec} = 1.67\times10^{-7}\text{cm/sec}$

□□□ 기92②,04①,06①,09①,13②

03 다음은 애터버그 한계시험 결과 얻은 시험값이다. 다음 물음에 답하시오.
(단, 소수점 셋째자리에서 반올림하시오.)

득점	배점
	6

【시험 결과】

- 액성한계 : 38.0%
- 소성한계 : 19.0%
- 자연함수비 : 32.0%
- 유동지수 : 9.8%

가. 소성지수를 구하시오.

계산 과정) 답 : ______

나. 액성지수를 구하시오.

계산 과정) 답 : ______

다. 터프니스(toughness)지수를 구하시오.

계산 과정) 답 : ______

라. 컨시스턴시(consistency)지수를 구하시오.

계산 과정) 답 : ______

마. Skempton공식에 의한 압축지수를 구하시오. (단, 시료는 되비빔한 시료)

계산 과정) 답 : ______

바. 2μm 이하의 점토함유율 12%일 때 활성도를 구하고 평가하시오.

계산 과정) 답 : ______

해답 가. I_p = 액성한계 − 소성한계

$= 38 - 19 = 19\%$

나. $I_L = \dfrac{w_n - W_P}{W_L - W_P} = \dfrac{32-19}{38-19} = 0.68$

다. $I_t = \dfrac{I_P}{I_f} = \dfrac{19}{9.8} = 1.94$

라. $I_c = \dfrac{W_L - w_n}{I_p} = \dfrac{38-32}{19} = 0.32$

마. $C_c = 0.007(W_L - 10)$

$= 0.007(38-10) = 0.196 \quad \therefore C_c = 0.20$

바. $A = \dfrac{I_p}{2\mu\text{m 이하의 점토 함유율}} = \dfrac{19}{12} = 1.58 > 1.25$

∴ 활성점토 (∵ $A > 1.25$일 때 활성 점토)

건설재료분야

5문항(30점)

□□□ 기11②,13②,17④

04 굳지 않은 콘크리트의 염화물 함유량 측정 방법을 4가지만 쓰시오.

득점	배점
	4

① ______ ② ______

③ ______ ④ ______

해답 ① 전위차 적정법
② 질산은 적정법
③ 이온 전극법
④ 흡광 광도법

□□□ 기12④,13②,16①,17①, 18②

05 골재의 체가름시험(KS F 2502)에 대한 아래의 물음에 답하시오.

득점	배점
	10

가. 굵은골재에 대해 시험하는 경우 시료 최소 건조질량의 기준에 대하여 간단히 설명하시오.

○

나. 잔골재에 대해 시험하는 경우 시료 최소 건조질량의 기준에 대하여 간단히 설명하시오.

○

다. 구조용 경량골재를 사용하는 경우 시료 최소 건조질량의 기준에 대하여 간단히 설명하시오.

○

라. 굵은골재 15000g에 대한 체가름 시험결과가 아래 표와 같을 때 표의 빈칸을 채우고 굵은 골재의 조립률을 구하시오.

체(mm)	잔류량(%)	잔류율(%)	누적잔류율(%)
75	0		
50	0		
40	450		
30	1650		
25	2400		
20	2250		
15	4350		
10	2250		
5	1650		
2.5	0		

계산 과정)

답 : ______

해답 가. 골재의 최대치수(mm)의 0.2배를 kg으로 표시한 양으로 한다.
나. 1.18mm체를 95% 이상 통과하는 것에 대한 최소 건조질량을 100g으로 하고 1.18mm체 5%(질량비) 이상 남는 것에 대한 최소건조질량을 500g으로 한다.
다. 가. 나의 시료 최소 건조질량의 1/2로 한다.
라.

체(mm)	잔류량(%)	잔류율(%)	누적잔류율(%)
75	0	0	0
50	0	0	0
40	450	3	3
30	1650	11	14
25	2400	16	30
20	2250	15	45
15	4350	29	74
10	2250	15	89
5	1650	11	100
2.5	0	0	100
계	15000	100	

$$\text{조립률(F.M)} = \frac{\Sigma \text{각 체에 잔류한 중량백분율(\%)}}{100}$$

$$= \frac{0+3+45+89+100\times 6}{100} = 7.37$$

【답】 7.37

골재의 조립률(F.M)

■ 조립률(fineness modulus)은 골재의 크기를 개략적으로 나타내는 방법이다.
• 75mm, 40mm, 20mm, 10mm, 5mm, 2.5mm, 1.2mm, 0.6mm, 0.3mm, 0.15mm의 10개 체를 사용한다.
• $\text{조립률(F.M)} = \frac{\Sigma \text{각 체에 잔류한 중량백분율(\%)}}{100}$

□□□ 기13②

06 압축 강도시험 횟수가 30회 이상일 때 배합강도를 결정하는 방법을 설명하시오.
(단, 호칭강도에 따라 두 가지로 구분하여 설명하시오.)

득점	배점
	4

○

해답 • $f_{cn} \le 35\text{MPa}$인 경우

$f_{cr} = f_{cn} + 1.34s$
$f_{cr} = (f_{cn} - 3.5) + 2.33s$
] 두 값 중 큰 값

• $f_{cn} > 35\text{MPa}$인 경우

$f_{cr} = f_{cn} + 1.34s$
$f_{cr} = 0.9f_{cn} + 2.33s$
] 두 값 중 큰 값

□□□ 기04②,06②,07②,08④,10①,13②

07 콘크리트 1m^{3}를 만드는데 필요한 단위 잔골재량 및 단위 굵은골재량을 구하시오.

(단, 단위 수량 : 121kg/m^3, 물-결합재비 : 55%, 잔골재율(S/a) : 34%, 시멘트밀도 : 3.15g/cm^3, 잔골재의 표건밀도 : 2.65g/cm^3, 굵은골재의 표건밀도 : 2.70g/cm^3, 공기량 : 2%)

득점	배점
	6

계산 과정)

【답】 단위 잔골재량 : ______________, 단위 굵은 골재량 : ______________

해답 • 물-결합재비에서 $\frac{W}{B}=55\%$에서

단위 수량 $W=\frac{121}{0.55}=220\text{kg/m}^3$

• 단위 골재의 절대 체적

$$V=1-\left(\frac{\text{단위수량}}{1000}+\frac{\text{단위 시멘트량}}{\text{시멘트 밀도}\times 100}+\frac{\text{공기량}}{100}\right)$$

$$=1-\left(\frac{121}{1000}+\frac{220}{3.15\times 1000}+\frac{2}{100}\right)=0.789\text{m}^3$$

• 단위 잔골재량=단위골재의 절대 체적×잔골재율×잔골재의 밀도×1000

$=0.789\times 0.34\times 2.65\times 1000=710.89\text{kg/m}^3$

• 단위 굵은 골재량=단위 굵은골재의 절대체적×굵은 골재 밀도×1000

$=0.789\times(1-0.34)\times 2.70\times 1000=1406.00\text{kg/m}^3$

□□□ 기91,97,12④,13②,16①,19④,24①

08 아스팔트 신도시험에 대한 다음 물음에 답하시오.

득점	배점
	6

가. 아스팔트 신도시험의 목적을 간단히 설명하시오.

○

나. 별도의 규정이 없을 때의 온도와 속도를 쓰시오.

【답】 시험온도 : ______________, 인장속도 : ______________

다. 저온에서 시험할 때의 온도와 속도를 쓰시오.

【답】 시험온도 : ______________, 인장속도 : ______________

해답 가. 아스팔트의 연성을 알기 위해서

나. • 시험온도 : 25±0.5℃

• 인장속도 : 5±0.25cm/min

다. • 시험온도 : 4℃

• 인장속도 : 1cm/min

국가기술자격 실기시험문제

2013년도 기사 제4회 필답형 실기시험(기사)

종 목	시험시간	배 점	성 명	수험번호
건설재료시험기사	2시간	60		

※ 수험자 인적사항 및 계산식을 포함한 답안 작성은 검은색 필기구만 사용해야 하며, 그 외 연필류, 빨간색, 청색 등 필기구로 작성한 답항은 0점 처리 됩니다.

토질분야

5문항(47점)

□□□ 기01②,10②,13④,15①,18④,21④,22②,23④

01 정규압밀점토에 대하여 압밀배수 삼축압축시험을 실시하였다. 시험결과 구속압력을 280kN/m^2으로 하고 축차응력 280kN/m^2을 가하였을 때 파괴가 일어났다. 아래 물음에 답하시오.
(단, 점착력 $c=0$이다.)

득점	배점
	8

가. 내부마찰각(ϕ)을 구하시오.

계산 과정) 답 : ______

나. 파괴면이 최대주응력면과 이루는 각(θ)을 구하시오.

계산 과정) 답 : ______

다. 파괴면에서 수직응력(σ)을 구하시오.

계산 과정) 답 : ______

라. 파괴면에서 전단응력(τ)을 구하시오.

계산 과정) 답 : ______

해답 가. $\sin\phi=\dfrac{\sigma_1-\sigma_3}{\sigma_1+\sigma_3}$

- $\sigma_1=\sigma_3+\Delta\sigma=280+280=560\text{kN/m}^2$
- $\sigma_3=280\text{kN/m}^2$

$\therefore\ \phi=\sin^{-1}\dfrac{\sigma_1-\sigma_3}{\sigma_1+\sigma_3}=\sin^{-1}\dfrac{560-280}{560+280}=19.47°$

나. $\theta=45°+\dfrac{\phi}{2}$에서

$=45°+\dfrac{19.47°}{2}=54.74°$

다. $\sigma=\dfrac{\sigma_1+\sigma_3}{2}+\dfrac{\sigma_1-\sigma_3}{2}\cos 2\theta=\dfrac{560+280}{2}+\dfrac{560-280}{2}\cos(2\times 54.74°)=373.31\text{kN/m}^2$

라. $\tau=\dfrac{\sigma_1-\sigma_3}{2}\sin 2\theta=\dfrac{560-280}{2}\sin(2\times 54.74°)=131.99\text{kN/m}^2$

□□□ 기01①,10④,11①,13④,18④

득점	배점
	12

02 어떤 모래질 점토시료를 채취하여 다짐시험을 한 결과이다. 다음 물음에 답하시오.
(단, 몰드의 체적은 $1000cm^3$)

구분	1	2	3	4	5
(몰드+밑판+젖은 흙)무게(g)	5493	5625	5733	5807	5730
(몰드+밑판)무게(g)	3646	3646	3646	3646	3646
젖은흙 무게(g)					
습윤밀도(g/cm^3)					
건조밀도(g/cm^3)					
함수비(%)	12.08	12.99	14.35	17.05	19.50

가. 표의 젖은 흙 무게, 습윤밀도, 건조밀도를 구하여 표의 빈칸을 채우시오.

계산 과정)

답 : ______________

나. 다짐곡선을 작도하여 최적함수비와 최대건조밀도를 구하시오.

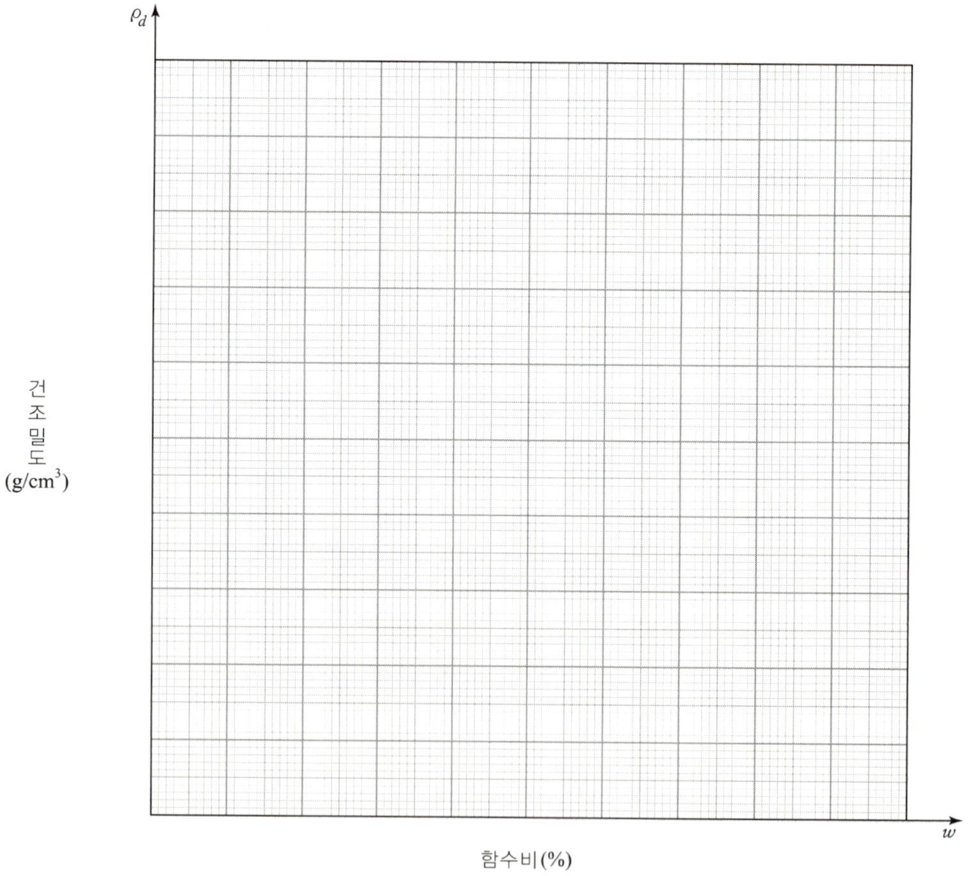

【답】 최적함수비 : ______________, 최대건조밀도 : ______________

다. 흙의 비중이 2.75일 때 영공기 간극곡선을 작도하시오.

계산 과정)

답 : ______________

라. 이 흙을 이용하여 토공작업을 할 때 현장시방서가 95%의 다짐도를 원한다면 현장 시공 함수비의 범위를 구하시오.

계산 과정)　　　　　　　　　　　　　　　　　　　　　　　답 : ____________

해답 가.

구분	1	2	3	4	5
(몰드+밑판+젖은 흙)무게(g)	5493	5625	5733	5807	5730
(몰드+밑판)무게(g)	3646	3646	3646	3646	3646
젖은흙 무게(g)	1847	1979	2087	2161	2084
습윤밀도(g/cm^3)	1.847	1.979	2.087	2.161	2.084
건조밀도(g/cm^3)	1.65	1.75	1.83	1.85	1.74
함수비(%)	12.08	12.99	14.35	17.05	19.50

나.

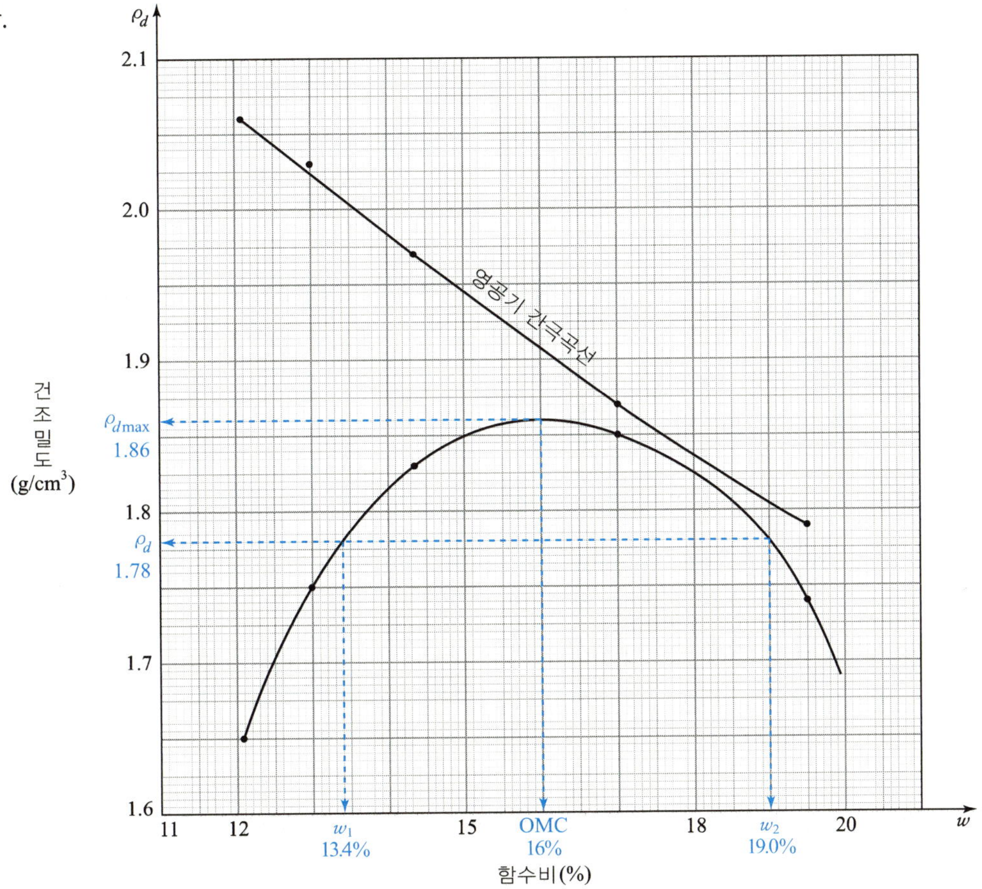

【답】 최적함수비 : 16%, 최대건조밀도 : $1.86g/cm^3$

다. $\rho_d = \dfrac{\rho_w}{\dfrac{1}{G_s} + \dfrac{w}{S}}$

측정번호	1	2	3	4	5
함수비(%)	12.08	12.99	14.35	17.05	19.50
영공기 간극상태의 건조밀도(g/cm³)	2.06	2.03	1.97	1.87	1.79

1. $\rho_d = \dfrac{1}{\dfrac{1}{2.75} + \dfrac{12.08}{100}} = 2.06$
2. $\rho_d = \dfrac{1}{\dfrac{1}{2.75} + \dfrac{12.99}{100}} = 2.03$
3. $\rho_d = \dfrac{1}{\dfrac{1}{2.75} + \dfrac{14.35}{100}} = 1.97$
4. $\rho_d = \dfrac{1}{\dfrac{1}{2.75} + \dfrac{17.05}{100}} = 1.87$
5. $\rho_d = \dfrac{1}{\dfrac{1}{2.75} + \dfrac{19.50}{100}} = 1.79$

라. $\rho_d = 1.87 \times \dfrac{95}{100} = 1.78\,\text{g/cm}^3$

$\therefore\ w_1 \sim w_2 = 13.4\% \sim 19.0\%$

□□□ 기92②,13④

03 토질시험결과 흙의 습윤단위중량 $\gamma_t = 17.5\text{kN/m}^3$, 포화단위중량 $\gamma_{sat} = 21.0\text{kN/m}^3$, 내부마찰각 $\phi = 40°$ 를 얻었다. 그림과 같이 옹벽에 정수압이 작용할 때 다음 물음에 답하시오.

득점	배점
	10

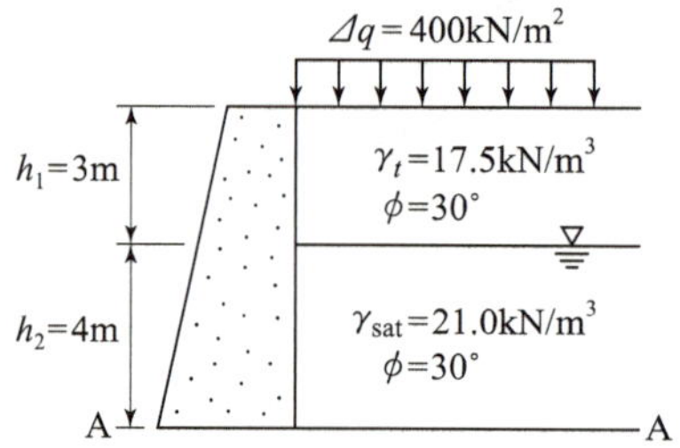

가. A-A면에서의 전응력, 간극수압, 유효응력을 구하시오.

계산 과정) 답 : ______________

【답】 전응력 : ______________, 간극수압 : ______________, 유효응력 : ______________

나. 옹벽에 작용하는 전체 주동토압 및 A-A면으로부터 토압작용점의 거리를 구하시오.

계산 과정) 답 : ______________

【답】 전체 주동토압 : ______________, 작용점의 거리 : ______________

해답 가. 전응력 $\sigma_A = \gamma_t h_1 + \gamma_{sat} h_2 + q = 17.5 \times 3 + 21.0 \times 4 + 400 = 536.5\text{kN/m}^2$

간극수압 $u_A = \gamma_w h_2 = 9.81 \times 4 = 39.24\text{kN/m}^2$

유효응력 $\overline{\sigma_A} = \sigma_A - u_A = 536.5 - 39.24 = 497.26\text{kN/m}^2$

또는 $\overline{\sigma_A} = \gamma_t h_1 + (\gamma_{sat} - \gamma_w) h_2 + q$

$= 17.5 \times 3 + (21.0 - 9.81) \times 4 + 400 = 497.26\text{kN/m}^2$

나.

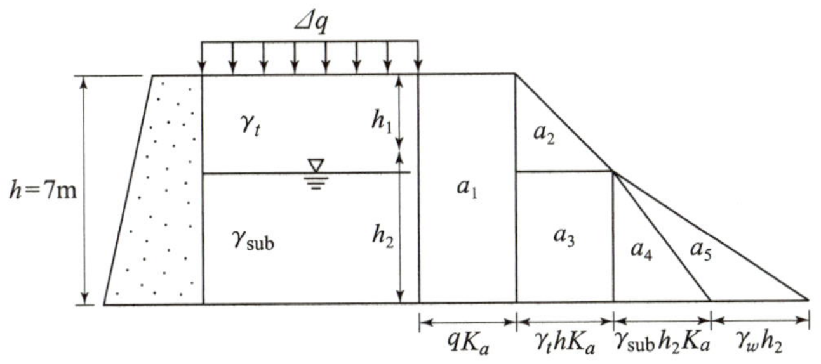

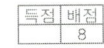

■ $P_A = P_{a1} + P_{a2} + P_{a3} + P_{a4} + P_{a5}$

• $k_a = \tan^2\left(45° - \dfrac{\phi}{2}\right) = \tan^2\left(45° - \dfrac{40°}{2}\right) = 0.217$

• $P_{a1} = \Delta q\,(h_1 + h_2)\,k_a = 400 \times (3+4) \times 0.217 = 607.6\text{kN/m}$

• $P_{a2} = \dfrac{1}{2}\gamma_t {h_1}^2 k_a = \dfrac{1}{2} \times 17.5 \times 3^2 \times 0.217 = 17.09\text{kN/m}$

• $P_{a3} = \gamma_t\, h_1 h_2 k_a = 17.5 \times 3 \times 4 \times 0.217 = 45.57\text{kN/m}$

• $P_{a4} = \dfrac{1}{2}\gamma_{sub} {h_2}^2 k_a = \dfrac{1}{2} \times (21.0 - 9.81) \times 4^2 \times 0.217 = 19.43\text{kN/m}$

• $P_{a5} = \dfrac{1}{2}\gamma_w {h_2}^2 = \dfrac{1}{2} \times 9.81 \times 4^2 = 78.48\text{kN/m}$

$\therefore\ P_A = 607.6 + 17.09 + 45.57 + 19.43 + 78.48 = 768.17\text{kN/m}$

■ $P_A \cdot \bar{y} = P_{a1} \cdot \dfrac{h}{2} + P_{a2} \cdot \left(h_2 + \dfrac{h_1}{3}\right) + P_{a3} \cdot \dfrac{h_2}{2} + P_{a4} \cdot \dfrac{h_2}{3} + P_{a5} \cdot \dfrac{h_2}{3}$

$768.17 \times \bar{y} = 607.6 \times \dfrac{3+4}{2} + 17.09 \times \left(4 + \dfrac{3}{3}\right) + 45.57 \times \dfrac{4}{2} + 19.43 \times \dfrac{4}{3} + 78.48 \times \dfrac{4}{3}$

$\therefore\ \bar{y} = 3.17\text{m}$

! 주의점
SOLVE 사용

□□□ 기02④,13④,20②

04 시료의 길이 20cm, 시료의 지름이 10cm인 시료에 정수위 투수시험 결과 수온이 25℃이었고, 경과시간 2분, 유출량 140cc, 수두차가 30cm이었다. 다음 물음에 답하시오.

득점	배점
	8

가. 수온 25℃의 투수계수를 구하시오.

계산 과정) 답 : ______

나. 표준온도에서의 투수계수를 구하시오.

(단, $\dfrac{\mu_{25}}{\mu_{15}} = 0.782$이다.)

계산 과정) 답 : ______

다. 위 공시체의 공극비를 측정한 결과 $e = 1$이었다. 이 시료를 다져서 공극비가 0.5가 되었다면 다진 후 이 시료의 투수계수를 구하시오.

계산 과정) 답 : ______

라. 만약 $e = 0.6$이었다면 공시체 내부의 침투유속(V_s)을 구하시오.

계산 과정) 답 : ______

해답 가. $k_{25}=\dfrac{Q\cdot L}{h\cdot A\cdot t}$

$$=\frac{140\times 20}{30\times \dfrac{\pi\times 10^2}{4}\times 2\times 60}=9.90\times 10^{-3}\text{cm/sec}$$

나. $k_{15}=k_{25}\times \dfrac{\mu_{25}}{\mu_{15}}$

$$=9.90\times 10^{-3}\times 0.782=7.742\times 10^{-3}\text{cm/sec}$$

다. $k_1:k_2=\dfrac{e_1^3}{1+e_1}:\dfrac{e_2^3}{1+e_2}$ 에서

- $\dfrac{e_1^3}{1+e_1}=\dfrac{1^3}{1+1}=0.5,\ \dfrac{e_2^3}{1+e_2}=\dfrac{0.5^3}{1+0.5}=0.083$

$$\therefore\ k_2=k_1\frac{\dfrac{e_2^3}{1+e_2}}{\dfrac{e_1^3}{1+e_1}}=9.90\times 10^{-3}\times\frac{0.083}{0.5}=1.643\times 10^{-3}\text{cm/sec}$$

라. $V_s=\dfrac{V}{n}$

- $n=\dfrac{e}{1+e}\times 100=\dfrac{0.6}{1+0.6}\times 100=37.5\%$

$$V=k\cdot i=k\cdot\frac{h}{L}=9.90\times 10^{-3}\times\frac{30}{20}=0.0149\text{cm/sec}$$

$$\therefore\ V_s=\frac{0.0149}{0.375}=0.0397\text{cm/sec}$$

투수계의 영향

- 간극비 : $k_1:k_2=\dfrac{e_1^3}{1+e_1}:\dfrac{e_2^3}{1+e_2}$
- 점성계수 : $k_1:k_2=\mu_2:\mu_1$ ($\because$ 투수계수(k)와 점성계수(μ)는 반비례 관계)

□□□ 기85,13④

05 **흙의 비중 $G_s=2.72$인 전 포화점토로 압밀시험을 수행하였다. 압밀하중을 100kN/m^{2}에서 200kN/m^{2}로 증가시켜 24시간동안 재하시키는 과정에서 각 시간마다 다음과 같은 다이얼 게이지 눈금값을 얻었다. 실험결과 24시간 후 시료의 최종두께는 15.3mm이었고, 이 때의 함수비를 측정하니 23.2%이었다. 실험결과 $\log t$방법에 의한 그래프상에서 50%압밀이 진행되는 시간은 2.63분이 소요되었다. 아래 물음에 답하시오.** (단, 실험할 때 시료는 양면 배수이다.)

득점	배점
	9

시간(분)	0	$\frac{1}{4}$	$\frac{1}{2}$	1	$2\frac{1}{4}$	4	$6\frac{1}{4}$	9	16
게이지(mm)	7.82	7.42	7.32	7.32	6.99	6.78	6.61	6.45	6.37
시간(분)	25	36	49	64	81	100	300	1440	
게이지(mm)	6.29	6.24	6.21	6.18	6.16	6.15	6.10	6.02	

가. 압밀계수(C_v)를 구하시오. (단, 계산결과는 □.□□ × 10$^□$ 로 표현하시오.)

계산 과정) 답 : ______________

나. 체적압축계수(m_v)를 구하시오. (단, 계산결과는 □.□□ × 10$^□$ 로 표현하시오.)

계산 과정) 답 : ______________

다. 투수계수(k)를 구하시오. (단, 계산결과는 □.□□ × 10$^□$ 로 표현하시오.)

계산 과정) 답 : ______________

해답 가. $C_v = \dfrac{0.197H^2}{t_{50}}$

• $t_{50} = 2.63^2 = 6.92$분

$$\therefore\ C_v = \frac{0.197 \times \left(\frac{1.53}{2}\right)^2}{6.92} = 1.67 \times 10^{-2}\text{cm}^2/\text{min} = 1.67 \times 10^{-6}\text{m}^2/\text{min}$$

나. ■방법 1

$$m_v = \frac{a_v}{1+e}$$

• $e = \dfrac{G_s \cdot w}{S} = \dfrac{2.72 \times 23.2}{100} = 0.63$

• 압밀과 공극비의 관계

$$\frac{H_1}{1+e_1} = \frac{H_2}{1+e_2} = \frac{17.1}{1+0.63} = \frac{15.3}{1+e_2} \quad (\because\ H_1 = 15.3 + (7.82 - 6.02) = 17.1\text{mm})$$

참고 SOLVE 사용

$\therefore\ X = 0.458421,\ e_2 = 0.46$

또는 $e_2 = \dfrac{15.3}{\frac{17.1}{1.63}} - 1 = 0.46$

$$a_v = \frac{e_1 - e_2}{P_2 - P_1} = \frac{0.63 - 0.46}{200 - 100} = 1.7 \times 10^{-3}\text{m}^2/\text{kN}$$

$$\therefore\ m_v = \frac{a_v}{1+e} = \frac{1.7 \times 10^{-3}}{1+0.63} = 1.04 \times 10^{-3}\text{m}^2/\text{kN}$$

■방법 2

$$m_v = \frac{\frac{\Delta H}{H}}{\Delta P}$$

$\Delta H = 7.82 - 6.02 = 1.8\text{mm} = 0.18\text{cm} = 0.0018\text{m}$

$H = 15.3 + (7.82 - 6.02) = 17.1\text{mm} = 1.71\text{cm} = 0.0171\text{m}$

$$m_v = \frac{\frac{0.0018}{0.0171}}{100} = 1.05 \times 10^{-3}\text{m}^2/\text{kN}$$

다. $K = C_v \cdot m_v \cdot \gamma_w$

• $\gamma_w = 9.81\text{kN/m}^3$

$$\therefore\ K = 1.67 \times 10^{-6} \times 1.04 \times 10^{-3} \times 9.81 = 1.70 \times 10^{-8}\text{m/min} = 1.74 \times 10^{-6}\text{cm/min}$$

건설재료분야

3문항(13점)

□□□ 기10④,13④,16④,18①,21①

06 다음은 굵은골재의 체분석표이다. 다음 물음에 답하시오.

득점	배점
	5

체크기(mm)	75	40	20	10	5	2.5	1.2
잔류율(%)	0	5	24	48	19	4	0

가. 굵은골재의 최대치수에 대한 정의를 쓰고, 위 결과를 보고 굵은골재의 최대치수를 구하시오.

① 정의 :

② 굵은골재의 최대치수 :

나. 조립률(F.M)을 구하시오.

계산 과정)　　　　답 : ________

해답 가. ① 질량비로 90% 이상을 통과시키는 체 중에서 최소치수의 체눈 호칭치수로 나타낸다.

② 40mm

체크기(mm)	75	40	20	10	5	2.5	1.2	0.6	0.3	0.15
잔류율(%)	0	5	24	48	19	4	0	0	0	0
가적 잔류율(%)	0	5	29	77	96	100	100	100	100	100
가적 통과율(%)	100	95	71	23	4	0	0	0	0	0

나. $\text{조립률(F.M)} = \dfrac{\Sigma\text{각 체에 잔류한 중량백분율(\%)}}{100}$

$$= \frac{0+5+29+77+96+100\times 5}{100} = \frac{707}{100} = 7.07$$

□□□ 기13④

07 콘크리트의 워커빌리티는 반죽질기에 좌우되는 경우가 많으므로 일반적으로 반죽질기를 측정하여 그 결과에 따라 워커빌리티의 정도를 판단한다. 콘크리트의 반죽질기를 평가하는 시험방법을 4가지를 쓰시오.

득점	배점
	4

① ________　② ________

③ ________　④ ________

해답 ① 슬럼프시험(slump test)

② 흐름시험(flow test)

③ 구관입시험(ball penetration tesst)

④ 리몰딩시험(remolding test)

⑤ 비비시험(Vee-Bee test)

⑥ 다짐계수시험(compacting factor test)

□□□ 기88,93,06②,08④,10①,13④,14①,17④

득점	배점
	4

08 콘크리트 $1m^3$를 만드는데 필요한 단위 잔골재량 및 단위 굵은골재량을 구하시오.

(단, 단위 시멘트량 : $220kg/m^3$, 물-결합재비 : 55%, 잔골재율(S/a) : 34%, 시멘트밀도 : $3.15g/cm^3$, 잔골재의 표건밀도 : $2.65g/cm^3$, 굵은골재의 표건밀도 : $2.70g/cm^3$, 공기량 : 2%)

계산 과정) 답 : ____________

【답】 단위 잔골재량 : ____________, 단위 굵은 골재량 : ____________

해답 • 물-결합재비에서 $\frac{W}{B}=55\%$에서

단위 수량 $W=0.55\times 220=121\text{kg/m}^3$

• 단위 골재의 절대 체적

$$V=1-\left(\frac{\text{단위수량}}{1000}+\frac{\text{단위 시멘트량}}{\text{시멘트 밀도}\times 100}+\frac{\text{공기량}}{100}\right)$$

$$=1-\left(\frac{121}{1000}+\frac{220}{3.15\times 1000}+\frac{2}{100}\right)=0.789\text{m}^3$$

• 단위 잔골재량=단위골재의 절대 체적×잔골재율×잔골재의 밀도×1000

$=0.789\times 0.34\times 2.65\times 1000=710.89\text{kg/m}^3$

• 단위 굵은 골재량=단위 굵은골재의 절대체적×굵은 골재 밀도×1000

$=0.789\times(1-0.34)\times 2.70\times 1000=1406.00\text{kg/m}^3$

국가기술자격 실기시험문제

2014년도 기사 제1회 필답형 실기시험(기사)

종 목	시험시간	배 점	성 명	수험번호
건설재료시험기사	2시간	60		

※ 수험자 인적사항 및 계산식을 포함한 답안 작성은 검은색 필기구만 사용해야 하며, 그 외 연필류, 빨간색, 청색 등 필기구로 작성한 답항은 0점 처리 됩니다.

토질분야 5문항(32점)

□□□ 기90,14①,16④,21②

득점	배점
	6

01 어떤 현장흙의 실내다짐 시험결과 최적함수비(W_{opt})가 24%, 최대건조밀도 1.71g/cm³, 비중(G_s)이 2.65였다. 이 흙으로 이루어진 지반에서 현장다짐을 수행한 후 함수비시험과 모래치환법에 의한 흙의 단위중량시험을 실시하였더니 함수비가 23%, 전체밀도가 1.97g/cm³이었다. 다음 물음에 답하시오.

가. 현장건조밀도를 구하시오.

계산 과정)　　　　답 : ____________

나. 상대다짐도를 구하시오.

계산 과정)　　　　답 : ____________

다. 현장흙의 다짐 후 공기함유율($A = V_a / V$)를 구하시오.

계산 과정)　　　　답 : ____________

해답 가. $\rho_d = \dfrac{\rho_t}{1+w} = \dfrac{1.97}{1+0.23} = 1.60\text{g/cm}^3$

나. $R = \dfrac{\rho_d}{\rho_{d\max}} \times 100 = \dfrac{1.60}{1.71} \times 100 = 93.57\%$

다. $A = \dfrac{V_a}{V} = \dfrac{V_v - V_w}{V_s + V_v} = \dfrac{e - \dfrac{S \cdot e}{100}}{1+e}$

• $e = \dfrac{\rho_w \cdot G_s}{\rho_d} - 1 = \dfrac{1 \times 2.65}{1.60} - 1 = 0.66$

• $S = \dfrac{G_s \cdot w}{e} = \dfrac{2.65 \times 23}{0.66} = 92.35\%$

$\therefore A = \dfrac{e - \dfrac{S \cdot e}{100}}{1+e} = \dfrac{0.66 - \dfrac{92.35 \times 0.66}{100}}{1+0.66} = 0.030$

• 다짐 시험 결과

$W_{opt} = 24\%$
$\rho_{d\max} = 1.71\text{g/cm}^3$
$G_s = 2.65$

• 현장 다짐 결과

$w = 23\%$
$\rho_t = 1.97\text{g/cm}^3$

□□□ 기92②,09①,11①,14①,17④,20④,23②

02 다음 그림과 같은 지층위에 성토로 인한 등분포하중 $q=40\text{kN/m}^2$이 작용할 때 다음 물음에 답하시오. (단, 점토층은 정규압밀점토이며, 소수점 이하 넷째자리에서 반올림하시오.)

득점	배점
	8

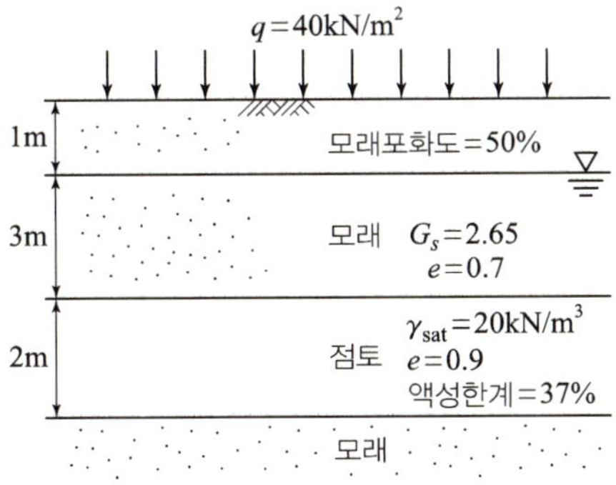

가. 지하수 아래에 있는 모래의 수중 단위중량(γ_{sub})을 구하시오.

계산 과정) 답 : ______

나. Skempton공식에 의한 점토지반의 압축지수를 구하시오.
(단, 흐트러지지 않은 시료임)

계산 과정) 답 : ______

다. 성토로 인한 점토지반의 압밀침하량(ΔH)을 구하시오.

계산 과정) 답 : ______

해답 가. $\gamma_{sub}=\dfrac{G_s-1}{1+e}\gamma_w=\dfrac{2.65-1}{1+0.7}\times 9.81=9.52\text{kN/m}^3$

나. $C_c=0.009(W_L-10)=0.009(37-10)=0.243$(∵ 불교란 시료)

다. $\Delta H=\dfrac{C_c H}{1+e_0}\log\dfrac{P_o+\Delta P}{P_o}$

- 지하수위 위의 모래층 단위중량 $\gamma_t=\dfrac{G_s+\dfrac{S\cdot e}{100}}{1+e}\gamma_w=\dfrac{2.65+\dfrac{50\times 0.7}{100}}{1+0.7}\times 9.81=17.31\text{kN/m}^3$
- 유효상재압력 $P_o=\gamma_t H_1+\gamma_{sub}H_2+\gamma_{sub}\dfrac{H_3}{2}$

$=17.31\times 1+9.52\times 3+(20-9.81)\times\dfrac{2}{2}=56.06\text{kN/m}^2$

$\therefore\ \Delta H=\dfrac{0.243\times 200}{1+0.9}\log\dfrac{56.06+40}{56.06}=5.98\text{cm}$

□□□ 기14①

03 공내 재하시험에 대하여 간단히 설명하시오.

득점	배점
	4

○

해답 시추공의 공벽면을 가압하여 그 때의 공벽면 변형량을 측정하여 지반의 강도 및 변형 특성을 조사하는 시험

□□□ 기02②,07④,14①,18①,24①

04 **포화점토에 대한 임의 하중단계에서 측정된 시간－압밀량의 관계는 다음 표와 같다. 각 물음에 답하시오.**

득점	배점
	10

경과시간(min)	압밀량(mm)	경과시간(min)	압밀량(mm)
0.00	－	12.25	2.08
0.25	1.48	16.00	2.15
1.00	1.58	20.25	2.21
2.25	1.68	25.00	2.25
4.00	1.78	36.00	2.30
6.25	1.88	64.00	2.35
9.00	1.98	121.00	2.40

가. $\sqrt{t}$ 법을 이용하여 시간－압밀량의 관계도를 그리시오.

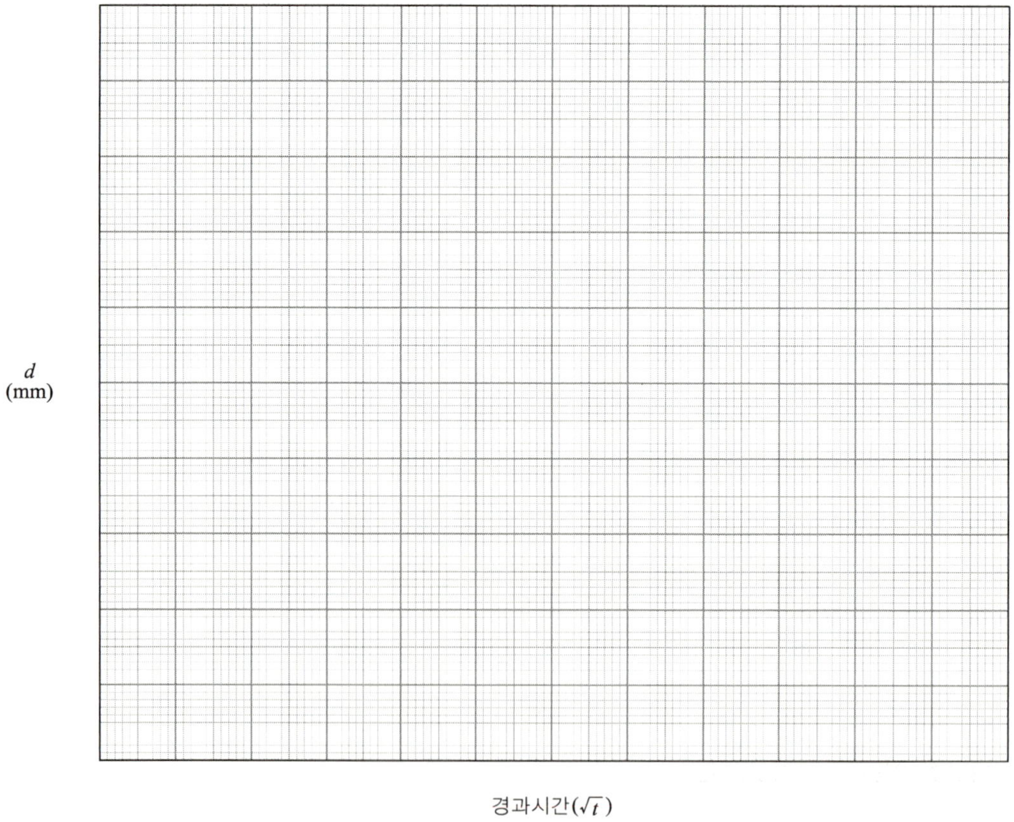

나. 초기 보정치 d_o와 압밀도 90%에 도달되는 시간 t_{90} 및 압밀침하량 d_{90}을 구하시오.

계산 과정)

【답】 d_s : ________________, t_{90} : ________________, d_{90} : ________________

다. 1차 압밀침하량(Δd)을 계산하시오.

계산 과정)　　　　　　　　　　　　　　　　　　　　　답 : ____________

해답

경과시간(min)	$\sqrt{t}$	압밀량(mm)	경과시간(min)	$\sqrt{t}$	압밀량(mm)
0.00	0	−	12.25	3.5	2.08
0.25	0.5	1.48	16.00	4.0	2.15
1.00	1.0	1.58	20.25	4.5	2.21
2.25	1.5	1.68	25.00	5.0	2.25
4.00	2.0	1.78	36.00	6.0	2.30
6.25	2.5	1.88	64.00	8.0	2.35
9.00	3.0	1.98	121.00	11.0	2.40

가.

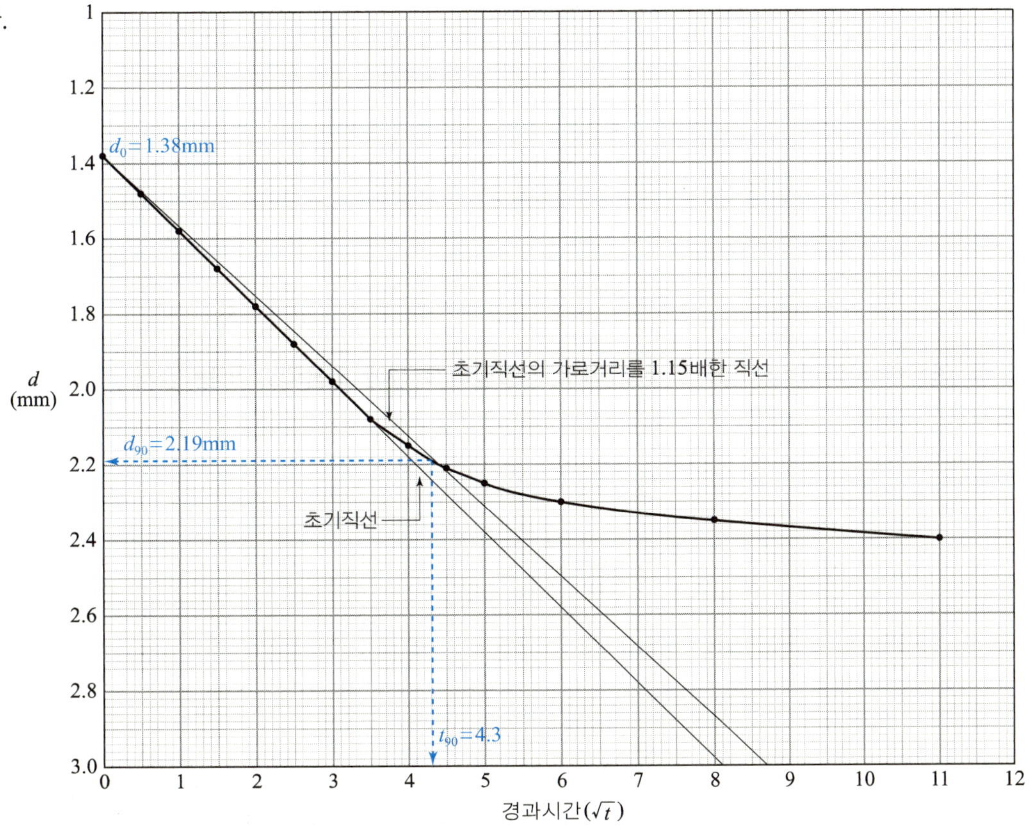

나. $t_{90} = 4.3^2 = 18.49\text{min}$

【답】 d_o : 1.38mm, t_{90} : 18.49min, d_{90} : 2.19mm

다. $d_{100} = \dfrac{10}{9}(d_{90} - d_o) + d_o$

$= \dfrac{10}{9}(2.19 - 1.38) + 1.38 = 2.28\text{mm}$

$\therefore\ \Delta d = \dfrac{d_{100} - d_o}{10} = \dfrac{2.28 - 1.38}{10} = 0.09\text{cm}$

□□□ 기88,10②,14①,15④,16④

05 어떤 현장에 있는 모래의 습윤단위 중량이 18.8kN/m^3이고 함수비가 25%였다. 이것을 실험실에서 건조시켜 최대, 최소 건조단위 중량을 측정했더니 15.5kN/m^3, 14.0kN/m^3였다. 이 모래의 상대밀도를 구하시오.

득점	배점
	4

계산 과정)　　　　　　　　　　　　　　　　답 : ______

해답

$$D_r = \frac{\gamma_d - \gamma_{d\min}}{\gamma_{d\max} - \gamma_{d\min}} \times \frac{\gamma_{d\max}}{\gamma_d} \times 100$$

$\gamma_{d\max} = 15.5\text{kN/m}^3$

$\gamma_{d\min} = 14.0\text{kN/m}^3$

• 건조밀도 $\gamma_d = \dfrac{\gamma_t}{1+w} = \dfrac{18.8}{1+0.25} = 15.04\text{kN/m}^3$

$$\therefore\ D_r = \frac{15.04 - 14.0}{15.5 - 14.0} \times \frac{15.5}{15.04} \times 100 = 71.45\%$$

건설재료분야

5문항(28점)

□□□ 기10①,14①,17④,19①,21④

06 초음파 전달속도를 이용한 비파괴 검사법으로 콘크리트 균열깊이 측정에 이용되고 있는 검사 방법을 4가지만 쓰시오.

득점	배점
	4

① ______　② ______

③ ______　④ ______

해답 ① T법　② $T_c - T_o$법　③ BS법

④ R-S법　⑤ 레슬리(Leslie)법

□□□ 기93②,14①,20②, 21①

07 아스팔트 침입도 시험에서 표준침의 관입량이 1.2cm로 나왔다. 침입도는 얼마인가?

득점	배점
	4

계산 과정)　　　　　　　　　　　　　　　　답 : ______

해답 침입도 $= \dfrac{\text{관입량(mm)}}{0.1} = \dfrac{12}{0.1} = 120$

□□□ 기89,08②,14①

08 다음 표는 골재의 체가름 시험 결과이다. 조립률을 구하시오.

득점	배점
	4

구 분	각 체에 남는 양(%)
75mm체에 남는 시료 양	0
40mm체에 남는 시료 양	0
25mm체에 남는 시료 양	3
20mm체에 남는 시료 양	26
15mm체에 남는 시료 양	24
10mm체에 남는 시료 양	24
5mm체에 남는 시료 양	21
2.5mm체에 남는 시료 양	2

계산 과정)

답 :

해답

구 분	각 체에 남는 양(%)	누적잔유율(%)
75mm체에 남는 시료 양	0	0*
40mm체에 남는 시료 양	0	0*
25mm체에 남는 시료 양	3	3
20mm체에 남는 시료 양	26	29*
15mm체에 남는 시료 양	24	53
10mm체에 남는 시료 양	24	77*
5mm체에 남는 시료 양	21	98*
2.5mm체에 남는 시료 양	2	100*

$$조립률 = \frac{\Sigma 각\ 체의\ 누적잔유율(\%)}{100}$$

$$= \frac{0\times 2+29+77+98+100\times 5}{100} = 7.04$$

! 주의점

*

조립률계산

체번호

골재의 조립률(F.M)

■ 조립률(fineness modulus)은 골재의 크기를 개략적으로 나타내는 방법이다.

- 75mm, 40mm, 20mm, 10mm, 5mm, 2.5mm, 1.2mm, 0.6mm, 0.3mm, 0.15mm의 10개 체를 사용한다.
- $조립률 = \frac{\Sigma 각\ 체의\ 누적잔유율(\%)}{100}$

□□□ 기02④,04④,10④,12④,14①,15①,16②,18④

09 다음 표의 설계조건 및 재료, 참고표를 이용하여 콘크리트를 배합설계 하여 배합표를 완성하시오.

득점	배점
	10

【시험 결과】

- 물-결합재비는 50%
- 굵은골재는 최대치수 40mm의 부순돌을 사용한다.
- 양질의 공기연행제(AE제)를 사용하며, 그 사용량은 시멘트 질량의 0.03%로 한다.
- 목표로 하는 슬럼프는 120mm, 공기량은 5.0%로 한다.
- 사용하는 시멘트는 보통포틀랜드시멘트로서, 밀도는 3.15g/cm^{3}이다.
- 잔골재의 표건밀도는 2.60g/cm^{3}이고, 조립률은 2.86이다.
- 굵은골재의 표건밀도는 2.65g/cm^{3}이다.

【배합설계 참고표】

굵은 골재 최대 치수 (mm)	단위 굵은 골재 용적 (%)	공기연행제를 사용하지 않은 콘크리트			공기 연행 콘크리트				
		갇힌 공기 (%)	잔골재율 S/a(%)	단위 수량 (kg)	공기량 (%)	양질의 공기연행제를 사용한 경우		양질의 공기연행 감수제를 사용한 경우	
						잔골재율 S/a(%)	단위 수량 W(kg/m^3)	잔골재율 S/a(%)	단위 수량 W(kg/m^3)
15	58	2.5	53	202	7.0	47	180	48	170
20	62	2.0	49	197	6.0	44	175	45	165
25	67	1.5	45	187	5.0	42	170	43	160
40	72	1.2	40	177	4.5	39	165	40	155

주 1) 이 표의 값은 보통의 입도를 가진 잔골재(조립률 2.8 정도)와 부순돌을 사용한 물-결합재비 55% 정도, 슬럼프 80mm 정도의 콘크리트에 대한 것이다.

2) 사용재료 또는 콘크리트의 품질이 주 1)의 조건과 다를 경우에는 위의 표의 값을 아래 표에 따라 보정한다.

구 분	S/a의 보정(%)	W의 보정(kg)
잔골재의 조립률이 0.1만큼 클(작을) 때마다	0.5 만큼 크게(작게) 한다.	보정하지 않는다.
슬럼프값이 10mm 만큼 클(작을) 때마다	보정하지 않는다.	1.2 만큼 크게(작게) 한다.
공기량이 1% 만큼 클(작을) 때마다	0.75 만큼 작게(크게) 한다.	3% 만큼 작게(크게) 한다.
물-결합재비가 0.05클(작을) 때마다	1 만큼 크게(작게) 한다.	보정하지 않는다.
S/a가 1% 클(작을)때마다	보정하지 않는다.	1.5kg 만큼 크게(작게) 한다.

비고 : 단위 굵은 골재용적에 의하는 경우에는 모래의 조립률이 0.1 만큼 커질(작아질) 때마다 단위 굵은 골재용적을 1% 만큼 작게(크게) 한다.

계산과정)

【답】 배합표

굵은골재 최대치수 (mm)	슬럼프 (mm)	공기량 (%)	W/B (%)	잔골재율 (S/a) (%)	단위량(kg/m³)				혼화제 단위량 (g/m³)
					물 (W)	시멘트 (C)	잔골재 (S)	굵은골재 (G)	
40	120	5.0	50						

해답

보정항목	배합참고표	설계조건	잔골재율(S/a) 보정	단위 수량(W)의 보정
굵은골재의 치수 40mm일 때			$S/a=39\%$	$W=165\text{kg}$
모래의 조립률	2.80	2.86(↑)	$\frac{2.86-2.80}{0.10}\times 0.5=+0.3(\uparrow)$	보정하지 않는다.
슬럼프값	80mm	120mm(↑)	보정하지 않는다.	$\frac{120-80}{10}\times 1.2=4.8\%(\uparrow)$
공기량	4.5	5.0(↑)	$\frac{5-4.5}{1}\times(-0.75)$ $=-0.375\%(\downarrow)$	$\frac{5-4.5}{1}\times(-3)$ $=-1.5\%(\downarrow)$
W/B	55%	50%(↓)	$\frac{0.55-0.50}{0.05}\times(-1)$ $=-1.0\%(\downarrow)$	보정하지 않는다.
S/a	39%	37.93%(↓)	보정하지 않는다.	$\frac{39-37.93}{1}\times(-1.5)$ $=-1.605\text{kg}(\downarrow)$
보정값			$S/a=39+0.3-0.375-1.0$ $=37.93\%$	$165\left(1+\frac{4.8}{100}-\frac{1.5}{100}\right)-1.605$ $=168.84\text{kg}$

• 단위 수량 $W=168.84\text{kg}$

• 단위 시멘트량 C : $\frac{W}{B}=0.50$, $C=\frac{168.84}{0.50}=337.68$ ∴ $C=337.68\text{kg}$

• 공기연행(AE)제 : $337.68\times\frac{0.03}{100}=0.101304\text{kg}=101.30\text{g/m}^3$

• 단위골재량의 절대체적

$$V_a=1-\left(\frac{\text{단위수량}}{1000}+\frac{\text{단위 시멘트}}{\text{시멘트밀도}\times 1000}+\frac{\text{공기량}}{100}\right)$$

$$=1-\left(\frac{168.84}{1000}+\frac{337.68}{3.15\times 1000}+\frac{5.0}{100}\right)=0.674\text{m}^3$$

• 단위 잔골재량

$S=V_a\times S/a\times$잔골재 밀도$\times 1000$

$=0.674\times 0.3793\times 2.6\times 1000=664.69\text{kg/m}^3$

• 단위 굵은골재량

$G=V_g\times(1-S/a)\times$굵은골재 밀도$\times 1000$

$=0.674\times(1-0.3793)\times 2.65\times 1000=1108.63\text{kg/m}^3$

∴ 배합표

굵은골재의 최대치수(mm)	슬럼프 (mm)	W/B (%)	잔골재율 S/a(%)	단위량(kg/m³)				혼화제 (g/m³)
				물	시멘트	잔골재	굵은골재	
40	120	50	37.93	168.84	337.68	664.69	1108.63	101.30

다른 방법

- 단위 수량 $W = 177.04\text{kg}$
- 단위 시멘트량(C) : $\dfrac{W}{B} = 0.50$, $C = \dfrac{168.84}{0.50} = 337.68$ ∴ 단위 시멘트량 $C = 337.68\text{kg}$
- 시멘트의 절대용적 : $V_c = \dfrac{337.68}{0.00315 \times 1000} = 107.20\,l$
- 공기량 : $1000 \times 0.05 = 50l$
- 골재의 절대용적 : $1000 - (107.20 + 168.84 + 50) = 673.96\,l$
- 잔골재의 절대용적 : $673.96 \times 0.3797 = 255.90l$
- 단위 잔골재량 : $255.90 \times 0.0026 \times 1000 = 665.34\text{kg}$
- 굵은 골재의 절대용적 : $673.96 - 255.90 = 418.06\,l$
- 단위 굵은 골재량 : $418.06 \times 0.00265 \times 1000 = 1107.86\text{kg/m}^3$
- 공기연행제량 : $337.68 \times \dfrac{0.03}{100} = 0.101304\text{kg} = 101.30\text{g/m}^3$

배합설계 참고표에서 찾는 법

■「설계조건 및 재료」에서 확인할 사항
- 양질의 공기연행제 사용여부
- 굵은골재의 최대치수 확인

굵은골재 최대치수(mm)	공기량(%)	양질의 공기연행제를 사용한 경우	
		잔골재율 S/a(%)	단위 수량 W(kg/m^3)
40	4.5	39	165

□□□ 기09②,14①,17④

10 굳은 콘크리트의 시험에 대한 다음 물음에 답하시오.

득점 | 배점 6

가. 콘크리트의 압축강도시험(KS F 2405)에서 공시체에 하중을 가하는 속도에 대해 설명하시오.

○

나. 콘크리트의 휨강도시험(KS F 2408)에서 공시체에 하중을 가하는 속도에 대해 설명하시오.

○

다. 콘크리트의 강도시험용 공시체 제작방법(KS F 2403)에서 공시체 몰드를 떼어내는 시기 및 공시체의 양생온도 범위에 대해 쓰시오.

① 몰드를 떼어내는 시기 :

② 공시체의 양생온도 범위 :

해답 가. 압축 응력도의 증가율이 매초 (0.6±0.2)MPa이 되도록 한다.
나. 가장자리 응력도의 증가율이 매초 (0.06±0.040)MPa이 되도록 한다.
다. ① 콘크리트 채우기가 끝나고 나서 16시간 이상 3일 이내
② 공시체의 양생온도는 (20±2)℃로 한다.

강도시험 방법

구분	압축강도	쪼갬 인장강도	휨강도
하중을 가하는 속도	압축응력도의 증가율이 매초 (0.6±0.2)MPa	인장응력도의 증가율이 매초 (0.06±0.04)MPa	가장자리 응력도의 증가율이 매초 (0.06±0.04)MPa
강도 계산	$f_c = \dfrac{P}{\dfrac{\pi d^2}{4}}$	$f_{sp} = \dfrac{2P}{\pi d l}$	$f_b = \dfrac{Pl}{bh^2}$ (3분점) $f_b = \dfrac{3Pl}{2bh^2}$ (중앙점)

국가기술자격 실기시험문제

2014년도 기사 제2회 필답형 실기시험(기사)

종 목	시험시간	배 점	성 명	수험번호
건설재료시험기사	2시간	60		

※ 수험자 인적사항 및 계산식을 포함한 답안 작성은 검은색 필기구만 사용해야 하며, 그 외 연필류, 빨간색, 청색 등 필기구로 작성한 답항은 0점 처리 됩니다.

토질분야

4문항(22점)

□□□ 기12①,14②④,15④

01 모래 치환법에 의한 현장 흙의 단위 무게시험 결과가 아래의 표와 같을 때 다음 물음에 답하시오.

득점	배점
	6

- 시험구멍에서 파낸 흙의 무게 : 3527g
- 시험 전, 샌드콘+모래의 무게 : 6000g
- 시험 후, 샌드콘+모래의 무게 : 2840g
- 모래의 건조밀도 : 1.6g/cm^3
- 현장 흙의 실내 토질 시험 결과, 함수비 : 10%
- 최대 건조밀도 : 1.65g/cm^3

가. 현장 흙의 건조밀도를 구하시오.

계산 과정) 답 : ______

나. 상대 다짐도를 구하시오.

계산 과정) 답 : ______

해답 가. $\rho_d = \dfrac{\rho_t}{1+w}$

- $V = \dfrac{W_{\text{sand}}}{\rho_s} = \dfrac{6000-2840}{1.6} = 1975\text{cm}^3$
- $\rho_t = \dfrac{W}{V} = \dfrac{3527}{1975} = 1.79\text{g/cm}^3$

$\therefore \rho_d = \dfrac{\rho_t}{1+w} = \dfrac{1.79}{1+0.10} = 1.63\text{g/cm}^3$

나. $R = \dfrac{\rho_d}{\rho_{d\max}} \times 100 = \dfrac{1.63}{1.65} \times 100 = 98.79\%$

□□□ 기05④,08①,10④,14②,21①②

02 시료의 길이 25cm, 시료의 지름이 12cm인 사질토의 정수위 투수시험결과 경과 시간 2분, 유출량 116cc, 수두차 40cm였다. 투수계수를 구하시오.

득점	배점
	4

계산 과정) 답 : ______

해답 $k=\dfrac{Q\cdot L}{A\cdot h\cdot t}$

- $A=\dfrac{\pi d^2}{4}=\dfrac{\pi\times 12^2}{4}=113.097\text{cm}^2$
- $Q=116\,\text{cc}=116\text{cm}^3$
- $L=25\text{cm}$
- $t=2$분$=120\text{sec}$
- $h=40\text{cm}$

$\therefore\ k=\dfrac{116\times 25}{113.097\times 40\times 120}=5.34\times 10^{-3}\text{cm/sec}$

□□□ 기10①,14②,16①

03 압밀시험결과에서 선행압밀하중을 결정하는 방법을 $e-\log P$압밀곡선에서 산출하는 과정을 작도하여 단계별로 간단히 설명하시오.

득점	배점
	6

○

해답 ① $e-\log P$곡선에서 외견상 곡률 최대인 점 T를 결정한다.
② 점 T에서 수평인 TO와 접선 TN을 긋는다.
③ ∠OTN이 이루는 각의 2등분선 TM을 긋는다.
④ $e-\log P$곡선의 하부 직선부분인 FH의 연장선 HE와 이등분선 TM과의 교점 D를 구한다.
⑤ 점 D에서 수직선을 내려 $\log P$축과 만나는 점이 선행압밀하중(P_c)이다.

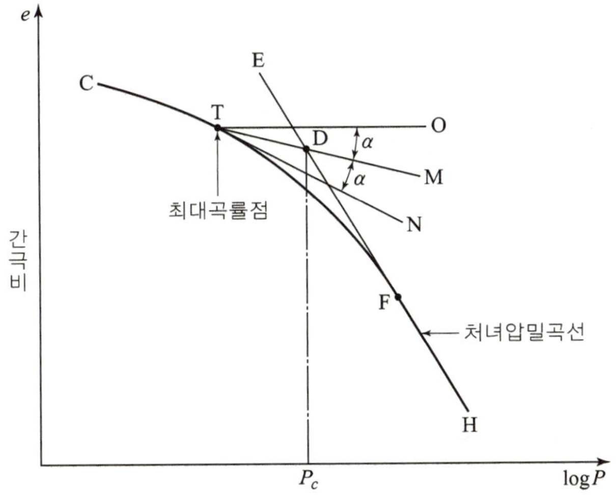

□□□ 기08②,09④,14②,23④ 산10②,14①

04 흙의 공학적 분류방법인 통일분류법과 AASHTO분류법의 차이점을 3가지만 쓰시오.

득점	배점
	6

① ______________ ② ______________ ③ ______________

해답 ① 모래, 자갈 입경 구분이 서로 다르다.
② 두 가지 분류법에서는 모두 입도분포와 소성을 고려하여 흙을 분류하고 있다.
③ 유기질 흙에 대한 분류는 통일분류법에는 있으나 AASHTO분류법에는 없다.
④ No.200체를 기준으로 조립토와 세립토를 구분하고 있으나 두 방법의 통과율에 있어서는 서로 다르다.

건설재료분야

4문항(38점)

□□□ 기12②,14②,22④

05 콘크리트용 골재의 체가름 시험에 대한 아래의 물음에 답하시오.

득점	배점
	12

가. 아래의 각 경우에 필요한 시료의 최소 건조질량을 구하시오.

① 1.18mm체를 95%(질량비) 이상 통과하는 잔골재를 사용하여 체가름 시험할 경우 시료의 최소 건조질량 :

② 굵은 골재의 최대 치수가 20mm 정도인 것을 사용하여 체가름 시험할 경우 시료의 최소 건조질량 :

나. 콘크리트를 굵은 골재 10kg으로 체가름 시험을 실시한 아래의 결과표를 완성하고, 조립률 및 굵은 골재의 최대치수를 구하시오.

체의 규격(mm)	굵은 골재		
	질량(g)	잔류율(%)	누적잔류율(%)
75	0		
60	0		
50	100		
40	400		
30	2200		
25	1300		
20	2000		
15	1300		
13	1200		
10	1000		
5	500		
2.5	0		

계산과정)

【답】 조립률 : ______________, 굵은 골재 최대 치수 : ______________

해답 가. ① 100g ② 4kg

나.

체의 규격(mm)	질량(g)	잔류율(%)	누적잔류율(%)	가적 통과율(%)
75	0	0.0	0.0*	100
60	0	0.0	0.0	100
50	100	1.0	1.0	99
40	400	4.0	5.0*	95
30	2200	22.0	27.0	73
25	1300	13.0	40.0	60
20	2000	20.0	60.0*	40
15	1300	13.0	73.0	27
13	1200	12.0	85.0	15
10	1000	10.0	95.0*	5
5	500	5.0	100.0*	0
2.5	0	0.0	100.0*	0
1.2	0	0.0	100.0*	0
0.6	0	0.0	100.0*	0
0.3	0	0.0	100.0*	0
0.15	0	0.0	100.0*	0
계	10000	100.0		

■ 조립률 $= \dfrac{\Sigma \text{각 체에 잔류한 중량백분율}(\%)}{100}$

$= \dfrac{0+5+60+95+100\times 6}{100} = \dfrac{760}{100} = 7.60$

【답】 조립률 : 7.60, 굵은 골재 최대 치수 : 40mm

골재의 체가름시험

■ 골재의 체가름 시험용 양을 표준

▸ 잔골재용

- 잔골재 1.18mm체를 95%(질량비) 이상 통과하는 것 : 100g
- 잔골재 1.18mm체에 5% 이상 남는 것 : 500g

▸ 굵은 골재량

- 굵은 골재의 최대치수 9.5mm 정도의 것 : 2kg
- 굵은 골재의 최대치수 13.2mm 정도의 것 : 2.6kg
- 굵은 골재의 최대치수 16mm 정도의 것 : 3kg
- 굵은 골재의 최대치수 19mm 정도의 것 : 4kg
- 굵은 골재의 최대치수 26.5mm 정도의 것 : 5kg
- 굵은 골재의 최대치수 31.5mm 정도의 것 : 6kg
- 굵은 골재의 최대치수 37.5mm 정도의 것 : 8kg

■ 굵은 골재의 최대치수란 질량비로 90% 이상을 통과시키는 체 중에서 최소 치수인 체의 호칭 치수로 나타낸 굵은 골재의 치수

! 주의점

*
조립률계산
체번호

□□□ 기88,92,94,02,05,06,11②,14②,17①,18②,19①, 21④

득점	배점
	10

06 **3개의 공시체를 가지고 마샬 안정도 시험을 실시한 결과 다음과 같다. 아래 물음에 답하시오.**
(단, 아스팔트의 밀도는 1.02g/cm^3, 혼합되는 골재의 평균밀도는 2.712g/cm^3이다.)

공시체 번호	아스팔트혼합율(%)	두께(cm)	질량(g)		용적(cm³)
			공기중	수중	
1	4.5	6.29	1151	665	486
2	4.5	6.30	1159	674	485
3	4.5	6.31	1162	675	487

가. 아스팔트 혼합물의 실측밀도 및 이론 최대밀도를 구하시오.
(단, 소수점 넷째자리에서 반올림하시오.)

공시체 번호	실측밀도(g/cm³)
1	
2	
3	
평균	

계산 과정)

【답】 이론최대밀도 :

나. 아스팔트 혼합물의 용적률, 공극률, 포화도를 구하시오.
(단, 소수점 넷째자리에서 반올림하시오.)

계산 과정)

【답】 용적률 : ______________, 공극률 : ______________, 포화도 : ______________

해답 가. ■ 실측밀도 $= \dfrac{\text{공기중 질량(g)}}{\text{용적}(\text{cm}^3)}$

공시체 번호	실측밀도(g/cm³)
1	$\dfrac{1151}{486} = 2.368\text{g/cm}^3$
2	$\dfrac{1159}{485} = 2.390\text{g/cm}^3$
3	$\dfrac{1162}{487} = 2.386\text{g/cm}^3$
평균	$\dfrac{2.368+2.390+2.386}{3} = 2.381\text{g/cm}^3$

■ 이론최대밀도 $D = \dfrac{100}{\dfrac{E}{F} + \dfrac{K(100-E)}{100}}$

• $\dfrac{\text{아스팔트 혼합율}(E)}{\text{아스팔트 밀도}(F)} = \dfrac{4.5}{1.02} = 4.412\text{cm}^3/\text{g}$

• $K = \dfrac{\text{골재의 배합비}(B)}{\text{골재의 밀도}(C)} = \dfrac{100}{2.712} = 36.873\text{cm}^3/\text{g}$

∴ 이론최대밀도 $D = \dfrac{100}{4.412 + \dfrac{36.873(100-4.5)}{100}} = 2.524\text{g/cm}^3$

나. • 용적율

$$V_a=\frac{\text{아스팔트 혼합율}\times\text{평균 실측밀도}}{\text{아스팔트 밀도}}=\frac{4.5\times2.381}{1.02}=10.504\%$$

• 공극율

$$V_v=\left(1-\frac{\text{평균실측밀도}}{\text{이론 최대밀도}}\right)\times100=\left(1-\frac{2.381}{2.524}\right)\times100=5.666\%$$

• 포화도

$$S=\frac{\text{용적률}}{\text{용적률}+\text{공극률}}\times100=\frac{10.504}{10.504+5.666}\times100=64.960\%$$

□□□ 기12①,14②,17②

07 시멘트의 강도시험 방법(KSL ISO 679)에 대해 물음에 답하시오.

득점	배점
	8

가. 시멘트 모르타르의 압축강도 및 휨강도의 공시체의 형상과 치수를 쓰시오.

○

나. 공시체인 모르타르를 제작할 때 시멘트 질량이 1일 때 잔골재 및 물의 비율을 쓰시오.

【답】 잔골재 : ______________________, 물 : ______________________

다. 공시체를 틀에 넣은 후 강도시험을 할 때까지의 양생방법을 간단히 쓰시오.

○

해답 가. 40×40×160mm의 각주
나. 잔골재 : 3, 물 : 0.5
다. 공시체는 24시간 이후의 시험을 위해서는 제조 후 20~24시간 사이에 탈형하여 수중양생 한다.

모르타르의 배합

질량에 의한 비율로 시멘트와 표준사를 1 : 3 비율로 하며, 물－결합재비는 0.5이다.

□□□ 기12②,14②,16④

08 철근 콘크리트 구조물의 비파괴검사에 이용하는 방법에 대해 다음 물음에 답하시오.

득점	배점
	8

가. 철근 배근 조사를 위한 비파괴 검사법을 2가지만 쓰시오.

① ______________________ ② ______________________

나. 기존 콘크리트 구조물의 철근 부식를 평가하는 방법을 2가지만 쓰시오.

① ______________________ ② ______________________

해답 가. ① 전자 유도법 ② 전자파 레이더법
나. ① 자연 전위법 ② 분극 저항법
③ 전기 저항법 ④ 표면 전위차법

국가기술자격 실기시험문제

2014년도 기사 제4회 필답형 실기시험(기사)

종　목	시험시간	배 점	성 명	수험번호
건설재료시험기사	2시간	60		

※ 수험자 인적사항 및 계산식을 포함한 답안 작성은 검은색 필기구만 사용해야 하며, 그 외 연필류, 빨간색, 청색 등 필기구로 작성한 답항은 0점 처리 됩니다.

토질분야

5문항(32점)

□□□ 기09②,14④,15④,19①

01 모래 치환법에 의한 현장 흙의 단위 무게시험 결과가 아래의 표와 같을 때 다음 물음에 답하시오.

득점	배점
	6

- 시험구멍에서 파낸 흙의 무게 : 3527g
- 시험 전, 샌드콘+모래의 무게 : 6000g
- 시험 후, 샌드콘+모래의 무게 : 2840g
- 모래의 건조밀도 : 1.60g/cm^3
- 현장 흙의 실내 토질 시험 결과 : 함수비 : 10%
- 최대 건조밀도 : 1.65g/cm^3

가. 현장 흙의 건조밀도를 구하시오.

계산 과정)　　　　　답 : ____________

나. 상대 다짐도를 구하시오.

계산 과정)　　　　　답 : ____________

해답 가. $\rho_d = \dfrac{\rho_t}{1+w}$

- $V = \dfrac{W_{\text{sand}}}{\rho_s} = \dfrac{6000-2840}{1.6} = 1975\,\text{cm}^3$
- $\rho_t = \dfrac{W}{V} = \dfrac{3527}{1975} = 1.79\,\text{g/cm}^3$

$\therefore \rho_d = \dfrac{\rho_t}{1+w} = \dfrac{1.79}{1+0.10} = 1.63\,\text{g/cm}^3$

나. $R = \dfrac{\rho_d}{\rho_{d\max}} \times 100 = \dfrac{1.63}{1.65} \times 100 = 98.79\%$

□□□ 기14④,17①,23④

02 압밀시험결과에서 압밀계수를 구하는 방법 중 $\sqrt{t}$ 법에 의한 압밀계수 산출과정을 시간-압축량 곡선을 작도하여 단계별로 간단히 설명하시오.

득점	배점
	6

○

해답 ① 세로축에 변위계의 눈금 d(mm)를 산술눈금으로, 가로축에 경과 시간 t(mm)을 제곱근으로 잡아서 $d-\sqrt{t}$ 곡선을 그린다.

② $d-\sqrt{t}$ 곡선의 초기의 부분에 나타나는 직선부를 연장하여 $t=0$에 해당하는 점을 초기 보정점으로 하여 이 점의 변위계의 눈금을 d_0(mm)으로 한다.

③ 초기의 보정점을 지나고 초기직선의 가로거리를 1.15배의 가로 거리를 가진 직선을 그린다.

④ $d-\sqrt{t}$ 곡선과의 이루는 교점을 압밀도 90%의 점으로 하고 이 점의 변위계의 눈금 d_{90}(mm) 및 시간 t_{90}(min)를 구한다.

⑤ $d_{100}=\frac{10}{9}(d_{90}-d_0)+d_0$를 산출한다.

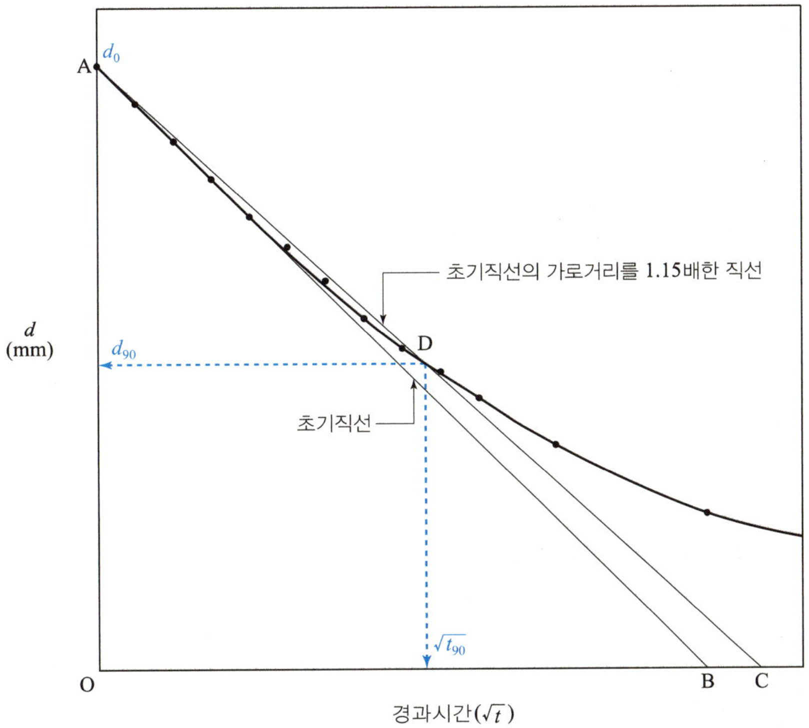

□□□ 기14④,22④,23④

03 도로 토공현장에서 건조단위 중량을 구하는 방법을 보기와 같이 3가지만 쓰시오.

득점	배점
	6

【보기】

모래치환법(들밀도 시험)

① ______ ② ______ ③ ______

해답 ① 고무막법
② 코어 절삭법
③ 방사선 밀도기에 의한 방법(γ선 산란형 밀도계)
④ Truck scale에 의한 방법

□□□ 기09④,11①,14④,17④,20④,23②

04 다음 그림과 같은 지층위에 성토로 인한 등분포하중 $q=40\text{kN/m}^2$이 작용할 때 다음 물음에 답하시오. (단, 점토층은 정규압밀점토이며, 소수점 이하 넷째자리에서 반올림하시오.)

득점	배점
	9

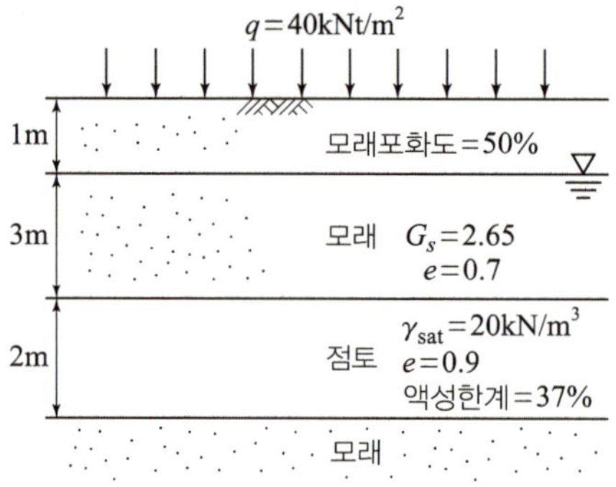

가. 지하수 아래에 있는 모래의 수중 단위중량(γ_{sub})을 구하시오.

계산 과정) 답 :

나. Skempton공식에 의한 점토지반의 압축지수를 구하시오.
(단, 흐트러지지 않은 시료임)

계산 과정) 답 :

다. 성토로 인한 점토지반의 압밀침하량(ΔH)을 구하시오.

계산 과정) 답 :

해답 가. $\gamma_{sub}=\dfrac{G_s-1}{1+e}\gamma_w=\dfrac{2.65-1}{1+0.7}\times 9.81=9.52\text{kN/m}^3$

나. $C_c=0.009(W_L-10)=0.009(37-10)=0.243$

다. $\Delta H=\dfrac{C_cH}{1+e_0}\log\dfrac{P_o+\Delta P}{P_o}$

- 지하수위 위의 모래층 단위중량 $\gamma_t=\dfrac{G_s+\dfrac{S\cdot e}{100}}{1+e}\gamma_w=\dfrac{2.65+\dfrac{50\times 0.7}{100}}{1+0.7}\times 9.81=17.31\text{kN/m}^3$
- 유효상재압력 $P_o=\gamma_t H_1+\gamma_{sub}H_2+\gamma_{sub}\dfrac{H_3}{2}$

$$=17.31\times 1+9.52\times 3+(20-9.81)\times\frac{2}{2}=56.06\text{kN/m}^2$$

$\therefore\ \Delta H=\dfrac{0.243\times 200}{1+0.9}\log\dfrac{56.06+40}{56.06}=5.98\text{cm}$

□□□ 기07①,09①,12②,14④

05 아래 기술한 흙에 대해 통일분류법으로 분류한 기호를 쓰시오.

득점	배점
	5

① 이토(silt)섞인 모래 :

② 무기질의 실트(액성한계가 50% 이하) :

③ 입도분포가 나쁜 모래 :

④ 점토 섞인 모래 :

⑤ 입도분포가 좋은 자갈 :

해답 ① SM ② ML ③ SP
④ SC ⑤ GW

건설재료분야 4문항(28점)

□□□ 기88,93,08④,10①,13④,14④,16④,22④, 산10②

06 다음의 콘크리트 배합 결과를 보고 물음에 답하시오.
(단, 소수점 넷째자리에서 반올림하시오.)

득점	배점
	6

- 단위 시멘트량 : 320kg/m^3
- 물-결합재비 : 48%
- 잔골재율(S/a) : 40%
- 공기량 : 5%
- 시멘트 비중 : 3.15
- 잔골재의 밀도 : 2.55g/cm^3
- 굵은골재의 밀도 : 2.62g/cm^3

가. 단위 수량을 구하시오.

계산 과정) 답 :

나. 단위 잔골재량을 구하시오.

계산 과정) 답 :

다. 단위 굵은골재량을 구하시오.

계산 과정) 답 :

해답 가. $\dfrac{W}{B}=48\%=0.48$ $\quad\therefore\ W=C\times 0.48=320\times 0.48=153.60\text{kg/m}^3$

나. 골재의 체적

$$V_a=1-\left(\frac{\text{단위수량}}{1000}+\frac{\text{단위시멘트량}}{\text{시멘트비중}\times 1000}+\frac{\text{공기량}}{100}\right)$$

$$=1-\left(\frac{153.60}{1000}+\frac{320}{3.15\times 1000}+\frac{5}{100}\right)=0.695\text{m}^3$$

$\therefore\ S=V_a\times S/a\times G_s\times 1000=0.695\times 0.40\times 2.55\times 1000=708.90\text{kg/m}^3$

다. $G=V_a\times(1-S/a)\times G_g\times 1000=0.695\times(1-0.40)\times 2.62\times 1000=1092.54\text{kg/m}^3$

□□□ 기11①,12②,14④,15④,18④,20②,21②,23④

07 역청 포장용 혼합물로부터 역청의 정량추출 시험을 하여 아래와 같은 결과를 얻었다. 역청 함유율(%)을 계산하시오.

득점	배점
	4

【시험 결과】

- 시료의 무게 $W_1=2230\text{g}$
- 시료 중의 수분의 무게 $W_2=110\text{g}$
- 추출된 골재의 무게 $W_3=1857.4\text{g}$
- 추출액 중의 세립 골재분의 무게 $W_4=93.0\text{g}$

계산 과정)　　　　　　　　　　　　답 : ____________

해답 역청 함유율 $=\dfrac{W_1-(W_2+W_3+W_4+W_5)}{W_1-W_2}\times 100$

$=\dfrac{2230-(110+1857.4+93.0)}{2230-110}\times 100$

$=8\%$

□□□ 기14④,15②,17①,18①,21②,23①

08 골재의 단위 용적질량 및 실적률 시험(KS F 2505)에 대한 아래의 물음에 답하시오.

득점	배점
	8

가. 시료를 용기에 채울 때 봉 다지기에 의한 방법을 사용하고, 굵은골재의 최대치수가 10mm를 초과 40mm 이하인 시료를 사용하는 경우 필요한 용기의 용적과 1층당 다짐횟수를 쓰시오.

【답】 용적 : ____________, 다짐회수 : ____________

나. 시료를 용기에 채우는 방법은 봉 다지기에 의한 방법과 충격에 의한 방법이 있으며, 일반적으로 봉 다지기에 의한 방법을 사용한다. 충격에 의한 방법을 사용하여야 하는 경우를 2가지만 쓰시오.

① ____________　② ____________

다. 굵은 골재를 사용하며, 용기의 용적이 30L, 용기 안 시료의 건조질량이 45.0kg이었다. 이 골재의 흡수율이 1.8%이고 표면건조포화상태의 밀도가 2.60kg/L라면 공극률을 구하시오.

계산 과정)　　　　　　　　　　　　답 : ____________

해답 가. 용적 : 10L, 다짐회수 : 30

나. ① 굵은 골재의 치수가 커서 봉 다지기가 곤란한 경우
　② 시료를 손상할 염려가 있는 경우

다. 골재의 실적률 $G=\dfrac{T}{d_s}(100+Q)$

- $T=\dfrac{m_1}{V}=\dfrac{45.0}{30}=1.5\text{kg/L}$

• $G=\frac{1.5}{2.60}(100+1.8)=58.73\%$

∴ 공극률 $=100-$실적률

$=100-58.73=41.27\%$

골재의 빈틈률(%)

(1) 용기의 다짐회수

굵은 골재의 최대치수	용적(L)	1층 다짐회수	안높이/안지름
5mm(잔골재) 이하	1 ~ 2	20	0.8 ~ 1.5
10mm 이하	2 ~ 3	20	
10mm 초과 40mm 이하	10	30	
40mm 초과 80mm 이하	30	50	

(2) 시료를 채우는 방법
① 봉 다지기에 의한 경우
② 충격에 의하는 경우
• 굵은 골재의 치수가 커서 봉 다지기가 곤란한 경우
• 시료를 손상할 염려가 있는 경우

(3) 골재의 실적률
① 골재의 단위 용적질량 $T=\frac{m_1}{V}$
② 골재의 실적률과 공극률
• 실적률 $G=\frac{T}{d_D}\times 100$: 골재의 건조밀도 사용
• 실적률 $G=\frac{T}{d_S}(100+Q)$: 골재의 흡수율이 있는 경우
• 공극률 $=100-$실적률

여기서, V : 용기의 용적(L)
m_1 : 용기 안의 시료의 질량(kg)
d_D : 골재의 절건밀도(kg/L)
d_S : 골재의 표건밀도(kg/L)
Q : 골재의 흡수율(%)

□□□ 기11②,12④,14④, 21④,23④

09 콘크리트의 배합강도를 결정하는 방법에 대하여 아래 물음에 답하시오.

득점	배점
	10

가. 압축 강도시험 횟수가 30회 이상일 때 배합강도를 결정하는 방법을 설명하시오. (단, 콘크리트의 호칭강도에 따라 두 가지로 구분하여 설명하시오.)

○

나. 압축 강도시험 횟수가 29회 이하이고 15회 이상인 경우 배합강도를 결정하는 방법을 설명하시오.

○

다. 콘크리트의 압축강도의 표준편차를 알지 못할 때, 또는 압축강도의 시험 횟수가 14회 이하인 경우 배합강도를 결정하는 방법을 설명하시오.

○

해답 가. • $f_{cn} \leq 35$MPa인 경우

$f_{cr} = f_{cn} + 1.34s$
$f_{cr} = (f_{cn} - 3.5) + 2.33s$
] 두 값 중 큰 값

• $f_{cn} > 35$MPa인 경우

$f_{cr} = f_{cn} + 1.34s$
$f_{cr} = 0.9f_{cn} + 2.33s$
] 두 값 중 큰 값

나. 계산된 표준편차에 보정계수를 곱한 표준편차(s) 값으로 하여 배합강도를 결정한다.

시험횟수	표준편차의 보정계수
15	1.16
20	1.08
25	1.03
30 이상	1.00

다.

호칭강도 f_{cn}(MPa)	배합강도 f_{cr}(MPa)
21 미만	$f_{cn} + 7$
21 이상 35 이하	$f_{cn} + 8.5$
35 초과	$1.1f_{cn} + 5.0$

배합강도 결정

■ 압축강도의 시험회수가 14 이하이거나 기록이 없는 경우의 배합강도

호칭강도 f_{cn}(MPa)	배합강도 f_{cr}(MPa)
21 미만	$f_{cn} + 7$
21 이상 35 이하	$f_{cn} + 8.5$
35 초과	$1.1f_{cn} + 5.0$

■ 배합 강도

① $f_{cn} \leq 35$MPa일 때

$f_{cr} = f_{cn} + 1.34s$(MPa)
$f_{cr} = (f_{cn} - 3.5) + 2.33s$(MPa)
] 두 값 중 큰 값

② $f_{cn} > 35$MPa일 때

$f_{cr} = f_{cn} + 1.34s$(MPa)
$f_{cr} = 0.9f_{cn} + 2.33s$(MPa)
] 두 값 중 큰 값

국가기술자격 실기시험문제

2015년도 기사 제1회 필답형 실기시험(기사)

종 목	시험시간	배 점	성 명	수험번호
건설재료시험기사	2시간	60		

※ 수험자 인적사항 및 계산식을 포함한 답안 작성은 검은색 필기구만 사용해야 하며, 그 외 연필류, 빨간색, 청색 등 필기구로 작성한 답항은 0점 처리 됩니다.

토질분야

4문항(30점)

□□□ 기08②,09④,11①②,15①, 17②, 20①

01 어떤 흙의 수축 한계 시험을 한 결과가 다음과 같았다. 다음 물음에 답하시오.

득점	배점
	6

수축 접시내 습윤 시료 부피	22.2cm^3
노건조 시료 부피	16.7cm^3
노건조 시료 중량	25.84g
습윤 시료의 함수비	45.75%

가. 수축한계를 구하시오.

계산 과정) 답 : ____________

나. 수축비를 구하시오.

계산 과정) 답 : ____________

다. 흙의 비중을 구하시오.

계산 과정) 답 : ____________

해답 가. $w_s = w - \dfrac{(V - V_o)\rho_w}{W_o} \times 100$

$= 45.75 - \dfrac{(22.2 - 16.7) \times 1}{25.84} \times 100 = 24.47\%$

나. $R = \dfrac{W_s}{V_o \cdot \rho_w} = \dfrac{25.84}{16.7 \times 1} = 1.55$

다. $G_s = \dfrac{1}{\dfrac{1}{R} - \dfrac{w_s}{100}} = \dfrac{1}{\dfrac{1}{1.55} - \dfrac{24.47}{100}} = 2.50$

□□□ 기90②,12②,15①,17②,19④

득점	배점
	12

02 그림과 같은 지반에서 점토층의 중간에서 시료채취를 하여 압밀시험한 결과가 아래 표와 같다. 다음 물음에 답하시오. (단, 물의 단위중량 $\gamma_w = 9.81 \text{kN/m}^3$)

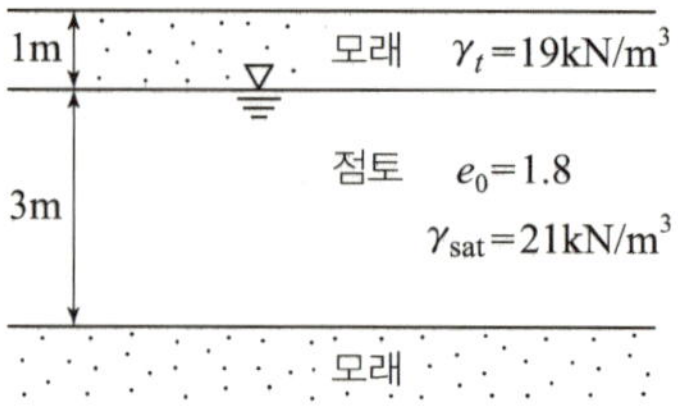

하중 $P(\text{kN/m}^2)$	10	20	40	80	160	320	640	160	20
간극비 e	1.71	1.68	1.61	1.53	1.33	1.08	0.81	0.90	1.01

가. 아래의 그래프를 이용하여 이 지반의 과압밀비(OCR)를 구하시오.
(단, 선행압밀압력을 구하기 위한 과정을 반드시 그래프상에 나타내시오.)

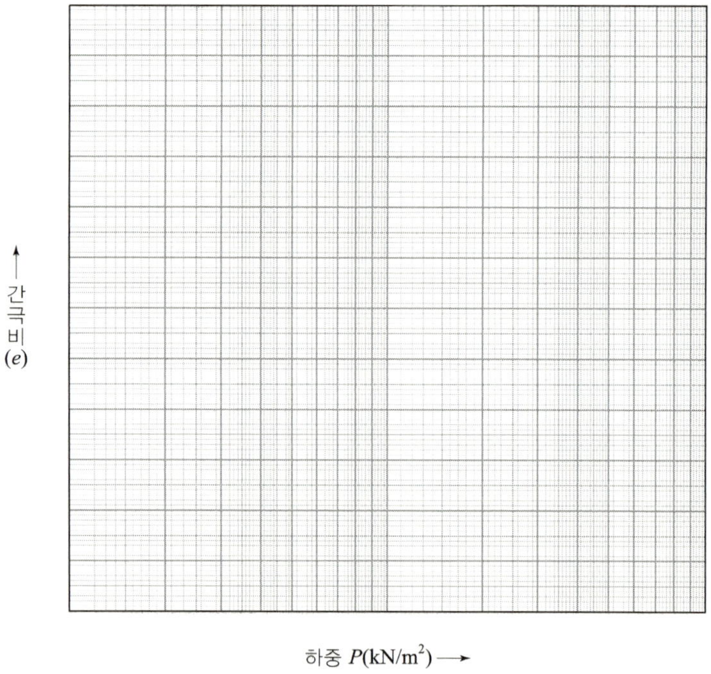

계산 과정) 답 : ______

나. 위 그림과 같은 지반위에 넓은 지역에 걸쳐 $\gamma_t = 20\text{kN/m}^3$인 흙을 3.0m 높이로 성토할 경우 점토지반의 압밀 침하량을 구하시오.

계산 과정) 답 : ______

해답 가.

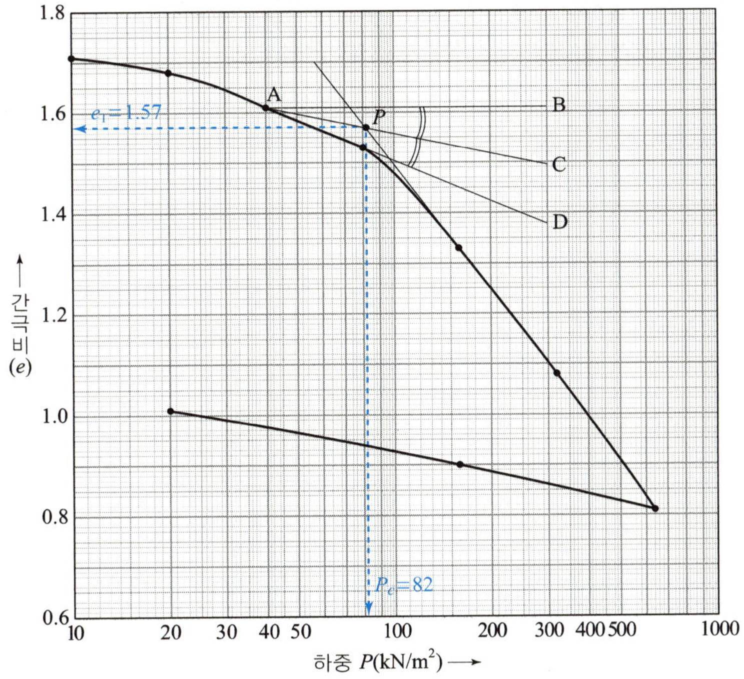

- $P_o = h_1\gamma_1 + h_2\gamma_{sub} = 19\times1 + (21-9.81)\times\dfrac{3}{2} = 35.785\text{kN/m}^2$
- $P_c = 82\text{kN/m}^2$(그래프에서 구함)

$\therefore\ OCR = \dfrac{\text{선행압밀하중}(P_c)}{\text{유효상재하중}(P_o)} = \dfrac{82}{35.785} = 2.29$

나. • $\Delta P = 20\times3 = 60\text{kN/m}^2$

- $P_o + \Delta P = 35.785 + 60 = 95.785\text{kN/m}^2$

$\therefore\ P_o + \Delta P = 95.785 > P_c = 82$

$$\Delta H = \frac{C_s H}{1+e_0}\log\frac{P_c}{P_o} + \frac{C_c H}{1+e_0}\log\frac{P_o+\Delta P}{P_c}$$

- $C_c = \dfrac{e_1 - e_2}{\log\dfrac{P_2}{P_1}} = \dfrac{1.57-0.81}{\log\dfrac{640}{82}} = 0.85$

(∵ 저점 $P = 640\text{kN/m}^2$일 때 $e = 0.81$)

- $C_s = \dfrac{1}{5}C_c = \dfrac{1}{5}\times0.85 = 0.17$

$\therefore\ \Delta H = \dfrac{0.17\times3}{1+1.8}\log\dfrac{82}{35.785} + \dfrac{0.85\times3}{1+1.8}\log\dfrac{35.785+60}{82}$

$= 0.0656 + 0.0615 = 0.1271\text{m} = 12.71\text{cm}$

□□□ 기01②,10②,13④,15①,18④,20④

03 정규압밀점토에 대하여 압밀배수 삼축압축시험을 실시하였다. 시험결과 구속압력을 280kN/m² 으로 하고 축차응력 280kN/m²을 가하였을 때 파괴가 일어났다. 아래 물음에 답하시오.
(단, 점착력 $c=0$이다.)

득점	배점
	8

가. 내부마찰각(ϕ)을 구하시오.

계산 과정) 답 : ______

나. 파괴면이 최대주응력면과 이루는 각(θ)을 구하시오.

계산 과정) 답 : ______

다. 파괴면에서 수직응력(σ)을 구하시오.

계산 과정) 답 : ______

라. 파괴면에서 전단응력(τ)을 구하시오.

계산 과정) 답 : ______

해답 가. $\sin\phi=\dfrac{\sigma_1-\sigma_3}{\sigma_1+\sigma_3}$

- $\sigma_1=\sigma_3+\Delta\sigma=280+280=560\text{kN/m}^2$
- $\sigma_3=280\text{kN/m}^2$

$\therefore\ \phi=\sin^{-1}\dfrac{\sigma_1-\sigma_3}{\sigma_1+\sigma_3}=\sin^{-1}\dfrac{560-280}{560+280}=19.47°$

나. $\theta=45°+\dfrac{\phi}{2}$에서

$=45°+\dfrac{19.47°}{2}=54.74°$

다. $\sigma=\dfrac{\sigma_1+\sigma_3}{2}+\dfrac{\sigma_1-\sigma_3}{2}\cos 2\theta$

$=\dfrac{560+280}{2}+\dfrac{560-280}{2}\cos(2\times54.74°)=373.31\text{kN/m}^2$

라. $\tau=\dfrac{\sigma_1-\sigma_3}{2}\sin 2\theta$

$=\dfrac{560-280}{2}\sin(2\times54.74°)=131.99\text{kN/m}^2$

□□□ 기85,09①,10②,11④,15①,19①, 21④, 산11①

04 아래의 베인 전단시험 결과에서 점착력을 구하시오.

득점	배점
	4

- vane의 직경 50mm, 높이 100mm
- 회전 저항 모멘트 16.0N·m

계산 과정) 답 : ______

해답 $C=\dfrac{M_{max}}{\pi D^2\left(\dfrac{H}{2}+\dfrac{D}{6}\right)}=\dfrac{16.0\times10^3}{\pi\times50^2\left(\dfrac{100}{2}+\dfrac{50}{6}\right)}=0.035\text{N/mm}^2=0.035\text{MPa}=35\text{kN/m}^2$

건설재료분야 5문항(30점)

□□□ 기15①②④

05 시멘트 밀도시험(KS L 5110)에 대한 아래 물음에 답하시오.

득점	배점
	6

가. 시험용으로 사용하는 광유의 품질에 대하여 간단히 설명하시오.

○

나. 투입한 시멘트의 무게가 64g이고, 시멘트 투입 후 르샤틀리에 플라스크의 눈금차가 20.4mL였다면, 이 시멘트의 밀도를 구하시오.

계산 과정) 답 : ________

다. 시멘트 밀도시험의 정밀도 및 편차에 대한 아래 표의 설명에서 ( )를 채우시오.

동일 시험자가 동일 재료에 대하여 (①)회 측정한 결과가 (②)Mg/m^3 이내이어야 한다.

① ________ ② ________

해답 가. 온도(20±1)℃에서 밀도 $0.73Mg/m^3$ 이상인 완전히 탈수된 등유나 나프타를 사용한다.

나. $$\text{시멘트 밀도} = \frac{\text{시멘트의 질량(g)}}{\text{르샤틀리에 플라스크의 눈금차(mL)}} = \frac{64}{20.4} = 3.14(Mg/m^3)$$

다. ① : 2

② : ±0.03

□□□ 기91,97,12④,13②,15①,16①

06 아스팔트 시험에 대한 다음 물음에 답하시오.

득점	배점
	4

가. 아스팔트 신도시험에서의 별도의 규정이 없는 경우 시험온도와 인장속도를 설명하시오.

○ 시험온도 :

○ 인장속도 :

나. 앵글러 점도계를 사용한 아스팔트의 점도시험에서 앵글러 점도(η)값은 어떻게 규정되는지 간단히 쓰시오.

○

해답 가. • 시험온도 : 25±0.5℃

• 인장속도 : 5±0.25cm/min

나. $$\text{앵글러 점도 } \eta = \frac{\text{시료의 유출시간(초)}}{\text{증류수의 유출시간(초)}}$$

□□□ 기87②,93②,99②,10②,12④,15①,16①,18④,23④

득점	배점
	10

07 골재의 최대치수 25mm의 부순돌을 사용하며, 슬럼프 120mm, 물-결합재비 58.8%의 콘크리트 1m³를 만들기 위하여 잔골재율(S/a), 단위 수량(W)를 보정하고 단위 시멘트량(C), 단위 굵은 골재량(G)를 구하시오.

(단, 갇힌 공기량 1.5%, 시멘트의 밀도 3.17g/cm³, 잔골재의 표건밀도는 2.57g/cm³, 잔골재 조립률 2.85, 굵은 골재의 표건밀도 2.75g/cm³, 공기연행제 및 혼화재는 사용하지 않는다.)

【배합설계 참고표】

굵은 골재 최대 치수 (mm)	단위 굵은 골재 용적 (%)	공기연행제를 사용하지 않은 콘크리트			공기 연행 콘크리트				
		갇힌 공기 (%)	잔골재율 S/a(%)	단위 수량 (kg)	공기량 (%)	양질의 공기연행제를 사용한 경우		양질의 공기연행 감수제를 사용한 경우	
						잔골재율 S/a(%)	단위 수량 W(kg/m³)	잔골재율 S/a(%)	단위 수량 W(kg/m³)
15	58	2.5	53	202	7.0	47	180	48	170
20	62	2.0	49	197	6.0	44	175	45	165
25	67	1.5	45	187	5.0	42	170	43	160
40	72	1.2	40	177	4.5	39	165	40	155

주 1) 이 표의 값은 보통의 입도를 가진 잔골재(조립률 2.8 정도)와 부순돌을 사용한 물-결합재비 55% 정도, 슬럼프 80mm 정도의 콘크리트에 대한 것이다.

2) 사용재료 또는 콘크리트의 품질이 주 1)의 조건과 다를 경우에는 위의 표의 값을 아래 표에 따라 보정한다.

구 분	S/a의 보정(%)	W의 보정(kg)
잔골재의 조립률이 0.1만큼 클(작을) 때마다	0.5 만큼 크게(작게) 한다.	보정하지 않는다.
슬럼프값이 10mm 만큼 클(작을) 때마다	보정하지 않는다.	1.2 만큼 크게(작게) 한다.
공기량이 1% 만큼 클(작을) 때마다	0.5~1.0 만큼 작게(크게) 한다.	3% 만큼 작게(크게) 한다.
물-결합재비가 0.05클(작을) 때마다	1 만큼 크게(작게) 한다.	보정하지 않는다.
자갈을 사용할 경우	3~5 만큼 크게 한다.	9~15kg 만큼 크게 한다.

비고 : 단위 굵은 골재용적에 의하는 경우에는 모래의 조립률이 0.1 만큼 커질(작아질) 때마다 단위 굵은 골재용적을 1% 만큼 작게(크게) 한다.

가. 잔골재율과 단위 수량을 보정하시오.

계산 과정)

【답】 잔골재율 : ______________, 단위 수량 : ______________

나. 단위 시멘트량을 구하시오.

계산 과정) 답 : ____________

다. 단위 잔골재량을 구하시오.

계산 과정) 답 : ____________

라. 단위 굵은 골재량을 구하시오.

계산 과정) 답 : ____________

해답 가.

보정항목	배합 참고표	설계조건	잔골재율(S/a) 보정	단위 수량(W)의 보정
굵은골재의 치수 25mm일 때			$S/a=45\%$	$W=187\text{kg}$
모래의 조립률	2.80	2.85(↑)	$\frac{2.85-2.80}{0.10}\times 0.5=+0.25(\uparrow)$	보정하지 않는다.
슬럼프값	80mm	120mm(↑)	보정하지 않는다.	$\frac{120-80}{10}\times 1.2=4.8\%(\uparrow)$
공기량	1.5	1.5	$\frac{1.5-1.5}{1}\times 0.75=0\%$	$\frac{1.5-1.5}{1}\times 3=0\%$
W/B	55%	58.8%(↑)	$\frac{0.588-0.55}{0.05}\times 1=+0.76\%(\uparrow)$	보정하지 않는다.
보정값			$S/a=45+0.25+0.76=46.01\%$	$187\left(1+\frac{4.8}{100}+0\right)=195.98\text{kg}$

- 잔골재율 $S/a=46.01\%$
- 단위 수량 $W=195.98\text{kg}$

나. $\frac{W}{B}=0.588$, $C=\frac{195.98}{0.588}=333.30$ $\therefore\ C=333.30\text{kg}$

다. • 단위골재량의 절대체적

$$V_a=1-\left(\frac{\text{단위수량}}{1000}+\frac{\text{단위 시멘트}}{\text{시멘트밀도}\times 1000}+\frac{\text{공기량}}{100}\right)$$

$$=1-\left(\frac{195.98}{1000}+\frac{333.30}{3.17\times 1000}+\frac{1.5}{100}\right)=0.684\text{m}^3$$

• 단위 잔골재량

$S=V_a\times S/a\times$잔골재 밀도$\times 1000$

$=0.684\times 0.4601\times 2.57\times 1000=808.80\text{kg/m}^3$

• 단위 굵은골재량

라. $G=V_g\times(1-S/a)\times$굵은골재 밀도$\times 1000$

$=0.684\times(1-0.4601)\times 2.75\times 1000=1015.55\text{kg/m}^3$

주의점
- 0.5~1.0
- 중앙값 0.75

다른 방법

- 단위 수량 $W = 195.98\text{kg}$
- 단위 시멘트량(C) : $\dfrac{W}{B} = 0.588$, $C = \dfrac{195.98}{0.588} = 333.30$ ∴ 단위 시멘트량 $C = 333.30\text{kg}$
- 시멘트의 절대용적 : $V_c = \dfrac{333.30}{0.00317 \times 1000} = 105.142l$
- 공기량 : $1000 \times 0.015 = 15l$
- 골재의 절대용적 : $1000 - (195.98 + 105.142 + 15) = 683.88l$
- 잔골재의 절대용적 : $683.88 \times 0.4601 = 314.65l$
- 단위 잔골재량 : $314.65 \times 0.00257 \times 1000 = 808.65\text{kg/m}^3$
- 굵은 골재의 절대용적 : $683.88 - 314.65 = 369.23l$
- 단위 굵은 골재량 : $369.23 \times 0.00275 \times 1000 = 1015.38\text{kg/m}^3$

□□□ 기13①,15①④,17①,18①

08 콘크리트의 배합강도를 구하기 위해 전체 시험 횟수 15회의 콘크리트 압축강도 측정결과 다음 표와 같고 호칭강도가 40MPa일 때 다음 물음에 답하시오.

득점	배점
	6

【압축강도 측정결과(MPa)】

23.5	33	35	28	26
27	28.5	29	26.5	23
33	29	26.5	35	32

【시험횟수가 29회 이하일 때 표준편차의 보정계수】

시험횟수	표준편차의 보정계수
15	1.16
20	1.08
25	1.03
30 이상	1.00

가. 표준편차를 구하시오.

계산 과정)

답 : ______

나. 배합강도를 구하시오.

계산 과정)

답 : ______

해답 가. 표준편차 $s = \sqrt{\dfrac{\sum(x_i - \bar{x})^2}{(n-1)}}$

- 압축강도 합계

$\sum x_i = 23.5 + 33 + 35 + 28 + 26 + 27 + 28.5 + 29 + 26.5 + 23 + 33 + 29 + 26.5 + 35 + 32$
$= 435\,\text{MPa}$

- 압축강도 평균값

$\bar{x} = \dfrac{\sum x_i}{n} = \dfrac{435}{15} = 29\,\text{MPa}$

- 표준편차 합

$\sum(x_i - \bar{x})^2 = (23.5-29)^2 + (33-29)^2 + (35-29)^2 + (28-29)^2 + (26-29)^2$
$= (27-29)^2 + (28.5-29)^2 + (29-29)^2 + (26.5-29)^2 + (23-29)^2$
$= (33-29)^2 + (29-29)^2 + (26.5-29)^2 + (35-29)^2 + (32-29)^2$
$= 92.25 + 46.5 + 67.25 = 206\,\text{MPa}$

- 표준표차 $s = \sqrt{\dfrac{206}{15-1}} = 3.84\,\text{MPa}$

∴ 직선보간 표준편차$= 3.84 \times 1.16 = 4.45\,\text{MPa}$

나. 배합강도를 구하시오.

$f_{cn} = 40\,\text{MPa} > 35\,\text{MPa}$일 때 ①과 ②값 중 큰 값

① $f_{cr} = f_{cn} + 1.34s = 40 + 1.34 \times 4.45 = 45.96\,\text{MPa}$

② $f_{cr} = 0.9f_{cn} + 2.33\,s = 0.9 \times 40 + 2.33 \times 4.45 = 46.37\,\text{MPa}$

∴ 배합강도 $f_{cr} = 46.37\,\text{MPa}$

□□□ 기15①, 산06,09①,12①

09 콘크리트의 탄산화(중성화)에 대해서 아래 물음에 답하시오.

득점	배점
	4

가. 탄산화 깊이를 판정할 때 이용되는 대표적인 시약을 쓰시오.

○

나. 탄산화 깊이를 측정하는 데 사용되는 시약을 만드는 방법을 간단히 설명하시오.

○

해답 가. 페놀프탈레인 용액

나. 페놀프탈레인 용액은 95% 에탄올 90mL에 페놀프탈레인 분말 1g을 녹여 물을 첨가하여 100mL로 한 것이다.

국가기술자격 실기시험문제

2015년도 기사 제2회 필답형 실기시험(기사)

종 목	시험시간	배 점	성 명	수험번호
건설재료시험기사	**2시간**	**60**		

※ 수험자 인적사항 및 계산식을 포함한 답안 작성은 검은색 필기구만 사용해야 하며, 그 외 연필류, 빨간색, 청색 등 필기구로 작성한 답항은 0점 처리 됩니다.

토질분야 4문항(30점)

□□□ 기13①,15②,17①

01 어떤 흙의 토질시험 결과가 다음과 같다. 물음에 답하시오.

득점	배점
	6

【시험 결과】

- 습윤토의 중량 : 197g
- 건조토의 중량 : 165g
- 습윤토의 체적 : 103cm³
- 흙의 비중 : 2.68

가. 건조밀도를 구하시오.

계산 과정) 답 : ________

나. 간극비를 구하시오.

계산 과정) 답 : ________

다. 포화도를 구하시오.

계산 과정) 답 : ________

해답 가. $\rho_d = \frac{W_s}{V} = \frac{165}{103} = 1.60\text{g/cm}^3$

나. $e = \frac{\rho_w G_s}{\rho_d} - 1 = \frac{1 \times 2.68}{1.60} - 1 = 0.675$

다. $S = \frac{G_s \cdot w}{e}$

- $w = \frac{W_w}{W_s} \times 100 = \frac{197 - 165}{165} \times 100 = 19.39\%$

$\therefore S = \frac{2.68 \times 19.39}{0.675} = 76.99\%$

□□□ 기01②,11②,15②,22②

득점	배점
	6

02 다음은 어느 토층의 그림이다. 선행압밀하중(P_c)이 165kN/m^{2}일 때 상재하중 ΔP=73kN/m^{2}에서 일어나는 1차 압밀량(S)을 구하시오.

(단, C_s(팽창지수)$=\frac{1}{5}C_c$(압축지수)로 가정하고, 소수점 넷째자리에서 반올림하시오.)

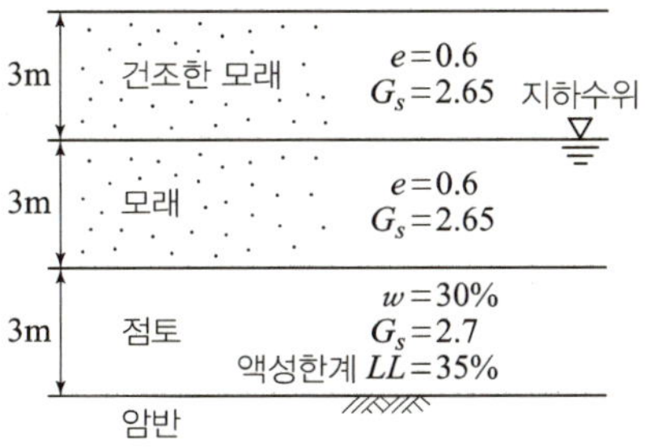

계산 과정)　　　　　　　　　　　　　　　　　　답 : ____________

해답 $S=\frac{C_sH}{1+e}\log\frac{P_c}{P_o}+\frac{C_cH}{1+e}\log\frac{P_o+\Delta P}{P_c}$ ($\because$ $P_o+\Delta P>P_c$일 때)

- $C_c=0.009(W_L-10)=0.009(35-10)=0.225$
- $C_s=\frac{1}{5}C_c=\frac{1}{5}\times0.225=0.045$
- $P_c=165\text{kN/m}^2$
- $P_o=\gamma_{d\text{sand}}h_1+1\gamma_{\text{sub(sand)}}h_2+\gamma_{\text{subclay}}\times\frac{h_3}{2}$

$\gamma_{d\text{sand}}=\frac{G_s}{1+e}\gamma_w=\frac{2.65}{1+0.6}\times9.81=16.25\text{kN/m}^3$

$\gamma_{\text{sub(sand)}}=\frac{G_s-1}{1+e}\gamma_w=\frac{2.65-1}{1+0.6}\times9.81=10.12\text{kN/m}^3$

$e=\frac{G_s\cdot w}{S}=\frac{2.7\times30}{100}=0.81$

$\gamma_{\text{sub}}=\frac{G_s-1}{1+e}\gamma_w=\frac{2.7-1}{1+0.81}\times9.81=9.21\text{kN/m}^3$

$\therefore$ $P_o=16.25\times3+10.12\times3+9.21\times1.5=92.93\text{kN/m}^2$

$P_o+\Delta P=92.93+73=165.93\text{kN/m}^2>P_c=165\text{kN/m}^2$

$S=\frac{0.045\times300}{1+0.81}\log\frac{165}{92.93}+\frac{0.225\times300}{1+0.81}\log\frac{92.93+73}{165}$

$=1.95\text{cm}$

□□□ 기85,09②,10②,15②, 산11②,13④

득점	배점
	12

03 다음은 자연상태의 함수비가 29%인 점성토 시료를 채취하여 애터버그 한계시험을 행한 성과표를 나타낸 것이다. 아래 표의 빈칸을 채우고, 유동곡선을 그리고 물음에 답하시오.
(단, 소수점 이하 둘째자리에서 반올림하시오.)

【액성한계시험】

용기번호	1	2	3	4	5
습윤시료+용기 무게(g)	70	75	74	70	76
건조시료+용기 무게(g)	60	62	59	53	55
용기 무게(g)	10	10	10	10	10
건조시료 무게(g)					
물의 무게(g)					
함수비 W(%)					
타격횟수 N	58	43	31	18	12

【소성한계시험】

용기번호	1	2	3	4
습윤시료+용기 무게(g)	26	29.5	28.5	27.7
건조시료+용기 무게(g)	23	26	24.5	24.1
용기 무게(g)	10	10	10	10
건조시료 무게(g)				
물의 무게(g)				
함수비 W(%)				

가. 유동곡선을 그리고 액성한계를 구하시오.

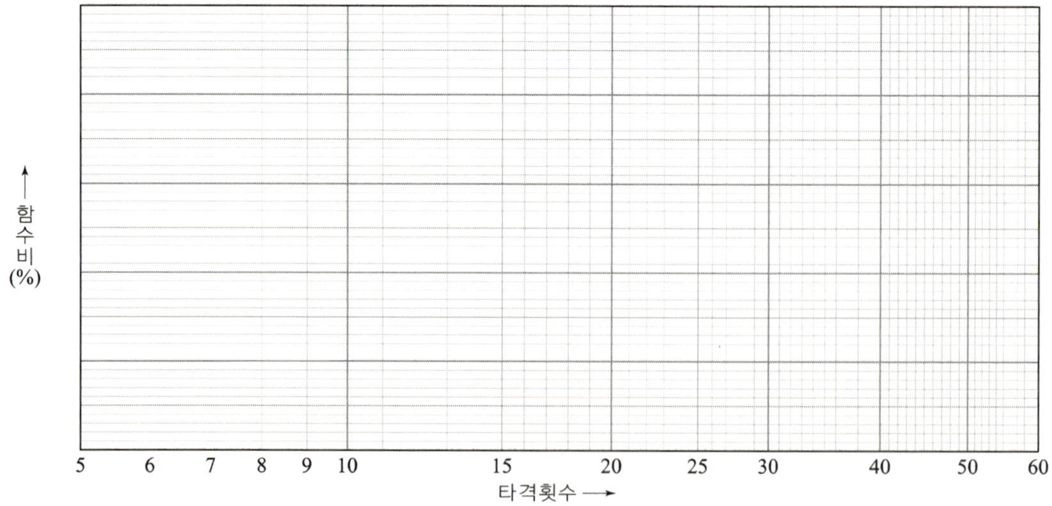

【답】 액성한계 :

나. 소성한계를 구하시오.

계산 과정) 답 :

다. 소성지수를 구하시오.

계산 과정) 답 :

라. 액성지수를 구하시오.

계산 과정) 답 :

마. 컨시스턴시지수를 구하시오.

계산 과정) 답 :

해답

【액성한계시험】

용기번호	1	2	3	4	5
습윤시료+용기 무게(g)	70	75	74	70	76
건조시료+용기 무게(g)	60	62	59	53	55
용기 무게(g)	10	10	10	10	10
건조시료 무게(g)	50	52	49	43	45
물의 무게(g)	10	13	15	17	21
함수비 W(%)	20	25	30.6	39.5	46.7
타격횟수 N	58	43	31	18	12

【소성한계시험】

용기번호	1	2	3	4
습윤시료+용기 무게(g)	26	29.5	28.5	27.7
건조시료+용기 무게(g)	23	26	24.5	24.1
용기 무게(g)	10	10	10	10
건조시료 무게(g)	13	16	14.5	14.1
물의 무게(g)	3	3.5	4.0	3.6
함수비 W(%)	23.1	21.9	27.6	25.5

가.

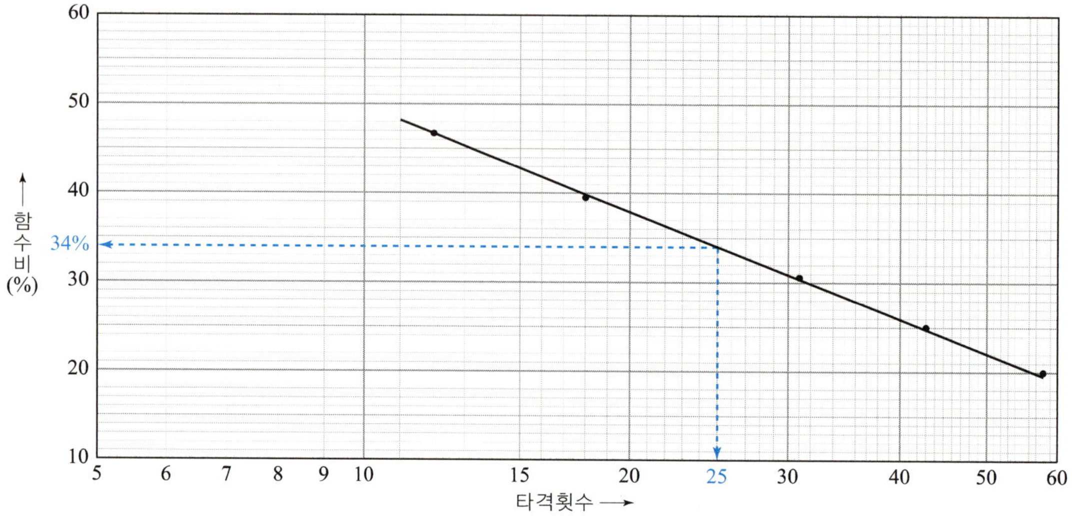

【답】 액성한계 : 34%

나. 소성한계 $W_P = \dfrac{23.1+21.9+27.6+25.5}{4} = 24.5\%$

다. 소성지수=액성한계−소성한계 $= 34-24.5 = 9.5\%$

라. 액성지수 $I_L = \dfrac{w_n - W_P}{W_L - W_P} = \dfrac{29-24.5}{34-24.5} = 0.47$

마. 컨시스턴시 $I_c = \dfrac{W_L - w_n}{W_L - W_P} = \dfrac{34-29}{34-24.5} = 0.53$

□□□ 기93④,96①,11②,15②

04 그림과 같은 $p-q$ Diagram에서 K_o선이 정지상태를 나타낼 때 임의의 A점에서의 이 흙의 내부마찰각(ϕ)과 poisson비(μ)를 추정하시오.

득점	배점
	6

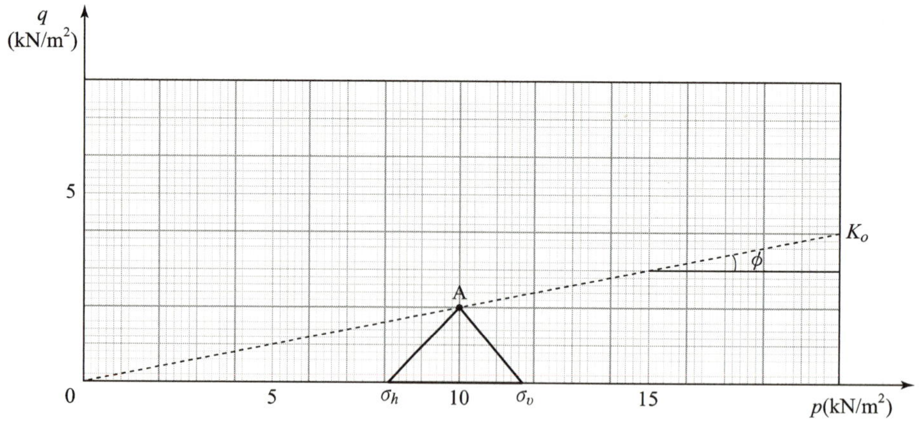

가. 흙의 내부마찰각을 구하시오. (단, Jaky식을 이용하시오.)

계산 과정)

답 : ________________

나. poisson비(μ)를 추정하시오. (단, 소수점 넷째자리에서 반올림하시오.)

계산 과정) 답 : ______________

해답 가. $K_o = \dfrac{\sigma_h}{\sigma_v} = \dfrac{8.1}{11.7} = 0.69$

$K_o = 1 - \sin\phi$에서

$\therefore\ \phi = \sin^{-1}(1 - K_o) = \sin^{-1}(1 - 0.69) = 18.06°$

나. $K_o = \dfrac{\mu}{1-\mu} = 0.69$

$0.69(1-\mu) = \mu$

$0.69 - 0.69\mu = \mu\ ;\ 1.69\mu = 0.69$

$\therefore\ \mu = \dfrac{0.69}{1.69} = 0.408$

건설재료분야

4문항(30점)

□□□ 기15①②,15④,22②

05 시멘트 밀도시험(KS L 5110)에 대한 아래 물음에 답하시오.

득점	배점
	6

가. 시험용으로 사용하는 광유의 품질에 대하여 간단히 쓰시오.

○

나. 투입한 시멘트의 무게가 64g이고, 시멘트 투입 후 르샤틀리에 플라스크의 눈금차가 20.4mL였다면, 이 시멘트의 밀도를 구하시오.

계산 과정) 답 : ______________

다. 시멘트 밀도시험의 정밀도 및 편차에 대한 아래 표의 설명에서 ( )를 채우시오.

동일 시험자가 동일 재료에 대하여 (①)회 측정한 결과가 (②)Mg/m³ 이내이어야 한다.

【답】① : ______________, ② : ______________

해답 가. 온도(20±1)℃에서 밀도 0.73Mg/m³ 이상인 완전히 탈수된 등유나 나프타를 사용한다.

나. 시멘트 밀도$= \dfrac{\text{시멘트의 질량(g)}}{\text{르샤틀리에 플라스크의 눈금차(mL)}}$

$= \dfrac{64}{20.4} = 3.14(\text{Mg/m}^3)$

다. ① : 2

② : ±0.03

□□□ 기11④,15②,19②

06 아스팔트 혼합물의 마샬(Marshall)안정도 시험에 대해 다음 물음에 답하시오.

득점	배점
	6

가. 아스팔트 혼합물의 안정도의 정의를 간단히 설명하시오.

○

나. 마샬안정도 시험의 목적을 간단히 쓰시오.

○

다. 아스팔트 안정처리 기층의 마샬안정도 시험기준치를 쓰시오.

○

해답 가. 아스팔트의 변형에 대한 저항성을 혼합물의 안정도라 한다.
나. 아스팔트 혼합물의 합리적인 배합설계와 혼합물의 소성유동에 대한 저항성을 측정
다. 350kg 이상

□□□ 기02④,04④,10④,12④,14①,15②,16②,18④,19②,23④

07 다음 표의 설계조건 및 재료, 참고표를 이용하여 콘크리트를 배합설계 하여 배합표를 완성하시오.

득점	배점
	10

【시험 결과】

- 물-결합재비는 50%
- 굵은골재는 최대치수 40mm의 부순돌을 사용한다.
- 양질의 공기연행제(AE제)를 사용하며, 그 사용량은 시멘트 질량의 0.03%로 한다.
- 목표로 하는 슬럼프는 120mm, 공기량은 5.0%로 한다.
- 사용하는 시멘트는 보통포틀랜드시멘트로서, 밀도는 3.15g/cm^{3}이다.
- 잔골재의 표건밀도는 2.60g/cm^{3}이고, 조립률은 2.86이다.
- 굵은골재의 표건밀도는 2.65g/cm^{3}이다.

【배합설계 참고표】

굵은 골재 최대 치수 (mm)	단위 굵은 골재 용적 (%)	공기연행제를 사용하지 않은 콘크리트			공기 연행 콘크리트				
		갇힌 공기 (%)	잔골재율 S/a(%)	단위 수량 (kg)	공기량 (%)	양질의 공기연행제를 사용한 경우		양질의 공기연행 감수제를 사용한 경우	
						잔골재율 S/a(%)	단위 수량 W(kg/m^3)	잔골재율 S/a(%)	단위 수량 W(kg/m^3)
15	58	2.5	53	202	7.0	47	180	48	170
20	62	2.0	49	197	6.0	44	175	45	165
25	67	1.5	45	187	5.0	42	170	43	160
40	72	1.2	40	177	4.5	39	165	40	155

주 1) 이 표의 값은 보통의 입도를 가진 잔골재(조립률 2.8 정도)와 부순돌을 사용한 물-결합재비 55% 정도, 슬럼프 80mm 정도의 콘크리트에 대한 것이다.

2) 사용재료 또는 콘크리트의 품질이 주 1)의 조건과 다를 경우에는 위의 표의 값을 아래 표에 따라 보정한다.

구 분	S/a의 보정(%)	W의 보정(kg)
잔골재의 조립률이 0.1 만큼 클(작을) 때마다	0.5 만큼 크게(작게) 한다.	보정하지 않는다.
슬럼프값이 10mm 만큼 클(작을) 때마다	보정하지 않는다.	1.2 만큼 크게(작게) 한다.
공기량이 1% 만큼 클(작을) 때마다	0.75 만큼 작게(크게) 한다.	3% 만큼 작게(크게) 한다.
물-결합재비가 0.05클(작을) 때마다	1 만큼 크게(작게) 한다.	보정하지 않는다.
S/a가 1% 클(작을)때마다	보정하지 않는다.	1.5kg 만큼 크게(작게)한다.

비고 : 단위 굵은 골재용적에 의하는 경우에는 모래의 조립률이 0.1 만큼 커질(작아질)때마다 단위 굵은 골재용적을 1% 만큼 작게(크게) 한다.

계산과정)

【답】 배합표

굵은 골재 최대치수 (mm)	슬럼프 (mm)	공기량 (%)	W/B (%)	잔골재율 (S/a)(%)	단위량(kg/m³) 물 (W)	시멘트 (C)	잔골재 (S)	굵은 골재 (G)	혼화제 단위량 (g/m³)
40	120	5.0	50						

해답

보정항목	배합 참고표	설계조건	잔골재율(S/a) 보정	단위 수량(W)의 보정
굵은골재의 치수 40mm일 때			$S/a=39\%$	$W=165\text{kg}$
모래의 조립률	2.80	2.86(↑)	$\dfrac{2.86-2.80}{0.10}\times 0.5=+0.3(\uparrow)$	보정하지 않는다.
슬럼프값	80mm	120mm(↑)	보정하지 않는다.	$\dfrac{120-80}{10}\times 1.2=4.8\%(\uparrow)$
공기량	4.5	5.0(↑)	$\dfrac{5-4.5}{1}\times(-0.75)$ $=-0.375\%(\downarrow)$	$\dfrac{5-4.5}{1}\times(-3)$ $=-1.5\%(\downarrow)$
W/B	55%	50%(↓)	$\dfrac{0.55-0.50}{0.05}\times(-1)$ $=-1.0\%(\downarrow)$	보정하지 않는다.
S/a	39%	37.93%(↓)	보정하지 않는다.	$\dfrac{39-37.93}{1}\times(-1.5)$ $=-1.605\text{kg}(\downarrow)$
보정값			$S/a=39+0.3-0.375-1.0$ $=37.93\%$	$165\left(1+\dfrac{4.8}{100}-\dfrac{1.5}{100}\right)$ $-1.605=168.84\text{kg}$

• 단위 수량 $W=168.84\text{kg}$

• 단위 시멘트량 C : $\dfrac{W}{B}=0.50$, $C=\dfrac{168.84}{0.50}=337.68$ ∴ $C=337.68\text{kg}$

• 공기연행(AE)제 : $337.68\times\dfrac{0.03}{100}=0.101304\text{kg}=101.30\text{g/m}^3$

• 단위골재량의 절대체적

$$V_a=1-\left(\frac{\text{단위수량}}{1000}+\frac{\text{단위 시멘트}}{\text{시멘트밀도}\times1000}+\frac{\text{공기량}}{100}\right)$$

$$=1-\left(\frac{168.84}{1000}+\frac{337.68}{3.15\times1000}+\frac{5.0}{100}\right)=0.674\text{m}^3$$

• 단위 잔골재량

$S=V_a\times S/a\times$잔골재 밀도$\times1000$

$=0.674\times0.3793\times2.6\times1000=664.69\text{kg/m}^3$

• 단위 굵은골재량

$G=V_g\times(1-S/a)\times$굵은골재 밀도$\times1000$

$=0.674\times(1-0.3793)\times2.65\times1000=1108.63\text{kg/m}^3$

∴ 배합표

굵은 골재의 최대치수(mm)	슬럼프 (mm)	W/B (%)	잔골재율 S/a(%)	단위량(kg/m^3)				혼화제 g/m^3
				물	시멘트	잔골재	굵은 골재	
40	120	50	37.93	168.84	337.68	664.69	1108.63	101.30

다른 방법

• 단위 수량 $W=168.84\text{kg}$

• 단위 시멘트량(C) : $\dfrac{W}{B}=0.50$, $C=\dfrac{168.84}{0.50}=337.68$ ∴ 단위 시멘트량 $C=337.68\text{kg}$

• 시멘트의 절대용적 : $V_c=\dfrac{337.68}{0.00315\times1000}=107.20l$

• 공기량 : $1000\times0.5=50l$

• 골재의 절대용적 : $1000-(107.20+168.84+50)=673.96l$

• 잔골재의 절대용적 : $673.96\times0.3797=255.90l$

• 단위 잔골재량 : $255.90\times0.0026\times1000=665.34\text{kg}$

• 굵은 골재의 절대용적 : $673.96-255.90=418.06l$

• 단위 굵은 골재량 : $418.06\times0.00265\times1000=1107.86\text{kg/m}^3$

• 공기연행제량 : $337.68\times\dfrac{0.03}{100}=0.101304\text{kg}=101.30\text{g/m}^3$

배합설계 참고표에서 찾는 법

■「설계조건 및 재료」에서 확인할 사항
- 양질의 공기연행제 사용여부
- 굵은골재의 최대치수 확인

굵은골재 최대치수(mm)	공기량(%)	양질의 공기연행제를 사용한 경우	
		잔골재율 S/a(%)	단위 수량 W(kg/m^3)
40	4.5	39	165

□□□ 기14④,15②,17①,18①,21②,23①

08 골재의 단위 용적질량 및 실적률 시험(KS F 2505)에 대한 아래의 물음에 답하시오.

득점	배점
	8

가. 시료를 용기에 채울 때 봉 다지기에 의한 방법을 사용하고, 굵은골재의 최대치수가 10mm를 초과 40mm 이하인 시료를 사용하는 경우 필요한 용기의 용적과 1층당 다짐횟수를 쓰시오.

【답】 용적 : ______, 다짐회수 : ______

나. 시료를 용기에 채우는 방법은 봉 다지기에 의한 방법과 충격에 의한 방법이 있으며, 일반적으로 봉 다지기에 의한 방법을 사용한다. 충격에 의한 방법을 사용하여야 하는 경우를 2가지만 쓰시오.

① ______ ② ______

다. 굵은 골재를 사용하며, 용기의 용적이 30L, 용기 안 시료의 건조질량이 45.0kg이었다. 이 골재의 흡수율이 1.8%이고 표면건조포화상태의 밀도가 2.60kg/L라면 공극률을 구하시오.

계산 과정) 답 : ______

해답 가. 용적 : 10L, 다짐회수 : 30

나. ① 굵은 골재의 치수가 커서 봉 다지기하기 곤란한 경우

② 시료를 손상할 염려가 있는 경우

다. 골재의 실적률 $G=\dfrac{T}{d_s}(100+Q)$

• $T=\dfrac{m_1}{V}=\dfrac{45.0}{30}=1.5\text{kg/L}$

• $G=\dfrac{1.5}{2.60}(100+1.8)=58.73\%$

∴ 공극률 $v=100-$실적률$=100-58.73=41.27\%$

골재의 빈틈률(%)

(1) 용기의 다짐회수

굵은 골재의 최대치수	용적(L)	1층 다짐회수	안높이/안지름
5mm(잔골재) 이하	1～2	20	0.8～1.5
10mm 이하	2～3	20	
10mm 초과 40mm 이하	10	30	
40mm 초과 80mm 이하	30	50	

(2) 시료를 채우는 방법
① 봉 다지기에 의한 경우
② 충격에 의하는 경우
- 굵은 골재의 치수가 커서 봉 다지기가 곤란한 경우
- 시료를 손상할 염려가 있는 경우

(3) 골재의 실적률
① 골재의 단위 용적질량 $T=\dfrac{m_1}{V}$
② 골재의 실적률과 공극률
- 실적률 $G=\dfrac{T}{d_D}\times 100$: 골재의 건조밀도 사용
- 실적률 $G=\dfrac{T}{d_S}(100+Q)$: 골재의 흡수율이 있는 경우
- 공극률 $v=100-$실적률

여기서, V : 용기의 용적(L)
m_1 : 용기 안의 시료의 질량(kg)
d_D : 골재의 절건밀도(kg/L)
d_S : 골재의 표건밀도(kg/L)
Q : 골재의 흡수율(%)

국가기술자격 실기시험문제

2015년도 기사 제4회 필답형 실기시험(기사)

종 목	시험시간	배 점	성 명	수험번호
건설재료시험기사	2시간	60		

※ 수험자 인적사항 및 계산식을 포함한 답안 작성은 검은색 필기구만 사용해야 하며, 그 외 연필류, 빨간색, 청색 등 필기구로 작성한 답항은 0점 처리 됩니다.

토질분야

5문항(34점)

□□□ 기12①,14②,15④,19①,22②,23①

01 모래 치환법에 의한 현장 흙의 단위 무게시험 결과가 아래의 표와 같을 때 다음 물음에 답하시오.

득점	배점
	6

- 시험구멍에서 파낸 흙의 무게 : 3527g
- 시험 전, 샌드콘+모래의 무게 : 6000g
- 시험 후, 샌드콘+모래의 무게 : 2840g
- 모래의 건조밀도 : 1.6g/cm³
- 현장 흙의 실내 토질 시험 결과, 함수비 : 10%
- 최대 건조밀도 : 1.65g/cm³

가. 현장 흙의 건조밀도를 구하시오.

계산 과정) 답 : ______

나. 상대 다짐도를 구하시오.

계산 과정) 답 : ______

해답 가. $\rho_d = \dfrac{\rho_t}{1+w}$

- $V = \dfrac{W_{\text{sand}}}{\rho_s} = \dfrac{(6000-2840)}{1.6} = 1975\,\text{cm}^3$
- $\rho_t = \dfrac{W}{V} = \dfrac{3527}{1975} = 1.79\,\text{g/cm}^3$

$\therefore\ \rho_d = \dfrac{\rho_t}{1+w} = \dfrac{1.79}{1+0.10} = 1.63\,\text{g/cm}^3$

나. $R = \dfrac{\rho_d}{\rho_{d\max}} \times 100 = \dfrac{1.63}{1.65} \times 100 = 98.79\%$

□□□ 기84,91,98④,02①,11④,15④

02 **400g의 시료로 흙의 체분석 시험의 결과가 다음 표와 같다. 아래 결과표의 빈칸을 채우고 다음 물음에 답하시오.**

득점	배점
	12

체눈 크기(mm)	체에 남아있는 무게(g)	잔류률(%)	가적잔류률(%)	통과율(%)
4.75	4			
2.0	8			
0.85	36			
0.425	144			
0.25	92			
0.15	72			
0.075	40			
pan	4			
총무게	400			

가. 입도분포 곡선을 그리시오.

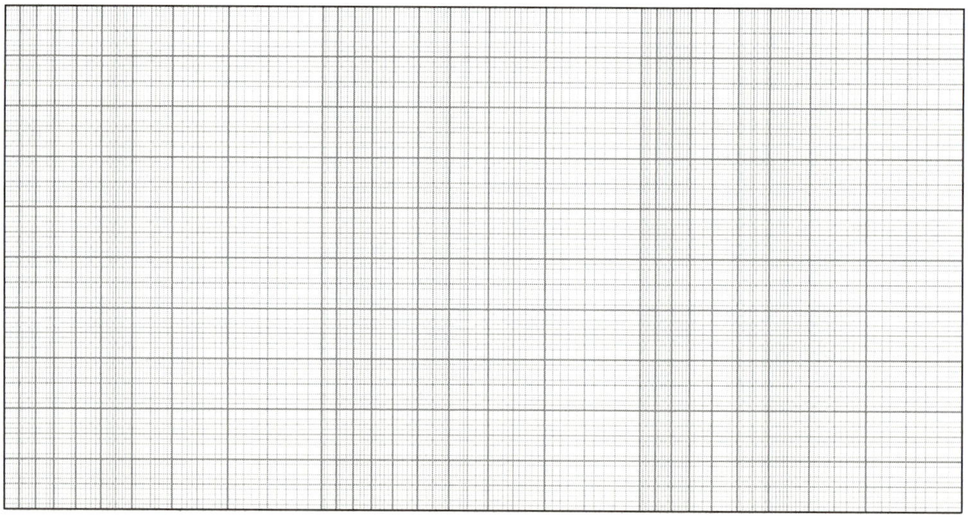

나. 균등계수(C_u)와 곡률계수(C_g)를 구하고 입도분포가 양호한지 불량한지 판정하시오.

○ 균등계수(C_u) :

○ 곡률계수(C_g) :

○ 판 정 :

해답

체눈 크기(mm)	체에 남아있는 무게(g)	잔류률(%)	가적잔류률(%)	가적통과율(%)
4.75	4	1	1	99
2.0	8	2	3	97
0.85	36	9	12	88
0.425	144	36	48	52
0.25	92	23	71	29
0.15	72	18	89	11
0.075	40	10	99	1
pan	4	1	100	0
총무게	400	100		

가. 입도분포곡선

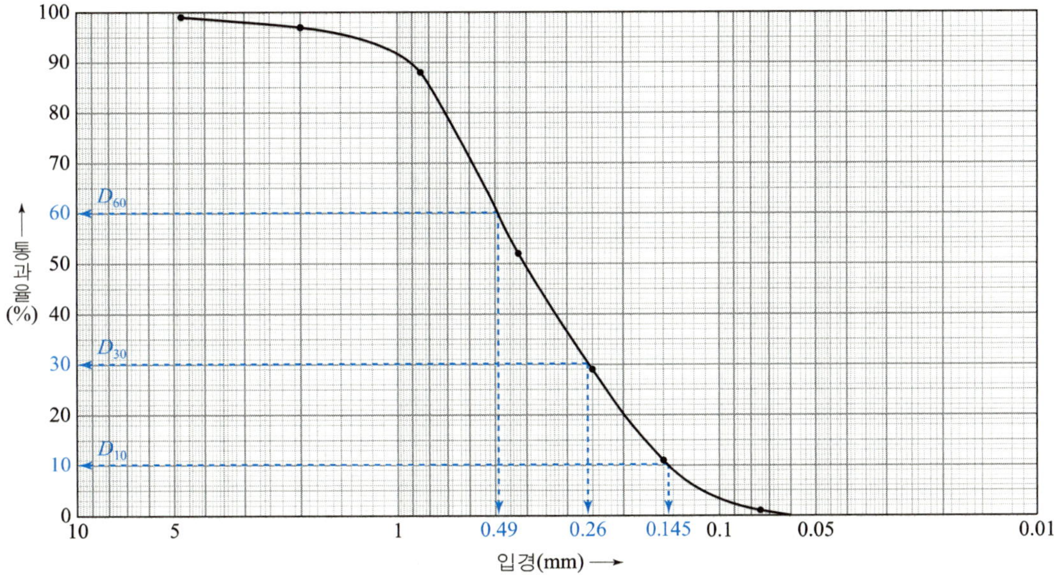

나. $D_{10}=0.145\text{mm}$, $D_{30}=0.26\text{mm}$, $D_{60}=0.49\text{mm}$

① $C_u=\dfrac{D_{60}}{D_{10}}=\dfrac{0.49}{0.145}=3.38$

② $C_g=\dfrac{(D_{30})^2}{D_{10}\times D_{60}}=\dfrac{0.26^2}{0.145\times 0.49}=0.95$

③ 판정 : $C_u=3.38<6$: 불량($\because$ $C_u>6$: 양호)

$C_g=0.95<1\sim3$: 불량($\because$ $1>C_g<3$: 양호)

∴ SP (입도분포가 불량한 흙)

입도분포가 좋은 조건
- $1<C_g<3$
- $C_u>6$

□□□ 기13①,15④

03 압밀에 대한 아래의 물음에 답하시오.

득점	배점
	12

가. 정규압밀점토와 과압밀점토에 대한 아래의 사항을 간단히 설명하시오.

○ 정규 압밀 점토 :

○ 과압밀 점토 :

○ 과압밀비 :

나. 압축지수 C_c에 대한 아래의 사항을 간단히 설명하시오.

① 압밀시험결과로부터 압축지수(C_c)를 구하는 방법을 설명하시오.
(단, 그래프를 그리고, 수식으로 제시할 것)

○

② 액성한계를 기준으로 하여 압축지수를 구하는 경험식(Terzaghi와 Peck의 식)에 대하여 간단히 쓰시오.

○

해답 가. • 정규 압밀 점토 : 선행압밀하중과 유효상재하중이 동일한 응력상태에 있는 흙 즉, OCR = 1
• 과압밀 점토 : 과거에 지금보다도 큰 하중을 받았던 상태로 선행압밀하중이 현재의 유효상재하중보다 더 큰 값을 보일 때의 흙. 즉 OCR > 1
• 과압밀비 : $OCR = \dfrac{\text{선행 압밀 하중}(P_c)}{\text{유효 상재 하중}(P_o)}$

나. ① $e-\log P$ 곡선 작도 순서
• $e-\log P$ 곡선에서 외견상 최대곡률점 a를 결정한다.
• 수평선 ab를 긋는다.
• 점 a에서의 접선 ac를 긋는다.
• 각 $\angle bac$의 이등분선 ad를 긋는다.
• $e-\log P$ 곡선의 직선 부분 gh를 연장하여 ad와의 교점을 f라 한다.
• 점 f에서 수선을 내려 $\log P$ 눈금과 만난점을 선행 압밀하중(P_c)이라 한다.
• 압축지수 $C_c = \dfrac{e_1 - e_2}{\log P_2 - \log P_1}$

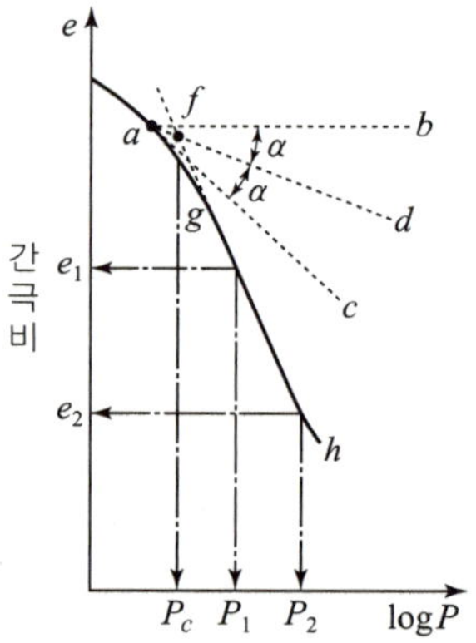

② $C_c = 0.009(W_L - 10)$, W_L : 액성한계

□□□ 기88,08②,10②,14①,15④,16④

04 현장모래의 습윤 밀도가 $1.76g/cm^3$, 함수비는 6.0%였다. 실험실에서 이 모래에 대한 최대, 최소 건조밀도를 측정하더니 $1.77g/cm^3$, $1.61g/cm^3$이었다. 상대밀도(D_r)에 따른 사질토의 조밀상태를 판별하시오.

득점	배점
	4

계산 과정)　　　　　답 : ________

해답 상대밀도 $D_r = \frac{\rho_d - \rho_{dmin}}{\rho_{dmax} - \rho_{dmin}} \times \frac{\rho_{dmax}}{\rho_d} \times 100$

- 건조밀도 $\rho_d = \frac{\rho_t}{1+w} = \frac{1.76}{1+0.06} = 1.66g/cm^3$
- $D_r = \frac{1.66-1.61}{1.77-1.61} \times \frac{1.77}{1.66} \times 100 = 33.32\%$

$\therefore$ 15%～35%(D_r = 33.32%) : 느슨

상대밀도의 범위

상대밀도	조밀한 상태
0～15	대단히 느슨
15～35	느슨
35～65	보통
65～85	조밀
85～100	대단히 조밀

건설재료분야　　5문항(26점)

□□□ 기09④,12②,15④,23④

05 골재의 안정성 시험(KS F 2507)에 대한 아래의 물음에 답하시오.

득점	배점
	4

가. 안정성 시험의 목적을 간단히 설명하시오.

○

나. 안정성 시험에 사용하는 시험용 용액(시약)을 2가지 쓰시오.

① ________　② ________

해답 가. 기상작용에 의한 골재의 균열 또는 파괴에 대한 저항성 정도를 측정하는 시험이다.

나. ① 황산나트륨(황산 소듐)

② 염화바륨

□□□ 기13①,15④,18①,19②

06 콘크리트의 압축강도 측정결과가 16회로 아래의 표와 같을 때 다음 물음에 답하시오.

득점	배점
	6

【압축강도 측정결과(MPa)】

36, 40, 45, 44, 43, 45, 43, 42, 46, 44, 43, 42, 45, 38, 37, 39

가. 배합강도를 결정하기 위한 압축강도의 표준편차(s)를 구하시오.

(단, 시험횟수 15회일 때 보정계수 1.16, 20회일 때 보정계수 1.08이다.)

계산 과정) 답 : ____________

나. 호칭강도가 40MPa일 때 콘크리트의 배합강도를 구하시오.

계산 과정) 답 : ____________

해답 가. 표준편차 $s=\sqrt{\dfrac{\Sigma(x_i-\bar{x})^2}{(n-1)}}$

- 압축강도 합계

$\Sigma x_i = 36+40+45+44+43+45+43+42+46+44+43+42+45+38+37+39$
$= 672\text{MPa}$

- 압축강도 평균값

$\bar{x}=\dfrac{\Sigma x_i}{n}=\dfrac{672}{16}=42\text{MPa}$

- 표준편차 합

$\Sigma(x_i-\bar{x})^2=(36-42)^2+(40-42)^2+(45-42)^2+(44-42)^2+(43-42)^2$
$+(45-42)^2+(43-42)^2+(42-42)^2+(46-42)^2+(44-42)^2$
$+(43-42)^2+(42-42)^2+(45-42)^2+(38-42)^2+(37-42)^2$
$+(39-42)^2$
$=54+30+51+9=144\text{MPa}$

∴ 표준표차 $s=\sqrt{\dfrac{144}{(16-1)}}=3.10\text{MPa}$

- 직선보간의 표준편차

표준편차 보정계수$=1.16-\dfrac{1.16-1.08}{20-15}\times(16-15)=1.144\text{MPa}$

∴ 보정된 표준편차 $s=3.10\times1.144=3.55\text{MPa}$

나. $f_{cn}=40\text{MPa}>35\text{MPa}$인 경우 두 값 중 큰 값

- $f_{cr}=f_{cn}+1.34s=40+1.34\times3.55=44.76\text{MPaMPa}$
- $f_{cr}=0.9f_{cn}+2.33s=0.9\times40+2.33\times3.55=44.27\text{MPa}$

∴ 배합강도 $f_{cr}=44.76\text{MPa}$

□□□ 기11①,12②,14④,15④,23④

07 어느 아스팔트 포장공사장에서 시료를 채취하여 이들 시료에 대한 혼합물 추출시험을 실시한 결과 다음과 같은 결과를 얻었다. 이때 건조시료의 아스팔트 함유율(%)을 구하시오.

득점	배점
	4

항목	측정치
시료의 질량(g)	1170
시료중의 수분의 질량(g)	32
추출된 골재의 질량(g)	945
추출액 중의 세립골재분의 질량(g)	29.5
필터링의 질량 증가분(g)	1.7

계산 과정)　　　　답 :

해답 아스팔트 함유율 $= \dfrac{\text{아스팔트의 질량}}{\text{시료의 질량}} \times 100$

$$= \frac{W_1 - (W_2 + W_3 + W_4 + W_5)}{W_1 - W_2} \times 100$$

$$= \frac{1170 - (32 + 945 + 29.5 + 1.7)}{1170 - 32} \times 100$$

$$= 14.22\%$$

□□□ 기15①②④,22②

08 시멘트 밀도시험(KS L 5110)에 대해 아래 물음에 답하시오.

득점	배점
	6

가. 시험용으로 사용하는 광유의 품질에 대하여 간단히 쓰시오.

○

나. 투입한 시멘트의 질량이 64g이고, 시멘트 투입 후 르샤틀리에 플라스크의 눈금차가 20.4mL였다면, 이 시멘트의 밀도를 구하시오.

계산 과정)　　　　답 :

다. 시멘트 밀도시험의 정밀도 및 편차에 대한 아래 표의 설명에서 (　)를 채우시오.

동일 시험자가 동일 재료에 대하여 (①)회 측정한 결과가 (②)Mg/m^3 이내이어야 한다.

① ____________　　② ____________

해답 가. 온도(20±1)℃에서 밀도 0.73Mg/m^3 이상인 완전히 탈수된 등유나 나프타를 사용한다.

나. 시멘트 밀도 $= \dfrac{\text{시멘트의 질량(g)}}{\text{르샤틀리에 플라스크의 눈금차(mL)}}$

$$= \frac{64}{20.4} = 3.14(\text{Mg/m}^3)$$

다. ① : 2　　② : ±0.03

□□□ 기15④

09 굳은 콘크리트의 시험에 대한 아래 물음에 답하시오.

득점	배점
	6

가. 콘크리트의 압축강도시험(KS F 2405)에서 공시체에 하중을 가하는 속도에 대해 설명하시오.

○

나. 콘크리트의 휨강도시험(KS F 2408)에서 공시체에 하중을 가하는 속도에 대해 설명하시오.

○

다. 콘크리트의 쪼갬인장강도시험(KS F 2423)에서 공시체에 하중을 가하는 속도에 대해 설명하시오.

○

해답 가. 압축 응력도의 증가율이 매초 (0.6±0.2)MPa이 되도록 한다.
나. 가장자리 응력도의 증가율이 매초 (0.06±0.040)MPa이 되도록 한다.
다. 인장응력도의 증가율이 매초 (0.06±0.04)MPa이 되도록 한다.

국가기술자격 실기시험문제

2016년도 기사 제1회 필답형 실기시험(기사)

종 목	시험시간	배 점	성 명	수험번호
건설재료시험기사	2시간	60		

※ 수험자 인적사항 및 계산식을 포함한 답안 작성은 검은색 필기구만 사용해야 하며, 그 외 연필류, 빨간색, 청색 등 필기구로 작성한 답항은 0점 처리 됩니다.

토질분야

4문항(26점)

□□□ 기05①,16①,20②,24③

01 어떤 흙의 수축 한계 시험을 한 결과가 다음과 같았다. 다음 물음에 답하시오.

득점	배점
	4

수축 접시내 습윤 시료 부피	$21.30cm^3$
노건조 시료 부피	$15.20cm^3$
노건조 시료 중량	26.14g
습윤 시료의 함수비	44.7%

가. 수축한계를 구하시오.

계산 과정) 답 : ________

나. 흙의 비중을 구하시오.

계산 과정) 답 : ________

해답 가. $w_s = w - \dfrac{(V - V_o)\rho_w}{W_o} \times 100$

$= 44.7 - \dfrac{(21.30 - 15.20) \times 1}{26.14} \times 100 = 21.36\%$

나. $G_s = \dfrac{1}{\dfrac{1}{R} - \dfrac{w_s}{100}}$

• $R = \dfrac{W_s}{V_o \rho_w} = \dfrac{26.14}{15.20 \times 1} = 1.72$

$\therefore\ G_s = \dfrac{1}{\dfrac{1}{1.72} - \dfrac{21.36}{100}} = 2.72$

□□□ 기94,10④,13②,16①,19②

02 어느 흙의 비중이 2.65인 점토시료에 대하여 압밀시험을 실시하였다. 하중이 64kN/m²에서 128kN/m²로 변하는 동안의 시험결과가 다음과 같은 때 다음 물음에 답하시오.
(단, 배수조건은 양면배수이다.)

득점	배점
	12

압밀응력 P(kN/m²)	공극비(e)	평균시료높이(cm)	t_{50}[log$t$](sec)	t_{90}[$\sqrt{t}$](sec)
64	1.148	1.384	79	342
128	0.951			

가. 압밀계수를 구하시오. (단, 계산결과는 □.□□×10^□로 표현하시오.)

① log$t$ 법 :

② $\sqrt{t}$:

나. 압축계수를 구하시오. (단, 계산결과는 □.□□×10^□로 표현하시오.)

계산 과정) 답 :

다. 체적변화계수를 구하시오. (단, 계산결과는 □.□□×10^□로 표현하시오.)

계산 과정) 답 :

라. 압축지수를 구하시오. (단, 소수점 넷째자리에서 반올림)

계산 과정) 답 :

마 $\sqrt{t}$ 법에 의해 투수계수를 구하시오. (단, 계산결과는 □.□□×10^□로 표현하시오.)

계산 과정) 답 :

해답 가. ① log$t$법 : $C_v = \dfrac{0.197H^2}{t_{50}} = \dfrac{0.197\times\left(\dfrac{1.384}{2}\right)^2}{79} = 1.19\times10^{-3}\text{cm}^2/\text{sec} = 1.19\times10^{-7}\text{m}^2/\text{sec}$

② $\sqrt{t}$: $C_v = \dfrac{0.848H^2}{t_{90}} = \dfrac{0.848\times\left(\dfrac{1.384}{2}\right)^2}{342} = 1.19\times10^{-3}\text{cm}^2/\text{sec}$

나. $a_v = \dfrac{e_1 - e_2}{P_2 - P_1} = \dfrac{1.148-0.951}{128-64} = 3.08\times10^{-3}\text{m}^2/\text{kN}$

다. $m_v = \dfrac{a_v}{1+e} = \dfrac{3.08\times10^{-3}}{1+1.148} = 1.43\times10^{-3}\text{m}^2/\text{kN}$

라. $C_c = \dfrac{e_1 - e_2}{\log\dfrac{P_2}{P_1}} = \dfrac{1.148-0.951}{\log\dfrac{128}{64}} = 0.654$

마. $K = C_v \cdot m_v \cdot \gamma_w$

$\therefore K = C_v \cdot m_v \cdot \gamma_w = 1.19\times10^{-7}\times1.43\times10^{-3}\times9.81$
$= 1.67\times10^{-9}\text{m/sec} = 1.67\times10^{-7}\text{cm/sec}$

* 물의 밀도
- $\rho_w = 1\text{g/cm}^3$

* 물의 단위중량
- $\gamma_w = 9.81\text{kN/m}^3$

□□□ 기10②,16①

03 도로의 노반인 노상 및 보조기층의 지지력을 현장에서 판정하기 위한 현장 시험을 4가지를 쓰시오.

득점	배점
	4

① ______________________ ② ______________________

③ ______________________ ④ ______________________

해답 ① CBR시험 ② 평판재하시험(PBT)
③ 현장 밀도(들밀도)시험 ④ 프로프 롤링(proof rolling)시험

□□□ 기04②,12①,16①,19②

04 아래 그림과 같은 흙의 구성도에서 조건을 이용하여 물음에 답하시오.

득점	배점
	6

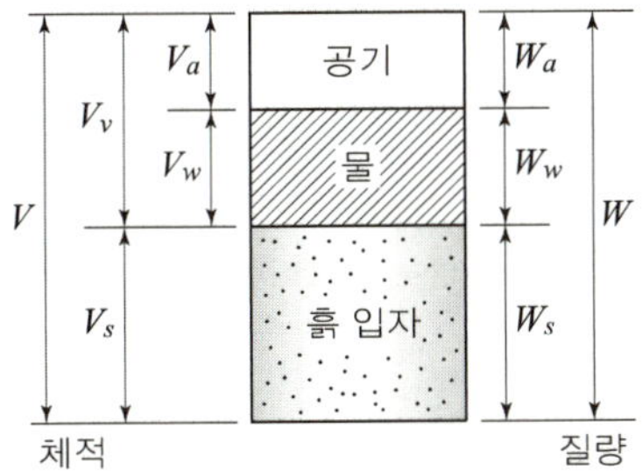

【조건】
- 흙의 비중 G_s =2.65
- 체적 V =100cm^3
- 함수비 w =12%
- 습윤밀도 ρ_t =1.85g/cm^3

가. 흙입자(W_s)와 물(W_w)의 질량을 구하시오.

계산 과정)

【답】 흙입자 질량 : ______________________, 물의 질량 : ______________________

나. 흙입자(V_s)와 물의 부피(V_w)를 구하시오.

계산 과정)

【답】 흙입자 부피 : ______________________, 물의 부피 : ______________________

해답 가. $\rho_t = \dfrac{W}{V}$ 에서

- $W = V \cdot \rho_t = 100 \times 1.85 = 185\text{g}$

∴ 흙입자 질량 $W_s = \dfrac{W}{1+w} = \dfrac{185}{1+0.12} = 165.18\text{g}$

∴ 물의 질량 $W_w = \dfrac{w\,W}{100+w} = \dfrac{12 \times 185}{100+12} = 19.82\text{g}$

나. $G_s = \dfrac{W_s}{V_s \rho_w}$ 에서

∴ 흙입자의 부피 $V_s = \dfrac{W_s}{G_s \rho_w} = \dfrac{165.18}{2.65 \times 1} = 62.33\text{cm}^3$

∴ 물의 부피 $V_w = \dfrac{W_w}{\rho_w} = \dfrac{19.82}{1} = 19.82\text{cm}^3$

건설재료분야

5문항(34점)

□□□ 기16①,20②,21①

05 골재의 밀도 및 흡수율시험의 정밀도에 대한 아래 표의 설명에서 (   )를 채우시오.

득점	배점
	6

가. 굵은 골재의 밀도 및 흡수율시험의 정밀도 및 편차를 쓰시오.

○ 시험값은 평균값과의 차이가 밀도의 경우 (①), 흡수율의 경우는 (②)이어야 한다.

나. 잔골재 밀도 및 흡수율에 시험의 정밀도 및 편차를 쓰시오.

○ 시험값은 평균값과의 차이가 밀도의 경우 (①), 흡수율의 경우는 (②)이어야 한다.

해답 가. ① $0.01g/cm^3$ 이하 ② 0.03% 이하
나. ① $0.01g/cm^3$ 이하 ② 0.05% 이하

골재의 밀도 및 흡수율의 정밀도

- 굵은골재의 밀도 및 흡수율
  시험값은 평균값과의 차이가 밀도의 경우 $0.01g/cm^3$ 이하, 흡수율의 경우는 0.03% 이하이어야 한다.
- 잔골재의 밀도 및 흡수율
  시험값은 평균값과의 차이가 밀도의 경우 $0.01g/cm^3$ 이하, 흡수율의 경우는 0.05% 이하이어야 한다.

□□□ 기91②,97①,12④,16①,17②,19④

06 아스팔트 신도시험에 대해 다음 물음에 답하시오.

득점	배점
	6

가. 아스팔트 신도시험의 목적을 간단히 설명하시오.

○

나. 별도의 규정이 없을 때의 시험온도와 인장속도를 쓰시오.

【답】 시험온도 : ____________, 인장속도 : ____________

다. 저온에서 시험할 때의 시험온도와 인장속도를 쓰시오.

【답】 시험온도 : ____________, 인장속도 : ____________

해답 가. 아스팔트의 연성을 알기 위해서
나. • 시험온도 : 25±0.5℃
• 인장속도 : 5±0.25cm/min
다. • 시험온도 : 4℃
• 인장속도 : 1cm/min

□□□ 기13①,15④,16①,20③,22①

07 콘크리트의 배합강도를 구하기 위해 전체 시험횟수 17회의 콘크리트 압축강도 측정결과가 아래 표와 같고 호칭강도가 24MPa일 때 다음 물음에 답하시오.

득점	배점
	6

【압축강도 측정결과 (단위 MPa)】

26.8	22.1	26.5	26.2	26.4	22.8	23.1
25.7	27.8	27.7	22.3	22.7	26.1	27.1
22.2	22.9	26.6				

가. 위표를 보고 압축강도의 평균값을 구하시오.

계산 과정) 답 : ________

나. 압축강도 측정결과 및 아래의 표를 이용하여 배합강도를 구하기 위한 표준편차를 구하시오.

【시험횟수가 29회 이하일 때 표준편차의 보정계수】

시험횟수	표준편차의 보정계수	비고
15 20 25 30 이상	1.16 1.08 1.03 1.00	이 표에 명시되지 않은 시험횟수에 대해서는 직선 보간 한다.

계산 과정) 답 : ________

다. 배합강도를 구하시오.

계산 과정) 답 : ________

해답 가. 평균값$(\bar{x}) = \dfrac{\Sigma x_i}{n} = \dfrac{173.9+179.4+71.7}{17} = \dfrac{425}{17} = 25\text{MPa}$

나. 표준편제곱합 $S = \Sigma(x_i - \bar{x})^2$

$$= (26.8-25)^2+(22.1-25)^2+(26.5-25)^2+(26.2-25)^2+(26.4-25)^2$$
$$+(22.8-25)^2+(23.1-25)^2+(25.7-25)^2+(27.8-25)^2+(27.7-25)^2$$
$$+(22.3-25)^2+(22.7-25)^2+(26.1-25)^2+(27.1-25)^2+(22.2-25)^2$$
$$+(22.9-25)^2+(26.6-25)^2$$
$$= 17.3+24.07+26.04+6.97 = 74.38\text{MPa}$$

• 표준편차$(S) = \sqrt{\dfrac{\Sigma(x_i-\bar{x})^2}{n-1}} = \sqrt{\dfrac{74.38}{17-1}} = 2.16\text{MPa}$

• 17회의 보정계수$= 1.16 - \dfrac{1.16-1.08}{20-15} \times (17-15) = 1.128$

∴ 수정 표준편차 $s = 2.16 \times 1.128 = 2.44\text{MPa}$

다. $f_{cn} = 24\text{MPa} \le 35\text{MPa}$인 경우

$f_{cr} = f_{cn} + 1.34s = 24 + 1.34 \times 2.44 = 27.27\text{MPa}$

$f_{cr} = (f_{cn} - 3.5) + 2.33s = (24-3.5) + 2.33 \times 2.44 = 26.19\text{MPa}$

∴ $f_{cr} = 27.27\text{MPa}$(두 값 중 큰 값)

□□□ 기10①,12④,13②,16①,17①,18①

08 골재의 체가름시험(KS F 2502)에 대한 아래의 물음에 답하시오.

득점	배점
	12

가. 굵은골재에 대해 시험하는 경우 시료 최소 건조질량의 기준에 대하여 간단히 설명하시오.

○

나. 잔골재에 대해 시험하는 경우 시료 최소 건조질량의 기준에 대하여 간단히 설명하시오.

○

다. 체가름 시험을 작업하는 시간을 쓰시오.

○

라. 굵은골재 체가름 시험결과가 아래 표와 같을 때 굵은 골재의 최대 치수와 조립률을 구하시오.

체크기(mm)	75	40	20	10	5	2.5	1.2
잔류율(%)	0	5	24	48	19	4	0

① 굵은골재의 최대치수 :

○

② 조립률(F.M)을 구하시오.

계산 과정)

답 : ______________

해답 가. 골재의 최대치수(mm)의 0.2배를 kg으로 표시한 양으로 한다.

나. 1.18mm체를 95% 이상 통과하는 것에 대한 최소 건조질량을 100g으로 하고 1.18mm체 5%(질량비) 이상 남는 것에 대한 최소건조질량을 500g으로 한다.

다. 1분간 각 체를 통과하는 것이 전 시료 질량의 0.1% 이하로 될 때까지 작업을 한다.

라. ① 40mm

체크기(mm)	75	40	20	10	5	2.5	1.2	0.6	0.3	0.15
잔류율(%)	0	5	24	48	19	4	0	0	0	0
가적 잔류율(%)	0	5	29	77	96	100	100	100	100	100
가적 통과율(%)	100	95	71	23	4	0	0	0	0	0

② $\text{조립률(F.M)} = \dfrac{\Sigma \text{각 체에 잔류한 중량백분율(\%)}}{100}$

$= \dfrac{0+5+29+77+96+100\times 5}{100} = 7.07$

골재의 조립률(F.M)

- 조립률(fineness modulus)은 골재의 크기를 개략적으로 나타내는 방법이다.
- 75mm, 40mm, 20mm, 10mm, 5mm, 2.5mm, 1.2mm, 0.6mm, 0.3mm, 0.15mm의 10개 체를 사용한다.
- $\text{조립률(F.M)} = \dfrac{\Sigma \text{각 체에 잔류한 중량백분율(\%)}}{100}$

□□□ 기12②,16①

09 콘크리트용 모래에 포함되어 있는 유기불순물 시험에서 식별용 표준색용액 만드는 방법을 쓰시오.

득점	배점
	4

○

해답 식별용 용액은 10%의 알코올 용액으로 2% 탄닌산 용액을 만들고, 그 2.5mL를 3%의 수산화나트륨 용액 97.5mL에 가하여 유리병에 넣어 마개를 닫고 잘 흔든다.

표준색 용액 만들기 순서

1) 알코올 10g에 물 90g을 타서 10%의 알코올 용액을 만든다.
2) 10%의 알코올 용액 9.8g에 타닌산가루 0.2g을 넣어서 2%타닌산 용액을 만든다.
3) 물 291g에 수산화나트륨 9g을 섞어서 3%의 수산화나트륨 용액을 만든다.
4) 2% 타닌산 용액 2.5mL를 3%의 수산화나트륨 용액 97.5mL에 타서 식별용 표준색 용액을 만든다.
5) 식별용 표준색 용액 400mL의 시험용 무색 유리병에 넣어 마개를 막고 잘 흔든 다음 24시간 동안 가만히 놓아둔다.

국가기술자격 실기시험문제

2016년도 기사 제2회 필답형 실기시험(기사)

종 목	시험시간	배 점	성 명	수험번호
건설재료시험기사	2시간	60		

※ 수험자 인적사항 및 계산식을 포함한 답안 작성은 검은색 필기구만 사용해야 하며, 그 외 연필류, 빨간색, 청색 등 필기구로 작성한 답항은 0점 처리 됩니다.

토질분야

7문항(30점)

□□□ 기00②,02②,04④,16②,20③,23④

01 다음은 도로의 동일 포장 두께 예정 구간의 6지점에서 CBR를 측정하여 각 지점의 CBR은 다음과 같다. 물음에 답하시오.

득점	배점
	6

【각 지점의 설계 CBR 값】

측점지점	1	2	3	4	5	6
CBR값	7.6	6.7	9.3	5.3	6.5	8.4

【설계 CBR 계산용 계수】

n	2	3	4	5	6	7	8	9	10 이상
d_2	1.41	1.91	2.24	2.48	2.67	2.83	2.96	3.08	3.18

가. 각 지점의 CBR 평균값을 구하시오.

계산 과정)

답 : ______________

나. 설계 CBR값을 결정하시오.

계산 과정)

답 : ______________

해답 가. 평균 CBR $= \dfrac{\Sigma \text{CBR값}}{n} = \dfrac{7.6+6.7+9.3+5.3+6.5+8.4}{6} = 7.30$

나. 설계 CBR = 평균 CBR $- \dfrac{\text{CBR}_{max} - \text{CBR}_{min}}{d_2}$

$= 7.3 - \dfrac{9.3-5.3}{2.67} = 5.8$

∴ 5

□□□ 기99②,02④,08②,16②, 21①

02 두께 2m의 점토층에서 시료를 채취하여 압밀시험을 한 결과 하중강도를 $120kN/m^2$에서 $240kN/m^2$로 증가시키니 공극비는 1.96에서 1.78로 감소하였다. 다음 물음에 답하시오.

득점	배점
	8

가. 이 점토층의 압축계수를 구하시오. (단, 계산결과는 □.□□ $\times 10^{\square}$ 로 표현하시오.)

계산 과정) 답 : ______

나. 이 점토층의 체적변화계수를 구하시오. (단, 계산결과는 □.□□ $\times 10^{\square}$ 로 표현하시오.)

계산 과정) 답 : ______

다. 이 점토층의 압축지수를 구하시오.

계산 과정) 답 : ______

라. 이 점토층의 최종 침하량을 구하시오.

계산 과정) 답 : ______

해답 가. $a_v = \dfrac{e_1 - e_2}{P_2 - P_1} = \dfrac{1.96 - 1.78}{240 - 120} = 1.50 \times 10^{-3} m^2/kN$

나. $m_v = \dfrac{a_v}{1+e} = \dfrac{1.50 \times 10^{-3}}{1+1.96} = 5.07 \times 10^{-4} m^2/kN$

다. $C_c = \dfrac{e_1 - e_2}{\log\left(\dfrac{P_2}{P_1}\right)} = \dfrac{1.96 - 1.78}{\log\left(\dfrac{240}{120}\right)} = 0.598$

라. $\Delta H = m_v \cdot \Delta P \cdot H = 5.07 \times 10^{-4} \times (240 - 120) \times 2 = 0.1217m = 12.17cm$

□□□ 기08④,12②,16②,23②

03 1차원 압밀이론을 전개하기 위한 Terzaghi가 설정한 가정을 아래 표의 내용과 같이 4가지만 쓰시오.

득점	배점
	4

흙은 균질하고 완전히 포화되어 있다.

① ______ ② ______

③ ______ ④ ______

해답 ① 흙 입자와 물은 비압축성이다.
② 압축과 물의 흐름은 1차적으로만 발생한다.
③ 물의 흐름은 Darcy법칙에 따른다.
④ 투수 계수와 체적 변화는 일정하다.
⑤ 압력－공극비의 관계는 이상적으로 직선화된다.
⑥ 유효 응력이 증가하면 압축토층의 간극비는 유효 응력의 증가에 반비례해서 감소한다.

□□□ 기85,09①,10②,11④,15①,16②, 21④, 산11①

04 아래의 베인 전단시험 결과에서 점착력을 구하시오.

득점	배점
	3

- vane의 직경 50mm, 높이 100mm
- 회전 저항 모멘트 16N·m

계산 과정) 답 : ____________

해답 $C=\dfrac{M_{max}}{\pi D^2\left(\dfrac{H}{2}+\dfrac{D}{6}\right)}$

$=\dfrac{16\times10^3}{\pi\times50^2\left(\dfrac{100}{2}+\dfrac{50}{6}\right)}=0.035\,\text{N/mm}^2=0.035\,\text{MPa}=35\,\text{kN/m}^2$

□□□ 기97②,06④,07④,12④,16②,19④

05 어느 현장 대표흙의 0.075mm(No.200)체 통과율이 60%이고, 이 흙의 액성한계와 소성한계가 각각 50%와 30%이었다. 이 흙의 군지수(GI)를 구하시오.

득점	배점
	3

계산 과정) 답 : ____________

해답 $GI=0.2a+0.005ac+0.01bd$

- a = No.200체 통과율 − 35 = 60 − 35 = 25(0～40의 정수)
- b = No.200체 통과율 − 15 = 60 − 15 = 45(0～40의 정수)
  ∴ $b=40$
- c = 액성한계 − 40 = 50 − 40 = 10(0～20의 정수)
- d = 소성지수 − 10 = (50 − 30) − 10 = 10(0～20의 정수)

∴ $GI=0.2\times25+0.005\times25\times10+0.01\times40\times10=10.25$

$=10$ (∵ GI값은 가장 가까운 정수로 반올림한다.)

□□□ 기10②,13①,14①,16②

06 도로 노상의 지지력을 평가할 수 있는 현장 시험의 종류 3가지를 쓰시오.

득점	배점
	3

① ____________ ② ____________

③ ____________ ④ ____________

해답 ① 평판재하시험

② CBR시험

③ 현장 밀도시험(들밀도 시험)

④ 프로프 롤링시험

□□□ 기16②,18①,19①

07 평판재하시험(KS F 2310) 방법에 대해 다음 물음에 답하시오.

득점	배점
	9

가. 재하판의 규격 3가지를 쓰시오.

① ______ ② ______ ③ ______

나. 평판재하시험을 끝마치는 조건 3가지를 쓰시오.

① ______ ② ______ ③ ______

다. 항복하중 결정방법 3가지를 쓰시오.

① ______ ② ______ ③ ______

해답 가. ① 직경 300mm 강재원판
② 직경 400mm 강재원판
③ 직경 750mm 강재원판

나. ① 침하량이 15mm에 달할 때
② 하중강도가 그 지반의 항복점을 넘을 때
③ 하중강도가 현장에서 예상되는 최대 접지압력을 초과할 때

다. ① $\log P - \log s$ 곡선법 ② $P-s$ 곡선법
③ $s-\log t$ 곡선법 ④ $P-ds/d(\log t)$ 곡선법

건설재료분야 4문항(24점)

□□□ 기10②,16②

08 콘크리트 호칭강도(f_{cn})가 40MPa이고, 23회 이상의 충분한 압축 강도시험을 거쳐 2.0MPa의 표준편차를 얻었다. 이 콘크리트의 배합강도(f_{cr})를 구하시오.

득점	배점
	4

계산 과정)

답 : ______

해답 ■ 시험횟수 23회일 때 표준편차
• 시험횟수가 29회 이하일 때 표준편차의 보정계수

시험횟수	표준편차의 보정계수
15	1.16
20	1.08
25	1.03
30 이상	1.00

직선보간 표준편차$=2.0\left(1.08-\dfrac{1.08-1.03}{25-20}\times(23-20)\right)=2.1\,\text{MPa}$

• $f_{cn}=40\text{MPa}>35\text{MPa}$일 때
• $f_{cr}=f_{cn}+1.34s\,(\text{MPa})=40+1.34\times2.1=42.81\,\text{MPa}$
• $f_{cr}=0.9f_{cn}+2.33s\,(\text{MPa})=0.9\times40+2.33\times2.1=40.89\,\text{MPa}$
∴ 배합강도 $f_{cr}=42.81\,\text{MPa}$(큰 값)

□□□ 기87②,93②,99②,10②,12④,15①,16②

득점	배점
	10

09 골재의 최대치수 25mm의 부순돌을 사용하며, 슬럼프 120mm, 물－결합재비 58.8%의 콘크리트 $1m^3$를 만들기 위하여 잔골재율(S/a), 단위 수량(W)를 보정하고 단위 시멘트량(C), 단위 굵은 골재량(G)를 구하시오.

(단, 갇힌 공기량 1.5%, 시멘트의 밀도 $3.17g/cm^3$, 잔골재의 표건밀도는 $2.57g/cm^3$, 잔골재 조립률 2.85, 굵은 골재의 표건밀도 $2.75g/cm^3$, 공기연행제 및 혼화재는 사용하지 않는다.)

【배합설계 참고표】

굵은 골재 최대 치수 (mm)	단위 굵은 골재 용적 (%)	공기연행제를 사용하지 않은 콘크리트			공기 연행 콘크리트				
		갇힌 공기 (%)	잔골재율 S/a(%)	단위 수량 (kg)	공기량 (%)	양질의 공기연행제를 사용한 경우		양질의 공기연행 감수제를 사용한 경우	
						잔골재율 S/a(%)	단위 수량 W(kg/m^3)	잔골재율 S/a(%)	단위 수량 W(kg/m^3)
15	58	2.5	53	202	7.0	47	180	48	170
20	62	2.0	49	197	6.0	44	175	45	165
25	67	1.5	45	187	5.0	42	170	43	160
40	72	1.2	40	177	4.5	39	165	40	155

주 1) 이 표의 값은 보통의 입도를 가진 잔골재(조립률 2.8 정도)와 부순돌을 사용한 물-결합재비 55% 정도, 슬럼프 80mm 정도의 콘크리트에 대한 것이다.

2) 사용재료 또는 콘크리트의 품질이 주 1)의 조건과 다를 경우에는 위의 표의 값을 아래 표에 따라 보정한다.

구 분	S/a의 보정(%)	W의 보정(kg)
잔골재의 조립률이 0.1만큼 클(작을) 때마다	0.5 만큼 크게(작게) 한다.	보정하지 않는다.
슬럼프값이 10mm 만큼 클(작을) 때마다	보정하지 않는다.	1.2만큼 크게(작게) 한다.
공기량이 1% 만큼 클(작을) 때마다	0.5～1.0 만큼 작게(크게) 한다.	3% 만큼 작게(크게) 한다.
물－결합재비가 0.05 클(작을) 때마다	1 만큼 크게(작게) 한다.	보정하지 않는다.
자갈을 사용할 경우	3～5만큼 크게 한다.	9～15kg 만큼 크게 한다.

비고 : 단위 굵은 골재용적에 의하는 경우에는 모래의 조립률이 0.1 만큼 커질(작아질)때마다 단위 굵은 골재용적을 1% 만큼 작게(크게) 한다.

가. 잔골재율과 단위 수량을 보정하시오.

계산 과정)

【답】 잔골재율 : ______________, 단위 수량 : ______________

나. 단위 시멘트량을 구하시오.

계산 과정)

답 : ______________

다. 단위 잔골재량을 구하시오.

계산 과정) 답 : ______________

라. 단위 굵은 골재량을 구하시오.

계산 과정) 답 : ______________

해답 가.

보정항목	배합 참고표	설계조건	잔골재율(S/a) 보정	단위 수량(W)의 보정
굵은골재의 치수 25mm일 때			$S/a=45\%$	$W=187$kg
모래의 조립률	2.80	2.85(↑)	$\frac{2.85-2.80}{0.10}\times 0.5=+0.25$(↑)	보정하지 않는다.
슬럼프값	80mm	120mm(↑)	보정하지 않는다.	$\frac{120-80}{10}\times 1.2=4.8\%$(↑)
공기량	1.5	1.5	$\frac{1.5-1.5}{1}\times 0.75=0\%$	$\frac{1.5-1.5}{1}\times 3=0\%$
W/B	55%	58.8%(↑)	$\frac{0.588-0.55}{0.05}\times 1=+0.76\%$(↑)	보정하지 않는다.
보정값			$S/a=45+0.25+0.76$ $=46.01\%$	$187\left(1+\frac{4.8}{100}+0\right)$ $=195.98$kg

- 잔골재율 $S/a=46.01\%$
- 단위 수량 $W=195.98$kg

나. $\frac{W}{B}=0.588$, $C=\frac{195.98}{0.588}=333.30$ ∴ $C=333.30$kg

다. • 단위 골재량의 절대체적

$$V_a=1-\left(\frac{단위수량}{1000}+\frac{단위시멘트}{시멘트밀도\times 1000}+\frac{공기량}{100}\right)$$

$$=1-\left(\frac{195.98}{1000}+\frac{333.30}{3.17\times 1000}+\frac{1.5}{100}\right)=0.684\text{m}^3$$

• 단위 잔골재량

$$S=V_a\times S/a\times 잔골재\ 밀도\times 1000$$

$$=0.684\times 0.4601\times 2.57\times 1000=808.80\text{kg/m}^3$$

라. • 단위 굵은골재량

$$G=V_g\times(1-S/a)\times 굵은골재\ 밀도\times 1000$$

$$=0.684\times(1-0.4601)\times 2.75\times 1000=1015.55\text{kg/m}^3$$

∴ 배합표

굵은 골재의 최대치수(mm)	슬럼프 (mm)	W/B (%)	잔골재율 S/a (%)	단위량(kg/m^3)			
				물	시멘트	잔골재	굵은 골재
25	120	58.8	46.01	195.98	333.30	808.80	1015.55

! 주의점
- 0.5～1.0
- 중앙값 0.75

다른 방법

- 단위 수량 $W=195.98\text{kg}$
- 단위 시멘트량(C) : $\frac{W}{B}=0.588$, $C=\frac{195.98}{0.588}=333.30$ ∴ 단위 시멘트량 $C=333.30\text{kg}$
- 시멘트의 절대용적 : $V_c=\frac{333.30}{0.00317\times1000}=105.142l$
- 공기량 : $1000\times0.015=15l$
- 골재의 절대용적 : $1000-(195.98+105.142+15)=683.88l$
- 잔골재의 절대용적 : $683.88\times0.4601=314.65l$
- 단위 잔골재량 : $314.65\times0.00257\times1000=808.65\text{kg/m}^3$
- 굵은 골재의 절대용적 : $683.88-314.65=369.23l$
- 단위 굵은 골재량 : $369.23\times0.00275\times1000=1015.38\text{kg/m}^3$

배합설계 참고표에서 찾는 법

■ 「설계조건 및 재료」에서 확인할 사항
- 양질의 공기연행제 사용여부
- 굵은골재의 최대치수 확인

굵은골재 최대치수(mm)	공기량(%)	공기연행제를 사용하지 않은 경우	
		잔골재율 S/a(%)	단위 수량 W(kg/m^3)
25	1.5	45	187

□□□ 기91,16②,18①, 산10④

10 잔골재의 밀도시험의 결과 다음과 같다. 물음에 답하시오.

득점	배점
	4

물을 채운 플라스크의 질량	600g
표면건조 포화상태의 질량	500g
시료+물+플라스크의 질량	911g
노건조 시료의 질량	480g
시험시의 물의 밀도	0.9970g/cm^3

가. 표면건조포화상태의 밀도를 구하시오.

계산 과정) 답 : ____________

나. 절대건조상태의 밀도를 구하시오.

계산 과정) 답 : ____________

다. 상대 겉보기 밀도(진밀도)를 구하시오.

계산 과정) 답 : ____________

라. 시험값은 평균값과 차이의 정밀도를 쓰시오.

【답】 잔골재 밀도 : ____________, 흡수율 : ____________

해답 가. $d_s = \frac{m}{B+m-C} \times \rho_w = \frac{500}{600+500-911} \times 0.9970 = 2.64\text{g/cm}^3$

나. $d_d = \frac{A}{B+m-C} \times \rho_w = \frac{480}{600+500-911} \times 0.9970 = 2.53\text{g/cm}^3$

다. $d_A = \frac{A}{B+A-C} \times \rho_w = \frac{480}{600+480-911} \times 0.9970 = 2.83\text{g/cm}^3$

라. 잔골재 밀도 : 0.01g/cm^3, 흡수율 : 0.05%

굵은골재의 정밀도

- 2회 시험의 평균값을 굵은 골재의 밀도 및 흡수율값으로 한다.
- 시험값은 평균값과의 차이가 밀도의 경우 0.01g/cm^3, 흡수율의 경우는 0.03% 이하이어야 한다.

□□□ 기16②,21①, 산05

11 콘크리트용 굵은 골재(KS F 2526)는 규정에 적합한 골재를 사용하여야 한다. 콘크리트용 굵은 골재의 유해물 함유량의 허용값을 쓰시오.

득점	배점
	6

항목	허용값
점토 덩어리(%)	①
연한 석편(%)	②
0.08mm통과량(%)	③

해답 ① 0.25 이하　　② 5.0 이하　　③ 1.0 이하

골재의 유해물 함유량과 물리적 성질

■ 골재의 유해 물질 함유량의 허용값(단위 : %)

구분		기호	점토 덩어리	연한 석편	0.8mm체 통과량	석탄 및 갈탄	염화물 (NaCl 환산량)
천연 골재	굵은 골재	NG	0.25 이하	5.0 이하	1.0 이하	0.5 이하 1.0 이하	
	잔골재	NS	1.00 이하		3.0 이하 5.0 이하	0.5 이하 1.0 이하	0.04 이하

■ 골재의 물리적 성질

구분		기호	절대 건조 밀도 g/cm^3	흡수율 %	안정성 %	마모율 %	입자 모양 판정 실적률 %
천연 골재	굵은 골재	NG	2.5 이상	3.0 이하	12 이하	40 이하	
	잔골재	NS	2.5 이상	3.0 이하	10 이하		
부순 골재	굵은 골재	CG	2.5 이상	3.0 이하	12 이하	40 이하	55 이상
	잔골재	CS	2.5 이상	3.0 이하	10 이하		53 이상

국가기술자격 실기시험문제

2016년도 기사 제4회 필답형 실기시험(기사)

종 목	시험시간	배 점	성 명	수험번호
건설재료시험기사	2시간	60		

※ 수험자 인적사항 및 계산식을 포함한 답안 작성은 검은색 필기구만 사용해야 하며, 그 외 연필류, 빨간색, 청색 등 필기구로 작성한 답항은 0점 처리 됩니다.

토질분야

5문항(28점)

□□□ 기90,14①,16④, 21②

득점	배점
	6

01 어떤 현장흙의 실내다짐 시험결과 최적함수비(W_{opt})가 24%, 최대건조밀도 1.71g/cm³, 비중(G_s)이 2.65였다. 이 흙으로 이루어진 지반에서 현장다짐을 수행한 후 함수비시험과 모래치환법에 의한 흙의 단위중량시험을 실시하였더니 함수비가 23%, 전체밀도가 1.97g/cm³이었다. 다음 물음에 답하시오.

가. 현장건조밀도를 구하시오.

계산 과정) 답 :

나. 상대다짐도를 구하시오.

계산 과정) 답 :

다. 현장흙의 다짐 후 공기함유율($A = V_a / V$)를 구하시오.

계산 과정) 답 :

해답 가. $\rho_d = \dfrac{\rho_t}{1+w} = \dfrac{1.97}{1+0.23} = 1.60\text{g/cm}^3$

나. $R = \dfrac{\rho_d}{\rho_{d\max}} \times 100 = \dfrac{1.60}{1.71} \times 100 = 93.57\%$

다. $A = \dfrac{V_a}{V} = \dfrac{V_v - V_w}{V_s + V_v} = \dfrac{e - \dfrac{S \cdot e}{100}}{1+e}$

• $e = \dfrac{\rho_w \cdot G_s}{\rho_d} - 1 = \dfrac{1 \times 2.65}{1.60} - 1 = 0.66$

• $S = \dfrac{G_s \cdot w}{e} = \dfrac{2.65 \times 23}{0.66} = 92.35\%$

$\therefore A = \dfrac{e - \dfrac{S \cdot e}{100}}{1+e} = \dfrac{0.66 - \dfrac{92.35 \times 0.66}{100}}{1+0.66} = 0.030$

• 다짐 시험 결과

$W_{opt} = 24\%$
$\rho_{d\max} = 1.71\text{g/cm}^3$
$G_s = 2.65$

• 현장 다짐 결과

$w = 23\%$
$\rho_t = 1.97\text{g/cm}^3$

□□□ 기87,96,98,12④,16④

득점	배점
	6

02 도로 토공현장에서 모래치환법에 의한 흙의 밀도시험을 하였다. 이 때 파낸 구멍의 체적 $V=1960\text{cm}^3$이었고, 이 구멍에서 파낸 흙 질량이 3440g이었다. 이 흙의 토질시험결과 함수비 $w=11\%$, 비중 $G_s=2.65$, 최대건조밀도 $\rho_{d\max}=1.65\text{g/cm}^3$이었다. 다음 물음에 답하시오.

가. 현장건조밀도를 구하시오.

계산 과정) 답 : ______

나. 간극비 및 간극률을 구하시오.

계산 과정)

【답】 공극비 : ______, 공극률 : ______

다. 이 흙의 다짐도를 구하시오.

계산 과정) 답 : ______

해답 가. $\rho_d=\dfrac{\rho_t}{1+w}$

• $\rho_t=\dfrac{W}{V}=\dfrac{3440}{1960}=1.755\text{g/cm}^3$

$\therefore\ \rho_d=\dfrac{\rho_t}{1+w}=\dfrac{1.755}{1+0.11}=1.58\text{g/cm}^3$

나. $\rho_d=\dfrac{G_s}{1+e}\rho_w$

$e=\dfrac{G_s\cdot\rho_w}{\rho_d}-1=\dfrac{2.65\times1}{1.58}-1=0.677$

$n=\dfrac{e}{1+e}\times100=\dfrac{0.677}{1+0.677}\times100=40.37\%$

다. $C_d=\dfrac{\rho_d}{\rho_{d\max}}\times100=\dfrac{1.58}{1.65}\times100=95.76\%$

□□□ 기10①,14②,16④

득점	배점
	6

03 압밀시험결과에서 선행압밀하중을 결정하는 방법을 $e-\log P$압밀곡선에서 산출하는 과정을 작도하여 단계별로 간단히 설명하시오.

○

해답 ① $e-\log P$곡선에서 외견상 곡률 최대인 점 T를 결정한다.
② 점 T에서 수평인 TO와 접선 TN을 긋는다.
③ ∠OTN이 이루는 각의 2등분선 TM을 긋는다.
④ $e-\log P$곡선의 하부 직선부분인 FH의 연장선 HE와 이등분선 TM과의 교점 D를 구한다.
⑤ 점 D에서 수직선을 내려 $\log P$축과 만나는 점이 선행압밀하중(P_c)이다.

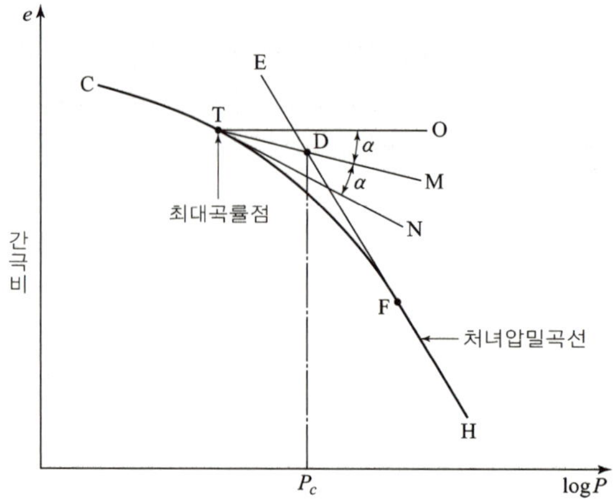

□□□ 기10②,15④,16④

04 현장모래의 습윤 밀도가 1.76g/cm³, 함수비는 6.0%였다. 실험실에서 이 모래에 대한 최대, 최소 건조밀도를 측정하더니 1.77g/cm³, 1.61g/cm³이었다. 상대밀도(D_r)에 따른 사질토의 조밀상태를 판별하시오.

득점	배점
	4

계산 과정)　　　　　　　　　　　　　　　　　　　　답 : ____________

해답 상대밀도 $D_r = \dfrac{\rho_d - \rho_{d\min}}{\rho_{d\max} - \rho_{d\min}} \times \dfrac{\rho_{d\max}}{\rho_d} \times 100$

- 건조밀도 $\rho_d = \dfrac{\rho_t}{1+w} = \dfrac{1.76}{1+0.06} = 1.66\text{g/cm}^3$
- $\rho_{d\max} = 1.77\text{g/cm}^3$
- $\rho_{d\min} = 1.61\text{g/cm}^3$
- $D_r = \dfrac{1.66-1.61}{1.77-1.61} \times \dfrac{1.77}{1.66} \times 100 = 33.32\%$

$\therefore$ 15%~35%($D_r = 33.32\%$) : 느슨

상대밀도의 범위

상대밀도	조밀한 상태
0~15	대단히 느슨
15~35	느슨
35~65	보통
65~85	조밀
85~100	대단히 조밀

□□□ 기08②,10④,12②,16②④,20②,24③

05 두께 2m의 점토층에서 시료를 채취하여 압밀시험한 결과 하중강도를 120kN/m²에서 240kN/m²로 증가시키니 공극비는 1.96에서 1.78으로 감소하였다. 다음 물음에 답하시오.

득점	배점
	6

가. 압축계수(a_v)를 구하시오. (단, 계산결과는 □.□□×10$^{□}$로 표현하시오.)

계산 과정) 답 : ____________

나. 체적 변화계수(m_v)를 구하시오. (단, 계산결과는 □.□□×10$^{□}$로 표현하시오.)

계산 과정) 답 : ____________

다. 최종 압밀 침하량(ΔH)를 구하시오.

계산 과정) 답 : ____________

해답 가. $a_v = \dfrac{e_1 - e_2}{P_2 - P_1} = \dfrac{1.96 - 1.78}{240 - 120} = 1.50 \times 10^{-3}\text{m}^2/\text{kN}$

나. $m_v = \dfrac{a_v}{1+e} = \dfrac{1.50 \times 10^{-3}}{1+1.96} = 5.07 \times 10^{-4}\text{m}^2/\text{kN}$

다. $\Delta H = m_v \cdot \Delta P \cdot H = 5.07 \times 10^{-4} \times (240-120) \times 2 = 0.1217\text{m} = 12.17\text{cm}$

또는 $\Delta H = \dfrac{e_1 - e_2}{1+e_1} H = \dfrac{1.96 - 1.78}{1+1.96} \times 200 = 12.16\text{cm}$

건설재료분야 5문항(32점)

□□□ 기12②,14②,16④

06 철근 콘크리트 구조물의 비파괴검사에 이용하는 방법에 대해 다음 물음에 답하시오.

득점	배점
	8

가. 철근 배근 조사를 위한 비파괴 검사법을 2가지만 쓰시오.

① ____________ ② ____________

나. 기존 콘크리트 구조물의 철근 부식을 평가하는 방법을 2가지만 쓰시오.

① ____________ ② ____________

해답 가. ① 전자 유도법 ② 전자파 레이더법

나. ① 자연 전위법 ② 분극 저항법

③ 전기 저항법 ④ 표면 전위차법

□□□ 기10④,13④,16④,18①, 21①

07 다음은 굵은골재의 체가름 분석결과이다. 다음 물음에 답하시오.

득점	배점
	4

체크기(mm)	75	40	20	10	5	2.5	1.2
잔류율(%)	0	5	24	48	19	4	0

가. 굵은골재의 최대치수에 대한 정의를 설명하고, 위 결과를 보고 굵은골재의 최대치수를 구하시오.

① 정의 :

② 굵은골재의 최대치수 :

나. 조립률(F.M)을 구하시오.

계산 과정)　　　　답 :

해답 가. ① 질량비로 90% 이상을 통과시키는 체 중에서 최소치수의 체눈 호칭치수로 나타낸다.
② 40mm

체크기(mm)	75	40	20	10	5	2.5	1.2	0.6	0.3	0.15
잔류율(%)	0	5	24	48	19	4	0	0	0	0
가적 잔류율(%)	0	5	29	77	96	100	100	100	100	100
가적 통과율(%)	100	95	71	23	4	0	0	0	0	0

나. $\text{조립률(F.M)} = \dfrac{\Sigma\text{각 체에 잔류한 중량백분율(\%)}}{100}$

$$= \frac{0+5+29+77+96+100\times 5}{100} = \frac{707}{100} = 7.07$$

□□□ 기08②,10②,16④

08 콘크리트용 부순 굵은 골재(KS F 2527)는 규정에 적합한 골재를 사용하여야 한다. 부순 굵은 골재의 물리적 품질에 대한 시험 항목을 4가지만 쓰시오.

득점	배점
	4

① ______　② ______

③ ______　④ ______

해답 ① 절대건조밀도(g/cm^3)
② 흡수율(%)
③ 안정성(%)
④ 마모율(%)
⑤ 입자모양 판정 실적률(%)

골재의 물리적 성질

구분		기호	절대 건조 밀도 g/cm^3	흡수율 %	안정성 %	마모율 %	입자 모양 판정 실적률 %
천연 골재	굵은 골재	NG	2.5 이상	3.0 이하	12 이하	40 이하	
	잔골재	NS	2.5 이상	3.0 이하	10 이하		
부순 골재	굵은 골재	CG	2.5 이상	3.0 이하	12 이하	40 이하	55 이상
	잔골재	CS	2.5 이상	3.0 이하	10 이하		53 이상

□□□ 기06②,08④,10①,13④,16④, 21②,22④, 산10②

09 다음 콘크리트의 배합 결과를 보고 물음에 답하시오.
(단, 단위골재의 체적은 소수점 넷째자리에서 반올림하시오.)

득점	배점
	6

- 단위 시멘트량 : $320kg/m^3$
- 물－결합재비 : 48%
- 잔골재율(S/a) : 40%
- 공기량 : 5%
- 시멘트 비중 : 3.15
- 잔골재의 밀도 : $2.55g/cm^3$
- 굵은골재의 밀도 : $2.62g/cm^3$

가. 단위 수량을 구하시오.

계산 과정) 답 : ______

나. 단위 잔골재량을 구하시오.

계산 과정) 답 : ______

다. 단위 굵은 골재량을 구하시오.

계산 과정) 답 : ______

해답 가. $\frac{W}{B} = 48\% = 0.48$

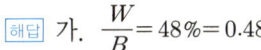

$\therefore\ W = C \times 0.48 = 320 \times 0.48 = 153.60\text{kg/m}^3$

나. 골재의 체적

$$V_a = 1 - \left(\frac{\text{단위수량}}{1000} + \frac{\text{단위시멘트량}}{\text{시멘트밀도} \times 1000} + \frac{\text{공기량}}{100}\right)$$

$$= 1 - \left(\frac{153.60}{1000} + \frac{320}{3.15 \times 1000} + \frac{5}{100}\right) = 0.695\text{m}^3$$

$$S = V_a \times S/a \times G_s \times 1000$$

$$= 0.695 \times 0.40 \times 2.55 \times 1000 = 708.90\text{kg/m}^3$$

다. $G = V_a \times (1 - S/a) \times G_g \times 1000$

$$= 0.695 \times (1 - 0.40) \times 2.62 \times 1000 = 1092.54\text{kg/m}^3$$

□□□ 기16④,24③

득점	배점
	10

10 관입저항침에 의한 콘크리트 응결시험(KS F 2436)결과가 아래 표와 같을 때 다음 물음에 답하시오.

가. 시험의 결과를 그래프로 도시할 때 나머지 측정점들에서 정의한 경향에서 명백히 벗어나는 점은 버려야 한다. 이런 전체의 경향에서 벗어나는 측정점이 발생하는 원인에 대하여 아래 예시와 같이 2가지만 쓰시오.

하중 재하속도의 변동

①

②

나. 아래의 표와 같은 시험결과로 핸드 피팅(hand fitting)에 의한 방법을 이용하여 그래프를 도시하고 초결 및 종결시간을 구하시오.

관입 저항(PR) MPa	경과시간(t) min
0.3	200
0.8	230
1.5	260
3.7	290
6.9	320
6.9	335
13.8	350
17.7	365
24.3	380
30.6	395

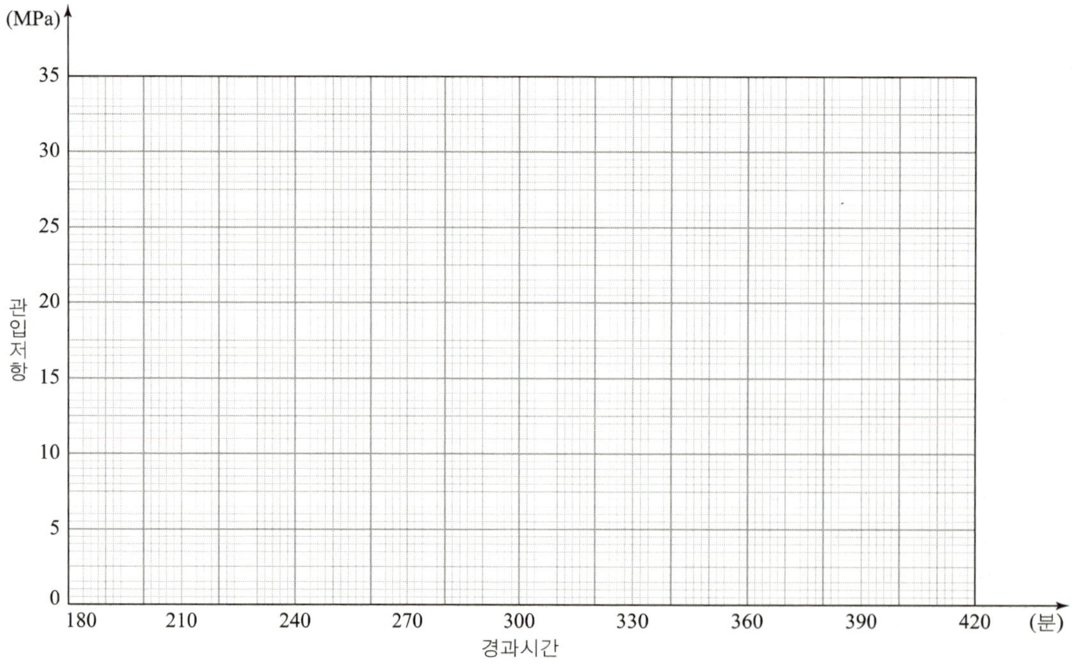

① 초결 시간 :

② 종결 시간 :

해답 가. ① 하중시 오차
② 관입영역에 있는 큰 간극
③ 너무 인접해서 관입하면서 발생한 방해 요소
④ 관입시험에서 시험기구를 모르타르의 면과 연직하게 유지하지 못해서
⑤ 모르타르에 다소 큰 입자가 포함되어 나타나는 방해 요소

나.

관입 저항(PR) MPa	경과시간(t) min
0.3	200
0.8	230
1.5	260
3.7	290
6.9	320
6.9	335
13.8	350
17.7	365
24.3	380
30.6	395

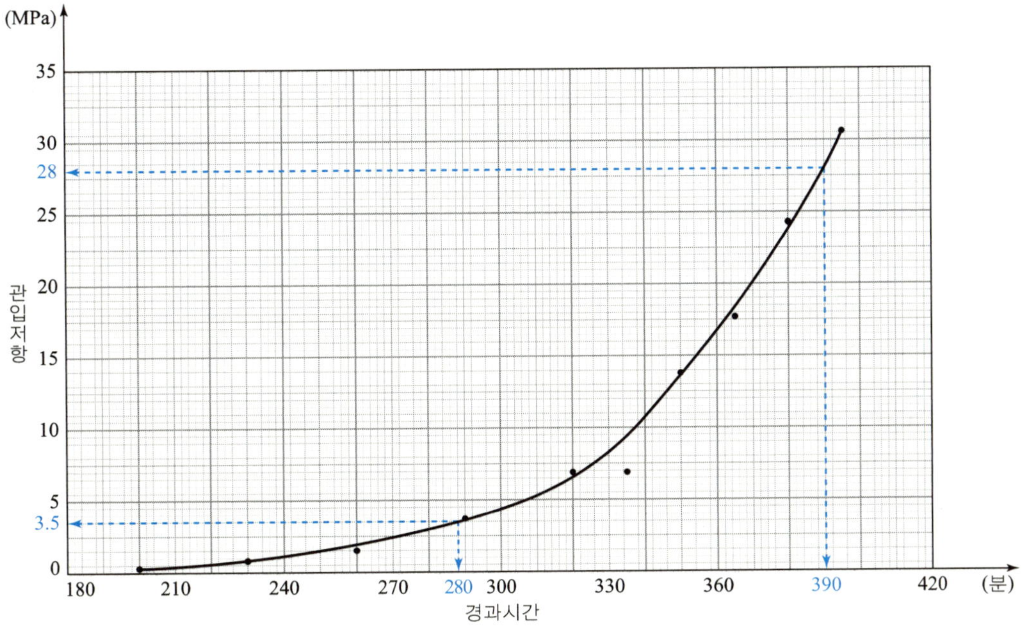

① 초결 시간
∴ 관입저항 3.5MPa일 때 초결시간 280분

② 종결 시간
∴ 관입저항 28MPa일 때 종결시간 390분

응결시간 계산식

- 초결시간 : 관입저항치 3.5MPa일 때 초결 시간을 계산
- 종결시간 : 관입저항치 28MPa일 때 종결 시간을 계산

국가기술자격 실기시험문제

2017년도 기사 제1회 필답형 실기시험(기사)

종 목	시험시간	배 점	성 명	수험번호
건설재료시험기사	2시간	60		

※ 수험자 인적사항 및 계산식을 포함한 답안 작성은 검은색 필기구만 사용해야 하며, 그 외 연필류, 빨간색, 청색 등 필기구로 작성한 답항은 0점 처리 됩니다.

토질분야

4문항(24점)

□□□ 기14④,17①,23④

01 압밀시험결과에서 압밀계수를 구하는 방법 중 $\sqrt{t}$ 법에 의한 압밀계수 산출과정을 시간-압축량 곡선을 작도하여 단계별로 간단히 설명하시오.

득점	배점
	6

○

해답 ① 세로축에 변위계의 눈금 d(mm)를 산술눈금으로, 가로축에 경과 시간 t(mm)을 제곱근으로 잡아서 $d-\sqrt{t}$ 곡선을 그린다.

② $d-\sqrt{t}$ 곡선의 초기의 부분에 나타나는 직선부를 연장하여 $t=0$에 해당하는 점을 초기 보정점으로 하여 이 점의 변위계의 눈금을 d_0(mm)으로 한다.

③ 초기의 보정점을 지나고 초기직선의 가로거리를 1.15배의 가로 거리를 가진 직선을 그린다.

④ $d-\sqrt{t}$ 곡선과의 이루는 교점을 압밀도 90%의 점으로 하고 이 점의 변위계의 눈금 d_{90}(mm) 및 시간 t_{90}(min)를 구한다.

⑤ $d_{100}=\dfrac{10}{9}(d_{90}-d_0)+d_0$를 산출한다.

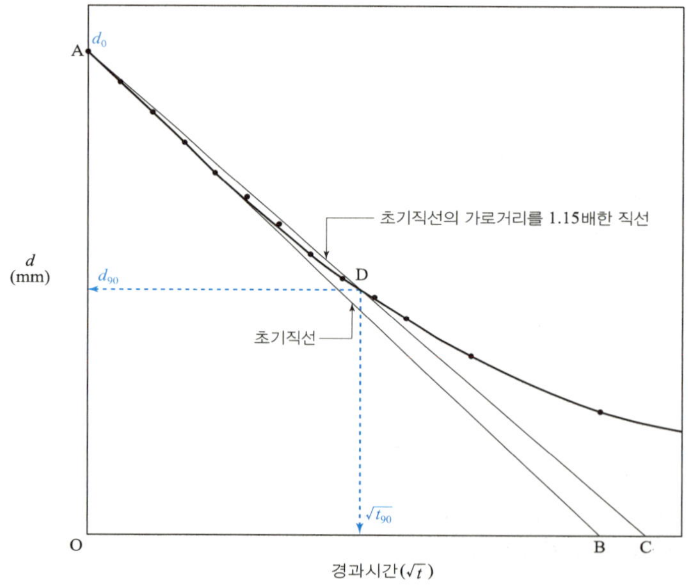

□□□ 기08①,10①,17①,20④,22④

02 다음 그림과 같은 지반에 4m×4m의 구조물을 설치하는 경우에 대하여 다음 물음에 답하시오.

득점	배점
	8

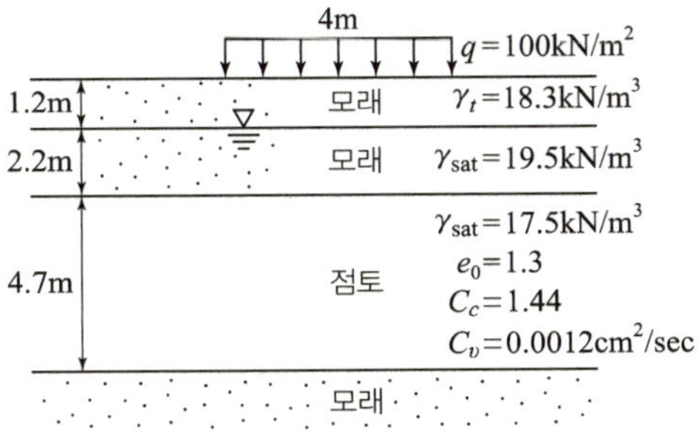

- C_v : 압밀계수
- C_c : 압축지수

가. 점토층 중앙에 작용하는 초기유효응력을 구하시오.

계산 과정) 답 : ________

나. 재하로 인한 점토층 중앙의 응력증가를 2 : 1분포법으로 구하시오.

계산 과정) 답 : ________

다. 점토지반의 최종 압밀침하량을 구하시오.

계산 과정) 답 : ________

라. 90%압밀에 소요되는 시간(day)를 구하시오.

계산 과정) 답 : ________

해답 가. $P_1 = \gamma_t \cdot h_1 + \gamma_{sub} \cdot h_2 + \gamma_{sub} \cdot \dfrac{h_3}{2}$

$$= 18.3 \times 1.2 + (19.5 - 9.81) \times 2.2 + (17.5 - 9.81) \times \frac{4.7}{2} = 61.35\,\text{kN/m}^2$$

나. $\Delta P = \dfrac{q \cdot B \cdot L}{(B+Z)(L+Z)}$

- $Z = 1.2 + 2.2 + \dfrac{4.7}{2} = 5.75\,\text{m}$

$\therefore\ \Delta P = \dfrac{100 \times 4 \times 4}{(4+5.75)(4+5.75)} = 16.83\,\text{kN/m}^2$

다. 침하량 $S = \dfrac{C_c H}{1+e} \log \dfrac{P_1 + \Delta P}{P_1}$

$\therefore\ S = \dfrac{1.44 \times 470}{1+1.3} \log \dfrac{61.35 + 16.83}{61.35} = 30.98\,\text{cm}$

라. $t_{90} = \dfrac{0.848 H^2}{C_v}$

$$= \frac{0.848 \times \left(\dfrac{470}{2}\right)^2}{0.0012 \times 60 \times 60 \times 24} = 451.69\,\text{day}$$

□□□ 기10④,17①,18①,20②

03 어느 포화점토(G_s =2.72)의 애터버그 한계(Atterberg Limit)시험 결과 액성한계가 50%이고 소성지수는 14%였다. 다음 물음에 답하시오.

득점	배점
	4

가. 이 점토의 소성한계를 구하시오.

계산 과정) 답 : ______

나. 이 점토의 함수비가 40%일 때의 연경도는 무슨 상태인가?

계산 과정) 답 : ______

해답 가. 소성지수=액성한계−소성한계

∴ 소성한계=액성한계−소성지수=50−14=36%

나. ■방법 1

$W_P < w_n < W_L$

36% < 40% < 50% ∴ 소성상태

■방법 2

$0 < I_L < 1$

액성지수 $I_L = \dfrac{w_n - W_P}{W_L - W_P} = \dfrac{40-36}{50-36} = 0.29$

$0 < I_L = 0.29 < 1$ ∴ 소성상태

애터버그 한계

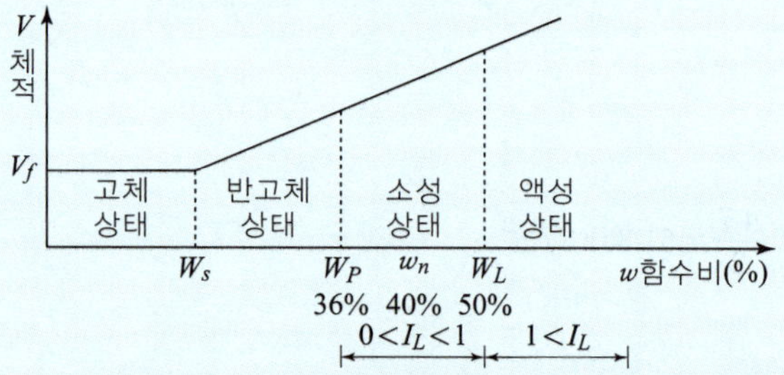

■소성한계(W_P)<자연 함수비(w_n)<액성한계(W_L) : 소성상태

소성지수(I_P)=액성한계(W_L)−소성한계(W_P)

액성지수 $I_L = \dfrac{w_n - W_P}{W_L - W_P}$

■흙의 액성지수

액성상태	$1 < I_L$
소성상태	$0 < I_L < 1$
반고체, 고체상태	$I_L < 0$

□□□ 기13①,15②,17①,22①

04 흙의 비중(G_s)이 2.50이고, 건조단위중량이 15.8kN/m³인 흙의 간극비(e)와 간극률(n)을 구하고, 포화도 60%일 때의 흙의 전체 단위무게를 구하시오.

득점	배점
	6

가. 간극비(e)를 구하시오.

계산 과정) 답 :

나. 간극률(n)을 구하시오.

계산 과정) 답 :

다. 포화도 60%일 때의 흙의 전체 단위무게(γ_t)를 구하시오.

계산 과정) 답 :

해답 가. $e = \dfrac{\gamma_w \cdot G_s}{\gamma_d} - 1 = \dfrac{9.81 \times 2.50}{15.8} - 1 = 0.55$

나. $n = \dfrac{e}{1+e} \times 100 = \dfrac{0.55}{1+0.55} \times 100 = 35.48\%$

다. $\gamma_t = \dfrac{G_s + \dfrac{S \cdot e}{100}}{1+e}\gamma_w = \dfrac{2.50 + \dfrac{60 \times 0.55}{100}}{1+0.55} \times 9.81 = 17.91\text{kN/m}^3$

건설재료분야 4문항(36점)

□□□ 기14④,15②,17①,18①,21②,23①

05 골재의 단위 용적질량 및 실적률 시험(KS F 2505)에 대한 아래의 물음에 답하시오.

득점	배점
	10

가. 시료를 용기에 채울 때 봉 다지기에 의한 방법을 사용하고, 굵은골재의 최대치수가 10mm를 초과 40mm 이하인 시료를 사용하는 경우 필요한 용기의 용적과 1층당 다짐횟수를 쓰시오.

【답】 용적 : , 다짐회수 :

나. 시료를 용기에 채우는 방법은 봉 다지기에 의한 방법과 충격에 의한 방법이 있으며, 일반적으로 봉 다지기에 의한 방법을 사용한다. 충격에 의한 방법을 사용하여야 하는 경우를 2가지만 쓰시오.

① ②

다. 굵은 골재를 사용하며, 용기의 용적이 30L, 용기 안 시료의 건조질량이 45.0kg이었다. 이 골재의 흡수율이 1.8%이고 표면건조포화상태의 밀도가 2.60kg/L 라면 공극률을 구하시오.

계산 과정) 답 :

해답 가. 용적 : 10L, 다짐회수 : 30

나. ① 굵은 골재의 치수가 커서 봉 다지기가 곤란한 경우

② 시료를 손상할 염려가 있는 경우

다. 골재의 실적률 $G=\frac{T}{d_s}(100+Q)$

- $T=\frac{m_1}{V}=\frac{45.0}{30}=1.5\text{kg/L}$
- $G=\frac{1.5}{2.60}(100+1.8)=58.73\%$

∴ 공극률 $v=100-$실적률$=100-58.73=41.27\%$

골재의 빈틈률(%)

(1) 용기의 다짐회수

굵은 골재의 최대치수	용적(L)	1층 다짐회수	안높이/안지름
5mm(잔골재) 이하	1～2	20	0.8～1.5
10mm 이하	2～3	20	
10mm 초과 40mm 이하	10	30	
40mm 초과 80mm 이하	30	50	

(2) 시료를 채우는 방법

① 봉 다지기에 의한 경우

② 충격에 의하는 경우

- 굵은 골재의 치수가 커서 봉 다지기가 곤란한 경우
- 시료를 손상할 염려가 있는 경우

(3) 골재의 실적률

① 골재의 단위 용적질량 $T=\frac{m_1}{V}$

② 골재의 실적률과 공극률

- 실적률 $G=\frac{T}{d_D}\times 100$: 골재의 건조밀도 사용
- 실적률 $G=\frac{T}{d_S}(100+Q)$: 골재의 흡수율이 있는 경우
- 공극률 $v=100-$실적률

여기서, V : 용기의 용적(L)

m_1 : 용기 안의 시료의 질량(kg)

d_D : 골재의 절건밀도(kg/L)

d_S : 골재의 표건밀도(kg/L)

Q : 골재의 흡수율(%)

□□□ 기88,92,94,02,05,06,11②,13①,14②,17①,18②,19①,20①

06 3개의 공시체를 가지고 마샬 안정도 시험을 실시한 결과 다음과 같다. 아래 물음에 답하시오. (단, 아스팔트의 밀도는 $1.02g/cm^3$, 혼합되는 골재의 평균밀도는 $2.712g/cm^3$이다.)

득점	배점
	10

공시체 번호	아스팔트혼합율(%)	두께(cm)	질량(g)		용적(cm^3)
			공기중	수중	
1	4.5	6.29	1151	665	486
2	4.5	6.30	1159	674	485
3	4.5	6.31	1162	675	487

가. 아스팔트 혼합물의 실측밀도 및 이론 최대밀도를 구하시오.
(단, 소수점 넷째자리에서 반올림하시오.)

계산 과정) 답 : ____________

공시체 번호	실측밀도(g/cm^3)
1	
2	
3	
평균	

【답】 이론최대밀도 : ____________

나. 아스팔트 혼합물의 용적률, 공극률, 포화도를 구하시오.
(단, 소수점 넷째자리에서 반올림하시오.)

계산 과정)

【답】 용적률 : ____________, 공극률 : ____________, 포화도 : ____________

해답 가. ■ 실측밀도 $= \dfrac{\text{공기중 질량(g)}}{\text{용적}(cm^3)}$

공시체 번호	실측밀도(g/cm^3)
1	$\frac{1151}{486} = 2.368 g/cm^3$
2	$\frac{1159}{485} = 2.390 g/cm^3$
3	$\frac{1162}{487} = 2.386 g/cm^3$
평균	$\frac{2.368 + 2.390 + 2.386}{3} = 2.381 g/cm^3$

■ 이론최대밀도 $D=\dfrac{100}{\dfrac{E}{F}+\dfrac{K(100-E)}{100}}$

• $\dfrac{\text{아스팔트 혼합율}(E)}{\text{아스팔트 밀도}(F)}=\dfrac{4.5}{1.02}=4.412\text{cm}^3/\text{g}$

• $K=\dfrac{\text{골재의 배합비}(B)}{\text{골재의 밀도}(C)}=\dfrac{100}{2.712}=36.873\text{cm}^3/\text{g}$

$\therefore$ 이론최대밀도 $D=\dfrac{100}{4.412+\dfrac{36.873(100-4.5)}{100}}=2.524\text{g/cm}^3$

나. • 용적율

$V_a=\dfrac{\text{아스팔트 혼합율}\times\text{평균 실측밀도}}{\text{아스팔트밀도}}=\dfrac{4.5\times 2.381}{1.02}=10.504\%$

• 공극율 $V_v=\left(1-\dfrac{\text{평균실측밀도}}{\text{이론최대밀도}}\right)\times 100$

$=\left(1-\dfrac{2.381}{2.524}\right)\times 100=5.666\%$

• 포화도

$S=\dfrac{\text{용적률}}{\text{용적률}+\text{공극률}}\times 100=\dfrac{10.504}{10.504+5.666}\times 100=64.960\%$

□□□ 기11④,13①,15①④,17①

07 콘크리트의 압축 강도시험 결과가 아래의 표와 같을 때 배합설계에 적용할 표준편차를 구하고, 호칭강도(f_{cn})가 40MPa일 때 콘크리트의 배합강도를 계산하시오.

득점	배점
	6

【압축강도 측정결과(MPa)】

42	43	35	42	46	41	45
35	35	46	43	42	45	43
37	44	35	45	41	40	36

가. 아래의 표를 이용하여 배합설계에 적용할 표준편차를 구하시오.

【시험횟수가 29회 이하일 때 표준편차의 보정계수】

시험 횟수	표준편차의 보정계수	비고
15	1.16	이 표에 명시되지 않은 시험횟수에 대해서는 직선보간한다.
20	1.08	
25	1.03	
30 이상	1.00	

계산 과정)　　　　　　　　　　　　　　　　　　　　답 : ______________

나. 배합강도를 구하시오.

계산 과정)　　　　　　　　　　　　　　　　　　　　답 : ______________

해답 가. 표준편차 $s = \sqrt{\dfrac{\Sigma(x_i - \bar{x})^2}{(n-1)}}$

• 압축강도 합계

42	43	35	42	46	41	45	294
35	35	46	43	42	45	43	289
37	44	35	45	41	40	36	278

$\Sigma x_i = 294 + 289 + 278 = 861\,\text{MPa}$

• 압축강도 평균값

$\bar{x} = \dfrac{\Sigma x_i}{n} = \dfrac{861}{21} = 41\,\text{MPa}$

• 표준편차 합 $\Sigma(x_i - \bar{x})^2$

$(42-41)^2+(43-41)^2+(35-41)^2+(42-41)^2+(46-41)^2+(41-41)^2+(45-41)^2$
$+(35-41)^2+(35-41)^2+(46-41)^2+(43-41)^2+(42-41)^2+(45-41)^2+(43-41)^2$
$+(37-41)^2+(44-41)^2+(35-41)^2+(45-41)^2+(41-41)^2+(40-41)^2+(36-41)^2$
$= 83 + 122 + 103 = 308\,\text{MPa}$

∴ 표준편차 $s = \sqrt{\dfrac{308}{21-1}} = 3.92\,\text{MPa}$

• 직선보간의 보정계수 $= 1.08 - \dfrac{1.08 - 1.03}{25 - 20} \times (21 - 20) = 1.07$

• 수정표준편차 $s = 3.92 \times 1.07 = 4.19\,\text{MPa}$

나. $f_{cn} = 40\,\text{MPa} > 35\,\text{MPa}$인 경우 두 값 중 큰 값

• $f_{cr} = f_{cn} + 1.34s = 40 + 1.34 \times 4.19 = 45.61\,\text{MPa}$

• $f_{cr} = 0.9 f_{cn} + 2.33\,s = 0.9 \times 40 + 2.33 \times 4.19 = 45.76\,\text{MPa}$

∴ 배합강도 $f_{cr} = 45.76\,\text{MPa}$

□□□ 기12④,13②,17①,18②

08 골재의 체가름시험(KS F 2502)에 대한 아래의 물음에 답하시오.

득점	배점
	10

가. 굵은골재에 대해 시험하는 경우 시료 최소 건조질량의 기준에 대하여 간단히 설명하시오.

○

나. 잔골재에 대해 시험하는 경우 시료 최소 건조질량의 기준에 대하여 간단히 설명하시오.

○

다. 구조용 경량골재를 사용하는 경우 시료 최소 건조질량의 기준에 대하여 간단히 설명하시오.

○

라. 굵은골재 15000g에 대한 체가름 시험결과가 아래 표와 같을 때 표의 빈칸을 채우고 굵은 골재의 조립률을 구하시오.

체(mm)	잔류량(%)	잔류율(%)	누적잔류율(%)
75	0		
50	0		
40	450		
30	1650		
25	2400		
20	2250		
15	4350		
10	2250		
5	1650		
2.5	0		

계산 과정)

답 : ______________

해답 가. 골재의 최대치수(mm)의 0.2배를 kg으로 표시한 양으로 한다.

나. 1.18mm체를 95% 이상 통과하는 것에 대한 최소 건조질량을 100g으로 하고 1.18mm체 5%(질량비) 이상 남는 것에 대한 최소건조질량을 500g으로 한다.

다. 가. 나의 시료 최소 건조질량의 1/2로 한다.

라.

체(mm)	잔류량(%)	잔류율(%)	누적잔류율(%)
75	0	0	0
50	0	0	0
40	450	3	3
30	1650	11	14
25	2400	16	30
20	2250	15	45
15	4350	29	74
10	2250	15	89
5	1650	11	100
2.5	0	0	100
계	15000	100	

$$조립률(F.M) = \frac{\Sigma 각\ 체에\ 잔류한\ 중량백분율(\%)}{100}$$

$$= \frac{0+3+45+89+100\times 6}{100} = 7.37$$

답 : 7.37

골재의 조립률(F.M)

■ 조립률(fineness modulus)은 골재의 크기를 개략적으로 나타내는 방법이다.

- 75mm, 40mm, 20mm, 10mm, 5mm, 2.5mm, 1.2mm, 0.6mm, 0.3mm, 0.15mm의 10개 체를 사용한다.
- $조립률(F.M) = \frac{\Sigma 각\ 체에\ 잔류한\ 중량백분율(\%)}{100}$

국가기술자격 실기시험문제

2017년도 기사 제2회 필답형 실기시험(기사)

종　목	시험시간	배 점	성 명	수험번호
건설재료시험기사	2시간	60		

※ 수험자 인적사항 및 계산식을 포함한 답안 작성은 검은색 필기구만 사용해야 하며, 그 외 연필류, 빨간색, 청색 등 필기구로 작성한 답항은 0점 처리 됩니다.

토질분야

3문항(24점)

□□□ 기88②,08②,09④,11①,15①,17②,20②,22④,24①

01 어떤 흙의 수축 한계 시험을 한 결과가 다음과 같았다. 다음 물음에 답하시오.

득점	배점
	6

수축 접시내 습윤 시료 부피	22.2cm^3
노건조 시료 부피	16.7cm^3
노건조 시료 중량	25.84g
습윤 시료의 함수비	45.75%

가. 수축한계를 구하시오.

계산 과정)　　　　　　　　답 : ______

나. 수축비를 구하시오.

계산 과정)　　　　　　　　답 : ______

다. 흙의 비중을 구하시오.

계산 과정)　　　　　　　　답 : ______

해답 가. $w_s = w - \dfrac{(V-V_o)\rho_w}{W_o}\times 100$

$= 45.75 - \dfrac{(22.2-16.7)\times 1}{25.84}\times 100 = 24.47\%$

나. $R = \dfrac{W_s}{V_o \cdot \rho_w} = \dfrac{25.84}{16.7\times 1} = 1.55$

다. $G_s = \dfrac{1}{\dfrac{1}{R}-\dfrac{w_s}{100}} = \dfrac{1}{\dfrac{1}{1.55}-\dfrac{24.47}{100}} = 2.50$

□□□ 기90②,12②,15①,17②,19④

02 그림과 같은 지반에서 점토층의 중간에서 시료채취를 하여 압밀시험한 결과가 아래 표와 같다. 다음 물음에 답하시오. (단, 물의 단위중량 $\gamma_w = 9.81\text{kN/m}^3$)

득점	배점
	12

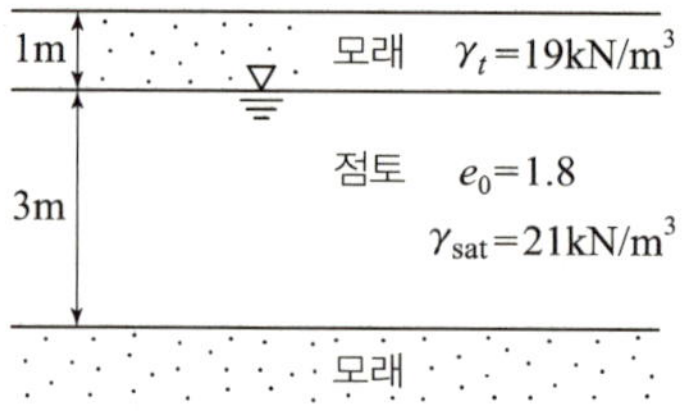

하중 P(kN/m²)	10	20	40	80	160	320	640	160	20
간극비 e	1.71	1.68	1.61	1.53	1.33	1.08	0.81	0.90	1.01

가. 아래의 그래프를 이용하여 이 지반의 과압밀비(OCR)를 구하시오.
(단, 선행압밀압력을 구하기 위한 과정을 반드시 그래프상에 나타내시오.)

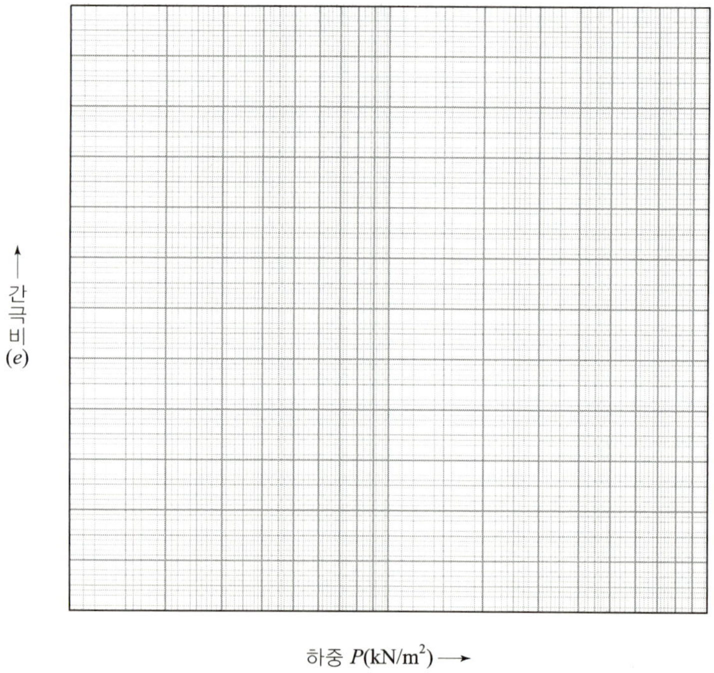

계산 과정)　　　　　　　　　　　　　　　　답 : ______________

나. 위 그림과 같은 지반위에 넓은 지역에 걸쳐 $\gamma_t = 20\text{kN/m}^3$인 흙을 3.0m 높이로 성토할 경우 점토지반의 압밀 침하량을 구하시오.

계산 과정)　　　　　　　　　　　　　　　　답 : ______________

해답 가.

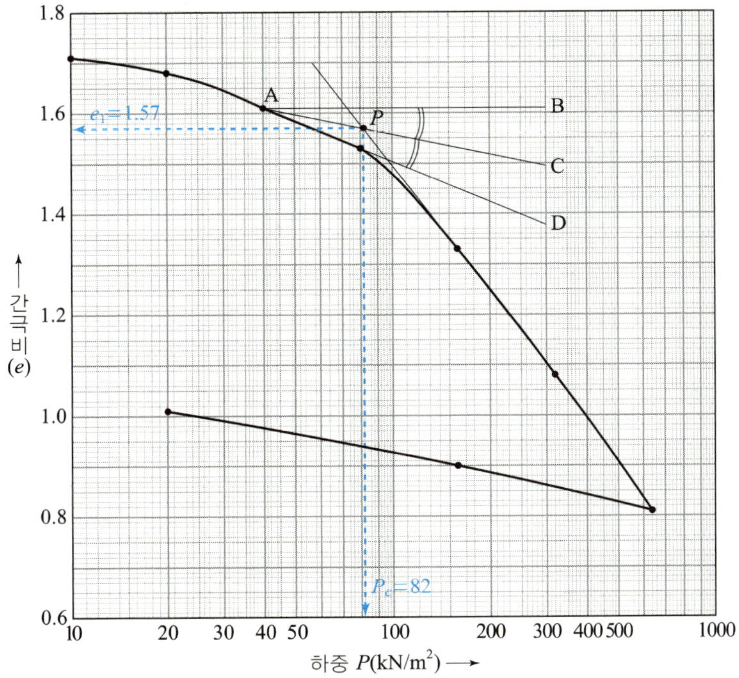

- $P_o=h_1\gamma_1+h_2\gamma_{sub}=19\times1+(21-9.81)\times\dfrac{3}{2}=35.785\,\text{kN/m}^2$
- $P_c=82\,\text{kN/m}^2$(그래프에서 구함)

$\therefore\ OCR=\dfrac{\text{선행압축압력}(P_c)}{\text{유효상재하중}(P_o)}=\dfrac{82}{35.785}=2.29$

나. • $\Delta P=20\times3=60\,\text{kN/m}^2$

- $P_o+\Delta P=35.785+60=95.785\,\text{kN/m}^2$

$\therefore\ P_o+\Delta P=95.785>P_c=82$

$$\Delta H=\frac{C_sH}{1+e_0}\log\frac{P_c}{P_o}+\frac{C_cH}{1+e_0}\log\frac{P_o+\Delta P}{P_c}$$

- $C_c=\dfrac{e_1-e_2}{\log\dfrac{P_2}{P_1}}=\dfrac{1.57-0.81}{\log\dfrac{640}{82}}=0.85$

($\because$ 그래프에서 $e_1=1.57$, 저점 $P=640\,\text{kN/m}^2$일 때 $e=0.81$)

- $C_s=\dfrac{1}{5}C_c=\dfrac{1}{5}\times0.85=0.17$

$$\therefore\ \Delta H=\frac{0.17\times3}{1+1.8}\log\frac{82}{35.785}+\frac{0.85\times3}{1+1.8}\log\frac{35.785+60}{82}$$

$$=0.0656+0.0615=0.1271\,\text{m}=12.71\,\text{cm}$$

□□□ 기14④,17②,22④,23④

03 도로 토공현장에서 들밀도 시험에 대해 물음에 답하시오.

득점	배점
	6

가. 현장단위중량을 구하는 방법을 보기와 같이 3가지만 쓰시오.

【보 기】
모래치환법(들밀도 시험)

① ________ ② ________ ③ ________

나. 도로현장 토공에서 들밀도 시험을 하여 파낸구멍의 체적 $V=1960\text{cm}^3$이었고 이 구멍에서 파낸 흙 무게가 3440g이었다. 이 흙의 토질시험결과 함수비 15.3%였으며 최대건조밀도는 $\rho_{d\max}=1.60\text{g/cm}^3$이었다.

① 현장 건조밀도를 구하시오.

계산 과정) 답 : ________

② 흙의 다짐도를 구하시오.

계산 과정) 답 : ________

해답 가. ① 고무막법
② 코어 절삭법
③ 방사선 밀도기에 의한 방법(γ선 산란형 밀도계)
④ Truck scale에 의한 방법

나. ① $\rho_d=\dfrac{\rho_t}{1+w}$

• $\rho_t=\dfrac{W}{V}=\dfrac{3440}{1960}=1.755\text{g/cm}^3$

$\therefore\ \rho_d=\dfrac{1.755}{1+0.15}=1.53\text{g/cm}^3$

② $C_d=\dfrac{\rho_d}{\rho_{d\max}}\times 100=\dfrac{1.53}{1.60}\times 100=95.63\%$

건설재료분야 5문항(36점)

□□□ 기04②,05④,07①,09④,11①,17②,22①

04 경화된 콘크리트 면에 타격에너지를 가하여 콘크리트 면의 반발경도를 측정하는 슈미트해머(schmidt hammer)법에 대해 다음 물음에 답하시오.

득점	배점
	12

가. 슈미트 해머법의 시험원리를 간단히 설명하시오.

○

나. 적용 콘크리트에 따른 슈미트 해머의 종류를 3가지만 쓰시오.

① ________ ② ________ ③ ________

다. 타격점 간격 및 측점수를 쓰시오.

① 타격점 간격 :

② 측점수 :

라. 보정반발경도의 보정방법을 3가지만 쓰시오.

① ________ ② ________ ③ ________

마. 계산에서 시험값 20개의 평균으로부터 오차가 (①)% 이상이 되는 경우의 시험값은 버리고 나머지 시험값의 평균을 구하며 이 때 범위를 벗어나는 시험값이 (②)개 이상인 경우에는 전체 시험값을 버린다.

① ________ ② ________

해답 가. 경화된 콘크리트의 표면을 스프링 힘으로 타격한 후 반발경도로부터 콘크리트의 압축강도를 추정하는 시험법

나. ① 보통 콘크리트 : N형
② 경량 콘크리트 : L형
③ 매스 콘크리트 : M형
④ 저강도 콘크리트 : P형

다. • 타격 간격 : 가로, 세로 30mm
• 측점수 : 20점 이상

라. ① 타격 각도에 대한 보정
② 콘크리트 건습에 대한 보정
③ 재령에 대한 보정
④ 압축응력에 대한 보정

마. ① ±20%
② 4개

□□□ 기08④,09①,12①,17②

05 다음 물음에 해당되는 흙의 통일분류 기호를 쓰시오.

득점	배점
	6

가. No.200체(0.075mm) 통과율이 10%, No.4체(4.76mm)통과율이 74%이고, 통과백분율 10%, 30%, 60%에 해당하는 입경이 각각 $D_{10}=0.15$mm, $D_{30}=0.38$mm, $D_{60}=0.61$mm인 흙 :

나. 액성한계가 40%이며, 소성이 작은 무기질의 silt흙 :

다. 이탄 및 그 외의 유기질이 극히 많은 흙 :

해답 가. ■1단계 : No.200 통과율 < 50%(G나 S 조건)

■2단계 : No.4체 통과율 > 50%(S조건)

■3단계 : SW($C_u>6$, $1<C_g<3$)이면 SW 아니면 SP

• 균등계수 $C_u=\dfrac{D_{60}}{D_{10}}=\dfrac{0.61}{0.15}=4.07<6$: 입도불량(P)

• 곡률계수 $C_g=\dfrac{D_{30}^2}{D_{10}\times D_{60}}=\dfrac{0.38^2}{0.15\times 0.61}=1.58$: $1<C_g<3$: 입도 양호(W)

∴ SP

나. ML (∵ $W_L=40\%\leq 50\%$이고 무기질의 실트)

다. P_t (∵ 이탄, 심한 유기질토)

□□□ 기91②,97①,12④,16①,17②,19④

06 아스팔트 시험에 대한 다음 물음에 답하시오.

득점	배점
	6

가. 다음 아스팔트 시험의 정의를 간단히 설명하시오.

① 인화점

○

② 연소점

○

나. 다음 아스팔트 신도 시험에 대해 물음에 답하시오.

① 별도의 규정이 없을 때의 시험온도와 인장속도를 쓰시오.

【답】 시험온도 : ____________, 인장속도 : ____________

② 저온에서 시험할 때의 시험온도와 인장속도를 쓰시오.

【답】 시험온도 : ____________, 인장속도 : ____________

해답 가. ① 시료를 가열하면서 시험 불꽃을 대었을 때 시료의 증기에 불이 붙는 최저온도를 말한다.

② 인화점을 측정한 다음, 계속 가열하여 시료가 적어도 5초 동안 연소를 계속한 최저온도를 말한다.

나. ① 시험온도 : 25±0.5℃, 인장속도 : 5±0.25cm/min

② 시험온도 : 4℃, 인장속도 : 1cm/min

□□□ 기12④,15④,16①,17②

득점	배점
	6

07 배합강도 결정을 위한 콘크리트의 압축강도 측정결과가 다음과 같을 때 배합설계에 적용할 표준편차를 구하고 호칭강도가 45MPa일 때 콘크리트의 배합강도를 구하시오.
(단, 소수점 이하 넷째자리에서 반올림하시오.)

【압축강도 측정결과(MPa)】

48.5	40	45	50	48	42.5	54	51.5
52	40	42.5	47.5	46.5	50.5	46.5	47

가. 배합강도 결정에 적용할 표준편차를 구하시오.
(단, 시험 횟수가 15회일 때 표준편차의 보정계수는 1.16이고, 20회일 때는 1.08이다.)

계산 과정) 답 : ____________

나. 배합강도를 구하시오

계산 과정) 답 : ____________

해답 가. • 평균값($\overline{x}$) $= \dfrac{\Sigma X}{n} = \dfrac{752}{16} = 47.0\text{MPa}$

• 편차의 제곱합 $S = \Sigma(x_i - \overline{x})^2$

$S = (48.5-47)^2 + (40-47)^2 + (45-47)^2 + (50-47)^2 + (48-47)^2$
$+ (42.5-47)^2 + (54-47)^2 + (51.5-47)^2 + (52-47)^2 + (40-47)^2$
$+ (42.5-47)^2 + (47.5-47)^2 + (46.5-47)^2 + (50.5-47)^2$
$+ (46.5-47)^2 + (47-47)^2 = 262\text{MPa}$

• 표준편차 $S = \sqrt{\dfrac{\Sigma(x_i - \overline{x})^2}{n-1}} = \sqrt{\dfrac{262}{16-1}} = 4.18\text{MPa}$

• 16회의 보정계수 $= 1.16 - \dfrac{1.16-1.08}{20-15} \times (16-15) = 1.144$

∴ 수정 표준편차 $s = 4.18 \times 1.144 = 4.78\text{MPa}$

나. $f_{cn} = 45\text{MPa} > 35\text{MPa}$일 때

$f_{cr} = f_{cn} + 1.34s = 45 + 1.34 \times 4.78 = 51.41\text{MPa}$

$f_{cr} = 0.9f_{cn} + 2.33s = 0.9 \times 45 + 2.33 \times 4.78 = 51.64\text{MPa}$

∴ $f_{cr} = 51.64\text{MPa}$(두 값 중 큰 값)

□□□ 기12①,14②,17②

08 시멘트의 강도시험 방법(KSL ISO 679)에 대해 물음에 답하시오.

득점	배점
	6

가. 시멘트 모르타르의 압축강도 및 휨강도의 공시체의 형상과 치수를 쓰시오.

○

나. 공시체인 모르타르를 제작할 때 시멘트 질량이 1일 때 잔골재 및 물의 비율을 쓰시오.

【답】 잔골재 : ______________________, 물 : ______________________

다. 공시체를 틀에 넣은 후 강도시험을 할 때까지의 양생방법을 간단히 쓰시오.

○

해답 가. 40×40×160mm의 각주

나. 잔골재 : 3, 물 : 0.5

다. 공시체는 24시간 이후의 시험을 위해서는 제조 후 20～24시간 사이에 탈형하여 수중양생 한다.

국가기술자격 실기시험문제

2017년도 기사 제4회 필답형 실기시험(기사)

종 목	시험시간	배 점	성 명	수험번호
건설재료시험기사	2시간	60		

※ 수험자 인적사항 및 계산식을 포함한 답안 작성은 검은색 필기구만 사용해야 하며, 그 외 연필류, 빨간색, 청색 등 필기구로 작성한 답항은 0점 처리 됩니다.

토질분야

5문항(28점)

□□□ 기86,00④,09④,17④

01 도로를 축조하기 위하여 토취장에서 시료를 채취하여 함수비를 측정하였더니 10%밖에 안되어 다짐이 잘 되지 않았다. 이 흙을 최적 함수비인 22%정도 올리려면 1m³당 몇 kg의 물을 가하여야 하는가? (단, 흙의 밀도는 2500kg/m³이며, 공극비는 일정하다.)

득점	배점
	4

계산 과정) 답 :

해답 • 함수비 10%일 때 물의 무게

$$W_w = \frac{w\,W}{100+w} = \frac{10\times 2500}{100+10} = 227.27\text{kg}$$

• 함수비 10%에서 22%될 때의 증가된 물 양 W_{w22}

$$227.27 : 10 = W_{w22} : (22-10)$$

$$\therefore\ W_{w22} = \frac{227.27}{10}\times(22-10) = 272.72\text{kg}$$

□□□ 기14①,17④

02 공내 재하시험에 대해여 물음에 답하시오.

득점	배점
	6

가. 공내 재하시험에 대하여 간단히 설명하시오.

○

나. 공내재하시험으로부터 구해지는 지반의 물성치를 3가지를 쓰시오.

① ② ③

해답 가. 시추공의 공벽면을 가압하여 그 때의 공벽면 변형량을 측정하여 지반의 강도 및 변형 특성을 조사하는 시험

나. ① 지반의 강도

② 변형계수

③ 암반분류의 지표

□□□ 기92②,09④,11①,14①,17④,20④,22①,23②

03 다음 그림과 같은 지층위에 성토로 인한 등분포하중 $q=40\text{kN/m}^2$이 작용할 때 다음 물음에 답하시오. (단, 점토층은 정규압밀점토이며, 소수점 이하 넷째자리에서 반올림하시오.)

득점	배점
	8

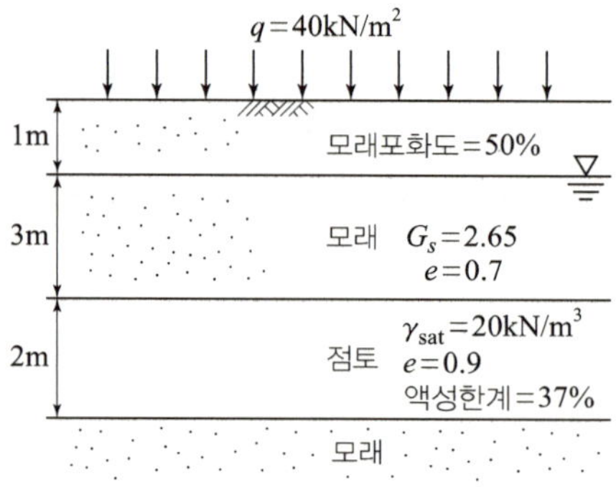

가. 지하수 아래에 있는 모래의 수중 단위중량(γ_{sub})을 구하시오.

계산 과정) 답 :

나. Skempton공식에 의한 점토지반의 압축지수를 구하시오.
(단, 흐트러지지 않은 시료임)

계산 과정) 답 :

다. 성토로 인한 점토지반의 압밀침하량(ΔH)을 구하시오.

계산 과정) 답 :

해답 가. $\gamma_{sub}=\dfrac{G_s-1}{1+e}\gamma_w=\dfrac{2.65-1}{1+0.7}\times 9.81=9.52\text{kN/m}^3$

나. $C_c=0.009(W_L-10)=0.009(37-10)=0.243$

다. $\Delta H=\dfrac{C_cH}{1+e_0}\log\dfrac{P_o+\Delta P}{P_o}$

- 지하수위 위의 모래층 단위중량 $\gamma_t=\dfrac{G_s+\dfrac{S\cdot e}{100}}{1+e}\gamma_w=\dfrac{2.65+\dfrac{50\times 0.7}{100}}{1+0.7}\times 9.81=17.31\text{kN/m}^3$
- 유효상재압력 $P_o=\gamma_t H_1+\gamma_{sub}H_2+\gamma_{sub}\dfrac{H_3}{2}$

$=17.31\times 1+9.52\times 3+(20-9.81)\times\dfrac{2}{2}=56.06\text{kN/m}^2$

$\therefore\ \Delta H=\dfrac{0.243\times 200}{1+0.9}\log\dfrac{56.06+40}{56.06}=5.98\text{cm}$

□□□ 기17④,23②

04 흙의 입도시험에서 2mm체 통과분에 대한 침강분석인 비중계법을 이용한 비중계의 결정에서 메니스커스 보정방법을 간단히 설명하시오.

득점	배점
	4

○

해답 비중계를 증류수에 넣고 메니스커스 상단(γ_u) 및 하단(γ_L)을 읽고 보정치 $C_m=\gamma_u-\gamma_L$을 결정한다.

□□□ 기85,01②,11②,17④,24①

05 포화된 모래 시료에 대해 $4kN/m^2$의 구속압력으로 압밀시킨 다음 배수를 허용하지 않고 축응력을 증가시켜 축응력 $3.4kN/m^2$에 파괴되었으며, 이때의 간극수압이 $2.7kN/m^2$라면 압밀비배수 전단저항각과 배수 전단저항각을 구하시오.

득점	배점
	6

가. 압밀 비배수 전단저항각을 구하시오.

계산 과정) 답 : ______

나. 배수 전단저항각을 구하시오.

계산 과정) 답 : ______

해답 가. $\sin\phi = \dfrac{\sigma_1 - \sigma_3}{\sigma_1 + \sigma_3}$

- 최소주응력 $\sigma_3 = 4kN/m^2$
- 최대주응력 $\sigma_1 = \sigma_3 + \Delta\sigma = 4 + 3.4 = 7.4kN/m^2$

$\therefore \phi = \sin^{-1}\dfrac{\sigma_1 - \sigma_3}{\sigma_1 + \sigma_3} = \sin^{-1}\left(\dfrac{7.4-4}{7.4+4}\right) = 17.35°$

나. $\sin\phi = \dfrac{\sigma_1' - \sigma_3'}{\sigma_1' + \sigma_3'}$

- $\sigma_3' = \sigma_3 - \Delta u = 4 - 2.7 = 1.3kN/m^2$
- $\sigma_1' = \sigma_1 - \Delta u = 7.4 - 2.7 = 4.7kN/m^2$

$\therefore \phi = \sin^{-1}\dfrac{\sigma_1' - \sigma_3'}{\sigma_1' + \sigma_3'} = \sin^{-1}\left(\dfrac{4.7-1.3}{4.7+1.3}\right) = 34.52°$

건설재료분야 6문항(32점)

□□□ 기00④,09①,10②,17④,20②

06 알칼리 골재반응시험에 대해 물음에 답하시오.

득점	배점
	6

가. 알칼리 골재반응의 정의를 간단히 설명하시오.

○

나. 골재의 알칼리 잠재 반응시험방법을 2가지 쓰시오.

① ______ ② ______

해답 가. 시멘트속의 알칼리 성분과 콘크리트 골재로 사용한 골재속의 유해성분이 화학 반응하여 콘크리트가 열화되거나 파괴되는 현상

나. ① 화학적 방법
② 모르타르 봉 방법

□□□ 기09②,14①,17④

07 굳은 콘크리트의 시험에 대한 다음 물음에 답하시오.

득점	배점
	8

가. 콘크리트의 압축강도시험(KS F 2405)에서 공시체에 하중을 가하는 속도에 대해 설명하시오.

○

나. 콘크리트의 휨강도시험(KS F 2408)에서 공시체에 하중을 가하는 속도에 대해 설명하시오.

○

다. 콘크리트의 강도시험용 공시체 제작방법(KS F 2403)에서 공시체 몰드를 떼어내는 시기 및 공시체의 양생온도 범위에 대해 쓰시오.

① 몰드를 떼어내는 시기 :

② 공시체의 양생온도 범위 :

해답 가. 압축 응력도의 증가율이 매초 (0.6±0.2)MPa이 되도록 한다.
나. 가장자리 응력도의 증가율이 매초 (0.06±0.040)MPa이 되도록 한다.
다. ① 콘크리트 채우기가 끝나고 나서 16시간 이상 3일 이내
② 공시체의 양생온도는 (20±2)℃로 한다.

강도시험 방법

구분	압축강도	쪼갬 인장강도	휨강도
하중을 가하는 속도	압축응력도의 증가율이 매초 (0.6±0.2)MPa	인장응력도의 증가율이 매초 (0.06±0.04)MPa	가장자리 응력도의 증가율이 매초 (0.06±0.04)MPa
강도 계산	$f_c = \dfrac{P}{\dfrac{\pi d^2}{4}}$	$f_{sp} = \dfrac{2P}{\pi dl}$	$f_b = \dfrac{Pl}{bh^2}$ (3분점) $f_b = \dfrac{3Pl}{2bh^2}$ (중앙점)

□□□ 기10①,14①,17④,21④,21④

08 초음파 전달속도를 이용한 비파괴 검사법으로 콘크리트 균열깊이 측정에 이용되고 있는 검사방법을 4가지만 쓰시오.

득점	배점
	4

① ______ ② ______

③ ______ ④ ______

해답 ① T법 ② $T_c - T_o$법
③ BS법 ④ R−S법
⑤ 레슬리(Leslie)법

□□□ 기11②,12④,14④,17④,21④,23④

09 콘크리트의 배합강도를 결정하는 방법에 대하여 아래 물음에 답하시오.

득점	배점
	6

가. 압축 강도시험 횟수가 30회 이상일 때 배합강도를 결정하는 방법을 설명하시오. (단, 호칭 강도에 따라 두 가지로 구분하여 설명하시오.)

○

나. 압축 강도시험 횟수가 29회 이하이고 15회 이상인 경우 배합강도를 결정하는 방법을 설명하시오.

○

다. 콘크리트의 압축강도의 표준편차를 알지 못할 때, 또는 압축강도의 시험 횟수가 14회 이하인 경우 배합강도를 결정하는 방법을 설명하시오.

○

해답 가. • $f_{cn} \leq 35$MPa인 경우

$f_{cr} = f_{cn} + 1.34s$
$f_{cr} = (f_{cn} - 3.5) + 2.33s$] 두 값 중 큰 값

• $f_{cn} > 35$MPa인 경우

$f_{cr} = f_{cn} + 1.34s$
$f_{cr} = 0.9f_{cn} + 2.33s$] 두 값 중 큰 값

나. 계산된 표준편차에 보정계수를 곱한 표준편차(s) 값으로 배합강도를 결정한다.

시험횟수	표준편차의 보정계수
15	1.16
20	1.08
25	1.03
30 이상	1.00

다.

호칭강도 f_{cn}(MPa)	배합강도 f_{cr}(MPa)
21 미만	$f_{cn} + 7$
21 이상 35 이하	$f_{cn} + 8.5$
35 초과	$1.1f_{cn} + 5.0$

□□□ 기11②,13②,17④

10 굳지 않은 콘크리트의 염화물 함유량 측정 방법을 4가지만 쓰시오.

득점	배점
	4

① ____________ ② ____________
③ ____________ ④ ____________

해답 ① 질산은 적정법 ② 전위차 적정법
③ 이온 전극법 ④ 흡광 광도법

□□□ 기17④,20②,21②

11 역청재료의 침입도 시험에서 정밀도에 대한 사항이다. 다음 사항에 대해 허용치를 쓰시오.

득점	배점
	4

가. 동일한 시험실에서 동일인이 동일한 시험기로 시간을 달리하여 동일 시료를 2회 시험했을 때 시험 결과의 차이는 얼마의 허용치를 넘어서는 안된다.
(단, Am : 시험결과의 평균치)

【답】 허용치 : ______________________________

나. 서로 다른 시험실에서 서로 다른 사람이 다른 시험기로 동일 시료를 각각 1회씩 시험한 결과의 차이는 얼마의 허용치를 넘어서는 안된다.

(단, Ap : 시험결과의 평균치)

【답】 허용치 : ______________________________

해답 가. 허용치 $= 0.02Am + 2$
나. 허용치 $= 0.04Ap + 4$

국가기술자격 실기시험문제

2018년도 기사 제1회 필답형 실기시험(기사)

종 목	시험시간	배 점	성 명	수험번호
건설재료시험기사	2시간	60		

※ 수험자 인적사항 및 계산식을 포함한 답안 작성은 검은색 필기구만 사용해야 하며, 그 외 연필류, 빨간색, 청색 등 필기구로 작성한 답항은 0점 처리 됩니다.

토질분야

7문항(38점)

□□□ 기18①

01 흙의 전단강도 측정에 대한 아래 물음에 답하시오.

득점	배점
	4

가. 실험실에서 실내 시험에 의해 전단강도를 측정하는 방법을 보기와 같이 2가지만 쓰시오.

보기 : 3축압축시험

① ______ ② ______

나. 현장에서 직접 전단 강도를 측정하는 방법을 2가지만 쓰시오.

① ______ ② ______

해답 가. ① 직접전단시험 ② 일축압축시험
③ 단순전단시험 ④ 링전단시험
나. ① 베인 전단시험 ② 원추관입시험 ③ 표준관입시험

□□□ 기18①,21④

02 흙의 입도분석시험에서 사용되는 분산제의 종류 3가지를 쓰시오.

득점	배점
	3

① ______ ② ______ ③ ______

해답 ① 헥사메타인산 나트륨 ② 피로인산 나트륨 ③ 트리폴리 인산나트륨

분산제

- 분산제는 헥사메타인산 나트륨의 포화용액
  - 포화용액으로서 헥사메타인산 나트륨 약 20g을 20℃의 증류수 100mL 중에 충분히 녹이고 결정의 일부가 용기 바닥에 남아 있는 상태의 용액을 사용한다.
  - 분산제는 흙 입자의 화학적 분산을 달성할 수 있는 것으로 하고 헥사메타인산 나트륨 대신에 피로 인산 나트륨, 트리폴리 인산 나트륨의 포화 용액 등을 사용하여도 좋다.

! 주의점
분산제 목적
면화방지를 위해 사용

□□□ 기11①,16②,18①,19④

03 도로의 평판재하시험방법(KSF 2310)에 대해 다음 물음에 답하시오.

득점	배점
	9

가. 재하판의 규격을 직경으로 3가지 표준을 쓰시오.

① ____________ ② ____________ ③ ____________

나. 재하판 위에 잭을 놓고 지지력 장치와 조합하여 소요 반력을 얻을 수 있도록 한다. 그 때 지지력 장치의 지지점은 재하판의 바깥쪽 끝에서 얼마 이상 떨어져 배치하여야 하는지 쓰시오.

○

다. 하중강도가 얼마가 되도록 하중을 단계적으로 증가해 나가는지 쓰시오.

○

라. 평판재하시험을 최종적으로 멈추어야 하는 조건을 2가지만 쓰시오.

① ____________ ② ____________

해답 가. ① 300mm ② 40mm ③ 750mm

나. 1m

다. $35kN/m^2$

라. ① 침하량이 15mm에 달할 때

② 하중강도가 현장에서 예상되는 큰 접지압력을 초과할 때

③ 하중강도가 그 지반의 항복점을 넘을 때

□□□ 08③,09①,11①,16②,18①,21①

04 어떤 흙의 입도분석 시험 결과가 다음과 같을 때 통일 분류법에 따라 이 흙을 분류하시오.

득점	배점
	4

【시험 결과】

No.200체(0.075mm) 통과율이 4%, No.4체(4.76mm)통과율이 74%이고, 통과백분율 10%, 30%, 60%에 해당하는 입경이 각각 $D_{10}=0.077\,\text{mm}$, $D_{30}=0.54\,\text{mm}$, $D_{60}=2.27\,\text{mm}$인 흙

계산 과정) 답 : ____________

해답 통일 분류법에 의한 흙의 분류 방법

■ 1단계 : 조건 No.200 < 50%(G나 S)

■ 2단계 : (No.4체 통과량 > 50%)조건 ∴ S

■ 3단계 : SW($C_u>6$, $1<C_g<3$)이면 SW 아니면 SP

• 균등계수 $C_u=\dfrac{D_{60}}{D_{10}}=\dfrac{2.27}{0.077}=29.48>6$: 입도 양호(W)

• 곡률계수 $C_g=\dfrac{D_{30}^{\ 2}}{D_{10}\times D_{60}}=\dfrac{0.54^2}{0.077\times 2.27}=1.67$: $1<C_g<3$: 입도 양호(W)

∴ SW (∵ 두 조건 만족)

□□□ 기10④,17①,18①,20②

05 어느 포화점토(G_s =2.72)의 애터버그 한계(Atterberg Limit)시험 결과 액성한계가 50%이고 소성지수는 14%였다. 다음 물음에 답하시오.

득점	배점
	4

가. 이 점토의 소성한계를 구하시오.

계산 과정)

답 : ______

나. 이 점토의 함수비가 40%일 때의 연경도는 무슨 상태인가?

계산 과정)

답 : ______

해답 가. 소성지수=액성한계−소성한계에서

∴ 소성한계=액성한계−소성지수= 50 − 14 = 36%

나. $W_P < w_n < W_L$ = 36% < 40% < 50%

∴ 소성상태

□□□ 기18①

06 완전포화된 점토시료에 대한 비압밀 비배수 삼축압축시험을 수행하여 다음 표와 같은 결과를 얻었다. 다음 물음에 답하시오.

득점	배점
	6

시험횟수(회)	1	2	3
구속응력(측압) σ_3(MPa)	1.0	1.5	2.0
축방향 주응력 σ_1(MPa)	2.7	3.2	3.7
파괴면이 수평면과 이루는 각	50°	51°	51°

가. 이 시료의 비배수 전단강도인 비배수 점착력 c_u과 비배수 마찰각 ϕ_u를 구하시오.

계산과정)

【답】 c_u : ______, ϕ_u : ______

나. 이 시료의 내부 마찰각을 구하시오.

계산 과정)

답 : ______

해답 가. ■ 비배수 점착력 $c_u = \frac{1}{2}(\sigma_1 - \sigma_3)$

• $\sigma_1 - \sigma_3 = 2.7 - 1.0 = 1.7\text{MPa}$

$= 3.2 - 1.5 = 1.7\text{MPa}$

$= 3.7 - 2.0 = 1.7\text{MPa}$

$\therefore\ c_u = \frac{1}{2}(\sigma_1 - \sigma_3) = \frac{1.7}{2} = 0.85\text{MPa}$

■ 포화점토에 대한 비배수 마찰각 $\phi_u = 0$이다.

나. 파괴면이 수평면과 이루는 각

$\theta = \frac{1}{3}(50° + 51° + 51°) = 50.67°$

$\therefore\ \phi = 2\theta - 90° = 2 \times 50.67° - 90° = 11.34°$

$\left(\because\ \theta = 45° + \frac{\phi}{2}\text{에서}\right)$

□□□ 기14①,18①,24①

07 포화점토에 대한 임의 하중단계에서 측정된 시간－압밀량의 관계는 다음 표와 같다. 각 물음에 답하시오.

득점	배점
	8

경과시간(min)	압밀량(mm)	경과시간(min)	압밀량(mm)
0.00	－	12.25	2.08
0.25	1.48	16.00	2.15
1.00	1.58	20.25	2.21
2.25	1.68	25.00	2.25
4.00	1.78	36.00	2.30
6.25	1.88	64.00	2.35
9.00	1.98	121.00	2.40

가. $\sqrt{t}$ 법을 이용하여 시간－압밀량의 관계도를 그리시오.

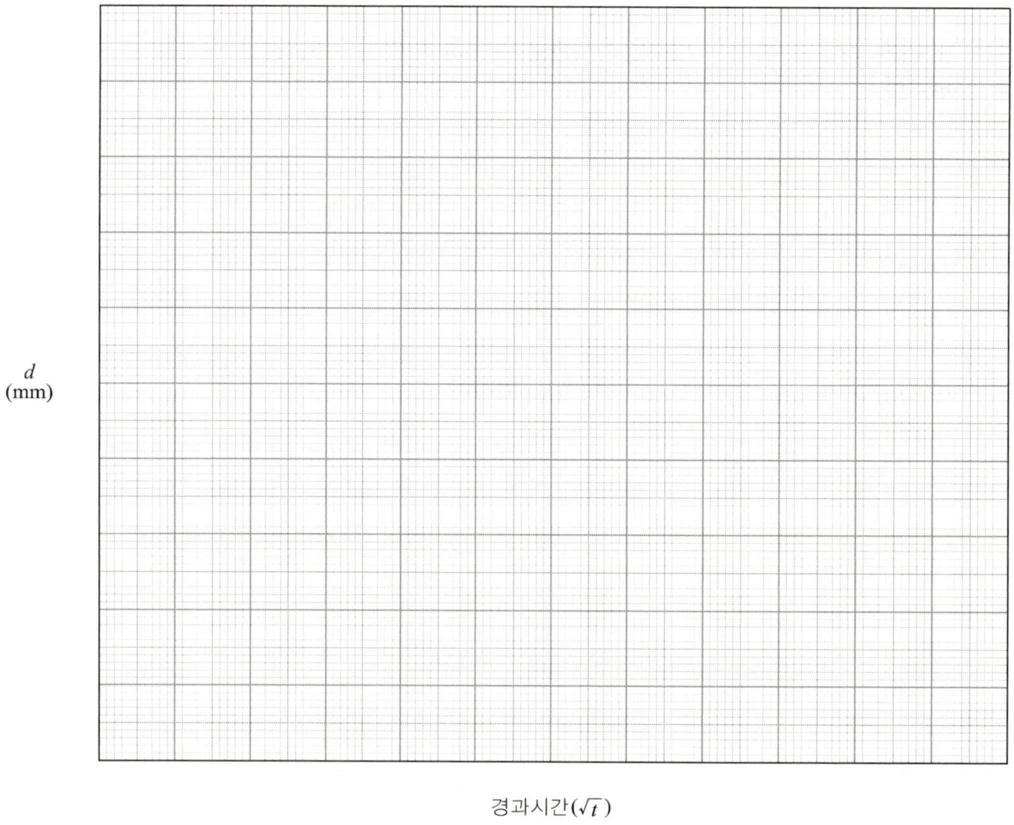

나. 초기 보정치 d_o와 압밀도 90%에 도달되는 시간 t_{90} 및 압밀침하량 d_{90}을 구하시오.

계산 과정)

【답】 d_s : ________________, t_{90} : ________________, d_{90} : ________________

다. 1차 압밀침하량(Δd)을 계산하시오.

계산 과정) 답 :

해답 가.

경과시간(min)	$\sqrt{t}$	압밀량(mm)	경과시간(min)	$\sqrt{t}$	압밀량(mm)
0.00	0	—	12.25	3.5	2.08
0.25	0.5	1.48	16.00	4.0	2.15
1.00	1.0	1.58	20.25	4.5	2.21
2.25	1.5	1.68	25.00	5.0	2.25
4.00	2.0	1.78	36.00	6.0	2.30
6.25	2.5	1.88	64.00	8.0	2.35
9.00	3.0	1.98	121.00	11.0	2.40

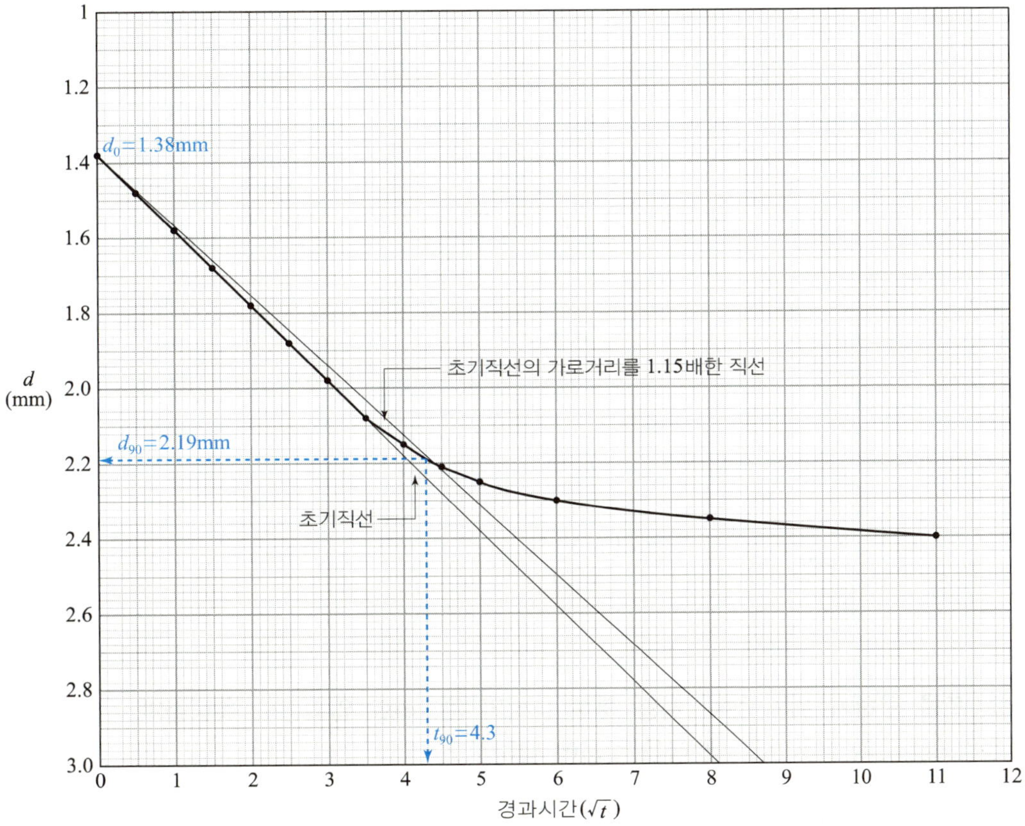

나. $t_{90} = 4.3^2 = 18.49\,\text{min}$

【답】 d_o : 1.38mm, t_{90} : 18.49min, d_{90} : 2.19mm

다. $d_{100} = \dfrac{10}{9}(d_{90} - d_o) + d_o$

$= \dfrac{10}{9}(2.19 - 1.38) + 1.38 = 2.28\,\text{mm}$

$\therefore\ \Delta d = \dfrac{d_{100} - d_o}{10} = \dfrac{2.28 - 1.38}{10} = 0.09\,\text{cm}$

건설재료분야

3문항(22점)

□□□ 기03②,07①④,10①,13④,16④,18①,19④

08 다음은 굵은골재의 체분석표이다. 다음 물음에 답하시오.

득점 | 배점 5

체크기(mm)	75	40	20	10	5	2.5	1.2
잔류율(%)	0	5	24	48	19	4	0

가. 굵은 골재의 최대치수에 대한 정의를 쓰고, 위 결과를 보고 굵은 골재의 최대치수를 구하시오.

① 정의 :

② 굵은 골재의 최대치수 :

나. 조립률(F.M)을 구하시오.

계산 과정) 답 :

해답 가. ① 질량비로 90% 이상을 통과시키는 체 중에서 최소치수의 체눈 호칭치수로 나타낸다.

② 40mm

체크기(mm)	75	40	20	10	5	2.5	1.2	0.6	0.3	0.15
잔류율(%)	0	5	24	48	19	4	0	0	0	0
가적 잔류율(%)	0	5	29	77	96	100	100	100	100	100
가적 통과율(%)	100	95	71	23	4	0	0	0	0	0

나. $\text{조립률(F.M)} = \dfrac{\Sigma\text{각 체에 잔류한 중량백분율(\%)}}{100}$

$= \dfrac{0+5+29+77+96+100\times 5}{100} = 7.07$

□□□ 기15①,18①

09 콘크리트의 배합강도를 구하기 위해 전체 시험 횟수 15회의 콘크리트 압축강도 측정결과 다음 표와 같고 호칭강도(f_{cn})가 40MPa일 때 다음 물음에 답하시오.

득점 | 배점 9

【압축강도 측정결과(MPa)】

23.5	33	35	28	26
27	28.5	29	26.5	23
33	29	26.5	35	32

가. 위의 표를 보고 압축강도의 평균값을 구하시오.

계산 과정) 답 :

나. 표준편차를 구하시오.

【시험횟수가 29회 이하일 때 표준편차의 보정계수】

시험횟수	표준편차의 보정계수
15	1.16
20	1.08
25	1.03
30 이상	1.00

계산 과정)　　　　　　　　　　　　　　　　　　　　　　　　답 : ________

다. 배합강도를 구하시오.

계산 과정)　　　　　　　　　　　　　　　　　　　　　　　　답 : ________

해답 가. • 압축강도 합계

$\Sigma x_i = 23.5+33+35+28+26+27+28.5+29+26.5+23$
$+33+29+26.5+35+32=435\text{MPa}$

• 압축강도 평균값

$\bar{x} = \dfrac{\Sigma x_i}{n} = \dfrac{435}{15} = 29\text{MPa}$

나. 표준편차 $s = \sqrt{\dfrac{\Sigma(x_i-\bar{x})^2}{(n-1)}}$

• 표준편차 합

$\Sigma(x_i-\bar{x})^2 = (23.5-29)^2 + (33-29)^2 \cdots\cdots + (32-29)^2$
$= 206\text{MPa}$

• 표준표차 $s = \sqrt{\dfrac{206}{15-1}} = 3.84\text{MPa}$

∴ 직선보간 표준편차$=3.84\times1.16=4.45\text{MPa}$

다. 배합강도를 구하시오.

$f_{cn} = 40\text{MPa} > 35\text{MPa}$일 때 ①과 ②값 중 큰 값

① $f_{cr} = f_{cn} + 1.34s = 40 + 1.34\times4.45 = 45.96\text{MPa}$

② $f_{cr} = 0.9f_{cn} + 2.33s = 0.9\times40 + 2.33\times4.45 = 46.37\text{MPa}$

∴ 배합강도 $f_{cr} = 46.37\text{MPa}$

□□□ 기18①, 산08①②,09②,10④,12②,14②④,17②,18①,20③,21①,24③

10 잔골재에 대한 밀도 및 흡수율 시험 결과가 아래 표와 같을 때 다음 물음에 답하시오.
(단, 시험온도에서의 물의 밀도는 $0.9970g/cm^3$이다.)

득점	배점
	8

물을 채운 플라스크 질량(g)	600
표면 건조포화 상태 시료 질량(g)	500
시료와 물을 채운 플라스크 질량(g)	911
절대 건조 상태 시료 질량(g)	480

가. 표면 건조 포화 상태의 밀도를 구하시오.

계산 과정) 답 :

나. 상대 겉보기 밀도(진밀도)를 구하시오.

계산 과정) 답 :

다. 흡수율을 구하시오.

계산 과정) 답 :

해답 가. $d_s = \dfrac{m}{B+m-C} \times \rho_w = \dfrac{500}{600+500-911} \times 0.9970 = 2.64g/cm^3$

나. $d_A = \dfrac{A}{B+A-C} \times \rho_w = \dfrac{480}{600+480-911} \times 0.9970 = 2.83g/cm^3$

다. $D_A = \dfrac{m-A}{A} \times 100 = \dfrac{500-480}{480} \times 100 = 4.17\%$

국가기술자격 실기시험문제

2018년도 기사 제2회 필답형 실기시험(기사)

종 목	시험시간	배 점	성 명	수험번호
건설재료시험기사	2시간	60		

※ 수험자 인적사항 및 계산식을 포함한 답안 작성은 검은색 필기구만 사용해야 하며, 그 외 연필류, 빨간색, 청색 등 필기구로 작성한 답항은 0점 처리 됩니다.

토질분야

4문항(24점)

□□□ 기95,10①,18②,22①②,23④

01 점토질 시료를 변수위투수시험을 수행하여 다음과 같은 시험값을 얻었다. 이 점토의 15℃에서 투수계수를 구하시오. (단, 계산결과는 □.□□ $\times 10^{□}$ 로 표현하시오.)

득점	배점
	4

【시험 결과 값】

- 스탠드 파이프 안지름 : 4.3mm
- 측정개시 시각 : t_1 =09:00
- 시료 지름 : 50mm
- 측정완료시각 : t_2 =10:40
- 시료 길이 : 20.0cm
- t_1에서 수위 : 30cm
- t_2에서 수위 : 15cm

계산 과정)

답 :

해답 $K=2.3\dfrac{a\times L}{A\times t}\log\dfrac{h_1}{h_2}$

- $a=\dfrac{\pi d^2}{4}=\dfrac{\pi\times 0.43^2}{4}=0.145\,\text{cm}^2$
- $A=\dfrac{\pi d^2}{4}=\dfrac{\pi\times 5^2}{4}=19.635\,\text{cm}^2$
- $t=(10:40-09:00)\times 60=6000\,\text{sec}$

$\therefore\ K=2.3\dfrac{0.145\times 20}{19.635\times 6000}\log\dfrac{30}{15}$

$=1.70\times 10^{-5}\text{cm/sec}$

□□□ 기89,06②,18②,21②

02 직경 75mm, 길이 60mm인 샘플러(Sampler)에 가득 찬 흙의 습윤중량 무게가 447.5g이고 노건조시켰을 때의 무게가 316.2g였다. 흙의 비중이 2.75인 경우 다음 물음에 답하시오.

득점	배점
	8

가. 습윤밀도(ρ_t)를 구하시오.

계산 과정) 답 : ______

나. 건조밀도(ρ_d)를 구하시오.

계산 과정) 답 : ______

다. 함수비(w)를 구하시오.

계산 과정) 답 : ______

라. 간극비(e)를 구하시오.

계산 과정) 답 : ______

마. 간극률(n)을 구하시오.

계산 과정) 답 : ______

바. 포화도(S)를 구하시오.

계산 과정) 답 : ______

사. 포화밀도(ρ_{sat})를 구하시오.

계산 과정) 답 : ______

아. 수중밀도(ρ_{sub})를 구하시오.

계산 과정) 답 : ______

해답 가. $V=\frac{\pi d^2}{4}h=\frac{\pi\times 7.5^2}{4}\times 6=265.07\text{cm}^3$($\because$ 75mm=7.5cm, 60mm=6cm)

$$\rho_t=\frac{W}{V}=\frac{447.5}{265.07}=1.69\text{g/cm}^3$$

나. $\rho_d=\frac{W_s}{V}=\frac{316.2}{265.07}=1.19\text{g/cm}^3$

다. $w=\frac{W-W_s}{W_s}\times 100=\frac{447.5-316.2}{316.2}\times 100=41.52\%$

라. $e=\frac{\rho_w G_s}{\rho_d}-1=\frac{1\times 2.75}{1.19}-1=1.31$

마. $n=\frac{e}{1+e}\times 100=\frac{1.31}{1+1.31}\times 100=56.71\%$

바. $S=\frac{G_s\cdot w}{e}=\frac{2.75\times 41.52}{1.31}=87.16\%$

사. $\rho_{sat}=\frac{G_s+e}{1+e}\rho_w=\frac{2.75+1.31}{1+1.31}\times 1=1.76\text{g/cm}^3$

아. $\rho_{sub}=\rho_{sat}-\rho_w=1.76-1=0.76\text{g/cm}^3$

□□□ 기02②,12①,18②

득점	배점
	6

03 그림과 같은 지반인 넓은 면적에 걸쳐서 20kN/m^2의 성토를 하려고 한다. 모래층 중의 지하수위가 정수압분포로 일정하게 유지되는 경우 다음 물음에 답하시오.

(단, 지표면으로부터 2.0m 깊이까지의 모래의 포화밀도 50% 가정한다.)

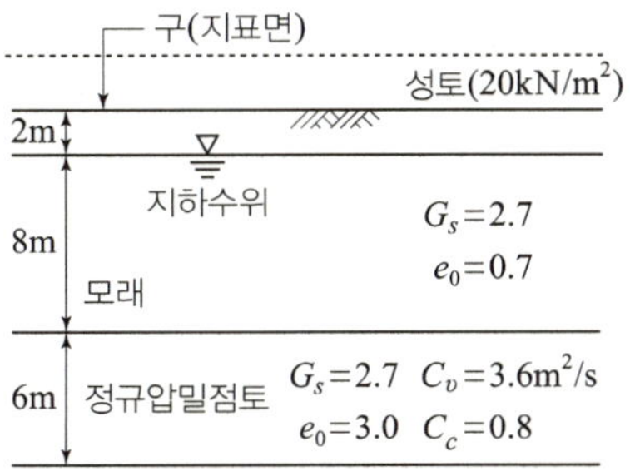

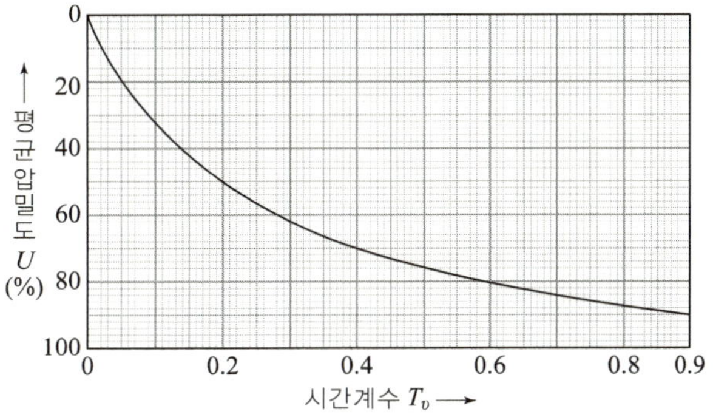

가. 점토층의 최종 압밀침하량을 구하시오.

계산 과정)　　　　　　　　　　　　　　　　　　　　　　　　답 : ______________

나. 시간계수 T_v와 압밀도 U와의 관계가 그래프와 같을 때 점토층의 6개월 후의 압밀침하량을 구하시오. (단, 시간계수 $T_v=0.2$이다.)

계산 과정)　　　　　　　　　　　　　　　　　　　　　　　　답 : ______________

해답 가. $\Delta H=\dfrac{C_c H}{1+e}\log\dfrac{P_0+\Delta P}{P_0}$

■ 지표에서 2m까지의 습윤단위중량

$$\gamma_t=\frac{G_s+\dfrac{Se}{100}}{1+e}\gamma_w=\frac{2.7+\dfrac{50\times0.7}{100}}{1+0.7}\times9.81=17.60\text{kN/m}^3$$

■ 수중단위중량

• 모래 : $\gamma_{\text{sub}}=\dfrac{G_s-1}{1+e}\gamma_w=\dfrac{2.7-1}{1+0.7}\times9.81=9.81\text{kN/m}^3$

• 점토 : $\gamma_{\text{sub}}=\dfrac{G_s-1}{1+e}\gamma_w=\dfrac{2.7-1}{1+3.0}\times9.81=4.17\text{kN/m}^3$

■ 점토층 중앙의 유효응력

$$P_0=\gamma_t h_1+\gamma_{\text{sub(sand)}}h_2+\gamma_{\text{subclay}}\times\frac{h_3}{2}$$

$$=17.60\times2+9.81\times8+4.17\times\frac{6}{2}=126.19\text{kN/m}^2$$

$$\therefore\ \Delta H=\frac{0.8\times600}{1+3}\log\frac{126.19+20}{126.19}=7.67\text{cm}$$

나. $\Delta H_t=U\cdot\Delta H=0.5\times7.67=3.84\text{cm}$

(∵ 0.5는 12개월 중 6개월)

□□□ 기18②,21①

04 세립토의 경우 함수비의 변화에 따라 흙의 체적, 상태 등이 변화하는 성질인 애터버그 한계 (Atteberg Limits)를 그려 각 상태를 나타내시오. (단, 소성상태, 고체상태, 액성상태, 반고체 상태로 표현)

득점	배점
	6

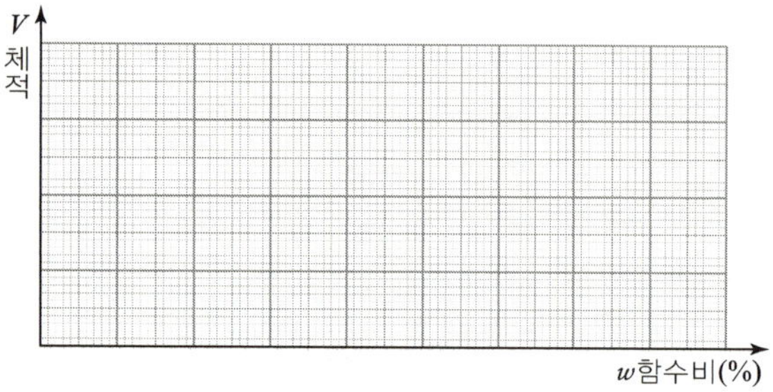

해답

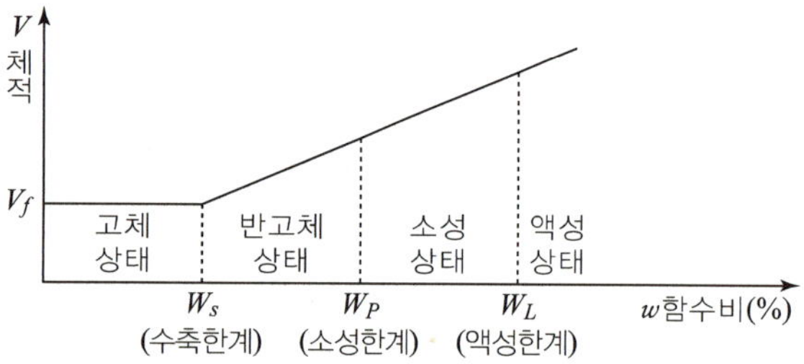

건설재료분야

4문항(36점)

□□□ 기12④,13②,17①,18②

05 골재의 체가름시험(KS F 2502)에 대한 아래의 물음에 답하시오.

득점	배점
	12

가. 굵은 골재에 대해 시험하는 경우 시료 최소 건조질량의 기준에 대하여 간단히 설명하시오.

○

나. 잔골재에 대해 시험하는 경우 시료 최소 건조질량의 기준에 대하여 간단히 설명하시오.

○

다. 구조용 경량골재를 사용하는 경우 시료 최소 건조질량의 기준에 대하여 간단히 설명하시오.

○

라. 굵은 골재 15000g에 대한 체가름 시험결과가 아래 표와 같을 때 표의 빈칸을 채우고 굵은 골재의 조립률을 구하시오.

체(mm)	잔류량(%)	잔류율(%)	누적잔류율(%)
75	0		
50	0		
40	450		
30	1650		
25	2400		
20	2250		
15	4350		
10	2250		
5	1650		
2.5	0		

계산 과정)

【답】 조립률 :

해답 가. 골재의 최대치수(mm)의 0.2배를 kg으로 표시한 양으로 한다.

나. 1.18mm체를 95% 이상 통과하는 것에 대한 최소 건조질량을 100g으로 하고 1.18mm체 5%(질량비) 이상 남는 것에 대한 최소건조중량을 500g으로 한다.

다. 가, 나의 시료 최소 건조질량의 1/2로 한다.

라.

체(mm)	잔류량(%)	잔류율(%)	누적잔류율(%)
75	0	0	0
50	0	0	0
40	450	3	3
30	1650	11	14
25	2400	16	30
20	2250	15	45
15	4350	29	74
10	2250	15	89
5	1650	11	100
2.5	0	0	100
계	15,000	100	

$$조립률(F.M) = \frac{\Sigma 각\ 체에\ 잔류한\ 중량백분율(\%)}{100} = \frac{0+3+45+89+100\times 6}{100} = 7.37$$

골재의 조립률(F.M)

- 조립률(fineness modulus)은 골재의 크기를 개략적으로 나타내는 방법이다.
- 75mm, 40mm, 20mm, 10mm, 5mm, 2.5mm, 1.2mm, 0.6mm, 0.3mm, 0.15mm의 10개 체를 사용한다.
- $조립률(F.M) = \frac{\Sigma 각\ 체에\ 잔류한\ 중량백분율(\%)}{100}$

□□□ 기09①,11①,18②,23①②,24①

06 콘크리트의 시방 배합 결과 단위 시멘트량 320kg/m³, 단위 수량 165kg/m³, 단위 잔골재량 755kg/m³, 단위 굵은 골재량 1435kg/m³이었다. 현장배합을 위한 검사 결과 잔골재 속의 5mm체에 남은 양 2%, 굵은골재 속의 5mm체를 통과하는 양 5%일 때 현장 배합량의 단위 잔골재량, 단위 굵은 골재량을 구하시오. (단, 표면수의 보정은 생략한다.)

득점	배점
	6

계산 과정)

【답】 단위 잔골재량 : ________________, 단위 굵은 골재량 : ________________

해답 ■ 입도에 의한 조정

$S=755\text{kg}\quad G=1435\text{kg},\ a=2\%,\ b=5\%$

$$X=\frac{100S-b(S+G)}{100-(a+b)}=\frac{100\times755-5(755+1435)}{100-(2+5)}=694.09\text{kg/m}^3$$

$$Y=\frac{100G-a(S+G)}{100-(a+b)}=\frac{100\times1435-2(755+1435)}{100-(2+5)}=1495.91\text{kg/m}^3$$

【답】 단위 잔골재량 : 694.09kg/m³

단위 굵은 골재량 : 1495.91kg/m³

□□□ 기18②

07 다음 용어의 정의를 간단히 설명하시오.

득점	배점
	8

가. 결합재(binder) :

○

나. 빈배합(貧配合) :

○

다. 혼합시멘트 :

○

라. 시멘트의 안정성 시험 :

○

해답 가. 물과 반응하여 콘크리트 강도발현에 기여하는 물질을 생성하는 것의 총칭으로 시멘트, 고로 슬래그 미분말, 플라이 애시, 실리카 퓸, 팽창재 등을 함유하는 것

나. 콘크리트의 골재량에 비하여 단위 시멘트량이 비교적 적은 배합

다. 보통 포틀랜드 시멘트의 클링커에 포졸란이나 슬래그 등의 혼합재료를 분쇄하여 시멘트로 한 것

라. 시멘트가 경화 중에 용적이 팽창하는 정도를 알아보는 시험

□□□ 88,92,94,02,05,06,11②,13①,14②,17①,18②,19①,21④,23④

득점 | 배점 10

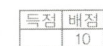

08 3개의 공시체를 가지고 마샬 안정도 시험을 실시한 결과 다음과 같다. 아래 물음에 답하시오. (단, 아스팔트의 밀도는 1.02g/cm³, 혼합되는 골재의 평균밀도는 2.712g/cm³이다.)

공시체 번호	아스팔트혼합율(%)	두께(cm)	질량(g)		용적(cm³)
			공기중	수중	
1	4.5	6.29	1151	665	486
2	4.5	6.30	1159	674	485
3	4.5	6.31	1162	675	487

가. 아스팔트 혼합물의 실측밀도 및 이론 최대밀도를 구하시오. (단, 소수점 넷째자리에서 반올림하시오.)

계산과정)

공시체 번호	실측밀도(g/cm³)
1	
2	
3	

【답】 이론최대밀도 : ____________

나. 아스팔트 혼합물의 용적률, 공극률, 포화도를 구하시오. (단, 소수점 넷째자리에서 반올림하시오.)

계산과정)

【답】 용적률 : ____________, 공극률 : ____________, 포화도 : ____________

해답 가. ■ 실측밀도 $= \dfrac{\text{공기중 질량(g)}}{\text{용적(cm}^3)}$

- 공시체 No.1 : $\dfrac{1151}{486} = 2.368\text{g/cm}^3$
- 공시체 No.2 : $\dfrac{1159}{485} = 2.390\text{g/cm}^3$
- 공시체 No.3 : $\dfrac{1.162}{487} = 2.386\text{g/cm}^3$
- 실측밀도평균 $= \dfrac{2.368 + 2.390 + 2.386}{3} = 2.381\text{g/cm}^3$

■ 이론최대밀도 $D = \dfrac{100}{\dfrac{E}{F} + \dfrac{K(100-E)}{100}}$

- $\dfrac{\text{아스팔트 혼합율}(E)}{\text{아스팔트 밀도}(F)} = \dfrac{4.5}{1.02} = 4.412\text{cm}^3/\text{g}$
- $K = \dfrac{\text{골재의 배합비}(B)}{\text{골재의 밀도}(C)} = \dfrac{100}{2.712} = 36.873\text{cm}^3/\text{g}$

$$\therefore \text{ 이론최대밀도 } D = \frac{100}{4.412 + \frac{36.873(100-4.5)}{100}} = 2.524\text{g/cm}^3$$

나. • 용적율

$$V_a = \frac{\text{아스팔트 혼합율} \times \text{평균 실측밀도}}{\text{아스팔트밀도}} = \frac{4.5 \times 2.381}{1.02} = 10.504\%$$

• 공극율

$$V_v = \left(1 - \frac{\text{평균실측밀도}}{\text{이론 최대밀도}}\right) \times 100 = \left(1 - \frac{2.381}{2.524}\right) \times 100 = 5.666$$

• 포화도

$$S = \frac{\text{용적률}}{\text{용적률} + \text{공극률}} \times 100 = \frac{10.504}{10.504 + 5.666} \times 100 = 64.960\%$$

국가기술자격 실기시험문제

2018년도 기사 제4회 필답형 실기시험(기사)

종 목	시험시간	배 점	성 명	수험번호
건설재료시험기사	2시간	60		

※ 수험자 인적사항 및 계산식을 포함한 답안 작성은 검은색 필기구만 사용해야 하며, 그 외 연필류, 빨간색, 청색 등 필기구로 작성한 답항은 0점 처리 됩니다.

토질분야 3문항(28점)

□□□ 기01②,13④,18④,21④,22②

01 **정규압밀점토에 대하여 압밀배수 삼축압축시험을 실시하였다. 시험결과 구속압력을 312.7kN/m² 으로 하고 축차응력 312.7kN/m²을 가하였을 때 파괴가 일어났다. 아래 물음에 답하시오.**
(단, 점착력 $c=0$이다.)

득점	배점
	8

가. 내부마찰각(ϕ)을 구하시오.

계산 과정) 답 : ______

나. 파괴면이 최대주응력면과 이루는 각(θ)을 구하시오.

계산 과정) 답 : ______

다. 파괴면에서 수직응력(σ)을 구하시오.

계산 과정) 답 : ______

라. 파괴면에서 전단응력(τ)을 구하시오.

계산 과정) 답 : ______

해답 가. $\sin\phi=\dfrac{\sigma_1-\sigma_3}{\sigma_1+\sigma_3}$

- $\sigma_1=\sigma_3+\Delta\sigma=312.7+312.7=625.4\text{kN/m}^2$
- $\sigma_3=312.7\text{kN/m}^3$

$\therefore\ \phi=\sin^{-1}\dfrac{\sigma_1-\sigma_3}{\sigma_1+\sigma_3}=\sin^{-1}\dfrac{625.4-312.7}{625.4+312.7}=19.47°$

나. $\theta=45°+\dfrac{\phi}{2}$ 에서

$=45°+\dfrac{19.47°}{2}=54.74°$

다. $\sigma=\dfrac{\sigma_1+\sigma_3}{2}+\dfrac{\sigma_1-\sigma_3}{2}\cos 2\theta=\dfrac{625.4+312.7}{2}+\dfrac{625.4-312.7}{2}\cos(2\times54.74°)=416.91\text{kN/m}^2$

라. $\tau=\dfrac{\sigma_1-\sigma_3}{2}\sin2\theta=\dfrac{625.4-312.7}{2}\sin(2\times54.74°)=147.4\text{kN/m}^2$

□□□ 기13④,18④

02 흙의 다짐시험 결과가 다음과 같다. 다음 물음에 답하시오. (몰드 체적 $1000cm^3$, 비중 2.67)

득점	배점
	12

가. 다음 빈 칸을 채우시오.

구분	1	2	3	4	5
다짐흙의 중량(g)	2010	2092	2114	2100	2055
습윤밀도(g/cm^3)					
함수비(%)	12.8	14.5	15.6	16.8	19.2
건조밀도(g/cm^3)					

나. 다짐곡선을 작도하여 최적함수비와 최대건조밀도를 구하시오.

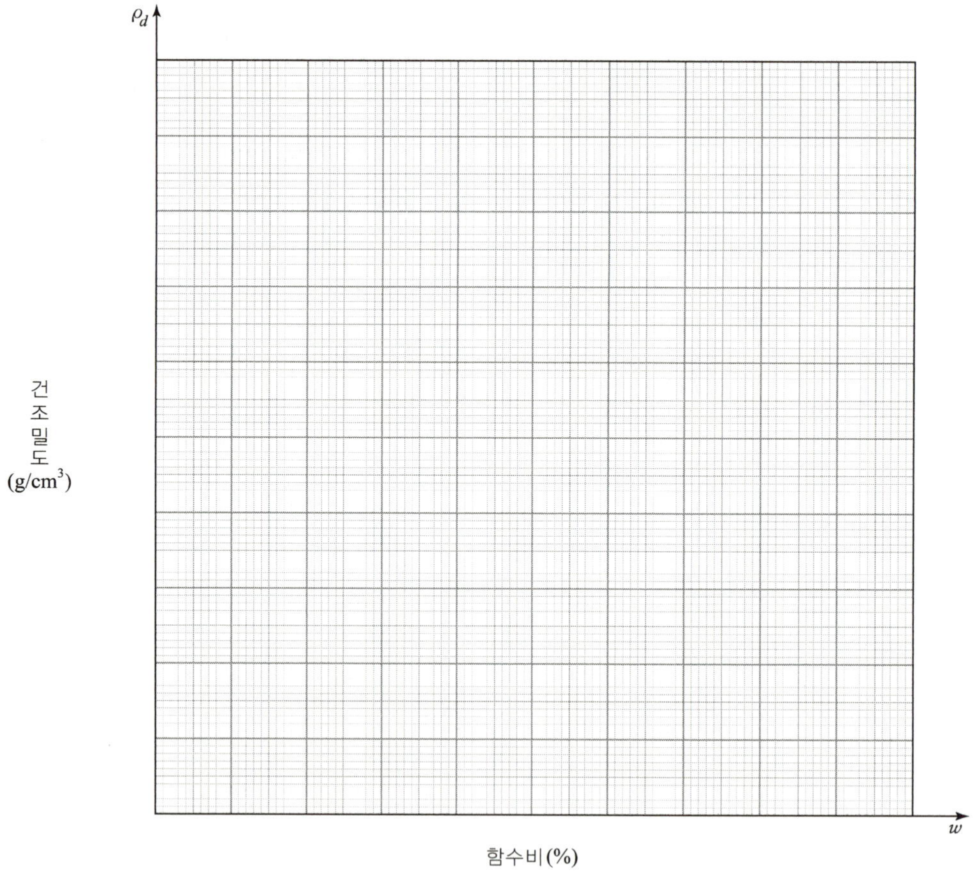

【답】 최적함수비 : ______________ 최대건조밀도 : ______________

다. 흙의 비중이 2.67일 때 영공기 간극곡선을 모눈종이에 작도하시오.

계산과정)

라. 이 흙을 이용하여 토공작업을 할 때 현장시방서가 95%의 다짐도를 원한다면 시공(현장)함수비의 범위를 구하시오.

계산 과정)

답 : ______________

마. 현장재료조건이 다음과 같을 때 다짐정도가 적합한지 판단하시오.

흙의 무게 : 2050g, 체적 : $980cm^3$, 함수비 : 16%

계산 과정)　　　　　　　　　　　　　　　　　　　　답 : ______

해답 가.

구분	1	2	3	4	5
다짐흙의 중량(g)	2010	2092	2114	2100	2055
습윤밀도(g/cm^3)	2.010	2.092	2.114	2.100	2.055
함수비(%)	12.8	14.5	15.6	16.8	19.2
건조밀도(g/cm^3)	1.782	1.827	1.829	1.798	1.724

나.

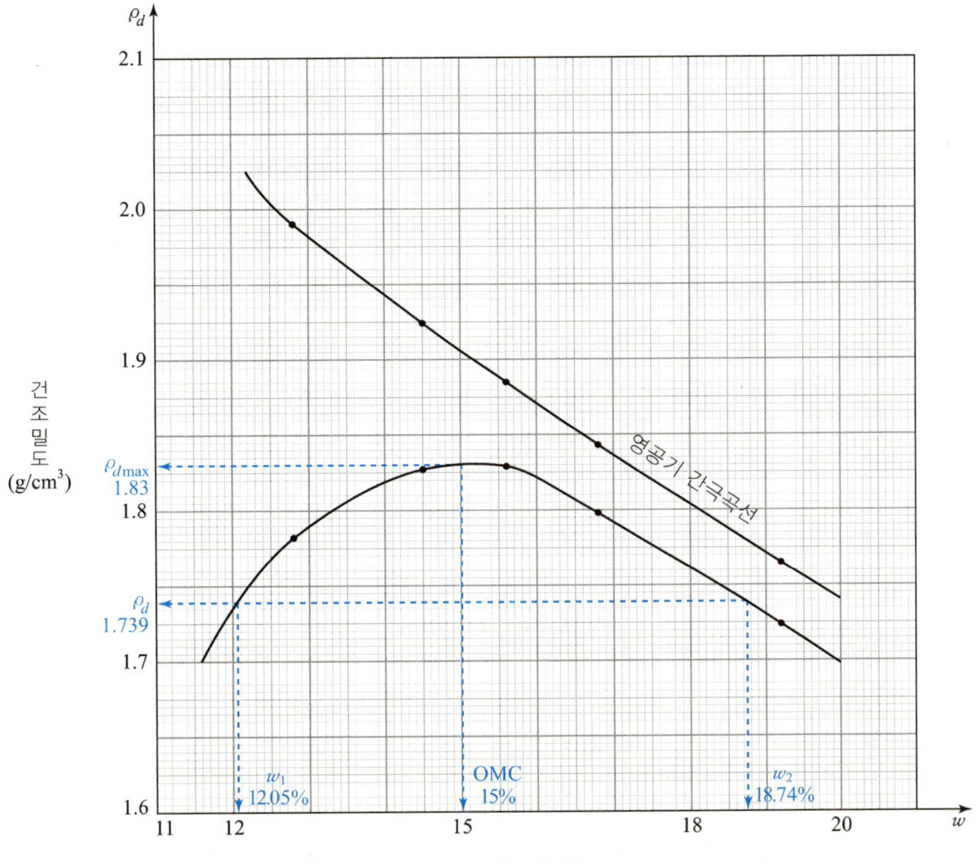

【답】 최적함수비 : 15%, 최대건조밀도 : $1.83g/cm^3$

다. $\rho_d = \dfrac{\rho_w}{\dfrac{1}{G_s} + \dfrac{w}{S}}$

측정번호	1	2	3	4	5
함수비(%)	12.8	14.5	15.6	16.8	19.2
영공기 간극상태의 건조밀도(g/cm^3)	1.990	1.924	1.885	1.843	1.765

1. $\rho_d = \dfrac{1}{\dfrac{1}{2.67}+\dfrac{12.8}{100}} = 1.990$

2. $\rho_d = \dfrac{1}{\dfrac{1}{2.67}+\dfrac{14.5}{100}} = 1.924$

3. $\rho_d = \dfrac{1}{\dfrac{1}{2.67}+\dfrac{15.6}{100}} = 1.885$

4. $\rho_d = \dfrac{1}{\dfrac{1}{2.67}+\dfrac{16.8}{100}} = 1.843$

5. $\rho_d = \dfrac{1}{\dfrac{1}{2.67}+\dfrac{19.2}{100}} = 1.765$

라. $\rho_d = 1.83 \times \dfrac{95}{100} = 1.739\,\text{g/cm}^3$　　$\therefore\ w_1 \sim w_2 = 12.05\% \sim 18.65\%$

마. $\rho_t = \dfrac{W}{V} = \dfrac{2050}{980} = 2.09\,\text{g/cm}^3$

$\rho_d = \dfrac{\rho_t}{1+w} = \dfrac{2.09}{1+0.16} = 1.80\,\text{g/cm}^3$

$\therefore\ C_d = \dfrac{\rho_d}{\rho_{\max}} = \dfrac{1.80}{1.83} \times 100 = 98.36\% > 95\%$　$\therefore$ 적합

□□□ 18④

03 토질에 대한 용어들이다. 간단히 설명하시오.

득점	배점
	8

가. 공극(void)에 대하여 설명하시오.

○

나. 동상현상(Frost heaving)에 대하여 설명하시오.

○

다. 사운딩(sounding)에 대하여 설명하시오.

○

라. 선행압밀하중(preconsolidation pressure)에 대하여 설명하시오.

○

해답 가. 흙의 구성 중 물과 공기가 차지하는 부분

나. 흙 속의 공극수가 동결되어 토층이 형성되기 때문에 지표면이 떠오르는 현상

다. 로드의 끝에 설치된 저항체를 땅속에 삽입하여 관입, 회전, 인발 등의 저항에서 토층의 성질을 탐사하는 것

라. 시료가 과거에 받았던 최대 유효상재하중

건설재료분야 5문항(32점)

□□□ 기11②,14①,15②,16②,18④,20②

04 다음 표의 설계조건 및 재료, 참고표를 이용하여 콘크리트를 배합설계 하여 배합표를 완성하시오.

득점	배점
	10

【시험 결과】

- 물－결합재비는 50%
- 굵은 골재는 최대치수 40mm의 부순돌을 사용한다.
- 양질의 공기연행제(AE제)를 사용하며, 그 사용량은 시멘트 질량의 0.03%로 한다.
- 목표로 하는 슬럼프는 120mm, 겉보기 공기량은 5.0%로 한다.
- 사용하는 시멘트는 보통포틀랜드시멘트로서, 밀도는 3.15g/cm^{3}이다.
- 잔골재의 표건밀도는 2.6g/cm^{3}이고, 조립률은 2.86이다.
- 굵은골재의 표건밀도는 2.65g/cm^{3}이다.

【배합설계 참고표】

굵은 골재 최대 치수 (mm)	단위 굵은 골재 용적 (%)	공기연행제를 사용하지 않은 콘크리트			공기 연행 콘크리트				
		갇힌 공기 (%)	잔골재율 S/a(%)	단위 수량 (kg)	공기량 (%)	양질의 공기연행제를 사용한 경우		양질의 공기연행 감수제를 사용한 경우	
						잔골재율 S/a(%)	단위 수량 W(kg/m^3)	잔골재율 S/a(%)	단위 수량 W(kg/m^3)
15	58	2.5	53	202	7.0	47	180	48	170
20	62	2.0	49	197	6.0	44	175	45	165
25	67	1.5	45	187	5.0	42	170	43	160
40	72	1.2	40	177	4.5	39	165	40	155

주 1) 이 표의 값은 보통의 입도를 가진 잔골재(조립률 2.8 정도)와 부순돌을 사용한 물－결합재비 55% 정도, 슬럼프 80mm 정도의 콘크리트에 대한 것이다.

2) 사용재료 또는 콘크리트의 품질이 주 1)의 조건과 다를 경우에는 위의 표의 값을 아래 표에 따라 보정한다.

구 분	S/a의 보정(%)	W의 보정(kg)
잔골재의 조립률이 0.1만큼 클(작을) 때마다	0.5 만큼 크게(작게) 한다.	보정하지 않는다.
슬럼프값이 10mm 만큼 클(작을) 때마다	보정하지 않는다.	1.2 만큼 크게(작게) 한다.
공기량이 1% 만큼 클(작을) 때마다	0.75 만큼 작게(크게) 한다.	3% 만큼 작게(크게) 한다.
물－결합재비가 0.05클(작을) 때마다	1 만큼 크게(작게) 한다.	보정하지 않는다.
S/a가 1% 클(작을)때마다	보정하지 않는다.	1.5kg 만큼 크게(작게)한다.

비고 : 단위 굵은 골재용적에 의하는 경우에는 모래의 조립률이 0.1 만큼 커질(작아질)때마다 단위 굵은 골재용적을 1%만큼 작게(크게) 한다.

계산 과정)

【답】 배합표

굵은 골재 최대치수 (mm)	슬럼프 (mm)	공기량 (%)	W/B (%)	잔골재율 (S/a) (%)	단위량(kg/m³)				혼화제 단위량 (g/m³)
					물 (W)	시멘트 (C)	잔골재 (S)	굵은 골재 (G)	
40	120	5.0	50						

해답

보정항목	배합참고표	설계조건	잔골재율(S/a) 보정	단위 수량(W)의 보정
굵은골재의 치수 40mm일 때			$S/a=39\%$	$W=165\text{kg}$
모래의 조립률	2.80	2.86(↑)	$\frac{2.86-2.80}{0.10}\times 0.5$ $=+0.3(\uparrow)$	보정하지 않는다.
슬럼프값	80mm	120mm(↑)	보정하지 않는다.	$\frac{120-80}{10}\times 1.2=4.8\%(\uparrow)$
공기량	4.5	5.0(↑)	$\frac{5-4.5}{1}\times(-0.75)$ $=-0.375\%(\downarrow)$	$\frac{5-4.5}{1}\times(-3)$ $=-1.5\%(\downarrow)$
W/B	55%	50%(↓)	$\frac{0.55-0.50}{0.05}\times(-1)$ $=-1.0\%(\downarrow)$	보정하지 않는다.
S/a	39%	37.93%(↓)	보정하지 않는다.	$\frac{39-37.93}{1}\times(-1.5)$ $=-1.605\text{kg}(\downarrow)$
보정값			$S/a=39+0.3-0.375$ $-1.0=37.93\%$	$165\left(1+\frac{4.8}{100}-\frac{1.5}{100}\right)$ $-1.605=168.84\text{kg}$

- 단위 수량 $W=168.84\text{kg}$
- 단위 시멘트량 C : $\frac{W}{B}=0.50$, $C=\frac{168.84}{0.50}=337.68$ $\therefore\ C=337.68\text{kg/m}^3$
- 공기연행(AE)제 : $337.68\times\frac{0.03}{100}=0.101304\text{kg}=101.30\text{g/m}^3$
- 단위골재량의 절대체적

$$V_a=1-\left(\frac{\text{단위수량}}{1000}+\frac{\text{단위시멘트}}{\text{시멘트비중}\times 1000}+\frac{\text{공기량}}{100}\right)$$
$$=1-\left(\frac{168.84}{1000}+\frac{337.68}{3.15\times 1000}+\frac{5.0}{100}\right)=0.674\text{m}^3$$

- 단위 잔골재량

$$S=V_a\times S/a\times\text{잔골재밀도}\times 1000$$
$$=0.674\times 0.3793\times 2.6\times 1000=664.69\text{kg/m}^3$$

- 단위 굵은 골재량

$$G=V_g\times(1-S/a)\times\text{굵은 골재밀도}\times 1000$$
$$=0.674\times(1-0.3793)\times 2.65\times 1000=1108.63\text{kg/m}^3$$

∴ 배합표

굵은골재의 최대치수(mm)	슬럼프(mm)	W/B(%)	잔골재율 S/a(%)	단위량(kg/m^3)				혼화제 g/m^3
				물	시멘트	잔골재	굵은골재	
40	120	50	37.93	168.84	337.68	664.69	1108.63	101.30

다른 방법

- 단위 수량 $W=168.84kg$
- 단위 시멘트량(C) : $\frac{W}{B}=0.50$, $C=\frac{168.84}{0.50}=337.68$ ∴ 단위 시멘트량 $C=337.68kg$
- 시멘트의 절대용적 : $V_c=\frac{337.68}{0.00315\times1000}=107.20l$
- 공기량 : $1000\times0.05=50l$
- 골재의 절대용적 : $1000-(107.20+168.84+50)=673.96l$
- 잔골재의 절대용적 : $673.96\times0.3797=255.90l$
- 단위 잔골재량 : $255.90\times0.0026\times1000=665.34kg$
- 굵은 골재의 절대용적 : $673.96-255.90=418.06l$
- 단위 굵은 골재량 : $418.06\times0.00265\times1000=1107.86kg/m^3$
- 공기연행제량 : $337.68\times\frac{0.03}{100}=0.101304kg=101.30g/m^3$

배합설계 참고표에서 찾는 법

■ 「설계조건 및 재료」에서 확인할 사항
- 양질의 공기연행제 사용여부
- 굵은골재의 최대치수 확인

굵은골재 최대치수(mm)	공기량(%)	양질의 공기연행제를 사용한 경우	
		잔골재율 S/a(%)	단위 수량 W(kg/m^3)
40	4.5	39	165

□□□ 18④,20④

05 아스팔트와 관련된 시험에 대한 물음이다. 다음에 답하시오.

득점 | 배점: 6

가. 아스팔트의 침입도시험 결과 관입깊이가 6mm였다. 침입도를 구하시오.

계산 과정) 답 : ______

나. 저온에서 아스팔트 신도시험을 할 때의 온도와 속도를 쓰시오.

【답】 시험온도 : ______ 시험속도 : ______

해답 가. 침입도 $=\frac{\text{관입량(mm)}}{0.1}=\frac{6}{0.1}=60$

나. 시험온도 : 4℃, 시험속도 : 1cm/min

□□□ 기09②,14②,17②,18④,22②,24③

06 잔골재에 대한 밀도 및 흡수율 시험 결과가 아래 표와 같을 때 다음 물음에 답하시오.

득점	배점
	6

물을 채운 플라스크 질량(g)	600
표면 건조포화 상태 시료 질량(g)	500
시료와 물을 채운 플라스크 질량(g)	911
절대 건조 상태 시료 질량(g)	480
시험시의 물의 밀도	0.9970g/cm^3

가. 표면 건조 포화 상태의 밀도를 구하시오.

계산 과정) 답 : ______

나. 상대 겉보기 밀도(진밀도)를 구하시오.

계산 과정) 답 : ______

다. 흡수율을 구하시오

계산 과정) 답 : ______

해답 가. $d_s = \dfrac{m}{B+m-C} \times \rho_w = \dfrac{500}{600+500-911} \times 0.9970 = 2.64\text{g/cm}^3$

나. $d_A = \dfrac{A}{B+A-C} \times \rho_w = \dfrac{480}{600+480-911} \times 0.9970 = 2.83\text{g/cm}^3$

다. $Q = \dfrac{m-A}{A} \times 100 = \dfrac{500-480}{480} \times 100 = 4.17\%$

□□□ 기14④,18④

07 콘크리트의 압축강도의 표준편차를 알지 못할 때, 또는 압축강도의 시험 횟수가 14회 이하인 경우 배합강도를 결정하는 방법을 설명하시오.

득점	배점
	6

호칭강도 f_{cn}(MPa)	배합강도 f_{cr}(MPa)
21 미만	①
21 이상 35 이하	②
35 초과	③

해답

호칭강도 f_{cn}(MPa)	배합강도 f_{cr}(MPa)
21 미만	$f_{cn}+7$
21 이상 35 이하	$f_{cn}+8.5$
35 초과	$1.1f_{cn}+5.0$

□□□ 기03②,04①,05④,12②,14④,18④,20③,23④

08 역청 포장용 혼합물로부터 역청의 정량추출 시험을 하여 아래와 같은 결과를 얻었다. 역청 함유율(%)을 계산하시오.

득점	배점
	4

【시험 결과】

- 시료의 무게 $W_1 = 2230\text{g}$
- 시료 중의 수분의 무게 $W_2 = 110\text{g}$
- 추출된 골재의 무게 $W_3 = 1857.4\text{g}$
- 추출액 중의 세립 골재분의 무게 $W_4 = 93.0\text{g}$

계산 과정)

답 : ____________

해답 역청 함유율 $= \dfrac{(W_1 - W_2) - (W_3 + W_4 + W_5)}{W_1 - W_2} \times 100$

$= \dfrac{(2230 - 110) - (1857.4 + 93.0)}{2230 - 110} \times 100$

$= 8\%$

국가기술자격 실기시험문제

2019년도 기사 제1회 필답형 실기시험(기사)

종　목	시험시간	배 점	성 명	수험번호
건설재료시험기사	**2시간**	**60**		

※ 수험자 인적사항 및 계산식을 포함한 답안 작성은 검은색 필기구만 사용해야 하며, 그 외 연필류, 빨간색, 청색 등 필기구로 작성한 답항은 0점 처리 됩니다.

토질분야

6문항(28점)

□□□ 기19①

01 완전 포화된 점토시료에 대한 비압밀 비배수 삼축압축시험을 수행하여 다음 표와 같은 결과를 얻었을 때 이 시료의 비배수 전단강도인 비배수 점착력을 구하시오.

득점	배점
	3

시험횟수(회)	1	2
구속응력(σ_3)	0.1MPa	0.15MPa
축방향 주응력(σ_1)	0.27MPa	0.32MPa

계산 과정)　　　　　　　　　　　　　　　　　답 : ____________

해답 비배수 점착력 $c_u = \frac{1}{2}(\sigma_1 - \sigma_3)$

- $\sigma_1 - \sigma_3 = 0.27 - 0.1 = 0.17\text{MPa}$
- $\sigma_1 - \sigma_3 = 0.32 - 0.15 = 0.17\text{MPa}$

$\therefore\ c_u = \frac{1}{2} \times 0.17 = 0.085\text{MPa} = 0.085\text{N/mm}^2 = 85\text{kN/m}^2$

□□□ 기02④,03②,04④,07②,09①,10②,11④,19①,22④, 산11①

02 어떤 점토질지반에서 Vane시험을 행한 결과가 다음과 같을 때 이 지반의 점착력을 구하시오.
(단, Vane 날개의 높이 $H = 100\text{mm}$, 몸체의 전폭 $D = 50\text{mm}$, 회전모멘트 $10\text{N}\cdot\text{m}$)

득점	배점
	3

계산 과정)　　　　　　　　　　　　　　　　　답 : ____________

해답 $C = \dfrac{M_{\max}}{\pi D^2\left(\dfrac{H}{2} + \dfrac{D}{6}\right)} = \dfrac{10 \times 10^3}{\pi \times 50^2\left(\dfrac{100}{2} + \dfrac{50}{6}\right)}$

$= 0.0218\text{N/mm}^2 = 0.0218\text{MPa} = 21.8\text{kN/m}^2$

□□□ 기14④,17②,19①

03 도로 토공현장에서 들밀도 시험에 대해 물음에 답하시오.

득점	배점
	6

가. 현장 밀도측정 방법을 3가지만 쓰시오. (단, 예시는 제외)

예시 : 모래치환법(들림도 시험)

① ______ ② ______ ③ ______

나. 모래치환법에 의한 현장 흙의 단위 무게시험 결과가 아래의 표와 같은 때 다음 물음에 답하시오.

■ 모래치환법에 의한 시험결과
- 파낸 구멍의 부피 : 1680cm^3
- 파낸 흙의 질량 : 3000g
- 최대 건조단위중량 : 1.65g/cm^3

■ 함수비 측정시험
- (습윤시료+용기) 질량 : 130.31g
- (건조시료+용기) 질량 : 113.40g
- 용기 질량 : 24.55g

① 함수비를 구하시오.

계산 과정) 답 : ______

② 건조밀도를 구하시오.

계산 과정) 답 : ______

③ 다짐도를 구하시오.

계산 과정) 답 : ______

해답 가. ① 고무막법
② 코어 절삭법
③ 방사선 밀도기에 의한 방법(γ선 산란형 밀도계)
④ Truck scale에 의한 방법

나. ① $w = \dfrac{W_w}{W_s} \times 100 = \dfrac{130.31 - 113.40}{113.40 - 24.55} \times 100 = 19.03\%$

② 건조밀도 $\rho_d = \dfrac{\rho_t}{1+w}$

• 습윤밀도 $\rho_t = \dfrac{W}{V} = \dfrac{3000}{1680} = 1.79\text{g/cm}^3$

$\therefore \ \rho_d = \dfrac{1.79}{1+0.1903} = 1.50\text{g/cm}^3$

③ $C_d = \dfrac{\rho_d}{\rho_{d\max}} \times 100 = \dfrac{1.50}{1.65} \times 100 = 90.91\%$

□□□ 기16②,18①,19①

04 평판재하시험(KS F 2310) 방법에 대해 다음 물음에 답하시오.

득점	배점
	9

가. 재하판의 규격 3가지를 쓰시오.

① ______ ② ______ ③ ______

나. 평판재하시험을 끝마치는 조건 3가지를 쓰시오.

① ______ ② ______ ③ ______

다. 항복하중 결정방법 3가지를 쓰시오.

① ______ ② ______ ③ ______

해답 가. ① 직경 300mm 강재원판(두께 25mm 이상)
② 직경 400mm 강재원판(두께 25mm 이상)
③ 직경 750mm 강재원판(두께 25mm 이상)

나. ① 침하량이 15mm에 달할 때
② 하중강도가 그 지반의 항복점을 넘을 때
③ 하중강도가 현장에서 예상되는 최대 접지압력을 초과할 때

다. ① $\log P - \log s$ 곡선법
② $P - s$ 곡선법
③ $s - \log t$ 곡선법
④ $P - ds/d(\log t)$ 곡선법

□□□ 기08③,09①,11①,16②,18①,19①,20②

05 어떤 흙의 입도분석 시험 결과가 다음과 같을 때 통일 분류법에 따라 이 흙을 분류하시오.

득점	배점
	4

【시험 결과】

No.200체(0.075mm) 통과율이 4.34%, No.4체(4.76mm)통과율이 58.1%이고, 통과백분율 10%, 30%, 60%에 해당하는 입경이 각각 $D_{10}=0.15\text{mm}$, $D_{30}=0.34\text{mm}$, $D_{60}=0.45\text{mm}$인 흙

계산 과정)

답 : ______

해답 통일 분류법에 의한 흙의 분류 방법

- 1단계 : 조건(No.200 < 50%) (G나 S)
- 2단계 : (No.4체 통과량 > 50%)조건 ∴ S
- 3단계 : SW($C_u > 6$, $1 < C_g < 3$)이면 SW 아니면 SP

• 균등계수 $C_u = \dfrac{D_{60}}{D_{10}} = \dfrac{0.45}{0.15} = 3 < 6$: 입도 불량(P)

• 곡률계수 $C_g = \dfrac{D_{30}^2}{D_{10} \times D_{60}} = \dfrac{0.34^2}{0.15 \times 0.45} = 1.71$: $1 < C_g < 3$: 입도 양호(W)

∴ SP(∵ 두 조건을 만족하지 않으므로)

□□□ 기08①,19①,22①,23②

06 바이브로플로테이션(Vibroflotation)공법에 사용되어진 채움재료의 적합치 S_N(suitability number)를 결정하고, 등급을 판정하시오.

(단, $D_{10}=0.36\text{mm}$, $D_{20}=0.52\text{mm}$, $D_{50}=1.42\text{mm}$)

득점	배점
	3

계산 과정) 답 : ______

해답 적합지수 $S_N=1.7\sqrt{\dfrac{3}{(D_{50})^2}+\dfrac{1}{(D_{20})^2}+\dfrac{1}{(D_{10})^2}}$

$=1.7\sqrt{\dfrac{3}{(1.42)^2}+\dfrac{1}{(0.52)^2}+\dfrac{1}{(0.36)^2}}=6.10$

∴ 우수(excellent) (∵ $0<S_N=6.10<10$)

Brown은 채움재료의 등급을 제시

채움재료의 입도분포는 다짐정도(rate of densification)을 조절하는 중요한 요소 중의 하나이다. Brown(1977)은 채움흙의 등급을 나타내는 적합지 S_N(suitability number)의 등급을 다음과 같이 정의하였다.

S_N의 범위	0~10	10~20	20~30	30~50	$S_N>50$
등급	우수	양호	보통	빈약	부적합

건설재료분야

4문항(32점)

□□□ 기88,92,94,02,05,06,11②,13①,14②,17①,18②,19①,20③,21④

07 3개의 공시체를 가지고 마샬 안정도 시험을 실시한 결과 다음과 같다. 아래 물음에 답하시오.
(단, 아스팔트의 밀도는 1.02g/cm^3, 혼합되는 골재의 평균밀도는 2.712g/cm^3이다.)

득점	배점
	10

공시체 번호	아스팔트혼합율(%)	두께(cm)	질량(g)		용적(cm^3)
			공기중	수중	
1	4.5	6.29	1151	665	486
2	4.5	6.30	1159	674	485
3	4.5	6.31	1162	675	487

가. 아스팔트 혼합물의 실측밀도 및 이론 최대밀도를 구하시오.
(단, 소수점 넷째자리에서 반올림하시오.)

계산 과정) 답 : ______

공시체 번호	실측밀도(g/cm³)
1	
2	
3	
평균	

【답】 이론최대밀도 : ______

나. 아스팔트 혼합물의 용적률, 공극률, 포화도를 구하시오.
(단, 소수점 넷째자리에서 반올림하시오.)

계산 과정)

【답】 용적률 : ______, 공극률 : ______, 포화도 : ______

해답 가. ■ 실측밀도 $= \dfrac{\text{공기중 질량(g)}}{\text{용적(cm}^3\text{)}}$

공시체 번호	실측밀도(g/cm³)
1	$\dfrac{1151}{486} = 2.368\,\text{g/cm}^3$
2	$\dfrac{1159}{485} = 2.390\,\text{g/cm}^3$
3	$\dfrac{1162}{487} = 2.386\,\text{g/cm}^3$
평균	$\dfrac{2.368+2.390+2.386}{3} = 2.381\,\text{g/cm}^3$

■ 이론최대밀도 $D = \dfrac{100}{\dfrac{E}{F} + \dfrac{K(100-E)}{100}}$

• $\dfrac{\text{아스팔트 혼합율}(E)}{\text{아스팔트 밀도}(F)} = \dfrac{4.5}{1.02} = 4.412\,\text{cm}^3/\text{g}$

• $K = \dfrac{\text{골재의 배합비}(B)}{\text{골재의 밀도}(C)} = \dfrac{100}{2.712} = 36.873\,\text{cm}^3/\text{g}$

∴ 이론최대밀도 $D = \dfrac{100}{4.412 + \dfrac{36.873(100-4.5)}{100}} = 2.524\,\text{g/cm}^3$

나. • 용적율

$V_a = \dfrac{\text{아스팔트 혼합율} \times \text{평균 실측밀도}}{\text{아스팔트밀도}} = \dfrac{4.5 \times 2.381}{1.02} = 10.504\%$

• 공극율 $V_v = \left(1 - \dfrac{\text{평균실측밀도}}{\text{이론 최대밀도}}\right) \times 100$

$= \left(1 - \dfrac{2.381}{2.524}\right) \times 100 = 5.666\%$

• 포화도

$S = \dfrac{\text{용적률}}{\text{용적률} + \text{공극률}} \times 100 = \dfrac{10.504}{10.504 + 5.666} \times 100 = 64.960\%$

□□□ 기15①,19①,23①②

08 시방배합으로 단위 수량 162kg/m³, 단위 시멘트량 300kg/m³, 단위 잔골재량 700kg/m³, 단위 굵은 골재량 1200kg/m³을 산출한 콘크리트의 배합을 현장골재의 입도 및 표면수를 고려하여 현장배합으로 수정한 잔골재와 굵은 골재의 양을 구하시오.

(단, 현장골재 상태 : 잔골재가 5mm체에 남는 양 3.5%, 잔골재의 표면수 5%, 굵은골재가 5mm체를 통과하는 양 6.5%, 굵은골재의 표면수 1%)

득점	배점
	4

계산 과정)

【답】 단위 잔골재량 : ____________, 단위 굵은 골재량 : ____________

해답 ■ 입도에 의한 조정

$S=700\text{kg},\ G=1200\text{kg},\ a=3.5\%,\ b=6.5\%$

$$X=\frac{100S-b(S+G)}{100-(a+b)}=\frac{100\times700-6.5(700+1200)}{100-(3.5+6.5)}=640.56\text{kg/m}^3$$

$$Y=\frac{100G-a(S+G)}{100-(a+b)}=\frac{100\times1200-3.5(700+1200)}{100-(6.5+3.5)}=1259.44\text{kg/m}^3$$

■ 표면수에 의한 조정

잔골재의 표면수 $=640.56\times\frac{5}{100}=32.03\text{kg/m}^3$

굵은골재의 표면수 $=1259.44\times\frac{1}{100}=12.59\text{kg/m}^3$

■ 현장 배합량

- 단위 수량 : $162-(32.03+12.59)=117.38\text{kg/m}^3$
- 단위 잔골재량 : $640.56+32.03=672.59\text{kg/m}^3$
- 단위 굵은재량 : $1259.44+12.59=1272.03\text{kg/m}^3$

【답】 단위 잔골재량 : 672.59kg/m³, 단위 굵은 골재량 : 1272.03kg/m³

□□□ 기10①,14①,17④,19①,21④,24①

09 초음파 전달속도를 이용한 비파괴 검사법으로 콘크리트 균열깊이 측정에 이용되고 있는 검사방법을 3가지만 쓰시오.

득점	배점
	6

① ____________ ② ____________

③ ____________

해답 ① T법

② T_c-T_o법

③ BS법

④ R-S법

⑤ 레슬리(Leslie)법

□□□ 기04②,05④,07①,09④,11①,17②,19①,24③

득점	배점
	12

10 경화된 콘크리트 면에 타격에너지를 가하여 콘크리트 면의 반발경도를 측정하는 슈미트해머(schmidt hammer)법에 대해 다음 물음에 답하시오.

가. 슈미트 해머법의 시험원리를 간단히 설명하시오.

○

나. 적용 콘크리트에 따른 슈미트 해머의 종류를 3가지만 쓰시오.

① ______ ② ______ ③ ______

다. 타격점 간격 및 측점수를 쓰시오.

① 타격점 간격 :

② 측점수 :

라. 보정반발경도의 보정방법을 3가지만 쓰시오.

① ______ ② ______ ③ ______

마. 계산에서 시험값 20개의 평균으로부터 오차가 (①)% 이상이 되는 경우의 시험값은 버리고 나머지 시험값의 평균을 구하며 이 때 범위를 벗어나는 시험값이 (②)개 이상인 경우에는 전체 시험값을 버린다.

① ______ ② ______

해답 가. 경화된 콘크리트의 표면을 스프링 힘으로 타격한 후 반발경도로부터 콘크리트의 압축강도를 추정하는 시험법

나. ① 보통 콘크리트 : N형 ② 경량 콘크리트 : L형
③ 매스 콘크리트 : M형 ④ 저강도 콘크리트 : P형

다. • 타격 간격 : 가로, 세로 3cm • 측점수 : 20점 이상

라. ① 타격 각도에 대한 보정 ② 콘크리트 건습에 대한 보정
③ 압축응력에 대한 보정 ④ 재령에 대한 보정

마. ① ±20% ② 4개

국가기술자격 실기시험문제

2019년도 기사 제2회 필답형 실기시험(기사)

종 목	시험시간	배 점	성 명	수험번호
건설재료시험기사	2시간	60		

※ 수험자 인적사항 및 계산식을 포함한 답안 작성은 검은색 필기구만 사용해야 하며, 그 외 연필류, 빨간색, 청색 등 필기구로 작성한 답항은 0점 처리 됩니다.

토질분야

4문항(26점)

□□□ 기04②,12①,16①,19②

01 아래 그림과 같은 흙의 구성도에서 조건을 이용하여 물음에 답하시오.

득점	배점
	4

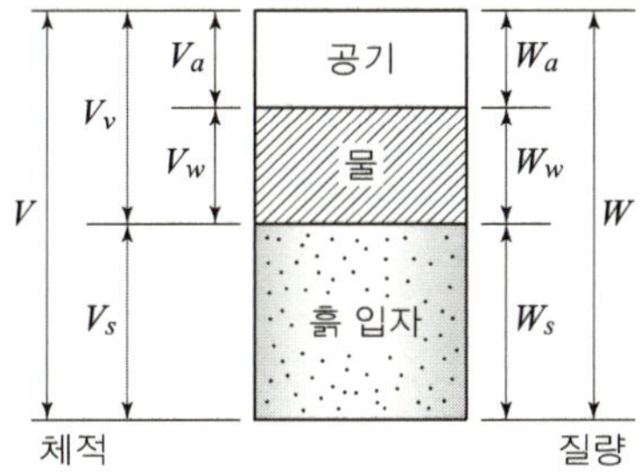

【조건】
- 흙의 비중 $G_s=2.69$
- 체적 $V=100\text{cm}^3$
- 함수비 $w=12\%$
- 습윤밀도 $\rho_t=1.85\text{g/cm}^3$

가. 흙입자(W_s)와 물(W_w)의 질량을 구하시오.

계산 과정)

【답】 흙입자 질량 : ______________, 물의 질량 : ______________

나. 흙입자(V_s)와 물의 부피(V_w)를 구하시오.

계산 과정)

【답】 흙입자 부피 : ______________, 물의 부피 : ______________

해답 가. $\rho_t=\dfrac{W}{V}$에서

- $W=V\cdot\rho_t=100\times1.85=185\text{g}$

∴ 흙입자 질량 $W_s=\dfrac{W}{1+w}$

$=\dfrac{185}{1+0.12}=165.18\text{g}$

∴ 물의 질량 $W_w=\dfrac{wW}{100+w}$

$=\dfrac{12\times185}{100+12}=19.82\text{g}$

나. $G_s=\dfrac{W_s}{V_s\rho_w}$에서

∴ 흙입자의 부피 $V_s=\dfrac{W_s}{G_s\rho_w}$

$=\dfrac{165.18}{2.69\times1}=61.41\text{cm}^3$

∴ 물의 부피 $V_w=\dfrac{W_w}{\rho_w}=\dfrac{19.82}{1}=19.82\text{cm}^3$

□□□ 기94,10④,13②,16①,19②

02 **어느 흙의 비중이 2.65인 점토시료에 대하여 압밀시험을 실시하였다. 하중이 $64kN/m^2$에서 $128kN/m^2$로 변하는 동안의 시험결과가 다음과 같은 때 다음 물음에 답하시오.**
(단, 배수조건은 양면배수이다.)

득점	배점
	12

압밀응력 P(kN/m²)	공극비(e)	평균시료높이(cm)	$t_{50}[\log t]$(sec)	$t_{90}[\sqrt{t}]$(sec)
64	1.148	1.384	79	342
128	0.951			

가. 압밀계수를 구하시오. (단, 계산결과는 □.□□ × 10□ 로 표현하시오.)

① $\log t$ 법 :

② $\sqrt{t}$:

나. 압축계수를 구하시오. (단, 계산결과는 □.□□ × 10□ 로 표현하시오.)

계산 과정) 답 :

다. 체적변화계수를 구하시오. (단, 계산결과는 □.□□ × 10□ 로 표현하시오.)

계산 과정) 답 :

라. 압축지수를 구하시오. (단, 소수점 넷째자리에서 반올림)

계산 과정) 답 :

마 $\sqrt{t}$ 법에 의해 투수계수를 구하시오. (단, 계산결과는 □.□□ × 10□ 로 표현하시오.)

계산 과정) 답 :

해답 가. ① $\log t$ 법 : $C_v = \dfrac{0.197H^2}{t_{50}} = \dfrac{0.197 \times \left(\dfrac{1.384}{2}\right)^2}{79} = 1.19 \times 10^{-3}\text{cm}^2/\text{sec} = 1.19 \times 10^{-7}\text{m}^2/\text{sec}$

② $\sqrt{t}$: $C_v = \dfrac{0.848H^2}{t_{90}} = \dfrac{0.848 \times \left(\dfrac{1.384}{2}\right)^2}{342} = 1.19 \times 10^{-3}\text{cm}^2/\text{sec} = 1.19 \times 10^{-7}\text{m}^2/\text{sec}$

나. $a_v = \dfrac{e_1 - e_2}{P_2 - P_1} = \dfrac{1.148 - 0.951}{128 - 64} = 3.08 \times 10^{-3}\text{m}^2/\text{kN}$

다. $m_v = \dfrac{a_v}{1+e} = \dfrac{3.08 \times 10^{-3}}{1 + 1.148} = 1.43 \times 10^{-3}\text{m}^2/\text{kN}$

라. $C_c = \dfrac{e_1 - e_2}{\log\dfrac{P_2}{P_1}} = \dfrac{1.148 - 0.951}{\log\dfrac{128}{64}} = 0.654$

마. $K = C_v \cdot m_v \cdot \gamma_w$

$= 1.19 \times 10^{-7} \times 1.43 \times 10^{-3} \times 9.81$

$= 1.67 \times 10^{-9}\text{m/sec} = 1.67 \times 10^{-7}\text{cm/sec}$

• 물의 밀도
ρ_w =1g/cm³

• 물의 단위중량
γ_w =9.81kN/m³

□□□ 기19②

03 베인전단시험에 대해 물음에 답하시오.

득점	배점
	6

가. 베인시험의 시험방법과 목적을 쓰시오.

○

나. 베인전단시험의 점착력 구하는 공식을 쓰시오.

○

해답 가. 십자 날개가 달린 로드를 흙속에 관입하여, 회전을 가한 후 날개에 의해 형성된 원통형의 전단면에 지반의 전단저항을 결정하는 시험이다.
매우 연약하거나 중간 정도의 점성토에 대한 비배수 전단강도의 결과를 얻을 수 있다.

나. $C = \dfrac{M_{max}}{\pi D^2\left(\dfrac{H}{2}+\dfrac{D}{6}\right)}$

여기서, D : vane의 직경
H : vane의 높이
M_{max} : 최대 회전 저항 모멘트

□□□ 기95,08②,10①,18②,19②,22①,23④

04 점토질 시료를 변수위 투수시험을 수행하여 다음과 같은 시험값을 얻었다. 이 점토의 15℃에서 투수계수를 구하시오.

득점	배점
	4

【시험 결과 값】

- 시료 길이 : 10.0cm
- 스탠드 파이프 면적 : $a=12\text{cm}^2$
- 시료의 단면적 : $A=200\text{cm}^2$
- 측정개시 시각 : t_1 =09:00
- 측정완료시각 : t_2 =09:05
- t_1에서 수위 : 40cm
- t_2에서 수위 : 20cm
- 측정시의 수온 : 25℃
- $\dfrac{\mu_{25}}{\mu_{15}} = 0.782$

해답
- $K_{25} = 2.3\dfrac{a\times L}{A\times t}\log\dfrac{h_1}{h_2}$
$= 2.3\dfrac{12\times 10}{200\times 5\times 60}\log\dfrac{40}{20}$
$= 0.0014\text{cm/sec}$
- $K_{15} = K_{25}\times\dfrac{\mu_{25}}{\mu_{15}}$
$= 0.0014\times 0.782 = 1.09\times 10^{-3}\text{cm/sec}$

건설재료분야

6문항(34점)

□□□ 기02④,04④,10②,12④,15①,16①,19②

05 골재의 최대치수 25mm의 부순돌을 사용하며, 슬럼프 120mm, 물-결합재비 58.8%의 콘크리트 $1m^3$를 만들기 위하여 잔골재율(S/a), 단위 수량(W)를 보정하고 단위 시멘트량(C), 단위 굵은 골재량(G)를 구하시오.

(단, 갇힌 공기량 1.5%, 시멘트의 밀도 $3.17g/cm^3$, 잔골재의 표건밀도는 $2.57g/cm^3$, 잔골재 조립률 2.85, 굵은 골재의 표건밀도 $2.75g/cm^3$, 공기연행제 및 혼화재는 사용하지 않는다.)

득점	배점
	10

【배합설계 참고표】

굵은 골재 최대 치수 (mm)	단위 굵은 골재 용적 (%)	공기연행제를 사용하지 않은 콘크리트			공기 연행 콘크리트				
		갇힌 공기 (%)	잔골재율 S/a(%)	단위 수량 (kg)	공기량 (%)	양질의 공기연행제를 사용한 경우		양질의 공기연행 감수제를 사용한 경우	
						잔골재율 S/a(%)	단위 수량 W(kg/m³)	잔골재율 S/a(%)	단위 수량 W(kg/m³)
15	58	2.5	53	202	7.0	47	180	48	170
20	62	2.0	49	197	6.0	44	175	45	165
25	67	1.5	45	187	5.0	42	170	43	160
40	72	1.2	40	177	4.5	39	165	40	155

주 1) 이 표의 값은 보통의 입도를 가진 잔골재(조립률 2.8 정도)와 부순돌을 사용한 물-결합재비 55% 정도, 슬럼프 80mm 정도의 콘크리트에 대한 것이다.

2) 사용재료 또는 콘크리트의 품질이 주 1)의 조건과 다를 경우에는 위의 표의 값을 아래 표에 따라 보정한다.

구 분	S/a의 보정(%)	W의 보정(kg)
잔골재의 조립률이 0.1 만큼 클(작을) 때마다	0.5 만큼 크게(작게) 한다.	보정하지 않는다.
슬럼프값이 10mm 만큼 클(작을) 때마다	보정하지 않는다.	1.2% 만큼 크게(작게) 한다.
공기량이 1% 만큼 클(작을) 때마다	0.5～1.0 만큼 작게(크게) 한다.	3% 만큼 작게(크게) 한다.
물-결합재비가 0.05클(작을) 때마다	1 만큼 크게(작게) 한다.	보정하지 않는다.
자갈을 사용할 경우	3～5만큼 크게 한다.	9～15kg 만큼 크게 한다.
부순모래를 사용할 경우	2～3만큼 크게 한다.	6～9kg 만큼 크게 한다.
S/a가 1% 클(작을)때마다	보정하지 않는다.	1.5kg 만큼 크게(작게)한다.

비고 : 단위 굵은골재 용적에 의하는 경우에는 모래의 조립률이 0.1 만큼 커질(작아질)때마다 단위 굵은골재 용적을 1% 만큼 작게(크게) 한다.

가. 잔골재율과 단위 수량을 보정하시오.

계산 과정) 답 : ____________

【답】 잔골재율 : ____________, 단위 수량 : ____________

나. 단위 시멘트량을 구하시오.

계산 과정) 답 : ____________

다. 단위 잔골재량을 구하시오.

계산 과정) 답 : ____________

라. 단위 굵은 골재량을 구하시오.

계산 과정) 답 : ____________

해답 가.

보정항목	배합 참고표	설계조건	잔골재율(S/a) 보정	단위 수량(W)의 보정
굵은골재의 치수 25mm일 때			$S/a=45\%$	$W=187\text{kg}$
모래의 조립률	2.80	2.85(↑)	$\frac{2.85-2.80}{0.10}\times 0.5=+0.25(\uparrow)$	보정하지 않는다.
슬럼프값	80mm	120mm(↑)	보정하지 않는다.	$\frac{120-80}{10}\times 1.2=4.8\%(\uparrow)$
공기량	1.5	1.5	$\frac{1.5-1.5}{1}\times 0.75=0\%$	$\frac{1.5-1.5}{1}\times 3=0\%$
W/B	55%	58.8%(↑)	$\frac{0.588-0.55}{0.05}\times 1$ $=+0.76\%(\uparrow)$	보정하지 않는다.
S/a	45%	46.01%(↑)	보정하지 않는다.	$\frac{46.01-45}{1}\times 1.5$ $=+1.515\text{kg}(\uparrow)$
보정값			$S/a=45+0.25+0.76$ $=46.01\%$	$187\left(1+\frac{4.8}{100}+0\right)+1.515$ $=197.49\text{kg}$

- 잔골재율 $S/a=46.01\%$
- 단위 수량 $W=197.49\text{kg}$

나. $\frac{W}{B}=0.588$, $C=\frac{197.49}{0.588}=335.87$

$\therefore C=335.87\text{kg}$

다. • 단위골재량의 절대체적

$$V_a=1-\left(\frac{\text{단위수량}}{1000}+\frac{\text{단위시멘트량}}{\text{시멘트밀도}\times 1000}+\frac{\text{공기량}}{100}\right)$$

$$=1-\left(\frac{197.49}{1000}+\frac{335.87}{3.17\times 1000}+\frac{1.5}{100}\right)=0.682\text{m}^3$$

• 단위 잔골재량

$$S=V_a\times S/a\times \text{잔골재밀도}\times 1000$$

$$=0.682\times 0.4601\times 2.57\times 1000=806.44\text{kg/m}^3$$

라. • 단위 굵은골재량

$G = V_g \times (1-S/a) \times$굵은골재 밀도$\times 1000$

$= 0.682 \times (1-0.4601) \times 2.75 \times 1000 = 1012.58\text{kg/m}^3$

∴ 배합표

굵은골재의 최대치수(mm)	슬럼프 (mm)	W/B (%)	잔골재율 S/a (%)	단위량(kg/m³)			
				물	시멘트	잔골재	굵은골재
25	120	58.8	46.01	197.49	335.87	806.44	1012.58

다른 방법

- 단위 수량 W=197.49kg
- 단위 시멘트량(C) : $\frac{W}{B} = 0.588$, $C = \frac{197.49}{0.588} = 335.87$ ∴ 단위 시멘트량 C=335.87kg
- 시멘트의 절대용적 : $V_c = \frac{335.87}{0.00317 \times 1000} = 105.95$
- 공기량 : $1000 \times 0.015 = 15l$
- 골재의 절대용적 : $1000 - (197.49 + 105.95 + 15) = 681.56$
- 잔골재의 절대용적 : $681.56 \times 0.4601 = 313.59$
- 단위 잔골재량 : $313.59 \times 0.00257 \times 1000 = 805.93\text{kg}$
- 굵은 골재의 절대용적 : $681.56 - 313.59 = 367.97$
- 단위 굵은 골재량 : $367.97 \times 0.00275 \times 1000 = 1011.92\text{kg/m}^3$

□□□ 기06②,07②,08②,11④,19②,23①

06 블리딩 시험 결과 블리딩 측정용기의 안지름 25cm, 안높이 28.5cm, 콘크리트의 단위 용적 질량 2460kg/m³, 콘크리트의 단위 수량 160kg/m³, 시료의 질량 34.415kg, 마지막까지 누계한 블리딩에 따른 물의 용적 75cm³이다. 이 콘크리트의 블리딩량과 블리딩률을 구하시오.

득점	배점
	4

가. 블리딩량을 구하시오.

계산 과정) 답 : ______

나. 블리딩률을 구하시오.

계산 과정) 답 : ______

해답 가. $B_q = \frac{V}{A} = \frac{75}{\frac{\pi \times 25^2}{4}} = 0.153\text{mL/cm}^2$

나. $B_r = \frac{B}{W_s} \times 100$

- $W_s = \frac{W}{C} \times S = \frac{160}{2460} \times 34.415 = 2.238\text{kg}$
- $B = 75\text{cm}^3 \times \frac{1}{1000}(\text{kg/cm}^3) = 0.075\text{kg}$
- $1(\text{g/m}^3) = \frac{1}{1000}(\text{kg/cm}^3)$

∴ $B_r = \frac{0.075}{2.238} \times 100 = 3.35\%$

□□□ 기11④,19②

07 콘크리트의 배합강도를 구하기 위해 전체 시험횟수 15회의 콘크리트 압축강도 측정결과가 아래 표와 같고 품질기준강도(f_{cq})가 40MPa일 때 다음 물음에 답하시오.

(단, 소수점 이하 넷째자리에서 반올림 하시오.)

득점	배점
	6

【압축강도 측정결과(MPa)】

35	43	40	43	43
42.5	45.5	34	35	38.5
36	41	36.5	41.5	45.5

가. 아래의 표를 이용하여 배합설계에 적용할 표준편차를 구하시오.

(단, 시험횟수 15회일 때 보정계수 1.16이다.)

계산 과정) 답 : ____________

나. 배합강도를 구하시오.

계산 과정) 답 : ____________

해답 가. 평균값($\overline{X}$) $= \dfrac{\Sigma X}{n} = \dfrac{600}{15} = 40$ MPa

• 표준편제곱합 $S = \Sigma(X_i - \overline{X})^2$

$= (35-40)^2 + (43-40)^2 + (40-40)^2 + (43-40)^2 + (43-40)^2$
$+ (42.5-40)^2 + (45.5-40)^2 + (34-40)^2 + (35-40)^2 + (38.5-40)^2$
$+ (36-40)^2 + (41-40)^2 + (36.5-40)^2 + (41.5-40)^2 + (45.5-40)^2$
$= 52 + 99.75 + 61.75 = 213.5$ MPa

• 표준편차(S)$= \sqrt{\dfrac{(X_i - \overline{X})^2}{n-1}} = \sqrt{\dfrac{213.5}{15-1}} = 3.91$ MPa

• 15회의 보정계수 : 1.16

∴ 직선보간한 표준편차$= 3.91 \times 1.16 = 4.54$ MPa

나. 배합강도 $f_{cq} = 40 > 35$ MPa인 경우 두 값 중 큰 값

• $f_{cr} = f_{cq} + 1.34s = 40 + 1.34 \times 4.54 = 46.08$ MPa

• $f_{cr} = 0.9f_{cq} + 2.33s = 0.9 \times 40 + 2.33 \times 4.54 = 46.58$ MPa

∴ 배합강도 $f_{cr} = 46.58$ MPa

□□□ 기91②,97①,12④,13②,16①,19②

08 아스팔트 시험에 대한 다음 물음에 답하시오.

득점	배점
	4

가. 아스팔트 신도시험에서의 별도의 규정이 없는 경우 시험온도와 인장속도를 쓰시오.

① 시험온도 : ____________ ② 인장속도 : ____________

나. 앵글러 점도계를 사용한 아스팔트의 점도시험에서 앵글러 점도 값은 어떻게 규정되는지 간단히 설명하시오.

○

해답 가. ① 시험온도 : 25±0.5℃

② 인장속도 : 5±0.25cm/min

나. 앵글러 점도 $\eta = \dfrac{\text{시료의 유출시간(초)}}{\text{증류수의 유출시간(초)}}$

□□□ 기91,06②,08④,10④,19②,21②

09 콘크리트용 부순 굵은 골재를 마모시험한 결과가 아래와 같을 때 다음 물음에 답하시오.

득점	배점
	4

- 시험 전의 노건조 시료 중량 : 5000g
- 시험 후 1.7mm(No.12)체 남은 노건조시료의 중량 : 3110g

가. 마모율을 구하시오.

계산 과정) 답 : ______

나. 이 골재를 콘크리트용으로 사용가능 여부를 판정하시오.

계산 과정) 답 : ______

해답 가. $\text{마모율} = \dfrac{\text{시험 전 시료질량} - \text{시험 후 시료질량}}{\text{시험 전 시료질량}} \times 100$

$= \dfrac{5000-3110}{5000} \times 100 = 37.8\%$

나. 40% > 37.8% ∴ 사용 가능

□□□ 기11④,15②,19②

10 아스팔트 혼합물의 마샬(Marshall)안정도 시험에 대해 다음 물음에 답하시오.

득점	배점
	6

가. 아스팔트 혼합물의 안정도의 정의를 간단히 설명하시오.

○

나. 마샬안정도 시험의 목적을 간단히 설명하시오.

○

다. 아스팔트 안정처리 기층의 마샬안정도시험 기준치를 쓰시오.

○

해답 가. 아스팔트의 변형에 대한 저항성을 혼합물의 안정도라 한다.

나. 아스팔트 혼합물의 합리적인 배합설계와 혼합물의 소성유동에 대한 저항성을 측정

다. 350kg 이상

국가기술자격 실기시험문제

2019년도 기사 제4회 필답형 실기시험(기사)

종 목	시험시간	배 점	성 명	수험번호
건설재료시험기사	**2시간**	**60**		

※ 수험자 인적사항 및 계산식을 포함한 답안 작성은 검은색 필기구만 사용해야 하며, 그 외 연필류, 빨간색, 청색 등 필기구로 작성한 답항은 0점 처리 됩니다.

토질분야

5문항(32점)

□□□ 기07①,09①,12②,19④

01 다음 기술한 흙에 대해 통일분류법으로 분류한 기호를 쓰시오.

득점	배점
	5

① 이토(silt)섞인 모래 :

② 무기질의 실트(액성한계가 50% 이하) :

③ 입도분포가 나쁜 모래 :

④ 점토 섞인 모래 :

⑤ 입도분포가 좋은 자갈 :

해답 ① SM ② ML ③ SP
④ SC ⑤ GW

통일 분류법에 의한 분류방법

분류	토질	토질속성	기호	흙의 명칭
조립토 $P_{\#200} < 50\%$	자갈(G)	#4체 통과량이 50% 이하 (#4 < 50%)	GW	입도분포가 양호한 자갈
			GP	입도분포가 불량한 자갈
			GM	실트질 자갈
			GC	점토질 자갈
	모래(S)	#4체 통과량이 50% 이상 (#4 ≥ 50%)	SW	입도분포가 양호한 모래
			SP	입도분포가 불량한 모래
			SM	이토(silt) 섞인 모래
			SC	점토 섞인 모래
세립토 $P_{\#200} \geq 50\%$	실트(M) 및 점토(C)	$W_L < 50$	ML	압축성이 낮은 실트, 무기질 실트
			CL	압축성이 낮은 점토
			OL	압축성이 낮은 유기질 점토
		$W_L \geq 50$	MH	압축성이 높은 무기질 실트
			CH	압축성이 높은 무기질 점토
			OH	압축성이 높은 유기질 점토
유기질토	이탄	$W_L > 50$	P_t	이탄, 심한 유기질토

□□□ 기90②,12②,15①,17②,19④

득점	배점
	12

02 그림과 같은 지반에서 점토층의 중간에서 시료채취를 하여 압밀시험한 결과가 아래 표와 같다. 다음 물음에 답하시오. (단, 물의 단위중량 $\gamma_w = 9.81\text{kN/m}^3$)

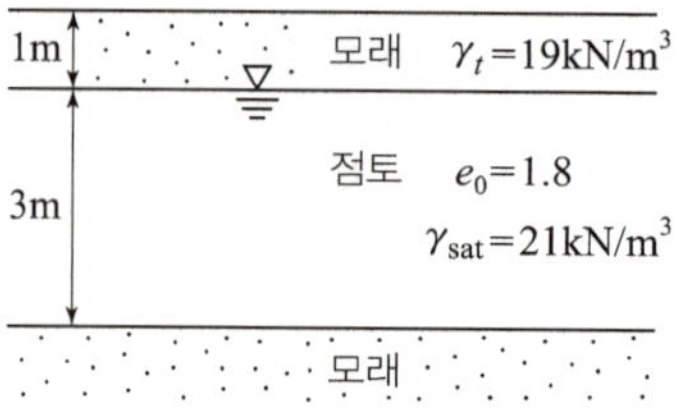

하중 P(kN/m²)	10	20	40	80	160	320	640	160	20
간극비 e	1.71	1.68	1.61	1.53	1.33	1.08	0.81	0.90	1.01

가. 아래의 그래프를 이용하여 이 지반의 과입밀비(OCR)를 구하시오.
(단, 선행압밀압력을 구하기 위한 과정을 반드시 그래프상에 나타내시오.)

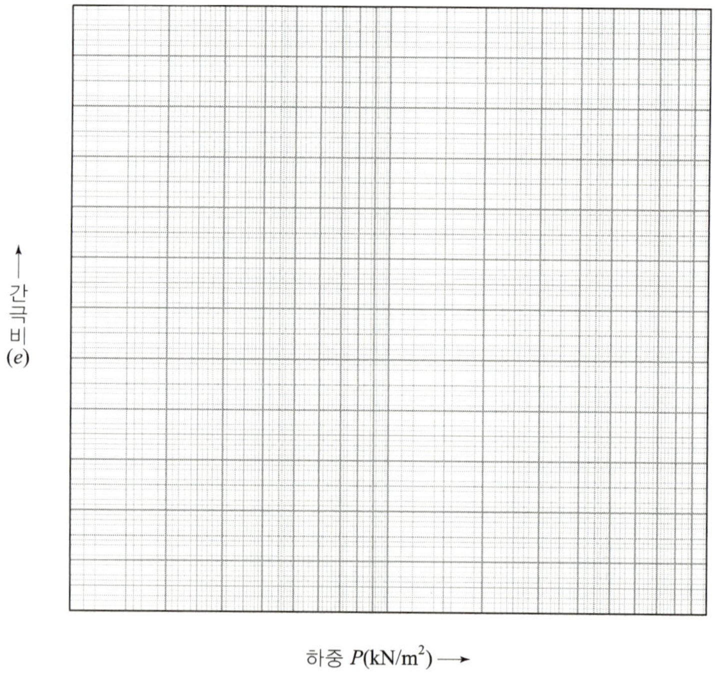

계산 과정)

답 : ______________

나. 위 그림과 같은 지반위에 넓은 지역에 걸쳐 $\gamma_t = 20\text{kN/m}^3$인 흙을 3.0m 높이로 성토할 경우 점토지반의 압밀 침하량을 구하시오.

계산 과정)

답 : ______________

해답 가.

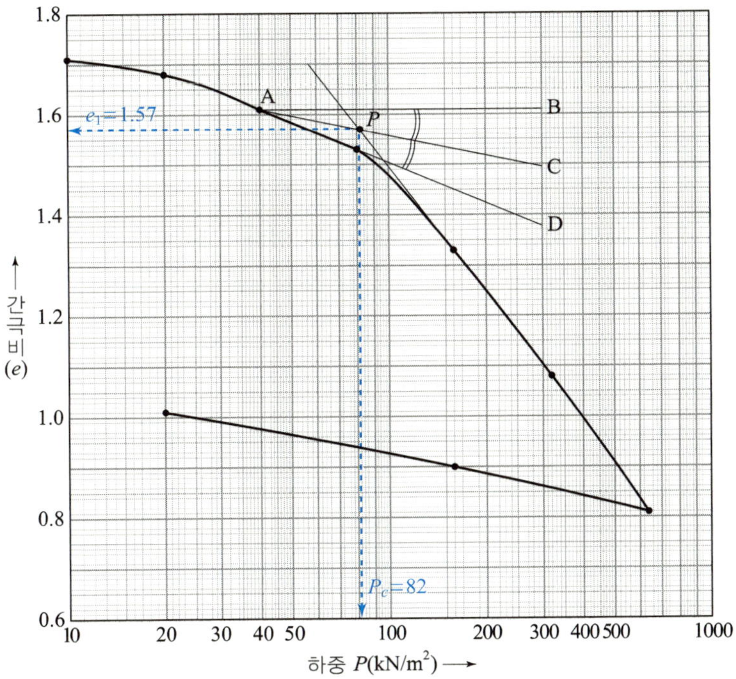

- $P_o = h_1\gamma_1 + h_2\gamma_{sub} = 19\times 1 + (21-9.81)\times\dfrac{3}{2} = 35.785\,\mathrm{kN/m^2}$
- $P_c = 82\,\mathrm{kN/m^2}$(그래프에서 구함)

$\therefore\ OCR = \dfrac{\text{선행압축압력}(P_c)}{\text{유효상재하중}(P_o)} = \dfrac{82}{35.785} = 2.29$

나. • $\Delta P = 20\times 3 = 60\,\mathrm{kN/m^2}$

- $P_o + \Delta P = 35.785 + 60 = 95.785\,\mathrm{kN/m^2}$

$\therefore\ P_o + \Delta P = 95.785 > P_c = 82$

$$\Delta H = \frac{C_s H}{1+e_0}\log\frac{P_c}{P_o} + \frac{C_c H}{1+e_0}\log\frac{P_o+\Delta P}{P_c}$$

- $C_c = \dfrac{e_1 - e_2}{\log\dfrac{P_2}{P_1}} = \dfrac{1.57-0.81}{\log\dfrac{640}{82}} = 0.85$

(∵ 그래프에서 $e_1 = 1.57$, 저점 $P = 640\,\mathrm{kN/m^2}$일 때 $e = 0.81$)

- $C_s = \dfrac{1}{5}C_c = \dfrac{1}{5}\times 0.85 = 0.17$

$\therefore\ \Delta H = \dfrac{0.17\times 3}{1+1.8}\log\dfrac{82}{35.785} + \dfrac{0.85\times 3}{1+1.8}\log\dfrac{35.785+60}{82}$

$= 0.0656 + 0.0615 = 0.1271\,\mathrm{m} = 12.71\,\mathrm{cm}$

□□□ 19④

03 다음 CBR 시험에 대해 물음에 답하시오.

득점	배점
	6

가. 4일간 침수 후 관입시험을 실시하려고 한다. 직경 50mm 관입봉의 관입속도는 얼마인가?

○

나. CBR 시험을 실시하였다. 이 때 2.5mm 관입 때의 하중강도가 $2.1MN/m^2$이었다. 계속하여 관입을 실시하여 5.0mm 관입 때의 하중강도가 $3.7MN/m^2$이었다. 각각의 CBR은 얼마인가?

① $C.B.R_{2.5}$

계산 과정) 답 :

② $C.B.R_{5.0}$

계산 과정) 답 :

해답 가. 1mm/min

나. ① $C.B.R_{2.5} = \dfrac{2.1}{6.9} \times 100 = 30.43\%$

② $C.B.R_{5.0} = \dfrac{3.7}{10.3} \times 100 = 35.92\%$

CBR시험

① 표준하중강도 및 표준하중의 값

1) SI단위

관입량mm	표준하중강도 MN/m^2	표준하중(kN)
2.5	6.9	13.4
5.0	10.3	19.9

2) MKS단위

관입량mm	표준하중강도 kg/cm^2	표준하중(kg)
2.5	70	1370
5.0	105	2030

② CBR 계산

■ $CBR = \dfrac{하중강도}{표준하중강도} \times 100 = \dfrac{하중}{표준하중} \times 100$

- $CBR_{2.5}$: 관입량 2.5mm일 때의 CBR
- $CBR_{5.0}$: 관입량 5mm일 때의 CBR
- $CBR_{2.5} > CBR_{5.0}$ 인 경우 : $CBR_{2.5}$이 CBR이 된다.
- $CBR_5 \geq CBR_{2.5}$ 인 경우 : 재시험 후에도 같으면 CBR_5이 CBR이 된다.

□□□ 기11①,19④,20③,23②

04 도로의 평판재하시험방법(KSF 2310)에 대해 다음 물음에 답하시오.

득점	배점
	6

가. 재하판 위에 잭을 놓고 지지력 장치와 조합하여 소요 반력을 얻을 수 있도록 한다. 그 때 지지력 장치의 지지점은 재하판의 바깥쪽 끝에서 얼마 이상 떨어져 배치하여야 하는지 쓰시오.

○

나. 하중강도가 얼마가 되도록 하중을 단계적으로 증가해 나가는지 쓰시오.

○

다. 평판재하시험을 최종적으로 멈추어야 하는 조건을 2가지만 쓰시오.

① ________________ ② ________________

해답 가. 1m

나. $35kN/m^2$

다. ① 침하량이 15mm에 달할 때

② 하중강도가 그 지반의 항복점을 넘을 때

③ 하중강도가 현장에서 예상되는 최대 접지압력을 초과할 때

□□□ 기97②,06④,07④,12④,16②,19④

05 어느 현장 대표흙의 0.075mm(No.200)체 통과율이 60%이고, 이 흙의 액성한계와 소성한계가 각각 50%와 30%이었다. 이 흙의 군지수(GI)를 구하시오.

득점	배점
	3

계산 과정)

답 : ________________

해답 $GI = 0.2a + 0.005ac + 0.01bd$

- a= No.200체 통과율 − 35 = 60 − 35 = 25(0~40의 정수)
- b= No.200체 통과율 − 15 = 60 − 15 = 45(0~40의 정수) ∴ $b = 40$
- c = 액성한계 − 40 = 50 − 40 = 10(0~20의 정수)
- d = 소성지수 − 10 = (50 − 30) − 10 = 10(0~20의 정수)

∴ $GI = 0.2 \times 25 + 0.005 \times 25 \times 10 + 0.01 \times 40 \times 10 = 10.25$

= 10(∵ GI값은 가장 가까운 정수로 반올림한다.)

건설재료분야

5문항(28점)

□□□ 기91②,97①,12④,16①,19④

06 아스팔트 시험에 대한 다음 물음에 답하시오.

득점	배점
	8

가. 다음 아스팔트 시험의 정의를 간단히 쓰시오.

① 인화점

○

② 연소점

○

나. 다음 아스팔트 신도 시험에 대해 물음에 답하시오.

① 별도의 규정이 없을 때의 온도와 속도를 쓰시오.

【답】 시험온도 : ______________, 인장속도 : ______________

② 저온에서 시험할 때의 온도와 속도를 쓰시오.

【답】 시험온도 : ______________, 인장속도 : ______________

해답 가. ① 역청재료를 안전하게 가열할 수 있는 온도의 한계를 인화점이라 한다.
시료를 가열하면서 시험 불꽃을 대었을 때 시료의 증기에 불이 붙는 최저온도를 말한다.
② 인화점을 측정한 다음, 계속 가열하여 시료가 적어도 5초 동안 연소를 계속한 최저온도를 말한다.
나. ① 시험온도 : 25±0.5℃, 인장속도 : 5±0.25cm/min
② 시험온도 : 4℃, 인장속도 : 1cm/min

□□□ 기10②,16②,19④,22②

07 콘크리트의 호칭강도(f_{cn})가 40MPa이고, 30회 이상의 충분한 압축 강도시험을 거쳐 4.5MPa의 표준편차를 얻었다. 이 콘크리트의 배합강도(f_{cr})를 구하시오.

득점	배점
	4

계산 과정)

답 : ______________

해답 ■ $f_{cn} = 40\text{MPa} > 35\text{MPa}$일 때

• $f_{cr} = f_{cn} + 1.34s\,(\text{MPa}) = 40 + 1.34 \times 4.5 = 46.03\text{MPa}$

• $f_{cr} = 0.9f_{cn} + 2.33s\,(\text{MPa}) = 0.9 \times 40 + 2.33 \times 4.5 = 46.49\text{MPa}$

∴ 배합강도 $f_{cr} = 46.49\text{MPa}$(큰 값)

□□□ 기08①,19④

08 시멘트의 응결시간 측정 방법에 대해 물음에 답하시오.

득점	배점
	5

가. 시험의 목적을 간단히 설명하시오.

○

나. 시험방법을 2가지 쓰시오.

① ______________________ ② ______________________

해답 가. 시멘트의 굳기 정도를 알기 위해서

나. ① 비카(Vicat)침에 의한 방법

② 길모아침(Gillmore needle)에 의한 방법

□□□ 기03②,07①④,10①,13④,16④,19④,20④

09 굵은골재 15000g에 대한 체가름 시험결과가 아래 표와 같을 때 표의 빈칸을 채우고 굵은 골재의 조립률을 구하시오.

득점	배점
	8

체(mm)	남는량(g)	잔류율(%)	가적 잔류율(%)	가적 통과율(%)
75	0			
50	0			
40	270			
30	1755			
25	2455			
20	2270			
15	4230			
10	2370			
5	1650			
2.5	0			
1.2	0			
0.6	0			
0.3	0			
0.15	0			
합계	15000			

가. 조립율 구하시오.

계산 과정)

답 : ______________

나. 굵은골재의 최대치수를 구하시오.

【답】

해답 각체의 누적 잔류율 계산

체(mm)	남는량(g)	잔류율(%)	가적 잔류율(%)	가적 통과율(%)
75	0	0	0	100
50	0	0	0	100
40	270	1.8	1.8	98.2
30	1755	11.7	13.5	86.5
25	2455	16.4	29.9	70.1
20	2270	15.1	45.0	55
15	4230	28.2	73.2	26.8
10	2370	15.8	89.0	11
5	1650	11.0	100	0
2.5	0	0	100	0
1.2	0	0	100	0
0.6	0	0	100	0
0.3	0	0	100	0
0.15	0	0	100	0
합계	15,000	100	852.4	-

가. $\text{F.M} = \dfrac{\Sigma \text{각체에 남는 양의 누계}}{100}$

$= \dfrac{0+1.8+45.0+89.0+100\times 6}{100} = 7.36$

(∵ 30mm, 25mm, 15mm체는 제외)

나. 굵은골재의 최대치수는 가적통과율 90% 이상 체중에서 최소치수인 체 : 90% < 98.2% ∴ 40mm이다.

□□□ 기02④,04④,06④,09④,19④, 산13④,17②

10 콘크리트표준시방서에서는 콘크리트용 잔골재의 유해물 함유량 한도를 규정하고 있다. 여기서 규정하고 있는 유해물의 종류를 3가지만 쓰시오.

득점	배점
	3

① ______ ② ______ ③ ______

해답 ① 점토 덩어리
② 0.08mm체 통과량
③ 염화물
④ 석탄 갈탄 등으로 밀도 2.0g/cm^3의 액체에 뜨는 것

잔골재의 유해물 함유량 한도(질량 백분율)

종류	천연잔골재(%)
점토덩어리	1.0 이하
0.08mm체 통과량 • 콘크리트의 표면이 마모작용을 받는 경우 • 기타의 경우	 3.0 이하 5.0 이하
석탄, 갈탄 등으로 밀도 2.0g/cm^3의 액체에 뜨는 것 • 콘크리트의 외관이 중요한 경우 • 기타의 경우	 0.5 이하 1.0 이하
• 염화물(NaCl 환산량)	0.04 이하

국가기술자격 실기시험문제

2020년도 기사 제1회 필답형 실기시험(기사)

종 목	시험시간	배 점	성 명	수험번호
건설재료시험기사	2시간	60		

※ 수험자 인적사항 및 계산식을 포함한 답안 작성은 검은색 필기구만 사용해야 하며, 그 외 연필류, 빨간색, 청색 등 필기구로 작성한 답항은 0점 처리 됩니다.

토질분야

6문항(38점)

□□□ 기08①,09②,14④,15④,20①,21①

01 도로토공 현장에서 모래치환법으로 현장 흙의 단위무게시험을 실시하여 아래와 같은 결과를 얻었다. 다짐도를 구하시오.

득점	배점
	4

【시험 결과】

- 시험구멍에서 파낸 흙의 무게 : 1670g
- 시험구멍에서 파낸 흙의 함수비 : 15%
- 시험구멍에 채워진 표준모래의 무게 : 1480g
- 시험구멍에 사용한 표준모래의 밀도 : 1.65g/cm^3
- 실내 시험에서 구한 최대건조밀도 : 1.73g/cm^3

계산 과정) 　　　　　　답 : ________

해답

- $\rho_s = \dfrac{W_{\text{sand}}}{V}$

$\therefore\ V = \dfrac{W_{\text{sand}}}{\rho_s} = \dfrac{1480}{1.65} = 896.97\,\text{cm}^3$

- $\rho_t = \dfrac{W}{V} = \dfrac{1670}{896.97} = 1.86\,\text{g/cm}^3$

- $\rho_d = \dfrac{\rho_t}{1+\dfrac{w}{100}} = \dfrac{1.86}{1+\dfrac{15}{100}} = 1.62\,\text{g/cm}^3$

$\therefore\ C_d = \dfrac{\rho_d}{\rho_{d\max}} \times 100 = \dfrac{1.62}{1.73} \times 100 = 93.64\%$

□□□ 기88②,08②,09④,11①,15①,17②,20①,22④,24①

02 어떤 흙의 수축 한계 시험을 한 결과가 다음과 같았다. 다음 물음에 답하시오.

득점	배점
	6

수축 접시내 습윤 시료 부피	22.2cm^3
노건조 시료 부피	16.7cm^3
노건조 시료 무게	25.84g
습윤 시료의 함수비	45.75%

가. 수축한계를 구하시오.

계산 과정) 답 :

나. 수축비를 구하시오.

계산 과정) 답 :

다. 흙의 비중을 구하시오.

계산 과정) 답 :

해답 가. $w_s = w - \left(\frac{(V - V_o)}{W_o}\rho_w\right) \times 100$

$= 45.75 - \left(\frac{22.2 - 16.7}{25.84} \times 1\right) \times 100 = 24.47\%$

나. $R = \frac{W_s}{V_o \cdot \rho_w} = \frac{25.84}{16.7 \times 1} = 1.55$

다. $G_s = \frac{1}{\frac{1}{R} - \frac{w_s}{100}} = \frac{1}{\frac{1}{1.55} - \frac{24.47}{100}} = 2.50$

□□□ 기07①,09①,12②,14④,19④,20①

03 아래 기술한 흙에 대해 통일분류법으로 분류한 기호를 (   ) 속에 쓰시오.

득점	배점
	5

① 이토(silt)섞인 모래

② 무기질의 실트(액성한계가 50% 이하)

③ 입도분포가 나쁜 모래

④ 점토 섞인 모래

⑤ 입도분포가 좋은 자갈

해답 ① SM ② ML ③ SP
④ SC ⑤ GW

□□□ 기13①,15④,20①

04 압밀에 대한 아래의 물음에 답하시오.

득점	배점
	12

가. 정규압밀점토와 과압밀점토에 대한 아래의 사항을 간단히 설명하시오.

○ 정규 압밀 점토 :

○ 과압밀 점토 :

○ 과압밀비 :

나. 압축지수 C_c에 대한 아래의 사항을 간단히 설명하시오.

① 압밀시험결과로부터 압축지수(C_c)를 구하는 방법을 설명하시오.
(단, 그래프를 그리고, 수식으로 제시할 것)

○

② 액성한계를 기준으로 하여 압축지수를 구하는 경험식(Terzaghi와 Peck의 식)에 대하여 간단히 쓰시오.

○

해답 가. • 정규 압밀 점토 : 선행압밀하중과 유효상재하중이 동일한 응력상태에 있는 흙. 즉, OCR = 1

• 과압밀 점토 : 과거에 지금보다도 큰 하중을 받았던 상태로 선행압밀하중이 현재의 유효상재하중보다 더 큰 값을 보일 때의 흙. 즉 OCR > 1

• 과압밀비 : $\text{OCR} = \dfrac{\text{선행 압밀 하중}(P_c)}{\text{유효 상재 하중}(P_o)}$

나. ① $e - \log P$곡선을 그린다.

• 압축지수 $C_c = \dfrac{e_1 - e_2}{\log P_2 - \log P_1}$

② $C_c = 0.009(W_L - 10)$, W_L : 액성한계

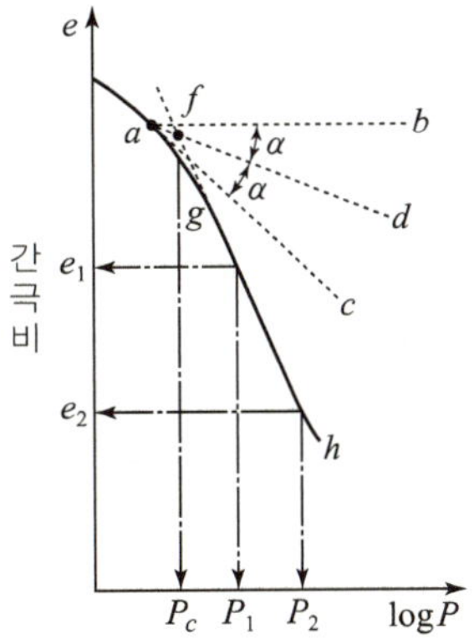

□□□ 기14①,20①

05 공내 재하시험에 대하여 간단히 설명하시오.

득점	배점
	5

○

해답 시추공의 공벽면을 가압하여 그 때의 공벽면 변형량을 측정하여 지반의 강도 및 변형 특성을 조사하는 시험

□□□ 기04①,08②,11④,20①

06 널리 쓰이는 실내투수시험방법 2가지를 쓰고, 각 시험의 대상이 되는 토질의 종류를 쓰시오.

득점	배점
	6

실험방법	적용 토질

해답

실험방법	적용 토질
정수위 투수시험	사질토(자갈, 모래)
변수위 투수시험	실트질

건설재료분야 4문항(22점)

□□□ 기10②,16②,20①

07 콘크리트의 호칭강도(f_{cn})가 40MPa이고, 23회 이상의 충분한 압축 강도시험을 거쳐 2.0MPa의 표준편차를 얻었다. 이 콘크리트의 배합강도(f_{cr})를 구하시오.

득점	배점
	4

계산 과정)

답 :

해답
- 시험횟수가 23회일 때 표준편차
- 시험횟수가 29회 이하일 때 표준편차의 보정계수

시험횟수	표준편차의 보정계수
15	1.16
20	1.08
25	1.03
30 이상	1.00

직선보간 표준편차$=2.0\left(1.08-\dfrac{1.08-1.03}{25-20}\times(23-20)\right)=2.1\,\text{MPa}$

또는 $21\left(1.03+\dfrac{1.08-1.03}{25-20}\right)\times(25-23)=2.1\,\text{MPa}$

- $f_{cn}=40\text{MPa}>35\text{MPa}$일 때
- $f_{cr}=f_{cn}+1.34\,s\,(\text{MPa})=40+1.34\times2.1=42.81\,\text{MPa}$
- $f_{cr}=0.9f_{cn}+2.33\,s\,(\text{MPa})=0.9\times40+2.33\times2.1=40.89\,\text{MPa}$

∴ 배합강도 $f_{cr}=42.81\text{MPa}$(큰 값)

□□□ 기89,08②,14①

08 다음 표는 골재의 체가름 시험 결과이다. 조립률을 구하시오.

득점	배점
	4

구 분	각 체에 남는 양(%)
75mm체에 남는 시료 양	0
40mm체에 남는 시료 양	0
25mm체에 남는 시료 양	3
20mm체에 남는 시료 양	26
15mm체에 남는 시료 양	24
10mm체에 남는 시료 양	24
5mm체에 남는 시료 양	21
2.5mm체에 남는 시료 양	2

계산 과정)

답 :

해답

구 분	각 체에 남는 양(%)	누적잔유율(%)
75mm체에 남는 시료 양	0	0
40mm체에 남는 시료 양	0	0
25mm체에 남는 시료 양	3	3
20mm체에 남는 시료 양	26	29
15mm체에 남는 시료 양	24	53
10mm체에 남는 시료 양	24	77
5mm체에 남는 시료 양	21	98
2.5mm체에 남는 시료 양	2	100

$$조립률=\frac{\Sigma 각\ 체의 누적잔유율(\%)}{100}$$

$$=\frac{0\times2+29+77+98+100\times5}{100}=7.04$$

골재의 조립률(F.M)

■ 조립률(fineness modulus)은 골재의 크기를 개략적으로 나타내는 방법이다.

- 75mm, 40mm, 20mm, 10mm, 5mm, 2.5mm, 1.2mm, 0.6mm, 0.3mm, 0.15mm의 10개 체를 사용한다.
- $조립률=\frac{\Sigma 각\ 체의 누적잔유율(\%)}{100}$

□□□ 기88,92,94,02,05,06,11②,13①,14②,17①,20①

09 **3개의 공시체를 가지고 마샬 안정도 시험을 실시한 결과 다음과 같다. 아래 물음에 답하시오.** (단, 아스팔트의 밀도는 1.02g/cm³, 혼합되는 골재의 평균밀도는 2.712g/cm³이다.)

득점	배점
	10

공시체 번호	아스팔트혼합율(%)	두께(cm)	질량(g)		용적(cm³)
			공기중	수중	
1	4.5	6.29	1151	665	486
2	4.5	6.30	1159	674	485
3	4.5	6.31	1162	675	487

가. 아스팔트 혼합물의 실측밀도 및 이론 최대밀도를 구하시오.
(단, 소수 넷째자리에서 반올림하시오.)

계산 과정)

공시체 번호	실측밀도(g/cm³)
1	
2	
3	
평균	

【답】 이론최대밀도 :

나. 아스팔트 혼합물의 용적률, 공극률, 포화도를 구하시오.
(단, 소수 넷째자리에서 반올림 하시오.)

계산 과정)

【답】 용적률 : ____________, 공극률 : ____________, 포화도 : ____________

해답 가. ▪ 실측밀도= $\dfrac{\text{공기중 질량(g)}}{\text{용적(cm}^3)}$

공시체 번호	실측밀도(g/cm³)
1	$\dfrac{1151}{486}=2.368\,\text{g/cm}^3$
2	$\dfrac{1159}{485}=2.390\,\text{g/cm}^3$
3	$\dfrac{1162}{487}=2.386\,\text{g/cm}^3$
평균	$\dfrac{2.368+2.390+2.386}{3}=2.381\,\text{g/cm}^3$

■ 이론최대밀도 $D=\dfrac{100}{\dfrac{E}{F}+\dfrac{K(100-E)}{100}}$

• $\dfrac{\text{아스팔트 혼합율}(E)}{\text{아스팔트 밀도}(F)}=\dfrac{4.5}{1.02}=4.412\text{cm}^3/\text{g}$

• $K=\dfrac{\text{골재의 배합비}(B)}{\text{골재의 밀도}(C)}=\dfrac{100}{2.712}=36.873\text{cm}^3/\text{g}$

∴ 이론최대밀도 $D=\dfrac{100}{4.412+\dfrac{36.873(100-4.5)}{100}}=2.524\text{g/cm}^3$

나. • 용적율

$V_a=\dfrac{\text{아스팔트 혼합율}\times\text{평균 실측밀도}}{\text{아스팔트 밀도}}=\dfrac{4.5\times 2.381}{1.02}=10.504\%$

• 공극율

$V_v=\left(1-\dfrac{\text{평균실측밀도}}{\text{이론최대밀도}}\right)\times 100=\left(1-\dfrac{2.381}{2.524}\right)\times 100=5.666\%$

• 포화도

$S=\dfrac{\text{용적률}}{\text{용적률}+\text{공극률}}\times 100=\dfrac{10.504}{10.504+5.666}\times 100=64.960\%$

□□□ 기11②,13②,17④,20①,21②

10 굳지 않은 콘크리트의 염화물 함유량 측정 방법을 4가지만 쓰시오.

득점	배점
	4

① ______________ ② ______________

③ ______________ ④ ______________

해답 ① 질산은 적정법 ② 전위차 적정법
③ 이온 전극법 ④ 흡광 광도법

국가기술자격 실기시험문제

2020년도 기사 제2회 필답형 실기시험(기사)

종 목	시험시간	배 점	성 명	수험번호
건설재료시험기사	2시간	60		

※ 수험자 인적사항 및 계산식을 포함한 답안 작성은 검은색 필기구만 사용해야 하며, 그 외 연필류, 빨간색, 청색 등 필기구로 작성한 답항은 0점 처리 됩니다.

토질분야

6문항(30점)

□□□ 기05①,16①,20④,24①

01 어떤 흙의 수축 한계 시험을 한 결과가 다음과 같았다. 다음 물음에 답하시오.

득점	배점
	4

수축 접시내 습윤 시료 부피	21.30cm^3
노건조 시료 부피	15.20cm^3
노건조 시료 무게	26.14g
습윤 시료의 함수비	44.7%

가. 수축한계를 구하시오.

계산 과정)　　　　답 :

나. 흙의 비중을 구하시오.

계산 과정)　　　　답 :

해답 가. $w_s = w - \left(\dfrac{V - V_o}{W_s} \cdot \rho_w\right) \times 100$

$= 44.7 - \left(\dfrac{21.30 - 15.20}{26.14} \times 1\right) \times 100 = 21.36\%$

나. $G_s = \dfrac{1}{\dfrac{1}{R} - \dfrac{w_s}{100}}$

• 수축비 $R = \dfrac{W_s}{V_o \rho_w} = \dfrac{26.14}{15.20 \times 1} = 1.72$

$\therefore\ G_s = \dfrac{1}{\dfrac{1}{1.72} - \dfrac{21.36}{100}} = 2.72$

□□□ 기02④,13④,20②③

02 시료의 길이 20cm, 시료의 지름이 10cm인 시료에 정수위 투수시험 결과 수온이 25℃이었고, 경과시간 2분, 유출량 140cc, 수두차가 30cm이었다. 다음 물음에 답하시오.

득점	배점
	8

가. 수온 25℃의 투수계수를 구하시오.

계산 과정) 답 : __________

나. 표준온도에서의 투수계수를 구하시오.

(단, $\dfrac{\mu_{25}}{\mu_{15}} = 0.782$ 이다.)

계산 과정) 답 : __________

다. 위 공시체의 공극비를 측정한 결과 $e=1$이었다. 이 시료를 다져서 공극비가 0.5가 되었다면 다진 후 이 시료의 투수계수를 구하시오.

계산 과정) 답 : __________

라. 만약 $e=0.6$이었다면 공시체 내부의 침투유속(V_s)을 구하시오.

계산 과정) 답 : __________

해답 가. $k_{25} = \dfrac{Q \cdot L}{h \cdot A \cdot t}$

$$= \frac{140 \times 20}{30 \times \dfrac{\pi \times 10^2}{4} \times 2 \times 60} = 9.90 \times 10^{-3}\text{cm/sec}$$

나. $k_{15} = k_{25} \times \dfrac{\mu_{25}}{\mu_{15}}$

$$= 9.90 \times 10^{-3} \times 0.782 = 7.742 \times 10^{-3}\text{cm/sec}$$

다. $k_1 : k_2 = \dfrac{e_1^3}{1+e_1} : \dfrac{e_2^3}{1+e_2}$ 에서

• $\dfrac{e_1^3}{1+e_1} = \dfrac{1^3}{1+1} = 0.5$, $\dfrac{e_2^3}{1+e_2} = \dfrac{0.5^3}{1+0.5} = 0.083$

$$\therefore\ k_2 = k_1 \frac{\dfrac{e_2^3}{1+e_2}}{\dfrac{e_1^3}{1+e_1}} = 9.90 \times 10^{-3} \times \frac{0.083}{0.5} = 1.643 \times 10^{-3}\text{cm/sec}$$

라. $V_s = \dfrac{V}{n}$

• $n = \dfrac{e}{1+e} \times 100 = \dfrac{0.6}{1+0.6} \times 100 = 37.5\%$

$$V = k \cdot i = 9.90 \times 10^{-3} \times \frac{30}{20} = 0.0149\text{cm/sec}$$

$$\therefore\ V_s = \frac{0.0149}{0.375} = 0.0397\text{cm/sec}$$

투수계의 영향

간극비 : $k_1 : k_2 = \dfrac{e_1^3}{1+e_1} : \dfrac{e_2^3}{1+e_2}$

점성계수 : $k_1 : k_2 = \mu_2 : \mu_1$

□□□ 기17①,18①,20②

03 어느 포화점토($G_s = 2.72$)의 애터버그 한계(Atterberg Limit)시험 결과 액성한계가 50%이고 소성지수는 14%였다. 다음 물음에 답하시오.

득점	배점
	4

가. 이 점토의 소성한계를 구하시오.

계산 과정)

나. 이 점토의 함수비가 40%일 때의 연경도는 무슨 상태인가?

판단 근거)

해답 가. 소성지수=액성한계−소성한계에서

∴ 소성한계=액성한계−소성지수$=50-14=36\%$

나. ■방법 1

$W_P < w_n < W_L$

$36\% < 40\% < 50\%$ ∴ 소성상태

■방법 2

$0 < I_L < 1$

액성지수 $I_L = \dfrac{w_n - W_P}{W_L - W_P} = \dfrac{40-36}{50-36} = 0.29$

$0 < I_L = 0.29 < 1$ ∴ 소성상태

애터버그 한계

소성지수(I_P)=액성한계(W_L)−소성한계(W_P) : 소성상태

액성지수 $I_L = \dfrac{w_n - W_P}{W_L - W_P}$

■흙의 액성지수

액성상태	$1 < I_L$
소성상태	$0 < I_L < 1$
반고체, 고체상태	$I_L < 0$

□□□ 기08③,09①,11①,16②,18①,19①,20②

04 어떤 흙의 입도분석 시험 결과가 다음과 같을 때 통일 분류법에 따라 이 흙을 분류하시오.

득점	배점
	4

【시험 결과】

No.200체(0.075mm) 통과율이 4.34%, No.4체(4.76mm)통과율이 58.1%이고, 통과백분율 10%, 30%, 60%에 해당하는 입경이 각각 $D_{10}=0.15\text{mm}$, $D_{30}=0.34\text{mm}$, $D_{60}=0.45\text{mm}$인 흙

계산 과정)　　　　　　　　　　　　　　　　답 : __________

해답 통일 분류법에 의한 흙의 분류 방법

- 1단계 : 조건(No.200 < 50%)　　(G나 S)
- 2단계 : (No.4체 통과량 > 50%)조건　∴ S
- 3단계 : SW($C_u > 6$, $1 < C_g < 3$) 이면 SW 아니면 SP

• 균등계수 $C_u = \dfrac{D_{60}}{D_{10}} = \dfrac{0.45}{0.15} = 3 < 6$: 입도 불량(P)

• 곡률계수 $C_g = \dfrac{D_{30}^2}{D_{10} \times D_{60}} = \dfrac{0.34^2}{0.15 \times 0.45} = 1.71$: $1 < C_g < 3$: 입도 양호(W)

∴ SP(∵ 두 조건을 만족하지 않으므로)

□□□ 기08②,10④,12②,16②④,20②③,21①④,24③

05 두께 2m의 점토층에서 시료를 채취하여 압밀시험한 결과 하중강도를 300kN/m^{2}에서 600kN/m^{2}로 증가시켰더니 공극비는 1.96에서 1.78으로 감소하였다. 다음 물음에 답하시오. (단, 소수점 여섯째자리에서 반올림하시오.)

득점	배점
	6

가. 압축계수(a_v)를 구하시오.

계산 과정)　　　　　　　　　　　　　　　　답 : __________

나. 체적 변화계수(m_v)를 구하시오.

계산 과정)　　　　　　　　　　　　　　　　답 : __________

다. 최종 압밀 침하량(ΔH)를 구하시오.

계산 과정)　　　　　　　　　　　　　　　　답 : __________

해답 가. $a_v = \dfrac{e_1 - e_2}{P_2 - P_1} = \dfrac{1.96 - 1.78}{600 - 300} = 0.0006\,\text{m}^2/\text{kN}$

나. $m_v = \dfrac{a_v}{1+e} = \dfrac{0.0006}{1+1.96} = 0.00020\,\text{m}^2/\text{kN}$

다. $\Delta H = m_v \cdot \Delta P \cdot H = 0.00020 \times (600-300) \times 2 = 0.12\text{m} = 12\text{cm}$

□□□ 기12②,20②

06 현장 도로 토공사에서 모래 치환법에 의한 현장 밀도 시험을 하였다. 그 결과 파낸 구멍의 체적이 $1500cm^3$이고 흙의 무게가 3500g으로 나타났다. 실험실에서 구한 최대건조밀도가 $\rho_{dmax}=2.2g/cm^3$이고 현장의 다짐도가 95%일 경우 현장 흙의 함수비를 구하시오.

득점	배점
	4

계산 과정)　　　　　답 :

해답 $\rho_d=\dfrac{\rho_t}{1+w}$에서

• 습윤밀도 $\rho_t=\dfrac{W}{V}=\dfrac{3500}{1500}=2.33g/cm^3$

• 다짐도 $C_d=\dfrac{\rho_d}{\rho_{dmax}}\times 100 \rightarrow 95\%=\dfrac{\rho_d}{2.2}\times 100$

∴ 건조밀도 $\rho_d=2.09g/cm^3$

$\rho_d=\dfrac{\rho_t}{1+w} \rightarrow 2.09=\dfrac{2.33}{1+w}$

∴ $w=0.1148=11.48\%$

참고 SOLVE 사용

건설재료분야

6문항(30점)

□□□ 기16①,20②

07 골재의 밀도 및 흡수율시험의 정밀도에 대한 아래 표의 설명에서 (　)를 채우시오.

득점	배점
	4

가. 굵은 골재의 밀도 및 흡수율시험의 정밀도 및 편차를 쓰시오.

○ 시험값은 평균값과의 차이가 밀도의 경우 (①), 흡수율의 경우는 (②)이어야 한다.

나. 잔골재 밀도 및 흡수율에 시험의 정밀도 및 편차를 쓰시오.

○ 시험값은 평균값과의 차이가 밀도의 경우 (①), 흡수율의 경우는 (②)이어야 한다.

해답 가. ① $0.01g/cm^3$ 이하　　② 0.03% 이하
나. ① $0.01g/cm^3$ 이하　　② 0.05% 이하

골재의 밀도 및 흡수율의 정밀도

■ 굵은골재의 밀도 및 흡수율
시험값은 평균값과의 차이가 밀도의 경우 $0.01g/cm^3$ 이하, 흡수율의 경우는 0.03% 이하이어야 한다.

■ 잔골재의 밀도 및 흡수율
시험값은 평균값과의 차이가 밀도의 경우 $0.01g/cm^3$ 이하, 흡수율의 경우는 0.05% 이하이어야 한다.

□□□ 기11②,14①,15②,16②,18④, 20②,23④

득점	배점
	10

08 다음 표의 설계조건 및 재료, 참고표를 이용하여 콘크리트를 배합설계 하여 배합표를 완성하시오.

【시험 결과】

- 물-결합재비는 50%
- 굵은골재는 최대치수 40mm의 부순돌을 사용한다.
- 양질의 공기연행제(AE제)를 사용하며, 그 사용량은 시멘트 질량의 0.03%로 한다.
- 목표로 하는 슬럼프는 100mm, 겉보기 공기량은 5.0%로 한다.
- 사용하는 시멘트는 보통포틀랜드시멘트로서, 밀도는 3.15g/cm^{3}이다.
- 잔골재의 표건밀도는 2.60g/cm^{3}이고, 조립률은 2.86이다.
- 굵은골재의 표건밀도는 2.65g/cm^{3}이다.

【배합설계 참고표】

굵은 골재 최대 치수(mm)	단위 굵은 골재 용적 (%)	공기연행제를 사용하지 않은 콘크리트			공기 연행 콘크리트				
		갇힌 공기 (%)	잔골재율 S/a (%)	단위 수량 (kg)	공기량 (%)	양질의 공기연행제를 사용한 경우		양질의 공기연행 감수제를 사용한 경우	
						잔골재율 S/a(%)	단위 수량 W(kg/m^3)	잔골재율 S/a(%)	단위 수량 W(kg/m^3)
15	58	2.5	53	202	7.0	47	180	48	170
20	62	2.0	49	197	6.0	44	175	45	165
25	67	1.5	45	187	5.0	42	170	43	160
40	72	1.2	40	177	4.5	39	165	40	155

주 1) 이 표의 값은 보통의 입도를 가진 잔골재(조립률 2.8 정도)와 부순돌을 사용한 물-결합재비 55% 정도, 슬럼프 80mm 정도의 콘크리트에 대한 것이다.

2) 사용재료 또는 콘크리트의 품질이 주 1)의 조건과 다를 경우에는 위의 표의 값을 아래 표에 따라 보정한다.

구 분	S/a 의 보정(%)	W의 보정(kg)
잔골재의 조립률이 0.1만큼 클(작을) 때마다	0.5 만큼 크게(작게) 한다.	보정하지 않는다.
슬럼프값이 10mm 만큼 클(작을) 때마다	보정하지 않는다.	1.2만큼 크게(작게) 한다.
공기량이 1% 만큼 클(작을) 때마다	0.75만큼 작게(크게) 한다.	3%만큼 작게(크게) 한다.
물-결합재비가 0.05클(작을) 때마다	1 만큼 크게(작게) 한다.	보정하지 않는다.
S/a가 1% 클(작을)때마다	보정하지 않는다.	1.5kg만큼 크게(작게)한다.

비고 : 단위 굵은 골재용적에 의하는 경우에는 모래의 조립률이 0.1만큼 커질(작아질) 때마다 단위 굵은 골재용적을 1%만큼 작게(크게) 한다.

계산 과정)

【답】 배합표

굵은골재 최대치수 (mm)	슬럼프 (mm)	공기량 (%)	W/B (%)	잔골재율 (S/a)(%)	단위량(kg/m^3)				혼화제 단위량 (g/m^3)
					물 (W)	시멘트 (C)	잔골재 (S)	굵은 골재(G)	
40	100	5.0	50						

해답

보정항목	배합 참고표	설계조건	잔골재율(S/a) 보정	단위 수량(W)의 보정
굵은골재의 치수 40mm일 때			$S/a=39\%$	$W=165$kg
모래의 조립률	2.80	2.86(↑)	$\frac{2.86-2.80}{0.10}\times 0.5=+0.3(\uparrow)$	보정하지 않는다.
슬럼프값	80mm	100mm(↑)	보정하지 않는다.	$\frac{100-80}{10}\times 1.2=2.4\%(\uparrow)$
공기량	4.5	5.0(↑)	$\frac{5-4.5}{1}\times(-0.75)$ $=-0.375\%(\downarrow)$	$\frac{5-4.5}{1}\times(-3)$ $=-1.5\%(\downarrow)$
W/B	55%	50%(↓)	$\frac{0.55-0.50}{0.05}\times(-1)=-1.0\%(\downarrow)$	보정하지 않는다.
S/a	39%	37.93%(↓)	보정하지 않는다.	$\frac{39-37.93}{1}\times(-1.5)$ $=-1.605\text{kg}(\downarrow)$
보정값			$S/a=39+0.3-0.375-1.0=37.93\%$	$165\left(1+\frac{2.4}{100}-\frac{1.5}{100}\right)$ $-1.605=164.88\text{kg}$

- 단위 수량 $W=164.88\text{kg/m}^3$
- 단위 시멘트량 C : $\frac{W}{B}=0.50$, $C=\frac{164.88}{0.50}=329.76$ $\therefore$ $C=329.76\text{kg/m}^3$
- 공기연행(AE)제 : $329.76\times\frac{0.03}{100}=0.098928\text{kg}=98.93\text{g/m}^3$
- 단위골재량의 절대체적

$$V_a=1-\left(\frac{\text{단위수량}}{1000}+\frac{\text{단위시멘트}}{\text{시멘트비중}\times 1000}+\frac{\text{공기량}}{100}\right)$$

$$=1-\left(\frac{164.88}{1000}+\frac{329.76}{3.15\times 1000}+\frac{5.0}{100}\right)=0.680\text{m}^3$$

- 단위 잔골재량

$$S=V_a\times S/a\times\text{잔골재밀도}\times 1000$$

$$=0.680\times 0.3793\times 2.60\times 1000=670.60\text{kg/m}^3$$

- 단위 굵은골재량

$$G=V_g\times(1-S/a)\times\text{굵은골재 밀도}\times 1000$$

$$=0.680\times(1-0.3793)\times 2.65\times 1000=1118.50\text{kg/m}^3$$

∴ 배합표

굵은골재의 최대치수 (mm)	슬럼프 (mm)	W/B (%)	잔골재율 S/a(%)	단위량(kg/m³)				혼화제 g/m³
				물	시멘트	잔골재	굵은골재	
40	100	50	37.93	164.88	329.76	670.60	1118.50	98.93

다른 방법

- 단위 수량 $W=164.88\text{kg}$
- 단위 시멘트량(C) : $\frac{W}{B}=0.50$, $C=\frac{164.88}{0.50}=329.76$ ∴ 단위 시멘트량 $C=329.76\text{kg}$
- 시멘트의 절대용적 : $V_c=\frac{329.76}{0.00315\times1000}=104.69l$
- 공기량 : $1000\times0.05=50l$
- 골재의 절대용적 : $1000-(104.69+164.88+50)=680.43l$
- 잔골재의 절대용적 : $680.43\times0.3793=258.09l$
- 단위 잔골재량 : $258.09\times0.0026\times1000=671.03\text{kg}$
- 굵은 골재의 절대용적 : $671.03-258.09=412.94l$
- 단위 굵은 골재량 : $412.94\times0.00265\times1000=1094.29\text{kg/m}^3$
- 공기연행제량 : $329.76\times\frac{0.03}{100}=0.098928\text{kg/m}^3=98.93\text{g/m}^3$

□□□ 기00④,10②,17④,20②

09 알칼리 골재반응시험에 대해 물음에 답하시오.

득점	배점
	6

가. 알칼리 골재반응의 정의를 간단히 쓰시오.

○

나. 골재의 알칼리 잠재 반응시험방법을 2가지 쓰시오.

① ______________ ② ______________

해답 가. 시멘트속의 알칼리 성분과 콘크리트 골재로 사용한 골재속의 유해성분이 화학 반응하여 콘크리트가 열화되거나 파괴되는 현상

나. ① 화학적 방법
② 모르타르 봉 방법

□□□ 기93②,14①,20②

10 아스팔트 침입도 시험에서 표준침의 관입량이 1.2cm로 나왔다. 침입도는 얼마인가?

득점	배점
	3

계산 과정) 답 : ______________

해답 $\text{침입도}=\frac{\text{관입량(mm)}}{0.1}=\frac{12}{0.1}=120$

□□□ 기11①,12②,14④,15④,18④,20②,21②,22④

11 역청 포장용 혼합물로부터 역청의 정량추출 시험을 하여 아래와 같은 결과를 얻었다. 역청 함유율(%)을 계산하시오.

득점	배점
	3

【시험 결과】

- 시료의 무게 $W_1 = 2230\text{g}$
- 시료 중의 수분의 무게 $W_2 = 110\text{g}$
- 추출된 골재의 무게 $W_3 = 1857.4\text{g}$
- 추출액 중의 세립 골재분의 무게 $W_4 = 93.0\text{g}$

계산 과정)

답 : __________

해답 역청 함유율 $= \dfrac{(W_1 - W_2) - (W_3 + W_4 + W_5)}{W_1 - W_2} \times 100$

$= \dfrac{(2230 - 110) - (1857.4 + 93.0)}{2230 - 110} \times 100$

$= 8\%$

□□□ 기17④,20②,21②,22④

12 역청재료의 침입도 시험에서 정밀도에 대한 사항이다. 다음 사항에 대해 허용치를 쓰시오.

득점	배점
	4

가. 동일한 시험실에서 동일인이 동일한 시험기로 시간을 달리하여 동일 시료를 2회 시험했을 때 시험 결과의 차이는 얼마의 허용치를 넘어서는 안된다.

(단, Am : 시험결과의 평균치)

【답】 허용치 :

나. 서로 다른 시험실에서 서로 다른 사람이 다른 시험기로 동일 시료를 각각 1회씩 시험한 결과의 차이는 얼마의 허용치를 넘어서는 안된다.

(단, Ap : 시험결과의 평균치)

【답】 허용치 :

해답 가. 허용치 $= 0.02\,\text{Am} + 2$

나. 허용치 $= 0.04\,\text{Ap} + 4$

역청재료의 침입도 시험에서 정밀도

1) 반복성 : 동일한 시험실에서 동일인이 동일한 시험기로 시간을 달리하여 동일 시료를 2회 시험했을 때 시험 결과의 차이는 다음 허용치를 넘어서는 안된다.
   허용치 $= 0.02\,\text{Am} + 2$
   여기서, Am : 시험결과의 평균치
2) 재현성 : 서로 다른 시험실에서 서로 다른 사람이 다른 시험기로 동일 시료를 각각 1회씩 시험한 결과의 차이는 다음 허용치를 넘어서는 안된다.
   허용치 $= 0.04\,\text{Ap} + 4$
   여기서, Ap : 시험결과의 평균치

국가기술자격 실기시험문제

2020년도 기사 제3회 필답형 실기시험(기사)

종　목	시험시간	배 점	성 명	수험번호
건설재료시험기사	2시간	60		

※ 수험자 인적사항 및 계산식을 포함한 답안 작성은 검은색 필기구만 사용해야 하며, 그 외 연필류, 빨간색, 청색 등 필기구로 작성한 답항은 0점 처리 됩니다.

토질분야

5문항(33점)

□□□ 기99②,02④,16②, 20②③

01 **두께 2m의 점토층에서 시료를 채취하여 압밀시험을 한 결과 하중강도를 $120kN/m^2$에서 $240kN/m^2$로 증가시켜더니 공극비는 1.96에서 1.78로 감소하였다. 다음 물음에 답하시오.**

득점	배점
	8

가. 이 점토층의 압축계수를 구하시오. (단, 계산결과는 □.□□ × 10$^{□}$ 로 표현하시오.)

계산 과정)　　　　답 : ________

나. 이 점토층의 체적변화계수를 구하시오. (단, 계산결과는 □.□□ × 10$^{□}$ 로 표현하시오.)

계산 과정)　　　　답 : ________

다. 이 점토층의 압축지수를 구하시오.

계산 과정)　　　　답 : ________

라. 이 점토층의 최종 침하량을 구하시오.

계산 과정)　　　　답 : ________

해답 가. $a_v = \dfrac{e_1 - e_2}{P_2 - P_1} = \dfrac{1.96 - 1.78}{240 - 120} = 1.5 \times 10^{-3}\,\mathrm{m^2/kN}$

나. $m_v = \dfrac{a_v}{1+e} = \dfrac{1.5 \times 10^{-3}}{1+1.96} = 5.07 \times 10^{-4}\,\mathrm{m^2/kN}$

다. $C_c = \dfrac{e_1 - e_2}{\log\left(\dfrac{P_2}{P_1}\right)} = \dfrac{1.96 - 1.78}{\log\left(\dfrac{240}{120}\right)} = 0.598$

라. $\Delta H = m_v \cdot \Delta P \cdot H = 5.07 \times 10^{-4} \times (240 - 120) \times 200 = 12.17\mathrm{cm}$

□□□ 기02④,13④,20②③

02 시료의 길이 20cm, 시료의 지름이 10cm인 시료에 정수위 투수시험 결과 수온이 25℃ 이었고, 경과시간 2분, 유출량 140cc, 수두차가 30cm이었다. 다음 물음에 답하시오.

득점	배점
	8

가. 수온 25℃의 투수계수를 구하시오.

계산 과정) 답 :

나. 표준온도에서의 투수계수를 구하시오.

$\left(\text{단, } \dfrac{\mu_{25}}{\mu_{15}} = 0.782 \text{ 이다.}\right)$

계산 과정) 답 :

다. 위 공시체의 공극비를 측정한 결과 $e=1$이었다. 이 시료를 다져서 공극비가 0.5가 되었다면 다진 후 이 시료의 투수계수를 구하시오.

계산 과정) 답 :

라. 만약 $e=0.6$이었다면 공시체 내부의 침투유속(V_s)을 구하시오.

계산 과정) 답 :

해답 가. $k_{25} = \dfrac{Q \cdot L}{h \cdot A \cdot t}$

$$= \frac{140 \times 20}{30 \times \dfrac{\pi \times 10^2}{4} \times 2 \times 60} = 9.90 \times 10^{-3}\,\text{cm/sec}$$

나. $k_{15} = k_{25} \times \dfrac{\mu_{25}}{\mu_{15}}$

$$= 9.90 \times 10^{-3} \times 0.782 = 7.742 \times 10^{-3}\,\text{cm/sec}$$

다. $k_1 : k_2 = \dfrac{e_1^3}{1+e_1} : \dfrac{e_2^3}{1+e_2}$ 에서

• $\dfrac{e_1^3}{1+e_1} = \dfrac{1^3}{1+1} = 0.5$, $\dfrac{e_2^3}{1+e_2} = \dfrac{0.5^3}{1+0.5} = 0.083$

$$\therefore\ k_2 = k_1 \frac{\dfrac{e_2^3}{1+e_2}}{\dfrac{e_1^3}{1+e_1}} = 9.90 \times 10^{-3} \times \frac{0.083}{0.5} = 1.643 \times 10^{-3}\,\text{cm/sec}$$

라. $V_s = \dfrac{V}{n}$

• $n = \dfrac{e}{1+e} \times 100 = \dfrac{0.6}{1+0.6} \times 100 = 37.5\%$

$$V = k \cdot i = 9.90 \times 10^{-3} \times \frac{30}{20} = 0.0149\,\text{cm/sec}$$

$$\therefore\ V_s = \frac{0.0149}{0.375} = 0.0397\,\text{cm/sec}$$

투수계의 영향

간극비 : $k_1 : k_2 = \frac{e_1^3}{1+e_1} : \frac{e_2^3}{1+e_2}$

점성계수 : $k_1 : k_2 = \mu_2 : \mu_1$

□□□ 기01②,10②,13④,18④,20③,21④,23④

03 정규압밀점토에 대하여 압밀배수 삼축압축시험을 실시하였다. 시험결과 구속압력을 280kN/m² 으로 하고 축차응력 280kN/m²을 가하였을 때 파괴가 일어났다. 아래 물음에 답하시오.
(단, 점착력 $c=0$ 이다.)

득점	배점
	8

가. 내부마찰각(ϕ)을 구하시오.

계산 과정) 답 : ______

나. 파괴면이 최대주응력면과 이루는 각(θ)을 구하시오.

계산 과정) 답 : ______

다. 파괴면에서 수직응력(σ)을 구하시오.

계산 과정) 답 : ______

라. 파괴면에서 전단응력(τ)을 구하시오.

계산 과정) 답 : ______

해답 가. $\sin\phi = \frac{\sigma_1 - \sigma_3}{\sigma_1 + \sigma_3}$

- $\sigma_1 = \sigma_3 + \Delta\sigma = 280 + 280 = 560\text{kN/m}^2$
- $\sigma_3 = 280\text{kN/m}^2$

$\therefore \phi = \sin^{-1}\frac{\sigma_1 - \sigma_3}{\sigma_1 + \sigma_3} = \sin^{-1}\frac{560-280}{560+280} = 19.47°$

나. $\theta = 45° + \frac{\phi}{2}$ 에서

$= 45° + \frac{19.47°}{2} = 54.74°$

다. $\sigma = \frac{\sigma_1 + \sigma_3}{2} + \frac{\sigma_1 - \sigma_3}{2}\cos 2\theta$

$= \frac{560+280}{2} + \frac{560-280}{2}\cos(2 \times 54.74°) = 373.33\text{kN/m}^2$

라. $\tau = \frac{\sigma_1 - \sigma_3}{2}\sin 2\theta$

$= \frac{560-280}{2}\sin(2 \times 54.74°) = 131.99\text{kN/m}^2$

□□□ 기11①,19④,20③,23②

04 도로의 평판재하시험방법(KSF 2310)에 대해 다음 물음에 답하시오.

득점	배점
	6

가. 재하판 위에 잭을 놓고 지지력 장치와 조합하여 소요 반력을 얻을 수 있도록 한다. 그 때 지지력 장치의 지지점은 재하판의 바깥쪽 끝에서 얼마 이상 떨어져 배치하여야 하는지 쓰시오.

○

나. 하중강도가 얼마가 되도록 하중을 단계적으로 증가해 나가는지 쓰시오.

○

다. 평판재하시험을 멈추어야 하는 경우를 2가지만 쓰시오.

① ______ ② ______

해답 가. 1m

나. $35kN/m^2$

다. ① 침하량이 15mm에 달할 때

② 하중강도가 그 지반의 항복점을 넘을 때

③ 하중강도가 현장에서 예상되는 최대 접지압력을 초과할 때

□□□ 기90,98,20③,23②

05 토층의 깊이가 100cm인 토상이 있다. 이 토층이 다음과 같이 각각 다른 4층의 흙으로 구성되어 있다고 할 때 이 층의 평균 CBR값을 구하시오.

득점	배점
	3

전체 깊이	두께	CBR
100cm	20cm	$CBR_1=18\%$ [제1층]
	30cm	$CBR_2=26\%$ [제2층]
	27cm	$CBR_3=19\%$ [제3층]
	23cm	$CBR_4=24\%$ [제4층]

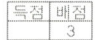

계산 과정) 답 : ______

해답 평균 CBR

$$=\left(\frac{h_1 CBR_1^{\frac{1}{3}}+h_2 CBR_2^{\frac{1}{3}}+h_3 CBR_3^{\frac{1}{3}}+h_4 CBR_4^{\frac{1}{3}}}{H}\right)^3$$

$$=\left(\frac{20\times 18^{\frac{1}{3}}+30\times 26^{\frac{1}{3}}+27\times 19^{\frac{1}{3}}+23\times 24^{\frac{1}{3}}}{20+30+27+23}\right)^3$$

$$=21.88\%$$

건설재료분야 6문항(27점)

□□□ 기09①,11①,12①,13①,15①,18②,20③,23①②

06 콘크리트의 시방 배합 결과 단위 시멘트량 320kg, 단위 수량 165kg, 단위 잔골재량 705.4kg, 단위 굵은 골재량 1,134.6kg이었다. 현장배합을 위한 검사 결과 잔골재 속의 5mm체에 남은 양 1%, 굵은골재 속의 5mm체를 통과하는 양 4%, 잔골재의 표면수 1%, 굵은 골재의 표면수 3%일 때 현장 배합량의 단위 잔골재량, 단위 굵은 골재량, 단위 수량을 구하시오.

득점	배점
	6

계산 과정)

【답】단위 수량 : ______, 단위 잔골재량 : ______

단위 굵은 골재량 : ______

해답 ■ 입도에 의한 조정

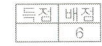

$S=705.4\text{kg},\ G=1134.6\text{kg},\ a=1\%,\ b=4\%$

$$X=\frac{100S-b(S+G)}{100-(a+b)}=\frac{100\times705.4-4(705.4+1134.6)}{100-(1+4)}=665.05\text{kg/m}^3$$

$$Y=\frac{100G-a(S+G)}{100-(a+b)}=\frac{100\times1134.6-1(705.4+1134.6)}{100-(1+4)}=1174.95\text{kg/m}^3$$

■ 표면수에 의한 조정

잔골재의 표면수 $=665.05\times\frac{1}{100}=6.65\text{kg}$

굵은골재의 표면수$=1174.95\times\frac{3}{100}=35.25\text{kg}$

■ 현장 배합량

- 단위 수량 : $165-(6.65+35.25)=123.10\text{kg/m}^3$
- 단위 잔골재량 : $665.05+6.65=671.70\text{kg/m}^3$
- 단위 굵은재량 : $1174.95+35.25=1210.20\text{kg/m}^3$

【답】단위 수량 : 123.10kg/m^3, 단위 잔골재량 : 671.70kg/m^3

단위 굵은 골재량 : 1210.20kg/m^3

□□□ 기20③,21④

07 아스팔트질 혼합물의 증발감량 시험결과 다음과 같을 때 이 아스팔트의 증발 무게 변화율을 구하시오.

득점	배점
	3

- 시료 채취량 : 50.00g
- 증발 후의 시료의 무게 : 49.79g

계산 과정) 답 : ______

해답 증발 무게 변화율

$$V=\frac{W-W_s}{W_s}\times100$$

$$=\frac{49.79-50.00}{50.00}\times100=-0.42\%$$

□□□ 기09②,14②,17②, 20③,24③

08 잔골재에 대한 밀도 및 흡수율 시험 결과가 아래 표와 같을 때 다음 물음에 답하시오.
(단, 시험온도에서의 물의 밀도는 $0.9970g/cm^3$이다.)

득점	배점
	6

물을 채운 플라스크 질량(g)	600
표면 건조포화 상태 시료 질량(g)	500
시료와 물을 채운 플라스크 질량(g)	911
절대 건조 상태 시료 질량(g)	480
시험시의 물의 단위질량	$0.9970g/cm^3$

가. 표면 건조 포화 상태의 밀도를 구하시오.

계산 과정) 답 : ____________

나. 상대 겉보기 밀도(진밀도)를 구하시오.

계산 과정) 답 : ____________

다. 흡수율을 구하시오.

계산 과정) 답 : ____________

해답 가. $d_s = \dfrac{m}{B+m-C} \times \rho_w = \dfrac{500}{600+500-911} \times 0.9970 = 2.64\,g/cm^3$

나. $d_A = \dfrac{A}{B+A-C} \times \rho_w = \dfrac{480}{600+480-911} \times 0.9970 = 2.83\,g/cm^3$

다. $Q = \dfrac{m-A}{A} \times 100 = \dfrac{500-480}{480} \times 100 = 4.17\%$

□□□ 기03②,04①,05④,12②,14④,18④,20③,23④

09 역청 포장용 혼합물로부터 역청의 정량추출 시험을 하여 아래와 같은 결과를 얻었다. 역청 함유율(%)을 계산하시오.

득점	배점
	3

【시험 결과】

- 시료의 무게 $W_1 = 2,230g$
- 시료 중의 수분의 무게 $W_2 = 110g$
- 추출된 골재의 무게 $W_3 = 1857.4g$
- 추출액 중의 세립 골재분의 무게 $W_4 = 93.0g$

계산 과정) 답 : ____________

해답 역청 함유율$= \dfrac{(W_1 - W_2) - (W_3 + W_4 + W_5)}{W_1 - W_2} \times 100$

$= \dfrac{(2230-110)-(1857.4+93.0)}{2230-110} \times 100$

$= 8\%$

□□□ 기13①,15④,16①,20③

득점	배점
	6

10 콘크리트의 배합강도를 구하기 위해 전체 시험횟수 17회의 콘크리트 압축강도 측정결과가 아래 표와 같고 호칭강도가 24MPa일 때 다음 물음에 답하시오.

【압축강도 측정결과 (단위 MPa)】

26.8	22.1	26.5	26.2	26.4	22.8	23.1
25.7	27.8	27.7	22.3	22.7	26.1	27.1
22.2	22.9	26.6				

가. 위표를 보고 압축강도의 평균값을 구하시오.

계산 과정) 답 : ______

나. 압축강도 측정결과 및 아래의 표를 이용하여 배합강도를 구하기 위한 표준편차를 구하시오.

【시험횟수가 29회 이하일 때 표준편차의 보정계수】

시험횟수	표준편차의 보정계수	비고
15	1.16	이표에 명시되지 않은 시험횟수에 대해서는 직선 보간 한다.
20	1.08	
25	1.03	
30 이상	1.00	

계산 과정) 답 : ______

다. 배합강도를 구하시오.

계산 과정) 답 : ______

해답 가. 평균값$(\overline{X})=\dfrac{\Sigma X}{n}=\dfrac{425}{17}=25\text{MPa}$

나. 표준편제곱합 $S=\Sigma(X_i-\overline{X})^2$

$$=(26.8-25)^2+(22.1-25)^2+(26.5-25)^2+(26.2-25)^2+(26.4-25)^2$$
$$+(22.8-25)^2+(23.1-25)^2+(25.7-25)^2+(27.8-25)^2+(27.7-25)^2$$
$$+(22.3-25)^2+(22.7-25)^2+(26.1-25)^2+(27.1-25)^2+(22.2-25)^2$$
$$+(22.9-25)^2+(26.6-25)^2=74.38\text{MPa}$$

• 표준편차$(s)=\sqrt{\dfrac{\Sigma(X_i-\overline{X})^2}{n-1}}=\sqrt{\dfrac{74.38}{17-1}}=2.16\text{MPa}$

• 17회의 보정계수 $1.16-\dfrac{1.16-1.08}{20-15}\times(17-15)=1.128$

∴ 수정 표준편차 $s=2.16\times1.128=2.44\text{MPa}$

다. 호칭강도 $f_{cn}=24\text{MPa}\le35\text{MPa}$인 경우

$f_{cr}=f_{cn}+1.34s=24+1.34\times2.44=27.27\text{MPa}$

$f_{cr}=(f_{cn}-3.5)+2.33s=(24-3.5)+2.33\times2.44=26.19\text{MPa}$

∴ $f_{cr}=27.27\text{MPa}$ (두 값 중 큰 값)

□□□ 기12②,16①,20③

11 콘크리트용 모래에 포함되어 있는 유기불순물 시험에서 식별용 표준색용액 만드는 방법을 쓰시오.

득점	배점
	3

○

해답 식별용 용액은 10%의 알코올 용액으로 2% 탄닌산 용액을 만들고, 그 2.5mL를 3%의 수산화나트륨 용액 97.5mL에 가하여 유리병에 넣어 마개를 닫고 잘 흔든다.

국가기술자격 실기시험문제

2020년도 기사 제4·5회 필답형 실기시험(기사)

종　목	시험시간	배 점	성 명	수험번호
건설재료시험기사	2시간	60		

※ 수험자 인적사항 및 계산식을 포함한 답안 작성은 검은색 필기구만 사용해야 하며, 그 외 연필류, 빨간색, 청색 등 필기구로 작성한 답항은 0점 처리 됩니다.

토질분야

4문항(26점)

□□□ 기08③,09①,11①,16②,18①,20④

01 어떤 흙의 입도분석 시험 결과가 다음과 같을 때 통일 분류법에 따라 이 흙을 분류하시오.

득점	배점
	4

【시험 결과】

No.200체(0.075mm) 통과율이 4%, No.4체(4.76mm)통과율이 74%이고, 통과백분율 10%, 30%, 60%에 해당하는 입경이 각각 $D_{10}=0.077\text{mm}$, $D_{30}=0.54\text{mm}$, $D_{60}=2.27\text{mm}$인 흙

계산 과정)　　　　　　　　　　답 : ______

해답 통일 분류법에 의한 흙의 분류 방법

- 1단계 : 조건(No.200 < 50%) (G나 S)
- 2단계 : (No.4체 통과량 > 50%)조건 ∴ S
- 3단계 : SW($C_u>6$, $1<C_g<3$) 이면 SW 아니면 SP

• 균등계수 $C_u=\dfrac{D_{60}}{D_{10}}=\dfrac{2.27}{0.077}=29.48>6$: 입도 양호(W)

• 곡률계수 $C_g=\dfrac{D_{30}^2}{D_{10}\times D_{60}}=\dfrac{0.54^2}{0.077\times 2.27}=1.67$: $1<C_g<3$: 입도 양호(W)

∴ SW(∵ 두 조건을 만족하므로)

□□□ 기15④,20④

02 현장에서 모래 치환법에 의한 현장 흙의 단위 무게시험 결과가 아래의 표와 같을 때 다음 물음에 답하시오.

득점	배점
	8

- 시험구멍에서 파낸 흙의 무게 : 4150g
- 구멍속 모래의 무게 : 2882g
- 모래의 건조밀도 : $1.35g/cm^3$
- 현장 흙의 실내 토질 시험 결과 함수비 : 20%
- 최대 건조밀도 : $1.68g/cm^3$
- 최소 건조밀도 : $1.60g/cm^3$
- 흙의 비중 : 2.68

가. 현장 흙의 건조밀도를 구하시오.

계산 과정)　　　　　　　　　　　　　　　　　　　　　　　　답 : ________

나. 간극비와 간극율을 구하시오.

계산 과정)

【답】 간극비 : ________, 간극률 : ________

다. 포화도를 구하시오.

계산 과정)　　　　　　　　　　　　　　　　　　　　　　　　답 : ________

라. 상대밀도를 구하시오.

계산 과정)　　　　　　　　　　　　　　　　　　　　　　　　답 : ________

해답 가. $\rho_d = \dfrac{\rho_t}{1+w}$

- $V = \dfrac{W_{sand}}{\rho_s} = \dfrac{2882}{1.35} = 2134.81cm^3$
- $\rho_t = \dfrac{W}{V} = \dfrac{4150}{2134.81} = 1.94g/cm^3$

$\therefore \rho_d = \dfrac{\rho_t}{1+w} = \dfrac{1.94}{1+0.20} = 1.62g/cm^3$

나. $e = \dfrac{\rho_w G_s}{\rho_d} - 1 = \dfrac{1 \times 2.68}{1.62} - 1 = 0.65$

$n = \dfrac{e}{1+e} \times 100 = \dfrac{0.65}{1+0.65} \times 100 = 39.39\%$

다. $S = \dfrac{G_s \cdot w}{e} = \dfrac{2.68 \times 20}{0.65} = 82.46\%$

라. $D_r = \dfrac{\rho_d - \rho_{dmin}}{\rho_{dmax} - \rho_{dmin}} \dfrac{\rho_{dmax}}{\rho_d} \times 100$

$= \dfrac{1.62-1.60}{1.68-1.60} \cdot \dfrac{1.68}{1.62} \times 100 = 25.93$

□□□ 기09④,11①,14①,17④,20④,23②

득점	배점
	6

03 다음 그림과 같은 지층위에 성토로 인한 등분포하중 $q=40\text{kN/m}^2$이 작용할 때 다음 물음에 답하시오. (단, 점토층은 정규압밀점토이며, 물의 단위중량은 $\gamma_w=9.81\text{kN/m}^3$ 소수점 이하 넷째자리에서 반올림하시오.)

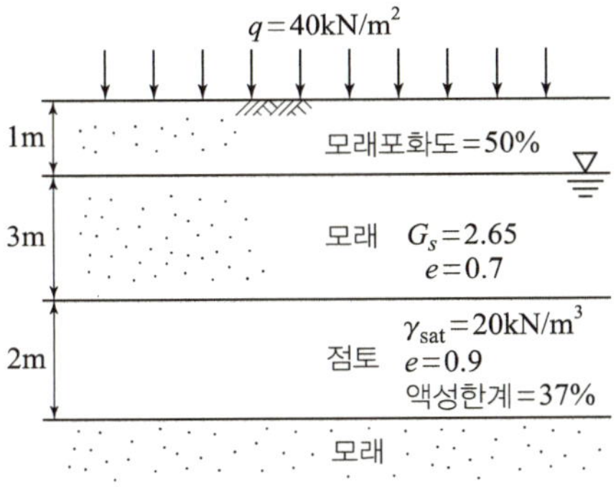

가. 지하수 아래에 있는 모래의 수중 단위중량(γ_{sub})을 구하시오.

계산 과정) 답 : ______

나. Skempton공식에 의한 점토지반의 압축지수를 구하시오.
(단, 흐트러지지 않은 시료임)

계산 과정) 답 : ______

다. 성토로 인한 점토지반의 압밀침하량(ΔH)을 구하시오.

계산 과정) 답 : ______

해답 가. $\gamma_{sub}=\dfrac{G_s-1}{1+e}\gamma_w=\dfrac{2.65-1}{1+0.7}\times 9.81=9.521\text{kN/m}^3$

나. $C_c=0.009(W_L-10)=0.009(37-10)=0.243$(∵ 불교란 시료)

다. $\Delta H=\dfrac{C_cH}{1+e_0}\log\dfrac{P_o+\Delta P}{P_o}$

- 지하수위 위의 모래단위중량

$$\gamma_t=\frac{G_s+Se}{1+e}\gamma_w=\frac{2.65+0.5\times 0.7}{1+0.7}\times 9.81=17.312\text{kN/m}^3$$

- 유효상재압력 $P_o=\gamma_t H_1+\gamma_{sub}H_2+\gamma_{sub}\dfrac{H_3}{2}$

$$=17.312\times 1+9.521\times 3+(20-9.81)\times\frac{2}{2}=56.065\text{kN/m}^2$$

$$\therefore\ \Delta H=\frac{0.243\times 2}{1+0.9}\log\frac{56.065+40}{56.065}=0.0598\text{m}=5.98\text{cm}$$

□□□ 기01②,13④,18④,20④

04 정규압밀점토에 대하여 압밀배수 삼축압축시험을 실시하였다. 시험결과 구속압력을 312.7kN/m² 으로 하고 축차응력 312.7kN/m²을 가하였을 때 파괴가 일어났다. 아래 물음에 답하시오.
(단, 점착력 $c=0$이다.)

득점	배점
	8

가. 내부마찰각(ϕ)을 구하시오.

계산 과정) 답 : ____________

나. 파괴면이 최대주응력면과 이루는 각(θ)을 구하시오.

계산 과정) 답 : ____________

다. 파괴면에서 수직응력(σ)을 구하시오.

계산 과정) 답 : ____________

라. 파괴면에서 전단응력(τ)을 구하시오.

계산 과정) 답 : ____________

해답 가. $\sin\phi = \dfrac{\sigma_1 - \sigma_3}{\sigma_1 + \sigma_3}$

- $\sigma_1 = \sigma_3 + \Delta\sigma = 312.7 + 312.7 = 625.4\text{kN/m}^2$
- $\sigma_3 = 312.7\text{kN/m}^2$

$\therefore\ \phi = \sin^{-1}\dfrac{\sigma_1 - \sigma_3}{\sigma_1 + \sigma_3} = \sin^{-1}\left(\dfrac{625.4 - 312.7}{625.4 + 312.7}\right) = 19.47°$

나. $\theta = 45° + \dfrac{\phi}{2}$ 에서

$= 45° + \dfrac{19.47°}{2} = 54.74°$

다. $\sigma = \dfrac{\sigma_1 + \sigma_3}{2} + \dfrac{\sigma_1 - \sigma_3}{2}\cos 2\theta$

$= \dfrac{625.4 + 312.7}{2} + \dfrac{625.4 - 312.7}{2}\cos(2\times 54.74°) = 416.91\text{kN/m}^2$

라. $\tau = \dfrac{\sigma_1 - \sigma_3}{2}\sin 2\theta$

$= \dfrac{625.4 - 312.7}{2}\sin(2\times 54.74°) = 147.40\text{kN/m}^2$

건설재료분야

6문항(34점)

□□□ 기91②,97①,12④,16①,20④

05 아스팔트 신도시험에 대한 다음 물음에 답하시오.

득점 | 배점 7

가. 아스팔트 신도시험의 목적을 간단히 쓰시오.

○

나. 별도의 규정이 없을 때의 온도와 속도를 쓰시오.

【답】 시험온도 : ______________, 인장속도 : ______________

다. 저온에서 시험할 때의 온도와 속도를 쓰시오.

【답】 시험온도 : ______________, 인장속도 : ______________

해답 가. 아스팔트의 연성을 알기 위해서
나. • 시험온도 : 25±0.5℃ • 인장속도 : 5±0.25cm/min
다. • 시험온도 : 4℃ • 인장속도 : 1cm/min

□□□ 기14④,20④

06 모르타르 및 콘크리트의 길이 변화 시험방법(KSF2424)에 규정되어 있는 길이 변화 측정 방법 3가지를 쓰시오.

득점 | 배점 3

① ______________ ② ______________ ③ ______________

해답 ① 콤퍼레이터 방법 ② 콘택트 게이지 방법 ③ 다이얼 게이지 방법

□□□ 기13④,20④

07 콘크리트의 워커빌리티는 반죽질기에 좌우되는 경우가 많으므로 일반적으로 반죽질기를 측정하여 그 결과에 따라 워커빌리티의 정도를 판단한다. 콘크리트의 반죽질기를 평가하는 시험방법을 4가지를 쓰시오.

득점 | 배점 4

① ______________ ② ______________

③ ______________ ④ ______________

해답 ① 슬럼프시험(slump test)
② 흐름시험(flow test)
③ 구관입시험(ball penetration tesst)
④ 리몰딩시험(remolding test)
⑤ 비비시험(Vee-Bee test)
⑥ 다짐계수시험(compacting factor test)

□□□ 기91②,97①,12④,16①,20④

08 아스팔트 시험에 대한 다음 물음에 답하시오.

득점 | 배점 8

가. 아스팔트 인화점 시험을 하는 목적을 쓰시오.

○

나. 아스팔트 연소점 시험을 하는 목적을 쓰시오.

○

다. 아스팔트 침입도시험에 대한 (   )속에 맞는 것을 쓰시오. 아스팔트 침입도시험에서 표준침입도란 침입도 시험장치에서 표준침(굵기 1mm)에 (①)g의 하중을 싣고, (②)℃의 아스팔트 표면에서 (③)sec간에 관입시켜 침의 관입깊이를 (④)mm 단위로 나타낸 양을 말한다.

해답 가. 역청재료가 어느 정도 인화되는지를 관리하기 위한 시험이다.
나. 역청재료가 어느 정도 연소되는지를 관리하기 위한 시험이다.
다. ① 100g ② 25℃ ③ 5sec ④ 0.1mm

□□□ 기03②,07①④,10①,13④,16④,19④,20④

09 굵은골재 15000g에 대한 체가름 시험결과가 아래 표와 같을 때 표의 빈칸을 채우고 굵은 골재의 조립률을 구하시오.

득점 | 배점 8

체(mm)	남는량(g)	잔류율(%)	가적 잔류율(%)	가적 통과율(%)
75	0			
50	0			
40	270			
30	1755			
25	2455			
20	2270			
15	4230			
10	2370			
5	1650			
2.5	0			
1.2	0			
0.6	0			
0.3	0			
0.15	0			
합계	15000			

가. 굵은골재의 최대치수에 대한 정의를 쓰고, 위 결과를 보고 굵은골재의 최대치수를 구하시오.

① 정의 : ______

② 굵은골재의 최대치수 : ______

나. 조립률(F.M)을 구하시오.

계산 과정) 답 : ______

해답 각체의 누적 잔류율 계산

체(mm)	남는량(g)	잔류율(%)	가적 잔류율(%)	가적 통과율(%)
75	0	0	0	100
50	0	0	0	100
40	270	1.8	1.8	98.2
30	1755	11.7	13.5	86.5
25	2455	16.4	29.9	70.1
20	2270	15.1	45.0	55
15	4230	28.2	73.2	26.8
10	2370	15.8	89.0	11
5	1650	11.0	100	0
2.5	0	0	100	0
1.2	0	0	100	0
0.6	0	0	100	0
0.3	0	0	100	0
0.15	0	0	100	0
합계	15000	100	852.4	–

가. ① 질량비로 90% 이상을 통과시키는 체 중에서 최소치수의 체눈 호칭치수로 나타낸다.

② 굵은 골재의 최대치수는 가적 통과율 90% 이상 체중에서 최소치수인 체 90% < 98.2%

∴ 40mm이다.

나. $\text{F.M} = \frac{\sum \text{각체에 남는 양의 누계}}{100}$

$= \frac{0+1.8+45.0+89.0+100\times 6}{100} = 7.36$

(∵ 30mm, 25mm, 15mm체는 제외)

□□□ 기20④

10 **최근 들어 콘크리트 구조물에 대한 비파괴 시험 방법이 많이 개방되어 사용되고 있다. 콘크리트 비파괴 시험 방법에는 어떤 것들이 있는지 4가지만 쓰시오.**

득점	배점
	4

① ______ ② ______ ③ ______ ④ ______

해답 ① 반발경도법(표면경도법)
② 초음파속도법(초음파법)
③ 조합법(반발경도법과 초음파속도법을 조합)
④ 침투탐사법(방사선법)
⑤ 인발법(철근탐사법)

국가기술자격 실기시험문제

2021년도 기사 제1회 필답형 실기시험(기사)

종 목	시험시간	배 점	성 명	수험번호
건설재료시험기사	2시간	60		

※ 수험자 인적사항 및 계산식을 포함한 답안 작성은 검은색 필기구만 사용해야 하며, 그 외 연필류, 빨간색, 청색 등 필기구로 작성한 답항은 0점 처리 됩니다.

토질분야

5문항(27점)

□□□ 기08①,09②,14④,15④,20①,21①,24①

01 도로토공 현장에서 모래치환법으로 현장 흙의 단위무게시험을 실시하여 아래와 같은 결과를 얻었다. 다짐도를 구하시오.

득점	배점
	5

【시험 결과】

- 시험구멍에서 파낸 흙의 무게 : 1670g
- 시험구멍에서 파낸 흙의 함수비 : 15%
- 시험구멍에 채워진 표준모래의 무게 : 1480g
- 시험구멍에 사용한 표준모래의 밀도 : 1.65g/cm^3
- 실내 시험에서 구한 최대건조밀도 : 1.95g/cm^3

계산 과정)

답 :

해답
- $\rho_s = \dfrac{W_{\text{sand}}}{V}$

  $\therefore\ V = \dfrac{W_{\text{sand}}}{\rho_s} = \dfrac{1480}{1.65} = 896.97\text{cm}^3$

- $\rho_t = \dfrac{W}{V} = \dfrac{1670}{896.97} = 1.86\text{g/cm}^3$

- $\rho_d = \dfrac{\rho_t}{1+\dfrac{w}{100}} = \dfrac{1.86}{1+\dfrac{15}{100}} = 1.62\text{g/cm}^3$

  $\therefore\ C_d = \dfrac{\rho_d}{\rho_{d\max}} \times 100 = \dfrac{1.62}{1.95} \times 100 = 83.08\%$

□□□ 기18②,21①

02 세립토의 경우 함수비의 변화에 따라 흙의 체적, 상태 등이 변화하는 성질인 애터버그 한계(Atteberg Limits)를 그려 각 상태를 나타내시오. (단, 소성상태, 고체상태, 액성상태, 반고체 상태로 표현)

득점	배점
	6

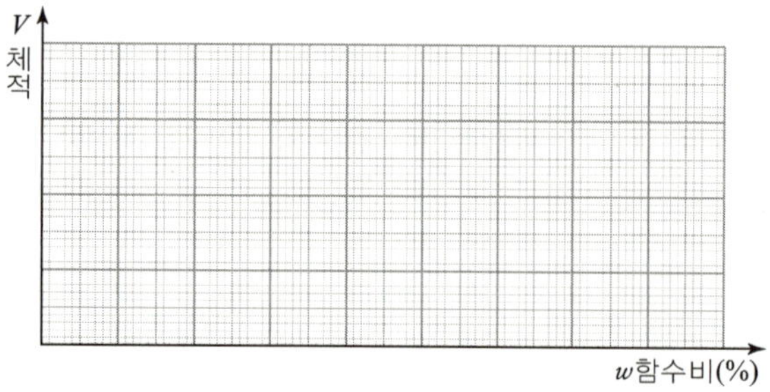

해답

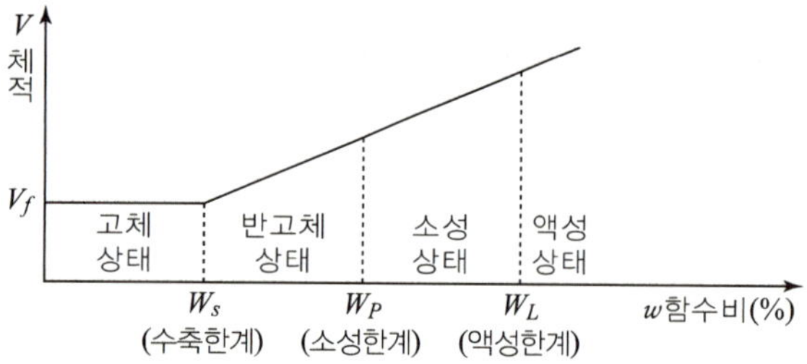

□□□ 08③,09①,11①,16②,18①,21①

03 어떤 흙의 입도분석 시험 결과가 다음과 같을 때 통일 분류법에 따라 이 흙을 분류하시오.

득점	배점
	5

【시험 결과】

No.200체(0.075mm) 통과율이 4%, No.4체(4.76mm)통과율이 74%이고, 통과백분율 10%, 30%, 60%에 해당하는 입경이 각각 $D_{10}=0.077\,\text{mm}$, $D_{30}=0.54\,\text{mm}$, $D_{60}=2.27\,\text{mm}$인 흙

계산 과정)

답 : ______________

해답 통일 분류법에 의한 흙의 분류 방법

- 1단계 : 조건 No.200 < 50%(G나 S)
- 2단계 : (No.4체 통과량 > 50%)조건 ∴ S
- 3단계 : SW($C_u>6$, $1<C_g<3$)이면 SW 아니면 SP

• 균등계수 $C_u=\dfrac{D_{60}}{D_{10}}=\dfrac{2.27}{0.077}=29.48>6$: 입도 양호(W)

• 곡률계수 $C_g=\dfrac{D_{30}^{\,2}}{D_{10}\times D_{60}}=\dfrac{0.54^2}{0.077\times 2.27}=1.67$: $1<C_g<3$: 입도 양호(W)

∴ SW (∵ 두 조건 만족)

□□□ 기08②,10④,12②,16②④,20②③,21①④,24③

04 **두께 2m의 점토층에서 시료를 채취하여 압밀시험한 결과 하중강도를 300kN/m²에서 600kN/m²로 증가시켰더니 공극비는 1.96에서 1.78으로 감소하였다. 다음 물음에 답하시오. (단, 소수점 여섯째자리에서 반올림하시오.)**

득점	배점
	6

가. 압축계수(a_v)를 구하시오.

계산 과정) 답 :

나. 체적 변화계수(m_v)를 구하시오.

계산 과정) 답 :

다. 최종 압밀 침하량(ΔH)를 구하시오.

계산 과정) 답 :

해답 가. $a_v = \dfrac{e_1 - e_2}{P_2 - P_1} = \dfrac{1.96 - 1.78}{600 - 300} = 0.0006\,\text{m}^2/\text{kN}$

나. $m_v = \dfrac{a_v}{1+e} = \dfrac{0.0006}{1+1.96} = 0.00020\,\text{m}^2/\text{kN}$

다. $\Delta H = m_v \cdot \Delta P \cdot H = 0.00020 \times (600 - 300) \times 2 = 0.12\,\text{m} = 12\,\text{cm}$

□□□ 기05④,08①,10④,14②,21①

05 **시료의 길이 25cm, 시료의 지름이 12cm인 사질토의 정수위 투수시험결과 경과 시간 2분, 유출량 116cc, 수두차 40cm였다. 투수계수를 구하시오.**

득점	배점
	5

계산 과정) 답 :

해답 $k = \dfrac{Q \cdot L}{A \cdot h \cdot t}$

- $A = \dfrac{\pi d^2}{4} = \dfrac{\pi \times 12^2}{4} = 113.097\,\text{cm}^2$
- $Q = 116\,\text{cc} = 116\,\text{cm}^3$
- $L = 25\,\text{cm}$
- $t = 2\text{분} = 120\,\text{sec}$
- $h = 40\,\text{cm}$

$\therefore\ k = \dfrac{116 \times 25}{113.097 \times 40 \times 120} = 5.34 \times 10^{-3}\,\text{cm/sec}$

건설재료분야

6문항(33점)

□□□ 기16①,20②,21①,24①

06 골재의 밀도 및 흡수율시험의 정밀도에 대한 아래 표의 설명에서 (　)를 채우시오.

득점	배점
	6

가. 굵은 골재의 밀도 및 흡수율시험의 정밀도 및 편차를 쓰시오.

○ 시험값은 평균값과의 차이가 밀도의 경우 (①), 흡수율의 경우는 (②)이어야 한다.

나. 잔골재 밀도 및 흡수율에 시험의 정밀도 및 편차를 쓰시오.

○ 시험값은 평균값과의 차이가 밀도의 경우 (①), 흡수율의 경우는 (②)이어야 한다.

해답 가. ① $0.01g/cm^3$ 이하　② 0.03% 이하
나. ① $0.01g/cm^3$ 이하　② 0.05% 이하

골재의 밀도 및 흡수율의 정밀도

■ 굵은골재의 밀도 및 흡수율
시험값은 평균값과의 차이가 밀도의 경우 $0.01g/cm^3$ 이하, 흡수율의 경우는 0.03% 이하이어야 한다.

■ 잔골재의 밀도 및 흡수율
시험값은 평균값과의 차이가 밀도의 경우 $0.01g/cm^3$ 이하, 흡수율의 경우는 0.05% 이하이어야 한다.

□□□ 기91,97,12④,13②,15①,16①

07 아스팔트 시험에 대한 다음 물음에 답하시오.

득점	배점
	5

가. 아스팔트 신도시험에서 별도의 규정이 없는 경우 시험온도와 인장속도를 설명하시오.

○ 시험온도 :

○ 인장속도 :

나. 아스팔트 침입도 시험에서 표준침의 관입량이 1.2cm로 나왔다. 침입도는 얼마인가?

계산 과정)　　답 : ____________

해답 가. • 시험온도 : 25±0.5℃
• 인장속도 : 5±0.25cm/min

나. $침입도 = \frac{관입량(mm)}{0.1} = \frac{12}{0.1} = 120$

□□□ 기88,92,94,02,05,06,11②,13①,14②,17①,20①,21①④

08 **3개의 공시체를 가지고 마샬 안정도 시험을 실시한 결과 다음과 같다. 아스팔트 혼합물의 용적률, 공극률, 포화도를 구하시오.**
(단, 아스팔트의 밀도는 1.02g/cm³, 혼합되는 골재의 평균밀도는 2.712g/cm³이다.)

득점	배점
	6

공시체 번호	아스팔트혼합율(%)	두께(cm)	질량(g)		실측밀도 (g/cm³)
			공기중	수중	
1	4.5	6.29	1151	665	2.368
2	4.5	6.30	1159	674	2.390
3	4.5	6.31	1162	675	2.386

공시체 번호	실측밀도(g/cm³)
1	2.368
2	2.390
3	2.386

계산 과정)

【답】 용적률 : ______________, 공극률 : ______________, 포화도 : ______________

해답 ■ 평균실측밀도 $=\dfrac{2.368+2.390+2.386}{3}=2.381\,\text{g/cm}^3$

■ 이론최대밀도 $D=\dfrac{100}{\dfrac{E}{F}+\dfrac{K(100-E)}{100}}$

- $\dfrac{\text{아스팔트 혼합율}(E)}{\text{아스팔트 밀도}(F)}=\dfrac{4.5}{1.02}=4.412\,\text{cm}^3/\text{g}$
- $K=\dfrac{\text{골재의 배합비}(B)}{\text{골재의 밀도}(C)}=\dfrac{100}{2.712}=36.873\,\text{cm}^3/\text{g}$

$\therefore$ 이론최대밀도 $D=\dfrac{100}{4.412+\dfrac{36.873(100-4.5)}{100}}=2.524\,\text{g/cm}^3$

- 용적율

$V_a=\dfrac{\text{아스팔트 혼합율}\times\text{평균 실측밀도}}{\text{아스팔트 밀도}}=\dfrac{4.5\times2.381}{1.02}=10.50\%$

- 공극율 $V_v=\left(1-\dfrac{\text{평균실측밀도}}{\text{이론최대밀도}}\right)\times100$

$=\left(1-\dfrac{2.381}{2.524}\right)\times100=5.67\%$

- 포화도

$S=\dfrac{\text{용적률}}{\text{용적률}+\text{공극률}}\times100=\dfrac{10.50}{10.50+5.67}\times100=64.94\%$

□□□ 기10④,13④,16④,18①,21①

09 다음은 굵은골재의 체분석표이다. 다음 물음에 답하시오.

득점	배점
	5

체크기(mm)	75	40	20	10	5	2.5	1.2
잔류율(%)	0	5	24	48	19	4	0

가. 굵은골재의 최대치수에 대한 정의를 쓰고, 위 결과를 보고 굵은골재의 최대치수를 구하시오.

① 정의 :

② 굵은골재의 최대치수 :

나. 조립률(F.M)을 구하시오.

계산 과정) 답 :

해답 가. ① 질량비로 90% 이상을 통과시키는 체 중에서 최소치수의 체눈 호칭치수로 나타낸다.

② 40mm

체크기(mm)	75	40	20	10	5	2.5	1.2	0.6	0.3	0.15
잔류율(%)	0	5	24	48	19	4	0	0	0	0
가적 잔류율(%)	0	5	29	77	96	100	100	100	100	100
가적 통과율(%)	100	95	71	23	4	0	0	0	0	0

나. $\text{조립률(F.M)} = \dfrac{\Sigma \text{각 체에 잔류한 중량백분율(\%)}}{100}$

$$= \frac{0+5+29+77+96+100\times 5}{100} = \frac{707}{100} = 7.07$$

□□□ 기16②,21①, 산05

10 콘크리트용 굵은 골재(KS F 2526)는 규정에 적합한 골재를 사용하여야 한다. 콘크리트용 굵은 골재의 유해물 함유량의 허용값을 쓰시오.

득점	배점
	6

항목	허용값
점토 덩어리(%)	①
연한 석편(%)	②
0.08mm통과량(%)	③

해답 ① 0.25 이하 ② 5.0 이하 ③ 1.0 이하

굵은 골재의 유해물 함유량 한도(질량 백분율)

구분	천연 굵은 골재
점토 덩어리(%)	0.25 [1)]
연한 석편(%)	5.0 [1)]
0.08mm체 통과량(%)	1.0
석탄, 갈탄 등으로 밀도 2.0g/cm³의 액체에 뜨는 것(%) • 콘크리트의 외관이 중요한 경우 • 기타의 경우	 0.5 1.0

주 1) 점토 덩어리와 역한 석편의 합이 5%를 넘으면 안된다.

□□□ 기18①,21①

11 잔골재에 대한 밀도 및 흡수율 시험 결과가 아래 표와 같을 때 다음 물음에 답하시오.
(단, 시험온도에서의 물의 밀도는 0.9970g/cm^3이다.)

득점 | 배점: 5

물을 채운 플라스크 질량(g)	600
표면 건조포화 상태 시료 질량(g)	500
시료와 물을 채운 플라스크 질량(g)	911
절대 건조 상태 시료 질량(g)	480

가. 표면 건조 포화 상태의 밀도를 구하시오.

계산 과정) 답 : ____________

나. 상대 겉보기 밀도(진밀도)를 구하시오.

계산 과정) 답 : ____________

다. 흡수율을 구하시오.

계산 과정) 답 : ____________

해답 가. $d_s = \dfrac{m}{B+m-C} \times \rho_w = \dfrac{500}{600+500-911} \times 0.9970 = 2.64\text{g/cm}^3$

나. $d_A = \dfrac{A}{B+A-C} \times \rho_w = \dfrac{480}{600+480-911} \times 0.9970 = 2.83\text{g/cm}^3$

다. $D_A = \dfrac{m-A}{A} \times 100 = \dfrac{500-480}{480} \times 100 = 4.17\%$

국가기술자격 실기시험문제

2021년도 기사 제2회 필답형 실기시험(기사)

종 목	시험시간	배 점	성 명	수험번호
건설재료시험기사	2시간	60		

※ 수험자 인적사항 및 계산식을 포함한 답안 작성은 검은색 필기구만 사용해야 하며, 그 외 연필류, 빨간색, 청색 등 필기구로 작성한 답항은 0점 처리 됩니다.

토질분야

6문항(30점)

□□□ 기90,14①,16④,21②

01 어떤 현장흙의 실내다짐 시험결과 최적함수비(W_{opt})가 24%, 최대건조밀도($\rho_{d\max}$)이 1.71g/cm^3, 비중(G_s)이 2.65였다. 이 흙으로 이루어진 지반에서 현장다짐을 수행한 후 함수비 시험과 모래치환법에 의한 흙의 단위중량시험을 실시하였더니 함수비가 23%, 전체 밀도(ρ_t) 1.97g/cm^3이었다. 다음 물음에 답하시오.

득점	배점
	5

가. 현장건조밀도를 구하시오.

계산 과정) 답 : ________

나. 상대다짐도를 구하시오.

계산 과정) 답 : ________

다. 현장흙의 다짐 후 공기함유율($A = V_a/V$)를 구하시오.

계산 과정) 답 : ________

해답 가. $\rho_d = \dfrac{\rho_t}{1+w} = \dfrac{1.97}{1+0.23} = 1.60\text{g/cm}^3$

나. $R = \dfrac{\rho_d}{\rho_{d\max}} \times 100 = \dfrac{1.60}{1.71} \times 100 = 93.57\%$

다. $A = \dfrac{V_a}{V} = \dfrac{V_v - V_w}{V_s + V_v} = \dfrac{e - \dfrac{S \cdot e}{100}}{1+e}$

• $e = \dfrac{\rho_w \cdot G_s}{\rho_d} - 1 = \dfrac{1 \times 2.65}{1.60} - 1 = 0.66$

• $S = \dfrac{G_s \cdot w}{e} = \dfrac{2.65 \times 23}{0.66} = 92.35\%$

$\therefore A = \dfrac{e - \dfrac{S \cdot e}{100}}{1+e} = \dfrac{0.66 - \dfrac{92.35 \times 0.66}{100}}{1+0.66} = 0.030$

• 다짐 시험 결과

$W_{opt} = 24\%$
$\rho_{d\max} = 1.71\text{g/cm}^3$
$G_s = 2.65$

• 현장 다짐 결과

$w = 23\%$
$\rho_t = 1.97\text{g/cm}^3$

□□□ 기11②,15②,21②

02 초기단계에 최대주응력(σ_1) = 측압(σ_3) = 0에서 시작해서 $K_o = 0.5$에 따라 일정하게 증가하다가 파괴된 후부터는 σ_1만 증가한 경우 응력의 그래프를 작도하시오.

득점	배점
	5

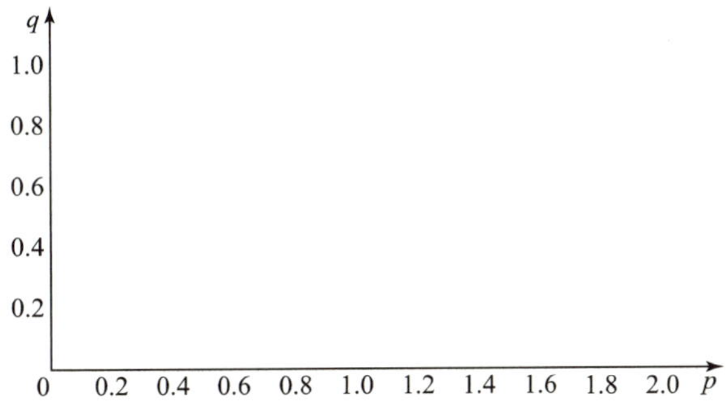

해답 $\dfrac{q}{p} = \dfrac{1-K_o}{1+K_o} = \tan\beta$

- $q = 1 - K_o = 1 - 0.5 = 0.5$
- $p = 1 + K_o = 1 + 0.5 = 1.5$
- $\beta = \tan^{-1}\dfrac{q}{p} = \tan^{-1}\dfrac{0.5}{1.5} = \tan^{-1}\left(\dfrac{1}{3}\right) = 18.43°$

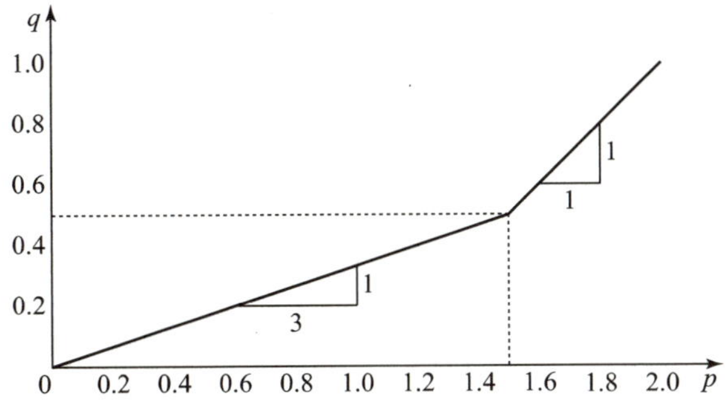

□□□ 기14②,21②

03 시료의 길이 20cm, 시료의 지름이 10cm인 모래시료에 정수위 투수시험 결과 경과 시간 10초간 유출량이 62.8cm³, 수두차 30cm였다. 투수계수를 구하시오.

득점	배점
	5

계산 과정)　　　　　　　　　　　　　　　　답 : ______________

해답 $k = \dfrac{Q \cdot L}{A \cdot h \cdot t}$

- $A = \dfrac{\pi d^2}{4} = \dfrac{\pi \times 10^2}{4} = 78.54\text{cm}^2$
- $Q = 62.8\text{cm}^3$
- $L = 25\text{cm}$
- $t = 10\text{sec}$
- $h = 30\text{cm}$　　$\therefore\ k = \dfrac{62.8 \times 20}{78.54 \times 30 \times 10} = 0.053\text{cm/sec}$

□□□ 기89,06②,18②,21②

04 **직경 75mm, 길이 60mm인 샘플러(Sampler)에 가득 찬 흙의 습윤중량 무게가 447.5g이고 노건조시켰을 때의 무게가 316.2g였다. 흙의 비중이 2.75인 경우 다음 물음에 답하시오.**

득점	배점
	5

가. 습윤밀도(ρ_t)를 구하시오.

계산 과정) 답 : ______

나. 건조밀도(ρ_d)를 구하시오.

계산 과정) 답 : ______

다. 간극비(e)를 구하시오.

계산 과정) 답 : ______

라. 포화도(S)를 구하시오.

계산 과정) 답 : ______

마. 포화밀도(ρ_{sat})를 구하시오.

계산 과정) 답 : ______

해답 가. $\rho_t = \frac{W}{V}$, $V = \frac{\pi D^2}{4} \cdot H = \frac{\pi \times 7.5^2}{4} \times 6 = 265.07\text{cm}^3$

$\therefore \rho_t = \frac{W}{V} = \frac{447.5}{265.07} = 1.69\text{g/cm}^3$

나. $\rho_d = \frac{W_s}{V} = \frac{316.2}{265.07} = 1.19\text{ g/cm}^3$

다. $e = \frac{\rho_w}{\rho_d} G_s - 1 = \frac{1}{1.19} \times 2.75 - 1 = 1.31$

라. $S = \frac{G_s \cdot w}{e} = \frac{2.75 \times 41.52}{1.31} = 87.16\%$

$w = \frac{W_w}{W_s} \times 100 = \frac{447.5 - 316.2}{316.2} \times 100 = 41.52\%$

$\therefore S = \frac{2.75 \times 41.52}{1.31} = 87.16\%$

마. $\rho_{sat} = \frac{G_s + e}{1 + e} \rho_w = \frac{2.75 + 1.31}{1 + 1.31} \times 1 = 1.76\text{g/cm}^3$

□□□ 기02②,12①,18②,21②

05 **그림과 같은 지반에 넓은 면적에 걸쳐서 $20kN/m^2$의 성토를 하려고 한다. 모래층 중의 지하수위가 정수압분포로 일정하게 유지되는 경우 점토층의 최종 압밀침하량을 구하시오.**
(단, 지표면으로부터 2.0m 깊이까지의 모래의 포화밀도 50% 가정한다.)

득점	배점
	5

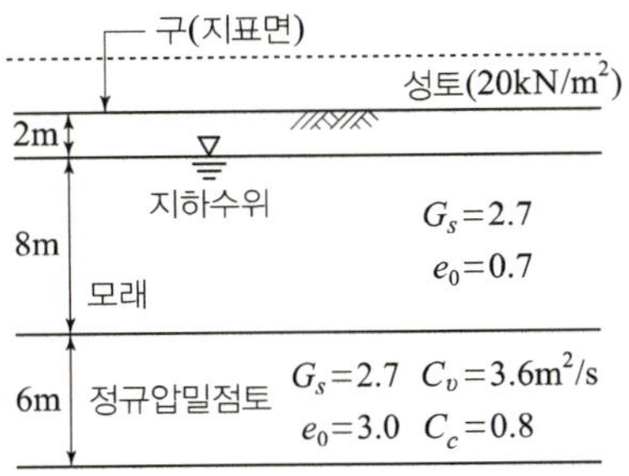

계산 과정)

답 :

해답 $\Delta H = \dfrac{C_c H}{1+e} \log \dfrac{P_0 + \Delta P}{P_0}$

■ 지표에서 2m까지의 습윤단위중량

$$\gamma_t = \frac{G_s + \frac{Se}{100}}{1+e}\gamma_w = \frac{2.7 + \frac{50 \times 0.7}{100}}{1+0.7} \times 9.81 = 17.60\text{kN/m}^3$$

■ 수중단위중량

• 모래 : $\gamma_{\text{sub}} = \dfrac{G_s - 1}{1+e}\gamma_w = \dfrac{2.7-1}{1+0.7} \times 9.81 = 9.81\text{kN/m}^3$

• 점토 : $\gamma_{\text{sub}} = \dfrac{G_s - 1}{1+e}\gamma_w = \dfrac{2.7-1}{1+3.0} \times 9.81 = 4.17\text{kN/m}^3$

■ 점토층 중앙의 유효응력

$$P_0 = \gamma_t h_1 + \gamma_{\text{sub(sand)}} h_2 + \gamma_{\text{subclay}} \times \frac{h_3}{2}$$

$$= 17.60 \times 2 + 9.81 \times 8 + 4.17 \times \frac{6}{2} = 126.19\text{kN/m}^2$$

$$\therefore \Delta H = \frac{0.8 \times 600}{1+3} \log \frac{126.19 + 20}{126.19} = 7.67\text{cm}$$

□□□ 기21②

06 포화점토 시료를 대상으로 2회의 시험을 실시하였으며, 배수조건 삼축압축시험의 결과는 다음과 같다. 전단강도정수(내부마찰각과 점착력)을 구하시오.

득점	배점
	5

시험회수	1	2
시료 파괴시 구속응력 σ_3	70.30kN/m^2	105.46kN/m^2
파괴면의 축차응력 $(\Delta\sigma_d)_f$	173.66kN/m^2	235.53kN/m^2

가. 내부마찰각을 구하시오.

계산 과정)

답 : ____________

나. 점착력을 구하시오.

계산 과정)

답 : ____________

해답 ■ $\sigma_1{}' = \sigma_1 = \sigma_3 + (\Delta\sigma_d)_f$

• 시료 1의 $\sigma_1{}'$

$\sigma_1{}' = 70.30 + 173.66 = 243.96\text{kN/m}^2$

• 시료 2의 σ_1

$\sigma_1{}' = 105.46 + 235.53 = 340.99\text{kN/m}^2$

■ $\sigma_1{}' = \sigma_3{}'\tan^2\left(45° + \frac{\phi}{2}\right) + 2c\tan\left(45° + \frac{\phi}{2}\right)$

• 시료1에서

$$243.96 = 70.30\tan^2\left(45° + \frac{\phi}{2}\right) + 2c\tan\left(45° + \frac{\phi}{2}\right) \quad \cdots\cdots (1)$$

• 시료 2에서

$$340.99 = 105.46\tan^2\left(45° + \frac{\phi}{2}\right) + 2c\tan\left(45° + \frac{\phi}{2}\right) \quad \cdots\cdots (2)$$

[(2)−(1)]에서 내부마찰각 계산

$$97.03 = 35.16\tan^2\left(45° + \frac{\phi}{2}\right)$$

참고 SOLVE 사용 ∴ $\phi = 27.91°$

(1)에서 점착력 계산

$$243.96 = 70.30\tan^2\left(45° + \frac{27.91°}{2}\right) + 2c\tan\left(45° + \frac{27.91°}{2}\right) \quad \cdots\cdots (1)$$

∴ $c = 15.03\text{kN/m}^2$

참고 SOLVE 사용

! 주의점

SOLVE 사용

건설재료분야

6문항(30점)

□□□ 기06②,08④,10①,13④,16④,21②,22①, 산10②

07 다음의 콘크리트 배합 결과를 보고 물음에 답하시오.
(단, 단위골재의 체적은 소수점 넷째자리에서 반올림하시오.)

득점	배점
	5

- 단위 시멘트량 : 320kg/m^3
- 잔골재율(S/a) : 40%
- 시멘트 비중 : 3.15
- 굵은골재의 밀도 : 2.62g/cm^3
- 물－결합재비 : 48%
- 공기량 : 5%
- 잔골재의 밀도 : 2.55g/cm^3

가. 단위 잔골재량을 구하시오.

계산 과정) 답 : ______

나. 단위 굵은골재량을 구하시오.

계산 과정) 답 : ______

해답 가. $\frac{W}{B}=48\%=0.48$

$\therefore\ W=C\times 0.48=320\times 0.48=153.60\,\text{kg/m}^3$

- 골재의 체적

$$V_a=1-\left(\frac{\text{단위수량}}{1000}+\frac{\text{단위시멘트량}}{\text{시멘트비중}\times 1000}+\frac{\text{공기량}}{100}\right)$$

$$=1-\left(\frac{153.60}{1000}+\frac{320}{3.15\times 1000}+\frac{5}{100}\right)=0.695\,\text{m}^3$$

$\therefore\ S=V_a\times S/a\times G_s\times 1000$

$=0.695\times 0.40\times 2.55\times 1000=708.90\,\text{kg/m}^3$

나. $G=V_a\times(1-S/a)\times G_g\times 1000$

$=0.695\times(1-0.40)\times 2.62\times 1000=1092.54\,\text{kg/m}^3$

□□□ 기11②,13②,17④,20①,21②

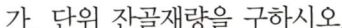

08 굳지 않은 콘크리트의 염화물 함유량 측정 방법을 4가지만 쓰시오.

득점	배점
	5

① ______ ② ______

③ ______ ④ ______

해답 ① 질산은 적정법
② 전위차 적정법
③ 이온 전극법
④ 흡광 광도법

□□□ 기17④,20②,21②

09 역청재료의 침입도 시험에서 정밀도에 대한 사항이다. 다음 사항에 대해 허용치를 쓰시오.

득점	배점
	5

가. 동일한 시험실에서 동일인이 동일한 시험기로 시간을 달리하여 동일 시료를 2회 시험했을 때 시험 결과의 차이는 얼마의 허용치를 넘어서는 안된다.

(단, Am : 시험결과의 평균치)

【답】 허용치 :

나. 서로 다른 시험실에서 서로 다른 사람이 다른 시험기로 동일 시료를 각각 1회씩 시험한 결과의 차이는 얼마의 허용치를 넘어서는 안된다.

(단, Ap : 시험결과의 평균치)

【답】 허용치 :

해답 가. 허용치 $=0.02\,Am+2$

나. 허용치 $=0.04\,Ap+4$

역청재료의 침입도 시험에서 정밀도

1) 반복성 : 동일한 시험실에서 동일인이 동일한 시험기로 시간을 달리하여 동일 시료를 2회 시험했을 때 시험 결과의 차이는 다음 허용치를 넘어서는 안된다.
허용치 $= 0.02\,Am+2$
여기서, Am : 시험결과의 평균치
2) 재현성 : 서로 다른 시험실에서 서로 다른 사람이 다른 시험기로 동일 시료를 각각 1회씩 시험한 결과의 차이는 다음 허용치를 넘어서는 안된다.
허용치 $= 0.04\,Ap+4$
여기서, Ap : 시험결과의 평균치

□□□ 기14④,15②,17①,18①,21②

10 골재의 단위 용적질량 및 실적률 시험(KS F 2505) 결과 용기의 용적이 30L, 용기 안 시료의 건조질량이 45.0kg이었다. 이 골재의 흡수율이 2.0%이고 표면건조포화상태의 밀도가 2.65kg/L 라면 공극률을 구하시오.

득점	배점
	5

계산 과정)

답 : ______________

해답 골재의 실적률 $G=\dfrac{T}{d_s}(100+Q)$

- $T=\dfrac{m_1}{V}=\dfrac{45.0}{30}=1.5\,\text{kg/L}$
- $G=\dfrac{1.5}{2.65}(100+2.0)=57.74\%$

∴ 공극률 $=100-$실적률 $=100-57.74=42.26\%$

□□□ 기11①,12②,14④,15④,18④,20②,21②,23④

11 역청 포장용 혼합물로부터 역청의 정량추출 시험을 하여 아래와 같은 결과를 얻었다. 역청 함유율(%)을 계산하시오.

득점	배점
	5

【시험 결과】

- 시료의 무게 $W_1 = 2230\text{g}$
- 시료 중의 수분의 무게 $W_2 = 110\text{g}$
- 추출된 골재의 무게 $W_3 = 1857.4\text{g}$
- 추출액 중의 세립 골재분의 무게 $W_4 = 93.0\text{g}$

계산 과정) 답 :

해답 역청 함유율$= \dfrac{(W_1 - W_2) - (W_3 + W_4 + W_5)}{W_1 - W_2} \times 100$

$= \dfrac{(2230 - 110) - (1857.4 + 93.0)}{2230 - 110} \times 100$

$= 8\%$

□□□ 기91,06②,08④,10④,19②,21②

12 콘크리트용 부순 굵은 골재를 마모시험한 결과가 아래와 같을 때 다음 물음에 답하시오.

득점	배점
	5

- 시험 전의 노건조 시료 중량 : 5000g
- 시험 후 1.7mm(No.12)체 남은 노건조시료의 중량 : 3110g

가. 마모율을 구하시오.

계산 과정) 답 :

나. 이 골재를 콘크리트용으로 사용가능 여부를 판정하시오.

계산 과정) 답 :

해답 가. 마모율$= \dfrac{\text{시험 전 시료질량} - \text{시험 후 시료질량}}{\text{시험 전 시료질량}} \times 100$

$= \dfrac{5000 - 3110}{5000} \times 100 = 37.8\%$

나. 40% > 37.8% ∴ 사용 가능

국가기술자격 실기시험문제

2021년도 기사 제4회 필답형 실기시험(기사)

종　목	시험시간	배 점	성 명	수험번호
건설재료시험기사	**2시간**	**60**		

※ 수험자 인적사항 및 계산식을 포함한 답안 작성은 검은색 필기구만 사용해야 하며, 그 외 연필류, 빨간색, 청색 등 필기구로 작성한 답항은 0점 처리 됩니다.

토질분야

6문항(30점)

□□□ 기01②,13④,18④,20④,21④

01 정규압밀점토에 대하여 압밀배수 삼축압축시험을 실시하였다. 시험결과 구속압력을 312.7kN/m² 으로 하고 축차응력 312.7kN/m²을 가하였을 때 파괴가 일어났다. 아래 물음에 답하시오.
(단, 점착력 $c=0$이다.)

득점	배점
	5

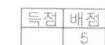

가. 내부마찰각(ϕ)을 구하시오.

계산 과정)　　　　답 : ________

나. 파괴면이 최대주응력면과 이루는 각(θ)을 구하시오.

계산 과정)　　　　답 : ________

다. 파괴면에서 전단응력(τ)을 구하시오.

계산 과정)　　　　답 : ________

해답 가. $\sin\phi = \dfrac{\sigma_1 - \sigma_3}{\sigma_1 + \sigma_3}$

- $\sigma_1 = \sigma_3 + \Delta\sigma = 312.7 + 312.7 = 625.4\text{kN/m}^2$
- $\sigma_3 = 312.7\text{kN/m}^3$

$\therefore\ \phi = \sin^{-1}\dfrac{\sigma_1 - \sigma_3}{\sigma_1 + \sigma_3} = \sin^{-1}\dfrac{625.4 - 312.7}{625.4 + 312.7} = 19.47°$

나. $\theta = 45° + \dfrac{\phi}{2}$ 에서

$= 45° + \dfrac{19.47°}{2} = 54.74°$

다. $\tau = \dfrac{\sigma_1 - \sigma_3}{2}\sin 2\theta$

$= \dfrac{625.4 - 312.7}{2}\sin(2 \times 54.74°) = 147.4\text{kN/m}^2$

□□□ 기08②,10④,12②,16②④,20②③,21①④,24③

02 **두께 2m의 점토층에서 시료를 채취하여 압밀시험한 결과 하중강도를 300kN/m²에서 600kN/m²로 증가시켰더니 공극비는 1.96에서 1.78으로 감소하였다. 다음 물음에 답하시오. (단, 소수점 여섯째자리에서 반올림하시오.)**

득점	배점
	5

가. 압축계수(a_v)를 구하시오.

계산 과정) 답 : ______

나. 체적 변화계수(m_v)를 구하시오.

계산 과정) 답 : ______

다. 최종 압밀 침하량(ΔH)를 구하시오.

계산 과정) 답 : ______

해답 가. $a_v = \dfrac{e_1 - e_2}{P_2 - P_1} = \dfrac{1.96 - 1.78}{600 - 300} = 0.0006\text{m}^2/\text{kN}$

나. $m_v = \dfrac{a_v}{1+e} = \dfrac{0.0006}{1+1.96} = 0.00020\text{m}^2/\text{kN}$

다. $\Delta H = m_v \cdot \Delta P \cdot H = 0.00020 \times (600 - 300) \times 2 = 0.12\text{m} = 12\text{cm}$

□□□ 기92②,97④,04①,06①,09①,13②,21④

03 **애터버그 한계시험 결과 액성한계 $W_L = 38.0\%$, 소성한계 $W_P = 19.0\%$를 얻었다. 자연함수비가 32.0%이고 유동지수 $I_f = 9.80\%$일 때 다음 물음에 답하시오.**

득점	배점
	5

가. 액성지수를 구하시오.

계산 과정) 답 : ______

나. 터프니스지수를 구하시오.

계산 과정) 답 : ______

다. 연경지수(컨시스턴스지수)를 구하시오.

계산 과정) 답 : ______

해답 가. $I_L = \dfrac{w_n - W_P}{I_p} = \dfrac{w_n - W_P}{W_L - W_P} = \dfrac{32 - 19}{38.0 - 19.0} = 0.68$

나. $I_t = \dfrac{I_p}{I_f} = \dfrac{19.0}{9.80} = 1.94$

다. $I_c = \dfrac{W_L - w_n}{I_p} = \dfrac{38 - 32}{19.0} = 0.32$

$\because I_p = W_L - W_P = 38.0 - 19.0 = 19.0\%$

□□□ 기12①,14②,15④,19①,20④,21④,22④

04 모래 치환법에 의한 현장 흙의 단위 무게시험 결과가 아래의 표와 같을 때 다음 물음에 답하시오.

득점	배점
	5

- 시험구멍에서 파낸 흙의 무게 : 3527g
- 시험 전, 샌드콘+모래의 무게 : 6000g
- 시험 후, 샌드콘+모래의 무게 : 2840g
- 모래의 건조밀도 : 1.6g/cm^3
- 현장 흙의 실내 토질 시험 결과, 함수비 : 10%
- 흙의 비중 : 2.72
- 최대 건조밀도 : 1.65g/cm^3

가. 현장 흙의 건조밀도를 구하시오.

계산 과정)　　　　답 : ＿＿＿＿＿＿

나. 간극비와 간극율을 구하시오.

계산 과정)

【답】 간극비 :＿＿＿＿＿＿, 간극율 : ＿＿＿＿＿＿

다. 상대 다짐도를 구하시오.

계산 과정)　　　　답 : ＿＿＿＿＿＿

해답 가. $\rho_d = \dfrac{\rho_t}{1+w}$

- $V = \dfrac{W_{\text{sand}}}{\rho_s} = \dfrac{(6000-2840)}{1.6} = 1975\text{cm}^3$
- $\rho_t = \dfrac{W}{V} = \dfrac{3527}{1975} = 1.79\text{g/cm}^3$

$\therefore\ \rho_d = \dfrac{\rho_t}{1+w} = \dfrac{1.79}{1+0.10} = 1.63\text{g/cm}^3$

나. $e = \dfrac{\rho_w G_s}{\rho_d} - 1 = \dfrac{1\times 2.72}{1.63} - 1 = 0.67$

$n = \dfrac{e}{1+e}\times 100$

$= \dfrac{0.67}{1+0.67}\times 100 = 40.12\%$

다. $R = \dfrac{\rho_d}{\rho_{d\max}}\times 100 = \dfrac{1.63}{1.65}\times 100 = 98.79\%$

□□□ 기18①,21④

05 흙의 입도분석시험에서 사용되는 분산제의 종류 3가지를 쓰시오.

득점	배점
	5

① ______ ② ______ ③ ______

해답 ① 헥사메타인산 나트륨 ② 피로인산 나트륨 ③ 트리폴리 인산나트륨

분산제

- 분산제는 헥사메타인산 나트륨의 포화용액
  - 포화용액으로서 헥사메타인산 나트륨 약 20g을 20℃의 증류수 100mL 중에 충분히 녹이고 결정의 일부가 용기 바닥에 남아 있는 상태의 용액을 사용한다.
  - 분산제는 흙 입자의 화학적 분산을 달성할 수 있는 것으로 하고 헥사메타인산 나트륨 대신에 피로 인산 나트륨, 트리폴리 인산 나트륨의 포화 용액 등을 사용하여도 좋다.

⚠ 주의점

분산제 목적

면화방지를 위해 사용

□□□ 기85,09①,10②,11④,15①,19①,21④, 산11①

06 어떤 점토질지반에서 Vane시험을 행한 결과가 다음과 같을 때 이 지반의 점착력을 구하시오.
(단, Vane 날개의 높이 $H=125\text{mm}$, 몸체의 전폭 $D=63\text{mm}$, 회전모멘트 $21.7\text{N}\cdot\text{m}$)

득점	배점
	5

계산 과정) 답 : ______

해답
$$C=\frac{M_{max}}{\pi D^2\left(\frac{H}{2}+\frac{D}{6}\right)}$$
$$=\frac{21.7\times10^3}{\pi\times63^2\left(\frac{125}{2}+\frac{63}{6}\right)}=0.024\text{N/mm}^2=0.024\text{MPa}=24\text{kN/m}^2$$

건설재료분야

6문항(30점)

□□□ 기10①,14①,17④,21④,24①

07 초음파 전달속도를 이용한 비파괴 검사법으로 콘크리트 균열깊이 측정에 이용되고 있는 검사방법을 4가지만 쓰시오.

득점	배점
	5

① ______ ② ______

③ ______ ④ ______

해답 ① T법 ② T_c-T_o법

③ BS법 ④ R−S법

⑤ 레슬리(Leslie)법

□□□ 기88,92,94,02,05,06,11②,13①,14②,17①,20①,21①④

득점	배점
	5

08 **3개의 공시체를 가지고 마샬 안정도 시험을 실시한 결과 다음과 같다. 아스팔트 혼합물의 용적률, 공극률, 포화도를 구하시오.**
(단, 아스팔트의 밀도는 1.02g/cm^3, 혼합되는 골재의 평균밀도는 2.712g/cm^3이다.)

공시체 번호	아스팔트혼합율(%)	두께(cm)	질량(g)		실측밀도 (g/cm^3)
			공기중	수중	
1	4.5	6.29	1151	665	2.368
2	4.5	6.30	1159	674	2.390
3	4.5	6.31	1162	675	2.386

공시체 번호	실측밀도(g/cm^3)
1	2.368
2	2.390
3	2.386

계산 과정)

【답】 용적률 : ______________, 공극률 : ______________, 포화도 : ______________

해답 ■ 평균실측밀도$=\dfrac{2.368+2.390+2.386}{3}=2.381\,\text{g/cm}^3$

■ 이론최대밀도 $D=\dfrac{100}{\dfrac{E}{F}+\dfrac{K(100-E)}{100}}$

- $\dfrac{\text{아스팔트 혼합율}(E)}{\text{아스팔트 밀도}(F)}=\dfrac{4.5}{1.02}=4.412\text{cm}^3/\text{g}$

- $K=\dfrac{\text{골재의 배합비}(B)}{\text{골재의 밀도}(C)}=\dfrac{100}{2.712}=36.873\text{cm}^3/\text{g}$

$\therefore$ 이론최대밀도 $D=\dfrac{100}{4.412+\dfrac{36.873(100-4.5)}{100}}=2.524\text{g/cm}^3$

- 용적율

$$V_a=\frac{\text{아스팔트 혼합율}\times\text{평균 실측밀도}}{\text{아스팔트 밀도}}=\frac{4.5\times 2.381}{1.02}=10.50\%$$

- 공극율

$$V_v=\left(1-\frac{\text{평균실측밀도}}{\text{이론최대밀도}}\right)\times 100=\left(1-\frac{2.381}{2.524}\right)\times 100=5.67\%$$

- 포화도

$$S=\frac{\text{용적률}}{\text{용적률}+\text{공극률}}\times 100=\frac{10.50}{10.50+5.67}\times 100=64.94\%$$

□□□ 기14④,21④, 산10②

09 다음의 콘크리트 배합 결과를 보고 물음에 답하시오.
(단, 소수점 넷째자리에서 반올림하시오.)

득점	배점
	5

- 단위 시멘트량 : 320kg/m^3
- 물-결합재비 : 48%
- 잔골재율(S/a) : 40%
- 공기량 : 5%
- 시멘트 비중 : 3.15
- 잔골재의 밀도 : 2.55g/cm^3
- 굵은골재의 밀도 : 2.62g/cm^3

가. 단위 잔골재량을 구하시오.

계산 과정) 답 : ______

나. 단위 굵은골재량을 구하시오.

계산 과정) 답 : ______

해답 가. $\frac{W}{B}=48\%=0.48$

$\therefore\ W=C\times 0.48=320\times 0.48=153.60\text{kg/m}^3$

- 골재의 체적

$$V_a=1-\left(\frac{\text{단위수량}}{1000}+\frac{\text{단위시멘트량}}{\text{시멘트비중}\times 1000}+\frac{\text{공기량}}{100}\right)$$

$$=1-\left(\frac{153.60}{1000}+\frac{320}{3.15\times 1000}+\frac{5}{100}\right)=0.695\text{m}^3$$

$\therefore\ S=V_a\times S/a\times G_s\times 1000$

$=0.695\times 0.40\times 2.55\times 1000=708.90\text{kg/m}^3$

나. $G=V_a\times(1-S/a)\times G_g\times 1000$

$=0.695\times(1-0.40)\times 2.62\times 1000=1092.54\text{kg/m}^3$

□□□ 기12④,13②,17①,18②,21④

10 골재의 체가름시험(KS F 2502)에 대한 아래의 물음에 답하시오.

득점	배점
	5

가. 굵은골재에 대해 시험하는 경우 시료 최소 건조질량의 기준에 대하여 간단히 설명하시오.

○

나. 잔골재에 대해 시험하는 경우 시료 최소 건조질량의 기준에 대하여 간단히 설명하시오.

○

다. 구조용 경량골재를 사용하는 경우 시료 최소 건조질량의 기준에 대하여 간단히 설명하시오.

○

해답 가. 골재의 최대치수(mm)의 0.2배를 kg으로 표시한 양으로 한다.

나. 1.18mm체를 95% 이상 통과하는 것에 대한 최소 건조질량을 100g으로 하고 1.18mm체 5%(질량비) 이상 남는 것에 대한 최소건조질량을 500g으로 한다.

다. 가, 나의 시료 최소 건조질량의 1/2로 한다.

□□□ 기11②,12④,14④,21④,23④

11 콘크리트의 배합강도를 결정하는 방법에 대하여 아래 물음에 답하시오.

득점	배점
	5

가. 압축 강도시험 횟수가 30회 이상일 때 배합강도를 결정하는 방법을 설명하시오.
(단, 호칭강도에 따라 두 가지로 구분하여 설명하시오.)

○

나. 압축 강도시험 횟수가 29회 이하이고 15회 이상인 경우 배합강도를 결정하는 방법을 설명하시오.

○

다. 콘크리트의 압축강도의 표준편차를 알지 못할 때, 또는 압축강도의 시험 횟수가 14회 이하인 경우 배합강도를 결정하는 방법을 설명하시오.

○

해답 가. • $f_{cn} \leq 35\text{MPa}$인 경우

$f_{cr} = f_{cn} + 1.34s$
$f_{cr} = (f_{cn} - 3.5) + 2.33s$] 두 값 중 큰 값

• $f_{cn} > 35\text{MPa}$인 경우

$f_{cr} = f_{cn} + 1.34s$
$f_{cr} = 0.9f_{cn} + 2.33s$] 두 값 중 큰 값

나. 계산된 표준편차에 보정계수를 곱한 값을 표준편차(s) 값으로 하여 배합강도를 결정한다.

시험횟수	표준편차의 보정계수
15	1.16
20	1.08
25	1.03
30 이상	1.00

다.

호칭강도 f_{cn}(MPa)	배합강도 f_{cr}(MPa)
21 미만	$f_{cn} + 7$
21 이상 35 이하	$f_{cn} + 8.5$
35 초과	$1.1f_{cn} + 5.0$

□□□ 기21④,22①

12 아스팔트질 혼합물의 증발감량 시험결과에 대해 물음에 답하시오.

득점	배점
	5

가. 시료의 항온 공기 중탕 내의 온도와 유지 시간은 얼마인가?

① 시료의 항온 공기 중탕 내 온도 :

○

② 시료의 항온 공기 중탕 내 온도 유지 시간

○

나. 아스팔트질 혼합물의 증발감량 시험결과 다음과 같을 때 이 아스팔트의 증발 무게 변화율을 구하시오.

• 시료 채취량 : 50.00g　　• 증발후의 시료의 무게 : 49.05g

계산 과정)　　답 : ______

다. 서로 다른 두 시험실에서 사람과 장치가 다를 때 동일 시료를 각각 1회씩 시험하여 구한 시험 결과의 허용차를 기록하시오.

증발 무게 변화율(%)	재현성의 허용치(%)
①	0.20
②	0.40
③	0.60 또는 평균값의 20%

해답 가. ① 163° ② 5시간

나. 증발 무게 변화율

$$V = \frac{W - W_s}{W_s} \times 100 = \frac{\text{증발 후 무게} - \text{채취시료}}{\text{채취시료}} \times 100$$

$$= \frac{49.05 - 50.00}{50.00} \times 100 = -1.90\%$$

다. ① 0.50 이하　② 0.50 초과 1.0 이하　③ 1.0을 초과하는 것

국가기술자격 실기시험문제

2022년도 기사 제1회 필답형 실기시험(기사)

종 목	시험시간	배 점	성 명	수험번호
건설재료시험기사	**2시간**	**60**		

※ 수험자 인적사항 및 계산식을 포함한 답안 작성은 검은색 필기구만 사용해야 하며, 그 외 연필류, 빨간색, 청색 등 필기구로 작성한 답항은 0점 처리 됩니다.

토질분야

6문항(30점)

□□□ 기95,10①,18②,22①,23④

01 점토질 시료를 변수위투수시험을 수행하여 측정시의 수온온도 23℃에서 다음과 같은 시험값을 얻었다. 이 점토의 15℃에서 투수계수를 구하시오. (단, 계산결과는 □.□□×10$^{□}$로 표현하시오.)

득점	배점
	5

【시험 결과 값】

- 스탠드 파이프 안지름 : 4.3mm
- 측정개시 시각 : t_1 =09:00
- 시료 지름 : 50mm
- 측정완료시각 : t_2 =10:40
- 시료 길이 : 20.0cm
- t_1에서 수위 : 30cm
- t_2에서 수위 : 15cm
- $\dfrac{\mu_{23}}{\mu_{15}} = 0.819$

계산 과정)

답 :

해답
- $K_{23} = 2.3\dfrac{a \times L}{A \times t}\log\dfrac{h_1}{h_2}$
- $a = \dfrac{\pi d^2}{4} = \dfrac{\pi \times 0.43^2}{4} = 0.145\,\text{cm}^2$
- $A = \dfrac{\pi d^2}{4} = \dfrac{\pi \times 5^2}{4} = 19.635\,\text{cm}^2$
- $t = (10:40 - 09:00) \times 60 = 6000\,\text{sec}$

  $\therefore\ K_{23} = 2.3\dfrac{0.145 \times 20}{19.635 \times 6000}\log\dfrac{30}{15} = 1.70 \times 10^{-5}\,\text{cm/sec}$
- $K_{15} = K_{23} \times \dfrac{\mu_{23}}{\mu_{15}} = 1.70 \times 10^{-5} \times 0.819 = 1.39 \times 10^{-5}\,\text{cm/sec}$

□□□ 기13①,15②,17①,22①

02 흙의 비중(G_s)이 2.50이고, 건조단위중량이 15.8kN/m³인 흙의 간극비(e)와 간극률(n)을 구하고, 포화도 60%일 때의 흙의 전체 단위무게를 구하시오.

득점	배점
	5

가. 간극비(e)를 구하시오.

계산 과정) 답 : ____________

나. 간극률(n)을 구하시오.

계산 과정) 답 : ____________

다. 포화도 60%일 때의 흙의 전체 단위무게(γ_t)를 구하시오.

계산 과정) 답 : ____________

해답 가. $e=\dfrac{\gamma_w \cdot G_s}{\gamma_d}-1=\dfrac{9.81\times 2.50}{15.8}-1=0.55$

나. $n=\dfrac{e}{1+e}\times 100=\dfrac{0.55}{1+0.55}\times 100=35.48\%$

다. $\gamma_t=\dfrac{G_s+\dfrac{S\cdot e}{100}}{1+e}\gamma_w=\dfrac{2.50+\dfrac{60\times 0.55}{100}}{1+0.55}\times 9.81=17.91\,\text{kN/m}^3$

□□□ 기08①,19①,22①,23②

03 바이브로플로테이션(Vibroflotation)공법에 사용되어진 채움재료의 적합치 S_N(suitability number)를 결정하고, 등급을 판정하시오.

(단, $D_{10}=0.36\text{mm}$, $D_{20}=0.52\text{mm}$, $D_{50}=1.42\text{mm}$)

득점	배점
	5

계산 과정) 답 : ____________

해답 적합지수 $S_N=1.7\sqrt{\dfrac{3}{(D_{50})^2}+\dfrac{1}{(D_{20})^2}+\dfrac{1}{(D_{10})^2}}$

$=1.7\sqrt{\dfrac{3}{(1.42)^2}+\dfrac{1}{(0.52)^2}+\dfrac{1}{(0.36)^2}}=6.10$

$\therefore$ 우수(excellent) ($\because$ $0<S_N=6.10<10$)

Brown은 채움재료의 등급을 제시

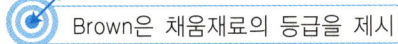

채움재료의 입도분포는 다짐정도(rate of densification)을 조절하는 중요한 요소 중의 하나이다. Brown(1977)은 채움흙의 등급을 나타내는 적합지 S_N(suitability number)의 등급을 다음과 같이 정의하였다.

S_N의 범위	0~10	10~20	20~30	30~50	$S_N>50$
등급	우수	양호	보통	빈약	부적합

□□□ 기92②,09④,11①,14①,17④,20④,22①,23②

득점	배점
	5

04 다음 그림과 같은 지층위에 성토로 인한 등분포하중 $q=40\text{kN/m}^2$이 작용할 때 다음 물음에 답하시오. (단, 점토층은 정규압밀점토이며, 소수점 이하 넷째자리에서 반올림하시오.)

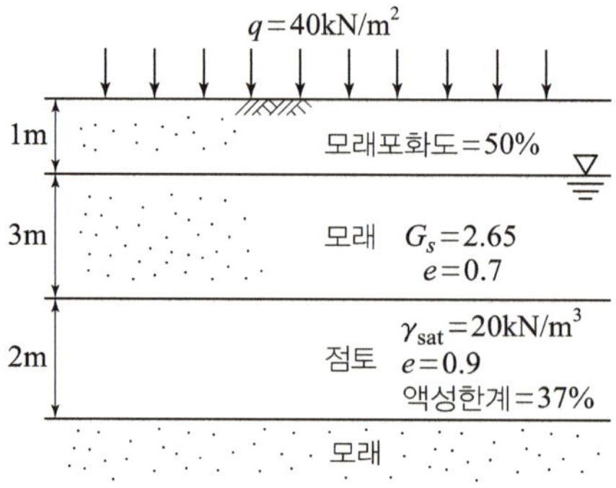

가. 지하수 아래에 있는 모래의 수중 단위중량(γ_{sub})을 구하시오.

계산 과정) 답 : ________

나. Skempton공식에 의한 점토지반의 압축지수를 구하시오.
(단, 흐트러지지 않은 시료임)

계산 과정) 답 : ________

다. 성토로 인한 점토지반의 압밀침하량(ΔH)을 구하시오.

계산 과정) 답 : ________

해답 가. $\gamma_{sub}=\dfrac{G_s-1}{1+e}\gamma_w=\dfrac{2.65-1}{1+0.7}\times 9.81=9.52\text{kN/m}^3$

나. $C_c=0.009(W_L-10)=0.009(37-10)=0.243$

다. $\Delta H=\dfrac{C_c H}{1+e_0}\log\dfrac{P_o+\Delta P}{P_o}$

- 지하수위 위의 모래층 단위중량

$$\gamma_t=\frac{G_s+\dfrac{S\cdot e}{100}}{1+e}\gamma_w=\frac{2.65+\dfrac{50\times 0.7}{100}}{1+0.7}\times 9.81=17.31\text{kN/m}^3$$

- 유효상재압력

$$P_o=\gamma_t H_1+\gamma_{sub}H_2+\gamma_{sub}\frac{H_3}{2}$$

$$=17.31\times 1+9.52\times 3+(20-9.81)\times\frac{2}{2}=56.06\text{kN/m}^2$$

$$\therefore\ \Delta H=\frac{0.243\times 200}{1+0.9}\log\frac{56.06+40}{56.06}=5.98\text{cm}$$

□□□ 기22①④

05 흙의 밀도 시험결과 다음과 같은 결과를 얻었다. 물음에 답하시오.

득점	배점
	5

비중병의 질량 m_f(g)	42.85
(비중병+시료)의 질량(g)	66.89
시료의 질량 m_s(g)	①
(비중병+증류수)의 질량 $m_a{}'$(g)	140.55
(비중병+증류수)질량 측정시 온도 T'℃	23℃
T'℃에서 증류수의 밀도 $\rho_w(T')(g/cm^3)$	0.99754
(비중병+증류수+시료)의 질량 m_b(g)	155.42
(비중병+증류수+시료)의 질량 측정시 온도 T℃	27℃
T℃에서 증류수의 밀도 $\rho_w(T)(g/cm^3)$	0.99651
(비중병+증류수)질량의 환산질량(g)	②
흙의 밀도(g/cm^3)	③

가. 시료의 질량을 계산하시오.

계산 과정) 답 :

나. (비중병+ 증류수)질량의 환산질량을 계산하시오.

계산 과정) 답 :

다. 흙의 밀도를 계산하시오.

계산 과정) 답 :

해답 가. 시료의 무게 : 66.89−42.85=24.04g

나. (비중병+증류수) 질량을 T℃로 환산한 질량

$$m_a = \frac{\rho_w(T)}{\rho_w(T')}(m_a{}' - m_f) + m_f$$

$$= \frac{0.99651}{0.99754}(140.55 - 42.85) + 42.85 = 140.45\,g$$

다. 흙의 밀도

$$\rho_s = \frac{m_s}{m_s + (m_a - m_b)}\rho_w(T)$$

$$= \frac{24.04}{24.04 + (140.45 - 155.42)} \times 0.99651$$

$$= 2.64\,g/cm^3$$

□□□ 기22①

06 어떤 세립토를 공학적 분류방법으로 시험한 결과가 아래 물음과 같을 때 다음 소성도표를 보고 답하시오.

득점	배점
	5

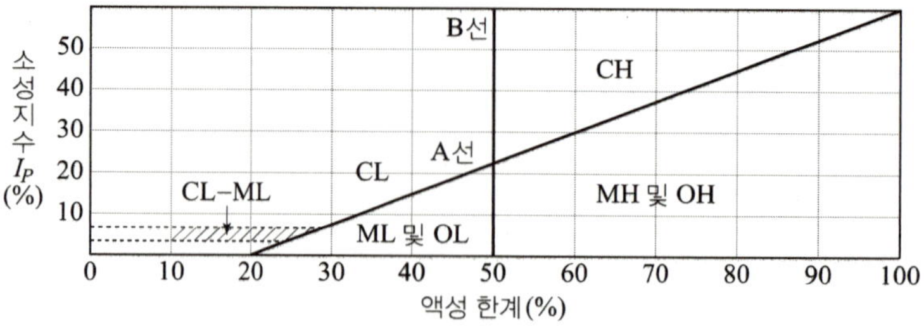

가. 액성한계가 35%, 소성한계가 20%일 때 이 흙을 분류하시오.

○

나. 액성한계가 20%, 소성지수가 6%일 때 이 흙을 분류하시오.

○

해답 가. CL
나. CL−ML

건설재료분야

6문항(30점)

□□□ 기22①,24③

07 아스팔트의 연화점시험(환구법)에 대해 물음에 답하시오.

득점	배점
	5

가. 시료를 환(ring)에 넣고 몇 시간 안에 시험을 마쳐야 하는가?

○

나. 시료가 강구와 함께 시료대에서 몇 mm 떨어진 밑판에 닿는 순간의 온도를 연화점으로 하는가?

○

다. 시험온도는 매분 몇 ℃의 비율로 온도가 상승하도록 하는가?

○

해답 가. 4시간　나. 25.4mm　다. 5±0.5℃

□□□ 기13①,15④,16①,20③,22①

득점 | 배점 5

08 콘크리트의 배합강도를 구하기 위해 전체 시험횟수 17회의 콘크리트 압축강도 측정결과가 아래 표와 같고 호칭강도가 24MPa일 때 다음 물음에 답하시오.

【압축강도 측정결과 (단위 MPa)】

26.8	22.1	26.5	26.2	26.4	22.8	23.1
25.7	27.8	27.7	22.3	22.7	26.1	27.1
22.2	22.9	26.6				

가. 위 표를 보고 압축강도의 평균값을 구하시오.

계산 과정) 답 :

나. 압축강도 측정결과 및 아래의 표를 이용하여 배합강도를 구하기 위한 표준편차를 구하시오.

【시험횟수가 29회 이하일 때 표준편차의 보정계수】

시험횟수	표준편차의 보정계수	비고
15 20 25 30 이상	1.16 1.08 1.03 1.00	이 표에 명시되지 않은 시험횟수에 대해서는 직선 보간 한다.

계산 과정) 답 :

다. 배합강도를 구하시오.

계산 과정) 답 :

해답 가. 평균값$(\bar{x}) = \dfrac{\sum x_i}{n} = \dfrac{173.9+179.4+71.7}{17} = \dfrac{425}{17} = 25\,\text{MPa}$

나. 표준편제곱합 $S = \sum(x_i - \bar{x})^2$

$$= (26.8-25)^2+(22.1-25)^2+(26.5-25)^2+(26.2-25)^2+(26.4-25)^2$$
$$+(22.8-25)^2+(23.1-25)^2+(25.7-25)^2+(27.8-25)^2+(27.7-25)^2$$
$$+(22.3-25)^2+(22.7-25)^2+(26.1-25)^2+(27.1-25)^2+(22.2-25)^2$$
$$+(22.9-25)^2+(26.6-25)^2$$
$$= 17.3+24.07+26.04+6.97 = 74.38\,\text{MPa}$$

• 표준편차$(S) = \sqrt{\dfrac{\sum(x_i-\bar{x})^2}{n-1}} = \sqrt{\dfrac{74.38}{17-1}} = 2.16\,\text{MPa}$

• 17회의 보정계수$= 1.16 - \dfrac{1.16-1.08}{20-15} \times (17-15) = 1.128$

∴ 수정 표준편차 $s = 2.16 \times 1.128 = 2.44\,\text{MPa}$

다. $f_{cn} = 24\,\text{MPa} \le 35\,\text{MPa}$인 경우

$f_{cr} = f_{cn} + 1.34s = 24 + 1.34 \times 2.44 = 27.27\,\text{MPa}$

$f_{cr} = (f_{cn} - 3.5) + 2.33s = (24-3.5) + 2.33 \times 2.44 = 26.19\,\text{MPa}$

∴ $f_{cr} = 27.27\,\text{MPa}$(두 값 중 큰 값)

□□□ 기21④,22①

09 아스팔트질 혼합물의 증발감량 시험결과에 대해 물음에 답하시오.

득점	배점
	5

가. 시료의 항온 공기 중탕 내의 온도와 유지 시간은 얼마인가?

① 시료의 항온 공기 중탕 내 온도 :

○

② 시료의 항온 공기 중탕 내 온도 유지 시간

○

나. 아스팔트질 혼합물의 증발감량 시험결과 다음과 같을 때 이 아스팔트의 증발 무게 변화율을 구하시오.

• 시료 채취량 : 50.00g　　　• 증발 후의 시료의 무게 : 49.05g

계산 과정)　　　　　　　　　　　　　　　　답 : ______

다. 서로 다른 두 시험실에서 사람과 장치가 다를 때 동일 시료를 각각 1회씩 시험하여 구한 시험결과의 허용차를 기록하시오.

증발 무게 변화율(%)	재현성의 허용치(%)
①	0.20
②	0.40
③	0.60 또는 평균값의 20%

해답 가. ① 163°

② 5시간

나. 증발 무게 변화율

$$V=\frac{W-W_s}{W_s}\times 100=\frac{\text{증발 후 무게}-\text{채취시료}}{\text{채취시료}}\times 100$$

$$=\frac{49.05-50.00}{50.00}\times 100=-1.90\%$$

다. ① 0.50 이하

② 0.50 초과 1.0 이하

③ 1.0을 초과하는 것

□□□ 기04②,05④,07①,09④,11①,17②,22①

득점	배점
	5

10 경화된 콘크리트 면에 타격에너지를 가하여 콘크리트 면의 반발경도를 측정하는 슈미트해머 (schmidt hammer)법에 대해 다음 물음에 답하시오.

가. 슈미트 해머법의 시험원리를 간단히 설명하시오.

○

나. 적용 콘크리트에 따른 슈미트 해머의 종류를 3가지만 쓰시오.

① ________ ② ________ ③ ________

다. 타격점 간격 및 측점수를 쓰시오.

① 타격점 간격 :

② 측점수 :

라. 보정반발경도의 보정방법을 3가지만 쓰시오.

① ________ ② ________ ③ ________

마. 계산에서 시험값 20개의 평균으로부터 오차가 (①)% 이상이 되는 경우의 시험값은 버리고 나머지 시험값의 평균을 구하며 이 때 범위를 벗어나는 시험값이 (②)개 이상인 경우에는 전체 시험값을 버린다.

① ________ ② ________

해답 가. 경화된 콘크리트의 표면을 스프링 힘으로 타격한 후 반발경도로부터 콘크리트의 압축강도를 추정하는 시험법

나. ① 보통 콘크리트 : N형
② 경량 콘크리트 : L형
③ 매스 콘크리트 : M형
④ 저강도 콘크리트 : P형

다. • 타격 간격 : 가로, 세로 30mm
• 측점수 : 20점 이상

라. ① 타격 각도에 대한 보정
② 콘크리트 건습에 대한 보정
③ 재령에 대한 보정
④ 압축응력에 대한 보정

마. ① ±20% ② 4개

□□□ 기06②,08④,10①,13④,16④,21②,22①, 산10②

11 다음의 콘크리트 배합 결과를 보고 물음에 답하시오.
(단, 단위골재의 체적은 소수점 넷째자리에서 반올림하시오.)

득점	배점
	5

- 단위 시멘트량 : 320kg/m^3
- 잔골재율(S/a) : 40%
- 시멘트 비중 : 3.15
- 굵은골재의 밀도 : 2.62g/cm^3
- 물－결합재비 : 48%
- 공기량 : 5%
- 잔골재의 밀도 : 2.55g/cm^3

가. 단위 잔골재량을 구하시오.

계산 과정) 답 : ____________

나. 단위 굵은골재량을 구하시오.

계산 과정) 답 : ____________

해답 가. $\frac{W}{B}=48\%=0.48$

$\therefore\ W=C\times 0.48=320\times 0.48=153.60\text{kg/m}^3$

• 골재의 체적

$$V_a=1-\left(\frac{\text{단위수량}}{1000}+\frac{\text{단위시멘트량}}{\text{시멘트비중}\times 1000}+\frac{\text{공기량}}{100}\right)$$

$$=1-\left(\frac{153.60}{1000}+\frac{320}{3.15\times 1000}+\frac{5}{100}\right)=0.695\text{m}^3$$

$\therefore\ S=V_a\times S/a\times G_s\times 1000$

$=0.695\times 0.40\times 2.55\times 1000=708.90\text{kg/m}^3$

나. $G=V_a\times(1-S/a)\times G_g\times 1000$

$=0.695\times(1-0.40)\times 2.62\times 1000=1092.54\text{kg/m}^3$

□□□ 기09,10④,11④,16④,22①,23②

12 굵은 골재에 대한 밀도 및 흡수율 시험결과가 아래 표와 같을 때 물음에 답하시오.
(소수 셋째자리에서 반올림하시오.)

득점	배점
	5

표면건조 상태의 시료질량(g)	4259
절대건조상태의 시료질량(g)	4205
수중상태의 시료질량(g)	2652
물의 밀도(g/cm^3)	0.9970

가. 표면건조 포화상태의 시료 밀도를 구하시오.

계산 과정) 답 : ____________

나. 겉보기 밀도를 구하시오.

계산 과정) 답 :

다. 흡수율을 구하시오.

계산 과정) 답 :

해답 가. $D_S = \dfrac{B}{B-C} \times \rho_w$

$= \dfrac{4259}{4259-2652} \times 0.9970 = 2.64\,\mathrm{g/cm^3}$

나. $D_A = \dfrac{A}{A-C} \times \rho_w$

$= \dfrac{4205}{4205-2652} \times 0.9970 = 2.70\,\mathrm{g/cm^3}$

다. $Q = \dfrac{B-A}{A} \times 100$

$= \dfrac{4259-4205}{4205} \times 100 = 1.28\%$

국가기술자격 실기시험문제

2022년도 기사 제2회 필답형 실기시험(기사)

종 목	시험시간	배 점	성 명	수험번호
건설재료시험기사	**2시간**	**60**		

※ 수험자 인적사항 및 계산식을 포함한 답안 작성은 검은색 필기구만 사용해야 하며, 그 외 연필류, 빨간색, 청색 등 필기구로 작성한 답항은 0점 처리 됩니다.

토질분야

6문항(30점)

□□□ 기12①,14②,15④,19①,22②,23①

01 모래 치환법에 의한 현장 흙의 단위 무게시험 결과가 아래의 표와 같을 때 다음 물음에 답하시오.

득점	배점
	6

- 시험구멍에서 파낸 흙의 무게 : 3527g
- 시험 전, 샌드콘+모래의 무게 : 6000g
- 시험 후, 샌드콘+모래의 무게 : 2840g
- 모래의 건조밀도 : 1.6g/cm^3
- 현장 흙의 실내 토질 시험 결과, 함수비 : 10%
- 최대 건조밀도 : 1.65g/cm^3

가. 현장 흙의 건조밀도를 구하시오.

계산 과정) 답 : ____________

나. 상대 다짐도를 구하시오.

계산 과정) 답 : ____________

해답 가. $\rho_d = \dfrac{\rho_t}{1+w}$

- $V = \dfrac{W_{\text{sand}}}{\rho_s} = \dfrac{(6000-2840)}{1.6} = 1975\text{cm}^3$
- $\rho_t = \dfrac{W}{V} = \dfrac{3527}{1975} = 1.79\text{g/cm}^3$

$\therefore\ \rho_d = \dfrac{\rho_t}{1+w} = \dfrac{1.79}{1+0.10} = 1.63\text{g/cm}^3$

나. $R = \dfrac{\rho_d}{\rho_{d\max}} \times 100 = \dfrac{1.63}{1.65} \times 100 = 98.79\%$

□□□ 기01②,11②,15②,22②

02 **다음은 어느 토층의 그림이다. 선행압밀하중(P_c)이 165kN/m^2일 때 상재하중 $\varDelta P = 73\text{kN/m}^2$에서 일어나는 1차 압밀량($S$)을 구하시오.**

(단, C_s(팽창지수)$= \dfrac{1}{5} C_c$(압축지수)로 가정하고, 소수점 넷째자리에서 반올림하시오.)

득점	배점
	6

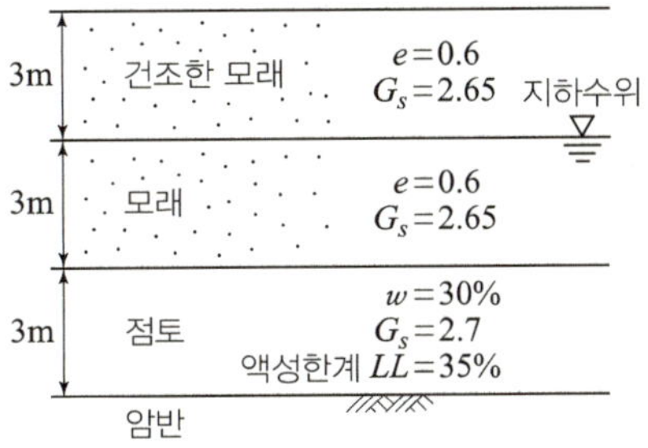

계산 과정)

답 :

해답 $S = \dfrac{C_s H}{1+e} \log \dfrac{P_c}{P_o} + \dfrac{C_c H}{1+e} \log \dfrac{P_o + \varDelta P}{P_c}$ ($\because$ $P_o + \varDelta P > P_c$일 때)

- $C_c = 0.009(W_L - 10) = 0.009(35 - 10) = 0.225$
- $C_s = \dfrac{1}{5} C_c = \dfrac{1}{5} \times 0.225 = 0.045$
- $P_c = 165\text{kN/m}^2$
- $P_o = \gamma_{d\text{sand}} h_1 + \gamma_{\text{sub(sand)}} h_2 + \gamma_{\text{subclay}} \times \dfrac{h_3}{2}$

$\gamma_{d\text{sand}} = \dfrac{G_s}{1+e}\gamma_w = \dfrac{2.65}{1+0.6} \times 9.81 = 16.25\text{kN/m}^3$

$\gamma_{\text{sub(sand)}} = \dfrac{G_s - 1}{1+e}\gamma_w = \dfrac{2.65-1}{1+0.6} \times 9.81 = 10.12\text{kN/m}^3$

$e = \dfrac{G_s \cdot w}{S} = \dfrac{2.7 \times 30}{100} = 0.81$

$\gamma_{\text{sub(clay)}} = \dfrac{G_s - 1}{1+e}\gamma_w = \dfrac{2.7-1}{1+0.81} \times 9.81 = 9.21\text{kN/m}^3$

$\therefore$ $P_o = 16.25 \times 3 + 10.12 \times 3 + 9.21 \times 1.5 = 92.93\text{kN/m}^2$

$P_o + \varDelta P = 92.93 + 73 = 165.93\text{kN/m}^2 > P_c = 165\text{kN/m}^2$

$S = \dfrac{0.045 \times 300}{1+0.81} \log \dfrac{165}{92.93} + \dfrac{0.225 \times 300}{1+0.81} \log \dfrac{92.93+73}{165} = 1.95\text{cm}$

□□□ 기22②

03 **비점성의 흙은 점성토와는 달리 함수비의 변함에 비례하여 체적이 변하지도 않아 소성한계를 결정할 수 없는 흙을 비소성(NP)이라 한다. 이러한 비소성이 결정되는 경우 3가지를 쓰시오.**

득점	배점
	5

① ② ③

해답 ① 소성한계를 구할 수 없는 경우
② 소성한계가 액성한계와 같을 때
③ 소성한계가 액성한계보다 큰 경우

□□□ 기01②,13④,18④,21④,22②

04 **정규압밀점토에 대하여 압밀배수 삼축압축시험을 실시하였다. 시험결과 구속압력을 312.7kN/m² 으로 하고 축차응력 312.7kN/m²을 가하였을 때 파괴가 일어났다. 아래 물음에 답하시오.** (단, 점착력 $c=0$이다.)

득점	배점
	8

가. 내부마찰각(ϕ)을 구하시오.

계산 과정) 답 : ______

나. 파괴면이 최대주응력면과 이루는 각(θ)을 구하시오.

계산 과정) 답 : ______

다. 파괴면에서 수직응력(σ)을 구하시오.

계산 과정) 답 : ______

해답 가. $\sin\phi = \dfrac{\sigma_1 - \sigma_3}{\sigma_1 + \sigma_3}$

- $\sigma_1 = \sigma_3 + \Delta\sigma = 312.7 + 312.7 = 625.4\text{kN/m}^2$
- $\sigma_3 = 312.7\text{kN/m}^3$

$\therefore \ \phi = \sin^{-1}\dfrac{\sigma_1 - \sigma_3}{\sigma_1 + \sigma_3} = \sin^{-1}\dfrac{625.4 - 312.7}{625.4 + 312.7} = 19.47°$

나. $\theta = 45° + \dfrac{\phi}{2}$ 에서

$= 45° + \dfrac{19.47°}{2} = 54.74°$

다. $\sigma = \dfrac{\sigma_1 + \sigma_3}{2} + \dfrac{\sigma_1 - \sigma_3}{2}\cos 2\theta$

$= \dfrac{625.4 + 312.7}{2} + \dfrac{625.4 - 312.7}{2}\cos(2 \times 54.74°) = 416.91\text{kN/m}^2$

□□□ 기22②

05 4.75mm(No.4)**통과율** 45%, 0.075mm(No.200)**통과율** 20%**이고, 액성한계** 20%, **소성한계** 10%**인 흙을 통일분류법으로 분류하시오.**

득점	배점
	4

계산 과정) 답 : ______

해답
- 1단계 : No.200 = 20% < 50% ∴ G 또는 S
- 2단계 : No.4 = 45% < 50% ∴ G
- 3단계 : No.200 = 20% > 12% ∴ M 또는 C
- 4단계 : 소성지수 $I_P = 20 - 10 = 10\% > 7\%$ ∴ GC(점토질 자갈)

□□□ 기95,10①,18②,22①②,23④

득점	배점
	4

06 점토질 시료를 변수위투수시험을 수행하여 다음과 같은 시험값을 얻었다. 이 점토의 15℃에서 투수계수를 구하시오. (단, 계산결과는 □.□□ × 10$^{□}$로 표현하시오.)

【시험 결과 값】

- 스탠드 파이프 안지름 : 4.3mm
- 측정개시 시각 : t_1 = 09:00
- 시료 지름 : 50mm
- 측정완료시각 : t_2 = 10:40
- 시료 길이 : 20.0cm
- t_1에서 수위 : 30cm
- t_2에서 수위 : 15cm

계산 과정)　　　　　　　　　　　　　　　　　　　　　　답 : ______________

해답 $K = 2.3\dfrac{a \times L}{A \times t}\log\dfrac{h_1}{h_2}$

- $a = \dfrac{\pi d^2}{4} = \dfrac{\pi \times 0.43^2}{4} = 0.145\,\text{cm}^2$
- $A = \dfrac{\pi d^2}{4} = \dfrac{\pi \times 5^2}{4} = 19.635\,\text{cm}^2$
- $t = (10:40 - 09:00) \times 60 = 6000\,\text{sec}$

$\therefore\ K = 2.3\dfrac{0.145 \times 20}{19.635 \times 6000}\log\dfrac{30}{15} = 1.70 \times 10^{-5}\,\text{cm/sec}$

건설재료분야　　　　6문항(30점)

□□□ 기10①,15①②④,22②

득점	배점
	5

07 시멘트 밀도시험(KS L 5110)과 관련된 다음 물음을 답하시오.

가. 시험용으로 사용하는 광유의 품질에 대하여 간단히 설명하시오.

○

나. 르샤틀리에 플라스크에 광유를 넣었을 때의 눈금이 0.5mL, 시멘트 64g를 넣은 경우의 눈금이 20.8mL이였다. 이 시멘트의 비중을 구하시오.

계산 과정)　　　　　　　　　　　　　　　　　　　　　　답 : ______________

해답 가. 온도 20±1℃에서 밀도 0.73Mg/m^3 이상인 완전히 탈수된 등유나 나프타를 사용한다..

나. 시멘트 밀도 $= \dfrac{\text{시멘트의 질량(g)}}{\text{르샤틀리에 플라스크의 눈금차(mL)}}$

$= \dfrac{64}{20.8 - 0.5} = 3.15\,(\text{Mg/m}^3)$

□□□ 기13①,15①,18②,21④,22②,23①②

08 시방배합으로 단위 수량 162kg/m³, 단위 시멘트량 300kg/m³, 단위 잔골재량 710kg/m³, 단위 굵은 골재량 1260kg/m³을 산출한 콘크리트의 배합을 현장골재의 입도 및 표면수를 고려하여 현장배합으로 수정한 잔골재와 굵은 골재의 양을 구하시오. (단, 현장골재 상태 : 잔골재가 5mm체에 남는 양 2%, 잔골재의 표면수 5% 굵은골재가 5mm체를 통과하는 양 6%, 굵은골재의 표면수 1%)

득점	배점
	5

계산 과정) 답 :

【답】 단위 잔골재량 : ______, 단위 굵은 골재량 : ______

해답 ■ 입도에 의한 조정

$S=710\text{kg},\ G=1260\text{kg},\ a=2\%,\ b=6\%$

$$X=\frac{100S-b(S+G)}{100-(a+b)}=\frac{100\times710-6(710+1260)}{100-(2+6)}=643.26\text{kg/m}^3$$

$$Y=\frac{100G-a(S+G)}{100-(a+b)}=\frac{100\times1260-2(710+1260)}{100-(2+6)}=1326.74\text{kg/m}^3$$

■ 표면수에 의한 조정

잔골재의 표면수 $=643.26\times\frac{5}{100}=32.16\text{kg/m}^3$

굵은골재의 표면수 $=1326.74\times\frac{1}{100}=13.27\text{kg/m}^3$

■ 현장 배합량

- 단위 수량 : $162-(32.16+13.27)=116.57\text{kg/m}^3$
- 단위 잔골재량 : $643.26+32.16=675.42\text{kg/m}^3$
- 단위 굵은재량 : $1326.74+13.27=1340.01\text{kg/m}^3$

【답】 단위 잔골재량 : 675.42kg/m³, 단위 굵은 골재량 : 1340.01kg/m³

□□□ 기19②,22②

09 아스팔트와 관련된 시험에 대한 물음에 답하시오.

득점	배점
	5

가. 아스팔트의 침입도시험 결과 관입깊이가 6mm였다. 침입도를 구하시오.

계산 과정) 답 :

나. 앵글러 점도계를 사용한 아스팔트의 점도시험 결과 시료의 유출시간 140초, 증류수의 유출시간 20초를 얻었다. 이 때 앵글러 점도를 구하시오.

계산 과정) 답 :

해답 가. 침입도 $=\frac{\text{관입량(mm)}}{0.1}=\frac{6}{0.1}=60$

나. 앵글러 점도 $\eta=\frac{\text{시료의 유출시간(초)}}{\text{증류수의 유출시간(초)}}=\frac{140}{20}=7$

□□□ 기88,92,94,02,05,06,11②,13①,14②,17①,18②,19①,20①,22②,23④

득점	배점
	10

10 **3개의 공시체를 가지고 마샬 안정도 시험을 실시한 결과 다음과 같다. 아래 물음에 답하시오.**
(단, 아스팔트의 밀도는 $1.02 g/cm^3$, 혼합되는 골재의 평균밀도는 $2.712 g/cm^3$이다.)

공시체 번호	아스팔트혼합율(%)	두께(cm)	질량(g)		용적(cm^3)
			공기중	수중	
1	4.5	6.29	1151	665	486
2	4.5	6.30	1159	674	485
3	4.5	6.31	1162	675	487

가. 아스팔트 혼합물의 실측밀도 및 이론 최대밀도를 구하시오.
(단, 소수점 넷째자리에서 반올림하시오.)

계산 과정)　　　　　　　　　　　　　답 : ____________

공시체 번호	실측밀도(g/cm^3)
1	
2	
3	
평균	

【답】 이론최대밀도 : ____________

나. 아스팔트 혼합물의 용적률, 공극률, 포화도를 구하시오.
(단, 소수점 넷째자리에서 반올림하시오.)

계산 과정)

【답】 용적률 : ____________, 공극률 : ____________, 포화도 : ____________

해답 가. ■ 실측밀도 $= \dfrac{\text{공기중 질량(g)}}{\text{용적}(cm^3)}$

공시체 번호	실측밀도(g/cm^3)
1	$\dfrac{1151}{486} = 2.368 g/cm^3$
2	$\dfrac{1159}{485} = 2.390 g/cm^3$
3	$\dfrac{1162}{487} = 2.386 g/cm^3$
평균	$\dfrac{2.368 + 2.390 + 2.386}{3} = 2.381 g/cm^3$

■ 이론최대밀도 $D = \dfrac{100}{\dfrac{E}{F} + \dfrac{K(100-E)}{100}}$

• $\dfrac{\text{아스팔트 혼합율}(E)}{\text{아스팔트 밀도}(F)} = \dfrac{4.5}{1.02} = 4.412 cm^3/g$

• $K=\dfrac{\text{골재의 배합비}(B)}{\text{골재의 밀도}(C)}=\dfrac{100}{2.712}=36.873\text{cm}^3/\text{g}$

∴ 이론최대밀도 $D=\dfrac{100}{4.412+\dfrac{36.873(100-4.5)}{100}}=2.524\text{g/cm}^3$

나. • 용적율

$$V_a=\frac{\text{아스팔트 혼합율}\times\text{평균 실측밀도}}{\text{아스팔트밀도}}=\frac{4.5\times2.381}{1.02}=10.504\%$$

• 공극율

$$V_v=\left(1-\frac{\text{평균실측밀도}}{\text{이론최대밀도}}\right)\times100=\left(1-\frac{2.381}{2.524}\right)\times100=5.666\%$$

• 포화도

$$S=\frac{\text{용적률}}{\text{용적률}+\text{공극률}}\times100=\frac{10.504}{10.504+5.666}\times100=64.960\%$$

□□□ 기16②,18④,22②

11 잔골재에 대한 밀도 및 흡수율 시험 결과가 아래 표와 같을 때 다음 물음에 답하시오. (단, 시험온도에서의 물의 밀도는 0.9970g/cm^3이다.)

득점	배점
	5

물을 채운 플라스크 질량(g)	687
표면 건조포화 상태 시료 질량(g)	500
시료와 물을 채운 플라스크 질량(g)	998
절대건조 상태 시료 질량(g)	492

가. 표면건조 포화상태의 밀도를 구하시오.

계산 과정) 답 : ______

나. 절대건조밀도를 구하시오.

계산 과정) 답 : ______

다. 흡수율을 구하시오.

계산 과정) 답 : ______

해답 가. $d_s=\dfrac{m}{B+m-C}\times\rho_w=\dfrac{500}{687+500-998}\times0.9970=2.64\text{g/cm}^3$

나. $d_d=\dfrac{A}{B+m-C}\times\rho_w=\dfrac{492}{687+500-998}\times0.9970=2.60\text{g/cm}^3$

다. $D_A=\dfrac{m-A}{A}=\dfrac{500-492}{492}\times100=1.63\%$

□□□ 기10②,16②,19④,22②

12 콘크리트의 호칭강도(f_{cn})가 40MPa이고, 30회 이상의 충분한 압축 강도시험을 거쳐 4.5MPa의 표준편차를 얻었다. 이 콘크리트의 배합강도(f_{cr})를 구하시오.

득점	배점
	4

계산 과정)

답 : ______________

해답 ■ $f_{cn} = 40\text{MPa} > 35\text{MPa}$일 때

- $f_{cr} = f_{cn} + 1.34s\,(\text{MPa}) = 40 + 1.34 \times 4.5 = 46.03\text{MPa}$
- $f_{cr} = 0.9 f_{cn} + 2.33\,s\,(\text{MPa}) = 0.9 \times 40 + 2.33 \times 4.5 = 46.49\text{MPa}$

∴ 배합강도 $f_{cr} = 46.49\text{MPa}$(큰 값)

국가기술자격 실기시험문제

2022년도 기사 제4회 필답형 실기시험(기사)

종 목	시험시간	배 점	성 명	수험번호
건설재료시험기사	2시간	60		

※ 수험자 인적사항 및 계산식을 포함한 답안 작성은 검은색 필기구만 사용해야 하며, 그 외 연필류, 빨간색, 청색 등 필기구로 작성한 답항은 0점 처리 됩니다.

토질분야

6문항(30점)

□□□ 기88②,08②,09④,11①,15①,17②,20②,22④

01 어떤 흙의 수축한계시험을 한 결과가 다음과 같았다. 다음 물음에 답하시오.

득점	배점
	6

수축 접시내 습윤 시료 부피	$22.2cm^3$
노건조 시료 부피	$16.7cm^3$
노건조 시료 중량	25.84g
습윤 시료의 함수비	45.75%

가. 수축한계를 구하시오.

계산 과정)　　　　　　답 : ______

나. 수축비를 구하시오.

계산 과정)　　　　　　답 : ______

다. 흙의 비중을 구하시오.

계산 과정)　　　　　　답 : ______

해답 가. $w_s = w - \dfrac{(V-V_o)\rho_w}{W_o} \times 100$

$= 45.75 - \dfrac{(22.2-16.7)\times 1}{25.84} \times 100 = 24.47\%$

나. $R = \dfrac{W_o}{V_o \cdot \rho_w} = \dfrac{25.84}{16.7 \times 1} = 1.55$

다. $G_s = \dfrac{1}{\dfrac{1}{R} - \dfrac{w_s}{100}} = \dfrac{1}{\dfrac{1}{1.55} - \dfrac{24.47}{100}} = 2.50$

□□□ 기22①④

02 흙의 밀도시험결과 다음과 같은 결과를 얻었다. 물음에 답하시오.

득점	배점
	5

구분	측정값	물의 밀도
비중병의 질량 m_f(g)	42.85	
증류수를 채운 비중병의 질량 m_a'(g)	140.55	
m_a'를 측정하였을 때 비중병의 내용물 온도 T'℃	23.5	0.99742
노건시료를 채운 비중병의 질량(g)	66.89	
노건조 시료 질량 m_s(g)	24.04	
증류수와 시료를 채운 비중병의 질량 m_b (g)	155.42	
m_b를 측정하였을 때 비중병의 내용물 온도 T℃	27	0.99651
15℃에서 증류수의 밀도(g/cm^3)		0.99910

가. 노건시료의 질량을 계산하시오.

계산 과정)

답 : ________

나. T℃에서 증류수를 채운 비중병의 질량을 구하시오.

계산 과정)

답 : ________

다. T℃에서 흙 입자의 밀도를 구하시오.

계산 과정)

답 : ________

라. 15℃에서 흙 입자의 비중을 구하시오.

계산 과정)

답 : ________

해답 가. $66.89-42.85=24.04\text{g}$

나. $m_a=\dfrac{\rho_w(T)}{\rho(T')}(m_a'-m_f)+m_f$

$=\dfrac{0.99651}{0.99742}(140.55-42.85)+42.85$

$=140.46\text{g}$

다. $\rho_s=\dfrac{m_s}{m_s+(m_a-m_b)}\rho_w$

$=\dfrac{24.04}{24.04+(140.46-155.42)}\times 0.99651$

$=2.64\text{g/cm}^3$

라. $G_{15}=\dfrac{\rho_w(T)}{\rho(15℃)}\times\rho_s=\dfrac{0.99651}{0.99910}\times 2.64=2.63$

• 흙입자의 밀도
ρ_s : 단위가 있음

• 흙입자의 비중
G_{15} : 단위가 없음

□□□ 기08①,10①,17①,20④,22④

03 **다음 그림과 같은 지반에 4m×4m의 구조물을 설치하는 경우에 대하여 다음 물음에 답하시오.**

득점	배점
	8

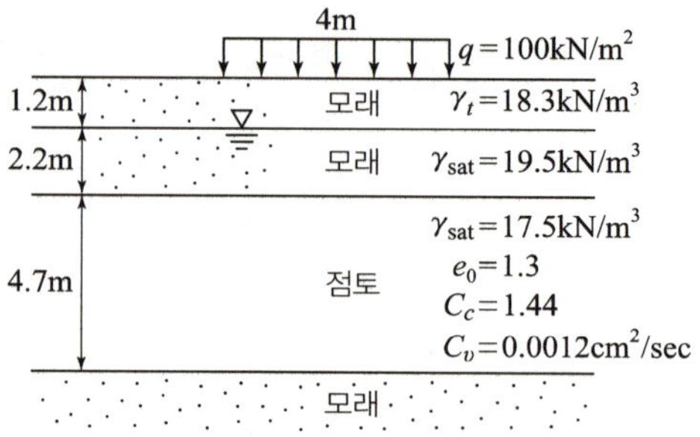

• C_v : 압밀계수
• C_c : 압축지수

가. 점토층 중앙에 작용하는 초기유효응력을 구하시오.

계산 과정) 답 : ____________

나. 재하로 인한 점토층 중앙의 응력증가를 2 : 1분포법으로 구하시오.

계산 과정) 답 : ____________

다. 점토지반의 최종 압밀침하량을 구하시오.

계산 과정) 답 : ____________

해답 가. $P_1=\gamma_t\cdot h_1+\gamma_{sub}\cdot h_2+\gamma_{sub}\cdot\frac{h_3}{2}$

$=18.3\times1.2+(19.5-9.81)\times2.2+(17.5-9.81)\times\frac{4.7}{2}=61.35\text{kN/m}^2$

나. $\Delta P=\frac{q\cdot B\cdot L}{(B+Z)(L+Z)}$

• $Z=1.2+2.2+\frac{4.7}{2}=5.75\text{m}$

$\therefore\ \Delta P=\frac{100\times4\times4}{(4+5.75)(4+5.75)}=16.83\text{kN/m}^2$

다. 침하량 $S=\frac{C_cH}{1+e}\log\frac{P_1+\Delta P}{P_1}$

$\therefore\ S=\frac{1.44\times470}{1+1.3}\log\frac{61.35+16.83}{61.35}=30.98\text{cm}$

□□□ 기85,09①,10②,11④,15①,19①,21④,22④, 산11①

04 **어떤 점토질지반에서 Vane시험을 행한 결과가 다음과 같을 때 이 지반의 점착력을 구하시오.**
(단, Vane 날개의 높이 $H=125$mm, 몸체의 전폭 $D=63$mm, 회전모멘트 21.7N·m)

득점	배점
	4

계산 과정) 답 : ____________

해답 $C=\frac{M_{max}}{\pi D^2\left(\frac{H}{2}+\frac{D}{6}\right)}$

$=\frac{21.7\times10^3}{\pi\times63^2\left(\frac{125}{2}+\frac{63}{6}\right)}=0.024\text{N/mm}^2=0.024\text{MPa}=24\text{kN/m}^2$

□□□ 기22④

05 그림과 같은 실트질 모래층에 지하수면 위 2.0m까지 모세관 영역이 존재할 때 각 지점의 유효응력을 계산하시오.(단, 실트질 모래층의 간극비=0.50, 흙의 비중=2.67, 모세관 영역의 포화도는 60%이다.)

득점	배점
	5

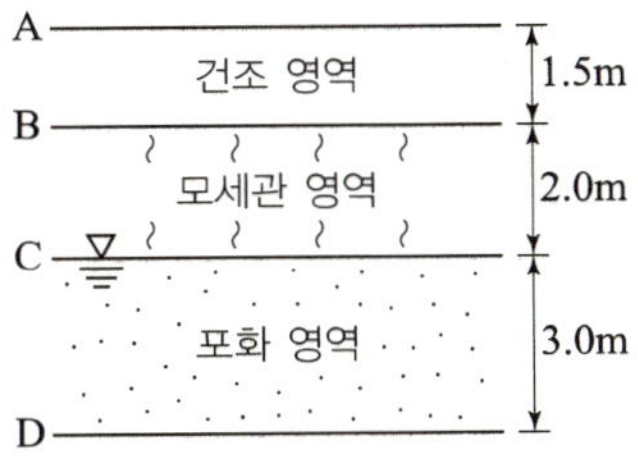

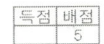

가. B면상 바로 아래의 유효응력을 계산하시오.

계산 과정) 답 : ________

나. C면상의 유효응력을 계산하시오.

계산 과정) 답 : ________

다. D면상의 유효응력을 계산하시오.

계산 과정) 답 : ________

해답 가. 유효응력 $\bar{\sigma}=\gamma_d h_1-\gamma_w h_2 S$

- $\gamma_d=\dfrac{G_s}{1+e}\gamma_w=\dfrac{2.67}{1+0.50}\times 9.81=17.46\text{kN/m}^3$

$\therefore\ \bar{\sigma}=17.46\times 1.5-\left(-9.81\times 2.0\times \dfrac{60}{100}\right)$

$=37.96\text{kN/m}^2$

나. 유효응력 $\bar{\sigma}=\gamma_d h_1+\gamma_t h_2$

- $\gamma_t=\dfrac{G_s+\dfrac{S\cdot e}{100}}{1+e}\gamma_w=\dfrac{2.67+\dfrac{60\times 0.50}{100}}{1+0.50}\times 9.81=19.42\text{kN/m}^3$

$\bar{\sigma}=17.46\times 1.5+19.42\times 2.0$

$=65.03\text{kN/m}^2$

다. 유효응력 $\bar{\sigma}=\gamma_d h_1+\gamma_t h_2+\gamma_{sub} h_3$

- $\gamma_{sub}=\dfrac{G_s-1}{1+e}\gamma_w=\dfrac{2.67-1}{1+0.50}\times 9.81=10.92\text{kN/m}^3$

$\bar{\sigma}=17.46\times 1.5+19.42\times 2.0+10.92\times 3.0$

$=97.79\text{kN/m}^2$

□□□ 기14④,17②,19①,22④,23④

06 도로 토공현장에서 들밀도 시험에 대해 물음에 답하시오.

득점	배점
	6

가. 현장단위중량을 구하는 방법을 보기와 같이 3가지만 쓰시오.

【보 기】

모래치환법(들밀도 시험)

① ____________ ② ____________ ③ ____________

나. 도로현장 토공에서 들밀도 시험을 하여 파낸구멍의 체적 $V = 1960\text{cm}^3$이었고 이 구멍에서 파낸 흙 무게가 3440g이었다. 이 흙의 토질시험결과 함수비 15.3%였으며 최대건조밀도는 $\rho_{d\max} = 1.60\text{g/cm}^3$이었다.

① 현장건조 밀도를 구하시오.

계산 과정) 답 : ____________

② 흙의 다짐도를 구하시오.

계산 과정) 답 : ____________

해답 가. ① 고무막법

② 코어 절삭법

③ 방사선 밀도기에 의한 방법(γ선 산란형 밀도계)

④ Truck scale에 의한 방법

나. ① $\rho_d = \dfrac{\rho_t}{1+w}$

• $\rho_t = \dfrac{W}{V} = \dfrac{3440}{1960} = 1.755\text{g/cm}^3$

$\therefore\ \rho_d = \dfrac{1.755}{1+0.15} = 1.53\text{g/cm}^3$

② $C_d = \dfrac{\rho_d}{\rho_{d\max}} \times 100 = \dfrac{1.53}{1.60} \times 100 = 95.63\%$

건설재료분야

6문항(30점)

□□□ 기11①,17②,19①,22④

07 경화된 콘크리트 면에 타격에너지를 가하여 콘크리트 면의 반발경도를 측정하는 슈미트해머법(schmidt hammer)에 대해 다음 물음에 답하시오.

득점	배점
	5

가. ① 해머 타격 시 가장자리 : (　　)mm 이격

② 타격점 간격 : (　　)mm

③ 타격 횟수 : (　　)

나. 적용 콘크리트에 따른 슈미트 해머의 종류를 2가지만 쓰시오.

① ________　② ________

해답 가. ① 100mm　② 30mm　③ 20

나. ① 보통콘크리트 : N형　② 경량콘크리트 : L형

③ 매스콘크리트 : M형　④ 저강도 콘크리트 : P형

□□□ 기16②,21①,22④, 산05

08 콘크리트용 굵은 골재(KS F 2526)는 규정에 적합한 골재를 사용하여야 한다. 콘크리트용 굵은 골재의 유해물 함유량의 허용값을 쓰시오.

득점	배점
	5

항 목	허용값(%)
점토 덩어리	①
연한 석편	②
0.08mm통과량	③
석탄, 갈탄 등으로 밀도 $2.0g/cm^3$의 액체에 뜨는 것 • 콘크리트의 외관이 중요한 경우	④
석탄, 갈탄 등으로 밀도 $2.0g/cm^3$의 액체에 뜨는 것 • 기타의 경우	⑤

해답 ① 0.25　② 5.0　③ 1.0　④ 0.5　⑤ 1.0

굵은 골재의 유해물 함유량 한도(질량 백분율)

구분	천연 굵은 골재
점토 덩어리(%)	0.25 1)
연한 석편(%)	5.0 1)
0.08mm체 통과량(%)	1.0
석탄, 갈탄 등으로 밀도 $2.0g/cm^3$의 액체에 뜨는 것(%) • 콘크리트의 외관이 중요한 경우 • 기타의 경우	 0.5 1.0

주 1) 점토 덩어리와 연한 석편의 합이 5%를 넘으면 안된다.

□□□ 기88,93,08④,10①,13④,14④,16④,22④, 산10②

09 다음 콘크리트의 배합 결과를 보고 물음에 답하시오.
(단, 소수점 넷째자리에서 반올림하시오.)

득점	배점
	6

- 단위 시멘트량 : 320kg/m³
- 물-결합재비 : 48%
- 잔골재율(S/a) : 40%
- 공기량 : 5%
- 시멘트 비중 : 3.15
- 잔골재의 밀도 : 2.55g/cm³
- 굵은골재의 밀도 : 2.62g/cm³

가. 단위 수량을 구하시오.

계산 과정) 답 : ______

나. 단위 잔골재량을 구하시오.

계산 과정) 답 : ______

다. 단위 굵은골재량을 구하시오.

계산 과정) 답 : ______

해답 가. $\dfrac{W}{B}=48\%=0.48$

$\therefore\ W=C\times 0.48=320\times 0.48=153.60\text{kg/m}^3$

나. 골재의 체적

$$V_a=1-\left(\frac{\text{단위수량}}{1000}+\frac{\text{단위시멘트량}}{\text{시멘트비중}\times 1000}+\frac{\text{공기량}}{100}\right)$$

$$=1-\left(\frac{153.60}{1000}+\frac{320}{3.15\times 1000}+\frac{5}{100}\right)=0.695\text{m}^3$$

$\therefore\ S=V_a\times S/a\times G_s\times 1000$

$=0.695\times 0.40\times 2.55\times 1000=708.90\text{kg/m}^3$

다. $G=V_a\times(1-S/a)\times G_g\times 1000$

$=0.695\times(1-0.40)\times 2.62\times 1000=1092.54\text{kg/m}^3$

□□□ 기91,97,12④,13②,16①,19②,22④

10 아스팔트 시험에 대한 다음 물음에 답하시오.

득점	배점
	5

가. 아스팔트 신도시험에서의 별도의 규정이 없는 경우 시험온도와 인장속도를 쓰시오.

① 시험온도 : ______ ② 인장속도 : ______

나. ① 보통 25℃에서 (   )mL의 유출 시간을 비교하여 비점도로 나타낸다.

② 유출구에서 나무 마개를 빼고 (   )를 유출시킨다.

해답 가. ① 시험온도 : 25±0.5℃

② 인장속도 : 5±0.25cm/min

나. 50mL 나. 증류수

□□□ 기17④,20②,21②,22④

11 역청재료 시험에 대해 물음에 답하시오.

득점	배점
	5

가. 동일한 시험실에서 동일인이 동일한 시험기로 시간을 달리하여 동일 시료를 2회 시험했을 때 시험 결과의 차이는 얼마의 허용치를 넘어서는 안된다.
(단, Am : 시험결과의 평균치)

【답】 허용치 : ______

나. 역청 포장용 혼합물로부터 역청의 정량추출 시험을 하여 아래와 같은 결과를 얻었다. 역청 함유율(%)을 계산하시오.

【시험 결과】

- 시료의 무게 $W_1 = 2230\text{g}$
- 시료 중의 수분의 무게 $W_2 = 110\text{g}$
- 추출된 골재의 무게 $W_3 = 1857.4\text{g}$
- 추출액 중의 세립 골재분의 무게 $W_4 = 93.0\text{g}$

계산 과정) 답 : ______

해답 가. 허용치 $= 0.02\,\text{Am} + 2$

나. $$\text{역청 함유율} = \frac{(W_1 - (W_2 + W_3 + W_4 + W_5)}{W_1 - W_2} \times 100$$

$$= \frac{(2230 - (110 + 1857.4 + 93.0)}{2230 - 110} \times 100$$

$$= 8\%$$

□□□ 기12④,13②,17①,18②,22④,23④

12 골재의 체가름시험(KS F 2502)에 대한 아래의 물음에 답하시오.

득점	배점
	5

가. 골재 시험하는 경우 시료 최소 건조질량의 기준에 대해 물음에 답하시오.

① 굵은골재에 대해 시험하는 경우 시료 최소 건조질량의 기준은 골재의 최대치수의 (　)배를 kg으로 표시한 양으로 한다.

② 잔골재에 대해 시험하는 경우 시료 최소 건조질량의 기준은 1.18mm체를 95% 이상 통과하는 것에 대한 최소 건조질량을 (　)g으로 하고 1.18mm체 5%(질량비)이상 남는 것에 대한 최소건조질량을 (　)g으로 한다.

나. 다음 표는 골재의 체가름 시험 결과이다. 조립률을 구하시오.

체크기(mm)	75	40	20	10	5	2.5	1.2
잔류율(%)	0	15	35	40	10	0	0

계산 과정) 답 : ______

해답 가. ① 0.2배

② 100g, 500g

나.

체크기(mm)	75	40	20	10	5	2.5	1.2	0.6	0.3	0.15
잔류율(%)	0	15	35	40	10	0	0	0	0	0
가적잔류율(%)	0	15	50	90	100	100	100	100	100	100

$$조립률 = \frac{\Sigma 각\ 체의 누적잔유율(\%)}{100}$$

$$= \frac{0+15+50+90+100\times 6}{100} = 7.55$$

국가기술자격 실기시험문제

2023년도 기사 제1회 필답형 실기시험(기사)

종 목	시험시간	배 점	성 명	수험번호
건설재료시험기사	2시간	60		

※ 수험자 인적사항 및 계산식을 포함한 답안 작성은 검은색 필기구만 사용해야 하며, 그 외 연필류, 빨간색, 청색 등 필기구로 작성한 답항은 0점 처리 됩니다.

토질분야

6문항(30점)

□□□ 기12①,14②,15④,19①,22②,23①

01 모래 치환법에 의한 현장 흙의 단위 무게시험 결과가 아래의 표와 같을 때 다음 물음에 답하시오.

득점	배점
	5

- 시험구멍에서 파낸 흙의 무게 : 3527g
- 시험 전, 샌드콘+모래의 무게 : 6000g
- 시험 후, 샌드콘+모래의 무게 : 2840g
- 모래의 건조밀도 : 1.6g/cm^3
- 현장 흙의 실내 토질 시험 결과, 함수비 : 10%
- 최대 건조밀도 : 1.65g/cm^3

가. 현장 흙의 건조밀도를 구하시오.

계산 과정) 답 : ______

나. 상대 다짐도를 구하시오.

계산 과정) 답 : ______

해답 가. $\rho_d = \dfrac{\rho_t}{1+w}$

- $V = \dfrac{W_{\text{sand}}}{\rho_s} = \dfrac{(6000-2840)}{1.6} = 1975\text{cm}^3$
- $\rho_t = \dfrac{W}{V} = \dfrac{3527}{1975} = 1.79\text{g/cm}^3$

$\therefore \rho_d = \dfrac{\rho_t}{1+w} = \dfrac{1.79}{1+0.10} = 1.63\text{g/cm}^3$

나. $R = \dfrac{\rho_d}{\rho_{d\max}} \times 100 = \dfrac{1.63}{1.65} \times 100 = 98.79\%$

□□□ 기23①,24①

02 직경 300mm의 재하판을 사용하여 평판재하시험을 한 결과 침하량 1.25mm에 대한 하중강도를 165N/m²을 얻었다. 다음 물음에 답하시오.

득점	배점
	5

가. 지지력계수 K_{30}를 구하시오.

계산 과정) 답 :

나. 직경 400mm의 재하판을 사용한다면 지지력계수 K_{40}을 구하시오.

계산 과정) 답 :

다. 직경 750mm의 재하판을 사용한다면 지지력계수 K_{75}을 구하시오.

계산 과정) 답 :

해답 가. $K_{30} = \frac{P}{S} = \frac{165}{1.25 \times \frac{1}{1000}} = 132000\,\text{N/m}^3 = 132\,\text{kN/m}^3$

나. $K_{30} = 1.3K_{40}$에서

$\therefore K_{40} = \frac{1}{1.3}K_{30} = \frac{1}{1.3} \times 132 = 101.54\,\text{kN/m}^3$

다. $K_{30} = 2.2K_{75}$에서

$\therefore K_{75} = \frac{1}{2.2}K_{30} = \frac{1}{2.2} \times 132 = 60.00\,\text{kN/m}^3$

재하판에 따른 지지력 계수

- 지지력개수 $K = \frac{P}{S}(\text{kN/m}^3)$
- 지지력계수 $K_{30} = 1.3K_{40}$, $K_{40} = \frac{1}{1.3}K_{30}$
- 지지력계수 $K_{30} = 2.2K_{75}$, $K_{75} = \frac{1}{2.2}K_{30}$

□□□ 기08④,09①,12①,17②,23①

03 다음 물음에 해당되는 흙의 통일분류 기호를 쓰시오.

득점	배점
	5

가. No.200체(0.075mm) 통과율이 10%, No.4체(4.76mm)통과율이 74%이고, 통과백분율 10%, 30%, 60%에 해당하는 입경이 각각 $D_{10} = 0.15\text{mm}$, $D_{30} = 0.38\text{mm}$, $D_{60} = 0.61\text{mm}$인 흙 :

나. 액성한계가 40%이며, 소성이 작은 무기질의 silt흙 :

다. 이탄 및 그 외의 유기질이 극히 많은 흙 :

해답 가. ■1단계 : No.200 통과율 < 50%(G나 S 조건)
■2단계 : No.4체 통과율 > 50%(S조건)
■3단계 : SW($C_u > 6$, $1 < C_g < 3$)이면 SW 아니면 SP

• 균등계수 $C_u = \dfrac{D_{60}}{D_{10}} = \dfrac{0.61}{0.15} = 4.07 < 6$: 입도불량(P)

• 곡률계수 $C_g = \dfrac{{D_{30}}^2}{D_{10} \times D_{60}} = \dfrac{0.38^2}{0.15 \times 0.61} = 1.58$: $1 < C_g < 3$: 입도 양호(W)

∴ SP

나. ML (∵ $W_L = 40\% \leq 50\%$이고 무기질의 실트)

다. P_t (∵ 이탄, 심한 유기질토)

□□□ 기23①,24③

04 공시체의 건조밀도 2.56g/cm³인 공시체를 흡수팽창시험을 하였더니 팽창비가 0.15%이었고 습윤밀도 2.76g/cm³이었다. 팽창시험후의 건조밀도과 함수비를 구하시오.

득점	배점
	5

가. 팽창시험후의 건조밀도($\rho_w{}'$)을 구하시오.

계산 과정) 답 : ______

나. 팽창시험후의 함수비(w')를 구하시오.

계산 과정) 답 : ______

해답 가. $\rho_d{}' = \dfrac{100\rho_d}{100 + \gamma_e} = \dfrac{100 \times 2.56}{100 + 0.15} = 2.56\,\text{g/cm}^3$

나. $w' = \left(\dfrac{\rho_t{}'}{\rho_d{}'} - 1\right) \times 100 = \left(\dfrac{2.76}{2.56} - 1\right) \times 100 = 7.81\%$

□□□ 기08④,12②,16②,23①

05 1차원 압밀이론을 전개하기 위한 Terzaghi가 설정한 가정을 아래 표의 내용과 같이 4가지만 쓰시오.

득점	배점
	5

흙은 균질하고 완전히 포화되어 있다.

① ______ ② ______

③ ______ ④ ______

해답 ① 흙 입자와 물은 비압축성이다.
② 압축과 물의 흐름은 1차적으로만 발생한다.
③ 물의 흐름은 Darcy법칙에 따른다.
④ 투수 계수와 체적 변화는 일정하다.
⑤ 압력－공극비의 관계는 이상적으로 직선화된다.
⑥ 유효 응력이 증가하면 압축토층의 간극비는 유효 응력의 증가에 반비례해서 감소한다.

□□□ 기21②,23①

06 포화점토 시료를 대상으로 2회의 시험을 실시하였으며, 배수조건 삼축압축시험의 결과는 다음과 같다. 전단강도정수(내부마찰각과 점착력)을 구하시오.

득점	배점
	5

시험회수	1	2
시료 파괴시 구속응력 σ_3	70.30kN/m^2	105.46kN/m^2
파괴면의 축차응력 $(\Delta\sigma_d)_f$	173.66kN/m^2	235.53kN/m^2

가. 내부마찰각을 구하시오.

계산 과정) 답 : ________

나. 점착력을 구하시오.

계산 과정) 답 : ________

해답 ■ $\sigma_1{}' = \sigma_1 = \sigma_3 + (\Delta\sigma_d)_f$

- 시료 1의 $\sigma_1{}'$

$\sigma_1{}' = 70.30 + 173.66 = 243.96\text{kN/m}^2$

- 시료 2의 σ_1

$\sigma_1{}' = 105.46 + 235.53 = 340.99\text{kN/m}^2$

■ $\sigma_1{}' = \sigma_3{}'\tan^2\left(45° + \frac{\phi}{2}\right) + 2c\tan\left(45° + \frac{\phi}{2}\right)$

- 시료1에서

$243.96 = 70.30\tan^2\left(45° + \frac{\phi}{2}\right) + 2c\tan\left(45° + \frac{\phi}{2}\right)$ ························· (1)

- 시료 2에서

$340.99 = 105.46\tan^2\left(45° + \frac{\phi}{2}\right) + 2c\tan\left(45° + \frac{\phi}{2}\right)$ ························· (2)

[(2)−(1)]에서 내부마찰각 계산

$97.03 = 35.16\tan^2\left(45° + \frac{\phi}{2}\right)$

참고 SOLVE 사용 $\therefore\ \phi = 27.91°$

여기에도 (1)에서 점착력 계산

$243.96 = 70.30\tan^2\left(45° + \frac{27.91°}{2}\right) + 2c\tan\left(45° + \frac{27.91°}{2}\right)$ ········· (1)

$\therefore\ c = 15.03\text{kN/m}^2$

! 주의점

SOLVE 사용

건설재료분야

6문항(30점)

□□□ 기06④,07④,12①,13①,15①,18②,23①

07 **시방배합으로 단위 수량 170kg/m³, 단위 시멘트량 300kg/m³, 단위 잔골재량 740kg/m³, 단위 굵은 골재량 1100kg/m³을 산출한 콘크리트의 배합을 현장골재의 입도 및 표면수를 고려하여 현장배합으로 수정한 잔골재와 굵은 골재의 양을 구하시오. (단, 현장골재 상태 : 잔골재가 5mm체에 남는 양 2%, 잔골재의 표면수 2%, 굵은골재가 5mm체를 통과하는 양 5%, 굵은골재의 표면수 1%)**

득점	배점
	5

계산과정)

【답】 단위 수량 : ________, 단위 잔골재량 : ________, 단위 굵은 골재량 : ________

해답 ■ 입도에 의한 조정

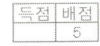

$S=740\text{kg},\ G=1100\text{kg},\ a=2\%,\ b=5\%$

$$X=\frac{100S-b(S+G)}{100-(a+b)}=\frac{100\times740-5(740+1100)}{100-(2+5)}=696.77\text{kg/m}^3$$

$$Y=\frac{100G-a(S+G)}{100-(a+b)}=\frac{100\times1100-2(740+1100)}{100-(2+5)}=1143.23\text{kg/m}^3$$

■ 표면수에 의한 조정

잔골재의 표면수 $=696.77\times\dfrac{2}{100}=13.94\text{kg/m}^3$

굵은골재의 표면수 $=1143.23\times\dfrac{1}{100}=11.43\text{kg/m}^3$

■ 현장 배합량

- 단위 수량 : $170-(13.94+11.43)=144.63\text{kg/m}^3$
- 단위 잔골재량 : $696.77+13.94=710.71\text{kg/m}^3$
- 단위 굵은재량 : $1143.23+11.43=1154.66\text{kg/m}^3$

【답】 단위 잔골재량 : 710.71kg/m³, 단위 굵은 골재량 : 1154.66kg/m³

□□□ 기91②,97①,12④,16①,17②,19④,20④,23①

08 **아스팔트 신도시험에 대해 다음 물음에 답하시오.**

득점	배점
	5

가. 아스팔트 신도시험의 목적을 간단히 설명하시오.

○

나. 별도의 규정이 없을 때의 시험온도와 인장속도를 쓰시오.

【답】 시험온도 : ________, 인장속도 : ________

다. 저온에서 시험할 때의 시험온도와 인장속도를 쓰시오.

【답】 시험온도 : ________, 인장속도 : ________

해답 가. 아스팔트의 연성을 알기 위해서

나. • 시험온도 : 25±0.5℃ • 인장속도 : 5±0.25cm/min

다. • 시험온도 : 4℃ • 인장속도 : 1cm/min

□□□ 기17④,20②,21②,23①

09 역청재료의 침입도 시험에 대해 물음에 답하시오.

득점	배점
	5

가. 아스팔트 침입도 시험에서 표준침의 관입량이 1.2cm로 나왔다. 침입도는 얼마인가?

계산 과정)

답 : ______________

나. 역청재료의 침입도 시험에서 정밀도에 대한 사항이다. 다음 사항에 대해 허용치를 쓰시오.

① 동일한 시험실에서 동일인이 동일한 시험기로 시간을 달리하여 동일 시료를 2회 시험했을 때 시험 결과의 차이는 얼마의 허용치를 넘어서는 안된다. (단, Am : 시럼결과의 평균치)

【답】 허용치 :

② 서로 다른 시험실에서 서로 다른 사람이 다른 시험기로 동일 시료를 각각 1회씩 시험한 결과의 차이는 얼마의 허용치를 넘어서는 안된다. (단, Ap : 시럼결과의 평균치)

【답】 허용치 :

해답 가. $\text{침입도} = \dfrac{\text{관입량(mm)}}{0.1} = \dfrac{12}{0.1} = 120$

나 ① $\text{허용치} = 0.02\,\text{Am} + 2$

② $\text{허용치} = 0.04\,\text{Ap} + 4$

□□□ 기06②,07②,08②,11④,19②,23①

10 블리딩 시험 결과 블리딩 측정용기의 안지름 25cm, 안높이 28.5cm, 콘크리트의 단위 용적 질량 2460kg/m^3, 콘크리트의 단위 수량 160kg/m^3, 시료의 질량 34.415kg, 마지막까지 누계한 블리딩에 따른 물의 용적 75cm^{3}이다. 이 콘크리트의 블리딩량과 블리딩률을 구하시오.

득점	배점
	5

가. 블리딩량을 구하시오.

계산 과정)

답 : ______________

나. 블리딩률을 구하시오.

계산 과정)

답 : ______________

해답 가. $B_q = \dfrac{V}{A} = \dfrac{75}{\dfrac{\pi \times 25^2}{4}} = 0.153\text{mL/cm}^2$

나. $B_r = \dfrac{B}{W_s} \times 100$

• $W_s = \dfrac{W}{C} \times S = \dfrac{160}{2460} \times 34.415 = 2.238\text{kg}$

• $B = 75\text{cm}^3 \times \dfrac{1}{1000}(\text{kg/cm}^3) = 0.075\text{kg}$

• $1(\text{g/m}^3) = \dfrac{1}{1000}(\text{kg/cm}^3)$

$\therefore B_r = \dfrac{0.075}{2.238} \times 100 = 3.35\%$

□□□ 기14④,18④,23①

11 콘크리트의 압축강도의 표준편차르 알지 못할 때, 또는 압축강도의 시험 횟수가 14회 이하인 경우 배합강도를 결정하는 방법이다. 다음 ( )안에 알맞은 숫자를 써넣으세요.

득점	배점
	5

설계기준 압축강도 f_{ck}(MPa)	배합강도 f_{cr}(MPa)
(㉠) 미만	f_{cn}+(㉢)
(㉠) 이상 (㉡) 이하	f_{cn}+(㉣)
(㉡) 초과	$1.1f_{cn}$+(㉤)

해답

설계기준 압축강도 f_{ck}(MPa)	배합강도 f_{cr}(MPa)
(21) 미만	f_{cn}+(7)
(21) 이상 (35) 이하	f_{cn}+(8.5)
(35) 초과	$1.1f_{cn}$+(5.0)

□□□ 기14④,15②,17①,18①,21②,23①

12 골재의 단위 용적질량 및 실적률 시험(KS F 2505)에 대한 아래의 물음에 답하시오.

득점	배점
	5

가. 시료를 용기에 채울 때 봉 다지기에 의한 방법을 사용하고, 굵은골재의 최대치수가 10mm를 초과 40mm 이하인 시료를 사용하는 경우 필요한 용기의 용적과 1층당 다짐횟수를 쓰시오.

【답】 용적 : ______, 다짐회수 : ______

나. 시료를 용기에 채우는 방법은 봉 다지기에 의한 방법과 충격에 의한 방법이 있으며, 일반적으로 봉 다지기에 의한 방법을 사용한다. 충격에 의한 방법을 사용하여야 하는 경우를 2가지만 쓰시오.

① ______ ② ______

다. 굵은 골재를 사용하며, 용기의 용적이 30L, 용기 안 시료의 건조질량이 45.0kg이었다. 이 골재의 흡수율이 1.8%이고 표면건조포화상태의 밀도가 2.60kg/L 라면 공극률을 구하시오.

계산 과정) 답 : ______

해답 가. 용적 : 10L, 다짐회수 : 30

나. ① 굵은 골재의 치수가 커서 봉 다지기가 곤란한 경우
② 시료를 손상할 염려가 있는 경우

다. 골재의 실적률 $G=\frac{T}{d_s}(100+Q)$

• $T=\frac{m_1}{V}=\frac{45.0}{30}=1.5\,\text{kg/L}$

• $G=\frac{1.5}{2.60}(100+1.8)=58.73\%$

∴ 공극률 $v=100-$실적률$=100-58.73=41.27\%$

골재의 빈틈률(%)

(1) 용기의 다짐회수

굵은 골재의 최대치수	용적(L)	1층 다짐회수	안높이/안지름
5mm(잔골재) 이하	1 ~ 2	20	0.8 ~ 1.5
10mm 이하	2 ~ 3	20	
10mm 초과 40mm 이하	10	30	
40mm 초과 80mm 이하	30	50	

(2) 시료를 채우는 방법

① 봉 다지기에 의한 경우

② 충격에 의하는 경우

- 굵은 골재의 치수가 커서 봉 다지기가 곤란한 경우
- 시료를 손상할 염려가 있는 경우

(3) 골재의 실적률

① 골재의 단위 용적질량 $T=\frac{m_1}{V}$

② 골재의 실적률과 공극률

- 실적률 $G=\frac{T}{d_D}\times 100$: 골재의 건조밀도 사용
- 실적률 $G=\frac{T}{d_S}(100+Q)$: 골재의 흡수율이 있는 경우
- 공극률 $v=100-$실적률

여기서, V : 용기의 용적(L)

m_1 : 용기 안의 시료의 질량(kg)

d_D : 골재의 절건밀도(kg/L)

d_S : 골재의 표건밀도(kg/L)

Q : 골재의 흡수율(%)

국가기술자격 실기시험문제

2023년도 기사 제2회 필답형 실기시험(기사)

종 목	시험시간	배 점	성 명	수험번호
건설재료시험기사	**2시간**	**60**		

※ 수험자 인적사항 및 계산식을 포함한 답안 작성은 검은색 필기구만 사용해야 하며, 그 외 연필류, 빨간색, 청색 등 필기구로 작성한 답항은 0점 처리 됩니다.

토질분야

6문항(30점)

□□□ 기09④,11①,14①,17④,20④,23②

01 다음 그림과 같은 지층위에 성토로 인한 등분포하중 $q=40\text{kN/m}^2$이 작용할 때 다음 물음에 답하시오. (단, 점토층은 정규압밀점토이며, 물의 단위중량은 $\gamma_w=9.81\text{kN/m}^3$ 소수점 이하 넷째자리에서 반올림하시오.)

득점	배점
	5

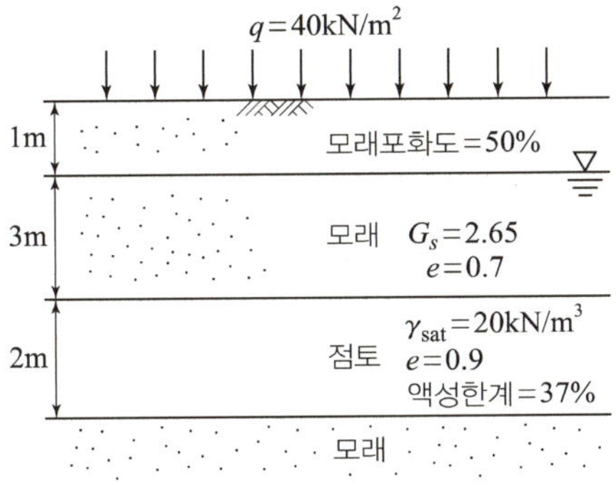

가. 지하수 아래에 있는 모래의 수중 단위중량(γ_{sub})을 구하시오.

계산 과정)

답 : ______________

나. Skempton공식에 의한 점토지반의 압축지수를 구하시오.
(단, 흐트러지지 않은 시료임)

계산 과정)

답 : ______________

다. 성토로 인한 점토지반의 압밀침하량(ΔH)을 구하시오.

계산 과정)

답 : ______________

해답 가. $\gamma_{sub} = \dfrac{G_s - 1}{1+e}\gamma_w = \dfrac{2.65-1}{1+0.7} \times 9.81 = 9.521\,\text{kN/m}^3$

나. $C_c = 0.009(W_L - 10) = 0.009(37-10) = 0.243$

다. $\Delta H = \dfrac{C_c H}{1+e_0}\log\dfrac{P_o + \Delta P}{P_o}$

- 지하수위 위의 모래단위중량

$$\gamma_t = \frac{G_s + Se}{1+e}\gamma_w = \frac{2.65 + 0.5 \times 0.7}{1+0.7} \times 9.81 = 17.312\,\text{kN/m}^3$$

- 유효상재압력 $P_o = \gamma_t H_1 + \gamma_{sub} H_2 + \gamma_{sub}\dfrac{H_3}{2}$

$$= 17.312 \times 1 + 9.521 \times 3 + (20 - 9.81) \times \frac{2}{2} = 56.065\,\text{kN/m}^2$$

$$\therefore\ \Delta H = \frac{0.243 \times 2}{1+0.9}\log\frac{56.065+40}{56.065} = 0.0598\,\text{m} = 5.98\,\text{cm}$$

□□□ 기11①,19④,20③,23②

02 도로의 평판재하시험방법(KSF 2310)에 대해 다음 물음에 답하시오.

득점	배점
	5

가. 재하판 위에 잭을 놓고 지지력 장치와 조합하여 소요 반력을 얻을 수 있도록 한다. 그 때 지지력 장치의 지지점은 재하판의 바깥쪽 끝에서 얼마 이상 떨어져 배치하여야 하는지 쓰시오.

○

나. 하중강도가 얼마가 되도록 하중을 단계적으로 증가해 나가는지 쓰시오.

○

다. 평판재하시험을 최종적으로 멈추어야 하는 조건을 2가지만 쓰시오.

① ______________________ ② ______________________

해답 가. 1m

나. 35kN/m^2

다. ① 침하량이 15mm에 달할 때

② 하중강도가 그 지반의 항복점을 넘을 때

③ 하중강도가 현장에서 예상되는 최대 접지압력을 초과할 때

□□□ 기17④,23②

03 흙의 입도시험에서 2mm체 통과분에 대한 침강분석인 비중계법을 이용한 비중계의 결정에서 메니스커스 보정방법을 간단히 설명하시오.

득점	배점
	5

○

해답 비중계를 증류수에 넣고 메니스커스 상단(γ_u) 및 하단(γ_L)을 읽고 보정치 $C_m = \gamma_u - \gamma_L$을 결정한다.

□□□ 기08①,19①,22①,23②

04 바이브로플로테이션(Vibroflotation)공법에 사용되어진 채움재료의 적합치 S_N(suitability number)를 결정하고, 등급을 판정하시오.

(단, $D_{10}=0.36\text{mm}$, $D_{20}=0.52\text{mm}$, $D_{50}=1.42\text{mm}$)

득점	배점
	5

계산 과정)

답 :

해답 적합지수 $S_N = 1.7\sqrt{\dfrac{3}{(D_{50})^2}+\dfrac{1}{(D_{20})^2}+\dfrac{1}{(D_{10})^2}}$

$$= 1.7\sqrt{\frac{3}{(1.42)^2}+\frac{1}{(0.52)^2}+\frac{1}{(0.36)^2}} = 6.10$$

∴ 우수(excellent) (∵ $0 < S_N = 6.10 < 10$)

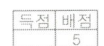

Brown은 채움재료의 등급을 제시

채움재료의 입도분포는 다짐정도(rate of densification)을 조절하는 중요한 요소 중의 하나이다. Brown(1977)은 채움흙의 등급을 나타내는 적합지 S_N(suitability number)의 등급을 다음과 같이 정의하였다.

S_N의 범위	0 ~ 10	10 ~ 20	20 ~ 30	30 ~ 50	$S_N>50$
등급	우수	양호	보통	빈약	부적합

□□□ 기01②,04④,06①,08②,10①,12④,13①,23② 산00②,12①,14④,17④

05 교란되지 않은 시료에 대한 일축압축 시험결과가 아래와 같으며, 파괴면과 수평면이 이루는 각도는 60° 이다. 다음 물음에 답하시오.

(단, 시험체의 크기는 평균직경 3.5cm, 단면적 962mm^2, 길이 80mm이다.)

득점	배점
	5

압축량 ΔH(1/100mm)	압축력 P(N)	압축량 ΔH(1/100mm)	압축력 P(N)
0	0	220	164.7
20	9.0	260	172.0
60	44.0	300	174.0
100	90.8	340	173.4
140	126.7	400	169.2
180	150.3	480	159.6

가. 응력과 변형률 관계를 계산하여 표를 채우시오.

압축력 P(N)	$\Delta H(\frac{1}{100}$ mm)	변형률(%)	$1-\epsilon$	A(mm^2)	압축응력(kPa)
0	0				
9.0	20				
44.0	60				
90.8	100				
126.7	140				
150.3	180				
164.7	220				
172.0	260				
174.0	300				
173.4	340				
169.2	400				
159.6	480				

나. 압축응력(kPa)과 변형률(%)과의 관계도를 그리고 일축압축강도를 구하시오.

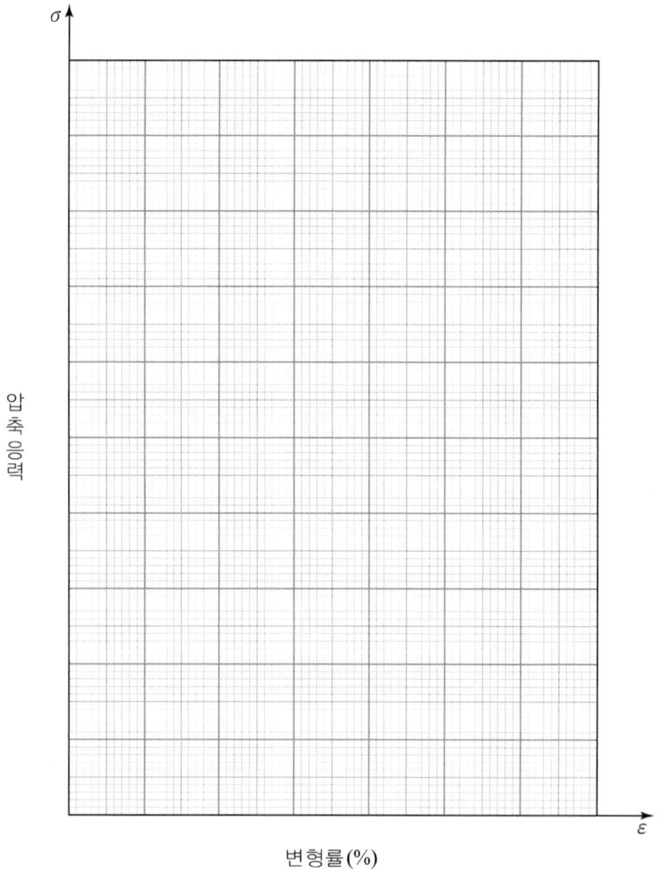

【답】 일축압축강도 :

다. 점착력을 구하시오.

계산 과정)

답 :

라. 같은 시료를 되비빔하여 시험을 한 결과 파괴압축응력은 14kPa이었다. 예민비를 구하시오.

계산 과정)　　　　　　　　　　　　　　　　　　　　　　　　　　　　답 : ____________

해답 가.

압축력 P(N)	$\Delta H(\frac{1}{100}$ mm)	변형률(%) $\epsilon = \frac{\Delta H}{H} \times 100$	$1-\epsilon$	A(mm^2)	압축응력 $\sigma = \frac{P}{A}$(kPa)
0	0	0	0	0	0
9.0	20	0.25	0.998	963.9	9.3
44.0	60	0.75	0.993	968.8	45.4
90.8	100	1.25	0.988	973.7	93.3
126.7	140	1.75	0.983	978.6	129.5
150.3	180	2.25	0.978	983.6	152.8
164.7	220	2.75	0.973	988.7	166.6
172.0	260	3.25	0.968	993.8	173.1
174.0	300	3.75	0.963	999.0	174.2
173.4	340	4.25	0.958	1004.2	172.7
169.2	400	5.00	0.950	1012.6	167.1
159.6	480	6.00	0.940	1023.4	156.0

변형률 $\epsilon = \frac{\Delta H}{H} = \frac{\Delta H}{80}$

보정단면적 $A = \frac{A_o}{1-\epsilon} = \frac{962}{1-\epsilon}(\text{mm}^2)$

수직응력 $\sigma = \frac{P}{A} \times 1000(\text{kPa})$

나.

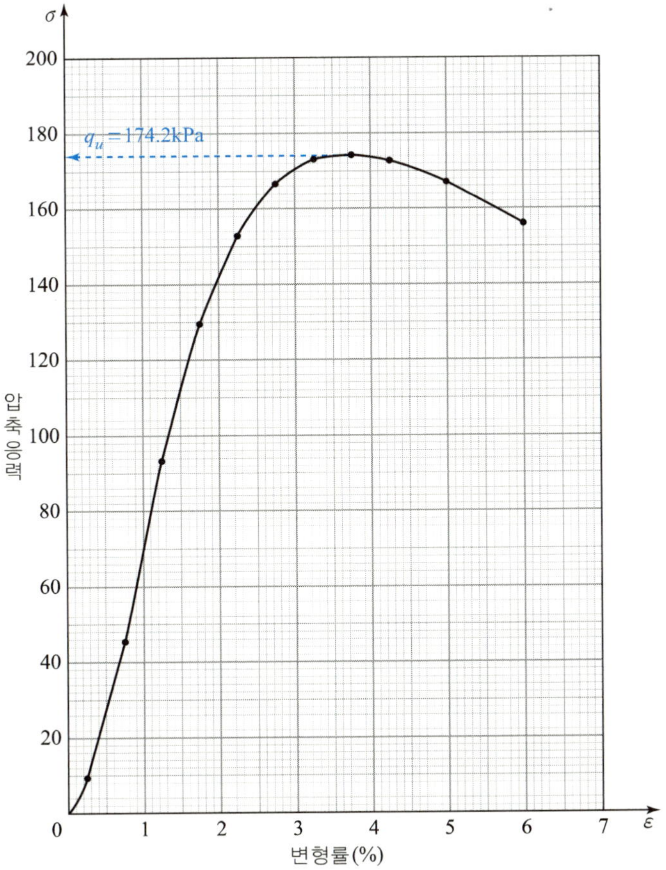

단위
1N/mm^2
= 1MPa
= 1000kPa

【답】 일축압축강도 : 174.2kPa

다. $c=\dfrac{q_u}{2\tan\left(45°+\dfrac{\phi}{2}\right)}$

• $\phi=2\theta-90°=2\times60°-90°=30°$ $\therefore\ c=\dfrac{174.2}{2\tan\left(45°+\dfrac{30°}{2}\right)}=50.29\text{kPa}$

라. $S_t=\dfrac{q_u}{q_{ur}}=\dfrac{174.2}{14}=12.44$

□□□ 기90,98,20③,23②

06 토층의 깊이가 100cm인 토상이 있다. 이 토층이 다음과 같이 각각 다른 4층의 흙으로 구성되어 있다고 할 때 이 층의 평균 CBR값을 구하시오.

득점 | 배점 5

전체	두께	CBR	층
100cm	20cm	$CBR_1=18\%$	[제1층]
	30cm	$CBR_2=26\%$	[제2층]
	27cm	$CBR_3=19\%$	[제3층]
	23cm	$CBR_4=24\%$	[제4층]

계산 과정) 답 : ______

해답 평균 $\text{CBR}=\left(\dfrac{h_1\text{CBR}_1^{\frac{1}{3}}+h_2\text{CBR}_2^{\frac{1}{3}}+h_3\text{CBR}_3^{\frac{1}{3}}+h_4\text{CBR}_4^{\frac{1}{3}}}{H}\right)^3$

$=\left(\dfrac{20\times18^{\frac{1}{3}}+30\times26^{\frac{1}{3}}+27\times19^{\frac{1}{3}}+23\times24^{\frac{1}{3}}}{100}\right)^3$

$=21.88\%$

건설재료분야 6문항(30점)

□□□ 기08①,19④,23②

07 시멘트의 응결시간 측정 방법에 대해 물음에 답하시오.

득점 | 배점 5

가. 시험의 목적을 간단히 설명하시오.

○

나. 시험방법을 2가지 쓰시오.

① ______ ② ______

해답 가. 시멘트의 굳기 정도를 알기 위해서

나. ① 비카(Vicat)침에 의한 방법

② 길모아침(Gillmore needle)에 의한 방법

□□□ 기09,10④,11④,16④,22①,23②

08 굵은 골재에 대한 밀도 및 흡수율 시험결과가 아래 표와 같을 때 물음에 답하시오. (소수 셋째자리에서 반올림하시오.)

득점 | 배점 5

표면건조 상태의 시료 질량(g)	2231
물속의 철망태와 시료의 질량(g)	3192
물속의 철망태 질량(g)	1855
노건조 시료의 질량(g)	2102
물의 밀도(g/cm³)	0.9970

가. 절대건조 시료 밀도를 구하시오.

계산 과정) 답 :

나. 겉보기 밀도를 구하시오.

계산 과정) 답 :

다. 흡수율을 구하시오.

계산 과정) 답 :

해답 가. $D_d = \dfrac{\text{절건질량}}{\text{표건질량} - \text{수중질량}} \times \rho_w$

$= \dfrac{2102}{2231-(3192-1855)} \times 0.9970 = 2.34\,\text{g/cm}^3$

나. $D_A = \dfrac{\text{절건질량}}{\text{절건질량} - \text{수중질량}} \times \rho_w$

$= \dfrac{2102}{2102-(3192-1855)} \times 0.9970 = 2.74\,\text{g/cm}^3$

다. $Q = \dfrac{\text{표건질량} - \text{절건질량}}{\text{절건질량}} \times 100$

$= \dfrac{2231-2102}{2102} \times 100 = 6.14\%$

□□□ 기17④,20②,23②

09 역청재료의 침입도 시험에서 정밀도에 대한 사항에 대해 물음에 답하시오.

득점 | 배점 5

가. 동일한 시험실에서 동일인이 동일한 시험기로 시간을 달리하여 동일 시료를 2회 시험했을 때 시험 결과의 차이는 얼마의 허용치를 넘어서는 안된다.

【답】 허용치 :

나. 서로 다른 시험실에서 서로 다른 사람이 다른 시험기로 동일 시료를 각각 1회씩 시험한 결과의 차이는 얼마의 허용치를 넘어서는 안된다.

【답】 허용치 :

해답 가. 허용치 = 0.02 Am (시험결과의 평균치) + 2
나. 허용치 = 0.04 Ap(시험결과의 평균치) + 4

역청재료의 침입도 시험에서 정밀도

1) 반복성 : 동일한 시험실에서 동일인이 동일한 시험기로 시간을 달리하여 동일 시료를 2회 시험했을 때 시험 결과의 차이는 다음 허용치를 넘어서는 안된다.
하용치 = 0.02 Am + 2
여기서, Am : 시험결과의 평균치
2) 재현성 : 서로 다른 시험실에서 서로 다른 사람이 다른 시험기로 동일 시료를 각각 1회씩 시험한 결과의 차이는 다음 허용치를 넘어서는 안된다.
허용치 = 0.04 Ap + 4
여기서, Ap : 시험결과의 평균치

□□□ 기09①,11①,12①,13①,15①,18②,20③,23②

10 콘크리트의 시방 배합 결과 단위 시멘트량 320kg, 단위 수량 165kg, 단위 잔골재량 705.4kg, 단위 굵은 골재량 1134.6kg이었다. 현장배합을 위한 검사 결과 잔골재 속의 5mm체에 남은 양 1%, 굵은골재 속의 5mm체를 통과하는 양 4%, 잔골재의 표면수 1%, 굵은 골재의 표면수 3%일 때 현장 배합량의 단위 잔골재량, 단위 굵은 골재량, 단위 수량을 구하시오.

득점	배점
	5

계산 과정)

【답】 단위 수량 : ____________, 단위 잔골재량 : ____________

단위 굵은 골재량 : ____________

해답 ■ 입도에 의한 조정

$S = 705.4\text{kg},\ \ G = 1134.6\text{kg},\ \ a = 1\%,\ \ b = 4\%$

$$X = \frac{100S - b(S+G)}{100-(a+b)} = \frac{100\times 705.4 - 4(705.4+1134.6)}{100-(1+4)} = 665.05\text{kg/m}^3$$

$$Y = \frac{100G - a(S+G)}{100-(a+b)} = \frac{100\times 1134.6 - 1(705.4+1134.6)}{100-(1+4)} = 1174.95\text{kg/m}^3$$

■ 표면수에 의한 조정

$$\text{잔골재의 표면수} = 665.05\times\frac{1}{100} = 6.65\text{kg}$$

$$\text{굵은골재의 표면수} = 1174.95\times\frac{3}{100} = 35.25\text{kg}$$

■ 현장 배합량
- 단위 수량 : $165-(6.65+35.25) = 123.10\text{kg/m}^3$
- 단위 잔골재량 : $665.05+6.65 = 671.70\text{kg/m}^3$
- 단위 굵은재량 : $1174.95+35.25 = 1210.20\text{kg/m}^3$

【답】 단위 수량 : 123.10kg/m^3, 단위 잔골재량 : 671.70kg/m^3
단위 굵은 골재량 : 1210.20kg/m^3

□□□ 기21④,22①,23②

11 아스팔트질 혼합물의 증발감량 시험결과에 대해 물음에 답하시오.

득점	배점
	5

가. 시료의 항온 공기 중탕 내의 온도와 유지 시간은 얼마인가?

① 시료의 항온 공기 중탕 내 온도 :

○

② 시료의 항온 공기 중탕 내 온도 유지 시간

○

나. 아스팔트질 혼합물의 증발감량 시험결과 다음과 같을 때 이 아스팔트의 증발 무게 변화율을 구하시오.

• 시료 채취량 : 50.00g • 증발 후의 시료의 무게 : 49.05g

계산 과정) 답 :

다. 서로 다른 두 시험실에서 사람과 장치가 다를 때 동일 시료를 각각 1회씩 시험하여 구한 시험 결과의 허용차를 기록하시오.

증발 무게 변화율(%)	재현성의 허용치(%)
①	0.20
②	0.40
③	0.60 또는 평균값의 20%

해답 가. ① 163°

② 5시간

나. 증발 무게 변화율

$$V=\frac{W-W_s}{W_s}\times 100=\frac{\text{증발 후 무게}-\text{채취시료}}{\text{채취시료}}\times 100$$

$$=\frac{49.05-50.00}{50.00}\times 100=-1.90\%$$

다. ① 0.50 이하

② 0.50 초과 1.0 이하

③ 1.0을 초과하는 것

□□□ 기10②,16④,23②

12 **콘크리트용 부순 굵은 골재(KS F 2527)는 규정에 적합한 골재를 사용하여야 한다. 부순 굵은 골재의 물리적 품질기준을 쓰시오.**

득점	배점
	5

시험항목	부순 굵은골재
절대건조밀도(g/cm³)	①
흡수율(%)	②
안정성(%)	③
마모율(%)	④
입체모양 판정 실적률(%)	⑤

① ________ ② ________

③ ________ ④ ________

⑤ ________

해답 부순 굵은골재의 품질기준

시험항목	부순 굵은골재
절대건조밀도(g/cm³)	2.50 이상
흡수율(%)	3.0 이하
안정성(%)	12 이하
마모율(%)	40 이하
입체모양 판정 실적률(%)	55 이상

골재의 물리적 성질

구분		기호	절대 건조 밀도 g/cm³	흡수율 %	안정성 %	마모율 %	입자 모양 판정 실적률 %
천연 골재	굵은 골재	NG	2.5 이상	3.0 이하	12 이하	40 이하	
	잔골재	NS	2.5 이상	3.0 이하	10 이하		
부순 골재	굵은 골재	CG	2.5 이상	3.0 이하	12 이하	40 이하	55 이상
	잔골재	CS	2.5 이상	3.0 이하	10 이하		53 이상

국가기술자격 실기시험문제

2023년도 기사 제4회 필답형 실기시험(기사)

종　　목	시험시간	배 점	성 명	수험번호
건설재료시험기사	2시간	60		

※ 수험자 인적사항 및 계산식을 포함한 답안 작성은 검은색 필기구만 사용해야 하며, 그 외 연필류, 빨간색, 청색 등 필기구로 작성한 답항은 0점 처리 됩니다.

토질분야

6문항(30점)

□□□ 기00②,02②,04④,16②,20③,23④

01 다음은 도로의 동일 포장 두께 예정 구간의 7지점에서 CBR를 측정하여 각 지점의 CBR은 다음과 같다. 물음에 답하시오.

득점	배점
	4

【각 지점의 설계 CBR 값】

측점지점	1	2	3	4	5	6	7
CBR값	5.3	5.7	7.6	8.7	7.4	8.6	7.2

【설계 CBR 계산용 계수】

갯수(n)	2	3	4	5	6	7	8	9	10 이상
d_2	1.41	1.91	2.24	2.48	2.67	2.83	2.96	3.08	3.18

가. 각 지점의 CBR 평균값을 구하시오.

계산 과정)　　　　답 : ______

나. 설계 CBR값을 결정하시오.

계산 과정)　　　　답 : ______

해답 가. $\text{설계 CBR} = \text{평균CBR} - \dfrac{CBR_{max} - CBR_{min}}{d_2}$

$$\therefore \text{평균 CBR} = \frac{\Sigma \text{CBR값}}{n} = \frac{5.3+5.7+7.6+8.7+7.4+8.6+7.2}{7} = 7.21$$

나. $\text{설계CBR} = 7.21 - \dfrac{8.7-5.3}{2.83} = 6.01 = 6$

(∵ 설계 CBR은 소수점 이하는 절삭한다.)

□□□ 기14④, 23④

02 도로 토공현장 시험에 대한 물음에 답하시오.

득점	배점
	5

가. 도로 토공현장에서 건조단위 중량을 구하는 방법을 보기와 같이 2가지만 쓰시오.

【보기】

모래치환법(들밀도 시험)

① ________ ② ________

나. 모래치환법에 의한 현장 흙의 단위중량 시험결과 현장 흙의 건조밀도는 $1.51g/cm^3$, 이 흙의 최대건조밀도는 $1.67g/cm^3$이다. 현장 흙의 다짐도를 구하시오.

계산 과정) 답 : ________

해답 가. ① 고무막법 ② 코어 절삭법
③ 방사선 밀도기에 의한 방법(γ선 산란형 밀도계)
④ Truck scale에 의한 방법

나. $R=\dfrac{\rho_d}{\rho_{dmax}}\times 100=\dfrac{1.51}{1.67}\times 100=90.42\%$

□□□ 기95,10①,18②,22①,23④,24①

03 점토질 시료를 변수위투수시험을 수행하여 다음과 같은 시험값을 얻었다. 이 점토의 15℃에서 투수계수를 구하시오.

득점	배점
	5

【시험 결과 값】

- 스탠드 파이프 안지름 : 5mm
- 시료 지름 : 100mm
- 시료 길이 : 20.0cm
- t_2에서 수위 : 20cm
- 측정개시 시각 : t_1 =09:00
- 측정완료시각 : t_2 =09:20
- t_1에서 수위 : 30cm

계산 과정) 답 : ________

해답 $K=2.3\dfrac{a\times L}{A\times t}log\dfrac{h_1}{h_2}$

- $a=\dfrac{\pi d^2}{4}=\dfrac{\pi\times 0.5^2}{4}=0.196\,\text{cm}^2$
- $A=\dfrac{\pi d^2}{4}=\dfrac{\pi\times 10^2}{4}=78.540\,\text{cm}^2$
- $t=(09:20-09:00)\times 60=1200\text{sec}$

$\therefore\ K=2.3\dfrac{0.196\times 20}{78.540\times 1200}log\dfrac{30}{20}$
$=1.68\times 10^{-5}\text{cm/sec}$

□□□ 기01②,13④,18④,20③,21④,23④

04 정규압밀점토에 대하여 압밀배수 삼축압축시험을 실시하였다. 시험결과 구속압력을 300kN/m² 으로 하고 축차응력 300kN/m²을 가하였을 때 파괴가 일어났다. 아래 물음에 답하시오.
(단, 점착력 $c=0$이다.)

득점	배점
	5

가. 내부마찰각(ϕ)을 구하시오.

계산 과정) 답 :

나. 파괴면이 최대주응력면과 이루는 각(θ)을 구하시오.

계산 과정) 답 :

다. 파괴면에서 수직응력(σ)을 구하시오.

계산 과정) 답 :

라. 파괴면에서 전단응력(τ)을 구하시오.

계산 과정) 답 :

해답 가. $\sin\phi = \dfrac{\sigma_1 - \sigma_3}{\sigma_1 + \sigma_3}$

- $\sigma_1 = \sigma_3 + \Delta\sigma = 300 + 300 = 600\text{kN/m}^2$
- $\sigma_3 = 300\text{kN/m}^2$

$\therefore\ \phi = \sin^{-1}\dfrac{\sigma_1 - \sigma_3}{\sigma_1 + \sigma_3} = \sin^{-1}\left(\dfrac{600-300}{600+300}\right) = 19.47°$

나. $\theta = 45° + \dfrac{\phi}{2}$ 에서

$= 45° + \dfrac{19.47°}{2} = 54.74°$

다. $\sigma = \dfrac{\sigma_1 + \sigma_3}{2} + \dfrac{\sigma_1 - \sigma_3}{2}\cos 2\theta$

$= \dfrac{600+300}{2} + \dfrac{600-300}{2}\cos(2\times 54.74°) = 399.98\text{kN/m}^2$

라. $\tau = \dfrac{\sigma_1 - \sigma_3}{2}\sin 2\theta$

$= \dfrac{600-300}{2}\sin(2\times 54.74°) = 141.41\text{kN/m}^2$

□□□ 기08②,09④,14②,23④

05 흙의 공학적 분류방법인 통일분류법과 AASHTO분류법의 차이점을 3가지만 쓰시오.

득점	배점
	5

① ② ③

해답 ① 두 가지 분류법에서는 모두 입도분포와 소성을 고려하여 흙을 분류하고 있다.
② 모래, 자갈 입경 구분 서로 다르다.
③ 유기질 흙에 대한 분류는 통일분류법에는 있으나 AASHTO분류법에는 없다.
④ No.200체를 기준으로 조립토와 세립토를 구분하고 있으나 두 방법의 통과율에 있어서는 서로 다르다.

□□□ 기14④,17①,23④

06 **압밀시험결과에서 압밀계수를 구하는 방법 중 $\sqrt{t}$ 법에 의한 압밀계수 산출과정을 시간－압축량 곡선을 작도하여 단계별로 간단히 설명하시오.**

득점	배점
	5

○

해답 ① 세로축에 변위계의 눈금 d(mm)를 산술눈금으로, 가로축에 경과 시간 t(mm)을 제곱근으로 잡아서 $d-\sqrt{t}$ 곡선을 그린다.

② $d-\sqrt{t}$ 곡선의 초기의 부분에 나타나는 직선부를 연장하여 $t=0$에 해당하는 점을 초기 보정점으로 하여 이 점의 변위계의 눈금을 d_0(mm)으로 한다.

③ 초기의 보정점을 지나고 초기직선의 가로거리를 1.15배의 가로 거리를 가진 직선을 그린다.

④ $d-\sqrt{t}$ 곡선과의 이루는 교점을 압밀도 90%의 점으로 하고 이 점의 변위계의 눈금 d_{90}(mm) 및 시간 t_{90}(min)를 구한다.

⑤ $d_{100}=\frac{10}{9}(d_{90}-d_0)+d_0$를 산출한다.

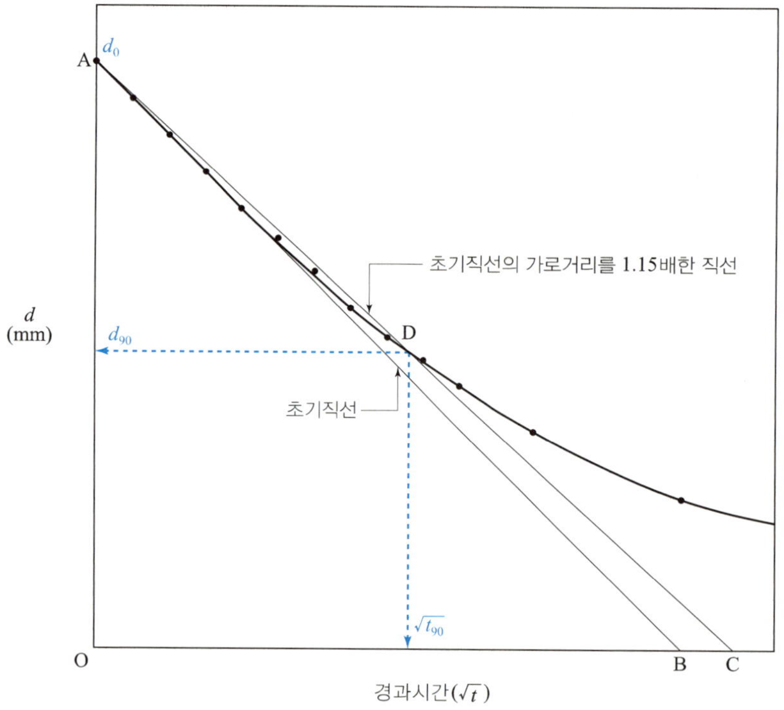

건설재료분야

6문항(30점)

□□□ 기15④, 23④

07 골재의 안정성 시험(KS F 2507)에 대한 아래의 물음에 답하시오.

득점	배점
	5

가. 안정성 시험의 목적을 간단하게 쓰시오.

○

나. 골재의 안정성 시험에서 잔골재의 손실질량 백분율은 몇 % 이하를 표준으로 하는가? (단, 일반적인 경우)

○

다. 콘크리트용 골재로 사용할 굵은 골재의 안정성은 황산나트륨으로 5회 시험을 하여 평가하는데, 그 손실질량은 몇 % 이하를 표준으로 하는가?

○

해답 가. 기상작용에 의한 골재의 균열 또는 파괴에 대한 저항성 정도를 측정하는 시험이다.
나. 10%
다. 12%

□□□ 기12④,13②,17①,18②, 23④

08 골재의 체가름시험(KS F 2502)에 대한 아래의 물음에 답하시오.

득점	배점
	12

가. 시료의 건조에 대해 (　　)을 채우시오.

4분법 또는 시료분취기에 의해서 분취한 골재를 (①)℃의 온도에서 (②)시간 일정 질량이 될 때까지 건조한다.

○

나. 시료의 질량에 대해 (　　)을 채우시오.

시료의 최소 건조 질량은 굵은골재의 경우 사용하는 골재의 최대치수(mm)의 (③)배를 kg으로 표시한 양으로 한다. 잔골재의 경우 1.18mm체를 95%(질량비) 이상 통과하는 것에 대한 최소 건조 질량을 (④)g으로 하고, 1.18mm체 5%(질량비)이상 남는 것에 대한 최소 건조 질량을 (⑤)g으로 한다.

해답 가. ① 105±5
② 24
나. ③ 0.2배
④ 100g
⑤ 500g

□□□ 기88,92,94,02,05,06,11②,13①,14②,17①,18②,20①,23④

09 **3개의 공시체를 가지고 마샬 안정도 시험을 실시한 결과 다음과 같다. 아스팔트 혼합물의 용적률, 공극률, 포화도를 구하시오.** (단. 아스팔트의 밀도는 $1.02g/cm^3$, 혼합되는 골재의 평균밀도는 $2.712g/cm^3$이다.)

득점	배점
	5

공시체 번호	아스팔트혼합율 (%)	두께 (cm)	질량(g)		실측밀도 (g/cm^3)
			공기중	수중	
1	4.5	6.29	1151	665	2.368
2	4.5	6.30	1159	674	2.390
3	4.5	6.31	1162	675	2.386

공시체 번호	실측밀도
1	$2.368g/cm^3$
2	$2.390g/cm^3$
3	$2.386g/cm^3$

계산 과정)

【답】용적률 : ______________, 공극률 : ______________, 포화도 : ______________

해답 ■ 평균실측밀도

$$\frac{2.368+2.390+2.386}{3}=2.381\,g/cm^3$$

■ 이론최대밀도 $D=\dfrac{100}{\dfrac{E}{F}+\dfrac{K(100-E)}{100}}$

• $\dfrac{\text{아스팔트 혼합율}(E)}{\text{아스팔트 밀도}(F)}=\dfrac{4.5}{1.02}=4.412\,cm^3/g$

• $K=\dfrac{\text{골재의 배합비}(B)}{\text{골재의 밀도}(C)}=\dfrac{100}{2.712}=36.873cm^3/g$

∴ 이론최대밀도 $D=\dfrac{100}{4.412+\dfrac{36.873(100-4.5)}{100}}=2.524g/cm^3$

• 용적율

$$V_a=\frac{\text{아스팔트 혼합율}\times\text{평균실측밀도}}{\text{아스팔트 밀도}}=\frac{4.5\times2.381}{1.02}=10.50\%$$

• 공극율

$$V_v=\left(1-\frac{\text{평균실측밀도}}{\text{이론최대밀도}}\right)\times100=\left(1-\frac{2.381}{2.524}\right)\times100=5.67\%$$

• 포화도

$$S=\frac{\text{용적률}}{\text{용적률}+\text{공극률}}\times100=\frac{10.50}{10.50+5.67}\times100=64.94\%$$

□□□ 기11②,14①,15②,16②,18④,19②,23④

10 **다음 표의 설계조건 및 재료, 참고표를 이용하여 콘크리트를 배합설계 하여 배합표를 완성하시오.**

득점	배점
	10

【시험 결과】

- 물－결합재비는 50%
- 굵은 골재는 최대치수 40mm의 부순돌을 사용한다.
- 양질의 공기연행제(AE제)를 사용하며, 그 사용량은 시멘트 질량의 0.03%로 한다.
- 목표로 하는 슬럼프는 120mm, 겉보기 공기량은 5.0%로 한다.
- 사용하는 시멘트는 보통포틀랜드시멘트로서, 밀도는 3.15g/cm^{3}이다.
- 잔골재의 표건밀도는 2.6g/cm^{3}이고, 조립률은 2.86이다.
- 굵은골재의 표건밀도는 2.65g/cm^{3}이다.

【배합설계 참고표】

굵은 골재 최대 치수 (mm)	단위 굵은 골재 용적 (%)	공기연행제를 사용하지 않은 콘크리트			공기 연행 콘크리트				
		갇힌 공기 (%)	잔골재율S/a(%)	단위 수량 (kg)	공기량 (%)	양질의 공기연행제를 사용한 경우		양질의 공기연행 감수제를 사용한 경우	
						잔골재율 S/a(%)	단위 수량 W(kg/m^3)	잔골재율 S/a(%)	단위 수량 W(kg/m^3)
15	58	2.5	53	202	7.0	47	180	48	170
20	62	2.0	49	197	6.0	44	175	45	165
25	67	1.5	45	187	5.0	42	170	43	160
40	72	1.2	40	177	4.5	39	165	40	155

주 1) 이 표의 값은 보통의 입도를 가진 잔골재(조립률 2.8 정도)와 부순돌을 사용한 물－결합재비 55% 정도, 슬럼프 80mm 정도의 콘크리트에 대한 것이다.

2) 사용재료 또는 콘크리트의 품질이 주 1)의 조건과 다를 경우에는 위의 표의 값을 아래 표에 따라 보정한다.

구 분	S/a의 보정(%)	W의 보정(kg)
잔골재의 조립률이 0.1 만큼 클(작을) 때마다	0.5 만큼 크게(작게) 한다.	보정하지 않는다.
슬럼프값이 10mm 만큼 클(작을) 때마다	보정하지 않는다.	1.2 만큼 크게(작게) 한다.
공기량이 1% 만큼 클(작을) 때마다	0.75 만큼 작게(크게) 한다.	3% 만큼 작게(크게) 한다.
물－결합재비가 0.05클(작을) 때마다	1 만큼 크게(작게) 한다.	보정하지 않는다.
S/a가 1% 클(작을)때마다	보정하지 않는다.	1.5kg 만큼 크게(작게)한다.

비고 : 단위 굵은 골재용적에 의하는 경우에는 모래의 조립률이 0.1 만큼 커질(작아질)때마다 단위 굵은 골재용적을 1%만큼 작게(크게) 한다.

계산 과정)

【답】 배합표

굵은 골재 최대치수 (mm)	슬럼프 (mm)	공기량 (%)	W/B (%)	잔골재율 (S/a) (%)	단위량(kg/m³)				혼화제 단위량 (g/m³)
					물 (W)	시멘트 (C)	잔골재 (S)	굵은 골재 (G)	
40	120	5.0	50						

해답

보정항목	배합참고표	설계조건	잔골재율(S/a) 보정	단위 수량(W)의 보정
굵은골재의 치수 40mm일 때			$S/a=39\%$	$W=165\text{kg}$
모래의 조립률	2.80	2.86(↑)	$\frac{2.86-2.80}{0.10}\times0.5$ $=+0.3(\uparrow)$	보정하지 않는다.
슬럼프값	80mm	120mm(↑)	보정하지 않는다.	$\frac{120-80}{10}\times1.2=4.8\%(\uparrow)$
공기량	4.5	5.0(↑)	$\frac{5-4.5}{1}\times(-0.75)$ $=-0.375\%(\downarrow)$	$\frac{5-4.5}{1}\times(-3)$ $=-1.5\%(\downarrow)$
W/B	55%	50%(↓)	$\frac{0.55-0.50}{0.05}\times(-1)$ $=-1.0\%(\downarrow)$	보정하지 않는다.
S/a	39%	37.93%(↓)	보정하지 않는다.	$\frac{39-37.93}{1}\times(-1.5)$ $=-1.605\text{kg}(\downarrow)$
보정값			$S/a=39+0.3-0.375$ $-1.0=37.93\%$	$165\left(1+\frac{4.8}{100}-\frac{1.5}{100}\right)$ $-1.605=168.84\text{kg}$

- 단위 수량 $W=168.84\text{kg}$
- 단위 시멘트량 C : $\frac{W}{B}=0.50$, $C=\frac{168.84}{0.50}=337.68$ $\therefore C=337.68\text{kg}$
- 공기연행(AE)제 : $337.68\times\frac{0.03}{100}=0.101304\text{kg}=101.30\text{g/m}^3$
- 단위골재량의 절대체적

$$V_a=1-\left(\frac{\text{단위수량}}{1000}+\frac{\text{단위시멘트}}{\text{시멘트비중}\times1000}+\frac{\text{공기량}}{100}\right)$$
$$=1-\left(\frac{168.84}{1000}+\frac{337.68}{3.15\times1000}+\frac{5.0}{100}\right)=0.674\text{m}^3$$

- 단위 잔골재량

$$S=V_a\times S/a\times\text{잔골재밀도}\times1000$$
$$=0.674\times0.3793\times2.6\times1000=664.69\text{kg/m}^3$$

- 단위 굵은 골재량

$$G=V_g\times(1-S/a)\times\text{굵은 골재밀도}\times1000$$
$$=0.674\times(1-0.3793)\times2.65\times1000=1108.63\text{kg/m}^3$$

∴ 배합표

굵은골재의 최대치수 (mm)	슬럼프 (mm)	W/B (%)	잔골재율 S/a(%)	단위량(kg/m^3)				혼화제 g/m^3
				물	시멘트	잔골재	굵은골재	
40	120	50	37.97	168.84	337.68	664.69	1108.63	101.30

다른 방법

- 단위 수량 W=168.84kg
- 단위 시멘트량(C) : $\frac{W}{B}=0.50$, $C=\frac{168.84}{0.50}=337.68$ ∴ 단위 시멘트량 C=337.68kg
- 시멘트의 절대용적 : $V_c=\frac{337.68}{0.00315\times 1000}=107.20l$
- 공기량 : $1000\times 0.05=50l$
- 골재의 절대용적 : $1000-(107.20+168.84+50)=673.96l$
- 잔골재의 절대용적 : $673.96\times 0.3793=255.63l$
- 단위 잔골재량 : $255.63\times 0.0026\times 1000=664.64$kg
- 굵은 골재의 절대용적 : $673.96-255.63=418.33l$
- 단위 굵은 골재량 : $418.33\times 0.00265\times 1000=1108.57$kg/m^3
- 공기연행제량 : $337.68\times\frac{0.03}{100}=0.101304$kg $=101.30$g/m^3

□□□ 기11②,12④,14④,17②,21④,23④

11 콘크리트의 배합강도를 결정하는 방법에 대하여 아래 물음에 답하시오.

득점	배점
	5

가. 압축 강도시험 횟수가 30회 이상일 때 배합강도를 결정하는 방법을 설명하시오.(단, 설계기준압축강도에 따라 두 가지로 구분하여 설명하시오.)

○

나. 압축 강도시험 횟수가 29회 이하이고 15회 이상인 경우 배합강도를 결정하는 방법을 설명하시오.

○

해답 가. • $f_{ck}\le 35$MPa인 경우

$f_{cr}=f_{ck}+1.34s$
$f_{cr}(f_{ck}-3.5)+2.33s$
] 두 값 중 큰 값

• $f_{ck}>35$MPa인 경우

$f_{cr}=f_{ck}+1.34s$
$f_{cr}=0.9f_{ck}+2.33s$
] 두 값 중 큰 값

나. 계산된 표준편차에 보정계수를 곱한 값을 표준편값으로 한다.

시험횟수	표준편차의 보정계수
15	1.16
20	1.08
25	1.03
30 이상	1.00

□□□ 기11①,12②,15④,18④,20②,23④

12 어느 아스팔트 포장공사장에서 시료를 채취하여 이들 시료에 대한 혼합물 추출시험을 실시한 결과 다음과 같은 결과를 얻었다. 이때 건조시료의 아스팔트 함유율(%)을 구하시오.

득점	배점
	5

항목	측정치
시료의 질량(g)	1170
시료중의 수분의 질량(g)	32
추출된 골재의 질량(g)	945
추출액 중의 세립골재분의 질량(g)	29.5
필터링의 질량 증가분(g)	1.7

계산 과정) 답 : ______

해답 ■방법 1

$$역청\ 함유율 = \frac{(W_1 - W_2) - (W_3 + W_4 + W_5)}{W_1 - W_2} \times 100$$

$$= \frac{(1170-32)-(945+29.5+1.7)}{1170-32} \times 100$$

$$= 14.22\%$$

■방법 2

$$아스팔트\ 함유율 = \frac{아스팔트의\ 질량}{시료의\ 질량} \times 100$$

- 건조아스팔트의 질량 $= 1170-(32+945+29.5+1.7) = 161.8\text{g}$

$$\therefore\ 아스팔트\ 함유율 = \frac{161.8}{1170-32} \times 100 = 14.22\%$$

국가기술자격 실기시험문제

2024년도 기사 제1회 필답형 실기시험(기사)

종 목	시험시간	배 점	성 명	수험번호
건설재료시험기사	2시간	60		

※ 수험자 인적사항 및 계산식을 포함한 답안 작성은 검은색 필기구만 사용해야 하며, 그 외 연필류, 빨간색, 청색 등 필기구로 작성한 답항은 0점 처리 됩니다.

토질분야

7문항(35점)

□□□ 기05①,16①,20④,24①

01 어떤 흙의 수축 한계 시험을 한 결과가 다음과 같았다. 다음 물음에 답하시오.

득점	배점
	5

수축 접시내 습윤 시료 부피	21.30cm^3
노건조 시료 부피	15.20cm^3
노건조 시료 무게	26.14g
습윤 시료의 함수비	44.7%

가. 수축한계를 구하시오.

계산 과정) 답 :

나. 흙의 비중을 구하시오.

계산 과정) 답 :

해답 가. $w_s = w - \left(\dfrac{V - V_o}{W_s} \cdot \rho_w\right) \times 100$

$= 44.7 - \left(\dfrac{21.30 - 15.20}{26.14} \times 1\right) \times 100 = 21.36\%$

나. $G_s = \dfrac{1}{\dfrac{1}{R} - \dfrac{w_s}{100}}$

• 수축비 $R = \dfrac{W_s}{V_o \rho_w} = \dfrac{26.14}{15.20 \times 1} = 1.72$

$\therefore G_s = \dfrac{1}{\dfrac{1}{1.72} - \dfrac{21.36}{100}} = 2.72$

□□□ 기14①,18①,24①

02 포화점토에 대한 임의 하중단계에서 측정된 시간－압밀량의 관계는 다음 표와 같다. 각 물음에 답하시오.

득점	배점
	5

경과시간(min)	압밀량(mm)	경과시간(min)	압밀량(mm)
0.00	－	12.25	2.08
0.25	1.48	16.00	2.15
1.00	1.58	20.25	2.21
2.25	1.68	25.00	2.25
4.00	1.78	36.00	2.30
6.25	1.88	64.00	2.35
9.00	1.98	121.00	2.40

가. $\sqrt{t}$ 법을 이용하여 시간－압밀량의 관계도를 그리시오.

d (mm)

경과시간($\sqrt{t}$)

나. 초기 보정치 d_o와 압밀도 90%에 도달되는 시간 t_{90} 및 압밀침하량 d_{90}을 구하시오.

계산 과정)

【답】 d_s : ____________, t_{90} : ____________, d_{90} : ____________

다. 1차 압밀침하량(Δd)을 계산하시오.

계산 과정) 답 : ______

해답 가.

경과시간(min)	$\sqrt{t}$	압밀량(mm)	경과시간(min)	$\sqrt{t}$	압밀량(mm)
0.00	0	–	12.25	3.5	2.08
0.25	0.5	1.48	16.00	4.0	2.15
1.00	1.0	1.58	20.25	4.5	2.21
2.25	1.5	1.68	25.00	5.0	2.25
4.00	2.0	1.78	36.00	6.0	2.30
6.25	2.5	1.88	64.00	8.0	2.35
9.00	3.0	1.98	121.00	11.0	2.40

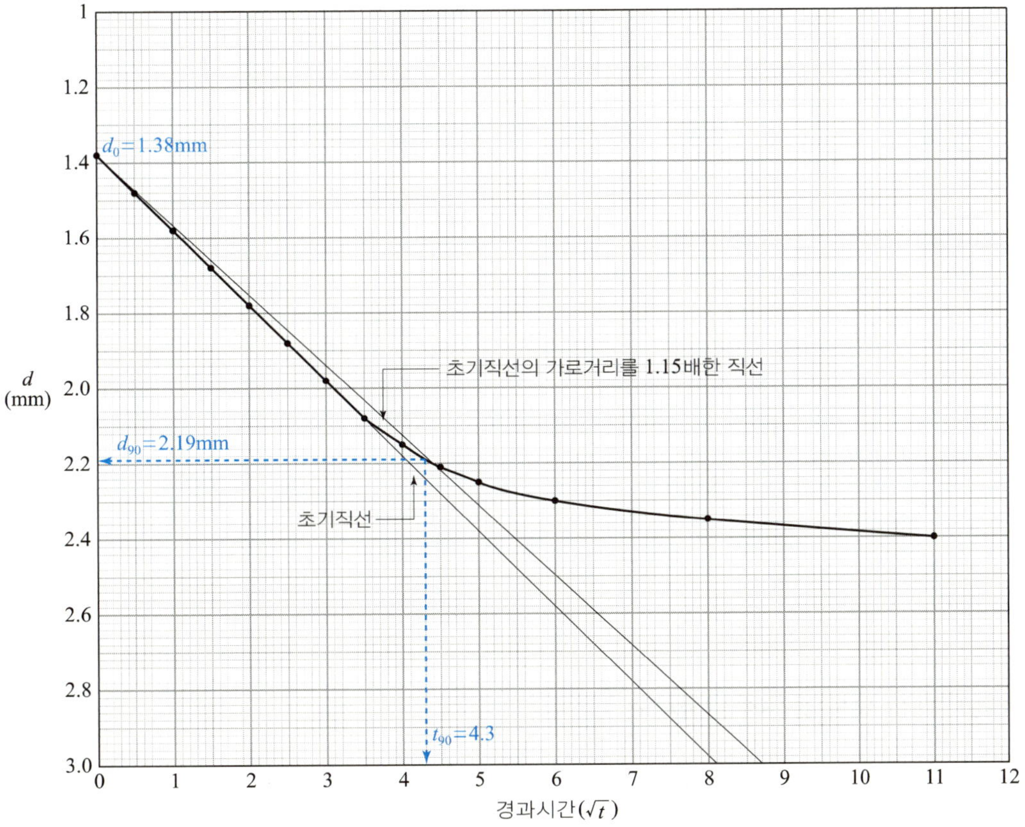

나. $t_{90} = 4.3^2 = 18.49\text{min}$

【답】 d_o : 1.38mm, t_{90} : 18.49min, d_{90} : 2.19mm

다. $d_{100} = \dfrac{10}{9}(d_{90} - d_o) + d_o$

$= \dfrac{10}{9}(2.19 - 1.38) + 1.38 = 2.28\text{mm}$

$\therefore \ \Delta d = \dfrac{d_{100} - d_o}{10} = \dfrac{2.28 - 1.38}{10} = 0.09\text{cm}$

□□□ 기06①,09④,24① 산94②,08①,12①,23①

03 지름 300mm의 재하판을 사용하여 평판재하시험을 한 결과 침하량 1.25mm에 대한 하중강도를 241.5kN/m²을 얻었다. 다음 물음에 답하시오.

득점	배점
	5

가. 지지력 계수 K_{30}을 구하시오.

계산 과정) 답 : ____________

나. 지름 40mm의 재하판을 사용한다면 지지력 계수 K_{40}을 구하시오.

계산 과정) 답 : ____________

다. 지름 75mm의 재하판을 사용한다면 지지력 계수 K_{75}을 구하시오.

계산 과정) 답 : ____________

해답 가. $K_{30} = \frac{P}{S} = \frac{241.5}{1.25 \times \frac{1}{1000}} = 193200\text{kN/m}^3 = 193.2\,\text{MN/m}^3$

나. $K_{40} = \frac{1}{1.3} K_{30} = \frac{1}{1.3} \times 193.2 = 148.62\,\text{MN/m}^3$

다. $K_{75} = \frac{1}{2.2} K_{30} = \frac{1}{2.2} \times 193.2 = 87.82\,\text{MN/m}^3$

재하판에 따른 지지력 계수

- 지지력개수 $K = \frac{P}{S}(\text{kN/m}^3)$
- 지지력계수 $K_{30} = 1.3K_{40}$, $K_{40} = \frac{K_{30}}{1.3}$
- 지지력계수 $K_{30} = 2.2K_{75}$, $K_{75} = \frac{K_{30}}{2.2}$

□□□ 기91②,97①,12④,13②,16①,20④,24①

04 아스팔트 신도시험에 대한 다음 물음에 답하시오.

득점	배점
	5

가. 아스팔트 신도시험의 정의를 간단히 쓰시오.

○

나. 별도의 규정이 없을 때의 온도와 속도를 쓰시오.

【답】 시험온도 : ____________, 인장속도 : ____________

다. 저온에서 시험할 때의 온도와 속도를 쓰시오.

【답】 시험온도 : ____________, 인장속도 : ____________

해답 가. 규정된 몰드에 넣은 역청재료의 양 끝을 규정온도와 속도로 잡아당겼을 때 시료가 끊어질 때까지 늘어난 길이(cm)

나. • 시험온도 : 25±0.5℃
  • 인장속도 : 5±0.25cm/min

다. • 시험온도 : 4℃
  • 인장속도 : 1cm/min

목적
아스팔트의 연성을 알기 위해서

□□□ 기19①,24①

05 도로토공 현장에서 모래치환법으로 현장 흙의 단위무게시험을 실시하여 아래와 같은 결과를 얻었다. 다음 물음에 답하시오.

득점	배점
	5

【시험 결과】

- 시험구멍에서 파낸 구멍의 부피 : 1680g/cm^3
- 시험구멍에서 파낸 흙의 무게 : 3000g
- (습윤시료 + 용기)무게 : 28.5g
- (건조시료 + 용기)무게 : 26.40g
- 용기의 무게 : 15.5g
- 실내 시험에서 구한 최대건조밀도 : 1.56g/cm^3

가. 함수비를 구하시오.

계산 과정) 답 : ______

나. 건조밀도를 구하시오.

계산 과정) 답 : ______

다. 다짐도를 구하시오.

계산 과정) 답 : ______

해답 가. $w = \frac{W_w}{W_s} \times 100$

$= \frac{\text{(습윤시료+용기)무게} - \text{(건조시료+용기)}}{\text{(건조시료+용기)} - \text{용기무게}} \times 100$

$= \frac{28.58 - 26.40}{26.40 - 15.5} \times 100 = 20\%$

나. 건조밀도 $\rho_d = \frac{\rho_t}{1+w}$

• 습윤밀도 $\rho_t = \frac{W}{V} = \frac{3000}{1680} = 1.79\,\text{g/cm}^3$

$\therefore \rho_d = \frac{1.79}{1 + \frac{20}{100}} = 1.49\,\text{g/cm}^3$

다. 다짐도 $C_d = \frac{\rho_d}{\rho_{d\max}} \times 100$

$\therefore C_d = \frac{1.49}{1.56} \times 100 = 95.51\%$

□□□ 기95,10①,18②,22①,24①

06 점토질 시료를 변수위투수시험을 수행하여 다음과 같은 시험값을 얻었다. 이 점토의 15℃에서 투수계수를 구하시오.

득점	배점
	5

【시험 결과 값】

- 스탠드 파이프 안지름 : 5mm
- 측정개시 시간 : t_1 =09 : 00
- 시료 지름 : 100mm
- 측정완료시간 : t_2 =09 : 20
- 시료 길이 : 20.0cm
- t_1에서 수위 : 30cm
- t_2에서 수위 : 20cm

계산 과정)　　　　　답 :

해답 $K=2.3\dfrac{a\times L}{A\times t}\log\dfrac{h_1}{h_2}$

- $a=\dfrac{\pi d^2}{4}=\dfrac{\pi\times 0.5^2}{4}=0.196\,\text{cm}^2$
- $A=\dfrac{\pi d^2}{4}=\dfrac{\pi\times 10^2}{4}=78.540\,\text{cm}^2$
- $t=(09:20-09:00)\times 60=1200\text{sec}$

$\therefore\ K=2.3\dfrac{0.196\times 20}{78.540\times 1200}\log\dfrac{30}{20}=1.68\times 10^{-5}\text{cm/sec}$

□□□ 기01②,11②,12④,17④,24①

07 포화된 모래 시료에 대해 4kN/m²의 구속압력으로 압밀시킨 다음 배수를 허용하지 않고 축차응력을 증가시켜 축차응력 3.4kN/m²에 파괴되었으며, 이때의 간극수압은 2.7kN/m²라면 전응력과 유효응력으로 전단 저항각을 구하시오.

득점	배점
	5

가. 전응력에 의한 전단 저항각을 구하시오.

계산 과정)　　　　　답 :

나. 유효응력에 의한 전단 저항각을 구하시오.

계산 과정)　　　　　답 :

해답 가. $\sin\phi=\dfrac{\sigma_1-\sigma_3}{\sigma_1+\sigma_3}$에서

- 최소주응력 $\sigma_3=4\text{kN/m}^2$
- 최대주응력 $\sigma_1=\sigma_3+\Delta\sigma=4+3.4=7.4\text{kN/m}^2$

$\therefore\ \phi=\sin^{-1}\dfrac{\sigma_1-\sigma_3}{\sigma_1+\sigma_3}=\sin^{-1}\left(\dfrac{7.4-4}{7.4+4}\right)=17.35°$

나. $\sin\phi=\dfrac{\sigma_1'-\sigma_3'}{\sigma_1'+\sigma_3'}$

- $\sigma_3'=\sigma_3-\Delta u=4-2.7=1.3\text{kN/m}^2$
- $\sigma_1'=\sigma_1-\Delta u=7.4-2.7=4.7\text{kN/m}^2$

$\therefore\ \phi=\sin^{-1}\dfrac{\sigma_1'-\sigma_3'}{\sigma_1'+\sigma_3'}=\sin^{-1}\left(\dfrac{4.7-1.3}{4.7+1.3}\right)=34.52°$

건설재료분야

4문항(20점)

□□□ 기17①,24①

08 콘크리트의 압축 강도시험 결과가 아래의 표와 같을 때 배합설계에 적용할 표준편차를 구하고, 설계기준 압축강도가 40MPa일 때 콘크리트의 배합강도를 계산하시오.

득점	배점
	5

【압축강도 측정결과(MPa)】

42	43	35	42	46	41	45
35	35	46	43	42	45	43
37	44	35	45	41	40	36

가. 아래의 표를 이용하여 배합설계에 적용할 표준편차를 구하시오.

【시험횟수가 29회 이하일 때 표준편차의 보정계수】

시험 횟수	표준편차의 보정계수	비고
15	1.16	이 표에 명시되지 않은 시험횟수에 대해서는 직선보간한다.
20	1.08	
25	1.03	
30 이상	1.00	

계산 과정)

나. 배합강도를 구하시오.

계산 과정)

해답 가. 표준편차 $s = \sqrt{\dfrac{\Sigma(x_i - \bar{x})^2}{(n-1)}}$

• 압축강도 합계

42	43	35	42	46	41	45	294
35	35	46	43	42	45	43	289
37	44	35	45	41	40	36	278

$\Sigma x_i = 294 + 289 + 278 = 861\text{MPa}$

• 압축강도 평균값

$$\bar{x} = \frac{\Sigma x_i}{n} = \frac{861}{21} = 41\,\text{MPa}$$

• 표준편차 합 $\Sigma(x_i - \bar{x})^2$

$(42-41)^2+(43-41)^2+(35-41)^2+(42-41)^2+(46-41)^2+(41-41)^2+(45-41)^2$
$+(35-41)^2+(35-41)^2+(46-41)^2+(43-41)^2+(42-41)^2+(45-41)^2+(43-41)^2$
$+(37-41)^2+(44-41)^2+(35-41)^2+(45-41)^2+(41-41)^2+(40-41)^2+(36-41)^2$
$= 83 + 122 + 103 = 308\text{ MPa}$

$$\therefore \text{ 표준표차 } s = \sqrt{\frac{308}{(21-1)}} = 3.92\text{MPa}$$

• 직선보간의 표준편차

$$=3.92\times\left(1.08-\frac{1.08-1.03}{25-20}\times(21-20)\right)=4.19\,\text{MPa}$$

나. $f_{ck}=40\,\text{MPa}>35\,\text{MPa}$인 경우 두 값 중 큰 값

• $f_{cr}=f_{ck}+1.34s=40+1.34\times4.19=45.61\,\text{MPa}$

• $f_{cr}=0.9f_{ck}+2.33\,s=0.9\times40+2.33\times4.19=45.76\,\text{MPa}$

∴ 배합강도 $f_{cr}=45.76\,\text{MPa}$

□□□ 기16②,18④,22②,24①

09 잔골재에 대한 밀도 및 흡수율 시험에 대해 물음에 답하시오.

득점	배점
	5

가. 잔골재에 대한 밀도 및 흡수율 시험 결과가 아래 표와 같을 때 다음 물음에 답하시오. (단, 시험온도에서의 물의 밀도는 0.9970g/cm^3이다.)

물을 채운 플라스크 질량(g)	687
표면 건조포화 상태 시료 질량(g)	500
시료와 물을 채운 플라스크 질량(g)	998
절대건조 상태 시료 질량(g)	492

○ 표면건조 포화상태의 밀도를 구하시오.

계산 과정)

답 : ______________

○ 절대건조밀로를 구하시오.

계산 과정)

답 : ______________

나. 잔골재 밀도 및 흡수율에 시험의 정밀도 및 편차를 쓰시오.

○ 시험값은 평균값과의 차이가 밀도의 경우 (①), 흡수율의 경우는 (②)이어야 한다.

해답 가. ① $d_s=\dfrac{m}{B+m-C}\times\rho_w=\dfrac{500}{687+500-998}\times0.9970=2.64\,\text{g/cm}^3$

② $d_d=\dfrac{A}{B+m-C}\times\rho_w=\dfrac{492}{687+500-998}\times0.9970=2.60\,\text{g/cm}^3$

나. ① 0.01g/cm^3 이하, ② 0.05% 이하

골재의 밀도 및 흡수율의 정밀도

■ 잔골재의 밀도 및 흡수율
시험값은 평균값과의 차이가 밀도의 경우 0.01g/cm^3 이하, 흡수율의 경우는 0.05% 이하 이어야 한다.

■ 굵은골재의 밀도 및 흡수율
시험값은 평균값과의 차이가 밀도의 경우 0.01g/cm^3 이하, 흡수율의 경우는 0.03% 이하 이어야 한다.

□□□ 기09①,11①,18②,23①②,24①

10 콘크리트의 시험 배합 결과 단위시멘트량 320kg/m³, 단위 수량 165kg/m³, 단위 잔골재량 755kg/m³, 단위 굵은 골재량 1435kg/m³이었다. 현장배합을 위한 검사 결과 잔골재 속의 5mm체에 남은 양 2%, 굵은골재 속의 5mm체를 통과하는 양 5%일 때 현정 배합량의 단위 잔골재량 단위 굵은골재량을 구하시오.(단, 표면수의 보정은 생략한다.)

득점	배점
	5

계산 과정)

【답】 단위 잔골재량 : ______________________, 단위 굵은골재량 : ______________________

해답 입도에 의한 조정

$S = 755\text{kg},\ G = 1435\text{kg},\ a = 2\%,\ b = 5\%$

$$X = \frac{100S - b(S+G)}{100 - (a+b)} = \frac{100 \times 755 - 5(755+1435)}{100-(2+5)} = 694.09\,\text{kg/m}^3$$

$$Y = \frac{100G - a(S+G)}{100 - (a+b)} = \frac{100 \times 1435 - 2(755+1435)}{100-(2+5)} = 1495.91\,\text{kg/m}^3$$

【답】 단위 잔골재량 : 694.09kg/m³

【답】 단위 굵은골재량 : 1495.91kg/m³

□□□ 기10①,14①,17④,19①,21④,24①

11 초음파 전달속도를 이용한 비파괴 검사법으로 콘크리트 균열깊이 측정에 이용되고 있는 검사방법을 3가지만 쓰시오.

득점	배점
	5

① ______________________ ② ______________________

③ ______________________ ④ ______________________

해답 ① T법 ② $T_c - T_o$법

③ BS법 ④ R−S법

⑤ 레슬리(Leslie)법

아스팔트 분야

1문항(5점)

□□□ 기21④,22①,24①

12 아스팔트질 혼합물의 증발감량 시험결과에 대해 물음에 답하시오.

득점	배점
	5

가. 시료의 항온 공기 중탕 내의 온도와 유지 시간은 얼마인가?

① 시료의 항온 공기 중탕 내 온도

○

② 시료의 항온 공기 중탕 내 온도 유지 시간

○

나. 아스팔트질 혼합물의 증발감량 시험결과 다음과 같을 때 이 아스팔트의 증발 무게 변화율을 구하시오.

• 시료 채취량 : 50.00g　　• 증발후의 시료의 무게 : 49.05g

계산 과정)　　답 : ____________

다. 서로 다른 두 시험실에서 사람과 장치가 다를 때 동일 시료를 각각 1회씩 시험하여 구한 시험결과의 허용차를 기록하시오.

증발 무게 변화율(%)	재현성의 허용치(%)
0.05 이하	0.20
0.50 초과 1.0 이하	(　　)
1.0을 초과하는 것	0.60 또는 평균값의 20%

해답 가. ① 163°　② 5시간

나. 증발 무게 변화율

$$V = \frac{W - W_s}{W_s} \times 100$$

$$= \frac{49.05 - 50.00}{49.05} \times 100 = -1.94\%$$

다. 0.40

국가기술자격 실기시험문제

2024년도 기사 제2회 필답형 실기시험(기사)

종 목	시험시간	배 점	성 명	수험번호
건설재료시험기사	2시간	60		

※ 수험자 인적사항 및 계산식을 포함한 답안 작성은 검은색 필기구만 사용해야 하며, 그 외 연필류, 빨간색, 청색 등 필기구로 작성한 답항은 0점 처리 됩니다.

토질분야

6문항(30점)

□□□ 기10②,15②,24②

득점	배점
	5

01 다음은 자연상태의 함수비가 29%인 점성토 시료를 채취하여 애터버그 한계시험을 행한 성과표를 나타낸 것이다. 아래 표의 빈칸을 채우고, 유동곡선을 그리고 물음에 답하시오.
(단, 소수점이하 둘째자리에서 반올림하시오.)

【액성한계시험】

용기번호	1	2	3	4	5
습윤시료 + 용기 무게(g)	70	75	74	70	76
건조시료 + 용기 무게(g)	60	62	59	53	55
용기 무게(g)	10	10	10	10	10
건조시료 무게(g)					
물의 무게(g)					
함수비 W(%)					
타격횟수 N	58	43	31	18	12

【소성한계시험】

용기번호	1	2	3	4
습윤시료 + 용기 무게(g)	26	29.5	28.5	27.7
건조시료 + 용기 무게(g)	23	26	24.5	24.1
용기 무게(g)	10	10	10	10
건조시료 무게(g)				
물의 무게(g)				
함수비 W(%)				

가. 유동곡선을 그리고 액성한계를 구하시오.

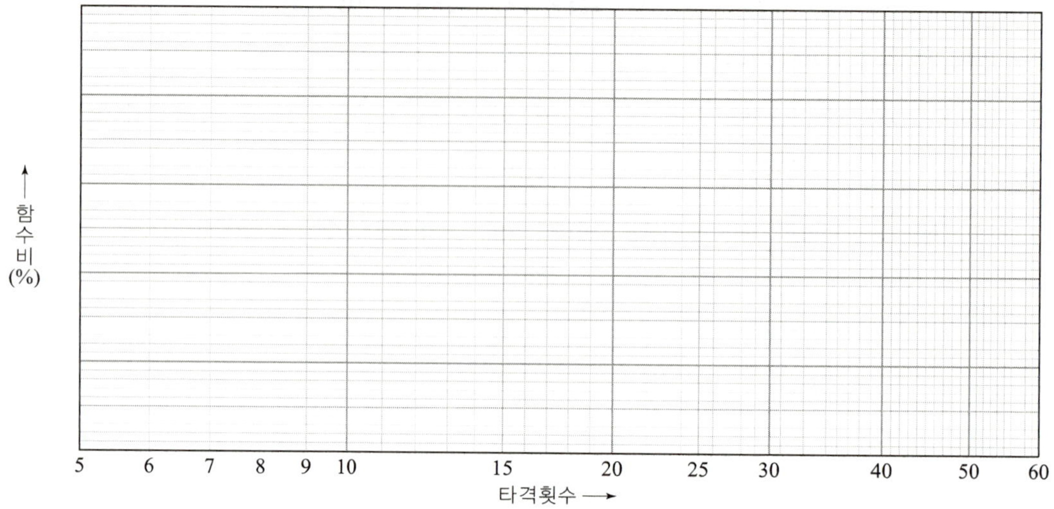

나. 소성한계를 구하시오.

계산 과정)

답 : ______

다. 소성지수를 구하시오.

계산 과정)

답 : ______

라. 액성지수를 구하시오.

계산 과정)

답 : ______

마. 컨시스턴시지수를 구하시오.

계산 과정)

답 : ______

해답

【액성한계시험】

용기번호	1	2	3	4	5
습윤시료 + 용기 무게(g)	70	75	74	70	76
건조시료 + 용기 무게(g)	60	62	59	53	55
용기 무게(g)	10	10	10	10	10
건조시료 무게(g)	50	52	49	43	45
물의 무게(g)	10	13	15	17	21
함수비 W(%)	20	25	30.6	39.5	46.7
타격횟수 N	58	43	31	18	12

【소성한계시험】

용기번호	1	2	3	4
습윤시료 + 용기 무게(g)	26	29.5	28.5	27.7
건조시료 + 용기 무게(g)	23	26	24.5	24.1
용기 무게(g)	10	10	10	10
건조시료 무게(g)	13	16	14.5	14.1
물의 무게(g)	3	3.5	4.0	3.6
함수비 W(%)	23.1	21.9	27.6	25.5

가.

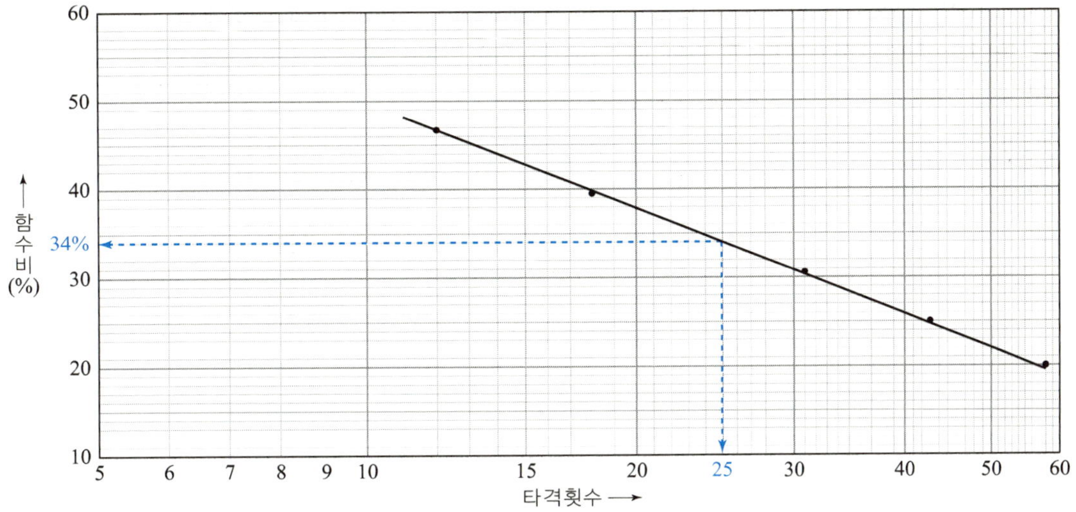

∴ 액성한계 : 34%

나. 소성한계 $W_P = \dfrac{23.1 + 21.9 + 27.6 + 25.5}{4} = 24.5\%$

다. 소성지수=액성한계−소성한계=34−24.5=9.5%

라. 액성지수 $I_L = \dfrac{w_n - W_P}{W_L - W_P} = \dfrac{29 - 24.5}{34 - 24.5} = 0.47$

마. 컨시스턴시 $I_c = \dfrac{W_L - w_n}{W_L - W_P} = \dfrac{34 - 29}{34 - 24.5} = 0.53$

□□□ 기08③,09①,11①,16②,18①,19①,20②,24②

02 어떤 흙의 입도분석 시험 결과가 다음과 같을 때 통일 분류법에 따라 이 흙을 분류하시오.

득점	배점
	5

【시험 결과】

No.200체(0.074mm) 통과율이 4.34%, No.4체(4.76mm)통과율이 58.1%이고, 통과백분율 10%, 30%, 60%에 해당하는 입경이 각각 $D_{10} = 0.15\text{mm}$, $D_{30} = 0.34\text{mm}$, $D_{60} = 0.45\text{mm}$인 흙

계산 과정)

답 : ______

해답 통일 분류법에 의한 흙의 분류 방법

- 1단계 : 조건(No.200 < 50%(G나 S)
- 2단계 : (No.4체 통과량 > 50%)조건 ∴ S
- 3단계 : SW($C_u > 6$, $1 < C_g < 3$) 이면 SW 아니면 SP

• 균등계수 $C_u = \dfrac{D_{60}}{D_{10}} = \dfrac{0.45}{0.15} = 3 < 6$: 입도 불량(P)

• 곡률계수 $C_g = \dfrac{D_{30}^2}{D_{10} \times D_{60}} = \dfrac{0.34^2}{0.15 \times 0.45} = 1.71$: $1 < C_g < 3$: 입도 양호(W)

∴ SP(∵ 두 조건을 만족하지 않으므로)

□□□ 기94,10④,13②,16①,19②,24②

03 **어느 흙의 비중이 2.65인 점토시료에 대하여 압밀시험을 실시하였다. 하중이 $64kN/m^2$에서 $128kN/m^2$로 변하는 동안의 시험결과가 다음과 같은 때 다음 물음에 답하시오.**
(단, 배수조건은 양면배수이다.)

득점	배점
	5

압밀응력 $P(kN/m^2)$	공극비(e)	평균시료높이(cm)	$t_{50}[\log t]$(sec)	$t_{90}[\sqrt{t}]$(sec)
64	1.148	1.384	79	342
128	0.951			

가. 압밀계수를 구하시오. (단, 계산결과는 □.□□ $\times 10^{□}$로 표현하시오.)

① $\log t$ 법 :

② $\sqrt{t}$:

나. 압축계수를 구하시오. (단, 계산결과는 □.□□ $\times 10^{□}$로 표현하시오.)

계산 과정) 답 : ______

다. 체적변화계수를 구하시오. (단, 계산결과는 □.□□ $\times 10^{□}$로 표현하시오.)

계산 과정) 답 : ______

라. 압축지수를 구하시오. (단, 소수점 넷째자리에서 반올림)

계산 과정) 답 : ______

마 $\sqrt{t}$ 법에 의해 투수계수를 구하시오. (단, 계산결과는 □.□□ $\times 10^{□}$로 표현하시오.)

계산 과정) 답 : ______

해답 가. ① $\log t$법 : $C_v = \dfrac{0.197H^2}{t_{50}} = \dfrac{0.197\times\left(\dfrac{1.384}{2}\right)^2}{79} = 1.19\times10^{-3}\text{cm}^2/\text{sec} = 1.19\times10^{-7}\text{m}^2/\text{sec}$

② $\sqrt{t}$: $C_v = \dfrac{0.848H^2}{t_{90}} = \dfrac{0.848\times\left(\dfrac{1.384}{2}\right)^2}{342} = 1.19\times10^{-3}\text{cm}^2/\text{sec} = 1.19\times10^{-7}\text{m}^2/\text{sec}$

나. $a_v = \dfrac{e_1-e_2}{P_2-P_1} = \dfrac{1.148-0.951}{128-64} = 3.08\times10^{-3}\text{m}^2/\text{kN}$

다. $m_v = \dfrac{a_v}{1+e} = \dfrac{3.08\times10^{-3}}{1+1.148} = 1.43\times10^{-3}\text{m}^2/\text{kN}$

라. $C_c = \dfrac{e_1-e_2}{\log\dfrac{P_2}{P_1}} = \dfrac{1.148-0.951}{\log\dfrac{128}{64}} = 0.654$

마. $K = C_v\cdot m_v\cdot\gamma_w$

$= 1.19\times10^{-7}\times1.43\times10^{-3}\times9.81$

$= 1.67\times10^{-9}\text{m/sec} = 1.67\times10^{-7}\text{cm/sec}$

물의 밀도
$\rho_w = 1\text{g/cm}^3$

물의 단위중량
$\gamma_w = 9.81\text{kN/m}^3$

□□□ 기19④,24②

득점	배점
	5

04 다음 CBR 시험에 대해 물음에 답하시오.

가. 4일간 침수 후 관입시험을 실시하려고 한다. 직경 50mm 관입봉의 관입속도는 얼마인가?

○

나. CBR 시험을 실시하였다. 이 때 2.5mm 관입 때의 하중강도가 2.1MN/m^2이었다. 계속하여 관입을 실시하여 5.0mm 관입 때의 하중강도가 3.7MN/m^2이었다. 각각의 CBR은 얼마인가.

① $C.B.R_{2.5}$

계산 과정)　　　　　　　　　　　　　　　　답 : ______

② $C.B.R_{5.0}$

계산 과정)　　　　　　　　　　　　　　　　답 : ______

해답 가. 1mm/분

나. ① $C.B.R_{2.5} = \frac{2.1}{6.9} \times 100 = 30.43\%$

② $C.B.R_{5.0} = \frac{3.7}{10.3} \times 100 = 35.92\%$

CBR시험

■ 표준하중강도 및 표준하중의 값

• SI단위

관입량 mm	표준하중강도 MN/m^2	표준하중(kN)
2.5	6.9	13.4
5.0	10.3	19.9

• MKS단위

관입량 mm	표준하중강도 kg/cm^2	표준하중(kg)
2.5	70	1370
5.0	105	2030

■ CBR 계산

$$CBR = \frac{하중강도}{표준하중강도} \times 100 = \frac{하중}{표준하중} \times 100$$

• $CBR_{2.5}$: 관입량 2.5mm일 때의 CBR

• $CBR_{5.0}$: 관입량 5mm일 때의 CBR

• $CBR_{2.5} > CBR_{5.0}$ 인 경우 : $CBR_{2.5}$이 CBR이 된다.

• $CBR_5 \geq CBR_{2.5}$ 인 경우 : 재시험후에도 같으면 CBR_5이 CBR이 된다.

□□□ 기01①,10④,11①,13④,18④,24②

득점	배점
	5

05 어떤 모래질 점토시료를 채취하여 다짐시험을 한 결과이다. 다음 물음에 답하시오.
(단, 몰드의 체적은 1000cm^3)

구분	1	2	3	4	5
(몰드+밑판+젖은 흙)무게(g)	5493	5625	5733	5807	5730
(몰드+밑판)무게(g)	3646	3646	3646	3646	3646
젖은흙 무게(g)					
습윤밀도(g/cm³)					
건조밀도(g/cm³)					
함수비(%)	12.08	12.99	14.35	17.05	19.50

가. 표의 젖은 흙 무게, 습윤밀도, 건조밀도를 구하여 표의 빈칸을 채우시오.

계산 과정)

나. 다짐곡선을 작도하여 최적함수비와 최대건조밀도를 구하시오.

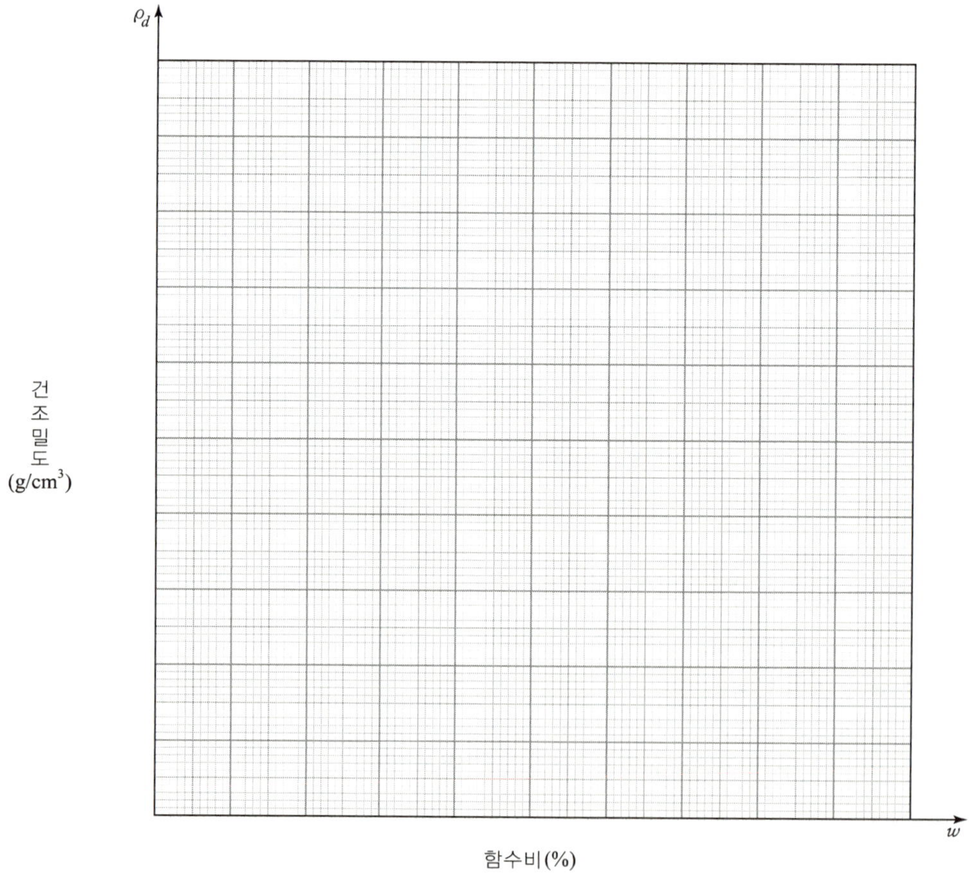

【답】 최적함수비 : ________________, 최대건조밀도 : ________________

다. 흙의 비중이 2.75일 때 영공기 간극곡선을 작도하시오.

계산 과정)

라. 이 흙을 이용하여 토공작업을 할 때 현장시방서가 95%의 다짐도를 원한다면 시공(현장)함수비의 범위를 구하시오.

계산 과정) 답 : ______________

해답 가.

구분	1	2	3	4	5
(몰드+밑판+젖은 흙)무게(g)	5493	5625	5733	5807	5730
(몰드+밑판)무게(g)	3646	3646	3646	3646	3646
젖은흙 무게(g)	1847	1979	2087	2161	2084
습윤밀도(g/cm^3)	1.847	1.979	2.087	2.161	2.084
건조밀도(g/cm^3)	1.65	1.75	1.83	1.85	1.74
함수비(%)	12.08	12.99	14.35	17.05	19.50

나.

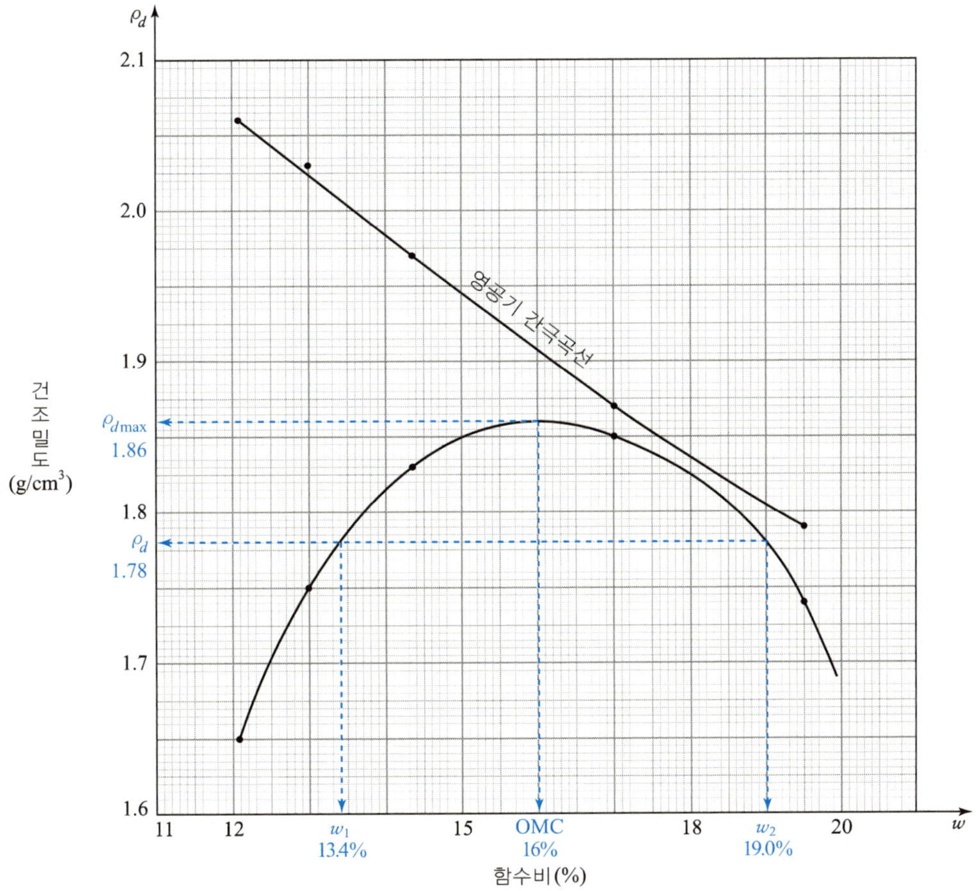

【답】 최적함수비 : 16%, 최대건조밀도 : 1.86g/cm^3

다. $\gamma_d = \dfrac{\gamma_w}{\dfrac{1}{G_s} + \dfrac{w}{S}}$

측정번호	1	2	3	4	5
함수비(%)	12.08	12.99	14.35	17.05	19.50
영공기 간극상태의 건조단위중량(g/cm^3)	2.06	2.03	1.97	1.87	1.79

1. $\gamma_d = \dfrac{1}{\dfrac{1}{2.75} + \dfrac{12.08}{100}} = 2.06$
2. $\gamma_d = \dfrac{1}{\dfrac{1}{2.75} + \dfrac{12.99}{100}} = 2.03$
3. $\gamma_d = \dfrac{1}{\dfrac{1}{2.75} + \dfrac{14.35}{100}} = 1.97$
4. $\gamma_d = \dfrac{1}{\dfrac{1}{2.75} + \dfrac{17.05}{100}} = 1.87$
5. $\gamma_d = \dfrac{1}{\dfrac{1}{2.75} + \dfrac{19.50}{100}} = 1.79$

라. $\gamma_d = 1.85 \times \dfrac{95}{100} = 1.76\,\text{g/cm}^3$

$\therefore\ w_1 \sim w_2 = 13.4\% \sim 19.0\%$

□□□ 기21②,24②

06 포화점토 시료를 대상으로 2회의 시험을 실시하였으며, 배수조건 삼축압축시험의 결과는 다음과 같다. 전단강도정수(내부마찰각과 점착력)을 구하시오.

득점	배점
	5

시험회수	1	2
시료 파괴시 구속응력 σ_3	70.30kN/m^2	105.46kN/m^2
파괴면의 축차응력 $(\Delta\sigma_d)_f$	173.66kN/m^2	235.53kN/m^2

가. 내부마찰각을 구하시오.

계산 과정) 답 : ______

나. 점착력을 구하시오.

계산 과정) 답 : ______

해답 ■ $\sigma_1{}' = \sigma_1 = \sigma_3 + (\Delta\sigma_d)_f$

• 시료 1의 $\sigma_1{}'$

$\sigma_1{}' = 70.30 + 173.66 = 243.96\text{kN/m}^2$

• 시료 2의 σ_1

$\sigma_1{}' = 105.46 + 235.53 = 340.99\text{kN/m}^2$

■ $\sigma_1{}' = \sigma_3{}'\tan^2\left(45° + \dfrac{\phi}{2}\right) + 2c\tan\left(45° + \dfrac{\phi}{2}\right)$

• 시료1에서

$243.96 = 70.30\tan^2\left(45° + \dfrac{\phi}{2}\right) + 2c\tan\left(45° + \dfrac{\phi}{2}\right)$ ………………………… (1)

• 시료 2에서

$340.99 = 105.46\tan^2\left(45° + \frac{\phi}{2}\right) + 2c\tan\left(45° + \frac{\phi}{2}\right)$ ·························· (2)

[(2) − (1)]에서 내부마찰각 계산

$97.03 = 35.16\tan^2\left(45° + \frac{\phi}{2}\right)$

참고 SOLVE 이용

∴ $\phi = 27.91°$

(1)에서 점착력 계산

$243.96 = 70.30\tan^2\left(45° + \frac{27.91°}{2}\right) + 2c\tan\left(45° + \frac{27.91°}{2}\right)$ ······· (1)

참고 SOLVE 이용

∴ $c = 15.03\,\text{kN/m}^2$

! 주의점
SOLVE 사용

건설재료분야

4문항(20점)

□□□ 기09①,11①,12①,13①,15①,18②,20③,24②

07 콘크리트의 시방 배합 결과 단위 시멘트량 320kg, 단위 수량 165kg, 단위 잔골재량 705.4kg, 단위 굵은 골재량 1134.6kg이었다. 현장배합을 위한 검사 결과 잔골재 속의 5mm체에 남은 양 1%, 굵은골재 속의 5mm체를 통과하는 양 4%, 잔골재의 표면수 1%, 굵은 골재의 표면수 3% 일 때 현장 배합량의 단위 잔골재량, 단위 굵은 골재량, 단위 수량을 구하시오.

득점	배점
	5

계산과정)

【답】단위 수량 : ______________, 단위 잔골재량 : ______________, 단위 굵은 골재량 : ______________

해답 ■ 입도에 의한 조정

$S = 705.4\text{kg},\ G = 1{,}134.6\text{kg},\ a = 1\%,\ b = 4\%$

$X = \frac{100S - b(S+G)}{100-(a+b)} = \frac{100 \times 705.4 - 4(705.4 + 1134.6)}{100-(1+4)} = 665.05\text{kg/m}^3$

$Y = \frac{100G - a(S+G)}{100-(a+b)} = \frac{100 \times 1134.6 - 1(705.4 + 1134.6)}{100-(1+4)} = 1174.95\,\text{kg/m}^3$

■ 표면수에 의한 조정

잔골재의 표면수 $= 665.05 \times \frac{1}{100} = 6.65\text{kg}$

굵은골재의 표면수 $= 1174.95 \times \frac{3}{100} = 35.25\text{kg}$

■ 현장 배합량

• 단위 수량 : $165 - (6.65 + 35.25) = 123.10\text{kg/m}^3$

• 단위 잔골재량 : $665.05 + 6.65 = 671.70\,\text{kg/m}^3$

• 단위 굵은재량 : $1174.95 + 35.25 = 1210.20\,\text{kg/m}^3$

【답】단위 수량 : 123.10kg/m^3, 단위 잔골재량 : 671.70kg/m^3
단위 굵은 골재량 : 1210.20kg/m^3

□□□ 기13①,15④,18①,19②,24②

08 콘크리트의 압축강도 측정결과가 16회로 아래의 표와 같을 때 다음 물음에 답하시오.

득점	배점
	5

【압축강도 측정결과(MPa)】

36, 40, 45, 44, 43, 45, 43, 42, 46, 44, 43, 42, 45, 38, 37, 39

가. 배합강도를 결정하기 위한 압축강도의 표준편차(s)를 구하시오.

(단, 시험횟수 15회일 때 보정계수 1.16, 20회일 때 보정계수 1.08이다.)

계산 과정) 답 : __________

나. 설계기준 압축강도가 40MPa일 때 콘크리트의 배합강도를 구하시오.

계산 과정) 답 : __________

해답 가. 표준편차 $s=\sqrt{\dfrac{\Sigma(x_i-\overline{\mathrm{x}})^2}{(n-1)}}$

- 압축강도 합계

$$\Sigma x_i = 36+40+45+44+43+45+43+42+46+44+43+42+45+38+37+39 = 672\,\mathrm{MPa}$$

- 압축강도 평균값

$$\overline{\mathrm{x}} = \frac{\Sigma x_i}{n} = \frac{672}{16} = 42\mathrm{MPa}$$

- 표준편차 합

$$\Sigma(x_i-\overline{\mathrm{x}})^2 = (36-42)^2+(40-42)^2+(45-42)^2+(44-42)^2+(43-42)^2 +(45-42)^2+(43-42)^2+(42-42)^2+(46-42)^2+(44-42)^2 +(43-42)^2+(42-42)^2+(45-42)^2+(38-42)^2+(37-42)^2 +(39-42)^2 = 54+30+51+9 = 144\,\mathrm{MPa}$$

∴ 표준표차 $s=\sqrt{\dfrac{144}{(16-1)}}=3.10\mathrm{MPa}$

- 직선보간의 표준편차

직선보간 표준편차 $=3.10\times\left(1.16-\dfrac{1.16-1.08}{20-15}\times(16-15)\right)=3.55\,\mathrm{MPa}$

나. $f_{ck}=40\,\mathrm{MPa}>35\,\mathrm{MPa}$인 경우 두 값 중 큰 값

- $f_{cr}=f_{ck}+1.34s=40+1.34\times3.55=44.76\,\mathrm{MPa}$
- $f_{cr}=0.9f_{ck}+2.33s=0.9\times40+2.33\times3.55=44.27\,\mathrm{MPa}$

∴ 배합강도 $f_{cr}=44.76\,\mathrm{MPa}$

□□□ 기12①,14②,17②,24②

09 시멘트의 강도시험 방법(KSL ISO 679)에 대해 물음에 답하시오.

득점	배점
	5

가. 시멘트 모르타르의 압축강도 및 휨강도의 공시체의 형상과 치수를 쓰시오.

○

나. 공시체인 모르타르를 제작할 때 시멘트 질량이 1일 때 잔골재 및 물의 비율을 쓰시오.

【답】 잔골재 : ______________________, 물 : ______________________

다. 공시체를 틀에 넣은 후 강도시험을 할 때까지의 양생방법을 간단히 쓰시오.

○

해답 가. 40×40×160mm 의 각주

나. 잔골재 : 3, 물 : 0.5

다. 공시체는 24시간 이후의 시험을 위해서는 제조 후 20~24시간 사이에 탈형하여 수중양생한다.

□□□ 기14④,15②,17①,18①,21②,23①,24②

10 골재의 단위 용적질량 및 실적률 시험(KS F 2505)에 대한 아래의 물음에 답하시오.

득점	배점
	5

가. 시료를 용기에 채울 때 봉 다지기에 의한 방법을 사용하고, 굵은골재의 최대치수가 10mm를 초과 40mm 이하인 시료를 사용하는 경우 필요한 용기의 용적과 1층당 다짐횟수를 쓰시오.

【답】 용적 : ______________________, 다짐회수 : ______________________

나. 시료를 용기에 채우는 방법은 봉 다지기에 의한 방법과 충격에 의한 방법이 있으며, 일반적으로 봉 다지기에 의한 방법을 사용한다. 충격에 의한 방법을 사용하여야 하는 경우를 2가지만 쓰시오.

① ______________________ ② ______________________

다. 굵은 골재를 사용하며, 용기의 용적이 30L, 용기 안 시료의 건조질량이 45.0kg이었다. 이 골재의 흡수율이 1.8%이고 표면건조포화상태의 밀도가 2.60kg/L 라면 공극률을 구하시오.

계산 과정) 답 : ______________________

해답 가. 용적 : 10L, 다짐회수 : 30

나. ① 굵은골재의 치수가 커서 봉 다지기가 곤란한 경우

② 시료를 손상할 염려가 있는 경우

다. 골재의 실적률 $G=\frac{T}{d_s}(100+Q)$

• $T=\frac{m_1}{V}=\frac{45.0}{30}=1.5\,\text{kg/L}$

• $G=\frac{1.5}{2.60}(100+1.8)=58.73\%$

∴ 공극률 $=100-$실적률 $=100-58.73=41.27\%$

골재의 빈틈률(%)

■ 용기의 다짐회수

굵은 골재의 최대치수	용적(L)	1층 다짐회수	안높이/안지름
5mm(잔골재) 이하	1～2	20	0.8～1.5
10mm 이하	2～3	20	
10mm 초과 40mm 이하	10	30	
40mm 초과 80mm 이하	30	50	

■ 시료를 채우는 방법

① 봉 다지기에 의한 경우

② 충격에 의하는 경우

- 굵은골재의 치수가 커서 봉 다지기가 곤란한 경우
- 시료를 손상할 염려가 있는 경우

■ 골재의 실적률

① 골재의 단위 용적질량 $T=\frac{m_1}{V}$

② 골재의 실적률과 공극률

- 실적률 $G=\frac{T}{d_D}\times 100$: 골재의 건조밀도 사용
- 실적률 $G=\frac{T}{d_S}(100+Q)$: 골재의 흡수율이 있는 경우
- 공극률= 100 − 실적률

여기서, V : 용기의 용적(L)

m_1 : 용기 안의 시료의 질량(kg)

d_D : 골재의 절건밀도(kg/L)

d_S : 골재의 표건밀도(kg/L)

Q : 골재의 흡수율(%)

아스팔트분야

2문항(10점)

□□□ 기88,92,94,02,05,06,11②,13①,14②,17①,20①,24②

득점	배점
	5

11 **3개의 공시체를 가지고 마샬 안정도 시험을 실시한 결과 다음과 같다. 아래 물음에 답하시오.** (단, 아스팔트의 밀도는 1.02g/cm³, 혼합되는 골재의 평균밀도는 2.712g/cm³이다.)

공시체 번호	아스팔트혼합율(%)	두께(cm)	질량(g)		용적(cm³)
			공기중	수중	
1	4.5	6.29	1151	665	486
2	4.5	6.30	1159	674	485
3	4.5	6.31	1162	675	487

가. 아스팔트 혼합물의 실측밀도 및 이론 최대밀도를 구하시오. (단, 소수 4자리에서 반올림하시오.)

공시체 번호	실측밀도(g/cm³)
1	
2	
3	
평균	

계산 과정)

【답】 이론최대밀도 :

나. 아스팔트 혼합물의 용적률, 공극률, 포화도를 구하시오. (단, 소수 4자리에서 반올림하시오.)

계산 과정)

【답】 용적률 : ______________, 공극률 : ______________, 포화도 : ______________

해답 가. ■ 실측밀도 $= \dfrac{\text{공기중 질량(g)}}{\text{용적(cm}^3)}$

공시체 번호	실측밀도(g/cm³)
1	$\dfrac{1151}{486} = 2.368\text{g/cm}^3$
2	$\dfrac{1159}{485} = 2.390\text{g/cm}^3$
3	$\dfrac{1162}{487} = 2.386\text{g/cm}^3$
평균	$\dfrac{2.368+2.390+2.386}{3} = 2.381\text{g/cm}^3$

■ 이론최대밀도 $D=\dfrac{100}{\dfrac{E}{F}+\dfrac{K(100-E)}{100}}$

• $\dfrac{\text{아스팔트 혼합율}(E)}{\text{아스팔트 밀도}(F)}=\dfrac{4.5}{1.02}=4.412\,\text{cm}^3/\text{g}$

• $K=\dfrac{\text{골재의 배합비}(B)}{\text{골재의 밀도}(C)}=\dfrac{100}{2.712}=36.873\text{cm}^3/\text{g}$

$\therefore$ 이론최대밀도 $D=\dfrac{100}{4.412+\dfrac{36.873(100-4.5)}{100}}=2.524\text{g/cm}^3$

나. • 용적율 $V_a=\dfrac{\text{아스팔트 혼합율}\times\text{평균 실측밀도}}{\text{아스팔트 밀도}}=\dfrac{4.5\times 2.381}{1.02}=10.504\%$

• 공극율 $V_v=\left(1-\dfrac{\text{평균실측밀도}}{\text{이론 최대밀도}}\right)\times 100=\left(1-\dfrac{2.381}{2.524}\right)\times 100=5.666\%$

• 포화도 $S=\dfrac{\text{용적률}}{\text{용적률}+\text{공극률}}\times 100=\dfrac{10.504}{10.504+5.666}\times 100=64.960\%$

□□□ 기11①,12②,14④,15④,18④,20②,24②

12 역청 포장용 혼합물로부터 역청의 정량 추출시험을 하여 아래와 같은 결과를 얻었다. 역청 함유율(%)을 계산하시오.

득점	배점
	5

【시험 결과】

• 시료의 무게 $W_1=2230\text{g}$
• 시료 중의 수분의 무게 $W_2=110\text{g}$
• 추출된 골재의 무게 $W_3=1857.4\text{g}$
• 추출액 중의 세립 골재분의 무게 $W_4=93.0\text{g}$

계산 과정)

답 :

해답 역청 함유율$=\dfrac{(W_1-W_2)-(W_3+W_4+W_5)}{W_1-W_2}\times 100$

$=\dfrac{(2230-110)-(1857.4+93.0)}{2230-110}\times 100=8\%$

국가기술자격 실기시험문제

2024년도 기사 제3회 필답형 실기시험(기사)

종 목	시험시간	배 점	성 명	수험번호
건설재료시험기사	2시간	60		

※ 수험자 인적사항 및 계산식을 포함한 답안 작성은 검은색 필기구만 사용해야 하며, 그 외 연필류, 빨간색, 청색 등 필기구로 작성한 답항은 0점 처리 됩니다.

토질분야

7문항(35점)

□□□ 기24③

01 노반 재료에 대한 지지력비(CBR)시험을 하였다. 관입시험에 앞서 공시체 제작은 5층 다짐으로 각 층 다짐회수를 55회로 하여 4일간 침수를 하였으며, 수침이 끝난 후 관입시험을 수행한 결과가 다음 표와 같다. 다음 물음에 답하시오.

득점	배점
	5

공시체의 높이	120mm
수침직후의 변형 읽음 값	2mm
4일간 수침 후의 변형 읽음 값	4.2mm
공시체의 건조단위중량	2.56kN/m^3
공시체의 습윤단위중량	2.76kN/m^3
2.5mm 관입량 때의 하중강도	2.5MN/m^2

가. 팽창비를 구하시오.

계산 과정)　　　　답 : ____________

나. 팽창시험후의 건조단위중량($\gamma_w{}'$)을 구하시오.

계산 과정)　　　　답 : ____________

다. $\text{C.B.R}_{2.5}$를 구하시오.

계산 과정)　　　　답 : ____________

해답 가. 팽창비

$$r_e = \frac{\text{다이얼게이지(최종읽음} - \text{최초읽음)}}{\text{공시체의 최초 높이}} \times 100$$

$$= \frac{4.2-2}{120} \times 100 = 1.83\%$$

나. $\gamma_d{}' = \dfrac{100\gamma_d}{100+\gamma_e} = \dfrac{100\times 2.56}{100+1.83} = 2.51\,\text{kN/m}^3$

다. $\text{C.B.R}_{2.5} = \dfrac{\text{하중강도}}{\text{표준하중강도}} \times 100 = \dfrac{2.5}{6.9} \times 100 = 36.23\%$

CBR시험

■ 표준하중강도 및 표준하중의 값

• SI단위

관입량mm	표준하중강도 MN/m²	표준하중(kN)
2.5	6.9	13.4
5.0	10.3	19.9

• MKS단위

관입량mm	표준하중강도 kg/cm²	표준하중(kg)
2.5	70	1370
5.0	105	2030

■ CBR 계산

$$CBR = \frac{하중강도}{표준하중강도} \times 100 = \frac{하중}{표준하중} \times 100$$

• $CBR_{2.5}$: 관입량 2.5mm일 때의 CBR
• $CBR_{5.0}$: 관입량 5mm일 때의 CBR
• $CBR_{2.5} > CBR_{5.0}$ 인 경우 : $CBR_{2.5}$이 CBR이 된다.
• $CBR_5 \geq CBR_{2.5}$ 인 경우 : 재시험후에도 같으면 CBR_5이 CBR이 된다.

□□□ 기08②,10④,12②,16②④,20②,24③

02 **두께 2m의 점토층에서 시료를 채취하여 압밀시험한 결과 하중강도를 300kN/m²에서 600kN/m²로 증가시켰더니 공극비는 1.96에서 1.78으로 감소하였다. 다음 물음에 답하시오.** (단, 소수점 넷째자리까지 구하시오)

득점	배점
	5

가. 압축계수(a_v)를 구하시오.

계산 과정) 답 : ______

나. 체적 변화계수(m_v)를 구하시오. (소수점 넷째자리까지 구하시오.)

계산 과정) 답 : ______

다. 최종 압밀 침하량($\triangle H$)를 구하시오.

계산 과정) 답 : ______

해답 가. $a_v = \dfrac{e_1 - e_2}{P_2 - P_1} = \dfrac{1.96 - 1.78}{600 - 300} = 0.0006\,\text{m}^2/\text{kN}$

나. $m_v = \dfrac{a_v}{1+e} = \dfrac{0.0006}{1+1.96} = 0.0002\,\text{m}^2/\text{kN}$

다. $\Delta H = m_v \cdot \Delta P \cdot H = 0.0002 \times (600 - 300) \times 2 = 0.12\text{m} = 12\text{cm}$

□□□ 기05①,16①,20④,24③

03 어떤 흙의 수축 한계시험을 한 결과가 다음과 같았다. 다음 물음에 답하시오.

득점 | 배점 5

(포화된 시료+수축접시)질량	53.71g
(건조된 시료+수축접시)질량	43.89g
수축접시 질량	18.19g
수축접시내 습윤시료 부피	$21.30cm^3$
노건조 시료 부피	$15.20cm^3$
노건조 시료 질량	29.34g

가. 수축한계를 구하시오.

계산 과정)　　　　답 : ______

나. 흙의 비중을 구하시오.

계산 과정)　　　　답 : ______

해답 가. 수축한계 $w_s = w - \left(\dfrac{V - V_o}{W_s} \cdot \rho_w \right) \times 100$

• 습윤시료의 함수비

$$w = \frac{W_w}{W_s} \times 100 = \frac{53.71 - 43.89}{43.89 - 18.19} \times 100 = 38.21\%$$

$$\therefore \quad w_s = 38.21 - \left(\frac{21.30 - 15.20}{29.34} \times 1 \right) \times 100 = 17.42\%$$

나. $G_s = \dfrac{1}{\dfrac{1}{R} - \dfrac{w_s}{100}}$

• $R = \dfrac{W_s}{V_o \rho_w} = \dfrac{29.34}{15.20 \times 1} = 1.93$　　$\therefore \ G_s = \dfrac{1}{\dfrac{1}{1.93} - \dfrac{17.42}{100}} = 2.91$

□□□ 기01②,04④,08①,10①,12④,13①,23②,24③

04 교란되지 않은 시료에 대한 일축 압축시험결과가 아래와 같으며, 파괴면과 수평면이 이루는 각도는 60°이다. 다음 물음에 답하시오. (단, 시험체의 크기는 평균직경 35mm, 단면적 $962mm^2$, 길이 80mm이다.)

득점 | 배점 5

압축량 ΔH(1/100mm)	압축력 P(N)	압축량 ΔH(1/100mm)	압축력 P(N)
0	0	220	164.7
20	9.0	260	172.0
60	44.0	300	174.0
100	90.8	340	173.4
140	126.7	400	169.2
180	150.3	480	159.6

가. 응력과 변형률 관계를 계산하여 표를 채우시오.

압축력 P(N)	ΔH ($\frac{1}{100}$ mm)	변형률(%)	$1-\epsilon$	A(mm^2)	압축응력 (kPa)
0	0				
9.0	20				
44.0	60				
90.8	100				
126.7	140				
150.3	180				
164.7	220				
172.0	260				
174.0	300				
173.4	340				
169.2	400				
159.6	480				

나. 압축응력(kPa)과 변형률(%)과의 관계도를 그리고 일축압축강도를 구하시오.

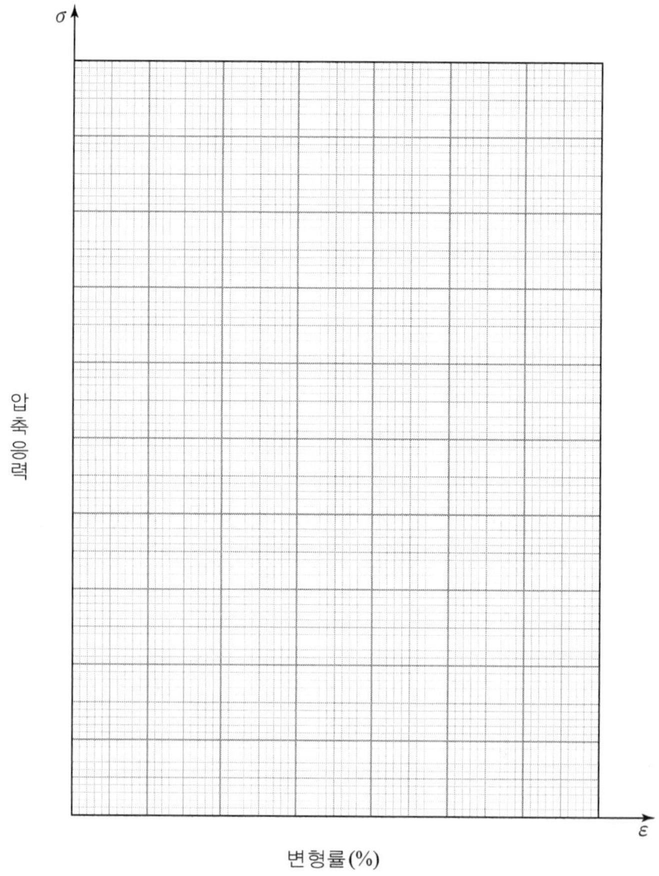

【답】 일축압축강도 :

해답

압축력 P(N)	ΔH ($\frac{1}{100}$ mm)	변형률(%) $\epsilon = \frac{\Delta H}{H} \times 100$	$1-\epsilon$	A(mm^2)	$\sigma = \frac{P}{A}$(kPa)
0	0	0	0	0	0
9.0	20	0.25	0.998	963.9	9.3
44.0	60	0.75	0.993	968.8	45.4
90.8	100	1.25	0.988	973.7	93.3
126.7	140	1.75	0.983	978.6	129.5
150.3	180	2.25	0.978	983.6	152.8
164.7	220	2.75	0.973	988.7	166.6
172.0	260	3.25	0.968	993.8	173.1
174.0	300	3.75	0.963	999.0	174.2
173.4	340	4.25	0.958	1004.2	172.7
169.2	400	5.00	0.950	1012.6	167.1
159.6	480	6.00	0.940	1023.4	156.0

변형률 $\epsilon = \frac{\Delta H}{H} = \frac{\Delta H}{80}$

보정단면적 $A = \frac{A_o}{1-\epsilon} = \frac{962}{1-\epsilon}$ (mm^2)

수직응력 $\sigma = \frac{P}{A} \times 1000$(kPa)

나.

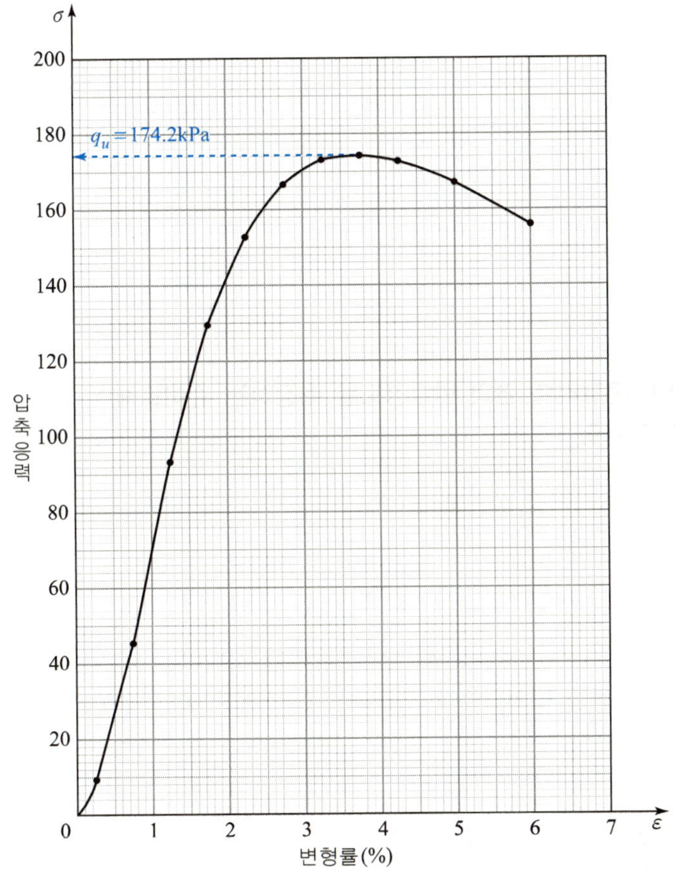

【답】 일축압축강도 : 174.2kPa

단위

1N/mm^2

= 1MPa

= 1000kPa

□□□ 기95,10①,18②,24③

05 점토질 시료를 변수위투수시험을 수행하여 다음과 같은 시험값을 얻었다. 이 점토의 15℃에서 투수계수를 구하시오.

득점	배점
	5

【시험 결과 값】

- 스탠드 파이프 안지름 : 4.3mm
- 측정개시 시간 : t_1 =09 : 00
- 시료 지름 : 50mm
- 측정완료시간 : t_2 =10 : 40
- 시료 길이 : 20.0cm
- t_1에서 수위 : 30cm
- t_2에서 수위 : 15cm
- 측정시의 수온 : 21℃
- $\dfrac{\mu_{21}}{\mu_{15}}=0.859$

계산 과정)

답 : ____________

해답
- $K_{15}=K_{21}\dfrac{\mu_{21}}{\mu_{15}}$
- $K_{21}=2.3\dfrac{aL}{At}\log\dfrac{h_1}{h_2}$
  - $a=\dfrac{\pi d^2}{4}=\dfrac{\pi\times 0.43^2}{4}=0.145\,\text{cm}^2$
  - $A=\dfrac{\pi d^2}{4}=\dfrac{\pi\times 5^2}{4}=19.635\,\text{cm}^2$
  - $t=(10:40-09:00)\times 60=6000\text{sec}$

$\therefore\ K_{21}=2.3\dfrac{0.145\times 20}{19.635\times 6000}\log\dfrac{30}{15}=1.70\times 10^{-5}\text{cm/sec}$

$\therefore\ K_{15}=K_{21}\times\dfrac{\mu_{21}}{\mu_{15}}=1.70\times 10^{-5}\times 0.859=1.46\times 10^{-5}\text{cm/sec}$

□□□ 기04②,05④,07①,09④,11①,24③

06 경화된 콘크리트 면에 타격에너지를 가하여 콘크리트 면의 반발경도를 측정하는 슈미트해머(schmidt hammer)법에 대해 다음 물음에 답하시오.

득점	배점
	5

가. 적용 콘크리트에 따른 슈미트 해머의 종류를 2가지만 쓰시오.

① ____________ ② ____________

나. 계산에서 시험값 20개의 평균으로부터 오차가 (①)% 이상이 되는 경우의 시험값은 버리고 나머지 시험값의 평균을 구하며 이 때 범위를 벗어나는 시험값이 (②)개 이상인 경우에는 전체 시험값을 버린다.

해답 가. ① 보통 콘크리트 : N형 ② 경량 콘크리트 : L형
③ 매스 콘크리트 : M형 ④ 저강도 콘크리트 : P형

나. ① ± 20% ② 4개

□□□ 기12①,15④,19①,20④,24③

07 모래 치환법에 의한 현장 흙의 단위 무게시험 결과가 아래의 표와 같을 때 다음 물음에 답하시오.

득점	배점
	5

- 시험구멍에서 파낸 흙의 무게 : 3527g
- 시험 전, 샌드콘 + 모래의 무게 : 6000g
- 시험 후, 샌드콘 + 모래의 무게 : 2840g
- 모래의 건조밀도 : 1.6g/cm^3
- 현장 흙의 실내 토질 시험 결과 : 함수비 : 10%
- 흙의 비중 : 2.72
- 최대 건조밀도 : 1.65g/cm^3

가. 현장 흙의 건조밀도를 구하시오.

계산 과정) 답 : ______

나. 간극비와 간극율을 구하시오.

계산 과정)

【답】 간극비 : ______, 간극율 : ______

다. 상대 다짐도를 구하시오.

계산 과정) 답 : ______

해답 가. $\rho_d = \dfrac{\rho_t}{1+w}$

- $V = \dfrac{W_{\text{sand}}}{\rho_s} = \dfrac{6000-2840}{1.6} = 1975\,\text{cm}^3$
- $\rho_t = \dfrac{W}{V} = \dfrac{3527}{1975} = 1.79\,\text{g/cm}^3$

$\therefore\ \rho_d = \dfrac{\rho_t}{1+w} = \dfrac{1.79}{1+0.10} = 1.63\,\text{g/cm}^3$

나. $e = \dfrac{\rho_w G_s}{\rho_d} - 1 = \dfrac{1 \times 2.72}{1.63} - 1 = 0.67$

$n = \dfrac{e}{1+e} \times 100 = \dfrac{0.67}{1+0.67} \times 100 = 40.12\%$

다. $C_d = \dfrac{\rho_d}{\rho_{d\max}} \times 100 = \dfrac{1.63}{1.65} \times 100 = 98.79\%$

건설재료분야 3문항(15점)

□□□ 기19②,14②,17②,20③,24③

08 잔골재에 대한 밀도 및 흡수율 시험 결과가 아래 표와 같을 때 다음 물음에 답하시오.
(단, 시험온도에서의 물의 밀도는 0.9970g/cm^3이다.)

득점	배점
	5

물을 채운 플라스크 질량(g)	600
표면 건조포화 상태 시료 질량(g)	500
시료와 물을 채운 플라스크 질량(g)	910
절대 건조 상태 시료 질량(g)	492
시험시의 물의 단위질량(g/cm^3)	0.9970

가. 표면 건조 포화 상태의 밀도를 구하시오.

계산 과정) 답 : ____________

나. 상대 겉보기 밀도를 구하시오.

계산 과정) 답 : ____________

다. 흡수율을 구하시오

계산 과정) 답 : ____________

해답 가. $d_s = \dfrac{m}{B+m-C} \times \rho_w = \dfrac{500}{600+500-910} \times 0.9970 = 2.62\,\text{g/cm}^3$

나. $d_A = \dfrac{A}{B+A-C} \times \rho_w = \dfrac{492}{600+492-910} \times 0.9970 = 2.70\,\text{g/cm}^3$

다. $Q = \dfrac{m-A}{A} \times 100 = \dfrac{500-492}{492} \times 100 = 1.63\%$

□□□ 기16④,24③

09 관입저항침에 의한 콘크리트 응결시험(KS F 2436)결과가 아래 표와 같을 때 다음 물에 답하시오.

득점	배점
	5

가. 시험의 결과를 그래프로 도시할 때 나머지 측정점들에서 정의한 경향에서 명백히 벗어나는 점은 버려야 한다. 이런 전체의 경향에서 벗어나는 측정점이 발생하는 원인에 대하여 아래 예시와 같이 2가지만 쓰시오

하중 재하속도의 변동

① ____________

② ____________

나. 아래의 표와 같은 시험결과로 핸드 피팅(hand fitting)에 의한 방법을 이용하여 그래프를 도시하고 초결 및 종결시간을 구하시오.

관입 저항(PR) MPa	경과시간(t) min
0.3	200
0.8	230
1.5	260
3.7	290
6.9	320
6.9	335
13.8	350
17.7	365
24.3	380
30.6	395

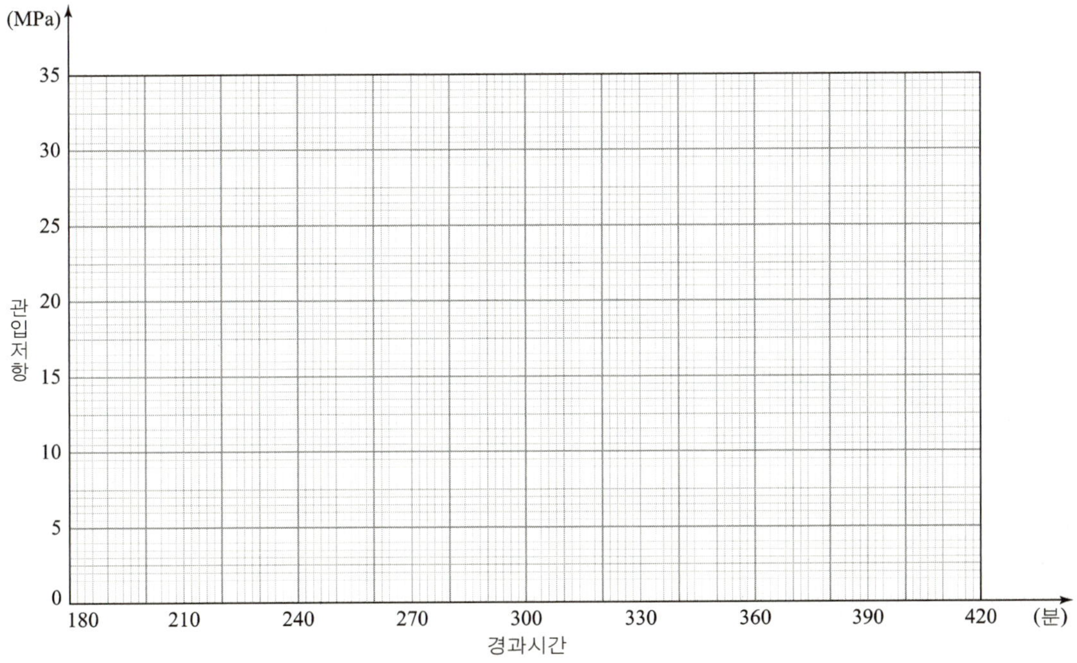

① 초결 시간 :

② 종결 시간 :

해답 가. ① 하중시 오차
② 관입영역에 있는 큰 간극
③ 너무 인접해서 관입하면서 발생한 방해 요소
④ 관입시험에서 시험기구를 모르타르의 면과 연직하지 못해서
⑤ 모르타르에 다소 큰 입자가 포함되어 나타나는 방해 요소

나.

관입 저항(PR) MPa	경과시간(t) min
0.3	200
0.8	230
1.5	260
3.7	290
6.9	320
6.9	335
13.8	350
17.7	365
24.3	380
30.6	395

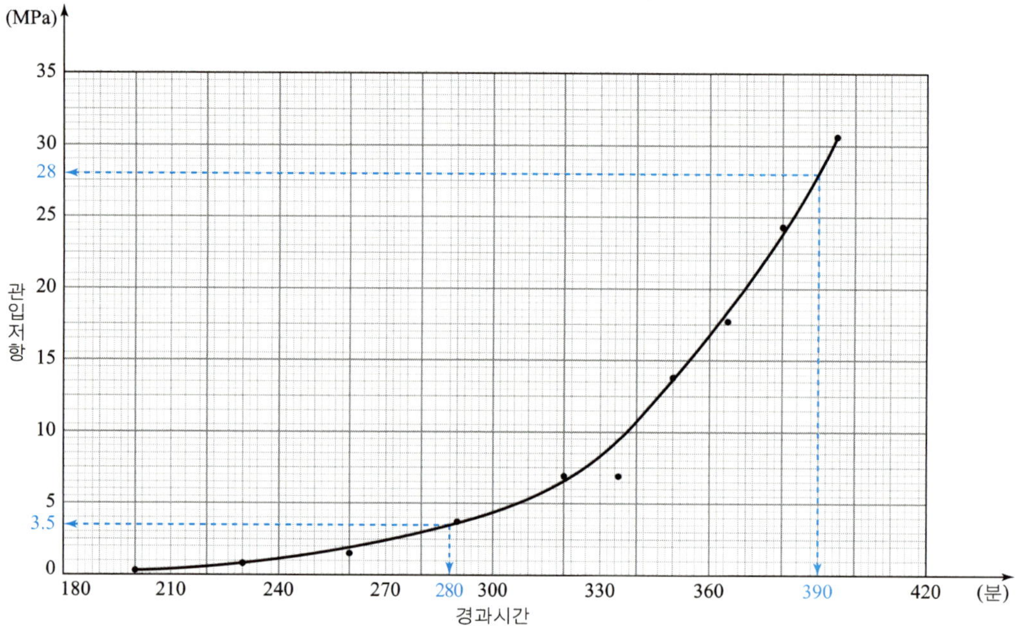

① 초결 시간

∴ 관입저항 3.5MPa일 때 초결시간 280분

② 종결 시간

∴ 관입저항 28MPa을 때 종결시간 390분

응결시간 계산식

- 초결시간 : 관입저항치 3.5MPa일 때 초결 시간을 계산
- 종결시간 : 관입저항치 28MPa일 때 종결 시간을 계산

□□□ 기11②,12④,14④,17④,20③,24③

10 콘크리트의 배합강도를 결정하는 방법에 대하여 아래 물음에 답하시오.

득점	배점
	5

가. 압축 강도시험 횟수가 29회 이하이고 15회 이상인 경우 배합강도를 결정하는 방법을 설명하시오.

시험횟수	표준편차의 보정계수
15	
20	
25	
30 이상	

나. 콘크리트의 압축강도의 표준편차를 알지 못할 때, 또는 압축강도의 시험 횟수가 14회 이하인 경우 배합강도를 결정하는 방법을 설명하시오.

설계기준 압축강도 f_{ck}(MPa)	배합강도 f_{cr}(MPa)
21 미만	
21 이상 35 이하	
35 초과	

해답 가. 계산된 표준편차에 보정계수를 곱한 값을 표준편값으로 한다.

시험횟수	표준편차의 보정계수
15	1.16
20	1.08
25	1.03
30 이상	1.00

나.

설계기준 압축강도 f_{ck}(MPa)	배합강도 f_{cr}(MPa)
21 미만	$f_{ck}+7$
21 이상 35 이하	$f_{ck}+8.5$
35 초과	$1.1f_{ck}+5.0$

아스팔트분야 2문항(10점)

□□□ 기22①,24③

11 아스팔트의 연화점시험(환구법)에 대해 물음에 답하시오.

득점	배점
	5

가. 시료를 환(ring)에 넣고 몇 시간 안에 시험을 마쳐야 하는가?

○

나. 시료가 강구와 함께 시료대에서 몇 mm 떨어진 밑판에 닿는 순간의 온도를 연화점으로 하는가?

○

다. 시험온도는 매분 몇 ℃의 비율로 온도가 상승하도록 하는가?

○

해답 가. 4시간
나. 25.4mm
다. 5±0.5℃

□□□ 기24③

12 앵글러 점도계를 사용한 아스팔트의 점도시험에서 앵글러 점도값은 어떻게 규정되는지 설명하시오.

득점	배점
	5

○

해답 앵글러 점도 $\eta = \frac{\text{시료의 유출시간(초)}}{\text{증류수의 유출시간(초)}}$

3 PART

필답형 건설재료시험산업기사 과년도 문제

성명	
수험번호	
감독확인	

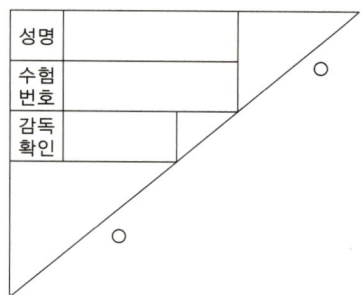

과년도 문제를 풀기 전 숙지 사항

연습도 실전처럼!!!

* 수험자 유의사항

1. 시험장 입실시 반드시 **신분증**(주민등록증, 운전면허증, 여권, 모바일 신분증, 한국산업인력공단 발행 자격증 등)을 지참하여야 한다.
2. 계산기는 『**공학용 계산기 기종 허용군**』 내에서 준비하여 사용한다.
3. 시험 중에는 핸드폰 및 스마트워치 등을 지참하거나 사용할 수 없다.
4. 시험문제 내용과 관련된 메모지 사용 등은 부정행위자로 처리된다.
   - 당해시험을 중지하거나 무효처리된다.
   - 3년간 국가 기술자격 검정에 응시자격이 정지된다.

** 채점사항

1. 수험자 인적사항 및 계산식을 포함한 답안 작성은 **검은색** 필기구만 사용해야 하며, 그 외 연필류, 빨간색, 청색 등 필기구로 작성한 답항은 0점 처리된다.
2. 답안과 관련 없는 특수한 표시를 하거나 특정임을 암시하는 경우 답안지 전체를 0점 처리된다.
3. 계산문제는 반드시 『**계산과정과 답란**』에 기재하여야 한다.
   - 계산과정이 틀리거나 없는 경우 0점 처리된다.
   - 정답도 반드시 답란에 기재하여야 한다.
4. 답에 단위가 없으면 오답으로 처리된다.
   - 문제에서 단위가 주어진 경우는 제외
5. 계산문제의 소수점처리는 최종결과값에서 요구사항을 따르면 된다.
   - 소수점 처리에 따라 최종답에서 오차범위 내에서 상이할 수 있다.
6. 문제에서 요구하는 가지 수(항수)는 요구하는 대로, 3가지를 요구하면 3가지만, 4가지를 요구하면 4가지만 기재하면 된다.
7. 단답형은 여러 가지를 기재해도 한 가지로 보며, 오답과 정답이 함께 기재되어 있으면 오답으로 처리된다.
8. 답안 정정 시에는 두 줄(═)로 긋고 기재해야 한다.
9. 수험자 유의사항 미준수로 인해 발생되는 채점상의 불이익은 본인에게 책임이 있다.
10. 답안지 및 채점기준표는 절대로 공개하지 않는다.

국가기술자격 실기시험문제

2012년도 기사 제1회 필답형 실기시험(기사)

종 목	시험시간	배 점	성 명	수험번호
건설재료시험산업기사	1시간30분	60		

※ 수험자 인적사항 및 계산식을 포함한 답안 작성은 검은색 필기구만 사용해야 하며, 그 외 연필류, 빨간색, 청색 등 필기구로 작성한 답항은 0점 처리 됩니다.

토질분야

4문항(30점)

□□□ 산92,97,02④,09④,12①,13④,17④,18②

01 현장 다짐 흙의 밀도를 모래치환법으로 시험한 결과가 다음과 같다. 다음 물음에 대한 산출 근거와 답을 쓰시오.

득점	배점
	6

- 시험구멍 흙의 함수비 : 27.3%
- 시험구멍에서 파낸 흙의 무게 : 2520g
- 시험 구멍에 채워 넣은 표준 모래의 밀도 : 1.59g/cm³
- 시험 구멍에 채워진 표준모래의 무게 : 2410g
- 시험실에서 구한 최대건조밀도 $\rho_{d\max}$: 1.52g/cm³

가. 현장 흙의 건조밀도(ρ_d)를 구하시오.

계산 과정)　　　　답 :

나. 현장 흙의 다짐도를 구하시오.

계산 과정)　　　　답 :

해답 가. 건조밀도 $\rho_d = \dfrac{\rho_t}{1+\dfrac{w}{100}}$

- 시험 구멍의 부피 $V = \dfrac{W}{\rho_s} = \dfrac{2410}{1.59} = 1515.72\text{cm}^2$
- 습윤밀도 $\rho_t = \dfrac{W}{V} = \dfrac{2520}{1515.72} = 1.661\text{g/cm}^3$

$\therefore$ 건조밀도 $\rho_d = \dfrac{1.66}{1+\dfrac{27.3}{100}} = 1.30\text{g/cm}^3$

나. $C_d = \dfrac{\rho_d}{\rho_{d\max}} \times 100 = \dfrac{1.30}{1.52} \times 100 = 85.83\%$

□□□ 산94②,08①,12①, 기06①,09④

02 콘크리트 포장을 위하여 지름 30cm의 재하판을 사용하여 평판재하시험을 한 결과 침하량 1.25mm에 대한 하중강도를 241.5kN/m²을 얻었다. 다음 물음에 답하시오.

득점	배점
	6

가. 지지력 계수 K_{30}을 구하시오.

계산 과정)　　　　답 : ____________

나. 지름 40mm의 재하판을 사용한다면 지지력 계수 K_{40}을 구하시오.

계산 과정)　　　　답 : ____________

다. 지름 75mm의 재하판을 사용한다면 지지력 계수 K_{75}을 구하시오.

계산 과정)　　　　답 : ____________

해답 가. $K_{30}=\dfrac{P}{S}=\dfrac{241.5}{1.25\times\dfrac{1}{1000}}=193200\,\mathrm{kN/m^3}=193.20\,\mathrm{MN/m^3}$

나. $K_{40}=\dfrac{1}{1.3}\times K_{30}=\dfrac{1}{1.3}\times 193.20=148.62\,\mathrm{MN/m^3}$

다. $K_{75}=\dfrac{1}{2.2}K_{30}=\dfrac{1}{2.2}\times 193.20=87.82\,\mathrm{MN/m^3}$

□□□ 산08④,12①, 기04①,06①,09①,12①

03 어느 시료에 대한 애터버그 한계시험 결과 액성한계 $W_L=38\%$, 소성한계 $W_P=19\%$를 얻었다. 자연함수비가 32.0%이고 유동지수 $I_f=9.80\%$일 때 다음 물음에 답하시오.

득점	배점
	8

가. 소성지수를 구하시오.

계산 과정)　　　　답 : ____________

나. 액성지수를 구하시오.

계산 과정)　　　　답 : ____________

다. 터프니스지수를 구하시오.

계산 과정)　　　　답 : ____________

라. 컨시스턴스지수를 구하시오.

계산 과정)　　　　답 : ____________

해답 가. $I_P=W_L-W_P=38-19=19\%$

나. $I_L=\dfrac{w_n-W_P}{I_p}=\dfrac{32-19}{19}=0.68$

다. $I_t=\dfrac{I_p}{I_f}=\dfrac{19}{9.8}=1.94$

라. $I_c=\dfrac{W_L-w_n}{I_p}=\dfrac{38-32}{19}=0.32$

□□□ 산00②,12①,14④,17④ 기01②,04④,06①,08②,10①,12④,13①,23②

04 교란되지 않은 시료에 대한 일축압축 시험결과가 아래와 같으며, 파괴면과 수평면이 이루는 각도는 60° 이다. 다음 물음에 답하시오.

득점	배점
	10

(단, 시험체의 크기는 평균직경 3.5cm, 단면적 962mm^2, 길이 80mm이다.)

압축량 ΔH(1/100mm)	압축력 P(N)	압축량 ΔH(1/100mm)	압축력 P(N)
0	0	220	164.7
20	9.0	260	172.0
60	44.0	300	174.0
100	90.8	340	173.4
140	126.7	400	169.2
180	150.3	480	159.6

가. 응력과 변형률 관계를 계산하여 표를 채우시오.

압축력 P(N)	$\Delta H(\frac{1}{100}$ mm)	변형률(%)	$1-\epsilon$	A(mm^2)	압축응력(kPa)
0	0				
9.0	20				
44.0	60				
90.8	100				
126.7	140				
150.3	180				
164.7	220				
172.0	260				
174.0	300				
173.4	340				
169.2	400				
159.6	480				

나. 압축응력(kPa)과 변형률(%)과의 관계도를 그리고 일축압축강도를 구하시오.

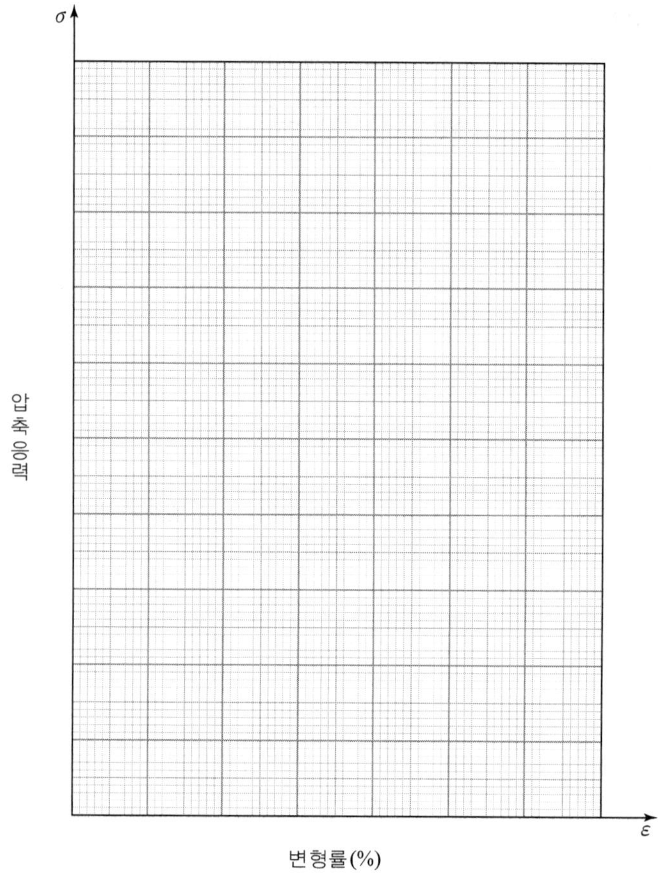

【답】 일축압축강도 :

다. 점착력을 구하시오.

계산 과정)　　　　　　　　　　　　　　　　　　　　　　답 : ________________

라. 같은 시료를 되비빔하여 시험을 한 결과 파괴압축응력은 14kPa이었다. 예민비를 구하시오.

계산 과정)　　　　　　　　　　　　　　　　　　　　　　답 : ________________

해답 가.

압축력 P(N)	ΔH ($\frac{1}{100}$mm)	변형률(%) $\epsilon = \frac{\Delta H}{H} \times 100$	$1-\epsilon$	A(mm^2)	$\sigma = \frac{P}{A}$(kPa)
0	0	0	0	0	0
9.0	20	0.25	0.998	963.9	9.3
44.0	60	0.75	0.993	968.8	45.4
90.8	100	1.25	0.988	973.7	93.3
126.7	140	1.75	0.983	978.6	129.5
150.3	180	2.25	0.978	983.6	152.8
164.7	220	2.75	0.973	988.7	166.6
172.0	260	3.25	0.968	993.8	173.1
174.0	300	3.75	0.963	999.0	174.2
173.4	340	4.25	0.958	1004.2	172.7
169.2	400	5.00	0.950	1012.6	167.1
159.6	480	6.00	0.940	1023.4	156.0

변형률 $\epsilon = \frac{\Delta H}{H} = \frac{\Delta H}{80}$

보정단면적 $A = \frac{A_o}{1-\epsilon} = \frac{962}{1-\epsilon}$

수직응력 $\sigma = \frac{P}{A} \times 1000$(kPa)

단위
$1N/mm^2$
$= 1MPa$
$= 1000kPa$

나.

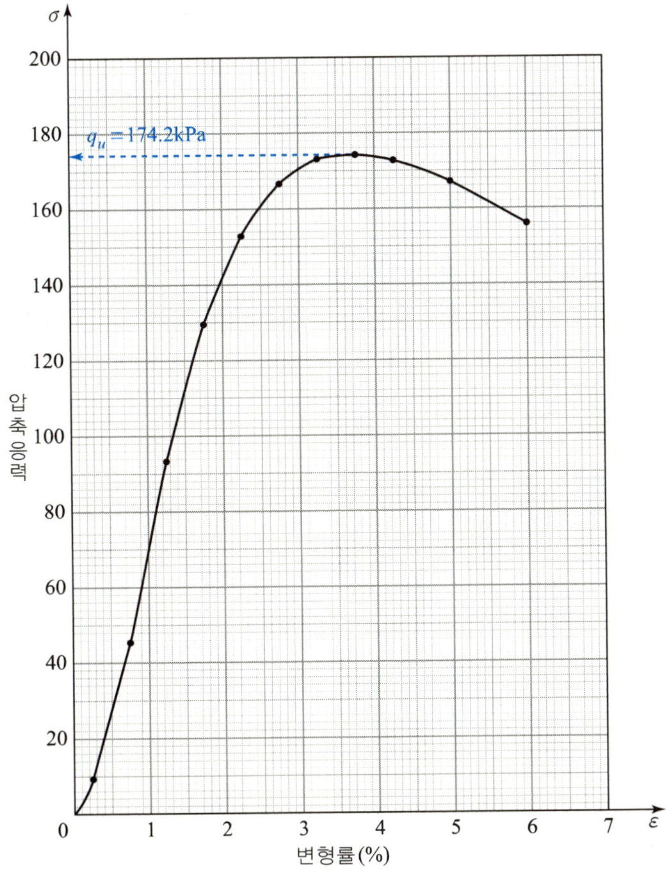

【답】 일축압축강도 : 174.2kPa

다. $c = \dfrac{q_u}{2\tan\left(45° + \dfrac{\phi}{2}\right)}$

• $\phi = 2\theta - 90° = 2 \times 60° - 90° = 30°$

$\therefore\ c = \dfrac{174.2}{2\tan\left(45° + \dfrac{30°}{2}\right)} = 50.29\text{kPa}$

라. $S_t = \dfrac{q_u}{q_{ur}} = \dfrac{174.2}{14} = 12.44$

건설재료분야

5문항(30점)

□□□ 산98④,08④,10①,12①,13④,15②

05 콘크리트의 시방배합으로 각 재료의 단위량과 현장골재의 상태가 다음과 같을 때, 현장배합으로서의 각 재료량을 구하시오.

득점	배점
	9

【시방배합표 kg/m^3】

물	시멘트	잔골재	굵은골재
180	320	621	1339

【현장골재의 상태】

종류	5mm체에 남는 양	5mm체에 통과량	표면수량
잔골재	10%	90%	3%
굵은골재	96%	4%	1%

계산과정)

【답】 단위 잔골재량 : ______________, 단위 굵은 골재량 : ______________

단위 수량 : ______________

해답 ■ 입도에 의한 조정

• $S = 621\text{kg},\ G = 1339\text{kg},\ a = 10\%,\ b = 4\%$

• $X = \dfrac{100S - b(S+G)}{100 - (a+b)} = \dfrac{100 \times 621 - 4(621 + 1339)}{100 - (10 + 4)} = 630.93\text{kg/m}^3$

• $Y = \dfrac{100G - a(S+G)}{100 - (a+b)} = \dfrac{100 \times 1339 - 10(621 + 1339)}{100 - (10 + 4)} = 1329.07\text{kg/m}^3$

■ 표면수에 의한 조정

잔골재의 표면수 $= 630.93 \times \dfrac{3}{100} = 18.93\text{kg}$

굵은골재의 표면수 $= 1329.07 \times \dfrac{1}{100} = 13.29\text{kg}$

■ 현장 배합량

• 단위 수량 : $180 - (18.93 + 13.29) = 147.78\text{kg/m}^3$

• 단위 잔골재량 : $630.93 + 18.93 = 649.86\text{kg/m}^3$

• 단위 굵은재량 : $1329.07 + 13.29 = 1342.36\text{kg/m}^3$

【답】 단위 수량 : 147.78kg/m^3, 단위 잔골재량 : 649.86kg/m^3

단위 굵은 골재량 : 1342.36kg/m^3

□□□ 산08④,11④,12①,14④,15①④

06 콘크리트의 강도시험에 대한 아래 물음에 답하시오.

득점	배점
	6

가. 콘크리트의 압축강도시험(KS F 2405)에서 하중을 가하는 속도에 대하여 간단히 쓰시오.

ㅇ

나. 콘크리트 쪼갬인장강도시험(KS F 2423)에서 하중을 가하는 속도에 대하여 간단히 쓰시오.

ㅇ

다. 콘크리트 휨강도시험(KS F 2408)에서 하중을 가하는 속도에 대하여 간단히 쓰시오.

ㅇ

해답 가. 압축 응력도의 증가율이 매초 (0.6±0.2)MPa이 되도록 한다.
나. 인장응력도의 증가율이 매초 (0.06±0.04)MPa이 되도록 한다.
다. 가장자리 응력도의 증가율이 매초 (0.06±0.040)MPa이 되도록 한다.

강도시험 방법

구분	압축강도	쪼갬 인장강도	휨강도
하중을 가하는 속도	압축응력도의 증가율이 매초 (0.6±0.2)MPa (N/mm^2)	인장응력도의 증가율이 매초 (0.06±0.04)MPa (N/mm^2)	가장자리 응력도의 증가율이 매초 (0.06±0.04)MPa(N/mm^2)
강도 계산	$f_c = \dfrac{P}{\dfrac{\pi d^2}{4}}$	$f_{sp} = \dfrac{2P}{\pi dl}$	$f_b = \dfrac{Pl}{bh^2}$ (3분점) $f_b = \dfrac{3Pl}{2bh^2}$ (중앙점)

□□□ 산08②,09④,10④,12①④,17②

07 콘크리트 품질기준강도(f_{cq})가 28MPa이고 30회 이상의 실험에 의한 압축강도의 표준편차가 3.0MPa이였다면 콘크리트의 배합강도는?

득점	배점
	3

계산 과정)　　　　　　　　　　　　　　　　답 : ______________

해답 $f_{cq} = 28\text{MPa} \le 35\text{MPa}$인 경우
- $f_{cr} = f_{cq} + 1.34S = 28 + 1.34 \times 3 = 32.02\text{MPa}$
- $f_{cr} = (f_{cq} - 3.5) + 2.33S = (28 - 3.5) + 2.33 \times 3 = 31.49\text{MPa}$

$\therefore f_{cr} = 32.02\text{MPa}$(두 값 중 큰 값)

□□□ 산09①,12①

08 콘크리트 배합 설계 시 물-결합재비를 결정할 때 고려사항 3가지를 쓰시오.

득점	배점
	4

① ______ ② ______ ③ ______

해답 ① 소요의 강도 ② 내구성
③ 수밀성 ④ 균열저항성

□□□ 산87②,09②,12①②,16①,18①

09 콘크리트용 잔골재 및 굵은골재의 체가름 시험을 실시하여 다음과 같은 값을 구하였다. 아래 물음에 답하시오.

득점	배점
	8

가. 표의 빈칸을 완성하시오. (단, 소수점 첫째자리에서 반올림하시오.)

체의 호칭 (mm)	잔골재			굵은골재		
	체에 남은 양의 무게 (kg)	체에 남은 양 (%)	체에 남은 양의 누계 (%)	체에 남은 양의 무게 (kg)	체에 남은 양 (%)	체에 남은 양의 누계 (%)
75	0			0		
40	0			0.30		
20	0			2.04		
10	0			2.16		
5	0.12			1.20		
2.5	0.36			0.18		
1.2	0.60			–		
0.6	1.16			–		
0.3	1.40			–		
0.15	0.32			–		
합계	3.96	–		5.88	–	

나. 잔골재의 조립률(F.M)을 구하시오

계산 과정)

답 : ______

다. 굵은 골재의 조립률(F.M)을 구하시오

계산 과정)

답 : ______

라. 굵은 골재의 최대치수를 구하시오.

○

해답 가.

체의 호칭 (mm)	잔골재			굵은골재		
	체에 남은 양의 무게 (kg)	체에 남은 양 (%)	체에 남은 양의 누계 (%)	체에 남은 양의 무게 (kg)	체에 남은 양 (%)	체에 남은 양의 누계 (%)
75	0	0	0	0	0	0
40	0	0	0	0.30	5	5
20	0	0	0	2.04	35	40
10	0	0	0	2.16	37	77
5	0.12	3	3	1.20	20	97
2.5	0.36	9	12	0.18	3	100
1.2	0.60	15	27	0	0	100
0.6	1.16	29	56	0	0	100
0.3	1.40	36	92	0	0	100
0.15	0.32	8	100	0	0	100
합계	3.96	–	290	5.88	–	719

- 잔류율$=\dfrac{\text{어떤 체에 잔유량}}{\text{전체 질량(합계)}}\times 100$
- 가적 잔류율=잔류율의 누계

나. $\text{F.M}=\dfrac{0\times 4+3+12+27+56+92+100}{100}=2.9$

다. $\text{F.M}=\dfrac{5+40+77+97+100\times 5}{100}=7.2$

라. 40mm(∵ 가적통과량=100−5=95%)

국가기술자격 실기시험문제

2012년도 기사 제2회 필답형 실기시험(기사)

종 목	시험시간	배 점	성 명	수험번호
건설재료시험산업기사	1시간30분	60		

※ 수험자 인적사항 및 계산식을 포함한 답안 작성은 검은색 필기구만 사용해야 하며, 그 외 연필류, 빨간색, 청색 등 필기구로 작성한 답항은 0점 처리 됩니다.

토질분야

4문항(32점)

□□□ 산87,93,08④,10④,11②,12②,14①④,16②,17②,21①,23①, 기04④

01 점토층 두께가 10m인 지반의 흙을 채취하여 표준압밀시험을 하였더니 하중강도가 220kN/m² 에서 340kN/m²로 증가할 때 간극비는 1.8에서 1.1로 감소하였다. 다음 물음에 답하시오.

득점	배점
	6

가. 압축계수를 구하시오. (단, 계산결과는 □.□□ $\times 10^{\square}$ 로 표현하시오.)

계산 과정) 답 :

나. 체적변화계수를 구하시오. (단, 계산결과는 □.□□ $\times 10^{\square}$ 로 표현하시오.)

계산 과정) 답 :

다. 이 점토층의 압밀침하량을 구하시오.

계산 과정) 답 :

해답 가. $a_v = \dfrac{e_1 - e_2}{P_2 - P_1} = \dfrac{1.8 - 1.1}{340 - 220} = 5.83 \times 10^{-3} \mathrm{m^2/kN}$

나. $m_v = \dfrac{a_v}{1 + e_1} = \dfrac{5.83 \times 10^{-3}}{1 + 1.8} = 2.08 \times 10^{-3} \mathrm{m^2/kN}$

다. $\Delta H = \dfrac{e_1 - e_2}{1 + e_1} H = \dfrac{1.8 - 1.1}{1 + 1.8} \times 10 = 2.5\mathrm{m}$

또는 $\Delta H = m_v \cdot \Delta P \cdot H = 2.08 \times 10^{-3} \times (340 - 220) \times 10 = 2.50\mathrm{m}$

□□□ 산86④,12②, 기87①,10④

02 어떤 흙에 대한 정수위투수시험을 한 결과 직경 및 길이는 각각 15cm, 17.5cm였고, 수두차를 40cm로 유지하면서 15℃의 물을 투과시킨 결과 21sec간 200cm³의 물이 시료를 통하여 흘러나왔다. 투수계수를 구하시오.

득점	배점
	4

계산 과정) 답 :

해답 $K = \dfrac{Q \cdot L}{A \cdot h \cdot t} = \dfrac{200 \times 17.5}{\dfrac{\pi \times 15^2}{4} \times 40 \times 21} = 0.0236 \mathrm{cm/sec}$

□□□ 산08④,12②,15①④,16②④

03 도로공사 현장에서 모래치환법으로 현장 흙의 단위무게시험을 실시하여 아래와 같은 결과를 얻었다. 다음 물음에 답하시오.

득점	배점
	10

【시험 결과】

- 시험구멍에서 파낸 흙의 무게 : 1670g
- 시험구멍에서 파낸 흙의 함수비 : 15%
- 시험구멍에 채워진 표준모래의 무게 : 1480g
- 시험구멍에 사용한 표준모래의 밀도 : 1.65g/cm^3
- 실내 시험에서 구한 흙의 최대 건조 밀도 : 1.73g/cm^3
- 현장 흙의 비중 : 2.65

가. 현장 흙의 습윤 밀도를 구하시오.

계산 과정) 답 : ______

나. 현장 흙의 건조 밀도를 구하시오.

계산 과정) 답 : ______

다. 현장 흙의 간극비를 구하시오.

계산 과정) 답 : ______

라. 포화도를 구하시오.

계산 과정) 답 : ______

마. 다짐도를 구하시오.

계산 과정) 답 : ______

해답 가. $\rho_t = \dfrac{W}{V}$

$$V = \frac{W_{\text{sand}}}{\rho_s} = \frac{1480}{1.65} = 896.97\,\text{cm}^3$$

$$\therefore\ \rho_t = \frac{1670}{896.97} = 1.86\,\text{g/cm}^3$$

나. $\rho_d = \dfrac{\rho_t}{1+w} = \dfrac{1.86}{1+0.15} = 1.62\,\text{g/cm}^3$

다. $e = \dfrac{\rho_w G_s}{\rho_d} = \dfrac{1\times 2.65}{1.62} - 1 = 0.64$

$\left(\because\ \text{건조밀도}\ \rho_d = \dfrac{G_s}{1+e}\rho_w\ \text{에서}\right)$

라. $S = \dfrac{G_s w}{e} = \dfrac{2.65\times 15}{0.64} = 62.11\%$

마. $C_d = \dfrac{\rho_d}{\rho_{d\max}}\times 100 = \dfrac{1.62}{1.73}\times 100 = 93.64\%$

□□□ 산87①,89②,12②

04 흙을 압밀비배수 상태로 삼축압축시험을 하여 다음과 같은 결과를 얻었다. 다음 물음에 답하시오.

득점	배점
	12

가. 파괴시 최대 주응력을 구하시오.

공시체 NO.	측압 σ_3(MPa)	축차응력 $\sigma_1 - \sigma_3$(MPa)	파괴시 최대주응력 σ_1
1	3	5.9	
2	6	8.2	
3	8.8	11	

나. Mohr원을 그리고 점착력과 내부마찰각을 구하시오.

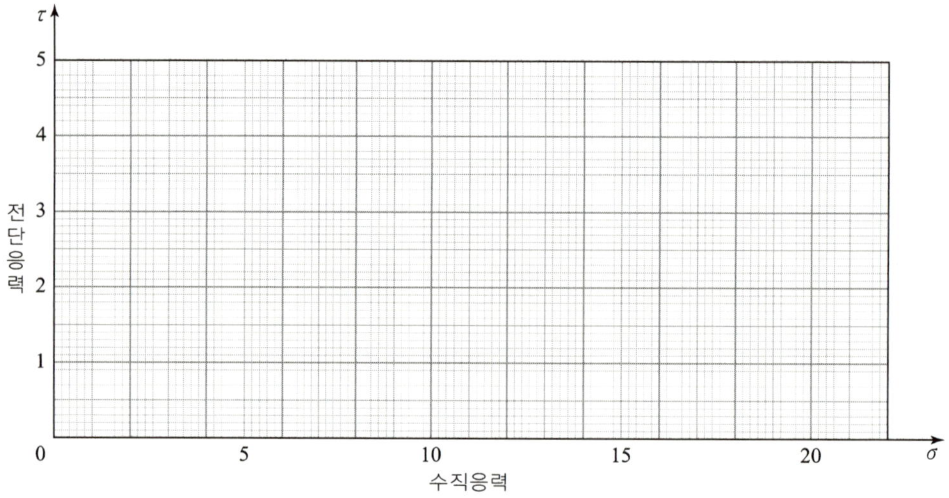

【답】 점착력 : ____________, 내부마찰각 : ____________

다. 3회 시험에서 파괴면과 최대주응력이 이루는 각을 구하고 수직응력과 전단응력도 구하시오.

① 파괴면과 최대주응력이 이루는 각

계산 과정)　　　　답 : ____________

② 수직응력

계산 과정)　　　　답 : ____________

③ 전단응력

계산 과정)　　　　답 : ____________

해답 가. $\sigma_1 = (\sigma_1 - \sigma_3) + \sigma_3$

공시체 NO.	측압 σ_3(MPa)	축차응력 $\sigma_1 - \sigma_3$(MPa)	파괴시 최대주응력 σ_1
1	3	5.9	8.9
2	6	8.2	14.2
3	8.8	11	19.8

나.

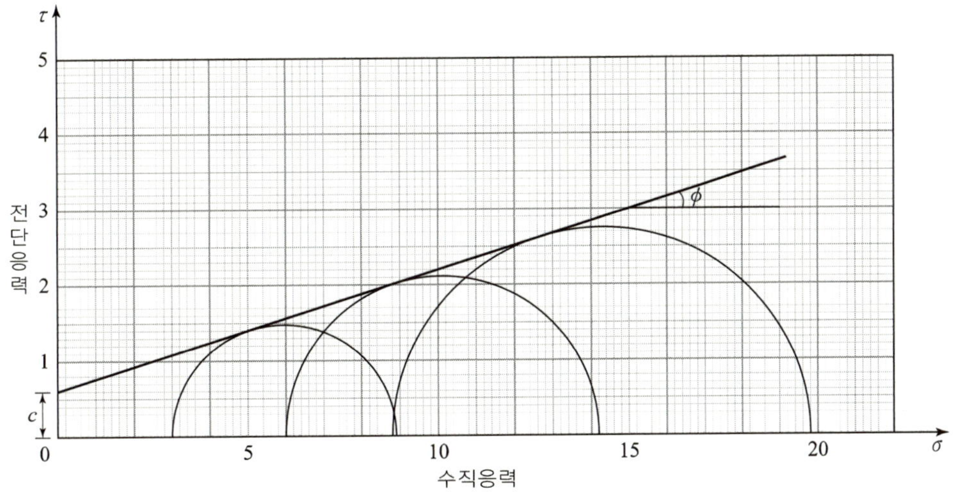

【답】 점착력 : 0.6MPa, 내부마찰각 : 15°

다. ① $\theta = 45° + \frac{\phi}{2} = 45° + \frac{15°}{2} = 52.5°$

② 수직응력 $\sigma = \frac{\sigma_1 + \sigma_3}{2} + \frac{\sigma_1 - \sigma_3}{2}\cos 2\theta$

$\sigma = \frac{19.8 + 8.8}{2} + \frac{19.8 - 8.8}{2}\cos(2 \times 52.5°) = 12.88\text{MPa}$

③ 전단응력 $\tau = \frac{\sigma_1 - \sigma_3}{2}\sin 2\theta$

$\tau = \frac{19.8 - 8.8}{2}\sin(2 \times 52.5°) = 5.31\text{MPa}$

건설재료분야

4문항(28점)

□□□ 산86②,89④,91②,09①,11①,12②

05 굵은골재 최대치수 20mm, 단위 수량 148kg/m³, 물-결합재비(W/B) 55%, 슬럼프값 120mm, 잔골재율 40%, 잔골재밀도 2.60g/cm³, 굵은골재밀도 2.65g/cm³, 시멘트 비중 3.16, 갇힌공기량 1%이며 골재는 표면건조포화상태일 때 보통콘크리트 1m³에 필요한 다음 값을 구하시오.

득점	배점
	10

가. 단위 시멘트량을 구하시오.

계산 과정)　　　　답 : ________

나. 단위 골재량의 절대부피를 구하시오.

계산 과정)　　　　답 : ________

다. 단위 잔골재량의 절대부피를 구하시오.

계산 과정)　　　　답 : ________

라. 단위 잔골재량을 구하시오.

계산 과정)　　　　답 : ________

마. 단위 굵은 골재량을 구하시오.

계산 과정)　　　　답 : ________

해답 가. $\dfrac{W}{B}=55\%$

$\therefore\ C=\dfrac{148}{0.55}=269.09\text{kg/m}^3$

나. $V_a=1-\left(\dfrac{\text{단위수량}}{1000}+\dfrac{\text{단위시멘트량}}{\text{시멘트비중}\times1000}+\dfrac{\text{공기량}}{100}\right)$

$=1-\left(\dfrac{148}{1000}+\dfrac{269.09}{1000\times3.15}+\dfrac{1}{100}\right)=0.757\text{m}^3$

다. $V_s=V_a\times S/a=0.757\times0.40=0.303\text{m}^3$

라. $S=V_s\times G_s\times1000=0.303\times2.60\times1000=787.80\text{kg/m}^3$

마. $G=V_a\times(1-S/a)\times G_g\times1000$

$=0.757\times(1-0.40)\times2.65\times1000=1203.63\text{kg/m}^3$

□□□ 산12②,14④, 기91①,97④,12④,16①

06 아스팔트 신도시험에 대한 다음 물음에 답하시오.

득점	배점
	6

가. 신도시험의 목적을 간단히 설명하시오.

○

나. 고온에서 시험할 때 아스팔트 신도시험의 표준 시험온도를 쓰시오.

○

다. 저온에서 시험할 때 아스팔트 신도시험의 표준 시험온도를 쓰시오.

○

해답 가. 아스팔트의 연성을 알기 위해
나. 25℃
다. 4℃

□□□ 산87②,09②,12①②

07 콘크리트용 잔골재 및 굵은골재의 체가름 시험을 실시하여 다음과 같은 값을 구하였다. 아래 물음에 답하시오.

득점	배점
	8

가. 표의 빈칸을 완성하시오. (단, 소수점 첫째자리에서 반올림하시오.)

체의 호칭 (mm)	잔골재			굵은골재		
	체에 남은 양의 무게 (kg)	체에 남은 양 (%)	체에 남은 양의 누계 (%)	체에 남은 양의 무게 (kg)	체에 남은 양 (%)	체에 남은 양의 누계 (%)
75(80)	0			0		
40	0			0.30		
20	0			2.04		
10	0			2.16		
5	0.12			1.20		
2.5	0.36			0.18		
1.2	0.60			–		
0.6	1.16			–		
0.3	1.40			–		
0.15	0.32			–		
합계	3.96	–		5.88	–	

나. 잔골재의 조립률(F.M)을 구하시오

계산 과정) 답 : ________

다. 굵은 골재의 조립률(F.M)을 구하시오

계산 과정)

답 : ______________

라. 굵은 골재의 최대치수를 구하시오.

○

해답 가.

체의 호칭 (mm)	잔골재			굵은골재		
	체에 남은 양의 무게 (kg)	체에 남은 양 (%)	체에 남은 양의 누계 (%)	체에 남은 양의 무게 (kg)	체에 남은 양 (%)	체에 남은 양의 누계 (%)
75(80)	0	0	0	0	0	0
40	0	0	0	0.30	5	5
20	0	0	0	2.04	35	40
10	0	0	0	2.16	37	77
5	0.12	3	3	1.20	20	97
2.5	0.36	9	12	0.18	3	100
1.2	0.60	15	27	0	0	100
0.6	1.16	29	56	0	0	100
0.3	1.40	35	91	0	0	100
0.15	0.32	8	99	0	0	100
합계	3.96	–	288	5.88	–	719

• 잔유율$=\dfrac{\text{어떤 체에 잔유량}}{\text{전체 질량(합계)}}\times 100$

• 가적 잔류율=잔류율의 누계

나. $\text{F.M}=\dfrac{3+12+27+56+91+99}{100}=2.9$

다. $\text{F.M}=\dfrac{5+40+77+97+100\times 5}{100}=7.2$

라. 40mm(∵ 가적통과량=100−5=95%)

□□□ 산88,00④,08①②,09②④,10②④,11①,12②,14②④,17②

득점	배점
	4

08 잔골재 밀도 시험의 결과가 다음과 같았다. 물음에 답하시오.
(단, 시험온도에서의 물의 밀도는 $0.997g/cm^3$)

자연건조 상태의 시료의 질량	542.7g
표면건조 포화상태의 시료의 질량	526.3g
노건조 시료의 질량	487.2g
(물+플라스크)의 질량	850g
(시료+물+플라스크)의 질량	1182.5g

가. 표면건조포화상태의 밀도를 구하시오.

계산 과정)　　　　　　　　　　　　　　　　답 : ____________

나. 흡수율을 구하시오.

계산 과정)　　　　　　　　　　　　　　　　답 : ____________

해답 가. $d_s = \dfrac{m}{B+m-C} \times \rho_w = \dfrac{526.3}{850.0+526.3-1182.5} \times 0.997 = 2.71g/cm^3$

나. $Q = \dfrac{m-A}{A} \times 100 = \dfrac{526.3-487.2}{487.2} \times 100 = 8.03\%$

국가기술자격 실기시험문제

2012년도 기사 제4회 필답형 실기시험(기사)

종 목	시험시간	배 점	성 명	수험번호
건설재료시험산업기사	1시간30분	60		

※ 수험자 인적사항 및 계산식을 포함한 답안 작성은 검은색 필기구만 사용해야 하며, 그 외 연필류, 빨간색, 청색 등 필기구로 작성한 답항은 0점 처리 됩니다.

토질분야

4문항(30점)

□□□ 산98④,09②,11①,12④,13②,14①,17④,24②

01 어떤 흙의 수축한계시험을 한 결과가 다음과 같은 시험을 값을 얻었다. 다음 물음에 답하시오.

득점	배점
	6

수축 접시내 습윤 시료 부피	21.30cm^3
노건조 시료 부피	15.20cm^3
노건조 시료 무게	26.14g
습윤 시료의 함수비	44.7%

가. 수축한계를 구하시오.

계산 과정)　　　　답 : ____________

나. 흙의 비중을 구하시오.

계산 과정)　　　　답 : ____________

해답 가. $w_s = w - \dfrac{(V - V_o)\rho_w}{W_o} \times 100$

$= 44.7 - \dfrac{(21.3 - 15.20) \times 1}{26.14} \times 100 = 21.36\%$

나. $G_s = \dfrac{1}{\dfrac{1}{R} - \dfrac{w_s}{100}}$

• $R = \dfrac{W_o}{V_o \cdot \rho_w} = \dfrac{26.14}{15.20 \times 1} = 1.72$

$\therefore\ G_s = \dfrac{1}{\dfrac{1}{1.72} - \dfrac{21.36}{100}} = 2.72$

□□□ 산09①,10④,11①,12④,13②,15①

02 도로공사 현장에서 모래치환법으로 현장 흙의 단위무게시험을 실시하여 아래와 같은 결과를 얻었다. 다음 물음에 답하시오.

득점	배점
	10

【시험 결과】

- 시험구멍에서 파낸 흙의 무게 : 1670g
- 시험구멍에서 파낸 흙의 함수비 : 15%
- 시험구멍에 채워진 표준모래의 무게 : 1480g
- 시험구멍에 사용한 표준모래의 밀도 : 1.65g/cm³
- 실내 시험에서 구한 흙의 최대 건조 밀도 : 1.73g/cm³
- 현장 흙의 비중 : 2.65

가. 현장 흙의 습윤 밀도를 구하시오.

계산 과정) 답 : ____________

나. 현장 흙의 건조 밀도를 구하시오.

계산 과정) 답 : ____________

다. 현장 흙의 간극비를 구하시오.

계산 과정) 답 : ____________

라. 포화도를 구하시오.

계산 과정) 답 : ____________

마. 다짐도를 구하시오.

계산 과정) 답 : ____________

해답 가. $\rho_t = \frac{W}{V}$

- $V = \frac{W_{\text{sand}}}{\rho_s} = \frac{1480}{1.65} = 896.97\text{cm}^3$

$\therefore \rho_t = \frac{1670}{896.97} = 1.86\text{g/cm}^3$

나. $\rho_d = \frac{\rho_t}{1+w} = \frac{1.86}{1+0.15} = 1.62\text{g/cm}^3$

다. $e = \frac{\rho_w G_s}{\rho_d} = \frac{1 \times 2.65}{1.62} - 1 = 0.64$

$\left(\because \text{ 건조밀도 } \rho_d = \frac{G_s}{1+e}\rho_w \text{에서}\right)$

라. $S = \frac{G_s w}{e} = \frac{2.65 \times 15}{0.64} = 62.11\%$

마. $R = \frac{\rho_d}{\rho_{d\max}} \times 100 = \frac{1.62}{1.73} \times 100 = 93.64\%$

□□□ 산93①,10②,12④,16②, 기01②,10②,13④,19①

03 **정규압밀점토에 대하여 압밀배수 삼축압축시험을 실시하였다. 시험결과 구속압력을 1.0MPa으로 하고 축차응력 2.0MPa을 가하였을 때 파괴가 일어났다. 아래 물음에 답하시오.**
(단, 점착력 $c=0$이다.)

득점	배점
	10

가. 이 점토의 내부마찰력을 구하시오.

계산 과정) 답 : ______

나. 최대 주응력면과 파괴면이 이루는 각(θ)을 구하시오.

계산 과정) 답 : ______

다. 파괴면상에 작용하는 수직응력(σ)을 구하시오.

계산 과정) 답 : ______

라. 파괴면상에 작용하는 전단응력(τ)을 구하시오.

계산 과정) 답 : ______

마. 최대 전단응력면상에 작용하는 수직응력을 구하시오.

계산 과정) 답 : ______

해답 가. $\sin\phi=\dfrac{\sigma_1-\sigma_3}{\sigma_1+\sigma_3}$ 에서 $\phi=\sin^{-1}\dfrac{\sigma_1-\sigma_3}{\sigma_1+\sigma_3}$

- $\sigma_1=\sigma_3+(\sigma_1-\sigma_3)=1+2=3.0\text{MPa}$, $\sigma_3=1.0\text{MPa}$

$\therefore\ \phi=\sin^{-1}\dfrac{3-1}{3+1}=30°$

나. $\theta=45°+\dfrac{\phi}{2}=45°+\dfrac{30°}{2}=60°$

다. $\sigma=\dfrac{\sigma_1+\sigma_3}{2}+\dfrac{\sigma_1-\sigma_3}{2}\cos2\theta=\dfrac{3+1}{2}+\dfrac{3-1}{2}\cos(2\times60°)=1.5\text{MPa}$

라. $\tau=\dfrac{\sigma_1-\sigma_3}{2}\sin2\theta=\dfrac{3-1}{2}\sin(2\times60°)=0.87\text{MPa}$

마. $\sigma=\dfrac{\sigma_1+\sigma_3}{2}+\dfrac{\sigma_1-\sigma_3}{2}\cos2\theta$

$=\dfrac{3+1}{2}+\dfrac{3-1}{2}\cos(2\times45°)=2\text{MPa}$

($\because$ 최대전단응력면과 파괴면이 이루는 각은 45°)

□□□ 산08②,12④,18①,21①

04 어느 지반에서 시료를 채취하여 입도분석한 결과 No.200체(0.075mm) 통과율이 5%, No.4체(4.76mm)통과율이 74%이였으며, 균등계수(C_u)는 10, 곡률계수(C_g)는 2였다. 이 시료를 통일분류법으로 분류하시오.

득점	배점
	4

계산 과정)　　　　　　　　　　　　　　　　　　답 : ____________

해답 • 1단계 : No.200체 통과율 < 50%(G나 S 조건)
• 2단계 : No.4체 통과율 > 50%(S조건)
• 3단계 : SW($C_u > 6$, $1 < C_g < 3$) 이면 SW, 아니면 SP
$C_u = 10 > 6$, $1 < C_g = 2 < 3$
∴ SW(두 조건 만족)

건설재료분야

6문항(30점)

□□□ 산08②,09④,10④,12①④,17②

05 콘크리트의 호칭강도 f_{cn}가 28MPa이고, 압축강도의 시험횟수가 20회, 콘크리트 표준편차 S가 3.5MPa라고 한다. 이 콘크리트의 배합강도를 구하시오.

득점	배점
	4

계산 과정)　　　　　　　　　　　　　　　　　　답 : ____________

해답 ■ 표준편차의 보정 : 3.5×1.08=3.78MPa
■ $f_{cn} \le 35$MPa인 경우
• $f_{cr} = f_{cn} + 1.34s = 28 + 1.34 \times 3.78 = 33.07$MPa
• $f_{cr} = (f_{cn} - 3.5) + 2.33s = (28 - 3.5) + 2.33 \times 3.78 = 33.31$MPa
∴ f_{cr} =33.31MPa(두 값 중 큰 값)

보충

시험 횟수	표준편차의 보정계수
15	1.16
20	1.08
25	1.03
30 이상	1.00

• $f_{cn} \le 35$MPa인 경우
$f_{cr} = f_{cn} + 1.34s$
$f_{cr} = (f_{cn} - 3.5) + 2.33s$ ］두 값 중 큰 값

• $f_{cn} > 35$MPa인 경우
$f_{cr} = f_{cn} + 1.34s$
$f_{cr} = 0.9 f_{cn} + 2.33s$ ］두 값 중 큰 값

□□□ 산89①,94②,12④,13②,15②,17②,21①

06 아스팔트 시험의 종류 4가지를 쓰시오.

득점	배점
	4

① ②

③ ④

해답 ① 아스팔트 비중시험 ② 아스팔트 침입도시험
③ 아스팔트 인화점시험 ④ 아스팔트 연화점시험
⑤ 아스팔트 신도시험 ⑥ 아스팔트 점도시험

□□□ 산09④,10①,12④,14②,15①

07 잔골재의 시험에 대한 아래 물음에 답하시오.

득점	배점
	6

가. 아래의 체가름 결과표를 완성하시오.

체번호	각 체에 남은 양		각 체에 남은 양의 누계	
	g	%	g	%
5mm	25			
2.5mm	37			
1.2mm	68			
0.6mm	213			
0.3mm	118			
0.15mm	35			
PAN	4			

나. 조립률(F.M)을 구하시오.

계산 과정) 답 :

해답 가.

체번호	각 체에 남은 양		각 체에 남은 양의 누계	
	g	%	g	%
5mm	25	5.0	25	5.0
2.5mm	37	7.4	62	12.4
1.2mm	68	13.6	130	26.0
0.6mm	213	42.6	343	68.6
0.3mm	118	23.6	461	92.2
0.15mm	35	7.0	496	99.2
PAN	4	0.8	500	100
합계	500	100		

나. $F.M = \dfrac{\sum 각\ 체에\ 잔류한\ 중량백분율(\%)}{100}$

$= \dfrac{5.0+12.4+26.0+68.6+92.2+99.2}{100} = 3.03$

골재의 조립률(F.M)

■ 조립률(fineness modulus)은 골재의 크기를 개략적으로 나타내는 방법이다.

• 75mm, 40mm, 20mm, 10mm, 5mm, 2.5mm, 1.2mm, 0.6mm, 0.3mm, 0.15mm의 10개 체를 사용한다.

• $조립률(F.M) = \dfrac{\sum 각\ 체에\ 잔류한\ 중량백분율(\%)}{100}$

• 일반적으로 잔골재의 조립률은 2.3~3.1, 굵은 골재는 6~8이 되면 입도가 좋은 편이다.

• 잔골재의 조립률이 콘크리트 배합을 정할 때 가정한 잔골재의 조립률에 비하여 ±0.20 이상의 변화를 나타내었을 때는 배합을 변경해야 한다고 규정하고 있다.

■ 혼합 골재의 조립률

$$F_a = \frac{m}{m+n}F_s + \frac{n}{m+n}F_g$$

여기서, m : n ; 잔골재와 굵은 골재의 질량비

F_s : 잔골재 조립률

F_g : 굵은 골재 조립률

□□□ 산08②,11④,12④,15①,17②,18②

08 시방배합으로 단위 수량 162kg/m³, 단위 시멘트량 300kg/m³, 단위 잔골재량 710kg/m³, 단위 굵은 골재량 1260kg/m³을 산출한 콘크리트의 배합을 현장골재의 입도 및 표면수를 고려하여 현장배합으로 수정한 잔골재와 굵은 골재의 양을 구하시오.

(단, 현장골재 상태 : 잔골재가 5mm체에 남는 양 2%, 잔골재의 표면수 5%
굵은골재가 5mm체를 통과하는 양 6%, 굵은골재의 표면수 1%)

득점	배점
	6

계산과정)

【답】 단위 잔골재량 : ____________, 단위 굵은 골재량 : ____________

해답 ■ 입도에 의한 조정

$S = 710\text{kg},\ G = 1260\text{kg},\ a = 2\%,\ b = 6\%$

$$X = \frac{100S - b(S+G)}{100-(a+b)} = \frac{100\times710 - 6(710+1260)}{100-(2+6)} = 643.26\text{kg/m}^3$$

$$Y = \frac{100G - a(S+G)}{100-(a+b)} = \frac{100\times1260 - 2(710+1260)}{100-(2+6)} = 1326.74\text{kg/m}^3$$

■ 표면수에 의한 조정

잔골재의 표면수 $= 643.26 \times \dfrac{5}{100} = 32.16\text{kg/m}^3$

굵은골재의 표면수 $= 1326.74 \times \dfrac{1}{100} = 13.27\text{kg/m}^3$

■ 현장 배합량

• 단위 수량 : $162-(32.16+13.27) = 116.57\text{kg/m}^3$

• 단위 잔골재량 : $643.26+32.16 = 675.42\text{kg/m}^3$

• 단위 굵은재량 : $1326.74+13.27 = 1340.01\text{kg/m}^3$

【답】 단위 잔골재량 : 675.42kg/m³, 단위 굵은 골재량 : 1340.01kg/m³

□□□ 산12④

09 골재의 단위 용적질량 및 실적률 시험(KS F2505)에서 시료를 채우는 방법을 2가지 쓰시오.

득점	배점
	4

① ______________________ ② ______________________

해답 ① 봉다지기에 의한 방법
② 충격에 의한 방법

□□□ 산12④

10 시멘트의 강도시험 방법(KSL ISO 679)에 대한 아래 물음에 답하시오.

득점	배점
	6

가. 시멘트의 압축강도 및 휨강도시험 공시체의 치수 규격을 쓰시오.

○

나. 모르타르 제작에서 질량에 의한 시멘트와 표준사의 비율을 쓰시오.

○

다. 혼합수의 양인 물－결합재비를 쓰시오.

○

해답 가. 40mm×40mm×160mm 나. 1：3 다. 0.5

국가기술자격 실기시험문제

2013년도 기사 제1회 필답형 실기시험(기사)

종 목	시험시간	배 점	성 명	수험번호
건설재료시험산업기사	1시간30분	60		

※ 수험자 인적사항 및 계산식을 포함한 답안 작성은 검은색 필기구만 사용해야 하며, 그 외 연필류, 빨간색, 청색 등 필기구로 작성한 답항은 0점 처리 됩니다.

토질분야

4문항(25점)

□□□ 산90②,97①,13①,18②, 기10②

01 모래치환법에 의한 현장밀도시험을 한 결과가 다음과 같을 때 이 현장 흙의 함수비와 건조 단위중량을 구하시오.

득점	배점
	4

- 현장 구멍에 채워진 건조모래의 총중량 : 3420g
- 현장 구멍에서 파낸 습윤흙의 습윤중량 : 3850g
- 현장 구멍에서 파낸 습윤흙의 노건조중량 : 3510g
- 건조모래의 밀도 : 1.52g/cm³
- 현장 흙의 비중 : 2.65

가. 함수비를 구하시오.

계산 과정) 답 : ______

나. 건조밀도를 구하시오.

계산 과정) 답 : ______

해답 가. $w=\dfrac{W_w}{W_s}\times 100=\dfrac{3850-3510}{3510}\times 100=9.69\%$

나. $\rho_d=\dfrac{\rho_t}{1+w}$

$\rho_{\text{sand}}=\dfrac{W}{V}$ 에서 $V=\dfrac{W}{\rho_{\text{sand}}}=\dfrac{3420}{1.52}=2250\text{cm}^3$

$\rho_t=\dfrac{W}{V}=\dfrac{3850}{2250}=1.71\text{g/cm}^3$

$\therefore\ \rho_d=\dfrac{1.71}{1+0.0969}=1.56\text{g/cm}^3$

□□□ 산10①,13①,16④, 기97②,06④,07④,12④,16②

02 **어떤 흙의 No. 200(0.075mm)체 통과율이 70%, 액성한계가 70%, 소성한계가 40%일 때 군지수를 구하시오.**

득점	배점
	5

계산 과정) 답 : ____________

해답 $GI = 0.2a + 0.005ac + 0.01bd$

- a = No.200체 통과율 − 35 = 70 − 35 = 35
- b = No.200체 통과율 − 15 = 70 − 15 = 55 ∴ $b = 40$(∵ $b = 0 \sim 40$)
- c = 액성한계 − 40 = 70 − 40 = 30 ∴ $c = 20$(∵ $c = 0 \sim 20$)
- d = 소성지수 − 10 = (70 − 40) − 10 = 20

∴ $GI = 0.2 \times 35 + 0.005 \times 35 \times 20 + 0.01 \times 40 \times 20$
$= 7 + 3.5 + 8 = 18.5$
$= 19$ (∵ GI값은 가장 가까운 정수로 반올림한다.)

□□□ 산13①,15②

03 **흙을 비압밀배수로 삼축압축시험을 행하였다. 다음과 같은 결과를 이용하여 물음에 답하시오.**

득점	배점
	10

구분	1	2
구속응력 σ_3(MPa)	2.0	5.0
전 수직응력 σ_1(MPa)	4.3	8.5
공극수압 u(MPa)	0.3	1.5

가. 전응력, 유효응력으로 Mohr원을 그리고 전응력과 유효응력에 의한 점착력과 내부마찰각을 구하시오.

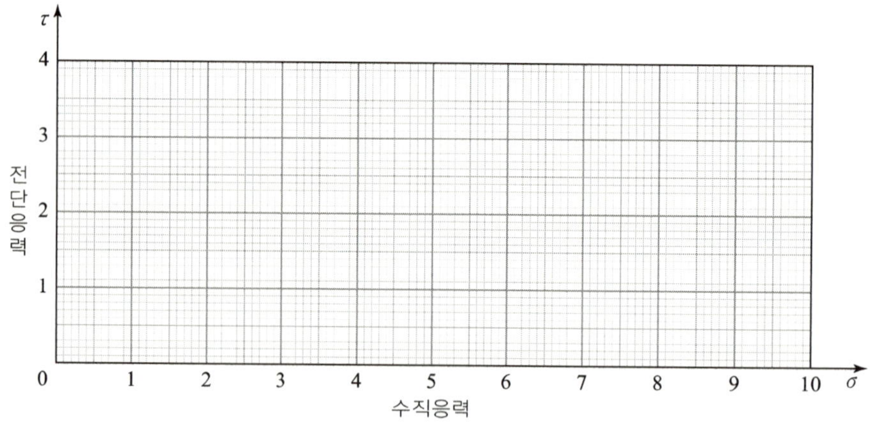

① 전응력

【답】 점착력(c) : ____________, 내부마찰각(ϕ) : ____________

② 유효응력

【답】 점착력(c_{cu}) : ____________, 내부마찰각(ϕ_{cu}) : ____________

나. 이 흙이 완전히 포화되었다고 가정하고 간극수압계수 A를 구하시오.

① 1회시료의 A :

② 2회시료의 A :

해답 가. 유효응력

구분	1	2
σ_3(MPa)	2－0.3＝1.7	5－1.5＝3.5
σ_1(MPa)	4.3－0.3＝4.0	8.5－1.5＝7.0

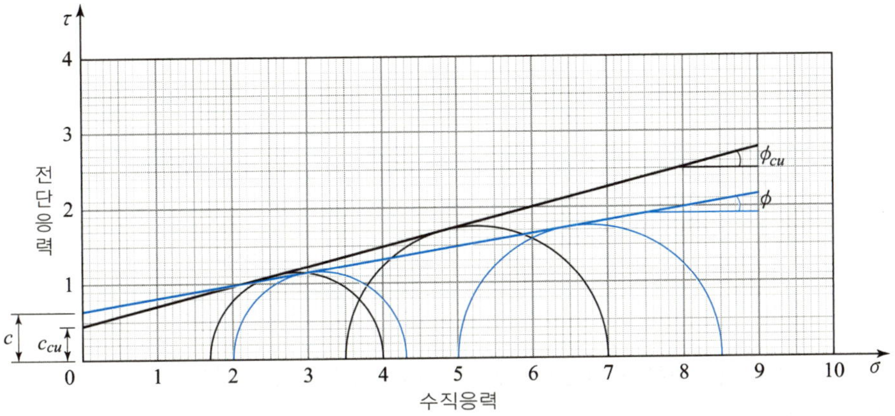

① 전응력

【답】 점착력(c) : 0.6MPa, 내부마찰각(ϕ) : 21.8°

② 유효응력

【답】 점착력(c_{cu}) : 0.4MPa, 내부마찰각(ϕ_{cu}) : 28.8°

나. ① 1회시료의 $A=\dfrac{\Delta u}{\Delta\sigma_1-\Delta\sigma_3}=\dfrac{0.3}{4.3-2.0}=0.13$

② 2회시료의 $A=\dfrac{\Delta u}{\Delta\sigma_1-\Delta\sigma_3}=\dfrac{1.5}{8.5-5.0}=0.43$

□□□ 산09④,13①,14④,16④,17④,23①

04 도로의 평판재하시험에서 시험을 끝마치는 조건에 대해 2가지만 쓰시오.

득점	배점
	6

① ______ ② ______

해답 ① 침하량이 15mm에 달할 때

② 하중강도가 그 지반의 항복점을 넘을 때

③ 하중강도가 현장에서 예상되는 최대 접지압력을 초과할 때

건설재료분야

6문항(35점)

□□□ 산89②,12②,13①

05 아스팔트 신도시험에 대한 다음 물음에 답하시오.

득점	배점
	6

가. 시료의 최소의 단면적을 쓰시오.

○

나. 아스팔트 신도시험의 표준 시험온도와 인장속도를 쓰시오.

【답】 표준온도 : ______________, 인장속도 : ______________

다. 신도시험의 최소시험횟수와 최소 눈금의 단위를 쓰시오.

【답】 최소시험횟수 : ______________, 최소눈금의 단위 : ______________

해답 가. 1cm^2

나. 표준온도 : 25 ± 0.5℃, 인장속도 : 5 ± 0.25cm/min

다. 최소시험횟수 : 3회, 측정값의 단위 : 0.5cm

□□□ 산08②,09④,10④,12①④,13①,17②

06 콘크리트의 호칭강도가 28MPa이고, 20회의 콘크리트 압축 강도시험으로 표준편차 3.5MPa을 얻었다. 이 콘크리트 배합강도를 구하시오.

득점	배점
	4

계산 과정)

답 : ______________

해답 ■ 표준편차 $s=3.5\text{MPa}$

• 직선보간 표준편차$=3.5\times1.08=3.78\text{MPa}$

■ $f_{cn}=28\text{MPa}\leq35\text{MPa}$일 때 두 값 중 큰 값

• $f_{cr}=f_{cn}+1.34s=28+1.34\times3.78=33.06\text{MPa}$

• $f_{cr}=(f_{cn}-3.5)+2.33s=(28-3.5)+2.33\times3.78=33.31\text{MPa}$

∴ 배합강도 $f_{cr}=33.31\text{MPa}$

시험횟수가 29회 이하일 때 표준편차의 보정계수

시험횟수	표준편차의 보정계수
15	1.16
20	1.08
25	1.03
30 이상	1.00

□□□ 산98④,08①,10①④,12①,13①,14①,15②④,17②

07 시방배합표가 아래와 같을 때 현장배합으로 수정하여 각 재료량을 산출하시오.

득점 | 배점 9

(단, 현장의 골재상태는 잔골재가 5mm체에 남는 량 2%, 굵은골재가 5mm체를 통과하는 량 5%이며, 잔골재의 표면수는 3%, 굵은골재의 표면수는 1%이다.)

굵은골재 최대치수 (mm)	물－결합재비 (W/B)(%)	잔골재율 (S/a)(%)	슬럼프 (mm)	단위 수량(W) (kg/m³)	단위 시멘트량 (kg/m³)	단위 잔골재량 (kg/m³)	단위 굵은 골재량 (kg/m³)
25	50	40	80	200	400	700	1200

계산과정)

【답】 단위 수량 : ______, 단위 잔골재량 : ______

단위 굵은 골재량 : ______

해답 ■ 입도보정 $a=2\%$, $b=5\%$

• 잔골재량 $X=\dfrac{100S-b(S+G)}{100-(a+b)}$

$$=\frac{100\times700-5(700+1200)}{100-(2+5)}=650.54\text{kg/m}^3$$

• 굵은 골재량 $Y=\dfrac{100G-a(S+G)}{100-(a+b)}$

$$=\frac{100\times1200-2(700+1200)}{100-(2+5)}=1249.46\text{kg/m}^3$$

■ 표면수보정

• 잔골재 $650.54\times0.03=19.52\text{kg/m}^3$

• 굵은골재 $1249.46\times0.01=12.49\text{kg/m}^3$

■ 단위량

• 단위 수량 : $200-(19.52+12.49)=167.99\text{kg/m}^3$

• 단위 잔골재량 : $650.54+19.52=670.06\text{kg/m}^3$

• 단위 굵은 골재량 : $1249.46+12.49=1261.95\text{kg/m}^3$

□□□ 산13①,23①, 기13④

08 콘크리트의 워커빌리티는 반죽질기에 좌우되는 경우가 많으므로 일반적으로 반죽질기를 측정하여 그 결과에 따라 워커빌리티의 정도를 판단한다. 콘크리트의 반죽질기를 평가하는 시험방법을 5가지를 쓰시오.

득점 | 배점 4

① ______ ② ______

③ ______ ④ ______

⑤ ______

해답 ① 슬럼프시험(slump test) ② 흐름시험(flow test)

③ 구관입시험(ball penetration tesst) ④ 리몰딩시험(remolding test)

⑤ 비비시험(Vee－Bee test) ⑥ 다짐계수시험(compacting factor test)

□□□ 산91④,08①,09④,13①,15②,17④

09 굳은 콘크리트 강도시험에 대한 내용이다. 다음 물음에 답하시오.
(단, 소수점 셋째자리에서 반올림 하시오.)

득점	배점
	6

가. 콘크리트의 인장강도를 구하시오.

(조건 : 최대 파괴하중 210kN, 공시체 직경 : 150mm, 공시체 길이 : 300mm)

계산 과정) 답 : ____________

나. 콘크리트의 휨강도를 구하시오.

(조건 : 공시체를 4점 재하장치에 의해 시험한 결과 지간 방향 중심선의 4점 중앙에서 파괴된 경우이며, 최대 파괴하중 30kN, 지간의 길이=450mm, 폭=150mm, 높이=150mm)

계산 과정) 답 : ____________

해답 가. $f_t = \dfrac{2P}{\pi dl} = \dfrac{2 \times 210000}{\pi \times 150 \times 300} = 2.97\text{N/mm}^2 = 2.97\text{MPa}$

나. $f_b = \dfrac{Pl}{bh^2} = \dfrac{30000 \times 450}{150 \times 150^2} = 4\text{N/mm}^2 = 4\text{MPa}$

□□□ 산13①,17①

10 동일 시험자가 동일재료로 2회 측정한 시멘트 밀도 시험 결과가 아래의 표와 같다. 이 시멘트의 밀도를 구하고 적합여부를 판별하시오.

득점	배점
	6

시멘트의 밀도 시험		
측정 번호	1	2
처음의 광유의 눈금 읽음(mL)	0.23	0.25
시료의 질량(g)	64.30	64.05
시료와 광유의 눈금 읽기(mL)	20.60	20.65

계산과정)

【답】 판별 : ____________, 이유 : ____________

해답 • 시멘트 밀도 $= \dfrac{\text{시멘트의 질량(g)}}{\text{르샤틀리에 플라스크의 눈금차(mL)}}$

$= \dfrac{64.30}{20.60 - 0.23} = 3.16\text{Mg/m}^3$

$= \dfrac{64.05}{20.65 - 0.25} = 3.14\text{Mg/m}^3$

• 밀도차 $= 3.16 - 3.14 = 0.02 < 0.03$

• 합격

• 이유 : 동일 시험자가 동일 재료에 대하여 2회 측정한 결과가 $\pm 0.03\text{Mg/m}^3$ 이내이어야 한다.

국가기술자격 실기시험문제

2013년도 기사 제2회 필답형 실기시험(기사)

종 목	시험시간	배 점	성 명	수험번호
건설재료시험산업기사	1시간30분	60		

※ 수험자 인적사항 및 계산식을 포함한 답안 작성은 검은색 필기구만 사용해야 하며, 그 외 연필류, 빨간색, 청색 등 필기구로 작성한 답항은 0점 처리 됩니다.

토질분야

4문항(32점)

□□□ 산92,97,06①,09④,10②,12④,13②,17①,18②

01 현장도로 토공에서 모래치환법에 의한 현장밀도시험을 한 결과가 다음과 같다. 물음에 대한 산출근거와 답을 쓰시오.

득점	배점
	4

- 시험구멍 흙의 함수비 : 27.3%
- 시험구멍에서 파낸 흙의 무게 : 2520g
- 시험 구멍에 채워 넣은 표준 모래의 밀도 : 1.59g/cm^3
- 시험 구멍에 채워진 표준모래의 무게 : 2410g
- 시험실에서 구한 최대건조밀도 $\rho_{d\max}$: 1.52g/cm^3

가. 현장 흙의 건조밀도를 구하시오.

계산 과정) 답 : ______

나. 현장 흙의 다짐도를 구하시오.

계산 과정) 답 : ______

해답 가. 건조밀도 $\rho_d = \dfrac{\rho_t}{1+\dfrac{w}{100}}$

- 시험 구멍의 부피 $V = \dfrac{W}{\rho_s} = \dfrac{2410}{1.59} = 1515.72\text{cm}^3$
- 습윤밀도 $\rho_t = \dfrac{W}{V} = \dfrac{2520}{1515.72} = 1.66\text{g/cm}^3$

∴ 건조밀도 $\rho_d = \dfrac{1.66}{1+\dfrac{27.3}{100}} = 1.30\text{g/cm}^3$

나. $C_d = \dfrac{\rho_d}{\rho_{d\max}} \times 100 = \dfrac{1.30}{1.52} \times 100 = 85.83\%$

□□□ 산86,88①,98④,09②,11①,12④,13②,14①,17④

02 아래 표는 흙의 수축 정수를 구하기 위한 시험결과이다. 다음 물음에 답하시오.

득점	배점
	10

그리스를 바른 수축접시의 무게	14.36g
(습윤흙+그리스를 바른 수축접시)의 무게	50.36g
(노건조흙+그리스를 바른 수축접시)의 무게	39.36g
수축접시에 넣은 습윤상태 흙의 부피	19.65cm^3
수축한 후 노건조흙 공시체의 부피	13.50cm^3

가. 흙이 수축하기 전 수축접시에 넣은 습윤흙 공시체의 함수비(w)를 구하시오.

계산 과정)　　　　　　　　　　　　　　답 : ______

나. 이 흙의 수축한계(w_s)를 구하시오.

계산 과정)　　　　　　　　　　　　　　답 : ______

다. 이 흙의 수축비(R)를 구하시오.

계산 과정)　　　　　　　　　　　　　　답 : ______

라. 이 흙의 근사 비중(G_s)을 구하시오.

계산 과정)　　　　　　　　　　　　　　답 : ______

마. 흙의 수축 정수 시험(KS F 2305)에서 습윤흙과 노건조흙의 공시체 부피를 측정하기 위하여 사용되는 것은 무엇인가?

○

해답 가. $w=\dfrac{50.36-39.36}{39.36-14.36}\times 100=44\%$

나. $w_s=w-\dfrac{(V-V_o)\rho_w}{W_o}\times 100$

$=44-\dfrac{(19.65-13.50)\times 1}{39.36-14.36}\times 100=19.40\%$

다. $R=\dfrac{W_o}{V_o\cdot\rho_w}=\dfrac{39.36-14.36}{13.5\times 1}=1.85$

라. $G_s=\dfrac{1}{\dfrac{1}{R}-\dfrac{w_s}{100}}=\dfrac{1}{\dfrac{1}{1.85}-\dfrac{19.40}{100}}=2.89$

마. 수은

□□□ 산93④,97②,02①,13②,17①,19①

03 어떤 흙의 직접전단시험을 실시하여 아래와 같은 성과표를 얻었다. 공시체의 지름이 60mm, 두께 20mm일 때 다음 물음에 답하시오.

득점	배점
	8

가. 수직응력과 전단강도를 구하시오.

시험횟수	1	2	3	4
수직하중(N)	250	350	450	550
전단력(N)	246	283	326	362
수직응력(kN/m^2)				
전단응력(kN/m^2)				

나. Coulomb의 파괴 포락선을 작도하시오.

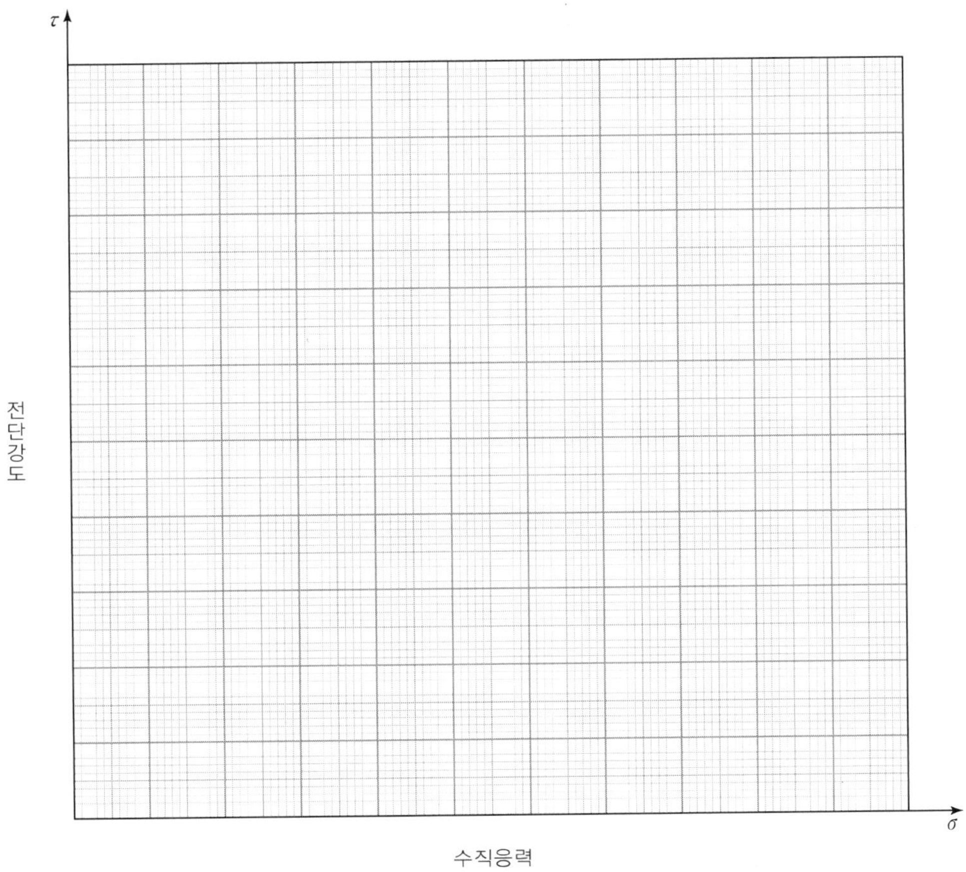

다. 흙의 내부 마찰각과 점착력을 구하시오.

【답】 내부 마찰각 : ____________________, 점착력 : ____________________

해답 가.

시험횟수	1	2	3	4
수직하중(N)	250	350	452	550
전단력(N)	246	283	326	362
수직응력(kN/m²)	88	124	159	195
전단강도(kN/m²)	87	100	115	128

- 수직응력 $\sigma = \dfrac{P}{A}$, $\sigma_1 = \dfrac{250}{2827} = 0.088\text{N/mm}^2 = 0.088\text{MPa} = 88\text{kN/m}^2$
- 전단강도 $\tau = \dfrac{S}{A}$, $\tau_1 = \dfrac{246}{2827} = 0.087\text{N/mm}^2 = 0.087\text{MPa} = 87\text{kN/m}^2$
- $A = \dfrac{\pi d^2}{4} = \dfrac{\pi \times 60^2}{4} = 2827\text{mm}^2$

단위
1N/mm^2
$= 1\text{MPa}$
$= 1000\text{kPa}$

나.

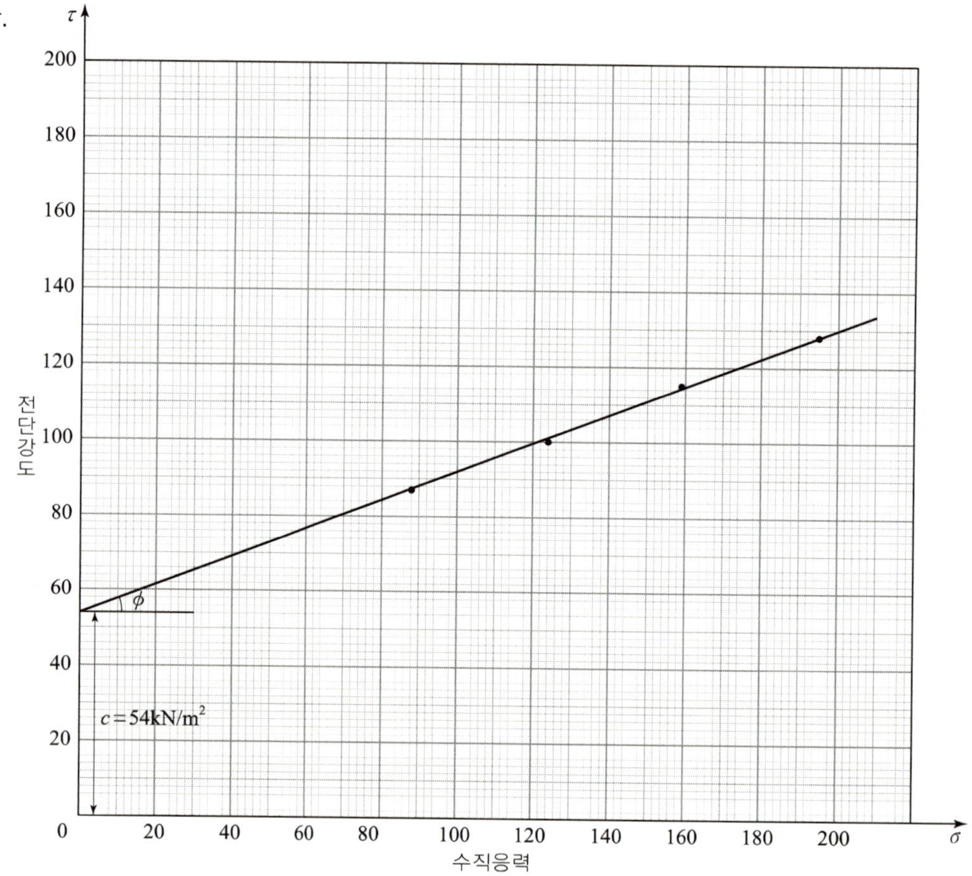

다. 내부마찰각 $\phi = \tan^{-1}\dfrac{128-87}{195-88} = 20.97°$

점착력 $c = 54\text{kN/m}^2$

□□□ 산88④,92②,09①,10④,11①,13②

04 도로 토공현장에서 점성토의 시료를 채취하여 실내토질시험을 한 결과 습윤단위무게가 17.1kN/m^3, 함수비는 43%, 시료의 비중 2.73이었다. 다음 물음에 답하시오.

득점	배점
	10

가. 건조단위중량을 구하시오.

계산 과정) 답 : ____________

나. 간극비를 구하시오.

계산 과정) 답 : ____________

다. 포화도를 구하시오.

계산 과정) 답 : ____________

라. 포화단위중량을 구하시오.

계산 과정) 답 : ____________

마. 수중단위중량을 구하시오.

계산 과정) 답 : ____________

해답 가. $\gamma_d = \dfrac{\gamma_t}{1+\dfrac{w}{100}} = \dfrac{17.1}{1+\dfrac{43}{100}} = 11.96\text{kN/m}^3$

나. $e = \dfrac{\gamma_w G_s}{\gamma_d} - 1 = \dfrac{9.81\times 2.73}{11.96} - 1 = 1.24$

다. $S\cdot e = G_s\cdot w$

$S = \dfrac{G_s\cdot w}{e} = \dfrac{2.73\times 43}{1.24} = 94.67\%$

라. $\gamma_{\text{sat}} = \dfrac{G_s+e}{1+e}\gamma_w = \dfrac{2.73+1.24}{1+1.24}\times 9.81 = 17.39\text{kN/m}^3$

마. $\gamma_{\text{sub}} = \gamma_{\text{sat}} - \gamma_w = 17.39 - 9.81 = 7.59\text{kN/m}^3$

건설재료분야 4문항(28점)

□□□ 산88①,08②,13②

05 콘크리트의 강도시험에 대한 다음 물음에 답하시오.

득점	배점
	9

가. 압축 강도시험 공시체의 지름은 굵은골재 최대치수의 몇 배 이상이며, 100mm 이상이어야 한다.

○

나. 규격 150mm×150mm×530mm인 콘크리트 휨 강도시험용 공시체를 만들 때 시료를 2층으로 나누어 넣고 각 층은 몇 회씩 다져야 하는가?

○

다. 지름 150mm, 높이 300mm인 원주형 공시체를 사용하여 쪼갬인장강도시험을 하여 시험기에 나타난 최대 하중 $P=250\text{kN}$이었다. 이 콘크리트의 인장강도를 구하시오.

계산 과정) 답 : ____________

해답 가. 3배

나. $\dfrac{150\times530}{1000}=80$회($\because$ 1000mm^{2}당 1회의 비율로 다짐)

다. $f_{sp}=\dfrac{2P}{\pi dl}=\dfrac{2\times250\times10^3}{\pi\times150\times300}=3.54\text{N/mm}^2=3.54\text{MPa}$

□□□ 산10①,11②,12②,13②④,16①,17②,18②

06 콘크리트표준시방서에서는 콘크리트용 굵은 골재의 유해물 함유량 한도를 규정하고 있다. 여기서 규정하고 있는 유해물의 종류를 3가지만 쓰시오.

득점	배점
	6

① ____________ ② ____________ ③ ____________

해답 ① 점토 덩어리 ② 연한 석편 ③ 0.08mm체 통과량

굵은 골재의 유해물 함유량 한도(질량 백분율)

구분	천연 굵은 골재
점토 덩어리(%)	0.25 [1)]
연한 석편(%)	5.0 [1)]
0.08mm체 통과량(%)	1.0
석탄, 갈탄 등으로 밀도 2.0g/cm^{3}의 액체에 뜨는 것(%) • 콘크리트의 외관이 중요한 경우 • 기타의 경우	 0.5 1.0

주 1) 점토 덩어리와 역한 석편의 합이 5%를 넘으면 안된다.

□□□ 산89④,05①,10①②④,13②,15④,16②,17②

07 다음의 콘크리트 배합 결과를 보고 물음에 답하시오. (단, 소수점 넷째자리에서 반올림하시오.)

득점	배점
	9

- 단위 시멘트량 : $320kg/m^3$
- 물－결합재비 : 48%
- 잔골재율(S/a) : 40%
- 공기량 : 5%
- 시멘트 비중 : 3.15
- 잔골재의 밀도 : $2.55g/cm^3$
- 굵은골재의 밀도 : $2.62g/cm^3$

가. 단위 수량을 구하시오.

계산 과정) 답 : ______

나. 단위 잔골재량을 구하시오.

계산 과정) 답 : ______

다. 단위 굵은 골재량을 구하시오.

계산 과정) 답 : ______

해답 가. $\frac{W}{B} = 48\% = 0.48$

$\therefore\ W = C \times 0.48 = 320 \times 0.48 = 153.60 kg/m^3$

나. 골재의 체적

$$V_a = 1 - \left(\frac{단위수량}{1000} + \frac{단위시멘트량}{시멘트밀도 \times 1000} + \frac{공기량}{100}\right)$$

$$= 1 - \left(\frac{153.60}{1000} + \frac{320}{3.15 \times 1000} + \frac{5}{100}\right) = 0.695m^3$$

$$S = V_a \times S/a \times G_s \times 1000$$

$$= 0.695 \times 0.40 \times 2.55 \times 1000 = 708.90kg/m^3$$

다. $G = V_a \times (1 - S/a) \times G_g \times 1000$

$$= 0.695 \times (1 - 0.40) \times 2.62 \times 1000 = 1092.54kg/m^3$$

□□□ 산89①,94②,12④,13②,15②,17②,21①,24②

08 아스팔트 시험의 종류 4가지를 쓰시오.

득점	배점
	4

① ______ ② ______

③ ______ ④ ______

해답 ① 아스팔트 비중시험 ② 아스팔트 침입도시험
③ 아스팔트 인화점시험 ④ 아스팔트 연화점시험
⑤ 아스팔트 신도시험 ⑥ 아스팔트 점도시험

국가기술자격 실기시험문제

2013년도 기사 제4회 필답형 실기시험(기사)

종 목	시험시간	배 점	성 명	수험번호
건설재료시험산업기사	1시간30분	60		

※ 수험자 인적사항 및 계산식을 포함한 답안 작성은 검은색 필기구만 사용해야 하며, 그 외 연필류, 빨간색, 청색 등 필기구로 작성한 답항은 0점 처리 됩니다.

토질분야

6문항(41점)

□□□ 산91②,96①,09①,13④,14④,17①,21①,23①

득점	배점
	8

01 현장도로 토공에서 모래 치환법에 의한 현장건조단위중량 시험을 실시하였다. 파낸 구멍의 부피 $V=1900\text{cm}^3$이었고 이 구멍에서 파낸 흙의 무게가 3280g이었다. 이 흙의 토질시험결과 함수비 $w=12\%$, 비중 $G_s=2.70$, 최대건조밀도 $\rho_{d\max}=1.65\text{g/cm}^3$이었다. 아래의 물음에 답하시오.

가. 현장 건조밀도를 구하시오.

계산 과정)　　　　　　　　　　　　답 : ____________

나. 공극비 및 공극률을 구하시오.

계산 과정)　　　　　　　　　　　　답 : ____________

다. 다짐도를 구하시오.

계산 과정)　　　　　　　　　　　　답 : ____________

라. 이 현장이 95% 이상의 다짐도를 원할 때 이 토공의 적부를 판단하시오.

계산 과정)　　　　　　　　　　　　답 : ____________

해답 가. $\rho_d=\dfrac{\rho_t}{1+w}$

- $\rho_t=\dfrac{W}{V}=\dfrac{3280}{1900}=1.73\text{g/cm}^3$

$\therefore\ \rho_d=\dfrac{1.73}{1+0.12}=1.54\text{g/cm}^3$

나. $e=\dfrac{\rho_w G_s}{\rho_d}-1=\dfrac{1\times 2.70}{1.54}-1=0.75$

$n=\dfrac{e}{1+e}\times 100=\dfrac{0.75}{1+0.75}\times 100=42.86\%$

다. $C_d=\dfrac{\rho_d}{\rho_{d\max}}\times 100=\dfrac{1.54}{1.65}\times 100=93.33\%$

라. $C_d=93.33\%\le 95\%$

$\therefore$ 불합격

□□□ 산08①,11②,13④,16①,23②

득점	배점
	10

02 어떤 흙으로 액성한계, 소성한계를 하였다. 아래 표의 빈칸을 채우고, 그래프를 그려서 액성한계, 소성한계, 소성지수를 구하시오. (단, 소수점 이하 둘째자리에서 반올림하시오.)

【액성한계시험】

용기번호	1	2	3	4	5
습윤시료+용기 무게(g)	70	75	74	70	76
건조시료+용기 무게(g)	60	62	59	53	55
용기 무게(g)	10	10	10	10	10
건조시료 무게(g)					
물의 무게(g)					
함수비 W(%)					
타격횟수 N	58	43	31	18	12

【소성한계시험】

용기번호	1	2	3	4
습윤시료+용기 무게(g)	26	29.5	28.5	27.7
건조시료+용기 무게(g)	23	26	24.5	24.1
용기 무게(g)	10	10	10	10
건조시료 무게(g)				
물의 무게(g)				
함수비 W(%)				

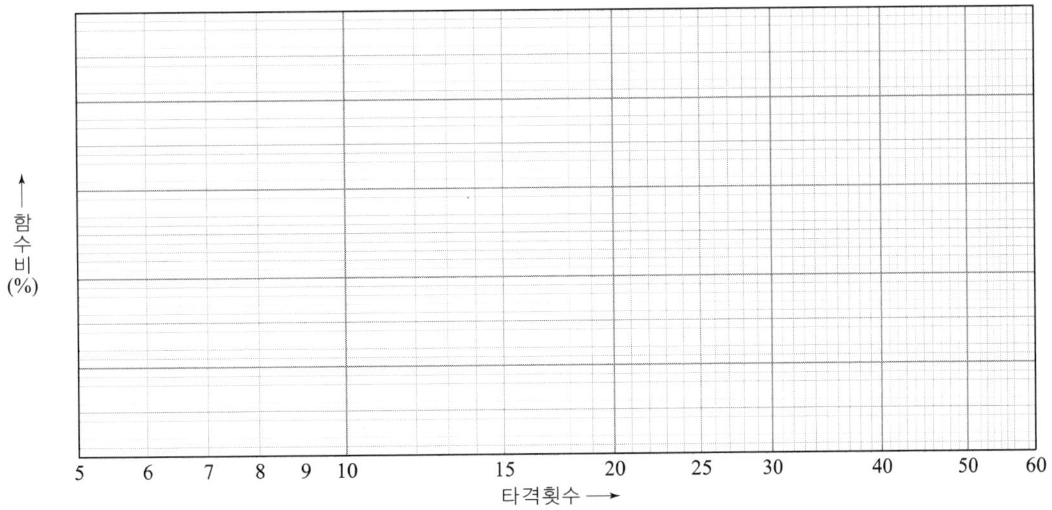

가. 액성한계를 구하시오.

계산 과정)

답 : ________________

나. 소성한계를 구하시오.

계산 과정)

답 :

다. 소성지수를 구하시오.

계산 과정)

답 :

해답

【액성한계시험】

용기번호	1	2	3	4	5
습윤시료+용기 무게(g)	70	75	74	70	76
건조시료+용기 무게(g)	60	62	59	53	55
용기 무게(g)	10	10	10	10	10
건조시료 무게(g)	50	52	49	43	45
물의 무게(g)	10	13	15	17	21
함수비 W(%)	20	25	30.6	39.5	46.7
타격횟수 N	58	43	31	18	12

【소성한계시험】

용기번호	1	2	3	4
습윤시료+용기 무게(g)	26	29.5	28.5	27.7
건조시료+용기 무게(g)	23	26	24.5	24.1
용기 무게(g)	10	10	10	10
건조시료 무게(g)	13	16	14.5	14.1
물의 무게(g)	3	3.5	4.0	3.6
함수비 W(%)	23.1	21.9	27.6	25.5

가.

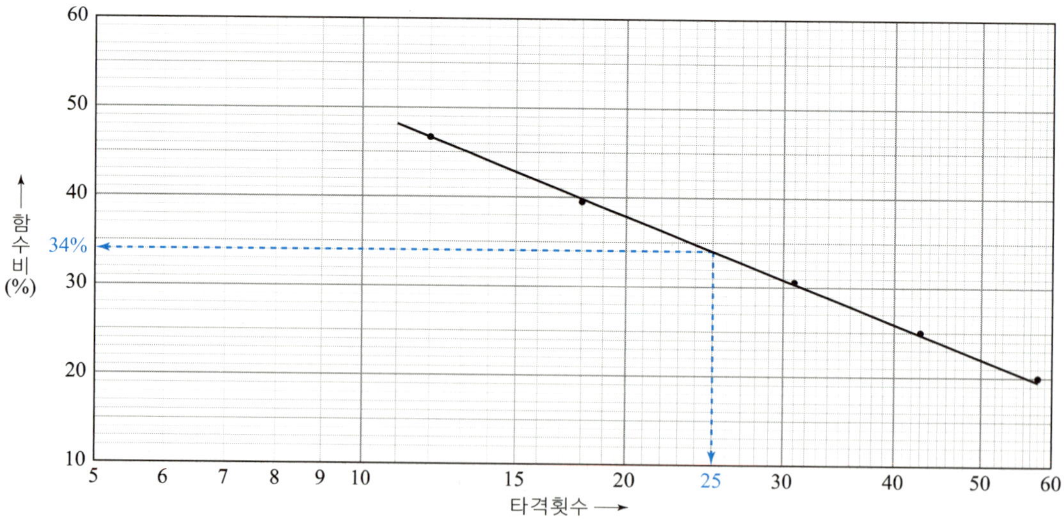

액성한계 : 34%

나. 소성한계 $= \dfrac{23.1+21.9+27.6+25.5}{4} = 24.5\%$

다. 소성지수 = 액성한계 − 소성한계 $= 34 - 24.5 = 9.5\%$

□□□ 산09①,10④,11①,13②④

03 어떤 흙의 토질시험결과가 공극비(e)=1.1, 함수비(w)=25%, 비중(G_s)=2.65일 때 물음에 답하시오.

득점	배점
	4

가. 공극률(n)를 구하시오.

계산 과정) 답 : ____________

나. 포화도(S)를 구하시오.

계산 과정) 답 : ____________

다. 건조밀도를 구하시오.

계산 과정) 답 : ____________

라. 포화밀도를 구하시오.

계산 과정) 답 : ____________

해답 가. $n=\dfrac{e}{1+e}\times 100=\dfrac{1.1}{1+1.1}\times 100=52.38\%$

나. $S=\dfrac{G_s\,w}{e}=\dfrac{2.65\times 25}{1.1}=60.23\%$

다. $\rho_d=\dfrac{G_s}{1+e}\rho_w=\dfrac{2.65}{1+1.1}\times 1=1.26\text{g/cm}^3$

라. $\rho_{\text{sat}}=\dfrac{G_s+e}{1+e}\rho_w=\dfrac{2.65+1.1}{1+1.1}\times 1=1.79\text{g/cm}^3$

□□□ 산08②④,13④,19②

04 어떤 흙에 대한 일축압축시험에서 일축압축강도 $q_u=3.5\text{MPa}$이고, 파괴면은 수평에 대하여 50° 이었다. 다음 물음에 답하시오.

득점	배점
	6

가. 흙의 내부마찰각을 구하시오.

계산 과정) 답 : ____________

나. 흙의 점착력을 구하시오.

계산 과정) 답 : ____________

다. 흙의 최대전단력을 구하시오.

계산 과정) 답 : ____________

해답 가. $\phi=2\theta-90^\circ=2\times 50^\circ-90^\circ=10^\circ$

$\left(\because\ \theta=45^\circ+\dfrac{\phi}{2}\text{에서}\right)$

나. $c=\dfrac{q_u}{2\tan\left(45^\circ+\dfrac{\phi}{2}\right)}=\dfrac{3.5}{2\tan\left(45^\circ+\dfrac{10^\circ}{2}\right)}=1.47\text{MPa}$

다. $\tau_{\max}=\sigma\tan\phi+c=3.5\tan 10^\circ+1.47=2.09\text{MPa}$

□□□ 산01④,08②,10①②,13④,14②,17②,18①,19②

05 **어떤 점토층의 압밀시험 결과가 다음과 같다. 점토층이 90% 압밀되는데 10분이 걸리고, 시료의 평균 두께가 2cm이고 양면배수 상태였다. 아래 물음에 답하시오.**

득점	배점
	9

압밀응력 P(kN/m^2)	간극비(e)
40	0.95
80	0.85

가. 압밀계수를 구하시오. (단, 계산결과는 □.□□ × 10$^{□}$ 로 표현하시오.)

계산 과정) 답 : ______

나. 체적변화계수를 구하시오. (단, 계산결과는 □.□□ × 10$^{□}$ 로 표현하시오.)

계산 과정) 답 : ______

다. 투수계수를 구하시오. (단, 계산결과는 □.□□ × 10$^{□}$ 로 표현하시오.)

계산 과정) 답 : ______

해답 가. $C_v = \dfrac{0.848H^2}{t_{90}} = \dfrac{0.848 \times \left(\dfrac{2}{2}\right)^2}{10 \times 60} = 0.00141\,\text{cm/sec} = 1.41 \times 10^{-3}\text{cm}^2/\text{sec} = 1.41 \times 10^{-7}\text{m}^2/\text{sec}$

나. $m_v = \dfrac{a_v}{1+e_1}$

• $a_v = \dfrac{e_1 - e_2}{P_2 - P_1} = \dfrac{0.95 - 0.85}{80 - 40} = 2.5 \times 10^{-3}\text{m}^2/\text{kN}$

$\therefore\ m_v = \dfrac{2.5 \times 10^{-3}}{1 + 0.95} = 1.28 \times 10^{-3}\text{m}^2/\text{kN}$

다. $k = C_v m_v \gamma_w = 1.41 \times 10^{-7} \times 1.28 \times 10^{-3} \times 9.81$

$= 1.77 \times 10^{-9}\text{m/sec} = 1.77 \times 19^{-7}\text{cm/sec}$

□□□ 산13④,16①

06 **수평방향 투수계수가 0.4cm/sec, 연직방향 투수계수가 0.1cm/sec이었다. 1일 침투유량을 구하시오.** (단, 상류면과 하류면의 수두 차 : 15m, 유로의 수 : 5, 등압면 수 : 12이었다.)

득점	배점
	4

계산 과정) 답 : ______

해답 $Q = KH\dfrac{N_f}{N_d}$

$= \sqrt{0.4 \times 0.1} \times 1500 \times \dfrac{5}{12} \times 100 = 12500\text{cm}^3/\text{sec} = 1080\text{m}^3/\text{day}$

건설재료분야

3문항(19점)

□□□ 산08④,12①,13④,15②

07 콘크리트의 시방배합으로 각 재료의 단위량과 현장골재의 상태가 다음과 같을 때, 현장배합으로서의 각 재료량을 구하시오.

득점	배점
	9

【시방배합표】

물(kg/m^3)	시멘트(kg/m^3)	잔골재(kg/m^3)	굵은골재(kg/m^3)
180	320	621	1339

【현장골재의 상태】

종류	5mm체에 남는 양	5mm체에 통과량	표면수량
잔골재	10%	90%	3%
굵은골재	96%	4%	1%

계산 과정)

【답】 단위 잔골재량 : ____________, 단위 굵은 골재량 : ____________

단위 수량 : ____________

해답 ■ 입도에 의한 조정

• $S=621\text{kg},\ G=1339\text{kg},\ a=10\%,\ b=4\%$

• $X=\dfrac{100S-b(S+G)}{100-(a+b)}=\dfrac{100\times621-4(621+1339)}{100-(10+4)}=630.93\text{kg/m}^3$

• $Y=\dfrac{100G-a(S+G)}{100-(a+b)}=\dfrac{100\times1339-10(621+1339)}{100-(10+4)}=1329.07\text{kg/m}^3$

■ 표면수에 의한 조정

잔골재의 표면수$=630.93\times\dfrac{3}{100}=18.93\text{kg}$

굵은골재의 표면수$=1329.07\times\dfrac{1}{100}=13.29\text{kg}$

■ 현장 배합량

• 단위 수량 : $180-(18.93+13.29)=147.78\text{kg/m}^3$

• 단위 잔골재량 : $630.93+18.93=649.86\text{kg/m}^3$

• 단위 굵은재량 : $1329.07+13.29=1342.36\text{kg/m}^3$

【답】 단위 수량 : 147.78kg/m^3, 단위 잔골재량 : 649.86kg/m^3

단위 굵은 골재량 : 1342.36kg/m^3

□□□ 산13④,22①

08 직경 5cm, 높이 10cm인 연약점토 공시체의 일축압축시험을 실시했다. 파괴 시 압축력이 2.2kg, 축방향 변위가 9mm이었을 때 이 공시체의 일축압축강도(kg/cm^2)를 구하시오.

득점	배점
	4

계산 과정)　　　　　　　　　　　　　　답 : ______

해답 ■ $q_u = \dfrac{P}{A_o}$

• $A = \dfrac{\pi d^2}{4} = \dfrac{\pi \times 50^2}{4} = 1963\text{mm}^2$

• $A_o = \dfrac{A}{1-\dfrac{\Delta h}{h}} = \dfrac{A}{1-\dfrac{\Delta h}{h}}$

$= \dfrac{1963}{1-\dfrac{9}{100}} = 2157\text{mm}^2$

$\therefore\ q_u = \dfrac{22}{2157} = 0.0102\text{N/mm}^2 = 10.2\text{kN/m}^2$

□□□ 산10①,11②,13②④,16①,17②,18②,19②

09 콘크리트표준시방서에서는 콘크리트용 굵은 골재의 유해물 함유량 한도를 규정하고 있다. 여기서 규정하고 있는 유해물의 종류를 3가지만 쓰시오.

득점	배점
	6

① ______　② ______　③ ______

해답 ① 점토 덩어리　② 연한 석편　③ 0.08mm체 통과량

굵은 골재의 유해물 함유량 한도(질량 백분율)

구분	천연 굵은 골재
점토 덩어리(%)	0.25 1)
연한 석편(%)	5.0 1)
0.08mm체 통과량(%)	1.0
석탄, 갈탄 등으로 밀도 2.0g/cm^{3}의 액체에 뜨는 것(%) • 콘크리트의 외관이 중요한 경우 • 기타의 경우	 0.5 1.0

주 1) 점토 덩어리와 역한 석편의 합이 5%를 넘으면 안된다.

국가기술자격 실기시험문제

2014년도 기사 제1회 필답형 실기시험(기사)

종 목	시험시간	배 점	성 명	수험번호
건설재료시험산업기사	1시간30분	60		

※ 수험자 인적사항 및 계산식을 포함한 답안 작성은 검은색 필기구만 사용해야 하며, 그 외 연필류, 빨간색, 청색 등 필기구로 작성한 답항은 0점 처리 됩니다.

토질분야

4문항(34점)

□□□ 산09①,14①

01 콘크리트 포장을 하기 위하여 지름 300mm 재하판으로 평판재하시험을 실시한 결과가 아래의 표와 같을 때 다음 물음에 답하시오.

득점	배점
	12

하중강도(kN/m^2)	35	70	105	140	175	비고
침하량(mm)	0.70	1.50	2.00	2.70	3.25	하중강도 175 이상은 생략

가. 하중강도-침하량 곡선을 그려서 지지력계수 K_{30}를 구하시오.

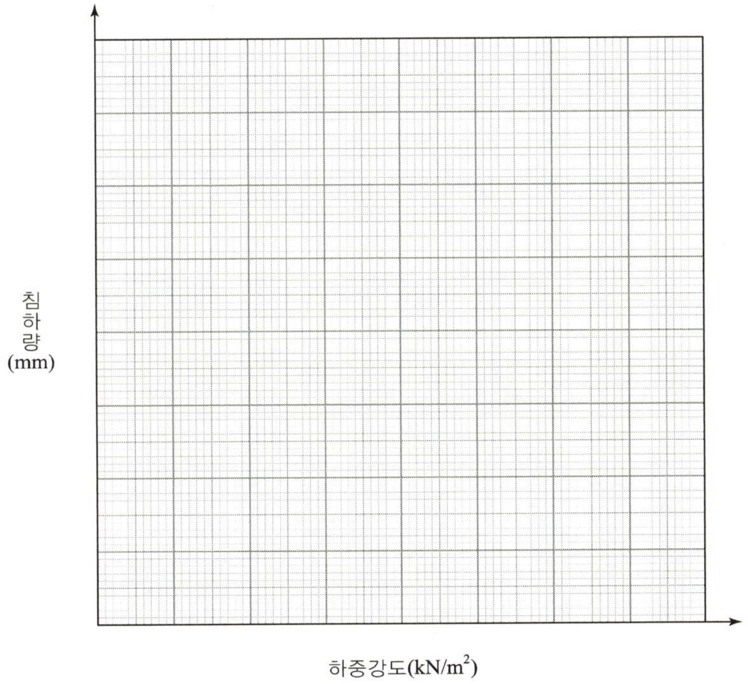

나. "가"에서 산출한 지지력계수 K_{30}을 이용하여 K_{40}, K_{75}값을 추정하시오.

계산과정)

【답】 K_{40} : ______________________, K_{75} : ______________________

다. 평판재하시험에서 시험을 멈추는 조건을 2가지만 쓰시오.

① ______________ ② ______________

해답 가.

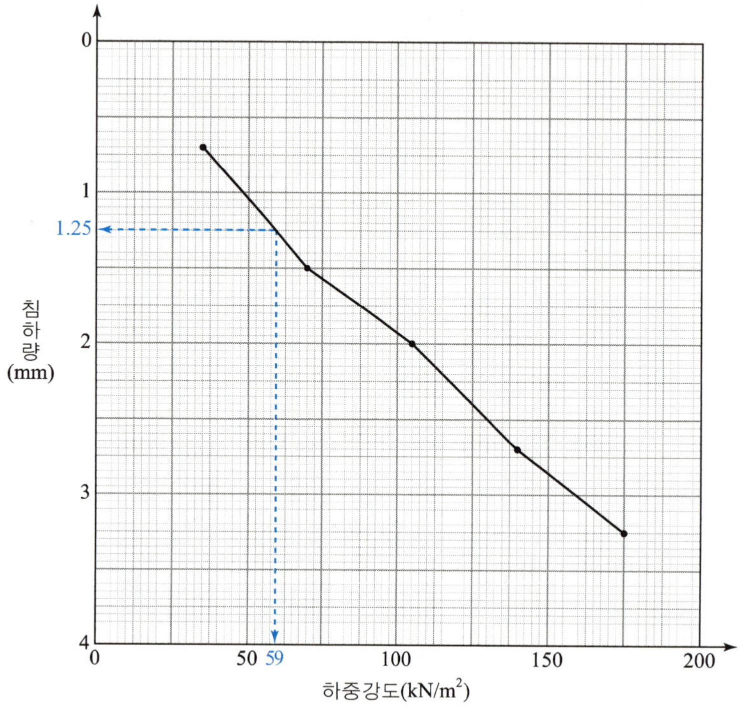

$$K_{30}=\frac{P}{S}=\frac{59}{1.25\times\frac{1}{1000}}=47200\,\mathrm{kN/m^3}=47.20\,\mathrm{MN/m^3}$$

(∵ 침하량 $S=1.25$mm일 때 하중강도(P)이다.)

나. $K_{40}=\frac{1}{1.3}\times K_{30}=\frac{1}{1.3}\times 47.20=36.31\,\mathrm{MN/m^3}$

$K_{75}=\frac{1}{2.2}K_{30}=\frac{1}{2.2}\times 47.20=21.5\,\mathrm{MN/m^3}$

다. ① 침하량이 15mm에 달할 때
② 하중강도가 그 지반의 항복점을 넘을 때
③ 하중강도가 예상되는 최대 접지압력을 초과할 때

지지력계수 K

- $K_{30}=\frac{P}{S}$
- P : 침하량이 $S=1.25$mm일 때의 하중강도(kN/m²)
- $K_{30}=2.2K_{75}$
- $K_{40}=1.7K_{75}=\frac{1}{1.3}K_{30}$
- $K_{75}=\frac{1}{1.7}K_{40}=\frac{1}{2.2}K_{30}$

• $1\mathrm{MN}=10^3\mathrm{kN}$

□□□ 산98④,09②,11①,12④,13②,14①,17④

02 어떤 점토에 대하여 수축한계 시험결과 습윤시료의 부피 $V=21.0\text{cm}^3$, 노건조시료의 무게 $W_o=26.36\text{g}$, 노건조시료의 부피 $V_o=16.34\text{cm}^3$, 습윤시료의 함수비 $w=41.28\%$, 소성한계 $W_P=33.4\%$, 액성한계 $W_L=46.2\%$일 때 다음 물음에 답하시오.

득점	배점
	10

가. 수축한계를 구하시오.

계산 과정) 답 : ________

나. 수축지수를 구하시오.

계산 과정) 답 : ________

다. 수축비를 구하시오.

계산 과정) 답 : ________

라. 체적수축률을 구하시오.

계산 과정) 답 : ________

마. 흙입자의 비중을 구하시오.

계산 과정) 답 : ________

해답 가. $w_s=w-\dfrac{(V-V_o)\rho_w}{W_o}\times 100$

$$=41.28-\frac{(21.0-16.34)\times 1}{26.36}\times 100=23.60\%$$

나. $I_s=W_P-w_s=33.4-23.60=9.8\%$

다. $R=\dfrac{W_o}{V_o\,\rho_w}=\dfrac{26.36}{16.34\times 1}=1.61$

라. $C=\dfrac{V-V_o}{V_o}\times 100=\dfrac{21.0-16.34}{16.34}\times 100=28.52\%$

마. $G_s=\dfrac{1}{\dfrac{1}{R}-\dfrac{w_s}{100}}=\dfrac{1}{\dfrac{1}{1.61}-\dfrac{23.60}{100}}=2.60$

□□□ 산10②,14①,18②, 기08②,09④,14②,18②,23①

03 흙의 공학적 분류방법인 통일분류법과 AASHTO분류법의 차이점을 3가지만 쓰시오.

득점	배점
	6

① ________ ② ________ ③ ________

해답 ① 두가지 분류법에서는 모두 입도분포와 소성을 고려하여 흙을 분류하고 있다.

② 모래, 자갈 입경 구분이 서로 다르다.

③ 유기질 흙에 대한 분류는 통일분류법에는 있느냐 AASHTO분류법에는 없다.

④ No.200체를 기준으로 조립토와 세립토를 구분하고 있으냐 두 방법의 통과율에 있어서는 서로 다르다.

□□□ 산08④,10④,11②,12②,14①④,16②,17②,23① 기04④

04 **점토층 두께가 10m인 지반의 흙을 채취하여 표준압밀시험을 하였더니 하중강도가 $220kN/m^2$에서 $340kN/m^2$로 증가할 때 간극비는 1.8에서 1.1로 감소하였다. 다음 물음에 답하시오.**

득점	배점
	6

가. 압축계수를 구하시오. (단, 계산결과는 □.□□$\times 10^{□}$로 표현하시오.)

계산 과정) 답 : ____________

나. 체적변화계수를 구하시오. (단, 계산결과는 □.□□$\times 10^{□}$로 표현하시오.)

계산 과정) 답 : ____________

다. 이 점토층의 압밀침하량을 구하시오.

계산 과정) 답 : ____________

해답 가. $a_v = \dfrac{e_1 - e_2}{P_2 - P_1} = \dfrac{1.8 - 1.1}{340 - 220} = 5.83 \times 10^{-3} m^2/kN$

나. $m_v = \dfrac{a_v}{1 + e_1} = \dfrac{5.83 \times 10^{-3}}{1 + 1.8} = 2.08 \times 10^{-3} m^2/kN$

다. $\Delta H = \dfrac{e_1 - e_2}{1 + e_1} H = \dfrac{1.8 - 1.1}{1 + 1.8} \times 10 = 2.50m = 250cm$

또는 $\Delta H = m_v \cdot \Delta P \cdot H = 2.08 \times 10^{-3} \times (340 - 220) \times 10 = 2.50m = 250cm$

건설재료분야

5문항(26점)

□□□ 산14①,16④

05 **아래 표의 조건과 같을 때 압력법에 의한 굳지 않은 콘크리트의 공기량 시험에서 골재수정계수 결정을 위해 사용해야 하는 잔골재와 굵은골재의 질량을 구하시오.**

득점	배점
	4

- 1배치의 콘크리트 용적 : $1m^3$
- 콘크리트 시료의 용적 : 10L
- 1배치에 사용된 잔골재 질량 : 900kg
- 1배치에 사용된 굵은골재 질량 : 1100kg

계산과정)

【답】 잔골재 질량 : ____________, 굵은골재 질량 : ____________

해답 • 잔골재 질량 $m_f = \dfrac{V_C}{V_B} \times m_f' = \dfrac{10}{1000} \times 900 = 9kg$

• 굵은골재 질량 $m_c = \dfrac{V_C}{V_B} \times m_c' = \dfrac{10}{1000} \times 1100 = 11kg$

용어

m_f : 용적 V_c의 콘크리트 시료 중의 잔골재의 질량(kg)
m_c : 용적 V_c의 콘크리트 시료 중의 굵은골재의 질량(kg)
V_c : 콘크리트 시료의 용적(L)(용기 용적과 같다.)
V_B : 1배치의 콘크리트의 완성 용적(L)
m_f' : 1배치에 사용하는 잔골재의 질량(kg)
m_c' : 1배치에 사용되는 굵은골재의 질량(kg)

□□□ 산98④,10④,14①,15④,17②④

06 시방배합표가 아래와 같을 때 현장배합으로 수정하여 각 재료량을 산출하시오.
(단, 현장의 골재상태는 잔골재가 5mm체에 남는 량 2%, 굵은골재가 5mm체를 통과하는 량 5%이며, 잔골재의 표면수는 3%, 굵은골재의 표면수는 1%이다.)

득점	배점
	6

굵은골재 최대치수 (mm)	물－결합재비 (W/B) (%)	잔골재율 (S/a) (%)	슬럼프 (mm)	단위 수량(W) (kg/m³)	단위 시멘트량 (kg/m³)	단위 잔골재량 (kg/m³)	단위 굵은 골재량 (kg/m³)
25	50	40	80	200	400	700	1200

계산과정)

【답】 단위 수량 : ______________, 단위 잔골재량 : ______________

단위 굵은 골재량 : ______________

해답 ■ 입도보정 $a=2\%,\ b=5\%$

• 잔골재량 $X=\dfrac{100S-b(S+G)}{100-(a+b)}$

$$=\frac{100\times700-5(700+1200)}{100-(2+5)}=650.54\text{kg/m}^3$$

• 굵은 골재량 $Y=\dfrac{100G-a(S+G)}{100-(a+b)}$

$$=\frac{100\times1200-2(700+1200)}{100-(2+5)}=1249.46\text{kg/m}^3$$

■ 표면수보정
• 잔골재 $650.54\times0.03=19.52\text{kg/m}^3$
• 굵은골재 $1249.46\times0.01=12.49\text{kg/m}^3$

■ 단위량
• 단위 수량 : $200-(19.52+12.49)=167.99\text{kg/m}^3$
• 단위 잔골재량 : $650.54+19.52=670.06\text{kg/m}^3$
• 단위 굵은 골재량 : $1249.46+12.49=1261.95\text{kg/m}^3$

□□□ 산10①,11②,14①

07 다음은 잔골재 체가름 시험 결과이다. 물음에 답하시오.

득점	배점
	6

가. 다음 표를 완성하시오. (소수점 첫째자리에서 반올림하시오.)

체눈금(mm) \ 구분	남는 양(g)	잔유율(%)	가적 잔유율(%)	통과율(%)
5.0	0	–	–	100
2.5	43			
1.2	132			
0.6	252			
0.3	108			
0.15	58			
pan	7			

나. 조립률을 구하시오. (소수점 셋째자리에서 반올림하시오.)

계산 과정)

답 : ____________

해답 가.

체눈금(mm) \ 구분	남는 양(g)	잔유율(%)	가적 잔유율(%)	통과율(%)
5.0	0	–	–	100
2.5	43	7	7	93
1.2	132	22	29	71
0.6	252	42	71	29
0.3	108	18	89	11
0.15	58	10	99	1
pan	7	1	100	–
계	600	100		

나. 조립률

$$\text{F.M} = \frac{7+29+71+89+99}{100} = 2.95$$

체가름결과

- $\text{잔유율} = \dfrac{\text{각 체에 남는 양}}{\text{전체 질량}} \times 100$
- 가적 잔유율=각 체의 잔유율의 누계
- 통과율=100−가적 잔유율

□□□ 산11①,14①

08 콘크리트의 배합강도를 결정하고자 할 때 아래의 각 경우에 대하여 물음에 답하시오.

득점	배점
	6

가. 30회 이상의 시험실적으로부터 구한 압축강도의 표준편차가 3.0MPa이고, 콘크리트의 호칭강도(f_{cn})가 24MPa인 경우 배합강도를 구하시오.

계산 과정) 답 : ______

나. 압축강도의 시험기록이 없고, 호칭강도(f_{cn})가 24MPa인 경우 배합강도를 구하시오.

계산 과정) 답 : ______

다. 17회의 시험실적으로부터 구한 압축강도의 표준편차가 3.0MPa인 경우 표준편차의 보정계수를 적용하여, 배합강도 결정을 위한 표준편차(s)를 구하시오.
(단, 소수점 이하 셋째자리까지 구하시오.)

계산 과정) 답 : ______

해답 가. $f_{cn} \leq 35$MPa인 경우(두 값 중 큰 값)

$f_{cr} = f_{cn} + 1.34s = 24 + 1.34 \times 3.0 = 28.02$MPa

$f_{cr} = (f_{cn} - 3.5) + 2.33s = (24 - 3.5) + 2.33 \times 3.0 = 27.49$MPa

∴ 배합강도 $f_{cr} = 28.02$MPa

나. $f_{cr} = f_{cn} + 8.5 = 24 + 8.5 = 32.5$MPa

다. $s = 3.0 \times \left(1.16 - \dfrac{1.16 - 1.08}{20 - 15} \times (17 - 15)\right) = 3.384$MPa

□□□ 산08①,09②,14①,19①,21②

09 골재의 안정성 시험에 사용되는 용액을 2가지만 쓰시오.

득점	배점
	4

① ______ ② ______

해답 ① 황산나트륨(황산소듐)
② 염화바륨

국가기술자격 실기시험문제

2014년도 기사 제2회 필답형 실기시험(기사)

종 목	시험시간	배 점	성 명	수험번호
건설재료시험산업기사	1시간30분	60		

※ 수험자 인적사항 및 계산식을 포함한 답안 작성은 검은색 필기구만 사용해야 하며, 그 외 연필류, 빨간색, 청색 등 필기구로 작성한 답항은 0점 처리 됩니다.

토질분야

4문항(32점)

□□□ 산08②,10②,13④,14②,17②

01 어떤 점토층의 압밀시험 결과가 점토층의 90% 압밀되는 데 10분이 걸리고 시료의 평균두께가 20mm, 양면배수상태였다. 다음을 답하시오.

득점	배점
	9

압밀응력(kN/m²)	공극비(e)
40	0.95
80	0.85

가. 압밀계수를 구하시오. (단, 계산결과는 □.□□ × 10$^{□}$ 로 표현하시오.)

계산 과정) 답 :

나. 체적변화계수를 구하시오. (단, 계산결과는 □.□□ × 10$^{□}$ 로 표현하시오.)

계산 과정) 답 :

다. 투수계수를 구하시오. (단, 계산결과는 □.□□ × 10$^{□}$ 로 표현하시오.)

계산 과정) 답 :

해답 가. $C_v = \dfrac{0.848\left(\dfrac{H}{2}\right)^2}{t_{90}} = \dfrac{0.848 \times \left(\dfrac{2}{2}\right)^2}{10 \times 60}$

$= 0.00141\,\text{cm}^2/\text{sec} = 1.41 \times 10^{-3}\text{cm}^2/\text{sec} = 1.41 \times 10^{-7}\text{m}^2/\text{sec}$

나. $m_v = \dfrac{a_v}{1+e_1}$

• $a_v = \dfrac{e_1 - e_2}{P_2 - P_1} = \dfrac{0.95-0.85}{80-40} = 2.5 \times 10^{-3}\text{m}^2/\text{kN}$

$\therefore\ m_v = \dfrac{2.5 \times 10^{-3}}{1+0.95} = 1.28 \times 10^{-3}\text{m}^2/\text{kN}$

다. $K = C_v \cdot m_v \cdot \gamma_w$

$= 1.41 \times 10^{-7} \times 1.28 \times 10^{-3} \times 9.81 = 1.77 \times 10^{-9}\text{m/sec} = 1.77 \times 10^{-7}\text{cm/sec}$

□□□ 산09①,14②

02 현장에서 전단강도를 구하는 방법은 정적인 방법과 동적인 방법이 있다. 이 중 동적인 방법 2가지를 쓰시오.

득점	배점
	4

① ______________________ ② ______________________

해답 ① 표준관입시험(SPT) ② 원추관입시험(DCPT)

□□□ 산09④,11④,14②④,01①,23②

03 어느 시료의 애터버그 한계시험 결과가 다음과 같았을 때, 물음에 답하시오.

(단, 자연함수비=39.6%, 소성한계=31.2%, 수축한계=18.5%)

득점	배점
	10

낙하횟수	14	19	30	37	40
함수비	48	45	40	38	37

가. 유동곡선을 작도하고 액성한계를 구하시오.

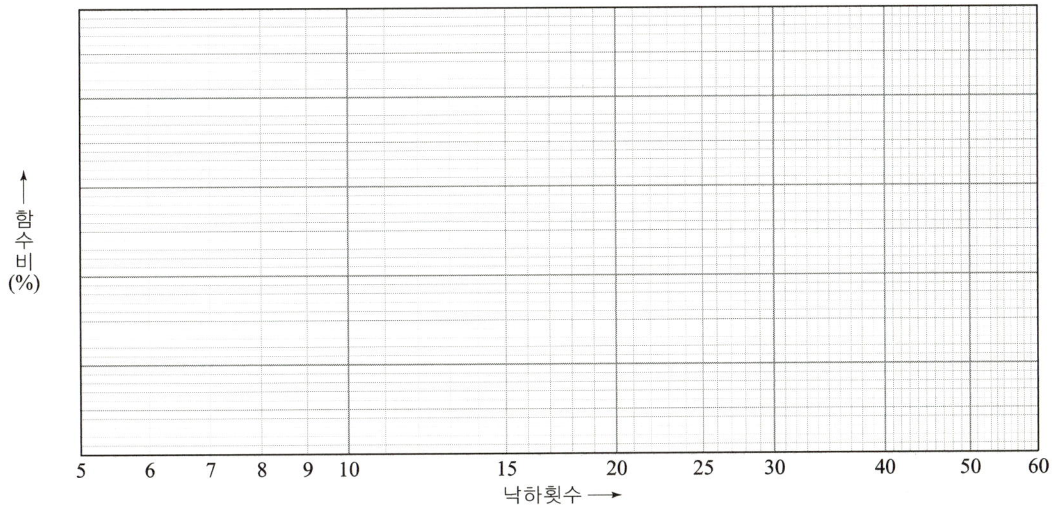

【답】 액성한계 :

나. 소성지수를 구하시오.

계산 과정) 답 : ______________

다. 액성지수를 구하시오.

계산 과정) 답 : ______________

라. 수축지수를 구하시오.

계산 과정) 답 : ______________

해답 가.

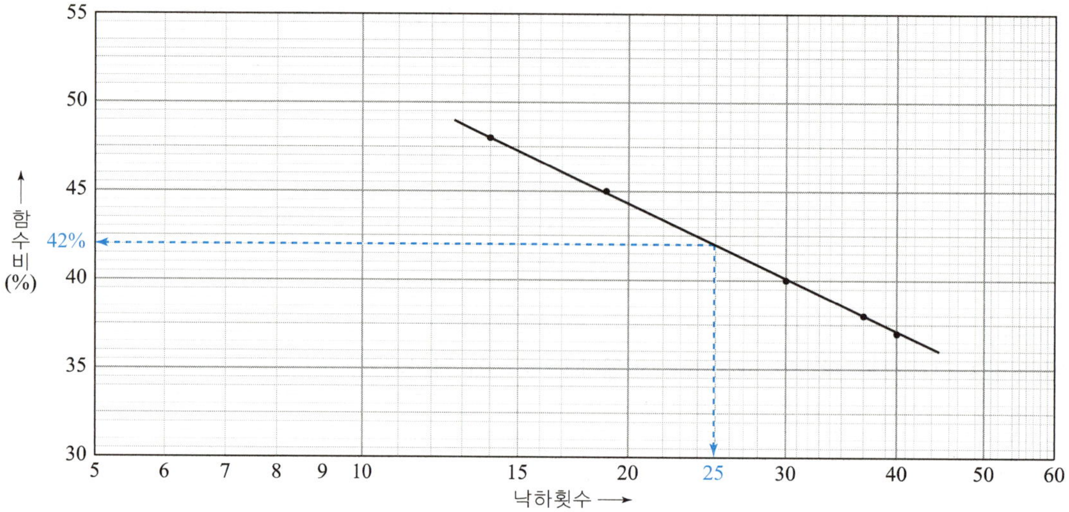

【답】 액성한계 : 42%

나. 소성지수=액성한계−소성한계=42−31.2−10.8%

다. 액성지수$=\dfrac{\text{자연함수비}-\text{소성한계}}{\text{소성지수}}=\dfrac{39.6-31.2}{10.8}=0.78$

라. 수축지수=소성한계−수축한계=31.2−18.5=12.7%

□□□ 산92①,93②,10①,14②,21②

04 정수위 투수시험 결과 시료의 길이 25cm, 시료의 단면적 750cm^2, 수두차 45cm, 투수시간 20초, 투수량 3200cm^3, 시험 시 수온은 12℃일 때 다음 물음에 답하시오.

득점	배점
	9

【투수계수에 대한 T℃의 보정계수 μ_T/μ_{15}】

T ℃	0	1	2	3	4	5	6	7	8	9
0	1.567	1.513	1.460	1.414	1.369	1.327	1.286	1.248	1.211	1.177
10	1.144	1.113	1.082	1.053	1.026	1.000	0.975	0.950	0.926	0.903
20	0.881	0.859	0.839	0.819	0.800	0.782	0.764	0.747	0.730	0.714
30	0.699	0.684	0.670	0.656	0.643	0.630	0.617	0.604	0.593	0.582
40	0.571	0.561	0.550	0.540	0.531	0.521	0.513	0.504	0.496	0.487

가. 12℃ 온도에서의 투수계수를 구하시오.

계산 과정) 답 : ______________

나. 15℃ 온도에서의 투수속도를 구하시오.

계산 과정) 답 : ______________

다. $e=0.42$일 때 15℃ 의 실제침투 속도를 구하시오.

계산 과정) 답 : ______________

해답 가. $k_{12} = \dfrac{Q \cdot L}{A \cdot h \cdot t} = \dfrac{3200 \times 25}{750 \times 45 \times 20} = 0.119\text{cm/sec}$

나. $k_{15} = k_T \cdot \dfrac{\mu_T}{\mu_{15}} = k_{12}\dfrac{\mu_{12}}{\mu_{15}} = 0.119 \times \dfrac{1.082}{1} = 0.129\text{cm/sec}$

$\therefore\ V = ki = k_{15}\dfrac{h}{L} = 0.129 \times \dfrac{45}{25} = 0.232\text{cm/sec}$

다. $V_s = \dfrac{V}{n}$

• $n = \dfrac{e}{1+e} \times 100 = \dfrac{0.42}{1+0.42} \times 100 = 29.58\%$

$\therefore\ V_s = \dfrac{0.232}{0.2958} = 0.784\text{cm/sec}$

건설재료분야

5문항(28점)

□□□ 산85,87,90,93,14②,16②

05 콘크리트 1m^3을 만드는데 소요되는 굵은 골재량을 구하시오.

득점	배점
	6

(단, 단위 시멘트량 220kg/m^3, 물－결합재비 55%, 잔골재율(S/a) 34%, 시멘트의 밀도 3.15g/cm^3, 잔골재의 밀도 2.65g/cm^3, 굵은골재의 밀도 2.70g/cm^3, 공기량 2%이다.)

가. 단위 수량을 구하시오.

계산 과정) 답 : ______

나. 단위 잔골재량을 구하시오.

계산 과정) 답 : ______

다. 단위 굵은 골재량을 구하시오.

계산 과정) 답 : ______

해답 가. $\dfrac{W}{B} = 55\%$에서

$\therefore$ 단위 수량 $W = C \times 0.55 = 220 \times 0.55 = 121\text{kg/m}^3$

나. 단위 골재의 절대 체적

$V_a = 1 - \left(\dfrac{\text{단위 수량}}{1000} + \dfrac{\text{단위 시멘트량}}{\text{시멘트 비중} \times 1000} + \dfrac{\text{공기량}}{100}\right)$

$= 1 - \left(\dfrac{121}{1000} + \dfrac{220}{3.15 \times 1000} + \dfrac{2}{100}\right) = 0.789\text{m}^3$

$\therefore\ S = V_a \times S/a \times G_s \times 1000 = 0.789 \times 0.34 \times 2.65 \times 1000 = 710.89\text{kg/m}^3$

다. $G = V_a \times (1 - S/a) \times G_g \times 1000 = 0.789 \times (1 - 0.34) \times 2.70 \times 1000 = 1406.00\text{kg/m}^3$

□□□ 산09④,10①,11②,14②,15①,18②

06 다음은 잔골재 체가름 시험 결과이다. 물음에 답하시오.

득점	배점
	6

가. 다음 표를 완성하시오. (단, 소수점 첫째자리에서 반올림하시오.)

체눈금(mm) \ 구분	남는 양(g)	잔유율(%)	가적 잔유율(%)	통과율(%)
5.0	0	–	–	100
2.5	43			
1.2	132			
0.6	252			
0.3	108			
0.15	58			
pan	7			

나. 조립률을 구하시오. (소수점 셋째자리에서 반올림하시오.)

계산 과정)

답 : ______

해답 가.

체눈금(mm) \ 구분	남는 양(g)	잔유율(%)	가적 잔유율(%)	통과율(%)
5.0	0	–	–	100
2.5	43	7	7	93
1.2	132	22	29	71
0.6	252	42	71	29
0.3	108	18	89	11
0.15	58	10	99	1
pan	7	1	100	–
계	600	100		

나. 조립률

$$F.M = \frac{7+29+71+89+99}{100} = 2.95$$

체가름결과

- 잔유율 $= \frac{\text{각 체에 남는 양}}{\text{전체 질량}} \times 100$
- 가적 잔유율 =각 체의 잔유율의 누계
- 통과율 =100−가적 잔유율

□□□ 산88,00④,08①②,09②④,10②④,11①,12②,14②④,17②,21①,23①

07 잔골재에 대한 밀도 및 흡수율 시험 결과가 아래 표와 같을 때 다음 물음에 답하시오.
(단, 시험온도에서의 물의 밀도는 1.0g/cm^{3}이다.)

득점	배점
	6

물을 채운 플라스크 질량(g)	600
표면 건조포화 상태 시료 질량(g)	500
시료와 물을 채운 플라스크 질량(g)	911
절대 건조 상태 시료 질량(g)	480

가. 표면 건조 포화 상태의 밀도를 구하시오.

계산 과정) 답 : ______

나. 절대 건조 상태의 밀도를 구하시오.

계산 과정) 답 : ______

다. 상대 겉보기 밀도(진밀도)를 구하시오.

계산 과정) 답 : ______

해답 가. $d_s = \dfrac{m}{B+m-C} \times \rho_w = \dfrac{500}{600+500-911} \times 1 = 2.65\text{g/cm}^3$

나. $d_d = \dfrac{A}{B+m-C} \times \rho_w = \dfrac{480}{600+500-911} \times 1 = 2.54\text{g/cm}^3$

다. $d_A = \dfrac{A}{B+A-C} \times \rho_w = \dfrac{480}{600+480-911} \times 1 = 2.84\text{g/cm}^3$

□□□ 산93②,14②,21②

08 아스팔트 침입도 시험방법(KS M 2252)에 대해 물음에 답하시오.

득점	배점
	6

가. 침입도 1의 단위를 쓰시오.

○

나. 침입도 시험의 표준이 되는 시험중량, 시험온도, 관입시간을 쓰시오.

【답】 시험중량 : ______, 시험온도 : ______, 관입시간 : ______

해답 가. 0.1mm

나. 시험중량 : 100g, 시험온도 : 25℃, 관입시간 : 25초

□□□ 산14②, 기11②,17④

09 굳지 않은 콘크리트의 염화물 함유량 측정 방법을 4가지만 쓰시오.

득점	배점
	4

① ________________ ② ________________

③ ________________ ④ ________________

해답 ① 질산은 적정법 ② 전위차 적정법
③ 이온 전극법 ④ 흡광 광도법

국가기술자격 실기시험문제

2014년도 기사 제4회 필답형 실기시험(기사)

종 목	시험시간	배 점	성 명	수험번호
건설재료시험산업기사	1시간30분	60		

※ 수험자 인적사항 및 계산식을 포함한 답안 작성은 검은색 필기구만 사용해야 하며, 그 외 연필류, 빨간색, 청색 등 필기구로 작성한 답항은 0점 처리 됩니다.

토질분야

5문항(38점)

□□□ 산88①,90④,11④,14④,16①,23②

01 어떤 시료에 대한 액성한계시험을 한 결과 다음 표와 같은 값을 얻었다. 표를 이용하여 다음 물음에 답하시오. (단, 소성한계=58.6%)

득점	배점
	10

낙하횟수	11	18	30	35
함수비(%)	137.2	131.0	124.5	122.5

가. 유동곡선을 작도하고 액성한계를 구하시오.

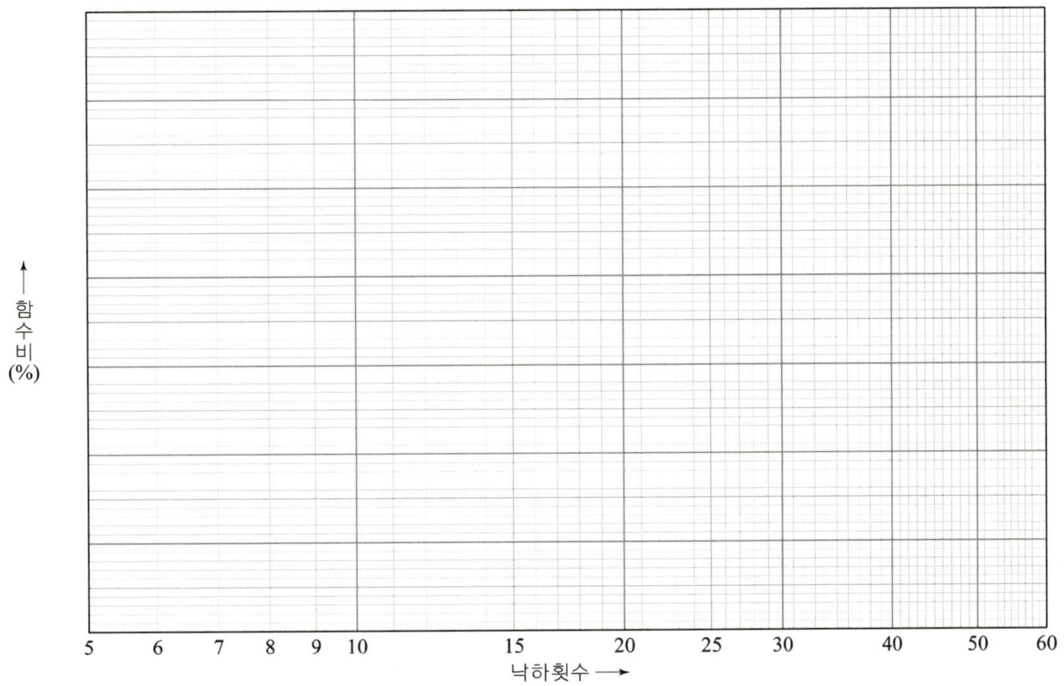

【답】 액성한계

나. 유동지수를 구하시오.

계산 과정)

답 :

다. 소성지수를 구하시오.

계산 과정)

답 :

라. 터프니스지수를 구하시오.

계산 과정)

답 :

해답 가. 액성한계 : 126.7%

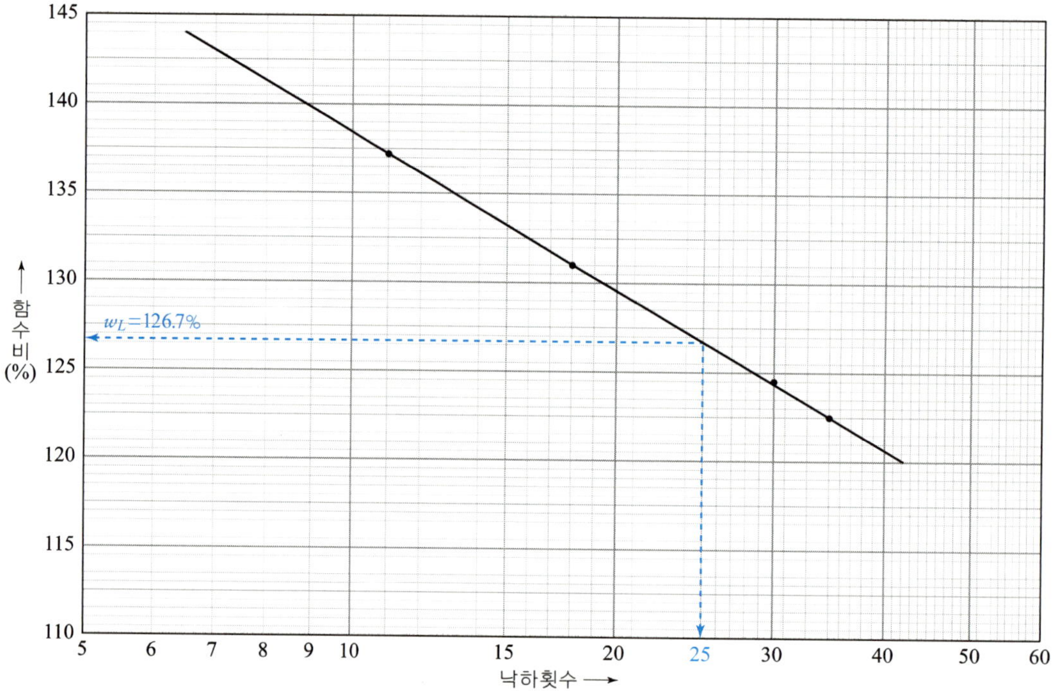

나. $I_f = \dfrac{w_1 - w_2}{\log\dfrac{N_2}{N_1}} = \dfrac{137.2 - 122.5}{\log\dfrac{35}{11}} = 29.2\%$

다. $I_P = W_L - W_P = 126.7 - 58.6 = 68.1\%$

라. $I_t = \dfrac{I_P}{I_f} = \dfrac{68.1}{29.2} = 2.33$

□□□ 산09④,13①,14④,16④,17④,22①,23①,24②

02 도로의 평판재하시험에서 시험을 끝마치는 조건에 대해 2가지만 쓰시오.

득점	배점
	4

① ②

해답 ① 침하량이 15mm에 달할 때
② 하중강도가 그 지반의 항복점을 넘을 때
③ 하중강도가 현장에서 예상되는 최대 접지압력을 초과할 때

□□□ 산00②,12①,14④,17④ 기01②,04④,06①,08②,10①,12④,13①,23②

03 교란되지 않은 시료에 대한 일축압축 시험결과가 아래와 같으며, 파괴면과 수평면이 이루는 각도는 60° 이다. 다음 물음에 답하시오.

득점	배점
	10

(단, 시험체의 크기는 평균직경 3.5cm, 단면적 962mm^2, 길이 80mm이다.)

압축량 ΔH(1/100mm)	압축력 P(N)	압축량 ΔH(1/100mm)	압축력 P(N)
0	0	220	164.7
20	9.0	260	172.0
60	44.0	300	174.0
100	90.8	340	173.4
140	126.7	400	169.2
180	150.3	480	159.6

가. 응력과 변형률 관계를 계산하여 표를 채우시오.

압축력 P(N)	$\Delta H(\frac{1}{100}$mm)	변형률(%)	$1-\epsilon$	A(mm^2)	압축응력(kPa)
0	0				
9.0	20				
44.0	60				
90.8	100				
126.7	140				
150.3	180				
164.7	220				
172.0	260				
174.0	300				
173.4	340				
169.2	400				
159.6	480				

나. 압축응력(kPa)과 변형률(%)과의 관계도를 그리고 일축압축강도를 구하시오.

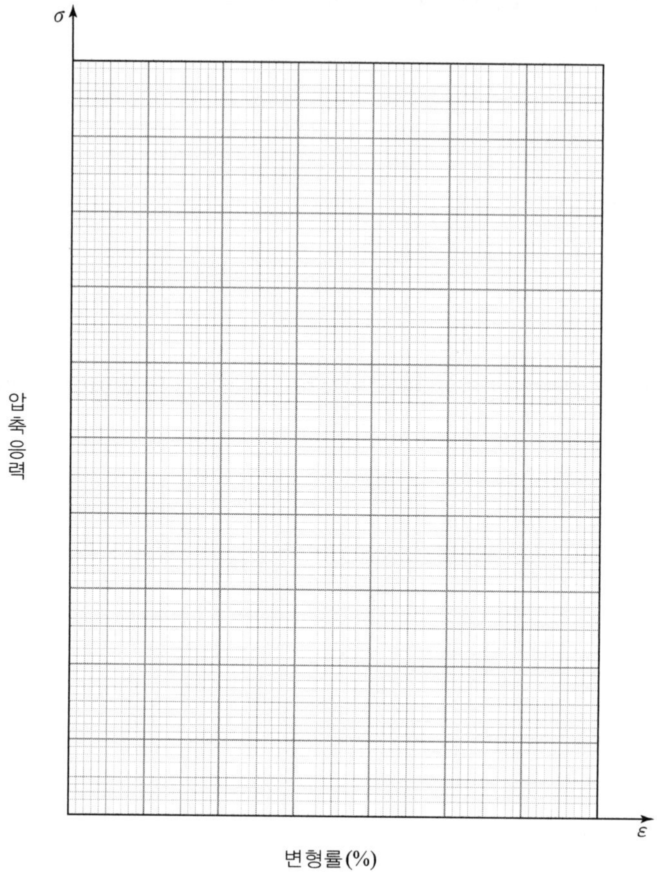

【답】 일축압축강도

다. 점착력을 구하시오.

계산 과정)

답 : ______________

라. 같은 시료를 되비빔하여 시험을 한 결과 파괴압축응력은 14kPa이었다. 예민비를 구하시오.

계산 과정)

답 : ______________

해답 가.

압축력 P(N)	$\Delta H(\frac{1}{100}$ mm)	변형률(%) $\epsilon = \frac{\Delta H}{H} \times 100$	$1-\epsilon$	A(mm^2)	$\sigma = \frac{P}{A}$(kPa)
0	0	0	0	0	0
9.0	20	0.25	0.998	963.9	9.3
44.0	60	0.75	0.993	968.8	45.4
90.8	100	1.25	0.988	973.7	93.3
126.7	140	1.75	0.983	978.6	129.5
150.3	180	2.25	0.978	983.6	152.8
164.7	220	2.75	0.973	988.7	166.6
172.0	260	3.25	0.968	993.8	173.1
174.0	300	3.75	0.963	999.0	174.2
173.4	340	4.25	0.958	1004.2	172.7
169.2	400	5.00	0.950	1012.6	167.1
159.6	480	6.00	0.940	1023.4	156.0

변형률 $\epsilon = \frac{\Delta H}{H} = \frac{\Delta H}{80}$

보정단면적 $A = \frac{A_o}{1-\epsilon} = \frac{962}{1-\epsilon}$

수직응력 $\sigma = \frac{P}{A} \times 1000$(kPa)

> 단위
> 1N/mm^2
> = 1MPa
> = 1000kPa

나. 【답】 일축압축강도 : 174.2kPa

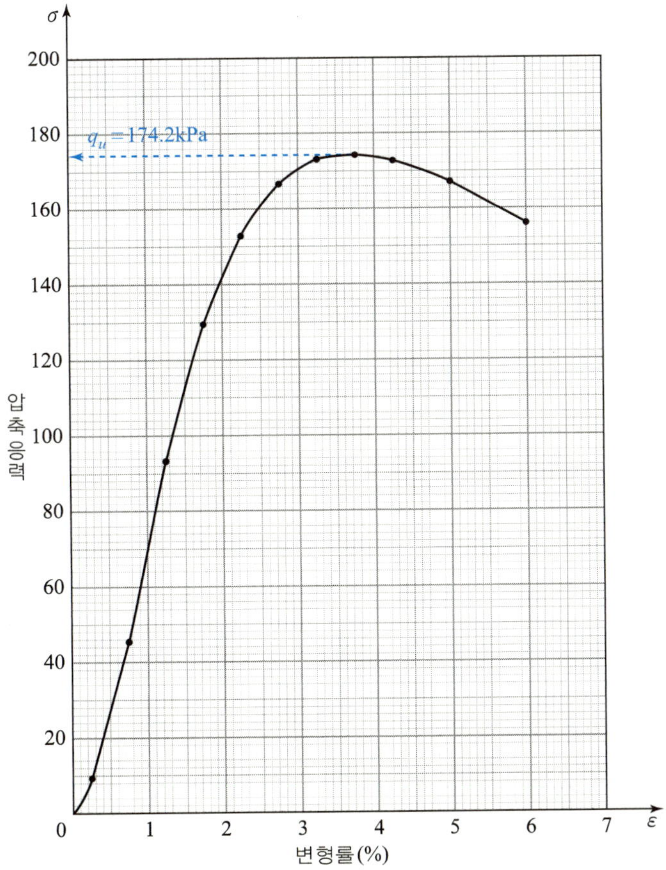

다. $c=\dfrac{q_u}{2\tan\left(45°+\dfrac{\phi}{2}\right)}$

- $\phi=2\theta-90°=2\times60°-90°=30°$

$\therefore\ c=\dfrac{174.2}{2\tan\left(45°+\dfrac{30°}{2}\right)}=50.29\text{kPa}$

라. $S_t=\dfrac{q_u}{q_{ur}}=\dfrac{174.2}{14}=12.44$

□□□ 산91②,96①,09①,13④,14④,17①,21②

04 현장 고속도로 토공에서 모래치환법에 의한 흙의 밀도시험과 이 흙의 실내토질 시험을 한 결과 아래의 표와 같다. 다음 물음에 답하시오. (단, 소수점 넷째자리에서 반올림하시오.)

득점	배점
	8

현장 시험결과	실내 시험결과
• 시험구멍의 체적 : 2020cm^3 • 시험구멍에서 파낸 흙의 질량 : 3570g • 최대건조밀도 : 1.635g/cm^3	• 함수비 : 15.3% • 비중 : 2.67

가. 현장 흙의 건조밀도를 구하시오.

계산 과정)

답 : ____________

나. 간극비를 구하시오.

계산 과정)

답 : ____________

다. 간극률을 구하시오.

계산 과정)

답 : ____________

라. 다짐도를 구하시오.

계산 과정)

답 : ____________

해답 가. $\rho_d=\dfrac{\rho_t}{1+w}$

- $\rho_t=\dfrac{W}{V}=\dfrac{3570}{2020}=1.767\text{g/cm}^3$

$\therefore\ \rho_d=\dfrac{1.767}{1+0.153}=1.533\text{g/cm}^3$

나. $e=\dfrac{\rho_w G_s}{\rho_d}-1=\dfrac{1\times2.67}{1.533}-1=0.742$

다. $n=\dfrac{e}{1+e}\times100=\dfrac{0.742}{1+0.742}\times100=42.595\%$

라. $C_d=\dfrac{\rho_d}{\rho_{d\max}}\times100=\dfrac{1.533}{1.635}\times100=93.761\%$

□□□ 산08④,10④,11②,12②,14①④,16②,17②,23①, 기04④

05 점토층 두께가 10m인 지반의 흙을 채취하여 표준압밀시험을 하였더니 하중강도가 220kN/m² 에서 340kN/m²로 증가할 때 간극비는 1.8에서 1.1로 감소하였다. 다음 물음에 답하시오.

득점	배점
	6

가. 압축계수를 구하시오. (단, 계산결과는 □.□□×10^□ 로 표현하시오.)

계산 과정) 답 : ______

나. 체적변화계수를 구하시오. (단, 계산결과는 □.□□×10^□ 로 표현하시오.)

계산 과정) 답 : ______

다. 이 점토층의 압밀침하량을 구하시오.

계산 과정) 답 : ______

해답 가. $a_v = \frac{e_1 - e_2}{P_2 - P_1} = \frac{1.8 - 1.1}{340 - 220} = 5.83 \times 10^{-3} \text{m}^2/\text{kN}$

나. $m_v = \frac{a_v}{1 + e_1} = \frac{5.83 \times 10^{-3}}{1 + 1.8} = 2.08 \times 10^{-3} \text{m}^2/\text{kN}$

다. $\Delta H = \frac{e_1 - e_2}{1 + e_1} H = \frac{1.8 - 1.1}{1 + 1.8} \times 10 = 2.5\text{m} = 250\text{cm}$

또는 $\Delta H = m_v \cdot \Delta P \cdot H = 2.08 \times 10^{-3} \times (340 - 220) \times 10 = 2.50\text{m} = 250\text{cm}$

건설재료분야

4문항(22점)

□□□ 산14④, 기91①,97②,12④,16①

06 아스팔트 신도시험에 대한 다음 물음에 답하시오.

득점	배점
	6

가. 아스팔트 신도시험의 목적을 간단히 쓰시오.

○

나. 별도의 규정이 없을 때의 시험온도와 인장속도를 쓰시오.

【답】 시험온도 : ______, 인장속도 : ______

다. 저온에서 시험할 때의 시험온도와 인장속도를 쓰시오.

【답】 시험온도 : ______, 인장속도 : ______

해답 가. 아스팔트의 연성을 알기 위해서

나. • 시험온도 : 25±0.5℃
• 인장속도 : 5±0.25cm/min

다. • 시험온도 : 4℃
• 인장속도 : 1m/min

□□□ 산14④, 기10②,14④

07 콘크리트 시방배합설계에서 30회 이상의 콘크리트 압축 강도시험으로부터 구한 표준편차는 4.5MPa이고, 호칭강도가 40MPa인 고강도 콘크리트의 배합강도를 구하시오.

득점	배점
	4

계산 과정)　　　　　　　　　　　　　　　　　　　　답 : ____________

해답 $f_{cn}=40\text{MPa}>35\text{MPa}$일 때 두 값 중 큰 값

- $f_{cr}=f_{cn}+1.34s=40+1.34\times4.5=46.03\text{MPa}$
- $f_{cr}=0.9f_{cn}+2.33s=0.9\times40+2.33\times4.5=46.49\text{MPa}$

∴ 배합강도 $f_{cr}=46.49\text{MPa}$

□□□ 산88,00④,08①②,09②④,10②④,11①,12②,14②④,17②,21①,23①,24②

08 잔골재에 대한 밀도 및 흡수율 시험 결과가 아래 표와 같을 때 다음 물음에 답하시오. (단, 시험온도에서의 물의 밀도는 1.0g/cm³이다.)

득점	배점
	6

물을 채운 플라스크의 질량	600g
표면건조 포화상태의 질량	500g
시료+물+플라스크의 질량	911g
노건조 시료의 질량	480g

가. 상대 겉보기 밀도(진밀도)를 구하시오.

계산 과정)　　　　　　　　　　　　　　　　　　　　답 : ____________

나. 표면건조포화상태의 밀도를 구하시오.

계산 과정)　　　　　　　　　　　　　　　　　　　　답 : ____________

다. 절대건조상태의 밀도를 구하시오.

계산 과정)　　　　　　　　　　　　　　　　　　　　답 : ____________

해답 가. $d_A=\dfrac{A}{B+A-C}\times\rho_w=\dfrac{480}{600+480-911}\times1=2.84\text{g/cm}^3$

나. $d_s=\dfrac{m}{B+m-C}\times\rho_w=\dfrac{500}{600+500-911}\times1=2.65\text{g/cm}^3$

다. $d_d=\dfrac{A}{B+m-C}\times\rho_w=\dfrac{480}{600+500-911}\times1=2.54\text{g/cm}^3$

□□□ 산11④,12①,14④,15①

09 콘크리트의 강도시험에 대한 아래 물음에 답하시오.

득점	배점
	6

가. 콘크리트의 압축강도시험에서 하중을 가하는 속도에 대하여 간단히 쓰시오.

○

나. 콘크리트 쪼갬인장강도시험에서 하중을 가하는 속도에 대하여 간단히 쓰시오.

○

다. 콘크리트 휨강도시험에서 하중을 가하는 속도에 대하여 간단히 쓰시오.

○

해답 가. 압축 응력도의 증가율이 매초 (0.6±0.2)MPa이 되도록 한다.
나. 인장응력도의 증가율이 매초 (0.06±0.04)MPa이 되도록 한다.
다. 가장자리 응력도의 증가율이 매초 (0.06±0.040)MPa이 되도록 한다.

강도시험 방법

구분	압축강도	쪼갬 인장강도	휨강도
하중을 가하는 속도	압축응력도의 증가율이 매초 (0.6±0.2)MPa (N/mm^2)	인장응력도의 증가율이 매초 (0.06±0.04)MPa (N/mm^2)	가장자리 응력도의 증가율이 매초 (0.06±0.04)MPa (N/mm^2)
강도 계산	$f_c = \dfrac{P}{\dfrac{\pi d^2}{4}}$	$f_{sp} = \dfrac{2P}{\pi dl}$	$f_b = \dfrac{Pl}{bh^2}$ (3분점) $f_b = \dfrac{3Pl}{2bh^2}$ (중앙점)

국가기술자격 실기시험문제

2015년도 기사 제1회 필답형 실기시험(기사)

종 목	시험시간	배 점	성 명	수험번호
건설재료시험산업기사	1시간30분	60		

※ 수험자 인적사항 및 계산식을 포함한 답안 작성은 검은색 필기구만 사용해야 하며, 그 외 연필류, 빨간색, 청색 등 필기구로 작성한 답항은 0점 처리 됩니다.

토질분야

4문항(32점)

□□□ 산10④,15①,21①,24②

01 배수조건에 따른 3축압축시험의 종류를 3가지만 쓰시오.

득점	배점
	6

① ______ ② ______ ③ ______

해답 ① 비압밀비배수전단시험(UU−test)
② 압밀비배수전단시험(CU−test)
③ 압밀배수전단시험(CD−test)

□□□ 산11①,15①,21②,22①

02 상하면이 모래층 사이에 끼인 두께 8m의 점토가 있다. 이 점토의 압밀계수 $C_v = 2.12\times 10^{-3}\text{cm}^2/\text{sec}$로 보고 압밀도 50%의 압밀이 일어나는데 소요되는 일수를 구하시오.

득점	배점
	4

계산 과정)

답 : ______

해답 $t_{50} = \dfrac{T_v H^2}{C_v}$

$$t = \frac{0.197\times\left(\dfrac{800}{2}\right)^2}{2.12\times 10^{-3}\times(60\times 60\times 24)} = 172\text{일}$$

□□□ 산15①

득점	배점
	12

03 어떤 흙시료에 대해서 다짐시험을 실시하여 다음과 같은 결과를 얻었다. 사용된 몰드의 부피는 $1000cm^3$이고, 몰드의 중량은 2000g이다. 다음 물음에 답하시오.

측정번호	1	2	3	4	5
함수비(%)	6.0	9.0	12.0	15.0	18.0
(시료+몰드)중량(g)	3740	3910	4000	4030	3800

가. 다음의 실험결과표를 완성하시오.

측정번호	1	2	3	4	5
습윤밀도(g/cm^3)					
건조밀도(g/cm^3)					

나. 주어진 그래프에 다짐곡선을 그리고 최적함수비와 최대건조단위중량을 구하시오.

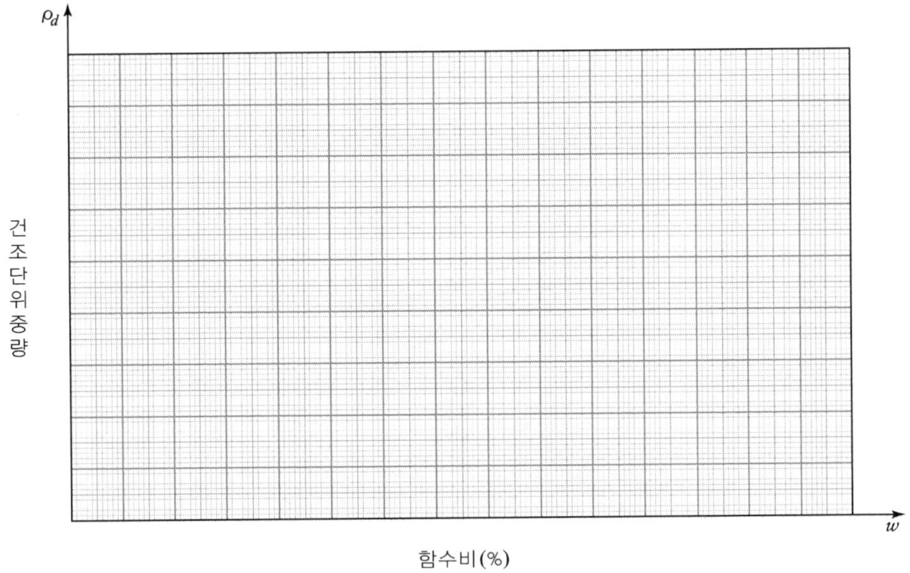

【답】 최적함수비 : ____________, 최대건조단위중량 : ____________

다. 시료의 비중이 2.50일 때, 영공기 간극곡선을 구하기 위한 아래의 표를 완성하고, 위 문제의 그래프에 영공기 간극곡선을 그리시오.

측정번호	1	2	3	4	5
함수비(%)	6.0	9.0	12.0	15.0	18.0
영공기 간극상태의 건조밀도(g/cm^3)					

라. 시방서에 95%의 다짐도를 요구한다면 이 현장의 시공함수비 범위는 얼마인가?

계산 과정) 답 : ____________

해답 가. $\rho_t = \frac{W}{V}$, $\rho_d = \frac{\rho_t}{1+w}$

측정번호	1	2	3	4	5
함수비(%)	6.0	9.0	12.0	15.0	18.0
습윤밀도(g/cm³)	1.74	1.91	2.00	2.03	1.80
건조밀도(g/cm³)	1.64	1.75	1.79	1.77	1.53

1. $\rho_t = \frac{3740-2000}{1000} = 1.74$, $\rho_d = \frac{1.74}{1+0.06} = 1.64$
2. $\rho_t = \frac{3910-2000}{1000} = 1.91$, $\rho_d = \frac{1.91}{1+0.09} = 1.75$
3. $\rho_t = \frac{4000-2000}{1000} = 2.00$, $\rho_d = \frac{2.00}{1+0.12} = 1.79$
4. $\rho_t = \frac{4030-2000}{1000} = 2.03$, $\rho_d = \frac{2.03}{1+0.15} = 1.77$
5. $\rho_t = \frac{3800-2000}{1000} = 1.80$, $\rho_d = \frac{1.80}{1+0.18} = 1.53$

나.

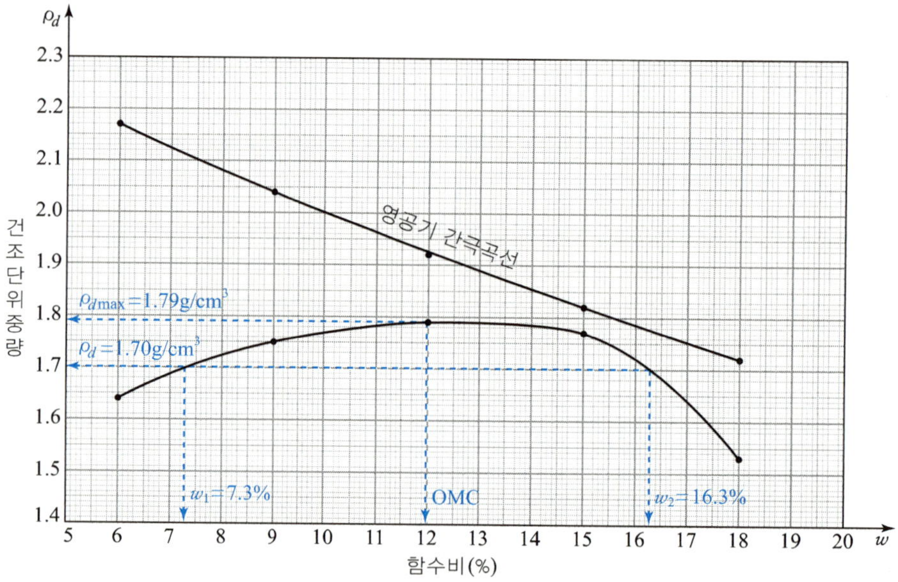

【답】 최적함수비 : 12%, 최대건조밀도 : 1.79g/cm³

다. $\rho_d = \frac{\rho_w}{\frac{1}{G_s}+\frac{w}{S}}$

측정번호	1	2	3	4	5
함수비(%)	6.0	9.0	12.0	15.0	18.0
영공기 간극상태의 건조밀도(g/cm³)	2.17	2.04	1.92	1.82	1.72

1. $\rho_d = \frac{1}{\frac{1}{2.50}+\frac{6.0}{100}} = 2.17$ 2. $\rho_d = \frac{1}{\frac{1}{2.50}+\frac{9.0}{100}} = 2.04$

3. $\rho_d = \frac{1}{\frac{1}{2.50}+\frac{12.0}{100}} = 1.92$ 4. $\rho_d = \frac{1}{\frac{1}{2.50}+\frac{15.0}{100}} = 1.82$ 5. $\rho_d = \frac{1}{\frac{1}{2.50}+\frac{18.0}{100}} = 1.72$

라. $\rho_d = \rho_{\max} \times 0.95 = 1.79 \times 0.95 = 1.70\text{g/cm}^3$

$\therefore\ w = 7.3 \sim 16.3\%$

□□□ 산12②,15①④,16②,18①

04 도로공사 현장에서 모래치환법으로 현장 흙의 단위무게시험을 실시하여 아래와 같은 결과를 얻었다. 다음 물음에 답하시오.

득점	배점
	10

【시험 결과】

- 시험구멍에서 파낸 흙의 무게 : 1670g
- 시험구멍에서 파낸 흙의 함수비 : 15%
- 시험구멍에 채워진 표준모래의 무게 : 1480g
- 시험구멍에 사용한 표준모래의 밀도 : 1.65g/cm^3
- 실내 시험에서 구한 흙의 최대 건조 밀도 : 1.73g/cm^3
- 현장 흙의 비중 : 2.65

가. 현장 흙의 습윤 밀도를 구하시오.

계산 과정) 답 : ______

나. 현장 흙의 건조 밀도를 구하시오.

계산 과정) 답 : ______

다. 현장 흙의 간극비를 구하시오.

계산 과정) 답 : ______

라. 포화도를 구하시오.

계산 과정) 답 : ______

마. 다짐도를 구하시오.

계산 과정) 답 : ______

해답 가. $\rho_t = \dfrac{W}{V}$

- $V = \dfrac{W_{sand}}{\rho_s} = \dfrac{1480}{1.65} = 896.97\,\text{cm}^3$

$\therefore\ \rho_t = \dfrac{1670}{896.97} = 1.86\,\text{g/cm}^3$

나. $\rho_d = \dfrac{\rho_t}{1+w} = \dfrac{1.86}{1+0.15} = 1.62\,\text{g/cm}^3$

다. $e = \dfrac{\rho_w G_s}{\rho_d} - 1 = \dfrac{1\times 2.65}{1.62} - 1 = 0.64$

$\left(\because\ 건조밀도\ \rho_d = \dfrac{G_s}{1+e}\rho_w 에서\right)$

라. $S = \dfrac{G_s w}{e} = \dfrac{2.65\times 15}{0.64} = 62.11\%$

마. $C_d = \dfrac{\rho_d}{\rho_{d\max}} \times 100 = \dfrac{1.62}{1.73} \times 100 = 93.64\%$

건설재료분야

5문항(28점)

□□□ 산09④,10①,14②,15①

05 잔골재의 체가름 시험에 대한 아래 물음에 답하시오.

득점	배점
	6

가. 아래의 체가름 결과표를 완성하시오.

체번호	각 체에 남은 양		각 체에 남은 양의 누계	
	g	%	g	%
5mm	25			
2.5mm	37			
1.2mm	68			
0.6mm	213			
0.3mm	118			
0.15mm	35			
PAN	4			

나. 조립률(F.M)을 구하시오.

계산 과정)

답 : ______

해답 가.

체번호	각 체에 남은 양		각 체에 남은 양의 누계	
	g	%	g	%
5mm	25	5.0	25	5.0
2.5mm	37	7.4	62	12.4
1.2mm	68	13.6	130	26.0
0.6mm	213	42.6	343	68.6
0.3mm	118	23.6	461	92.2
0.15mm	35	7.0	496	99.2
PAN	4	0.8	500	100
합계	500	100		

나. $$\text{조립률(F.M)} = \frac{\Sigma \text{각 체에 잔류한 중량백분율(\%)}}{100}$$

$$= \frac{5.0+12.4+26.0+68.6+92.2+99.2}{100} = 3.03$$

골재의 조립률(F.M)

■ 조립률(fineness modulus)은 골재의 크기를 개략적으로 나타내는 방법이다.
- 75mm, 40mm, 20mm, 10mm, 5mm, 2.5mm, 1.2mm, 0.6mm, 0.3mm, 0.15mm의 10개 체를 사용한다.
- 조립률(F.M)$=\dfrac{\sum \text{각 체에 잔류한 중량백분율(\%)}}{100}$
- 일반적으로 잔골재의 조립률은 2.3~3.1, 굵은 골재는 6~8이 되면 입도가 좋은 편이다.
- 잔골재의 조립률이 콘크리트 배합을 정할 때 가정한 잔골재의 조립률에 비하여 ±0.20 이상의 변화를 나타내었을 때는 배합을 변경해야 한다고 규정하고 있다.

■ 혼합 골재의 조립률

$$F_a=\frac{m}{m+n}F_s+\frac{n}{m+n}F_g$$

여기서, m : n ; 잔골재와 굵은 골재의 질량비
F_s : 잔골재 조립률
F_g : 굵은 골재 조립률

□□□ 산15①

06 시방배합으로 단위 수량 162kg/m³, 단위 시멘트량 300kg/m³, 단위 잔골재량 710kg/m³, 단위 굵은 골재량 1260kg/m³을 산출한 콘크리트의 배합을 현장골재의 입도 및 표면수를 고려하여 현장배합으로 수정한 잔골재와 굵은 골재의 양을 구하시오.

(단, 현장골재 상태 : 잔골재가 5mm체에 남는 양 2%, 잔골재의 표면수 5%
굵은골재가 5mm체를 통과하는 양 6%, 굵은골재의 표면수 1%)

득점	배점
	6

계산 과정)

【답】 단위 잔골재량 : ______________, 단위 굵은 골재량 : ______________

해답 ■ 입도에 의한 조정

$S=710\text{kg},\ G=1260\text{kg},\ a=2\%,\ b=6\%$

$$X=\frac{100S-b(S+G)}{100-(a+b)}=\frac{100\times710-6(710+1260)}{100-(2+6)}=643.26\text{kg/m}^3$$

$$Y=\frac{100G-a(S+G)}{100-(a+b)}=\frac{100\times1260-2(710+1260)}{100-(2+6)}=1326.74\text{kg/m}^3$$

■ 표면수에 의한 조정

잔골재의 표면수$=643.26\times\dfrac{5}{100}=32.16\text{kg/m}^3$

굵은골재의 표면수$=1326.74\times\dfrac{1}{100}=13.27\text{kg/m}^3$

■ 현장 배합량
- 단위 수량 : $162-(32.16+13.27)=116.57\text{kg/m}^3$
- 단위 잔골재량 : $643.26+32.16=675.42\text{kg/m}^3$
- 단위 굵은재량 : $1326.74+13.27=1340.01\text{kg/m}^3$

【답】 단위 잔골재량 : 675.42kg/m³, 단위 굵은 골재량 : 1340.01kg/m³

□□□ 산08④,11④,12①,14④,15①④,19②

07 콘크리트의 강도시험에 대한 아래의 물음에 답하시오.

득점	배점
	6

가. 콘크리트의 압축강도시험에서 하중을 가하는 속도에 대하여 간단히 쓰시오.

○

나. 콘크리트의 쪼갬인장강도시험에서 하중을 가하는 속도에 대하여 간단히 쓰시오.

○

다. 콘크리트의 휨강도시험에서 하중을 가하는 속도에 대하여 간단히 쓰시오.

○

해답 가. 압축 응력도의 증가율이 매초 (0.6±0.2)MPa이 되도록 한다.
나. 인장응력도의 증가율이 매초 (0.06±0.04)MPa이 되도록 한다.
다. 가장자리 응력도의 증가율이 매초 (0.06±0.040)MPa이 되도록 한다.

강도시험 방법

구분	압축강도	쪼갬 인장강도	휨강도
하중을 가하는 속도	압축응력도의 증가율이 매초 (0.6±0.2)MPa (N/mm^2)	인장응력도의 증가율이 매초 (0.06±0.04)MPa (N/mm^2)	가장자리 응력도의 증가율이 매초 (0.06±0.04)MPa(N/mm^2)
강도 계산	$f_c = \dfrac{P}{\dfrac{\pi d^2}{4}}$	$f_{sp} = \dfrac{2P}{\pi dl}$	$f_b = \dfrac{Pl}{bh^2}$ (3분점) $f_b = \dfrac{3Pl}{2bh^2}$ (중앙점)

□□□ 산15①

08 아스팔트 시험에 대한 아래의 물음에 답하시오.

득점	배점
	5

가. 별도의 규정이 없는 아스팔트 신도시험의 표준 시험온도 및 인장속도를 쓰시오.

【답】 시험온도 : ______________________, 인장속도 : ______________________

나. 역청재료의 점도를 측정하는 시험방법을 3가지만 쓰시오.

① ______________ ② ______________ ③ ______________

해답 가. 시험온도 : 25±0.5℃, 인장속도 : 5±0.25cm/min
나. ① 앵글러(engler) 점도시험방법
② 세이볼트(saybolt) 점도시험방법
③ 레드우드(redwood) 점도시험방법
④ 스토머(stomer) 점도시험방법

□□□ 산10②,15①,24②

09 콘크리트용으로 사용하는 부순 굵은골재에 있어서 요구되는 물리적 성질에 대한 품질기준을 적으시오.

득점	배점
	5

가. 절대건조밀도(g/cm^3) : ____________

나. 흡수율(%) : ____________

다. 안정성(%) : ____________

라. 마모율(%) : ____________

마. 입자모양 판정 실적률 : ____________

해답

시험 항목	부순 굵은 골재
절대건조밀도(g/cm^3)	2.50 이상
흡수율(%)	3.0 이하
안정성(%)	12 이하
마모율(%)	40 이하
입자모양 판정 실적률(%)	55 이상

골재의 물리적 성질

구분		기초	절대 건조 밀도 g/cm^3	흡수율 %	안정성 %	마모율 %	입자 모양 판정 실적률 %
천연 골재	굵은 골재	NG	2.5 이상	3.0 이하	12 이하	40 이하	
	잔골재	NS	2.5 이상	3.0 이하	10 이하		
부순 골재	굵은 골재	CG	2.5 이상	3.0 이하	12 이하	40 이하	55 이상
	잔골재	CS	2.5 이상	3.0 이하	10 이하		53 이상

국가기술자격 실기시험문제

2015년도 기사 제2회 필답형 실기시험(기사)

종 목	시험시간	배 점	성 명	수험번호
건설재료시험산업기사	**1시간30분**	**60**		

※ 수험자 인적사항 및 계산식을 포함한 답안 작성은 검은색 필기구만 사용해야 하며, 그 외 연필류, 빨간색, 청색 등 필기구로 작성한 답항은 0점 처리 됩니다.

토질분야

4문항(28점)

□□□ 산92,08④,09①,11④,13④,15②④,18②

01 어느 점성토의 일축압축시험결과 자연시료의 파괴강도는 1.57MPa, 파괴면이 수평면과 58° 의 각을 이루었으며 교란된 시료의 압축 강도는 0.28MPa이었다. 다음 물음에 답하시오.
(단, 소수점 셋째자리에서 반올림하시오.)

득점	배점
	8

가. 이 점토의 강도정수 내부마찰각과 점착력을 구하시오.

계산 과정) 답 : ____________

【답】 내부마찰각 : ____________, 점착력 : ____________

나. 최대 전단응력을 구하시오.

계산 과정) 답 : ____________

다. 예민비를 구하고 판정하시오.

계산 과정) 답 : ____________

해답 가. $\phi = 2\theta - 90° \left(\because\ \theta = 45° + \frac{\phi}{2}\right) = 2 \times 58° - 90° = 26°$

$$c = \frac{q_u}{2\tan\left(45° + \frac{\phi}{2}\right)} = \frac{1.57}{2\tan\left(45° + \frac{26°}{2}\right)} = 0.49\,\text{MPa}$$

나. $\tau_{max} = \sigma\tan\phi + c = 1.57\tan 26° + 0.49 = 1.26\,\text{MPa}$

다. $S_t = \frac{q_u}{q_{ur}} = \frac{1.57}{0.28} = 5.61$

$1 < S_t < 8$ ∴ 예민성 점토

예민비와 점토의 분류

예민비	판정
$S_t \le 1$	비예민 점토
$1 < S_t < 8$	예민성 점토
$8 \le S_t \le 64$	급속 점토
$64 < S_t$	초예민성 점토

□□□ 산13①,15②

02 흙을 비압밀배수로 삼축압축시험을 행하였다. 다음과 같은 결과를 이용하여 물음에 답하시오.

득점	배점
	10

구분	1회	2회
구속응력 σ_3(MPa)	2.0	5.0
전 수직응력 σ_1(MPa)	4.3	8.5
공극수압 u(MPa)	0.3	1.5

가. 전응력, 유효응력으로 Mohr원을 그리고 전응력과 유효응력에 의한 점착력과 내부마찰각을 구하시오.

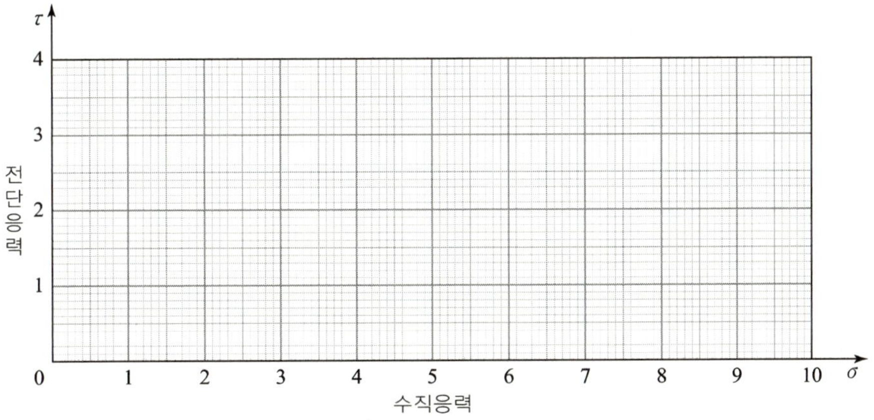

① 전응력

【답】 점착력(c) : ______________, 내부마찰각(ϕ) : ______________

② 유효응력

【답】 점착력(c_{cu}) : ______________, 내부마찰각(ϕ_{cu}) : ______________

나. 이 흙이 완전히 포화되었다고 가정하고 간극수압계수 A를 구하시오.

① 1회시료의 A :

② 2회시료의 A :

해답 가. 유효응력

구분	1	2
$\sigma_3{}'$(MPa)	2−0.3=1.7	5−1.5=3.5
$\sigma_1{}'$(MPa)	4.3−0.3=4.0	8.5−1.5=7.0

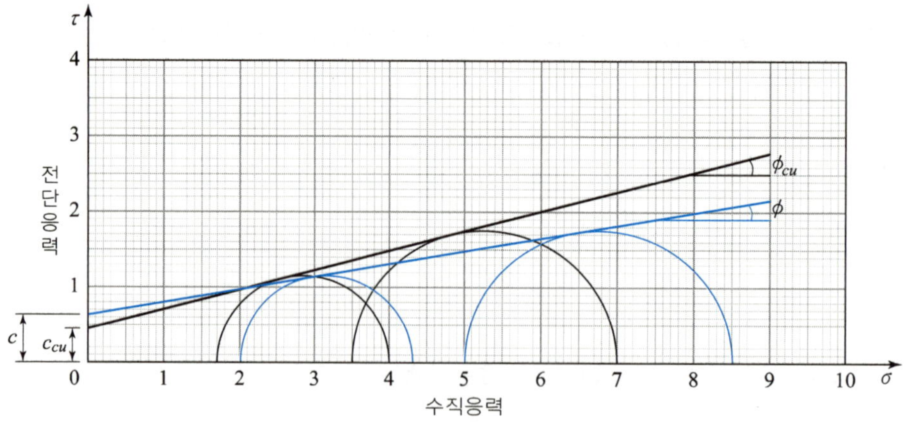

① 전응력

【답】 점착력(c) : 0.6MPa, 내부마찰각(ϕ) : 21.8°

② 유효응력

【답】 점착력(c_{cu}) : 0.4MPa, 내부마찰각(ϕ_{cu}) : 28.8°

나. ① 1회시료의 $A=\dfrac{\Delta u}{\Delta\sigma_1-\Delta\sigma_3}=\dfrac{0.3}{4.3-2.0}=0.13$

② 2회시료의 $A=\dfrac{\Delta u}{\Delta\sigma_1-\Delta\sigma_3}=\dfrac{1.5}{8.5-5.0}=0.43$

□□□ 산08②,10①,11④,15②, 기10②

03 모래치환법에 의한 현장밀도시험을 한 결과가 다음과 같을 때 다음 물음에 답하시오.

득점	배점
	6

【시험 결과】

- 현장 구멍에 채워진 건조모래의 총중량 : 3420g
- 현장 구멍에서 파낸 흙의 습윤 중량 : 3850g
- 현장 구멍에서 파낸 흙의 건조 중량 : 3510g
- 표준 모래 밀도 : 1.52g/cm^3
- 현장 흙의 비중 : 2.65
- 흙의 최대건조밀도 : 1.64g/cm^3

가. 현장 흙의 함수비를 구하시오.

계산 과정) 답 : ______

나. 현장 흙의 건조밀도를 구하시오.

계산 과정) 답 : ______

다. 상대다짐도를 구하시오.

계산 과정) 답 : ______

해답 가. $w = \dfrac{W_w}{W_s} \times 100 = \dfrac{3850-3510}{3510} \times 100 = 9.69\%$

나. $\rho_d = \dfrac{\rho_t}{1+\dfrac{w}{100}}$

• $\rho_{\text{sand}} = \dfrac{W_{\text{sand}}}{V}$ 에서 $V = \dfrac{W_s}{\rho_{\text{sans}}} = \dfrac{3420}{1.52} = 2250\text{cm}^3$

• $\rho_t = \dfrac{W}{V} = \dfrac{3850}{2250} = 1.71\text{g/cm}^3$

$\therefore\ \rho_d = \dfrac{\rho_t}{1+\dfrac{w}{100}} = \dfrac{1.71}{1+\dfrac{9.69}{100}} = 1.56\text{g/cm}^3$

다. $C_d = \dfrac{\rho_d}{\rho_{d\max}} \times 100 = \dfrac{1.56}{1.64} \times 100 = 95.12\%$

□□□ 산15②, 기10④,22③

04 정수위 투수시험 결과 시료의 길이 25cm, 시료의 직경 12.5cm, 수두차 75cm, 투수시간 3분, 투수량 650cm^{3}일 때 투수계수를 구하시오.

득점	배점
	4

계산 과정) 답 : ______

해답 $k = \dfrac{Q \cdot L}{A \cdot h \cdot t}$

• $A = \dfrac{\pi d^2}{4} = \dfrac{\pi \times 12.5^2}{4} = 122.72\text{cm}^2$

• $t = 3 \times 60 = 180\text{sec}$

$\therefore\ k = \dfrac{650 \times 25}{122.72 \times 75 \times 180} = 9.81 \times 10^{-3}\text{cm/sec}$

건설재료분야 6문항(32점)

□□□ 산89①,94②,12④,13②,15②,17②,21①,24②

05 아스팔트 시험의 종류 4가지를 쓰시오.

득점	배점
	4

① ______ ② ______

③ ______ ④ ______

해답 ① 아스팔트 비중시험 ② 아스팔트 침입도시험
③ 아스팔트 인화점시험 ④ 아스팔트 연화점시험
⑤ 아스팔트 신도시험 ⑥ 아스팔트 점도시험

□□□ 산08②,09②,12①,13④,15②

06 콘크리트의 시방배합으로 각 재료의 단위량과 현장골재의 상태가 다음과 같을 때, 현장배합으로서의 각 재료량을 구하시오.

득점	배점
	6

【시방배합표】

물(kg/m^3)	시멘트(kg/m^3)	잔골재(kg/m^3)	굵은골재(kg/m^3)
180	320	621	1339

【현장골재의 상태】

종류	5mm 체에 남는 양	5mm 체에 통과량	표면수량
잔골재	10%	90%	3%
굵은골재	96%	4%	1%

계산 과정)

【답】 단위 잔골재량 : ____________, 단위 굵은 골재량 : ____________

단위 수량 : ____________

해답 ■ 입도에 의한 조정

- $S = 621\text{kg},\ G = 1339\text{kg},\ a = 10\%,\ b = 4\%$
- $X = \dfrac{100S - b(S+G)}{100-(a+b)} = \dfrac{100 \times 621 - 4(621+1339)}{100-(10+4)} = 630.93\text{kg/m}^3$
- $Y = \dfrac{100G - a(S+G)}{100-(a+b)} = \dfrac{100 \times 1339 - 10(621+1339)}{100-(10+4)} = 1329.07\text{kg/m}^3$

■ 표면수에 의한 조정

잔골재의 표면수 $= 630.93 \times \dfrac{3}{100} = 18.93\text{kg}$

굵은골재의 표면수 $= 1329.07 \times \dfrac{1}{100} = 13.29\text{kg}$

■ 현장 배합량

- 단위 수량 : $180 - (18.93 + 13.29) = 147.78\text{kg/m}^3$
- 단위 잔골재량 : $630.93 + 18.93 = 649.86\text{kg/m}^3$
- 단위 굵은재량 : $1{,}329.07 + 13.29 = 1342.36\text{kg/m}^3$

【답】 단위 수량 : 147.78kg/m^3, 단위 잔골재량 : 649.86kg/m^3

단위 굵은 골재량 : 1342.36kg/m^3

□□□ 산01②,05②,15②

07 쪼갬 인장시험은 직경 100mm, 높이 200mm인 공시체를 사용하였으며, 최대 쪼갬인장하중은 50.24kN으로 나타났다. 콘크리트의 쪼갬인장 강도를 계산하시오.

득점	배점
	4

계산 과정)

답 : ____________

해답 $f_{sp} = \dfrac{2P}{\pi d l} = \dfrac{2 \times 50.24 \times 10^3}{\pi \times 100 \times 200} = 1.60\text{N/mm}^2 = 1.60\text{MPa}$

□□□ 산00④,08②,10②,11②,15②,17①

08 **시험온도 20℃에서 실시된 굵은골재의 밀도시험결과 다음과 같은 측정결과를 얻었다. 표면건조포화상태의 밀도, 절대건조상태의 밀도, 진밀도, 흡수율을 구하시오.**

득점	배점
	8

- 절대건조상태 질량 : 6194g
- 표면건조포화상태 질량 : 6258g
- 시료의 수중질량 : 3878g
- 20℃에서 물의 밀도 : 0.9970g/cm^3

가. 표면건조상태의 시료 밀도를 구하시오.

계산 과정) 답 : ________

나. 절대건조상태의 시료 밀도를 구하시오.

계산 과정) 답 : ________

다. 겉보기 밀도(진밀도)를 구하시오.

계산 과정) 답 : ________

라. 흡수율을 구하시오.

계산 과정) 답 : ________

해답 가. $D_s = \dfrac{B}{B-C} \times \rho_w = \dfrac{6258}{6258-3878} \times 0.9970 = 2.62\text{g/cm}^3$

나. $D_d = \dfrac{A}{B-C} \times \rho_w = \dfrac{6194}{6258-3878} \times 0.9970 = 2.59\text{g/cm}^3$

다. $D_A = \dfrac{A}{A-C} \times \rho_w = \dfrac{6194}{6194-3878} \times 0.9970 = 2.67\text{g/cm}^3$

라. $Q = \dfrac{B-A}{A} \times 100 = \dfrac{6258-6194}{6194} \times 100 = 1.03\%$

□□□ 산13①,15②,23①, 기13④

09 **콘크리트의 워커빌리티는 반죽질기에 좌우되는 경우가 많으므로 일반적으로 반죽질기를 측정하여 그 결과에 따라 워커빌리티의 정도를 판단한다. 콘크리트의 반죽질기를 평가하는 시험방법을 4가지를 쓰시오.**

득점	배점
	4

① ________ ② ________

③ ________ ④ ________

해답 ① 슬럼프시험(slump test) ② 흐름시험(flow test)
③ 구관입시험(ball penetration tesst) ④ 리몰딩시험(remolding test)
⑤ 비비시험(Vee−Bee test) ⑥ 다짐계수시험(compacting factor test)

□□□ 산08①,09④,13①,15②,17④

10 경화한 콘크리트의 강도시험을 실시하였다. 다음 물음에 대한 답하시오.

득점	배점
	6

가. 쪼갬 인장시험은 직경 100mm, 높이 200mm인 공시체를 사용하였으며, 최대 쪼갬인장하중은 50.24kN으로 나타났다. 콘크리트의 쪼갬인장 강도를 계산하시오.

계산 과정)　　　　답 : ______

나. 지간은 450mm, 파괴 단면 높이 150mm, 파괴단면 너비 150mm, 최대하중이 27kN일 때 공시체를 4점 재하 장치에 의해 시험한 결과 지간 방향 중심선의 4점 사이에서 파괴되었을 때 휨강도를 구하시오.

계산 과정)　　　　답 : ______

해답 가. $f_{sp} = \dfrac{2P}{\pi dl} = \dfrac{2 \times 50.24 \times 10^3}{\pi \times 100 \times 200} = 1.60\,\text{N/mm}^2 = 1.60\,\text{MPa}$

나. $f_b = \dfrac{Pl}{bh^2} = \dfrac{27000 \times 450}{150 \times 150^2} = 3.6\,\text{N/mm}^2 = 3.6\,\text{MPa}$

국가기술자격 실기시험문제

2015년도 기사 제4회 필답형 실기시험(기사)

종　목	시험시간	배 점	성 명	수험번호
건설재료시험산업기사	1시간30분	60		

※ 수험자 인적사항 및 계산식을 포함한 답안 작성은 검은색 필기구만 사용해야 하며, 그 외 연필류, 빨간색, 청색 등 필기구로 작성한 답항은 0점 처리 됩니다.

토질분야

4문항(28점)

□□□ 산08②,10①,14④,15④,16①,23①

01 어떤 흙의 액성한계시험 결과이다. 다음 물음에 답하시오.
(단, 소성한계 28.4%, 자연상태 함수비 32.4%)

득점	배점
	10

측정번호	1	2	3	4	5
낙하 횟수	41	34	27	18	6
함수비	41.1	41.4	41.7	42.3	43.8

가. 유동곡선을 작도하고 액성한계를 구하시오.

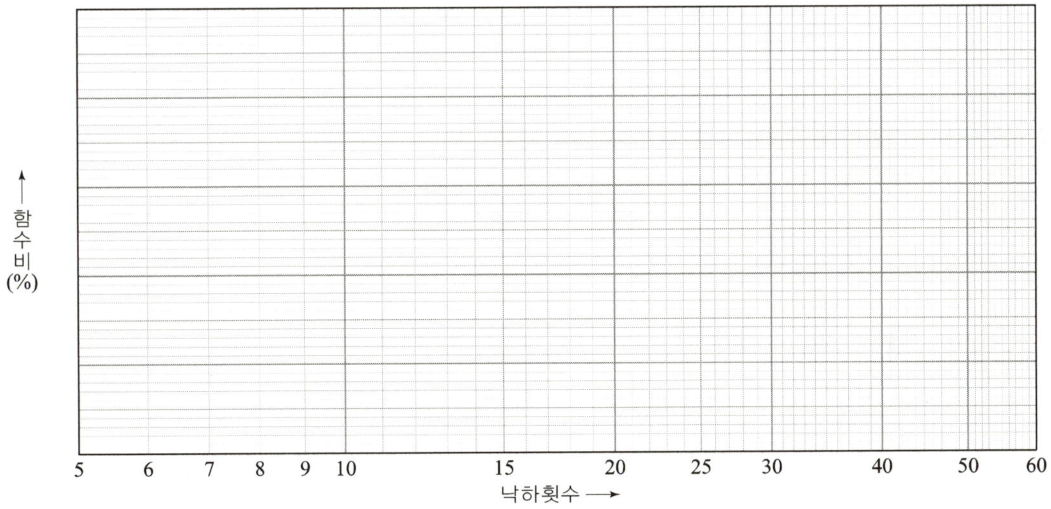

나. 액성지수(I_L)를 구하시오.

계산 과정)　　　　　　　　　　　　답 : ________

다. 유동지수(I_f)를 구하시오.

계산 과정)　　　　　　　　　　　　답 : ________

라. 터프니스 지수(I_t)를 구하시오.

계산 과정)

답 :

해답 가.

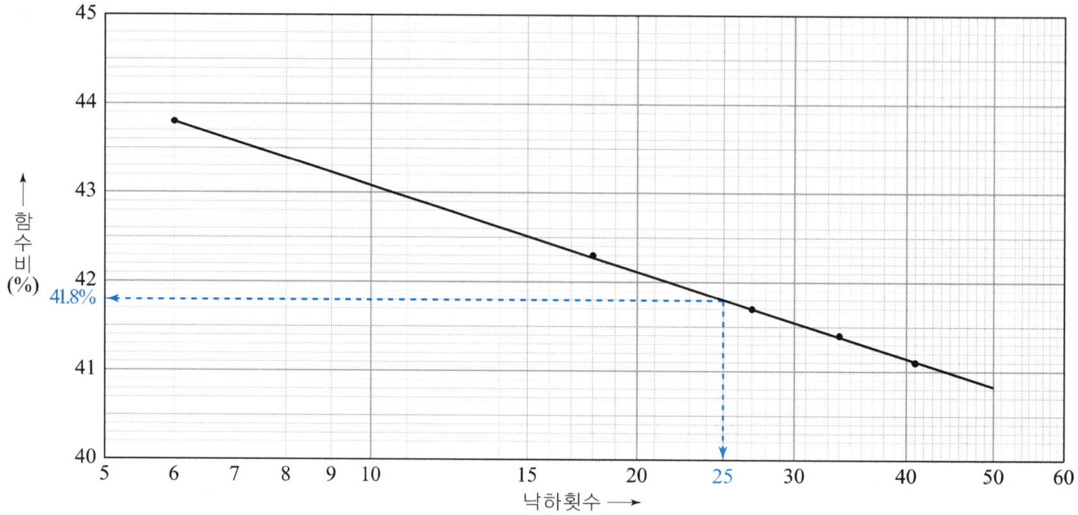

【답】 : 41.8%

나. 액성지수 $I_L = \dfrac{w_n - W_P}{W_L - W_P} = \dfrac{32.4-28.4}{41.8-28.4} = 0.30$

다. 유동지수 $I_f = \dfrac{w_1 - w_2}{\log N_2 - \log N_1} = \dfrac{43.1-41.1}{\log 40 - \log 10} = 3.32\%$

라. 터프니스 지수 $I_t = \dfrac{I_P}{I_f} = \dfrac{41.8-28.4}{3.32} = 4.04$

□□□ 산15④, 기16②

02 도로의 평판재하시험(KS F 2310)에 대해 다음 물음에 답하시오.

득점	배점
	6

가. 재하판의 규격 3가지를 쓰시오.

① ② ③

나. 평판재하시험을 끝마치는 조건 2가지를 쓰시오.

① ②

해답 가. ① 지름 300mm
② 지름 400mm
③ 지름 750mm

나. ① 침하량이 15mm에 달할 때
② 하중강도가 그 지반의 항복점을 넘을 때
③ 하중강도가 현장에서 예상되는 최대 접지압력을 초과할 때

□□□ 산92,08④,09①,11④,13④,15②④

득점	배점
	6

03 **어느 점성토의 일축압축시험결과 자연시료의 파괴강도는 1.57MPa, 파괴면 이 수평면과 58° 의 각을 이루었으며 교란된 시료의 압축 강도는 0.28MPa이었다. 다음 물음에 답하시오. (단, 소수점 셋째자리에서 반올림하시오.)**

가. 이 점토의 강도정수 내부마찰각과 점착력을 구하시오.

계산 과정) 답 : ______

【답】 내부마찰각 : ______, 점착력 : ______

나. 최대 전단응력을 구하시오.

계산 과정) 답 : ______

다. 예민비를 구하고 판정하시오.

계산 과정) 답 : ______

해답 가. $\phi = 2\theta - 90°\left(\because \ \theta = 45° + \dfrac{\phi}{2}\right)$

$= 2 \times 58° - 90° = 26°$

$$c = \frac{q_u}{2\tan\left(45° + \dfrac{\phi}{2}\right)} = \frac{1.57}{2\tan\left(45° + \dfrac{26°}{2}\right)} = 0.49\,\text{MPa}$$

나. $\tau_{\max} = \sigma \tan\phi + c$

$= 1.57\tan 26° + 0.49 = 1.26\,\text{MPa}$

다. $S_t = \dfrac{q_u}{q_{ur}} = \dfrac{1.57}{0.28} = 5.61$

$1 < S_t < 8$ ∴ 예민성 점토

예민비와 점토의 분류

예민비	판정
$S_t \leq 1$	비예민 점토
$1 < S_t < 8$	예민성 점토
$8 \leq S_t \leq 64$	급속 점토
$64 < S_t$	초예민성 점토

□□□ 산87,93,08④,10④,11②,12②,14①④,15④,17②,23①

04 두께 2m의 점토층에서 시료를 채취하여 압밀시험한 결과 하중강도를 6.2kN/m^2에서 12.4kN/m^2로 증가시켰더니 공극비는 1.205에서 0.956으로 감소하였다. 다음 물음에 답하시오.

득점	배점
	6

가. 압축계수(a_v)를 구하시오.

계산 과정)　　　　답 : ________

나. 체적 변화계수(m_v)를 구하시오.

계산 과정)　　　　답 : ________

다. 최종 압밀 침하량(ΔH)를 구하시오.

계산 과정)　　　　답 : ________

해답 가. $a_v = \dfrac{e_1 - e_2}{P_2 - P_1} = \dfrac{1.205 - 0.956}{12.4 - 6.2} = 0.04\text{m}^2/\text{kN}$

나. $m_v = \dfrac{a_V}{1+e} = \dfrac{0.04}{1+1.205} = 0.018\text{m}^2/\text{kN}$

다. $\Delta H = m_v \cdot \Delta P \cdot H = 0.018 \times (12.4 - 6.2) \times 2 = 0.2232\text{m} = 22.32\text{cm}$

건설재료분야

5문항(32점)

□□□ 산11①④,15①④,16②,18②,19①,23①

05 아스팔트 시험에 대한 아래의 물음에 답하시오.

득점	배점
	7

가. 저온에서 시험할 때 아스팔트 신도시험의 표준 시험온도 및 인장속도를 쓰시오.

【답】 시험온도 : ________, 인장속도 : ________

나. 역청재료의 점도를 측정하는 시험방법을 3가지만 쓰시오.

① ________ ② ________ ③ ________

해답 가. 시험온도 : 4℃, 인장속도 : 1cm/min

나. ① 앵글러(engler) 점도시험방법
② 세이볼트(saybolt) 점도시험방법
③ 레드우드(redwood) 점도시험방법
④ 스토머(stomer) 점도시험방법

□□□ 산15④

06 KS에 규정되어 있는 포틀랜드 시멘트의 종류를 4가지만 쓰시오.

득점	배점
	4

① ______________ ② ______________

③ ______________ ④ ______________

해답 ① 보통포틀랜드 시멘트　② 중용열 포틀랜드 시멘트
③ 조강 포틀랜드 시멘트　④ 내황산염 포틀랜드 시멘트
⑤ 백색 포틀랜드 시멘트　⑥ 저열 포틀랜드 시멘트

□□□ 산98④,10④,14①,15④,17②,20③

07 콘크리트의 시방배합 결과와 현장 골재 상태가 다음과 같을 때 시방배합을 현장배합으로 각 재료량을 구하시오. (단, 소수점 첫째자리에서 반올림하시오.)

득점	배점
	9

【시방배합표】 (단위 : kg/m^3)

물(W)	시멘트(C)	잔골재(S)	굵은골재(G)
170	300	640	1080

【현장골재상태】

- 잔골재의 5mm체 잔류율 : 3%
- 굵은골재의 5mm체 통과율: 6%
- 잔골재의 표면수: 3%
- 굵은골재의 표면수: 1%

가. 단위 잔골재량을 구하시오.

계산 과정) 답 : ______

나. 단위 굵은 골재량을 구하시오.

계산 과정) 답 : ______

다. 단위 수량을 구하시오.

계산 과정) 답 : ______

해답 가. $X=\dfrac{100S-b(S+G)}{100-(a+b)}=\dfrac{100\times 640-6(640+1080)}{100-(3+6)}=589.89\text{kg}$

- 표면수 보정 : $589.89\times 0.03=17.70\text{kg}$

$\therefore\ S=589.89+17.70=607.59\text{kg/m}^3$

나. • $Y=\dfrac{100G-a(S+G)}{100-(a+b)}=\dfrac{100\times 1080-3(640+1080)}{100-(3+6)}=1130.11\text{kg}$

- 표면수 보정 : $1130.11\times 0.01=11.30\text{kg}$

$\therefore\ G=1130.11+11.30=1141.41\text{kg/m}^3$

다. $W=170-(17.70+11.30)=141\text{kg/m}^3$

□□□ 산09②④,12②,14②④,15④,17②

08 잔골재 밀도 시험의 결과가 다음과 같았다. 물음에 답하시오.

(단, 시험온도에서의 물의 밀도는 0.997g/cm³)

득점	배점
	6

자연건조 상태의 시료의 질량	표면건조 포화상태의 시료의 질량	노건조 시료의 질량	물+플라스크의 질량	시료+물+플라스크의 질량
542.7g	526.3g	487.2g	850g	1182.5g

가. 절대건조상태의 밀도를 구하시오.

계산 과정) 답 : ______

나. 표면건조포화상태의 밀도를 구하시오.

계산 과정) 답 : ______

다. 흡수율을 구하시오.

계산 과정) 답 : ______

해답 가. $d_d = \dfrac{A}{B+m-C} \times \rho_w = \dfrac{487.2}{850.0+526.3-1182.5} \times 0.997 = 2.51\,\text{g/cm}^3$

나. $d_s = \dfrac{m}{B+m-C} \times \rho_w = \dfrac{526.3}{850.0+526.3-1182.5} \times 0.997 = 2.71\,\text{g/cm}^3$

다. $Q = \dfrac{m-A}{A} \times 100 = \dfrac{526.3-487.2}{487.2} \times 100 = 8.03\%$

□□□ 산11④,12①,14④,15①④

09 콘크리트의 강도시험에 대한 아래 물음에 답하시오.

득점	배점
	6

가. 콘크리트의 압축강도시험에서 하중을 가하는 속도에 대하여 간단히 쓰시오.

○

나. 콘크리트 쪼갬인장강도시험에서 하중을 가하는 속도에 대하여 간단히 쓰시오.

○

다. 콘크리트 휨강도시험에서 하중을 가하는 속도에 대하여 간단히 쓰시오.

○

해답 가. 압축 응력도의 증가율이 매초 (0.6±0.2)MPa이 되도록 한다.
나. 인장응력도의 증가율이 매초 (0.06±0.04)MPa이 되도록 한다.
다. 가장자리 응력도의 증가율이 매초 (0.06±0.040)MPa이 되도록 한다.

강도시험 방법

구분	압축강도	쪼갬 인장강도	휨강도
하중을 가하는 속도	압축응력도의 증가율이 매초 (0.6±0.2)MPa (N/mm^2)	인장응력도의 증가율이 매초 (0.06±0.04)MPa (N/mm^2)	가장자리 응력도의 증가율이 매초 (0.06±0.04)MPa (N/mm^2)
강도 계산	$f_c = \dfrac{P}{\dfrac{\pi d^2}{4}}$	$f_{sp} = \dfrac{2P}{\pi dl}$	$f_b = \dfrac{Pl}{bh^2}$ (3분점) $f_b = \dfrac{3Pl}{2bh^2}$ (중앙점)

국가기술자격 실기시험문제

2016년도 기사 제1회 필답형 실기시험(기사)

종　목	시험시간	배 점	성 명	수험번호
건설재료시험산업기사	1시간30분	60		

※ 수험자 인적사항 및 계산식을 포함한 답안 작성은 검은색 필기구만 사용해야 하며, 그 외 연필류, 빨간색, 청색 등 필기구로 작성한 답항은 0점 처리 됩니다.

토질분야

4문항(26점)

□□□ 산09②,11④,13④,16①,21②,23②

01 어떤 자연 상태의 흙에 대해 일축 압축 강도시험을 행하였다. 일축압축강도 $q_u = 0.35\text{MPa}$을 얻었고 이 때 시료의 파괴면은 수평면에 대하여 70° 이었다. 다음 물음에 답하시오.

득점	배점
	4

가. 이 흙의 내부 마찰각을 구하시오.

계산 과정)　　　　답 : ____________

나. 점착력(c)을 구하시오. (단, 소수점 셋째자리에서 반올림하시오.)

계산 과정)　　　　답 : ____________

단위

1N/mm^2

$= 1\text{MPa}$

$= 1000\text{kPa}$

해답 가. $\phi = 2\theta - 90^\circ = 2\times 70^\circ - 90^\circ = 50^\circ$

$\left(\because\ \theta = 45^\circ + \frac{\phi}{2}\text{에서}\right)$

나. $c = \dfrac{q_u}{2\tan\left(45^\circ + \dfrac{\phi}{2}\right)} = \dfrac{0.35}{2\tan\left(45^\circ + \dfrac{50^\circ}{2}\right)} = 0.031\text{N/mm}^2 = 0.031\text{MPa} = 31\text{kN/m}^2$

□□□ 산13④,16①,22③

02 수평방향 투수계수가 0.4cm/sec, 연직방향 투수계수가 0.1cm/sec이었다. 1일 침투유량을 구하시오. (단, 상류면과 하류면의 수두 차 : 15m, 유로의 수 : 5, 등압면 수 : 12이었다.)

득점	배점
	4

계산 과정)　　　　답 : ____________

해답 $Q = KH\dfrac{N_f}{N_d}$

$= \sqrt{0.4\times 0.1}\times 1500\times \dfrac{5}{12}\times 100 = 12500\text{cm}^3/\text{sec} = 1080\text{m}^3/\text{day}$

□□□ 산11②,13④,14④,16①,23②

득점	배점
	8

03 어떤 흙으로 액성한계, 소성한계를 하였다. 아래 표의 빈칸을 채우고, 그래프를 그려서 액성한계, 소성한계, 소성지수를 구하시오. (단, 소수점 이하 둘째자리에서 반올림하시오.)

【액성한계시험】

용기번호	1	2	3	4	5
습윤시료+용기 무게(g)	70	75	74	70	76
건조시료+용기 무게(g)	60	62	59	53	55
용기 무게(g)	10	10	10	10	10
건조시료 무게(g)					
물의 무게(g)					
함수비(%)					
타격횟수 N	58	43	31	18	12

【소성한계시험】

용기번호	1	2	3	4
습윤시료+용기 무게(g)	26	29.5	28.5	27.7
건조시료+용기 무게(g)	23	26	24.5	24.1
용기 무게(g)	10	10	10	10
건조시료 무게(g)				
물의 무게(g)				
함수비(%)				

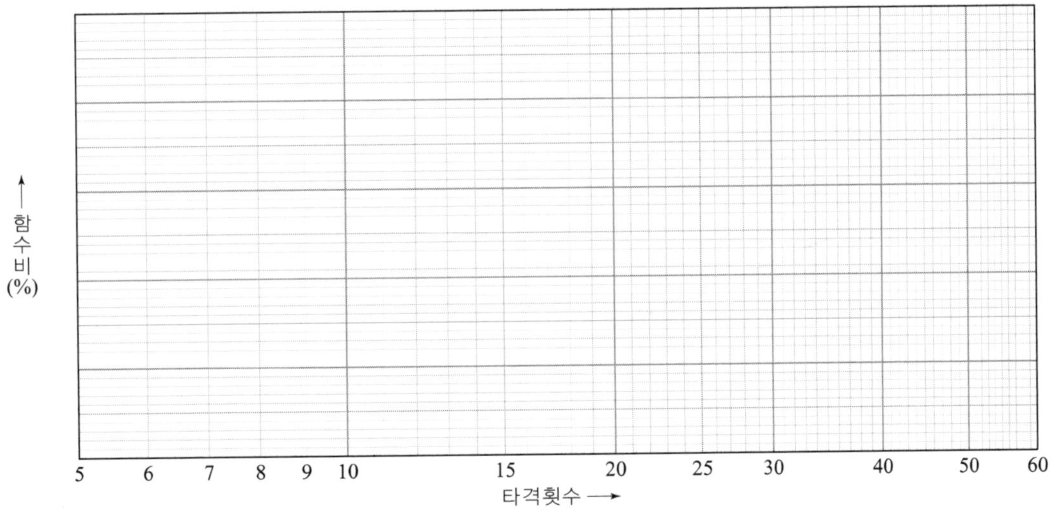

가. 액성한계를 구하시오.

계산 과정)

답 : ______________

나. 소성한계를 구하시오.

계산 과정)

답 : ______________

다. 소성지수를 구하시오.

계산 과정)

답 : ______________

해답

【액성한계시험】

용기번호	1	2	3	4	5
습윤시료+용기 무게(g)	70	75	74	70	76
건조시료+용기 무게(g)	60	62	59	53	55
용기 무게(g)	10	10	10	10	10
건조시료 무게(g)	50	52	49	43	45
물의 무게(g)	10	13	15	17	21
함수비(%)	20	25	30.6	39.5	46.7
타격횟수 N	58	43	31	18	12

【소성한계시험】

용기번호	1	2	3	4
습윤시료+용기 무게(g)	26	29.5	28.5	27.7
건조시료+용기 무게(g)	23	26	24.5	24.1
용기 무게(g)	10	10	10	10
건조시료 무게(g)	13	16	14.5	14.1
물의 무게(g)	3	3.5	4.0	3.6
함수비(%)	23.1	21.9	27.6	25.5

가.

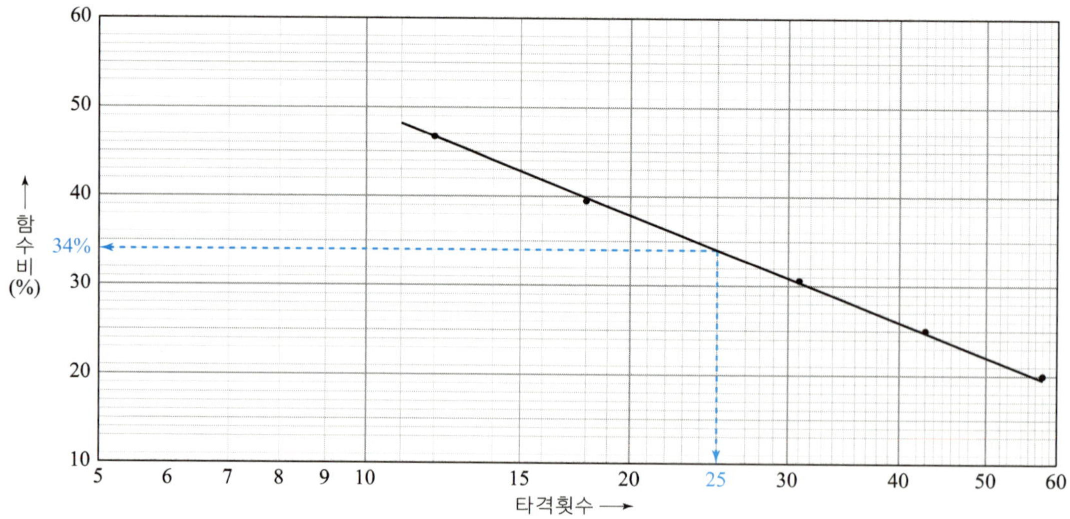

【액성한계】 34%

나. $\text{소성한계} = \dfrac{23.1+21.9+27.6+25.5}{4} = 24.5\%$

다. 소성지수 = 액성한계 − 소성한계 = $34 - 24.5 = 9.5\%$

□□□ 산10①,11④,16①

04 현장에서 흙의 단위중량을 알기 위해 모래치환법을 실시하였다. 구멍에서 파낸 습윤 흙의 무게가 1350g이고 이 흙의 노건조무게가 1050g이다. 구멍의 부피를 알기 위해 구멍에 넣은 모래의 무게를 쟀더니 1,130g이다. 이 모래의 밀도 $\rho_s = 1.48\text{g/cm}^3$, $G_s = 2.6$, $\rho_{d\max} = 1.6\text{g/cm}^3$이었다. 다음 물음에 답하시오. (소수점 셋째자리에서 반올림하시오.)

득점	배점
	10

가. 함수비를 구하시오.

계산 과정) 답 : ______

나. 건조밀도를 구하시오.

계산 과정) 답 : ______

다. 간극률을 구하시오.

계산 과정) 답 : ______

라. 다짐도를 구하시오.

계산 과정) 답 : ______

마. 포화도를 구하시오.

계산 과정) 답 : ______

해답 가. $w = \dfrac{1350-1050}{1050} \times 100 = 28.57\%$

나. $\rho_d = \dfrac{\rho_t}{1+\dfrac{w}{100}}$

• $V = \dfrac{W}{\rho_{\text{sand}}} = \dfrac{1130}{1.48} = 763.51\,\text{cm}^3 \left(\because\ \rho_{\text{sand}} = \dfrac{W}{V}\right)$

• $\rho_t = \dfrac{W}{V} = \dfrac{1350}{763.51} = 1.768\,\text{g/cm}^3$

$\therefore\ \rho_d = \dfrac{1.768}{1+\dfrac{28.57}{100}} = 1.38\,\text{g/cm}^3$

다. $e = \dfrac{\rho_w G_s}{\rho_d} - 1 = \dfrac{1 \times 2.6}{1.38} - 1 = 0.88$

$\therefore\ n = \dfrac{e}{1+e} \times 100 = \dfrac{0.88}{1+0.88} \times 100 = 46.81$

라. $R = \dfrac{\rho_d}{\rho_{d\max}} \times 100 = \dfrac{1.38}{1.6} \times 100 = 86.25\%$

마. $S = \dfrac{G_s \cdot w}{e} = \dfrac{2.6 \times 28.57}{0.88} = 84.41\%$

$(\because\ S \cdot e = G_s \cdot w)$

건설재료분야

5문항(34점)

□□□ 산16①

05 다음 아스팔트 시험에 대해 물음에 답하시오.

득점	배점
	6

가. 아스팔트 인화점 시험의 정의를 간단히 설명하시오.

○

나. 아스팔트 연소점 시험의 정의를 간단히 설명하시오.

○

다. 아스팔트 신도시험의 목적을 간단히 설명하시오.

○

해답 가. 아스팔트를 가열하여 어느 일정한 온도에 도달할 때 화기에 가깝게 대면 가연성의 증거로 불이 붙게 되는데 이 인화하였을 때의 최저 온도를 인화점이라 한다.

나. 아스팔트를 계속하여 가열하면 한번 인화되어 생긴 불꽃은 바로 꺼지지 않고 탄다. 이때의 최저온도를 연소점이라 한다.

다. 아스팔트의 연성을 알기 위한 시험

□□□ 산10①,11②,12②,13②④,16①,17②

06 콘크리트표준시방서에서는 콘크리트용 굵은 골재의 유해물 함유량 한도를 규정하고 있다. 여기서 규정하고 있는 유해물의 종류를 3가지만 쓰시오.

득점	배점
	6

① ______ ② ______ ③ ______

해답 ① 점토 덩어리 ② 연한 석편 ③ 0.08mm체 통과량

굵은 골재의 유해물 함유량 한도(질량 백분율)

구분	천연 굵은 골재
점토 덩어리(%)	0.25 1)
연한 석편(%)	5.0 1)
0.08mm체 통과량(%)	1.0
석탄, 갈탄 등으로 밀도 $2.0g/cm^3$의 액체에 뜨는 것(%) • 콘크리트의 외관이 중요한 경우 • 기타의 경우	 0.5 1.0

주 1) 점토 덩어리와 역한 석편의 합이 5%를 넘으면 안된다.

□□□ 산87②,09②,12①②,16①,18①,21②,22①

득점	배점
	8

07 콘크리트용 잔골재 및 굵은골재의 체가름 시험을 실시하여 다음과 같은 값을 구하였다. 아래 물음에 답하시오.

가. 표의 빈칸을 완성하시오. (단, 소수점 첫째자리에서 반올림하시오.)

체의 호칭 (mm)	잔골재			굵은골재		
	체에 남은 양의 무게 (kg)	체에 남은 양 (%)	체에 남은 양의 누계 (%)	체에 남은 양의 무게 (kg)	체에 남은 양 (%)	체에 남은 양의 누계 (%)
75	0			0		
40	0			0.30		
20	0			2.04		
10	0			2.16		
5	0.12			1.20		
2.5	0.36			0.18		
1.2	0.60			–		
0.6	1.16			–		
0.3	1.40			–		
0.15	0.32			–		
합계	3.96	–		5.88	–	

나. 잔골재의 조립률(F.M)을 구하시오

계산 과정) 답 : ________

다. 굵은 골재의 조립률(F.M)을 구하시오

계산 과정) 답 : ________

라. 굵은 골재의 최대치수를 구하시오.

○

해답 가.

체의 호칭 (mm)	잔골재			굵은골재		
	체에 남은 양의 무게 (kg)	체에 남은 양 (%)	체에 남은 양의 누계 (%)	체에 남은 양의 무게 (kg)	체에 남은 양 (%)	체에 남은 양의 누계 (%)
75	0	0	0	0	0	0
40	0	0	0	0.30	5	5
20	0	0	0	2.04	35	40
10	0	0	0	2.16	37	77
5	0.12	3	3	1.20	20	97
2.5	0.36	9	12	0.18	3	100
1.2	0.60	15	27	0	0	100
0.6	1.16	29	56	0	0	100
0.3	1.40	36	92	0	0	100
0.15	0.32	8	100	0	0	100
합계	3.96	–	290	5.88	–	719

• 잔류율 $= \dfrac{\text{어떤 체에 잔유량}}{\text{전체 질량(합계)}} \times 100$

• 가적 잔류율=잔류율의 누계

나. $F.M = \dfrac{0 \times 4 + 3 + 12 + 27 + 56 + 92 + 100}{100} = 2.9$

다. $F.M = \dfrac{5 + 40 + 77 + 97 + 100 \times 5}{100} = 7.2$

라. 40mm(∵ 가적통과량=100−5=95%)

□□□ 산10②,11②,15②,16①,17①

08 시험온도 20℃에서 굵은골재의 밀도 및 흡수율 시험(KS F 2503) 결과 아래와 같다. 물음에 답하시오.

득점	배점
	8

표건상태의 시료질량(g)	1000
절건상태의 시료질량(g)	989.5
시료의 수중질량(g)	615.4
시험온도에서 물의 밀도(g/cm^3)	0.9970

가. 표면 건조 포화 상태의 시료 밀도를 구하시오.

계산 과정)　　　　답 : ______

나. 절건 건조상태의 시료 밀도를 구하시오.

계산 과정)　　　　답 : ______

다. 겉보기 밀도(진밀도)를 구하시오.

계산 과정)　　　　답 : ______

라. 흡수율을 구하시오.

계산 과정)　　　　답 : ______

해답 가. $D_s = \dfrac{B}{B-C} \times \rho_w = \dfrac{1000}{1000-615.4} \times 0.9970 = 2.59\text{g/cm}^3$

나. $D_d = \dfrac{A}{B-C} \times \rho_w = \dfrac{989.5}{1000-615.4} \times 0.9970 = 2.57\text{g/cm}^3$

다. $D_A = \dfrac{A}{A-C} \times \rho_w = \dfrac{989.5}{989.5-614.5} \times 0.9970 = 2.64\text{g/cm}^3$

라. $Q = \dfrac{B-A}{A} \times 100 = \dfrac{1000-989.5}{989.5} \times 100 = 1.06\%$

□□□ 산14①,16①

09 콘크리트의 배합강도를 결정하고자 할 때 아래의 각 경우에 대하여 물음에 답하시오.

득점	배점
	6

가. 30회 이상의 시험실적으로부터 구한 압축강도의 표준편차가 3.0MPa이고, 콘크리트의 호칭강도(f_{cn})가 24MPa인 경우 배합강도를 구하시오.

계산 과정) 답 : ____________

나. 압축강도의 시험기록이 없고, 호칭강도(f_{cn})가 24MPa인 경우 배합강도를 구하시오.

계산 과정) 답 : ____________

다. 17회의 시험실적으로부터 구한 압축강도의 표준편차가 3.0MPa인 경우 표준편차의 보정계수를 적용하여, 배합강도 결정을 위한 표준편차(s)를 구하시오.
(단, 소수점 이하 셋째자리까지 구하시오.)

계산 과정) 답 : ____________

해답 가. $f_{cn} \le 35\text{MPa}$인 경우(두 값 중 큰 값)

$f_{cr} = f_{cn} + 1.34s = 24 + 1.34 \times 3.0 = 28.02\text{MPa}$

$f_{cr} = (f_{cn} - 3.5) + 2.33s = (24 - 3.5) + 2.33 \times 3.0 = 27.49\text{MPa}$

∴ 배합강도 $f_{cr} = 28.02\text{MPa}$

나. $f_{cr} = f_{cn} + 8.5 = 24 + 8.5 = 32.5\text{MPa}$

다. $s = 3.0 \times \left(1.16 - \dfrac{1.16 - 1.08}{20 - 15} \times (17 - 15)\right) = 3.384\text{MPa}$

국가기술자격 실기시험문제

2016년도 기사 제2회 필답형 실기시험(기사)

종　　목	시험시간	배 점	성 명	수험번호
건설재료시험산업기사	1시간30분	60		

※ 수험자 인적사항 및 계산식을 포함한 답안 작성은 검은색 필기구만 사용해야 하며, 그 외 연필류, 빨간색, 청색 등 필기구로 작성한 답항은 0점 처리 됩니다.

토질분야

4문항(32점)

□□□ 산02②,09④,16②,20②,22①,24②

01 토목공사의 토질조사시 시행하는 표준관입시험(S.P.T)에 대해 다음 물음에 답하시오.

득점	배점
	6

가. 표준관입시험의 N치에 대해 간단히 설명하시오.

ㅇ

나. 표준관입시험에서 관입이 불가능한 경우를 쓰시오.

ㅇ

다. 표준관입시험 결과 N치가 20이었고, 그 때 채취한 교란 시료로 입도시험을 한 결과 입도는 둥글고 균등한 상태로 Dunham공식에 의해 내부 마찰각의 크기를 추정하시오.

계산 과정) 　　　　　　　　　　　　　　　　　　　답 : ____________

해답 가. 질량 (63.5±0.5)kg의 해머를 (760±10)mm 높이에서 자유낙하시키고 보링로드 머리부에 부착한 노킹블록을 타격하여 보링로드 앞 끝에 부착한 표준관입시험용 샘플러를 지반에 300mm박아 넣는데 필요한 타격횟수

나. 50회 타격에도 관입량이 30cm 미만일 때는 50회 타격시 관입량을 기록한다.

다. 토립자가 둥글고 균등한 상태

$\phi = \sqrt{12\mathrm{N}} + 15 = \sqrt{12 \times 20} + 15 = 30.49°$

모래의 내부마찰각과 N의 관계(Dunham공식)

• 입자가 둥글고 입도 분포가 균등(불량)한 모래	$\phi = \sqrt{12N} + 15$
• 입자가 둥글고 입도 분포가 양호한 모래 • 입자가 모나고 입도 분포가 균등(불량)한 모래	$\phi = \sqrt{12N} + 20$
• 입자가 모나고 입도 분포가 양호한 모래	$\phi = \sqrt{12N} + 25$

□□□ 산87,12②,15①④,16②④

득점	배점
	12

02 도로공사 현장에서 모래치환법으로 현장 흙의 단위무게시험을 실시하여 아래와 같은 결과를 얻었다. 다음 물음에 답하시오.

【시험 결과】

- 시험구멍에서 파낸 흙의 무게 : 1697g
- 시험구멍에서 파낸 흙의 함수비 : 8.7%
- 시험구멍에 채워진 표준모래의 무게 : 1466g
- 시험구멍에 사용한 표준모래의 밀도 : 1.62g/cm^3
- 실내 시험에서 구한 흙의 최대 건조 밀도 : 1.95g/cm^3
- 현장 흙의 비중 : 2.75

가. 시험 구멍의 부피를 구하시오.

계산 과정) 답 : ________

나. 현장 흙의 습윤 밀도를 구하시오.

계산 과정) 답 : ________

다. 현장 흙의 건조 밀도를 구하시오.

계산 과정) 답 : ________

라. 현장 흙의 간극비를 구하시오.

계산 과정) 답 : ________

마. 현장 흙의 포화도를 구하시오.

계산 과정) 답 : ________

바. 다짐도를 구하시오.

계산 과정) 답 : ________

해답 가. $V=\dfrac{W_{sand}}{\rho_s}=\dfrac{1466}{1.62}=904.94\text{cm}^3$

나. $\rho_t=\dfrac{W}{V}$

$=\dfrac{1697}{904.94}=1.88\text{g/cm}^3$

다. $\rho_d=\dfrac{\rho_t}{1+w}=\dfrac{1.88}{1+0.087}=1.73\text{g/cm}^3$

라. $e=\dfrac{\rho_w G_s}{\rho_d}-1=\dfrac{1\times 2.75}{1.73}-1=0.59$

$\left(\because\ \text{건조밀도 } \rho_d=\dfrac{G_s}{1+e}\rho_w \text{에서}\right)$

마. $S=\dfrac{G_s w}{e}=\dfrac{2.75\times 8.7}{0.59}=40.55\%$

바. $R=\dfrac{\rho_d}{\rho_{d\max}}\times 100=\dfrac{1.73}{1.95}\times 100=88.72\%$

□□□ 산93①,10②,12④,16②, 기01②,10②,13④

03 정규압밀점토에 대하여 압밀배수 삼축압축시험을 실시하였다. 시험결과 구속압력을 281.4kN/m² 으로 하고 축차응력 281.4kN/m²을 가하였을 때 파괴가 일어났다. 아래 물음에 답하시오.
(단, 점착력 $c=0$이다.)

득점	배점
	8

가. 내부마찰각(ϕ)을 구하시오.

계산 과정) 답 :

나. 파괴면이 최대주응력면과 이루는 각(θ)을 구하시오.

계산 과정) 답 :

다. 파괴면에서 수직응력(σ)을 구하시오.

계산 과정) 답 :

라. 파괴면에서 전단응력(τ)을 구하시오.

계산 과정) 답 :

해답 가. $\sin\phi=\dfrac{\sigma_1-\sigma_3}{\sigma_1+\sigma_3}$

- $\sigma_1=\sigma_3+\Delta\sigma=281.4+281.4=562.8\text{kN/m}^2$
- $\sigma_3=281.4\text{kN/m}^2$

$\therefore\ \phi=\sin^{-1}\dfrac{\sigma_1-\sigma_3}{\sigma_1+\sigma_3}=\sin^{-1}\dfrac{562.8-281.4}{562.8+281.4}=19.47°$

나. $\theta=45°+\dfrac{\phi}{2}$ 에서

$=45°+\dfrac{19.47°}{2}=54.74°$

다. $\sigma=\dfrac{\sigma_1+\sigma_3}{2}+\dfrac{\sigma_1-\sigma_3}{2}\cos 2\theta$

$=\dfrac{562.8+281.4}{2}+\dfrac{562.8-281.4}{2}\cos(2\times 54.74°)=375.2\text{kN/m}^2$

라. $\tau=\dfrac{\sigma_1-\sigma_3}{2}\sin 2\theta$

$=\dfrac{562.8-281.4}{2}\sin(2\times 54.74°)=132.6\text{kN/m}^2$

□□□ 산08④,10④,11②,12②,14①④,16②,17②,23①, 기04④

04 점토층 두께가 10m인 지반의 흙을 채취하여 표준압밀시험을 하였더니 하중강도가 220kN/m² 에서 340kN/m²로 증가할 때 간극비는 1.8에서 1.1로 감소하였다. 다음 물음에 답하시오.

득점	배점
	6

가. 압축계수를 구하시오. (단, 계산결과는 □.□□ × 10□ 로 표현하시오.)

계산 과정) 답 : ____________

나. 체적변화계수를 구하시오. (단, 계산결과는 □.□□ × 10□ 로 표현하시오.)

계산 과정) 답 : ____________

다. 이 점토층의 압밀침하량을 구하시오.

계산 과정) 답 : ____________

해답 가. $a_v = \dfrac{e_1 - e_2}{P_2 - P_1} = \dfrac{1.8 - 1.1}{340 - 220} = 5.83 \times 10^{-3}\mathrm{m^2/kN}$

나. $m_v = \dfrac{a_v}{1 + e_1} = \dfrac{5.83 \times 10^{-3}}{1 + 1.8} = 2.08 \times 10^{-3}\mathrm{m^2/kN}$

다. $\Delta H = \dfrac{e_1 - e_2}{1 + e_1} H = \dfrac{1.8 - 1.1}{1 + 1.8} \times 10 = 2.50\mathrm{m} = 250\mathrm{cm}$

또는 $\Delta H = m_v \cdot \Delta P \cdot H = 2.08 \times 10^{-3} \times (340 - 220) \times 10 = 2.50\mathrm{m} = 250\mathrm{cm}$

건설재료분야

4문항(28점)

□□□ 산11①④,15①④,16②,18②,19①,23①

05 아스팔트 시험에 대한 아래의 물음에 답하시오.

득점	배점
	7

가. 저온에서 시험할 때 아스팔트 신도시험의 표준 시험온도 및 인장속도를 쓰시오.

【답】 시험온도 : ____________, 인장속도 : ____________

나. 역청재료의 점도를 측정하는 시험방법을 3가지만 쓰시오.

① ________ ② ________ ③ ________

해답 가. 시험온도 : 4℃, 인장속도 : 1cm/min

나. ① 앵글러(engler) 점도시험방법

② 세이볼트(saybolt) 점도시험방법

③ 레드우드(redwood) 점도시험방법

④ 스토머(stomer) 점도시험방법

□□□ 산89④,05①,10①②④,13②,15④,16②,17②

06 다음의 콘크리트 배합 결과를 보고 물음에 답하시오. (단, 소수점 넷째자리에서 반올림하시오.)

득점	배점
	6

- 단위 시멘트량 : $320 kg/m^3$
- 잔골재율(S/a) : 40%
- 시멘트 비중 : 3.15
- 굵은골재의 밀도 : $2.62 g/cm^3$
- 물－결합재비 : 48%
- 공기량 : 5%
- 잔골재의 밀도 : $2.55 g/cm^3$

가. 단위 수량을 구하시오.

계산 과정)　　　　　　　답 : ________

나. 단위 잔골재량을 구하시오.

계산 과정)　　　　　　　답 : ________

다. 단위 굵은 골재량을 구하시오.

계산 과정)　　　　　　　답 : ________

해답 가. $\frac{W}{C} = 48\% = 0.48$

$\therefore W = C \times 0.48 = 320 \times 0.48 = 153.60 kg/m^3$

나. 골재의 체적

$$V_a = 1 - \left(\frac{\text{단위수량}}{1000} + \frac{\text{단위시멘트량}}{\text{시멘트비중} \times 1000} + \frac{\text{공기량}}{100} \right)$$

$$= 1 - \left(\frac{153.60}{1000} + \frac{320}{3.15 \times 1000} + \frac{5}{100} \right) = 0.695 m^3$$

$$S = V_a \times S/a \times G_s \times 1000$$

$$= 0.695 \times 0.40 \times 2.55 \times 1000 = 708.90 kg/m^3$$

다. $G = V_a \times (1 - S/a) \times G_g \times 1000 = 0.695 \times (1 - 0.40) \times 2.62 \times 1000 = 1092.54 kg/m^3$

□□□ 기12①,16②

07 시멘트의 강도시험 방법(KSL ISO 679)에 대해 물음에 답하시오.

득점	배점
	9

가. 시멘트 모르타르의 압축강도 및 휨강도의 공시체의 형상과 치수를 쓰시오.

○

나. 공시체인 모르타르를 제작할 때 시멘트와 표준사의 질량에 의한 비율을 쓰시오.

○

다. 혼합수의 양인 물－결합재비를 쓰시오.

○

해답 가. 40×40×160mm의 각주　　나. 1 : 3　　다. 0.5

□□□ 산10①,11②,12②,13②④,16②,17②,18②,19②,21②

08 **콘크리트표준시방서에서는 콘크리트용 굵은 골재의 유해물 함유량 한도를 규정하고 있다. 여기서 규정하고 있는 유해물의 종류를 3가지만 쓰시오.**

득점	배점
	6

① ______________ ② ______________ ③ ______________

해답 ① 점토 덩어리 ② 연한 석편 ③ 0.08mm체 통과량

굵은 골재의 유해물 함유량 한도(질량 백분율)

구분	천연 굵은 골재
점토 덩어리(%)	0.25 1)
연한 석편(%)	5.0 1)
0.08mm체 통과량(%)	1.0
석탄, 갈탄 등으로 밀도 2.0g/cm^{3}의 액체에 뜨는 것(%) • 콘크리트의 외관이 중요한 경우 • 기타의 경우	 0.5 1.0

주 1) 점토 덩어리와 역한 석편의 합이 5%를 넘으면 안된다.

국가기술자격 실기시험문제

2016년도 기사 제4회 필답형 실기시험(기사)

종 목	시험시간	배 점	성 명	수험번호
건설재료시험산업기사	1시간30분	60		

※ 수험자 인적사항 및 계산식을 포함한 답안 작성은 검은색 필기구만 사용해야 하며, 그 외 연필류, 빨간색, 청색 등 필기구로 작성한 답항은 0점 처리 됩니다.

토질분야

4문항(26점)

□□□ 산10①,13①,16④, 기97②,06④,07④,12④,16②,24①

01 어떤 흙의 No. 200(0.075mm)체 통과율이 70%, 액성한계가 70%, 소성한계가 40%일 때 군지수를 구하시오.

득점	배점
	4

계산 과정)　　　　답 : ____________

해답 $GI=0.2a+0.005ac+0.01bd$

- a = No.200체 통과율 − 35 = 70 − 35 = 35
- b = No.200체 통과율 − 15 = 70 − 15 = 55 ∴ b = 40(∵ b = 0~40)
- c = 액성한계 − 40 = 70 − 40 = 30 ∴ c = 20(∵ c = 0~20)
- d = 소성지수 − 10 = (70 − 40) − 10 = 20

∴ $GI=0.2\times35+0.005\times35\times20+0.01\times40\times20=7+3.5+8=18.5$
= 19(∵ GI값은 가장 가까운 정수로 반올림한다.)

□□□ 산16④,20②

02 흙의 투수계수 측정법 중 실내투수시험법의 종류 2가지를 쓰시오.

득점	배점
	4

① ____________　② ____________

해답 ① 정수위 투수시험　② 변수위 투수시험　③ 압밀투수시험

□□□ 산09④,13①,14④,16④,17④,22①,23①

03 도로의 평판재하시험에서 시험을 끝마치는 조건을 3가지만 쓰시오.

득점	배점
	6

① ____________　② ____________　③ ____________

해답 ① 침하량이 15mm에 달할 때
② 하중강도가 그 지반의 항복점을 넘을 때
③ 하중강도가 현장에서 예상되는 최대 접지압력을 초과할 때

□□□ 산12②,14④,15①④,16④

04 현장 다짐 흙의 밀도를 조사하기 위하여 모래치환법으로 시험을 실시한 결과 다음과 같은 값을 얻었을 때 다음 물음에 답하시오.

득점	배점
	12

【시험 결과】

- 구덩이 속에서 파낸 흙무게 : 1697g
- 표준모래의 밀도 : 1.65g/cm^3
- 구덩이 속의 모래무게 : 1490g
- 구덩이 속에서 파낸 흙의 건조무게 : 1450g
- 시험실에서 흙의 최대 건조밀도 : 1.75g/cm^3
- 현장 흙의 비중 : 2.65

가. 흙을 파낸 구멍의 부피를 구하시오.

계산 과정) 답 : ______

나. 현장흙의 함수비를 구하시오.

계산 과정) 답 : ______

다. 현장 흙의 건조밀도를 구하시오.

계산 과정) 답 : ______

라. 공극비를 구하시오.

계산 과정) 답 : ______

마. 포화도를 구하시오.

계산 과정) 답 : ______

바. 다짐도를 구하시오.

계산 과정) 답 : ______

해답 가. $V=\dfrac{W_{\text{sand}}}{\rho_s}=\dfrac{1490}{1.65}=903.03\text{cm}^3$

나. $w=\dfrac{W_w}{W_s}=\dfrac{1697-1450}{1450}\times 100=17.03\%$

다. $\rho_d=\dfrac{W_s}{V}=\dfrac{1450}{903.03}=1.61\text{g/cm}^3$

라. $e=\dfrac{\rho_w G_s}{\rho_d}-1=\dfrac{1\times 2.65}{1.61}-1=0.65$

마. $S=\dfrac{G_s \cdot w}{e}=\dfrac{2.65\times 17.03}{0.65}=69.43\%$

바. $C_d=\dfrac{\rho_d}{\rho_{d\max}}\times 100=\dfrac{1.61}{1.75}\times 100=92\%$

건설재료분야

5문항(34점)

□□□ 산14①,16④,22③,24①

05 아래 표의 조건과 같을 때 압력법에 의한 굳지 않은 콘크리트의 공기량 시험에서 골재수정계수 결정을 위해 사용해야 하는 잔골재와 굵은골재의 질량을 구하시오.

득점	배점
	4

• 1배치의 콘크리트 용적 : $1m^3$	• 콘크리트 시료의 용적 : 10L
• 1배치에 사용된 잔골재 질량 : 900kg	• 1배치에 사용된 굵은골재 질량 : 1100kg

계산과정)

【답】 잔골재 질량 : ______, 굵은골재 질량 : ______

해답 • 잔골재 질량 $m_f = \dfrac{V_C}{V_B} \times m_f' = \dfrac{10}{1000} \times 900 = 9\text{kg}$

• 굵은골재 질량 $m_c = \dfrac{V_C}{V_B} \times m_c' = \dfrac{10}{1000} \times 1100 = 11\text{kg}$

용어

m_f : 용적 V_c의 콘크리트 시료 중의 잔골재의 질량(kg)
m_c : 용적 V_c의 콘크리트 시료 중의 굵은골재의 질량(kg)
V_c : 콘크리트 시료의 용적(L)(용기 용적과 같다.)
V_B : 1배치의 콘크리트의 완성 용적(L)
m_f' : 1배치에 사용하는 잔골재의 질량(kg)
m_c' : 1배치에 사용되는 굵은골재의 질량(kg)

□□□ 산16④,20②

06 골재의 체가름시험(KS F 2502)에 대한 아래의 물음에 답하시오.

득점	배점
	6

가. 조립률(F.M)을 구할 때 사용되는 체의 종류를 쓰시오.

○

나. 체가름은 1분간 각 체를 통과하는 것이 전 시료 질량의 몇 % 이하가 될 때까지 작업을 하는지 쓰시오.

○

다. 체 눈에 막힌 알갱이의 처리방법을 간단히 설명하시오.

○

해답 가. 75mm, 40mm, 20mm, 10mm, 5mm, 2.5mm, 1.25mm, 0.6mm, 0.3mm, 0.15mm
나. 0.1%
다. 파쇄되지 않도록 주의하면서 되밀어 체에 남는 시료로 간주한다. 어떤 골재에서나 무리하게 체를 통과시켜서는 안된다.

□□□ 산91,09①,11①,12②,16④

득점	배점
	10

07 굵은골재 최대치수 25mm, 단위 수량 148kg/m³, 물-결합재비(W/C) 55%, 슬럼프값 120mm, 잔골재율 40%, 잔골재밀도 2.60g/cm³, 굵은골재밀도 2.65g/cm³, 시멘트 비중 3.16, 갇힌공기량 1%이며, 골재는 표면건조포화상태일 때 보통콘크리트 1m³에 대해 물음에 답하시오.

가. 단위 시멘트량을 구하시오.

계산 과정) 답 : ____________

나. 단위 골재량의 절대부피를 구하시오.

계산 과정) 답 : ____________

다. 단위 잔골재량의 절대부피를 구하시오.

계산 과정) 답 : ____________

라. 단위 잔골재량을 구하시오.

계산 과정) 답 : ____________

마. 단위 굵은 골재량을 구하시오.

계산 과정) 답 : ____________

해답 가. $\dfrac{W}{B}=55\%$

$\therefore$ 단위 시멘트량 $C=\dfrac{148}{0.55}=269.09\text{kg/m}^3$

나. $V_a=1-\left(\dfrac{\text{단위수량}}{1000}+\dfrac{\text{단위시멘트량}}{\text{시멘트비중}\times1000}+\dfrac{\text{공기량}}{100}\right)$

$=1-\left(\dfrac{148}{1000}+\dfrac{269.09}{1000\times3.15}+\dfrac{1}{100}\right)=0.757\text{m}^3$

다. $V_s=V_a\times S/a=0.757\times0.40=0.303\text{m}^3$

라. $S=V_s\times G_s\times1000=0.303\times2.60\times1000=787.80\text{kg/m}^3$

마. $G=V_a\times(1-S/a)\times G_g\times1000$

$=0.757\times(1-0.40)\times2.65\times1000=1203.63\text{kg/m}^3$

□□□ 산16④,20②

득점	배점
	6

08 골재의 단위 용적질량 및 실적률 시험(KS F 2505)에서 시료를 용기에 채우는 방법을 2가지만 쓰시오.

① ____________ ② ____________

해답 ① 봉다지기에 의한 방법 ② 충격에 의한 방법

□□□ 산11②,15①,16④,23①,24②

09 아스팔트 시험에 대한 아래의 물음에 답하시오.

득점	배점
	8

가. 시료의 온도 25℃, 100g의 하중을 5초 동안 가하는 것을 표준 시험 조건으로 하는 시험명을 쓰시오.

○

나. 아스팔트의 연화점은 시료가 강구와 함께 시료대에서 몇 cm 떨어진 밑판에 닿는 순간의 온도를 말하는지 쓰시오.

○

다. 아스팔트 신도시험에서 별도의 규정이 없는 경우 시험온도와 인장속도를 설명하시오.

① 시험온도 : ____________, ② 인장속도 : ____________

해답 가. 아스팔트 침입도 시험

나. 2.54cm

다. ① 25±0.5℃ ② 5±0.25cm/min

국가기술자격 실기시험문제

2017년도 기사 제1회 필답형 실기시험(기사)

종 목	시험시간	배 점	성 명	수험번호
건설재료시험산업기사	1시간30분	60		

※ 수험자 인적사항 및 계산식을 포함한 답안 작성은 검은색 필기구만 사용해야 하며, 그 외 연필류, 빨간색, 청색 등 필기구로 작성한 답항은 0점 처리 됩니다.

토질분야

4문항(34점)

□□□ 산91②,96①,09①,13④,14④,17①,21①,23①

득점	배점
	8

01 현장도로 토공에서 모래 치환법에 의한 현장건조단위중량 시험을 실시했다. 파낸 구멍의 부피 $V=1900\text{cm}^3$이었고 이 구멍에서 파낸 흙의 무게가 3280g이었다. 이 흙의 토질시험결과 함수비 $w=12\%$, 비중 $G_s=2.70$, 최대건조밀도 $\rho_{d\max}=1.65\text{g/cm}^3$이었다. 아래의 물음에 답하시오.

가. 현장 건조밀도를 구하시오.

계산 과정) 답 : ______

나. 공극비 및 공극률을 구하시오.

계산 과정) 답 : ______

다. 다짐도를 구하시오.

계산 과정) 답 : ______

라. 이 현장이 95% 이상의 다짐도를 원할 때 이 토공의 적부를 판단하시오.

계산 과정) 답 : ______

해답 가. $\rho_d=\dfrac{\rho_t}{1+w}$

• $\rho_t=\dfrac{W}{V}=\dfrac{3280}{1900}=1.73\text{g/cm}^3$

$\therefore\ \rho_d=\dfrac{1.73}{1+0.12}=1.54\text{g/cm}^3$

나. $e=\dfrac{\rho_w G_s}{\rho_d}-1=\dfrac{1\times 2.70}{1.54}-1=0.75$

$n=\dfrac{e}{1+e}\times 100=\dfrac{0.75}{1+0.75}\times 100=42.86\%$

다. $C_d=\dfrac{\rho_d}{\rho_{d\max}}\times 100=\dfrac{1.54}{1.65}\times 100=93.33\%$

라. $C_d=93.33\%\leq 95\%$ ∴ 불합격

□□□ 산93④,97②,02①,13②,17①,19①

득점	배점
	10

02 어떤 흙의 직접전단시험을 실시하여 아래와 같은 성과표를 얻었다. 공시체의 지름이 60mm, 두께 20mm일 때 다음 물음에 답하시오.

가. 수직응력과 전단강도를 구하시오.

시험횟수	1	2	3	4
수직하중(N)	250	350	450	550
전단력(N)	246	283	326	362
수직응력(kN/m^2)				
전단응력(kN/m^2)				

나. Coulomb의 파괴 포락선을 작도하시오.

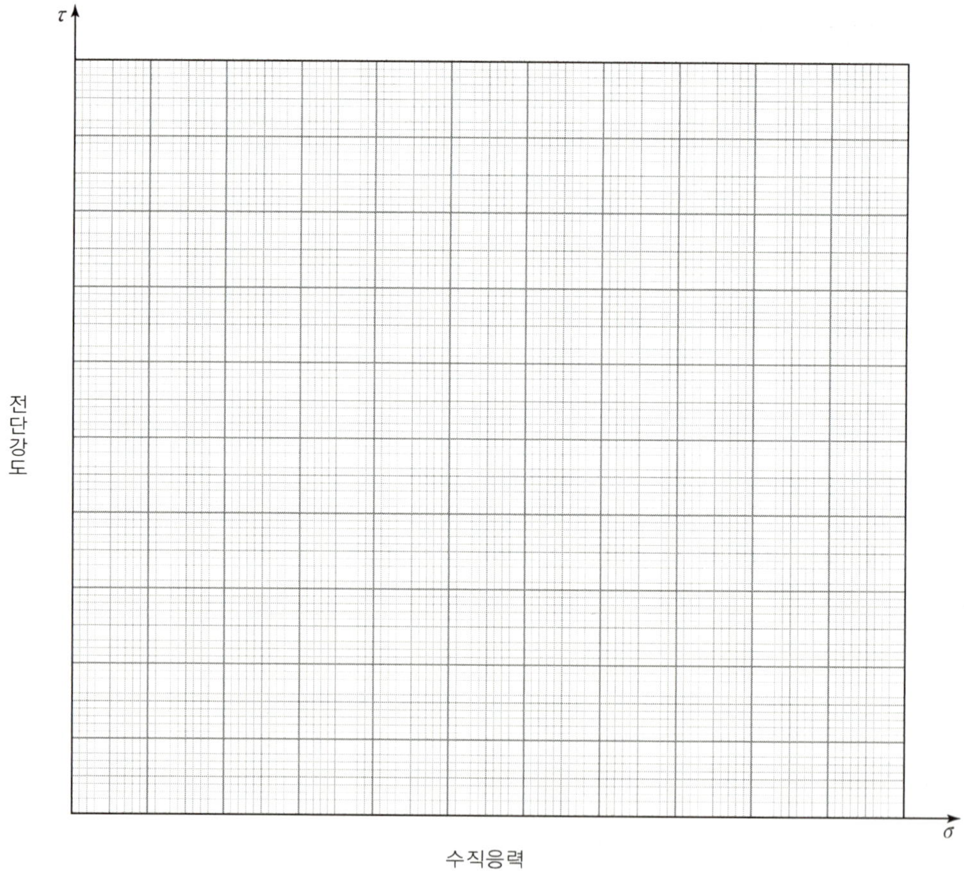

다. 흙의 내부 마찰각과 점착력을 구하시오.

【답】 내부 마찰각 : ____________________, 점착력 : ____________________

해답 가.

시험횟수	1	2	3	4
수직하중(N)	250	350	452	550
전단력(N)	246	283	326	362
수직응력(kN/m²)	88	124	159	195
전단강도(kN/m²)	87	100	115	128

- 수직응력 $\sigma = \dfrac{P}{A}$, $\sigma_1 = \dfrac{250}{2827} = 0.088\text{N/mm}^2 = 0.088\text{MPa} = 88\text{kN/m}^2$
- 전단강도 $\tau = \dfrac{S}{A}$, $\tau_1 = \dfrac{246}{2827} = 0.087\text{N/mm}^2 = 0.087\text{MPa} = 87\text{kN/m}^2$
- $A = \dfrac{\pi d^2}{4} = \dfrac{\pi \times 60^2}{4} = 2827\text{mm}^2$

단위
1N/mm^2
$= 1\text{MPa}$
$= 1000\text{kPa}$

나.

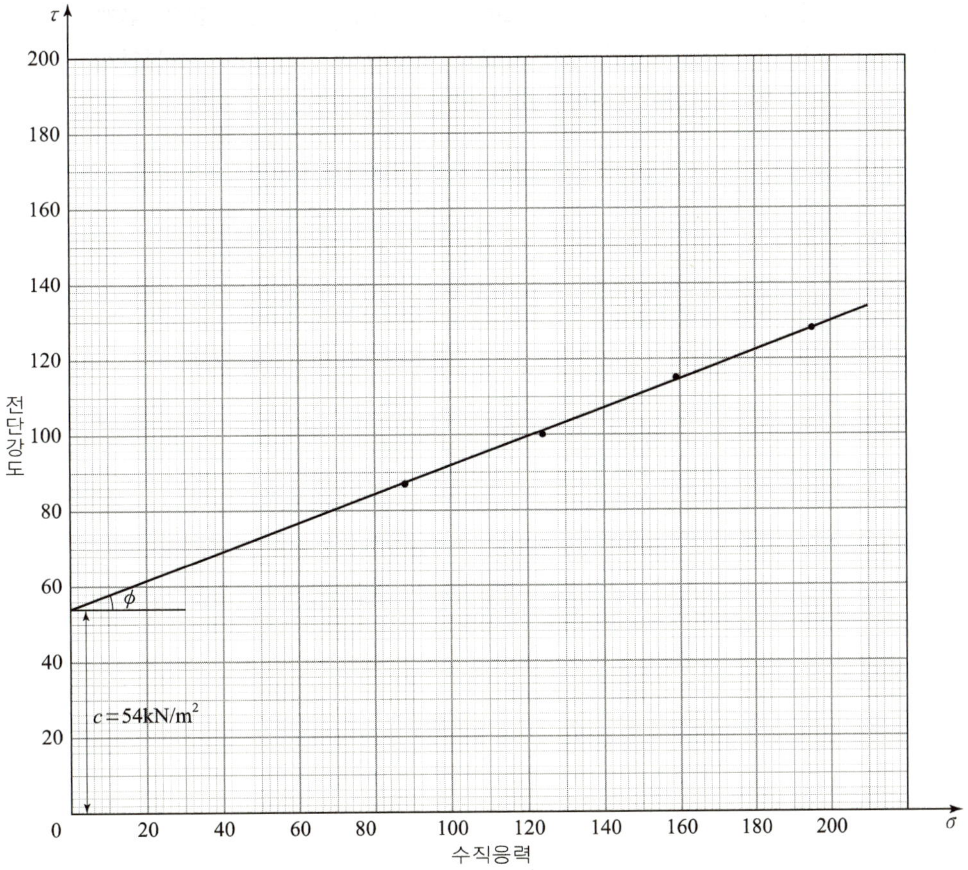

다. 내부마찰각 $\phi = \tan^{-1}\dfrac{128-87}{195-88} = 20.97°$

점착력 $c = 54\text{kN/m}^2$

□□□ 산88①,09②,11②,17①,24②

03 평판재하시험의 결과를 기초지반에 이용하고자 할 때 가장 중요한 고려사항을 3가지만 쓰시오.

득점	배점
	6

① ______ ② ______ ③ ______

해답 ① 시험한 지점의 토질종단을 알아야 한다.
② 지하수위의 변동사항을 알아야 한다.
③ scale effect를 고려해야 한다.
④ 부등침하를 고려하여야 한다.
⑤ 예민비를 고려하여야 한다.
⑥ 실험상의 문제점을 검토하여야 한다.

□□□ 산98④,09②,11①,12④,13②,14①,17④

04 어떤 점토에 대하여 수축한계 시험결과 습윤시료의 부피 $V=21.0\text{cm}^3$, 노건조시료의 무게 $W_o=26.36\text{g}$, 노건조시료의 부피 $V_o=16.34\text{cm}^3$, 습윤시료의 함수비 $w=41.28\%$, 소성한계 $w_p=33.4\%$, 액성한계 $w_L=46.2\%$일 때 다음 물음에 답하시오.

득점	배점
	10

가. 수축한계를 구하시오.

계산 과정)

답 : ______

나. 수축지수를 구하시오.

계산 과정)

답 : ______

다. 수축비를 구하시오.

계산 과정)

답 : ______

라. 체적수축률을 구하시오.

계산 과정)

답 : ______

마. 흙입자의 비중을 구하시오.

계산 과정)

답 : ______

해답 가. $w_s=w-\left(\dfrac{V-V_o}{W_o}\rho_w\right)\times 100$

$=41.28-\left(\dfrac{21.0-16.34}{26.36}\times 1\right)\times 100=23.60\%$

나. $I_s=w_p-w_s=33.4-23.60=9.8\%$

다. $R=\dfrac{W_o}{V_o\,\rho_w}=\dfrac{26.36}{16.34\times 1}=1.61$

라. $C=\dfrac{V-V_o}{V_o}\times 100=\dfrac{21.0-16.34}{16.34}\times 100=28.52\%$

마. $G_s=\dfrac{1}{\dfrac{1}{R}-\dfrac{w_s}{100}}=\dfrac{1}{\dfrac{1}{1.61}-\dfrac{23.60}{100}}=2.60$

건설재료분야

5문항(26점)

□□□ 산00④,08②,10②,11②,15②,17①,18②,21②

05 **굵은골재의 밀도 및 흡수율 시험 결과 아래와 같을 때 물음에 답하시오.**

득점	배점
	6

표건상태의 시료질량(g)	1000
절건상태의 시료질량(g)	989.5
시료의 수중질량(g)	615.4
시험온도에서 물의 밀도	$0.9970 g/cm^3$

가. 표면 건조 포화 상태의 시료 밀도를 구하시오.

계산 과정)　　　　　답 : ______

나. 절대 건조상태의 시료 밀도를 구하시오.

계산 과정)　　　　　답 : ______

다. 흡수율을 구하시오.

계산 과정)　　　　　답 : ______

해답 가. $D_s = \frac{B}{B-C} \times \rho_w = \frac{1000}{1000-615.4} \times 0.9970 = 2.59 g/cm^3$

나. $D_d = \frac{A}{B-C} \times \rho_w = \frac{989.5}{1000-615.4} \times 0.9970 = 2.57 g/cm^3$

다. $Q = \frac{B-A}{A} \times 100 = \frac{1000-989.5}{989.5} \times 100 = 1.06\%$

□□□ 산13①,17①,22③

06 **동일 시험자가 동일재료로 2회 측정한 시멘트 밀도 시험 결과가 아래의 표와 같다. 이 시멘트의 밀도를 구하고 적합여부를 판별하시오.**

득점	배점
	6

측정횟수	1회	2회
처음의 광유의 읽음값(mL)	0.4	0.4
시료의 질량(g)	64.1	64.2
시료를 넣은 광유의 읽음값(mL)	20.7	21.1

계산 과정)　　　　　답 : ______

해답 • 시멘트 밀도 $= \frac{\text{시멘트의 질량(g)}}{\text{르샤틀리에 플라스크의 눈금차(mL)}} = \frac{64.1}{20.7-0.4} = 3.16 Mg/m^3$

$= \frac{64.2}{21.1-0.4} = 3.10 Mg/m^3$

• 밀도차 $= 3.16 - 3.10 = 0.06 > 0.03$　∴ 불합격

• 이유 : 동일 시험자가 동일 재료에 대하여 2회 측정한 결과가 $\pm 0.03 Mg/m^3$ 보다 크므로

□□□ 산87④,17①,22①

07 콘크리트 배합시 시방배합을 현장배합으로 수정할 경우 고려해야 할 사항 3가지만 쓰시오.

득점	배점
	6

① ______ ② ______ ③ ______

해답 ① 골재의 함수 상태
② 잔골재 중에서 5mm체 남는 굵은 골재량
③ 굵은 골재 중에서 5mm체를 통과하는 잔골재량
④ 혼화제를 희석시킨 희석수량

□□□ 산17①,21②

08 경화된 콘크리트 면에 장비를 이용하여 타격에너지를 가하여 콘크리트 면의 반발경도를 측정하고 반발경도와 콘크리트 압축강도와의 관계를 이용하여 압축강도를 추정하는 비파괴시험 반발경도법 4가지는 무엇인가 쓰시오?

득점	배점
	4

① ______ ② ______
③ ______ ④ ______

해답 ① 슈미트 해머법 ② 낙하식 해머법
③ 스프링 해머법 ④ 회전식 해머법

□□□ 산87②,17①

09 아스팔트 침입도 시험에 사용되는 시험기구 4가지를 쓰시오.

득점	배점
	4

① ______ ② ______
③ ______ ④ ______

해답 ① 침입도계
② 표준침
③ 온도계
④ 스톱워치
⑤ 항온물탱크

국가기술자격 실기시험문제

2017년도 기사 제2회 필답형 실기시험(기사)

종　목	시험시간	배 점	성 명	수험번호
건설재료시험산업기사	1시간30분	60		

※ 수험자 인적사항 및 계산식을 포함한 답안 작성은 검은색 필기구만 사용해야 하며, 그 외 연필류, 빨간색, 청색 등 필기구로 작성한 답항은 0점 처리 됩니다.

토질분야

3문항(28점)

□□□ 산08④,10④,11②,12②,14①④,16②,17②,21①,23①, 기04④

01 점토층 두께가 10m인 지반의 흙을 채취하여 표준압밀시험을 하였더니 하중강도가 220kN/m² 에서 340kN/m²로 증가할 때 간극비는 1.8에서 1.1로 감소하였다. 다음 물음에 답하시오.

득점	배점
	6

가. 압축계수를 구하시오. (단, 계산결과는 □.□□ × 10$^{□}$ 로 표현하시오.)

계산 과정)　　　　답 :

나. 체적변화계수를 구하시오. (단, 계산결과는 □.□□ × 10$^{□}$ 로 표현하시오.)

계산 과정)　　　　답 :

다. 이 점토층의 압밀침하량을 구하시오.

계산 과정)　　　　답 :

해답 가. $a_v = \dfrac{e_1 - e_2}{P_2 - P_1} = \dfrac{1.8 - 1.1}{340 - 220} = 5.83 \times 10^{-3} \text{m}^2/\text{kN}$

나. $m_v = \dfrac{a_v}{1 + e_1} = \dfrac{5.83 \times 10^{-3}}{1 + 1.8} = 2.08 \times 10^{-3} \text{m}^2/\text{kN}$

다. $\triangle H = \dfrac{e_1 - e_2}{1 + e_1} H = \dfrac{1.8 - 1.1}{1 + 1.8} \times 10 = 2.50\text{m} = 250\text{cm}$

또는 $\Delta H = m_v \cdot \Delta P \cdot H = 2.08 \times 10^{-3} \times (340 - 220) \times 10 = 2.50\text{m} = 250\text{cm}$

□□□ 산08①,10④,12④,15①,17②

02 **도로공사 현장에서 모래치환법으로 현장 흙의 단위무게시험을 실시하여 아래와 같은 결과를 얻었다. 다음 물음에 답하시오.**

득점	배점
	10

【시험 결과】

- 시험구멍에서 파낸 흙의 무게 : 1670g
- 시험구멍에서 파낸 흙의 함수비 : 15%
- 시험구멍에 채워진 표준모래의 무게 : 1480g
- 시험구멍에 사용한 표준모래의 밀도 : 1.65g/cm^3
- 실내 시험에서 구한 흙의 최대 건조 밀도 : 1.73g/cm^3
- 현장 흙의 비중 : 2.65

가. 현장 흙의 습윤 밀도를 구하시오.

계산 과정)　　　　답 : ______

나. 현장 흙의 건조 밀도를 구하시오.

계산 과정)　　　　답 : ______

다. 현장 흙의 간극비를 구하시오.

계산 과정)　　　　답 : ______

라. 포화도를 구하시오.

계산 과정)　　　　답 : ______

마. 다짐도를 구하시오.

계산 과정)　　　　답 : ______

해답 가. $\rho_t = \dfrac{W}{V}$

- $V = \dfrac{W_{\text{sand}}}{\rho_s} = \dfrac{1480}{1.65} = 896.97\text{cm}^3$

$\therefore\ \rho_t = \dfrac{1670}{896.97} = 1.86\text{g/cm}^3$

나. $\rho_d = \dfrac{\rho_t}{1+w} = \dfrac{1.86}{1+0.15} = 1.62\text{g/cm}^3$

다. $e = \dfrac{\rho_w G_s}{\rho_d} - 1 = \dfrac{1\times 2.65}{1.62} - 1 = 0.64$

$\left(\because\ \text{건조밀도 } \rho_d = \dfrac{G_s}{1+e}\rho_w \text{에서}\right)$

라. $S = \dfrac{G_s w}{e} = \dfrac{2.65\times 15}{0.64} = 62.11\%$

마. $C_d = \dfrac{\rho_d}{\rho_{d\max}} \times 100 = \dfrac{1.62}{1.73} \times 100 = 93.64\%$

□□□ 산08④,10④,14④,16①,17②,18②,23②

득점	배점
	12

03 어떤 시료에 대하여 액성한계 및 소성한계시험을 실시하여 다음과 같은 결과를 얻었다. 다음 물음에 답하시오. (단, 이 시료의 자연 함수비가 36.2%이다.)

【액성한계시험】

구분 \ 측정번호	1	2	3	4
낙하횟수(회)	34	27	17	13
함수비(%)	71.1	72.1	74.0	75.1

【소성한계시험】

구분 \ 측정번호	1	2	3
함수비(%)	31.23	30.82	32.82

가. 유동곡선을 그리고 액성한계를 구하시오.

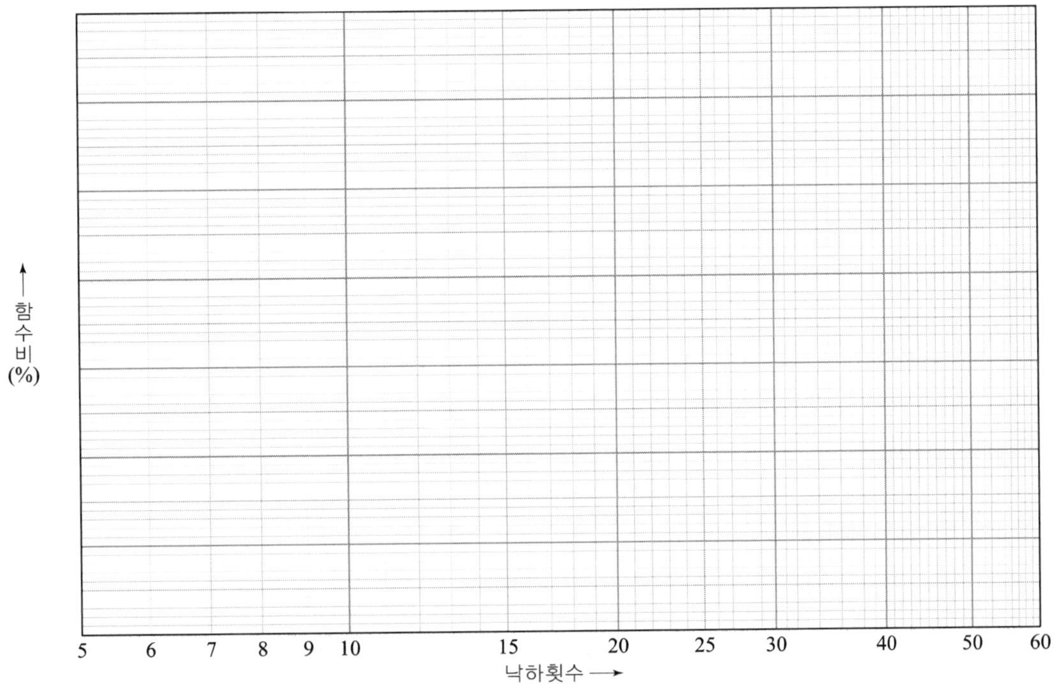

【답】 액성한계 :

나. 소성한계를 구하시오.

계산 과정)

답 : ____________

다. 소성지수를 구하시오.

계산 과정)

답 : ____________

라. 액성지수를 구하시오.

계산 과정)

답 : ____________

마. 연경도지수를 구하시오.

계산 과정)

답 : ______________

해답 가.

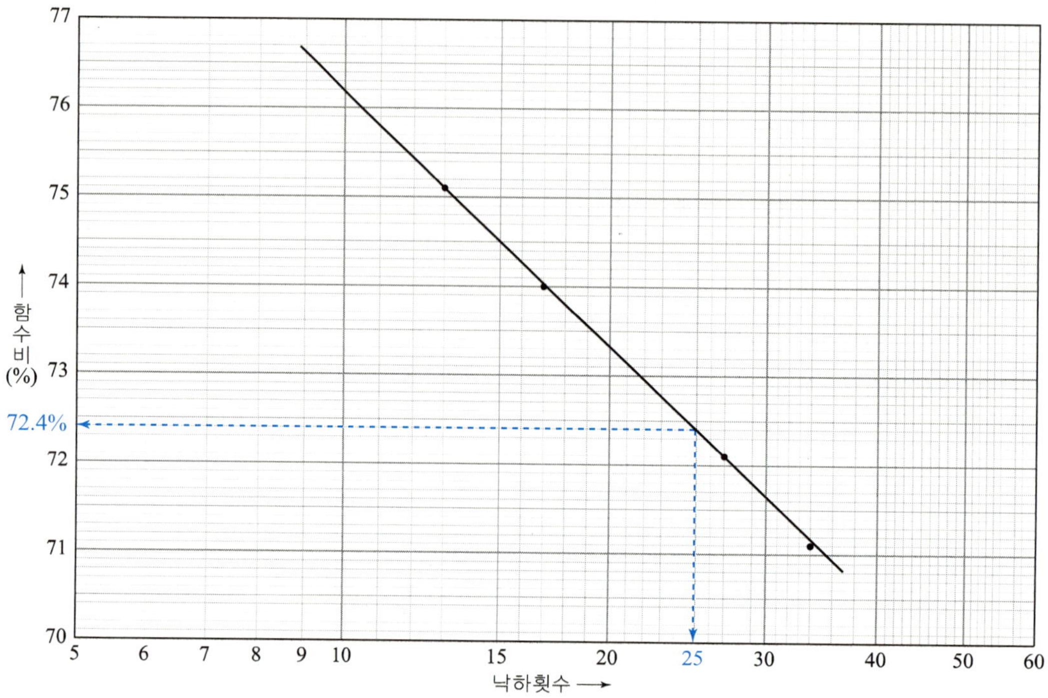

【답】 액성한계 : 72.4%

나. $W_P = \dfrac{31.23 + 30.82 + 32.82}{3} = 31.62\%$

다. $I_P = W_L - W_P = 72.4 - 31.62 = 40.78\%$

라. $I_L = \dfrac{w_n - W_P}{I_P} = \dfrac{36.2 - 31.62}{40.78} = 0.11$

마. $I_c = \dfrac{W_L - w_n}{I_P} = \dfrac{72.4 - 36.2}{40.78} = 0.89$

건설재료분야 5문항(32점)

□□□ 산88,00④,08①②,09②④,10②④,11①,12②,14②④,17②,21①

04 잔골재에 대한 밀도 및 흡수율 시험 결과가 아래 표와 같을 때 다음 물음에 답하시오.
(단, 시험온도에서의 물의 밀도는 1.0g/cm^3이다.)

득점 | 배점 8

물을 채운 플라스크 질량(g)	600
표면 건조포화 상태 시료 질량(g)	500
시료와 물을 채운 플라스크 질량(g)	911
절대 건조 상태 시료 질량(g)	480

가. 표면 건조 포화 상태의 밀도를 구하시오.

계산 과정) 답 : ________

나. 절대 건조 상태의 밀도를 구하시오.

계산 과정) 답 : ________

다. 상대 겉보기 밀도(진밀도)를 구하시오.

계산 과정) 답 : ________

라. 흡수율을 구하시오.

계산 과정) 답 : ________

해답 가. $d_s = \dfrac{m}{B+m-C} \times \rho_w = \dfrac{500}{600+500-911} \times 1 = 2.65\text{g/cm}^3$

나. $d_d = \dfrac{A}{B+m-C} \times \rho_w = \dfrac{480}{600+500-911} \times 1 = 2.54\text{g/cm}^3$

다. $d_A = \dfrac{A}{B+A-C} \times \rho_w = \dfrac{480}{600+480-911} \times 1 = 2.84\text{g/cm}^3$

라. $Q = \dfrac{m-A}{A} \times 100 = \dfrac{500-480}{480} \times 100 = 4.17\%$

□□□ 산89①,94②,12④,13②,15②,17②,21①

05 아스팔트 시험의 종류 4가지를 쓰시오.

득점 | 배점 8

① ________ ② ________

③ ________ ④ ________

해답 ① 아스팔트 비중시험 ② 아스팔트 침입도시험
③ 아스팔트 인화점시험 ④ 아스팔트 연화점시험
⑤ 아스팔트 신도시험 ⑥ 아스팔트 점도시험

□□□ 산08②,10①,11④,12④,15①,17②

06 시방배합으로 단위 수량 162kg/m³, 단위 시멘트량 300kg/m³, 단위 잔골재량 710kg/m³, 단위 굵은 골재량 1260kg/m³을 산출한 콘크리트의 배합을 현장골재의 입도 및 표면수를 고려하여 현장배합으로 수정한 잔골재와 굵은 골재의 양을 구하시오.

(단, 현장골재 상태 : 잔골재가 5mm체에 남는 양 2%, 잔골재의 표면수 5%
굵은골재가 5mm체를 통과하는 양 6%, 굵은골재의 표면수 1%)

득점	배점
	6

계산 과정)

【답】 단위 잔골재량 : ________________, 단위 굵은 골재량 : ________________

해답 ■ 입도에 의한 조정

$S=710\text{kg},\ G=1260\text{kg},\ a=2\%,\ b=6\%$

$$X=\frac{100S-b(S+G)}{100-(a+b)}=\frac{100\times710-6(710+1260)}{100-(2+6)}=643.26\text{kg/m}^3$$

$$Y=\frac{100G-a(S+G)}{100-(a+b)}=\frac{100\times1260-2(710+1260)}{100-(2+6)}=1326.74\text{kg/m}^3$$

■ 표면수에 의한 조정

잔골재의 표면수 $=643.26\times\frac{5}{100}=32.16\text{kg/m}^3$

굵은골재의 표면수 $=1326.74\times\frac{1}{100}=13.27\text{kg/m}^3$

■ 현장 배합량

- 단위 수량 : $162-(32.16+13.27)=116.57\text{kg/m}^3$
- 단위 잔골재량 : $643.26+32.16=675.42\text{kg/m}^3$
- 단위 굵은재량 : $1326.74+13.27=1340.01\text{kg/m}^3$

【답】 단위 잔골재량 : 675.42kg/m³, 단위 굵은 골재량 : 1340.01kg/m³

□□□ 산10①,11②,13②④,16①,17②,18②,21②,22①,23②, 기19④

07 콘크리트표준시방서에서는 콘크리트용 잔골재의 유해물 함유량 한도를 규정하고 있다. 여기서 규정하고 있는 유해물의 종류를 3가지만 쓰시오.

득점	배점
	6

① ____________ ② ____________ ③ ____________

해답 ① 점토 덩어리 ② 0.08mm체 통과량
③ 염화물 ④ 석탄, 갈탄 등으로 밀도 2.0g/cm³의 액체에 뜨는 것

잔골재의 유해물 함유량 한도(질량 백분율)

종류	최대값(%)
점토덩어리	1.0
0.08mm체 통과량 • 콘크리트의 표면이 마모작용을 받는 경우 • 기타의 경우	 3.0 5.0
석탄, 갈탄 등으로 밀도 2.0g/cm³의 액체에 뜨는 것 • 콘크리트의 외관이 중요한 경우 • 기타의 경우	 0.5 1.0
• 염화물(NaCl 환산량)	0.04

□□□ 산08②,09④,10④,12①④,17②

08 콘크리트의 호칭강도가 28MPa이고 30회 이상의 실험에 의한 압축강도의 표준편차가 3.0MPa이였다면 콘크리트의 배합강도는?

득점	배점
	4

계산 과정) 답 : ______________

해답 $f_{cn} = 28\text{MPa} \le 35\text{MPa}$인 경우

- $f_{cr} = f_{cn} + 1.34s = 28 + 1.34 \times 3 = 32.02\text{MPa}$
- $f_{cr} = (f_{cn} - 3.5) + 2.33s = (28 - 3.5) + 2.33 \times 3 = 31.49\text{MPa}$

$\therefore\ f_{cr} = 32.02\text{MPa}$(두 값 중 큰 값)

국가기술자격 실기시험문제

2017년도 기사 제4회 필답형 실기시험(기사)

종 목	시험시간	배 점	성 명	수험번호
건설재료시험산업기사	1시간30분	60		

※ 수험자 인적사항 및 계산식을 포함한 답안 작성은 검은색 필기구만 사용해야 하며, 그 외 연필류, 빨간색, 청색 등 필기구로 작성한 답항은 0점 처리 됩니다.

토질분야

4문항(30점)

□□□ 산92,97,02④,09④,12①,13④,17④,18②

01 현장 다짐 흙의 밀도를 모래치환법으로 시험한 결과가 다음과 같다. 다음 물음에 대한 산출 근거와 답을 쓰시오.

득점	배점
	6

- 시험구멍 흙의 함수비 : 27.3%
- 시험구멍에서 파낸 흙의 무게 : 2520g
- 시험 구멍에 채워 넣은 표준 모래의 밀도 : 1.59g/cm^3
- 시험 구멍에 채워진 표준모래의 무게 : 2410g
- 시험실에서 구한 최대건조밀도 $\rho_{d\max}$: 1.52g/cm^3

가. 현장 흙의 건조밀도(ρ_d)를 구하시오.

계산 과정) 답 : ________

나. 현장 흙의 다짐도를 구하시오.

계산 과정) 답 : ________

해답 가. 건조밀도 $\rho_d = \dfrac{\rho_t}{1+\dfrac{w}{100}}$

- 시험 구멍의 부피 $V = \dfrac{W}{\rho_s} = \dfrac{2410}{1.59} = 1515.72\text{cm}^3$
- 습윤밀도 $\rho_t = \dfrac{W}{V} = \dfrac{2520}{1515.72} = 1.661\text{g/cm}^3$

∴ 건조밀도 $\rho_d = \dfrac{1.66}{1+\dfrac{27.3}{100}} = 1.30\text{g/cm}^3$

나. $C_d = \dfrac{\rho_d}{\rho_{d\max}} \times 100 = \dfrac{1.30}{1.52} \times 100 = 85.53\%$

□□□ 산86,88①,98④,09②,11①,12④,13②,14①,17④

02 아래 표는 흙의 수축 정수를 구하기 위한 시험결과이다. 다음 물음에 답하시오.

득점	배점
	10

그리스를 바른 수축접시의 무게	14.36g
(습윤흙+그리스를 바른 수축접시)의 무게	50.36g
(노건조흙+그리스를 바른 수축접시)의 무게	39.36g
수축접시에 넣은 습윤상태 흙의 부피	$19.65cm^3$
수축한 후 노건조흙 공시체의 부피	$13.50cm^3$

가. 흙이 수축하기 전 수축접시에 넣은 습윤흙 공시체의 함수비(w)를 구하시오

계산 과정) 답 : ________

나. 이 흙의 수축한계(w_s)를 구하시오.

계산 과정) 답 : ________

다. 이 흙의 수축비(R)를 구하시오

계산 과정) 답 : ________

라. 이 흙의 근사 비중(G_s)을 구하시오

계산 과정) 답 : ________

마. 흙의 수축 정수 시험(KS F 2305)에서 습윤흙과 노건조흙의 공시체 부피를 측정하기 위하여 사용되는 것은 무엇인가?

○

해답 가. $w=\dfrac{50.36-39.36}{39.36-14.36}\times100=44\%$

나. $w_s=w-\dfrac{(V-V_o)\rho_w}{W_o}\times100$

$=44-\dfrac{(19.65-13.50)\times1}{39.36-14.36}\times100=19.40\%$

다. $R=\dfrac{W_o}{V_o\cdot\rho_w}=\dfrac{39.36-14.36}{13.50\times1}=1.85$

라. $G_s=\dfrac{1}{\dfrac{1}{R}-\dfrac{w_s}{100}}=\dfrac{1}{\dfrac{1}{1.85}-\dfrac{19.4}{100}}=2.89$

마. 수은

□□□ 산00②,12①,14④,17④ 기01②,04④,06①,08②,10①,12④,13①,23②

03 교란되지 않은 시료에 대한 일축압축 시험결과가 아래와 같으며, 파괴면과 수평면이 이루는 각도는 60° 이다. 다음 물음에 답하시오.

(단, 시험체의 크기는 평균직경 3.5cm, 단면적 962mm^2, 길이 80mm이다.)

득점	배점
	10

압축량 ΔH(1/100mm)	압축력 P(N)	압축량 ΔH(1/100mm)	압축력 P(N)
0	0	220	164.7
20	9.0	260	172.0
60	44.0	300	174.0
100	90.8	340	173.4
140	126.7	400	169.2
180	150.3	480	159.6

가. 응력과 변형률 관계를 계산하여 표를 채우시오.

압축력 P(N)	$\Delta H(\frac{1}{100}$mm)	변형률(%)	$1-\epsilon$	A(mm^2)	압축응력(kPa)
0	0				
9.0	20				
44.0	60				
90.8	100				
126.7	140				
150.3	180				
164.7	220				
172.0	260				
174.0	300				
173.4	340				
169.2	400				
159.6	480				

나. 압축응력(kPa)과 변형률(%)과의 관계도를 그리고 일축압축강도를 구하시오.

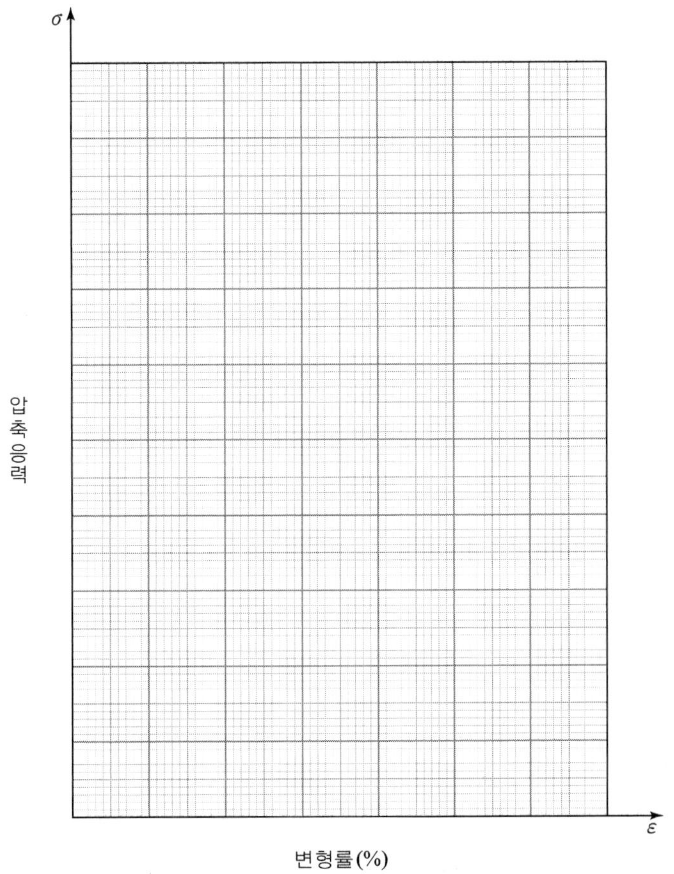

【답】 일축압축강도 : ______________________

다. 점착력을 구하시오.

계산 과정) 답 : ______________

라. 같은 시료를 되비빔하여 시험을 한 결과 파괴압축응력은 14kPa이었다. 예민비를 구하시오.

계산 과정) 답 : ______________

해답 가.

압축력 P(N)	$\Delta H(\frac{1}{100}$mm)	변형률(%) $\epsilon=\frac{\Delta H}{H}\times 100$	$1-\epsilon$	A(mm^2)	$\sigma=\frac{P}{A}$(kPa)
0	0	0	0	0	0
9.0	20	0.25	0.998	963.9	9.3
44.0	60	0.75	0.993	968.8	45.4
90.8	100	1.25	0.988	973.7	93.3
126.7	140	1.75	0.983	978.6	129.5
150.3	180	2.25	0.978	983.6	152.8
164.7	220	2.75	0.973	988.7	166.6
172.0	260	3.25	0.968	993.8	173.1
174.0	300	3.75	0.963	999.0	174.2
173.4	340	4.25	0.958	1004.2	172.7
169.2	400	5.00	0.950	1012.6	167.1
159.6	480	6.00	0.940	1023.4	156.0

변형률 $\epsilon=\frac{\Delta H}{H}=\frac{\Delta H}{80}$

보정단면적 $A=\frac{A_o}{1-\epsilon}=\frac{962}{1-\epsilon}$

수직응력 $\sigma=\frac{P}{A}\times 1000(\text{kPa})$

나. 【답】 일축압축강도 : 174.2kPa

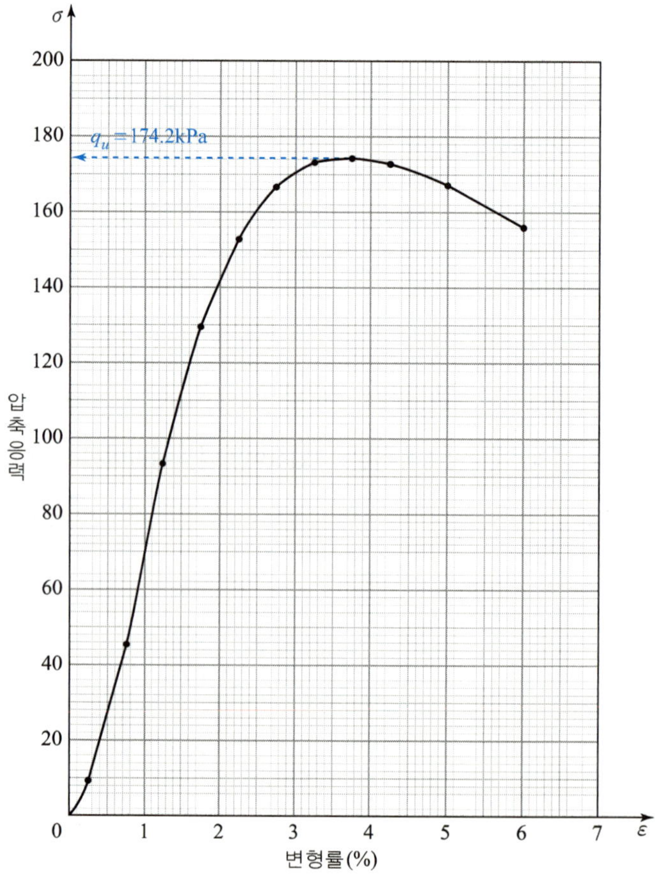

단위
1N/mm^2
= 1MPa
= 1000kPa

다. $c = \dfrac{q_u}{2\tan\left(45° + \dfrac{\phi}{2}\right)}$

• $\phi = 2\theta - 90° = 2 \times 60° - 90° = 30°$

$\therefore\ c = \dfrac{174.2}{2\tan\left(45° + \dfrac{30°}{2}\right)} = 50.29\text{kPa}$

라. $S_t = \dfrac{q_u}{q_{ur}} = \dfrac{174.2}{14} = 12.44$

□□□ 산09④,13①,17④,22①,23①

04 도로의 평판재하시험에서 시험을 끝마치는 조건에 대해 2가지만 쓰시오.

득점	배점
	4

① ______________________ ② ______________________

해답 ① 침하량이 15mm에 달할 때
② 하중강도가 그 지반의 항복점을 넘을 때
③ 하중강도가 현장에서 예상되는 최대 접지압력을 초과할 때

건설재료분야

4문항(30점)

□□□ 산17④, 기91,97,12④,16①

05 아스팔트 신도시험에 대한 다음 물음에 답하시오.

득점	배점
	9

가. 아스팔트 신도시험의 목적을 간단히 쓰시오.

○

나. 별도의 규정이 없을 때의 온도와 속도를 쓰시오.

【답】 시험온도 : ______________________, 인장속도 : ______________________

다. 저온에서 시험할 때의 온도와 속도를 쓰시오.

【답】 시험온도 : ______________________, 인장속도 : ______________________

해답 가. 아스팔트의 연성을 알기 위해서
나. • 시험온도 : 25±0.5℃
• 인장속도 : 5±0.25cm/min
다. • 시험온도 : 4℃
• 인장속도 : 1cm/min

□□□ 산98④,10④,14①,15④,17②④,19②,21②

06 시방배합표가 아래와 같을 때 현장배합으로 수정하여 각 재료량을 산출하시오.

(단, 현장의 골재상태는 잔골재가 5mm체에 남는 량 2%, 굵은골재가 5mm체를 통과하는 량 5%이며, 잔골재의 표면수는 3%, 굵은골재의 표면수는 1%이다.)

득점 | 배점 6

굵은골재 최대치수 (mm)	물-결합재비 (W/B)(%)	잔골재율 (S/a)(%)	슬럼프 (mm)	단위 수량(W) (kg/m³)	단위 시멘트량 (kg/m³)	단위 잔골재량 (kg/m³)	단위 굵은 골재량 (kg/m³)
25	50	40	80	200	400	700	1200

계산과정)

【답】 단위 잔골재량 : ______________, 단위 굵은 골재량 : ______________

해답 ■ 입도보정 $a=2\%, b=5\%$

• 잔골재량 $X=\dfrac{100S-b(S+G)}{100-(a+b)}$

$$=\frac{100\times700-5(700+1200)}{100-(2+5)}=650.54\text{kg/m}^3$$

• 굵은 골재량 $Y=\dfrac{100G-a(S+G)}{100-(a+b)}$

$$=\frac{100\times1200-2(700+1200)}{100-(2+5)}=1249.46\text{kg/m}^3$$

■ 표면수보정
- 잔골재 $650.54\times0.03=19.52\text{kg/m}^3$
- 굵은골재 $1249.46\times0.01=12.49\text{kg/m}^3$

■ 단위량
- 단위 잔골재량 : $650.54+19.52=670.06\text{kg/m}^3$
- 단위 굵은 골재량 : $1249.46+12.49=1261.95\text{kg/m}^3$

□□□ 산91④,08①,09④,13①,15②,17④

07 경화한 콘크리트의 강도시험을 실시하였다. 다음 물음에 대한 답하시오.

득점 | 배점 6

가. 쪼갬 인장시험은 직경 100mm, 높이 200mm인 공시체를 사용하였으며, 최대 쪼갬인장하중은 50.24kN으로 나타났다. 콘크리트의 쪼갬인장 강도를 계산하시오.

계산 과정) 답 : ______________

나. 지간은 450mm, 파괴 단면 높이 150mm, 파괴단면 너비 150mm, 최대하중이 27kN일 때 공시체를 4점 재하 장치에 의해 지간 방향 중심선의 4점 사이에서 파괴되었을 때 휨강도를 구하시오.

계산 과정) 답 : ______________

해답 가. $f_{sp}=\dfrac{2P}{\pi dl}=\dfrac{2\times50.24\times10^3}{\pi\times100\times200}=1.60\text{N/mm}^2=1.60\text{MPa}$

나. $f_b=\dfrac{Pl}{bh^2}=\dfrac{27\times10^3\times450}{150\times150^2}=3.6\text{N/mm}^2=3.6\text{MPa}$

□□□ 산88②,17④

08 다음은 굵은 골재의 밀도 및 흡수량 시험의 결과이다. 다음 물음에 답하시오.

득점	배점
	9

- 절대 건조 상태의 시료 질량 : 3990g
- 습윤상태의 시료 질량 : 4110g
- 시료의 수중 질량 : 2530g
- 골재의 흡수율 : 1.25%
- 시험 온도에서의 물의 밀도 : $1g/cm^3$

가. 표면수율을 구하시오.

계산 과정) 답 : ____________

나. 함수율을 구하시오.

계산 과정) 답 : ____________

다. 표면건조상태의 밀도를 구하시오.

계산 과정) 답 : ____________

해답 가. 표면수율$=\dfrac{\text{습윤질량}-\text{표건질량}}{\text{표건질량}}\times 100$

• 흡수율$=\dfrac{\text{표건질량}-\text{절건질량}}{\text{절건질량}}$

$=\dfrac{x-3990}{3990}\times 100=1.25\%$

∴ 표면건조상태질량 $x=4040\text{g}$

∴ 표면수율$=\dfrac{4110-4040}{4040}\times 100=1.73\%$

나. 함수율$=\dfrac{\text{습윤질량}-\text{절건질량}}{\text{절건질량}}\times 100$

$=\dfrac{4110-3990}{3990}\times 100=3.01\%$

다. 표건밀도$=\dfrac{B}{B-C}\times \rho_w$

$=\dfrac{4040}{4040-2530}\times 1=2.68\text{g/cm}^3$

국가기술자격 실기시험문제

2018년도 기사 제1회 필답형 실기시험(기사)

종 목	시험시간	배 점	성 명	수험번호
건설재료시험산업기사	**1시간30분**	**60**		

※ 수험자 인적사항 및 계산식을 포함한 답안 작성은 검은색 필기구만 사용해야 하며, 그 외 연필류, 빨간색, 청색 등 필기구로 작성한 답항은 0점 처리 됩니다.

토질분야

4문항(28점)

□□□ 산01④,08②,10①②,13④,14②,17②,18①, 19①

01 어떤 점토층의 압밀시험결과가 다음 표와 같다. 다음 물음에 답하시오.

(단, 시료의 평균 두께가 25mm, 압밀시간은 $t_{50}=2.5$분이고, 양면배수이다. 소수점 여섯째자리에서 반올림하시오.)

득점	배점
	6

압밀응력(kN/m²)	공극비(e)
50	0.92
120	0.78

가. 압밀계수를 구하시오.

계산 과정)　　　　　　　　답 : ____________

나. 체적 변화계수를 구하시오.

계산 과정)　　　　　　　　답 : ____________

다. 투수계수를 구하시오.

계산 과정)　　　　　　　　답 : ____________

해답 가. $C_v=\dfrac{0.197\left(\dfrac{H}{2}\right)^2}{t_{50}}=\dfrac{0.197\left(\dfrac{2.5}{2}\right)^2}{2.5\times60}=2.05\times10^{-3}\text{cm}^2/\text{sec}=2.05\times10^{-7}\text{m}^2/\text{sec}$

나. $m_v=\dfrac{a_v}{1+e}$

• $a_v=\dfrac{e_1-e_2}{P_2-P_1}=\dfrac{0.92-0.78}{120-50}=2\times10^{-3}\text{m}^2/\text{kN}$

$\therefore\ m_v=\dfrac{2\times10^{-3}}{1+0.92}=1.04\times10^{-3}\text{m}^2/\text{kN}$

다. $k=C_v\cdot m_v\cdot\gamma_w=2.05\times10^{-7}\times1.04\times10^{-3}\times9.81=2.1\times10^{-9}\text{m/sec}=2.1\times10^{-7}\text{cm/sec}$

□□□ 산12④,15①,17②,18①,20②

02 도로공사 현장에서 모래치환법으로 현장 흙의 단위무게시험을 실시하여 아래와 같은 결과를 얻었다. 다음 물음에 답하시오.

득점	배점
	10

【시험 결과 값】

- 시험구멍에서 파낸 흙의 무게 : 1670g
- 시험구멍에서 파낸 흙의 함수비 : 15%
- 시험구멍에 채워진 표준모래의 무게 : 1480g
- 시험구멍에 사용한 표준모래의 밀도 : 1.65g/cm^3
- 실내 시험에서 구한 흙의 최대 건조 밀도 : 1.73g/cm^3
- 현장 흙의 비중 : 2.65

가. 현장 흙의 습윤 밀도를 구하시오.

계산 과정) 답 : ____________

나. 현장 흙의 건조 밀도를 구하시오.

계산 과정) 답 : ____________

다. 현장 흙의 간극비를 구하시오.

계산 과정) 답 : ____________

라. 포화도를 구하시오.

계산 과정) 답 : ____________

마. 다짐도를 구하시오.

계산 과정) 답 : ____________

해답 가. $\rho_t = \dfrac{W}{V}$

- $V = \dfrac{W_{\text{sand}}}{\rho_s} = \dfrac{1480}{1.65} = 896.97\text{cm}^3$

$\therefore\ \rho_t = \dfrac{1670}{896.97} = 1.86\text{g/cm}^3$

나. $\rho_d = \dfrac{\rho_t}{1+w} = \dfrac{1.86}{1+0.15} = 1.62\text{g/cm}^3$

다. $e = \dfrac{\rho_w G_s}{\rho_d} = \dfrac{1\times 2.65}{1.62} - 1 = 0.64$

$\left(\because\ \text{건조밀도 } \rho_d = \dfrac{G_s}{1+e}\rho_w \text{ 에서}\right)$

라. $S = \dfrac{G_s w}{e} = \dfrac{2.65\times 15}{0.64} = 62.11\%$

마. $R = \dfrac{\rho_d}{\rho_{d\max}} \times 100 = \dfrac{1.62}{1.73} \times 100 = 93.64\%$

□□□ 산89④,09②,11④,18①

03 점토질 흙의 현장에서 간극비가 1.5, 액성한계가 50%, 점토층의 두께가 4m일 때, 이 점토층의 유효한 재하압력이 $13t/m^2(130kN/m^2)$에서 $17t/m^2(170kN/m^2)$로 증가하는 경우 다음 물음에 답하시오.

득점	배점
	6

가. 압축지수(C_c)를 구하시오. (단, 흐트러지지 않은 시료로서 Terzaghi와 peck 공식을 사용하시오.)

계산 과정) 답 : ____________

나. 압밀침하량(ΔH)을 구하시오.

계산 과정) 답 : ____________

해답 ■ [MKS] 단위

가. $C_c = 0.009(W_L - 10)$

$= 0.009(50 - 10) = 0.36$

나. $\Delta H = \frac{C_c H}{1+e} \log \frac{P + \Delta P}{P} = \frac{C_c H}{1+e} \log \frac{P_2}{P_1}$

$= \frac{0.36 \times 400}{1+1.5} \log \frac{17}{13} = 6.71\,\text{cm}$

■ [SI] 단위

가. $C_c = 0.009(W_L - 10)$

$= 0.009(50 - 10) = 0.36$

나. $\Delta H = \frac{C_c H}{1+e} \log \frac{P + \Delta P}{P} = \frac{C_c H}{1+e} \log \frac{P_2}{P_1}$

$= \frac{0.36 \times 400}{1+1.5} \log \frac{170}{130} = 6.71\,\text{cm}$

□□□ 산18①,22①

04 애터버그 한계의 종류 3가지를 쓰고 간단히 설명하시오.

득점	배점
	6

① ____________

② ____________

③ ____________

해답 ① 액성한계 : 반죽된 시료가 1cm의 낙하고에서 25회 타격으로 15mm 붙을 때의 함수비

② 소성한계 : 흙을 서리 유리판 위에서 지름이 3mm가 되도록 줄모양으로 늘였을 때 막 잘라지려는 상태의 함수비

③ 수축한계 : 시료를 건조시켜서 함수비를 감소시키면 흙은 수축해서 부피가 감소하지만 어느 함수비 이하에서도 부피가 변하지 않을 때의 함수비

건설재료분야

5문항(32점)

□□□ 산88④,10②,11④,18①

05 시멘트 시험에 대한 물음에 답하시오.

득점	배점
	8

가. 시멘트 응결시간 측정 시험법 2가지를 쓰시오.

① ______________ ② ______________

나. 시멘트 분말도 측정 시험법 2가지를 쓰시오.

① ______________ ② ______________

해답 가. ① 비카침에 의한 방법
② 길모아 침에 의한 방법
나. ① 표준체 45μm 에 의한 방법
② 블레인 공기투과장치에 의한 방법

□□□ 산10①,11②,13②④,16①,17②,18①

06 콘크리트표준시방서에서는 콘크리트용 굵은 골재의 유해물 함유량 한도를 규정하고 있다. 여기서 규정하고 있는 유해물의 종류를 3가지만 쓰시오.

득점	배점
	6

① ______________ ② ______________ ③ ______________

해답 ① 점토 덩어리 ② 연한 석편 ③ 0.08mm체 통과량

굵은 골재의 유해물 함유량 한도(질량 백분율)

구분	천연 굵은 골재
점토 덩어리(%)	0.25 1)
연한 석편(%)	5.0 1)
0.08mm체 통과량(%)	1.0
석탄, 갈탄 등으로 밀도 2.0g/cm^{3}의 액체에 뜨는 것(%) • 콘크리트의 외관이 중요한 경우 • 기타의 경우	 0.5 1.0

주 1) 점토 덩어리와 연한 석편의 합이 5%를 넘으면 안된다.

□□□ 산14④,18①, 기10②

07 콘크리트 시방배합설계에서 30회 이상의 콘크리트 압축 강도시험으로부터 구한 표준편차는 4.5MPa이고, 호칭강도가 40MPa인 고강도 콘크리트의 배합강도를 구하시오.

득점	배점
	4

계산 과정) 답 : ______

해답 $f_{cn}=40\text{MPa}>35\text{MPa}$일 때 두 값 중 큰 값

- $f_{cr}=f_{cn}+1.34s=40+1.34\times4.5=46.03\text{MPa}$
- $f_{cr}=0.9f_{cn}+2.33s=0.9\times40+2.33\times4.5=46.49\text{MPa}$

∴ 배합강도 $f_{cr}=46.49\text{MPa}$

□□□ 산98④,10④,14①,15④,17②,18①

08 콘크리트의 시방배합 결과와 현장 골재 상태가 다음과 같을 때 시방배합을 현장배합으로 각 재료량을 구하시오. (단, 소수점 첫째자리에서 반올림하시오.)

득점	배점
	6

【시방배합표】

물(W)	시멘트(C)	잔골재(S)	굵은골재(G)
170	300	640	1080

【현장골재상태】

- 잔골재의 5mm체 잔류율 : 3%
- 굵은골재의 5mm체 통과율 : 6%
- 잔골재의 표면수 : 3%
- 굵은골재의 표면수 : 1%

가. 단위 잔골재량을 구하시오.

계산 과정) 답 : ______

나. 단위 굵은 골재량을 구하시오.

계산 과정) 답 : ______

다. 단위 수량을 구하시오.

계산 과정) 답 : ______

해답 가. $X=\dfrac{100S-b(S+G)}{100-(a+b)}=\dfrac{100\times640-6(640+1080)}{100-(3+6)}=589.89\text{kg}$

- 표면수 보정 : $589.89\times0.03=17.70\text{kg}$

∴ $S=589.89+17.70=607.59\text{kg/m}^3$

나. $Y=\dfrac{100G-a(S+G)}{100-(a+b)}=\dfrac{100\times1080-3(640+1080)}{100-(3+6)}=1130.11\text{kg}$

- 표면수 보정 : $1130.11\times0.01=11.30\text{kg}$

∴ $G=1130.11+11.30=1141.41\text{kg/m}^3$

다. $W=170-(17.70+11.30)=141\text{kg/m}^3$

□□□ 산87②,09②,12①②,18①,21②,22①

09 콘크리트용 잔골재 및 굵은골재의 체가름 시험을 실시하여 다음과 같은 값을 구하였다. 아래 물음에 답하시오.

득점	배점
	8

가. 표의 빈칸을 완성하시오. (단, 소수점 첫째자리에서 반올림하시오.)

체의 호칭 (mm)	잔골재			굵은골재		
	체에 남은 양의 무게 (kg)	체에 남은 양 (%)	체에 남은 양의 누계 (%)	체에 남은 양의 무게 (kg)	체에 남은 양 (%)	체에 남은 양의 누계 (%)
75	0			0		
40	0			0.30		
20	0			2.04		
10	0			2.16		
5	0.12			1.20		
2.5	0.36			0.18		
1.2	0.60			–		
0.6	1.16			–		
0.3	1.40			–		
0.15	0.32			–		
합계	3.96	–		5.88	–	

나. 잔골재의 조립률(F.M)을 구하시오

계산 과정)

답 : ________________

다. 굵은 골재의 조립률(F.M)을 구하시오

계산 과정)

답 : ________________

라. 굵은 골재의 최대치수를 구하시오.

○

해답 가.

체의 호칭 (mm)	잔골재			굵은골재		
	체에 남은 양의 무게 (kg)	체에 남은 양 (%)	체에 남은 양의 누계 (%)	체에 남은 양의 무게 (kg)	체에 남은 양 (%)	체에 남은 양의 누계 (%)
75	0	0	0	0	0	0
40	0	0	0	0.30	5	5
20	0	0	0	2.04	35	40
10	0	0	0	2.16	37	77
5	0.12	3	3	1.20	20	97
2.5	0.36	9	12	0.18	3	100
1.2	0.60	15	27	0	0	100
0.6	1.16	29	56	0	0	100
0.3	1.40	35	91	0	0	100
0.15	0.32	8	99	0	0	100
합계	3.96	–	288	5.88	–	719

- 잔류율 $= \dfrac{\text{어떤 체에 잔유량}}{\text{전체 질량(합계)}} \times 100$
- 가적 잔류율=잔류율의 누계

나. $\text{F.M} = \dfrac{3+12+27+56+91+99}{100} = 2.9$

다. $\text{F.M} = \dfrac{5+40+77+97+100\times5}{100} = 7.2$

라. 40mm(∵ 가적통과량=100−5=95%)

국가기술자격 실기시험문제

2018년도 기사 제2회 필답형 실기시험(기사)

종 목	시험시간	배 점	성 명	수험번호
건설재료시험산업기사	1시간30분	60		

※ 수험자 인적사항 및 계산식을 포함한 답안 작성은 검은색 필기구만 사용해야 하며, 그 외 연필류, 빨간색, 청색 등 필기구로 작성한 답항은 0점 처리 됩니다.

토질분야 5문항(34점)

□□□ 산92,97,02④,09④,12④,13④,17④,18②,22③

01 현장 다짐 흙의 밀도를 모래치환법으로 시험한 결과가 다음과 같다. 물음에 대한 산출근거와 답을 쓰시오.

득점	배점
	6

- 시험구멍 흙의 함수비 : 27.3%
- 시험구멍에서 파낸 흙의 무게 : 2520g
- 시험 구멍에 채워 넣은 표준 모래의 밀도 : 1.59g/cm^3
- 시험 구멍에 채워진 표준모래의 무게 : 2410g
- 시험실에서 구한 최대건조밀도 $\rho_{d\max}$: 1.52g/cm^3

가. 현장 흙의 건조밀도(ρ_d)를 구하시오.

계산 과정) 답 : ______

나. 현장 흙의 다짐도를 구하시오.

계산 과정) 답 : ______

해답 가. 건조밀도 $\rho_d = \dfrac{\rho_t}{1+\dfrac{w}{100}}$

- 시험 구멍의 부피 $V = \dfrac{W}{\rho_s} = \dfrac{2410}{1.59} = 1515.72\text{cm}^3$
- 습윤밀도 $\rho_t = \dfrac{W}{V} = \dfrac{2520}{1515.72} = 1.661\text{g/cm}^3$

∴ 건조밀도 $\rho_d = \dfrac{1.66}{1+\dfrac{27.3}{100}} = 1.30\text{g/cm}^3$

나. $R = \dfrac{\rho_d}{\rho_{d\max}} \times 100 = \dfrac{1.30}{1.52} \times 100 = 85.53\%$

□□□ 산85,88,08④,10④,17②,18②,23②

02 어떤 시료에 대하여 액성한계 및 소성한계시험을 실시하여 다음과 같은 결과를 얻었다. 다음 물음에 답하시오. (단, 이 시료의 자연 함수비가 36.2%이다.)

득점	배점
	12

【액성한계시험】

구분 \ 측정번호	1	2	3	4
낙하횟수(회)	34	27	17	13
함수비(%)	71.1	72.1	74.0	75.1

【소성한계시험】

구분 \ 측정번호	1	2	3
함수비(%)	31.23	30.82	32.82

가. 유동곡선을 그리고 액성한계를 구하시오.

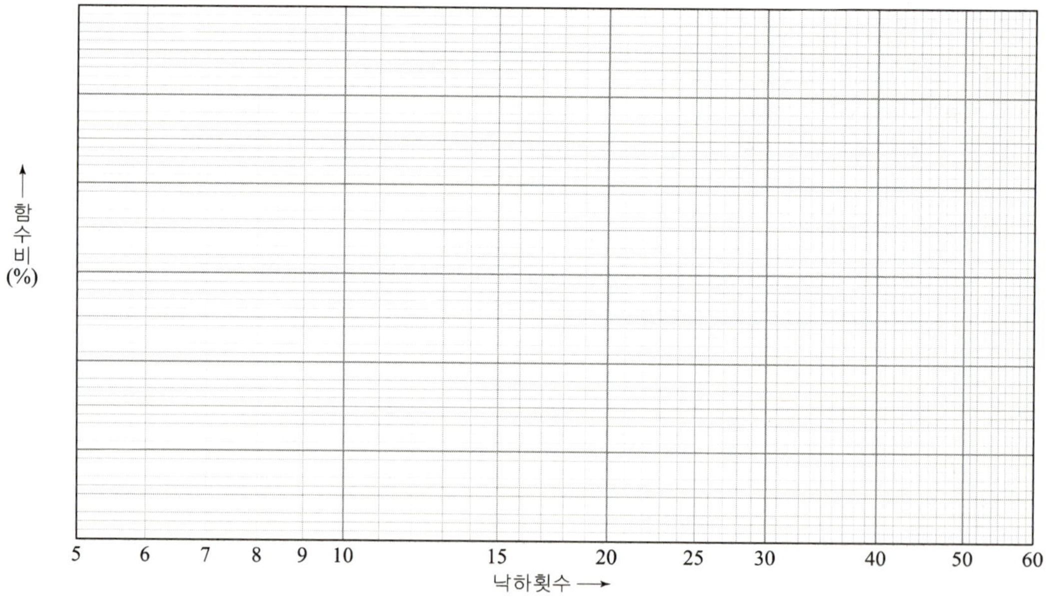

【답】 액성한계 :

나. 소성한계를 구하시오.

계산 과정)

답 : ______________

다. 소성지수를 구하시오.

계산 과정)

답 : ______________

라. 액성지수를 구하시오.

계산 과정) 답 : ________________

마. 연경도지수를 구하시오.

계산 과정) 답 : ________________

해답 가.

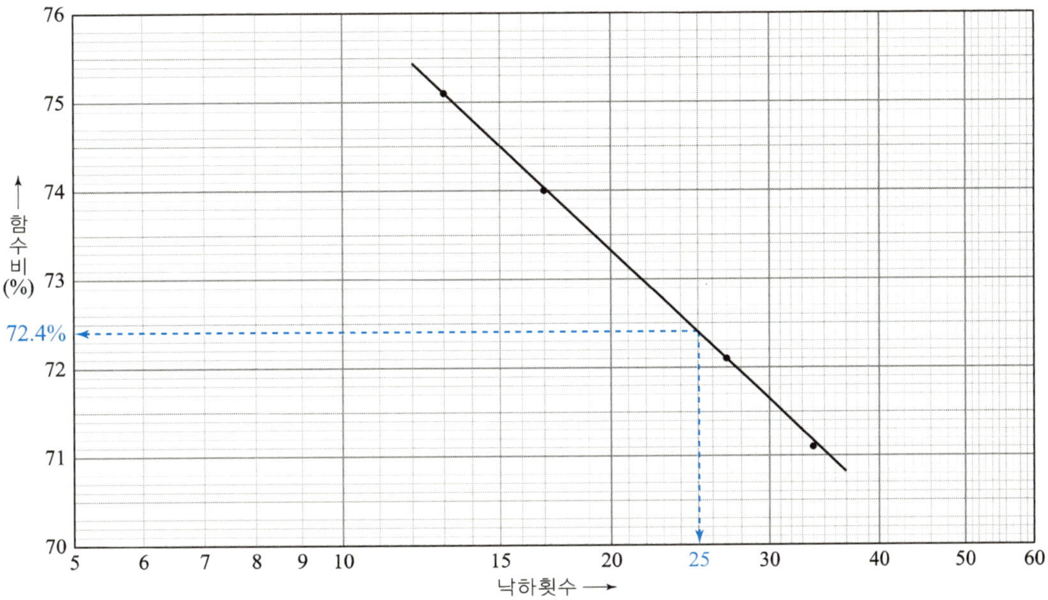

【답】 액성한계 : 72.4%

나. $w_P = \dfrac{31.23 + 30.82 + 32.82}{3} = 31.62\%$

다. $I_P = w_L - w_P = 72.4 - 31.62 = 40.78\%$

라. $I_L = \dfrac{w_n - w_P}{I_P} = \dfrac{36.2 - 31.62}{40.78} = 0.11$

마. $I_c = \dfrac{w_L - w_n}{I_P} = \dfrac{72.4 - 36.2}{40.78} = 0.89$

□□□ 산10②,14①,18②, 기08②,09④,14②,18②,21②,22③

03 흙의 공학적 분류방법인 통일분류법과 AASHTO분류법의 차이점을 3가지만 쓰시오.

득점	배점
	6

① __________ ② __________ ③ __________

해답 ① 두 가지 분류법에서는 모두 입도분포와 소성을 고려하여 흙을 분류하고 있다.

② 모래, 자갈 입경 구분 서로 다르다.

③ 유기질 흙에 대한 분류는 통일분류법에는 있으나 AASHTO분류법에는 없다.

④ No.200체를 기준으로 조립토와 세립토를 구분하고 있으나 두 방법의 통과율에 있어서는 서로 다르다.

□□□ 산09①,15④,18②,22③

04 어느 점성토의 일축압축시험결과 자연시료의 파괴강도는 1.57MPa, 파괴면 이 수평면과 58° 의 각을 이루었으며 교란된 시료의 압축 강도는 0.28MPa이었다. 다음 물음에 답하시오. (단, 소수점 셋째자리에서 반올림하시오.)

득점	배점
	6

가. 이 점토의 강도정수 내부마찰각과 점착력을 구하시오.

계산 과정) 답 : ______

【답】 내부마찰각 : ______ 점착력 : ______

나. 최대 전단응력을 구하시오.

계산 과정) 답 : ______

다. 예민비를 구하고 판정하시오.

계산 과정) 답 : ______

해답 가. $\phi = 2\theta - 90° \left(\because\ \theta = 45° + \frac{\phi}{2}\right)$

$= 2 \times 58° - 90° = 26°$

$$c = \frac{q_u}{2\tan\left(45° + \frac{\phi}{2}\right)} = \frac{1.57}{2\tan\left(45° + \frac{26°}{2}\right)} = 0.49\text{MPa}$$

나. $\tau_{\max} = \sigma\tan\phi + c = 1.57\tan 26° + 0.49 = 1.26\text{MPa}$

다. $S_t = \frac{q_u}{q_{ur}} = \frac{1.57}{0.28} = 5.61$

$1 < S_t < 8$ ∴ 예민성 점토

예민비와 점토의 분류

예민비	판정
$S_t \leq 1$	비예민 점토
$1 < S_t < 8$	예민성 점토
$8 \leq S_t \leq 64$	급속 점토
$64 < S_t$	초예민성 점토

□□□ 산18② 기08④,12②,16②,18②

05 1차원 압밀이론을 전개하기 위한 Terzaghi가 설정한 가정을 아래 표의 내용과 같이 4가지만 쓰시오.

득점	배점
	4

흙은 균질하고 완전히 포화되어 있다.

① ______ ② ______

③ ______ ④ ______

해답 ① 흙 입자와 물의 압축성은 무시한다.
② 압축과 물의 흐름은 1차적으로만 발생한다.
③ 물의 흐름은 Dary법칙에 따르며, 투수 계수와 체적 변화는 일정하다.
④ 흙의 성질은 흙이 받는 압력의 크기에 상관없이 일정하다.
⑤ 압력-공극비의 관계는 이상적으로 직선화된다.
⑥ 유효 응력이 증가하면 압축토층의 간극비는 유효 응력의 증가에 반비례해서 감소한다.

건설재료분야 4문항(26점)

□□□ 산10①,11②,13②④,16①,17②,18②

06 콘크리트표준시방서에서는 콘크리트용 잔골재의 유해물 함유량 한도를 규정하고 있다. 여기서 규정하고 있는 유해물의 종류를 3가지만 쓰시오.

득점	배점
	6

① ______ ② ______ ③ ______

해답 ① 점토 덩어리
② 0.08mm체 통과량
③ 염화물
④ 석탄 갈탄 등으로 밀도 $2.0g/cm^3$의 액체에 뜨는 것

잔골재의 유해물 함유량 한도(질량 백분율)

종류	최대값(%)
점토덩어리	1.0
0.08mm체 통과량 • 콘크리트의 표면이 마모작용을 받는 경우 • 기타의 경우	 3.0 5.0
석탄, 갈탄 등으로 밀도 $2.0g/cm^3$의 액체에 뜨는 것 • 콘크리트의 외관이 중요한 경우 • 기타의 경우	 0.5 1.0
• 염화물(NaCl 환산량)	0.04

□□□ 산10②,11②,15②,17①,18②,20②

07 **20℃에서 굵은골재의 밀도 및 흡수율 시험(KS F 2503) 결과 아래와 같다. 물음에 답하시오.**

득점	배점
	8

표건상태의 시료질량(g)	1000
절건상태의 시료질량(g)	989.5
시료의 수중질량(g)	615.4
시험온도에서 물의 밀도(g/cm^3)	0.9970

가. 표면 건조 포화 상태의 시료 밀도를 구하시오.

계산 과정) 답 : ______

나. 절건 건조상태의 시료 밀도를 구하시오.

계산 과정) 답 : ______

다. 겉보기 밀도(진밀도)를 구하시오.

계산 과정) 답 : ______

라. 흡수율을 구하시오.

계산 과정) 답 : ______

해답 가. $D_s = \dfrac{B}{B-C} \times \rho_w = \dfrac{1000}{1000-615.4} \times 0.9970 = 2.59\text{g/cm}^3$

나. $D_d = \dfrac{A}{B-C} \times \rho_w = \dfrac{989.5}{1000-615.4} \times 0.9970 = 2.57\text{g/cm}^3$

다. $D_A = \dfrac{A}{A-C} \times \rho_w = \dfrac{989.5}{989.5-614.5} \times 0.9970 = 2.64\text{g/cm}^3$

라. $Q = \dfrac{B-A}{A} \times 100 = \dfrac{1000-989.5}{989.5} \times 100 = 1.06\%$

□□□ 산11①④,15①,15④,16②,18②

08 **아스팔트 시험에 대한 아래의 물음에 답하시오.**

득점	배점
	6

가. 저온에서 시험할 때 아스팔트 신도시험의 표준 시험온도 및 인장속도를 쓰시오.

【답】 시험온도 : ______ 인장속도 : ______

나. 역청재료의 점도를 측정하는 시험방법을 3가지만 쓰시오.

① ______ ② ______ ③ ______

해답 가. 시험온도 : 4℃, 인장속도 : 1cm/min

나. ① 앵글러(engler) 점도시험방법

② 세이볼트(saybolt) 점도시험방법

③ 레드우드(redwood) 점도시험방법

④ 스토머(stomer) 점도시험방법

□□□ 산09④,10①,11②,14②,15①,18②

09 다음은 잔골재 체가름 시험 결과이다. 물음에 답하시오.

득점	배점
	6

가. 다음 표를 완성하시오. (소수점 첫째자리에서 반올림하시오.)

체눈금(mm) \ 구분	남는 양(g)	잔유율(%)	가적 잔유율(%)	통과율(%)
5.0	0	–	–	100
2.5	43			
1.2	132			
0.6	252			
0.3	108			
0.15	58			
pan	7			

나. 조립률을 구하시오. (소수점 셋째자리에서 반올림하시오.)

계산 과정)

답 : ______________

해답 가.

체눈금(mm) \ 구분	남는 양(g)	잔유율(%)	가적 잔유율(%)	통과율(%)
5.0	0	–	–	100
2.5	43	7	7	89
1.2	132	22	29	71
0.6	252	42	71	29
0.3	108	18	89	11
0.15	58	10	99	1
pan	7	1	100	–

나. 조립률

$$\text{F.M} = \frac{7+29+71+89+99}{100} = 2.95$$

체가름결과

- 잔유율 $= \dfrac{\text{각 체에 남는 양}}{\text{전체 질량}} \times 100$
- 가적 잔유율=각 체의 잔유율의 누계
- 통과율=100−가적 잔유율

국가기술자격 실기시험문제

2018년도 기사 제4회 필답형 실기시험(기사)

종　목	시험시간	배 점	성 명	수험번호
건설재료시험산업기사	**1시간30분**	**60**		

※ 수험자 인적사항 및 계산식을 포함한 답안 작성은 검은색 필기구만 사용해야 하며, 그 외 연필류, 빨간색, 청색 등 필기구로 작성한 답항은 0점 처리 됩니다.

토질분야

4문항(32점)

□□□ 산95,08①,18④,24② 기91

01 아래 그림과 같은 토층단면에 대하여 물음에 답하시오. (단, 각 시료의 포화도는 100%이다.)

득점	배점
	6

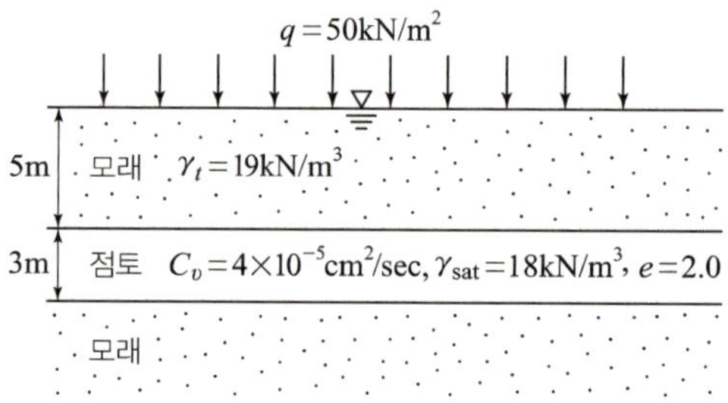

가. 등분포하중 50kN/m^2이 작용할 때 4개월 후 점토층 중심부의 공극수압을 구하시오.
(단, 압밀도 $U=0.70$)

계산 과정) 답 : ______

나. 위의 그림의 토층에서 점토층 중심부의 연직유효응력을 구하시오.

계산 과정) 답 : ______

해답 가. $U=1-\dfrac{u_e}{P}$ 에서

$$u_e=P(1-U)=50(1-0.70)=15\text{kN/m}^2$$

나. • $\gamma_t=\dfrac{G_s+\dfrac{Se}{100}}{1+e}\gamma_w=\dfrac{G_s+\dfrac{100\times2.0}{100}}{1+2.0}\times9.81=19\text{kN/m}^3 \quad \therefore\ G_s=3.81$

$$\gamma_{sub1}=\frac{G_s-1}{1+e}\gamma_w=\frac{3.81-1}{1+2.0}\times9.81=9.19\text{kN/m}^3$$

• $\gamma_t=\dfrac{G_s+\dfrac{Se}{100}}{1+e}\gamma_w=\dfrac{G_s+\dfrac{100\times2.0}{100}}{1+2.0}\times9.81=18\text{kN/m}^3 \quad \therefore\ G_s=3.50$

$$\gamma_{sub2}=\frac{G_s-1}{1+e}\gamma_w=\frac{3.50-1}{1+2.0}\times9.81=8.18\text{kN/m}^3$$

• $\sigma=\gamma_{sub}\times h_1+\gamma_{sub}\times\dfrac{h_2}{2}+q\times U=9.19\times5+8.18\times\dfrac{3}{2}=58.22\text{kN/m}^2$

∴ 연직유효응력 $\sigma_v=\sigma+q=58.22+50=108.22\text{kN/m}^2$

□□□ 86,93,02①,08④,10④,17②,18②④,23②

득점	배점
	8

02 흙의 자연함수비가 28%인 점성토 토성시험 결과 다음과 같은 결과를 얻었을 때 다음 물음에 답하시오. (단, 소성한계는 21.2%이다. 소수점 셋째자리에서 반올림하시오.)

측정번호	1	2	3	4	5	6
낙하횟수	11	17	27	35	42	50
함수비	33.4	32.8	32.1	31.7	31.4	31.2

가. 유동곡선을 작도하고 액성한계를 구하시오.

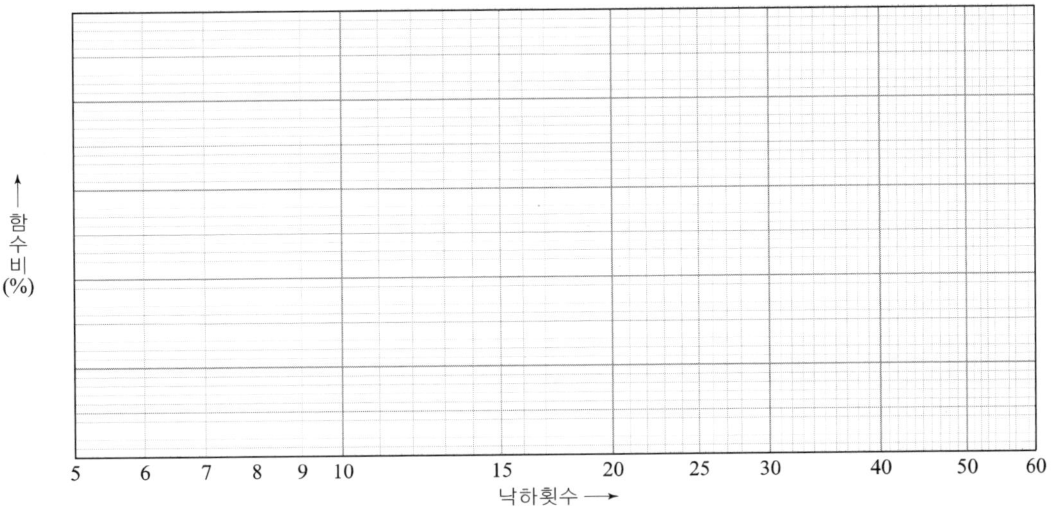

【답】 액성한계 :

나. 액성지수를 구하시오.

계산 과정)

답 :

다. 유동지수를 구하시오.

계산 과정)

답 :

라. 터프니스지수를 구하시오.

계산 과정)

답 :

해답 가.

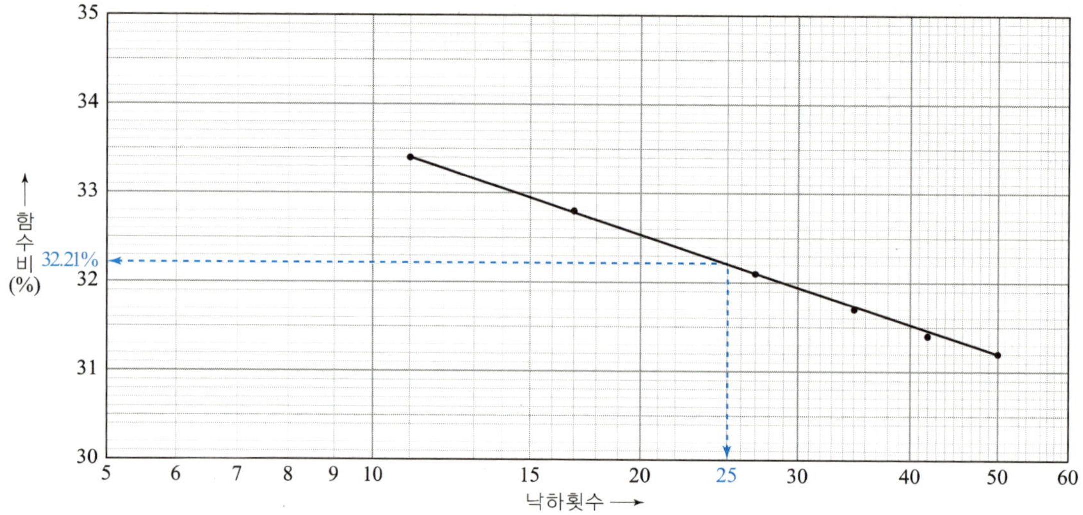

【답】 액성한계 : 32.2%

나. $I_L = \dfrac{w_n - W_P}{W_L - W_P} = \dfrac{28-21.2}{32.21-21.2} = 0.62$

다. $I_f = \dfrac{w_n - w_2}{\log N_2 - \log_1} I_L = \dfrac{33.4-31.2}{\log 50 - \log 11} = 3.35$

라. $I_t = \dfrac{W_L - W_P}{I_f} = \dfrac{32.21-21.2}{3.35} = 3.29$

□□□ 산89③,95②,10②,18④,22③,23②

03 어느 흙의 입도시험결과 입경가적곡선에서 얻은 흙입자 지름이 다음과 같다. 물음에 답하시오.

득점	배점
	6

$D_{10} = 0.02\text{mm}$, $D_{20} = 0.04\text{mm}$, $D_{30} = 0.05\text{mm}$, $D_{40} = 0.07\text{mm}$
$D_{50} = 0.10\text{mm}$, $D_{60} = 0.14\text{mm}$, $D_{70} = 0.19\text{mm}$, $D_{80} = 0.21\text{mm}$

가. 유효입경을 구하시오.

계산 과정) 답 : ______________

나. 균등계수를 구하시오.

계산 과정) 답 : ______________

다. 곡률계수를 구하시오.

계산 과정) 답 : ______________

해답 가. $D_{10} = 0.02\text{mm}$

나. $C_u = \dfrac{D_{60}}{D_{10}} = \dfrac{0.14}{0.02} = 7.0$

다. $C_g = \dfrac{(D_{30})^2}{D_{10} \times D_{60}} = \dfrac{(0.05)^2}{0.02 \times 0.14} = 0.89$

□□□ 18④

04 어느 흙의 실험결과 공극비가 0.7, 함수비가 10%, 비중이 2.6일 때 다음 물음에 답하시오. (단, 소수점 셋째자리에서 반올림하시오.)

득점	배점
	12

가. 공극율을 구하시오.

계산 과정)　　　　　답 : ____________

나. 포화도를 구하시오.

계산 과정)　　　　　답 : ____________

다. 습윤밀도를 구하시오.

계산 과정)　　　　　답 : ____________

라. 건조밀도를 구하시오.

계산 과정)　　　　　답 : ____________

마. 포화밀도를 구하시오

계산 과정)　　　　　답 : ____________

바. 수중밀도를 구하시오.

계산 과정)　　　　　답 : ____________

해답 가. $n = \frac{e}{1+e} \times 100 = \frac{0.7}{1+0.7} \times 100 = 41.18\%$

나. $S = \frac{G_s \cdot w}{e} = \frac{2.6 \times 10}{0.7} = 37.14\%$

다. $\rho_t = \frac{G_s + \frac{S \cdot e}{100}}{1+e}\rho_w = \frac{2.6 + \frac{37.14 \times 0.7}{100}}{1+0.7} \times 1 = 1.68\text{g/cm}^3$

라. $\rho_d = \frac{\rho_t}{1+w} = \frac{1.65}{1+0.10} = 1.50\text{g/cm}^3$

마. $\rho_{\text{sat}} = \frac{G_s + e}{1+e}\rho_w = \frac{2.6+0.7}{1+0.7} \times 1 = 1.94\text{g/cm}^3$

바. $\rho_{\text{sub}} = \frac{G_s - 1}{1+e}\rho_w = \frac{2.60-1}{1+0.7} \times 1 = 0.94\text{g/cm}^3$

또는 $\rho_{\text{sub}} = \rho_{\text{sat}} - \rho_w = 1.94 - 1 = 0.94\text{g/cm}^3$

건설재료분야

4문항(28점)

□□□ 산10④,12④,18④

05 콘크리트의 호칭강도 f_{cn}가 28MPa이고, 압축강도의 시험횟수가 20회, 콘크리트 표준편차 S가 3.5MPa이라고 한다. 이 콘크리트의 배합강도를 구하시오.

득점	배점
	6

시험 횟수	표준편차의 보정계수
15	1.16
20	1.08
25	1.03
30 이상	1.00

계산 과정)

답 : ____________

해답 ■ 표준편차의 보정 : $3.5 \times 1.08 = 3.78$MPa

■ $f_{cn} \le 35$MPa인 경우

- $f_{cr} = f_{cn} + 1.34s = 28 + 1.34 \times 3.78 = 33.07$MPa
- $f_{cr} = (f_{cn} - 3.5) + 2.33s = (28 - 3.5) + 2.33 \times 3.78 = 33.31$MPa

∴ $f_{cr} = 33.31$MPa(두 값 중 큰 값)

보충

시험 횟수	표준편차의 보정계수
15	1.16
20	1.08
25	1.03
30 이상	1.00

- $f_{cn} \le 35$MPa인 경우

  $f_{cr} = f_{cn} + 1.34s$
  $f_{cr} = (f_{cn} - 3.5) + 2.33s$] 두 값 중 큰 값

- $f_{cn} > 35$MPa인 경우

  $f_{cr} = f_{cn} + 1.34s$
  $f_{cr} = 0.9 f_{cn} + 2.33s$] 두 값 중 큰 값

□□□ 산10①,14②,18④

득점	배점
	8

06 다음은 잔골재 체가름 시험 결과이다. 물음에 답하시오.

가. 다음 표를 완성하시오. (소수점 첫째자리에서 반올림하시오.)

체눈금(mm) \ 구분	남는 양(g)	잔유율(%)	가적 잔유율(%)	가적통과율(%)
75	0			
40	0			
20	0			
10	0			
5	0			
2.5	90.5			
1.2	203.4			
0.6	220.1			
0.3	150.2			
0.15	94.0			
pan	40.2			
계				

나. 조립률을 구하시오.(소수점 셋째자리에서 반올림하시오.)

계산 과정)

답 : ______________

해답 가.

체눈금(mm) \ 구분	남는 양(g)	잔유율(%)	가적 잔유율(%)	가적통과율(%)
75	0	0	0	100.00
40	0	0	0	100.00
20	0	0	0	100.00
10	0	0	0	100.00
5	0	0	0	100.00
2.5	90.5	11.34	11.34	88.66
1.2	203.4	25.47	36.81	63.19
0.6	220.1	27.57	64.38	35.62
0.3	150.2	18.81	83.19	16.81
0.15	94.0	11.77	94.96	5.04
pan	40.2	5.04	100.00	0
	798.4	100.00		

나. 조립률

$$F.M = \frac{11.34 + 36.81 + 64.38 + 83.19 + 94.96}{100} = 2.91$$

□□□ 산12②,14④,18④,22① 기91①,97④,12④,16①

07 아스팔트 신도시험에 대한 다음 물음에 답하시오.

득점	배점
	8

가. 아스팔트 신도시험의 목적을 간단히 쓰시오.

○

나. 별도의 규정이 없을 때의 온도와 속도를 쓰시오.

【답】 시험온도 : ______ 인장속도 : ______

다. 아스팔의 종류를 3가지 쓰시오.

① ______ ② ______ ③ ______

해답 가. 아스팔트의 연성을 알기 위해서

나. • 시험온도 : 25±0.5℃

• 인장속도 : 5±0.25cm/min

다. ① 아스팔트 비중시험 ② 아스팔트 침입도시험

③ 아스팔트 인화점시험 ④ 아스팔트 연화점시험

⑤ 아스팔트 점도시험

□□□ 산08④,13④,16②,17②,18④,20②,24②

08 콘크리트표준시방서에서는 콘크리트용 굵은 골재의 유해물 함유량 한도를 규정하고 있다. 여기서 규정하고 있는 유해물의 최대치를 쓰시오.

득점	배점
	6

종류	최대값(%)
점토덩어리	①
연한 석편	②
0.08mm체 통과량	③
석탄 갈탄 등으로 밀도 2.0g/cm³의 액체에 뜨는 것 • 콘크리트의 외관이 중요한 경우 • 기타의 경우	 ④ ⑤

해답 ① 0.25 ② 5.0 ③ 1.0 ④ 0.5 ⑤ 1.0

국가기술자격 실기시험문제

2019년도 기사 제1회 필답형 실기시험(기사)

종 목	시험시간	배 점	성 명	수험번호
건설재료시험산업기사	1시간30분	60		

※ 수험자 인적사항 및 계산식을 포함한 답안 작성은 검은색 필기구만 사용해야 하며, 그 외 연필류, 빨간색, 청색 등 필기구로 작성한 답항은 0점 처리 됩니다.

토질분야 4문항(29점)

□□□ 산08④,12①,19①, 기04①,06①,09①,12①,20②,23①

01 어느 시료에 대한 애터버그 한계시험 결과 액성한계 $W_L=68\%$, 소성한계 $W_P=30.8\%$를 얻었다. 이 흙의 자연함수비가 39.4%로 보고 다음을 계산하시오.
(단, 유동지수는 5.7%, 소수 셋째 자리에서 반올림하시오.)

득점	배점
	4

가. 소성지수를 구하시오.

계산 과정) 답 : __________

나. 컨시스턴스지수를 구하시오.

계산 과정) 답 : __________

다. 액성지수를 구하시오.

계산 과정) 답 : __________

라. 터프니스지수를 구하시오.

계산 과정) 답 : __________

해답 가. $I_P=W_L-W_P=68-30.8=37.2\%$

나. $I_c=\dfrac{W_L-w_n}{I_p}=\dfrac{68-39.4}{37.2}=0.77$

다. $I_L=\dfrac{w_n-W_P}{I_p}=\dfrac{39.4-30.8}{37.2}=0.23$

라. $I_t=\dfrac{I_p}{I_f}=\dfrac{37.2}{5.7}=6.53$

□□□ 산92①,93②,10①,14②

득점	배점
	9

02 현장에서 채취한 사질토에 대하여 정수위 투수 시험을 하여 다음 결과를 얻었다. 시료의 길이 $L=25\text{cm}$, 수두차 $h=45\text{cm}$, 시료의 단면적 $A=750\text{cm}^2$, 투수시간 $t=20$초, 투수량 $Q=3200\text{cm}^3$, 시험시의 온도 12℃이다. 다음 물음에 답을 쓰시오.
(단, 모든 계산은 소수점 셋째자리에서 반올림하고, 이 시료의 공극비 $e=0.42$이다.)

【투수계수에 대한 T℃의 보정계수 μ_T/μ_{15}】

T℃	0	1	2	3	4	5	6	7	8	9
0	1.567	1.513	1.460	1.414	1.369	1.327	1.286	1.248	1.211	1.177
10	1.144	1.113	1.082	1.053	1.026	1.000	0.975	0.950	0.926	0.903
20	0.881	0.859	0.839	0.819	0.800	0.782	0.764	0.747	0.730	0.714
30	0.699	0.684	0.670	0.656	0.643	0.630	0.617	0.604	0.593	0.582
40	0.571	0.561	0.550	0.540	0.531	0.521	0.513	0.504	0.496	0.487

가. 시험시의 온도 12℃에서의 투수계수를 구하시오.

계산 과정) 답 : ______________

나. 표준온도 15℃에서의 투수속도를 구하시오.

계산 과정) 답 : ______________

다. 표준온도 15℃의 실제 침투속도를 구하시오.

계산 과정) 답 : ______________

해답 가. $k_{12}=\dfrac{Q\cdot L}{A\cdot h\cdot t}=\dfrac{3200\times 25}{750\times 45\times 20}=0.119\text{cm/sec}$

나. $k_{15}=k_T\cdot\dfrac{\mu_T}{\mu_{15}}==k_{12}\dfrac{\mu_{12}}{\mu_{15}}=0.119\times\dfrac{1.082}{1}=0.129\text{cm/sec}$

$\because\ \dfrac{\mu_{12}}{\mu_{15}}=1.083$(12℃일 때 표에서 찾으면)

$\therefore\ V=ki=k_{15}\dfrac{h}{L}=0.129\times\dfrac{45}{25}=0.232\text{cm/sec}$

다. $V_s=\dfrac{V}{n}$

• $n=\dfrac{e}{1+e}\times 100=\dfrac{0.42}{1+0.42}\times 100=29.58\%$

$\therefore\ V_s=\dfrac{0.232}{0.2958}=0.784\text{cm/sec}$

□□□ 산93④,97②,02①,13②,17①,19①

03 어떤 흙 시료를 직접전단시험을 하여 얻은 값이다. 물음에 답하시오.

(단, 시료의 직경 60mm, 두께 20mm이다. 소수 셋째 자리에서 반올림하시오.)

득점	배점
	8

시험횟수	1	2	3	4
수직하중(N)	2500	3500	4500	5500
전단력(N)	2460	2830	3260	3710

가. 빈 칸을 채우시오.

시험횟수	1	2	3	4
수직응력 σ(MPa)				
전단강도 τ(MPa)				

나. Coulomb의 파괴 포락선을 작도하시오.

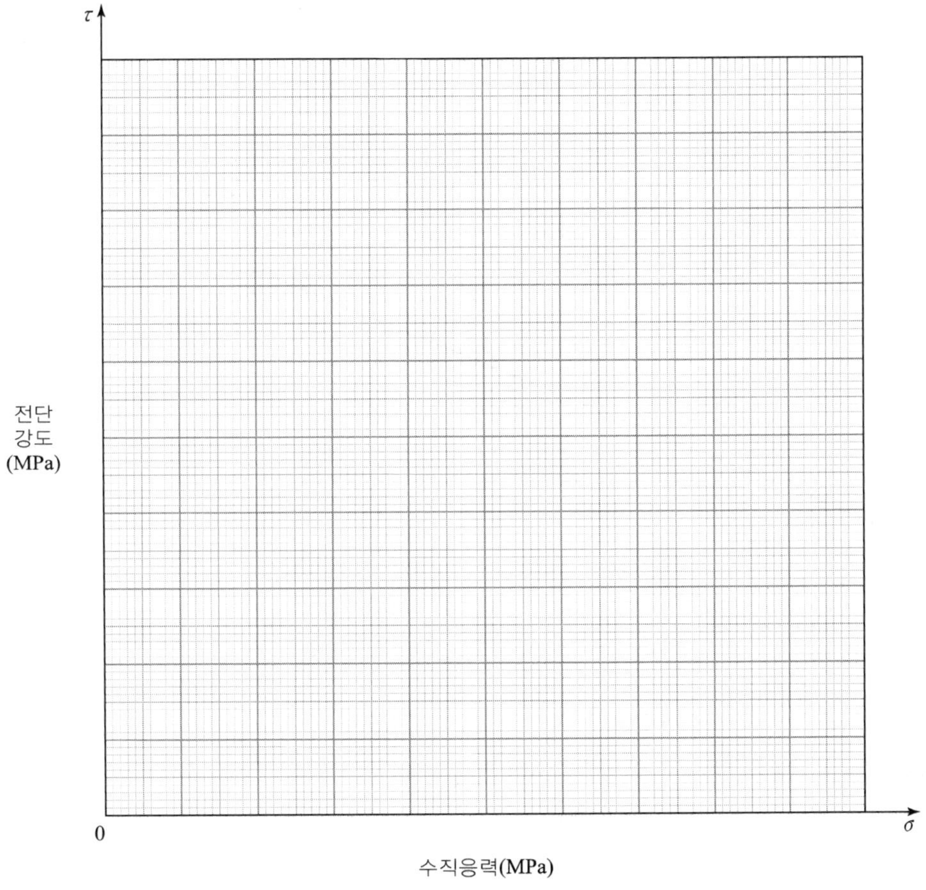

다. 점착력(c)을 구하시오.

○

라. 내부마찰각(ϕ)을 구하시오.

○

해답 가. $\sigma = \dfrac{P}{A} \quad \tau = \dfrac{S}{A}$

여기서, $A = \dfrac{\pi \times 60^2}{4} = 2827\text{mm}^2$

■ 수직응력

- $\sigma_1 = \dfrac{2500}{2827} = 0.88\,\text{N/mm}^2 = 0.88\,\text{MPa}$
- $\sigma_2 = \dfrac{3000}{2827} = 1.06\,\text{N/mm}^2 = 1.06\text{MPa}$
- $\sigma_3 = \dfrac{4500}{2827} = 1.59\,\text{N/mm}^2 = 1.59\text{MPa}$
- $\sigma_4 = \dfrac{5500}{2827} = 1.95\,\text{N/mm}^2 = 1.95\text{MPa}$

■ 전단강도

- $\tau_1 = \dfrac{2460}{2827} = 0.87\,\text{N/mm}^2 = 0.87\text{MPa}$
- $\tau_2 = \dfrac{2830}{2827} = 1.00\,\text{N/mm}^2 = 1.00\,\text{MPa}$
- $\tau_3 = \dfrac{3260}{2827} = 1.15\,\text{N/mm}^2 = 1.15\,\text{MPa}$
- $\tau_4 = \dfrac{3710}{2827} = 1.31\,\text{N/mm}^2 = 1.31\text{MPa}$

시험횟수	1	2	3	4
수직응력 σ(MPa)	0.88	1.24	1.59	1.95
전단강도 τ(MPa)	0.87	1.00	1.15	1.31

나.

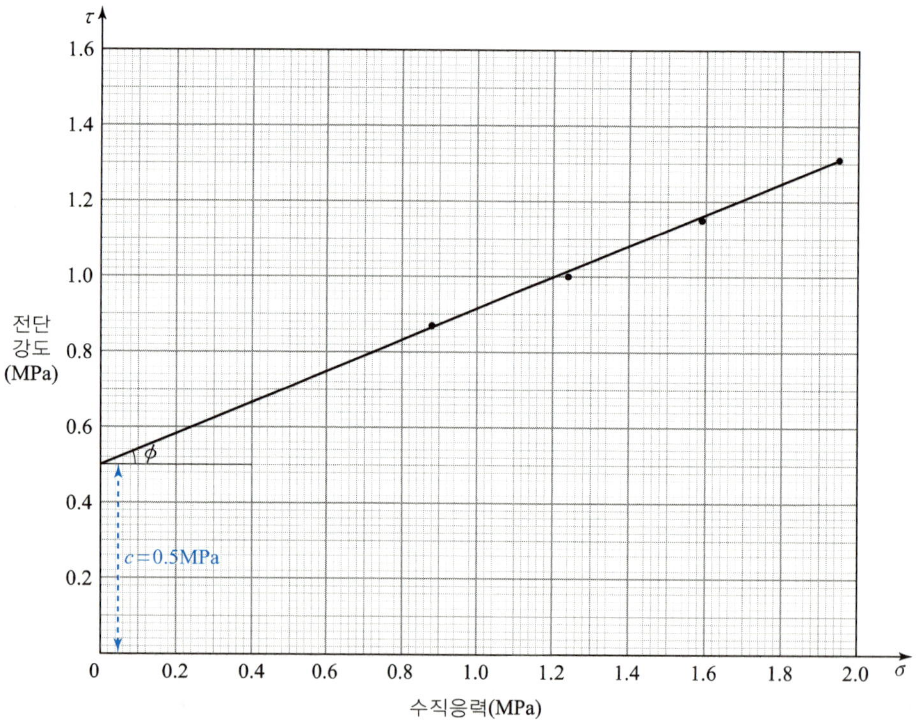

다. $c = 0.5\text{MPa}$

※ 그래프에서 점착력 값을 읽는다.

라. $\phi = \tan^{-1}\dfrac{\tau_5 - \tau_1}{\sigma_5 - \sigma_1} = \tan^{-1}\dfrac{1.31 - 0.87}{1.95 - 0.88} = 22.35°$

$\therefore\ \phi = 22.35°$(각도기 사용)

□□□ 산93①,10②,12④,16②,19①, 기01②,10②,13④

득점	배점
	8

04 정규압밀점토에 대하여 압밀배수 삼축압축시험을 실시하였다. 시험결과 구속압력을 28.14kN/m² 으로 하고 축차응력 28.14kN/m²을 가하였을 때 파괴가 일어났다. 아래 물음에 답하시오.
(단, 점착력 $c=0$이다.)

가. 내부마찰각(ϕ)을 구하시오.

계산 과정) 답 : ____________

나. 파괴면이 최대주응력면과 이루는 각(θ)을 구하시오.

계산 과정) 답 : ____________

다. 파괴면에서 수직응력(σ)을 구하시오.

계산 과정) 답 : ____________

라. 파괴면에서 전단응력(τ)을 구하시오.

계산 과정) 답 : ____________

해답 가. $\sin\phi=\dfrac{\sigma_1-\sigma_3}{\sigma_1+\sigma_3}$

- $\sigma_1=\sigma_3+\Delta\sigma=28.14+28.14=56.28\text{kN/m}^2$
- $\sigma_3=28.14\text{kN/m}^2$

$\therefore\ \phi=\sin^{-1}\dfrac{\sigma_1-\sigma_3}{\sigma_1+\sigma_3}=\sin^{-1}\dfrac{56.28-28.14}{56.28+28.14}=19.47°$

나. $\theta=45°+\dfrac{\phi}{2}$에서

$=45°+\dfrac{19.47°}{2}=54.74°$

다. $\sigma=\dfrac{\sigma_1+\sigma_3}{2}+\dfrac{\sigma_1-\sigma_3}{2}\cos 2\theta$

$=\dfrac{56.28+28.14}{2}+\dfrac{56.28-28.14}{2}\cos(2\times 54.74°)=37.52\text{kN/m}^2$

라. $\tau=\dfrac{\sigma_1-\sigma_3}{2}\sin 2\theta$

$=\dfrac{56.28-28.14}{2}\sin(2\times 54.74°)=13.26\text{kN/m}^2$

건설재료분야

5문항(31점)

□□□ 산11①,14①,19①

05 콘크리트의 배합강도를 결정하고자 할 때 아래의 각 경우에 대하여 물음에 답하시오.

득점	배점
	6

가. 압축강도의 시험기록이 없고, 호칭강도가 20MPa인 경우 배합강도를 구하시오.

계산 과정)　　　　답 : ______

나. 30회 이상의 시험실적으로부터 구한 압축강도의 표준편차가 3.0MPa이고, 콘크리트의 호칭강도가 24MPa인 경우 배합강도를 구하시오.

계산 과정)　　　　답 : ______

다. 17회의 시험실적으로부터 구한 압축강도의 표준편차가 3.0MPa이고, 콘크리트의 호칭강도가 24MPa일 때 배합강도를 구하시오.

계산 과정)　　　　답 : ______

해답 가. $f_{cr} = f_{cn} + 7 = 20 + 7 = 27\text{MPa}$

나. $f_{cn} \leq 35\text{MPa}$인 경우(두 값 중 큰 값)

$f_{cr} = f_{cn} + 1.34s = 24 + 1.34 \times 3.0 = 28.02\text{MPa}$

$f_{cr} = (f_{cn} - 3.5) + 2.33s = (24 - 3.5) + 2.33 \times 3.0 = 27.49\text{MPa}$

∴ 배합강도 $f_{cr} = 28.02\text{MPa}$

다. $f_{cn} \leq 35\text{MPa}$인 경우(두 값 중 큰 값)

$$s = 3.0 \times \left(1.16 - \frac{1.16 - 1.08}{20 - 15} \times (17 - 15)\right) = 3.38\text{MPa}$$

$f_{cr} = f_{cn} + 1.34s = 24 + 1.34 \times 3.38 = 28.53\text{MPa}$

$f_{cr} = (f_{cn} - 3.5) + 2.33s = (24 - 3.5) + 2.33 \times 3.38 = 28.38\text{MPa}$

∴ 배합강도 $f_{cr} = 28.53\text{MPa}$

□□□ 산11①④,15①④,16②,18②,19①,23①

06 아스팔트 시험에 대해 아래의 물음에 답하시오.

득점	배점
	5

가. 저온에서 시험할 때 아스팔트 신도시험의 표준 시험온도 및 인장속도를 쓰시오.

【답】 시험온도 : ______, 인장속도 : ______

나. 역청재료의 점도를 측정하는 시험방법을 3가지만 쓰시오.

① ______　② ______　③ ______

해답 가. 시험온도 : 4℃, 인장속도 : 1cm/min

나. ① 앵글러(engler) 점도시험방법　② 세이볼트(saybolt) 점도시험방법

③ 레드우드(redwood) 점도시험방법　④ 스토머(stomer) 점도시험방법

□□□ 19①

07 다음은 골재의 단위 용적질량시험 결과표이다. 물음에 답하시오.

득점	배점
	12

측정항목	잔골재	굵은골재
측정용기의 용적(L)	3	15
골재의 절건밀도(kg/L)	2.63	2.65
물의 단위밀도(kg/L)	998.80	998.80
용기속의 물의 질량(kg)	2.923	14.908
용기의 계수	( )	( )
(시료+용기)의 질량(kg)	6.674	28.824
용기의 질량(kg)	1.625	4.315
용기시료의 질량(kg)	( )	( )
골재의 단위 용적질량 kg/L)	( )	( )

가. 표의 빈칸을 채우시오.

① 용기계수

• 잔골재

계산 과정) 답 : ____________

• 굵은 골재

계산 과정) 답 : ____________

② 용기 시료의 질량

• 잔골재 : 답 : ____________

• 굵은 골재 : 답 : ____________

나. 골재의 단위 용적질량을 구하시오.

① 잔골재의 단위 용적질량

계산 과정) 답 : ____________

② 굵은 골재의 단위 용적질량

계산 과정) 답 : ____________

다. 골재의 실적률을 구하시오.

① 잔골재의 실적률

계산 과정) 답 : ____________

② 굵은 골재의 실적률

계산 과정) 답 : ____________

해답 가.

측정항목	잔골재	굵은골재
측정용기의 용적(L)	3	15
골재의 절건밀도(kg/L)	2.63	2.65
물의 단위밀도(kg/L)	998.80	998.80
용기속의 물의 질량(kg)	2.923	14.908
용기의 계수	(341.704)	(67.000)
(시료+용기)의 질량(kg)	6.674	28.824
용기의 질량(kg)	1.625	4.315
용기시료의 질량(kg)	(5.049)	(24.509)
골재의 단위 용적질량(kg/L)	(1.68)	(1.63)

① 용기계수

- 잔골재의 용기계수 $\dfrac{998.80}{2.923}=341.704$
- 굵은 골재의 용기계수 $\dfrac{998.80}{14.908}=67.00$

② 용기시료의 질량

- 잔골재 : $6.674-1.625=5.049$
- 굵은 골재 : $28.824-4.315=24.509$

나. 골재의 단위 용적질량

① 잔골재의 단위 용적질량

$$T=\frac{m_1}{V}=\frac{5.049}{3}=1.68\,(\text{kg/L})$$

② 굵은 골재의 단위 용적질량

$$T=\frac{m_1}{V}=\frac{24.509}{15}=1.63\,(\text{kg/L})$$

다. 골재의 실적률

① 잔골재의 실적률

$$G=\frac{T}{d_D}\times 100=\frac{1.68}{2.63}\times 100=63.88\%$$

② 굵은 골재의 실적률

$$G=\frac{T}{d_D}\times 100=\frac{1.63}{2.65}\times 100=61.51\%$$

□□□ 산87,08④,19①,23①

08 조립률이 2.8인 잔골재와 조립률이 7.2인 굵은골재를 1 : 1.5의 용적배합비로 섞었을 때 혼합된 골재의 조립률은?
(소수 셋째 자리에서 반올림하시오.)

득점	배점
	4

계산 과정)

답 : ____________

해답 $$\text{F.M}=\frac{m}{m+n}\times F_s+\frac{n}{m+n}\times F_g$$
$$=\frac{1\times 2.8+1.5\times 7.2}{1+1.5}=5.44$$

□□□ 산08①,09②,14①,19①,21②

09 골재의 안정성 시험에 사용되는 용액을 2가지만 쓰시오.

득점	배점
	4

① ______________ ② ______________

해답 ① 황산나트륨(황산소듐) ② 염화바륨

국가기술자격 실기시험문제

2019년도 기사 제2회 필답형 실기시험(기사)

종 목	시험시간	배 점	성 명	수험번호
건설재료시험산업기사	1시간30분	60		

※ 수험자 인적사항 및 계산식을 포함한 답안 작성은 검은색 필기구만 사용해야 하며, 그 외 연필류, 빨간색, 청색 등 필기구로 작성한 답항은 0점 처리 됩니다.

토질분야

4문항(30점)

□□□ 산01④,08②,10①②,13④,14②,17②,18①,19②

01 어떤 점토층의 압밀시험 결과가 다음과 같다. 점토층이 90% 압밀되는데 10분이 걸리고, 시료의 평균 두께가 2cm이고 양면배수 상태였다. 아래 물음에 답하시오.

득점	배점
	6

압밀응력 P(kN/m²)	간극비(e)
40	0.95
80	0.85

가. 압밀계수를 구하시오. (단, 계산결과는 □.□□×10$^{□}$로 표현하시오.)

계산 과정) 답 : ____________

나. 체적변화계수를 구하시오. (단, 계산결과는 □.□□×10$^{□}$로 표현하시오.)

계산 과정) 답 : ____________

다. 투수계수를 구하시오. (단, 계산결과는 □.□□×10$^{□}$로 표현하시오.)

계산 과정) 답 : ____________

해답 가. $C_v = \dfrac{0.848H^2}{t_{90}} = \dfrac{0.848\times\left(\dfrac{2}{2}\right)^2}{10\times 60} = 0.00141\text{cm/sec} = 1.41\times10^{-3}\text{cm}^2/\text{sec} = 1.41\times10^{-7}\text{m}^2/\text{sec}$

나. $m_v = \dfrac{a_v}{1+e_1}$

- $a_v = \dfrac{e_1-e_2}{P_2-P_1} = \dfrac{0.95-0.85}{80-40} = 2.5\times10^{-3}\text{m}^2/\text{kN}$

$\therefore\ m_v = \dfrac{2.5\times10^{-3}}{1+0.95} = 1.28\times10^{-3}\text{m}^2/\text{kN}$

다. $k = C_v m_v \gamma_w$

$= 1.41\times10^{-7}\times1.28\times10^{-3}\times9.81$

$= 1.77\times10^{-9}\text{m/sec} = 1.77\times10^{-7}\text{cm/sec}$

□□□ 산86,88①,98④,09②,11①,12④,13②,14①,17④,19②

02 아래 표는 흙의 수축정수를 구하기 위한 시험결과이다. 다음 물음에 답하시오.

득점	배점
	10

그리스를 바른 수축접시의 무게	14.36g
(습윤흙+그리스를 바른 수축접시)의 무게	50.36g
(노건조흙+그리스를 바른 수축접시)의 무게	39.36g
수축접시에 넣은 습윤상태 흙의 부피	19.65cm^3
수축한 후 노건조흙 공시체의 부피	13.50cm^3

가. 흙이 수축하기 전 수축접시에 넣은 습윤흙 공시체의 함수비(w)를 구하시오

계산 과정) 답 : ______

나. 이 흙의 수축한계(w_s)를 구하시오.

계산 과정) 답 : ______

다. 이 흙의 수축비(R)를 구하시오

계산 과정) 답 : ______

라. 이 흙의 근사 비중(G_s)을 구하시오

계산 과정) 답 : ______

마. 흙의 수축 정수 시험(KS F 2305)에서 습윤흙과 노건조흙의 공시체 부피를 측정하기 위하여 사용되는 것은 무엇인가?

○

해답 가. $w=\dfrac{50.36-39.36}{39.36-14.36}\times 100=44\%$

나. $w_s=w-\dfrac{(V-V_o)\rho_w}{W_o}\times 100$

$=44-\dfrac{(19.65-13.50)\times 1}{39.36-14.36}\times 100=19.40\%$

다. $R=\dfrac{W_o}{V_o\cdot\rho_w}=\dfrac{39.36-14.36}{13.5\times 1}=1.85$

라. $G_s=\dfrac{1}{\dfrac{1}{R}-\dfrac{w_s}{100}}=\dfrac{1}{\dfrac{1}{1.85}-\dfrac{19.4}{100}}=2.89$

마. 수은

□□□ 산08②④,13④,19②

03 어떤 흙에 대한 일축압축시험에서 일축압축강도 $q_u = 0.35\text{MPa}$이고, 파괴면은 수평에 대하여 50° 이었다. 다음 물음에 답하시오.

득점	배점
	6

가. 흙의 내부마찰각을 구하시오.

계산 과정) 답 : ______

나. 흙의 점착력을 구하시오.

계산 과정) 답 : ______

다. 흙의 최대전단력을 구하시오.

계산 과정) 답 : ______

해답 가. $\phi = 2\theta - 90^\circ = 2 \times 50^\circ - 90^\circ = 10^\circ$

$\left(\because\ \theta = 45^\circ + \frac{\phi}{2} \text{에서}\right)$

나. $c = \dfrac{q_u}{2\tan\left(45^\circ + \frac{\phi}{2}\right)} = \dfrac{0.35}{2\tan\left(45^\circ + \frac{10^\circ}{2}\right)} = 0.147\text{MPa} = 147\text{kN/m}^2$

다. $\tau_{\max} = \sigma\tan\phi + c = 0.35\tan10^\circ + 0.147 = 0.209\text{MPa} = 0.209\text{N/mm}^2 = 209\text{kN/m}^2$

□□□ 산19①

04 습윤밀도 $\rho_t = 1.8\text{g/cm}^3$, 함수비 $w = 25\%$, 비중 $G_s = 2.65$일 때 다음 물음에 답하시오. (소수 셋째자리에서 반올림하시오.)

득점	배점
	8

가. 건조밀도(ρ_d)을 구하시오.

계산 과정) 답 : ______

나. 간극비(e)를 구하시오.

계산 과정) 답 : ______

다. 간극률(n)을 구하시오.

계산 과정) 답 : ______

라. 포화도(S)를 구하시오.

계산 과정) 답 : ______

해답 가. $\rho_d = \dfrac{\rho_t}{1 + \frac{w}{100}} = \dfrac{1.8}{1 + \frac{25}{100}} = 1.44\text{g/cm}^3$

나. $e = \dfrac{\rho_w \cdot G_s}{\rho_d} - 1 = \dfrac{1 \times 2.65}{1.44} - 1 = 0.84$

다. $n = \dfrac{e}{1+e} \times 100 = \dfrac{0.84}{1+0.84} \times 100 = 45.65\%$

라. $S = \dfrac{G_s \cdot w}{e} = \dfrac{2.65 \times 25}{0.84} = 78.87\%$

건설재료분야

5문항(30점)

□□□ 산10①,11②,13②④,16①,17②,18②,19②

05 콘크리트표준시방서에서는 콘크리트용 굵은 골재의 유해물 함유량 한도를 규정하고 있다. 여기서 규정하고 있는 유해물의 종류를 3가지만 쓰시오.

득점	배점
	6

① ______ ② ______ ③ ______

해답 ① 점토 덩어리 ② 연한 석편 ③ 0.08mm체 통과량

굵은 골재의 유해물 함유량 한도(질량 백분율)

구분	천연 굵은 골재
점토 덩어리(%)	0.25 [1)]
연한 석편(%)	5.0 [1)]
0.08mm체 통과량(%)	1.0
석탄, 갈탄 등으로 밀도 $2.0g/cm^3$의 액체에 뜨는 것(%) • 콘크리트의 외관이 중요한 경우 • 기타의 경우	 0.5 1.0

주 1) 점토 덩어리와 역한 석편의 합이 5%를 넘으면 안된다.

□□□ 산98④,10④,14①,15④,17②④,19②

06 시방배합표가 아래와 같을 때 현장배합으로 수정하여 각 재료량을 산출하시오.
(단, 현장의 골재상태는 잔골재가 5mm체에 남는 량 2%, 굵은골재가 5mm체를 통과하는 량 5%이며, 잔골재의 표면수는 3%, 굵은골재의 표면수는 1%이다.)

득점	배점
	9

굵은골재최대치수 (mm)	물-결합재비 (W/B)(%)	잔골재율 (S/a)(%)	슬럼프 (mm)	단위 수량(W) (kg/m^3)	단위 시멘트량 (kg/m^3)	단위 잔골재량 (kg/m^3)	단위 굵은 골재량 (kg/m^3)
25	50	40	80	200	400	700	1200

계산 과정)

【답】 단위 잔골재량 : ______, 단위 굵은 골재량 : ______

해답 ■ 입도보정 $a=2\%, b=5\%$

• 잔골재량 $X=\dfrac{100S-b(S+G)}{100-(a+b)}$

$$=\frac{100\times700-5(700+1200)}{100-(2+5)}=650.54\text{kg/m}^3$$

• 굵은 골재량 $Y=\dfrac{100G-a(S+G)}{100-(a+b)}$

$=\dfrac{100\times1200-2(700+1200)}{100-(2+5)}=1249.46\text{kg/m}^3$

■ 표면수보정

• 잔골재 $650.54\times0.03=19.52\text{kg/m}^3$

• 굵은골재 $1249.46\times0.01=12.49\text{kg/m}^3$

■ 단위량

• 단위 수량 : $200-(19.52+12.49)=167.99\text{kg/m}^3$

• 단위 잔골재량 : $650.54+19.52=670.06\text{kg/m}^3$

• 단위 굵은 골재량 : $1249.46+12.49=1261.95\text{kg/m}^3$

□□□ 산08④,11④,12①,14④,15①,15④,19①

07 경화한 콘크리트의 강도시험에 대한 아래 물음에 답하시오.
(단, 소수 셋째 자리에서 반올림하시오.)

득점	배점
	6

가. 콘크리트의 압축강도시험(KS F 2405)에서 하중을 가하는 속도에 대하여 간단히 쓰시오.

○

나. 콘크리트의 쪼갬인장강도를 구하는 공식을 쓰시오.

○

다. 4등분점 재해법에 따른 경화콘크리트의 휨강도를 구하는 공식을 쓰시오.

○

해답 가. 압축 응력도의 증가율이 매초 (0.6±0.2)MPa이 되도록 한다.

나. $f_t=\dfrac{2P}{\pi dl}$

다. $f_b=\dfrac{Pl}{bh^2}$

강도시험 방법

구분	압축강도	쪼갬 인장강도	휨강도
하중을 가하는 속도	압축응력도의 증가율이 매초 (0.6±0.2)MPa (N/mm^2)	인장응력도의 증가율이 매초 (0.06±0.04)MPa (N/mm^2)	가장자리 응력도의 증가율이 매초 (0.06±0.04)MPa (N/mm^2)
강도 계산	$f_c=\dfrac{P}{\frac{\pi d^2}{4}}$	$f_{sp}=\dfrac{2P}{\pi dl}$	$f_b=\dfrac{Pl}{bh^2}$ (3분점) $f_b=\dfrac{3Pl}{2bh^2}$ (중앙점)

□□□ 산08②,09④,10④,12①④,17②,19②

08 콘크리트 호칭강도 f_{cn}가 28MPa이고, 압축강도의 시험횟수가 20회, 콘크리트 표준편차가 3.5MPa라고 한다. 이 콘크리트의 배합강도를 구하시오.

득점	배점
	3

계산 과정) 답 : ______

해답 ■ 표준편차의 보정 : 3.5×1.08=3.78MPa

■ $f_{cn} \leq 35$MPa인 경우

• $f_{cr} = f_{cn} + 1.34s = 28 + 1.34 \times 3.78 = 33.07$MPa

• $f_{cr} = (f_{cn} - 3.5) + 2.33s = (28 - 3.5) + 2.33 \times 3.78 = 33.31$MPa

∴ f_{cr} =33.31MPa(두 값 중 큰 값)

보충

시험 횟수	표준편차의 보정계수
15	1.16
20	1.08
25	1.03
30 이상	1.00

• $f_{cn} \leq 35$MPa인 경우

$f_{cr} = f_{cn} + 1.34s$
$f_{cr} = (f_{cn} - 3.5) + 2.33s$
] 두 값 중 큰 값

• $f_{cn} > 35$MPa인 경우

$f_{cr} = f_{cn} + 1.34s$
$f_{cr} = 0.9 f_{cn} + 2.33s$
] 두 값 중 큰 값

□□□ 산12②,14④,19①, 기91①,97④,12④,16①,24②

09 아스팔트 신도시험에 대한 다음 물음에 답하시오.

득점	배점
	6

가. 아스팔트 신도시험의 목적을 간단히 쓰시오.

○

나. 별도의 규정이 없을 때의 시험온도와 인장속도를 쓰시오.

【답】 시험온도 : ______, 인장속도 : ______

다. 저온에서 시험할 때의 시험온도와 인장속도를 쓰시오.

【답】 시험온도 : ______, 인장속도 : ______

해답 가. 아스팔트의 연성을 알기 위해서

나. • 시험온도 : 25±0.5℃
• 인장속도 : 5±0.25cm/min

다. • 시험온도 : 4℃
• 인장속도 : 1m/min

국가기술자격 실기시험문제

2020년도 기사 제2회 필답형 실기시험(기사)

종 목	시험시간	배 점	성 명	수험번호
건설재료시험산업기사	1시간30분	60		

※ 수험자 인적사항 및 계산식을 포함한 답안 작성은 검은색 필기구만 사용해야 하며, 그 외 연필류, 빨간색, 청색 등 필기구로 작성한 답항은 0점 처리 됩니다.

토질분야

4문항(30점)

□□□ 산08④,12①,20②,23①

득점	배점
	8

01 **어느 시료에 대한 애터버그 한계시험 결과 액성한계 $W_L = 38\%$, 소성한계 $W_P = 19\%$를 얻었다. 자연함수비가 32.0%이고 유동지수 $I_f = 9.80\%$일 때 다음 물음에 답하시오.**

가. 소성지수를 구하시오.

계산 과정)　　　　답 : ______

나. 액성지수를 구하시오.

계산 과정)　　　　답 : ______

다. 터프니스지수를 구하시오.

계산 과정)　　　　답 : ______

라. 컨시스턴스지수를 구하시오.

계산 과정)　　　　답 : ______

해답 가. $I_P = W_L - W_P = 38 - 19 = 19\%$

나. $I_L = \dfrac{w_n - W_P}{I_p} = \dfrac{32-19}{19} = 0.68$

다. $I_t = \dfrac{I_p}{I_f} = \dfrac{19}{9.8} = 1.94$

라. $I_c = \dfrac{W_L - w_n}{I_p} = \dfrac{38-32}{19} = 0.32$

□□□ 산12②,15①,15④,16②,18①,20②

02 도로공사 현장에서 모래치환법으로 현장 흙의 단위무게시험을 실시하여 아래와 같은 결과를 얻었다. 다음 물음에 답하시오.

득점	배점
	10

【시험 결과】

- 시험구멍에서 파낸 흙의 무게 : 1670g
- 시험구멍에서 파낸 흙의 함수비 : 15%
- 시험구멍에 채워진 표준모래의 무게 : 1480g
- 시험구멍에 사용한 표준모래의 밀도 : 1.65g/cm^3
- 실내 시험에서 구한 흙의 최대 건조 밀도 : 1.73g/cm^3
- 현장 흙의 비중 : 2.65

가. 현장 흙의 습윤밀도를 구하시오.

계산 과정) 답 : ______

나. 현장 흙의 건조밀도를 구하시오.

계산 과정) 답 : ______

다. 현장 흙의 간극비를 구하시오.

계산 과정) 답 : ______

라. 포화도를 구하시오.

계산 과정) 답 : ______

마. 다짐도를 구하시오.

계산 과정) 답 : ______

해답 가. $\rho_t = \dfrac{W}{V}$

- $V = \dfrac{W_{\text{sand}}}{\rho_s} = \dfrac{1480}{1.65} = 896.97\,\text{cm}^3$

$\therefore\ \rho_t = \dfrac{1670}{896.97} = 1.86\,\text{g/cm}^3$

나. $\rho_d = \dfrac{\rho_t}{1+w} = \dfrac{1.86}{1+0.15} = 1.62\,\text{g/cm}^3$

다. $e = \dfrac{\rho_w G_s}{\rho_d} = \dfrac{1\times 2.65}{1.62} - 1 = 0.64$

$\left(\because\ \text{건조밀도}\ \rho_d = \dfrac{G_s}{1+e}\rho_w \text{에서}\right)$

라. $S = \dfrac{G_s w}{e} = \dfrac{2.65\times 15}{0.64} = 62.11\%$

마. $C_d = \dfrac{\rho_d}{\rho_{d\max}}\times 100 = \dfrac{1.62}{1.73}\times 100 = 93.64\%$

□□□ 산16④,20②,23①

03 흙의 투수계수 측정법 중 실내투수시험법의 종류 2가지를 쓰시오.

득점	배점
	4

① ____________ ② ____________

해답 ① 정수위 투수시험 ② 변수위 투수시험 ③ 압밀투수시험

□□□ 산16②,20②,24②

04 토목공사의 토질조사시 시행하는 표준관입시험(S.P.T)에 대해 다음 물음에 답하시오.

득점	배점
	8

가. 표준관입시험의 N치에 대해 간단히 설명하시오.

○

나. 표준관입시험에서 관입이 불가능한 경우를 쓰시오.

○

다. 표준관입시험 결과 N치가 20이었고, 그 때 채취한 교란 시료로 입도시험을 한 결과 입도는 둥글고 균등한 상태로 Dunham공식에 의해 내부 마찰각의 크기를 추정하시오.

계산 과정) 답 : ____________

해답 가. 질량 (63.5±0.5)kg의 해머를 (760±10)mm 높이에서 자유낙하시키고 보링로드 머리부에 부착한 노킹블록을 타격하여 보링로드 앞 끝에 부착한 표준관입시험용 샘플러를 지반에 300mm 박아 넣는데 필요한 타격횟수

나. 50회 타격에도 관입량이 30cm 미만일 때는 50회 타격시 관입량을 기록한다.

다. 토립자가 둥글고 균등한 상태

$\phi = \sqrt{12N} + 15 = \sqrt{12 \times 20} + 15 = 30.49°$

모래의 내부마찰각과 N의 관계(Dunham공식)

• 입자가 둥글고 입도 분포가 균등(불량)한 모래	$\phi = \sqrt{12N} + 15$
• 입자가 둥글고 입도 분포가 양호한 모래 • 입자가 모나고 입도 분포가 균등(불량)한 모래	$\phi = \sqrt{12N} + 20$
• 입자가 모나고 입도 분포가 양호한 모래	$\phi = \sqrt{12N} + 25$

건설재료분야

5문항(30점)

□□□ 산08④,13④,16②,17②,20②,24②

05 콘크리트표준시방서에서는 콘크리트용 굵은 골재의 유해물 함유량 한도를 규정하고 있다. 여기서 규정하고 있는 유해물의 최대치를 쓰시오.

득점 | 배점 6

종류	최대값(%)
점토덩어리	①
연한 석편	②
0.08mm체 통과량	③
석탄, 갈탄 등으로 밀도 $2.0g/cm^3$의 액체에 뜨는 것 • 콘크리트의 외관이 중요한 경우 • 기타의 경우	 ④ ⑤

해답 ① 0.25　② 5.0　③ 1.0　④ 0.5　⑤ 1.0

□□□ 산14④,20②

06 아스팔트 신도시험에 대한 다음 물음에 답하시오.

득점 | 배점 6

가. 아스팔트 신도시험의 목적을 간단히 쓰시오.

○

나. 별도의 규정이 없을 때의 온도와 속도를 쓰시오.

【답】 시험온도 : ____________, 인장속도 : ____________

다. 저온에서 시험할 때의 온도와 속도를 쓰시오.

【답】 시험온도 : ____________, 인장속도 : ____________

해답 가. 아스팔트의 연성을 알기 위해서

나. • 시험온도 : 25±0.5℃　• 인장속도 : 5±0.25cm/min

다. • 시험온도 : 4℃　• 인장속도 : 1cm/min

□□□ 산16④,20②

07 골재의 단위 용적질량 및 실적률 시험(KS F 2505)에서 시료를 용기에 채우는 방법을 2가지만 쓰시오.

득점 | 배점 6

① ____________　② ____________

해답 ① 봉다지기에 의한 방법　② 충격에 의한 방법

□□□ 산00④,08②,10②,11②,15②,17①,20②,21②

08 굵은골재의 밀도 및 흡수율 시험 결과 아래와 같을 때 물음에 답하시오.

득점	배점
	6

표건상태의 시료질량(g)	1000
절건상태의 시료질량(g)	989.5
시료의 수중질량(g)	615.4
시험온도에서 물의 밀도	$0.9970 g/cm^3$

가. 표면건조 포화상태의 시료 밀도를 구하시오.

계산 과정) 답 : ____________

나. 절건 건조상태의 시료 밀도를 구하시오.

계산 과정) 답 : ____________

다. 흡수율을 구하시오.

계산 과정) 답 : ____________

해답 가. $D_s = \frac{B}{B-C} \times \rho_w = \frac{1000}{1000-615.4} \times 0.9970 = 2.59 g/cm^3$

나. $D_d = \frac{A}{B-C} \times \rho_w = \frac{989.5}{1000-615.4} \times 0.9970 = 2.57 g/cm^3$

다. $Q = \frac{B-A}{A} \times 100 = \frac{1000-989.5}{989.5} \times 100 = 1.06\%$

□□□ 산16④,20②

09 골재의 체가름시험(KS F 2502)에 대한 아래의 물음에 답하시오.

득점	배점
	6

가. 조립률(F.M)을 구할 때 사용되는 체의 종류를 쓰시오.

○

나. 체가름은 1분간 각 체를 통과하는 것이 전 시료 질량의 몇 % 이하가 될 때까지 작업을 하는지 쓰시오.

○

다. 체 눈에 막힌 알갱이의 처리방법을 간단히 설명하시오.

○

해답 가. 75mm, 40mm, 20mm, 10mm, 5mm, 2.5mm, 1.25mm, 0.6mm, 0.3mm, 0.15mm

나. 0.1%

다. 파쇄되지 않도록 주의하면서 되밀어 체에 남는 시료로 간주한다. 어떤 골재에서나 무리하게 체를 통과시켜서는 안된다.

국가기술자격 실기시험문제

2020년도 기사 제3회 필답형 실기시험(기사)

종 목	시험시간	배 점	성 명	수험번호
건설재료시험산업기사	1시간30분	60		

※ 수험자 인적사항 및 계산식을 포함한 답안 작성은 검은색 필기구만 사용해야 하며, 그 외 연필류, 빨간색, 청색 등 필기구로 작성한 답항은 0점 처리 됩니다.

토질분야

3문항(17점)

□□□ 산01④,08②,10①,10②,13④,14②,17②,20③

득점	배점
	6

01 어떤 점토층의 압밀시험결과가 다음 표와 같다. 다음 물음에 답하시오.
(단, 시료의 평균 두께가 25mm, 압밀시간은 $t_{50}=2.5$분이고, 양면배수이다.)

압밀응력(kN/m²)	공극비(e)
50	0.92
120	0.78

가. 압밀계수를 구하시오. (단, 계산결과는 □.□□ $\times 10^{\square}$ 로 표현하시오.)

계산 과정) 답 : ______

나. 체적 변화계수를 구하시오. (단, 계산결과는 □.□□ $\times 10^{\square}$ 로 표현하시오.)

계산 과정) 답 : ______

다. 투수계수를 구하시오. (단, 계산결과는 □.□□ $\times 10^{\square}$ 로 표현하시오.)

계산 과정) 답 : ______

해답 가. $C_v = \dfrac{0.197\left(\dfrac{H}{2}\right)^2}{t_{50}} = \dfrac{0.197\left(\dfrac{2.5}{2}\right)^2}{2.5\times 60} = 2.05\times 10^{-3}\text{cm}^2/\text{sec} = 2.05\times 10^{-7}\text{m}^2/\text{sec}$

나. $m_v = \dfrac{a_v}{1+e}$

• $a_v = \dfrac{e_1 - e_2}{P_2 - P_1} = \dfrac{0.92-0.78}{120-50} = 2\times 10^{-3}\text{m}^2/\text{kN}$

$\therefore\ m_v = \dfrac{2\times 10^{-3}}{1+0.92} = 1.04\times 10^{-3}\text{m}^2/\text{kN}\,\text{m}^2/\text{kN}$

다. $k = C_v\cdot m_v\cdot \gamma_w = 2.05\times 10^{-7}\times 1.04\times 10^{-3}\times 9.81 = 2.09\times 10^{-9}\text{m/sec} = 2.09\times 10^{-7}\text{cm/sec}$

□□□ 산15④,20③

02 도로의 평판재하시험(KS F 2310)에 대해 다음 물음에 답하시오.

득점	배점
	5

가. 재하판의 규격 3가지를 쓰시오.

① ______ ② ______ ③ ______

나. 평판재하시험을 끝마치는 조건 2가지를 쓰시오.

① ______ ② ______

해답 가. ① 지름 300mm
② 지름 400mm
③ 지름 750mm

나. ① 침하량이 15mm에 달할 때
② 하중강도가 그 지반의 항복점을 넘을 때
③ 하중강도가 현장에서 예상되는 최대 접지압력을 초과할 때

□□□ 산08②④,13④,19②

03 어떤 흙에 대한 일축압축시험에서 일축압축강도 $q_u = 3.5\text{MPa}$이고, 파괴면은 수평에 대하여 50° 이었다. 다음 물음에 답하시오.

득점	배점
	6

가. 흙의 내부마찰각을 구하시오.

계산 과정)

답 : ______

나. 흙의 점착력을 구하시오.

계산 과정)

답 : ______

다. 흙의 최대전단력을 구하시오.

계산 과정)

답 : ______

해답 가. $\phi = 2\theta - 90° = 2 \times 50° - 90° = 10°$

$\left(\because\ \theta = 45° + \frac{\phi}{2}\text{에서}\right)$

나. $c = \dfrac{q_u}{2\tan\left(45° + \dfrac{\phi}{2}\right)} = \dfrac{3.5}{2\tan\left(45° + \dfrac{10°}{2}\right)} = 1.47\text{MPa}$

다. $\tau_{\max} = \sigma\tan\phi + c = 3.5\tan 10° + 1.47 = 2.09\text{MPa}$

건설재료분야

6문항(43점)

□□□ 산98④,10④,14①,15④,17②,20③

04 콘크리트의 시방배합 결과와 현장 골재 상태가 다음과 같을 때 시방배합을 현장배합으로 각 재료량을 구하시오.

(단, 소수 첫째 자리에서 반올림하시오.)

득점	배점
	9

【시방배합표】 (단위 : kg/m^3)

물(W)	시멘트(C)	잔골재(S)	굵은골재(G)
170	300	640	1080

【현장골재상태】

- 잔골재의 5mm체 잔류율 : 3%
- 굵은골재의 5mm체 통과율 : 6%
- 잔골재의 표면수 : 3%
- 굵은골재의 표면수 : 1%

가. 단위 잔골재량을 구하시오.

계산 과정) 답 : ______

나. 단위 굵은 골재량을 구하시오.

계산 과정) 답 : ______

다. 단위 수량을 구하시오.

계산 과정) 답 : ______

해답 가. $X=\dfrac{100S-b(S+G)}{100-(a+b)}=\dfrac{100\times640-6(640+1080)}{100-(3+6)}=589.89\text{kg}$

- 표면수 보정 : $589.89\times0.03=17.70\text{kg}$

$\therefore\ S=589.89+17.70=607.59\text{kg/m}^3$

나. • $Y=\dfrac{100G-a(S+G)}{100-(a+b)}=\dfrac{100\times1080-3(640+1080)}{100-(3+6)}=1130.11\text{kg}$

- 표면수 보정 : $1130.11\times0.01=11.30\text{kg}$

$\therefore\ G=1130.11+11.30=1141.41\text{kg/m}^3$

다. $W=170-(17.70+11.30)=141\text{kg/m}^3$

□□□ 산88④,10②,11④,20③

05 시멘트 시험에 대한 물음에 답하시오.

득점	배점
	8

가. 시멘트 응결시간 측정 시험법 2가지를 쓰시오.

① ______________________ ② ______________________

나. 시멘트 분말도 측정 시험법 2가지를 쓰시오.

① ______________________ ② ______________________

해답 가. ① 비카침에 의한 방법
② 길모아 침에 의한 방법
나. ① 표준체 45μm 에 의한 방법
② 블레인 공기투과장치에 의한 방법

□□□ 산93②,14②,20③,21②

06 아스팔트 침입도 시험방법(KS M 2252)에 대해 물음에 답하시오.

득점	배점
	6

가. 침입도 1의 단위를 쓰시오.

○

나. 침입도 시험의 표준이 되는 시험중량, 시험온도, 관입시간을 구하시오.

【답】 시험중량 : ______________, 시험온도 : ______________, 관입시간 : ______________

해답 가. 0.1mm
나. 시험중량 : 100g, 시험온도 : 25℃, 관입시간 : 5초

□□□ 산12①,14②,17②,20③

07 시멘트의 강도시험 방법(KSL ISO 679)에 대해 물음에 답하시오.

득점	배점
	9

가. 시멘트 모르타르의 압축강도 및 휨강도의 공시체의 형상과 치수를 쓰시오.

○

나. 공시체인 모르타르를 제작할 때 시멘트와 표준사의 질량에 의한 비율을 쓰시오.

○

다. 혼합수의 양인 물－결합재비를 쓰시오.

○

해답 가. 40×40×160mm의 각주
나. 1 : 3
다. 0.5

□□□ 산10①,11②,13②,13④,16①,17②,18①,20③

08 콘크리트표준시방서에서는 콘크리트용 굵은 골재의 유해물 함유량 한도를 규정하고 있다. 여기서 규정하고 있는 유해물의 종류를 3가지만 쓰시오.

득점	배점
	6

① ______________ ② ______________ ③ ______________

해답 ① 점토 덩어리 ② 연한 석편 ③ 0.08mm체 통과량

굵은 골재의 유해물 함유량 한도(질량 백분율)

구분	천연 굵은 골재
점토 덩어리(%)	0.25 1)
연한 석편(%)	5.0 1)
0.08mm체 통과량(%)	1.0
석탄, 갈탄 등으로 밀도 2.0g/cm^{3}의 액체에 뜨는 것(%) • 콘크리트의 외관이 중요한 경우 • 기타의 경우	 0.5 1.0

주 1) 점토 덩어리와 역한 석편의 합이 5%를 넘으면 안된다.

□□□ 산90②,11①④,15①④,16②,18②,19①,20③,22③,23①

09 아스팔트 시험에 대한 아래의 물음에 답하시오.

득점	배점
	5

가. 저온에서 시험할 때 아스팔트 신도시험의 표준 시험온도 및 인장속도를 쓰시오.

【답】 시험온도 : ______________, 인장속도 : ______________

나. 역청재료의 점도를 측정하는 시험방법을 3가지만 쓰시오.

① ______________ ② ______________ ③ ______________

해답 가. 시험온도 : 4℃, 인장속도 : 1cm/min
나. ① 앵글러(engler) 점도시험방법
② 세이볼트(saybolt) 점도시험방법
③ 레드우드(redwood) 점도시험방법
④ 스토머(stomer) 점도시험방법

국가기술자격 실기시험문제

2021년도 기사 제1회 필답형 실기시험(기사)

종 목	시험시간	배 점	성 명	수험번호
건설재료시험산업기사	1시간30분	60		

※ 수험자 인적사항 및 계산식을 포함한 답안 작성은 검은색 필기구만 사용해야 하며, 그 외 연필류, 빨간색, 청색 등 필기구로 작성한 답항은 0점 처리 됩니다.

토질분야

5문항(32점)

□□□ 산87,93,08④,10④,11②,12②,14①④,16②,17②,21①,23①, 기04④

01 점토층 두께가 10m인 지반의 흙을 채취하여 표준압밀시험을 하였더니 하중강도가 $220kN/m^2$에서 $340kN/m^2$로 증가할 때 간극비는 1.8에서 1.1로 감소하였다. 다음 물음에 답하시오.

득점	배점
	6

가. 압축계수를 구하시오. (단, 계산결과는 □.□□ $\times 10^{□}$로 표현하시오.)

계산 과정) 답 : ______

나. 체적변화계수를 구하시오. (단, 계산결과는 □.□□ $\times 10^{□}$로 표현하시오.)

계산 과정) 답 : ______

다. 이 점토층의 압밀침하량을 구하시오.

계산 과정) 답 : ______

해답 가. $a_v = \dfrac{e_1 - e_2}{P_2 - P_1} = \dfrac{1.8 - 1.1}{340 - 220} = 5.83 \times 10^{-3} m^2/kN$

나. $m_v = \dfrac{a_v}{1 + e_1} = \dfrac{5.83 \times 10^{-3}}{1 + 1.8} = 2.08 \times 10^{-3} m^2/kN$

다. $\Delta H = \dfrac{e_1 - e_2}{1 + e_1} H = \dfrac{1.8 - 1.1}{1 + 1.8} \times 10 = 2.50m$

또는 $\Delta H = m_v \cdot \Delta P \cdot H = 2.08 \times 10^{-3} \times (340 - 220) \times 10 = 2.50m$

□□□ 산10④,15①,21①,24②

02 배수조건에 따른 3축압축시험의 종류를 3가지만 쓰시오.

득점	배점
	6

① ______ ② ______ ③ ______

해답 ① 비압밀비배수전단시험(UU-test)
② 압밀비배수전단시험(CU-test)
③ 압밀배수전단시험(CD-test)

□□□ 산08②,12④,18①,21①

03 어느 지반에서 시료를 채취하여 입도분석한 결과 No.200체(0.075mm) 통과율이 5%, No.4체(4.76mm)통과율이 74%이였으며, 균등계수(C_u)는 10, 곡률계수(C_g)는 2였다. 이 시료를 통일분류법으로 분류하시오.

득점	배점
	4

계산 과정) 답 : ____________

해답
- 1단계 : No.200체 통과율 < 50%(G나 S 조건)
- 2단계 : No.4체 통과율 > 50%(S조건)
- 3단계 : SW($C_u > 6$, $1 < C_g < 3$) 이면 SW, 아니면 SP

$C_u = 10 > 6$, $1 < C_g < 3 = 1 < 2 < 3$

∴ SW(두 조건 만족)

□□□ 산91②,96①,09①,13④,14④,17①,21①,23①

04 현장도로 토공에서 모래 치환법에 의한 현장건조단위중량 시험을 실시했다. 파낸 구멍의 부피 $V = 1900\text{cm}^3$이었고 이 구멍에서 파낸 흙의 무게가 3280g이었다. 이 흙의 토질시험결과 함수비 $w = 12\%$, 비중 $G_s = 2.70$, 최대건조밀도 $\rho_{d\max} = 1.65\text{g/cm}^3$이었다. 아래의 물음에 답하시오.

득점	배점
	8

가. 현장 건조밀도를 구하시오.

계산 과정) 답 : ____________

나. 공극비 및 공극률을 구하시오.

계산 과정) 답 : ____________

다. 다짐도를 구하시오.

계산 과정) 답 : ____________

라. 이 현장이 95% 이상의 다짐도를 원할 때 이 토공의 적부를 판단하시오.

계산 과정) 답 : ____________

해답 가. $\rho_d = \dfrac{\rho_t}{1+w}$

- $\rho_t = \dfrac{W}{V} = \dfrac{3280}{1900} = 1.73\text{g/cm}^3$

$\therefore \rho_d = \dfrac{1.73}{1+0.12} = 1.54\text{g/cm}^3$

나. $e = \dfrac{\rho_w G_s}{\rho_d} - 1 = \dfrac{1 \times 2.70}{1.54} - 1 = 0.75$

$n = \dfrac{e}{1+e} \times 100 = \dfrac{0.75}{1+0.75} \times 100 = 42.86\%$

다. $C_d = \dfrac{\rho_d}{\rho_{d\max}} \times 100 = \dfrac{1.54}{1.65} \times 100 = 93.33\%$

라. $C_d = 93.33\% \leq 95\%$ ∴ 불합격

□□□ 산21①,24①

05 노반재료에 대한 지지력비(CBR)시험을 하였다. 관입시험에 앞서 공시체 제작은 5층 다짐으로 각 층 다짐회수를 55회로 하여 4일간 수침을 하였으며, 수침이 끝난 후 관입시험을 수행한 결과가 다음 표와 같다. 다음 물음에 답하시오.
(단, 공시체의 높이=12cm, 흙의 비중=2.66, 간극비=0.73)

득점	배점
	8

공시체의 건조밀도(g/cm^3)	1.54
수침전 함수비(%)	20.05
4일간 수침후의 함수비(%)	27.33
수침 직후의 변형 읽음값(cm)	0.2
4일간 수침 후의 변형 읽음 값(cm)	0.42
2.5mm관입량 때의 하중강도(MN/m^2)	2.5

가. 팽창비, 수침전과 수침후의 포화도를 각각 구하시오.

① 팽창비

계산 과정) 답 : ______

② 수침전 포화도

계산 과정) 답 : ______

③ 수침후 포화도

계산 과정) 답 : ______

나. CBR값을 구하시오.

계산 과정) 답 : ______

해답 가. ① $r_e = \dfrac{\text{다이알게이지(최종읽음}-\text{최초읽음)}}{\text{공시체의 최초 높이}} \times 100$

$= \dfrac{0.42-0.2}{12} \times 100 = 1.83\%$

② $S = \dfrac{G_s w}{e} = \dfrac{2.66 \times 20.05}{0.73} = 73.06\%$

③ $S = \dfrac{G_s w}{e} = \dfrac{2.66 \times 27.33}{0.73} = 99.59\%$

나. $\text{C.B.R} = \dfrac{\text{하중강도}}{\text{표준하중강도}} \times 100$

$= \dfrac{2.5}{6.9} \times 100 = 36.23\%$

CBR시험

1. 표준하중강도 및 표준하중의 값

① SI단위

관입량(mm)	표준하중강도(MN/m^2)	표준하중(kN)
2.5	6.9	13.4
5.0	10.3	19.9

② MKS단위

관입량(mm)	표준하중강도(kg/cm^2)	표준하중(kg)
2.5	70	1370
5.0	105	2030

2. CBR 계산

■ $CBR = \frac{\text{하중강도}}{\text{표준하중강도}} \times 100 = \frac{\text{하중}}{\text{표준하중}} \times 100$

- $CBR_{2.5}$: 관입량 2.5mm일 때의 CBR
- $CBR_{5.0}$: 관입량 5mm일 때의 CBR
- $CBR_{2.5} > CBR_{5.0}$ 인 경우 : $CBR_{2.5}$이 CBR이 된다.
- $CBR_5 \geq CBR_{2.5}$ 인 경우 : 재시험 후에도 같으면 CBR_5이 CBR이 된다.

건설재료분야

4문항(28점)

□□□ 산21①,24①

06 골재를 8000g 채취하여 로스엔젤스(Los Angeles) 마모시험을 실시한 결과 마모율은 21%이였다. 이 골재의 마모량을 구하시오.

득점	배점
	6

계산 과정)

답 : ____________

해답 $\text{마모율} = \frac{\text{시험 전 시료무게} - \text{시험 후 1.7mm남은 시료무게}}{\text{시험 전 시료무게}} \times 100$

$21\% = \frac{\text{마모량}}{8000} \times 100$

$\therefore \text{마모량} = 8000 \times \frac{21}{100} = 1680\text{g}$

□□□ 산88,00④,08①②,09②④,10②④,11①,12②,14②④,17②,21①,23①

07 잔골재에 대한 밀도 및 흡수율 시험 결과가 아래 표와 같을 때 다음 물음에 답하시오.

(단, 시험온도에서의 물의 밀도는 1.0g/cm^3이다.)

득점	배점
	8

물을 채운 플라스크 질량(g)	600
표면 건조포화 상태 시료 질량(g)	500
시료와 물을 채운 플라스크 질량(g)	911
절대 건조 상태 시료 질량(g)	480

가. 표면 건조 포화 상태의 밀도를 구하시오.

계산 과정) 답 : ______

나. 절대 건조 상태의 밀도를 구하시오.

계산 과정) 답 : ______

다. 상대 겉보기 밀도(진밀도)를 구하시오.

계산 과정) 답 : ______

라. 흡수율을 구하시오.

계산 과정) 답 : ______

해답 가. $d_s = \dfrac{m}{B+m-C} \times \rho_w = \dfrac{500}{600+500-911} \times 1 = 2.65\text{g/cm}^3$

나. $d_d = \dfrac{A}{B+m-C} \times \rho_w = \dfrac{480}{600+500-911} \times 1 = 2.54\text{g/cm}^3$

다. $d_A = \dfrac{A}{B+A-C} \times \rho_w = \dfrac{480}{600+480-911} \times 1 = 2.84\text{g/cm}^3$

라. $Q = \dfrac{m-A}{A} \times 100 = \dfrac{500-480}{480} \times 100 = 4.17\%$

□□□ 산89,94,13②,15②,17②,21①,24②

08 아스팔트 시험에 대한 설명이다. 다음 물음에 답하시오.

득점	배점
	8

가. 아스팔트 시험의 종류 4가지를 쓰시오.(단, 보기는 제외)

> 보기 : 아스팔트 신도시험

① ______ ② ______

③ ______ ④ ______

나. 아스팔트 연화점은 아스팔트가 강구와 함께 몇 mm 처질 때의 값을 말하는가?

○

다. 아스팔트 신도시험에서 별도의 규정이 없는 경우 시험온도와 인장속도를 설명하시오.

【답】 시험온도 : ______________, 인장속도 : ______________

해답 가. ① 아스팔트 비중시험　② 아스팔트 침입도시험
③ 아스팔트 인화점시험　④ 아스팔트 연화점시험
⑤ 아스팔트 점도시험

나. 2.54cm

다. ① 25℃　② 5±0.25cm/min

□□□ 산98④,08④,10①②,12①,13④,15②,21①

09 다음의 콘크리트 배합 결과를 보고 물음에 답하시오. (단, 소수점 넷째자리에서 반올림하시오.)

득점	배점
	6

- 단위 시멘트량 : 320kg/m^3
- 잔골재율(S/a) : 40%
- 시멘트 비중 : 3.15
- 굵은골재의 밀도 : 2.65g/cm^3
- 물－결합재비 : 48%
- 공기량 : 5%
- 잔골재의 밀도 : 2.60g/cm^3

가. 단위 수량을 구하시오.

계산 과정)　　　　답 : ______________

나. 단위 잔골재량을 구하시오.

계산 과정)　　　　답 : ______________

다. 단위 굵은 골재량을 구하시오.

계산 과정)　　　　답 : ______________

해답 가. $\frac{W}{B}=48\%=0.48$

$\therefore\ W=C\times 0.48=320\times 0.48=153.60\,\text{kg/m}^3$

나. 골재의 체적

$$V_a=1-\left(\frac{\text{단위수량}}{1000}+\frac{\text{단위시멘트량}}{\text{시멘트비중}\times 1000}+\frac{\text{공기량}}{100}\right)$$

$$=1-\left(\frac{153.60}{1000}+\frac{320}{3.15\times 1000}+\frac{5}{100}\right)=0.695\,\text{m}^3$$

$\therefore\ S=V_a\times S/a\times G_s\times 1000=0.695\times 0.40\times 2.60\times 1000=722.8\,\text{kg/m}^3$

다. $G=V_a\times(1-S/a)\times G_g\times 1000=0.695\times(1-0.40)\times 2.65\times 1000=1105.05\,\text{kg/m}^3$

국가기술자격 실기시험문제

2021년도 기사 제2회 필답형 실기시험(기사)

종 목	시험시간	배 점	성 명	수험번호
건설재료시험산업기사	**1시간30분**	**60**		

※ 수험자 인적사항 및 계산식을 포함한 답안 작성은 검은색 필기구만 사용해야 하며, 그 외 연필류, 빨간색, 청색 등 필기구로 작성한 답항은 0점 처리 됩니다.

토질분야

6문항(30점)

□□□ 산91②,96①,09①,13④,14④,17①,21②

01 현장 고속도로 토공에서 모래치환법에 의한 흙의 밀도시험과 이 흙의 실내토질 시험을 한 결과 아래의 표와 같다. 다음 물음에 답하시오. (단, 소수점 넷째자리에서 반올림하시오.)

득점	배점
	5

현장 시험결과	실내 시험결과
• 시험구멍의 체적 : $2020cm^3$ • 시험구멍에서 파낸 흙의 질량 : 3570g • 최대건조밀도 : $1.635g/cm^3$	• 함수비 : 15.3% • 비중 : 2.67

가. 현장 흙의 건조밀도를 구하시오.

계산 과정)

답 : ______________

나. 간극비를 구하시오.

계산 과정)

답 : ______________

다. 간극률을 구하시오.

계산 과정)

답 : ______________

라. 다짐도를 구하시오.

계산 과정)

답 : ______________

해답 가. $\rho_d = \dfrac{\rho_t}{1+w}$

• $\rho_t = \dfrac{W}{V} = \dfrac{3570}{2020} = 1.767\text{g/cm}^3$　　$\therefore\ \rho_d = \dfrac{1.767}{1+0.153} = 1.533\text{g/cm}^3$

나. $e = \dfrac{\rho_w G_s}{\rho_d} - 1 = \dfrac{1 \times 2.67}{1.533} - 1 = 0.742$

다. $n = \dfrac{e}{1+e} \times 100 = \dfrac{0.742}{1+0.742} \times 100 = 42.595\%$

라. $C_d = \dfrac{\rho_d}{\rho_{d\max}} \times 100 = \dfrac{1.533}{1.635} \times 100 = 93.761\%$

□□□ 산92①,93②,10①,14②,19①,21②

득점	배점
	5

02 **현장에서 채취한 사질토에 대하여 정수위 투수 시험을 하여 다음 결과를 얻었다. 시료의 길이 $L=25\text{cm}$, 수두차 $h=45\text{cm}$, 시료의 단면적 $A=750\text{cm}^2$, 투수시간 $t=20$초, 투수량 $Q=3200\text{cm}^3$, 시험시의 온도 12℃이다. 다음 물음에 답을 쓰시오.**
(단, 모든 계산은 소수점 셋째자리에서 반올림하고, 이 시료의 공극비 $e=0.42$이다.)

【투수계수에 대한 T℃의 보정계수 μ_T/μ_{15}】

T℃	0	1	2	3	4	5	6	7	8	9
0	1.567	1.513	1.460	1.414	1.369	1.327	1.286	1.248	1.211	1.177
10	1.144	1.113	1.082	1.053	1.026	1.000	0.975	0.950	0.926	0.903
20	0.881	0.859	0.839	0.819	0.800	0.782	0.764	0.747	0.730	0.714
30	0.699	0.684	0.670	0.656	0.643	0.630	0.617	0.604	0.593	0.582
40	0.571	0.561	0.550	0.540	0.531	0.521	0.513	0.504	0.496	0.487

가. 시험시의 온도 12℃에서의 투수계수를 구하시오.

계산 과정) 답 : ____________

나. 표준온도 15℃에서의 투수속도를 구하시오.

계산 과정) 답 : ____________

다. 표준온도 15℃의 실제침투 속도를 구하시오.

계산 과정) 답 : ____________

해답 가. $k_{12}=\dfrac{Q\cdot L}{A\cdot h\cdot t}=\dfrac{3200\times25}{750\times45\times20}=0.119\text{cm/sec}$

나. $k_{15}=k_T\cdot\dfrac{\mu_T}{\mu_{15}}==k_{12}\dfrac{\mu_{12}}{\mu_{15}}=0.119\times\dfrac{1.082}{1}=0.129\text{cm/sec}$

$\because\ \dfrac{\mu_{12}}{\mu_{15}}=1.082$(12℃일 때 표에서 찾으면)

$\therefore\ V=ki=k_{15}\dfrac{h}{L}=0.129\times\dfrac{45}{25}=0.232\text{cm/sec}$

다. $V_s=\dfrac{V}{n}$

• $n=\dfrac{e}{1+e}\times100=\dfrac{0.42}{1+0.42}\times100=29.58\%$

$\therefore\ V_s=\dfrac{0.232}{0.2958}=0.784\text{cm/sec}$

□□□ 산10②,14①,18②, 기08②,09④,14②,18②,21②,23①

03 **흙의 공학적 분류방법인 통일분류법과 AASHTO분류법의 차이점을 3가지만 쓰시오.**

득점 | 배점 5

① ____________ ② ____________ ③ ____________

해답 ① 두 가지 분류법에서는 모두 입도분포와 소성을 고려하여 흙을 분류하고 있다.
② 모래, 자갈 입경 구분 서로 다르다.
③ 유기질 흙에 대한 분류는 통일분류법에는 있으나 AASHTO분류법에는 없다.
④ No.200체를 기준으로 조립토와 세립토를 구분하고 있으나 두 방법의 통과율에 있어서는 서로 다르다.

□□□ 산09②,11④,13④,16①,21②,23②

04 **어떤 자연 상태의 흙에 대해 일축 압축 강도시험을 행하였다. 일축압축강도 q_u =0.35MPa을 얻었고 이 때 시료의 파괴면은 수평면에 대하여 70° 이었다. 다음 물음에 답하시오.**

득점 | 배점 5

가. 이 흙의 내부 마찰각을 구하시오.

계산 과정) 답 : ____________

나. 점착력(c)을 구하시오. (단, 소수점 넷째자리에서 반올림하시오.)

계산 과정) 답 : ____________

해답 가. $\phi = 2\theta - 90° = 2\times 70° - 90° = 50°$

$\left(\because\ \theta = 45° + \dfrac{\phi}{2}\text{에서}\right)$

나. $c = \dfrac{q_u}{2\tan\left(45° + \dfrac{\phi}{2}\right)} = \dfrac{0.35}{2\tan\left(45° + \dfrac{50°}{2}\right)} = 0.064\,\text{N/mm}^2 = 0.064\,\text{MPa} = 64\,\text{kN/m}^2$

□□□ 산93②,14②,20③,21②,23②,24①

05 **아스팔트 침입도 시험방법(KS M 2252)에 대해 물음에 답하시오.**

득점 | 배점 5

가. 침입도 1의 단위를 쓰시오.

○

나. 침입도 시험의 표준이 되는 시험중량, 시험온도, 관입시간을 구하시오.

【답】 시험중량 : ____________, 시험온도 : ____________, 관입시간 : ____________

해답 가. 0.1mm
나. 시험중량 : 100g, 시험온도 : 25℃, 관입시간 : 5초

□□□ 산11①,15①,21②,22①

06 상하면이 모래층 사이에 끼인 두께 8m의 점토가 있다. 이 점토의 압밀계수 $C_v = 2.12 \times 10^{-3}\text{cm}^2/\text{sec}$로 보고 압밀도 50%의 압밀이 일어나는데 소요되는 일수를 구하시오.

득점	배점
	5

계산 과정)　　　　답 : ________

해답 $t_{50} = \dfrac{T_v H^2}{C_v}$

$$= \frac{0.197 \times \left(\frac{800}{2}\right)^2}{2.12 \times 10^{-3} \times (60 \times 60 \times 24)} = 172\text{일}$$

건설재료분야　　6문항(30점)

□□□ 산00④,08②,10②,11②,15②,17①,20②,21②

07 굵은골재의 밀도 및 흡수율 시험 결과 아래와 같을 때 물음에 답하시오.

득점	배점
	5

표건상태의 시료질량(g)	1000
절건상태의 시료질량(g)	989.5
시료의 수중질량(g)	615.4
시험온도에서 물의 밀도(g/cm³)	0.9970

가. 표면 건조 포화 상태의 시료 밀도를 구하시오.

계산 과정)　　　　답 : ________

나. 절건 건조상태의 시료 밀도를 구하시오.

계산 과정)　　　　답 : ________

다. 흡수율을 구하시오.

계산 과정)　　　　답 : ________

해답 가. $D_s = \dfrac{B}{B-C} \times \rho_w = \dfrac{1000}{1000-615.4} \times 0.9970 = 2.59\text{g/cm}^3$

나. $D_d = \dfrac{A}{B-C} \times \rho_w = \dfrac{989.5}{1000-615.4} \times 0.9970 = 2.57\text{g/cm}^3$

다. $Q = \dfrac{B-A}{A} \times 100 = \dfrac{1000-989.5}{989.5} \times 100 = 1.06\%$

□□□ 산17①,21②

08 **경화된 콘크리트 면에 장비를 이용하여 타격에너지를 가하여 콘크리트 면의 반발경도를 측정하고 반발경도와 콘크리트 압축강도와의 관계를 이용하여 압축강도를 추정하는 비파괴시험 반발경도법 4가지는 무엇인가 쓰시오.**

득점	배점
	5

① ______________ ② ______________

③ ______________ ④ ______________

해답 ① 슈미트 해머법 ② 낙하식 해머법
③ 스프링 해머법 ④ 회전식 해머법

□□□ 산87②,09②,12①②,18①,21②

09 **콘크리트용 잔골재 및 굵은골재의 체가름 시험을 실시하여 다음과 같은 값을 구하였다. 아래 물음에 답하시오.**

득점	배점
	5

가. 표의 빈칸을 완성하시오. (단, 소수점 첫째자리에서 반올림하시오.)

체의 호칭 (mm)	잔골재			굵은골재		
	체에 남은 양의 무게 (kg)	체에 남은 양 (%)	체에 남은 양의 누계 (%)	체에 남은 양의 무게 (kg)	체에 남은 양 (%)	체에 남은 양의 누계 (%)
75	0			0		
40	0			0.30		
20	0			2.04		
10	0			2.16		
5	0.12			1.20		
2.5	0.36			0.18		
1.2	0.60			−		
0.6	1.16			−		
0.3	1.40			−		
0.15	0.32			−		
합계	3.96	−		5.88	−	

나. 잔골재의 조립률(F.M)을 구하시오

계산 과정) 답 : ______________

다. 굵은 골재의 조립률(F.M)을 구하시오

계산 과정) 답 : ______________

라. 굵은 골재의 최대치수를 구하시오.

○

해답 가.

체의 호칭 (mm)	잔골재			굵은골재		
	체에 남은 양의 무게 (kg)	체에 남은 양 (%)	체에 남은 양의 누계 (%)	체에 남은 양의 무게 (kg)	체에 남은 양 (%)	체에 남은 양의 누계 (%)
75	0	0	0	0	0	0
40	0	0	0	0.30	5	5
20	0	0	0	2.04	35	40
10	0	0	0	2.16	37	77
5	0.12	3	3	1.20	20	97
2.5	0.36	9	12	0.18	3	100
1.2	0.60	15	27	0	0	100
0.6	1.16	29	56	0	0	100
0.3	1.40	35	91	0	0	100
0.15	0.32	8	99	0	0	100
합계	3.96	–	288	5.88	–	719

• 잔류율 $= \dfrac{\text{어떤 체에 잔유량}}{\text{전체 질량(합계)}} \times 100$

• 가적 잔류율=잔류율의 누계

나. $\text{F.M} = \dfrac{3+12+27+56+91+99}{100} = 2.9$

다. $\text{F.M} = \dfrac{5+40+77+97+100\times 5}{100} = 7.2$

라. 40mm(∵ 가적통과량=100−5=95%)

□□□ 산10①,11②,13②④,16①,17②,18②,21②,22①,23② 기19④

10 **콘크리트표준시방서에서는 콘크리트용 잔골재의 유해물 함유량 한도를 규정하고 있다. 여기서 규정하고 있는 유해물의 종류를 3가지만 쓰시오.**

득점	배점
	5

① ______ ② ______ ③ ______

해답 ① 점토 덩어리 ② 0.08mm체 통과량
③ 염화물 ④ 석탄, 갈탄 등으로 밀도 2.0g/cm^3의 액체에 뜨는 것

잔골재의 유해물 함유량 한도(질량 백분율)

종류	최대값(%)
점토덩어리	1.0
0.08mm체 통과량	
• 콘크리트의 표면이 마모작용을 받는 경우	3.0
• 기타의 경우	5.0
석탄, 갈탄 등으로 밀도 2.0g/cm^3의 액체에 뜨는 것	
• 콘크리트의 외관이 중요한 경우	0.5
• 기타의 경우	1.0
• 염화물(NaCl 환산량)	0.04

□□□ 산98④,10④,14①,15④,17②④,19②,21②

11 시방배합표가 아래와 같을 때 현장배합으로 수정하여 각 재료량을 산출하시오.

득점	배점
	5

(단, 현장의 골재상태는 잔골재가 5mm체에 남는 량 2%, 굵은골재가 5mm체를 통과하는 량 5%이며, 잔골재의 표면수는 3%, 굵은골재의 표면수는 1%이다.)

굵은골재최대치수 (mm)	물–결합재비 (W/B)(%)	잔골재율 (S/a)(%)	슬럼프 (mm)	단위 수량(W) (kg/m³)	단위 시멘트량 (kg/m³)	단위 잔골재량 (kg/m³)	단위 굵은 골재량 (kg/m³)
25	50	40	80	200	400	700	1200

계산과정)

【답】 단위 잔골재량 : ______________, 단위 굵은 골재량 : ______________

해답 ■ 입도보정 $a=2\%, b=5\%$

• 잔골재량 $X=\dfrac{100S-b(S+G)}{100-(a+b)}$

$=\dfrac{100\times700-5(700+1200)}{100-(2+5)}=650.54\text{kg/m}^3$

• 굵은 골재량 $Y=\dfrac{100G-a(S+G)}{100-(a+b)}$

$=\dfrac{100\times1200-2(700+1200)}{100-(2+5)}=1249.46\text{kg/m}^3$

■ 표면수보정

• 잔골재 $650.54\times0.03=19.52\text{kg/m}^3$

• 굵은골재 $1249.46\times0.01=12.49\text{kg/m}^3$

■ 단위량

• 단위 잔골재량 : $650.54+19.52=670.06\text{kg/m}^3$

• 단위 굵은 골재량 : $1249.46+12.49=1261.95\text{kg/m}^3$

□□□ 산08①,09②,14①,19①,21②

12 골재의 안정성 시험에 사용되는 용액을 2가지만 쓰시오.

득점	배점
	5

① ______________ ② ______________

해답 ① 황산나트륨(황산소듐)

② 염화바륨

국가기술자격 실기시험문제

2022년도 기사 제1회 필답형 실기시험(기사)

종 목	시험시간	배 점	성 명	수험번호
건설재료시험산업기사	**1시간30분**	**60**		

※ 수험자 인적사항 및 계산식을 포함한 답안 작성은 검은색 필기구만 사용해야 하며, 그 외 연필류, 빨간색, 청색 등 필기구로 작성한 답항은 0점 처리 됩니다.

토질분야

6문항(30점)

□□□ 산13④,22①

01 직경 5cm, 높이 10cm인 연약점토 공시체의 일축압축시험을 실시했다. 파괴 시 압축력이 2.2kg, 축방향 변위가 9mm이었을 때 이 공시체의 일축압축강도(kg/cm^2)를 구하시오.

득점	배점
	5

계산 과정) 답 : ______

해답 ■ $q_u = \dfrac{P}{A_o}$

• $A = \dfrac{\pi d^2}{4} = \dfrac{\pi \times 50^2}{4} = 1963\text{mm}^2$

• $A_o = \dfrac{A}{1-\dfrac{\Delta h}{h}} = \dfrac{A}{1-\dfrac{\Delta h}{h}}$

$= \dfrac{1963}{1-\dfrac{9}{100}} = 2157\text{mm}^2$

$\therefore\ q_u = \dfrac{22}{2157} = 0.0102\text{N/mm}^2 = 10.2\text{kN/m}^2$

• $1\text{N/mm}^2 = 1000\text{kN/m}^2$

□□□ 산11①,15①,21②,22①

02 상하면이 모래층 사이에 끼인 두께 8m의 점토가 있다. 이 점토의 압밀계수 $C_v = 2.12 \times 10^{-3}\text{cm}^2/\text{sec}$로 보고 압밀도 50%의 압밀이 일어나는데 소요되는 일수를 구하시오.

득점	배점
	5

계산 과정) 답 : ______

해답 $t_{50} = \dfrac{T_v H^2}{C_v}$

$= \dfrac{0.197 \times \left(\dfrac{800}{2}\right)^2}{2.12 \times 10^{-3} \times (60 \times 60 \times 24)} = 172$일

□□□ 산18①,22①

03 애터버그 한계의 종류 3가지를 쓰고 간단히 설명하시오.

득점	배점
	5

① ______

② ______

③ ______

해답 ① 액성한계 : 반죽된 시료가 1cm의 낙하고에서 25회 타격으로 13mm 붙을 때의 함수비
② 소성한계 : 흙을 서리 유리판 위에서 지름이 3mm가 되도록 줄모양으로 늘였을 때 막 잘라지려는 상태의 함수비
③ 수축한계 : 시료를 건조시켜서 함수비를 감소시키면 흙은 수축해서 부피가 감소하지만 어느 함수비 이하에서도 부피가 변하지 않을 때의 함수비

□□□ 산12②,15①④,16②,18①,22①

04 도로공사 현장에서 모래치환법으로 현장 흙의 단위무게시험을 실시하여 아래와 같은 결과를 얻었다. 다음 물음에 답하시오.

득점	배점
	5

【시험 결과】

- 시험구멍에서 파낸 흙의 중량 : 1670g
- 시험구멍에서 파낸 흙의 함수비 : 15%
- 시험구멍에 채워진 표준모래의 중량 : 1480g
- 시험구멍에 사용한 표준모래의 단위중량 : 1.65g/cm³
- 실내 시험에서 구한 흙의 최대 건조 단위중량 : 1.73g/cm³

가. 흙을 파낸 시험 구멍의 부피를 구하시오.

계산 과정) 답 : ______

나. 현장 흙의 습윤 단위무게를 구하시오.

계산 과정) 답 : ______

다. 현장 흙의 건조 단위무게를 구하시오.

계산 과정) 답 : ______

해답 가. $V=\dfrac{W_{\text{sand}}}{\rho_s}=\dfrac{1480}{1.65}=896.97\text{cm}^3$

나. $\rho_t=\dfrac{W}{V}=\dfrac{1670}{896.97}=1.86\text{g/cm}^3$

다. $\rho_d=\dfrac{\rho_t}{1+w}=\dfrac{1.86}{1+0.15}=1.62\text{ g/cm}^3$

□□□ 산02②,09④,16②,20②,22①

05 토목공사의 토질조사시 시행하는 표준관입시험(S.P.T)에 대해 다음 물음에 답하시오.

득점	배점
	5

가. 표준관입시험의 N치에 대해 간단히 설명하시오.

○

나. 표준관입시험 결과 N치가 20이었고, 그 때 채취한 교란 시료로 입도시험을 한 결과 입도는 둥글고 균등한 상태로 Dunham공식에 의해 내부 마찰각의 크기를 추정하시오.

계산 과정) 답 : ____________

해답 가. 질량 (63.5±0.5)kg의 해머를 (760±10)mm 높이에서 자유낙하시키고 보링로드 머리부에 부착한 노킹블록을 타격하여 보링로드 앞 끝에 부착한 표준관입시험용 샘플러를 지반에 300mm박아 넣는데 필요한 타격횟수

나. 토립자가 둥글고 균등한 상태

$\phi = \sqrt{12\text{N}} + 15 = \sqrt{12 \times 20} + 15 = 30.49°$

모래의 내부마찰각과 N의 관계(Dunham공식)

• 입자가 둥글고 입도 분포가 균등(불량)한 모래	$\phi = \sqrt{12N} + 15$
• 입자가 둥글고 입도 분포가 양호한 모래 • 입자가 모나고 입도 분포가 균등(불량)한 모래	$\phi = \sqrt{12N} + 20$
• 입자가 모나고 입도 분포가 양호한 모래	$\phi = \sqrt{12N} + 25$

□□□ 산09④,13①,14④,16④,17④,22①,23①

06 도로의 평판재하시험에서 시험을 끝마치는 조건에 대해 2가지만 쓰시오.

득점	배점
	5

① ____________ ② ____________

해답 ① 침하량이 15mm에 달할 때

② 하중강도가 그 지반의 항복점을 넘을 때

③ 하중강도가 현장에서 예상되는 최대 접지압력을 초과할 때

건설재료분야 6문항(30점)

□□□ 산10①,11②,13②④,16①,17②,18②,21②,22①,23②, 기19④

07 콘크리트표준시방서에서는 콘크리트용 잔골재의 유해물 함유량 한도를 규정하고 있다. 여기서 규정하고 있는 유해물의 종류를 3가지만 쓰시오.

득점 | 배점 5

① ______ ② ______ ③ ______

해답 ① 점토 덩어리
② 0.08mm체 통과량
③ 염화물
④ 석탄, 갈탄 등으로 밀도 $2.0g/cm^3$의 액체에 뜨는 것

잔골재의 유해물 함유량 한도(질량 백분율)

종류	최대값(%)
점토덩어리	1.0
0.08mm체 통과량 • 콘크리트의 표면이 마모작용을 받는 경우 • 기타의 경우	 3.0 5.0
석탄, 갈탄 등으로 밀도 $2.0g/cm^3$의 액체에 뜨는 것 • 콘크리트의 외관이 중요한 경우 • 기타의 경우	 0.5 1.0
• 염화물(NaCl 환산량)	0.04

□□□ 산22①

08 콘크리트 압축 강도시험을 위한 공시체에 제작에 대한 아래의 물음에 답하시오.

득점 | 배점 5

가. 공시체는 원기둥 모양으로 그 지름은 굵은 골재의 최대치수의 (　)배 이상, 100mm 이상으로 한다.

○

나. 다짐봉을 사용해서 다짐을 하는 경우 각 층은 적어도 (　)mm^2에 1회의 비율로 다지도록 하고 바로 아래층까지 다짐봉이 닿도록 한다.

○

해답 가. 3
나. 1000

□□□ 산13①②,15②,17④,22①

09 **지름 150mm, 높이 300mm인 원주형 공시체를 사용하여 쪼갬인장강도시험을 하여 시험기에 나타난 최대 하중 P=190kN이었다. 이 콘크리트의 인장강도를 구하시오.**

득점	배점
	5

계산 과정)　　　　　　　　　　　　　　　답 :

해답 $f_{sp} = \dfrac{2P}{\pi d l}$

$$= \frac{2 \times 190 \times 10^3}{\pi \times 150 \times 300} = 2.69\,\text{N/mm}^2 = 2.69\,\text{MPa}$$

□□□ 산09②,12①,16①,18①,22①

10 **콘크리트용 잔골재 및 굵은골재의 체가름 시험을 실시하여 다음과 같은 값을 구하였다. 아래 물음에 답하시오**

득점	배점
	5

가. 표의 빈칸을 완성하시오. (단, 소수점 첫째자리에서 반올림하시오.)

체의 호칭 (mm)	잔골재			굵은골재		
	체에 남은 양의 무게 (kg)	체에 남은 양 (%)	체에 남은 양의 누계 (%)	체에 남은 양의 무게 (kg)	체에 남은 양 (%)	체에 남은 양의 누계 (%)
75	0			0		
40	0			0.30		
20	0			2.04		
10	0			2.16		
5	0.12			1.20		
2.5	0.36			0.18		
1.2	0.60			–		
0.6	1.16			–		
0.3	1.40			–		
0.15	0.32			–		
합계	3.96	–		5.88	–	

나. 잔골재의 조립률(F.M)을 구하시오

계산 과정)　　　　　　　　　　　　　　　답 :

다. 굵은 골재의 조립률(F.M)을 구하시오

계산 과정)　　　　　　　　　　　　　　　답 :

해답 가.

체의 호칭 (mm)	잔골재			굵은골재		
	체에 남은 양의 무게 (kg)	체에 남은 양 (%)	체에 남은 양의 누계 (%)	체에 남은 양의 무게 (kg)	체에 남은 양 (%)	체에 남은 양의 누계 (%)
75	0	0	0	0	0	0
40	0	0	0	0.30	5	5
20	0	0	0	2.04	35	40
10	0	0	0	2.16	37	77
5	0.12	3	3	1.20	20	97
2.5	0.36	9	12	0.18	3	100
1.2	0.60	15	27	0	0	100
0.6	1.16	29	56	0	0	100
0.3	1.40	36	92	0	0	100
0.15	0.32	8	100	0	0	100
합계	3.96	–	290	5.88	–	719

- 잔류율= $\dfrac{\text{어떤 체에 잔유량}}{\text{전체 질량(합계)}} \times 100$
- 가적 잔류율=잔류율의 누계

나. $\text{F.M} = \dfrac{0 \times 4 + 3 + 12 + 27 + 56 + 92 + 100}{100} = 2.9$

다. $\text{F.M} = \dfrac{5 + 40 + 77 + 97 + 100 \times 5}{100} = 7.2$

골재의 조립률(F.M)

- 조립률(fineness modulus)은 골재의 크기를 개략적으로 나타내는 방법이다.
  - 75mm, 40mm, 20mm, 10mm, 5mm, 2.5mm, 1.2mm, 0.6mm, 0.3mm, 0.15mm의 10개 체를 사용한다.
  - 조립률(F.M)= $\dfrac{\Sigma\text{각 체에 잔류한 중량백분율(\%)}}{100}$
  - 일반적으로 잔골재의 조립률은 2.3~3.1, 굵은 골재는 6~8이 되면 입도가 좋은 편이다.

□□□ 산87④,17①,22①

11 콘크리트 배합시 시방배합을 현장배합으로 수정할 경우 고려해야 할 사항 3가지만 쓰시오.

득점	배점
	5

① ______________ ② ______________ ③ ______________

해답 ① 골재의 함수 상태
② 잔골재 중에서 5mm체 남는 굵은 골재량
③ 굵은 골재 중에서 5mm체를 통과하는 잔골재량
④ 혼화제를 희석시킨 희석수량

□□□ 산12②,14④,18④,22① 기91①,97④,12④,16①

득점	배점
	5

12 아스팔트 신도시험에 대한 다음 물음에 답하시오.

가. 아스팔트 신도시험의 목적을 간단히 쓰시오.

○

나. 별도의 규정이 없을 때의 온도와 속도를 쓰시오.

【답】 시험온도 : ______________ 인장속도 : ______________

다. 아스팔의 종류를 3가지 쓰시오.

보기 : 아스팔트 신도 시험

① ______________ ② ______________ ③ ______________

해답 가. 아스팔트의 연성을 알기 위해서

나. • 시험온도 : 25±0.5℃

• 인장속도 : 5±0.25cm/min

다. ① 아스팔트 비중시험 ② 아스팔트 침입도시험

③ 아스팔트 인화점시험 ④ 아스팔트 연화점시험

⑤ 아스팔트 점도시험

국가기술자격 실기시험문제

2022년도 기사 제2회 필답형 실기시험(기사)

종　목	시험시간	배 점	성 명	수험번호
건설재료시험산업기사	1시간30분	60		

※ 수험자 인적사항 및 계산식을 포함한 답안 작성은 검은색 필기구만 사용해야 하며, 그 외 연필류, 빨간색, 청색 등 필기구로 작성한 답항은 0점 처리 됩니다.

토질분야

8문항(40점)

□□□ 산92,97,02④,09④,12④,13④,17④,18②,22②

01 현장 다짐 흙의 밀도를 모래치환법으로 시험한 결과가 다음과 같다. 물음에 대한 산출근거와 답을 쓰시오.

득점	배점
	5

- 시험구멍 흙의 함수비 : 27.3%
- 시험구멍에서 파낸 흙의 무게 : 2520g
- 시험구멍에 채워 넣은 표준 모래의 밀도 : $1.59 g/cm^3$
- 시험구멍에 채워진 표준모래의 무게 : 2410g
- 시험실에서 구한 최대건조밀도 $\rho_{d\max}$: $1.52 g/cm^3$

가. 현장 흙의 건조밀도(ρ_d)를 구하시오.

계산 과정)　　　　　　　　　　　　　　　　답 : ____________

나. 현장 흙의 다짐도를 구하시오.

계산 과정)　　　　　　　　　　　　　　　　답 : ____________

해답 가. 건조밀도 $\rho_d = \dfrac{\rho_t}{1+\dfrac{w}{100}}$

- 시험 구멍의 부피 $V = \dfrac{W}{\rho_s} = \dfrac{2410}{1.59} = 1515.72 cm^3$
- 습윤밀도 $\rho_t = \dfrac{W}{V} = \dfrac{2520}{1515.72} = 1.661 g/cm^3$

$\therefore$ 건조밀도 $\rho_d = \dfrac{1.66}{1+\dfrac{27.3}{100}} = 1.30 g/cm^3$

나. $R = \dfrac{\rho_d}{\rho_{d\max}} \times 100 = \dfrac{1.30}{1.52} \times 100 = 85.53\%$

□□□ 산09④,22②

02 동수경사 0.8, 비중 2.7, 함수비 35%의 완전포화된 흙의 분사현상에 대한 안전율을 구하시오.

득점	배점
	5

계산 과정) 답 :

해답 $F=\dfrac{i_c}{i}=\dfrac{\dfrac{G_s-1}{1+e}}{i}$

- $e=\dfrac{G_s\times w}{S}=\dfrac{2.7\times 35}{100}=0.945$
- $i_c=\dfrac{G_s-1}{1+e}=\dfrac{2.7-1}{1+0.945}=0.874$

$\therefore\ F=\dfrac{i_c}{i}=\dfrac{0.874}{0.8}=1.09$

□□□ 산15②, 기10④,22②

03 정수위 투수시험 결과 시료의 길이 25cm, 시료의 직경 12.5cm, 수두차 75cm, 투수시간 3분, 투수량 650cm^{3}일 때 투수계수를 구하시오.

득점	배점
	5

계산 과정) 답 :

해답 $k=\dfrac{Q\cdot L}{A\cdot h\cdot t}$

- $A=\dfrac{\pi d^2}{4}=\dfrac{\pi\times 12.5^2}{4}=122.72\text{cm}^2$
- $t=3\times 60=180\text{sec}$

$\therefore\ k=\dfrac{650\times 25}{122.72\times 75\times 180}=9.81\times 10^{-3}\text{cm/sec}$

□□□ 산13④,16①,22②

04 수평방향 투수계수가 0.4cm/sec, 연직방향 투수계수가 0.1cm/sec이었다. 1일 침투유량을 구하시오. (단, 상류면과 하류면의 수두 차 : 15m, 유로의 수 : 5, 등압면 수 : 12이었다.)

득점	배점
	5

계산 과정) 답 :

해답 $Q=KH\dfrac{N_f}{N_d}$

$=\sqrt{0.4\times 0.1}\times 1500\times\dfrac{5}{12}\times 100=12500\text{cm}^3/\text{sec}=1080\text{m}^3/\text{day}$

□□□ 산10②,14①,18②,22② 기08②,09④,14②,18②,21②,23①

05 흙의 공학적 분류방법인 통일분류법과 AASHTO분류법의 차이점을 3가지만 쓰시오.

득점	배점
	5

① ______ ② ______ ③ ______

해답 ① 두 가지 분류법에서는 모두 입도분포와 소성을 고려하여 흙을 분류하고 있다.
② 모래, 자갈 입경 구분이 서로 다르다.
③ 유기질 흙에 대한 분류는 통일분류법에는 있으나 AASHTO분류법에는 없다.
④ No.200체를 기준으로 조립토와 세립토를 구분하고 있으나 두 방법의 통과율에 있어서는 서로 다르다.

□□□ 산09①,15④,18②,22②

06 어느 점성토의 일축압축시험결과 자연시료의 파괴강도는 1.57MPa, 파괴면 이 수평면과 58°의 각을 이루었으며 교란된 시료의 압축 강도는 0.28MPa이었다. 다음 물음에 답하시오. (단, 소수점 셋째자리에서 반올림하시오.)

득점	배점
	5

가. 이 점토의 강도정수 내부마찰각과 점착력을 구하시오.

계산 과정) 답 : ______

【답】 내부마찰각 : ______ 점착력 : ______

나. 최대 전단응력을 구하시오.

계산 과정) 답 : ______

다. 예민비를 구하고 판정하시오.

계산 과정) 답 : ______

해답 가. $\phi = 2\theta - 90° \left(\because \ \theta = 45° + \frac{\phi}{2} \right)$

$= 2 \times 58° - 90° = 26°$

$$c = \frac{q_u}{2\tan\left(45° + \frac{\phi}{2}\right)} = \frac{1.57}{2\tan\left(45° + \frac{26°}{2}\right)} = 0.49\,\text{MPa}$$

나. $\tau_{\max} = \sigma \tan\phi + c = 1.57\tan 26° + 0.49 = 1.26\,\text{MPa}$

다. $S_t = \frac{q_u}{q_{ur}} = \frac{1.57}{0.28} = 5.61$

$1 < S_t < 8$ ∴ 예민성 점토

예민비와 점토의 분류

예민비	판정
$S_t \leq 1$	비예민 점토
$1 < S_t < 8$	예민성 점토
$8 \leq S_t \leq 64$	급속 점토
$64 < S_t$	초예민성 점토

□□□ 산89③,95②,10②,18④,22②,23②

07 어느 흙의 입도시험결과 입경가적곡선에서 얻은 흙입자 지름이 다음과 같다. 물음에 답하시오.

득점	배점
	5

$D_{10}=0.02\text{mm}$, $D_{20}=0.04\text{mm}$, $D_{30}=0.05\text{mm}$, $D_{40}=0.07\text{mm}$
$D_{50}=0.10\text{mm}$, $D_{60}=0.14\text{mm}$, $D_{70}=0.19\text{mm}$, $D_{80}=0.21\text{mm}$

가. 유효입경을 구하시오.

계산 과정) 답 : ______

나. 균등계수를 구하시오.

계산 과정) 답 : ______

다. 곡률계수를 구하시오.

계산 과정) 답 : ______

해답 가. $D_{10}=0.02\text{mm}$

나. $C_u=\dfrac{D_{60}}{D_{10}}=\dfrac{0.14}{0.02}=7.0$

다. $C_g=\dfrac{(D_{30})^2}{D_{10}\times D_{60}}=\dfrac{(0.05)^2}{0.02\times 0.14}=0.89$

□□□ 산 09②,11④,22②

08 점토질 흙의 현장에서 간극비가 1.5, 액성한계가 50%, 점토층의 두께가 4m일 때, 이 점토층의 유효한 재하압력이 130kN/m^2에서 170kN/m^2로 증가하는 경우 다음 물음에 답하시오.

득점	배점
	5

가. 압축지수(C_c)를 구하시오.
(단, 흐트러지지 않은 시료로서 Terzaghi와 peck 공식을 사용하시오.)

계산 과정) 답 : ______

나. 압밀침하량(ΔH)을 구하시오.

계산 과정) 답 : ______

해답 가. $C_c=0.009(W_L-10)=0.009(50-10)=0.36$

나. $\Delta H=\dfrac{C_c H}{1+e}\log\dfrac{P+\Delta P}{P}=\dfrac{C_c H}{1+e}\log\dfrac{P_2}{P_1}$

$=\dfrac{0.36\times 400}{1+1.5}\log\dfrac{170}{130}=6.71\text{cm}$

건설재료분야 4문항(20점)

□□□ 산90②,11①④,15①,15④,16②,22②

09 아스팔트 시험에 대한 아래의 물음에 답하시오.

득점	배점
	5

가. 저온에서 시험할 때 아스팔트 신도시험의 표준 시험온도 및 인장속도를 쓰시오.

【답】 시험온도 : ________________, 인장속도 : ________________

나. 역청재료의 점도를 측정하는 시험방법을 3가지만 쓰시오.

① ____________ ② ____________ ③ ____________

해답 가. 시험온도 : 4℃, 인장속도 : 1cm/min

나. ① 앵글러(engler) 점도시험방법

② 세이볼트(saybolt) 점도시험방법

③ 레드우드(redwood) 점도시험방법

④ 스토머(stomer) 점도시험방법

□□□ 산13①,17①,22②

10 동일 시험자가 동일재료로 2회 측정한 시멘트 밀도 시험 결과가 아래의 표와 같다. 이 시멘트의 밀도를 구하고 적합여부를 판별하시오.

득점	배점
	5

측정횟수	1회	2회
처음의 광유의 읽음값(mL)	0.4	0.4
시료의 질량(g)	64.1	64.2
시료를 넣은 광유의 읽음값(mL)	20.7	21.1

계산 과정) 답 : ____________

해답 • 시멘트 밀도 $= \dfrac{\text{시멘트의 질량(g)}}{\text{르샤틀리에 플라스크의 눈금차(mL)}}$

$$= \frac{64.1}{20.7-0.4} = 3.16\text{Mg/m}^3$$

$$= \frac{64.2}{21.1-0.4} = 3.10\text{Mg/m}^3$$

• 밀도차 $= 3.16 - 3.10 = 0.06 > 0.03$

• 불합격

• 이유 : 동일 시험자가 동일 재료에 대하여 2회 측정한 결과가 $\pm 0.03\text{Mg/m}^3$ 보다 크므로

□□□ 산14①,16④,22②,24②

11 아래 표의 조건과 같을 때 압력법에 의한 굳지 않은 콘크리트의 공기량 시험에서 골재수정계수 결정을 위해 사용해야 하는 잔골재와 굵은골재의 질량을 구하시오.

득점	배점
	5

- 1배치의 콘크리트 용적 : $1m^3$
- 콘크리트 시료의 용적 : 10L
- 1배치에 사용된 잔골재 질량 : 900kg
- 1배치에 사용된 굵은골재 질량 : 1100kg

계산과정)

【답】 잔골재 질량 : ________________, 굵은골재 질량 : ________________

해답 • 잔골재 질량 $m_f = \frac{V_C}{V_B} \times m_f{}' = \frac{10}{1000} \times 900 = 9\text{kg}$

• 굵은골재 질량 $m_c = \frac{V_C}{V_B} \times m_c{}' = \frac{10}{1000} \times 1100 = 11\text{kg}$

용어

m_f : 용적 V_c의 콘크리트 시료 중의 잔골재의 질량(kg)
m_c : 용적 V_c의 콘크리트 시료 중의 굵은골재의 질량(kg)
V_c : 콘크리트 시료의 용적(L)(용기 용적과 같다.)
V_B : 1배치의 콘크리트의 완성 용적(L)
$m_f{}'$: 1배치에 사용하는 잔골재의 질량(kg)
$m_c{}'$: 1배치에 사용되는 굵은골재의 질량(kg)

□□□ 09④,22②

12 골재 안정성 시험 목적과 사용 용액 1가지를 쓰시오.

득점	배점
	5

① 목적 :

○

② 사용용액 :

해답 ① 기상작용에 의한 골재의 균열 또는 파괴에 대한 저항성 정도를 측정하는 시험이다.
② 황산나트륨

국가기술자격 실기시험문제

2023년도 기사 제1회 필답형 실기시험(기사)

종 목	시험시간	배 점	성 명	수험번호
건설재료시험산업기사	**1시간30분**	**60**		

※ 수험자 인적사항 및 계산식을 포함한 답안 작성은 검은색 필기구만 사용해야 하며, 그 외 연필류, 빨간색, 청색 등 필기구로 작성한 답항은 0점 처리 됩니다.

토질분야

6문항(30점)

□□□ 산91②,96①,09①,13④,14④,17①,21①,23①

01 현장도로 토공에서 모래 치환법에 의한 현장건조단위중량 시험을 실시했다. 파낸 구멍의 부피 $V = 1900\text{cm}^3$이었고 이 구멍에서 파낸 흙의 무게가 3280g이었다. 이 흙의 토질시험결과 함수비 $w = 12\%$, 비중 $G_s = 2.70$, 최대건조밀도 $\rho_{d\max} = 1.65\text{g/cm}^3$이었다. 아래의 물음에 답하시오.

득점	배점
	5

가. 현장 건조밀도를 구하시오.

계산 과정) 답 :

나. 공극비 및 공극률을 구하시오.

계산 과정) 답 :

다. 다짐도를 구하시오.

계산 과정) 답 :

라. 이 현장이 95% 이상의 다짐도를 원할 때 이 토공의 적부를 판단하시오.

계산 과정) 답 :

해답 가. $\rho_d = \dfrac{\rho_t}{1+w}$

• $\rho_t = \dfrac{W}{V} = \dfrac{3280}{1900} = 1.73\text{g/cm}^3$

$\therefore\ \rho_d = \dfrac{1.73}{1+0.12} = 1.54\text{g/cm}^3$

나. $e = \dfrac{\rho_w G_s}{\rho_d} - 1 = \dfrac{1 \times 2.70}{1.54} - 1 = 0.75$

$n = \dfrac{e}{1+e} \times 100 = \dfrac{0.75}{1+0.75} \times 100 = 42.86\%$

다. $C_d = \dfrac{\rho_d}{\rho_{d\max}} \times 100 = \dfrac{1.54}{1.65} \times 100 = 93.33\%$

라. $C_d = 93.33\% \leq 95\%$ $\therefore$ 불합격

□□□ 산08④,10④,11②,12②,14①④,16②,17②,21①,23①, 기04④

02 점토층 두께가 10m인 지반의 흙을 채취하여 표준압밀시험을 하였더니 하중강도가 220kN/m² 에서 340kN/m²로 증가할 때 간극비는 1.8에서 1.1로 감소하였다. 다음 물음에 답하시오.

득점	배점
	5

가. 압축계수를 구하시오. (단, 계산결과는 □.□□ × 10□ 로 표현하시오.)

계산 과정) 답 : ________

나. 체적변화계수를 구하시오. (단, 계산결과는 □.□□ × 10□ 로 표현하시오.)

계산 과정) 답 : ________

다. 이 점토층의 압밀침하량을 구하시오.

계산 과정) 답 : ________

해답 가. $a_v = \dfrac{e_1 - e_2}{P_2 - P_1} = \dfrac{1.8 - 1.1}{340 - 220} = 5.83 \times 10^{-3}\text{m}^2/\text{kN}$

나. $m_v = \dfrac{a_v}{1 + e_1} = \dfrac{5.83 \times 10^{-3}}{1 + 1.8} = 2.08 \times 10^{-3}\text{m}^2/\text{kN}$

다. $\Delta H = \dfrac{e_1 - e_2}{1 + e_1} H = \dfrac{1.8 - 1.1}{1 + 1.8} \times 10 = 2.50\text{m} = 250\text{cm}$

또는 $\Delta H = m_v \cdot \Delta P \cdot H = 2.08 \times 10^{-3} \times (340 - 220) \times 10 = 2.50\text{m} = 250\text{cm}$

□□□ 산08④,12①,20②,23①, 기04①,06①,09①,12①

03 어느 시료에 대한 애터버그 한계시험 결과 액성한계 $W_L = 38\%$, 소성한계 $W_P = 19\%$를 얻었다. 자연함수비가 32.0%이고 유동지수 $I_f = 9.80\%$일 때 다음 물음에 답하시오.

득점	배점
	5

가. 소성지수를 구하시오.

계산 과정) 답 : ________

나. 액성지수를 구하시오.

계산 과정) 답 : ________

다. 터프니스지수를 구하시오.

계산 과정) 답 : ________

라. 컨시스턴스지수를 구하시오.

계산 과정) 답 : ________

해답 가. $I_P = W_L - W_P = 38 - 19 = 19\%$

나. $I_L = \dfrac{w_n - W_P}{I_p} = \dfrac{32 - 19}{19} = 0.68$

다. $I_t = \dfrac{I_p}{I_f} = \dfrac{19}{9.8} = 1.94$

라. $I_c = \dfrac{W_L - w_n}{I_p} = \dfrac{38 - 32}{19} = 0.32$

□□□ 산09④,13①,17④,22①,23①,24②

04 도로의 평판재하시험에서 시험을 끝마치는 조건에 대해 2가지만 쓰시오.

득점	배점
	5

① ______________ ② ______________

해답 ① 침하량이 15mm에 달할 때
② 하중강도가 그 지반의 항복점을 넘을 때
③ 하중강도가 현장에서 예상되는 최대 접지압력을 초과할 때

□□□ 산16④,20②,23①

05 흙의 투수계수 측정법 중 실내투수시험법의 종류 2가지를 쓰시오.

득점	배점
	5

① ______________ ② ______________

해답 ① 정수위 투수시험
② 변수위 투수시험
③ 압밀투수시험

□□□ 산10②,14①,18②,23①, 기08②,09④,14②,18②,21②,23①

06 흙의 공학적 분류방법인 통일분류법과 AASHTO분류법의 차이점을 3가지만 쓰시오.

득점	배점
	5

① ______________ ② ______________ ③ ______________

해답 ① 두 가지 분류법에서는 모두 입도분포와 소성을 고려하여 흙을 분류하고 있다.
② 모래, 자갈 입경 구분이 서로 다르다.
③ 유기질 흙에 대한 분류는 통일분류법에는 있느나 AASHTO분류법에는 없다.
④ No.200체를 기준으로 조립토와 세립토를 구분하고 있으나 두 방법의 통과율에 있어서는 서로 다르다.

건설재료분야 6문항(30점)

□□□ 산87②,17①,23①

07 아스팔트 침입도 시험에 사용되는 시험기구 4가지를 쓰시오.

득점	배점
	5

① ______________ ② ______________
③ ______________ ④ ______________

해답 ① 침입도계 ② 표준침
③ 온도계 ④ 스톱워치
⑤ 항온물탱크

□□□ 산11②,15①,16④,23①

08 아스팔트 시험에 대한 아래의 물음에 답하시오.

득점	배점
	5

가. 시료의 온도 25℃, 100g의 하중을 5초 동안 가하는 것을 표준 시험 조건으로 하는 시험명을 쓰시오.

○

나. 아스팔트의 연화점은 시료가 강구와 함께 시료대에서 몇 cm 떨어진 밑판에 닿는 순간의 온도를 말하는지 쓰시오.

○

다. 아스팔트 신도시험에서 별도의 규정이 없는 경우 시험온도와 인장속도를 설명하시오.

① 시험온도 : ______, ② 인장속도 : ______

해답 가. 아스팔트 침입도 시험
나. 2.54cm
다. ① 25±0.5℃
② 5±0.25cm/min

□□□ 산87,08④,19①,23①

09 조립률이 2.8인 잔골재와 조립률이 7.2인 굵은골재를 1 : 1.5의 용적배합비로 섞었을 때 혼합된 골재의 조립률은?

득점	배점
	5

(소수 셋째 자리에서 반올림하시오.)

계산 과정)　　　　　답 : ______

해답 $\mathrm{F.M} = \dfrac{m}{m+n} \times F_s + \dfrac{n}{m+n} \times F_g = \dfrac{1 \times 2.8 + 1.5 \times 7.2}{1+1.5} = 5.44$

□□□ 산11①④,15①④,16②,18②,19①,22③,23①

10 아스팔트 시험에 대한 아래의 물음에 답하시오.

득점	배점
	5

가. 저온에서 시험할 때 아스팔트 신도시험의 표준 시험온도 및 인장속도를 쓰시오.

【답】 시험온도 : ______, 인장속도 : ______

나. 역청재료의 점도를 측정하는 시험방법을 3가지만 쓰시오.

① ______ ② ______ ③ ______

해답 가. 시험온도 : 4℃, 인장속도 : 1cm/min
나. ① 앵글러(engler) 점도시험방법
② 세이볼트(saybolt) 점도시험방법
③ 레드우드(redwood) 점도시험방법
④ 스토머(stomer) 점도시험방법

□□□ 산13①,15②,23①, 기13④

11 콘크리트의 워커빌리티는 반죽질기에 좌우되는 경우가 많으므로 일반적으로 반죽질기를 측정하여 그 결과에 따라 워커빌리티의 정도를 판단한다. 콘크리트의 반죽질기를 평가하는 시험방법을 5가지를 쓰시오.

득점	배점
	5

① ______________ ② ______________

③ ______________ ④ ______________

⑤ ______________

해답 ① 슬럼프시험(slump test) ② 흐름시험(flow test)
③ 구관입시험(ball penetration tesst) ④ 리몰딩시험(remolding test)
⑤ 비비시험(Vee－Bee test) ⑥ 다짐계수시험(compacting factor test)

□□□ 산88,00④,08①②,09②④,10②④,11①,12②,14②④,17②,21①,23①

12 잔골재에 대한 밀도 및 흡수율 시험 결과가 아래 표와 같을 때 다음 물음에 답하시오.
(단, 시험온도에서의 물의 밀도는 1.0g/cm^3이다.)

득점	배점
	5

물을 채운 플라스크 질량(g)	600
표면 건조포화 상태 시료 질량(g)	500
시료와 물을 채운 플라스크 질량(g)	911
절대 건조 상태 시료 질량(g)	480

가. 표면 건조 포화 상태의 밀도를 구하시오.

계산 과정) 답 : ______________

나. 절대 건조 상태의 밀도를 구하시오.

계산 과정) 답 : ______________

다. 상대 겉보기 밀도를 구하시오.

계산 과정) 답 : ______________

라. 흡수율을 구하시오.

계산 과정) 답 : ______________

해답 가. $d_s = \dfrac{m}{B+m-C} \times \rho_w = \dfrac{500}{600+500-911} \times 1 = 2.65\text{g/cm}^3$

나. $d_d = \dfrac{A}{B+m-C} \times \rho_w = \dfrac{480}{600+500-911} \times 1 = 2.54\text{g/cm}^3$

다. $d_A = \dfrac{A}{B+A-C} \times \rho_w = \dfrac{480}{600+480-911} \times 1 = 2.84\text{g/cm}^3$

라. $Q = \dfrac{m-A}{A} \times 100 = \dfrac{500-480}{480} \times 100 = 4.17\%$

국가기술자격 실기시험문제

2023년도 기사 제2회 필답형 실기시험(기사)

종 목	시험시간	배 점	성 명	수험번호
건설재료시험산업기사	1시간30분	60		

※ 수험자 인적사항 및 계산식을 포함한 답안 작성은 검은색 필기구만 사용해야 하며, 그 외 연필류, 빨간색, 청색 등 필기구로 작성한 답항은 0점 처리 됩니다.

토질분야

6문항(30점)

□□□ 산91②,96①,09①,13④,14④,17①,21①,23②,24①

01 **현장도로 토공에서 모래 치환법에 의한 현장건조단위중량 시험을 실시했다. 파낸 구멍의 부피 $V=1900\text{cm}^3$이었고 이 구멍에서 파낸 흙의 무게가 3280g이었다. 이 흙의 토질시험결과 함수비 $w=12\%$, 비중 $G_s=2.70$, 최대건조밀도 $\rho_{d\max}=1.65\text{g/cm}^3$이었다. 아래의 물음에 답하시오.**

득점	배점
	5

가. 현장 건조밀도를 구하시오.

계산 과정) 답 :

나. 공극비 및 공극률을 구하시오.

계산 과정) 답 :

다. 다짐도를 구하시오.

계산 과정) 답 :

라. 이 현장이 95% 이상의 다짐도를 원할 때 이 토공의 적부를 판단하시오.

계산 과정) 답 :

해답 가. $\rho_d=\dfrac{\rho_t}{1+w}$

• $\rho_t=\dfrac{W}{V}=\dfrac{3280}{1900}=1.73\text{g/cm}^3$

$\therefore\ \rho_d=\dfrac{1.73}{1+0.12}=1.54\text{g/cm}^3$

나. $e=\dfrac{\rho_w G_s}{\rho_d}-1=\dfrac{1\times 2.70}{1.54}-1=0.75$

$n=\dfrac{e}{1+e}\times 100=\dfrac{0.75}{1+0.75}\times 100=42.86\%$

다. $C_d=\dfrac{\rho_d}{\rho_{d\max}}\times 100=\dfrac{1.54}{1.65}\times 100=93.33\%$

라. $C_d=93.33\%\leq 95\%$ $\therefore$ 불합격

□□□ 산09②,11④,13④,16①,21②,23②

02 어떤 자연 상태의 흙에 대해 일축 압축 강도시험을 행하였다. 일축압축강도 $q_u = 0.35\text{MPa}$을 얻었고 이 때 시료의 파괴면은 수평면에 대하여 70° 이었다. 다음 물음에 답하시오.

득점	배점
	5

가. 이 흙의 내부 마찰각을 구하시오.

계산 과정) 답 : ______________

나. 점착력(c)을 구하시오. (단, 소수점 넷째자리에서 반올림하시오.)

계산 과정) 답 : ______________

해답 가. $\phi = 2\theta - 90^\circ = 2 \times 70^\circ - 90^\circ = 50^\circ$

$\left(\because\ \theta = 45^\circ + \dfrac{\phi}{2} \text{ 에서}\right)$

나. $c = \dfrac{q_u}{2\tan\left(45^\circ + \dfrac{\phi}{2}\right)} = \dfrac{0.35}{2\tan\left(45^\circ + \dfrac{50^\circ}{2}\right)} = 0.064\text{N/mm}^2 = 0.064\text{MPa} = 64\text{kN/m}^2$

□□□ 산89③,95②,10②,18④,22③,23②

03 흙의 입도분석 시험결과 입경가적곡선에서 흙입자 지름은 아래의 표와 같을 때 다음 물음에 답하시오.

득점	배점
	5

$D_{10} = 0.02\text{mm},\ D_{30} = 0.05\text{mm},\ D_{60} = 0.14\text{mm}$

가. 이 흙의 균등계수(C_u)를 구하시오.

계산 과정) 답 : ______________

나. 이 흙의 곡률계수(C_g)를 구하시오.

계산 과정) 답 : ______________

다. 균등계수와 곡률계수로부터 이 흙의 입도분포가 양호한지, 불량한지를 판별하시오.

계산 과정) 답 : ______________

해답 가. $C_u = \dfrac{D_{60}}{D_{10}} = \dfrac{0.14}{0.02} = 7$

나. $C_g = \dfrac{(D_{30})^2}{D_{10} \times D_{60}} = \dfrac{(0.05)^2}{0.02 \times 0.14} = 0.89$

다. $C_u > 10,\ C_g < 1 \sim 3$

$C_u = 7 > 10,\ C_g = 0.89\ < 1 \sim 3$ ∴ 불량

□□□ 산09②,11④,22②,23②

04 **점토질 흙의 현장에서 간극비가 1.5, 액성한계가 50%, 점토층의 두께가 4m일 때, 이 점토층의 유효한 재하압력이 130kN/m^{2}에서 170kN/m^{2}로 증가하는 경우 다음 물음에 답하시오.**

득점	배점
	5

가. 압축지수(C_c)를 구하시오.
(단, 흐트러지지 않은 시료로서 Terzaghi와 peck 공식을 사용하시오.)

계산 과정) 답 : ____________

나. 압밀침하량(ΔH)을 구하시오.

계산 과정) 답 : ____________

해답 가. $C_c = 0.009(W_L - 10) = 0.009(50-10) = 0.36$

나. $\Delta H = \dfrac{C_c H}{1+e}\log\dfrac{P+\Delta P}{P} = \dfrac{C_c H}{1+e}\log\dfrac{P_2}{P_1}$

$= \dfrac{0.36\times 400}{1+1.5}\log\dfrac{170}{130} = 6.71\text{cm}$

□□□ 산94②,08①,12①,23②, 기06①,09④

05 **콘크리트 포장을 위하여 지름 30cm의 재하판을 사용하여 평판재하시험을 한 결과 침하량 1.25mm에 대한 하중강도를 241.5kN/m^{2}을 얻었다. 다음 물음에 답하시오.**

득점	배점
	5

가. 지지력 계수 K_{30}을 구하시오.

계산 과정) 답 : ____________

나. 지름 40mm의 재하판을 사용한다면 지지력 계수 K_{40}을 구하시오.

계산 과정) 답 : ____________

다. 지름 75mm의 재하판을 사용한다면 지지력 계수 K_{75}을 구하시오.

계산 과정) 답 : ____________

해답 가. $K_{30} = \dfrac{P}{S} = \dfrac{241.5}{1.25\times\dfrac{1}{1000}} = 193200\text{kN/m}^3 = 193.20\text{MN/m}^3$

나. $K_{40} = \dfrac{1.7}{2.2}\times K_{30} = \dfrac{1.7}{2.2}\times 193.20 = 149.29\text{MN/m}^3$

다. $K_{75} = \dfrac{1}{2.2}K_{30} = \dfrac{1}{2.2}\times 193.20 = 87.82\text{MN/m}^3$

□□□ 산11②,13④,14④,16①,17②,23②

득점	배점
	5

06 어떤 흙으로 액성한계, 소성한계를 하였다. 아래 표의 빈칸을 채우고, 그래프를 그려서 액성한계, 소성한계, 소성지수를 구하시오. (단, 소수점 이하 둘째자리에서 반올림하시오.)

【액성한계시험】

용기번호	1	2	3	4	5
습윤시료+용기 무게(g)	70	75	74	70	76
건조시료+용기 무게(g)	60	62	59	53	55
용기 무게(g)	10	10	10	10	10
건조시료 무게(g)					
물의 무게(g)					
함수비(%)					
타격횟수 N	58	43	31	18	12

【소성한계시험】

용기번호	1	2	3	4
습윤시료+용기 무게(g)	26	29.5	28.5	27.7
건조시료+용기 무게(g)	23	26	24.5	24.1
용기 무게(g)	10	10	10	10
건조시료 무게(g)				
물의 무게(g)				
함수비(%)				

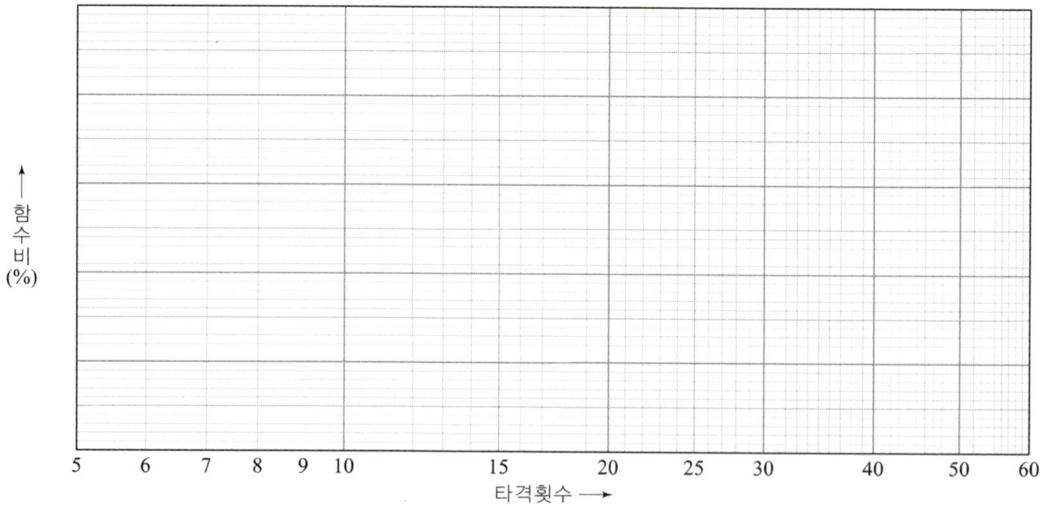

가. 액성한계를 구하시오.

계산 과정)

답 : ____________

나. 소성한계를 구하시오.

계산 과정)

답 : ____________

다. 소성지수를 구하시오.

계산 과정)　　　　　　　　　　　　　　　　　　　　　　답 : ____________

해답

【액성한계시험】

용기번호	1	2	3	4	5
습윤시료+용기 무게(g)	70	75	74	70	76
건조시료+용기 무게(g)	60	62	59	53	55
용기 무게(g)	10	10	10	10	10
건조시료 무게(g)	50	52	49	43	45
물의 무게(g)	10	13	15	17	21
함수비(%)	20	25	30.6	39.5	46.7
타격횟수 N	58	43	31	18	12

【소성한계시험】

용기번호	1	2	3	4
습윤시료+용기 무게(g)	26	29.5	28.5	27.7
건조시료+용기 무게(g)	23	26	24.5	24.1
용기 무게(g)	10	10	10	10
건조시료 무게(g)	13	16	14.5	14.1
물의 무게(g)	3	3.5	4.0	3.6
함수비(%)	23.1	21.9	27.6	25.5

가.

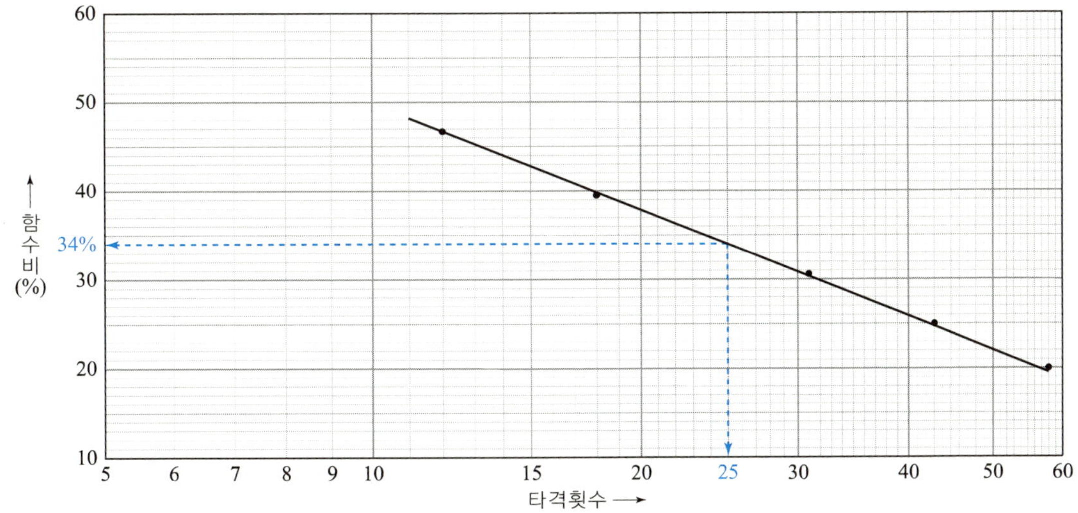

【액성한계】 34%

나. 소성한계$=\dfrac{23.1+21.9+27.6+25.5}{4}=24.5\%$

다. 소성지수=액성한계−소성한계$=34-24.5=9.5\%$

건설재료분야

6문항(30점)

□□□ 산05①,07③,10①,22③,23②

07 다음 그림은 골재의 함수상태를 나타낸 그림이다. 다음 ( )안에 알맞은 말을 적어 넣으시오.

득점	배점
	5

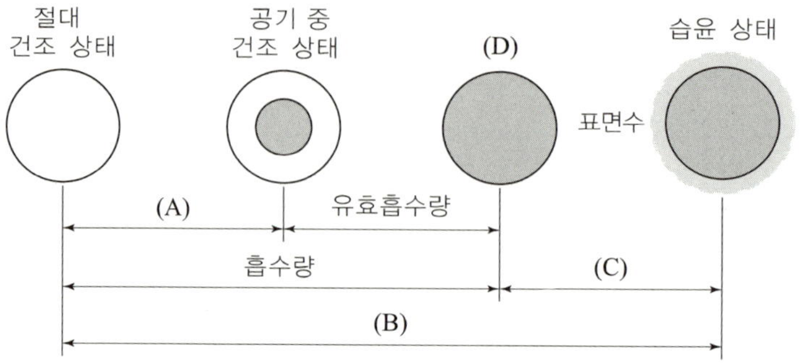

① A : ________ ② B : ________

③ C : ________ ④ D : ________

해답 A : 기건 함수량 B : 함수량
C : 표면수량 D : 표면건조 포화상태

□□□ 산10①,11②,13②④,16①,17②,18②,21②,22①,23②, 기19④

08 콘크리트표준시방서에서는 콘크리트용 잔골재의 유해물 함유량 한도를 규정하고 있다. 여기서 규정하고 있는 유해물의 종류를 3가지만 쓰시오.

득점	배점
	5

① ________ ② ________ ③ ________

해답 ① 점토 덩어리
② 0.08mm체 통과량
③ 염화물
④ 석탄, 갈탄 등으로 밀도 $2.0g/cm^3$의 액체에 뜨는 것

잔골재의 유해물 함유량 한도(질량 백분율)

종류	최대값(%)
점토덩어리	1.0
0.08mm체 통과량 • 콘크리트의 표면이 마모작용을 받는 경우 • 기타의 경우	 3.0 5.0
석탄, 갈탄 등으로 밀도 $2.0g/cm^3$의 액체에 뜨는 것 • 콘크리트의 외관이 중요한 경우 • 기타의 경우	 0.5 1.0
• 염화물(NaCl 환산량)	0.04

□□□ 산16①,23②

09 다음 아스팔트 시험에 대해 물음에 답하시오.

득점	배점
	6

가. 아스팔트 인화점 시험의 정의를 간단히 설명하시오.

○

나. 아스팔트 연소점 시험의 정의를 간단히 설명하시오.

○

다. 아스팔트 신도시험의 목적을 간단히 설명하시오.

○

해답 가. 아스팔트를 가열하여 어느 일정한 온도에 도달할 때 화기에 가깝게 대면 가연성의 증거로 불이 붙게 되는데 이 인화하였을 때의 최저 온도를 인화점이라 한다.

나. 아스팔트를 계속하여 가열하면 한번 인화되어 생긴 불꽃은 바로 꺼지지 않고 탄다. 이때의 최저온도를 연소점이라 한다.

다. 아스팔트의 연성을 알기 위한 시험

참고

- 아스팔트 인화점 시험의 목적 : 역청 재료가 어느 정도 인화 되는지를 관리하기 위한 시험이다.
- 아스팔트 신도시험의 정의 : 시료를 두 끝을 규정 온도 및 속도로 잡아당겼을 때까지 늘어난 길이(cm)

□□□ 산08②,09④,10④,12①④,17②,23②

10 콘크리트의 호칭강도가 28MPa이고 30회 이상의 실험에 의한 압축강도의 표준편차가 3.0MPa 이였다면 콘크리트의 배합강도는?

득점	배점
	5

계산 과정) 답 : ________

해답 $f_{cn}=28\text{MPa} \le 35\text{MPa}$인 경우

- $f_{cr}=f_{cn}+1.34s=28+1.34\times3=32.02\text{MPa}$
- $f_{cr}=(f_{cn}-3.5)+2.33s=(28-3.5)+2.33\times3=31.49\text{MPa}$

$\therefore\ f_{cr}=32.02\text{MPa}$(두 값 중 큰 값)

□□□ 산88①,10①,11②,23②

11 시멘트의 분말도 시험방법 2가지를 쓰시오.

득점	배점
	4

① ________ ② ________

해답 ① 표준체 $45\mu m$에 의한 방법

② 블레인 공기투과장치에 의한 방법

□□□ 산93②,14②,21②,23②

12 아스팔트 침입도 시험방법(KS M 2252)에 대해 물음에 답하시오.

득점	배점
	6

가. 침입도 1의 단위를 쓰시오.

○

나. 침입도 시험의 표준이 되는 시험중량, 시험온도, 관입시간을 쓰시오.

【답】 시험중량 : ________, 시험온도 : ________, 관입시간 : ________

해답 가. 0.1mm

나. 시험중량 : 100g, 시험온도 : 25℃, 관입시간 : 25초

국가기술자격 실기시험문제

2024년도 기사 제1회 필답형 실기시험(기사)

종 목	시험시간	배 점	성 명	수험번호
건설재료시험산업기사	**1시간30분**	**60**		

※ 수험자 인적사항 및 계산식을 포함한 답안 작성은 검은색 필기구만 사용해야 하며, 그 외 연필류, 빨간색, 청색 등 필기구로 작성한 답항은 0점 처리 됩니다.

토질분야

6문항(30점)

□□□ 산91②,96①,09①,13④,14④,17①,21①,23②,24①

01 현장도로 토공에서 모래 치환법에 의한 현장건조단위중량 시험을 실시했다. 파낸 구멍의 부피 $V=1900\text{cm}^3$이었고 이 구멍에서 파낸 흙의 무게가 3280g이었다. 이 흙의 토질시험결과 함수비 $w=12\%$, 비중 $G_s=2.70$, 최대건조밀도 $\rho_{d\max}=1.65\text{g/cm}^3$이었다. 아래의 물음에 답하시오.

득점	배점
	5

가. 현장 건조밀도를 구하시오.

계산 과정) 답 : ______

나. 공극비 및 공극률을 구하시오.

계산 과정) 답 : ______

다. 다짐도를 구하시오.

계산 과정) 답 : ______

라. 이 현장이 95% 이상의 다짐도를 원할 때 이 토공의 적부를 판단하시오.

계산 과정) 답 : ______

해답 가. $\rho_d=\dfrac{\rho_t}{1+w}$

• $\rho_t=\dfrac{W}{V}=\dfrac{3280}{1900}=1.73\text{g/cm}^3$

$\therefore\ \rho_d=\dfrac{1.73}{1+0.12}=1.54\text{g/cm}^3$

나. $e=\dfrac{\rho_w G_s}{\rho_d}-1=\dfrac{1\times 2.70}{1.54}-1=0.75$

$n=\dfrac{e}{1+e}\times 100=\dfrac{0.75}{1+0.75}\times 100=42.86\%$

다. $C_d=\dfrac{\rho_d}{\rho_{d\max}}\times 100=\dfrac{1.54}{1.65}\times 100=93.33\%$

라. $C_d=93.33\%\le 95\%$ $\therefore$ 불합격

□□□ 산18②,24①

02 흙의 공학적 분류방법인 통일분류법과 AASHTO분류법의 차이점을 3가지만 쓰시오.

득점	배점
	5

① ______ ② ______ ③ ______

해답 ① 두 가지 분류법에서는 모두 입도분포와 소성을 고려하여 흙을 분류하고 있다.
② 모래, 자갈 입경 구분 서로 다르다.
③ 유리질 흙에 대한 분류는 통일분류법에는 있으나 AASHTO분류법에는 없다.
④ No.200체를 기준으로 조립토와 세립토를 구분하고 있으나 두 방법의 통과율에 있어서는 서로 다르다.

□□□ 산21①,24①

03 노반재료에 대한 지지력비(CBR)시험을 하였다. 관입시험에 앞서 공시체 제작은 5층 다짐으로 각 층 다짐회수를 55회로 하여 4일간 수침을 하였으며, 수침이 끝난 후 관입시험을 수행한 결과가 다음 표와 같다. 다음 물음에 답하시오.
(단, 공시체의 높이=120mm, 흙의 비중=2.66, 간극비=0.73)

득점	배점
	5

공시체의 건조밀도(g/cm^3)	1.54
수침전 함수비(%)	20.05
4일간 수침후의 함수비(%)	27.33
수침 직후의 변형 읽음값(mm)	2.0
4일간 수침 후의 변형 읽음 값(mm)	4.2
2.5mm관입량 때의 하중강도 MN/m^2	2.5

가. 팽창비, 수침전과 수침후의 포화도를 각각 구하시오.

① 팽창비

계산 과정) 답 : ______

② 수침전 포화도

계산 과정) 답 : ______

③ 수침후 포화도

계산 과정) 답 : ______

나. CBR값을 구하시오.

계산 과정) 답 : ______

해답 가. ① $r_e = \dfrac{\text{다이알게이지(최종읽음}-\text{최초읽음)}}{\text{공시체의 최초 높이}} \times 100 = \dfrac{4.2-2.0}{120} \times 100 = 1.83\%$

② $S = \dfrac{G_s w}{e} = \dfrac{2.66 \times 20.05}{0.73} = 73.06\%$

③ $S=\frac{G_s w}{e}=\frac{2.66\times 27.33}{0.73}=99.59\%$

나. $\text{C.B.R}=\frac{\text{하중강도}}{\text{표준하중강도}}\times 100$

$=\frac{2.5}{6.9}\times 100=36.23\%$

CBR시험

■ 표준하중강도 및 표준하중의 값

• SI단위

관입량mm	표준하중강도 MN/m^2	표준하중(kN)
2.5	6.9	13.4
5.0	10.3	19.9

• MKS단위

관입량mm	표준하중강도 kg/cm^2	표준하중(kg)
2.5	70	1370
5.0	105	2030

■ CBR 계산

$\text{CBR}=\frac{\text{하중강도}}{\text{표준하중강도}}\times 100=\frac{\text{하중}}{\text{표준하중}}\times 100$

• $\text{CBR}_{2.5}$: 관입량 2.5mm일 때의 CBR
• $\text{CBR}_{5.0}$: 관입량 5mm일 때의 CBR
• $\text{CBR}_{2.5}>\text{CBR}_{5.0}$ 인 경우 : $\text{CBR}_{2.5}$이 CBR이 된다.
• $\text{CBR}_5\geq\text{CBR}_{2.5}$ 인 경우 : 재시험 후에도 같으면 CBR_5이 CBR이 된다.

□□□ 산09②,11④,22②,23②,24①

04 점토질 흙의 현장에서 간극비가 1.5, 액성한계가 50%, 점토층의 두께가 4m일 때, 이 점토층의 유효한 재하압력이 130kN/m^{2}에서 170kN/m^{2}로 증가하는 경우 다음 물음에 답하시오.

득점	배점
	5

가. 압축지수(C_c)를 구하시오. (단, 흐트러지지 않은 시료로서 Terzaghi와 peck 공식을 사용하시오.)

계산 과정) 답 : ____________

나. 압밀침하량(ΔH)을 구하시오.

계산 과정) 답 : ____________

해답 가. $C_c=0.009(W_L-10)=0.009(50-10)=0.36$

나. $\Delta H=\frac{C_c H}{1+e}\log\frac{P+\Delta P}{P}=\frac{C_c H}{1+e}\log\frac{P_2}{P_1}$

$=\frac{0.36\times 400}{1+1.5}\log\frac{170}{130}=6.71\text{cm}$

□□□ 산08④,10④,11②,12②,14①④,16②,17②,21①,23①,24① 기04④

05 점토층 두께가 10m인 지반의 흙을 채취하여 표준압밀시험을 하였더니 하중강도가 220kN/m^{2}에서 340kN/m^{2}로 증가할 때 간극비는 1.8에서 1.1로 감소하였다. 다음 물음에 답하시오.

득점	배점
	5

가. 압축계수를 구하시오. (단, 계산결과는 □.□□ × 10$^{□}$로 표현하시오.)

계산 과정) 답 : ______

나. 체적변화계수를 구하시오. (단, 계산결과는 □.□□ × 10$^{□}$로 표현하시오.)

계산 과정) 답 : ______

다. 이 점토층의 압밀침하량을 구하시오.

계산 과정) 답 : ______

해답 가. $a_v = \dfrac{e_1 - e_2}{P_2 - P_1} = \dfrac{1.8 - 1.1}{340 - 220} = 5.83 \times 10^{-3}\,\mathrm{m^2/kN}$

나. $m_v = \dfrac{a_v}{1 + e_1} = \dfrac{5.83 \times 10^{-3}}{1 + 1.8} = 2.08 \times 10^{-3}\,\mathrm{m^2/kN}$

다. $\Delta H = \dfrac{e_1 - e_2}{1 + e_1} H = \dfrac{1.8 - 1.1}{1 + 1.8} \times 10 = 2.50\,\mathrm{m} = 250\,\mathrm{cm}$

또는 $\Delta H = m_v \cdot \Delta P \cdot H = 2.08 \times 10^{-3} \times (340 - 220) \times 10 = 2.50\,\mathrm{m} = 250\,\mathrm{cm}$

□□□ 산10①,13①,16④,24①

06 어떤 흙의 No. 200(0.074mm)체 통과율이 70%, 액성한계가 70%, 소성한계가 40%일 때 군지수를 구하시오.

득점	배점
	5

계산 과정) 답 : ______

해답 $\mathrm{GI} = 0.2a + 0.005ac + 0.01bd$

- a = No.200체 통과율 − 35 = 70 − 35 = 35
- b = No.200체 통과율 − 15 = 70 − 15 = 55 ∴ $b = 40$ (∵ $b = 0 \sim 40$)
- c = 액성한계 − 40 = 70 − 40 = 30 ∴ $c = 20$ (∵ $c = 0 \sim 20$)
- d = 소성지수 − 10 = (70 − 40) − 10 = 20

∴ $\mathrm{GI} = 0.2 \times 35 + 0.005 \times 35 \times 20 + 0.01 \times 40 \times 20$
$= 7 + 3.5 + 8 = 18.5 = 19$ (GI값이 가장 가까운 정수로 반올림한다.)

건설재료분야 5문항(25점)

□□□ 산14①,16④,22③,24①

07 아래 표의 조건과 같을 때 압력법에 의한 굳지 않은 콘크리트의 공기량 시험에서 골재수정계수 결정을 위해 사용해야 하는 잔골재와 굵은골재의 질량을 구하시오.

득점	배점
	5

- 1배치의 콘크리트 용적 : $1m^3$
- 콘크리트 시료의 용적 : 10L
- 1배치에 사용된 잔골재 질량 : 900kg
- 1배치에 사용된 굵은골재 질량 : 1100kg

계산과정)

【답】 잔골재 질량 : ______________, 굵은골재 질량 : ______________

해답 • 잔골재 질량 $m_f = \dfrac{V_C}{V_B} \times m_f{}' = \dfrac{10}{1000} \times 900 = 9\text{kg}$

• 굵은골재 질량 $m_c = \dfrac{V_C}{V_B} \times m_c{}' = \dfrac{10}{1000} \times 1100 = 11\text{kg}$

용어

m_f : 용적 V_c의 콘크리트 시료 중의 잔골재의 질량(kg)

m_c : 용적 V_c의 콘크리트 시료 중의 굵은골재의 질량(kg)

V_c : 콘크리트 시료의 용적(L)(용기 용적과 같다.)

V_B : 1배치의 콘크리트의 완성 용적(L)

$m_f{}'$: 1배치에 사용하는 잔골재의 질량(kg)

$m_c{}'$: 1배치에 사용되는 굵은골재의 질량(kg)

□□□ 산21①,24①

08 골재를 8000g 채취하여 로스엔젤스(Los Angeles) 마모시험을 실시한 결과 마모율은 21%이였다. 이 골재의 마모량을 구하시오.

득점	배점
	5

계산 과정) 답 : ______________

해답 마모율 $= \dfrac{\text{시험 전 시료무게} - \text{시험 후 1.7mm남은 시료무게}}{\text{시험 전 시료무게}} \times 100$

$21\% = \dfrac{\text{마모량}}{8000} \times 100$

$\therefore$ 마모량 $= 8000 \times \dfrac{21}{100} = 1680\text{g}$

□□□ 산08②,09②,09④,10④,12②,14②④,17②,24①

09 잔골재 밀도 시험의 결과가 다음과 같았다. 물음에 답하시오. (단, 시험온도에서의 물의 밀도는 $0.997g/cm^3$)

득점	배점
	5

자연건조 상태의 시료의 질량	542.7g
표면건조 포화상태의 시료의 질량	526.3g
노건조 시료의 질량	487.2g
(물+플라스크)의 질량	850.0g
(시료+물+플라스크)의 질량	1182.5g

가. 표면건조포화상태의 밀도를 구하시오.

계산 과정) 답 :

나. 흡수율을 구하시오.

계산 과정) 답 :

해답 가. $d_s = \dfrac{m}{B+m-C} \times \rho_w = \dfrac{526.3}{850.0+526.3-1182.5} \times 0.997 = 2.71g/cm^3$

나. $Q = \dfrac{m-A}{A} \times 100 = \dfrac{526.3-487.2}{487.2} \times 100 = 8.03\%$

□□□ 산87②,09②,12①②,18①,21②,24①

10 콘크리트용 잔골재 및 굵은골재의 체가름 시험을 실시하여 다음과 같은 값을 구하였다. 아래 물음에 답하시오.

득점	배점
	5

가. 표의 빈칸을 완성하시오. (단, 소수점 첫째자리에서 반올림하시오.)

체의 호칭 (mm)	잔골재			굵은골재		
	체에 남은 양의 무게 (kg)	체에 남은 양 (%)	체에 남은 양의 누계 (%)	체에 남은 양의 무게 (kg)	체에 남은 양 (%)	체에 남은 양의 누계 (%)
75	0			0		
40	0			0.30		
20	0			2.04		
10	0			2.16		
5	0.12			1.20		
2.5	0.36			0.18		
1.2	0.60			–		
0.6	1.16			–		
0.3	1.40			–		
0.15	0.32			–		
합계	3.96	–		5.88	–	

나. 잔골재의 조립률(F.M)을 구하시오

계산 과정) 답 :

다. 굵은 골재의 조립률(F.M)을 구하시오

계산 과정) 답 :

라. 굵은 골재의 최대치수를 구하시오.

○

해답 가.

체의 호칭 (mm)	잔골재			굵은골재		
	체에 남은 양의 무게 (kg)	체에 남은 양 (%)	체에 남은 양의 누계 (%)	체에 남은 양의 무게 (kg)	체에 남은 양 (%)	체에 남은 양의 누계 (%)
75	0	0	0	0	0	0
40	0	0	0	0.30	5	5
20	0	0	0	2.04	35	40
10	0	0	0	2.16	37	77
5	0.12	3	3	1.20	20	97
2.5	0.36	9	12	0.18	3	100
1.2	0.60	15	27	0	0	100
0.6	1.16	29	56	0	0	100
0.3	1.40	35	91	0	0	100
0.15	0.32	8	99	0	0	100
합계	3.96	–	288	5.88	–	719

• $\text{잔류율} = \dfrac{\text{어떤 체에 잔유량}}{\text{전체 질량(합계)}} \times 100$

• 가적 잔류율=잔류율의 누계

나. $\text{F.M} = \dfrac{3+12+27+56+91+99}{100} = 2.9$

다. $\text{F.M} = \dfrac{5+40+77+97+100\times5}{100} = 7.2$

라. 40mm(∵ 가적통과량=100−5=95%)

□□□ 산08①,09②,14①,19①,24①

11 황산소듐을 이용한 골재의 안정성 시험에 사용되는 용액을 2가지만 쓰시오.

득점	배점
	5

① ②

해답 ① 황산소듐 ② 염화바륨

아스팔트분야

1문항(5점)

□□□ 산93②,14②,20③,21②,23②,24①

12 아스팔트 침입도 시험방법(KS M 2252)에 대해 물음에 답하시오.

득점	배점
	5

가. 침입도 1의 단위를 쓰시오.

○

나. 침입도 시험의 표준이 되는 시험중량, 시험온도, 관입시간을 구하시오.

【답】 시험중량 : ______________, 시험온도 : ______________, 관입시간 : ______________

해답 가. 0.1mm

나. 시험중량 : 100g, 시험온도 : 25℃, 관입시간 : 5초

국가기술자격 실기시험문제

2024년도 기사 제2회 필답형 실기시험(기사)

종 목	시험시간	배 점	성 명	수험번호
건설재료시험산업기사	1시간30분	60		

※ 수험자 인적사항 및 계산식을 포함한 답안 작성은 검은색 필기구만 사용해야 하며, 그 외 연필류, 빨간색, 청색 등 필기구로 작성한 답항은 0점 처리 됩니다.

토질분야

6문항(30점)

□□□ 산98④,09②,11①,12④,13②,14①,17④,24②

01 어떤 흙의 수축한계시험을 한 결과가 다음과 같은 시험을 값을 얻었다. 다음 물음에 답하시오.

득점	배점
	5

수축 접시내 습윤 시료 부피	21.30cm^3
노건조 시료 부피	15.20cm^3
노건조 시료 무게	26.14g
습윤 시료의 함수비	44.7%

가. 수축한계를 구하시오.

계산 과정) 답 : ____________

나. 흙의 비중을 구하시오.

계산 과정) 답 : ____________

해답 가. $w_s = w - \dfrac{(V - V_o)\rho_w}{W_o} \times 100$

$= 44.7 - \dfrac{(21.3 - 15.20) \times 1}{26.14} \times 100 = 21.36\%$

나. $G_s = \dfrac{1}{\dfrac{1}{R} - \dfrac{w_s}{100}}$

• $R = \dfrac{W_o}{V_o \cdot \rho_w} = \dfrac{26.14}{15.20 \times 1} = 1.72$

$\therefore\ G_s = \dfrac{1}{\dfrac{1}{1.72} - \dfrac{21.36}{100}} = 2.72$

□□□ 산95,08①,18④,24② 기91

02 아래 그림과 같은 토층단면에 대하여 물음에 답하시오. (단, 각 시료의 포화도는 100%이다.)

득점	배점
	5

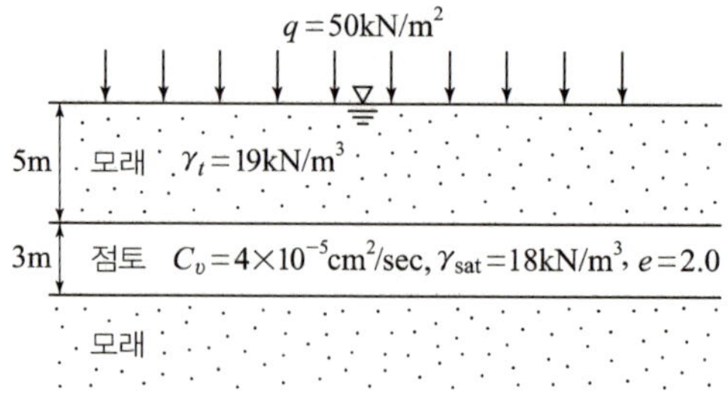

가. 등분포하중 50kN/m^2이 작용할 때 4개월 후 점토층 중심부의 공극수압을 구하시오. (단, 압밀도 $U=0.70$)

계산 과정) 답 :

나. 위의 그림의 토층에서 점토층 중심부의 연직유효응력을 구하시오.

계산 과정) 답 :

해답 가. $U=1-\dfrac{u_e}{P}$ 에서

$$u_e=P(1-U)=50(1-0.70)=15\text{kN/m}^2$$

나. • $\gamma_t=\dfrac{G_s+\dfrac{Se}{100}}{1+e}\gamma_w=\dfrac{G_s+\dfrac{100\times2.0}{100}}{1+2.0}\times9.81=19\text{kN/m}^3 \quad \therefore\ G_s=3.81$

$$\gamma_{\text{sub1}}=\frac{G_s-1}{1+e}\gamma_w=\frac{3.81-1}{1+2.0}\times9.81=9.19\text{kN/m}^3$$

• $\gamma_t=\dfrac{G_s+\dfrac{Se}{100}}{1+e}\gamma_w=\dfrac{G_s+\dfrac{100\times2.0}{100}}{1+2.0}\times9.81=18\text{kN/m}^3 \quad \therefore\ G_s=3.50$

$$\gamma_{\text{sub2}}=\frac{G_s-1}{1+e}\gamma_w=\frac{3.50-1}{1+2.0}\times9.81=8.18\text{kN/m}^3$$

• $\sigma=\gamma_{\text{sub}}\times h_1+\gamma_{\text{sub}}\times\dfrac{h_2}{2}+q\times U=9.19\times5+8.18\times\dfrac{3}{2}=58.22\text{kN/m}^2$

$\therefore$ 연직유효응력 $\sigma_v=\sigma+q=58.22+50=108.22\text{kN/m}^2$

□□□ 산10④,15①,21①,24②

03 배수조건에 따른 3축압축시험의 종류를 3가지만 쓰시오.

득점	배점
	5

① ② ③

해답 ① 비압밀비배수전단시험(UU−test)
② 압밀비배수전단시험(CU−test)
③ 압밀배수전단시험(CD−test)

□□□ 산16②,20②,24②

04 토목공사의 토질조사시 시행하는 표준관입시험(S.P.T)에 대해 다음 물음에 답하시오.

득점	배점
	5

가. 표준관입시험의 N치에 대해 간단히 설명하시오.

○

나. 표준관입시험에서 관입이 불가능한 경우를 쓰시오.

○

다. 표준관입시험 결과 N치가 20이었고, 그 때 채취한 교란 시료로 입도시험을 한 결과 입도는 둥글고 균등한 상태로 Dunham공식에 의해 내부 마찰각의 크기를 추정하시오.

계산 과정) 답 : ______

해답 가. 질량 (63.5±0.5)kg의 해머를 (760±10)mm 높이에서 자유낙하시키고 보링로드 머리부에 부착한 노킹블록을 타격하여 보링로드 앞 끝에 부착한 표준관입시험용 샘플러를 지반에 300mm박아 넣는데 필요한 타격횟수

나. 50회 타격에도 관입량이 30cm 미만일 때는 50회 타격시 관입량을 기록한다.

다. 토립자가 둥글고 균등한 상태

$\phi = \sqrt{12N} + 15 = \sqrt{12 \times 20} + 15 = 30.49°$

모래의 내부마찰각과 N의 관계(Dunham공식)

• 입자가 둥글고 입도 분포가 균등(불량)한 모래	$\phi = \sqrt{12N} + 15$
• 입자가 둥글고 입도 분포가 양호한 모래 • 입자가 모나고 입도 분포가 균등(불량)한 모래	$\phi = \sqrt{12N} + 20$
• 입자가 모나고 입도 분포가 양호한 모래	$\phi = \sqrt{12N} + 25$

□□□ 산18②,24② 기08④,12②,16②,18②

05 1차원 압밀이론을 전개하기 위한 Terzaghi가 설정한 가정을 아래 표의 내용과 같이 4가지만 쓰시오.

득점	배점
	5

흙은 균질하고 완전히 포화되어 있다.

① ______ ② ______

③ ______ ④ ______

해답 ① 흙 입자와 물의 압축성은 무시한다.

② 압축과 물의 흐름은 1차적으로만 발생한다.

③ 물의 흐름은 Dary법칙에 따르며, 투수 계수와 체적 변화는 일정하다.

④ 흙의 성질은 흙이 받는 압력의 크기에 상관없이 일정하다.

⑤ 압력−공극비의 관계는 이상적으로 직선화된다.

⑥ 유효 응력이 증가하면 압축토층의 간극비는 유효 응력의 증가에 반비례해서 감소한다.

□□□ 산88①,09②,11②,17①,24②

06 **평판재하시험의 결과를 기초지반에 이용하고자 할 때 가장 중요한 고려사항을 3가지만 쓰시오.**

득점	배점
	5

① ______ ② ______ ③ ______

해답 ① 시험한 지점의 토질종단을 알아야 한다.
② 지하수위의 변동사항을 알아야 한다.
③ scale effect를 고려해야 한다.
④ 부등침하를 고려하여야 한다.
⑤ 예민비를 고려하여야 한다.
⑥ 실험상의 문제점을 검토하여야 한다.

건설재료분야

5문항(25점)

□□□ 산98④,10④,14①,15④,17②④,19②,21②,24②

07 **시방배합표가 아래와 같을 때 현장배합으로 수정하여 각 재료량을 산출하시오.**(단, 현장의 골재상태는 잔골재가 5mm체에 남는 량 2%, 굵은골재가 5mm체를 통과하는 량 5%이며, 잔골재의 표면수는 3%, 굵은골재의 표면수는 1%이다.)

득점	배점
	5

굵은골재최대치수 (mm)	물-결합재비(W/B) (%)	잔골재율 (S/a) (%)	슬럼프 (mm)	단위 수량(W) (kg/m³)	단위 시멘트량 (kg/m³)	단위 잔골재량 (kg/m³)	단위 굵은 골재량 (kg/m³)
25	50	40	80	200	400	700	1200

계산과정)

【답】단위 수량 : ______, 단위 잔골재량 : ______, 단위 굵은 골재량 : ______

해답 ■ 입도보정 $a=2\%, b=5\%$

• 잔골재량 $X=\dfrac{100S-b(S+G)}{100-(a+b)}$

$$=\frac{100\times 700-5(700+1{,}200)}{100-(2+5)}=650.54\,\text{kg/m}^3$$

• 굵은 골재량 $Y=\dfrac{100G-a(S+G)}{100-(a+b)}$

$$=\frac{100\times 1200-2(700+1200)}{100-(2+5)}=1249.46\,\text{kg/m}^3$$

■ 표면수보정

• 잔골재 $650.54\times 0.03=19.52\text{kg/m}^3$

• 굵은골재 $1249.46\times 0.01=12.49\text{kg/m}^3$

■ 단위량

• 단위 수량 : $200-(19.52+12.49)=167.99\text{kg/m}^3$

• 단위 잔골재량 : $650.54+19.52=670.06\text{kg/m}^3$

• 단위 굵은 골재량 : $1249.46+12.49=1261.95\text{kg/m}^3$

□□□ 산00④,08②,10②,11②,15②,17①,18②,21②,24②

08 굵은골재의 밀도 및 흡수율 시험 결과 아래와 같을 때 물음에 답하시오.

득점	배점
	5

표건상태의 시료질량(g)	1000
절건상태의 시료질량(g)	989.5
시료의 수중질량(g)	615.4
시험온도에서 물의 밀도(g/cm^3)	0.9970

가. 표면건조 포화상태의 시료 밀도를 구하시오.

계산 과정) 답 : ____________

나. 절대 건조상태의 시료 밀도를 구하시오.

계산 과정) 답 : ____________

다. 흡수율을 구하시오.

계산 과정) 답 : ____________

해답 가. $D_s = \dfrac{B}{B-C} \times \rho_w = \dfrac{1000}{1000-615.4} \times 0.9970 = 2.59\,g/cm^3$

나. $D_d = \dfrac{A}{B-C} \times \rho_w = \dfrac{989.5}{1000-615.4} \times 0.9970 = 2.57\,g/cm^3$

다. $Q = \dfrac{B-A}{A} \times 100 = \dfrac{1000-989.5}{989.5} \times 100 = 1.06\%$

□□□ 산08④,13④,16②,17②,20②,24②

09 콘크리트표준시방서에서는 콘크리트용 굵은골재의 유해물 함유량 한도를 규정하고 있다. 여기서 규정하고 있는 유해물의 최대치를 쓰시오.

득점	배점
	5

종류	최대값(%)
점토덩어리	①
연한 석편	②
0.08mm체 통과량	③
석탄 갈탄 등으로 입도밀도 $2.0g/cm^3$의 액체에 뜨는 것 • 콘크리트의 외관이 중요한 경우 • 기타의 경우	 ④ ⑤

해답 ① 0.25 ② 5.0 ③ 1.0 ④ 0.5 ⑤ 1.0

□□□ 산24②

10 시멘트 모르타르의 압축 강도시험용 공시체를 제작 할 때에 대한 물음에 답하시오.

득점	배점
	5

가. 몰드 속의 모르타르를 다짐대로 약 10초 동안에 (①)바퀴로 (②)번 다진다.

① ______________________ ② ______________________

나. 모르타르의 압축 강도시험체를 만들 때 표준모래를 사용하는 이유를 간단히 쓰시오.

○

해답 가. ① 4바퀴 ② 32회

나. 모래알의 차이에 따른 영향을 없애기 위해서

□□□ 산08②,09④,10④,12①④,17②,24②

11 콘크리트의 호칭강도가 28MPa이고 30회 이상의 실험에 의한 압축강도의 표준편차가 3.0MPa 이였다면 콘크리트의 배합강도는?

득점	배점
	5

계산 과정) 답 : ______________

해답 $f_{cn} = 28\text{MPa} \leq 35\text{MPa}$인 경우

- $f_{cr} = f_{cn} + 1.34s = 28 + 1.34 \times 3 = 32.02\text{MPa}$
- $f_{cr} = (f_{cn} - 3.5) + 2.33s = (28 - 3.5) + 2.33 \times 3 = 31.49\text{MPa}$

$\therefore f_{cr} = 32.02\text{MPa}$(두 값 중 큰 값)

아스팔트분야

1문항(5점)

□□□ 산12②,14④,18④,22①,24② 기91①,97④,12④,16①

12 아스팔트 신도시험에 대한 다음 물음에 답하시오.

득점	배점
	5

가. 아스팔트 신도시험의 목적을 간단히 쓰시오.

○

나. 별도의 규정이 없을 때의 온도와 속도를 쓰시오.

【답】 시험온도 : ______________________ 인장속도 : ______________________

다. 아스팔의 종류를 3가지 쓰시오.

보기 : 아스팔트 신도 시험

① ______ ② ______ ③ ______

해답 가. 아스팔트의 연성을 알기 위해서

나. • 시험온도 : 25±0.5℃

• 인장속도 : 5±0.25cm/min

다. ① 아스팔트 비중시험 ② 아스팔트 침입도시험

③ 아스팔트 인화점시험 ④ 아스팔트 연화점시험

⑤ 아스팔트 점도시험

| memo |

PART

4 작업형 핵심정리

수험자 유의사항

– 출처 : 한국산업인력공단 –

※ 다음 유의사항을 고려하여 요구사항을 완성하시오.

※ 항목별 배점은 콘크리트의 슬럼프 및 공기량 시험 15점, 흙의 액성한계 및 소성한계 시험 10점, 모래치환법에 의한 흙의 밀도 시험 15점입니다. [건설재료시험기사]

※ 항목별 배점은 흙의 다짐 시험 14점, 잔골재의 밀도 시험 15점, 흙 입자의 밀도 시험 11점입니다. [건설재료시험산업기사]

※ 일부 요구사항 등은 변경될 수 있으니 이점 유의하여 준비하시길 바랍니다.

❶ 수험자 인적사항 및 답안 작성은 반드시 검은색 필기구만 사용하여야 하며, 그 외 연필류, 유색 필기구, 지워지는 펜 등을 사용한 답안은 채점하지 않으며 0점 처리됩니다.

❷ 답안 정정 시에는 정정하고자 하는 단어에 두 줄(=)을 긋고 다시 작성하거나 수정테이프(수정액 제외)를 사용하여 정정하시기 바랍니다.

❸ 계산문제는 반드시 「계산과정」과 「답」란에 계산과정과 답을 정확히 작성하여야 하며 계산과정이 틀리거나 없는 경우 및 표 안에 답을 작성하지 않은 경우 0점 처리됩니다.

❹ 계산문제는 최종 결과 값(답)에서 소수 셋째자리에서 반올림하여 둘째자리까지 구하여야하나 개별문제에서 소수 처리에 대한 요구사항이 있을 경우 그 요구사항에 따라야 합니다.
(단, 문제의 특수한 성격에 따라 정수로 표기하는 문제도 있으며, 반올림한 값이 0이 되는 경우는 첫 유효숫자까지 기재하되 반올림하여 기재하여야 합니다. 예 : 0.0018 → 0.002)

❺ 답에 단위가 없으면 오답으로 처리됩니다.
(단, 문제의 요구사항에 단위가 주어졌을 경우는 생략되어도 무방합니다.)

❻ 시험방법은 한국산업표준(KS F)에 의해 실시하여야 합니다.

❼ 사용하는 기구는 조심하여 다루고 시험 중에는 일체의 잡담을 금하여야 합니다.

❽ 각 시험은 1회를 원칙으로 하나 시험시간 내에서 수험자의 의향에 따라 2회까지 실시할 수 있습니다.

❾ 시험 중 수험자는 반드시 안전수칙을 준수해야하며, 작업 복장상태, 정리정돈 상태, 안전사항 등이 채점대상이 됩니다.(작업에 적합한 복장과 마스크를 항시 착용하여야 합니다.)

❿ 다음 사항은 실격에 해당하여 채점 대상에서 제외됩니다.
- 수험자 본인이 수험 도중 시험에 대한 포기 의사를 표현하는 경우
- 전과정(필답형+작업형)에 응시하지 아니한 경우
- 시험의 전과제(1~3과제) 중 하나라도 수행하지 아니하거나 0점인 경우
- 시험 중 시설·장비의 조작이 미숙하여 장비의 파손 및 고장을 발생시킨 것으로 시험위원 전원이 합의하여 판단한 경우
- 수험태도가 지극히 불량하여 안전상 부득이 진행이 어렵다고 시험위원 전원이 합의하여 판단한 경우

국가기술자격 실기시험문제

[2025년도 공개문제] 출처 : 한국산업인력공단

자격종목	건설재료시험기사	과제명	콘크리트의 슬럼프 및 공기량 시험, 흙의 액성한계 및 소성한계 시험, 모래치환법에 의한 흙의 밀도 시험

※ 시험시간 : 3시간
- 1과제(콘크리트의 슬럼프 및 공기량 시험) : 1시간
- 2과제(흙의 액성한계 및 소성한계 시험) : 1시간
- 3과제(모래치환법에 의한 흙의 밀도 시험) : 1시간

1 요구사항

※ 지급된 재료 및 시설을 사용하여 아래 시험들을 실시하고 성과를 주어진 양식에 작성하여 제출하시오.

01 콘크리트의 슬럼프(KS F 2402) 및 공기량 시험(KS F 2421) : 산출된 배치량으로 콘크리트를 직접 만들어, 슬럼프 및 공기량 시험을 하여 답안지를 완성하시오.

❶ 다음의 배합표에 의해 배치량을 구하시오.

콘크리트의 1m^{3}을 제조하기 위한 시방배합표가 아래와 같을 때 콘크리트 1배치에 필요한 각 재료의 양을 구하여 답안지에 기록하시오.
(단, 콘크리트 1배치량은 시험위원이 지정한 값으로 하며, 재료의 양은 소수 셋째자리에서 반올림하시오.)

[시방배합표]

굵은 골재의 최대치수 (mm)	슬럼프 (mm)	공기량 (%)	물-결합재비 (%)	잔골재율 (%)	단위질량(kg/m^3)			
					물	시멘트	잔골재	굵은 골재
25	120	4.5	50	44	180	360	750	975

❷ 과제에 필요한 콘크리트는 아래 조건에 의해 수험자가 직접 만들어 실시하시오.

가) 콘크리트의 배합은 질량배합으로 하며, 위에서 구한 배치량을 사용하시오.

나) 비비기를 완료한 후 콘크리트 반죽질기의 상태가 실험하기 곤란한 경우에는 감독위원에게 각 재료를 추가 지급하도록 요구하여 반죽을 다시 실시하시오.

❸ 슬럼프 시험(KS F 2402)을 먼저 실시하고 사용한 콘크리트를 다시 비벼서 공기량 시험을 실시하시오.

❹ 공기량 시험은 압력법에 의한 방법(KS F 2421)에 의하여 실시하며, 물을 붓고 시험하는 경우인 주수법으로 하시오.

❺ 시험 종료 후 사용한 기구 등은 청결을 유지하도록 하시오.

02 **흙의 액성한계 및 소성한계 시험(KS F 2303) : 주어진 시료를 가지고 액성한계 및 소성한계 시험을 하여 답안지를 완성하시오.**
(단, 액성한계 시험을 먼저 실시한 후에 소성한계 시험을 실시하시오.)

03 **모래치환법에 의한 흙의 밀도 시험(KS F 2311) : 주어진 시료를 가지고 현장밀도 시험을 실시하고 다음 조건을 참고하여 답안지를 완성하시오.**
(단, 흙의 밀도 시험 시 현장작업은 함수비 측정용 시료를 채운 후 오븐(oven) 투입 전까지의 작업만 실시하고, 전기오븐을 사용하여 건조밀도를 구하려면 많은 시간이 소요되므로 주어진 함수비 값을 이용하여 구하시오.)

【조 건】

- 사용 샌드콘의 부피 : V
- 실내 시험에서 구한 최대 건조밀도 : $\rho_{d\max}$
- 시험구멍에서 파낸 흙의 함수비 : w

※ V, $\rho_{d\max}$, w는 시험위원이 지정한 값을 이용하시오.

CHAPTER

01 콘크리트의 슬럼프 시험 KS F 2402

[1과제 : 건설재료시험기사] 슬럼프 및 공기량 시험 15점

01 작업형 실기 시험 방법

<table>
<tr><th>세 부 항 목</th><th>항목 번호</th><th>항 목 별 작 업 방 법</th></tr>
<tr><td rowspan="6">슬럼프 시험</td><td>1</td><td>[배치량]
<table><tr><td colspan="3">감독이 지정한 콘크리트 1배치량</td><td>L</td></tr><tr><td>물</td><td>시멘트</td><td>잔골재</td><td>굵은골재</td></tr><tr><td></td><td></td><td></td><td></td></tr></table></td></tr>
<tr><td>2</td><td>물－시멘트비에 의한 물의 양이 적당하고 재료의 분리가 일어나지 않도록 충분히 혼합한다.</td></tr>
<tr><td>3</td><td>슬럼프콘에 콘크리트를 넣을 때 콘을 단단히 고정시키고 시료를 3층으로 나누어 넣으면 각 층마다 25회씩 다진다.</td></tr>
<tr><td>4</td><td>2층과 3층의 콘크리트를 다질 때 각각의 아래층에 충격이 가해지지 않도록 주의하여 다진다.</td></tr>
<tr><td>5</td><td>시료를 슬럼프콘에 다 넣은 후 시료의 표면을 흙손을 사용하여 편평하게 다지고 슬럼프콘을 수직으로 천천히 조심스럽게 들어 올린다.</td></tr>
<tr><td>6</td><td>공시체가 충분히 주저앉은 다음 공시체의 중심부분을 향하여 슬럼프 값을 측정한다.</td></tr>
</table>

02 콘크리트의 슬럼프 시험 작업 순서

배치량

감독이 지정한 콘크리트 1배치량			9.6 L
물	시멘트	잔골재	굵은골재
1.73kg	3.46kg	7.20kg	9.36kg

계산 과정)

01 답안지 작성

- 물 : $\frac{180 \times 9.6}{1000} = 1.73\,\text{kg}$
- 시멘트 : $\frac{360 \times 9.6}{1000} = 3.46\,\text{kg}$
- 잔골재 : $\frac{750 \times 9.6}{1000} = 7.20\,\text{kg}$
- 굵은골재 : $\frac{975 \times 9.6}{1000} = 9.36\,\text{kg}$

시멘트량 3.46kg 측정

잔골재량 7.20kg 측정

굵은 골재량 9.36kg 측정

02 각 재료량 측정

- 주어진 1배치량의 계산값인 물, 시멘트, 잔골재, 굵은 골재를 사용하여 배합한다.

① 시멘트량 : 3.46kg

② 잔골재량 : 7.20kg

③ 굵은 골재량 : 9.36kg

03 수량 측정

④ 물 : 1.73kg

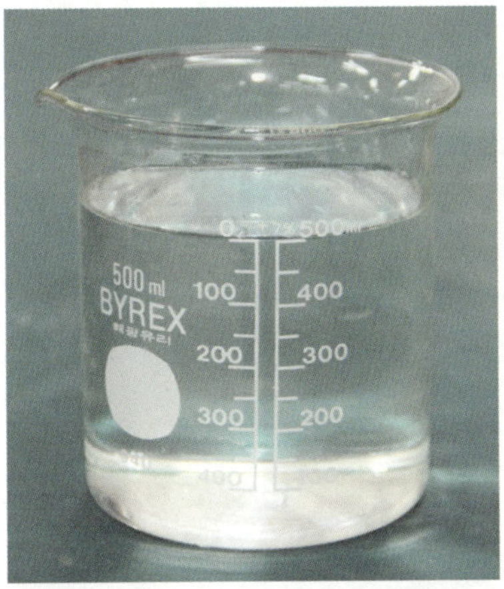

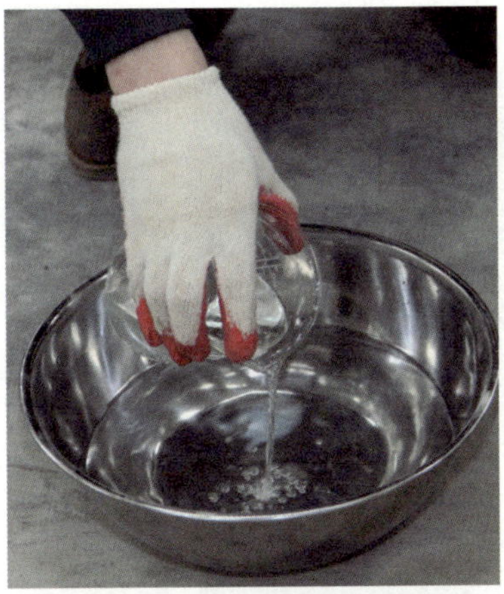

04 시멘트와 잔골재 비빔

- 물－시멘트비에 의한 물의 양이 적당하고 재료의 분리가 일어나지 않도록 충분히 혼합한다.
- 1단계 : 시멘트와 잔골재를 혼합
- 2단계 : 시멘트＋잔골재＋굵은 골재 혼합
- 3단계 : 물 주입

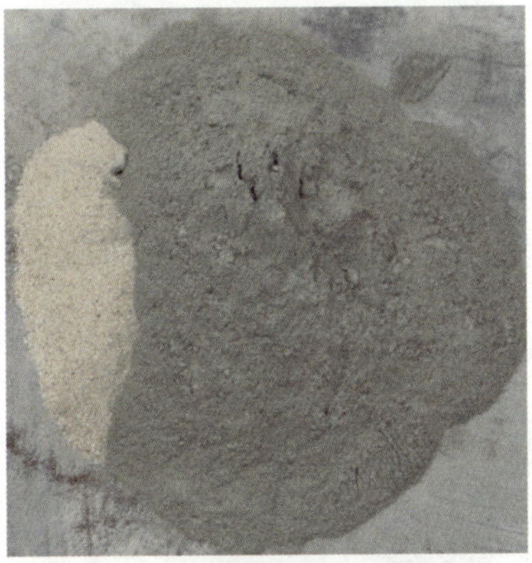

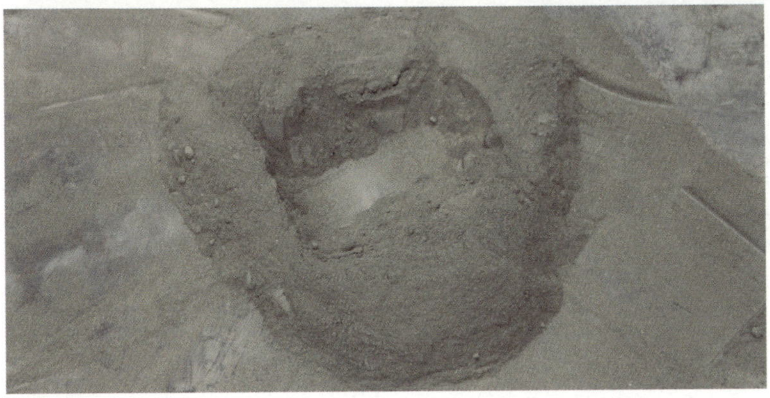

05 잔골재 + 시멘트 + 굵은 골재

2단계 : 잔골재와 시멘트 혼합 후 굵은 골재를 혼합한다.

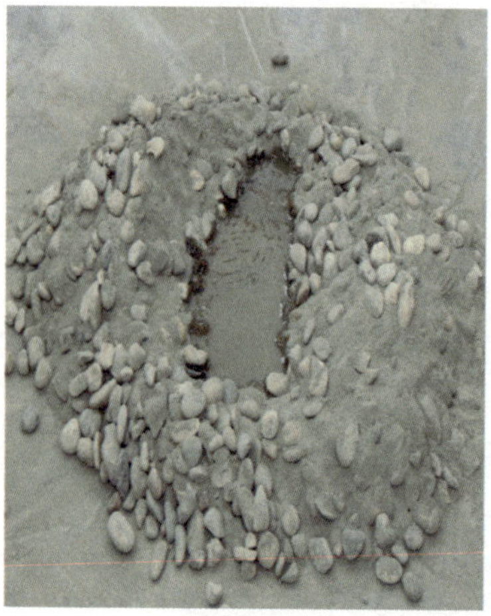

06 물 주입

물의 유실이 전혀 없이 혼합한다.
(1차 물 주입)

07 2단계 물 주입

물의 유실이 전혀 없도록 혼합한다.
(2차 물 주입)

08 삽으로 혼합

색깔이 고르게 될 때까지 혼합한다.

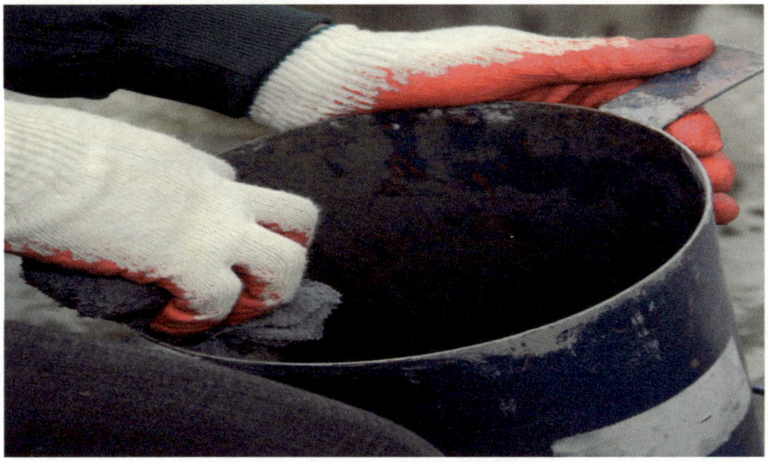

09 슬럼프콘 청소

슬럼프콘을 젖은 걸레로 깨끗이 닦는다.

10 4분법 표시

시료를 4분법으로 나눈다.

11 슬럼프콘에 시료 주입

- 시료를 4분법으로 대표적인 것을 채취한다.
- 슬럼프콘 부피의 1/3씩 3층으로 나누어 주입한다.
- 슬럼프콘에 콘크리트를 넣을 때 콘을 발로 단단히 고정시킨다.

12 시료 다짐

- 각 층마다 25회씩 다진다.
- 2층과 3층의 콘크리트를 다질 때 각각의 아래층에 충격이 가해지지 않도록 주의하여 다진다.
- 다짐봉을 수직으로 하여 다짐한다.

13 흙손으로 다듬기

시료를 슬럼프콘에 다 넣은 후 시료의 표면을 흙손을 사용하여 편평하게 마무리한다.

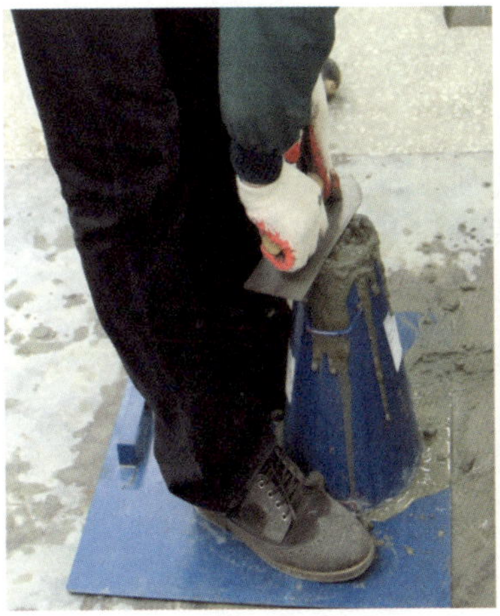

14 슬럼프콘 2~5초 안에 벗기기

- 콘크리트 가로 방향이나 비틀림 운동을 주지 않도록 하며 수직 방향으로 2 ~ 5초 사이에 벗긴다.
- 슬럼프콘에 채운 콘크리트의 윗면을 슬럼프콘의 상단에 맞춰 고르게 한 후 즉시 슬럼프콘을 2 ~ 5초 만에 가만히 연직으로 들어 올린다.

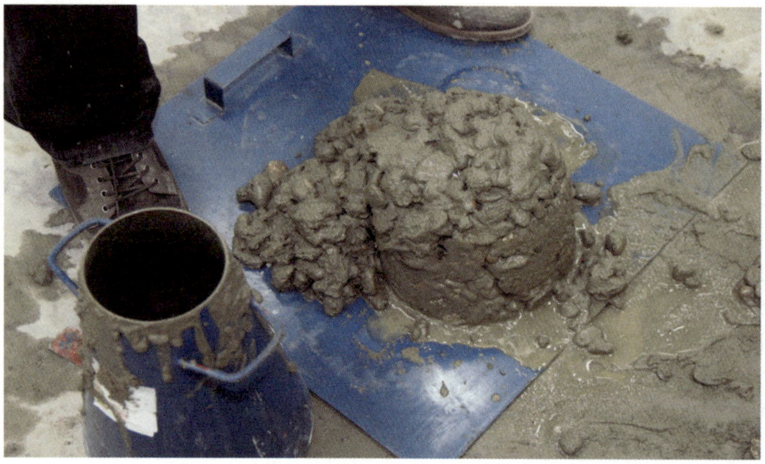

15 전 작업을 3분 이내 끝내기

슬럼프콘에 시료 주입에서부터 슬럼프콘 벗기기까지 전 작업을 중단 없이 3분 이내로 끝마친다.

16 슬럼프콘 벗긴 모습

공시체가 다 주저 앉지 않고 전단되지 않은 상태에서 내려앉은 길이를 측정하여 슬럼프값을 측정한다.

17 슬럼프값 측정

콘크리트의 중앙부에서 공시체 높이와의 차를 5mm 단위로 측정하여 이것을 슬럼프값으로 한다.

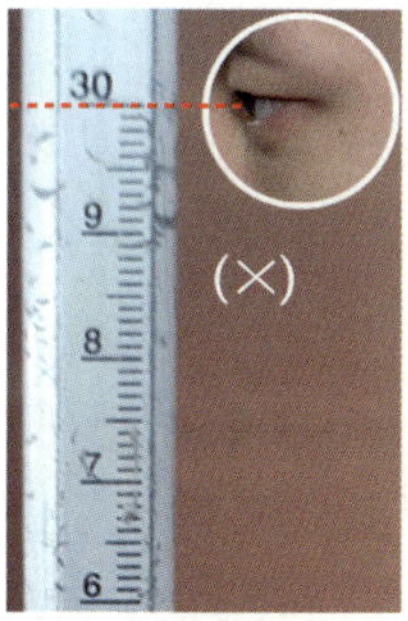

상단에 30cm로 된 곳의
슬럼프값을 읽어서는 안된다.

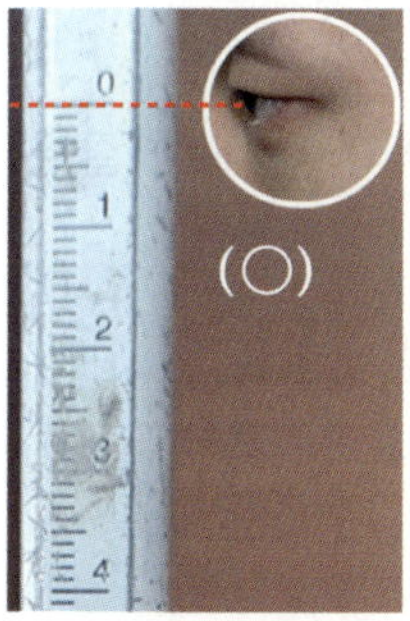

상단에 0으로 된 곳의
슬럼프값을 읽어야 한다.

18 슬럼프값 오류 측정 조심

- 상단에 30cm로 된 곳의 슬럼프 값을 읽어서는 안된다.
- 상단에 0으로 된 곳의 슬럼프 값을 읽어야 한다.

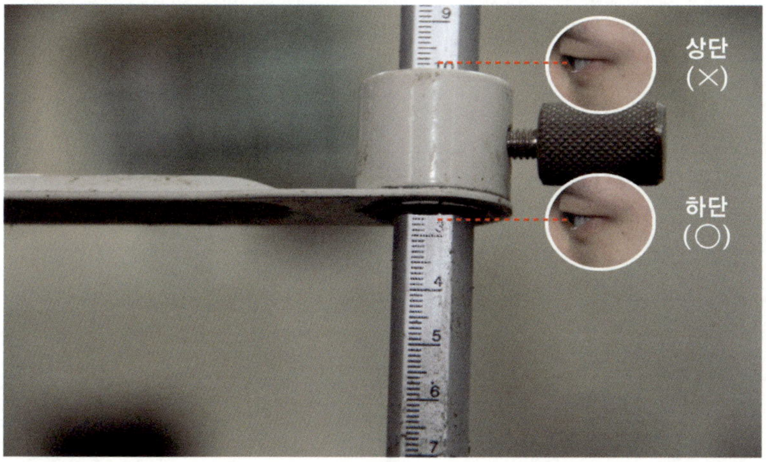

19 슬럼프 측정값 정확히 읽기

- 상단을 읽지 않도록 조심, 반드시 하단을 읽어야 한다.
- 124mm는 125mm로 기입(○)
- 122mm는 120mm로 기입(○)
- 124mm로 기입하면 틀림(×)
- 122mm로 기입하면 틀림(×)

20 슬럼프 측정값 답안지 작성

슬럼프 측정값(mm)

회수	1회 측정값
슬럼프값(mm)	125

01 배합표에 의한 배치량을 구하시오.

(1) 콘크리트의 $1\,m^3$를 제조하기 위한 시방배합표가 아래와 같을 때 콘크리트 1배치에 필요한 각 재료의 양을 구하여 답안지에 기록하시오.

[시방배합표]

굵은골재의 최대치수 (mm)	슬럼프 (mm)	공기량 (%)	물-결합재비 (%)	잔골재율 (%)	단위질량(kg/m^3)			
					물	시멘트	잔골재	굵은골재
25	120	4.5	50	44	180	360	750	975

(2) 답안지

[배치량]

감독이 지정한 콘크리트 1배치량			L
물	시멘트	잔골재	굵은골재

계산 과정)

(3) 답안지 작성

[예제 1] 콘크리트 1배치량이 10.0L 일 때

[배치량]

감독이 지정한 콘크리트 1배치량			10.0 L
물	시멘트	잔골재	굵은골재
1.80kg	3.60kg	7.50kg	9.75kg

계산 과정)

- 물 : $\frac{180 \times 10}{1000} = 1.80\,kg$
- 시멘트 : $\frac{360 \times 10}{1000} = 3.60\,kg$
- 잔골재 : $\frac{750 \times 10}{1000} = 7.50\,kg$
- 굵은골재 : $\frac{975 \times 10}{1000} = 9.75\,kg$

[예제 2] 콘크리트 1배치량이 9.5L 일 때

[배치량]

감독이 지정한 콘크리트 1배치량			9.5 L
물	시멘트	잔골재	굵은골재
1.71kg	3.42kg	7.13kg	9.26kg

계산 과정)

• 물 : $\frac{180 \times 9.5}{1000} = 1.71\,\text{kg}$

• 시멘트 : $\frac{360 \times 9.5}{1000} = 3.42\,\text{kg}$

• 잔골재 : $\frac{750 \times 9.5}{1000} = 7.13\,\text{kg}$

• 굵은골재 : $\frac{975 \times 9.5}{1000} = 9.26\,\text{kg}$

[예제 3] 콘크리트 1배치량이 8.7L 일 때

[배치량]

감독이 지정한 콘크리트 1배치량			8.7 L
물	시멘트	잔골재	굵은골재
1.57kg	3.13kg	6.53kg	8.48kg

계산 과정)

• 물 : $\frac{180 \times 8.7}{1000} = 1.57\,\text{kg}$

• 시멘트 : $\frac{360 \times 8.7}{1000} = 3.13\,\text{kg}$

• 잔골재 : $\frac{750 \times 8.7}{1000} = 6.53\,\text{kg}$

• 굵은골재 : $\frac{975 \times 8.7}{1000} = 8.48\,\text{kg}$

[예제 4] 콘크리트 1배치량이 8.3L 일 때

[배치량]

감독이 지정한 콘크리트 1배치량			8.3 L
물	시멘트	잔골재	굵은골재
1.49kg	2.99kg	6.23kg	8.09kg

계산 과정)

• 물 : $\frac{180 \times 8.3}{1000} = 1.49\,\text{kg}$

• 시멘트 : $\frac{360 \times 8.3}{1000} = 2.99\,\text{kg}$

• 잔골재 : $\frac{750 \times 8.3}{1000} = 6.23\,\text{kg}$

• 굵은골재 : $\frac{975 \times 8.3}{1000} = 8.09\,\text{kg}$

콘크리트의 공기량 시험 KS F 2421

01 작업형 실기 시험 방법

세부항목	항목 번호	항목별 작업방법	배점
공기량 시험	1	※ 시료는 콘크리트 슬럼프 시험 완료 후 되비빔하여 사용 콘크리트 시료를 용기에 약 1/3씩 3층으로 나누어 채우고 각 층을 다짐봉으로 25회씩 다지며, 이때 용기의 옆면을 10~15회 나무망치로 두드려 기포를 제거한다.	
	2	맨 윗층을 다진 후 목재정규로 여분의 시료를 깎아서 평탄하게 한다.	
	3	용기를 플랜지 및 덮개의 플랜지를 완전히 닦은 후 덮개를 조이고, 주수구에 물을 붓고, 밸브를 닫은 후 핸드펌프로 공기실의 압력을 초기 압력 눈금에 일치시킨다.	
	4	약 5초 후에 조절 밸브를 서서히 열고 압력계를 가볍게 두드려 압력계의 지침을 초기 압력 눈금에 일치시킨다.	
	5	약 5초 후에 작동 밸브를 충분히 열고 용기의 측면을 나무(고무)망치로 두드린다.	
	6	다시 작동 밸브를 충분히 열고 지침이 안정되고 나서 압력계의 눈금을 소수점 이하 1자리로 읽는다(겉보기 공기량)	
	7	결과값을 양식에 작성한다.	
	8	실험 종료 후 사용한 기구를 청결히 정리한다.	

02 콘크리트의 공기량 시험 작업 순서

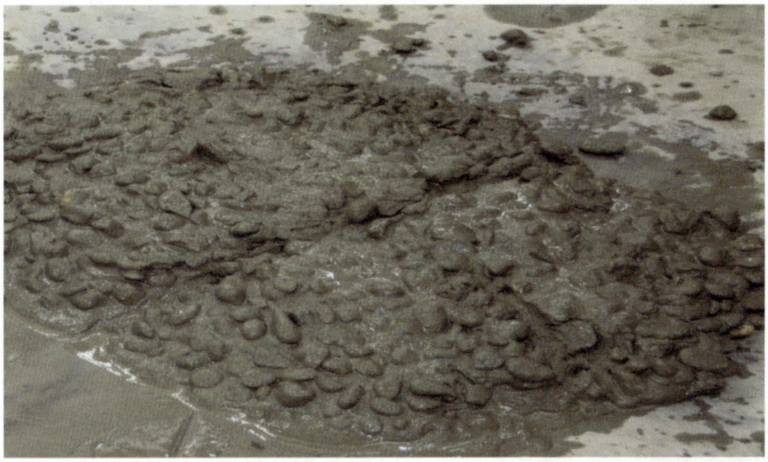

01 공기량 시험 시료

슬럼프 시험에서 사용했던 굳지 않은 콘크리트 시료를 되비빔하여 사용

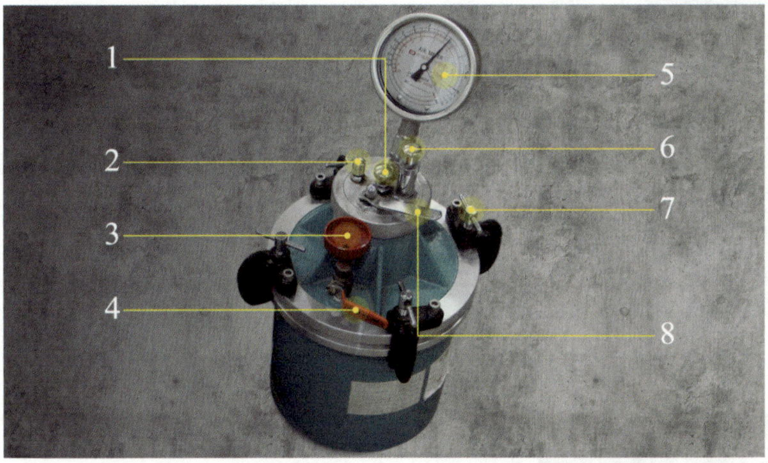

02 공기량 측정기의 구조

1-배수구
2-압력 조정구
3-주수구
4-주수구 조정 밸브
5-게이지
6-핸드 펌프
7-플랜지(고정 나사)
8-작동 밸브

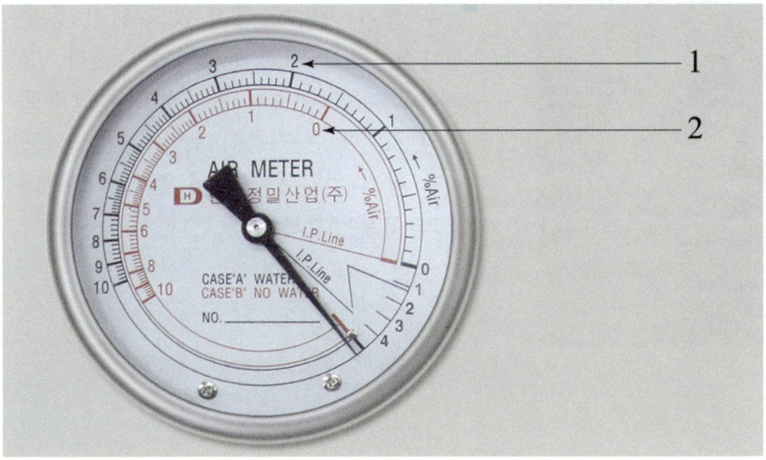

03 게이지 확인 방법

1-주수법 : 검정색 눈금
2-주수법이 아닐 때 : 붉은색 눈금

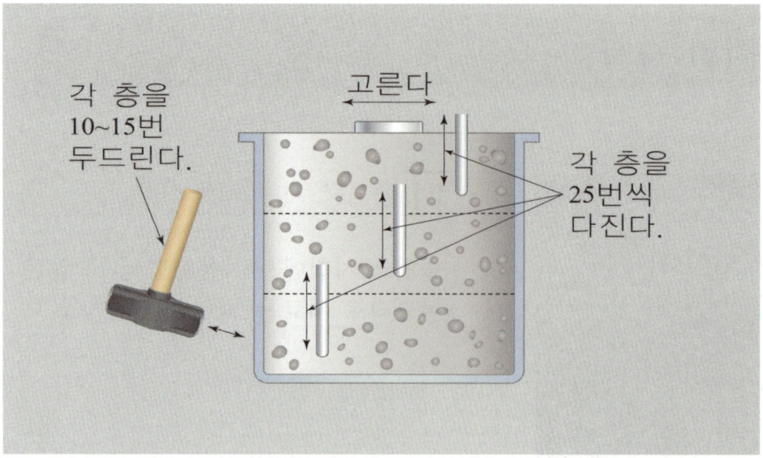

04 시료 넣기의 모형도

- 각 층을 25번씩 다진다(총 75번 다짐)
- 고무망치로 용기의 옆면을 10~15번 두드린다(총 30~45번 두드림).

05 용기에 시료 넣기

- 용기의 1/3씩 넣는다.
- 총 3층

06 다짐 모습

시료를 용기의 1/3까지 넣고 고르게 한 후 용기 바닥에 닿지 않도록 각 층을 다짐봉으로 25회 균등하게 다진다. 그리고 다짐 구멍이 없어지고 콘크리트의 표면에 큰 거품이 보이지 않게 되도록 하기 위하여 용기의 옆면을 10~15회 고무망치로 두드린다.

07 중간 다짐

용기의 약 2/3까지 넣고 25회 다지고, 고무망치로 10~15회 용기를 두드린다.

08 최종 다짐

마지막으로 용기에서 조금 흘러넘칠 정도로 시료를 넣고 같은 조작을 반복한다. 다짐봉의 다짐 깊이는 거의 각 층의 두께로 한다.

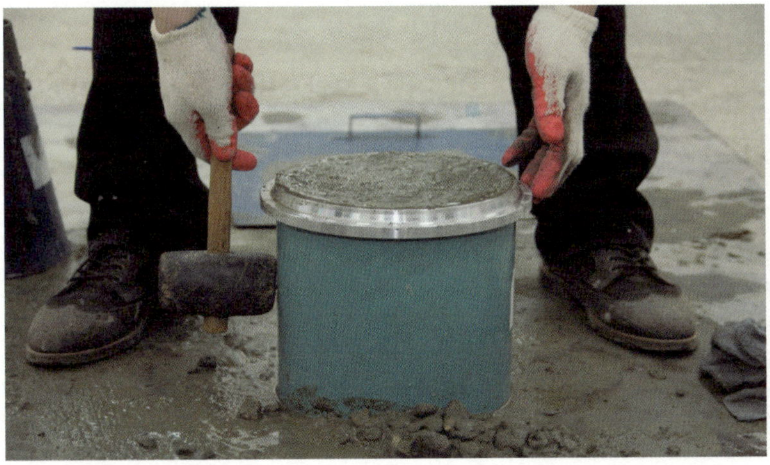

09 용기의 옆면 두들기기

용기의 옆면을 고무망치로 가볍게 두드려(10~15회) 빈틈을 없애는 모습

10 다짐봉으로 마무리

용기 윗부분의 남는 여분의 시료를 자로(다짐봉)으로 깎아서 평탄하게 한다.

11 뚜껑을 닫기 위해 청소

덮개가 닿을 용기의 윗면에 남은 콘크리트를 걸레로 닦아 낸다.

12 깔끔히 청소한 모습

남은 콘크리트를 말끔히 최종 청소된 모양

13 플랜지(고정 나사) 조이기

용기의 플랜지의 윗면과 덮개의 플랜지의 아랫면을 완전히 닦은 후 덮개의 겉과 안을 통기할 수 있도록 하여 살짝 덮개를 용기에 부착하고 공기가 새지 않도록 대각선을 반복하여 조인다.

14 빈틈 없이 플랜지를 조인다.

공기가 새지 않도록 대각선으로 하여 플랜지(고정 나사)를 3~4번 반복하여 조인다.

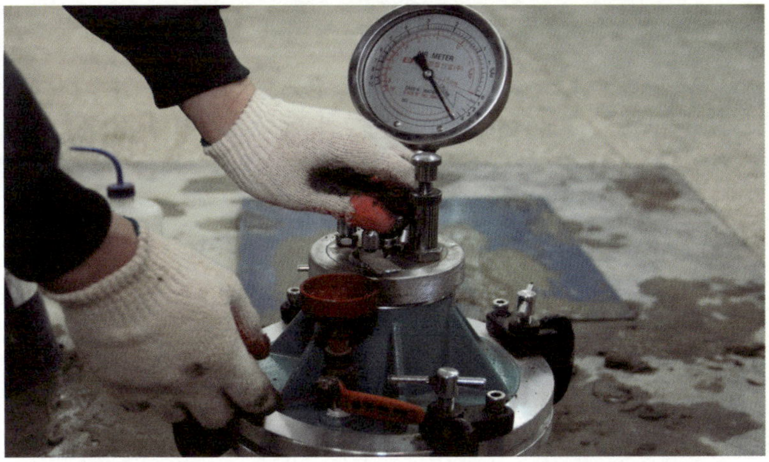

15 배수구를 연다.

배수구에서 배수되어 덮개의 안팎과 수면 사이의 공기가 빠져나갈 수 있도록 배수구를 열어 놓는다.

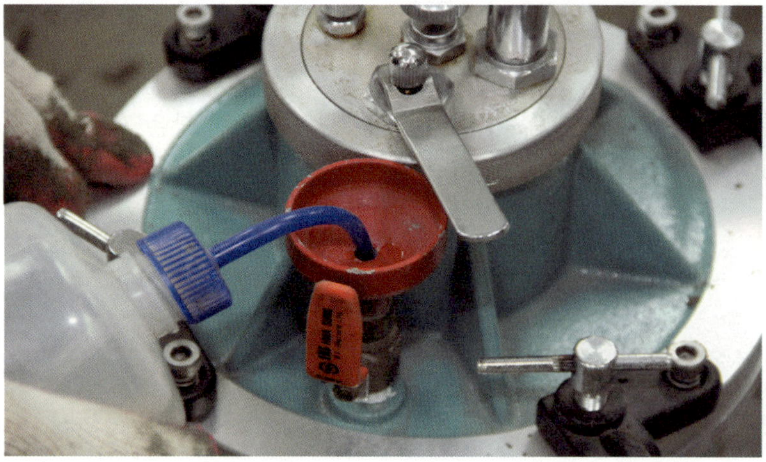

16 주수구에 주수하기

배수구에서 배수되어 덮개의 안팎과 수면 사이의 공기가 빠져나갈 때까지 주수구에서 물을 주수한다. 이때 공기실의 주밸브는 잠그고, 배수구 밸브와 주수구 밸브를 열어 놓는다.

17 배수구 및 주수구 닫기

배수구에서 배수되면 모든 밸브를 닫는다.

18 핸드 펌프 펌핑하기

공기 핸드 펌프로 공기실의 압력을 초기 압력보다 약간 높아질 때까지 펌핑한다.

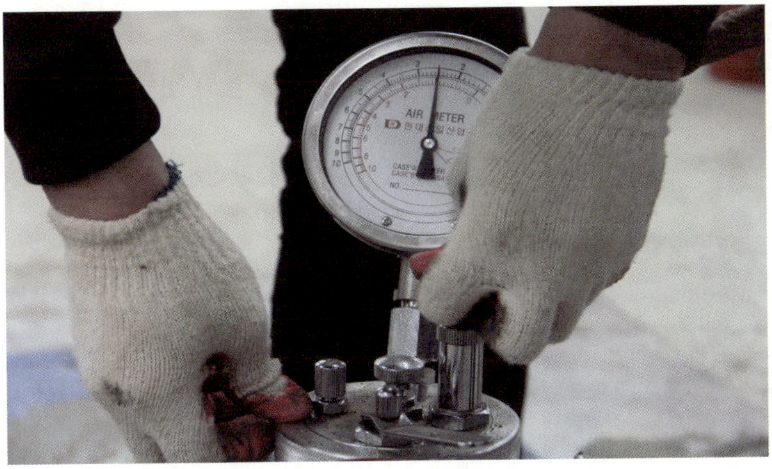

19 무리하지 않게 펌핑

공기 핸드 펌프로 펌핑하는 모습

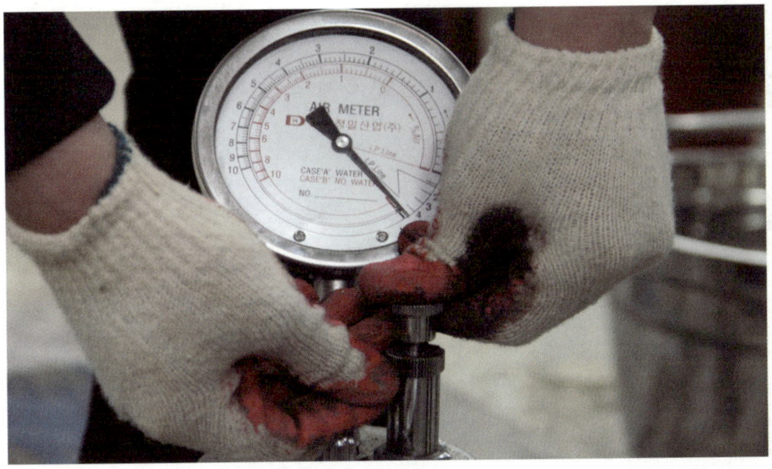

20 공기 핸드 펌프 잠그기

공기실의 압력을 초기 압력보다 약간 높아지면 펌핑을 멈춘다.

21 압력계 손끝으로 두드리기

약 5초 후 조절 밸브를 서서히 열고 압력계의 바늘을 안정시키기 위하여 압력계를 가볍게 두드리고 압력계의 지침을 초기 압력의 눈금에 바르게 일치시킨다.

22 초기 압력 눈금

압력계의 지침을 초기 압력이 '1' 에 일치시킨다.

- 주수법(검정색 라인) : 1
- 무수법(빨간색 라인) : 0

23 작동 밸브를 누르기

약 5초 후에 작동 밸브를 충분히 연다.

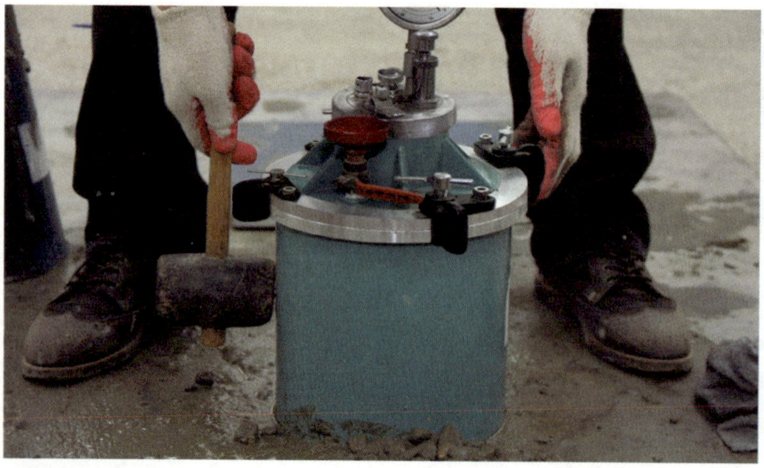

24 최종 고무 망치 사용하기

작동 밸브를 충분히 열고 난후 용기의 측면을 고무망치로 두드린다.

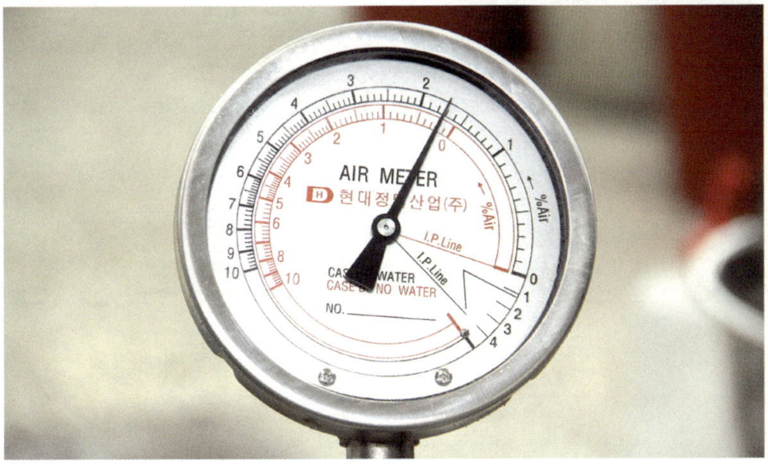

25 게이지 눈금 읽기

- 압력계의 눈금을 소수점 이하 첫째 자리로 읽는다.
- 주수법이기 때문에 1.7눈금을 콘크리트의 겉보기 공기량으로 한다.

※ 주수법이기 때문에 검정색 라인 읽음

콘크리트 공기량 시험

측정 번호	1
겉보기 공기량(%)	1.7
골재 수정 계수(%)	0.8
공기량(%)	0.9

26 양식에 겉보기 공기량 기입

- 겉보기 공기량 : 1.7 기입
- 골재 수정 계수 : 0.8% 주어짐.
- 공기량 계산

1.7−0.8=0.9

CHAPTER

03 [2과제 : 건설재료시험기사] 흙의 액성한계 및 소성한계 시험 10점

흙의 액성한계 시험 KS F 2303

01 작업형 실기 시험 방법

세부항목	항목번호	항목별 작업방법
시료의 조제	1	No.40(0.425μm)체로 체가름 한다.
	2	시료를 적당량(약 100g 정도) 채취한다.
	3	시료를 증발접시에 넣고 분무기로 증류수를 가하여 스페출러로 잘 혼합한다.
	4	여기에 습한포(가제수건 등)를 덮고 방치해 둔다.
시험순서 및 방법	5	측정기의 조절판나사를 풀어서 접시의 밑판에서 정확히 1cm의 높이가 되도록 조절하여 고정시킨다.
	6	홈파기날을 황동접시의 밑판에서 직각으로 놓고 칼끝의 중심선을 통하는 황동접시의 지름에 따라 시료를 둘로 나눈다.
	7	황동접시를 대에 설치하여 크랭크를 회전시켜 1초 동안에 2회의 비율로 대위에 떨어뜨린다.
	8	홈의 밑부분에 흙이 13mm가 되도록 이 조작을 계속한다.
	9	시험결과치를 주어진 양식에 계산 과정과 답을 옳게 작성하여야 한다.

02 흙의 액성한계 시험 작업 순서

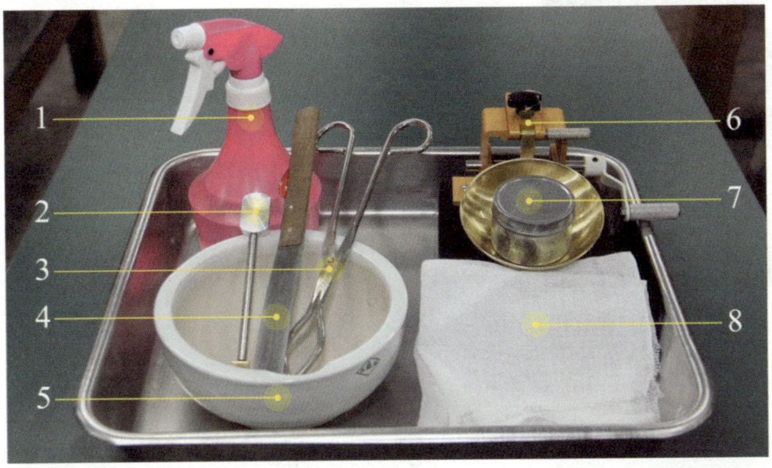

01 액성한계시험 기구

1-분무기
2-홈파기 날
3-함수비용기 집게
4-스페출러
5-혼합용기
6-액성한계시험기
7-함수비 용기
8-포

02 시료 준비

NO.40체로 체가름 한다.

03 혼합용기에 담긴 시료

시료를 약 100g 정도 준비한다.

04 분무기 사용 모습

시료를 증발접시에 넣고 분무기로 증류수를 가한다.

- 분무기로 증류수를 가할 때 증류수가 넓게 퍼지도록 하여 가한다.

05 시료 제조

시료에 분무기로 증류수를 가하여 스페출러로 잘 혼합한다.

06 습한포 덮은 모양

습한포를 덮고 방치해 둔다.

- 건조된 포이면 분무기로 습한포를 만든다.
- 습한포를 덮고 방치하는 동안 「함수비 용기」 무게와 「액성한계시험장치」의 조절판 나사를 풀어서 1cm의 높이로 정확히 조정한다.

07 눈금 "0" 맞추기

저울의 눈금을 "0"로 맞춘다.

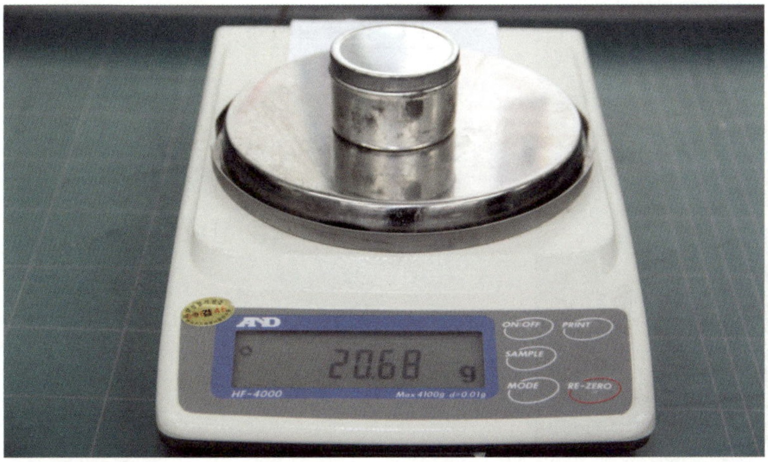

08 함수비용 캔 무게 측정

함수비용 캔의 무게를 측정한다.

① 캔의 무게 : 20.68g을 양식에 기입

- 캔 무게 측정 시 착오가 생기지 않도록 정확히 기입한다.

09 황동접시 높이 조절

측정기의 조절판 나사를 풀어서 접시의 밑판에서 정확히 조절한다.

10 황동접시 조절 높이 완료

접시의 밑판에서 정확히 1cm의 높이가 되도록 조절하여 고정시킨다.

11 황동접시에 시료 깔기

스페출러를 이용하여 시료를 황동접시의 중앙 두께가 1cm가 되도록 깐다.

- 스페출러의 손끝이 황동접시의 둘레를 따라 시료를 깐다.

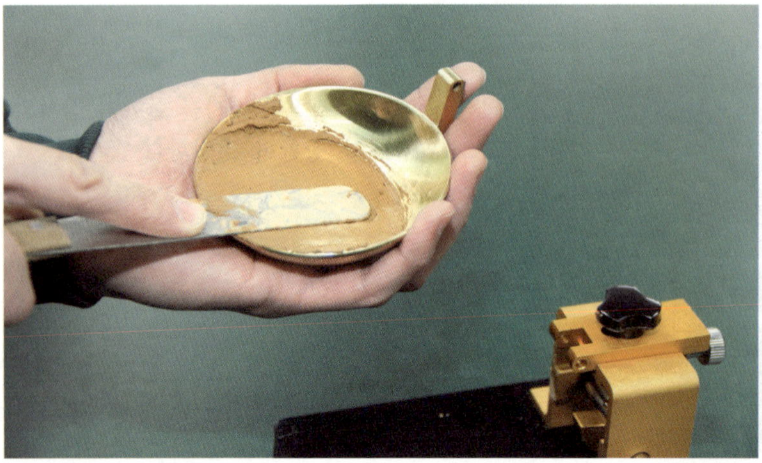

12 주의점

황동접시를 분리하여 손에서 작업을 해서는 절대 안된다.

- 손의 열에 의해 함수비가 회실될 염려가 되기 때문이다.

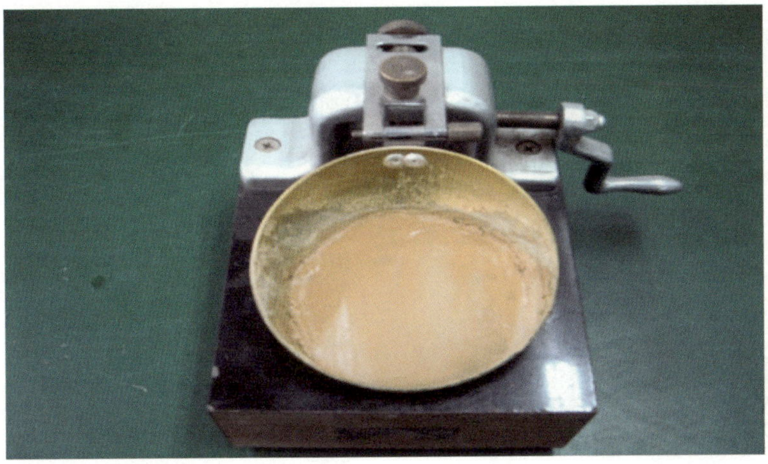

13 황동접시의 정면모양

황동접시의 시료 모습(정면)

14 황동접시의 옆면모양

황동접시의 시료 모습(옆면)

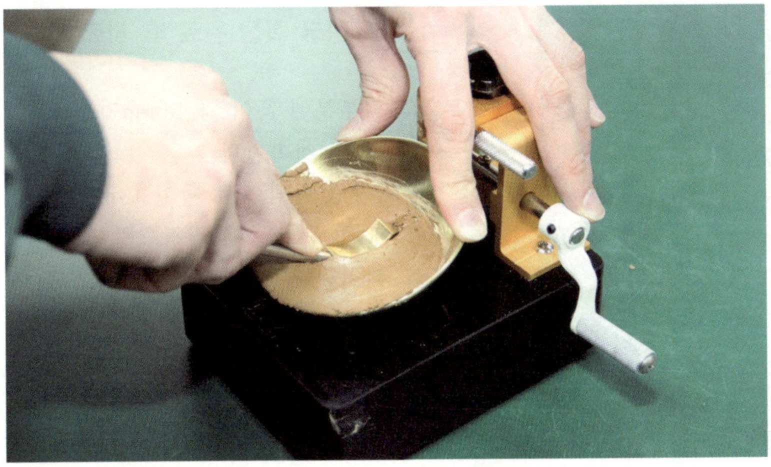

15 시료 2등분하기

홈파기 날을 황동접시의 밑에 직각으로 놓고 칼끝의 중심선을 통하는 황동접시의 지름에 따라 시료를 둘로 나눈다.

• 침착하게 서서히 시료를 분리한다.

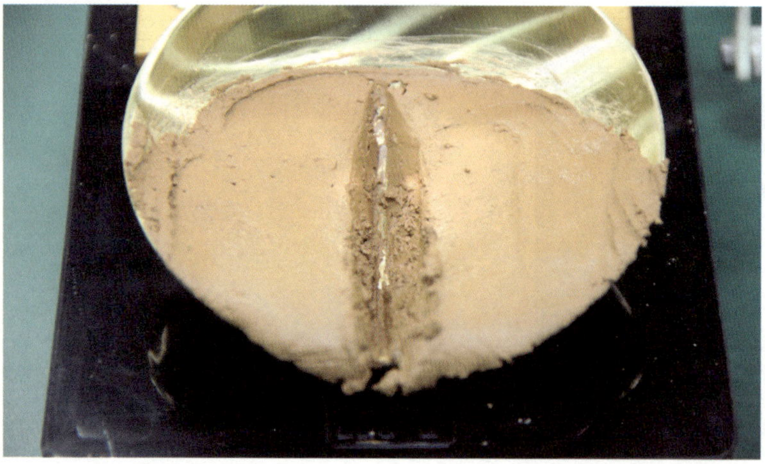

16 시료 2등분된 모습

황동접시의 지름에 따라 시료를 둘로 나눈 모양

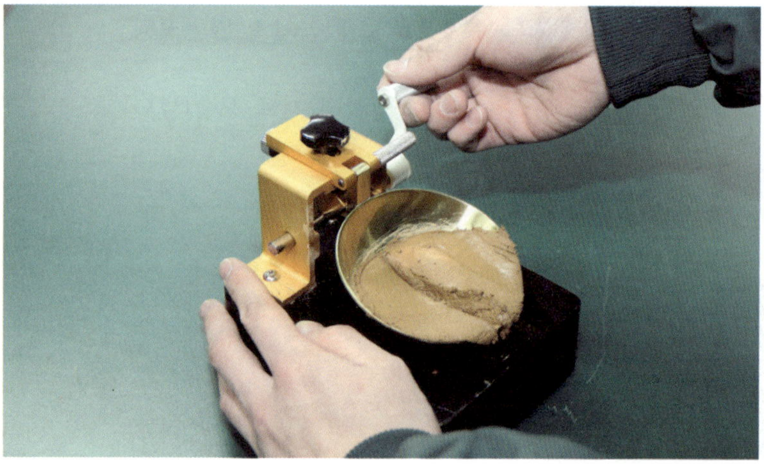

17 크랭크 회전하기

황동접시를 대에 설치하여 크랭크를 회전시켜 1초 동안에 2회의 비율로 대위에 떨어뜨린다.

18 크랭크 회전 완료 후 시료 모습

홈의 밑부분에 흙이 약 13mm가 되도록 이 조작을 계속한다.

- 황동접시 바닥에서 흙이 13mm 붙었을 때 접촉한 홈에 직각으로 양쪽 흙을 떼어낸다.

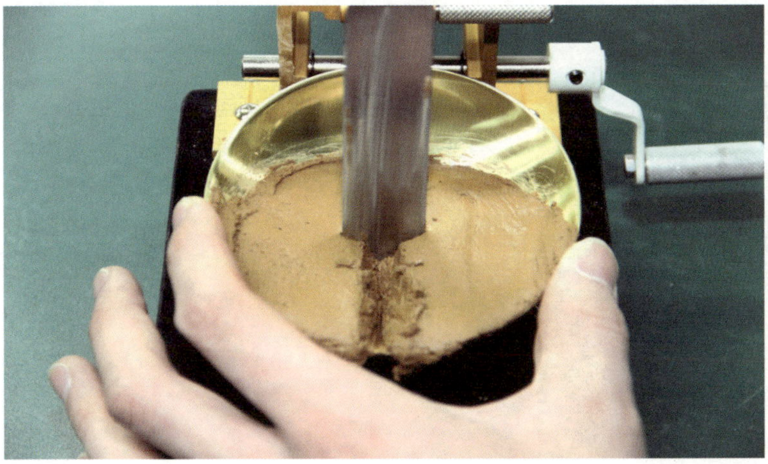

19 함수비용 시료 채취

함수비 측정용 시료를 측정하는 방법
(스페출러로 가로로 나눔)

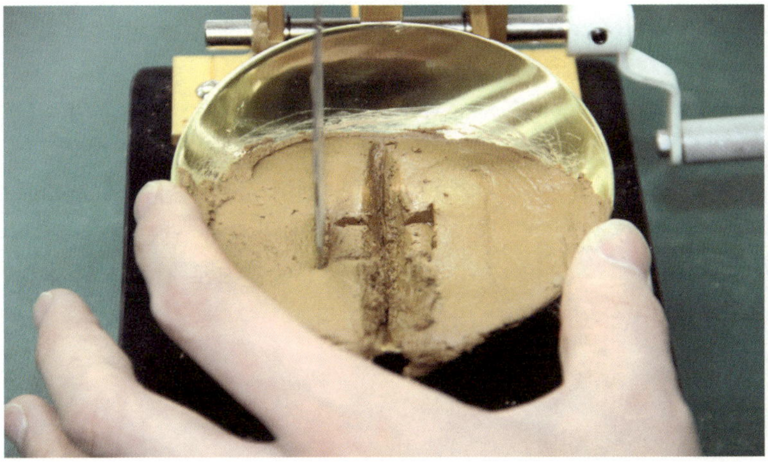

20 함수비용 시료 채취 과정

함수비 측정용 시료를 측정하는 방법
(스페출러로 세로로 나눔)

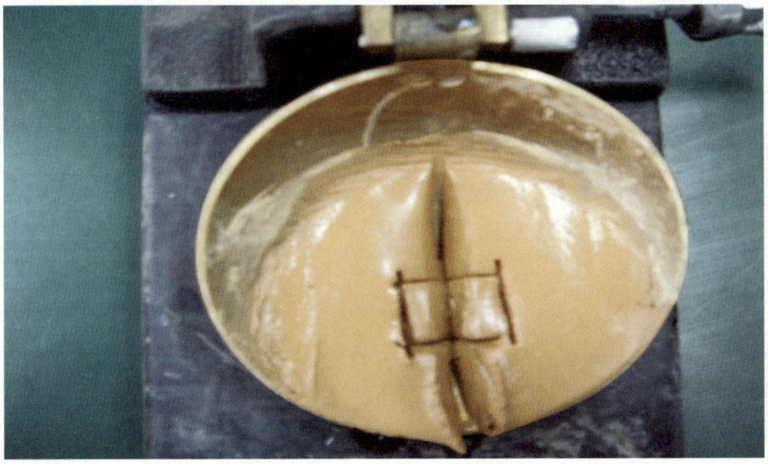

21 함수비 측정용 시료 선택 완료

"함수비 측정용 시료" 선택 완료

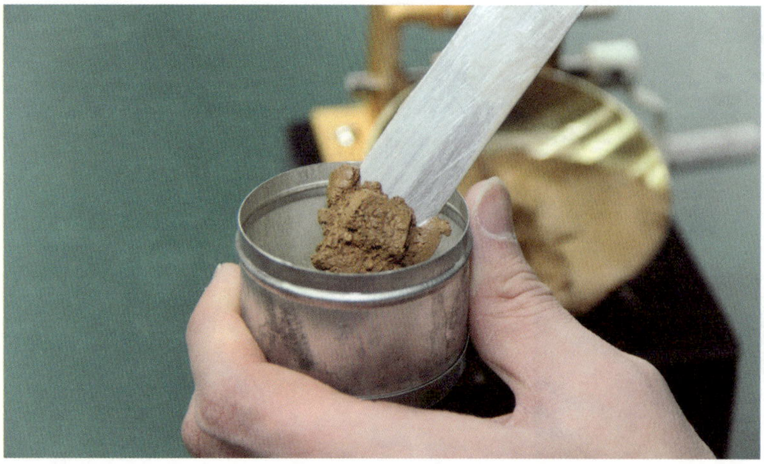

22 함수비용 캔에 시료 담기

함수비용 캔에 시료를 담는 모습
- 스페출러를 이용하여 시료를 함수비용 캔에 담는다.

23 함수비용 캔에 시료 담는 과정

함수비용 캔에 시료를 담는 모습
(홈파기 날로 밀어 넣음)
- 함수비용 캔에 시료를 담은 후 곧바로 함수비용 캔 뚜껑을 닫는다.
- 함수비용 캔에 손으로 시료를 담지 않도록 한다.

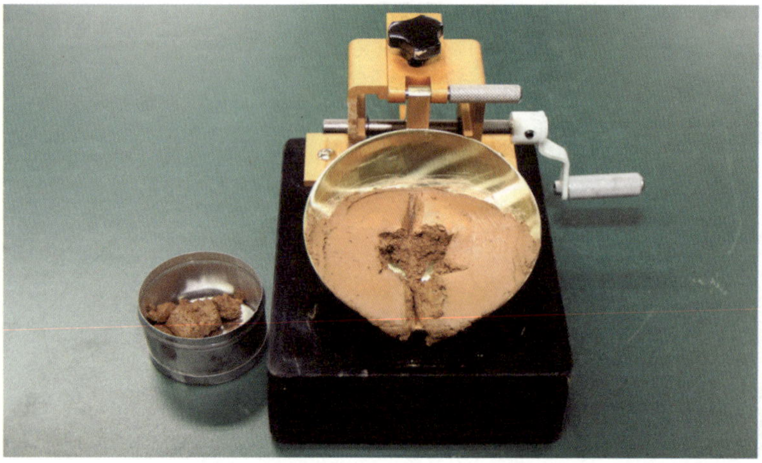

24 함수비 시료 채취 후 모습

함수비용 시료를 담은 후의 황동접시 모습

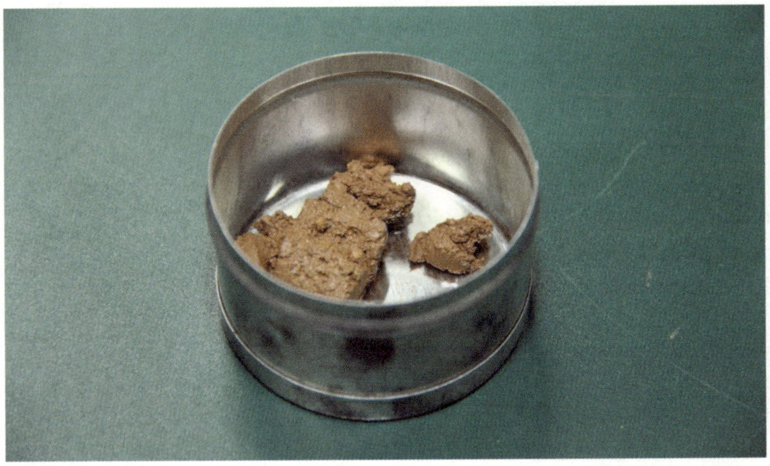

25 함수비용 캔에 담긴 시료 모습

함수비용 캔에 담은 시료 모습

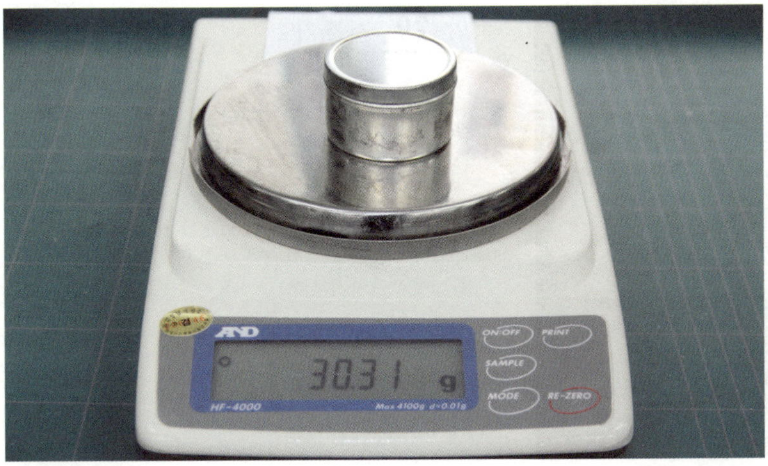

26 습윤시료 무게 측정

(습윤토+용기)무게 측정

② 30.31g을 양식에 기입

- 함수비용 캔 뚜껑의 무게가 포함됨을 잊지 않도록 주의

27 건조기에 넣은 뚜껑

(습윤토+용기)를 건조기에 넣는 모습 (함수비용 캔 뚜껑을 밑에 놓음)

- 건조에 넣을 때는 반드시 뚜껑을 열고 넣는다.

28 뚜껑 위의 습윤토 용기

(습윤토+용기)를 뚜껑 위에 놓는다.

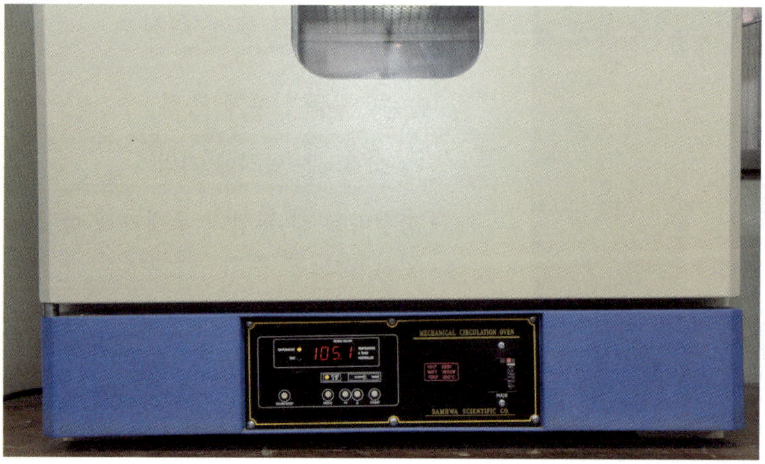

29 건조기

건조기에서 습윤토가 건조되는 동안 뒷정리를 한다.

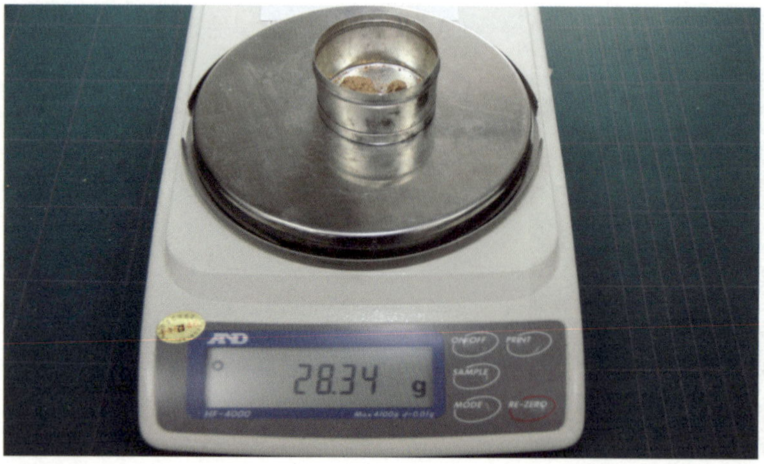

30 건조토 무게 측정

(건조토+용기)무게 측정(뚜껑은 용기 밑에)

③ 28.34g을 양식에 기입

- 건조시료 무게 측정 시에는 반드시 함수비 용기 뚜껑이 포함된 무게를 측정하여야 한다.

시험 하수	1	2	3
용기번호	7		
(습윤토+용기) 무게(g)	② 30.31		
(건조토+용기) 무게(g)	③ 28.34		
물의 무게(g)	1.97		
용기의 무게(g)	① 20.68		
건조토무게(g)	7.66		
타격회수	32		
함수비	25.72%		

계산 과정)

$$\text{함수비} = \frac{1.97}{7.66} \times 100 = 25.72\%$$

31 성과표 작성

시험 결과치를 주어진 양식에 기입하고 계산 과정과 답을 반드시 기입함

흙의 소성한계 시험 KS F 2303

01 작업형 실기 시험 방법

세 부 항 목	항목 번호	항 목 별 작 업 방 법
시료의 조제	1	※ 시료는 흙의 액성한계 시험 완료 후 재배합하여 사용
	2	시료를 약 30g정도 채취한다.
	3	시료를 혼합용기에 넣고 분부기로 증류수를 가하여 스페츌러로 충분히 반죽한다.
	4	시료의 습윤상태는 작은 덩어리 상태가 되는 정도로 한다.
시험순서 및 방법	5	반죽한 시료 덩어리를 손바닥과 불투명 유리판 사이에서 굴리면서 끈 모양으로 하고, 끈의 굵기를 지름 3mm의 둥근 봉에 맞춘다.
	6	이 흙 끈이 지름 3mm가 되었을 때 다시 덩어리로 만들고 이 조작을 반복한다.
	7	3mm가 된 단계에서 끈이 끊어졌을 때 그 조각조각 난 부분의 흙을 모아서 재 빨리 함수비용 캔에 담는다.
	8	시험결과치를 주어진 양식에 정확히 기입 한다.

02 흙의 소성한계 시험 작업 순서

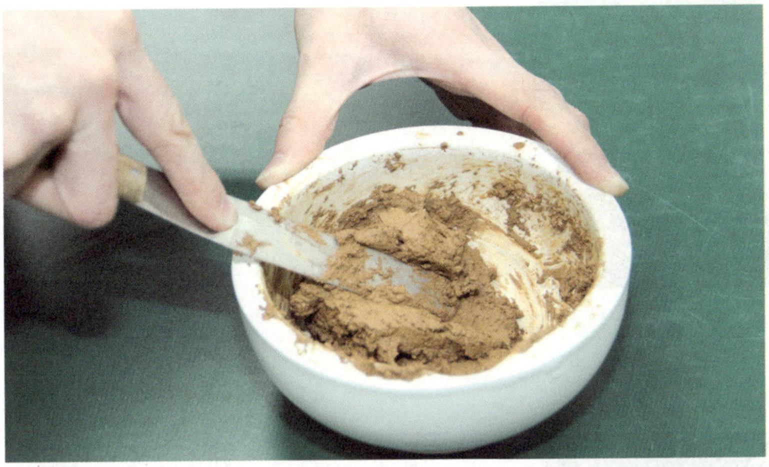

01 흙의 액성한계에 사용된 시료 사용

- 액성한계시험 완료된 시료에 준비된 시료를 약간 더 넣는다.
- 스페츌러로 잘 혼합한다.

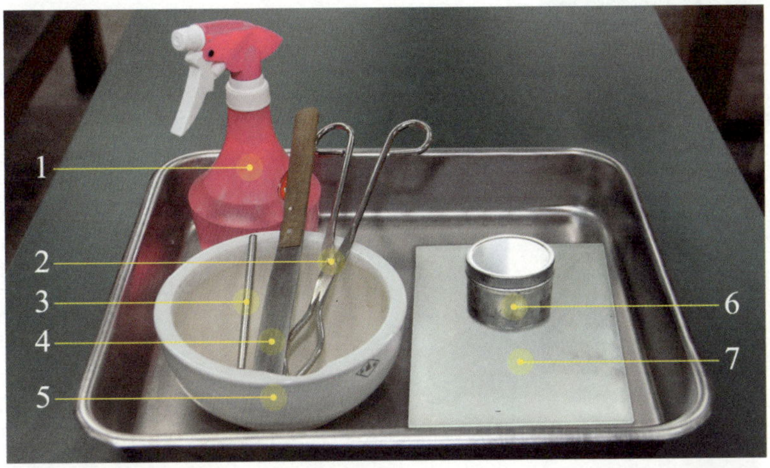

02 소성한계시험 기구

1. 분무기
2. 함수비용기 집게
3. 둥근봉
4. 스페츌러
5. 혼합용기
6. 함수비 용기
7. 불투명 유리판

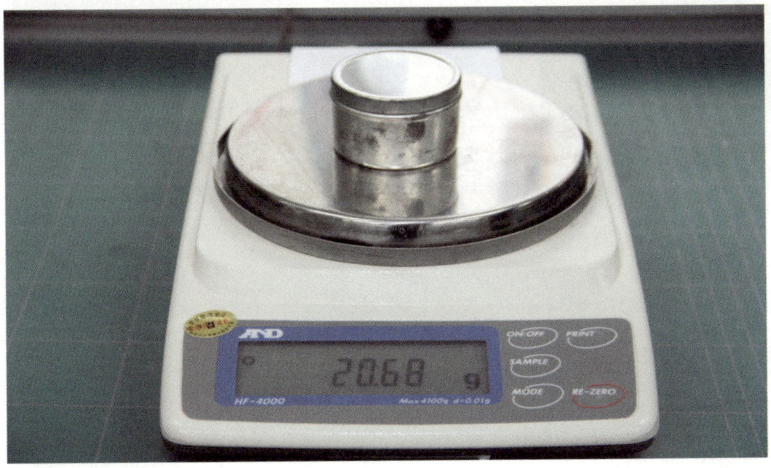

03 함수비 용기 캔 무게 측정

- 함수비용 캔의 무게를 측정한다.

① 캔의 무게 : 20.68g을 양식에 기입

- 캔의 무게 측정 시 착오가 생기지 않도록 정확히 읽고 기입한다.

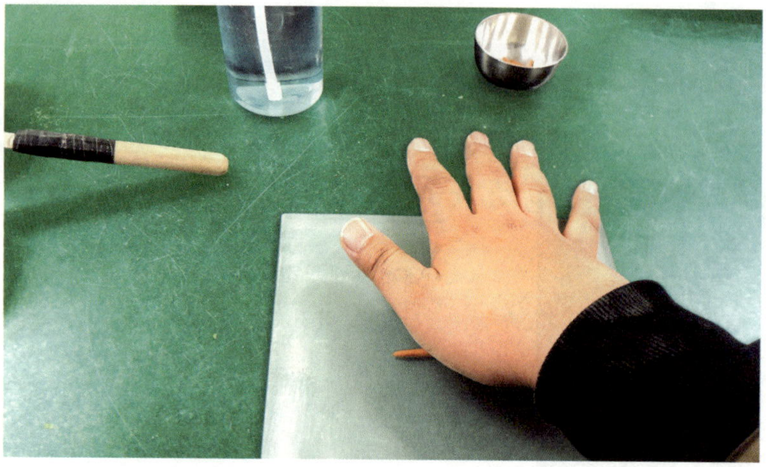

04 지름 3mm 굵기 끈 모양 만들기

• 반죽한 시료 덩어리를 손바닥과 불투명 유리판 사이에서 굴리면서 끈 모양을 만든다.

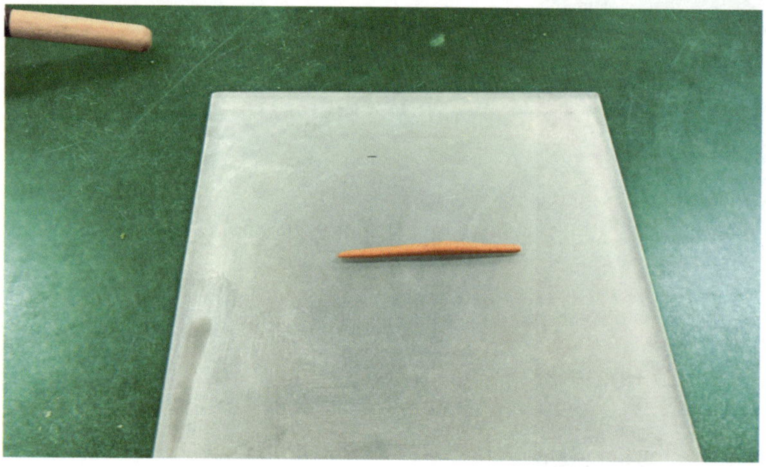

05 끈 모양의 상태

• 이 흙 끈이 지름 3mm가 되었을 때 다시 덩어리를 만들고 이 조작을 반복한다.

06 끈이 조각조각 난 상태

• 이 흙 끈이 지름 3mm가 된 단계에서 굴리면서 끈 모양이 끊어졌을 때의 불투명 유리판에 있는 모양

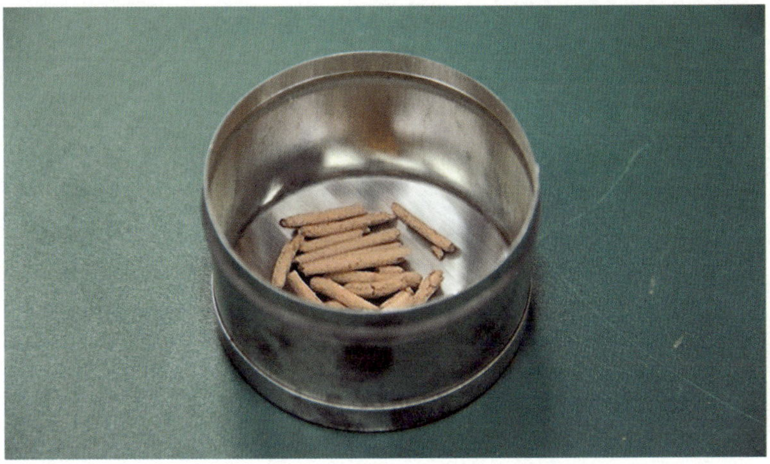

07 함수비용 캔에 담긴 시료 모양

- 이 흙 끈이 지름 3mm가 된 단계에서 끈이 끊어졌을 때 그 조각조각 난 부분의 흙을 모아서 재 빨리 함수비용 캔에 담는다.

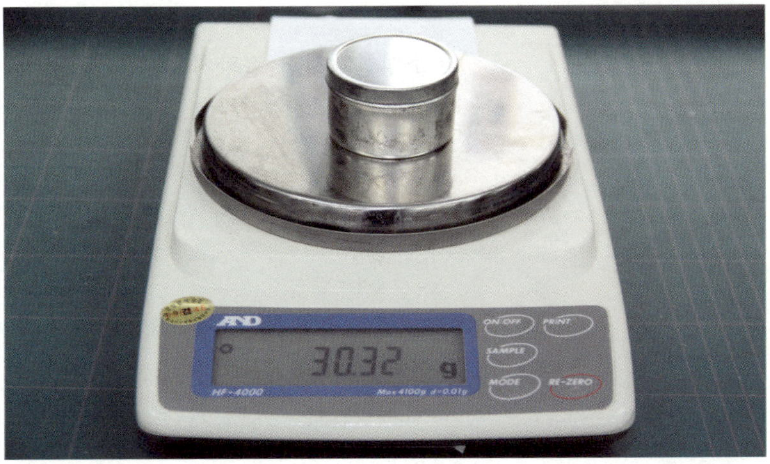

08 습윤시료 무게 측정

(습윤토 + 함수비캔)의 무게를 측정한다.

② 무게 : 30.32g을 양식에 기입

- 캔의 무게 측정 시 착오가 생기지 않도록 정확히 읽고 기입한다.
- 함수비용 캔 뚜껑의 무게가 포함됨을 잊지 않도록 주의

09 습윤토 건조시키기

- 건조기에서 습윤토가 건조되는 동안 뒷정리를 한다.

10 건조토 무게 측정

(건조토 + 함수비캔)의 무게를 측정한다.

② 무게 : 28.84g을 양식에 기입

- 무게 측정 시 착오가 생기지 않도록 정확히 읽고 기입한다.
- 함수비용 캔 뚜껑의 무게가 포함됨을 잊지 않도록 주의

시험 회수	1	2	3
용기번호	21		
(습윤토+용기) 무게(g)	② 30.32		
(건조토+용기) 무게(g)	③ 28.84		
물의 무게(g)	1.48		
용기의 무게(g)	① 20.68		
건조토무게(g)	8.16		
함수비	18.01%		

산출근거)

$$함수비 = \frac{1.48}{8.16} \times 100 = 18.14\%$$

11 성과표 작성

- 소성한계시험 결과치를 주어진 양식에 기입하고, 계산과정, 답 그리고 단위를 반드시 기입한다.

참고

소성지수(I_P)=액성한계(W_L)−소성한계(W_P)

=25.72−18.14

=7.58%

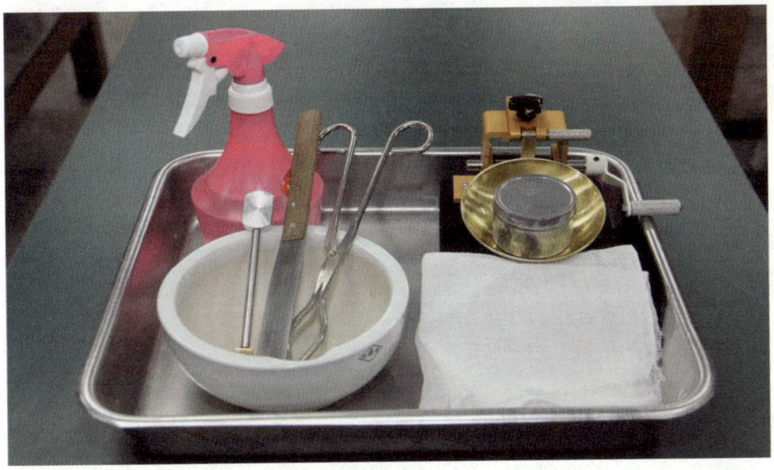

12 뒷정리

액성한계시험과 소성한계시험을 완료하면 처음상태로 시험기구를 정리정돈한다.

모래 치환법에 의한 흙의 밀도 시험 KS F 2311

01 작업형 실기 시험 방법

세부항목	항목번호	항목별 작업방법
시험용 모래의 단위무게 검정	1	샌드콘(측정기)의 무게를 정확히 측정한다.
	2	샌드콘에 충격이나 진동을 주지 않고 주의하면서 모래를 병속에 채운 후 깔대기에 남은 모래를 깨끗이 제거한 뒤 무게를 측정한다.
깔대기 속의 모래무게 검정	3	편평한 바닥에 밑판을 놓고 샌드콘의 깔대기를 밑판구멍에 맞춘 후 밸브를 열어 모래가 흘러내리도록 한다.
	4	병속에서 모래의 흐름이 멈추면 밸브를 잠근 후 샌드콘을 들어 올린다.
	5	병속에 남은 모래를 샌드콘과 함께 무게를 측정하여 깔대기 속의 모래무게를 정확히 계산한다.
현장흙의 단위무게 (밀도) 측정	6	지면을 곧은날로 편평히 고르고 수평이 되도록 한 후 밑판을 지면에 밀착시킨다.
	7	밑판구멍 안의 흙을 작은 삽, 큰 숟가락, 끌, 고무망치 등의 기구를 사용하여 조심스럽게 파내서 시료팬에 손실이 되지 않도록 담아 무게를 측정한다.
	8	함수비 측정용 시료를 채취하여 함수비용 캔에 담아 놓는다.
	9	모래를 구멍에 채우기 전에 샌드콘에 추가로 모래를 채운 후 무게를 측정한다.(시험전모래+병무게)
	10	샌드콘을 거꾸로 세워 밑판구멍에 깔대기를 정확히 맞춘 후 충격이나 진동 없이 밸브를 연다.
	11	모래의 흐름이 멈추면 밸브를 잠그고 샌드콘의 남은 모래량을 측정한다. (시험후모래+병)무게
성과표 작성	12	모래의 단위무게 계산 과정과 답을 기입한다.
	13	습윤밀도의 계산 과정과 답을 기입한다.
	14	건조밀도의 계산 과정과 답을 기입한다.
	15	현장흙의 다짐도 계산 과정과 답을 기입한다.

02 모래 치환법에 의한 흙의 밀도 시험 작업 순서

01 들밀도 시험 기구

1-샌드콘(샌드콘의 부피 4L)
2-시료삽
3-솔
4-밑판
5-함수비용 캔

조건

샌드콘의 부피 4L=4000cm^3

02 샌드콘 무게 측정

샌드콘(측정기)의 무게를 정확히 측정한다.

① 1702.3g을 양식에 기입

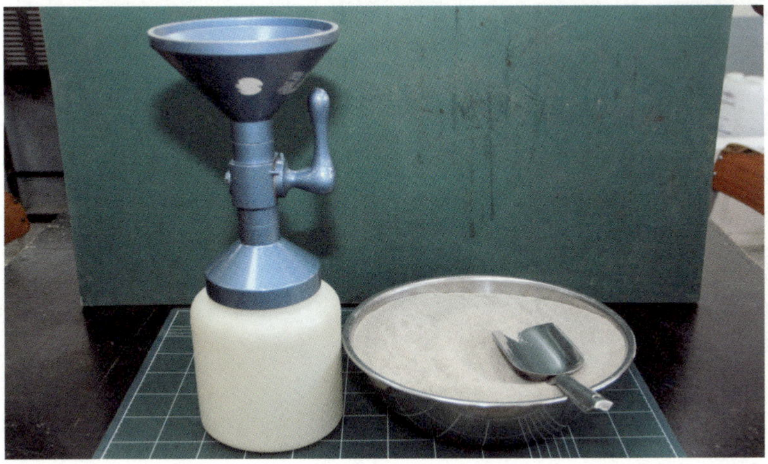

03 샌드콘 밸브 닫기

샌드콘(측정기)에 모래를 넣기 위한 준비

04 샌드콘에 모래 넣는 과정

샌드콘(측정기)에 충격이나 진동을 주지 않고 주의하면서 모래를 병속에 넣는다.
• 밸브는 열고 넣는다.

05 샌드콘에 모래 담기 모양

샌드콘(측정기)에 모래를 넣는 과정

06 샌드콘 밸브 닫기

샌드콘(측정기)에 모래가 차면 밸브를 닫는다.

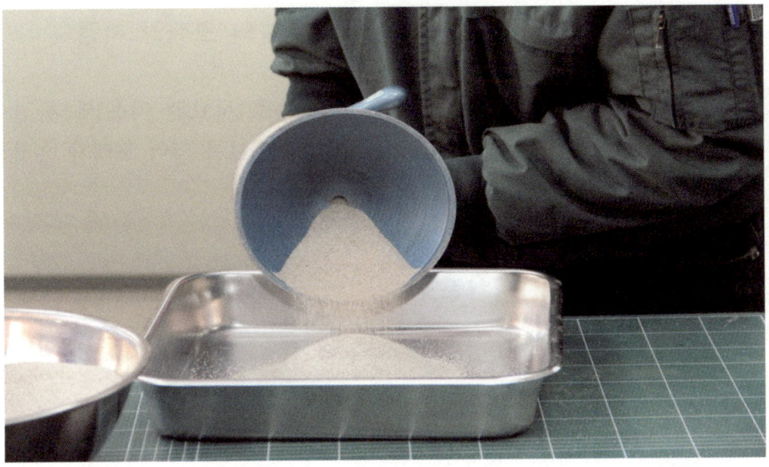

07 깔대기 속의 모래 제거

모래를 병속에 채운 후 깔대기에 남은 모래를 제거하는 과정

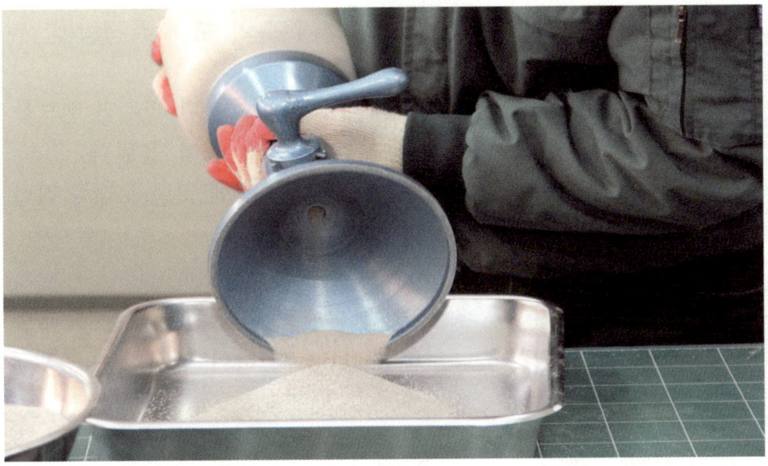

08 깔대기 속의 모래 과정

모래를 병속에 채운 후 깔대기에 남은 모래를 깨끗이 제거한다.

09 깔대기 속 제거 후 무게 측정

깔대기에 남은 모래를 깨끗이 제거한 뒤 무게를 측정한다.

② 6435.8g을 양식에 기입

③ 모래(병속) 무게 계산
6435.8－1702.3＝4733.5g을 양식에 기입

10 깔대기 속의 모래양 측정

평평한 바닥(주로 시료팬 이용)에 사진 같이 설치한 후 밸브를 열어 모래가 흘러 내리도록 한다.

11 깔대기 속의 모래 측정방법

병속에서 모래의 흐름이 멈추면 밸브를 잠근 후 샌드콘을 들어 올린다.

- 1방법 : 깔대기 속에 있던 모래를 직접 측정하는 방법 (2296.8－429.8＝1867g)
- 2방법 : 샌드콘과 콘에 남은 모래를 측정(4568.8g)하여 계산하는 방법

12 깔때기 속의 모래 무게 측정

- 1방법 : 깔대기 속에 있던 모래 (1869g)
- 2방법 : 샌드콘과 콘에 남은 모래를 측정하여 계산하는 방법 (6435.8－4568.8＝1867g)

④ 샌드콘의 깔대기 속에 있던 모래 무게 1867g을 양식에 기입

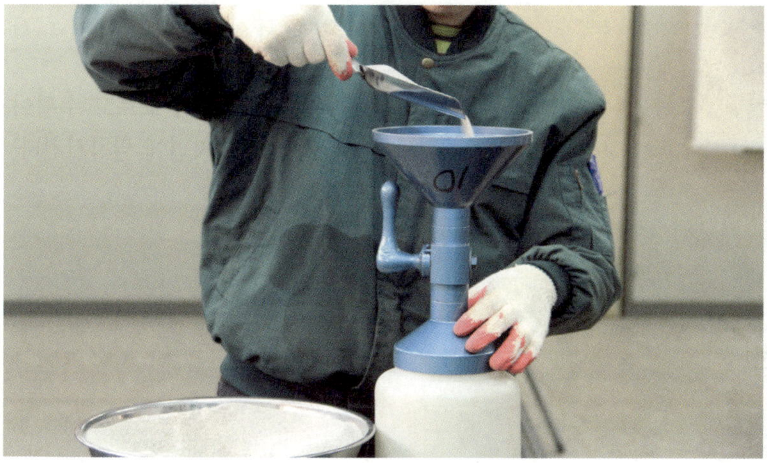

13 샌드콘에 모래를 다시 채움

- 모래를 구멍에 채우기 전에 샌드콘에 추가로 모래를 채운다.(이 때 샌드콘의 깔대기 속에 있던 모래를 사용하면 편리하다.)
- 샌드콘(측정기)에 충격이나 진동을 주지 않고 주의하면서 모래를 병속에 넣는다.
- 밸브는 열고 넣는다.

14 (시험전모래+병) 무게 측정

- 깔대기 속 무게 측정을 위해 빈만큼 모래를 다시 채운 후 (시험전 모래+병) 무게를 측정한다.

⑤ (시험전 모래+병) 무게 6240.5g을 양식에 기입

- 6435.8g과 약간의 차이가 발생됨을 알 수 있다.

15 시료팬 무게 측정

시표팬의 무게를 미리 측정해 놓는다.

⑧ 시료팬의 무게 429.8g을 양식에 기입

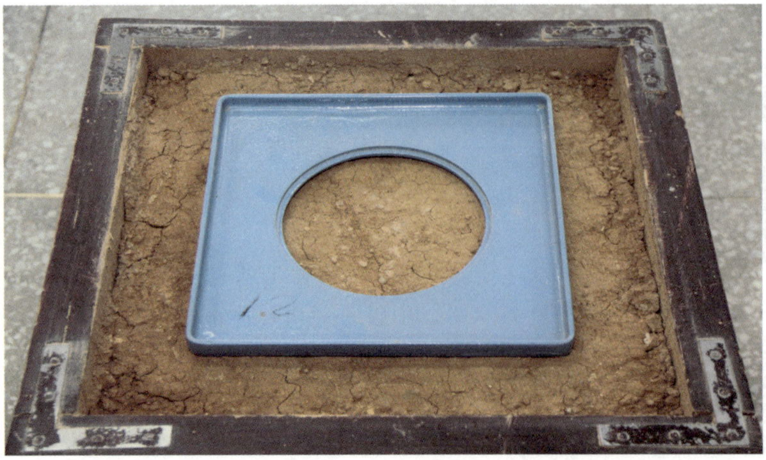

16 밑판 설치

지면을 곧은 날로 편평히 고르고 수평이 되도록 한 후 밑판을 지면에 밀착시킨다.

17 파낸 흙 용기에 담기

밑판 구멍 안의 흙을 작은 삽을 사용하여 조심스럽게 파내는 모습

- 용기에 파낸 흙 담을 때 손실되지 않도록 주의

18 흙을 파낸 구멍 모양

흙을 파낸 구멍

⑨ (시료팬(용기)+채취시료) 무게 1408.6g을 양식에 기입

19 파낸 흙 무게 측정

조심스럽게 파낸 흙은 시료팬(용기)에 담아 무게를 측정한다.

> ⑩ (파낸 흙) 무게
> 1408.6－429.8＝978.8g을
> 양식에 기입

20 함수비용 시료 준비

파낸 흙 중에서 약 100g 정도 함수비용 캔에 담는다.

21 구멍에 깔대기 맞추기

샌드콘을 거꾸로 세워 밑판 구멍에 깔대기를 정확히 맞춘다.

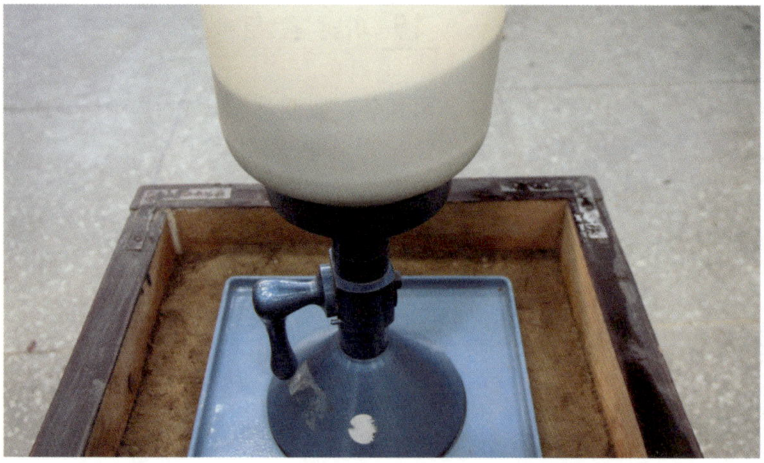

22 샌드콘 밸브 열기

깔대기를 정확히 맞춘 후 밸브를 열어 모래의 흐름이 멈추면 밸브를 잠근다.

23 깔대기 만큼의 모래

파낸 구멍에 모래를 채운 다음 샌드콘을 들어 올리고 난 후의 모습

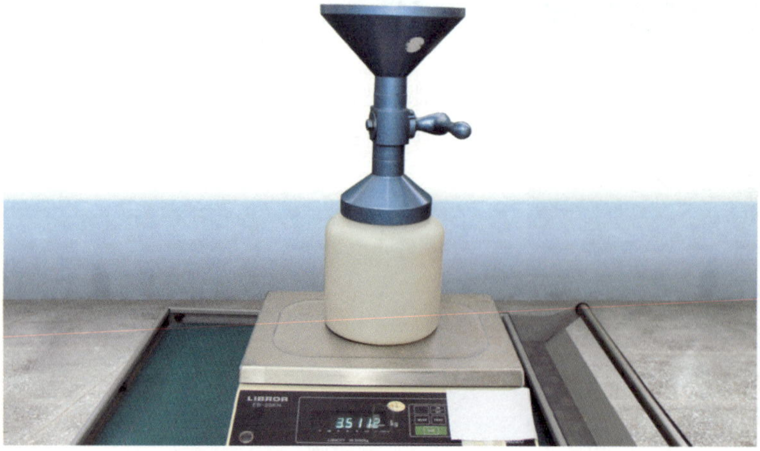

24 시험 후 샌드콘 무게 측정

샌드콘에 남은 모래량을 측정한다.

⑥ (시험 후 모래+병) 무게 3511.2g을 양식에 기입

⑦ 구멍 속의 모래 무게 계산 $6240.5-3511.2-1867=862.3$g을 양식에 기입

25 함수비용 캔 속의 시료

- 함수비용 캔에 담은 시료 모습
- (함수비용 캔+채취시료) 무게만 측정하여 양식에 기입

26 함수비용 캔 무게 측정

(함수비용 캔+채취 시료(젖은 시료))

⑫ (습윤토+용기) 무게 측정 130.31g을 양식에 기입

조건

함수비 18%

1 모래의 밀도를 알기 위한 시험

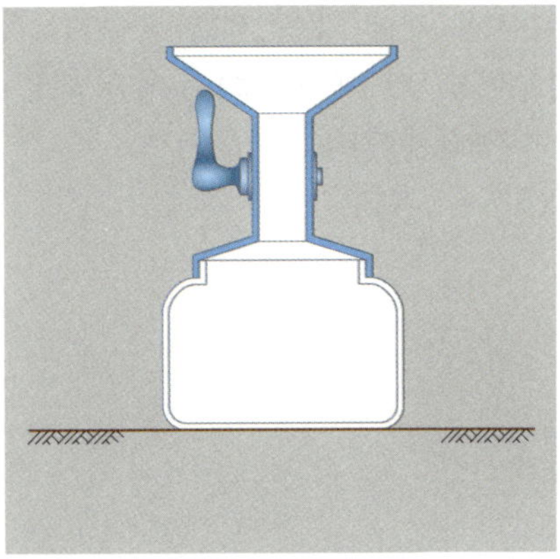

샌드콘(측정기)의 무게 측정

① 1702.31g

조건

샌드콘의 부피 4000l은 주어짐

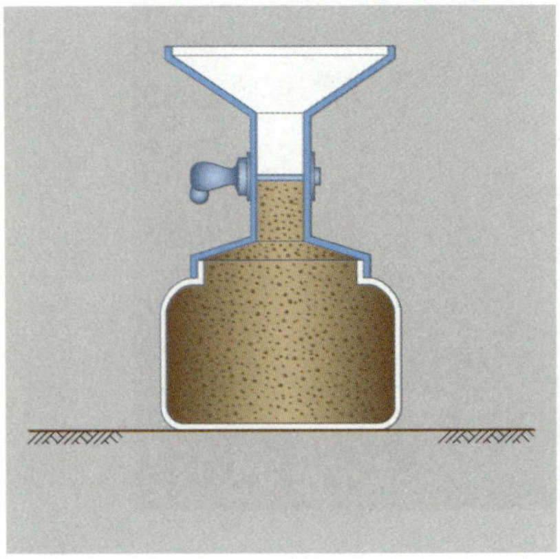

(샌드콘(측정기)+모래) 무게 측정

② 6435.8g

③ 샌드콘 속의 모래 무게

W_{sand} = 6435.8 − 1702.3
= 4733.5g

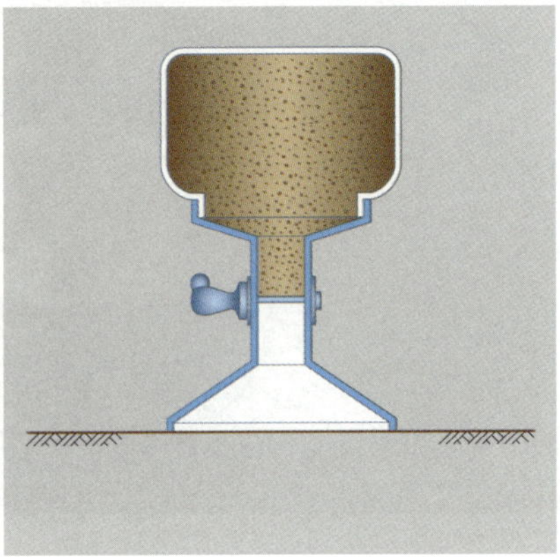

깔대기 속의 모래 무게를 측정하기 전 모습

• 모래의 밀도

$$\rho_s = \frac{W}{V} = \frac{4733.5}{4000} = 1.18\text{g/cm}^3$$

2 구멍의 부피를 알기 위한 시험

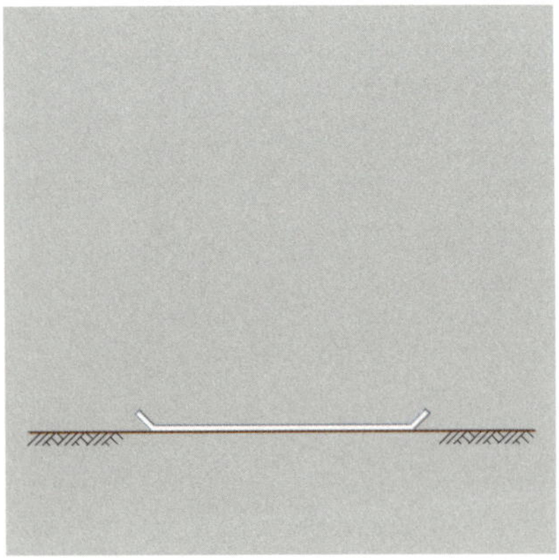

깔대기 속의 모래 무게를 측정하기 전 밑판

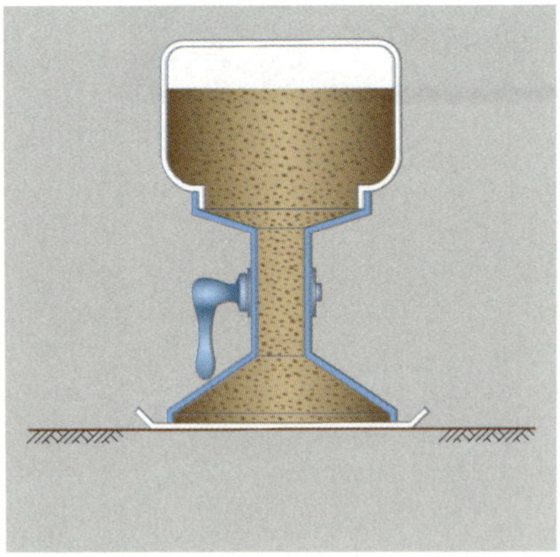

밑판 위의 샌드콘의 밸브를 열어 놓은 상태

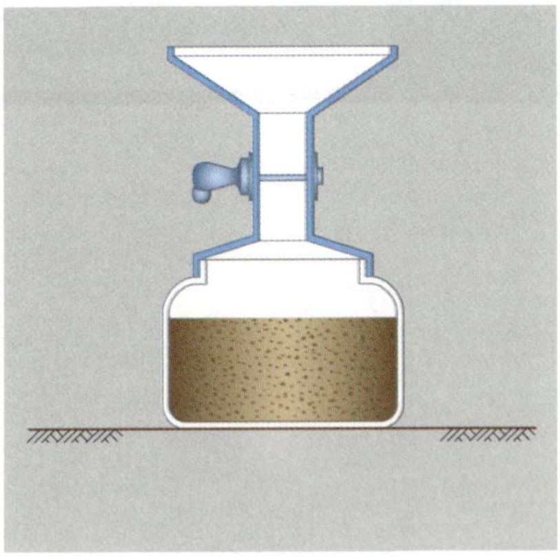

• 깔대기 속의 모래 무게를 뺀 샌드콘 모양
• 이곳에 다시 모래를 채운다.

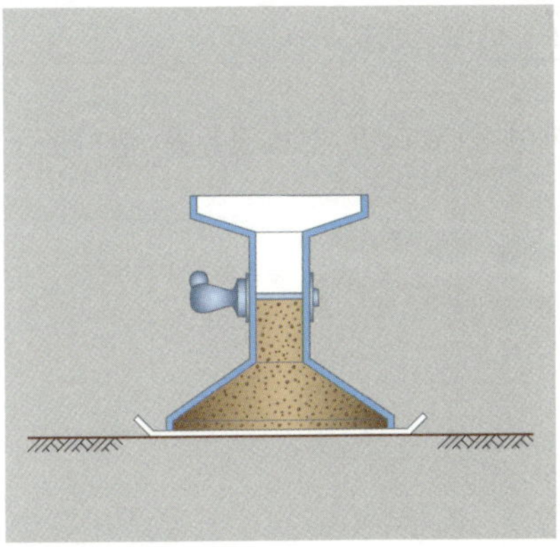

깔대기 속의 모래 무게 측정

④ 1867g

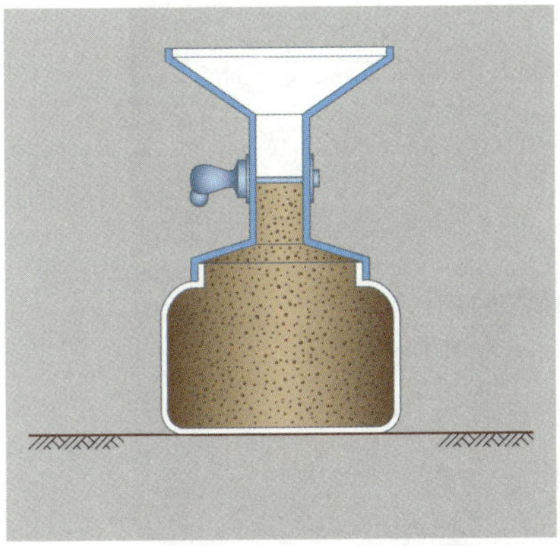

샌드콘에 다시 모래를 채운 후 (시험 전 모래+병) 무게 측정
6240.5g

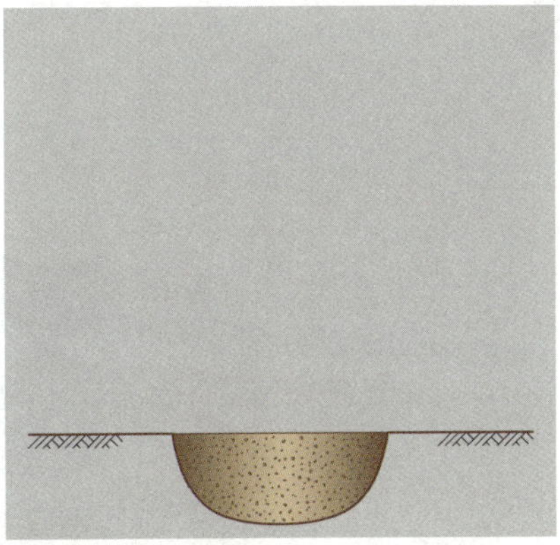

흙을 파낸 구멍 속의 흙시료 무게 측정
$W_{soil} = 978.8$g

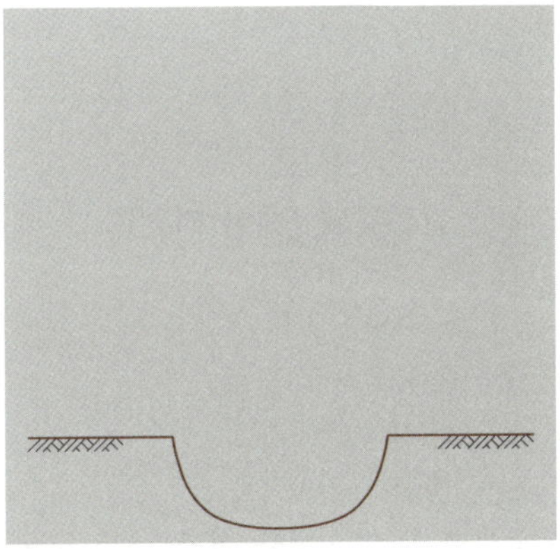

모래를 채울 구멍

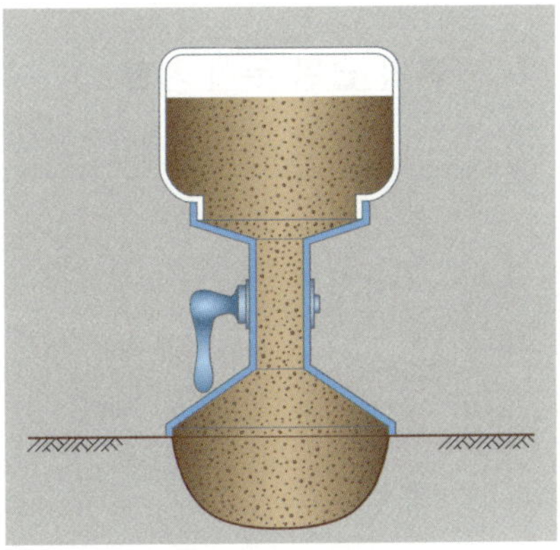

(시험전 모래+병) 무게 속의 모래를 구멍 속에 채운다.

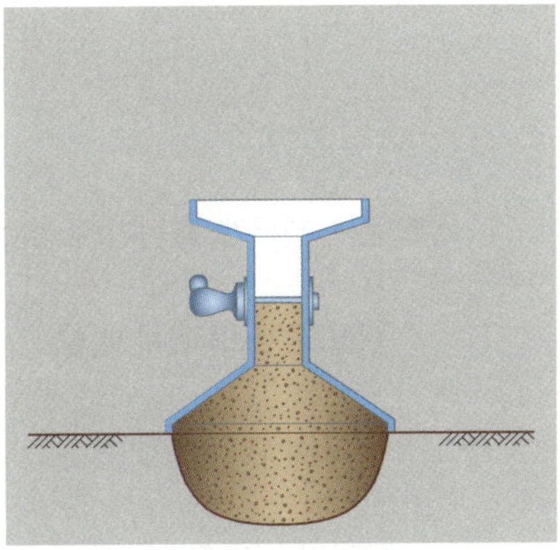

깔대기 속과 구멍 속의 모래

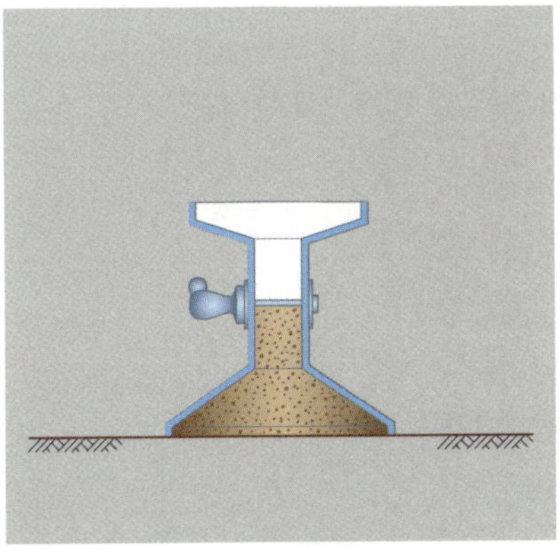

깔대기 속의 모래 무게 측정
1867g

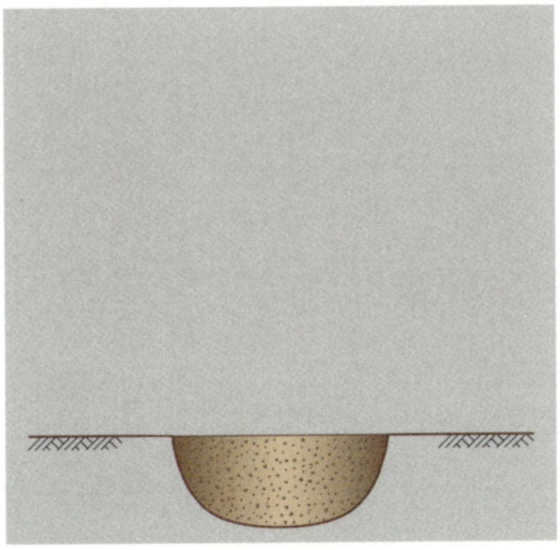

- 구멍 속의 모래 무게 계산
  6240.5 − 3511.2 − 1867 = 862.3
- 구멍의 부피
  $V = \frac{W_{sand}}{\rho_s} = \frac{862.3}{1.18} = 730.76\text{cm}^3$

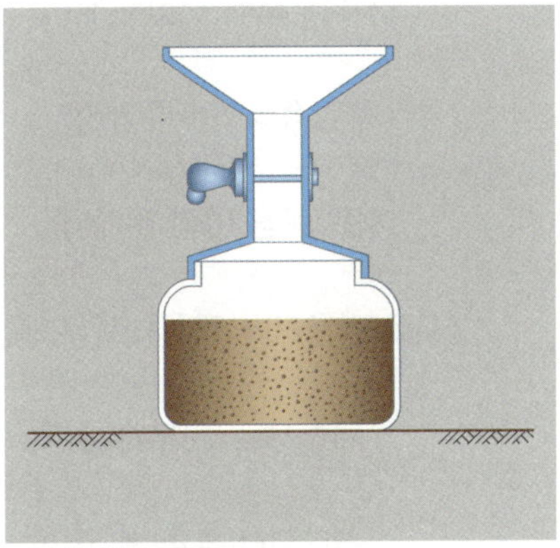

(시험 후 모래+병) 무게
3511.2g
- 습윤밀도
  $\rho_t = \frac{W_{soil}}{V} = \frac{978.8}{730.76} = 1.34\text{g/cm}^3$

27 시험 완료

실험이 완료되면 정리정돈을 한다.

<u>흙의 단위 무게 시험</u>

샌드콘(단위무게 측정기)무게(g)			• 모래의 단위무게 (계산 과정)
(샌드콘+ 모래)무게(g)			
모래(병속)무게(g)			
깔대기속의 모래무게(g)			• 습윤시료 밀도 (계산 과정)
(시험전모래+ 병)무게(g)			
(시험후모래+ 병)무게(g)			
구멍속의 모래무게(g)			• 건조시료 밀도 (계산 과정)
시료팬(용기)의 무게(g)			
(시료팬(용기)+ 채취시료)무게(g)			
채취시료(흙)무게(g)			• 현장다짐도 (계산 과정)
건조시료(흙)무게(g)			
(함수비용 캔+ 채취시료(젖은시료))무게(g)			

흙의 단위 무게 시험

샌드콘(단위무게 측정기)무게(g)	①	1702.3	• 모래의 단위무게 (계산 과정) $\rho_s = \frac{W_{sand}}{V_{con}} = \frac{4733.5}{4000} = 1.18\text{g/cm}^3$
(샌드콘+모래)무게(g)	②	6435.8	
모래(병속)무게(g)	③	$6435.8 - 1702.3 = 4733.5$	
깔대기속의 모래무게(g)	④	1867	• 습윤시료 밀도 (계산 과정) $V = \frac{W_{sand}}{\rho_s} = \frac{862.3}{1.18} = 730.76\text{cm}^3$ $\rho_t = \frac{W_{soil}}{V} = \frac{978.8}{730.76} = 1.34\text{g/cm}^3$
(시험전모래+병)무게(g)	⑤	6240.5	
(시험후모래+병)무게(g)	⑥	3511.2	
구멍속의 모래무게(g)	⑦	$6240.5 - 3511.2 - 1867$ $= 862.3$	• 건조시료 밀도 (계산 과정) $\rho_d = \frac{\rho_t}{1+w} = \frac{1.34}{1+0.18} = 1.14\text{g/cm}^3$ 또는 $\rho_d = \frac{829.49}{730.76} = 1.14\text{g/cm}^3$
시료팬(용기)의 무게(g)	⑧	429.8	
(시료팬(용기)+채취시료)무게(g)	⑨	1408.6	
채취시료(흙)무게(g)	⑩	$1408.6 - 429.8 = 978.8$	• 현장다짐도 (계산 과정) $C_d = \frac{\rho_d}{\rho_{d\max}} \times 100$ $= \frac{1.14}{1.75} \times 100 = 65.14\%$
건조시료(흙)무게(g)	⑪	$\frac{978.8}{1+0.18} = 829.49$	
(함수비용 캔+채취시료(젖은시료))무게(g)	⑫	130.31	

건조시료 무게$= \frac{W}{1+w} = \frac{978.8}{1+0.18} = 829.49\text{g}$: 건조시료 무게로 건조시료밀도 계산값
습윤밀도로 건조밀도를 계산한 값이 같아야 한다.

[파란색 글자] : 시험위원이 지정하는 값

국가기술자격 실기시험문제

[2025년도 공개문제]

출처 : 한국산업인력공단

자격종목	건설재료시험산업기사	과제명	흙의 다짐 시험, 잔골재의 밀도 시험, 흙 입자의 밀도 시험

※ 시험시간 : 3시간
- 1과제(흙의 다짐 시험) : 1시간
- 2과제(잔골재의 밀도 시험) : 1시간
- 3과제(흙 입자의 밀도 시험) : 1시간

1 요구사항

※ 지급된 재료 및 시설을 사용하여 아래 시험들을 실시하고 성과를 주어진 양식에 작성하여 제출하시오.

01 [1과제] 흙의 다짐 시험(KS F 2312)

❶ 다짐시험은 A다짐시험을 하여 공시체로부터 함수비 측정용 시료를 채취하여 건조기에 넣는 것 까지만 실시하며, 몰드는 한 개만 실시하여 답안지를 완성하시오.
(단, 함수비는 시험위원이 지정한 값으로 하시오.)

02 [2과제] 잔골재의 밀도 시험(표면건조 포화상태의 밀도)(KS F 2504)

❶ 습윤상태의 잔골재를 표면건조 포화상태로 만들 때는 모래건조기를 사용하시오.

❷ 잔골재의 밀도시험 도중 시료와 물의 온도를 20±5℃에 일치시키는 작업은 시간관계상 생략하고 실온 그대로 사용하시오.

❸ 잔골재의 밀도는 표면건조 포화상태일 때의 밀도를 계산하여 답안지를 완성하시오.

03 [3과제] 흙 입자의 밀도 시험(KS F 2308)

❶ 주어진 시료를 이용하여 흙 입자의 밀도를 계산하여 답안지를 완성하시오.

❷ 증류수의 밀도는 표 1을 참고하시오.

❸ 끓이는 기구를 사용할 경우 (비중병+시료+증류수)는 시험위원이 지정한 적당한 시간동안 가열하시오.

❹ 끓이는 기구의 온도가 높으므로 시험위원의 지시가 없는 경우에는 접촉하지 않으며 화상에 주의하시오.

❺ 가열한 후 (비중병+시료+증류수)의 온도는 30℃ 이하가 되도록 하시오.

[표 1. 증류수의 밀도]

온도 T℃	증류수의 밀도(g/cm^3)									
	0.0	0.1	0.2	0.3	0.4	0.5	0.6	0.7	0.8	0.9
4	0.99997	0.99997	0.99997	0.99997	0.99997	0.99997	0.99997	0.99997	0.99997	0.99997
5	0.99996	0.99996	0.99996	0.99996	0.99996	0.99995	0.99995	0.99995	0.99995	0.99994
6	0.99994	0.99994	0.99993	0.99993	0.99993	0.99992	0.99992	0.99991	0.99991	0.99991
7	0.99990	0.99990	0.99989	0.99989	0.99988	0.99988	0.99987	0.99987	0.99986	0.99985
8	0.99985	0.99984	0.99984	0.99983	0.99982	0.99982	0.99981	0.99980	0.99979	0.99979
9	0.99978	0.99977	0.99976	0.99976	0.99975	0.99974	0.99973	0.99972	0.99972	0.99971
10	0.99970	0.99969	0.99968	0.99967	0.99966	0.99965	0.99964	0.99963	0.99962	0.99961
11	0.99961	0.99959	0.99958	0.99957	0.99956	0.99955	0.99954	0.99953	0.99952	0.99951
12	0.99949	0.99948	0.99947	0.99946	0.99946	0.99944	0.99943	0.99941	0.99940	0.99939
13	0.99938	0.99936	0.99936	0.99934	0.99932	0.99931	0.99930	0.99928	0.99927	0.99926
14	0.99924	0.99923	0.99921	0.99920	0.99919	0.99917	0.99916	0.99914	0.99913	0.99911
15	0.99910	0.99908	0.99907	0.99905	0.99904	0.99902	0.99902	0.99899	0.99897	0.99896
16	0.99894	0.99892	0.99891	0.99889	0.99888	0.99886	0.99884	0.99882	0.99881	0.99879
17	0.99877	0.99876	0.99874	0.99872	0.99870	0.99868	0.99867	0.99865	0.99863	0.99861
18	0.99860	0.99857	0.99856	0.99854	0.99852	0.99850	0.99848	0.99846	0.99844	0.99842
19	0.99841	0.99838	0.99836	0.99834	0.99832	0.99830	0.99828	0.99826	0.99824	0.99822
20	0.99820	0.99818	0.99816	0.99814	0.99812	0.99810	0.99808	0.99805	0.99803	0.99801
21	0.99799	0.99797	0.99795	0.99792	0.99790	0.99788	0.99786	0.99784	0.99781	0.99779
22	0.99777	0.99775	0.99772	0.99770	0.99768	0.99765	0.99763	0.99761	0.99758	0.99756
23	0.99754	0.99751	0.99749	0.99746	0.99744	0.99742	0.99739	0.99737	0.99734	0.99732
24	0.99730	0.99727	0.99724	0.99722	0.99719	0.99717	0.99714	0.99712	0.99709	0.99707
25	0.99704	0.99702	0.99699	0.99697	0.99694	0.99691	0.99689	0.99686	0.99683	0.99681
26	0.99678	0.99676	0.99673	0.99670	0.99667	0.99665	0.99662	0.99659	0.99657	0.99654
27	0.99651	0.99648	0.99646	0.99643	0.99640	0.99637	0.99634	0.99632	0.99629	0.99626
28	0.99623	0.99620	0.99617	0.99615	0.99612	0.99609	0.99606	0.99603	0.99600	0.99597
29	0.99594	0.99591	0.99588	0.99585	0.99583	0.99580	0.99577	0.99574	0.99571	0.99568
30	0.99565	0.99562	0.99558	0.99555	0.99552	0.99549	0.99546	0.99543	0.99540	0.99537
31	0.99534	0.99531	0.99528	0.99525	0.99521	0.99518	0.99515	0.99512	0.99509	0.99506
32	0.99503	0.99499	0.99496	0.99493	0.99490	0.99486	0.99483	0.99480	0.99477	0.99473
33	0.99470	0.99467	0.99464	0.99460	0.99457	0.99454	0.99450	0.99447	0.99444	0.99440
34	0.99437	0.99434	0.99430	0.99427	0.99423	0.99420	0.99417	0.99413	0.99410	0.99406
35	0.99403	0.99400	0.99396	0.99393	0.99389	0.99386	0.99382	0.99379	0.99375	0.99372
36	0.99368	0.99365	0.99361	0.99358	0.99354	0.99351	0.99347	0.99343	0.99340	0.99336
37	0.99333	0.99329	0.99325	0.99322	0.99318	0.99315	0.99311	0.99307	0.99304	0.99300
38	0.99296	0.99293	0.99289	0.99285	0.99282	0.99278	0.99274	0.99270	0.99267	0.99263
39	0.99259	0.99255	0.99252	0.99248	0.99244	0.99240	0.99237	0.99233	0.99229	0.99225

CHAPTER

01 [1과제 : 건설재료시험산업기사] 흙의 다짐 시험 14점

흙의 다짐 시험 KS F 2312

01 작업형 실기 시험 방법

세 부 항 목	항목번호	항 목 별 작 업 방 법
시료의 채취	1	흙덩이를 부수고 4분법에 의해 채취한다.
	2	체가름하여 19mm체를 통과한 시료를 사용한다.
시험순서와 방법	3	시료에 적당량의 물을 가하여 충분히 혼합한다.
	4	혼합한 시료를 칼라를 붙인 몰드에 채우고 무게 2.5kg짜리 램머를 사용하여 매층당 25회씩 다진다.
	5	몰드는 ϕ100mm를 사용하고 3층으로 나누어 다진다.
	6	다짐을 하기 전에 빈몰드 및 밑판의 무게를 측정하고 다짐을 한 후 몰드 및 밑판 주위를 깨끗이 하여(몰드 및 밑판+시료)의 무게를 측정한다.
	7	램머를 스톱퍼까지 확실하게 들어 올려 낙하시킨다.
	8	칼라를 떼어낼 때 파괴 없이 제거한다.
	9	함수비 측정용 시료를 채취할 때 추출시킨 몰드를 중앙수직으로 절단하여 중심부에서 골라 채취한다.
	10	시험결과치를 주어진 양식에 기입하고 계산 과정과 답을 옳게 작성하여야 한다.

02 흙의 다짐 시험 작업 순서

01 흙의 다짐시험 시험 기구

1-시료추출기	7-다짐몰드
2-솔	8-함수비 캔
3-다짐봉	9-곧은 날
4-19mm 체	10-시료 삽
5-망치	11-시료 팬
6-물통	

02 시료 준비

흙덩이를 부수고 체가름하여 19mm체를 통과한 시료를 사용한다.

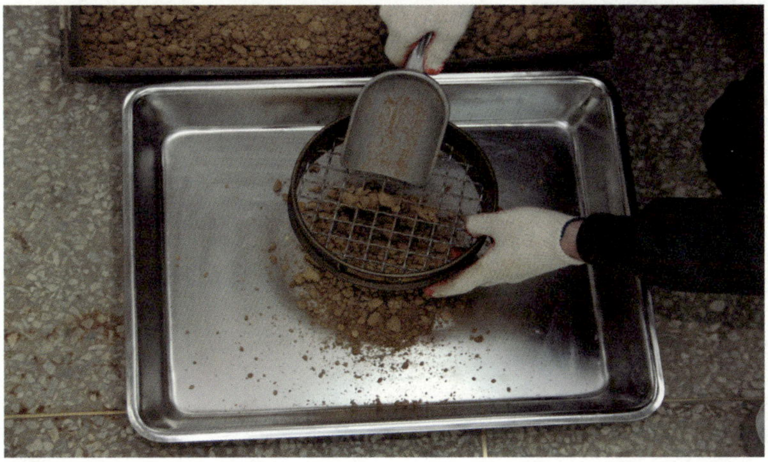

03 19mm체 통과 시료

부수어진 시료를 19mm체로 체가름하는 모습

04 준비된 시료

흙의 다짐에 사용될 준비된 시료

05 저울 준비

저울의 눈금을 “0”에 세팅한다.

06 (몰드 및 밑판) 무게 측정

(몰드 및 밑판)의 무게를 측정한다.

② 3699g을 양식에 기입

- 칼라가 부착되지 않은 (몰드 및 밑판)의 무게를 측정

07 몰드에 칼라 부착

몰드에 칼라를 부착한다.

08 사용할 시료 만들기

준비된 시료에 적당량의 물을 반복하여 시료에 가한다.

09 반복하여 혼합

준비된 시료에 적당량의 물을 가하여 충분히 혼합한다.

- 골고루 혼합한다.

10 완료된 시료

물을 가하여 충분히 혼합이 완료된 시료

11 시료를 몰드에 넣기

혼합한 시료를 칼라를 붙인 몰드(ϕ100mm)에 채우고 무게 2.5kg짜리 래머를 사용하여 3층으로 나누어 매층당 25회씩 다진다.

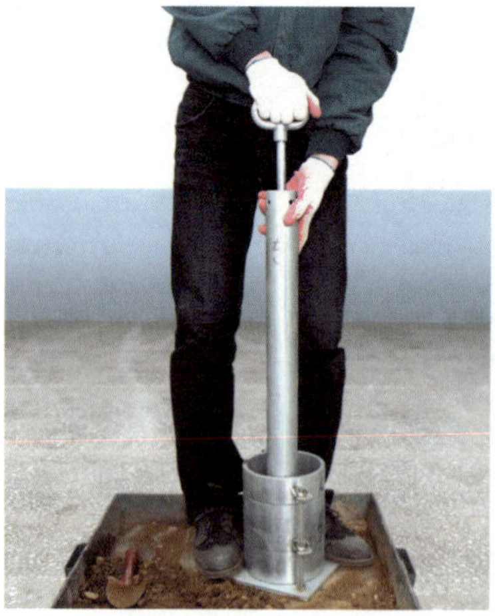

12 다짐하는 자세

무게 2.5kg짜리 래머를 사용하여 매층당 25회씩 다짐하는 모습

- 램머를 스톱퍼까지 수직으로 확실하게 들어올린다.
- 25회 다짐은 원모양으로 이동하면서 다짐을 한다.

13 칼라 떼어 내기

다짐이 모두 끝나면 칼라를 떼어 낸다.
- 칼라를 떼어낼 때 시료가 파괴되지 않도록 조심스럽게 분리한다.

14 몰드의 상부 흙 제거 과정

칼라를 떼어 내고 몰드 상부의 흙을 곧은 날로 조심해서 조금씩 깎아 낸다.
- 곧은 날로 몰드 상부의 흙을 제거할 때 한 번에 제거되지 않으므로 연필을 깎듯이 제거한다.

15 몰드의 상부 흙 제거 완료

칼라를 떼어 내고 몰드 상부의 흙을 곧은 날로 조심해서 깎아 낸다.
- 요철이 생기지 않도록 조심스럽게 곧은 날로 깎아 낸다.

16 몰드의 외부 청소

몰드 외부에 묻은 흙을 깨끗이 솔로 털어 낸다.

- 몰드 외부에 묻은 흙은 솔로 완전히 제거한 후 정확한 (몰드+밑판+습윤 시료)의 무게가 되도록 한다.

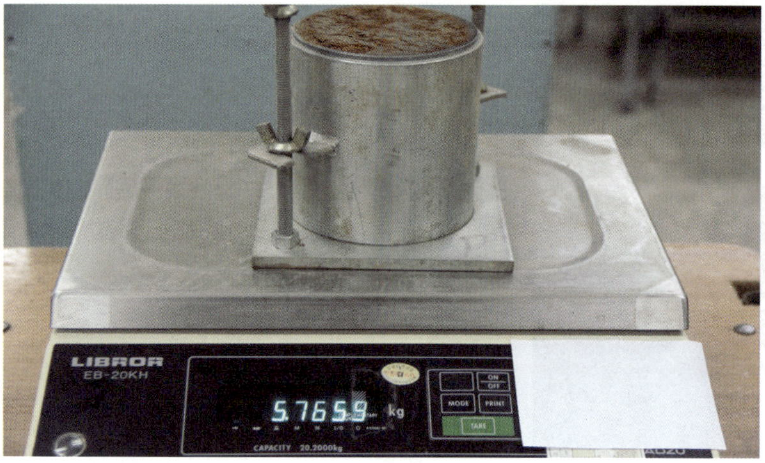

17 (몰드+밑판+습윤시료) 무게 측정

(몰드+밑판+습윤시료)의 무게를 측정한다.

① 5766g을 양식에 기입

- 단위가 g인지 kg인지 혼동하지 않도록 조심한다.

18 밑판 제거하기 준비

시료 추출기를 사용하기 위해서 밑판과 (몰드+시료)를 분리하기 위해서 고무 망치를 이용한다.

- 좌우를 오가며 조금씩 분리시켜 나간다.

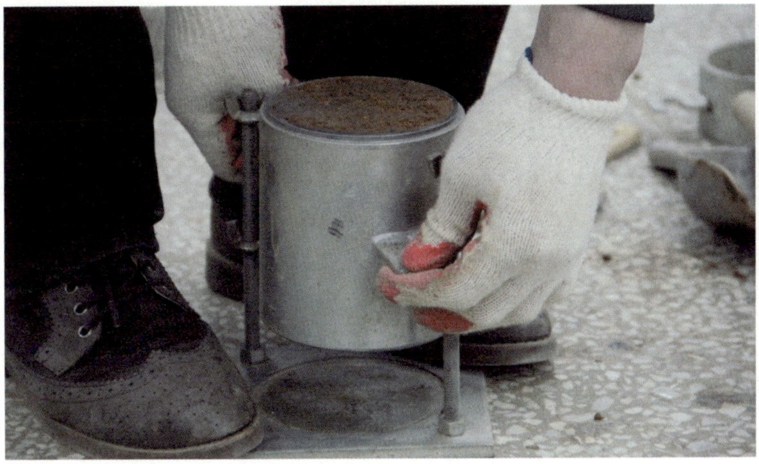

19 밑판 제거하는 모습

밑판과 (몰드+시료)를 분리하는 과정
• 서두르지 않고 침착하게 분리를 한다.

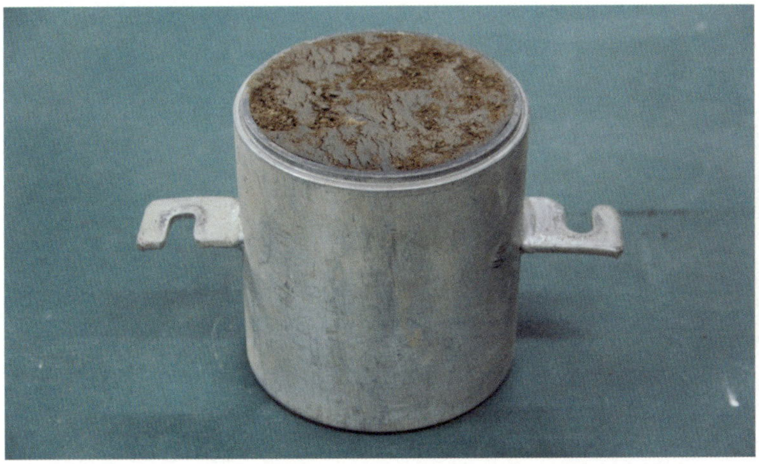

20 밑판 제거된 모습

분리된 (몰드+시료)

21 시료 추출기에 몰드 설치

시료를 분리하기 위해서 시료 추출기에 몰드를 설치한다.
• 중심축이 정확히 되도록 한다.

22 추출기에 몰드 설치 완료

몰드를 시료 추출기에 설치 완료된 모습

23 유압조절 나사 잠그기

압축하기 위해서 유압조절 나사를 잠근다.

- 유압조절 나사를 잠그는 것을 잊지 않도록 주의한다.

24 유압기 사용하는 자세

추출기에 압력을 가해서 시료를 분리하는 과정

- 시료를 분리한 후에는 유압조절 나사 잠금을 해제한다.

25 추출기에 남은 시료 모습

시료 추출기를 사용하여 다진 시료를 몰드에서 완전 분리된 모습

26 추출된 시료 분리 과정

함수비 측정용 시료를 채취하기 위해서 시료를 곧은 날을 이용하여 분리한다. 이 때 고무망치를 사용한다.

- 양분할 때 시료가 파손되지 않도록 유의한다.

27 추출된 시료 분리된 모양

채취된 시료를 양분한다.

- 양분된 시료 중 한쪽의 중심부를 선택한다.

28 함수비용 시료 준비

함수비 측정용 시료는 공시체 중심부에서 채취한다.

29 함수비용 캔에 시료 담기

중심부에서 채취된 시료를 함수비용 캔에 담는다.

30 함수비용 캔에 담긴 시료

중심부에서 채취된 시료를 함수비용 캔에 담으면 흙의 다짐시험은 종료된다.

31 시험 종료 후 정리정돈

시험이 완료되면 흙의 다짐시험에 사용된 시험기구를 처음 상태로 정리정돈 한다.

흙의 다짐시험 성과표

몰드 : 내경 10cm, 용적 : 1000cm^3, 중량 : kg			
램머 : 중량 25kg, 낙하고 : 30cm, 다짐회수 : 25회 3층			
측 정 번 호	1	2	3
(몰드+밑판+습윤시료)의 무게(g)	① 5766		
(몰드+밑판)의 무게(g)	3699		
습윤시료의 무게(g)	② 2067		
습윤밀도	2.07g/cm^3		

계산 과정)

$$습윤밀도 = \frac{2067}{1000} = 2.07g/cm^3$$

32 성과표 작성

- 흙의 다짐시험용 성과표의 계산 과정과 답을 반드시 기입하여 제출한다.
- 용적은 주어짐

CHAPTER

02 잔골재의 밀도 시험 KS F 2504

[2과제 : 건설재료시험산업기사] 잔골재의 밀도 시험 15점

01 작업형 실기 시험 방법

세부항목	항목번호	항목별 작업방법	배점
잔골재의 밀도 시험	1	시료에 물을 가하여 표면 건조 포화 상태로 조제한다. (습윤 상태의 잔골재를 건조기에 골고루 펴서 건조시키며, 시료를 원뿔형 몰드에 넣을 때 다지지 않고 천천히 넣으며, 시료를 가득 채운 후 맨위의 표면을 다짐대로 가볍게 25회 다져 몰드를 빼 올렸을 때 시료가 조금씩 흘러내리는 상태가 되도록 반복한다.)	
	2	플라스크에 물을 채울 때 500mL의 눈금에 정확히 일치시켜 외부의 물기를 헝겊으로 제거하고 질량을 0.1g까지 측정하여 기록한다.	
	3	검정 눈금까지 채웠던 물을 일부 따라 내고 500g 이상(0.1g 정밀도)의 표면 건조 포화 상태 시료를 플라스크 속에 유실되지 않도록 넣는다.	
	4	플라스크를 편평한 면 위에 굴려 내부의 공기를 제거하고, 피펫 등을 사용하여 500mL의 검정 눈금까지 물을 정확히 채워 외부 물기를 제거한 후 그 질량을 0.1g의 정밀도로 측정한다.	
	5	밀도값에 대한 단위 및 산출 근거나 양식 작성이 옳은지 확인한다.	
	6	실험 종료 후 사용한 기구를 청결히 정리한다.	

02 잔골재의 밀도 시험 작업순서

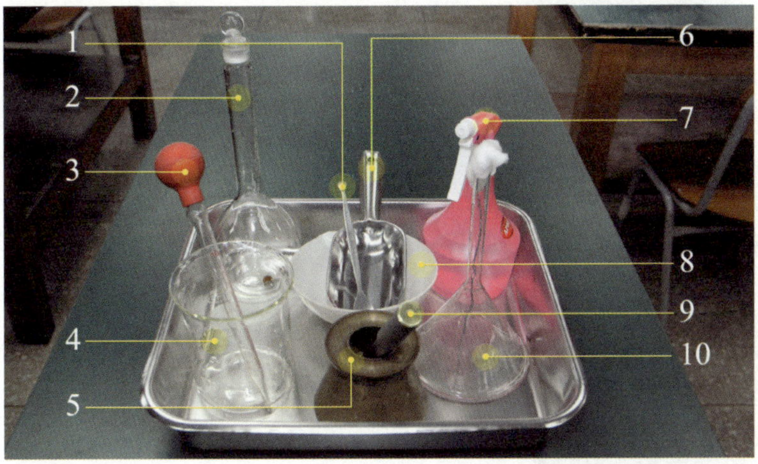

01 잔골재의 밀도 시험 기구

1-수푼
2-플라스크
3-피펫
4-비커
5-원뿔형 몰드
6-작은 삽
7-분무기
8-시료 용기
9-다짐대
10-깔때기

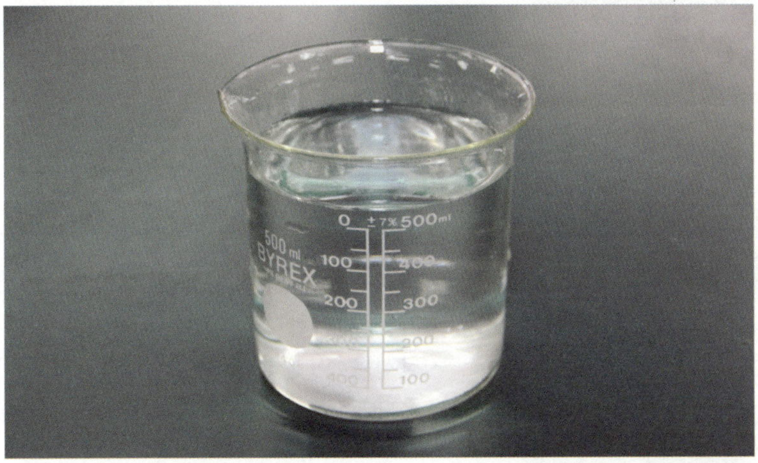

02 플라스크에 물 채우기

비커의 눈금 500mL에 조금 넘게 물을 준비한다.

03 플라스크 표시선까지 물 채우기

• 플라스크를 조금 비스듬히 하여 비커로 물을 채운다.

04 피펫 사용하기

피펫을 이용하여 플라스크 표시선까지 물을 채운다.

05 물기 제거하기

• 플라스크 표시선 위에 묻어 있는 물기를 제거한다.
• 철선을 이용하여 물기를 제거하면 좋다.

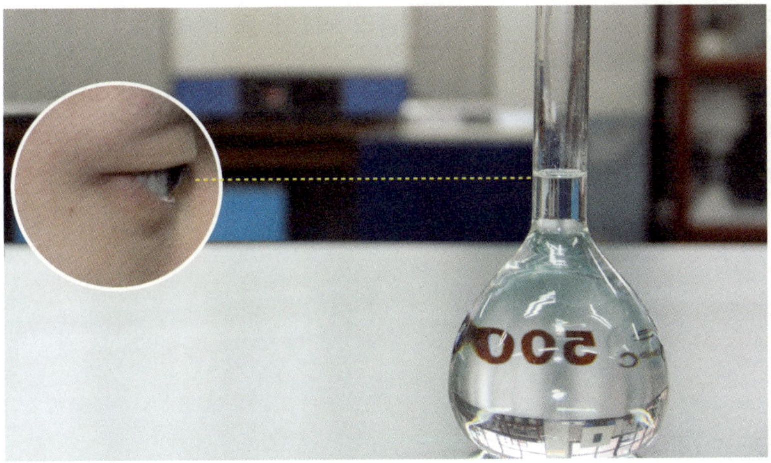

06 표시선 눈금 읽기

- 플라스크 표시선 눈금에 정확하게 일치하는지 확인한다.
- 눈높이를 플라스크 눈금 높이와 일치되도록 한다.

07 [플라스크 + 물] 질량 측정

- (플라스크 + 물)의 질량을 측정한다.
- ① 690.81g 기록

08 플라스크의 물 버리기

플라스크 표시선 눈금의 물을 2/3 정도 비커에 쏟는다.

09 플라스크에 남은 물

플라스크 표시선 눈금의 물을 비운 모양

10 시료 준비 I

분무기로 물을 살포하면서 표면 건조 포화 상태의 시료를 제조한다.

11 시료 준비Ⅱ

물을 살포한 시료를 손으로 가볍게 비벼 표면 건조 포화 상태의 시료를 제조한다.

12 표면 건조 포화 상태 시료 만들기

시료를 원뿔형 몰드에 넣을 때 다지지 않고 천천히 넣고, 원추형 몰드에 시료를 가득 채운 후 맨위의 표면을 다짐대로 가볍게 25번 다진다.

13 표면 고르기 절대금물

25번 다짐 후 남아 있는 공간을 시료를 다시 가득 채워서는 안된다.

14 원뿔형 몰드 빼올리기

원뿔형 몰드를 수직으로 빼 올린다.

15 표면 건조 포화 상태 시료 모습

원뿔형 몰드를 빼 올렸을 때, 잔골재의 원뿔 모양이 흘러내리기 시작하면 이것을 표면 건조 포화 상태의 시료로 한다.

16 저울 눈금 0에 맞추기

저울의 눈금을 '0'에 일치시킨다.

17 빈 용기 질량 측정

- 용기의 질량을 측정한다.
- 용기의 질량 : 198.26g

18 [시료 + 용기] 질량 측정

- 표면 건조 포화 상태의 시료 500g 이상을 정확히 측정한다.
- ② 표면 건조 포화 상태의 시료 =698.27－198.26=500.01g 기입

19 시료 넣기 I

검정선 눈금까지 채웠던 물을 따라 낸 플라스크에 표면 건조 포화 상태의 시료를 플라스크에 유실되지 않도록 넣는다.

20 시료 넣기Ⅱ

플라스크 속의 시료 모양

21 시료를 다 넣은 후 물 채우기

깔때기를 이용해 플라스크에 물을 넣는다.

22 공기 제거하기

플라스크를 편평한 면에 굴려서 플라스크 내부에 있는 공기를 제거한다.

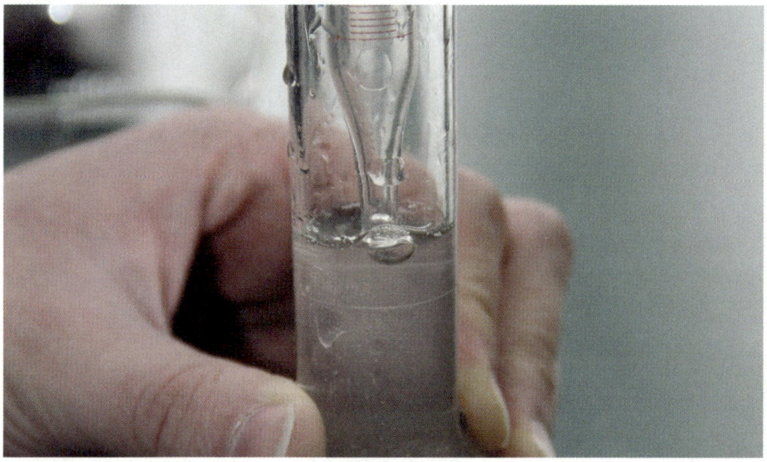

23 표시선 맞추기

피펫을 이용하여 플라스크의 표시선까지 물을 채운다.

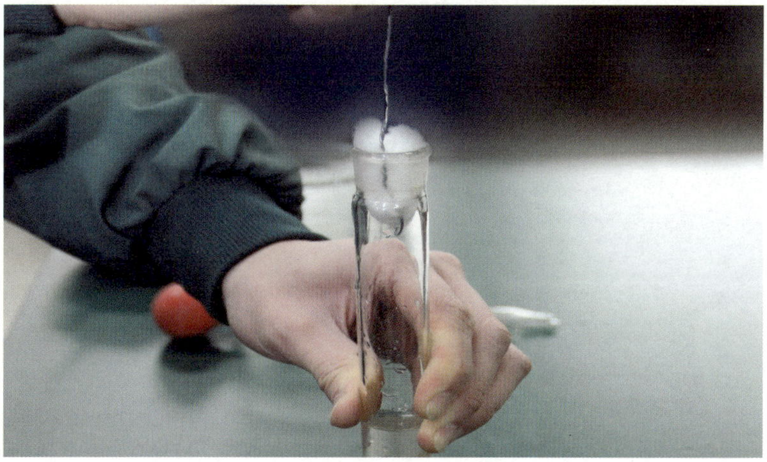

24 물기 닦아 내기

플라스크에 묻어 있는 물기를 닦아 낸다.

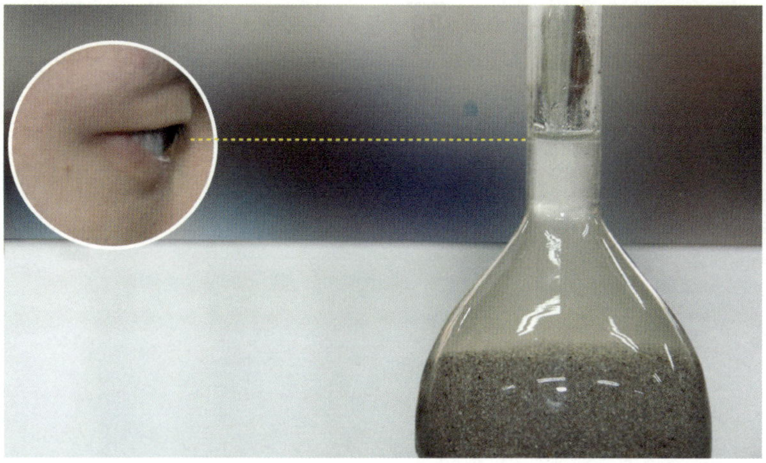

25 표시선 눈금 맞추기

눈높이와 플라스크의 표시선 눈금 높이가 일치되는지 눈금을 확인한다.

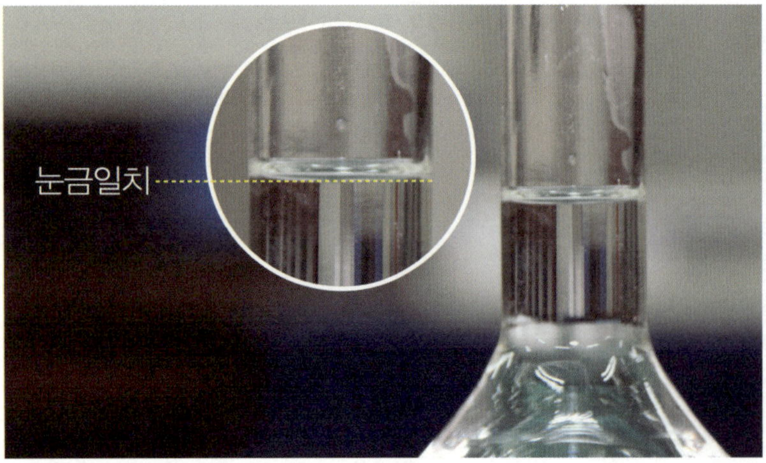

26 표시선에 정확히 눈금 맞추기

- 플라스크의 표시선 눈금에 정확히 맞춘다.
- 이중선으로 보일 때 아래눈금에 일치시킨다.

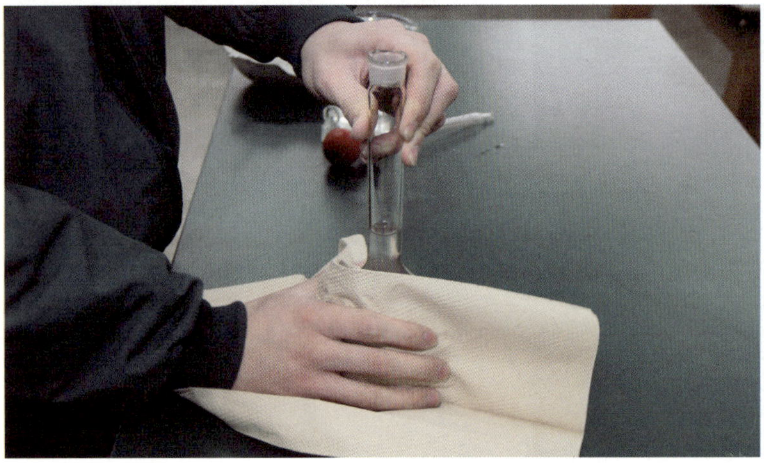

27 물기 제거하기

플라스크에 물 또는 시료를 넣은 후 질량을 측정할 때 플라스크의 표면을 수건으로 깨끗이 닦아 낸다.

28 [플라스크 + 시료 + 물] 질량 측정

- (플라스크+시료+물)의 질량을 측정한다.
- ③ 996.87g을 양식에 기입

잔골재 밀도 시험

측정 번호	1
(플라스크+물)의 질량(g)	① 690.81
시료의 무게(g)	② 500.1
(플라스크+물+시료)의 질량(g)	③ 996.87
표면 건조 포화 상태의 밀도	④ 2.57(g/cm³)
산출 근거 $\frac{500.1}{690.81+500.1-996.87}\times 0.997=2.57\text{g/cm}^3$	

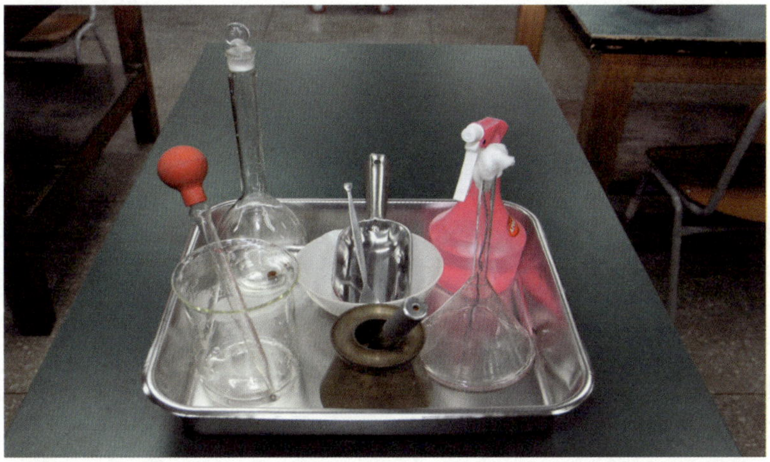

29 시험 결과 기록

- 시험 온도에서의 물의 밀도를 계산근거에 반드시 사용해야 한다. (여기서는 0.997g/cm³로 주어짐)
- 주어진 양식에 기재하고 계산 과정을 옳게 작성하여 제출한다.
- 산출 근거를 반드시 남겨야 한다.
- 반드시 단위 g/cm³을 기입해야 한다.
- ④란에 밀도값을 반드시 기록해야 한다.

30 정리 정돈

실험 종료 후 사용한 기구를 청결히 정리한다.

CHAPTER

03 흙 입자의 밀도 시험

[3과제 : 건설재료시험산업기사] 흙 입자의 밀도 시험 11점

01 작업형 실기 시험 방법

세부항목	항목번호	항목별 작업방법	비고
흙 입자의 밀도 시험	1	비중병(피크노미터)의 질량을 측정한다.	질량측정
	2	비중병에 시료를 넣고(비중병+시료) 질량을 측정한다. (※ 시료의 질량을 측정하여 비중에 넣어도 된다.)	질량측정
	3	(비중병+시료)에 1/2 정도의 증류수를 채우고 10분 정도 가열한다.	화상주의
	4	가열한 후 증류수를 가득채우고 뚜껑(stopper)를 닫은 후 (비중병+시료+증류수) 질량을 측정한다.	질량측정
	5	(비중병+시료+증류수)질량을 측정 후 온도(T℃)를 측정한다. 온도(T℃)에 대한 [표 1. 증류수의 밀도]에서 밀도를 찾는다.	온도측정
	6	빈 비중병에 증류수를 가득 채우고 뚜껑(stopper)를 닫은 후 (비중병+증류수)질량을 측정한다.	질량측정
	7	(비중병+증류수)질량을 측정한 후 온도(T'℃)를 측정한다. 온도(T'℃)에 대한 [표 1. 증류수의 밀도]에서 밀도를 찾는다.	온도측정
	8	(비중병+증류수)질량의 환산질량을 계산한다.	환산질량 계산
	9	온도 T℃에서 흙의 밀도를 계산한다.	계산
	10	온도 15℃에서의 흙비중을 계산한다.	계산

02 흙 입자의 밀도 시험 작업순서

01 비중병의 질량 측정

- 비중병(피크노미터)의 질량을 측정한다.
- 59.07g

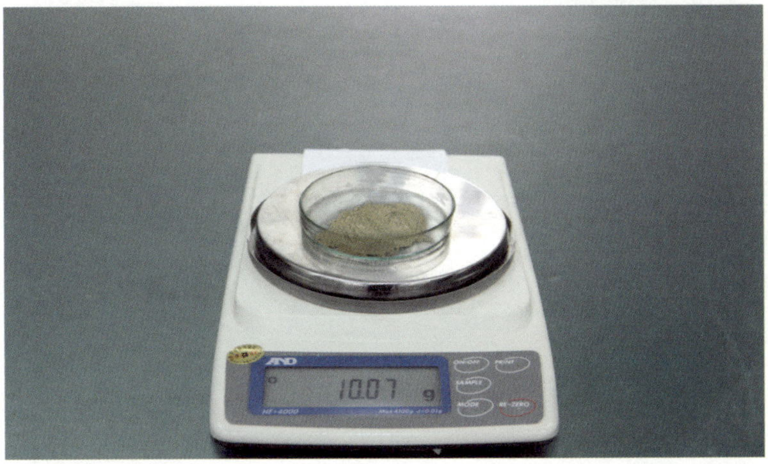

02 시료의 질량 측정

- 시료의 질량을 측정한다.
- 10.03g
- 직접 깔대기를 통해서 비중병에 시료를 넣고 질량을 측정(69.10g)한 후 계산해도 된다.
- 69.10−59.07=10.03g

03 (비중병+시료)의 질량 측정

- (비중병+시료)의 질량을 측정한다.
- 69.10g

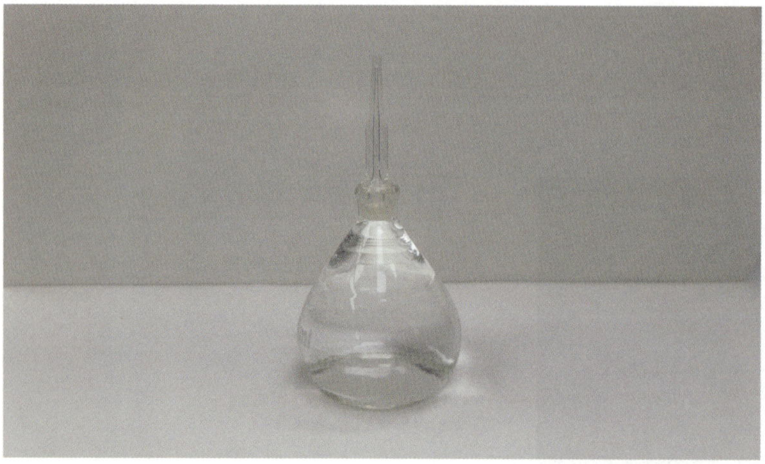

04 (비중병+증류수)의 질량 측정

- 157.21g
- (비중병+증류수)의 온도를 측정한다.
- (비중병+증류수)의 무게와 (비중병+증류수+시료)의 질량은 전후 상관없다.

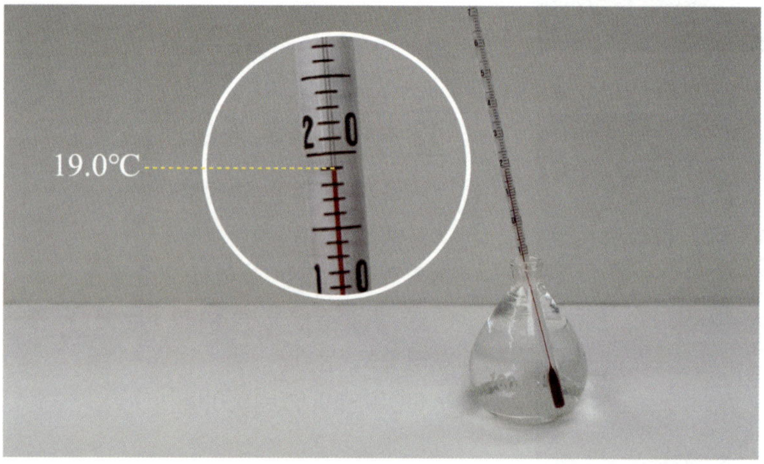

05 (비중병+증류수)의 온도 측정

- 온도(T'℃)를 측정한다.
- $T' = 19.0$℃
- $\rho_w(T') = 0.99841$

06 (비중병+증류수+시료)의 질량 측정

- (비중병+시료)의 무게 측정 후 증류수를 1/2 정도 넣고 끓여 기포를 제거한다.
- 비중병에 증류수를 가득 채우고 뚜껑(stopper)를 닫은 후 (비중병+증류수+시료)의 질량을 측정한다.
- 163.26g

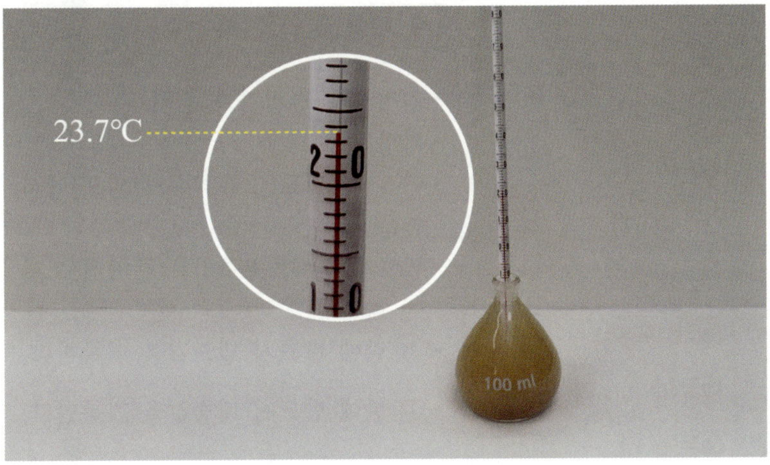

07 (비중병+증류수+시료)의 온도 측정

- 증류수의 온도(T℃)를 측정한다.
- 온도에 대한 밀도값을 표에서 찾는다.
- $T=23.7$℃
- $\rho_w(T)=0.99737$

비중병의 질량 m_f(g)	
(비중병+시료)의 질량(g)	
시료의 질량 m_s(g)	
(비중병+증류수)의 질량 $m_a{}'$(g)	
(비중병+증류수)무게 측정시 온도 T'℃	
T'℃ 에서 증류수의 밀도 $\rho_w(T')$(g/cm^3)	
(비중병+증류수+시료)의 질량 m_b(g)	
(비중병+증류수+시료)의 질량 측정시 온도 T℃	
T℃ 에서 증류수의 밀도 $\rho_w(T)$(g/cm^3)	
(비중병+증류수)질량의 환산질량(g)	
T℃ 에서 흙입자의 밀도(g/cm^3)	
15℃ 에서 증류수의 밀도(g/cm^3)	
15℃ 에서 흙입자의 비중	

08 흙의 밀도시험 양식

- 양식에 단위가 주어진 경우 단위생략
- 양식에 단위가 주어지지 않은 경우 단위를 반드시 기록한다.

비중병의 질량 m_f(g)	① 59.07
(비중병+시료)의 질량(g)	② 69.10
시료의 질량 m_s(g)	③ 10.03
(비중병+증류수)의 질량 m_a'(g)	④ 157.21
(비중병+증류수)무게 측정시 온도 T'℃	⑤ 19℃
T'℃에서 증류수의 밀도 $\rho_w(T')$(g/cm³)	⑥ 0.99841
(비중병+증류수+시료)의 질량 m_b(g)	⑦ 163.26
(비중병+증류수+시료)의 질량 측정시 온도 T℃	⑧ 23.7℃
T℃에서 증류수의 밀도 $\rho_w(T)$(g/cm³)	⑨ 0.99737
(비중병+증류수)질량의 환산질량(g)	⑩ 157.09g
T℃에서 흙입자의 밀도(g/cm³)	⑪ 2.58g/cm³
15℃에서 증류수의 밀도(g/cm³)	0.99910
15℃에서 흙입자의 비중	⑫ 2.58

계산과정)

① 시료의 무게 : $69.10-59.07=10.03$

⑧ (비중병+증류수)질량을 T℃로 환산한 질량

$$m_a=\frac{\rho_w(T)}{\rho_w(T')}(m'_a-m_f)+m_f$$

$$=\frac{0.99737}{0.99841}(157.21-59.07)+59.07=157.11\,\mathrm{g}$$

⑨ 온도 T℃에서 흙입자의 밀도(단위 있음)

$$\rho_s=\frac{m_s}{m_s+(m_a-m_b)}\rho_w(T)$$

$$=\frac{10.03}{10.03+(157.11-163.26)}\times 0.99739=2.58\mathrm{g/cm^3}$$

⑫ 온도 15℃에서 흙입자의 비중(단위 없음)

$$G_s=\frac{\rho_w(T)}{\rho(15℃)}\times\rho_s$$

$$=\frac{0.99737}{0.99910}\times 2.58=2.58(\text{무단위})$$

09 시험 결과 기록

- 검정색 : 수검자가 직접 측정
- 파랑색 : 계산
- 빨강색 : [표1. 증류수의 밀도]에서 찾음
- 밀도 계산 시 소수점은 주어진 조건에 따른다.
- ⑪란에 반드시 밀도값을 기록한다.
- ⑫란에 반드시 비중값을 기록한다.

10 시험 결과값 단위

- 온도 T℃에서 흙입자 밀도
  ρ_s : 단위 g/cm³
- 온도 15℃로 환산한 흙입자의 비중
  G_s : 단위 없음

필답형+작업형

건설재료시험기사 · 산업기사 3주완성(실기)

定價 32,000원

저　자　고길용 · 한웅규
　　　　홍성협 · 전지현
　　　　김지우

발행인　이　종　권

판권 소유

2019年　3月　13日　초 판 발 행
2020年　3月　23日　2차개정판발행
2021年　3月　26日　3차개정판발행
2022年　3月　16日　4차개정판발행
2023年　2月　22日　5차개정판발행
2024年　3月　5日　6차개정판발행
2025年　3月　20日　7차개정판발행

發行處　**(주) 한솔아카데미**

(우)06775 서울시 서초구 마방로10길 25 트윈타워 A동 2002호
TEL : (02)575-6144/5　FAX : (02)529-1130
〈1998. 2. 19 登錄 第16-1608號〉

※ 본 교재의 내용 중에서 오타, 오류 등은 발견되는 대로 한솔아카데미 인터넷 홈페이지를 통해 공지하여 드리며 보다 완벽한 교재를 위해 끊임없이 최선의 노력을 다하겠습니다.

※ 파본은 구입하신 서점에서 교환해 드립니다.

www.inup.co.kr / www.bestbook.co.kr

ISBN 979-11-6654-679-2 13530

한솔아카데미 발행도서

Hansol Academy

건축사 과년도출제문제 1교시 대지계획
한솔아카데미 건축사수험연구회
346쪽 | 33,000원

건축사 과년도출제문제 2교시 건축설계1
한솔아카데미 건축사수험연구회
192쪽 | 33,000원

건축사 과년도출제문제 3교시 건축설계2
한솔아카데미 건축사수험연구회
436쪽 | 33,000원

건축물에너지평가사 ①건물 에너지 관계법규
건축물에너지평가사 수험연구회
852쪽 | 32,000원

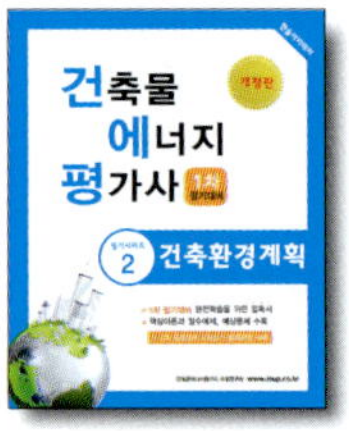

건축물에너지평가사 ②건축환경계획
건축물에너지평가사 수험연구회
516쪽 | 30,000원

건축물에너지평가사 ③건축설비시스템
건축물에너지평가사 수험연구회
708쪽 | 32,000원

건축물에너지평가사 ④건물 에너지효율설계 · 평가
건축물에너지평가사 수험연구회
648쪽 | 32,000원

건축물에너지평가사 2차실기(상)
건축물에너지평가사 수험연구회
940쪽 | 45,000원

건축물에너지평가사 2차실기(하)
건축물에너지평가사 수험연구회
905쪽 | 50,000원

토목기사시리즈 ①응용역학
안광호, 김창원, 염창열, 정용욱 공저
540쪽 | 27,000원

토목기사시리즈 ②측량학
남수영, 정경동, 고길용 공저
392쪽 | 27,000원

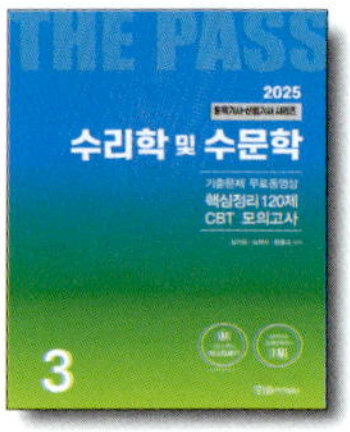

토목기사시리즈 ③수리학 및 수문학
심기오, 노재식, 한웅규 공저
396쪽 | 27,000원

토목기사시리즈 ④철근콘크리트 및 강구조
정경동, 정용욱, 고길용, 김지우 공저
464쪽 | 27,000원

토목기사시리즈 ⑤토질 및 기초
안진수, 박광진, 김창원, 홍성협 공저
588쪽 | 27,000원

토목기사시리즈 ⑥상하수도공학
노재식, 이상도, 한웅규, 정용욱 공저
544쪽 | 27,000원

10개년 핵심 토목기사 과년도문제해설
김창원 외 5인 공저
1,076쪽 | 46,000원

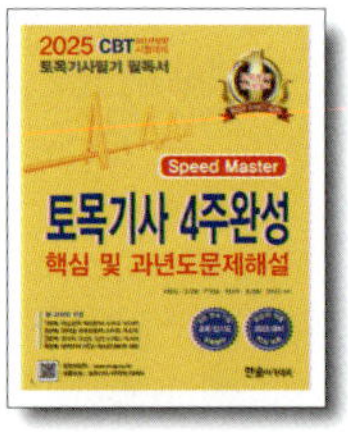

토목기사 4주완성 핵심 및 과년도문제해설
이상도, 고길용, 안광호, 한웅규, 홍성협, 김지우 공저
1,054쪽 | 44,000원

토목산업기사 4주완성 과년도문제해설
이상도, 정경동, 고길용, 안광호, 한웅규, 홍성협 공저
752쪽 | 40,000원

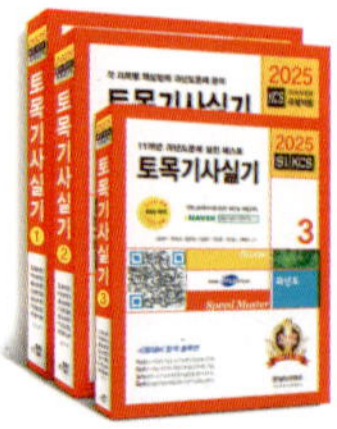

토목기사 실기
김태선, 박광진, 홍성협, 김창원, 김상욱, 이상도, 한웅규 공저
1,540쪽 | 52,000원

토목기사 실기 과년도문제해설
김태선, 이상도, 한웅규, 홍성협, 김상욱, 김지우 공저
892쪽 | 37,000원

콘크리트기사 · 산업기사 4주완성(필기)

정용욱, 고길용, 전지현, 김지우 공저

856쪽 | 38,000원

콘크리트기사 과년도(필기)

정용욱, 고길용, 김지우 공저

684쪽 | 29,000원

콘크리트기사 · 산업기사 3주완성(실기)

정용욱, 한웅규, 홍성협, 전지현 공저

784쪽 | 32,000원

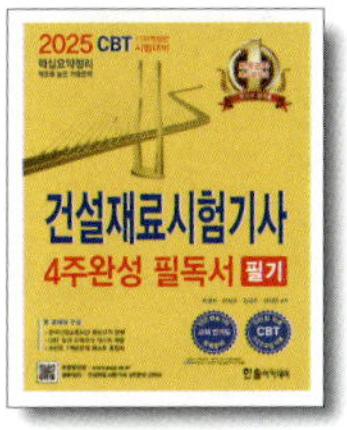

건설재료시험기사 4주완성(필기)

박광진, 이상도, 김지우, 전지현 공저

742쪽 | 38,000원

건설재료시험기사 과년도(필기)

고길용, 정용욱, 홍성협, 전지현 공저

692쪽 | 31,000원

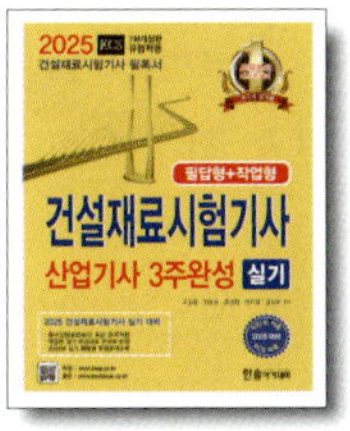

건설재료시험기사 3주완성(실기)

고길용, 홍성협, 전지현, 김지우 공저

728쪽 | 32,000원

콘크리트기능사 3주완성(필기+실기)

정용욱, 고길용, 염창열, 전지현 공저

538쪽 | 27,000원

지적기능사(필기+실기) 3주완성

염창열, 정병노 공저

640쪽 | 30,000원

측량기능사 3주완성

염창열, 정병노, 고길용 공저

568쪽 | 28,000원

전산응용토목제도기능사 필기 3주완성

김지우, 최진호, 전지현 공저

632쪽 | 28,000원

건설안전기사 4주완성 필기

지준석, 조태연 공저

1,388쪽 | 38,000원

산업안전기사 4주완성 필기

지준석, 조태연 공저

1,560쪽 | 38,000원

공조냉동기계기사 필기

조성안, 이승원, 강희중 공저

1,358쪽 | 41,000원

공조냉동기계산업기사 필기

조성안, 이승원, 강희중 공저

1,236쪽 | 36,000원

공조냉동기계기사 실기

조성안, 강희중 공저

1,040쪽 | 38,000원

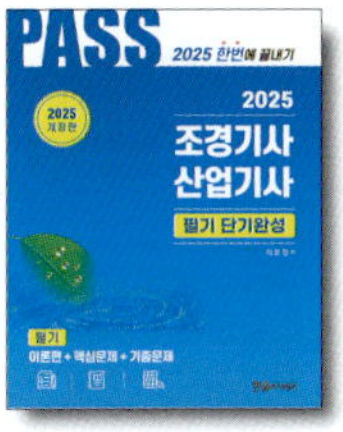

조경기사 · 산업기사 필기

이윤진 저

1,464쪽 | 49,000원

조경기사 · 산업기사 실기

이윤진 저

784쪽 | 45,000원

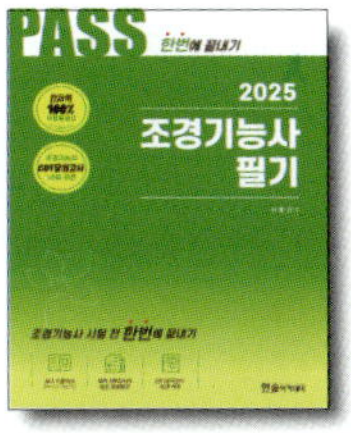

조경기능사 필기

이윤진 저

682쪽 | 29,000원

조경기능사 실기

이윤진 저

360쪽 | 29,000원

조경기능사 필기

한상엽 저

712쪽 | 28,000원

Hansol Academy

조경기능사 실기
한상엽 저
823쪽 | 30,000원

산림기사 · 산업기사 1권
이윤진 저
888쪽 | 27,000원

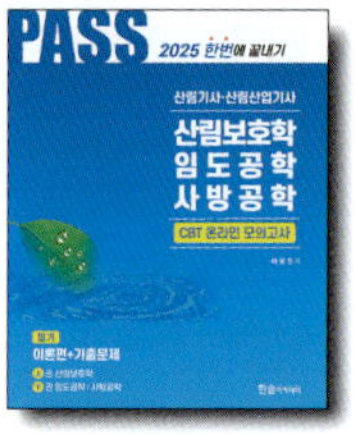

산림기사 · 산업기사 2권
이윤진 저
974쪽 | 27,000원

전기기사시리즈(전6권)
대산전기수험연구회
2,240쪽 | 131,000원

전기기사 5주완성
전기기사수험연구회
2,140쪽 | 42,000원

전기산업기사 5주완성
전기산업기사수험연구회
1,964쪽 | 42,000원

전기공사기사 5주완성
전기공사기사수험연구회
2,096쪽 | 42,000원

전기공사산업기사 5주완성
전기공사산업기사수험연구회
1,606쪽 | 42,000원

전기(산업)기사 실기
대산전기수험연구회
766쪽 | 43,000원

전기기사 실기 20개년 과년도문제해설
대산전기수험연구회
992쪽 | 38,000원

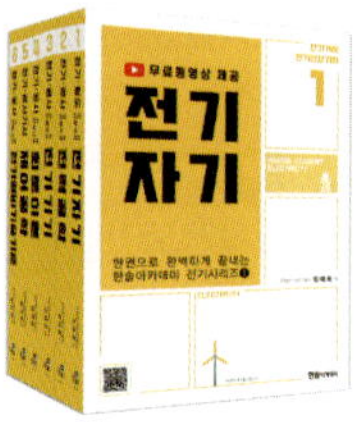

전기기사시리즈(전6권)
김대호 저
3,230쪽 | 136,000원

전기기사 실기 기본서
김대호 저
964쪽 | 38,000원

전기기사 실기 기출문제
김대호 저
1,340쪽 | 43,000원

전기산업기사 실기 기본서
김대호 저
920쪽 | 38,000원

전기산업기사 실기 기출문제
김대호 저
1,076 | 41,000원

전기기사/전기산업기사 실기 마인드 맵
김대호 저
232 | 기본서 별책부록

CBT 전기기사 단기완성
이승원, 김승철, 윤종식 공저
1,244쪽 | 42,000원

전기(산업)기사 실기 모의고사 100선
김대호 저
296쪽 | 24,000원

전기기능사 필기
이승원, 김승철, 윤종식 공저
532쪽 | 27,000원

소방설비기사 기계분야 필기
김흥준, 윤중오 공저
1,212쪽 | 40,000원

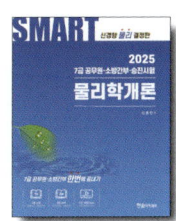

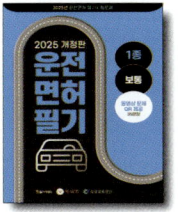

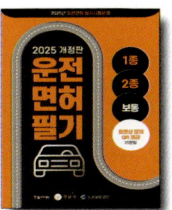

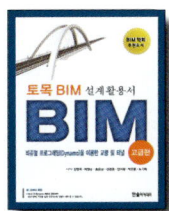

Hansol Academy

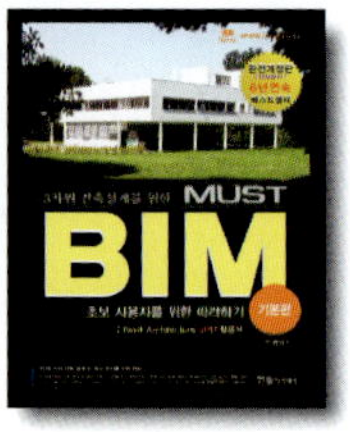

BIM 기본편
(주)알피종합건축사사무소
402쪽 | 32,000원

BIM 기본편 2탄
(주)알피종합건축사사무소
380쪽 | 28,000원

BIM 건축계획설계 Revit 실무지침서
BIMFACTORY
607쪽 | 35,000원

전통가옥에서 BIM을 보며
김요한, 함남혁, 유기찬 공저
548쪽 | 32,000원

BIM 주택설계편
(주)알피종합건축사사무소
박기백, 서창석, 함남혁, 유기찬 공저
514쪽 | 32,000원

BIM 활용편 2탄
(주)알피종합건축사사무소
380쪽 | 30,000원

BIM 건축전기설비설계
모델링스토어, 함남혁
572쪽 | 32,000원

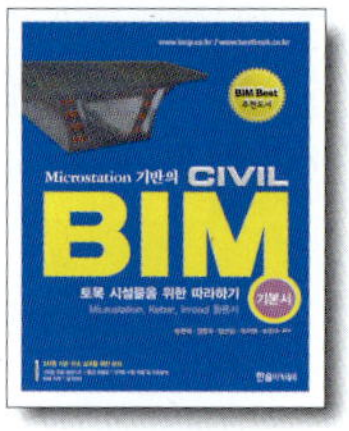

BIM 토목편
송현혜, 김동욱, 임성순, 유자영, 심창수 공저
278쪽 | 25,000원

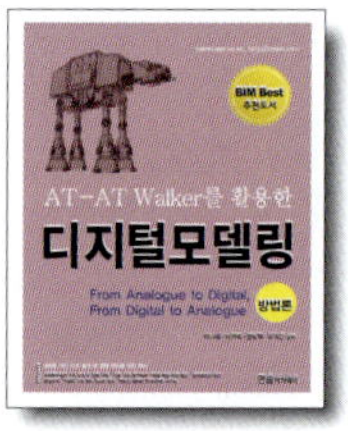

디지털모델링 방법론
이나래, 박기백, 함남혁, 유기찬 공저
380쪽 | 28,000원

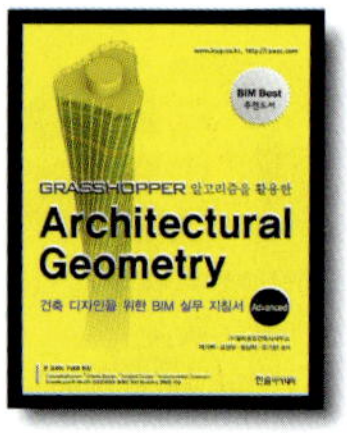

건축디자인을 위한 BIM 실무 지침서
(주)알피종합건축사사무소
박기백, 오정우, 함남혁, 유기찬 공저
516쪽 | 30,000원

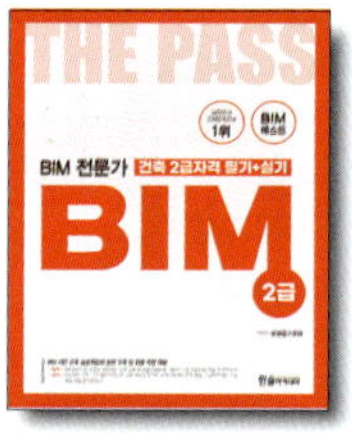

BIM 전문가 건축 2급자격(필기+실기)
모델링스토어
760쪽 | 36,000원

BIM 전문가 토목 2급 실무활용서
채재현, 김영휘, 박준오, 소광영, 김소희, 이기수, 조수연
614쪽 | 35,000원

BE Architect
유기찬, 김재준, 차성민, 신수진, 홍유찬 공저
282쪽 | 20,000원

BE Architect 라이노&그래스호퍼
유기찬, 김재준, 조준상, 오주연 공저
288쪽 | 22,000원

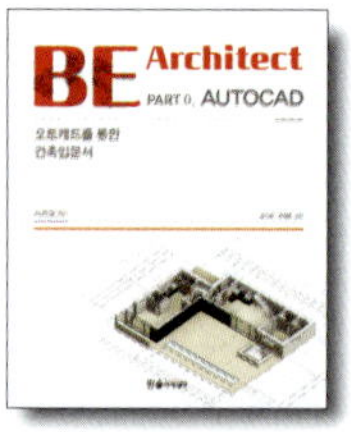

BE Architect AUTO CAD
유기찬, 김재준 공저
400쪽 | 25,000원

건축관계법규(전3권)
최한석, 김수영 공저
3,544쪽 | 110,000원

건축법령집
최한석, 김수영 공저
1,490쪽 | 60,000원

건축법해설
김수영, 이종석, 김동화, 김용환, 조영호, 오호영 공저
918쪽 | 32,000원

건축설비관계법규
김수영, 이종석, 박호준, 조영호, 오호영 공저
790쪽 | 34,000원

건축계획
이순희, 오호영 공저
422쪽 | 23,000원

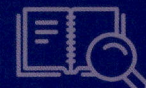

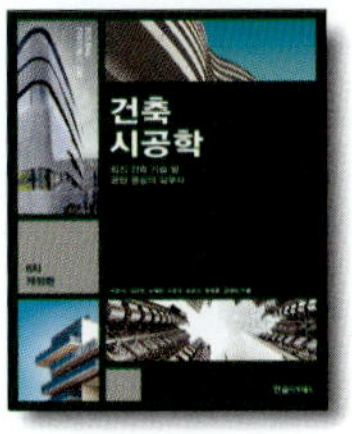

건축시공학
이찬식, 김선국, 김예상, 고성석, 손보식, 유정호, 김태완 공저
776쪽 | 30,000원

현장실무를 위한 토목시공학
남기천,김상환,유광호,강보순, 김종민,최준성 공저
1,212쪽 | 45,000원

알기쉬운 토목시공
남기천, 유광호, 류명찬, 윤영철, 최준성, 고준영, 김연덕 공저
818쪽 | 28,000원

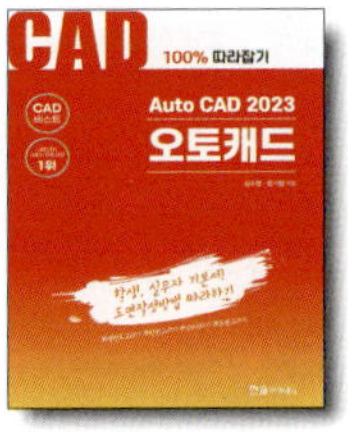

Auto CAD 오토캐드
김수영, 정기범 공저
364쪽 | 25,000원

친환경 업무매뉴얼
정보현, 장동원 공저
352쪽 | 30,000원

건축시공기술사 기출문제
배용환, 서갑성 공저
1,146쪽 | 69,000원

합격의 정석 건축시공기술사
조민수 저
904쪽 | 67,000원

건축시공기술사 용어해설
조민수 저
1,438쪽 | 70,000원

건축전기설비기술사 (상,하)
서학범 저
1,532쪽 | 65,000원(각권)

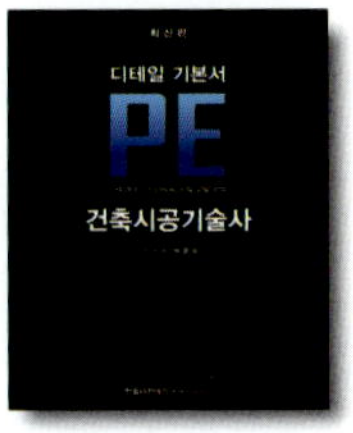

디테일 기본서 PE 건축시공기술사
백종엽 저
730쪽 | 62,000원

디테일 마법지 PE 건축시공기술사
백종엽 저
504쪽 | 50,000원

용어설명1000 PE 건축시공기술사(상,하)
백종엽 저
2,100쪽 | 70,000원(각권)

역학의 정석
김성민, 김성범 공저
788쪽 | 52,000원

합격의 정석 토목시공기술사
김무섭, 조민수 공저
874쪽 | 60,000원

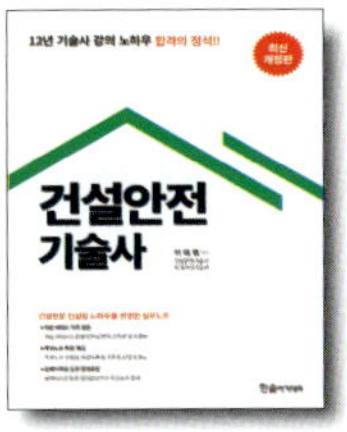

건설안전기술사
이태엽 저
748쪽 | 55,000원

소방기술사 上
윤정득, 박견용 공저
656쪽 | 55,000원

소방기술사 下
윤정득, 박견용 공저
730쪽 | 55,000원

소방시설관리사 1차 (상,하)
김흥준 저
1,630쪽 | 63,000원

건축에너지관계법해설
조영호 저
614쪽 | 27,000원

ENERGYPULS
이광호 저
236쪽 | 25,000원

Hansol Academy

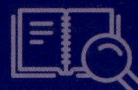

수학의 마술(2권)
아서 벤저민 저, 이경희, 윤미선, 김은현, 성지현 옮김
206쪽 | 24,000원

스트레스, 과학으로 풀다
그리고리 L. 프리키온, 애너이브 코비치, 앨버트 S.융 저
176쪽 | 20,000원

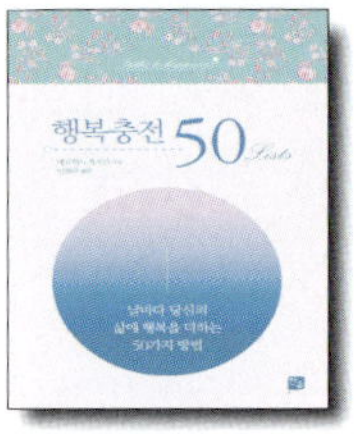

행복충전 50Lists
에드워드 호프만 저
272쪽 | 16,000원

지치지 않는 뇌 휴식법
이시카와 요시키 저
188쪽 | 12,800원

지능형홈관리사
김일진, 이의신, 송한춘, 황준호, 장우성 공저
500쪽 | 35,000원

스마트 건설, 스마트 시티, 스마트 홈
김선근 저
436쪽 | 19,500원

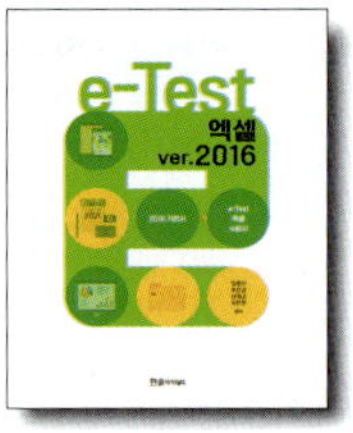

e-Test 엑셀 ver.2016
임창인, 조은경, 성대근, 강현권 공저
268쪽 | 17,000원

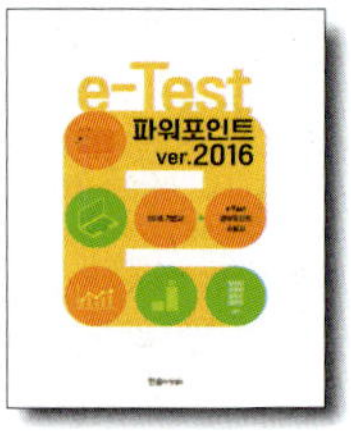

e-Test 파워포인트 ver.2016
임창인, 권영희, 성대근, 강현권 공저
206쪽 | 15,000원

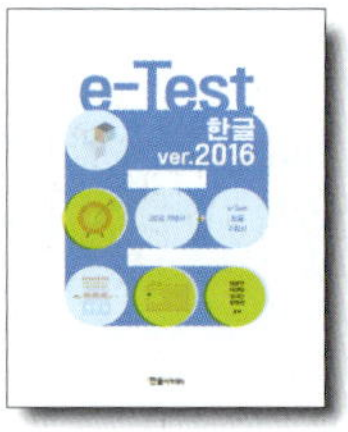

e-Test 한글 ver.2016
임창인, 이권일, 성대근, 강현권 공저
198쪽 | 13,000원

e-Test 엑셀 2010(영문판)
Daegeun-Seong
188쪽 | 25,000원

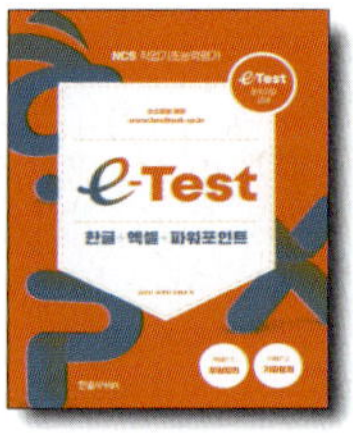

e-Test 한글+엑셀+파워포인트
성대근, 유재휘, 강현권 공저
412쪽 | 28,000원

재미있고 쉽게 배우는 포토샵 CC2020
이영주 저
320쪽 | 23,000원

콘크리트기사·산업기사 필기 4주완성

정용욱, 고길용, 전지현, 김지우 공저
856쪽 | 38,000원

콘크리트기사·산업기사 실기 3주완성

정용욱, 한웅규, 홍성협, 전지현 공저
784쪽 | 32,000원

※ 구입처는 **전국대형서점**에서 구매하실 수 있습니다.